国家电网公司
生产技能人员职业能力培训专用教材

变电运行(330kV) 上

国家电网公司人力资源部　组编
刘元津　主编

内容提要

《国家电网公司生产技能人员职业能力培训教材》是按照国家电网公司生产技能人员模块化培训课程体系的要求，依据《国家电网公司生产技能人员职业能力培训规范》（简称《培训规范》），结合生产实际编写而成。

本套教材作为《培训规范》的配套教材，共 72 册。本册为专用教材部分的《变电运行（330kV）》，全书共 8 个部分 44 章 129 个模块，主要内容包括数字化变电站，电气试验，状态检修，基本技能，监视、巡视与维护，倒闸操作，异常处理，事故处理。

本书可作为供电企业变电运行（330kV）工作人员的培训教学用书，也可作为电力职业院校教学参考书。

图书在版编目（CIP）数据

变电运行. 330kV. 上 / 国家电网公司人力资源部组编. —北京：中国电力出版社，2010.11

国家电网公司生产技能人员职业能力培训专用教材

ISBN 978-7-5123-1001-8

Ⅰ. ①变… Ⅱ. ①国… Ⅲ. ①变电所–电力系统运行–技术培训–教材 Ⅳ. ①TM63

中国版本图书馆 CIP 数据核字（2010）第 202007 号

中国电力出版社出版、发行

（北京市东城区北京站西街 19 号 100005 http://www.cepp.sgcc.com.cn）

北京丰源印刷厂印刷

各地新华书店经售

*

2010 年 12 月第一版 2011 年 3 月北京第二次印刷

880 毫米×1230 毫米 16 开本 39.125 印张 1236 千字

印数 3001—6000 册 定价 **64.00** 元（上、下册）

《国家电网公司生产技能人员职业能力培训专用教材》

编　委　会

国家电网公司
生产技能人员职业能力培训专用教材

前　言

为大力实施"人才强企"战略，加快培养高素质技能人才队伍，国家电网公司按照"集团化运作、集约化发展、精益化管理、标准化建设"的工作要求，充分发挥集团化优势，组织公司系统一大批优秀管理、技术、技能和培训教学专家，历时两年多，按照统一标准，开发了覆盖电网企业输电、变电、配电、营销、调度等34个职业种类的生产技能人员系列培训教材，形成了国内首套面向供电企业一线生产人员的模块化培训教材体系。

本套培训教材以《国家电网公司生产技能人员职业能力培训规范》（Q/GDW 232—2008）为依据，在编写原则上，突出以岗位能力为核心；在内容定位上，遵循"知识够用、为技能服务"的原则，突出针对性和实用性，并涵盖了电力行业最新的政策、标准、规程、规定及新设备、新技术、新知识、新工艺；在写作方式上，做到深入浅出，避免烦琐的理论推导和验证；在编写模式上，采用模块化结构，便于灵活施教。

本套培训教材涵盖34个职业的通用教材和专用教材，共72个分册、5018个模块，每个培训模块均配有详细的模块描述，对该模块的培训目标、内容、方式及考核要求进行了说明。其中：通用教材涵盖了供电企业多个职业种类共同使用的基础、专业基础、基本技能及职业素养等知识，包括《电工基础》、《电力安全生产及防护》等38个分册、1705个模块，主要作为供电企业员工全面系统学习基础理论和基本技能的自学教材；专用教材涵盖了单一职业种类专用的所有专业知识和专业技能，按照供电企业生产模式分职业单独成册，每个职业分为Ⅰ、Ⅱ、Ⅲ等3个级别，包括《变电检修》、《继电保护》等34个分册、3313个模块，可以分别作为供电企业生产一线辅助作业人员、熟练作业人员和高级作业人员的岗位技能培训教材，也可作为电力职业院校的教学参考书。

本套培训教材的出版是贯彻落实国家人才队伍建设总体战略，充分发挥企业培养高技能人才主体作用的重要举措，是加快推进国家电网公司发展方式和电网发展方式转变的迫切要求，也是有效开展电网企业教育培训和人才培养工作的重要基础，必将对改进生产技能人员培训模式，推进培训工作由理论灌输向能力培养转型，提高培训的针对性和有效性，全面提升员工队伍素质，保证电网安全稳定运行、支撑和促进国家电网公司可持续发展起到积极的推动作用。

本套教材共72个分册，本册为专用教材部分的《变电运行（330kV）》。

本书中第一部分数字化变电站，由陕西省电力公司冯涛编写；第二部分电气试验，由陕西省电力公司李满元、曹轩和甘肃省电力公司杨华编写；第三部分状态检修，由宁夏电力公司康文军和四川省电力公司杨帆编写；第四部分基本技能，由宁夏电力公司杨慧丽、山东电力集团公司陶苏东和浙江省电力公司陈顺军编写；第五部分监视、巡视与维护，由陕西省电力公司李满元、西北电网有限公司颜永强编写；第六部分倒闸操作，由青海省电力公司柏爱民、东北电网有限公司刘宝忠编写；第七部分异常处理，由江苏省电力公司朱宏杰和河北省电力公司卢国华编写；第八部分事故处理，由陕西省电力公司刘元津、曹轩，甘肃省电力公司杨华、杨万义和黑龙江省电力有限公司郭会成编写。全书由陕西省电力公司刘元津担任主编。甘肃省电力公司胡春梅担任主审，国家电网公司生产技术部彭江、甘肃省电力公司尚迎春、黑晓红参审。

由于编写时间仓促，本套教材难免存在疏漏之处，恳请各位专家和读者提出宝贵意见，使之不断完善。

国家电网公司
生产技能人员职业能力培训专用教材

目　录

上　册

第一部分　数字化变电站

第二部分　电气试验

第三部分　状态检修

第四部分　基　本　技　能

第五部分　监视、巡视与维护

下　册

第六部分　倒　闸　操　作

第七部分　异 常 处 理

第八部分　事　故　处　理

第一部分

数字化变电站

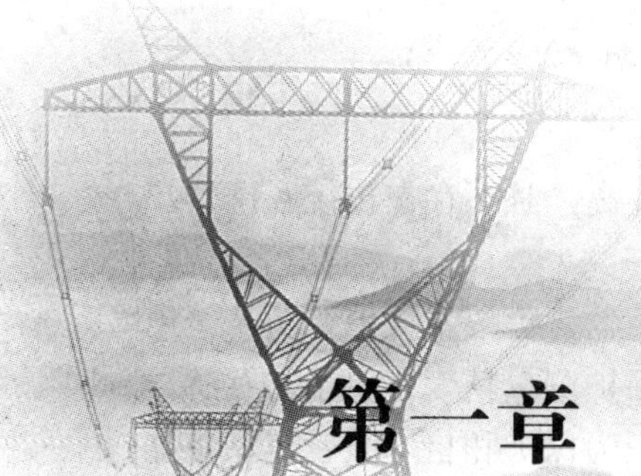

第一章 数字化变电站的概念与应用

模块1 数字化变电站介绍（GYBD00101001）

【模块描述】本模块主要介绍了数字化变电站的情况。通过要点归纳介绍，掌握数字化变电站发展的基本背景、基本概念和特征，了解数字化变电站的主要优势。

【正文】

一、数字化变电站产生的背景

20世纪90年代以来，随着综合自动化系统的不断应用，变电站初步具备了数字化和自动化的特征，但人们也发现实施中的一些问题：① 各设备之间大多独立运行，不同厂家的设备之间受通信规约等的限制无法共享信息资源；② 通信标准缺乏一致性，导致设备之间不具备互操作性，系统的扩展受到限制；③ 二次回路电缆数量多、接线复杂，容易遭受电磁干扰、过电压等因素的影响，降低了系统运行的可靠性。

进入21世纪后，随着电子技术、网络通信技术的发展，各种数字化技术和装备逐步在电力系统中得到应用和实践，给变电站带来很大的变化。以光互感器为代表的电子式互感器利用数字化输出使二次系统技术逐步与一次系统技术融合。IEC 61850 的出台为变电站建立了完整的新一代变电站网络通信体系，可有效解决不同系统间的信息互通、互操作、自定义、可扩展性等问题。网络通信技术为变电站提供了信息数字化通信的手段，改变了变电站二次系统的结构，解决了系统中信息传输与共享的机制，使信息的集成化应用成为可能。随着这些技术的成熟和应用，变电站自动化的发展进入了一个新的阶段，数字化变电站和数字化电网逐步被提了出来，并在不断的应用实践中得到认可。全国各地的电网中各个电压等级的数字化变电站工程试点应用正在实施。

二、数字化变电站的基本概念及特征

数字化变电站是以变电站一、二次设备为数字化对象，依靠统一数据模型和高速网络通信平台，通过对数字化信息进行标准化，实现智能设备之间信息共享和互操作的现代化变电站。随着信息技术、网络通信技术的不断发展，数字化的内涵仍在不断丰富和扩充。

数字化变电站的特征可理解为以下几个方面：

（1）一次设备的数字化和智能化。数字化变电站的标志性特征为电子式互感器替代传统的电磁式互感器，实现了反映电网运行电气量的数字化输出，为变电站的网络化、信息化以及一次设备的数字化和智能化奠定了基础。

（2）二次设备的数字化和网络化。数字化变电站的二次设备除了具有传统数字式设备的特点外，其二次信号变为基于网络传输的数字化信息，功能配置、信息交换通过网络实现，网络通信成为二次系统的核心，设备成为整个系统中的一个通信节点。

（3）变电站通信网络和系统实现标准统一化。数字化变电站利用IEC 61850的完整性、系统性、开放性保证了设备间具备互操作性的特征，解决了传统变电站因信息描述和通信协议差异而导致的信号识别困难、互操作性差等问题，实现了变电站信息建模标准化。

三、数字化变电站的优势

由于数字化变电站采用了电子式互感器、网络化通信等主要技术，因此在建设、运行、维护和管理等方面有其独特的优势。主要表现在：

（1）实现一、二次系统的有效电气隔离，安全性得到提高。数字化变电站采用电子式互感器实现信号的测量，其绝缘结构简单，避免了传统互感器采用油绝缘而可能导致的漏油、易燃、易爆等危险。

电子式互感器的二次侧由光纤连接，可以实现与高压一次侧有效的电气隔离，且不存在传统互感器二次侧 TA 开路、TV 短路或者两点接地等危险。

（2）测量的精度和动态范围大为提高。数字化变电站采用电子式互感器，可根本性地避免传统电磁式互感器由于采用铁芯而导致的饱和与铁磁谐振等因素的影响，提高保护测量精度。电子式互感器频率响应宽、动态性能好，可进行暂态电流、高频大电流和直流的测量，为保护和自动装置提供更加准确的电气暂态特性。

（3）二次回路简单，信号传送的抗干扰能力强。电子式互感器输出的数字化电气量可通过光缆以数字量的形式传输，极大地增强了变电站信号传输环节的抗干扰能力，解决了传统变电站存在的二次回路复杂、信号传输环节较多、电缆损耗大、电磁干扰、施工工艺等问题。无须校验电流或电压互感器极性，不存在测试回路绝缘电阻、二次接线检查等问题，二次回路及安装、调试、试验工作都大为简化，提高了二次系统的安全性和可靠性。

（4）网络化通信提高了信号传输和共享效率。数字化变电站利用光纤和以太网实现设备连接，所有设备均能从网络获取所需信息，并向其他设备传输输出信息和控制命令，而且站内保护、测控、计量、监控、远动可共享一个网络信息平台，对于涉及多个间隔的功能不需配备专门物理设备，避免了设备重复设置，提高了信息传输和共享效率。

（5）容易实现设备间的互操作。数字化变电站采用 IEC 61850 对智能电子设备的信息描述与访问方法进行了全面的定义和规范，形成了统一的通信规约平台。由于设备采用统一的功能模型、数据模型和通信协议，解决了设备间的互操作问题。

（6）信息共享与集成提高了系统的可靠性与经济性。常规变电站不同类型的装置因交流采样精度差异、二次回路负荷等问题而造成了信息应用上的分离，存在多信息源的问题，而且二次回路负荷重、接线复杂、硬件重复配置，需通过冗余配置来满足系统的高可靠性要求。数字化变电站提供了数据和信息的集中采集、统一传送、不同功能共享的模式，而且采用面向对象技术将原来分散的二次系统进行了合理的功能集成，使系统更加简单、信息的共享容易实现，通过信息的集成可综合判断设备的状态，进行保护等功能的冗余配置，从而大大提高了整个系统的可靠性和经济性。

（7）提高了系统的可观性、可控性和自动化水平。数字化变电站内智能设备均具备或配备了相应的监测和自检功能，通过站内信息平台能够实时查看各设备的运行状况，实时自检，便于维护和监控，极大地提高了变电站运行的可观性、可控性。变电站通信可以实时、可靠地交换所有设备的完整信息，利用高级软件能自动生成报表、操作票和操作记录、系统拓扑图、设备检修通知、故障分析报告等，实现管理自动化与智能化决策。

（8）大大提高了变电站的经济性。电子式互感器取代电磁式互感器、光缆取代电缆以及网络通信等技术的采用，使得数字化变电站工程占地面积减少，电缆沟土建工程量减少；二次回路的简化、智能设备的使用又极大地减少了建设和调试的工作量，缩短了建设工期。由于设备的互操作性，在设备选型时可选择技术经济性最优的设备；基于逻辑的建模可以避免物理设备的重复设置，减少了设备采购量；在系统扩展或部分设备更换时，其他设备的软硬件基本不变，达到了保护投资的目的。

数字化变电站的这些优势和特点，将在技术、运行和管理水平上较传统变电站有一个全面的提升，对减少投运后运行成本、促进减员增效、提高自动化水平具有重大的技术意义和经济效益。

【思考与练习】

1. 什么是数字化变电站？
2. 数字化变电站的主要特征是什么？
3. 与常规变电站比较，数字化变电站具有哪些优势？

模块 2 数字化变电站的系统架构及技术特征（GYBD00101002）

【模块描述】本模块主要介绍了数字化变电站的基本结构和主要技术特征。通过对比讲解、图例展示，掌握数字化变电站的系统构成和主要技术特征。

【正文】

一、数字化变电站的系统架构

1. 数字化变电站的基本结构

数字化变电站的结构继承了传统变电站分层分布式的特点，依然由一次设备和二次设备分层构成，由于一次设备的智能化和二次设备的网络化，数字化变电站的一、二次设备之间的结合更加紧密。IEC 61850 按照变电站自动化系统所要完成的控制、监视、保护三大功能提出了变电站内按功能分层的概念，从逻辑上将变电站功能划分过程层、间隔层和变电站层，如图 GYBD00101002-1 所示。

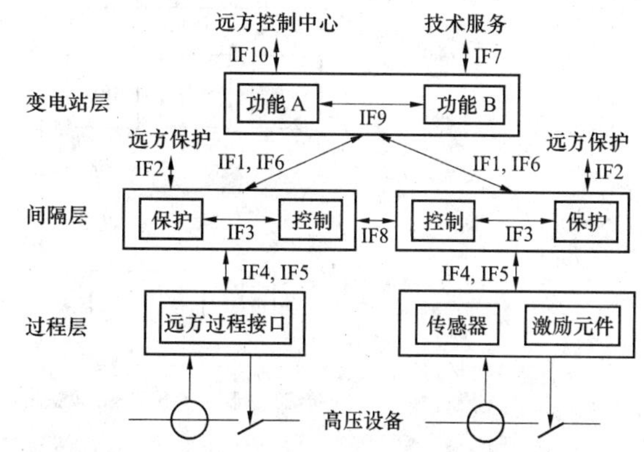

图 GYBD00101002-1　数字化变电站的基本结构及总线接口

（1）过程层。过程层是一次设备与二次设备的结合面，或者说是智能化一次设备的智能化部分。其主要实现所有与一次设备接口相关的功能，包括：实时电压、电流等电气量检测，进行运行设备的状态参数检测与统计，完成包括断路器、隔离开关的合分控制、变压器分接头调节、直流电源充放电控制操作等在内的控制执行与驱动。

（2）间隔层。间隔层的功能是利用本间隔的数据对本间隔的一次设备产生作用，如线路保护设备和间隔单元控制设备就属于这一层。其主要功能有：汇总本间隔过程层实时数据信息，实施对一次设备的保护控制，实施本间隔的操作闭锁，实施操作同期及其他控制功能，控制数据采集、统计计算及控制命令的优先级，同时高速完成与过程层及站控层的网络通信。

（3）变电站层。变电站层主要通过两级高速网络汇总全站的实时数据信息，不断刷新实时数据库，按时登录历史数据库，按既定规约将有关数据信息送向调度或控制中心，接收调度或控制中心有关控制命令并转间隔层、过程层执行。它应具有以下功能：在线可编程的全站操作闭锁控制功能；站内当地监控、人机联系功能，如显示、操作、打印、报警，图像、声音等多媒体功能；可对间隔层、过程层诸设备进行在线维护、在线组态、在线修改参数；同时，能完成变电站故障记录、故障分析和操作培训。

2. 数字化变电站的逻辑接口及总线

在数字化变电站的三层中有 10 类逻辑接口，分别接入两类总线：过程总线以及变电站总线。表 GYBD00101002-1 概括了它们之间的关系。

表 GYBD00101002-1　　逻辑接口与总线之间的关系

逻辑接口	说　明	过程层	间隔层	变电站层	总　线
IF4	过程层和间隔层之间 TV 和 TA 暂态数据交换	√	√		过程总线
IF5	过程层和间隔层之间控制数据交换	√	√		
IF3	间隔层内数据交换		√		变电站总线
IF8	间隔层之间直接数据交换			√	
IF1	间隔层和变电站层之间保护数据交换			√	
IF6	间隔层和变电站层之间控制数据交换			√	
IF9	变电站层内数据交换			√	
IF7	变电站层与远方工程师数据交换			√	

注　“√”表示横向内容与纵向内容有关联。

3. 数字化变电站与传统变电站结构对比

从图 GYBD00101002-2 可以看出，传统变电站与数字化变电站的物理结构几乎没有差别，但两者的功能和接口结构以及系统运行则具有完全不同的特性。传统变电站功能完成和信息传递由连接和设备物理结构限定，而数字化变电站则完全通过网络来分配和交换信息，两者存在巨大差异。

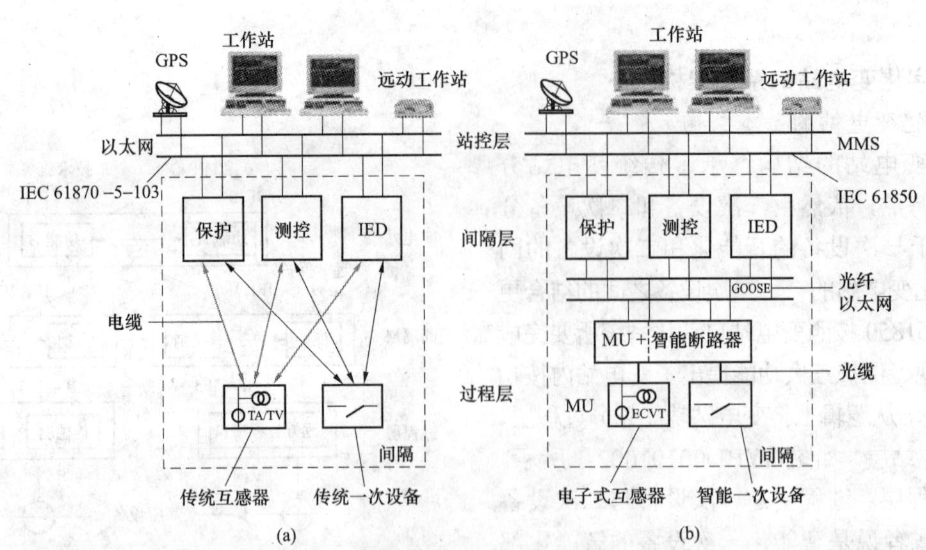

图 GYBD00101002-2 传统变电站与数字化变电站结构对比

（a）传统变电站；（b）数字化变电站

二、数字化变电站的主要技术特征

1. 数据采集数字化

数字化变电站采集和传输数字化电压、电流等电气量，不仅实现了一、二次有效的电气隔离，而且大大扩展了测量的动态范围与精度，使变电站的信息共享和集成应用成为可能。

2. 系统分层分布化

数字化变电站采用了 IEC 61850 提出的变电站过程层、间隔层、站控层的三层功能分层结构。过程层主要指站内的变压器、断路器、互感器等一次设备；间隔层一般按照断路器间隔划分，通常由各种不同的间隔装置组成，直接通过局域网络或串行总线与变电站层联系；变电站层包括监控主机、远动通信机等，设现场总线或局域网，实现变电站层以及与间隔层之间的信息交换。这种分层分布结构实现了按站内一次设备面向对象的分布式配置，不同的设备均单独安装具有测量、控制和保护功能的元件，任一元件故障不会影响整个系统正常运行。采用分层分布式结构大大降低了对处理器的要求，而且具有自诊断功能，可以灵活地进行扩充。

3. 系统结构紧凑化

紧凑型组合电器、智能化断路器等智能化一次设备集成了的更多的部件和功能，体积更小，这使得变电站的占地面积大幅减小，设备布置更加紧凑。各种体积小、重量轻、精度高、数字化的互感器、传感器的应用，不仅简化了一次设备的结构，而且通过数字化测量数据的网络传输和共享，实现了二次回路连接的简化，甚至可以取消信号电缆。由于智能化断路器的出现，实现了一、二次设备的集成，控制与保护等越来越靠近过程对象，并可有机地集成在间隔或小室并靠近一次设备布置。过程层的数字化和网络化以及 IEC 61850 的采用，使得整个变电站的功能和配置可以灵活地映射和分配到各个 IED（智能电子设备），许多功能的实现不再依赖独立的专用设备，这样系统的结构将更加简单紧凑，性能和可靠性越来越高。

4. 系统建模标准化

数字化变电站采用了 IEC 61850 对一、二次设备统一建模，定义了统一的建模语言、设备模型、信息模型和信息交换模型，采用全局统一规则命名资源，使变电站内及变电站与控制中心之间实现了无缝通信与信息共享。通过系统建模的标准化，消除了各种“信息孤岛”，实现了设备的互联开放，从而简化了系统维护、配置、扩展以及工程实施。

5. 信息交互网络化

数字化变电站各层、各设备间信息交换都依赖高速网络通信完成，网络成为系统内各种智能电子装置以及与其他系统之间实时信息交换的载体。在过程层与间隔层之间，数字化的各种智能传感器的采样数据通过网络传输到间隔层，利用多播技术将数据同时发送至测控、保护、故障录波及相角测量等单元，进而实现了数据共享。因此二次设备不再出现功能重复的数据与 I/O 接口，而是通过采用标准以太网技术真正实现了数据及资源共享。

6. 信息应用集成化

数字化变电站对常规变电站监视、控制、保护、故障录波等分散的二次系统装置进行了信息集成及功能优化。将间隔层的控制、保护、监视、操作闭锁、诊断与计量等功能和运行支持系统集成到统一的装置中，间隔内、间隔间以及间隔与变电站层的通信采用光纤总线连接。凡是过程层能完成的功能不再由间隔层处理，凡是间隔层能执行的功能不再由变电站层执行，各项功能通过网络组合在系统中，变电站层只是进行各功能的协调，不再需要传统变电站中完成不同任务的分隔系统及相应的通信网络，从而简化了网络结构和通信规约化。

7. 设备检修状态化

在数字化变电站中，电压和电流的采集、二次系统设备状况、操作命令的下达和执行完全可以通过网络实现信息的有效监测，可有效地获取电网运行状态数据以及各种 IED 的故障和动作信息，监测操作及信号回路状态，设备状态特征量的采集没有盲区，设备检修策略可以从常规变电站设备的定期检修变成状态检修，从而大大提高了系统的可用性。

8. 设备操作智能化

智能一次设备不仅可以获取整个系统及关联设备状态，而且可监测设备内部电、磁、温度、机械、机构动作状态，随着电子技术和控制技术的不断发展，采用新型传感器、电子控制、新控制方法构建参数确定、动作可靠迅速、状态可控可测可调的智能操作回路成为可能。

【思考与练习】

1. 数字化变电站的结构如何组成？有什么特点？
2. 数字化变电站中各层的作用是什么？分别有什么特征?
3. 数字化变电站的主要技术特征是什么？

模块 3　数字化变电站的基本应用（GYBD00101003）

【模块描述】本模块介绍数字化变电站的技术实现基础和常规设备接入方案。通过归纳讲解、方案介绍，了解建设数字化变电站应注意的问题和常规设备的接入方式。

【正文】

数字化变电站的发展是个长期的过程，技术成熟度、方案可行性均需逐步完善，因此通常采取分步走的策略：① 第一阶段结合 IEC 61850 标准先在测控部分实施，以积累网络通信协议的应用经验；② 第二阶段采用非常规互感器技术实现信息采集、处理、传输数字化应用；③ 第三阶段通过变电站总线与过程层总线的集成，实现数字化变电站集成型自动化的应用。

一、过程层常规设备的接入

常规设备主要指互感器和断路器设备，过程层常规设备的接入方式主要有 3 种基本模式：常规互感器和常规断路器，常规互感器和智能断路器（含智能断路器控制器），非常规互感器和常规断路器。过程层常规设备的接入方案见图 GYBD00101003-1。

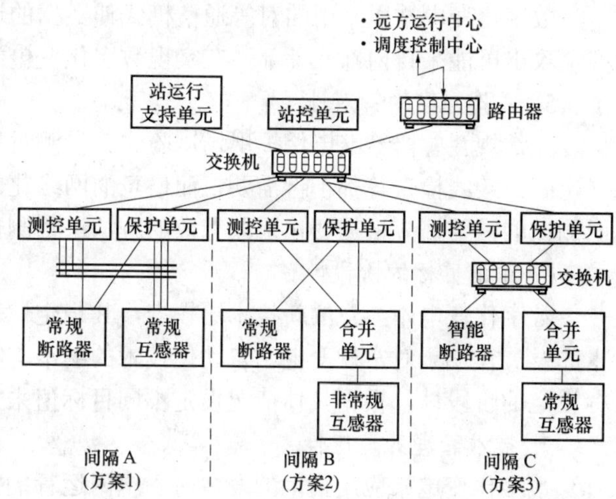

图 GYBD00101003-1　过程层常规设备接入方案

（1）方案 1。间隔层采用常规互感器和常规断路器，只使用了变电站总线，采用传统的点对点硬接线方式接入常规互感器和常规断路器，实现保护装置和监控单元信息交互。

（2）方案 2。间隔层采用非常规互感器和常规断路器，没有过程总线，但使用了合并单元，模拟量采样基于 IEC 61850-9-1 的单向多路点对点串行通信连接方式。

（3）方案 3。间隔层采用常规互感器和智能断路器（或智能断路器控制器），采用了过程总线，通过合并单元将常规传感器模拟量以多播方式发布到过程总线。

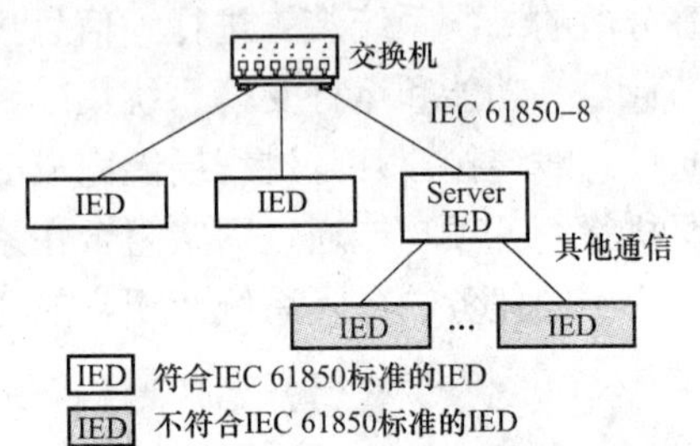

图 GYBD00101003-2 间隔层常规 IED 接入方案

二、间隔层常规 **IED** 的接入

间隔层常规 IED 的接入方案见图 GYBD00101003-2。

符合 IEC 61850 标准的 IED 将支持以太网方式的 GOOSE 信息交互机制，常规变电站间隔层还有大量非 IEC 61850 标准的 IED 设备，因此需要通过网关实现 IEC 61850 标准的转换，以实现接入变电站内部局域网 GOOSE 信息传输机制。图 GYBD00101003-2 说明了间隔层接入常规 IED（或系统）的方案，其中 Server IED 起到 IEC 61850 网关的作用。这样，非 IEC 61850 标准的 IED 也可被接入数字化变电站中，因此非 IEC 61850 标准的监控单元和保护单元需要通过网关接入变电站局域网。

数字化变电站技术发展过程中可以实现对常规变电站技术的兼容，这意味着可以实现应用上的平稳发展和逐步突破，使新技术的应用能有机地结合电网的发展，未来在数字化变电站应用技术成熟的基础上将促进新一代数字化电网的实现。

三、数字化变电站技术的应用基础

数字化变电站应用技术给变电站带来了巨大的变革，然而大量新技术和新标准的采用也带来一定的不确定性，在实际应用中应重点关注以下几个方面。

1. 数据采集的稳定性

非常规互感器因存在微信号测量、光学系统而容易出现温度对精度的影响、振动对精度的影响、长期稳定性、电磁兼容等问题，影响整个系统数据的准确性和稳定性。

2. 二次系统的冗余性

二次系统的冗余性主要体现在合并单元、网络拓扑结构性、控制系统的冗余性等方面。合并单元是系统的数据源，必须考虑合并单元或相关系统引起的系统可靠性降低甚至功能丧失的问题，对其进行冗余考虑。数字化变电站内的信息交互高度依赖以太网，须选择合适的网络通信的架构以保证信道和通信网络的冗余性。由于具备保护、测控一体化应用的条件，控制系统可实现测控单元的双重化，设备之间的联/闭锁可以实现冗余配置与应用。

3. 设备的互操作性

互操作性是实现变电站内无缝通信理念的重要保障机制。为保证互操作性，需要开展两类试验与测试：一致性测试和性能测试。

4. 网络通信的安全性

数字化变电站所采用的对等通信模式使数据的通信更加简便、有效，但也带来了信息的安全问题，安全攻击可能来自内部或外部，在实现数字化变电站时须考虑信息的安全性问题。

5. 试验方案的针对性

非常规互感器给继电保护现场试验、计量测量等方面带来根本性的变化。一些常规的极性测试、二次回路接线检查等都不再需要，而信息的网络化却带来了采样数据测试、变电站事件快速传输等方面测试的需要，应根据变化采取有效的方法进行测试和试验。

6. 建设目标的阶段性

数字化变电站涉及的新技术比较多，其稳定性需要经过一定的应用检验。同时，数字化变电站技术的发展体现了对常规变电站自动化技术的继承与突破，因此必须在兼顾技术成熟度的前提下实现目标设定的阶段性，根据具体情况设定不同目标值来推进工程化应用。

7. 技术管理的适应性

数字化变电站应用技术的发展对于电网运行的技术管理体制带来巨大的冲击，继电保护与自动化专业分工将不复存在；现有二次系统的设计、试验、运行标准规程将很难适用，需要重新制定；需要针对数字化变电站技术特征制订相应的二次系统检修策略，建立符合新技术特点的检修机制；由于网络化的功能配置以及一次设备的机电一体化，需针对新技术应用对安全考核、评估、保障机制进行必要的调整、补充或修订。

【思考与练习】

1. 常规设备如何接入数字化变电站？

第二章 数字化变电站的组成与实现

模块 1 IEC 61850 标准综述（GYBD00102001）

【模块描述】本模块介绍 IEC 61850 标准的产生背景、标准的组成、主要术语及主要特点等内容。通过背景介绍、标准阐述、要点讲解，了解标准的概况，掌握标准的组成和特点。

【正文】

一、IEC 61850 标准的制定

1. 标准制定的背景

为适应变电站自动化系统发展的需要，实现控制和管理系统中所有设备之间的信息自由交换，IEC（国际电工委员会）先后制定了 IEC 60870-5-101、IEC 60870-5-102、IEC 60870-5-103、IEC 60870-5-104（基于以太网）等规约。随着技术发展和标准应用的不断扩展，人们发现这些标准存在许多问题，如：标准对二次设备缺乏统一的功能和接口规范，一致性测试又没有相应的标准，造成不同厂家设备之间无法实现互操作；整个标准的形成和完善持续了 10 年时间，规范产生滞后，许多厂家已通过其他总线协议或专有协议实现设备之间的互联，并形成一定的规模，因此新规范颁布后实施困难；IEC 60870-5-103 规约在制定的过程中基于 RS-485 串行通信，属问答式规约，无法满足网络通信对信息量和速度的要求；规约在制定的过程中对过程层设备间的通信问题未过多考虑，很难适应电子式互感器、智能化一次设备不断发展的需要。由于这些问题的存在，造成了变电站不同厂家的 IED 之间不能互操作和互联，系统扩展困难，用于解决协议转换和通信连接的工程造价越来越高，严重地制约了变电站自动系统的发展。

针对以上问题，IEC 开始制定关于变电站自动化系统的通信网络和系统的国际标准，旨在统一目前各成一体的变电站自动化通信系统，提高系统的维护性、开放性和扩展性，促进电力系统网络化、信息化的发展，解决技术更新和生命周期之间的矛盾。

2. 标准的发展过程

IEC 61850 系列标准的全称是《变电站通信网络和系统》。1995 年，IEC 第 57 委员会开始研究该标准的制定。期间吸纳了美国电力科学院研究制定的 UCA2.0 中关于数据模型和服务的成果。标准于 1999 年提出草案发布，目前已经全部通过为国际标准。我国的标准化委员会对 IEC 61850 系列标准进行了同步的跟踪和翻译工作，并等同采用为国家标准。

IEC 61850 标准目前是全世界唯一的变电站网络通信标准，也将成为从调度中心到变电站、变电站内、配电自动化无缝自动化标准，还有望成为通用网络通信平台的工业控制通信标准。当前，国外各大公司都在围绕 IEC 61850 开展工作，并提出 IEC 61850 的发展方向是实现“即插即用”，在工业控制通信上最终实现“一个世界、一种技术、一个标准”。

二、IEC 61850 标准简介

1. 标准制定的目的

变电站自动化标准化的目的是制定一套满足功能和性能要求的通信标准，确保不同设备间能够自由的交换信息，并支持将来技术的发展。

（1）互操作性。不同制造厂家的智能设备可交换信息和使用这些信息执行特定功能。

（2）可自由配置。可将功能自由灵活地分配到各装置中，满足变电站自动化系统功能和性能的要求，支持用户集中式系统（如 RTU）和分散式系统的各种要求。

（3）长期稳定性。支持未来的技术发展，并可伴随系统需求而发展。

2. IEC 61850 标准的组成

IEC 61850 共分为 10 部分，从内容上可以分为四大部分。

（1）系统部分。包括了标准的 1～5 部分。主要介绍了标准制定的出发点，从系统工程管理、质量保证、系统模型等方面进行叙述，使标准能更好地应用于电力系统。

（2）配置部分。定义了变电站系统和设备配置、功能信息及变电站配置描述语言。

（3）数据模型、通信服务和映射部分。从技术实现角度描述了 IEC 61850 的信息模型、通信服务接口模型以及信息模型与实际通信网络的映射方法，从而实现了系统信息模型的统一、通信服务的统一和传输过程的统一。

（4）测试部分。定义了验证互操作性的一致性测试方法、等级、环境和设备要求等。

3. IEC 61850 标准的特点

IEC 61850 引入了诸多先进的网络通信技术和信息处理技术，是一个开放的、面向未来的新一代变电站自动化系统通信协议。它具有以下的特点：

（1）开放性。由于电力市场的发展，实现电力过程控制的各种设备和系统必须集成为一个自动化系统，要求设备和系统必须是互操作的，接口、协议和数据模型必须是兼容的，并有足够的开放性。IEC 61850 就是为了实现这一个大目标而制定的。

（2）信息分层的变电站结构。标准将站内通信体系分为变电站层、间隔层、过程层，定义了信息分层概念和层与层之间的通信接口，使系统能在统一结构下进行信息的传输和利用。

（3）面向对象的数据对象统一建模。IEC 61850 采用面向对象技术，定义了基于客户机/服务器结构的数据模型。模型的构成不仅仅是数据集，而是数据与功能服务的聚会，模型中数据和功能服务相互对应，数据的交换必须通过对应的功能服务来实现。任何一个客户都可通过抽象服务接口和服务器通信来访问数据对象。数据与功能服务的紧密结合使模型具备了良好的稳定性、可重构性和易维护性。由于在信息源处进行建模，避免多余的中间数据模型转换，减少同一信息多处定义，限制多重数据管理，给投运、运行、维护、扩建带来了方便，调试容易可节约大量人力物力，为电力系统统一建模、实现无缝连接打下基础。

（4）采用面向对象、面向应用开发的自我描述的方法。以往的通信标准采用面向点的数据描述，数据收发方必须事先对数据库进行约定并一一对应，这样才能正确反映现场设备的状态，如需增、删某些信息，必须对协议进行修改，这就限制了新功能的应用和系统的扩充。IEC 61850 采用了面向对象的数据自描述，在数据源对数据本身进行自我描述，接收方收到的数据都带有自我说明，不需要再进行数据的工程物理量对应或标度转换。这种自描述数据是互操作的基础，并简化了数据的管理与维护工作。IEC 61850 提供了 80 多种逻辑节点名字代码和 350 多种数据对象代码、23 个公共数据类，涵盖了变电站所有功能核数据对象，提供了扩展新逻辑节点方法，规定了一套数据对象代码组成方法和一套面向对象服务，三者有机结合解决了面向对象自我描述的问题。

（5）采用抽象通信服务接口。IEC 61850 设计了独立于网络和应用层协议的抽象通信服务接口，定义了 14 类抽象通信服务接口模型，每类模型都由若干抽象通信服务组成，每个服务又都定义了服务的对象和方式。模型中通信服务通常分为两类：① 客户机/服务器结构主要应用在针对控制、读写数据值等服务中；② 发布者/订阅者模式主要应用在如采样值传输、通用变电站事件等快速和可靠的数据传输服务中。由于接口与所采用的通信技术、协议栈无关，用户可以应对和分享通信技术和网络技术迅猛发展带来的挑战与好处。

（6）定义了变电站配置语言。IEC 61850-6 定义和解释了基于 XML（可扩展标记语言）的变电站配置语言，标准化了变电站系统和装置配置的描述方法，可以描述变电站自动化系统内 IED 以及它们的相互关系，对变电站系统和装置的功能需求实现唯一表示。

【思考与练习】

1. IEC 组织制定 IEC 61850 的背景和目的是什么？与变电站自动化系统哪些问题和要求相关？
2. IEC 61850 由哪些部分组成？各自在标准中起什么作用？

模块2 数字化变电站的通信网络（GYBD00102002）

【模块描述】本模块介绍了数字化变电站内数据流及其特点、采用的主要网络技术以及组网方案。通过要点分析、图例说明、方案介绍，了解数字化变电站系统核心通信的概况。

【正文】

数字化变电站的功能完成依赖于通信，构建高速、可靠和开放的通信网络是数字化变电站的前提条件和核心技术之一。在数字化变电站中，由于过程网络的出现，数字化变电站通信网络在数据流、网络结构、功能和性能要求等方面与传统变电站存在较大差异。

一、变电站通信网络中的数据流

根据变电站的分层结构，需要传输的数据流有如下几种： 过程层与间隔层之间的信息交换，过程层的各种智能传感器和执行器与间隔层的装置交换信息，间隔层内部的信息交换，间隔层之间的通信，间隔层与变电站层的通信，变电站层的内部通信。

在数字化变电站网络中，各种数据流在不同的运行方式下有不同的传输响应速度和优先级的要求。对于经常传输各种测量量，如母线电压、频率、有功电量累计值等监视信息以及断路器位置、继电保护的投入与退出等状态信息，变压器、避雷器等的状态监视信息，数据的传输要求并不是很高，要求达到毫秒至秒级，有时允许有一定的延时；对于突发事件产生的信息，又分为需要快速响应的事故时断路器的位置信号、正常操作所引起的状态变化信息和允许延时发送的继电保护的状态信号和事件顺序记录、事故录波数据等带时标的扰动数据；对于过程层设备与间隔层设备交换信息，如光电电流互感器及直接采集的数字量等采样数据需以微秒至毫秒级高速传输且保证传输可靠性，而温度、压力等状态量要求并不高。此外，还包括报警、视频等大容量的非实时信息。

二、变电站自动化系统通信网络的基本要求

1. 功能要求

通信网络是连接智能电子设备（IED）的纽带，因此须支持各种标准化通信接口，须有足够的带宽和速度来存储和传送事件、电量、操作、故障以及录波等数据。为改善电压运行质量，无人值班变电站要求通信网络具有电压无功自动调节功能、系统对时功能等。另外，自诊断、自恢复以及远方诊断、在线状态检测则是针对运行维护而提出的几项功能要求。

2. 性能要求

通信网络是变电站实时信息交换不可或缺的功能载体，对其要求是可靠、实时、开放。

（1）可靠性。由于电力生产的连续性和重要性，站内通信网络的可靠性是第一位的，应避免一个装置损坏导致站内通信中断的情况。

（2）开放性。站内通信网络除了保证站内 IED 设备互联、便于扩展外，还应服从调度自动化的总体设计，硬件接口应为国际标准，选用国际标准的通信协议，方便用户系统集成。

（3）实时性。因测控数据、保护信号、遥控命令等都要求实时传送，虽然正常工作时站内数据流不大，但出现故障时要传送大量的数据，要求信息能在站内通信网络上快速传送。

三、数字化变电站中的以太网技术

以太网是目前应用最广泛的互联网络，在商业领域得到广泛应用。近年来，以太网技术也广泛应用到电力系统中，变电站层和远动中心之间的网络就是基于以太网的，而数字化变电站的分层结构以及网络技术的发展也决定了以太网技术是数字化变电站中的主要网络技术。

1. 以太网技术概述

以太网是一种采用总线竞争式介质访问的设备互联局域网组网技术，自诞生以来一直在不断创新，带宽从 10Mbit/s 发展到 1Gbit/s，传输介质由同轴电缆发展出双绞线、光纤和无线。其控制协采用载波侦听多路访问/冲突检测，具有发前先听、边发边听、碰撞后退避时延等特征，可有效减少网络冲突。以太网的网路拓扑结构主要有星型、环型、总线型三种。快速和交换式以太网的出现使以太网性能得到显著提升，并在工业现场得到应用与推广。

2. 对数字化变电站中以太网的特征要求

由于数字化变电站的特殊性，用于变电站的以太网与一般以太网存在较大区别，主要体现在网络规模、节点数目、安装环境、实时性要求、可靠性、故障自恢复以及安全性等方面。

（1）网络规模和环境要求。基于 IEC 61850 的变电站网络的规模由 IED 的数目及其分别位置，通常要求其支持的节点数目达到 100 或更多，需划分不同网段和子网。同时，覆盖范围也应能达到 5～1000m。IEC 61850 针对变电站网络环境的特殊性，制订了电磁干扰、温度变化范围、机械振动、污染和腐蚀、湿度和大气压等方面一系列的要求，并推荐解决方案。

（2）网络实时性要求。为了达到实时性的设计目标，提出了评估的量化指标，对报文类型进行了详细分类。将报文分为保护控制和计量与电能质量两类。在给定变电站内，并不需要全部通信连接支持同一性能类型，变电站总线和过程总线可独立选择，过程总线内可根据间隔内设备数量和通信速率选择不同性能类型。IEC 61850 还根据实现功能和对实时性要求的不同，将变电站自动化系统中的报文分为快速、中速、低速、原始数据、文件传输、时间同步以及存取控制命令 7 种类型，每类报文都规定了相应的传输时间要求。

（3）网络可靠性与信息安全要求。基于以太网的分层分布式网络可靠性应能实现故障预防、故障监测、故障允许、故障弱化与在线排除。IEC 61850 的开放性和标准性会带来安全性问题，应保证网络及二次系统信息保密性、完整性及确定性，需要采取报文加密与数字签名、调度专网、安装防火墙、划分功能子网、限定报文传输范围等信息安全防护措施。

3. 以太网实时性改进

以太网应用于变电站中最大的瓶颈是实时性问题，其载波侦听多路访问/冲突检测介质访问控制带来了时间不确定问题；而且节点采用事件驱动访问网络，造成了多点共享网络数据冲突问题；报文不支持优先级设定，节点冲突退避机制相同且时间随机。为了解决这些问题，一方面可通过合理分配或组合网络流量，减少数据冲突发生概率；另一方面可采取措施提高实时性或使其具有延时确定性。目前采用的技术主要有：具有微网段和全双工传输的特性交换式以太网技术，采用带优先级标签以太网数据帧解决实时和非实时数据竞争的 IEEE 802.1p 技术，按照逻辑关系划分成网段的虚拟局域网（VLAN）技术，解决广播数据包引起无限循环而导致的网络阻塞的快速生成树协议（IEEE 802.1w）。

四、数字化变电站通信网络组建

数字化变电站通信网络的组建是在实现自动化系统各项功能并满足传输时间要求的基础上，通过网络结构和节点分布的优化，提高网络实时性、可靠性、安全性和信息共享水平。IEC 61850 将变电站自动化系统划分为变电站层、间隔层和过程层，这种划分主要是用来在逻辑上表示变电站自动化功能的分类，实际上有些自动化设备涵盖了多层功能，因此，远动网络、变电站层与间隔层之间的站级网络、间隔层与过程层之间的过程网络的划分也只是用来在逻辑上表示网络承载的不同功能，实际网络的组建可不必拘泥于分层的划分，组网方法也无明确规定。

1. 网络拓扑结构

以太网有总线型、环型和星型三种基本拓扑结构。总线型具有较好扩展性，但缺乏可靠性；环型具有较好安全稳定性，但扩展性差、设备投资大；星型兼顾了网络的安全稳定性和可扩展性，且易于布线。通常可根据变电站的重要程度、网络节点数目、地理位置和建设资金，选择合理的结构。对于输电变电站的站级网络采用环型拓扑结构，单台交换机故障时只影响单个间隔；配电变电站的站级网络采用星型拓扑结构；过程层网络需根据不同间隔或功能划分成多个子网且子网的节点数目有限，通常采用星型拓扑结构。输电间隔要求保护装置双重化配置，因此间隔的过程层网络采用双星型拓扑结构；为了提高网络可靠性，避免出现单点故障，根据 IED 网络接口数目，站级网络和配电间隔的过程层网络也可采用双环或双星型拓扑结构。

2. 过程层总线的组网

过程层总线的组网与数据流要求、可靠性要求、安装时的实际情况密切相关，IEC 61850 中列举

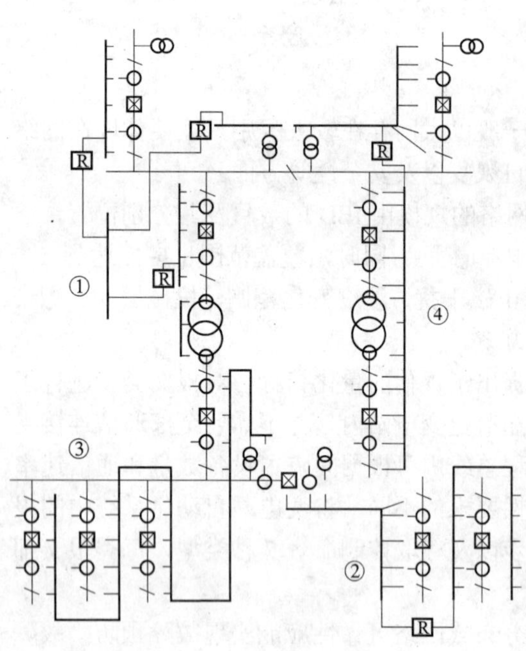

图 GYBD00102002-1 过程层总线组网的基本方案

了过程层总线组网的 4 种基本方案，体现了不同的组网原则，可以满足不同的数据流要求及可靠性要求，并可应用于不同场合，如图 GYBD00102002-1 所示。

（1）方案①：面向间隔。每个间隔有其自身总线段，继电保护和控制设备可从多个段取得数据，同时还装设独立的全站统一总线连接各间隔的总线段，设备的互操作性、互换性既可在 IED 层面获得，也可在间隔层面获得。面向间隔的组网方案结构清晰、易于维护，但需较多的交换和路由设备，成本较高。该方案适用于 220kV 及以上系统以及重要间隔。

（2）方案②：面向位置。每个间隔总线段覆盖了多个间隔。当 IED 的安装位置处于多个传感器的安装位置的中心时，从高压端到 IED 的光纤传输距离最短。另外，220kV 双母线接线多采用母线电压互感器，该互感器可以为多个间隔所共用，从而减少了安装数量。

（3）方案③：单一总线。所有设备都连接到全站单一总线，节省了交换机，成本较低，但可靠性差，需要较高的总线速率，适用于网络负荷较轻、对实时性要求不高的中低压系统。

（4）方案④：面向功能。总线段是按照保护区域来设置的，其突出优点是总线段之间的数据交换量最小。虽然需要路由器，但是段的安排能够减少段之间的传输的数据。

3. 变电站总线的组网

变电站总线的组网与变电站的类型相关。小型配电变电站只要求非常简单的连接间隔层和远方通信接口的通信总线，无间隔与间隔间的通信；中型的输、配电变电站，变电站层包括简单人机接口、远方控制网关，可能还包括电压自动控制功能等，要求变电站通信总线可以处理所有类型的报文，需要采用大的通信网络；大型输、配电变电站，变电站层包括全部人机联系功能，能够控制全部开关，可以传输全部单个的告警。变电站和控制中心之间通信可能由主链路和备用链路组成。变电站层总线要求由路由器或者桥连接的分段通信总线去处理所连接的设备的大量数据。为了限制每个段连接的节点数目，减少通过路由器传输快速报文，通信网络可能分成几段，甚至还需要双冗余的通信网络。

【思考与练习】

1. 支撑数字化变电站网络通信的核心技术有哪些？
2. 数字化变电站中传输的主要数据有哪些？特征是什么？
3. 数字化变电站网络通信组网的方案有哪些？各有什么特点？
4. 数字化变电站的以太网与其他网络有什么异同？

模块 3　电子式互感器基本原理及技术（GYBD00102003）

【模块描述】本模块介绍电子式互感器的基本原理、特点及构成等内容。通过结构分析、原理讲解、图片示意、应用举例，了解数字化变电站系统中一次设备的变化。

【正文】

互感器是为电力系统进行电能计量、测量、控制、保护等提供电流/电压信号的重要设备，其精度及可靠性与电力系统的安全、稳定和经济运行密切相关。随着电压等级的不断升高以及自动化技术的不断发展，传统的电磁式互感器已不能适应发展的需求。近年来，随着光电式、数字测量技术的发展和应用，各种光电式、纯光学电子互感器逐步走向成熟并得到应用，成为推动变电站过程层数字化的主要动力，为数字化变电站奠定了基础。

一、电子式互感器概况

1. 传统互感器的主要不足

传统的电流和电压互感器大多具有类似变压器的结构，属电磁感应式。随着电力系统电压等级的升高和传输容量的不断增大，传统的充油电磁式互感器暴露出一系列的缺点：绝缘结构复杂，造价高，在故障电流下铁芯易饱和，动态范围小，频带窄，受电磁干扰，二次侧开路会产生高电压，会产生铁磁谐振，易燃易爆，占地面积大等。

此外，电磁式互感器的额定参数主要是为了能为电磁式继电器提供足够的驱动，而目前广泛使用的微机保护从原理上只能接受弱电信号的输入，不得不在装置内增加电压、电流变换器，既增大了装置的复杂性，又降低了系统的可靠性。

2. 电子式互感器种类

电子式互感器泛指区别于传统电磁式互感器的电子化测量和数字化输出方式的互感器，涵盖不同的测量原理、方法以及测量传输方式。目前主要有利用光纤传输和采用光学方法测量两大类型。光纤传输型电子式互感器主要利用光纤传输经过电子测量回路转换的数字信号，并作为电子测量部分激光供电通道，解决了高低压隔离的问题。光学测量型电子式互感器采用磁光等原理直接测量电压、电流，光纤为主要测量元件。

目前，电子式互感器分类和对比的主要手段为量测量和测量原理。电子式电流互感器主要采用罗戈夫斯基线圈、光学装置或低功耗铁芯绕组等实现一次电流信号的转换。电子式电压互感器主要采用电阻分压器、电容分压器、串联感应分压器或光学原理等实现一次电压信号的转换。

此外，根据传感头部分是否提供电源，电子式互感器主要可分为有源式和无源式两类。根据安装方式，电子式互感器又可分为独立支撑型、GIS 型、套管型及独立悬挂型，其中前两种为主要应用方式，分别应用在敞开式变电站及 GIS 变电站。

3. 电子式互感器的主要优点

与常规互感器比较，电子式互感器主要有以下特点：

（1）高低压完全隔离，安全性高，具有优良的绝缘性能和优越的性价比。电子式互感器取消了铁芯，将高压侧信号通过绝缘性能很好的光纤传输到二次设备，这使得其绝缘结构大大简化，电压等级越高其性价比优势越明显。电子式互感器利用光缆而不是电缆作为信号传输工具，实现了高低压的彻底隔离，不存在电压互感器二次回路短路或电流互感器二次开路给设备和人身造成的危害，且光信号有电信号无法比拟的电磁兼容性能、安全性和可靠性。

（2）不含铁芯，消除了磁饱和和铁磁谐振等问题。电磁式互感器采用了包含铁芯的电磁感应原理，铁芯的存在不可避免地存在磁饱和及铁磁谐振等问题。电子式互感器在原理上与传统互感器有着本质的区别，一般不用铁芯做磁耦合，因此消除了磁饱和及铁磁谐振现象，从而使互感器运行暂态响应好，稳定性好，保证了系统运行的高可靠性。

（3）电磁式互感器需要提供较多绕组供不同的二次设备使用，而电子式互感器提供的是数字信号，二次设备可以共享电压、电流信号，减小了体积，节省了资源。

（4）动态范围大，测量精度高。电网正常运行时，电流互感器流过的电流并不大，但短路电流一般很大，而且随着电网容量的增加，短路电流越来越大。电磁式电流互感器因存在磁饱和问题，难以实现大范围测量，一台互感器很难同时满足高精度计量和继电保护的需要。电子式互感器有很宽的动态范围，一台电子式互感器可同时满足计量和继电保护的需要。

（5）频率响应范围宽。电子式互感器频率响应范围较宽，可以测出高压电力线上的谐波，还可进行电网电流暂态、高频大电流与直流的测量。

（6）没有因充油而存在易燃、易爆炸等潜在危险。电子式互感器的绝缘结构相对简单，一般不采用油作为绝缘介质，不会引起火灾和爆炸等危险。

（7）体积小、质量轻。电子式互感器质量与体积较电磁式互感器小很多，给运输和安装带来很大方便。

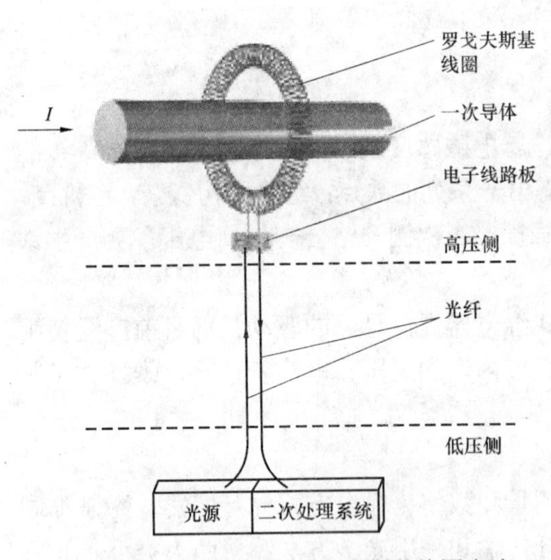

图 GYBD00102003-1 罗戈夫斯基线圈电流互感器系统示意图

二、电子式互感器的基本原理

（一）有源式电子互感器

因测量电压、电流的传感器由电子电路构成，需要供电，因此称为有源式电子互感器。根据空芯绕组和低功率绕组原理测量电流，根据分压原理（电阻、电感、电容）测量电压。相对来说，有源式电子互感器原理成熟，已经在国内外有了一定的应用。

1. 罗戈夫斯基线圈电流互感器

罗戈夫斯基线圈是缠绕在环状非磁性骨架上的空芯线圈，图 GYBD00102003-1 所示为罗戈夫斯基线圈电流互感器系统示意图，它是一种空气环形线圈，从根本上解决了铁芯线圈电流互感器的磁路饱和问题。根据相关电磁关系，一次电流通过罗戈夫斯基线圈环内的一次导线时，线圈两端的电压 $e(t)$ 与一次电流 I 的关系为

$$e(t)=-\frac{\mathrm{d}\Phi}{\mathrm{d}t}=-\frac{\mu_0 Nh}{2\pi}\cdot\ln\frac{R_a}{R_j}\cdot\frac{\mathrm{d}I}{\mathrm{d}t} \qquad \text{(GYBD00102003-1)}$$

式中 μ_0——真空磁导率；

N——线圈匝数；

h——非磁性骨架材料的高度；

R_a、R_j——非磁性骨架材料的内径、外径。

可见，罗戈夫斯基线圈的输出电压与电流变化率成正比关系，因此通过输出电压的积分即可获取一次电流大小。法拉第电磁感应原理是罗戈夫斯基线圈电流互感器的传感基础，它决定了罗戈夫斯基线圈电流互感器不能测量稳恒直流，对于变化比较缓慢的分量，比如非周期分量，也不能保证测量精度。很显然，罗戈夫斯基线圈电流互感器是存在测量频带问题的电流互感器。其优点是：动态范围广，线性度极好，无铁芯，不发生饱和且质量轻，仅用一路互感器即可完成计数和保护功能，可长时间保持精度稳定。其缺点是需在传感电压输出后加积分器重构电流信号。

为了减少测量信号的传输损耗，简化绝缘结构和降低绝缘费用，悬挂式罗戈夫斯基线圈电流互感器采用光纤信号传输方式，在高压端完成电光转换，然后通过光纤传输到低压端，传感头采用自供电和光纤有源供电方式。应用于 GIS 中的罗戈夫斯基线圈电流互感器，不需要高压端的电光转换，可直接在输出端进行数字变换，输出数字测量信号。

2. 带铁芯的低功率电流互感器（LPCT）

带铁芯的低功率电流互感器（LPCT）是常规感应式电流互感器的发展。由于现代电子设备要求的输入功率很低，因此不用像常规感应式电流互感器那样要考虑功率输出而设计出体积很小但测量范围却很广的变换器。常规电流互感器与 LPCT 应用系统示意图对比如图 GYBD00102003-2 所示。

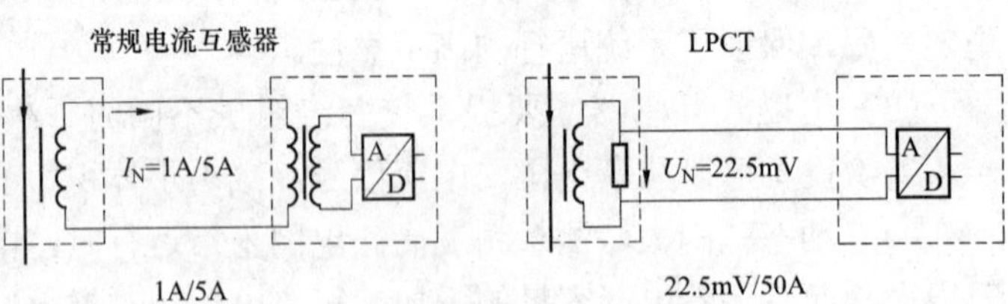

图 GYBD00102003-2 常规电流互感器系统示意图

LPCT 包含一次绕组、较小的铁芯和损耗极小的二次绕组，后者连接分流电阻，二次电流在分流电阻上产生的电压 U_s 在幅值和相位上正比于一次电流。分流电阻集成于 LPCT 中，所选分流电阻使其对互感器的功耗近于零，因而极大地扩大了测量范围，电流互感器在极高（或偏移）一次电流下会饱和的特性将得到极大改善，测量和保护也可能使用同一互感器。

3. 电阻电容分压式电压互感器

纯电阻分压器最大只能测量 132kV 的交流电（由于热效应和接地电阻的影响）。电容分压器精度高、线性好，且有很好的频率范围，因此被长期用于测试领域和 GIS 中的电压测量。基于电容分压原

理的电子式电压互感器主要应用于 GIS 和 PASS 等设备，它是将柱状电容环套在导电线路上以实现电压测量，原理如图 GYBD00102003-3 所示。为提高电压测量的精度，改善电压测量的暂态特性，在电容分压器的输出端并联一小电阻，它可降低积聚电荷及温度变化等因素对低压电容 C_2 的影响。电容分压器的输出信号 $u_o(t)$与被测电压 $u_i(t)$有如下关系

$$u_o(t)=RC_1\frac{du_i}{dt} \qquad \text{(GYBD00102003-2)}$$

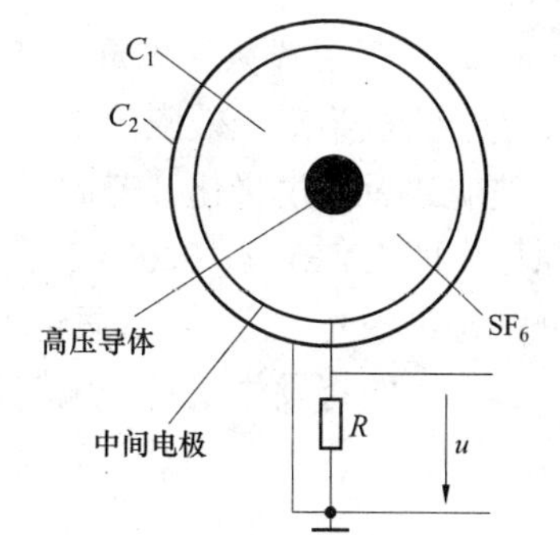

图 GYBD00102003-3　电容式分压器原理

C_1—高压电容；C_2—低压电容

根据式（GYBD00102003-2），利用电子电路对电压传感器的输出信号进行积分变换便可求得被测电压。

电阻电容分压器能在高压环境下运作且可直接充当电子仪器中的高输入阻抗。如果电容式分压器和高阻分压器并联安装，若固定电荷保持不变，可避免轻微相移和测量错误等问题。

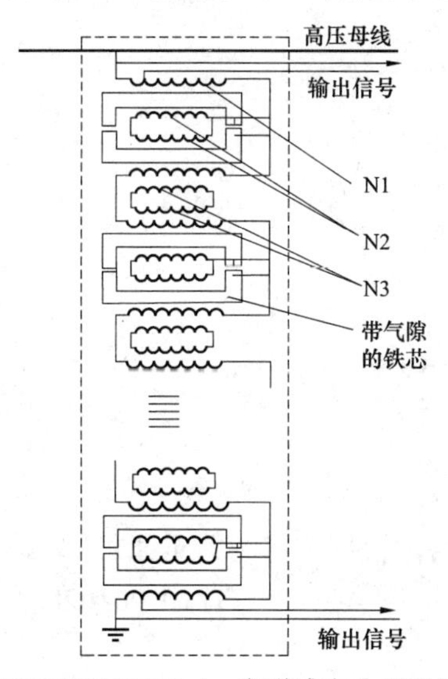

图 GYBD00102003-4　串联感应分压器原理

4. 串联感应分压电压互感器

基于串联感应分压原理的电子式电压互感器主要应用于户外敞开式变电站中，原理如图 GYBD00102003-4 所示，N1 为分压主绕组，N2 为平衡绕组，N3 为耦合绕组。它参照了串级式电压互感器的原理，由多级不饱和电抗器串联而成，输出电压信号从串联在电路中的小电抗上取出，根据需要，信号可以在高压端取出，也可以在分压器接地端取出。平衡绕组和耦合绕组的作用是保证感应分压器在不同电压、不同负荷（允许范围内）时，它的各个电抗器单元的磁通势平衡，而使各个单元承受电压均衡。该串联感应分压器的外绝缘采用硅橡胶复合材料，有很强的抗环境变化能力。内绝缘为固体绝缘材料，整个装置中无油、无气，可靠性强、安全性高。

5. 高压侧电子电路供能

有源电子式互感器需要向高压侧的有源电子电路供电，而供电的稳定性及可靠性将直接影响整个系统的工作稳定和特性，因此高压侧的电子器件供电成为有源电子式互感器测量系统的一项关键技术。

常见的高电压侧电子电路供能方式有两种：

（1）利用电磁感应原理从母线取电的供能方式。由普通铁磁式互感器从高压母线上感应得到交流电电能，经过整流、滤波、稳压后为高压侧电路供电。该方式绕组处在高压端，绝缘要求低，能大大简化设计，造价较低。缺点是母线未供电时或电流很小时（<5%），这种供电方式失效。此外，电力系统负荷变化很大，母线电流随之变化很大，母线短路瞬时电流可超过几十倍额定电流。如此大的工作范围为电源变压器和稳压电路的工作带来严重困难。

（2）激光供能方式。采用激光或其他光源从地面低电位侧通过光纤将光能量传送到高电位侧，由光电转换器件（光电池）将光能量转换成为电能量，再经过 DC-DC 变换后，提供稳定的电压输出。这种供电方式在实际使用中的可靠性比较高。其缺点主要是目前光电器件的价格比较高。另外，其主要部件激光晶闸管的工作寿命有限，如果长时间工作在驱动电流比较大的状态，激光晶闸管容易发生退化等现象，导致工作寿命迅速降低。

因此实际应用中常将上述两种供能方式结合起来，即在高压侧供能模块内设计一个自动切换电路，在正常负荷时选择绕组取电供能，否则采用激光供能方式。除了上述两种供能方式外，还有高压电容分压器供电、蓄电池供能、太阳能供电等方式。

（二）无源式电子互感器

与有源式电子互感器相比，无源式电子互感器的传感模块利用光学原理，由纯光学器件构成，不再含有电子电路，其有着有源式无法比拟的电磁兼容性能。

1. 法拉第磁光效应电流互感器

基于法拉第磁光效应的电流互感器（OCT）一直是光学电流传感技术的主流。单色光透过晶体结构（玻璃）后发生极化，若此时有磁场穿过，则单色光的转角将随磁场的大小而变化。法拉第磁光效应原理如图 GYBD00102003-5 所示。它通过测量由被测电流 i 引起的磁场强度的线积分来间接测量 i。根据法拉第磁光效应，线偏振光在与其传播方向平行的外界磁场的作用下通过介质（晶体或光学玻璃）时，其偏振面将发生偏转，偏转角 θ 为

$$\theta = \mu V \int_L H \cdot \mathrm{d}l \qquad \text{(GYBD00102003-3)}$$

式中 μ——法拉第磁光材料的磁导率；

V——磁光材料的 Verdet 常数，与介质的特性、光源波长、外界温度等有关；

H——作用于磁光材料的磁场强度；

L——通过磁光材料的偏振光的光程长度。

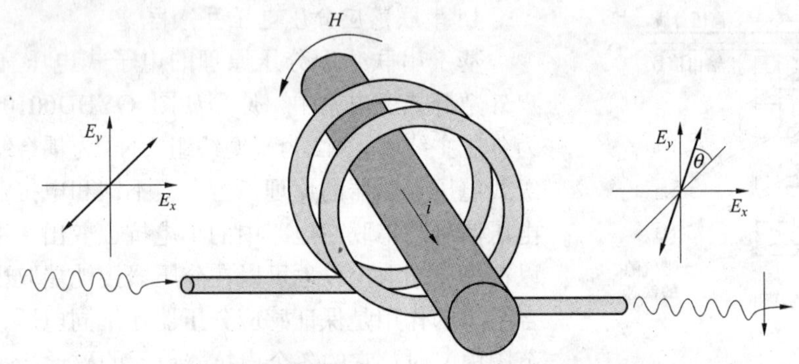

图 GYBD00102003-5 法拉第磁光效应原理

为求出上述积分而实现电流测量，可使线偏振光围绕 i 形成回路，根据安培环路定律可知

$$\theta = VNi \qquad \text{(GYBD00102003-4)}$$

式中 N——线偏振光围绕 i 的环路数。

法拉第磁光效应原理具有良好的测量线性度，不仅可以测量变化电流，而且可以测量稳恒电流。很明显，基于法拉第磁光效应原理的光学电流互感器在测量原理上不存在测量频带问题。它具有动态范围大、线性度好（50A 以下至 5kA，0.2 级）、无铁芯、不会发生饱和、可获得 0.1 级的高精度等特点，但容易受温度和机械因素的影响，还需要在使用期考核其精度的稳定性。

2. 普克尔电光效应电压互感器

这种互感器利用了普克尔效应原理，电压互感器的电压主要加在一种特殊的普克尔晶体的两侧，当偏振光穿过晶体时，光的极化偏振角度将随表面电压大小的变化而变化。这种电流的估算与通过法拉第磁光效应来测量电流的方法相类似。普克尔电光效应原理如图 GYBD00102003-6 所示。

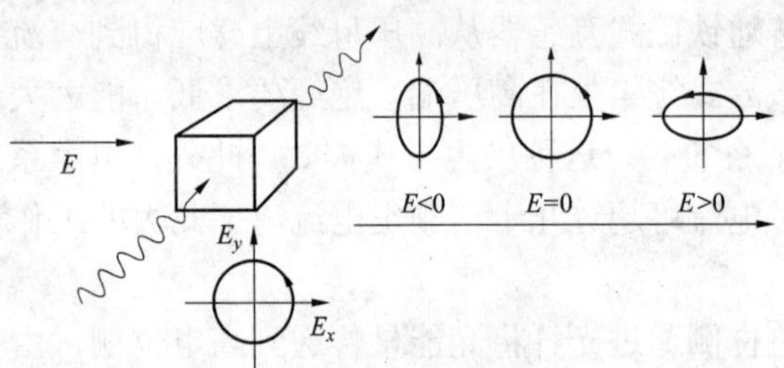

图 GYBD00102003-6 普克尔电光效应原理

三、电子式互感器的应用

电子式互感器以其优越的性能受到了普遍关注，国内外从 20 世纪 70 年代就开始了电子式互感器的研究与应用试验工作，ABB、西门子、阿海珐，NxtPhase 公司以及美国和日本的各大公司纷纷加入到研究的行列中并制造了相关产品。我国清华大学、中国电力科学院、南京南瑞继保电气有限公司（简称南瑞继保）、许继集团有限公司（简称许继）等单位也开始了这方面的研究工作。随着电子互感器的不断成熟，各种各样的电子互感器逐渐被应用到系统中，并在运行中得到了考验。

1. PCS-9250 电子式互感器

PCS-9250 电子式互感器是南瑞继保研发的电子互感器，包括 10～500kV 不同电压等级的独立型电子式电流电压互感器及 GIS 用电子式电流电压互感器。

（1）GIS 用电子式电流电压互感器。GIS 用电子式电流电压互感器主要由一次结构主体、一次传感器、远端模块三部分组成。其结构示意如图 GYBD00102003-7 所示。一次结构主体包括互感器罐体、变径法兰、绝缘盆子、一次导体等，内装电流电压传感器等部件，一次导体与互感器罐体间充 SF_6 绝缘气体。一次传感器包括两套完全相同的传感元件，每套传感元件包括一个低功率电流互感器（LPCT）、一个空芯绕组、一个同轴电容分压器。低功率电流互感器用于传感测量用电流信号，空芯绕组用于传感保护用电流信号，电容分压器用于传感电压信号。远端模块接收并处理低功率电流互感器、空芯绕组及电容分压器的输出信号，远端模块输出的数字信号由光缆传送至合并单元。

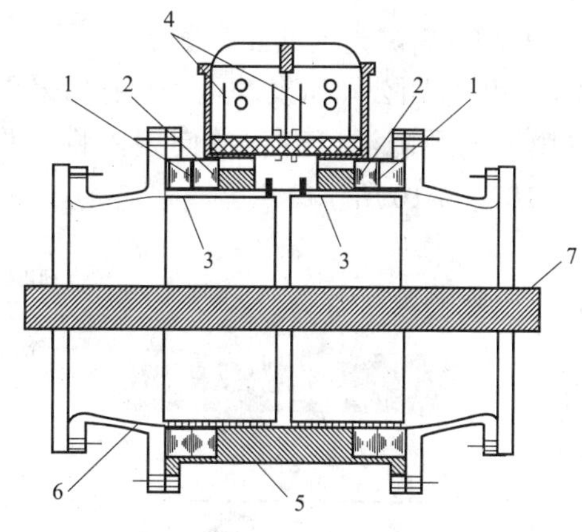

图 GYBD00102003-7　GIS 用电子式电流电压互感器结构示意图

1—低功率电流互感器；2—空芯绕组；3—中间电极；4—远端模块；5—一次罐体；6—变径法兰；7—一次导体

110kV GIS 用电子式电流电压互感器为三相共箱结构，用于三相共箱 GIS 中，220、330kV 及 500kV GIS 用电子式互感器为单相结构。图 GYBD00102003-8 为 220kV GIS 用电子式电流电压互感器实物照片。

图 GYBD00102003-8　220kV GIS 用电子式电流电压互感器

（2）电流电压组合互感器。独立型电子式电流电压组合互感器由低功率电流互感器（LPCT）、空芯绕组、取能绕组、远端模块、电容分压器、光纤绝缘子及合并单元等部分构成，其结构示意和实物如图 GYBD00102003-9 所示。

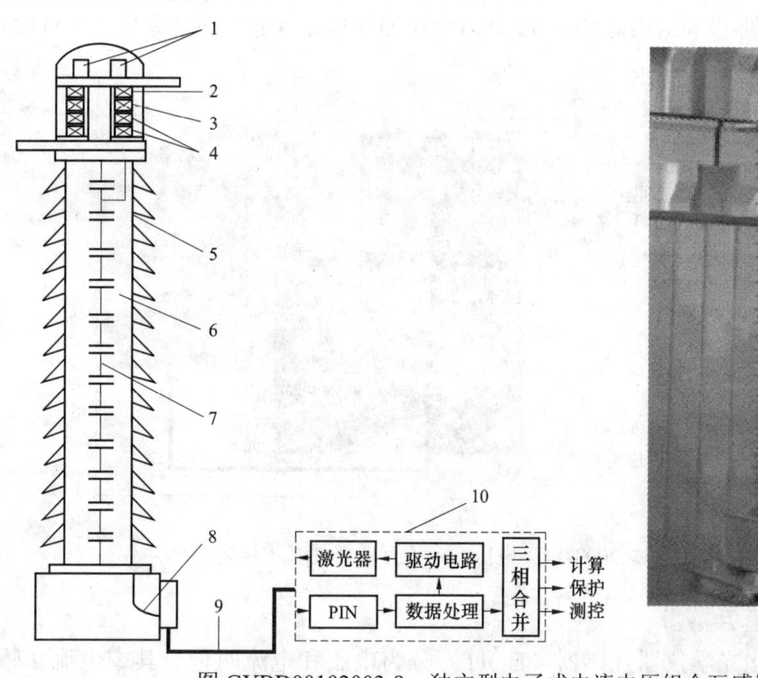

图 GYBD00102003-9　独立型电子式电流电压组合互感器

1—远端模块；2—取能绕组；3—LPCT；4—空芯绕组；5—光纤复合绝缘子；6—绝缘油；7—电容分压器；8—光纤；9—光缆；10—合并单元

2. LDGDZB 磁光电流互感器

西安同维集团公司研发的电流互感器采用磁光效应工作原理，其中所采用的磁光玻璃 TW863D 解决了灵敏度系数随温度变化的问题，将工作范围扩展到了–40～80℃。其结构示意和实物图如图 GYBD00102003-10 所示。

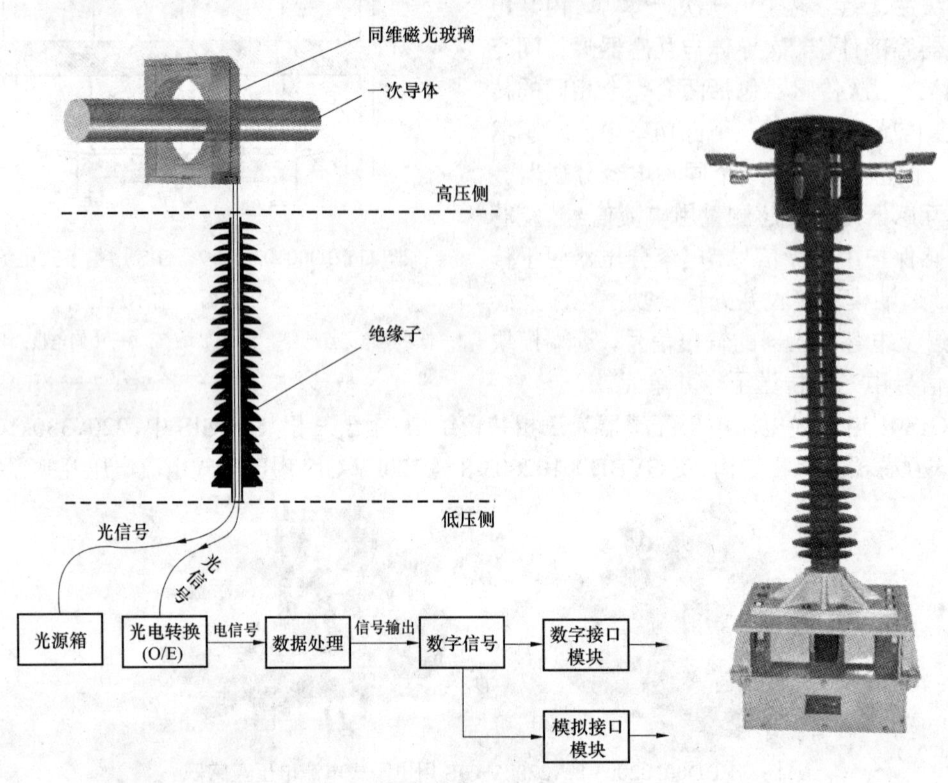

图 GYBD00102003-10 同维 LDGDZB 磁光电流互感器

3. NVXCT/NVXPT 电流电压互感器

NxtPhase 公司分别研发了光纤电流和电压互感器，并将两者组合在一起。图 GYBD00102003-11 所示是其电压、电流互感器的基本结构。图 GYBD00102003-12 所示是其在加拿大 DEMAND 应用的情况。

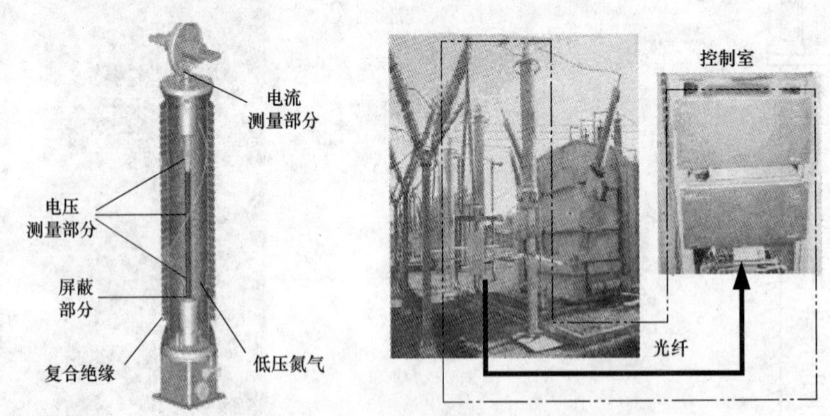

图 GYBD00102003-11 电压、电流互感器的基本结构

4. ABB 数字化光学仪器互感器

ABB 公司研制的数字化光学仪器互感器（DOIT）分为电压和电流两种。其中电流互感器采用罗戈夫斯基线圈方式测量，利用光纤传输和为测量部分供电；电压互感器采用电容电阻分压、光纤传输和供电方式。图 GYBD00102003-13 所示为其实物图及在实际中的应用情况。

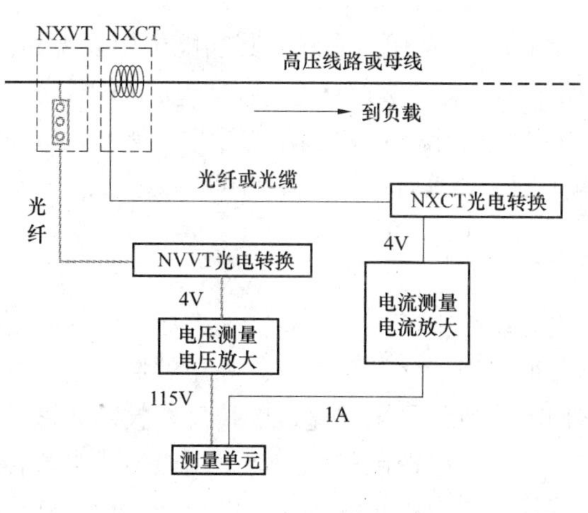

图 GYBD00102003-12　电压、电流互感器的应用

图 GYBD00102003-13　数字化光学仪器互感器

【思考与练习】

1. 电子式互感器的优缺点是什么？
2. 常见的电子式互感器的工作原理有哪些？各有什么特色？适用范围如何？

模块 4　智能化电器设备（GYBD00102004）

【模块描述】本模块主要介绍开关智能化的基本内容，智能化开关基本结构、特点、设备的应用模式以及和二次系统的连接。通过概念讲解、图片示意、实例介绍，了解智能化开关系统，掌握智能化开关控制的内容。

【正文】

智能化开关设备是指配有电子设备、数字通信接口、传感器和执行器，不但具有分合闸基本功能，而且在监测和诊断方面具有附加功能的开关设备。智能化开关设备是变电站过程层数字化的重要组成部分。

一、智能化开关设备的概念

近年来，随着电气技术、自动化技术、通信技术的不断发展，出现了将保护、监测、控制等功能集成为一体的开关设备，有些还能检测自身运行工况，进行运行状态自诊断和操作过程智能控制，实现智能操作。因此，把这些配有电子设备、传感器和执行器，不仅具有开关设备的基本功能，还在监测和诊断方面具有较高性能的开关设备和控制设备称为智能化电器设备或智能化开关设备。

一般来说，智能化电器设备除满足常规电器设备的原有功能外，其功能主要表现为：① 在线监视功能。监测电、磁、温度、开关机械、机构动作等状态并进行状态评估。② 智能控制功能。能够完成最佳开断、定相位合闸、定相位分闸、顺序控制等控制。③ 数字化的接口。能通过数字化接口传输位置信息、其他状态信息、分合闸命令。④ 电子操作。具有电子控制的可控操动机构，动作可靠性和寿命高。

二、智能化开关设备的现状

近年来，世界上先进的工业国家都看好在电力系统中高压领域智能化高压开关的发展前景和潜在的效益，加大了研究的投入和开发的力度，已有很多智能化开关面市。高压领域典型的有东芝公司的C-GIS和ABB公司的EXK型智能化GIS，它们的特点都是采用先进的传感器技术和微计算机处理技术，使整个组合电器的在线监测与二次系统在一个计算机控制平台上，采用光电式电流传感器和电压传感器替代传统的电磁式电流互感器和电压互感器。在中压领域较典型的有20世纪90年代初的富士公司的智能式真空断路器及VM1型真空断路器。富士公司的智能式真空断路器包括了自动保护功能、早期维护功能和信息传递功能；VM1型真空断路器除了新颖的一体化绝缘结构外，最显著的特色是采用了永磁操动机构和新型传感器。

三、智能化开关设备相关技术

1. 开关工作状态的监测与诊断

监测与诊断是智能化开关设备的重要环节，计算机技术、传感技术与微电子技术的进步，使智能化开关的监测与诊断的要求得以实现。它包含了以下具体功能：

（1）灭弧室电寿命的监测与诊断。通过监测累计开断电流和合分次数，根据每次开断电流计算不同开断电流下的磨损量，就可以预测和评估灭弧系统的电寿命。通常可采用记录合分次数、开断电流加权累计值，逾限报警的方法来监测电寿命。对于真空断路器来讲，灭弧室除了电寿命外，还有真空度的监测。

（2）机械故障的监测与诊断。大量统计资料表明，高压开关事故的70%～80%出在操动机构和控制回路。开关的机械部分比较复杂，且长期不动作，监测较为困难，常需要监测分合闸回路电特性、分合闸机械特性、关键部分的机械振动波形信号等状态，采用多种技术综合判断。

（3）绝缘状态的监测。监测气体压力、局部放电，用以预报绝缘等事故。

（4）载流导体及接触部位温度的监测。利用红外光辐射或感温元件测量温度信号，测量导体和母线连接处因接触电阻增大而导致的温度增加。

2. 开关的智能操作

开关的智能操作是智能化开关最典型的应用，它是将智能化技术引入开关的电气性能中，使开关能更好地完成开断任务和提高开断的可靠性，提高其综合技术性能，无论是对生产运行还是研究制造都具有十分重要的作用和价值。

（1）智能操作的内涵。目前认为，智能操作包括以下两方面：

1）要求开关的操作过程可根据电网或设备的不同工况自动选择和调整，使系统处于最理想的工作条件。如对于自能式开关的分断操作，小负荷时触头以较低的速度分断，既可保证所需的灭弧能量，又可减少机械损耗；而在接到短路信号时则以全速分断，获得电气和机械性能上的最佳开断效果。这种变速操作打破了传统开关单一分闸特性的概念，实际上是操作过程的智能化。

2）要求开关在零电压下关合，在零电流下分断，即开关的同步分断与选相合闸。同步分断可以大大提高开关的分断能力，一台低成本的小容量开关可分断10倍以上容量的电流；选相合闸可以避免系统的不稳定，克服容性负荷的合闸涌流与过电压。

总的来看，智能化开关的操作过程为：不断从电力系统采集特定信息，据此判别开关的工作状态并随时处于操作准备状态。当继电保护装置向开关发出分闸信号或正常操作命令后，控制单元根据一定的算法求得开关操动机构最佳过程，并驱动操动机构调整至该状态，从而实现最优操作。

（2）开关的同步分断与选相合闸。现代传感器可方便地取到交流电压或电流变化率的零点信号，从而控制操作信号发出时刻。选相合闸是指采用一定技术使开关在指定相角处合闸，同步开断是在电压或电流的指定相位完成电路的断开或闭合，它们都能大幅度降低合闸操作过程中的过电流和过电压，从而提高开关的寿命和整个电力系统的稳定性。

（3）程序控制操作。为了降低开关操作复杂程度，提高操作效率和可靠性，减少人为操作失误引起的电网事故，出现了一种对紧凑型开关设备实现程序化控制的应用。在紧凑型开关柜中，对开关柜的开关分合闸、开关手车的移进移出、接地开关开合等操作，可以实现电动式控制，其控制可以由计算机软件完成。即将所有操作步骤固化在程序中，并按照编排的程序和闭锁条件逐批逐模块执行。采用程序化控制可大大简化操作，自动判断约束条件，避免误操作。

（4）电子操作。电子操作是一种尽可能地用电子控制取代机械传动、连锁与脱扣的机构。它依赖电力电子器件，保证了执行指令的时间精度可达到微秒级，使机构的响应时间可控，能在所希望的相位上动作，解决了目前高压开关的操动机构因环节多、累计运动公差大而导致响应时间分散性大的问题。此外，电子操作能直接与数字电路接口，驱动电路简单，所需功率很小。目前，电子操动机构主要有电容励磁直流电磁机构、永磁操动机构。

实现电子操作首先要解决能量转换问题。中压开关使用储存于弹簧中的机械能作为动作能量，能量释放时间控制分散性大，而经典直流电磁机构的电磁铁励磁时间很短，仅几毫秒到十几毫秒，但对电源功率要求高，经济性和可控性都比较差。而在脉冲功率技术中的电容器放电条件下，直流电磁机构的要求很容易实现，且电容器的充电电源功率可以很小，交直流灵活。同时，电容器储存电能的效率及可控性均远优于力学储能形式，用电容器做励磁电源的改进型直流电磁机构可以用于开关的精确操作。

电子操作的反应速度和完善的功能还要求彻底改造传统机构的传动系统，应用新的机理减少环节。永磁操动机构就是利用永磁铁实现锁扣功能，大大减少了传动环节。永磁铁通过磁路的闭合提供了锁扣的力量，励磁绕组通电时可改变磁路中的合成磁通，并驱动铁芯运动形成另一闭合的磁路，使传统机构数以百计的传动零件减少到几个零件，大大提高了反应速度、精度以及整机可靠性。永磁操动机构出现的初衷正是以简化部件、提高可靠性为目的，但它更深远的意义是大大提高了机构的可控性，由原来毫秒级的机构控制时间分散性进步到微秒级的电信号控制，由机械储能、机械脱扣进步到电储能、电信号直接触发动作。

四、智能化开关设备

（一）PASS组合式智能化开关

1. 概述

PASS（Plug And Switch System）开关是一种组合式智能化电器设备，它由金属外壳封闭，把SF_6气体绝缘的断路器、隔离开关、接地开关、电流互感器及复合绝缘套管分相组合，并由传感器与传动结构处理接口进行数据采集、处理以及通过光纤与外部交互信息。PASS集成了GIS的优点，具有结构简单紧凑、占地面积小、可靠性高、安装方便、免维护等特点。图GYBD00102004-1为PASS智能化开关系统和组合开关结构图。

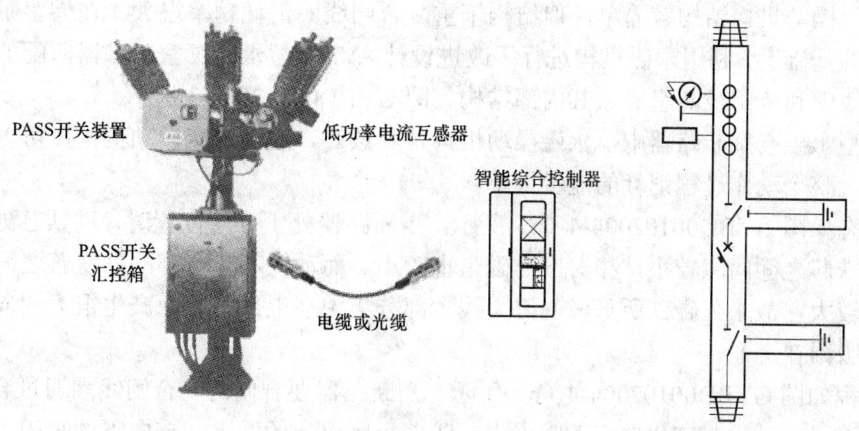

图GYBD00102004-1　PASS智能化开关系统图和组合开关结构图

从结构与性能上，它具有以下特点：

（1）所有一次部分均设计在同一SF_6气室中，取消出线隔离开关及接地开关等，继承了GIS的优点，同时简化了设备，价格比GIS便宜。所有操作功能都融合在一个操作箱内，可动元件少，布置紧凑。

（2）在一次设备中采用了智能化传感器技术和微处理技术，通过数字通信实现对设备的在线监测、诊断、过程监视和站内计算机监控。从PASS开关到继电保护、测量计量及监控系统均采用光缆连接，二次电缆少。

（3）用一次设备的在线监测、自动状态校核和缺陷报警等代替传统的定期检查试验和预防性试验，将定期检查改变为状态检修，运行人员可根据设备运行状况及趋势分析结果，安排检修和维护时间。这样既减少了设备停电检修的几率和时间，减少了运行成本，也减少了人为因素造成的设备损坏。

（4）检修时整体更换，无须拆装和调试，减少了停电时间。

2. PASS的智能化设计

采用带铁芯的低功率电流互感器来代替常规的电流互感器，将常规的保护、测控单元直接就地安装，将PASS开关装置、采集开关状态物理量的传感器和智能综合控制器组合起来，采用屏蔽电缆或者光纤连接，实现PASS开关智能化。

（1）采用带铁芯的低功率电流互感器（LPCT）。PASS开关上采用带铁芯的低功率电流互感器（LPCT），可以为此实现体积很小但测量范围却很广的设计。

（2）采用监控传感器。采用的传感器有：气体密度测量传感器，测量电压电流的传感器，用于监测断路器、隔离开关、接地开关的传感器，反映物理现象的传感器（如电弧放电、温度、湿度等）。这些传感器必须满足高可靠性和寿命要求。

（3）PASS开关智能综合控制器。PASS智能控制系统主要由以下几部分组成：PASS开关运行状态和运行参数信息采集系统，PASS开关就地控制和保护单元，PASS开关运行状态分析系统，光纤通信系统，信息记录、故障分析和定位单元。各个功能部分由独立的智能模块各自完成，并通过通信有机连成一体，同时通过互为热备用的双光纤以太网接口，与变电站的上一级监控系统连接，完成数据交换和控制功能。它可以完成断路器、隔离开关的一切在线监测功能，本间隔内所有综合自动化要求的保护、测控、“五防”、通信功能，显示人机界面等功能。

（二）VM1型永磁真空断路器

VM1型永磁真空断路器是一种采用永磁操动机构的真空断路器，它将浇铸在环氧树脂中的免维护真空灭弧室、免维护电子控制器以及传感器结合起来，配以新的永磁操动机械，形成了一种智能化的新型断路器，其基本结构如图GYBD00102004-2所示。

1. 永磁机构的构成及动作原理

传统的操动机构有弹簧操动机构和电磁操动机构。弹簧操动机构由弹簧储能、合闸、保持合闸和分闸几个部分组成，优点是不需要大功率的电源，缺点是结构复杂、制造工艺复杂、成本高、可靠性较难保证。电磁操动机构结构较简单，但结构笨重，合闸线圈消耗功率很大。在借鉴了以上两种操动机构的优缺点的基础上，利用永磁机构进行了改进设计。VM1型永磁真空断路器所配的永磁机构由永久磁铁、合闸线圈和分闸线圈组成。其内部结构如图GYBD00102004-3所示。

在VM1型永磁真空断路器中，永磁操动机构是其核心，通过永磁操动机构，可以实现断路器的分、合和保持，整个动作过程消耗的能量很小。

其分闸状态如图GYBD00102004-4（a）所示，当断路器处于分闸位置时，动铁芯处于上部，动铁芯与上部的静铁芯之间间隙较小，相对应的磁阻也较小，而动铁芯与下部的静铁芯之间间隙较大，相对应的磁阻也较大，故永久磁铁所形成的磁力线大部分集中在上部，从而产生很大的向上吸引力，将动铁芯紧紧地吸附在上面。

其合闸过程如图GYBD00102004-4（b）所示，当断路器要合闸时，合闸线圈通过合闸电流，产生感应磁场，该磁场对动铁芯产生向下的吸引力，随着合闸电流的增大，该向下的吸引力由小变大，当合闸电流到达某一临界值时，动铁芯受到的合力方向向下，开始向下运动。

其合闸状态如图 GYBD00102004-4（c）所示，当动铁芯到达下部时，永久磁铁和合闸线圈两者产生的磁场将动铁芯牢牢地吸附在下部。几秒钟以后，合闸电流消失，此时永久磁铁产生的磁场将动铁芯保持在下部位置。至此，断路器完成合闸操作。

基于同样的原理，当分闸线圈得电后，动铁芯向上运动，同样由永久磁铁将它保持在分闸位置。

由以上动作原理可知，永久磁铁与分合闸线圈相配合，较好地解决了合闸时需要大功率能量的问题，因为永久磁铁可以提供磁场能量，作为合闸之用，合闸线圈所需提供的能量便相对可以减少，这就可以减小合闸线圈的尺寸和工作电流。

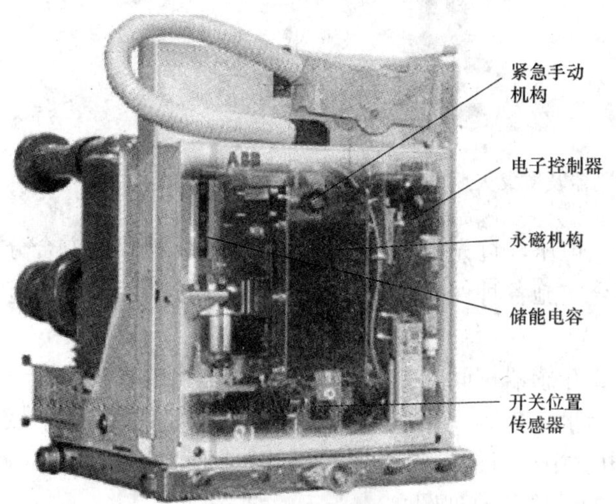

图 GYBD00102004-2　VM1 型永磁真空断路器的基本结构

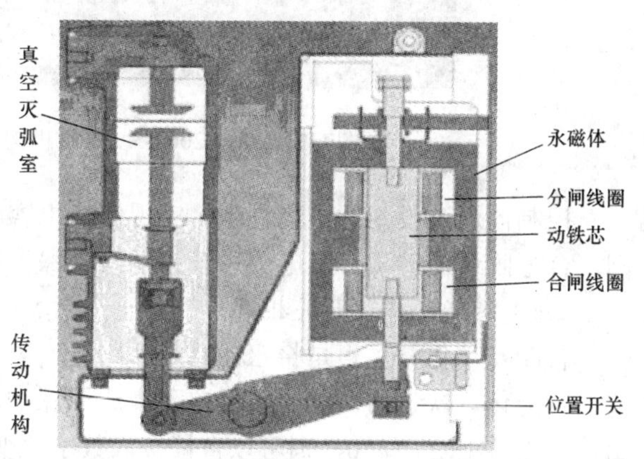

图 GYBD00102004-3　VM1 型永磁真空断路器单相剖面图

(a)
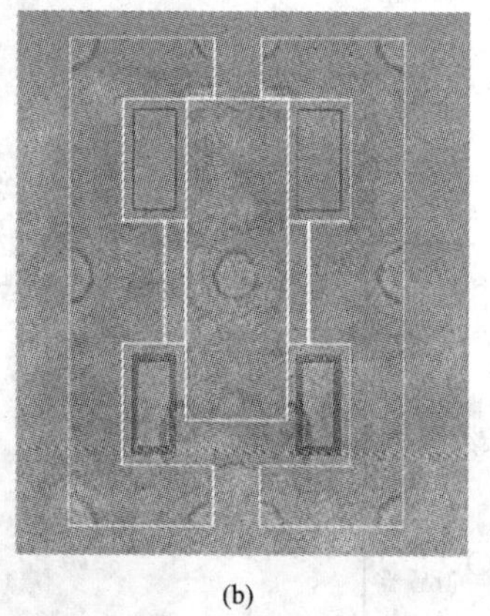
(b)
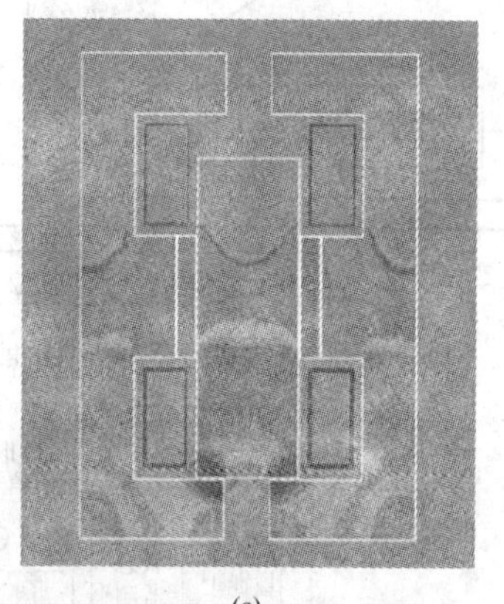
(c)

图 GYBD00102004-4　永磁机构磁场分布与位置图

（a）分闸位置；（b）临界位置；（c）合闸位置

2. 永磁机构的控制部分

永磁操动机构控制器是永磁机构真空断路器的核心控制单元，用以采集信号和执行控制命令，包括电源模块、驱动模块、保护测量模块及其他功能模块，采用按钮和遥控装置进行断路器的分、合闸。具有防跳跃、三次重合、欠电压保护、过电流和速断等功能，并且可以智能识别，有效躲避合闸涌流。图 GYBD00102004-5 为永磁机构控制器及罗戈夫斯基线圈电流互感器。

电源模块的输入电压允许一定波动范围，输出电压则稳定在 80V，这就避免了系统低电压或过电压时断路器无法正常工作的问题。储能电容器用于储存能量，当合分闸时，它向合闸线圈或分闸线圈提供高达 2600W 的脉冲电能，使断路器完成合分闸操作。每次放电后，它能在 10s 内被重新充电。晶体管和晶闸管等电力半导体用于分合闸电流的控制。当分合闸线圈突然失电时，由于分合闸线圈属电感性元件，电流不能突变，会产生过电压，这时采用续流二极管可以很好地解决这一问题。

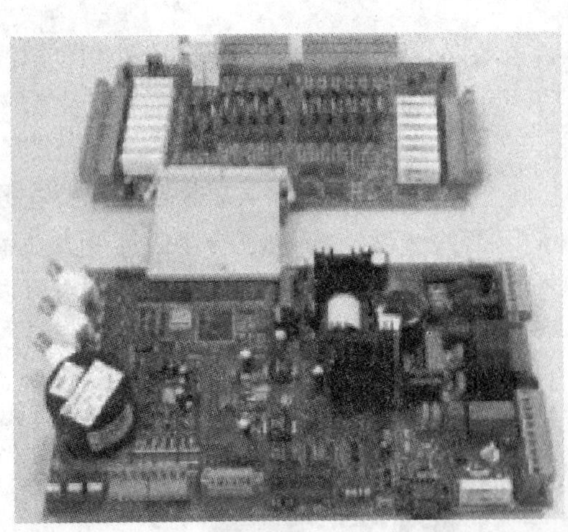

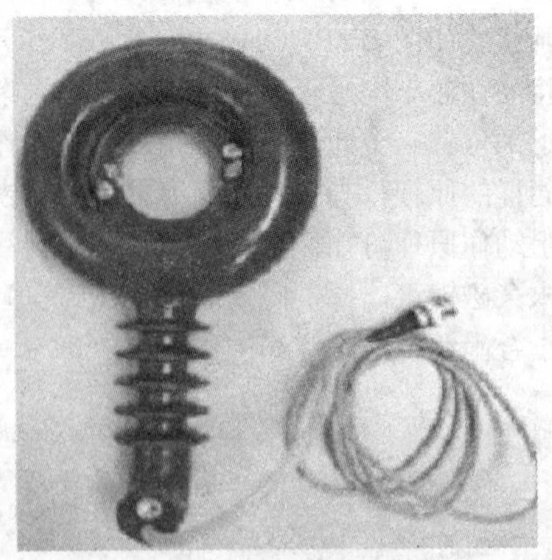

图 GYBD00102004-5 永磁机构控制器及罗戈夫斯基线圈电流互感器

控制器通过设定的预置程序，实现储能电容充电恒压，过充电截压保护，就地合分闸和远方合分闸，合分闸遥信输出，与电力系统自动综合保护联合实施各种保护合闸和重合闸操作等功能。

（三）智能一体化开关柜

智能一体化开关柜是将永磁真空断路器、电子式互感器、间隔智能化单元、数字化电表集成在一起的智能化一次设备。其中智能单元集成了保护、测量、控制、状态监测等功能，并具有网络通信接口，如支持 IEC 61850，则可以直接接入数字化变电站中。目前，国内已有多家企业研发了相关产品，图 GYBD00102004-6 所示为一种智能一体化开关柜的结构及原理图。

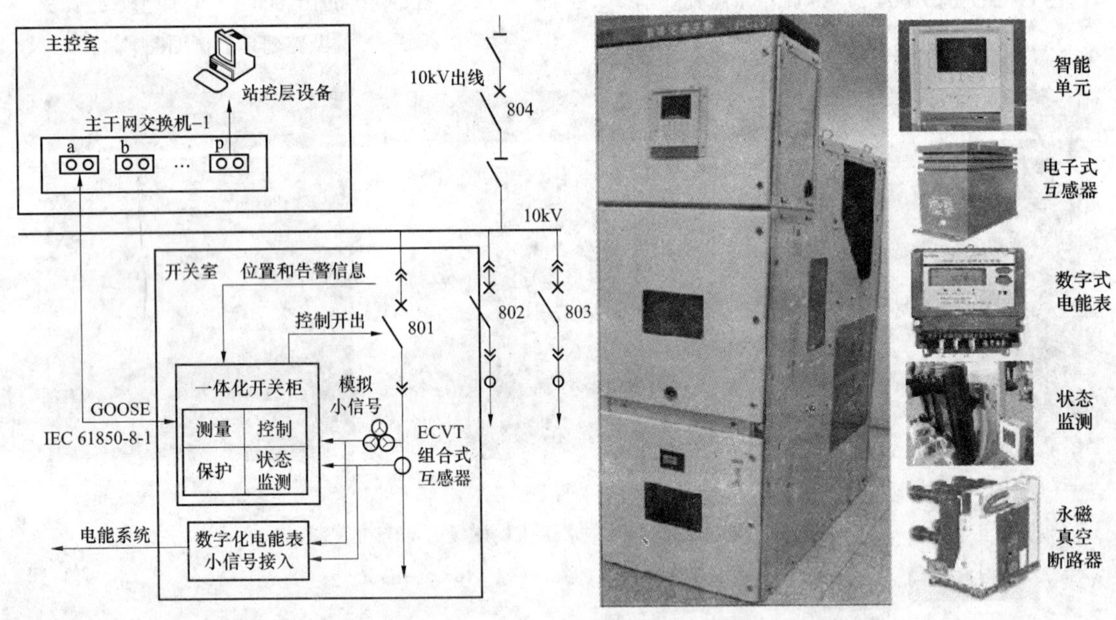

图 GYBD00102004-6 一种智能一体化开关柜结构及原理图

五、应用前景展望

智能化开关设备是将计算机、信息技术与传统开关设备组合，而具有智能功能的开关设备，是国际上最近才兴起的一种产品，由于有明显技术优势，发展速度比较快。目前国内在高档开关柜中（组装柜），智能化率已达到 50%以上，今后随着智能化技术更成熟，智能化单元、传感器等价格降低，会逐步在整个开关柜中普及。

【思考与练习】

1. 什么是智能化开关系统？
2. 开关智能化控制的内容有哪些？

模块 5　数字化变电站的实现（GYBD00102005）

【模块描述】本模块介绍数字化变电站的信息应用模式，实现数字化变电站的几个关键因素、几种技术方案等内容。通过要点归纳讲解、图片示意、方案介绍，掌握数字化变电站的实现方式和信息应用。

【正文】

一、数字化变电站的基本方案

根据变电站的规模、等级、要求和投资，可以选择不同数字化变电站实现方案。通常有 4 种形式的实现方案。

1. 两层式数字化变电站

过程层采用常规的一次设备，一、二次设备间用电缆连接，间隔层和变电站层之间采用以太网实现 IEC 61850 协议，对时采用 SNTP 协议或 IRG-B。图 GYBD00102005-1 所示为该方案的基本结构。

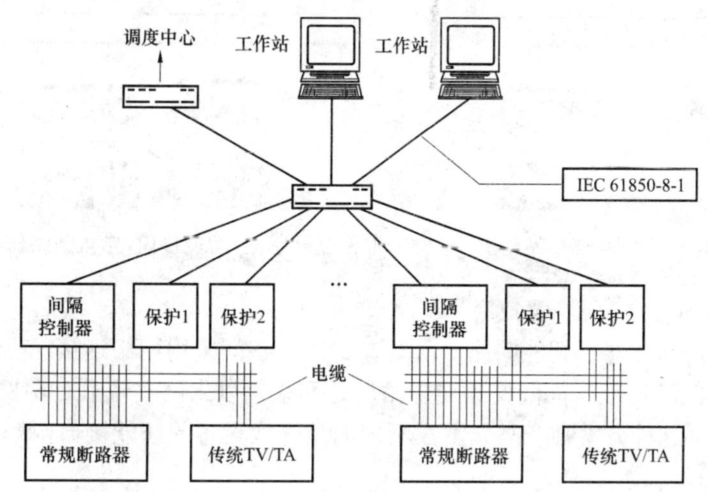

图 GYBD00102005-1　两层式数字化变电站方案的基本结构

2. IEC 61850+非常规互感器

过程层采用非常规互感器和常规断路器，一、二次设备间采用电缆、网络混合连接，支持 IEC 61850-9-1/IEC 61850-9-2 协议，间隔层和变电站层之间采用以太网实现 IEC 61850 协议。图 GYBD00102005-2 所示为这种方案的基本结构。

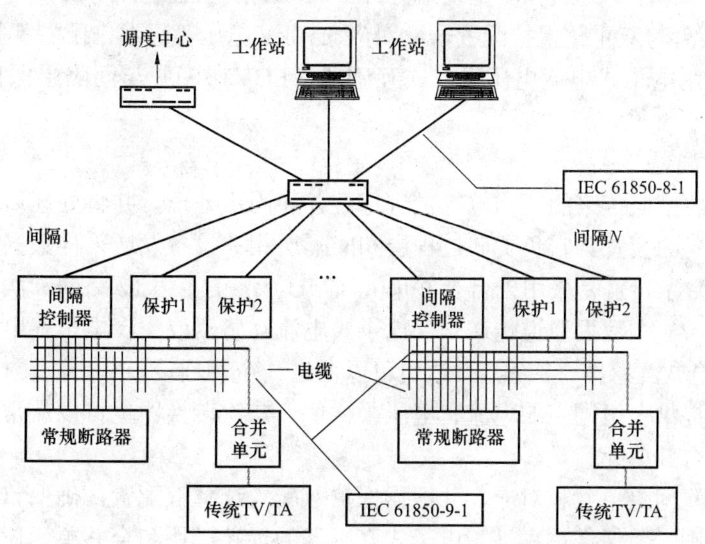

图 GYBD00102005-2　数字化变电站“IEC 61850+非常规互感器”方案的基本结构

3. IEC 61850+非常规互感器+智能接口+常规断路器

过程层采用非常规互感器+智能接口+常规断路器；一、二次设备间采用网络连接，支持 IEC 61850-9-1/IEC 61850-9-2 标准协议、IEC 61850 GOOSE 协议；间隔层和变电站层之间采用以太网实现 IEC 61850 标准协议。图 GYBD00102005-3 所示为这种方案的基本结构。

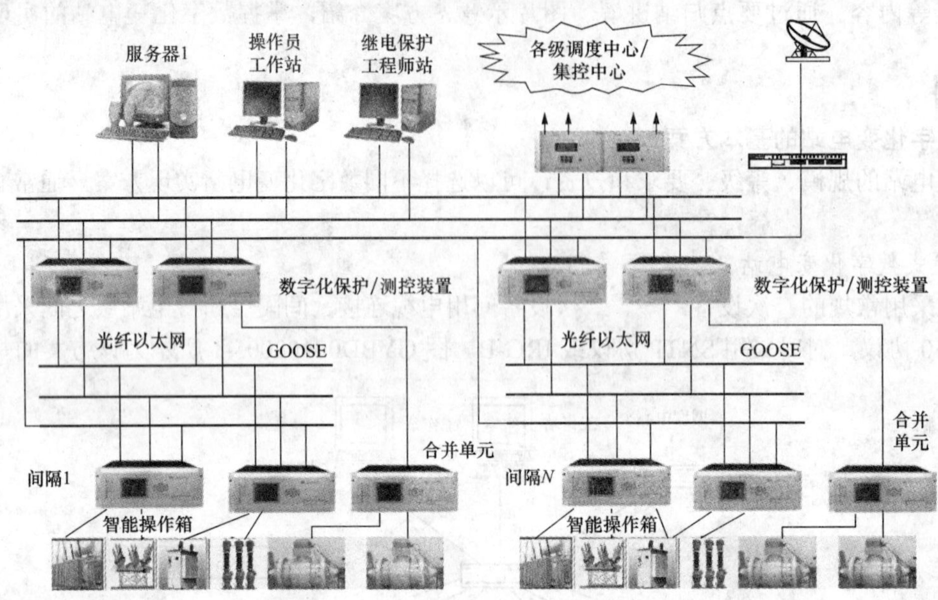

图 GYBD00102005-3 数字化变电站“IEC 61850+非常规互感器+智能接口+常规断路器”方案的基本结构

4. IEC 61850+非常规互感器+智能断路器

过程层采用非常规互感器、智能断路器；一、二次设备间采用网络连接，支持 IEC 61850-9 标准协议，IEC 61850 GOOSE 协议；间隔层和变电站层之间采用以太网实现 IEC 61850 标准协议。可参见图 GYBD00102005-3。这种方案唯一与方案 3 不同的是一次设备的智能接口由智能断路器本身完成。

二、过程层的实现

过程层设备主要包括电子式互感器和智能一次设备。可以选用电子式互感器或传统互感器加智能终端实现模拟量数字化。

1. 电子式互感器的配置

互感器配置原则是保证一套系统出问题不会导致保护误动，也不会导致保护拒动，基本按间隔配置，每个开关间隔配置一组电流互感器。每段母线配置一组电压互感器。通常可依精度要求引出计量、测量、保护抽头，也可将保护绕组和测量绕组分开。220kV 及以上电压等级，通常设保护双绕组，并设独立的数据采集电路，与双重化保护配置一一对应。110kV 电压等级通常配置保护单绕组。而 35/10kV 及以下电压等级则采用电子式电流电压组合式互感器（ECVT），并与间隔层保护测控装置、电能表采用弱电接口方式。

2. 合并单元及其配置

合并单元是对传感模块传来的三相电气量进行合并和同步处理，并将处理后的数字信号按特定的格式提供给间隔级设备的装置。它负责向过程层和间隔层相关设备发送采样数据，是过程层的电子式互感器数据源。通常数字传输是采用一台合并单元（MU）汇集多达 12 路的二次转换器数据通道的采样值并由以太网输出，一个数据通道传送一台电子式电流互感器或一台电子式电压互感器采样测量值的数据流。多相或组合式互感器，多个数据通道可以通过一个物理接口从二次转换器传输到合并单元。合并单元对二次设备提供一组同步的电流、电压采样值，二次转换器也可以从常规电流、电压互感器获取信号，并汇集到合并单元。

通常其配置与一次间隔单元相对应，并根据保护双配置选择双配置，确保整间隔数字化系统局部故障时不扩大故障范围。为保证可靠性，电子式互感器的远端模块和合并单元还需要冗余配置，远端模块中电流也需要冗余采样，经冗余配置的合并单元分别连接冗余的电子式互感器远端模块，合并单元可安装在断路器附近或保护小室。图 GYBD00102005-4 为一种变电站合并单元配置图。

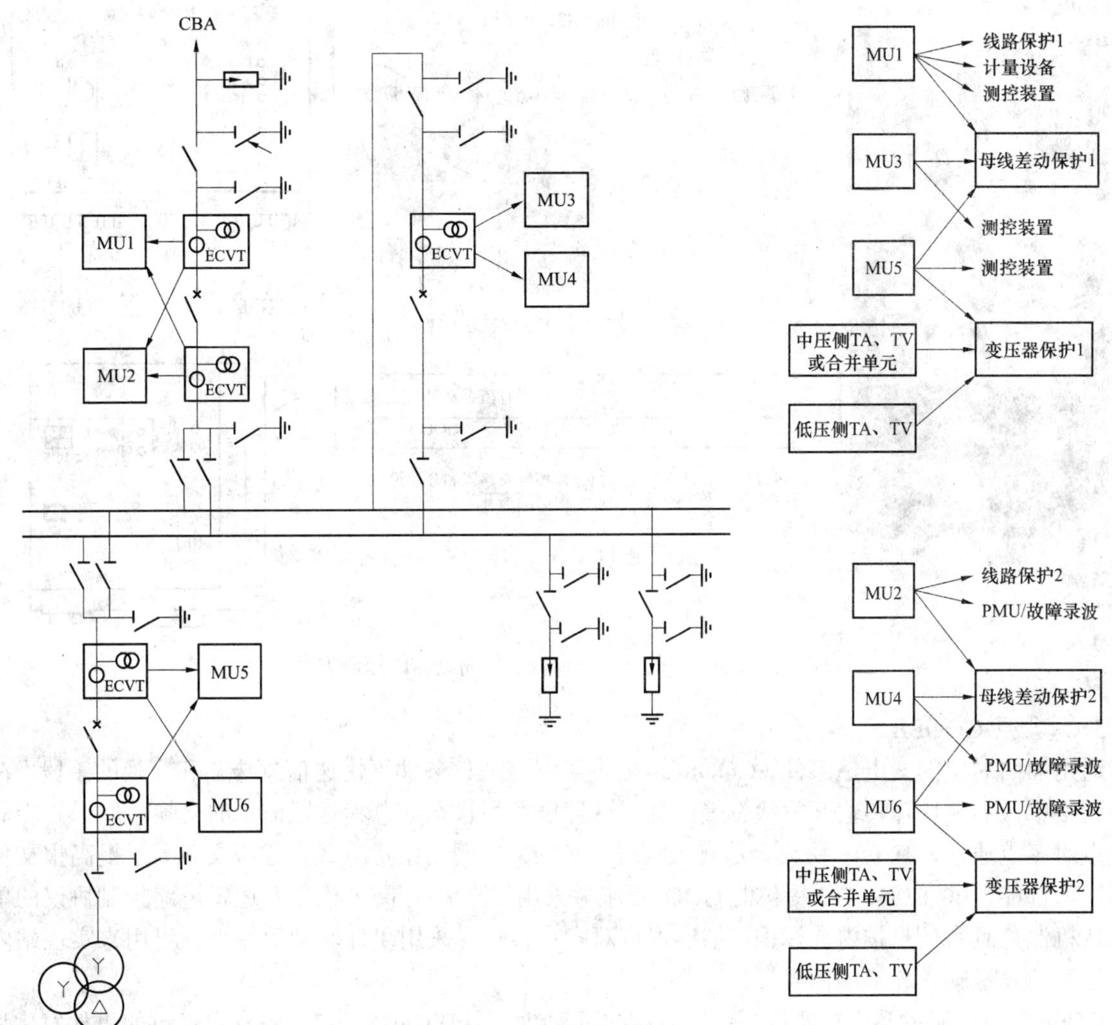

图 GYBD00102005-4　一种变电站合并单元配置图

MU—合并单元

3. 采样数据的传送与同步

目前，过程层数据的传送与分发中有两种传送的标准可供选择：① IEC 电子式电流互感器标准 IEC 60044-8，为串行数据格式，采用点对点光纤串行数据接口，具有传输延时确定，可以采用再采样技术实现同步采样，而且硬件和软件实现简单，较适合保护要求；② IEC 61850-9（网络数据接口），采用以太网数据格式，既可点对点，又可点对多的数据传输，但传输延时不确定，对交换机要求极高，不同间隔间数据到达时间不确定，不利于母线差动、变压器等保护的数据处理，较适合测控、电能仪表一类。

过程层采样数据还需考虑数据的同步。这是因为：常规互感器与电子式互感器会并存，如电压与电流之间、变压器不同的电压等级之间；三相电流、电压采样必须同步；变压器差动保护、母线差动保护从多个间隔或不同电压等获取数据存在同步问题；线路纵差保护线路两端数据采样也存在同步。解决同步采样有两种方案：一种是基于 GPS 秒脉冲同步的同步采样，另一种是二次设备通过再采样技术实现同步。

4. 开关设备智能化接入

完全满足数字化变电站需要的智能化开关设备还较少，为使开关设备适应过程层数字化的要求，目前多采用数字化智能终端装置＋传统断路器，完成智能断路器的功能，或在低压部分直接采用智能化开关柜。智能终端通过过程层网络，给间隔层设备提供一次设备信息，接受间隔层设备的控制命令。图 GYBD00102005-5 是一种实现智能化开关的控制方案。

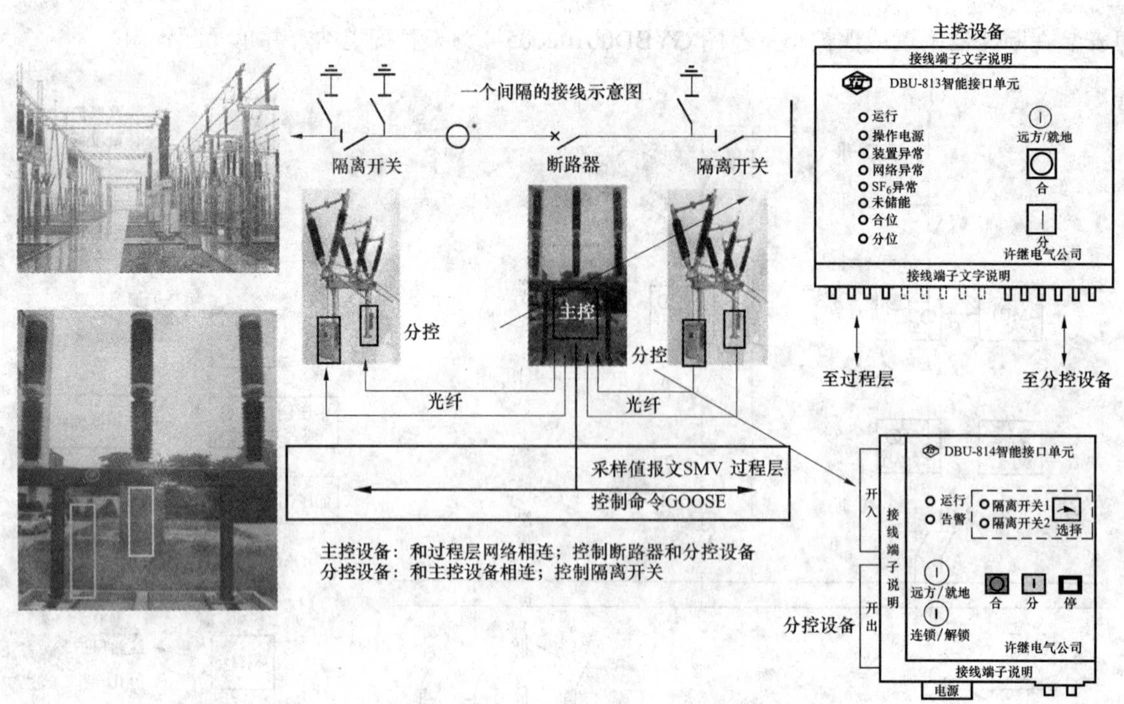

图 GYBD00102005-5　一种智能化断路器的控制方案

5. 过程层 GOOSE 机制

通用面向对象的变电站事件（GOOSE）提供了网络通信条件下快速信息传输和交换的手段。在过程层网络中，需要快速传输开关状态等信息，这种设备间状态信息和互锁信息的交换，属于异步对等以及点对多点通信，TCP/IP 协议无法有效实现，必须采用网络组播方式发送报文。为了提高报文传输的速度和性能，IEC 61850-7-2 提供的 GOOSE 服务采用发布者/订阅者模型及逻辑链路控制协议的单向无确认机制，具有信息按内容标识、能实现点对多点传输、采用事件驱动等特点，可用来实现站内快速、可靠地发送输入和输出信号量。

GOOSE 通信服务利用重传机制保证通信的可靠性。当 IEC 61850-7-2 中有定义过的事件发生后，GOOSE 服务器生成一个发送 GOOSE 命令的请求，该数据包将按照 GOOSE 的信息格式组包方式发送。为保证可靠性一般重传若干次，在顺序传送的每帧信息中包含存活时间参数，它提示接收端接收数据最大等待时间。如果在约定时间收不到相应的包，接收端可认为连接丢失。通过 GOOSE 服务，满足了过程层对速度和信息传输可靠性要求，对于一些重要的应用场合，可以单独设立 GOOSE 网络，或采用先进网络交换，保证信息传输的实时和可靠性。

三、间隔层与站控层实现

间隔层设备主要包括保护及测控装置、电能计量装置等。所有通信数据按照 IEC 61850 建模，与站控层之间采用以太网通信。保护测控装置完成变电站内所有一次设备的保护控制，可自由配置，保证了保护功能的选择性、快速性、可靠性。非电量保护由智能终端装置直接完成。

站控层设备包括远动工作站、监控主机、监控软件等。站控层设备基于 IEC 61850 模型，采用以太网通信，主要为变电站提供运行、管理界面，记录变电站内的运行信息，将站内信息转换成相应的远动规约，实现调度中心远程监视与控制。

四、数字化变电站的应用情况

自 IEC 61850 制定以来，ABB、西门子、阿海珐等公司在全球范围内就开展了数字化变电站的示范工程建设。2004 年 11 月，西门子在瑞士建成了世界上第一个应用 IEC 61850 的变电站。随后 ABB 也在全球完成了几十项基于 IEC 61850 的变电站。

国内自 2000 年开始进行相关的研究，2004 年开始也进行了数字化变电站建设的试验，国调中心先后组织了 9 家变电站自动化设备生产厂家进行了 4 次 IEC 61850 标准的互操作试验。2005～2007 年，先后有山东阳谷、云南翠峰、江苏园石、陕西少陵及曹里村、内蒙古杜尔伯特等数字化变电站投运。

2005 年初，山东建成了全部使用电子式互感器的 110kV 阳谷冷轧薄板厂变电站，互感器至合并器采用光缆，规约为 IEC 61850，而间隔至站控层则采用 103 规约。2006 年 3 月，云南曲靖翠峰变电站投运，全部采用电子式互感器及智能转化模块，一、二次设备间采用符合 IEC 61850 标准的光纤通信技术，但间隔层至站控层仍采用 103 规约。2006 年 3 月、6 月陕西投运了分别采用国电南自和北京四方综自系统的数字化变电站，保护、测控均按 IEC 61850 标准设计，并利用两站检验了各厂家 IED 之间的互操作能力。2007 年，内蒙古建设了 220kV 杜尔伯特数字化变电站，采用了电子式互感器，通过智能终端实现开关智能化，间隔层与变电站层、过程层与间隔层均采用光纤双重化网络进行通信。

随着数字化变电站技术的不断成熟，各种电子互感器、智能化开关设备不断得到应用，各地在建设中纷纷采用数字化变电站建设方案，目前 500kV 及以上的数字化变电站建设也在不断的探索中，可以预见，数字化变电站将成为今后变电站技术发展的主流方向。

【思考与练习】

1. 数字化变电站的实施方案有哪些？各有什么特点？
2. 数字化变电站的过程层总线怎样构建？有哪些特点？

第二部分

电气试验

第三章 电气设备试验周期、标准及方法

模块1 电气试验标准（GYBD00701001）

【模块描述】本模块介绍电气设备交接试验和状态检修的意义和标准。通过概念解释、要点讲解和流程介绍，了解开展电气设备交接试验和状态检修重要性，熟悉电气设备交接试验的标准，状态检修的概念，开展状态检修的原则、指导思想，掌握进行状态检修的基本流程。

【正文】

一、电气设备交接试验的意义

电气试验可以掌握电气设备绝缘劣化情况，及早发现设备绝缘存在的缺陷，指导相应维护与检修的实施，以免运行中的设备绝缘在工作电压或过电压作用下击穿，造成事故及设备损坏。

电气装置由于制造部门设计不合理、工艺方面缺陷、运输过程中损坏、安装施工工艺不良等都会导致其绝缘等电气性能下降、电气参数不能满足运行条件等。当这些性能不良的装置投入运行后，往往难以保证电网的安全生产，可能导致装置本身、电力系统甚至人身事故的发生，给电力生产带来很大的损失，对人身安全造成很大的威胁。国内发电、输变电工程竣工投产过程中以及运行中，由于电气装置的缺陷造成的各类事故也屡见不鲜，为了避免这种事故的发生，必须在电气装置交接时对其各种性能进行检验。

二、电气设备交接试验标准

目前的电气设备交接试验标准适用于500kV及以下电压等级新安装的、按照国家相关出厂试验标准试验合格的电气设备交接试验。它不适用于安装在煤矿井下或其他有爆炸危险场所的电气设备。

不同的电气设备，其交接试验标准也不尽相同，电气设备交接试验标准中规定了同步发电机及调相机、直流电机、中频发电机、交流电动机、电力变压器、电抗器及消弧线圈、互感器、油断路器、空气及磁吹断路器、真空断路器、六氟化硫断路器、六氟化硫封闭式组合电器、隔离开关、负荷开关及高压熔断器、套管、悬式绝缘子和支柱绝缘子、电力电缆线路、电容器、绝缘油和SF_6气体、避雷器、电除尘器、二次回路、1kV及以下电压等级配电装置和馈电线路、1kV以上架空电力线路、接地装置、低压电器等25类设备交接试验标准，部分设备根据其型式不同，进行的交接试验项目也有差别，但均包含在电气设备交接试验标准中，且有明确规定。

三、状态检修的意义

设备检修是生产管理工作的重要组成部分，对提高设备健康水平，保证电网安全、可靠运行具有重要意义。

长期以来开展的定期检修模式有自身的科学依据和合理性，在多年的实践中有效减少了设备的突发事故。电气设备定期检修的项目、周期及标准值均执行DL/T 596—1996《电力设备预防性试验规程》的规定。随着电网的快速发展，电力设备品种、参数和技术性能都有了较大的发展，一些新的绝缘试验方法和诊断技术已经逐步得到应用和推广。随着用户对供电可靠性要求的逐步提高，传统的基于周期的设备检修模式已经不能适应电网发展的要求，迫切需要在充分考虑电网安全、环境、效益等多方面因素情况下，研究、探索提高设备运行可靠性和检修针对性的新的检修管理方式。状态检修是解决当前检修工作面临问题的重要手段。

目前，通过开展状态检修工作，能有效提高检修的针对性和有效性，检修质量得到提高，可以做到设备状态的全过程控制，提高设备的运行水平。在设备运行过程中，更好地落实设备管理责任制，在装备水平较好的情况下，提高了设备可用率，减少了检修工作量。

四、开展状态检修的基本原则

（一）状态检修的概念

状态检修是企业以安全、环境、效益等为基础，通过设备的状态评价、风险分析、检修决策等手段开展设备检修工作，达到设备运行安全可靠、检修成本合理的一种设备检修策略。其中：安全是指由于各种原因可能导致的人身伤害、设备损坏、运行可靠性下降、电网稳定破坏等危及电网安全、可靠运行的情况；环境是指电网运行对社会、国民经济、环境保护等产生的影响；效益是指企业成本、收益以及事故情况下可能造成的直接、间接经济损失等经济效益。

（二）状态检修开展的指导思想

状态检修开展的指导思想是：以科学发展观为指导，紧密围绕“一强三优”现代公司的发展目标，按照“集团化、集约化、精益化、标准化”的基本要求，在充分保证电网安全运行和可靠供电的条件下，以制度建设为基础，以安全水平提升为目标，以设备状态评价为核心，以加强基础管理为手段，规范设备管理流程，落实安全责任，强化设备运行监视和状态分析，提高设备检修、维护工作的针对性和有效性，推进状态检修工作规范、有序开展。

（三）状态检修开展的基本原则

开展状态检修必须坚持“安全第一”，以提高设备的可靠性和管理水平为目的，通过对设备状态的掌握和跟踪，及时发现设备缺陷，合理安排检修计划和项目，提高检修效率和运行可靠性。

必须坚持体系建设先行，对状态检修相关工作各环节进行规范。

必须以对设备的状态评价为基础，全面掌握设备真实健康水平。

必须坚持试点先行、循序渐进、持续完善、保证安全的基本方针。

五、状态检修的基本流程

状态检修的基本流程主要包括设备信息收集、设备状态评价、设备风险评估、检修策略、检修计划、检修实施及绩效评估等七个环节。

（1）设备信息收集是开展状态检修的基础，要在设备制造、投运、运行、维护、检修、试验等全过程中，通过对投运前基础信息、运行信息、试验检测数据、历次检修报告和记录、同类型设备的参考信息等特征参量进行收集、汇总，为设备状态的评价奠定基础。

（2）设备状态评价主要依据《国家电网公司输变电设备状态检修试验规程》、《输变电设备状态评价导则》等技术标准，依据收集到的各类设备信息，确定设备状态和发展趋势。设备状态评价是开展状态检修工作的基础，必须通过持续、规范的设备跟踪管理，综合离线、在线等各种分析结果，才能够准确掌握设备运行状态和健康水平，为开展状态检修下一阶段工作创造条件。

（3）设备风险评估是开展状态检修工作的重要环节。其目的就是要按照《国家电网公司输变电设备风险评价导则》的要求，利用设备状态评价结果，综合考虑安全、环境和效益等三个方面的风险，确定设备运行存在的风险程度，为检修策略和应急预案的制订提供依据。

（4）检修策略以设备状态评价结果为基础，参考风险评估结果，在充分考虑电网发展、技术进步等情况下，对设备检修的必要性和紧迫性进行排序，并依据《输变电设备状态检修导则》等技术标准确定检修方式、内容，并制定具体检修方案。

（5）检修计划依据设备检修策略制定。主要分为两个部分：覆盖整个设备寿命周期内的长期检修、维护计划，用于指导设备全寿命周期内的检修、维护工作；与公司资金计划相对应的年度检修计划和多年滚动计划、规划，用于指导年度检修工作的开展，以及未来一定时期内检修工作安排和资金需求。

（6）检修实施是依据检修计划开展，对电气设备全寿命周期内开展的检修和维护工作，确保设备运行于良好状态，并将运行趋势控制于良好范围内。

（7）绩效评估是在状态检修工作开展过程中，依据《国家电网公司输变电设备状态检修绩效评估标准》，对工作体系的有效性、检修策略的适应性、工作目标实现程度、工作绩效等进行评估，确定状态检修工作取得的成效，查找工作中存在的问题，提出持续改进的措施和建议。

六、设备试验项目及周期

《国家电网公司输变电设备状态检修试验规程》规定了110～750kV变压器、开关、线路等各类高压电气设备巡检、检查和试验的项目、周期和技术要求，以巡检、例行试验、诊断性试验替代了原有定期试验，明确了基于设备状态的试验周期和项目双向调整方法，提出了警示值和不良工况、家族缺陷等新概念以及显著性差异和纵横比分析的新方法。规程内容涵盖巡检、例行试验、诊断性试验、在线监测、带电检测、家族缺陷、不良工况等状态信息，吸收了最新的现场试验项目和分析方法，充分考虑了各单位设备状态、地域环境、电网结构等特点，是状态检修工作的基础性技术文件。

该试验规程把设备的试验项目分为巡检、例行试验和诊断试验三种类型。巡检周期较短，检查项目少。例行试验通常按基准周期定期进行，试验项目相对比较简单。若适宜轮试，应轮试。诊断性试验只在诊断设备状态时根据情况有选择地进行。这样，能根据不同设备状态开展维修，减少停电时间，有效提高设备可靠性。

【思考与练习】

1. 简述电气设备交接试验的意义。
2. 简述状态检修的意义。
3. 状态检修开展的基本原则是什么？
4. 状态检修的基本流程包含哪几个环节？

模块 2　常规电气试验（GYBD00701002）

【模块描述】本模块介绍变电主要设备常规电气的试验项目。通过要点讲解，了解绝缘电阻、泄漏电流、介质损耗、工频耐压和绝缘放电等常规项目的试验目的、内容和方法。

【正文】

变电设备常规试验项目包括绝缘电阻测试、泄漏电流测试、介质损耗测试、工频交流耐压试验等。

一、绝缘电阻测试

1. 试验目的

测量变电设备的绝缘电阻能有效地检查设备绝缘整体受潮、部件表面受潮或脏污以及贯穿性的集中性缺陷，如绝缘子破裂、引线靠壳、器身内部有金属接地、线圈绝缘严重老化、绝缘油严重受潮等缺陷。

2. 试验内容

（1）变压器绕组连同套管对地绝缘电阻的测试。

（2）变压器铁芯对地绝缘电阻的测试。

3. 试验方法

在现场普遍使用绝缘电阻表（俗称兆欧表）测量绝缘电阻。绝缘电阻表按其额定电压分为 500、1000、2500、5000V 等几种。应根据被试品的额定电压来选择绝缘电阻表，绝缘电阻表的额定电压过高，可能在测试中损坏被试品绝缘。

（1）测量变压器绕组连同套管对地绝缘电阻：

1）若变压器额定电压在 10kV 及以下，额定容量在 4000kVA 及以下者，宜采用 2500V/2500MΩ 的绝缘电阻表。

2）若额定电压在 35kV 及以上，额定容量在 4000kVA 及以下者，宜采用 2500V/5000MΩ的绝缘电阻表。

3）若额定电压在 35kV 以上，额定容量在 4000kVA 以上者，宜采用 5000V/10 000MΩ的绝缘电阻表。

（2）测量变压器铁芯对地绝缘电阻时，变压器进行预防性试验宜采用 1000V 的绝缘电阻表。交接或大修后试验宜采用 2500V 的绝缘电阻表。

（3）对用于测量变压器绝缘电阻、吸收比（极化指数）的绝缘电阻表，应选用最大输出电流为 3mA 及以上的绝缘电阻表，以得到较准确的测量结果。

二、泄漏电流测试

1. 试验目的

泄漏电流测试是通过测量绝缘的相应泄漏电流，根据电流的大小及电流与电压的关系曲线，分析和判断设备绝缘的性能。

2. 试验方法

（1）对于少油断路器，可以采用在三角箱加压、断口外侧接地来测量整个单元的泄漏电流。

（2）测量应在天气良好时进行，且空气相对湿度不高于80%。若遇天气潮湿、套管表面脏污，则需要进行“屏蔽”测量。

（3）根据试验电压的大小、现有试验设备的条件，选择合适的试验设备及试验接线方式，并正确绘出试验接线图。

三、介质损耗测试

1. 试验目的

当电气设备的绝缘普遍受潮、脏污或老化以及绝缘中有气隙发生局部放电时，流过绝缘的有功电流分量 I_R 将增大，$\tan\delta$ 也增大。这样通过测量绝缘的 $\tan\delta$ 值，可以反映出整个绝缘的分布性缺陷。在绝缘预防性试验中，介质损耗试验是一种使用较多，而且是判断绝缘性能较为有效的方法。

2. 试验内容

对电机、电缆这类电气设备的绝缘，因为运行中的缺陷多为集中性的，加之整体绝缘体积较大，$\tan\delta$ 法反映缺陷的效果较差，所以在预防性试验中通常不作这项试验。而对于套管绝缘，因为整体体积小，$\tan\delta$ 不仅可以反映套管绝缘的全面情况，而且有时可以检查出其中的集中性缺陷，所以对于套管绝缘，$\tan\delta$ 法就是一项必不可少的有效试验。此外，测量 $\tan\delta$ 对于检查电力变压器、互感器、电力电容器等设备的绝缘缺陷也有一定的效果。

3. 试验方法

现场一般采用西林电桥法进行测试。

西林电桥正接线时，电桥处于低压端，操作比较安全方便，而且电桥内部不受强电场干扰，所以准确度较高。反接线时，被试品一端接电桥测量端，另一端接地。反接线在现场一般用于被试品无“末屏”的电气设备（如变压器、分级绝缘的电压互感器等）。但是这种接线的标准电容器外壳等均处于高压下，所以为了保证安全，操作者应站在绝缘垫上进行操作，且电桥外壳必须可靠接地。

四、工频交流耐压试验

1. 试验目的

交流耐压试验对绝缘的考验是相当严格的，通过这项试验，可以发现很多绝缘缺陷，尤其是对集中性绝缘缺陷的检查更为有效，可以鉴定电气设备的耐电强度，判断电气设备能否继续运行。交流耐压试验是保证电气设备绝缘水平、避免发生绝缘事故的重要手段。

2. 试验内容

工频交流耐压试验是对电气设备绝缘施加高出它的额定工作电压一定值的工频试验电压，并持续一定的时间（一般为1min），观察绝缘是否发生击穿或其他异常情况。

3. 试验方法

被试物在交流耐压试验中，一般以不发生击穿为合格，反之为不合格。

【思考与练习】

1. 电气设备绝缘电阻测试的目的是什么？
2. 泄漏电流测试的方法有哪些？
3. 简述工频交流耐压试验的目的。

模块3 特殊电气试验（GYBD00701003）

【模块描述】本模块介绍设备特殊电气的试验项目及其目的。通过要点讲解，了解电力变压器特殊性试验、电流互感器特殊性试验、电容式电压互感器特殊性试验、氧化锌避雷器特殊性试验、六氟化硫断路器特殊性试验的试验项目内容和试验目的要求。

【正文】

一、电力变压器特殊性试验

1. 试验项目

（1）绕组所有分接方式的电压比。

（2）低电压空载电流和空载损耗。

（3）绕组变形测试。

（4）绕组连同套管的局部放电测量。

（5）绕组连同套管的交流耐压试验。

2. 试验目的

（1）对核心部件或主体进行解体性检修之后，或怀疑绕组存在缺陷时，进行绕组所有分接方式的电压比测试。

（2）诊断铁芯结构缺陷、匝间绝缘损坏等可进行低电压空载电流和空载损耗试验。试验电压尽可能接近额定值。试验电压值和接线应与上次试验保持一致。测量结果与上次相比，不应有明显差异。对单相变压器相间或三相变压器两个边相，空载电流差异不应超过 10%。分析时一并注意空载损耗的变化。

（3）诊断绕组是否发生变形时进行绕组变形测试。应在最大分接位置和相同电流下测量。试验电流可用额定电流，也可低于额定值，但应不小于 5A。

（4）验证绝缘强度，或诊断是否存在局部放电缺陷时进行绕组连同套管的局部放电测量。

（5）需要诊断绕组连同套管的绝缘时要进行交流耐压试验。

二、电流互感器特殊性试验

1. 试验项目

（1）交流耐压试验。

（2）局部放电测量。

2. 试验目的

（1）需要确认设备绝缘介质强度时应进行交流耐压试验。一次绕组的试验电压为出厂试验值的 80%，二次绕组之间及末屏对地的试验电压为 2kV，时间为 60s。

（2）需要检验是否存在严重局部放电时进行局部放电测量。

三、电容式电压互感器特殊性试验

1. 试验项目

（1）交流耐压试验。

（2）局部放电测量。

2. 试验目的

（1）诊断是否存在严重局部放电缺陷时进行局部放电测试。试验在完整的电容式电压互感器上进行。试验前把电磁单元与电容分压器分开，若因产品结构原因在现场无法拆开的可不进行耐压试验。试验电压为出厂试验值的 80%，或按设备技术文件要求进行，时间为 60s。

（2）需要验证绝缘强度时进行交流耐压试验。

四、氧化锌避雷器特殊性试验

1. 试验项目

（1）工频参考电流下的工频参考电压。

（2）均压电容的电容量。

2. 试验目的

（1）诊断内部电阻片是否存在老化、检查均压电容等缺陷时，进行工频参考电压测试。对于单相多节串联结构，试验应逐节进行。

（2）如果金属氧化物避雷器装备有均压电容，为诊断其缺陷，可进行均压电容的电容量测试。对于单相多节串联结构，试验应逐节进行。

五、六氟化硫断路器特殊性试验

1. 试验项目

（1）交流耐压试验。

（2）套管式电流互感器的试验。

2. 试验目的

对核心部件或主体进行解体性检修之后，或必要时，进行交流耐压试验。试验包括相对地（合闸状态）和断口间（罐式、瓷柱式定开距断路器，分闸状态）两种方式。试验在额定充气压力下进行，试验电压为出厂试验值的80%，频率不超过300Hz，耐压时间为60s。

【思考与练习】

1. 电力变压器特殊性试验项目有哪些？
2. 电流互感器特殊性试验项目有哪些？
3. 六氟化硫断路器特殊性试验项目有哪些？

第四章　数据采集及分析

模块1　电气设备在线监测（GYBD00702001）

【模块描述】本模块介绍电气设备常用在线监测的原理和结构。通过要点讲解、分析，了解变压器油的在线监测、变压器局部放电在线监测、电力设备温度实时在线监测的内容、方法和装置原理，熟悉电气设备在线监测与预防性试验的关系。

【正文】

随着传感器技术、信号处理技术、计算机技术的发展与应用，集中型绝缘在线监测技术有了很大发展。目前，集中型绝缘在线监测装置不仅可以连续自动监测电容型设备的绝缘参数，还可以监测环境温度、湿度和系统谐波、频率、电压等非绝缘参数。监测所得的参数经相应的软硬件综合处理分析，可以对被监测设备绝缘状况进行定时监视或随时监视。当有设备出现“超标”等异常情况时，监测系统可立即自动报警，将绝缘监测从预防性阶段进入到预知性阶段，使测试的有效性、灵敏性都大大提高。集中连续自动的绝缘在线监测是高压电力设备绝缘监测的重要手段，也是输变电设备开展状态检修的重要支撑。

一、检测参数的分类和选择

1. 检测参数分类

检测参数根据被监测设备分类如下：

（1）变压器类。主要为充油式电力变压器或电抗器。主要的检测量有油中溶解气体（单一组分或多种组分）、铁芯接地电流、油中微水、油温、绕组温度、局部放电、漏抗等。

（2）电容性设备。包括电容式套管、电流互感器、电容式电压互感器、电容器等。主要的检测量有介质损耗、泄漏电流、等值电容等。

（3）金属氧化物避雷器。检测量有总电流、阻性电流。

（4）高压断路器。包括油断路器、SF_6断路器（含GIS内的断路器）、真空断路器。主要检测量有遮断电流，合、分闸线圈电流，机械特性相关参数、振动，动态回路电阻，SF_6气体的压力、泄漏、湿度监测等。

（5）GIS（气体绝缘金属封闭电器）。主要检测量有SF_6气体的压力、泄漏、湿度监测，SF_6断路器机械特性和局部放电检测等。

（6）输电线路。检测量有覆冰，微气象，导线弧垂，导线温度，导、地线振动等。

（7）绝缘子。检测量有泄漏电流等。

（8）电缆。检测量有温度、局部放电等。

2. 宜采用的检测参数

在线监测实施时宜选用成熟、可靠的检测参数。在决策是否选用时还需结合被监测设备的重要性、监测系统的可靠性、维护量及其投入成本等作综合考虑。

（1）油中溶解气体。典型变压器油中溶解气体成分与变压器状态之间的关系见表GYBD00702001-1。

表GYBD00702001-1　　典型的变压器油中溶解气体成分反映的变压器故障情况

被测气体	诊断
5%或更少的O_2	密封变压器处于正常运行状态
多于5%的O_2	检查变压器密封状态

续表

被测气体	诊断
CO_2、CO，或 CO 和 CO_2 同时存在	变压器过载或过热，检查运行条件
H_2	电晕放电、水电解或铁锈
H_2、CO 和 CO_2	电晕放电涉及绝缘纸或变压器严重过负荷
H_2、CH_4 和少量的 C_2H_4、C_2H_6	火花放电或别的不严重故障，主要是由油中放电引起的
H_2、CH_4、CO 和 CO_2 及少量其他气体，通常不存在 C_2H_2	火花放电或别的不严重故障，但已涉及固体绝缘
大量的 H_2 及其他烃类气体（包括 C_2H_2）	内部存在高能量的电弧放电，引起油快速劣化
大量的 H_2、CH_4、C_2H_4 及少量的 C_2H_2	小区域的高温过热，通常由于接地不良引起，故障未涉及固体绝缘
大量的 H_2、CH_4、C_2H_4 及少量的 C_2H_2，另外还有 CO 和 CO_2	小区域的高温过热，通常由于接地不良引起，故障已涉及固体绝缘

目前，油中溶解气体在线监测系统基本上有两种类型：一种是单一组分型或简易型，主要测 H_2 或 C_2H_2 的含量及增长率，用于对变压器早期故障的报警或预警；另一种是多气体组分型，可监测氢气、甲烷、乙烷、乙烯、乙炔、一氧化碳、二氧化碳等多种气体，以便对变压器的故障进行在线分析。油中溶解气体在线监测可以实现对设备状态的连续监测，其检测周期可以短到数小时，利于及早发现故障征兆，并及早采取纠正措施，这样既可减少故障漏报的风险和损失，又可减少人工测量所需的工作量。将在线监测系统与人工测量相结合，可准确地分析变压器运行状况。

（2）变压器铁芯接地电流。由于变压器铁芯接地电流的大小随铁芯接地点多少和故障严重的程度而变化，因此，可把铁芯接地电流作为诊断大型变压器铁芯短路故障的特征量。规程规定，如发现铁芯的对地绝缘电阻与前次相比数据变化较大但不能判断原因时，应在运行中检测铁芯接地电流，如果超过 0.1A，应采取相应措施。对于铁芯和上夹件分别引出油箱外接地的变压器，可分别测出铁芯和夹件对地的电流，如果二者相等，且数值在数安以上时，往往是铁芯与夹件有连接点；如果前者远大于后者，且数值在数安以上时，往往是铁芯有多点接地；如果后者远大于前者，且数值在数安以上时，往往是夹件有多点接地。

铁芯或夹件接地电流数量级在几十毫安到几安甚至更大，检测量程比较宽，且主要是阻性电流，因此测量技术相对比较容易实现，一般都作为变压器状态监测的常选项之一。

（3）电容型设备的电容量与介质损耗。电容型设备主要是指油浸式电流互感器、电容式套管、耦合电容器等。

$\tan\delta$的测量对于整体性的绝缘劣化（如受潮、老化、杂质等）比较敏感，而电容量的测量对于套管、电容式电压互感器和电流互感器内部发生电容屏间短路的缺陷非常有效。

在设备运行额定电压下进行电容量与介质损耗因数的监测比低电压下的检测结果更加真实准确，该技术已相对比较成熟。如测变压器套管、电流互感器的 $\tan\delta$ 一般是通过末屏外接监测单元检测绝缘电流，并与就近的电压互感器等所测取的电压量进行比较，从而计算出绝缘介质的等值电容量与介质损耗因数。通过测量等值电容量与介质损耗因数能够较有效地反映其内部缺陷，多数的潜在故障都有可能通过它们检测出来。因此可将 $\tan\delta$ 和等值电容量作为电容型设备的常规在线监测参数，将绝缘电流作为辅助测量参数。

（4）金属氧化锌避雷器总电流和阻性电流。对金属氧化物避雷器在运行电压下监测其阀片总电流的阻性电流分量，可较灵敏地反映阀片的潜在故障。原因为：金属氧化物避雷器在运行中长期直接承受电力系统运行电压的作用，阀片将逐渐产生劣化；结构不良导致密封不严，使阀片在运行中容易受潮；无间隙的避雷器，当阀片受潮后阀片电流增大又会加剧劣化，从而进一步导致电流增大，电流中的阻性分量使阀片温度上升，产生有功损耗，形成热崩溃，严重时将导致避雷器损坏或爆炸。

可将总电流和阻性电流分量作为高压避雷器的常规在线监测项目。当测到的阻性电流受相别影响较大时，需注意与该相的历史数据相比较。如果阻性电流测量时包含瓷套表面污秽电流，也可将分开后的瓷裙表面污秽电流选作辅助监测参量。

（5）局部放电。对于很多绝缘材料，特别是有机绝缘材料，局部放电是衡量绝缘性能劣化的重要指标。局部放电水平的突然增长是某些突发绝缘故障的先兆，因此对局部放电实现在线监测非常必要。局部放电剧增会加速绝缘老化，但局部放电强度与绝缘的剩余寿命间明确的对应关系还难以确定。在内绝缘设计中，一般考虑在运行电压下应无有害的局部放电。

局部放电特性是衡量电力变压器绝缘系统质量的重要指标：110kV 以上的电力变压器，在出厂试验中每台都要作局部放电试验；220kV 以上的电力变压器在安装后的交接试验中，也需要通过现场局部放电试验的考核；在运行中发现油中含气量等超标时，一般也要作局部放电试验进行检查。变压器局部放电在线监测就是在设备运行时进行局部放电的连续监测，局部放电的在线监测的技术难点是现场情况下如何抑制或辨别干扰，从而有效提取信号。

局部放电特性也是衡量 GIS 绝缘系统质量的重要指标。研究表明，GIS 中的局部放电会在 GIS 内部空腔及外壳对地之间产生超高频电磁波，使接地线上有放电脉冲电流流过。局部放电还会使通道气体压力骤增，在 GIS 气体中产生声波，并传递到金属外壳上，在外壳上出现各种纵波、横波和表面波等。目前，现场已有通过测量超高频或超声局部放电信号来寻找放电部位，并在实践中进一步积累应用经验。

（6）断路器的累计开断电流和分合闸线圈电流。对于断路器，预防性试验规定的导电回路电阻测量、分合闸线圈直流电阻测量等试验目前较难实现在线测量，而行程和速度特性的在线测量由于传感器安装及可靠性问题往往也受到了一定限制。通过测量断路器的累计开断电流（据此计算触头累计磨损量）有助于实现判断触头状态和灭弧室绝缘状态的目的，这是一种较为可行的在线监测方法。通过监测和记录断路器操作时分合闸线圈的电流波形，进一步分析可判断操动机构的状态变化。

（7）绝缘子的泄漏电流（尚在积累经验，可试点采用）。绝缘子表面泄漏电流是电压、气候、污秽三要素的综合反映，绝缘泄漏电流在线监测的原理是通过特殊的引流装置卡采集沿绝缘子表面的泄漏电流，在线实时测量输电线路上绝缘子串的泄漏电流，经计算求得一段周期内泄漏电流的峰值平均值、峰值最大值及最大泄漏电流脉冲数等。

绝缘子泄漏电流在线监测系统能够对运行中绝缘子的泄漏电流和环境温度、湿度等进行在线实时监测，理论上可综合泄漏电流值、局部放电强度及气象条件等参数，得出等值附盐密度、零值电流、污秽发展趋势等的判断。该在线监测技术目前还没有大量运行经验证明监测系统运用在实际输电线路中的可靠性，主要问题有：① 检测数据分散性较大；② 对泄漏电流如何反映绝缘子的污秽程度尚没有明确的判据，仍在积累经验。

（8）其他参数。如变压器的油温、SF_6 密度、压力和微水检测装置等作为主设备的附件而引入的检测量。

（9）环境参数。变电站现场的环境参数（如温度、湿度等）可为诊断提供参考信息。

二、系统构成

在线监测系统的主要功能可实现对电力设备状态的参数的连续检测、传输、处理分析，并可实现越限报警，提示设备可能有潜在缺陷。根据设备状态综合诊断的需要，在线监测系统一般宜采取对多个状态量进行综合监测的方式，并可扩展到整个变电站。

根据实际需要，在线监测系统可以进行必要的简化配置，如仅由检测单元组成，有的就地显示监测数据（如避雷器泄漏电流表）或通过通信设备实时远传数据，或定期采集数据等。

（1）检测单元：实现被监测参数的采集、信号调理、模数转换和数据的预处理功能，由检测单元实现。

（2）数据传输单元：实现监测数据的传输，由通信和控制单元实现。

（3）数据的处理、分析和设备状态预警单元：实现监测数据的处理、计算、分析、存储、打印、显示及预警，由主站单元实现。主站计算机系统通用功能包含人工召唤数据、定时自动轮询数据、对监测装置进行对时、更新数据浏览、历史数据浏览、特征参数趋势图显示、特征参数越限告警、重要状态变位告警、运行报表浏览及打印输出等。

对于在线监测系统所获取的数据，应进行综合比较和分析，并结合被监测设备的运行工况、交接和预防性试验数据及其他信息，进行全面分析。

三、运行管理

1. 基本要求

（1）运行单位应根据国家电网公司《输变电设备在线监测系统技术导则》、在线监测装置使用手册等编写在线监测系统现场运行规程，并建立在线监测系统设备台账和运行履历。

（2）应注意监视在线监测系统的运行状况，及时发现并报告其存在的缺陷。

（3）应注意在线监测系统监测数据的采集、存储和备份，数据的变化趋势的初步判断，报警值的管理等。

（4）如果在线监测数据发现异常，应及时报告。

2. 运行巡视

（1）检查检测单元的外观应无锈蚀，密封良好，连接紧固。

（2）电（光）缆的连接无松动和断裂。

（3）管路接口应无渗漏。

（4）就地显示面板显示正常。

（5）数据通信情况正常。

（6）主站计算机运行正常。

（7）在电源电压超出监测系统规定的范围或进行电源切换时，应及时检查系统工作是否正常。

（8）检查监测数据是否在正常范围内，如有异常，及时汇报。

（9）在特殊情况下，如被监测系统遭受雷击、短路等大扰动后，或被监测设备监测数据异常，以及在大负荷、异常气候等情况时，应加强巡视。

3. 报警值管理

（1）根据相关标准规范或运行经验由运行单位制定各报警值。报警值不应随意修改。

（2）发生在线监测系统报警时由运行人员及时汇报。

（3）发生在线监测系统报警后应尽快安排检查和开展以下工作：

1）报警值的设置是否变化。

2）外部接线、网络通信是否出现异常中断。

3）是否有异常天气。

4）是否有强烈的电磁干扰源发生，如开关操作、外部短路故障等。

5）监测装置及系统是否异常。

6）进行在线监测数据变化的趋势和横向比较分析。

（4）如确认在线监测系统工作正常，报警后应视具体情况对主设备采取进一步的诊断和处理。

（5）如确认在线监测系统发生误报警，应及时退出报警功能，查明原因并处理后再投入运行。当不能完全确认系统发生误报警，不应将装置退出运行。

4. 日常维护

（1）不得随意更改主站系统监测软件的设置，任何改动应在系统管理员认可后方可进行。

（2）主站单元宜专机专用，其网络设置不应随意更改，不能安装无关应用软件。

（3）监测软件处于常运行状态，不应随意关闭。

（4）被测设备检修时，应对检测单元进行必要的检查和试验。

1）检查检测单元与被监测设备本体连接部位良好，无渗漏、锈蚀和受潮等异常现象。

2）检查电（光）缆连接正常，接地引线、屏蔽牢固。

3）按制造厂技术要求，对无法承受负压状态的油气分离薄膜式传感器，在变压器放油或油处理前，应首先关紧传感器的阀门；在变压器吊罩时，将监测装置拆除，妥善保存。

4）在套管、电流互感器、耦合电容器、避雷器等设备大修或更换时，应将监测装置拆除，妥善保存，拆、卸和安装应按制造厂技术要求进行。

（5）当检测单元工作异常或数据异常，应进行人工复位后再采集。

（6）如出现主站计算机异常或“死机”，需根据维护手册要求重新启动系统。

（7）当通信异常时，要检查与主站通信线插头是否松动，或通信母板是否故障。

（8）对该系统操作前，应熟悉使用手册、软件使用指南，出现问题应按照维护指南进行。

（9）出现硬件和软件故障，按维护指南无法解决时，应及时通知厂家派人维护。

（10）定期对在线监测系统的电源进行检查。

【思考与练习】

1. 变压器类设备检测参数主要有哪些？

2. 在线监测设备的主要构成部分有哪些？

3. 在线监测系统报警值管理有何要求？

模块2 相关电气试验数据分析（GYBD00702002）

【模块描述】本模块介绍电气试验和在线监测运行数据综合分析。通过要点讲解、综合分析和应用示例，熟悉试验数据的分析方法、掌握试验结论和处置原则及设备状态评价方法。

【正文】

状态量是指直接或间接表征设备状态的各类信息，如数据、声音、图像、现象等。检测是获取设备状态量的重要手段之一，主要包括测量、试验、化验、分析、探伤、检查等多种方法，例如变压器的电气试验、油中溶解气体的检测分析、红外检测等。检测又可根据设备所处的运行状态分为带电检测、离线检测和在线监测等多种。本模块主要介绍电气试验数据的分析判断。

一、试验数据的分析方法

利用不同的方法获得检测数据只是判断设备状态的第一步，如何利用检测结果中的有效信息进行设备状态的识别更为重要。通常对试验数据分析有计算机智能故障诊断和人工分析两类，其中人工分析是运行人员应掌握的基本技能。常用的试验数据分析有以下几种，但并不限于此。

1. 阈值判断法

所谓阈值可以简单理解为临界值，在此指有关规程规定的限制。阈值判断法是最常用的试验数据分析方法之一。通常情况下，有了试验结果后，首先对照规程的规定，分析比对有无超过规程规定值的数据，即有无“超标”数据，由此判断试验项目是否合格。

阈值判断虽然是最基本的方法，但并不是试验数据不超标的设备就一定是完好设备，有些数据并未超标，但劣化的速率极快，同样存在风险。因此，数据分析一般需要应用多种方法，综合分析判断数据的变化趋势，正确得出设备的状态结论。

2. 显著性差异分析法

当设备的状态量明显不同于其他设备时，可以通过显著性差异分析法找出与其他同类设备有明显差异的设备。根据数理统计理论，同一批设备，由于设计、工艺和材质都相同，各台设备的同一状态量应该视为源自同一母体的不同样本，如果被分析设备的状态量值与其他设备存在显著性差异，必然有其原因，且很可能是早期缺陷的信号。

3. 纵横比较分析法

（1）纵比是指设备的当前试验数据与上次试验数据进行比较，横比是指同台（组）设备不同相间数据进行比较，分析判断设备的当前试验值是否正常。一般不超过±30%可判为正常，否则应进一步分析判断原因。

（2）当利用相邻两次或更多次试验数据相比较，仍然难以给出定论时，需要用当前数据与该设备的试验数据初值比较，进一步分析判断，得出设备的试验结论。

（3）试验数据初值是指能够代表状态量原始值的试验值。初值可以是出厂值、交接试验值、早期试验值、设备核心部件或主体进行解体检修、更换之后的首次试验值等。对于易受安装环境影响的试验数据选择交接或首次预试值作为初值，不受安装环境影响的试验数据选出厂试验值作为初值，受大修影响的试验把大修后首次试验值作为初值。

4. 状态量的显著性差异分析

在相近的运行和检测条件下，同一家族设备的同一状态量不应有明显差异，否则应进一步分析判断原因。

家族设备是指同厂、同批次或属于同一设计、材质、工艺在不同工厂生产的设备。

5. 易受环境影响状态量的纵横比分析

本方法可作为辅助分析手段。如U、V、W三相设备的上次试验值和当前试验值分别为U_1、V_1、W_1和U_2、V_2、W_2，在分析设备当前试验值U_2是否正常时，根据$U_2/(V_2+W_2)$与$U_1/(V_1+W_1)$相比有无明显差异进行判断，一般不超过±30%可判为正常。

二、试验结论和处置原则

每项试验工作结束，试验人员都应给出明确的试验结论。运行人员应能根据试验数据审核其结论的正确性。同样，运行人员也应具备根据试验数据独立给出试验结论的能力，并根据试验结论采取相应的处理措施。

1. 试验结论

设备试验的结论分为合格和不合格两种，但对单项试验数据又可分为正常值、注意值和警示值三种。

（1）正常值是指试验所获得数据量值大小、发展趋势以及相互平衡程度等均在规程规定的限值之内的数据。

（2）注意值是指当试验数据达到该数值时，设备可能存在或可能发展为缺陷。例如变压器绕组绝缘电阻应不小于6000MΩ，吸收比应不低于1.3，极化指数应不低于1.5等。

（3）警示值是指状态量达到该数值时，设备已存在缺陷并有可能发展为故障。例如变压器的直流电阻相间互差不大于2%等。

2. 试验结果的处置原则

（1）各项试验数据为合格的设备为正常设备，执行正常的巡视、检修和试验周期。

（2）试验结果有注意值项目的设备，若当前试验值超过注意值或接近注意值的趋势明显，对于正在运行的设备，应加强跟踪监测；对于停电设备，如怀疑属于严重缺陷，不宜投入运行。

（3）试验结果有警示值项目的设备，若当前试验值超过警示值或接近警示值的趋势明显，对于运行设备应尽快安排停电试验。对于停电设备，消除此隐患之前，一般不应投入运行。

三、试验数据分析

设备的试验一般分为例行试验和诊断性试验两种。例行试验是为获取设备状态量，评估设备状态，及时发现事故隐患，定期进行的各种带电检测和停电试验。而诊断性试验是发现设备状态不良或经受了不良工况、受家族缺陷警示或连续运行了较长时间，为进一步评估设备状态进行的试验。例行试验通常按周期进行，诊断性试验只在诊断设备状态时根据情况有选择地进行。

下面以变压器有关试验为例，介绍试验数据的分析。

1. 变压器例行试验数据分析

油浸式电力变压器（电抗器）例行试验数据分析见表GYBD00702002-1。

表GYBD00702002-1　　油浸式电力变压器（电抗器）例行试验数据分析

例行试验项目	基准周期	规　定	要求和分析
红外热像检测	330kV及以上：1月 220kV：3月 110kV/66kV：半年	无异常	红外热像图显示应无异常温升、温差和相对温差
油中溶解气体分析	330kV及以上：3月 220kV：半年 110kV/66kV：1年	1. 乙炔：≤1（330kV及以上）(μL/L)，≤5（其他）(μL/L)（注意值） 2. 氢气：≤150μL/L（注意值） 3. 总烃：≤150μL/L（注意值） 4. 绝对产气速率：≤12mL/d（密封式，注意值）或≤6mL/d（开放式，注意值） 5. 相对产气速率≤10%/月（注意值）	若有增长趋势，即使小于注意值，也应缩短试验周期。烃类气体含量较高时，应计算总烃的产气速率。当怀疑有内部缺陷时，应进行额外的取样分析

模块2 GYBD00702002

续表

例行试验项目	基准周期	规 定	要求和分析
绕组电阻	3年	1. 相间互差不大于2%（警示值） 2. 同相初值差不超过±2%（警示值）	有中性点引出线时，应测量各相绕组的电阻；若无中性点引出线，可测量各线端的电阻，然后换算到相绕组电阻。要求在扣除原始差异之后，同一温度下差值不超过规定值
绝缘油例行试验	330kV及以上：1年 220kV及以下：3年	见表GYBD00702002-3	见表GYBD00702002-3
套管试验	3年	见表GYBD00702002-4	见表GYBD00702002-4
铁芯绝缘电阻	3年	≥100MΩ（新投运1000MΩ）（注意值）	除注意绝缘电阻的大小外，要特别注意绝缘电阻的变化趋势。夹件引出接地时，应分别测量铁芯对夹件及夹件对地绝缘电阻
绕组绝缘电阻	3年	1. 绝缘电阻无显著下降 2. 吸收比≥1.3或极化指数≥1.5，或绝缘电阻≥10 000MΩ（注意值）	不同温度下测量的绝缘电阻应进行温度修正。绝缘电阻下降显著时，应结合介质损耗因数及油质试验进行综合判断
绕组绝缘介质损耗因数（20℃）	3年	330kV及以上：≤0.005（注意值） 220kV及以下：≤0.008（注意值）	测量绕组绝缘介质损耗因数时，应同时测量电容值，若此电容值发生明显变化，应予以注意。分析时应注意温度对介质损耗因数的影响
有载分接开关检查（变压器）	每年1次	按有关规程和产品说明书规定	按有关规程和产品说明书规定

2. 变压器诊断性试验数据分析

油浸式电力变压器（电抗器）诊断性试验数据分析见表GYBD00702002-2。

表GYBD00702002-2　　油浸式电力变压器（电抗器）诊断性试验数据分析

诊断性试验项目	目 的	要求和分析
空载电流和空载损耗测量	诊断铁芯结构缺陷、匝间绝缘损坏等	试验电压值和接线应与上次试验保持一致。测量结果与上次相比，不应有明显差异。应注意同时分析空载损耗变化
短路阻抗测量	诊断绕组是否发生变形	应在最大分接位置和相同电流下测量。试验电流可用额定电流，也可低于额定值，但不应小于5A。初值差不超过±3%（注意值）
绕组频率响应分析		绕组频率响应曲线应与原始的各个波峰、波谷点所对应的幅值及频率基本一致
感应耐压和局部放电测量	验证绝缘强度，或诊断是否存在局部放电缺陷	感应耐压：出厂试验值的80% 局部放电：$1.3U_m/\sqrt{3}$下，≤300pC（注意值）
外施耐压试验		仅对中性点和低压绕组进行，耐受电压为出厂试验值的80%，时间为60s
绕组各分接位置电压比	验证核心部件或主体进行解体检修、更换后接线是否正确，或验证绕组是否存在缺陷	结果应与铭牌标识一致。初值差不超过±0.5%（额定分接位置）；其他分接不超过±1.0%（警示值）
直流偏磁水平检测	验证变压器声响、振动等异常是否由直流偏磁引起	符合有关规程规定
纸绝缘聚合度测量	诊断绝缘老化程度	聚合度≥250（注意值）
绝缘油诊断性试验	检验绝缘油质量	新油或例行试验后怀疑油质有问题时进行，应符合有关规程规定
整体密封性能检查	检验整体密封状况	采用储油柜油面加压法，在0.03MPa压力下持续24h，无油渗漏
铁芯及夹件接地电流测量	检查铁芯是否多点接地	≤100mA（注意值），当铁芯与夹件分别接地时应分别测量
声级及振动测定	检验噪声是否异常	符合设备技术文件要求，振动波主波峰的高度应不超过规定值，且与同型设备无明显差异
绕组直流泄漏电流测量	检验绝缘是否存在受潮等缺陷	泄漏电流与初值比应没有明显增加，与同型设备比没有明显差异

3. 绝缘油例行试验数据分析

变压器（电抗器）绝缘油例行试验数据分析见表 GYBD00702002-3。

表 GYBD00702002-3 变压器（电抗器）绝缘油例行试验数据分析

例行试验项目	规 定 值	要求和分析
视觉检查	透明，无杂质和悬浮物	淡黄色为好油，黄色为较好油，深黄色为轻度老化的油，棕褐色为老化的油
击穿电压	≥50kV（警示值），500kV 及以上 ≥45kV（警示值），330kV ≥40kV（警示值），220kV ≥35kV（警示值），110kV/66kV	击穿电压值达不到规定要求时，应进行处理或更换新油
水分	≤15mg/L（注意值），330kV 及以上 ≤25mg/L（注意值），220kV 及以下	测量时应尽量在顶层油温高于 60℃时取样。怀疑受潮时，应随时测量油中水分
介质损耗因数（90℃）	≤0.02（注意值），500kV 及以上 ≤0.04（注意值），330kV 及以下	按有关规程规定
酸值	≤0.1mg（KOH）/g（注意值）	0.03mg（KOH）/g 为新油，0.1mg（KOH）/g 为可继续运行，0.2mg（KOH）/g 为下次维修时需进行再生处理，0.5mg（KOH）/g 为油质较差。当酸值大于注意值时，应进行再生处理或更换新油
油中含气量（体积比）	330kV 及以上变压器、电抗器：≤3%	当油中含气量接近或超过规定值时，应查明原因，并采取相应措施

4. 高压套管例行试验数据分析

高压油纸电容式套管例行试验数据分析见表 GYBD00702002-4。

表 GYBD00702002-4 高压油纸电容式套管例行试验数据分析

例行试验项目	基准周期	规 定	要求和分析
红外热像检测	330kV 及以上：1 个月 220kV：3 个月 110kV/66kV：半年	无异常	红外热像图显示应无异常温升、温差和相对温差
绝缘电阻	3 年	1. 主绝缘：≥10 000MΩ（注意值） 2. 末屏对地：≥1000MΩ（注意值）	包括套管主绝缘和末屏对地绝缘的绝缘电阻
电容量和介质损耗因数（20℃）（电容型）	3 年	1. 电容量初值差不超过±5%（警示值） 2. 介质损耗因数符合以下要求： （1）500kV 及以上，≤0.006（注意值） （2）其他（注意值）： 油浸纸，≤0.007； 聚四氟乙烯缠绕绝缘，≤0.005； 树脂浸纸，≤0.007； 树脂黏纸（胶纸绝缘），≤0.015	如果测量值异常时，可测量介质损耗因数与测量电压之间的关系曲线。介质损耗因数的增量应不大于±0.003，且介质损耗因数不超过 0.007（U_m≥550kV）、0.008（U_m为 363kV/252kV）、0.01（U_m为 126kV/72.5kV）。分析时应考虑测量温度影响

5. 高压套管诊断性试验数据分析

高压油纸电容式套管例行试验数据分析见表 GYBD00702002-5。

表 GYBD00702002-5 高压油纸电容式套管诊断性试验数据分析

诊断性试验项目	规 定	要求和分析
油中溶解气体分析（充油）	乙炔：≤1（220kV 及以上），≤2（其他）（μL/L）（注意值） 氢气≤500（μL/L）（注意值） 甲烷≤100（μL/L）（注意值）	当怀疑绝缘受潮、劣化，或者怀疑内部可能存在过热、局部放电等缺陷时进行本项目。取样时，应注意设备技术文件的特别提示（是否允许取油等），并检查油位应符合设备技术文件的要求
末屏（如有）介质损耗因数	≤0.015（注意值）	当套管末屏绝缘电阻不能满足要求时，可通过测量末屏介质损耗因数作进一步判断
交流耐压和局部放电测量	1. 交流耐压：出厂试验值的 80% 2. 局部放电（$1.05U_m/\sqrt{3}$）： 油浸纸、复合绝缘、树脂浸渍、充气，≤10pC； 树脂黏纸（胶纸绝缘），≤100pC（注意值）	需要验证绝缘强度，或诊断是否存在局部放电缺陷时进行本项目。如有条件，应同时测量局部放电。交流耐压为出厂试验值的 80%，时间 60s。 对于变压器（电抗器）套管，应拆下并安装在专门的油箱中单独进行

续表

诊断性试验项目	规　　定	要求和分析
气体密封性检测（充气）	≤1%/年或符合设备技术文件要求（注意值）	当气体密度表显示密度下降或定性检测发现气体泄漏时，进行本项试验
气体密度表（继电器）校验（充气）	符合设备技术文件要求	数据显示异常或达到制造商推荐的校验周期时，进行本项目。校验按设备技术文件要求进行
SF_6 气体成分分析（充气）	按有关规程规定	怀疑 SF_6 气体质量存在问题，或者配合事故分析时，可选择性地进行 SF_6 气体成分分析

6. 在线监测装置数据分析

在线监测装置是在设备正常运行的条件下，对设备的某些状态量数据进行连续监测的装置。它具有智能化程度高，可以自动记录、分析、报警、组网、信息远传等功能，是智能化设备和电网的重要组成部分。

随着技术的发展，在线监测装置的功能和种类越来越多，目前应用比较广泛的有油色谱、避雷器全电流或阻性电流、容性设备绝缘、局部放电、瓷绝缘泄漏电流、连接点温度测量以及断路器性能等在线监测装置。

在线监测装置的监测数据与离线检测数据分析方法相同，由于在线监测装置设有不同级别的越限报警，当监测数据达到设定值时会自动报警，具有很高的智能化水平。运行中应对在线监测数据与离线检测数据经常进行比对分析，掌握二者数据差异的程度和规律。当在线监测装置报警后，应及时查明原因，尽快利用其他检测方法对报警数据进行确认。

四、设备状态评价

设备状态评价是根据收集到的各类状态信息，依据相关标准，确定设备的状态和发展趋势。设备状态评价需要综合运行、检修、管理、检测、不良运行工况、家族缺陷等多方面的设备状态信息，在线和离线试验数据只是设备的部分状态信息。

设备状态评价一般通过状态检修辅助决策系统或其他智能化故障诊断系统按规定程序自动完成，也可以按照设备评价标准人工进行评价。设备状态一般分为正常状态、注意状态、异常状态和严重状态四种。

1. 正常状态

运行数据稳定，所有状态量符合标准，各种状态量处于稳定且在规程规定的标准限值以内，可以正常运行的设备状态。

2. 注意状态

单项或多项状态量变化趋势朝接近标准限值方向发展，但未超过标准限值，仍可以继续运行，但应加强运行监视的设备状态。

3. 异常状态

单项重要状态量变化较大，或几个状态量明显异常，已接近或略微超过标准限值，已影响设备的性能指标或可能发展成严重状态，设备仍能继续运行但应监视运行，并应适时安排停电检修的设备状态。

4. 严重状态

单项或几个重要状态量严重超过标准限值，需要尽快安排停电检修的设备状态。

【思考与练习】

1. 如何用阈值判断法分析设备试验数据？
2. 如何用纵横比较分析法分析设备试验数据？
3. 对于试验结果有警示值项目的设备应如何处置？
4. 举例说明什么是试验数据的注意值。

第三部分

状态检修

第五章 状态检修概述

模块 1 变电设备的状态检修概述（ZY1400401001）

【模块描述】本模块介绍几类检修方式的定义及发展过程，各类检修方式的优缺点及开展状态检修的难点分析。通过定义讲解、要点归纳，熟悉状态检修与其他检修模式的区别，了解开展状态检修需深入研究和解决的问题。

【正文】

一、主要检修方式的定义

电力系统中，对设备的检修是保证电力设备安全、健康运行的必要手段。它关系着设备的利用率、事故率、使用寿命以及人力、物力、财力的消耗等，对电力企业的整体效益的好坏起着举足轻重的作用。而在电力设备检修历史的发展过程中，主要采取的检修方式有以下几种。

1. 事后检修

事后检修也称故障检修，是最早的检修方式。这种检修方式以设备出现功能性故障为判据，在设备发生故障且无法继续运转时才进行维修。显然，这种应急维修需要付出很大的代价和维修费，不但严重威胁着设备或人身安全，而且维修不足。

2. 预防性检修

预防性检修经过多年发展，根据检修技术条件、目标的不同而出现以下几种检修方式。

（1）定期检修。定期检修在保证设备正常工作中确实起到了直接防止或延迟故障的作用，但这种不根据设备的实际状况，单纯按规定的时间间隔对设备进行相当程度解体的维修方法，不可避免地会产生“过剩维修”，不但造成设备有效利用时间的损失和人力、物力、财力的浪费，甚至会引发维修故障。

（2）以可靠性为中心的检修。该检修方式能比较合理地安排大修间隔，有效预防严重故障的发生，以最低的费用来实现机械设备固有可靠性水平。

（3）状态检修。状态检修也称预知性维修，这种维修方式以设备当前的实际工作状况为依据，通过高科技状态检测手段，识别故障的早期征兆，对故障部位、故障严重程度及发展趋势作出判断，从而确定各机件的最佳维修时机。状态检修是当前耗费最低、技术最先进的维修制度。它为设备安全、稳定、长周期、全性能优质运行提供了可靠的技术和管理保障。

二、检修方式发展的主要阶段

纵观变电设备检修策略发展的历史，检修体制的演变主要经历了三个阶段。

1. 事后检修阶段

20 世纪 50 年代以前，检修方式基本上是事后的，即故障检修方式，在设备发生了事故后才进行检修。因为那时候大部分设备都比较简单，设计裕度也比较大，设备比较可靠而且容易修复，且停机时间对经营活动影响不大，所以只进行简单的日常维护和检修，并没有开展系统的维修。

2. 定期检修阶段

20 世纪 60～70 年代，由于设备的生产效率越来越高，突发故障造成的损失也越来越大，因此，如何避免和减少损失就成为十分突出的问题，于是逐步形成了预防性维修系统。在苏联主要发展了定期计划检修，截至目前，这种检修方式仍在我国电力系统中推广应用。

3. 状态检修阶段

20 世纪 80 年代以来，随着电网的飞速发展，新的设备监测技术得到广泛的应用，人们对故障模式及其影响进行了较深入的分析，企业对设备的可靠性，对检修成本效益比的要求也越来越高，随之产生了尽量掌握设备的状态，在设备发生实质性的故障之前及时进行检修的新方式，这就是状态检修。在这时期，计算机开始广泛应用于设备状态的监控和管理，并随着信息处理技术的发展，出现了各种诊断系统，而且其发展趋势是将几个不同的监测技术的诊断综合到一个系统中，对设备的状态进行综合的分析和判断，同时把诊断和检修管理结合起来，对检修工作进行成本效益分析，在此基础上安排合理的检修方式和检修时机。

三、传统检修方式和状态检修方式的优缺点分析及检修策略的选择

1. 传统检修体制及检修方式的局限性和缺点

（1）事后检修模式存在的弊端。这种在故障发生后才进行修换或管理工作的检修方式存在的弊端如下：

1）事后检修是一种被动工作模式，有很大的不可预见性，会使电力企业干部职工经常处于高度紧张状态。任何一起供电事故的发生都会给正常生产、生活带来不便，甚至造成较大经济损失和不利的社会影响。

2）为了使事故在尽量短的时间内处理完，就必须预先准备较多的原材料和零配件，这必然会造成库存增加和资金利用率下降，从而增加检修费用。

3）事后检修时间紧、任务重。抢修人员为了赶时间，经常会简化操作程序，难免会忙中出错。多年来事后检修中发生的人身伤亡事故和其他各类事故是屡见不鲜的。

4）为了赶时间、抢任务，事后检修常常是头痛医头、脚痛医脚，没有更多的时间分析原因、查找根源，常顾此失彼，不仅造成材料的浪费，而且加大了劳动强度。

（2）定期检修模式存在的弊端。这种以时间为依据，预先设定检修工作内容与周期的计划检修模式存在的弊端如下：

1）经济在发展，设备在剧增，使定期检修必须有大量的人力、物力投入，而某种程度上的盲目性，使定期检修性价比不可能太高。从而相对降低了劳动生产率，不适应以经济效益为中心的现代企业运营方式。

2）计划检修必然导致部分运行状态较好的设备周期性停运，使尚不完善的电网承受更大的压力，部分直供线路的停电导致对用户中断频次的增加和电网可靠性的降低。

3）过度检修造成设备的频繁拆卸，增加了在检修过程中产生了新的设备隐患。

4）频繁的停送电操作，客观上增加了操作的概率，不良现场检修条件和落后的检修工艺导致设备损坏的概率加大。

5）大量设备的定期检修，已不可能使每项作业安排在合适的自然环境期间内，而不良环境对设备的影响，使检修质量下降。

6）计划检修导致一定时间内检修工作量骤增，按照设备检修工艺导则去落实每项要求，将使设备所需停电时间远远大于电网调度所能安排的停电时间，此矛盾造成很多检修内容难以落实，影响检修质量。

2. 状态检修的可行性和优越性

（1）电气设备状态检修的可行性。

1）多年来，国产电气设备积累了大量的运行经验，其运行和维护技术日臻完善，这为实施状态检修工作奠定技术基础。同时，国产设备的质量有了很大提高，为状态检修提供一定的物质基础。

2）新型设备投入运行及新技术的应用监测手段的不断提高，使设备的安全运行有了很好的基础。如红外线成像技术在电力生产中的应用，大型变压器油色谱分析在线系统的研制成功，变压器绕组变形探测技术的发展，电容型带电设备集中在线测试技术的投入使用等，使在运行电压下正确诊断设备状态有了可能。

3）随着传感技术、微电子、计算机软硬件和数字信号处理技术、人工神经网络、专家系统、模糊集理论等综合智能系统在状态监测及故障诊断中应用，使基于设备状态监测和先进诊断技术的状态检修研究得到发展成为电力系统中的一个重要研究领域。

（2）状态检修的优越性。

1）状态检修之前的准备工作——状态管理，不仅减轻了原手工作业的劳动强度，提高了工作效率，更重要的是，能够充分利用已有的状态信息，通过多方位、多角度的分析，最大限度地把握设备的状态，依此制定合理的检修维护策略，为提高设备运行可靠性提供了保障。

2）状态检修可以使检修人员现场定期试验和测量工作量减轻到最小，显然这是一种降低成本的好方法。特别是在对设备的寿命进行正确估计后，提高了设备的最大可用性，可以更有效地储存和安排设备备件，这样可节省大量的备品经费。

3）在实现设备的状态检修后，可以通过适当的维修来避免重要设备故障，同时又避免了不必要的维修作业，降低了由于不必要定期检修引起故障的可能性。

4）通过设备的状态分析，可以发现问题于萌芽状态，限制问题向严重化的方向发展。对于预防类似事故、改进产品质量、提高设备监督管理水平具有重要的指导意义。

5）实现状态检修后，把临时性停电降低到最少，可增加售电收入，提高供电可靠性和用户满意度。

3. 电气设备检修策略的选择

改进现行的检修方式或选择合适的检修策略，不必受哪一种特定的维修体系的约束，不要简单地用某一种方式来完全取代现行的方式，而应分析各种维修方式的具体内容，结合自身的特点和需要，使综合效果最好。

对设备实施状态检修，其对象并不是所有设备，对于那些可以确定寿命周期，或能找出某种类型的故障发生的概率会显著增加的时间点，也就是故障的发生与设备运行时间有比较确定关系的情况下，可以采取定期检修。

对于随机故障，同时设备的状态又是可以监测得到的情况，可以采用状态检修。在实施状态检修中，监测的频度不仅要考虑能发现潜在故障到发生功能性故障的时间间隔，还应考虑故障后果的严重性，如果故障会对安全运行产生严重影响，应考虑加大监测频度。

对于故障既不和时间有比较确定的关系，又不容易用常规手段监测的情况，那只能进行周期性的检查工作。对于比较重要的设备的频发性或后果严重的故障，应采用主动检修的方式，进行重新设计或改造。

如果设备不重要或价值低以至于故障的后果不严重，那就干脆用坏为止，采用故障检修的方式。

对于重要的设备，可同时采用定期检修和状态检修相结合的方式，根据状态监测的结果对故障机理的不断深入了解，调整定期检修的间隔。

总之，合理的检修策略应融故障检修、定期检修、状态检修和主动检修为一体，将各检修方式优化组合，在保证合理的安全可靠性的前提下，降低检修成本。也就是说，推行状态检修，不能局限于状态检修本身，而应有全面的优化检修的思想。

四、开展状态检修的难点分析

1. 开展状态检修的观念更新问题

开展设备的状态检修是一项艰巨而又复杂的系统工程，既要改变传统的思维方式，又要用变化的观念去解决管理和技术的问题。应该认识到在实施状态检修的过程中，不可能找到一种快速的、一次性解决所有问题的方法，这样的系统工程也不可能在短期内迅速完成。对电力设备实施状态检修管理，必须要从系统工程的角度去审视。首先，开展状态检修工作是管理体制的创新，其重点在管理。开展状态检修要建立一套科学、完善、合理的状态检修管理体制，要组织、协调好变电、检修、保自、生技等各专业、各部门、各单位之间的分工、配合、衔接、实施等各项具体工作。因此，在管理上必须有相应的管理制度、实施细则、工作流程、考核办法、责任划分、事故处理等作为开展工作的保障，以使这项工作能顺利地开展。状态检修就要求所有的与生产有关的部门都能有机地联系在一起，各个环节都能各负其责，各尽其能。其次，从技术和设备的角度去考虑实施状态检修，就必须根据设备在系统中的地位和重要程度，确定该设备的优化检修方式，同时又综合考虑经济性、可行性、可靠性、合理性，否则就可能事与愿违。

实施以状态为基础的检修，就是要使检修任务和周期更多地建立在反映设备状态的基础上。

2. 开展状态检修需要考虑设备状态监测、监测技术的先进性和成熟性

开展状态检修，除了对运行中的设备加强常规测试，严格执行 Q/GDW 168—2008《输变电设备状态检修试验规程》中规定的试验项目外，还要配合采用先进的在线监测手段，及时掌握设备的技术状态。目前，绝缘油的色谱分析、用远红外测温、局放测试、容性设备绝缘在线监测等、氧化锌避雷器阻性电流监测等技术已经得到了推广和应用，并在实践中取得了一定的效果。

3. 开展状态检修需要信息系统和决策支持系统

在状态检修必须有一套用于状态检修的管理信息系统和决策支持系统，系统必须是以设备资产为核心，以设备安全可靠运行为主线，涵盖变电运行与检修、试验等专业，涉及变电站运行管理、设备缺陷管理、变电设备检修计划与管理等的计算机综合管理信息系统。系统中不仅包含与生产管理相关的运行、检修、试验及铭牌数据，而且还能利用系统所具有的分析和统计功能，为设备的状态检修提供比较高效的信息。比如断路器的切断短路电流的次数、变压器经受短路冲击的次数、设备检修的时间、历史上设备试验结果的发展趋势等。系统最好能根据在线和离线监测诊断数据、设备寿命预测数据、可靠性评价数据、设计参数、检修历史数据、同类设备统计数据等进行综合分析，并利用状态评价准则体系对设备状态变化趋势进行预测，运用决策模型给出检修什么和何时检修的建议，并制定检修计划。

4. 开展状态检修必须提高人员素质

事实证明，实施状态检修成败的关键之一是人员问题。开展状态检修时对于状态分析、故障诊断技术的立足点应首先是高素质的技术人员。变电设备检修及故障诊断是一项跨多个专业的技术，缺少理论基础和丰富经验的积累，都无法很好胜任这项工作。检修人员除了要了解掌握设备的运行方式、运行特点及工况变化对设备产生的影响外，还要掌握设备原理、结构、零件、材料、装配方法和离线监测、状态监测和故障分析手段，还要掌握设备的维修规律，综合评价设备的健康状况，直接参与检修决策和检修工作，优化检修计划内容、检修程序和工艺等。

【思考与练习】

1. 什么是定期检修？
2. 什么是状态检修？
3. 状态检修的优越性是什么？
4. 现阶段开展状态检修的难点有哪些？

模块2　决策支持系统（DSS）（ZY1400401002）

【模块描述】本模块介绍变电设备状态检修决策支持系统的基本概念和系统总体结构。通过要点归纳、图表举例，了解状态检修决策支持系统的总体结构及有关业务流程要求。

【正文】

一、决策支持系统的基本知识

1. 决策支持的概念

决策支持系统（Decision Support System，DSS）是辅助决策者通过数据、模型和知识，以人机交互方式进行半结构化或非结构化决策的计算机应用系统。它是管理信息系统（MIS）向更高一级发展而产生的先进信息管理系统。它为决策者提供分析问题、建立模型、模拟决策过程和方案的环境，调用各种信息资源和分析工具，帮助决策者提高决策水平和质量。

2. 决策支持系统的组成

决策支持系统基本结构主要由四个部分组成，即数据部分、模型部分、推理部分和人机交互部分。

（1）数据部分是一个数据库系统。

（2）模型部分包括模型库（Model Base，MB）及其管理系统（Model Base Management System，MBMS）。

（3）推理部分由知识库（Knowledge Base，KB）、知识库管理系统（Knowledge Base Management System，KBMS）和推理机组成。

（4）人机交互部分是决策支持系统的人机交互界面，用以接收和检验用户请求，调用系统内部功能软件为决策服务，使模型运行、数据调用和知识推理达到有机地统一，有效地解决决策问题。

3. 智能决策支持系统

20世纪80年代末90年代初，决策支持系统开始与专家系统（Expert System，ES）相结合，形成智能决策支持系统（Intelligent Decision Support System，IDSS）。智能决策支持系统充分发挥了专家系统以知识推理形式解决定性分析问题的特点，又发挥了决策支持系统以模型计算为核心的解决定量分析问题的特点，充分做到了定性分析和定量分析的有机结合，使得解决问题的能力和范围得到了一个大的发展。智能决策支持系统是决策支持系统发展的一个新阶段。

二、状态检修决策支持系统的总体结构及有关业务流程模块

本模块根据国家电网公司《输变电设备状态检修辅助决策系统建设技术原则（试行）》进行介绍。

1. 输变电设备状态检修辅助决策系统的开发原则

状态检修辅助决策系统的开发原则是具有安全性、适应性、开放性、灵活性和可分布性。

（1）安全性。安全性是指系统建设应满足国家电网公司信息安全管理要求，从网络通信、病毒防护、数据存储、角色认证以及评价管理与发布等方面充分考虑系统设计的安全性，并可靠安全地与外部系统互联。

（2）适应性。适应性是指系统建设应能满足国家电网公司系统各单位现有不同管理模式和业务流程要求，具有良好的用户适应能力，并能满足设备管理新技术、新方法和新策略变化发展的要求。

（3）开放性。开放性是指系统作为安全生产管理系统的高级应用，在平台建设中应充分考虑与外界信息系统交换的需求分析，保证既能满足基本功能的需要，又具有与外界系统进行信息交换与处理的能力，可通过二次开发或配置从外部系统获取数据，其分析过程和结果可方便地被其他外部系统调用。

（4）灵活性。灵活性是指系统应遵循组件化设计原则，满足总体布局，分步实施的要求，可通过组件和系统参数的灵活配置满足不同业务层面的功能需求。

（5）可分布性。可分布性是指系统软件应采用分布式数据库和应用服务平台，既可以满足分析中心集中管理模式，也可以根据不同重要等级和管辖范围实施分层分布式管理。

2. 状态检修辅助决策系统的建设框架

状态检修辅助决策系统业务功能框架如图 ZY1400401002-1 所示，国家电网公司输变电设备状态检修分析的业务功能划分为数据获取、数据处理、监测预警、状态评价、状态诊断、预测评估、风险评价和决策建议八个逻辑层。在具体的业务实施过程中，部分功能模块层可作适当调整或分步实施，满足不同用户的实际需求。

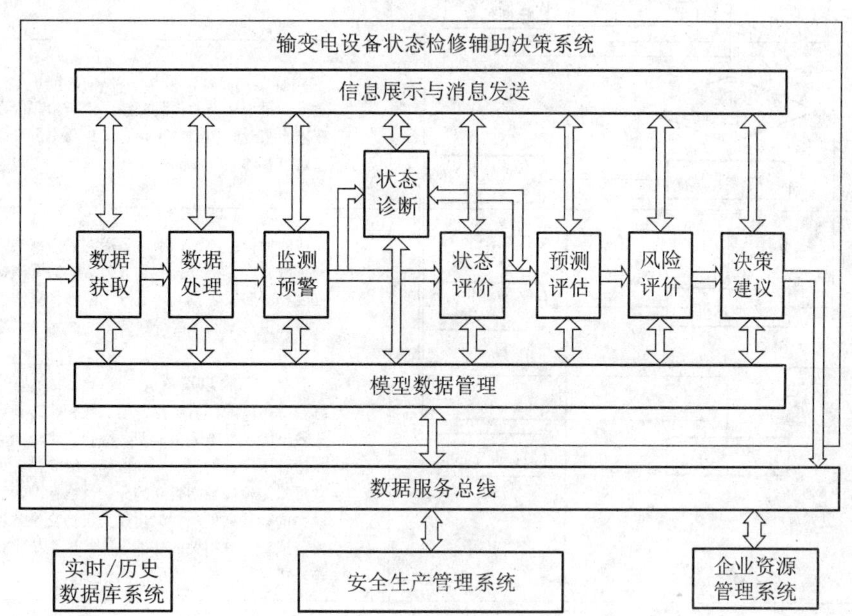

图 ZY1400401002-1 状态检修辅助决策系统业务功能框架

3. 状态检修辅助决策系统业务流程说明

设备状态检修辅助决策系统的数据获取、分析、处理和决策管理的业务流程如图 ZY1400401002-2 所示。

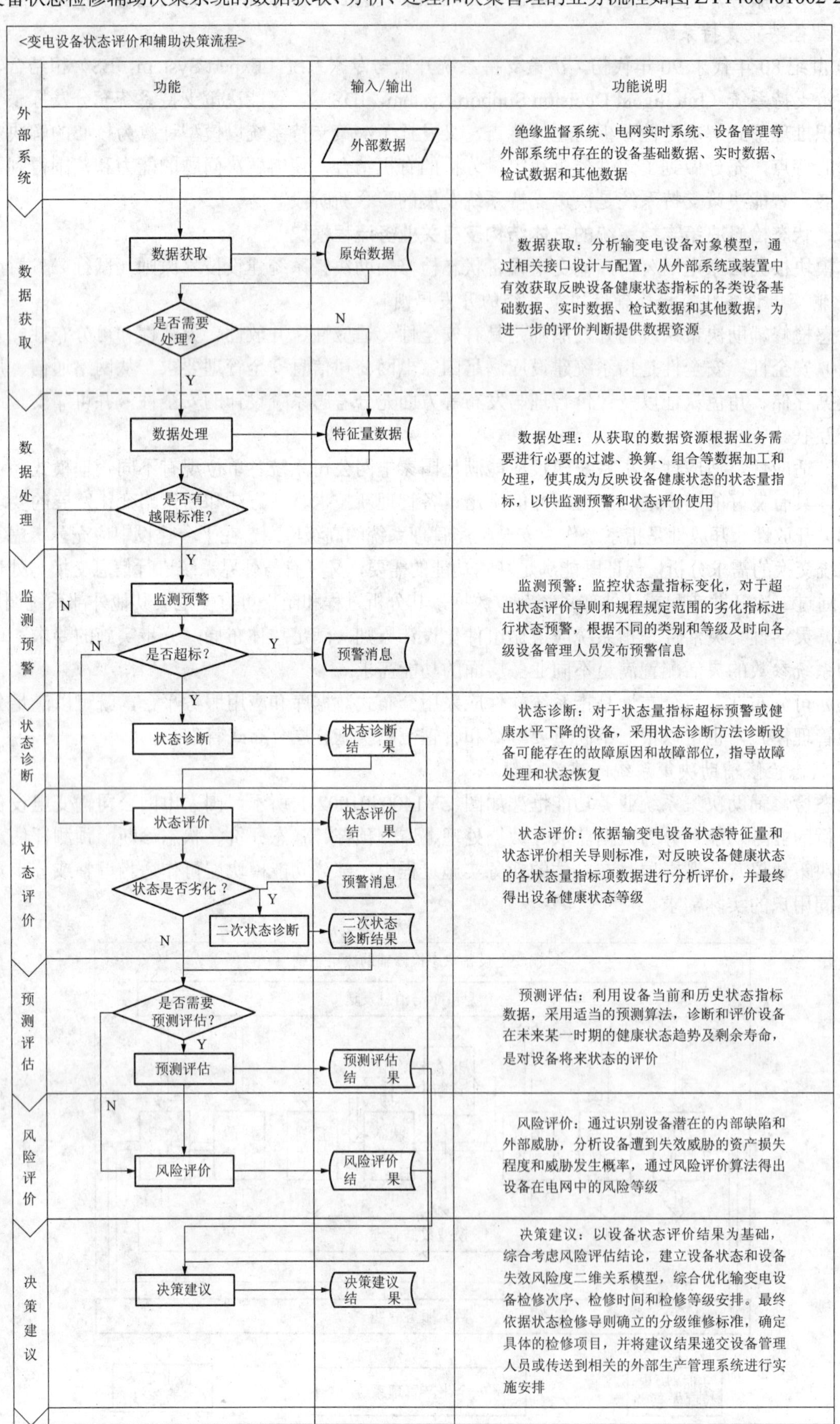

图 ZY1400401002-2 设备状态检修辅助决策系统业务流程

4. 状态检修辅助决策系统主要业务功能描述

（1）数据获取。数据获取模块为输变电设备状态检修分析系统的输入和外部接口模块，依据国家电网公司相关设备评价导则的要求，建立输变电设备对象模型，主要任务是从外部系统或装置中有效获取反映设备健康状态指标的各类设备基础数据、实时数据、检试数据和其他数据，为数据处理与判断提供完整的信息资源。数据获取模块功能如图 ZY1400401002-3 所示。

（2）数据处理。数据处理是对数据获取层获得的分析对象原始数据，根据评价业务需要进行必要的过滤、换算、组合等数据加工和处理过程，使其成为反映设备健康状态的状态量数据，以供监测预警和状态评价使用。数据处理模块功能如图 ZY1400401002-4 所示。

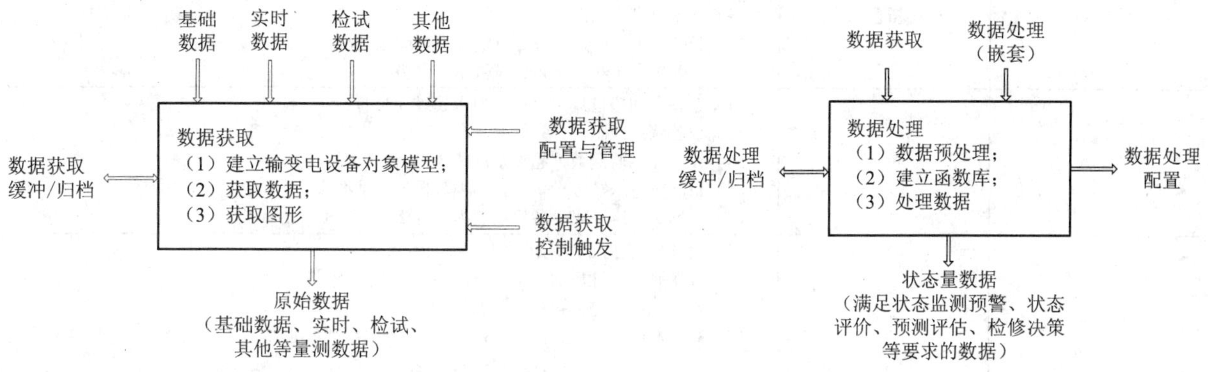

图 ZY1400401002-3　数据获取模块功能简图　　图 ZY1400401002-4　数据处理模块功能简图

对于数据获取层获取的包含完整信息的对象数据包，应根据业务需求进行必要的数据处理，使其成为可使用的状态量。主要表现在：

1）过滤。对于在线监测数据，在其连续采集的过程中由于电磁干扰或装置特性变化，会产生一些噪点，有必要采取合理的数字过滤技术加以处理。如处理相对平稳的信息量可采用傅里叶变换方法，对处理突变量信息可采用小波变换等方法。

2）换算。对某些采集量应经过换算方可使用，如主变压器本体介损需要把实际油温下的介损值换算成 20℃的介损值方可使用。

3）组合。对于某些测量数据需经过组合方可使用，如主变压器绕组直流电阻，其直阻偏差状态量需要组合分析计算三相直阻偏差后方可进行判断。再如绕组绝缘电阻状态量涉及吸收比（极化指数）与绝缘电阻两个采集量，同时需要组合考虑。

由于数据处理算法的不确定性，有必要建立一套完整的函数库，并可不断扩充。既可以满足算法的重用（如通用的函数运算），又可以满足新技术新方法的应用。

（3）监测预警。监测预警模块实时监控状态量指标变化，对于超出国家电网公司相关设备评价导则和规程规定阈值范围的劣化指标，根据不同的类别和等级及时向各级设备管理人员发布预警信息，同时启动设备状态诊断模块，辅助分析具体部位和故障原因。监测预警模块功能如图 ZY1400401002-5 所示。

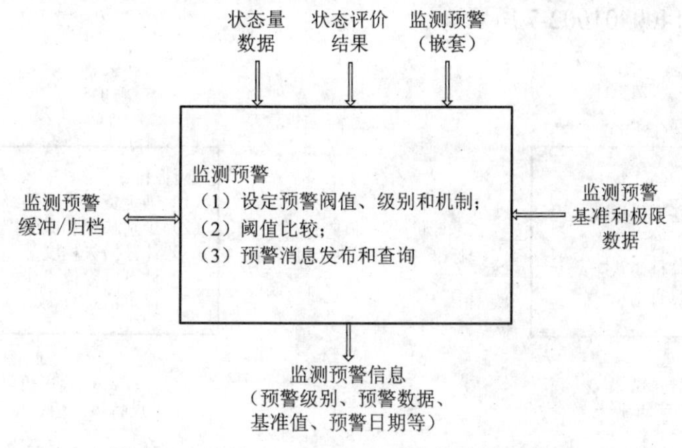

图 ZY1400401002-5　监测预警模块功能简图

监测预警应根据状态量劣化的严重程度可设置不同的等级，其分级见表 ZY1400401002-1。

表 ZY1400401002-1 监测预警级别和判断标准

预警级别	色标	监测量测/状态量数据
一级	红色	（1）设备周期超过规定周期 6 个月。 （2）设备状态重大异常。 （3）设备有紧急缺陷。 （4）500kV 电压等级设备运行巡视数据超过基准值。 （5）500kV 及以上电压等级设备检试数据不合格
二级	橙色	（1）设备周期超过规定周期 3 个月。 （2）设备状态异常。 （3）设备有重大缺陷。 （4）220kV 电压等级设备运行巡视数据超过基准值。 （5）220kV 电压等级设备检试数据不合格
三级	黄色	（1）设备周期超过规定周期，但未超过 3 个月。 （2）设备状态注意。 （3）设备在线监测数据超过基准值 3 倍。 （4）110kV 电压等级设备运行巡视数据超过基准值。 （5）110kV 电压等级设备检试数据不合格
四级	蓝色	（1）设备周期在规定周期时间 3 个月内。 （2）设备有一般性质的缺陷。 （3）设备在线监测数据超过基准值。 （4）35kV 及以下电压等级设备运行巡视数据超过基准值。 （5）35kV 及以下电压等级设备检试数据不合格。 （6）设备超负荷运行
正常	绿色	（1）设备周期未超期（离周期时间 3 个月外）。 （2）设备状态正常或良好。 （3）设备无缺陷。 （4）设备在线监测数据不超基准值。 （5）设备运行巡视数据不超基准值。 （6）设备检试数据合格。 （7）设备不超负荷运行

其中一级预警实时触发，其他级别预警可以日报、周报、月报的形式汇总，根据设备对象不同及重要程度，配置不同的设备相关责任人，可通过办公自动化、短信平台发布。

（4）状态评价。状态评价依据国家电网公司各种设备评价导则进行。经数据获取和数据处理后进入状态评价，业务功能如图 ZY1400401002-6 所示。

（5）状态诊断。状态诊断模块是对监测预警模块发出预警信息或状态评价结果表明健康状态明显下降（可靠性下降状态、缺陷状态、危急状态）的设备，采用状态诊断方法诊断设备可能存在的故障原因和故障部位。

（6）预测评估。预测评估模块利用设备当前和历史状态指标数据，采用适当的预测算法，诊断和评价设备的今后某一时期健康状态发展趋势，并得出将来状态的评价结果。

（7）风险评价。依据国家电网公司《输变电设备风险评估导则（试行）》进行风险评价，风险评价模块功能简图如图 ZY1400401002-7 所示。

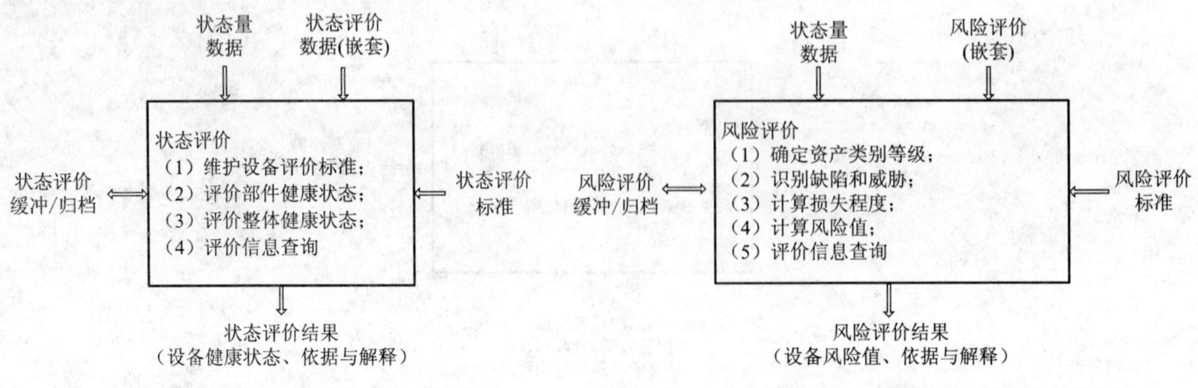

图 ZY1400401002-6 状态评价模块功能简图　　图 ZY1400401002-7 风险评价模块功能简图

国家电网公司《输变电设备风险评估导则（试行）》中以风险值为指标，综合考虑资产、资产损失程度及设备发生故障的概率三者的作用，风险值按下式计算

$$R(t)=A(t)\times F(t)\times P(t) \tag{ZY1400401002-1}$$

式中　t——某个时刻（Time）；

A——资产（Assets）；

F——资产损失程度（Failure）；

P——设备平均故障率（Probability）；

R——设备风险值（Risk）。

（8）决策建议。决策建议模块以设备状态评价结果为基础，综合考虑风险评估结论，建立设备状态和设备失效风险度二维关系模型，综合优化设备检修次序、检修时间和检修等级安排。并依据国家电网公司各种设备状态检修导则确立的分级维修标准，确定具体的检修项目和检修时间，最终将建议结果递交设备管理人员或传送到相关的外部生产管理系统进行实施安排。决策建议模块功能如图ZY1400401002-8所示。

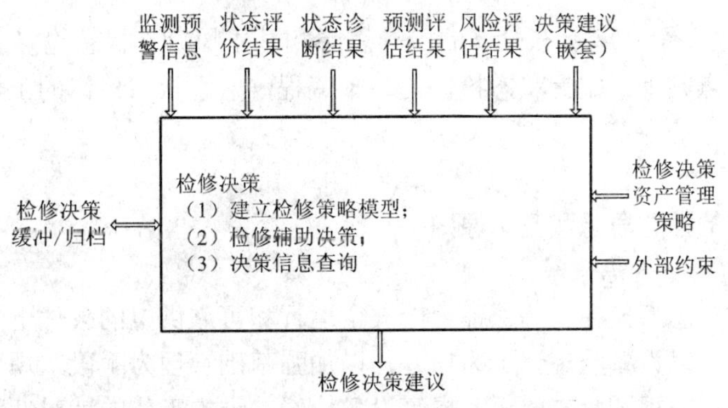

图ZY1400401002-8　决策建议模块功能简图

可参考的设备状态和设备失效风险度二维（R–H）关系模型如图ZY1400401002-9所示。R轴为设备风险等级值，数据来源风险评价结果，R值越大说明越重要；H轴为设备健康状态等级值，数据来源于状态评价结果，H值越大设备状态越差；O轴为过原点的参考轴，O轴与R轴间的夹角为φ。定义P为由设备风险值R和设备健康状态值H在R–H图上对应的点到O轴的归一化距离（折算到100内），表示设备需要进行维修的紧迫程度，P值越大，设备越需要优先安排检修。φ为权重因子，改变

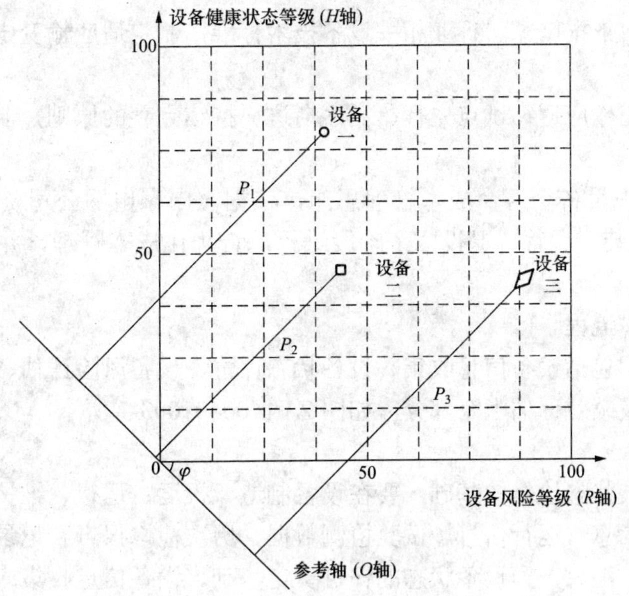

图ZY1400401002-9　R–H关系模型

夹角 φ，可以改变设备的重要性 R 和设备的健康状态 H 对确定维修策略的影响权重。夹角 φ 增大，设备的重要性 R 对维修策略的影响增大，同时设备的健康状态 H 对维修策略的影响减小；相反，夹角 φ 减小，设备的重要性 R 对维修策略的影响减小，同时设备的健康状态 H 对维修策略的影响增大。

决策系统的应用，给电力系统开展状态检修工作带来的效益决不仅仅是体现在经济上，更重要的是提高状态检修的决策能力，改善决策效果，提高管理决策水平。

【思考与练习】

1. 什么是决策支持系统？决策支持系统由哪些部分组成？
2. 决策支持系统的开发原则是什么？
3. 画出状态检修辅助决策系统业务功能框架图。
4. 状态检修辅助决策系统应包含哪些必备的功能模块，其作用是什么？

模块 3　状态检修的基本思路和方法（ZY1400401003）

【模块描述】本模块介绍开展状态检修的指导思想和基本原则、状态检修的基本流程和工作体系等。通过定义讲解、要点归纳，掌握状态检修的基本流程；熟悉状态检修的工作体系、各级职责及开展状态检修工作必须注意的环节。

【正文】

一、开展状态检修的指导思想和基本原则

1. 开展状态检修的指导思想

开展状态检修的指导思想是在充分保证电网安全运行和可靠供电的条件下，以制度建设为基础，以安全水平提升为目标，以设备状态评价为核心，以加强基础管理为手段，规范设备管理流程，落实安全责任，强化设备运行监视和状态分析，提高设备检修、维护工作的针对性和有效性，推进状态检修工作规范、有序开展。

2. 开展状态检修的基本原则

（1）开展状态检修工作必须在保证安全的前提下，综合考虑设备状态、运行可靠性、环境影响以及成本等因素。

（2）实施状态检修必须建立相应的管理体系、技术体系和执行体系，明确状态检修工作对设备状态评价、风险评估、检修决策制定、检修工艺控制、检修绩效评估等环节的基本要求，保证设备运行安全和检修质量。

（3）开展状态检修应依据国家、行业相关设备技术标准，制定适应输变电设备状态检修工作的相关技术标准和导则。

（4）开展状态检修工作应遵循试点先行、循序渐进、持续完善的原则，制定工作长远目标和总体规划，分步实施。

（5）状态检修应体现设备全寿命成本管理思想，依据《国家电网公司资产全寿命管理指导性意见》，对设备的选型、安装、运行、退役四个阶段进行综合优化成本管理，并指导设备检修策略的制定。

二、状态检修的基本流程

状态检修的基本流程包括设备信息收集、设备状态评价、设备风险评估、检修策略制定、年度检修计划制定、检修实施及绩效评估七个部分，如图 ZY1400401003-1 所示。

1. 信息收集

设备信息收集是开展状态检修的基础，要在设备制造、投运、运行、维护、检修、试验等全过程中，通过对投运前基础信息、运行信息、试验检测数据、历次检修报告和记录、同类型设备的参考信息等特征参量进行收集、汇总，为设备状态的评价奠定基础。设备信息收集应包括投运前信息、运行中信息和同类型设备参考信息等。

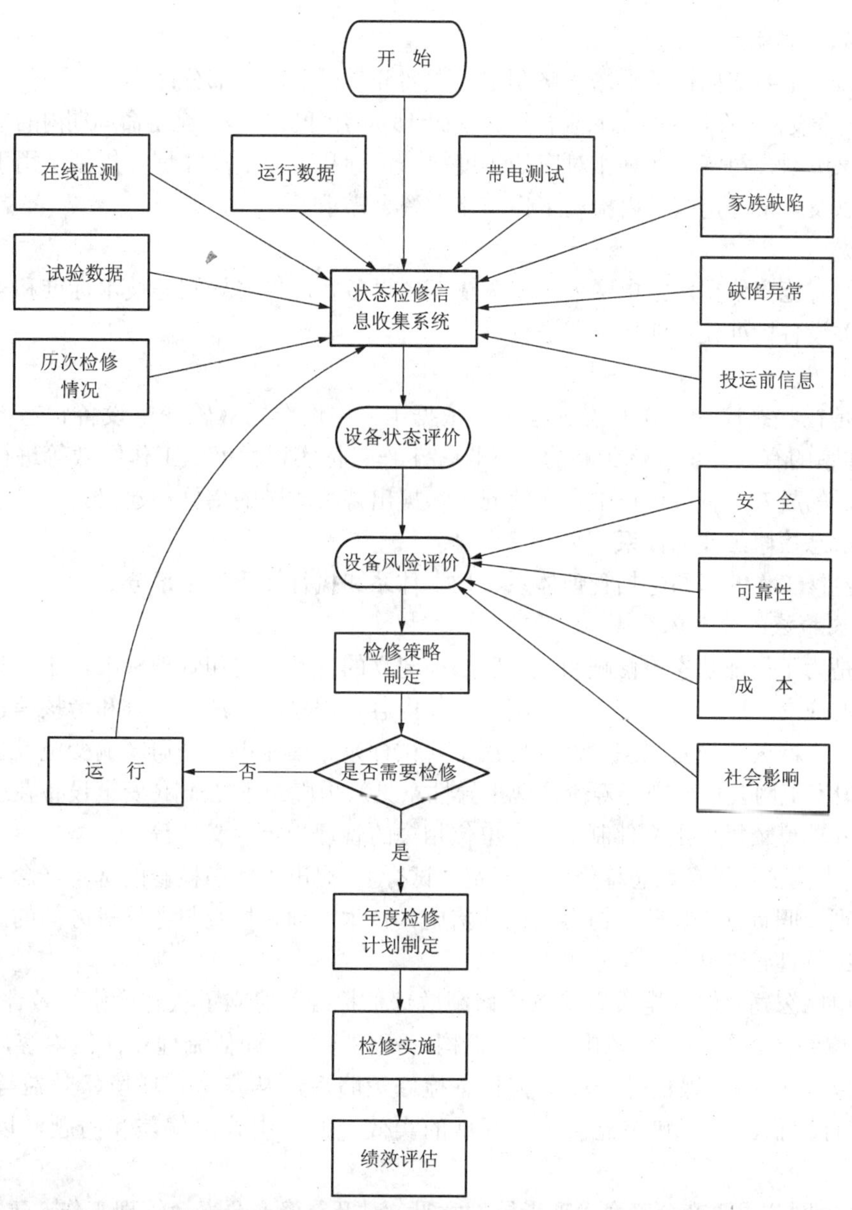

图 ZY1400401003-1　状态检修工作流程图

2. 设备状态评价

设备状态评价是开展状态检修工作的关键，设备状态评价必须通过对设备离线、在线测试数据和运行、检修等基础资料进行持续、规范的特征参量收集、跟踪管理并综合分析、判断，才能够准确掌握设备运行状态、健康水平和发展趋势。设备状态评价应实行动态管理，每年至少一次，设备状态评价必须通过，为开展状态检修下一阶段工作创造条件。

3. 设备风险评估

设备风险评估是开展状态检修工作的重要环节，其目的就是要按照国家电网公司《输变电设备风险评估导则（试行)》的要求，利用设备状态评价结果，综合考虑安全、环境和效益等三个方面的风险，确定设备运行存在的风险程度，为检修策略和应急预案的制定提供依据。设备风险评估每年至少一次。

4. 检修策略制定

以设备状态评价结果为基础，参考风险评估结果，在充分考虑电网发展、技术进步等情况下，对设备检修的必要性和紧迫性进行排序，并依据国家电网公司相关输变电设备状态检修导则等技术标准确定检修方式、内容，并制定具体检修方案。

5. 年度检修计划制定

年度检修计划主要依据设备检修策略制定，主要分为以下两个部分：

（1）覆盖整个设备寿命周期内的长期检修、维护计划，用于指导设备全寿命周期内的检修、维护工作。

（2）与国家电网公司资金计划相对应的年度检修计划和多年滚动计划、规划，用于指导年度检修工作的开展，以及未来一定时期内检修工作安排和资金需求。

6. 检修实施

设备检修的实施应依据国家电网公司相关输变电设备状态检修导则等技术标准和年度检修计划并按照各单位相关设备标准化作业指导书进行。

7. 绩效评估

绩效评估是在状态检修工作开展过程中，依据国家电网公司《输变电设备状态检修绩效评估标准》，对工作体系的有效性、检修策略的适应性、工作目标实现程度、工作绩效等进行评估，确定状态检修工作取得的成效，查找工作中存在的问题，提出持续改进的措施和建议。

三、开展状态检修工作的体系

开展状态检修工作的体系包括管理体系、技术体系和执行体系三个部分。

1. 开展状态检修的管理体系

管理体系是为了保证状态检修顺利开展所必须建立的管理规定和管理标准，主要对各级状态检修工作组织机构的成立、职责分工，工作范围、工作内容、程序、方法、检查和考核等进行规范。主要依据包括《国家电网公司设备状态检修管理规定（试行）》、国家电网公司《输变电设备状态检修绩效评估标准》、《国家电网公司资产全寿命管理指导性意见》、国家电网公司《变电设备在线监测系统管理规范》等以及各单位依据以上文件制定的本单位相关的管理规定、文件等。

（1）《国家电网公司设备状态检修管理规定（试行）》提出了状态检修的基本概念，规定了开展状态检修组织管理、职责分工、管理内容、保障措施、技术培训、检查与考核等方面的工作要求，是状态检修工作的纲领性管理文件。

（2）国家电网公司《输变电设备状态检修绩效评估标准》建立了状态检修绩效评估的指标体系，规定了状态检修绩效评估的实施范围、评估机构、评估方法、评估流程和评估内容，提出了评估报告的规范格式要求。绩效评估是企业实施状态检修策略后，从安全、环境、效益等方面对取得的成绩与效果进行评估，检查状态检修工作开展的实效，并从中找出偏差和问题，以达到持续改进的目的。

（3）《国家电网公司资产全寿命管理指导性意见》对开展资产全寿命管理工作，建立规范的、符合实际的资产全寿命管理体系提出了指导性意见，明确了规划设计、基建、运行维护和退役处置四个寿命周期阶段，确定了技术、经济、社会三个层面递进评估资产管理策略决策方法，提出了由组织机构、信息、流程和战略四个要素组成的资产全寿命管理基本框架，以及由战略、计划、实施、检查和评价五个要素组成的持续改进资产管理过程。

（4）国家电网公司《变电设备在线监测系统管理规范》规定了输变电设备在线监测系统的全过程管理，包括在线监测系统的管理职责、设备选型和使用、安装和验收、运行、维护、培训和技术文件的管理要求。

2. 开展状态检修的技术体系

技术体系是指支撑状态检修工作的一系列技术标准和导则，是开展状态检修的技术保证。主要包括 Q/GDW 168—2008《输变电设备状态检修试验规程》、国家电网公司《输变电设备风险评估导则（试行）》、国家电网公司《输变电设备状态检修辅助决策系统建设技术原则（试行）》、国家电网公司《变电设备在线监测系统技术导则》以及各类设备状态检修导则、状态评价导则检修工艺和作业指导书等。

（1）Q/GDW 168—2008《输变电设备状态检修试验规程》规定了 110～750kV 变压器、开关、线路等各类高压电气设备巡检、检查和试验的项目、周期和技术要求，以巡检、例行试验、诊断性试验替代了原有定期试验，明确了基于设备状态的试验周期和项目双向调整方法，提出了警示值和不良工况、家族缺陷等新概念以及显著性差异和纵横比分析的新方法。该规程内容涵盖巡检、例行试验、诊断性试验、在线监测、带电检测、家族缺陷、不良工况等状态信息，吸收了最新的现场试验项目和分析方法，充分考虑了各单位设备状态、地域环境、电网结构等特点，是状态检修工作的基础性技术文件。

（2）国家电网公司各种设备评价导则规定了对输变电设备状态进行量化评价的方法，内容主要包括状态参量的选取、权重的定义、评分标准、设备分部件的划分以及根据状态参量评价设备状态的方法等。

（3）国家电网公司相关输变电设备状态检修导则明确了根据设备状态评价确定具体检修等级、内容并制定针对性检修方案的过程和方法。

（4）国家电网公司《输变电设备风险评估导则（试行）》明确了开展风险评估工作的基本方法，包括评价的数学模型及影响风险值的资产、损失程度、设备平均故障率等要素的评价方法，给出了不同风险值设备的处理原则。

（5）国家电网公司《输变电设备状态检修辅助决策系统建设技术原则（试行）》是指导和规范输变电设备状态评价系统建设的主要技术依据，规定了输变电设备状态检修辅助系统应具备的统一业务功能模型、接口规范、系统平台、软件设计等技术要求。

（6）国家电网公司《变电设备在线监测系统技术导则》规定了输变电设备在线监测参数的选取、监测系统的选型、试验和检验、现场交接验收、包装、运输和储存等方面的技术要求，强调监测系统的有效性和实用性。

（7）各类设备检修工艺导则和作业指导书。各类检修工艺导则和作业指导书用以具体指导设备检修工作，确定相应的检修程序和基本工艺标准。

3. 开展状态检修的执行体系

执行体系是包括组织机构在内的状态检修流程中各环节的具体实施，它包括设备信息收集、设备评价和风险分析、制定检修策略并实施、检修后评价和人员培训等。

在执行体系中，把握设备的状态是关键：① 要控制设备的初始状态，要通过对设计、选型、制造、建设、交接等各环节的技术监督，对设备初始状态有清晰、准确的了解和掌握；② 要通过加强运行监视、认真开展设备检测、试验等工作，及时收集、归纳、处理设备运行信息，确切掌握设备运行状态；③ 要采取有针对性的设备维护、检修措施，及时处理设备缺陷和隐患，恢复设备健康水平，保持设备具有良好的运行状态。

执行体系的重点是落实人员责任制，状态检修工作比设备定期检修更依赖人的责任心和主人公意识。在加强对各级设备管理人员进行教育培训的同时，要明确各级人员责任，落实责任制，强化考核力度，坚决杜绝放任自流、主观臆断等现象的发生。

执行体系中另一个重要环节是加强对各级生产人员的培训和检测、试验装备的配备。通过培训，使设备管理人员准确掌握设备的原理、性能、重要指标等参数，提高设备管理人员对设备状态进行有效监视和分析的综合技能。

四、开展状态检修工作的组织层次划分及其职责

各单位开展状态检修工作应先建立相应的组织机构，并在国家电网公司统一管理规定、技术标准指导下制定本单位实施细则，各级生产管理部门是状态检修工作归口管理部门。各单位应成立以单位主管领导牵头的组织领导机构，全面负责状态检修的组织、实施、检查、考核等工作，开展状态检修管理层次应分为以下三层。

1. 决策层

决策层一般由局（公司）级领导（生产局长总工）、技术专家（副总工）及有关部门负责人组成。其职责主要有：确定本单位开展状态检修的具体目标；审批本单位设备状态检修工作计划、实施方案以及有关的规章、规程、制度、工作流程、作业手册或作业指导书等；建立本单位设备状态检修组织机构，配备专业层称职人员并明确职责；协调解决状态检修工作中的问题；审批专业层提出的状态检修有关报告及方案；审批（或审查）重要设备周期调整方案并报上级备案（或审批）；检查设备状态检修工作进度和质量，并进行状态检修工作效果评估；组织领导状态检修的宣传和培训以及技术交流。

2. 专业层

专业层一般由生技部、农电部、基建部、安监部的专业技术管理人员组成。其主要职责有：起草本企业设备状态检修工作计划和实施方案；制定实施设备状态检修相关的规章制度和工作流程、作业手册或作业指导书等；编制设备状态检修工作方案、状态检测方案；审查设备状态评估报告及依据状态提出的检修建议及方案；评估状态检修效果，不断改进和完善状态检修方法；负责状态检修工作总结；组织状态检修技能培训和经验交流。

3. 执行层

执行层具体负责设备管理（含全过程管理）的基层单位，一般由修试安装单位、运行单位、设计单位等组成。主要职责有：按规定完成设备的巡视、检查、检测、状态信息的采集、设备状态及其趋势综合分析等工作；一般由修试单位负责起草设备状态检修工作方案、状态检测方案，待批准后组织实施，负责整理分析设备状态信息，提供设备状态一览情况表、重点设备的状态评估报告、根据设备状态提出的检修建议及其检修方案，具体实施设备的检修及其管理工作；运行单位主要负责设备的运行维护、档案资料管理、缺陷管理、运行信息的收集、分析和整理积累，对运行设备的状态进行综合评价并提出状态检修工作的建议；设计单位负责对设备正确合理的设计选型，禁止选用落后、淘汰、可靠性不高的设备，尤其要注重设备的免维性能和运行后的经济性能。

五、开展状态检修工作必须注意的环节

1. 编制本单位状态检修实施细则及有关标准、导则、规范

国家电网公司颁布的各类关于状态检修的管理规定和技术标准，是各单位开展状态检修工作的指导性文件，各地区可根据当地的实际情况，并结合运行实际，制定实施细则和有关技术标准。

2. 确保设备良好的初始状态

初始状态是指包括设备招标、制造、装配以及交接试验等环节在内的前期管理工作，初始状态“健康”与否，对日后的安全运行状况、检修工作量以及设备运行寿命等产生重要的甚至决定性的影响。因此，必须把好设备选型关、出厂验收关、交接试验关。

3. 制定本地区停电预防性试验的周期和项目

根据运行设备总体水平和特殊性，根据试验项目的有效性、实用性（工作量大小，是否停电）合理制定预防性试验的周期和项目。

4. 以设备状态为主线制定检修计划

状态检修管理应掌握所管辖设备的档案、安装、调试、改造等历史情况，并动态掌握运行现状、缺陷、检修、试验及消缺等情况，并按设备状态评价和检修导则在对设备评价、审视的基础上，评定所管辖每件设备状态属于四类的哪一类。针对设备的具体状态，选择、制定A、B、C、D类合理的检修策略。评价设备状态及制定停电工作计划时要充分考虑第一线专业室及检修班组的意见，因为他们直接接触设备，对设备的评价及处理最有发言权。

制定检修计划还要考虑到与周期性的预防性试验停电相结合，避免重复停电。

5. 加强各环节人员的状态检修管理培训和专业技术培训

对收集、管理、处理大量的设备状态信息的有关负责人、专责人员进行必要的管理及考核方面的培训；对第一线的检修人员和运行人员应强调进行设备结构、维护、使用以及缺陷形成规律和消除办法方面的技术培训；对试验人员强调进行设备诊断方面的技术培训。

【思考与练习】

1. 开展状态检修的指导原则是什么？
2. 状态检修的基本流程由哪些主要部分组成？
3. 开展状态检修必须建立和完善的体系有哪些？
4. 开展状态检修工作必须注意的环节是什么？

模块 4　红外热成像的测试与分析（ZY1800303001）

【模块描述】本模块介绍红外热成像的测试与分析。通过测试工作流程的介绍，掌握红外热成像的原理、测试前的准备工作和相关安全、技术措施、测试方法、技术要求及测试数据分析判断。

【正文】

一、红外热成像的原理及测试目的

（一）红外热成像的原理

红外热成像是利用红外探测器、光学成像物镜接收被测目标的红外辐射信号，经过光谱滤波、空间滤波使聚焦的红外辐射能量分布图形反映到红外探测器的光敏源上，对被测物的红外热像进行扫描并聚焦在单元或分光探测器上，由探测器将红外辐射能转换成电信号经放大处理转换成标准视频信号，通过电视屏或监视器显示红外热像图，并推断被测目标表面温度的一种技术。

（二）测试目的

红外热成像技术引入电力设备故障诊断后，为电力设备状态维护提供了有力的技术支持。它能在不影响电力设备正常运行的情况下，准确有效地检测运行设备的温度状况，从而判断设备运行是否正常。它有着高效、快捷、准确、不受外界干扰正常运行等诸多优点。

二、测试仪器、设备的选择

对红外热像仪主要参数选择如下：

（1）不受测量环境中高压电磁场的干扰，图像清晰、稳定，具有图像锁定、记录和必要的图像分析功能。

（2）具有较高的像素，一般不小于 240×340。

（3）测量时的响应波长，一般在 8～14μm。

（4）空间分辨率应满足实测距离的要求，一般对变电站内电气设备实测距离不小于 500m，对输电线路实测距离不小于 1000m。

（5）具有较高的测量精确度和合适的测温范围，一般精确度不小于 0.1℃，测温范围为-50～600℃。

三、危险点分析及控制措施

1. 防止人员误触电

应注意与带电设备的安全距离，移动测量时应小心行进，避免跌碰。红外检测人员在测量过程中不得随意进行任何电气设备操作或改变、移动、接触运行设备及其附属设施。当需要打开柜门或移开遮栏时，应在变电站站长（专责）监护下进行。

2. 防止仪器损坏

强光源会损伤红外成像仪，严禁用红外成像仪测量强光源物体（如太阳、探照灯等）。检测时应注意仪器的温度测量范围，不能把摄温探头随意长时间对准温度过高的物体。

四、测试前的准备工作

1. 了解测量现场情况及试验条件

搜集需监测变电站内设备或线路的负荷周期，选择高峰负荷时段进行红外监测，查阅相关技术资料、相关规程等，了解缺陷情况。

2. 测试仪器、设备准备

检查红外成像仪存储卡空间是否足够，电池电能是否足够，并查阅测试仪器检定证书的有效期。

3. 办理工作票并做好试验现场安全和技术措施

进入试验现场后，办理工作票并做好试验现场安全措施。并向其余试验人员交代工作内容、带电部位、现场安全措施、现场作业危险点，以及明确人员分工。

五、现场测试步骤及要求

（1）开机后设备自检正常，根据环境温度调整仪器背景温度（记录环境温度）。

（2）在仪器上调整受检目标发射率，按表 ZY1800303001-1 进行，并设置色标温度量程。

表 ZY1800303001-1 常用材料发射率的参考值

材　料	温度（℃）	发射率近似值	材　料	温度（℃）	发射率近似值
抛光铝或铝箔	100	0.09	棉纺织品（全颜色）	—	0.95
轻度氧化铝	25～600	0.10～0.20	丝绸	—	0.78
强氧化铝	25～600	0.30～0.40	羊毛	—	0.78
黄铜镜面	28	0.03	皮肤	—	0.98
氧化黄铜	200～600	0.59～0.61	木材	—	0.78
抛光铸铁	200	0.21	树皮	—	0.98
加工铸铁	20	0.44	石头	—	0.92
完全生锈轧铁板	20	0.69	混凝土	—	0.94
完全生锈氧化钢	22	0.66	石子	—	0.28～0.44
完全生锈铁板	25	0.80	墙粉	—	0.92
完全生锈铸铁	40～250	0.95	石棉板	25	0.96
镀锌亮铁板	28	0.23	大理石	23	0.93
黑亮漆（喷在粗糙铁上）	26	0.88	红砖	20	0.95
黑或白漆	38～90	0.80～0.95	白砖	100	0.90
平滑黑漆	38～90	0.96～0.98	白砖	1000	0.70
亮漆（所有颜色）	—	0.90	沥青	0～200	0.85
非亮漆	—	0.95	玻璃（面）	23	0.94
纸	0～100	0.80～0.95	碳片	—	0.85

（3）再将仪器测量距离调至较远（根据变电站大小或线路远近调整），进行大范围的一般检测，寻找可疑的发热点。

（4）将背景温度和测量距离调整至适当值，对可疑发热点做精确检测，以区分是电压或电流引起的发热及综合致热。

（5）对可疑发热点进行拍摄时，应有设备整体成像、发热点的局部成像以及可供参考的同类正常设备的对比成像。

（6）成像后应记录成像设备的编号、相别以及发热点的方位，并与图像编号相对应。

（7）收集发热设备的实时负荷情况及最高负荷情况。

六、测试注意事项

（1）应尽量选择在阴天或夜间进行测量，晴天时应选择在背光面进行测量，强日照天气严禁测量。晴天测试时阳光在设备表面形成反射（尤其是绝缘子表面），红外成像仪会误测反射表面温度（通常会在 200℃以上）。室内检测宜闭灯进行，被测物应避免灯光直射。

（2）测量时环境的温度不宜低于 5℃，空气湿度不宜大于 85%。不应在有雷、雨、雾、雪及风速超过 5m/s 的环境下进行检测。

（3）针对不同的检测对象选择不同的环境温度参照体。

（4）测量设备发热点、正常相的对应点及环境温度参照体的温度值时，应使用同一仪器相继测量。

（5）应从不同方位进行检测，测出最热点的温度值。

（6）记录异常设备的实际负荷电流和发热相、正常相及环境温度参照体的温度值。

七、测试结果分析及测试报告编写

（一）测试结果分析

1. 测试标准及要求

根据 DL/T 664—2008《带电设备红外诊断技术应用导则》规定：

（1）对电流致热设备判断见 DL/T 664—2008 附录 A。

（2）对电压致热设备判断见 DL/T 664—2008 附录 B。

（3）高压开关设备和控制设备各种部件、材料和绝缘介质的温度和温升极限判断见 DL/T

664—2008 附录 C。

2. 测试结果分析

一般来说运行设备发热可分为：电流通过导体引起发热（如电气设备与金属部件的连接、金属部件与金属部件的连接的接头和线夹等），运行设备在电压下绝缘受潮或劣化引起发热（如电流互感器、电压互感器、耦合电容器、移相电容器、高压套管、充油套管、氧化锌避雷器、绝缘子、电缆头等）和涡流引起设备金属表面发热（变压器、电抗器等）三大类。

（1）表面温度及温升判断法：温升是指被测设备表面温度和环境温度参照体表面温度之差。一般用于电流或电磁效应引起的发热，根据测得的设备表面温度值，及环境气候条件、负荷大小结合 DL/T 664—2008 附录 C 进行分析判断。凡温度（或温升）超过标准者可根据设备温度超标的程度、设备负荷率的大小、设备的重要性及设备承受机械应力的大小来确定设备缺陷的性质。

（2）温差判断法：温差值是指不同被测设备或同一被测设备不同部位之间的温度差。对与电压致热的设备（如电压互感器、耦合电容器、避雷器等），根据同类设备的正常及异常状态的热成像图，结合 DL/T 664—2008 附录 B 进行分析判断。必要时可配合色谱及电气试验结果综合分析，确定缺陷的性质及处理意见。一旦温差值超过标准，视为危急缺陷。

（3）相对温差判断法：对电流致热型设备，若发现设备的导流部分热态异常，应按式（ZY1800303001-1）算出相对温差值，再按 DL/T 664—2008 附录 A，进行分析判断，即

$$\delta_t = \frac{\tau_1 - \tau_2}{\tau_1} \times 100\% = \frac{T_1 - T_2}{T_1 - T_0} \times 100\% \qquad (ZY1800303001\text{-}1)$$

式中　τ_1、T_1——发热点的温升和温度；

τ_2、T_2——正常相对应点的温升和温度；

T_0——环境参照体的温度。

（4）同类比较判断法：是根据同组三相设备、同相设备之间及同类设备之间对应的温差，结合温差判断法、相对温差判断法进行比较分析、判断。

（5）档案分析判断法：对同一设备不同时期的温度场进行分析，找出设备致热参数的变化，判断设备是否正常。

（6）实时分析判断法：在一段时间内连续检测被测设备，找出被测设备温度随负荷、时间等因素的变化。

（7）在现场测量时由于环境温度不断变化，当环境温度高于 40℃时，DL/T 664—2008 附录 C 中所列“温升”作为参考值，以“温差”作为判断值。

（8）某些设计制造不合理的电气设备用导磁材料作外壳，而且没有采取限制磁通的措施，因涡流损耗大而发热。对涡流引起设备金属表面发热在分析时，可用表面温度判断法进行分析判断。

（9）在现场测量时，根据表 ZY1800303001-2 中所列的现象，判断风速的大小，以便进行一般检测和精确检测。

表 ZY1800303001-2　　风级、风速与表象

风　级	风速（m/s）	地　面　现　象
0	0～0.2	静烟直上
1	0.3～1.5	烟能表示风向，树叶略有摇动
2	1.6～3.3	人脸感觉有风，树叶有微响，旗开始飘动
3	3.4～5.4	树叶和很细的树枝摇动不息，旗展开
4	5.5～7.9	能吹起地面的灰尘和纸张，小树枝摇动
5	8.0～10.7	有叶的小树摇摆，内陆水面有水波
6	10.8～13.8	大树枝摆动，电线有呼呼声，举伞困难
7	13.9～17.1	全树摆动，迎风步行不便

一般检测时环境温度一般不低于 5℃，相对湿度一般不大于 85%，天气以阴天、多云为宜，最好在夜间进行，在室内或晚上检测应避开灯光直射，宜闭灯检测。风速一般不大于 5m/s，应尽量避开视线中的封闭遮挡物。检测电流致热设备，最好在高峰负荷下进行。否则，一般应在不低于 30%的额定负荷下进行，同时应充分考虑小负荷电流对测试结果的影响。

精确检测时除了满足上述要求外，还应满足：风速一般不大于 0.5m/s；设备通电时间不小于 6h，最好在 24h 以上；检测期间天气为阴天、夜间或晴天日落 2h 后；被检测设备周围应具有均衡的背景辐射，应尽量避开附近热辐射源的干扰，在某些设备被检时还应避开人体热源等的红外辐射；避开强电磁场，防止强电磁场影响红外热像仪的正常工作。

（二）测试报告编写

测试结束后应对图片进行分析处理，形成报告。测试报告内应包含测量时环境条件（包括风速、环境温度、湿度）、日期、时间、发热设备整体热图、发热局部热图、可对比的成像热图，还应有热成像仪的编号、测试距离等，发热设备的编号、相别、发热位置的方位以及所在线路的实时负荷、最高负荷和额定负荷情况，试验人员等。

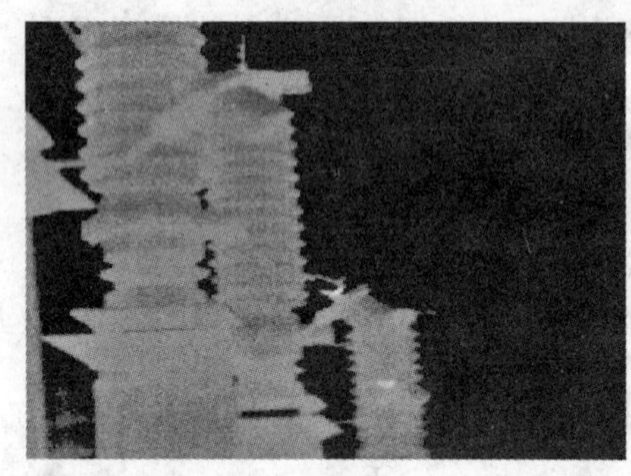

图 ZY1800303001-1 避雷器三相红外成像图

八、案例

某变电站 2 号主变压器 110kV 侧避雷器三相红外成像图如图 ZY1800303001-1 所示，其中从前至后分别为 W、V、U 相，U 相 26.5℃，V 相 25.6℃，W 相 25.5℃。

通过分析，其 U 相与 V 相“相间温差”是 0.9℃，与 W 相“相间温差”是 1.0℃，接近或等于 DL/T 664—2008 附录 B 中的规定值 0.5～1.0℃，立即通过带电监测发现，V、W 相总泄漏电流及阻性分量均正常，U 相总泄漏电流略有增长，但阻性电流达 1700μA，严重超出避雷器阻性电流规定值，立即进行了更换。

【思考与练习】

1. 如何选择红外成像测试的时间？
2. 红外成像测试报告中应包含哪些信息？
3. 解释温差、温升的含义。

国家电网公司
生产技能人员职业能力培训专用教材

第六章　电气设备的状态检修

模块1　变压器的状态检修（ZY1400402001）

【模块描述】本模块介绍变压器状态检修各个流程的有关内容，在线监测和检测技术在变压器状态检修中的应用。通过定义讲解、要点归纳、图表示例，熟悉变压器的在线监测和检测技术，掌握开展变压器状态检修各个流程的主要工作及变压器实施状态检修应注意的几个问题。

【正文】

一、在线监测和检测技术在变压器状态检修中的应用

变压器状态评估的关键是状态信息的收集，变压器的运行工况状态信息可通过巡视检查和定期试验项目获得。但是，日常巡视和常规测量技术无法满足及时获取变压器状态信息的需要，开展变压器状态检修应积极应用一些先进的在线监测技术，及时掌握和跟踪变压器状态参量的变化。目前，变压器红外测温故障诊断、油中溶解气体、局部放电、铁芯电流、套管介损、器身振动等一些成熟的在线监测技术得到了较为广泛的发展和应用。

1. 变压器红外监测

目前，设备事故在全部事故中占的比率最高，而在众多的停电事故中，因设备局部过热引起的停电检修时有发生。传统监测温度的老办法是"接触式"的，工作量大，浪费时间且不经济，且测温范围狭窄，结果不准确，操作不方便、不安全。基于以上所述，电力设备的温度监测必须改变测温的接触方式，寻找新途径，开展遥感遥测技术，在不接触运行设备的前提下，进行不停电、不停机的测温。目前的非接触红外测温技术，恰好满足了电力系统的要求。

通过对变压器红外测温，可以直观、明了地发现诸如接头发热、本体局部过热、冷却系统堵塞，油枕、套管虚假油位、油路堵塞、套管受潮介损增大等缺陷，对变压器状态评价起着不可估量的作用。

2. 色谱在线监测

在变压器故障诊断中，变压器油色谱分析是最灵敏和有效的方法。变压器油中气体离线色谱分析的基本做法是在现场从变压器中提取试油样，将试油样送到化学分析实验室，由专家进行分析和评价，试验环节较多，操作手续较烦锁，检测周期较长，而且难以即时发现类似匝间绝缘缺陷等突发性故障。因而国内外都致力于在线监测装置的研制，以实现连续检测，及时发现故障。目前国内一些厂家和院校已经研制并开发出在线分离和分别检测变压器油中 H_2、CO、CH_4、C_2H_2、C_2H_4、C_2H_6 六种溶解气体的在线监测装置并在电力系统中得到广泛的应用。

3. 变压器局部放电监测

变压器油纸绝缘中如含有气隙，由于气体介质的介电常数小而击穿场强比油、纸都低，因而在外施交流高压下气隙将是最薄弱环节。但刚放电时，一般放电量较小，如不超过几百皮库；当外施高压下油中也出现局部放电时，放电量可能有几千到几十万皮库。强烈的局部放电（如 106pC 以上），即使时间很短（如几秒钟），就会引起纸层损坏。而持续时间较短强度不大的局部放电，并不会马上损伤纸层；但如果局部放电在工作电压下不断发展，会加速油质老化、气泡扩大、形成高分子量的蜡状物等，更促使局部放电的加剧。

目前，取得较好应用效果的局部放电在线监测方法主要有脉冲电流法、超声法和超高频法等三种方法。

4. 变压器器身振动在线监测

运行中变压器器身的振动是由于变压器本体（铁芯、绕组等的统称）的振动及冷却装置的振动产

生的，国内外的研究表明，变压器本体振动的根源在于：① 硅钢片的磁致伸缩引起的铁芯振动；② 硅钢片接缝处和叠片之间存在着因漏磁而产生的电磁吸引力，从而引起铁芯的振动；③ 当绕组中有负载电流通过时，负载电流产生的漏磁引起绕组的振动。

由于变压器在制造过程中已采取了必要的措施来减小冷却装置的振动，冷却装置的振动引起的变压器器身振动可忽略不计，可以看出变压器器身表面的振动与变压器绕组及铁芯的压紧状况、绕组的位移及变形密切相关。因此，利用振动在线监测电力变压器夹件、绕组、铁芯等松动故障是可能的。

5. 变压器的其他在线监测技术

目前国内变压器开展的在线监测技术还有套管绝缘参数、铁芯对地电流的监测，对于套管绝缘参数的监测，其监测的参数和方法与电容性电流互感器一样，同属于容性设备的绝缘监测内容。对于铁芯电流的监测，方法相对简单，即在铁芯入地回路中安装一穿芯电流互感器即可实现。

二、变压器状态信息的收集与管理

设备信息收集与管理是开展状态检修评估的基础，要在设备制造、投运、运行、维护、检修、试验等全过程中，通过对投运前基础信息、运行信息、试验检测数据、历次检修报告和记录、同类型设备的参考信息等特征参量进行收集、汇总，为设备状态的评价奠定基础。

1. 变压器状态信息的必备的资料

变压器的状态信息源包括设备的静态信息、动态信息和环境信息三大类。静态信息是指运行前的原始资料信息，可作为判断设备状态所提供的原始“指纹”信息，也是状态检修的基础信息；动态信息来源于设备运行和检修等各环节的信息，该信息是判断设备状态和检修决策的直接依据；环境信息是判断设备状态的重要基础参考信息。静态信息与动态信息组合分析，可以描述设备的变化趋势，对状态判断与检修决策具有重要意义。而通过环境信息的收集和积累，逐步找出其影响设备健康状况的内在规律，可以更加科学地指导状态检修的开展。

依据 Q/GDW 169—2008《油浸式变压器（电抗器）状态评价导则》，变压器状态信息的资料主要如下：

（1）原始资料。原始资料包括铭牌参数、型式试验报告、订货技术协议、设备监造报告、出厂试验报告、运输安装记录、交接验收报告等。

（2）运行资料。运行资料包括运行工况记录信息、历年缺陷及异常记录、巡检情况、不停电检测记录等。

（3）检修资料。检修资料包括检修报告、例行试验报告、诊断性试验报告、有关反措执行情况、部件更换情况、检修人员对设备的巡检记录等。

（4）其他资料。其他资料包括同型（同类）设备的运行、修试、缺陷和故障的情况、相关反措执行情况、其他影响变压器安全稳定运行的因素等。

2. 变压器状态信息的管理

设备状态信息的管理应做到准确、完整、及时，由于反映设备状态的信息量庞大并且处在动态的变化、更新过程中，涉及选型、订货、安装、调试、运行、检修、维护的全过程，因此，设备状态信息只有在计算机网络管理下才能充分高效地发挥作用，开展设备状态检修应及时建立相应的计算机管理信息系统，应不断推进设备状态信息与生产管理信息系统（MIS）的关联性，不断提高设备信息的共享程度。只有这样才能大力降低一线检修运行人员收集、整理、分析设备状态信息的工作量和提高工作效率，确保信息收集的及时性、完整性和准确性，为变压器状态评价打下坚实的基础。

三、变压器状态的划分、评价及状态量

1. 变压器状态的划分

正确划分变压器的运行状态是选择检修策略的基础，变压器的状态分为正常状态、注意状态、异常状态和严重状态。

（1）正常状态。正常状态表示变压器各状态量处于稳定且在相关规程规定的警示值、注意值（或称标准限值）以内，可以正常运行。

（2）注意状态。注意状态表示单项（或多项）状态量变化趋势朝接近标准限值方向发展，但未超过标准限值，仍可以继续运行，应加强运行中的监视。

（3）异常状态。异常状态表示单项重要状态量变化较大，已接近或略微超过标准限值，应监视运行，并适时安排停电检修。

（4）严重状态。严重状态表示单项重要状态量严重超过标准限值，需要尽快安排停电检修。

2. 变压器状态评价

变压器状态评价分为部件状态评价和整体状态评价两部分。

（1）变压器部件状态评价。变压器有许多功能相对独立的单元或部件，它们能否正常运行直接影响变压器的健康运行水平。变压器部件可分为本体、套管、分接开关、冷却系统以及非电量保护（包括轻重瓦斯、压力释放阀以及油温油位等）五个部件。所以对变压器的状态量的评价可按部件划分分别确定评价标准。变压器各部件的范围划分见表 ZY1400402001-1。

表 ZY1400402001-1　　变压器各部件的范围划分

部　件	评　价　范　围
本体	油枕密封元件（胶囊、隔膜、金属膨胀器）、压力释放阀、气体继电器、呼吸器、其他
套管	瓷套、接线板、其他
冷却系统	冷却装置控制系统、液压泵及电动机、风扇及电动机、油流指示器、其他
有载分接开关	呼吸器、机构、控制回路、电动机、位置指示器、其他
非电量保护装置	温度计、油位指示计、压力释放阀、气体继电器、其他

（2）变压器整体状态评价。变压器的整体评价应综合其部件的评价结果，当所有部件评价为正常状态时，整体评价为正常状态；当任一部件状态为注意状态、异常状态或严重状态时，整体评价应为其中最严重的状态。

（3）变压器状态量评价周期。

1）设备的状态评价分为定期评价和动态评价，定期评价在编制年度检修计划之前进行一次，一般在 8 月进行。动态评价在设备状态量（巡检、红外检测、高压试验、油化验等数据）及运行工况（系统短路冲击和过电压）发生异常时，对具体设备有针对性地进行。

2）新设备投运后（即经过投运前的全项目高压试验、各部位检查和投运后的巡检及红外检测）第 40 天进行一次初始评价。

3）停运 6 个月以上的备用设备重新投运后，并经巡检及红外检测，第 10 天进行一次评价。

4）对列入当年检修计划的设备，在检修前 30 天及检修完成后 10 天内各评价一次。

（4）变压器部件的状态评价方法。变压器（电抗器）部件的评价应同时考虑单项状态量的扣分和部件合计扣分情况，变压器各部件状态评价标准见表 ZY1400402001-2。

表 ZY1400402001-2　　变压器各部件状态评价标准

评价标准 / 部件	正常状态		注意状态		异常状态	严重状态
	合计扣分	单项扣分	合计扣分	单项扣分	单项扣分	单项扣分
本体	≤30	≤10	>30	12～20	>20～24	>30
套管	≤20	≤10	>20	12～20	>20～24	>30
冷却系统	≤12	≤10	>20	12～20	>20～24	>30
分接开关	≤12	≤10	>20	12～20	>20～24	>30
非电量保护	≤12	≤10	>20	12～20	>20～24	>30

当任一状态量单项扣分和部件合计扣分同时达到表ZY1400402001-2规定时，视为正常状态。

当任一状态量单项扣分或部件所有状态量合计扣分达到表ZY1400402001-2规定时，视为注意状态。

当任一状态量单项扣分达到表ZY1400402001-2规定时，视为异常状态或严重状态。

3. 变压器状态量

（1）状态量权重。设备的状态量是直接或间接表征设备状态的各类信息，如数据、声音、图像、现象等。状态量分为一般状态量和重要状态量，一般状态量是对设备的性能和安全运行影响相对较小的状态量。重要状态量是对设备的性能和安全运行有较大影响的状态量。变压器运行的状态量视状态量对变压器安全运行的影响的重要程度，从轻到重分为四个等级，对应的权重分别为权重 1、权重 2、权重 3、权重 4，其系数为 1、2、3、4。权重 1、权重 2 与一般状态量对应，权重 3、权重 4 与重要状态量对应。

（2）状态量劣化程度。视状态量的劣化程度从轻到重分为Ⅰ、Ⅱ、Ⅲ和Ⅳ级，其对应的基本扣分值为 2、4、8、10 分。

（3）状态量扣分值。状态量应扣分值由状态量劣化程度和权重共同决定，即状态量应扣分值等于该状态量的基本扣分值乘以权重系数，状态量正常时不扣分。状态量的权重、劣化程度及对应扣分值见表 ZY1400402001-3。

表 ZY1400402001-3　　变压器状态量的权重、劣化程度及对应扣分值表

状态量劣化程度	基本扣分值 \ 权重系数	1	2	3	4
Ⅰ	2	2	4	6	8
Ⅱ	4	4	8	12	16
Ⅲ	8	8	16	24	32
Ⅳ	10	10	20	30	40

四、变压器的风险评估

风险评估在设备状态评价之后进行，通过风险评估，确定变压器面临的和可能导致的风险，为状态检修决策提供依据。风险评估所需要的初始信息有：

（1）设备状态评价结果（设备状态评价分值）。

（2）设备故障案例（设备故障、损失程度及可能性）。

（3）设备相关信息，包括设备台账、电网结构及供电用户信息。

设备风险评估应按照国家电网公司《输变电设备风险评估导则（试行）》，利用设备状态评价结果，综合考虑安全性、经济性和社会影响三个方面的风险，确定设备风险程度。设备风险评估每年至少一次。

五、变压器状态检修策略的选择

检修策略以设备状态评价结果为基础，参考风险评估结果，在充分考虑电网发展、技术进步等情况下，对设备检修的必要性和紧迫性进行排序，并依据国家电网公司相关输变电设备状态检修导则等技术标准确定检修方式、内容，并制定具体检修方案。

（1）变压器检修工作分为 A 类检修、B 类检修、C 类检修、D 类检修四类。各地区应根据检修工作实际情况，对照分类原则确定检修类别。

1）A 类检修。A 类检修指吊罩、吊芯检查，本体油箱及内部部件的检查、改造、更换、维修，返厂检修，相关试验。

2）B 类检修。① B1（油箱外部主要部件更换）：套管或升高座、油枕、调压开关、冷却系统、非电量保护装置和绝缘油。② B2（主要部件处理）：套管或升高座、油枕、调压开关、冷却系统、绝缘油。③ 其他：现场干燥处理，停电时的其他部件或局部缺陷检查、处理、更换工作，相关试验。

3）C 类检修。① C1：按 Q/GDW 168—2008《输变电设备状态检修试验规程》规定进行试验。② C2：清扫、检查、维修。

4）D 类检修。① D1：带电测试（在线和离线）。② D2：维修、保养。③ D3：带电水冲洗。④ D4：检修人员专业检查巡视。⑤ D5：冷却系统部件更换（可带电进行时）。⑥ D6：其他不停电的部件更换处理工作。

（2）变压器状态检修策略包括缺陷处理、试验、不停电的维修和检查等。检修策略应根据设备状态评价的结果动态调整。

（3）对于设备缺陷，根据缺陷性质，按照缺陷管理有关规定处理。同一设备存在多种缺陷，也应尽量安排在一次检修中处理，必要时，可调整检修类别。

（4）凡需检修人员进入变压器本体内部的检修工作，一般应确定为A类检修。根据评价结果进行的缺陷处理，处理时检修人员无需进入变压器本体的检修工作为B类检修。例行的设备维护工作为C类检修。不停电进行的设备部件更换、检查等检修工作，一般定为D类检修。

（5）根据设备评价结果，制定相应的检修策略。

1）正常状态检修策略。被评价为正常状态的变压器（电抗器），执行 C 类检修。根据设备实际状况，C 类检修可按照正常周期或延长一年执行。在 C 类检修之前，可以根据实际需要适当安排 D 类检修。

2）注意状态检修策略。被评价为注意状态的变压器（电抗器），执行 C 类检修。如果单项状态量扣分导致评价结果为注意状态时，应根据实际情况提前安排 C 类检修。如果仅由多项状态量合计扣分导致评价结果为注意状态时，可按正常周期执行，并根据设备的实际状况，增加必要的检修或试验内容。

注意状态的设备应适当加强 D类检修。

3）异常状态检修策略。被评价为异常状态的变压器（电抗器），根据评价结果确定检修类型，并适时安排检修。实施停电检修前应加强 D 类检修。

4）严重状态的检修策略。被评价为严重状态的变压器（电抗器），根据评价结果确定检修类型，并尽快安排检修。实施停电检修前应加强 D 类检修。

（6）新投运设备的状态检修。根据运行经验，新设备投运后在投运初期（一般为 1～3 年）较易发生制造及质量问题，在条件许可时变压器投运后 1 年内安排一次试验及日常维护，且此次试验项目可不局限于例行试验项目，以便收集较多的状态量信息，并根据状态量信息对设备进行一次状态评价。

（7）老旧设备的状态检修。老旧设备是指接近其运行寿命的设备或运行表明存在较多缺陷的设备。经验表明电力设备的缺陷发生一般遵循浴盆曲线，即在设备投运的初期和寿命终了期是缺陷发生概率较高的时期，这也比较符合运行经验。因此，对于接近其运行寿命的变压器，制定检修策略时应偏保守，一般推荐的做法是，即使该类设备评价为正常状态，其检修周期在正常周期的基础上也不宜延长，而评价为注意状态的设备，其检修周期应缩短。

（8）在确定检修类别时，应根据实际情况，在确保安全和检修质量的前提下，选择恰当的检修方式。如是否带电进行部件更换、是否需要检修人员进入设备本体进行工作等，各地区的习惯做法可能有所不同。

（9）分接开关检修列为 B 类检修，该检修内容主要针对有载分接开关的切换开关，当检修涉及无励磁分接开关或有载分接开关时，由于需进入变压器内部，应确定为A类检修。

（10）检修策略的制定应从设备及电网可靠性考虑，做好各相关设备的统一协调工作，避免重复安排检修。

（11）设备在开展相应类别的检修时，不应仅限于处理状态评价所暴露的问题，对其他可能进行的检查、检修工作也应尽量安排，避免因考虑不周造成缺陷处理不彻底而重复检修。

六、变压器状态检修计划的编制

（1）要根据运行设备总体水平和特殊性，根据试验项目的有效性、实用性合理制定预防性试验的周期和项目。

（2）对于通过停电检测、不停电检测或运行状况反映有任何不正常（可疑）迹象的设备，不受正常设备检修周期的约束，应加强不停电检测、停电检测、巡视检查的频度和力度，直至转为正常状态。

（3）状态检测周期年限的确定还须顾及到同间隔的二次系统设备，即继电保护及其自动化设备、测试仪表设备、综合自动化设备的定检周期，应解决好各专业定期检验时相互制约的问题，应尽量使它们同步到期检测和试验，以减少系统重复停电。

（4）以设备状态为主线制定检修计划。

（5）制定检修计划还要考虑到与周期性的预防性试验停电相结合，避免重复停电。

七、变压器状态检修的实施

（1）按照批准的检修计划及状态评价结果所确定的检修内容和项目，根据有关状态检修导则、检修工艺规程及标准化作业指导书的要求，组织检修工作。

（2）提前做好施工所需的材料、备品备件、工器具准备。

（3）对于大型、复杂作业必须在年初编制出施工方案及相应的安全技术组织措施，并报相关部门进行审批。

八、变压器状态检修绩效评估

（1）绩效评估是在状态检修工作开展过程中依据国家电网公司《输变电设备状态检修绩效评估标准》对执行体系的有效性、检修策略的适应性、工作目标实现程度、工作绩效等进行评估，确定状态检修工作取得的成效，查找工作中存在的问题，提出持续改进的措施和建议。

（2）绩效评估工作由绩效评估小组每年组织一次。

（3）状态检修绩效评估采用自评、检查、互查、审核相结合的方式。

（4）状态检修绩效自评估主要采用分项和综合评分的方法，每年对变压器状态评价的有效性、检修策略的正确性、计划实施、检修效果、检修效益进行分项评估。

九、变压器实施状态检修应注意的几个问题

1. 编制实施细则

Q/GDW 169—2008《油浸式变压器（电抗器）状态评价导则》与 Q/GDW 170—2008《油浸式变压器（电抗器）状态检修导则》是各单位开展状态评价和检修的指导性文件，状态量的选择、状态量的权重、状态量的劣化程度分级等仅为推荐，各地区可根据当地的实际情况，并结合运行实际，制定实施细则，适当加以调整。可根据需要增加或减少部分状态量，或调整状态量的权重。也可针对不同电压等级或不同型式的设备设置不同的状态量表，以更好地适应当地电网的实际需要。

2. 状态评价周期

建立应用广泛的设备信息系统，实现各有关部门的状态检修信息登录共享并根据评价标准自动评价，根据国家电网公司《输变电设备状态检修辅助决策系统建设技术原则（试行）》编制相应的计算机辅助决策系统。

开展状态检修的不同目的决定了开展设备评价的周期要求，从提高设备可靠性角度出发，一旦开展了设备维护工作，就应根据工作结果对设备进行评价，尤其当发现问题后，评价工作更应及时进行。从制定年度检修计划角度出发，每年在制定检修计划前，对设备进行一次全面评价，可较好地满足制定年度检修计划的需要。

3. 状态评价应实行动态评价与定期评价相结合

从现行的设备维护经验看，日常开展的设备运行维护及测试工作应根据所得到的状态量信息进行初步判断，如无异常按现有管理规定处理，不必将每次状态量录入状态检修评价中。

日常设备维护工作中，一旦发现异常，根据评价标准判断问题的严重程度，如属注意状态，可将缺陷情况（单项或部分项）录入留存，一旦异常根据评价标准判断可能为异常或严重状态时，则应立即启动全面评价。

最后，年终或年度检修计划制定前，对所有设备进行一次定期评价，根据评价结果制定检修计划。

4. 停电检修计划安排

在安排检修计划时，应根据设备评价结果和设备缺陷管理情况，协调相关变电设备的检修周期，尽量统一安排，避免重复停电。

同一间隔多个（类）设备存在缺陷，或一个设备存在多种缺陷时，应尽量安排在一次检修中处理，必要时，可调整检修类别，适当延长一次停电时间，减少停电次数。

制定检修计划时，还应兼顾协调其他专业以及基建、技改工作，以尽量减少停电。

【思考与练习】

1. 在线监测技术在变压器状态检修中有哪些应用？

2. 依据 Q/GDW 169—2008《油浸式变压器（电抗器）状态评价导则》，变压器状态信息的资料主要有哪些？

3. 如何对变压器的状态进行评价？

4. 变压器检修工作分为哪四类？各包含的内容是什么？

5. 变压器实施状态检修应注意哪些问题？

模块 2　互感器的状态检修（ZY1400402002）

【模块描述】本模块介绍互感器开展状态检修知识。通过要点讲解、图表归纳，熟悉互感器开展状态检修的信息收集与管理、状态的划分与评价标准、检修策略的制定原则等相关知识。

【正文】

互感器运行状况的好坏、可靠性的高低，主要取决于产品的内在质量，或者说完全取决于厂家的工艺水平和质量控制，在互感器寿命期内，一般不需要用户解体检修。开展互感器状态检修主要的工作是对互感器进行监视、维护、测试以及状态评估和有限的维修和更新，只要不发生二次短路（或开路）、不发生超过标准的内外过电压，不发生接头过热，设备就可放心大胆地运行。

由于国家电网公司还没有发布相应的关于互感器的状态评价和状态检修的导则，在开展互感器的状态检修时，可参考 Q/GDW 169—2008《油浸式变压器（电抗器）状态评价导则》与 Q/GDW 170—2008《油浸式变压器（电抗器）状态检修导则》关于变压器状态评价和检修的程序和方法，并结合本地实际情况进行实施。

一、在线监测技术在互感器状态检修中的应用

电力系统中运行着大量的电容性互感器，而电容量和介质损耗角正切值 $\tan\delta$ 是反映该型设备最重要的电气参数，也是试验规程中规定的必试项目。同时，在运行电压下如何获得真实、准确的电容性互感器介质损耗角正切值 $\tan\delta$ 一直是电力系统和国内外有关专家关注的焦点。

在运行电压下测量电容性互感器介质损耗角正切值 $\tan\delta$ 有电桥法、过零检测法和数字波形法等方法，目前应用最广泛的是数字波形法。

二、互感器状态信息的收集

设备信息收集与管理是开展状态检修评估的基础，要在设备制造、投运、运行、维护、检修、试验等全过程中，通过对投运前基础信息、运行信息、试验检测数据、历次检修报告及记录、同类型设备的参考信息等特征参量进行收集、汇总，为设备状态的评价奠定基础。互感器状态信息必备的资料如下：

1. 原始资料

原始资料包括铭牌参数、订货技术协议、设备监造报告、出厂试验报告、运输安装记录、交接验收报告等。

2. 运行资料

运行资料包括运行工况记录信息、历年缺陷及异常记录、巡检情况、不停电检测记录等。

3. 检修资料

检修资料包括检修报告、例行试验报告、诊断性试验报告、有关反措执行情况、部件更换情况、检修人员对设备的巡检记录等。

4. 其他资料

其他资料包括同型（同类）设备的运行、修试、缺陷和故障的情况、相关反措执行情况、其他影响互感器安全稳定运行的因素等。

三、互感器状态的划分、评价及状态量

1. 互感器状态的划分

（1）正常状态。正常状态表示互感器状态量处于稳定且在相关规程规定的警示值、注意值（或称标准限值）以内可以正常运行。

1）各种试验数据正常、运行正常。预试未超周期或超周期在一年以内。

2）铭牌或资料齐全。

3）无任何缺陷。

（2）注意状态。注意状态表示设备的一个主状态量接近标准限值或超过标准限值，或几个辅助状态量不符合标准，但不影响设备运行。

1）油浸式互感器渗油，油位偏低，但未见滴流；SF_6 电流互感器气体压力降低，但未到报警状态。

2）互感器（含末屏）介损、绝缘电阻、电容量等电气参数测试结果有增长趋势，但未超过相关规程注意值。

3）色谱分析气体含量有增长趋势，未超过规程注意值，但不含乙炔。

4）外部引线接头发热，但低于 80℃，或顶部铁罩发热，但温度低于 60℃。

（3）异常状态。设备的几个主状态量超过标准限值，或一个主状态量超过标准限值并几个辅助状态量明显异常，已影响设备的性能指标或可能发展成重大异常状态，设备仍能继续运行。

1）互感器（含末屏）介损、绝缘电阻、电容量等电气参数测试结果有增长趋势，已接近或略微超过规程注意值或标准值。

2）色谱分析气体含量有增长趋势，已接近或略微超过规程注意值或标准值，但不含乙炔。

（4）严重状态。设备的一个或几个状态量严重超出标准或严重异常，设备只能短期运行或立即停役。

1）金属膨胀器明显变形。

2）声音或气味异常。

3）油浸式互感器漏油且油位低于视窗以下，SF_6 互感器漏气且报警。

4）电容式电压互感器的电容元件漏油。

5）金属膨胀器变形或喷油。

6）电压互感器二次电压不稳定或三相严重不平衡，且经证实不是外部原因。

2. 互感器状态评价

本模块以电流互感器状态评价为例，依据Q/GDW 446—2010《电流互感器状态评价导则》，电流互感器的状态评价分为部件状态评价和整体状态评价两部分。

（1）电流互感器部件状态评价。电流互感器部件分为本体、绝缘介质、引线三个部件。所以对电流互感器的状态量的评价可按部件划分分别确定评价标准。电流互感器各部件的范围划分见表ZY1400402002-1。

表 ZY1400402002-1　　电流互感器各部件的范围划分

部　件	评　价　范　围	部　件	评　价　范　围
本体	绕组、电容屏、瓷套、膨胀器、底座、二次接线盒	引线	连接端子、引流线、接地引下线
绝缘介质	绝缘油、SF_6气体		

（2）电流互感器整体状态评价。电流互感器的整体评价应综合其部件的评价结果。当所有部件评价为正常状态时，整体评价为正常状态；当任一部件状态为注意状态、异常状态或严重状态时，整体评价应为其中最严重的状态。

（3）电流互感器状态量评价周期。

1）设备的状态评价分为定期评价和动态评价，定期评价在编制年度检修计划之前进行一次，一般在 8 月进行；动态评价在设备状态量（巡检、红外检测、高压试验、油化验等数据）及运行工况（系统短路冲击和过电压）发生异常时对具体设备有针对性地进行。

2）新投运设备投运后（即经过投运前的全项目高压试验、各部位检查和投运后的巡检及红外检测）第 40 天进行一次初始评价。

3）停运 6 个月以上的备用设备重新投运后，并经巡检及红外检测，第 10 天进行一次评价。

4）对列入当年检修计划的设备，在检修前30天及检修完成后10天内各评价一次。

（4）电流互感器部件的状态评价方法。电流互感器部件的评价应同时考虑单项状态量的扣分和部件合计扣分情况，各部件状态评价标准见表ZY1400402002-2。

表 ZY1400402002-2　　电流互感器各部件状态评价标准

评价标准 / 部件	正常状态		注意状态		异常状态	严重状态
	合计扣分	单项扣分	合计扣分	单项扣分	单项扣分	单项扣分
本体	≤30	≤10	>30	12～16	20～24	≥30
绝缘介质	<20	≤10	>20	12～16	20～24	≥30
引线	≤12	≤10	>20	12～16	20～24	≥30

当任一状态量单项扣分和部件合计扣分同时达到表ZY1400402002-2正常状态规定分值时，视为正常状态。

当任一状态量单项扣分或部件所有状态量合计扣分达到表ZY1400402002-2注意状态规定分值时，视为注意状态。

当任一状态量单项扣分达到表ZY1400402002-2异常状态和严重状态规定分值时，视为异常状态或严重状态。

3. 互感器状态量

（1）状态量权重。视状态量对电流互感器安全运行的影响程度，从轻到重分为四个等级，对应的权重分别为权重 1、权重 2、权重 3、权重 4，其系数为 1、2、3、4。权重 1、权重 2 与一般状态量对应，权重 3、权重 4 与重要状态量对应。

（2）状态量劣化程度。视状态量的劣化程度从轻到重分为Ⅰ、Ⅱ、Ⅲ和Ⅳ级，其对应的基本扣分值为 2、4、8、10 分。

（3）状态量扣分值。状态量应扣分值由状态量劣化程度和权重共同决定，即状态量应扣分值等于该状态量的基本扣分值乘以权重系数，状态量正常时不扣分。状态量的权重、劣化程度及对应扣分值见表 ZY1400402002-3。

表 ZY1400402002-3　　互感器状态量的权重、劣化程度及对应扣分值表

状态量劣化程度	基本扣分值	权重系数 1	权重系数 2	权重系数 3	权重系数 4
Ⅰ	2	2	4	6	8
Ⅱ	4	4	8	12	16
Ⅲ	8	8	16	24	32
Ⅳ	10	10	20	30	40

四、互感器状态检修策略的选择

检修策略以设备状态评价结果为基础，参考风险评估结果，在充分考虑电网发展、技术进步等情况下，对设备检修的必要性和紧迫性进行排序，并依据 Q/GDW 445—2010《电流互感器状态检修导则》等技术标准确定检修方式、内容，并制定具体检修方案。

（1）电流互感器检修工作分为 A 类检修、B 类检修、C 类检修、D 类检修四类。各地区应根据检修工作实际情况，对照分类原则确定检修类别。

1）A 类检修。A 类检修是指电流互感器整体性检查、维修、更换。

2）B 类检修。B 类检修是指电流互感器局部性检修，部件的解体检查、维修、更换。

3）C 类检修。C 类检修是对常规性检查、维护和试验。

4）D 类检修。D 类检修是对电流互感器在不停电状态下进行的带电测试、外观检查和维修。

（2）状态检修策略既包括年度检修计划的制定，也包括试验、不停电的维护等。检修策略应根据设备状态评价的结果动态调整。

（3）年度检修计划每年至少修订一次。根据最近一次设备状态评价结果，考虑设备风险评估因素，并参考厂家的要求，确定下一次停电检修时间和检修类别。在安排检修计划时，应协调相关设备检修周期，尽量统一安排，避免重复停电。

（4）对于设备缺陷，应根据缺陷的性质，按照有关缺陷管理规定处理。同一设备存在多种缺陷，也应尽量安排在一次检修中处理，必要时，可调整检修类别。C 类检修正常周期宜与试验周期一致。不停电的维护和试验根据实际情况安排。

（5）根据设备评价结果，制定相应的检修策略。

1）正常状态检修策略。被评价为正常状态的电流互感器，执行 C 类检修。根据设备实际状况，C 类检修可按照基准周期或延长一年执行。在 C 类检修之前，可以根据实际需要适当安排 D 类检修。

2）注意状态检修策略。被评价为注意状态的电流互感器，执行 C 类检修。如果单项状态量扣分导致评价结果为注意状态时，应根据实际情况提前安排 C 类检修。如果仅由多项状态量合计扣分导致评价结果为注意状态时，可按不大于基准周期执行，并根据设备的实际状况，增加必要的检修或试验内容。

注意状态的设备应适当加强 D 类检修。

3）异常状态检修策略。被评价为异常状态的电流互感器，根据评价结果确定检修类型，并适时安排检修。实施停电检修前应加强 D 类检修。

4）严重状态的检修策略。被评价为严重状态的电流互感器，根据评价结果确定检修类型，并尽快安排检修。实施停电检修前应加强 D 类检修。

（6）新投运设备状态检修。新设备投运初期按 Q/GDW 168—2008《输变电设备状态检修试验规程》及其实施细则规定（66～110kV 的新设备投运后 1～2 年，220kV 及以上的新设备投运后 1 年），应安排例行试验，同时还应对设备及其附件（包括电气回路）进行全面检查，收集各种状态量，并进行一次状态评价。

（7）老旧设备的状态检修。对于运行 20 年以上的设备，宜根据设备运行及评价结果，对检修计划及内容进行调整。

（8）目前，检修运行单位主要是对互感器进行监视、维护、测试、有限的维修和更新，互感器一般不进行现场解体大修，因此对于达到注意状态和异常状态的，应适当缩短监视、测试周期，以加强监视和跟踪测试为主，一旦设备状态有突变的迹象，应立即安排停电处理或检修。达到异常状态的，应视情况轻重缓急尽快安排停电检修或更换。

互感器部分故障出现后的检修策略如下：

1）电容式电压互感器电容元件渗油。外观检查可看出，应尽快退出运行。

2）电容式电压互感器电容元件与中间变压器产生谐振。表现为电磁声音大，电压不符合规律，从该二次回路的电压故障录波可看出波形畸变。应重新检查调整阻尼电阻。

3）电容式电压互感器内部元件局部放电，串联电容开路或短路。一般在周期性停电检测电容量及介损时发现，也有的在出现异常响声后和线路跳闸后检测发现此类问题。电容量超标时，立即退出运行并更换。

4）油浸式电磁互感器顶部密封垫渗漏油。停电、少量放油、更换或调整密封垫，应测试绕组介损和作油耐压试验。

5）油浸式电磁电流互感器二次端子板密封垫渗漏油。停电或不停电摒紧螺帽，或全部放油更换密封垫。

6）油浸式电磁电流互感器内部一次接头局部过热和电压互感器内部间歇放电。色谱分析乙炔、乙烯、氢气增长显著，必须停电查明进行相应处理，必要时予以更换。

7）油浸式电磁电流互感器末屏或二次绕组受潮。通过末屏介损试验或末屏绝缘测出此类问题。停电，处理端子板外表面；或放出全部油，处理末屏；或加热二次绕组、抽真空、滤油。

8）SF_6 互感器微水超标，可回收气体，干燥并重新充气至额定压力并经试验合格。

9）SF_6 互感器漏气，可查找露点，回收气体，处理沙眼或更换密封垫，重新补气至额定压力并经试验合格。

【思考与练习】

1. 互感器状态信息资料有哪些？
2. 互感器状态是如何划分的？
3. 如何对互感器状态进行评价？
4. 互感器状态检修策略是什么？

模块 3　断路器的状态检修（ZY1400402003）

【模块描述】本模块介绍断路器开展状态检修知识。通过定义讲解、要点归纳，熟悉断路器状态检测技术在状态检修中的应用，以及断路器开展状态检修的信息收集与管理、状态的划分与评价标准、检修策略的制定原则等相关知识。

【正文】

由于目前油断路器基本上已经淘汰，结合国家电网公司颁布的有关断路器状态检修的有关规程和导则，所以本模块主要针对 66kV 及以上 SF_6 断路器进行阐述。

一、断路器的状态监测技术在状态检修中的应用

断路器状态检修的关键在于如何及时、正确判断其性能和状态，利用在线监测技术，可以实时监测和预知断路器的运行状态，可以为断路器的状态检修提供最真实可靠的依据，这样就可以实现预警式检修，减少停电、操作和检修次数，降低检修和维护费用，彻底摆脱因无检测手段所呈现的不该修也修，该修不修和出事以后再修的盲目被动局面，将断路器的隐患控制在萌芽之中，保证断路器始终处于完好状态。目前，断路器在线监测的项目和内容主要如下：

（1）灭弧室电寿命的监测与诊断动作次数，记录合分次数，过限报警。

（2）断路器机械故障的监测与诊断。

1）合分线圈电流波形监测，非正常报警。

2）合分线圈回路断线路监测。

3）监测行程，过限报警。

4）监测合分速度，过限报警。

5）机械振动，非正常报警。

6）液压机构打压次数、打压时间、压力。

7）弹簧机构弹簧压缩状态，电动机工作时间。

8）关键部分的机械振动信号。

9）合、分闸线圈电流和电压波形的测检。线圈电流波形中包含着许多操作系统的信息，如线圈是否接通、铁芯是否卡涩，脱扣是否有障碍等。

10）合、分闸机械特性，即速度、过冲、弹跳、撞击等，这些信息也可从振动波形中有所反映。

11）控制回路通断状态监测。这对因辅助开关不到位或接触不良造成的拒分、拒合故障有很好的监视作用。

12）操动机构储能完成状况。

（3）绝缘状态的监测。绝缘状态的监测内容包括气体断路器气体压力、过限报警、闭锁、局部放电。

（4）载流导体及接触部位温度的监测。

（5）SF_6其他成分的监测。主要通过测量SF_6分解物判断内部的放电情况。

二、断路器状态信息的收集

重视断路器运行、检修、试验数据的积累和分析，建立一套包括交接验收资料、运行情况资料、检修试验资料等在内完整的断路器档案，并最好实行设备档案的动态电脑化管理，是开展断路器状态检修工作的基础和首要任务。依据Q/GDW 171—2008《SF_6高压断路器状态评价导则》和Q/GDW 172—2008《SF_6高压断路器状态检修导则》，SF_6高压断路器状态信息必备的资料如下：

1. 原始资料

原始资料主要包括铭牌参数、型式试验报告、订货技术协议、设备监造报告、出厂试验报告、运输安装记录、交接验收报告等。

2. 运行资料

运行资料主要包括运行工况记录信息、历年缺陷及异常记录、巡检情况、不停电检测记录等。

3. 检修资料

检修资料主要包括检修报告、例行试验报告、诊断性试验报告、有关反措执行情况、部件更换情况、检修人员对设备的巡检记录等。

4. 其他资料

其他资料主要包括同型（同类）设备的运行、修试、缺陷和故障的情况、相关反措执行情况、其他影响断路器安全稳定运行的因素等。

三、断路器状态的划分、评价及状态量

1. 断路器状态的划分

正确判断断路器的状态是选择断路器检修策略的依据。断路器及其部件的状态分为正常状态、注意状态、异常状态和严重状态四种。

（1）正常状态。正常状态表示各状态量均处于稳定且良好的范围内，设备可以正常运行。

（2）注意状态。注意状态表示单项（或多项）状态量变化趋势朝接近标准限值方向发展，但未超过标准限值，或部分一般状态量超过标准值，仍可以继续运行，但应加强运行中的监视。

（3）异常状态。异常状态表示单项重要状态量变化较大，已接近或略微超过标准限值，在运行中应重点监视，并适时安排停电检修。

（4）严重状态。严重状态表示单项重要状态量严重超过标准限值，需要尽快安排停电检修。

2. 断路器状态的评价

断路器状态的评价分为部件状态评价和整体状态评价两部分。

（1）断路器部件状态评价。断路器有许多功能相对独立的单元或部件，它们能否正常运行直接影响断路器的健康运行水平。根据 SF_6 高压断路器各部件的独立性，将断路器分为本体、操动机构（液压机构、弹簧机构、液压弹簧机构、气动机构等）、并联电容、合闸电阻四个部件。所以对断路器的状态量的评价可按部件划分分别确定评价标准。断路器各部件范围划分见表 ZY1400402003-1。

表 ZY1400402003-1　　断路器各部件的范围划分

部　件	评　价　范　围
本　体	高压引线及端子板连接、接地连接、基础及支架、瓷套、均压环、相间连杆、SF_6 压力表及密度继电器、密封件
操动机构	液压机构：分合闸线圈、储能电动机、机构箱、二次元件、端子排及二次电缆、油压力表、液压泵、阀、压力开关、工作缸、储压器、其他
	弹簧机构：分合闸线圈、储能电动机、机构箱、二次元件、端子排及二次电缆、合闸弹簧、分闸弹簧、弹簧机构操作、缓冲器、其他
	液压弹簧机构：动力模块、工作模块、储能模块、监视模块和控制模块、机构箱、二次元件、端子排及二次电缆、油压力表、其他
	气动机构：分合闸线圈、储能电动机、机构箱、二次元件、端子排及二次电缆、压力表、压力继电器、其他
并联电容	瓷套、电容器本体
合闸电阻	瓷套、合闸电阻本体

（2）断路器整体状态评价。断路器整体评价应综合其部件的评价结果。当所有部件评价为正常状态时，整体评价为正常状态；当任一部件状态为注意状态、异常状态或严重状态时，整体评价应为其中最严重的状态。

（3）断路器的状态评价周期。

1）设备的状态评价分为定期评价和动态评价，定期评价在编制年度检修计划之前进行一次，动态评价在设备状态量及运行工况发生异常时对具体设备有针对性地进行。

2）新设备投运后（即经过投运前的全项目高压试验、各部位检查和投运后的巡检及红外检测）第 40 天进行一次初始评价。

3）停运 6 个月以上的备用设备重新投运后，并经巡检及红外检测，第 10 天进行一次评价。

4）对列入当年检修计划的设备，在检修前 30 天及检修完成后 10 天内各评价一次。

（4）SF_6 高压断路器部件的状态评价方法。SF_6 高压断路器部件的评价应同时考虑单项状态量的扣分和该部件所有状态量的合计扣分情况，各部件状态评价标准见表 ZY1400402003-2。

表 ZY1400402003-2　　SF_6 高压断路器各部件状态评价标准

评价标准 / 部件	正常状态	注意状态		异常状态	严重状态
	合计扣分	合计扣分	单项扣分	单项扣分	单项扣分
断路器本体	＜30	≥30	12～16	20～24	≥30
操动机构	＜20	≥20	12～16	20～24	≥30
并联电容器	＜12	≥12	12～16	20～24	≥30
合闸电阻	＜12	≥12	12～16	20～24	≥30

当任一状态量单项扣分和部件合计扣分同时符合表 ZY1400402003-2 中正常状态扣分规定时，视为正常状态。

当任一状态量单项扣分或部件所有状态量合计扣分达到表 ZY1400402003-2 中注意状态扣分规定

时，视为注意状态。

当任一状态量单项扣分符合表 ZY1400402003-2 中异常状态或严重状态扣分规定时，视为异常状态或严重状态。

3. 断路器的状态量

（1）状态量权重。视状态量对 SF_6 高压断路器安全运行的影响程度，从轻到重分为四个等级，对应的权重分别为权重 1、权重 2、权重 3、权重 4，其系数为 1、2、3、4。权重 1、权重 2 与一般状态量对应，权重 3、权重 4 与重要状态量对应。

（2）状态量劣化程度。根据状态量的劣化程度从轻到重分为Ⅰ、Ⅱ、Ⅲ和Ⅳ级，其对应的基本扣分值为 2、4、8、10 分。

（3）状态量扣分值。状态量应扣分值由状态量劣化程度和权重共同决定，即状态量应扣分值等于该状态量的基本扣分值乘以权重系数， 状态量正常时不扣分。状态量的权重、劣化程度及对应扣分值见表 ZY1400402003-3。

表 ZY1400402003-3　　断路器状态量的权重、劣化程度及对应扣分值表

状态量劣化程度 \ 基本扣分值 \ 权重系数		1	2	3	4
Ⅰ	2	2	4	6	8
Ⅱ	4	4	8	12	16
Ⅲ	8	8	16	24	32
Ⅳ	10	10	20	30	40

四、断路器状态检修策略的选择

（1）SF_6 高压断路器检修工作分为 A 类检修、B 类检修、C 类检修、D 类检修四类。其中 A、B、C 类是停电检修，D 类是不停电检修。

1）A 类检修。A 类检修指 SF_6 高压断路器的整体解体性检查、维修、更换和试验。主要包括现场全面解体检修、返厂检修。

2）B 类检修。B 类检修指 SF_6 高压断路器局部性的检修，部件的解体检查、维修、更换和试验。主要包括本体部件更换、本体主要部件处理、操动机构部件更换等。

3）C 类检修。C 类检修指对 SF_6 高压断路器常规性检查、维护和试验。主要包括预防性试验、清扫、维护、检查、修理、检查等。

4）D 类检修。D 类检修指对 SF_6 高压断路器在不停电状态下进行的带电测试、外观检查和维修。主要包括绝缘子外观目测检查、对有自封阀门的充气口进行带电补气工作、对有自封阀门的密度继电器/压力表进行更换或校验工作、防锈补漆工作（带电距离够的情况下）、更换部分二次元器件。

（2）状态检修策略既包括年度检修计划的制定，也包括试验、不停电的维护等。检修策略应根据设备状态评价的结果动态调整。

（3）年度检修计划的制定。年度检修计划每年至少修订一次。根据最近一次设备状态评价结果，考虑设备风险评估因素，并参考厂家的要求，确定下一次停电检修时间和检修类别。在安排检修计划时，应协调相关设备检修周期，尽量统一安排，避免重复停电。

（4）对于设备缺陷，应根据缺陷的性质，按照有关缺陷管理规定处理。同一设备存在多种缺陷，也应尽量安排在一次检修中处理，必要时，可调整检修类别。C 类检修正常周期宜与试验周期一致，不停电的维护和试验根据实际情况安排。

（5）根据设备评价结果，制定相应的检修策略。

1）正常状态的检修策略。被评价为正常状态的 SF_6 高压断路器，执行 C 类检修。C 类检修可按照正常周期或延长一年并结合例行试验安排，在 C 类检修之前可以根据实际需要适当安排 D 类检修。

2）注意状态的检修策略。被评价为注意状态的 SF_6 高压断路器，执行 C 类检修。如果单项状态量扣分导致评价结果为注意状态时，应根据实际情况提前安排 C 类检修。如果仅由多项状态量合计扣分导致评价结果为注意状态时，可按正常周期执行，并根据设备的实际状况，增加必要的检修或试验内容。在 C 类检修之前可以根据实际需要适当加强 D 类检修。

3）异常状态的检修策略。被评价为异常状态的 SF_6 高压断路器，根据评价结果确定检修类型，并适时安排检修。实施停电检修前应加强 D 类检修。

4）严重状态的检修策略。被评价为严重状态的 SF_6 高压断路器，根据评价结果确定检修类型，并尽快安排检修。实施停电检修前应加强 D 类检修。

（6）新投运设备状态检修。新设备投运初期按 Q/GDW 168—2008《输变电设备状态检修试验规程》规定（110kV 的新设备投运后 1～2 年，220kV 及以上的新设备投运后 1 年）安排例行试验，同时还应对设备及其附件（包括电气回路及机械部分）进行全面检查，收集各种状态量，并进行一次状态评价。

（7）老旧设备的状态检修实施原则。对于运行 20 年以上的设备，宜根据设备运行及评价结果，对检修计划及内容进行调整。

（8）断路器状态检修策略选择的注意事项。

1）装配和安装不当是造成断路器运行故障的因素。因此，断路器状态监测应从产品监造、施工监理及验收等环节抓起，重视工频耐压等出厂、交接试验，确保投入运行的断路器处于良好状态。

2）SF_6 气体含水量超标，应更换吸附剂、换气及干燥处理。必要时检查气室密封情况。

3）SF_6 气体异常泄漏时，应确定泄漏部位，视漏气严重程度作相应处理。

4）断路器等效开断次数或累计开断的电流值达到标准极限值时应进行解体检修，必要应更换本体。

5）当断路器等效开断次数或累计开断电流值达到极限值时，应进行预防性试验项目检查，在有条件的情况下，可采用新的测试方法检查触头磨损量，如动态电阻测试等以确定是否需要检修。

6）当断路器、隔离开关导电回路电阻值超标时，应结合负荷电流、故障电流大小及开断情况综合分析，以确定开关的检修方案。

7）当断路器操动机构机械特性不符合要求，或机构变形、卡涩、拒分、拒合，泄漏、压力异常及其他缺陷时，应检查、检修机构。

8）断路器投运一年后，宜进行机械特性的测试和机构的维护、检查，开关本体大修时，应同时进行机构的检修，机构的全面检查一般不宜超过 5 年，或按制造厂要求进行。

【思考与练习】

1. 断路器在线监测的项目和内容有哪些？
2. 断路器状态是如何划分的？
3. 如何对断路器的状态进行评价？
4. SF_6 断路器检修工作分为哪四类？各包含的内容是什么？
5. 断路器状态检修策略是什么？

模块 4　隔离开关的状态检修（ZY1400402004）

【模块描述】本模块介绍隔离开关开展状态检修知识。通过定义讲解、要点归纳，熟悉隔离开关开展状态检修的信息收集与管理、状态的划分与评价标准、检修策略的制定原则等相关知识。

【正文】

一、隔离开关状态信息的收集

隔离开关状态信息的收集应包括：

1. 原始资料

原始资料包括铭牌参数、订货技术协议、设备监造报告、出厂试验报告、交接验收报告等。

2. 运行资料

运行资料包括运行工况记录信息、历年缺陷及异常记录、巡检情况、不停电检测记录等。

3. 检修资料

检修资料包括检修报告、有关反措执行情况、部件更换情况、检修人员对设备的检修记录等。

4. 其他资料

其他资料包括同型（同类）设备的运行、修试、缺陷和故障的情况、相关反措执行情况、其他影响隔离开关安全稳定运行的因素等。

二、隔离开关状态的划分、评价及状态量

1. 隔离开关状态划分

隔离开关及其部件的状态分为正常状态、注意状态、异常状态和严重状态。

（1）正常状态。正常状态指各状态量均处于稳定且良好的范围内，设备可以正常运行。

1）铭牌完整、标志清晰，技术档案齐全。

2）运行正常，上次合或分闸操作无异常。

3）外观无严重锈蚀。

4）红外测温情况正常。

5）上次预试停电期间进行了检查维护且无遗留缺陷。

（2）注意状态。注意状态单项（或多项）状态量变化趋势朝接近标准限值方向发展，但未超过标准限值，仍可以继续运行，应加强运行中的监视。

1）红外测温触头或引线接头发热但低于 85℃。

2）回路直流电阻接近标准值。

3）虽然当前合闸位置无问题，但合闸时曾多次合闸不能到位或合分明显不同期。

4）同批次其他隔离开关相当多存在弹簧锈蚀或失去弹力或折断脱落情况。

（3）异常状态。异常状态指单项重要状态量变化较大，已接近或略微超过标准限值，应监视运行，并适时安排停电检修。

1）卡涩严重，合分闸特别费力。

2）经常操作失灵，回路有接触问题或元器件有软故障，未得到彻底处理。

3）应当实现的闭锁功能不能实现。

4）分闸不能完全到位，其隔离空间的距离不符合要求。

5）隔离开关操作不同期超过标准，但勉强可操作。

6）接地开关损坏，无法操作。

7）外观严重锈蚀。

（4）严重状态。严重状态指单项重要状态量严重超过标准限值，需要尽快安排停电检修。

1）在故障不能执行分合闸操作。如连杆或万向节断裂、电气回路元件故障等。

2）完全合闸到位，暂时勉强运行。

3）运行年限在 15 年以上，同批次隔离开关曾发生绝缘子断裂，且未经超声波探伤鉴定属良好状态。

4）绝缘子裂纹或严重破损。

5）温度超过 85℃、直流电阻超标 50%。

2. 隔离开关状态评价

隔离开关的状态评价分为部件状态评价和整体状态评价两部分。

（1）隔离开关部件状态评价。根据隔离开关各部件的独立性，将隔离开关分为导电回路、操动系统（电动、手动）、绝缘子、辅助部件四个部件，对隔离开关的状态量的评价可按部件划分分别确定评价标准。各部件的范围划分见表 ZY1400402004-1。

表 ZY1400402004-1 隔离开关各部件的范围划分

部件	评价范围
导电回路	进出线端子、软连接、出线座、导电臂、触头
操动系统	操动机构（电动、手动），传动部件（连杆、轴承、销、拐臂），机械闭锁
绝缘子	支柱绝缘子、旋转绝缘子
辅助部件	底座、支架、基础、电气闭锁装置

（2）隔离开关整体状态评价。隔离开关的整体评价应综合其部件的评价结果。当所有部件评价为正常状态时，整体评价为正常状态；当任一部件状态为注意状态、异常状态或严重状态时，整体评价应为其中最严重的状态。

（3）隔离开关状态量评价周期。

1）设备的状态评价分为定期评价和动态评价。定期评价在编制年度检修计划之前进行一次，一般在 8 月进行。动态评价在设备状态量（巡检、红外检测、高压试验等数据）及运行工况（系统短路冲击和过电压）发生异常时，对具体设备有针对性地进行。

2）新设备投运后（即经过投运前的全项目高压试验、各部位检查和投运后的巡检及红外检测）第 40 天进行一次初始评价。

3）停运 6 个月以上的备用设备重新投运后，并经巡检及红外检测，第 10 天进行一次评价。

4）对列入当年检修计划的设备，在检修前 30 天及检修完成后 10 天内各评价一次。

（4）隔离开关部件的状态评价方法。隔离开关部件的评价应同时考虑单项状态量的扣分和部件合计扣分情况，各部件状态评价标准见表 ZY1400402004-2。

表 ZY1400402004-2 隔离开关各部件状态评价标准

部件＼评价标准	正常状态		注意状态		异常状态	严重状态
	合计扣分	单项扣分	合计扣分	单项扣分	单项扣分	单项扣分
导电回路	<30	≤10	≥30	12～16	20～24	≥30
操动系统	<20	≤10	≥20	12～16	20～24	≥30
绝缘子	<12	≤10	≥20	12～16	20～24	≥30
辅助部件	<12	≤10	≥20	12～16	20～24	≥30

当任一状态量单项扣分和部件合计扣分同时达到表 ZY1400402004-2 正常状态规定分值时，视为正常状态。

当任一状态量单项扣分或部件所有状态量合计扣分达到表 ZY1400402004-2 注意状态规定分值时，视为注意状态。

当任一状态量单项扣分达到表 ZY1400402004-2 异常状态和严重状态规定分值时，视为异常状态或严重状态。

3. 隔离开关状态量

（1）状态量权重。视状态量对隔离开关安全运行的影响程度，从轻到重分为四个等级，对应的权重分别为权重 1、权重 2、权重 3、权重 4，其系数为 1、2、3、4。权重 1、权重 2 与一般状态量对应，权重 3、权重 4 与重要状态量对应。

（2）状态量劣化程度。视状态量的劣化程度从轻到重分为四级，分别为Ⅰ、Ⅱ、Ⅲ和Ⅳ级。其对应的基本扣分值为 2、4、8、10 分。

（3）状态量扣分值。状态量应扣分值由状态量劣化程度和权重共同决定，即状态量应扣分值等于该状态量的基本扣分值乘以权重系数，状态量正常时不扣分。状态量的权重、劣化程度及对应扣分值见表 ZY1400402004-3。

表 ZY1400402004-3　　隔离开关状态量的权重、劣化程度及对应扣分值表

状态量劣化程度 \ 基本扣分值 \ 权重系数		1	2	3	4
Ⅰ	2	2	4	6	8
Ⅱ	4	4	8	12	16
Ⅲ	8	8	16	24	32
Ⅳ	10	10	20	30	40

三、隔离开关的检修策略

（1）隔离开关检修工作分为 A 类检修、B 类检修、C 类检修、D 类检修四类。其中 A、B、C 类是停电检修，D 类是不停电检修。

1）A 类检修。A 类检修是指隔离开关的整体解体性检查、维修、更换和试验。主要包括现场全面解体检修。

2）B 类检修。B 类检修是指隔离开关局部性的检修，部件的解体检查、维修、更换和试验。主要包括本体部件更换、本体主要部件处理、操动机构部件更换等。

3）C 类检修。C 类检修指对隔离开关常规性检查、维护和试验。主要包括预防性试验、清扫、维护、检查、修理、检查等。

4）D 类检修。D 类检修指对隔离开关在不停电状态下进行的带电测试、外观检查和维修。主要包括绝缘子外观目测检查、红外测试、防锈补漆工作（带电距离够的情况下）、更换部分二次元器件，检修人员专业巡视、带电检测项目。

（2）由于隔离开关的停电检修可能直接造成对外供电损失，因此在选择隔离开关的检修策略时，应综合设备状态及供电可靠性进行综合评估，选择最佳检修策略。当然在隔离开关的选型订货初期，加大投资力度，选择合资或维护工作量少的产品，不失为保证隔离开关安全可靠稳定运行的一种更好的决策。

（3）年度检修计划的制定。年度检修计划每年至少修订一次，根据最近一次设备状态评价结果，考虑设备风险评估因素，并参考厂家的要求，确定下一次停电检修时间和检修类别。在安排检修计划时，应协调相关设备检修周期，尽量统一安排，避免重复停电。

（4）缺陷处理。对于设备缺陷，应根据缺陷的性质，按照有关缺陷管理规定处理。同一设备存在多种缺陷，也应尽量安排在一次检修中处理，必要时可调整检修类别。C 类检修正常周期宜与试验周期一致，不停电的维护和试验根据实际情况安排。

（5）根据设备评价结果，制定相应检修策略。

1）正常状态检修策略。被评价为正常状态的隔离开关执行 C 类检修。C 类检修可按照正常周期或延长一年并结合例行试验安排，在 C 类检修之前可以根据实际需要适当安排 D 类检修。

2）注意状态检修策略。被评价为注意状态的设备，若用 D 类检修可将设备恢复到正常状态可适时安排 D 类检修，否则应执行 C 类检修。

如果单项状态量扣分导致评价结果为注意状态时，应根据实际情况提前安排 C 类检修。

如果仅由多项状态量合计扣分或总体评价导致评价结果为注意状态时，可按正常周期执行，并根据线路的实际状况，增加必要的检修或试验内容。

3）异常状态检修策略。被评价为异常状态的设备，根据评价结果确定检修类型，并适时安排检修。

4）严重状态检修策略。被评价为严重状态的设备，根据评价结果确定检修类型，并尽快安排检修。

（6）新投运设备状态检修。新设备投运初期按 Q/GDW 168—2008《输变电设备状态检修试验规程》及其实施细则规定，新设备投运后 1～2 年应安排例行试验，同时还应对设备及其附件（包括电气回路及机械部分）进行全面检查，收集各种状态量，并进行一次状态评价。

（7）老旧设备的状态检修。对于运行20年以上的设备，宜根据设备运行及评价结果，对检修计划及内容进行调整。

【思考与练习】

1. 隔离开关状态是如何划分的？
2. 如何对隔离开关的状态进行评价？
3. 隔离开关检修工作分为哪四类？各包含的内容是什么？
4. 隔离开关状态检修的策略是什么？

模块 5 避雷器的状态检修（ZY1400402005）

【模块描述】本模块介绍避雷器开展状态检修知识。通过要点讲解、图表归纳，熟悉避雷器状态检测技术在状态检修中的应用，以及避雷器开展状态检修的信息收集与管理、状态的划分与评价标准、检修策略的制定原则等相关知识。

【正文】

避雷器状态检修实际上是指对避雷器进行状态监测，其状态（性能）在变坏期间以及出现事故之前能被及时检测出来，及时地进行更换，防止出现避雷器性能变坏后的爆炸事故是避雷器状态监测乃至绝缘监督的最终目标。本模块主要介绍无间隙氧化锌避雷器的状态检修。

一、在线监测技术在避雷器状态检修中的应用

氧化锌避雷器的监测主要是测量它在运行电压下的泄漏电流，阀片的老化以及因避雷器结构不良引起的内部受潮，都反映为泄漏电流的增加，最后会因功耗增大、发热而导致破坏和事故。

1. 氧化锌避雷器在线监测的项目

（1）监测总泄漏电流。由于氧化锌避雷器的泄漏电流的容性分量基本不变，因此可以简单地认为其总泄漏电流 I_x 的增加能在一定程度上反映其阻性分量电流的增长情况。利用测量总泄漏电流来了解避雷器性能的劣化情况，虽然其灵敏度较低，但不失为一种简便的监测方法。

测量总泄漏电流，可以在避雷器放电记录器两端并接低内阻的交流微安表。目前，避雷器出厂时，厂家配套提供的放电计数器已全部带有监测避雷器泄漏电流的微安表，因此，避雷器安装投运后，可实时监测总泄漏电流。

（2）监测阻性电流分量。用补偿法测量阻性电流，氧化锌避雷器阀片的劣化反映为阻性电流增大，因此，直接测量阻性电流，反映氧化锌避雷器的劣化最为灵敏。

2. 测试数据的判别

当全电流或阻性电流、有功损耗与出厂值和初始值有明显差别时应安排停电测试。

二、氧化锌避雷器状态信息的收集

1. 原始资料

原始资料包括铭牌参数、订货技术协议、出厂试验报告、交接验收报告等。

2. 运行资料

运行资料包括运行工况记录信息、历年缺陷及异常记录、巡检情况、不停电检测记录等。

三、氧化锌避雷器状态的划分、评价及状态量

1. 氧化锌避雷器状态的划分

（1）正常状态。正常状态指设备运行数据稳定，所有状态量符合标准要求。

（2）注意状态。注意状态指设备的一个主状态量接近标准限值或超过注意值，或几个辅助状态量不符合标准，但不影响设备运行。

（3）异常状态。异常状态指设备的几个主状态量超过标准限值，或一个主状态量超过标准限值，并且几个辅助状态量明显异常，已影响设备的性能指标或可能发展成重大异常状态。异常状态时设备仍能继续运行。

（4）严重状态。严重状态指设备的一个或几个状态量严重超出标准或严重异常，设备只能短期运行或立即停役。

2. 氧化锌避雷器的状态评价

金属氧化物避雷器的状态评价分为部件状态评价和整体状态评价两部分。

（1）氧化锌避雷器部件状态评价。氧化锌避雷器部件分为本体、均压环和接地连接以及在线检测装置（包括动作指示、泄漏电流指示表及绝缘底座）三个部件。各部件的范围划分见表ZY1400402005-1。

表 ZY1400402005-1 氧化锌避雷器各部件范围划分

部　件	评 价 范 围
本体	阀片、并联电容、瓷套、法兰
附件	底座、在线监测泄漏电流表、放电计数器
引线	均压环、高压引线、接地引下线

（2）氧化锌避雷器整体状态评价。氧化锌避雷器的整体评价应结合其部件的评价结果，当所有部件评价为正常状态时，整体评价为正常状态；当任一部件状态为注意状态、异常状态或严重状态时，整体评价应为其中最严重的状态。

（3）氧化锌避雷器状态量评价周期。

1）设备的状态评价分为定期评价和动态评价，定期评价在编制年度检修计划之前进行一次，一般在 8 月进行。动态评价在设备状态量（巡检、红外检测、高压试验等数据）及运行工况（系统短路冲击和过电压）发生异常时对具体设备有针对性地进行。

2）新设备投运后（即经过投运前的全项目高压试验、各部位检查和投运后的巡检及红外检测）第 40 天进行一次初始评价。

3）停运 6 个月以上的备用设备重新投运后，并经巡检及红外检测，第 10 天进行一次评价。

4）对列入当年检修计划的设备，在检修前 30 天及检修完成后 10 天内各评价一次。

（4）氧化锌避雷器部件的状态评价方法。氧化锌避雷器部件的评价应同时考虑单项状态量的扣分和部件合计扣分情况，各部件状态评价标准见表 ZY1400402005-2。

表 ZY1400402005-2 氧化锌避雷器各部件状态评价标准

评价标准 / 部件	正常状态		注意状态		异常状态	严重状态
	合计扣分	单项扣分	合计扣分	单项扣分	单项扣分	单项扣分
本体	≤30	≤10	>30	12～20	24～30	>30
均压环和接地连接	≤20	≤10	>20	12～20	24～30	>30
在线检测装置	≤12	≤10	>20	12～20	24～30	>30

当任一状态量单项扣分和部件合计扣分同时达到表ZY1400402005-2规定时，视为正常状态。

当任一状态量单项扣分或部件所有状态量合计扣分达到表ZY1400402005-2规定时，视为注意状态。

当任一状态量单项扣分达到表ZY1400402005-2规定时，视为异常状态或严重状态。

3. 氧化锌避雷器状态量

（1）状态量权重。视状态量对氧化锌避雷器安全运行的影响程度，从轻到重分为四个等级，对应的权重分别为权重 1、权重 2、权重 3、权重 4，其系数为 1、2、3、4。权重 1、权重 2 与一般状态量对应，权重 3、权重 4 与重要状态量对应。

（2）状态量劣化程度。视状态量的劣化程度从轻到重分为Ⅰ、Ⅱ、Ⅲ、Ⅳ级，其对应的基本扣分值为 2、4、8、10 分。

（3）状态量扣分值。状态量应扣分值由状态量劣化程度和权重共同决定，即状态量应扣分值等于该状态量的基本扣分值乘以权重系数，状态量正常时不扣分。状态量的权重、劣化程度及对应扣分值见表 ZY1400402005-3。

表 ZY1400402005-3　　氧化锌避雷器状态量的权重、劣化程度及对应扣分值表

状态量劣化程度 \ 基本扣分值 \ 权重系数		1	2	3	4
Ⅰ	2	2	4	6	8
Ⅱ	4	4	8	12	16
Ⅲ	8	8	16	24	32
Ⅳ	10	10	20	30	40

四、氧化锌避雷器的检修策略

氧化锌避雷器状态检修策略既包括年度检修计划的制定，也包括缺陷处理、试验、不停电的维修和检查等。检修策略应根据设备状态评价的结果动态调整。

（1）氧化锌避雷器检修工作分为 A 类检修、B 类检修、C 类检修、D 类检修四类。其中 A、B、C 类是停电检修，D 类是不停电检修。

1）A 类检修。A 类检修指氧化锌避雷器的整体更换和试验。

2）B 类检修。B 类检修指氧化锌避雷器的检修，如部件维修、更换和试验。包括均压环、计数器更换等。

3）C 类检修。C 类检修指对氧化锌避雷器常规性检查、维护和试验。包括预防性试验、清扫、维护、检查、修理、检查项目。

4）D 类检修。D 类检修指对氧化锌避雷器在不停电状态下进行的带电测试、外观检查和维修。包括绝缘子外观目测检查、红外测试、防锈补漆工作，检修人员专业巡视、带电检测等。

（2）年度检修计划每年至少修订一次，根据最近一次设备状态评价结果，考虑设备风险评估因素，并参考厂家的要求，确定下一次停电检修时间和检修类别。在安排检修计划时，应协调相关设备检修周期，尽量统一安排，避免重复停电。

（3）对于设备缺陷，应根据缺陷的性质，按照有关缺陷管理规定处理，同一设备存在多种缺陷，也应尽量安排在一次检修中处理，必要时，可调整检修类别。

（4）C 类检修正常周期宜与试验周期一致，不停电的维护和试验根据实际情况安排。

（5）根据设备评价结果，制定相应的检修策略。

1）正常状态检修策略。被评价为正常状态的隔离开关，执行 C 类检修。C 类检修可按照正常周期或延长一年并结合例行试验安排。在 C 类检修之前，可以根据实际需要适当安排 D 类检修。

2）注意状态检修策略。被评价为注意状态的设备，若用 D 类检修可将设备恢复到正常状态，则可适时安排 D 类检修，否则应执行 C 类检修。如果单项状态量扣分导致评价结果为注意状态时，应根据实际情况提前安排 C 类检修。如果仅由多项状态量合计扣分或总体评价导致评价结果为注意状态时，可按正常周期执行，并根据线路的实际状况，增加必要的检修或试验内容。

3）异常状态检修策略。被评价为异常状态的设备，根据评价结果确定检修类型，并适时安排检修。

4）严重状态检修策略。被评价为严重状态的设备，根据评价结果确定检修类型，并尽快安排检修。

（6）新投运设备的状态检修。新设备投运初期按 Q/GDW 168—2008《输变电设备状态检修试验规程》及其实施细则规定，新设备投运后1～2年应安排例行试验，同时还应对设备及其附件（包括电气回路）进行全面检查，收集各种状态量，并进行一次状态评价。

（7）老旧设备的状态检修。对于运行20年以上的设备，宜根据设备运行及评价结果，对检修计划及内容进行调整。

【思考与练习】

1. 在线监测技术在避雷器状态检修中有哪些应用？
2. 氧化锌避雷器状态是如何划分的？
3. 如何对氧化锌避雷器的状态进行评价？
4. 氧化锌避雷器检修工作分为哪四类？各包含的内容是什么？
5. 氧化锌避雷器状态检修策略是什么？

模块6 电力电缆的状态检修（ZY1400402006）

【模块描述】本模块介绍电力电缆开展状态检修知识。通过要点讲解、图表归纳，熟悉电力电缆开展状态检修的信息收集与管理、状态的划分与评价标准、检修策略的制定原则等相关知识。

【正文】

电缆的状态检修工作主要是收集运行中信息、巡视检查（设施、电缆头、外观）及带电测试（温度）的信息，以及分析定期试验数据。

一、在线监测技术在电力电缆状态检修中的应用

电力电缆在线监测的主要项目包括绝缘监测和温度监测，绝缘监测的内容主要有绝缘电阻、介质损耗、局部放电；温度监测主要是利用红外热像仪或温度传感器监测本体、附件在运行状态下的温度，因此相比绝缘监测更容易和方便。通过开展电缆的在线监测可以实时掌握电缆的绝缘受潮、老化、内部放电、过热等故障信息，为准确判断电缆的运行状态和选择检修策略提供依据。

二、电力电缆状态信息的收集

电力电缆状态信息的收集应包括：

1. 原始资料

原始资料包括设计图、竣工图、铭牌参数、订货技术协议、设备监造报告、出厂试验报告、交接验收报告等。

2. 运行资料

运行资料包括运行工况记录信息、历年缺陷及异常记录、巡检情况、不停电检测记录等。

3. 检修资料

检修资料包括例行试验报告、诊断性试验报告、有关反措执行情况、附件更换情况、运行检修人员对设备的巡检记录等。

4. 其他资料

其他资料包括同型（同类）设备的运行、修试、缺陷和故障的情况、相关反措执行情况、其他影响电缆线路安全稳定运行的因素如通道、环境等信息因素等。

三、电力电缆状态的划分、评价及状态量

1. 电力电缆状态的划分

（1）正常状态。正常状态表示设备运行数据稳定，所有状态量符合标准要求。

（2）注意状态。注意状态表示设备的一个主状态量接近标准限值或超过标准限值，或几个辅助状态量不符合标准，但不影响设备运行。

（3）异常状态。异常状态表示设备的几个主状态量超过标准限值，或一个主状态量超过标准限值

并几个辅助状态量明显异常，已影响设备的性能指标或可能发展成重大异常状态。异常状态时设备仍能继续运行。

（4）严重状态。严重状态表示设备的一个或几个状态量严重超出标准或严重异常，设备只能短期运行或立即停役。

2. 电力电缆状态的评价

电力电缆状态的评价分为部件状态评价和整体状态评价两部分。

（1）电力电缆部件状态评价。根据电力电缆各部件的独立性，将电力电缆分为电缆本体、电缆终端、电缆中间接头、辅助设施、电缆通道、接地系统六个部件。所以对电力电缆的状态量的评价可按部件划分分别确定评价标准，各部件的范围划分见表 ZY1400402006-1。

表 ZY1400402006-1　电力电缆各部件的范围划分

部　件	评　价　范　围
电缆本体	外护套绝缘、主绝缘
电缆终端	终端套管、设备线夹、支撑绝缘子、法兰盘
电缆中间接头	中间接头温度
辅助设施	终端支架、电缆抱箍、防火措施
电缆通道	电缆中间接头井、操作工井、电缆沟体、电缆隧道、电缆桥架、电缆线路保护区
接地系统	接地电缆、接地线、接地电流、接地体、接地电缆固定装置

（2）电力电缆整体状态评价。电力电缆整体评价应综合其部件的评价结果，当所有部件评价为正常状态时，整体评价为正常状态；当任一部件状态为注意状态、严重状态或危急状态时，整体评价应为其中最严重的状态。

（3）电力电缆状态量评价周期。

1）设备的状态评价分为定期评价和动态评价，定期评价在编制年度检修计划之前进行一次，一般在 8 月进行。动态评价在设备状态量（巡检、红外检测、高压试验、油化验等数据）及运行工况（系统短路冲击和过电压）发生异常时对具体设备有针对性地进行。

2）新设备投运后（即经过投运前的全项目高压试验、各部位检查和投运后的巡检及红外检测）第 40 天进行一次初始评价。

3）停运 6 个月以上的备用设备重新投运后，并经巡检及红外检测，第 10 天进行一次评价。

4）对列入当年检修计划的设备，在检修前30天及检修完成后10天内各评价一次。

（4）电力电缆部件的状态评价方法。电力电缆评价应同时考虑单项状态量的扣分和部件合计扣分情况，各部件状态评价标准见表 ZY1400402006-2。

表 ZY1400402006-2　电力电缆各部件状态评价标准

评价标准 / 部件	正常状态		注意状态		异常状态	严重状态
	合计扣分	单项扣分	合计扣分	单项扣分	单项扣分	单项扣分
电缆本体	≤30	≤10	>30	12～16	20～24	≥30
电缆终端	≤30	≤10	>30	12～16	20～24	≥30
电缆中间接头	≤30	≤10	>30	12～16	20～24	≥30
辅助设施	≤12	≤10	>20	12～16	20～24	≥30
电缆通道	≤12	≤10	>20	12～16	20～24	≥30
接地系统	≤12	≤10	>20	12～16	20～24	≥30

当任一状态量单项扣分和部件合计扣分同时达到表 ZY1400402006-2 规定时，视为正常状态。

当任一状态量单项扣分或部件所有状态量合计扣分达到表 ZY1400402006-2 规定时，视为注意状态。

当任一状态量单项扣分达到表 ZY1400402006-2 规定时，视为异常状态或严重状态。

3. 电力电缆状态量

（1）状态量权重。视状态量对高压电力电缆安全运行的影响程度，从轻到重分为四个等级，对应的权重分别为权重 1、权重 2、权重 3、权重 4，其系数为 1、2、3、4。权重 1、权重 2 与一般状态量对应，权重 3、权重 4 与重要状态量对应。

（2）状态量劣化程度。视状态量的劣化程度从轻到重分为Ⅰ、Ⅱ、Ⅲ、Ⅳ级，其对应的基本扣分值为 2、4、8、10 分。

（3）状态量扣分值。状态量应扣分值由状态量劣化程度和权重共同决定，即状态量应扣分值等于该状态量的基本扣分值乘以权重系数，状态量正常时不扣分。状态量的权重、劣化程度及对应扣分值见表 ZY1400402006-3。

表 ZY1400402006-3　　电力电缆状态量的权重、劣化程度及对应扣分值表

状态量劣化程度 \ 基本扣分值 \ 权重系数		1	2	3	4
Ⅰ	2	2	4	6	8
Ⅱ	4	4	8	12	16
Ⅲ	8	8	16	24	32
Ⅳ	10	10	20	30	40

四、电力电缆的检修分类及检修策略

（1）电力电缆检修工作分为 A 类检修、B 类检修、C 类检修、D 类检修四类。其中 A、B、C 类是停电检修，D 类是不停电检修。

1）A 类检修。A 类检修指电力电缆的整体更换和试验。

2）B 类检修。B 类检修指电力电缆的附件检修，如部件维修、更换和试验。主要包括电缆头、接地箱更换等。

3）C 类检修。C 类检修指对电力电缆常规性检查、维护和试验。主要包括预防性试验、清扫、维护，电缆附件、避雷器的检查，金具、接头紧固修理等。

4）D 类检修。D 类检修指对电力电缆在不停电状态下进行的带电测试、外观检查和维修。主要包括外观目测检查、红外测试、检修人员专业巡视、带电检测等。

（2）年度检修计划每年至少修订一次，根据最近一次设备状态评价结果，考虑设备风险评估因素，并参考厂家的要求，确定下一次停电检修时间和检修类别。在安排检修计划时，应协调相关设备检修周期，尽量统一安排，避免重复停电。

（3）对于设备缺陷，应根据缺陷的性质，按照有关缺陷管理规定处理。同一设备存在多种缺陷，也应尽量安排在一次检修中处理，必要时，可调整检修类别。

（4）C 类检修正常周期宜与试验周期一致，不停电的维护和试验根据实际情况安排。

（5）根据电力电缆评价结果，制定相应的检修策略。

1）正常状态检修策略。被评价为正常状态的电缆，执行 C 类检修，C 类检修可按照正常周期或延长一年并结合例行试验安排。在 C 类检修之前，可以根据实际需要适当安排 D 类检修。

2）注意状态检修策略。被评价为注意状态的电缆，若用 D 类检修可将设备恢复到正常状态，则可适时安排 D 类检修，否则应执行 C 类检修。如果单项状态量扣分导致评价结果为注意状态时，应根据实际情况提前安排C类检修。如果仅由多项状态量合计扣分或总体评价导致评价结果为注意状态时，可按正常周期执行，并根据线路的实际状况，增加必要的检修或试验内容。

3）异常状态检修策略。被评价为异常状态的设备，根据评价结果确定检修类型，并适时安排检修。

4）严重状态检修策略。被评价为严重状态的设备，根据评价结果确定检修类型，并尽快安排检修。

【思考与练习】

1. 在线监测技术在电力电缆状态检修中有哪些应用？
2. 电力电缆状态是如何划分的？
3. 如何对电力电缆的状态进行评价？
4. 电力电缆检修工作分为哪四类？各包含的内容是什么？
5. 电力电缆状态检修的策略是什么？

第四部分

基本技能

第七章 常用仪器、仪表、安全工器具的使用及维护

模块1 常用仪器、仪表使用（GYBD00201001）

【模块描述】本模块介绍万用表、绝缘电阻表、接地电阻仪、钳形电流表、直流电桥的使用方法。通过使用方法介绍和注意事项讲解，掌握常用仪器和仪表的使用。

【正文】

常用仪器、仪表有万用表、绝缘电阻表、接地电阻仪、钳形电流表、直流电桥，其工作原理在基础知识中已介绍，这里仅介绍其使用。

一、万用表

万用表是一种具有多种用途和多个量程的携带式直读式仪表。一般的万用表可以用来测量电阻、直流电流、直流电压、交流电压，并可用来检验电路的通断情况，对半导体器件简单的测试，有的还可以测量电容、电感等。由于万用表具有用途广、量程多和使用方便等优点，得到广泛应用。

（一）万用表的结构

常用的万用表有指针式（模拟式）和数字式两种。指针式万用表是由一个磁电式测量机构（又称表头）、测量线路和转换开关三个基本部分组成的。

1. 表头

表头采用高灵敏度的磁电式测量机构组成，其满刻度偏转电流约为几微安到几百微安。满刻度偏转电流越小，表头的灵敏度就越高，测量电压时的电阻也就越大，特性就越好。

2. 测量线路

测量线路是万用表用来实现多种电量、多种量程测量的部分。它是由测量直流电流的线路、测量直流电压的线路、测量交流电压的线路、测量电阻的线路等几种线路组合而成。组成测量线路的主要元件是各种电阻（绕线电阻、碳膜电阻、金属膜电阻）。为了测量交流电压，在测量线路中还装有整流二极管。

3. 转换开关

以上各种测量线路，是经转换开关的切换来实现的。转换开关是由许多固定触头（又称作掷）和可动触头（又称作刀）组成，通常它是由多个刀和十几甚至几十个掷，如MF30型万用表就有三个刀，十八个掷。转动转换开关时，其刀跟着转动，在不同的挡位上与响应的固定触头相接触，从而接通对应的测量线路。

另外，在万能表的面板上还装有标度盘、转换开关的旋钮、指针机械零位调节器、零欧姆调节旋钮以及接线柱（或插孔）等。MF30型万用表的外形如图 GYBD00201001-1 所示。

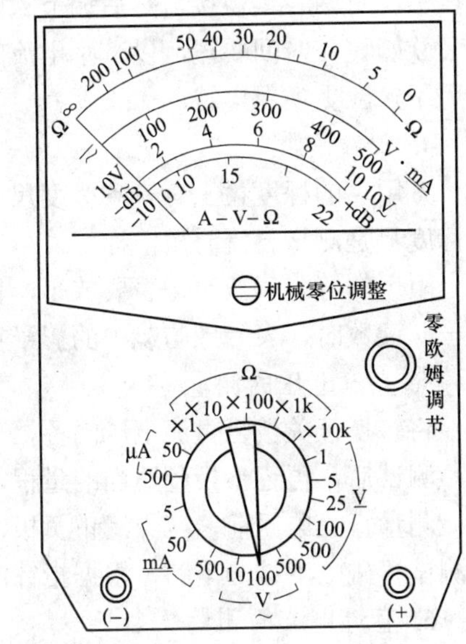

图 GYBD00201001-1 MF30 型万用表的外形

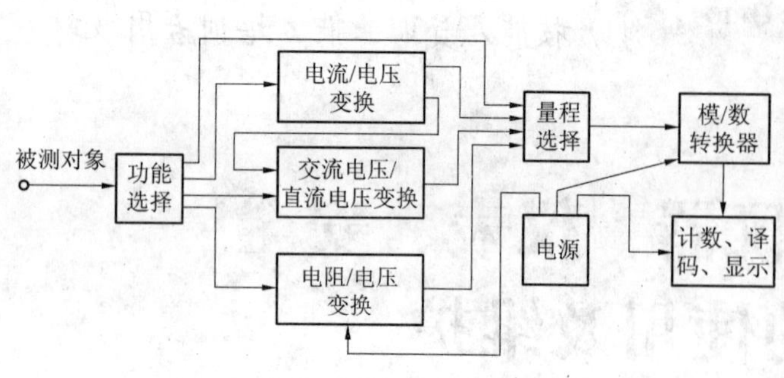

图 GYBD00201001-2 数字万用表原理框图

数字万用表是数显技术与新型大规模集成电路技术的结晶。数字万用表具有很高的灵敏度和准确度，显示清晰直观，功能齐全，性能稳定，过载能力强，便于携带。因此，在电子测量、电工检测及检修等工作领域中，得到迅速推广和普及，显示出强大的生命力，并在许多情况下正逐步取代模拟式万用表。数字万用表最基本的功能是对电流、电压和电阻的测量，其原理框图如图 GYBD00201001-2 所示。

（二）万用表使用方法

1. 正确使用接线柱（或插孔）

红色表笔的进线应接到万用表的红色接线柱上或标有“+”号的插孔内，黑色表笔的进线应接到万用表的黑色接线柱上或标有“-”号的插孔内。测量直流时应用红色笔接正极、黑色笔接负极，这样可以避免因极性反而烧坏表头或打弯指针。使用欧姆挡测量电阻时，因使用表内的电池，其红表笔是接电池的负极、黑表笔接电池的正极。这一点在测试晶体二极管和三极管时更要注意。有的万能表还有专用的欧姆挡接线柱，或专用的交、直流 2500V 的接线柱或大电流接线柱等。它们的另一共有柱都用黑色接线柱。测电流时，表计应和电路串联，而测电压时，表计应和电路并联。

2. 正确选择挡位

万用表挡位包括测量种类的选择和量程的选择，挡位选择错了，就有可能烧坏万用表，例如测电压时，将挡位错放在欧姆挡或电流挡。有的万用表面板上有两个挡位旋钮，一个选择测量种类，另一个选择量程，使用时，应先选择测量种类，后选择量程。另外，为了使测量结果准确，量程的选择应使读数在标度尺的一定刻度范围之内。例如，在测量电流和电压时，应使指针的偏转在满刻度偏转的 1/2 以上；测量电阻时，应使被测电阻尽量接近标度尺的中心等。

若用万用表欧姆挡测试晶体管参数时，不要用 $R\times1$ 挡，此时电流过大：或 $R\times10\text{k}$ 挡，此挡电压过高，损坏晶体管。

万能表在使用完毕后，应把转换开关旋至“OFF”挡或交流电压的最高挡，这样，可以防止下次测量时，由于粗心而发生烧表事故。

3. 测量之前要调零

为了测量准确，在测量之前要看万能表的指针是否指在零位上，如不指零，应调整表盖上的机械零位调节器，使之指零。在测量电阻之前，还要进行欧姆调零。欧姆调零是将转换开关旋至相应的电阻挡上，将两表笔短接，然后调节欧姆调零旋钮，使指针指向零欧姆。每次换欧姆挡都要重复这一步骤。欧姆调零时间要短，以减小电流的消耗。如果调不到欧姆零位，则说明电池电压已经太低，不能再用了，应更换新电池。

4. 正确读数

万用表的标度盘上有多条标度尺，它们分别在测量不同对象时使用。例如，标有“DC”或“－”的标度尺是测量直流时用；标有“AC”或“～”的标度尺是测量交流时用；标有“Ω”的标度尺是测量电阻用的等。读数时，表要放平，目光应与表面垂直。有的万用表在表面的刻度线下还有一条弧形镜子，读数时，表针应与镜中的影子重合，读数才准确。

5. 直流电压的测量

将转换开关拨至直流电压的各挡范围内，若事先不知被测量的大致范围，应先选用最大的量程测量，测试后，再逐步换到适当的量程，尽可能使被测值达到量程的 1/2 或 2/3 范围内。

测量直流电压前，应弄清正负极，以免指针倒转伤表，如预先不知正负极，应置于较高量程挡，用测试棒碰一下被测电路，根据指针的动向确定正负极性。

6. 直流电流的测量

将转换开关拨至直流电流各挡范围内，测量时应将测试棒串接在被测电路之中，红棒接正端，黑棒接负端。量程的选择方法与测直流电压时相同。

7. 交流电压的测量

将转换开关拨至交流电压各挡范围内，测量方法与测直流电压相似，但不必分极性。测量 250V 及以上的电压时，应注意安全，最好养成一只手操作的习惯，另一只手不要摸被测设备。有的表能测 1000V 以上的高压，测量高电压时应使用专测高压的测试棒，并使用绝缘手套、绝缘垫等安全保护工具，确保人身安全。

8. 电阻的测量

将转换开关拨至电阻各挡范围内，并将两根测试棒短接，调整Ω旋钮，使指针指在电阻刻度的零位，然后进行测量。改变量程时，应重新调整零点。调不到零时应更换电池。

MF30 型万用表内的一节 1.5V 五号电池，是供Ω×1～Ω×1k 四个量程使用的；另有一个 15V 的层叠电池，是专供Ω×10k 一挡使用的。

测量电路中的电阻时，应先切断电源，切勿带电测量电阻。选择倍率时，应尽量使指针位于刻度中间位置附近。表头上的读数乘以所用电阻挡的倍率，才是所测的电阻值。

（三）使用万用表注意事项

（1）测试时不要用手触及表笔的金属部分，以保证安全和测量的准确度。

（2）测试高电压或大电流时，不能在测试时旋动转换开关，避免转换开关的触头产生电弧而损坏开关。

（3）使用Ω×1 挡时，调整零欧姆调整器的时间尽量要短，以延长电池寿命，因这时表内电池的电流很大，可达 100mA 左右。

（4）万用表测量完毕，应将转换开关拨到空挡或交流电压的最大量程挡，以防测电压时忘记拨转换开关，用电阻挡去测电压，将万用表烧坏。不用时不要把转换开关置于电阻各挡，以防测试棒短接时使电池放电。

（四）万用表的维护与保养

（1）保持清洁、干燥，不要放在高温和有强磁场的地方，以免永久磁钢退磁，降低测量精度。

（2）携带、使用时要轻拿轻放，避免振动，以免造成测量机构机械部分的损坏和退磁。

（3）转换开关易发生接触不良，印刷电路板制成的转换开关使用时间长后，易被磨下的金属屑短路，发现接触有问题时，可用脱脂棉蘸无水酒精清洗。

二、绝缘电阻表

绝缘电阻表是测量线路和电气设备绝缘电阻，判别其绝缘状况好坏的一种携带式仪表，测量读取的数据以兆欧（MΩ）为单位。绝缘电阻表俗称为摇表、兆欧表。

（一）绝缘电阻表的使用

1. 绝缘电阻表的选择

绝缘电阻表的额定电压，应根据被测电气设备的额定电压来选择。绝缘电阻表选择不当，如电压选得过低，则测得结果不准确；电压选得过高，有可能损坏设备的绝缘。此外，选择绝缘电阻表时，还应注意它的测量范围与被测的绝缘电阻数值相适应，以免引起过大的读数误差。绝缘电阻表电压的选择见表 GYBD00201001-1。

表 GYBD00201001-1 绝缘电阻表电压的选择 V

被测绝缘电阻的设备	被测设备的额定电压	选用绝缘电阻表的电压
各种线圈	500 及以下	500
	500 以上	1000
电机、变压器绕组	380 及以下	1000
	500 以上	1000～2500
电气设备绝缘	500 及以下	500～1000
	500 以上	2500
绝缘子、母线、开关		2500～5000

模块1 GYBD00201001

2. 使用前的检查

在摇测前，对绝缘电阻表先做一次开路和短路检查试验。先将 E 和 L 端钮两根连线开路。摇动手柄达到发电机的额定转速（120r/min），观察指针是否指到“∞”处，再将两根连线短路，慢慢加速绝缘电阻表，观察指针是否指“0”处，如两次试验指针指示不对，则说明绝缘电阻表本体内有故障需调修后再使用。

3. 接线方法

绝缘电阻表有三个接线柱：线路（L）、接地（E）、屏蔽（或称保护环）（G）。根据不同的测量对象，应做相应的接线。

测量设备对地绝缘电阻时，E 端接于地线上，L 端接被测的线路上。

测量电动机或电气设备外壳绝缘电阻时，E 端接在被测设备的外壳上，L 端接在被测导线或绕组的一端。如果泄漏电流过大，则应将 G 端接于导线与外壳之间的绝缘介质上，以消除漏电流。

测量电动机、变压器及其他设备的绕组相间绝缘电阻时，将 E 与 L 端分别接于被测两相的导线或绕组上。

测量电缆芯线时，将 E 端接在电缆的外表皮（铅套）上，L 端接芯线，G 端接在芯线最外层的绝缘包扎层上，以消除表面泄漏电流而引起的读数误差。

测量绝缘电阻时的接线如图 GYBD00201001-3 所示。

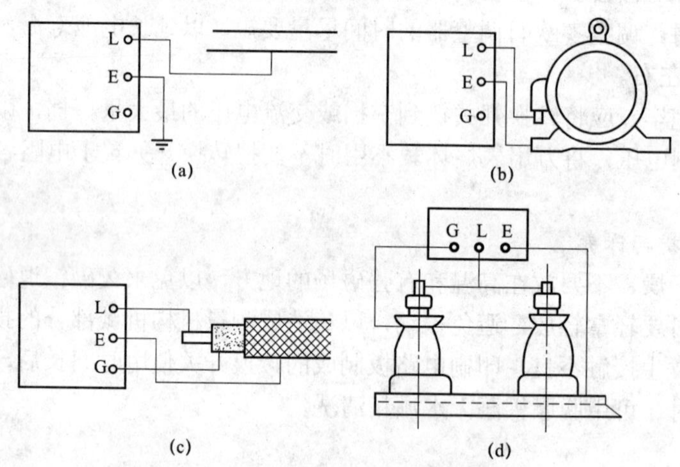

图 GYBD00201001-3 测量绝缘电阻时的接线

（a）测量线路对地绝缘电阻；（b）测量电动机绝缘电阻；（c）测量电缆的绝缘电阻；（d）测量变压器的绝缘电阻

（二）测量绝缘电阻时的注意事项

（1）应根据被测量对象选用不同电压的绝缘电阻表。

（2）测量时绝缘电阻表要放置平稳，与表计端钮相连接的导线不能用双股绝缘线或绞线，应当用单股线分开单独连接，以免双股线或绞线绝缘不良引起误差。

（3）摇柄的转速应由慢到快，至 120r/min 左右时发电机输出额定电压。此时摇转速度应均匀稳定，不要时快时慢。待指针稳定后，表针的指示就是所测得的绝缘电阻值。

（4）测量前应对绝缘电阻表进行必要的检查。先使表计端钮处于开路状态，转动摇柄观察指针是否在“∞”位，再将 E 端和 L 端连接起来，慢慢转动摇柄，观察指针是否在“0”位。

（5）为保证安全，测量之前应断开设备电源。对容性负载要进行放电，测量完后，也应当进行放电。放电时间一般不应少于 2～3min。对于高电压、大电容的电缆线路，放电时间还应适当延长。

（6）测量过程中，如果指针指向“0”位，表明被测物绝缘已经失效，应停止转动摇柄，以免损坏绝缘电阻表。

（7）测量要尽可能在被测设备刚停电时进行，目的是为了使测量时的温度尽可能接近于实际运行温度。

（三）绝缘电阻表使用中的常见问题

（1）使用绝缘电阻表测量高压设备绝缘时，应由两人担任。测量用导线，应选用绝缘导线，其端部还应有绝缘套；测量绝缘时，必须将被测设备从各方面断开，验明无电并确认设备上无人工作后方可进行。测量中禁止其他任何人接近设备。

在测量绝缘后，必须将被试设备对地放电。在有感应电压的线路上（同杆架设的双回线路或单回线路与另一线路有平行段）测量绝缘时，必须将另一线路同时停电方可进行；雷电时严禁测量线路绝缘。

在带电设备附近测量绝缘电阻时，测量人员和绝缘电阻表安放位置必须选择适当，保持安全距离，以免绝缘电阻表引线或引线支持物触碰带电部分；移动引线时，必须注意监护，防止工作人员触电。

（2）当使用绝缘电阻表进行测量时，开始它的指示值会逐渐增大。这是因为表计内为直流电源，而被测试物又大都均存在一定的电容。在摇测刚开始时，被试物呈现充电状态。此时充电电流较大，故表计的指示数值也就较小。随着摇测的时间增长，被测试物的充电逐步达到饱和状态。在这种情况下流过表计内的充电电流便不断减小，所以表针指示的绝缘电阻值便会逐步增大，然后稳定在某一数值。一般规定，以摇测时间约 1min 时的读数取为所测得的绝缘电阻值。

（3）用绝缘电阻表测量绝缘电阻时，被试物处于充电状态。当手柄停摇后，被试物即行放电，使通过表计的电流与前相反。此时，指针便会向无穷大方向偏转。

对于电压越高、容量越大的设备，指针便更易偏转过度（超过"∞"标记）。因此在测量完后，要先脱开线路端线头，再停止手柄转动，从而保证表计指针不因偏转过度而损坏。

（4）摇测线路绝缘接近于零值的测量结果可能是由多种因素引起的，要根据现场实际情况具体分析、判断，可能是：

1）线路接地。

2）供电线路在雷雨天气里，由于绝缘子潮湿而导致漏电严重。

3）供电线路过长，绝缘子很多，因多个绝缘子污秽而引起泄漏电流值很大。

4）供电线路相当长，线路对地电容大，测量时充电电流便较大，易使测得读数近于零。

5）绝缘电阻表使用方法不当，如采用较长的绞合线作为与测量端子相接的引线等，使测得的绝缘值下降很多或近于零。

三、接地电阻仪

1. 接地电阻的概念

为了保证电气设备的正常工作和安全，按照规定，电气设备的某些部分必须接地。例如变压器的中性点接地、仪用互感器的二次侧接地、避雷装置的接地等。实现接地的方法，是用接地线将电气设备需要接地的部分和埋在土壤中的接地体连接起来。接地线和接地体都用金属导体制成，统称为接地装置。因此，接地装置的接地电阻包括接地线电阻、接地体电阻、接地体和土壤的接触电阻以及接地散流电流途径的土壤电阻等。在这些电阻中，接地线和接地体的电阻很小，常可略去不计。

当接地体上有电压时，就有电流流入地中。接地电流 I 是从接地体向四周散射的，见图 GYBD00201001-4，因此，离开接地体越远，电流通过的截面就越大，电流密度就越小，到达一定的距离时，电流密度实际上可以认为等于零。由于地中电流通过的截面的变化，在电流途经单位长度上的电阻是不同的，在接地体附近电阻最大，离接地体越远则电阻越小。因此，电流途经单位长度上的电压降也是不同的，离接地体越远，单位长度上的电压降也越小。在距离接地体 15～20m 处，电压降已极小，实际上可认为电位为零，如图 GYBD00201001-4 所示。

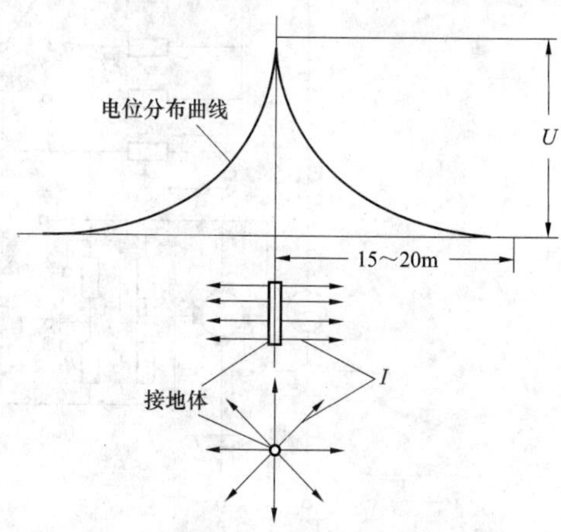

图 GYBD00201001-4　接地电流和电位分布

接地电阻主要是土壤对所通过的电流的散流电阻，也就是从接地体到零电位之间的土壤电阻，即接地电阻

$$R = \frac{U}{I} \qquad \text{(GYBD00201001-1)}$$

模块 1
GYBD00201001

式中 U——接地体和零电位点之间的电压；

I——接地电流。

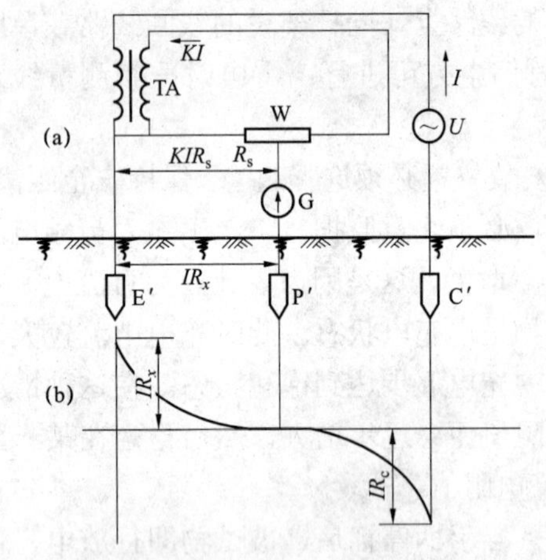

图 GYBD00201001-5 用补偿法测接地电阻的原理电路和电位分布图

（a）原理电路图；（b）电位分布图

在进行接地电阻的实际测量时，考虑到距离接地体15～20m处的电位为零，所以只要测量从接地体起到20m远范围内的土壤电阻即可。

2. 用补偿法测接地电阻的原理

图 GYBD00201001-5（a）为用补偿法测接地电阻的原理电路。图中E′为接地体，P′和C′分别为电位辅助电极和电流辅助电极。它们分设在距离接地体不小于20m和40m处。交流电源 U 经电流互感器TA的一次线圈接到接地体E′和电流辅助极C′上，并经地构成闭合回路。接地电流在地中散流的结果，形成了如图 GYBD00201001-5（b）所示的电位分布。电位辅助极P′的电位为零，因此E′和P′之间的电压为 IR_x。

电流互感器的二次侧经电位器W构成闭合回路，其电流为 KI（K 为电流互感器 TA 的变比）。电位器的滑动接点经检流计G和电位辅助极P′相连。调节电位器使检流计指零，则

$$IR_x = KIR_s$$

所以

$$R_x = KR_s \qquad \text{(GYBD00201001-2)}$$

可见被测的接地电阻值，可通过变比 K 和电位器的电阻 R_s 来确定，而和辅助电极C′的接地电阻 R_c 无关。

需要指出，第二个辅助电极C′用来构成接地电流的通路是完全必要的。如果只有一个辅助电极，则测量结果将不可避免地将辅助电极的接地电阻包括在内，这显然是不正确的。还要指出，接地电阻的测量一般都采用交流进行。这是因为，土壤的导电主要依靠地下电解质的作用，如果采用直流就会引起化学极化作用，以致严重地歪曲测量的结果。

3. ZC-8 型接地电阻测量仪

ZC-8 型接地电阻测量仪是按补偿法的原理做成的，内附手摇交流发电机作为电源，其原理电路和外形如图 GYBD00201001-6 所示。它的外形和绝缘电阻表相似，所以又称为接地绝缘电阻表。这种

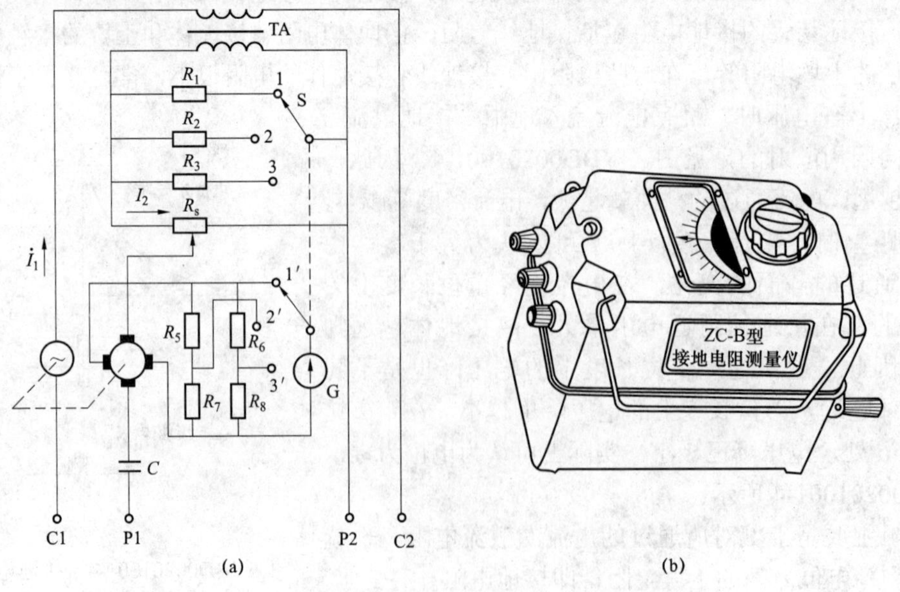

图 GYBD00201001-6 ZC-8 型接地电阻测量仪

（a）原理电路图；（b）外形（三端钮式）

测量仪的端钮有三个和四个两种。有四个端钮时，应将 P2 和 C2 短接后再接至被测的接地体。三端钮式测量仪的 P2 和 C2 已在内部短接，故只引出一个端钮 E，测量时直接将 E 接至被测接地体即可。端钮 P1 和 C1 分别接上电位辅助探针和电流辅助探针，探针应按规定的距离插入地中，以构成电位和电流辅助电极。为了扩大仪表的量限，电路中接有三组不同的分流电阻 $R_1 \sim R_3$ 以及 $R_5 \sim R_8$，用以实现对电流互感器的二次电流以及检流计支路的分流。分流电阻的切换利用联动的转换开关 S 同时进行。对应于转换开关的三个挡位，可以得到 0～1Ω、0～10Ω和 0～100Ω三个量限：当转换开关置于“1”挡时，相当于 $I_2 = I_1$（即 $K = 1$）；置于“2”挡时，$I_2 = I_1/10\left(即K = \dfrac{1}{10}\right)$；置于“3”挡时，$I_2 = I_1/100\left(即K = \dfrac{1}{100}\right)$。

由于采用磁电系检流计做指零仪，仪表备有机械整流器或相敏整流器，以便将交流发电机的 115Hz 交流转换为检流计所需的直流电流，并可消除地中工频杂散电流对测量的影响。此外，为了防止地中直流杂散电流的影响，在电位探针 P1 的回路中还串联了一个电容 *C*，以隔断直流。

ZC-8 型接地电阻测量仪的准确度：在额定值的 30%以下时，为额定值的 ±1.5%；在额定值的 30%至额定值时，为额定值的 ±5%。

4. 接地电阻测量仪的使用

（1）测量前将仪表放平，然后调零，使指针指在红线上。

（2）三端钮式测量仪的接线如图 GYBD00201001-7（a）所示，即将被测接地体 E′ 和端钮 E 连接，电位探针 P′ 和电流探针 C′ 分别与端钮 P、C 接后，沿直线相距 20m 插入地中。四端钮式测量仪的接线如图 GYBD00201001-7（b）所示。

（3）将倍率开关放在最大倍数上，缓慢摇动发电机的手柄，同时转动测量标度盘以调节 R_s，直至指针停在中心红线处。当检流计接近平衡时，即加快发电机的转速至其额定转速（120r/min），调节测量标度盘使指针稳定地指在红线位置，然后即可读数。则

$$接地电阻=倍率（K）×标度盘读数（R_s）$$

（4）如测量标度盘的读数小于 1，应将倍率开关放在较小的一挡，然后重新测量。

（5）被测接地电阻小于 1Ω时，为了消除接线电阻和接触电阻的影响，宜采用四端钮测量仪。测量时将端钮 C2 和 P2 的短接片打开，分别用导线接到接地体上，并使端钮 P2 接在靠近接地体的一侧，如图 GYBD00201001-7（c）所示。

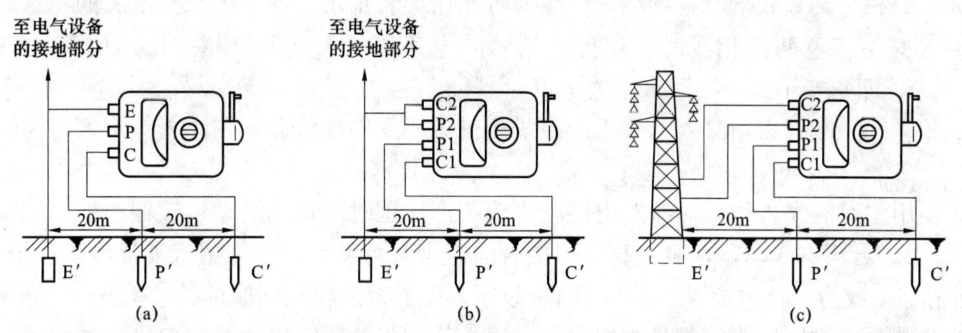

图 GYBD00201001-7　接地电阻测量仪的接线

（a）三端钮式测量仪的接线；（b）四端钮式测量仪的接线；（c）测量小接地电阻时的接线

四、钳形电流表

用一般电流表测量电路电流时，需要切断电路将仪表串入。钳形表则可在不切断电路的情况下进行测量，且使用和携带都很方便。它是线路及变压器等设备检修、运行监视中常用的一种携带式电工仪表。

1. 钳形表的结构原理

钳形表的外形与结构如图 GYBD00201001-8 所示。它实质上是电流表与电流互感器的组合，其钳

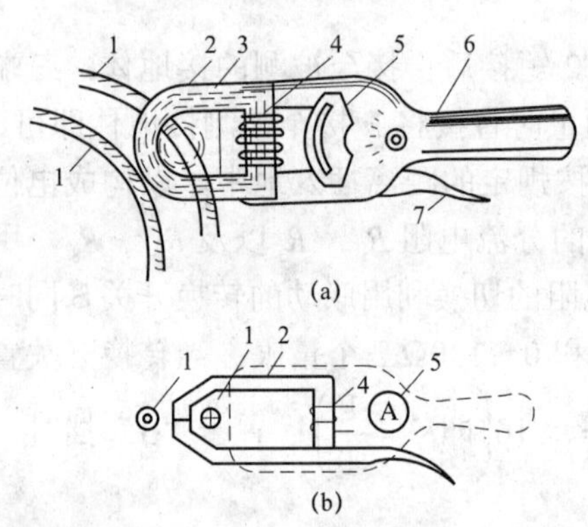

图 GYBD00201001-8 钳形表的外形与结构

（a）外形及使用图；（b）结构原理图

1—电线；2—铁芯；3—磁通；4—二次线圈；
5—电流表；6—量程旋钮；7—开钳口手柄

形铁芯可以开闭，当钳形电流表的钳口卡入带电导线时，就相当于有了一次线圈。此时，工作电流就会在钳形电流表的铁芯内产生磁通，该磁通匝链（穿透）二次绕组便感应出二次电势，同时二次负载中也就会存在一定的电流。这个二次电流的大小与一次实际工作电流成正比例，这样表头指示的数值便可间接地反映出一次工作电流的大小。所以，钳形电流表的最主要特点是可以在不需要断开电路的情况下测出交流电流的大小。

2. 使用时的注意事项

（1）用钳形表测量交流电流时，应事先将表计柄擦干净。电工手部要干燥或戴绝缘手套。钳口接合要保持良好。

（2）低压钳形电流表只应该用来测量低电压交流电流，而不能用于高压带电测量。

（3）测量时要选择合适的量程挡，以防止误用小量程挡测量大电流而损坏表计。具体可估计被测电流大小，将量程转换开关置于合适挡，或先置于最高挡，根据读数大小逐次向低挡切换。并尽可能使指针在全刻度的一半左右，以得到较准确的读数（测量前要先把电流零位调好）。

（4）测量过程中决不能切换电流量程挡。因为表内二次匝数很多，测量时又相当于短路状态（忽略表头内阻），一旦在测量中切换量程，就会造成二次瞬间开路，这时绕组中将会感应出高电压，导致绕组绝缘击穿。

（5）测量时应逐相进行，要尽量将导体置于钳口中央，同时不得触及任何接地的导线或其他带电导体，以防引起接地或短路。

（6）测量低压母线电流时，应先将邻近各相用绝缘板隔离，以防止钳口张开时可能引起相间短路。

（7）有些型号的钳形电流表还附有交流电压测量挡，测量电流与电压时应分别进行，切不能同时测量。

（8）在读取表计读数时要注意安全，切勿触及其他带电部分。测量后最好把转换开关放在最大电流量程位置，以免下次使用时未经选择量程而造成仪表损坏。

3. 测量结果的一般规律

（1）钳形表钳口夹入任何一相导线时，表计将指示该相电流的大小。

（2）夹入三相平衡负载的三根导线（相线）时，钳形表指示为零（因三相电流的相量和等于零）。

（3）夹入其中任意两根相线时，钳形表指示的电流值与未夹入一相中电流的绝对值相等（如 $\dot{I}_U + \dot{I}_V = -\dot{I}_W$），即它指示为未夹入一相的电流。

（4）三相平衡负载，钳口夹入一相正向导线和另一相反向导线时，钳形表指示值将为一相电流的1.731 倍。

此外，实用中有时夹入钳口后即发出振动声或杂声，这时可适当活动连接钳口的手把或将钳口重新开合 1～2 次。若声响未消除，可检查钳口接合面是否有污垢，如有则用汽油擦净；测量小电流时，若电流值小于 5A 或为表计电流最小量程的 1/2 以下，为了得到较准确的读数，在条件许可时，可将被测导线多绕几圈再放进钳口进行测量，但实际电流数值应为读数除以放进钳口内的导线根数（圈数）。

由于钳形表测量时不串入线路，故其准确度不高，误差较大，实际工作中可作为一般性监测用。

五、直流电桥

直流电桥是一种比较仪表，能精确地测量电阻值。常用它测量电气设备的线圈电阻、绕组电阻、触头的接触电阻和电阻元件的阻值等。能精确测量电阻值的原因，一方面是由于测量时是将被测电阻和标准电阻直接比较来决定其数值的，标准电阻的准确度可以做得很高（达 10^{-4} 以上）；另一方面目前检流计的灵敏度也可制作得很高，这样就能更确切地保证平衡条件，以获得相当高的测量精度。

1. 单臂与双臂电桥的测量范围

直流电桥有单臂电桥（又称惠斯登电桥）与双臂电桥（又称凯尔文电桥或汤姆逊电桥）之分，通常简称为单桥和双桥。在需要测量 1Ω以下的小电阻时，连接导线的电阻及接头的接触电阻将给测量带来不允许的误差。因此，必须想办法消除或减小接线电阻及接触电阻对测量结果的影响。这一点单臂电桥是无法解决的，因用它测定时，被测电阻和接线电阻、接触电阻同接于电桥的一臂，故测量误差较大，必须用双臂电桥进行精确测量。通常单臂电桥可测 1～10^7Ω的电阻，而双臂电桥则可测 10^{-6}～10Ω的电阻。

2. 电桥的使用步骤及注意事项

应用电桥测量电阻值是相当精密的测量方法。若使用不当，非但不能获得应有的精确结果，还可能会损坏该测量设备。电桥正确使用的步骤及有关注意事项如下：

（1）应根据被测电阻的粗略范围和对测量准确度的要求，选择合适的电桥。电桥的准确度分为 0.02、0.05、0.1、0.2、1.0、1.5、2.0 和 5.0 八个等级。如准确度为 1.0 级，表明电桥在有效量限范围内，误差不超过 1%。所选电桥的误差应略小于被测电阻的允许误差。

（2）电桥一般具有内部电源（QJ23 型为 1.5V 电池三节），如需外接电源，可将电压符合说明书规定的直流电源接于外接电源的+、–接线柱上。

（3）将被测电阻连接到电桥上时，应尽量采用短而粗的导线，以减少引线电阻和接触电阻，并要接牢，以免碰掉时电桥严重不平衡，损坏检流计。

（4）将检流计锁扣轻轻打开（向下拨），若指针不在零点，可转动调零旋钮调至零位。

（5）估计被测电阻的大小，选择适当的比率，使比较臂的电阻各挡均被充分利用，以提高测量精度。

（6）测量时应先用左手中指按下电源按钮 B，再以食指按下检流计按钮 G，若检流计指针按正的方向偏转，则应加大电阻，反之应减小电阻，如此将检流计指针调到指零为止。

（7）测量后应先松开按钮 G，再松开按钮 B。以免测量具有电感性绕组的电阻时产生较大的自感电势，会冲击检流计，使检流计指针打弯甚至烧坏测量线圈。

（8）读数并计算被测电阻的数值。此时 R_x=比率×比较臂的读数。

（9）使用完毕后应将检流计的锁扣锁住（即向上拨）。

（10）在使用双臂电桥时，被测电阻与电流接头和电位接头的接法如图 GYBD00201001-9 所示。外接电源最好采用容量较大的蓄电池（电压为 2～4V）。

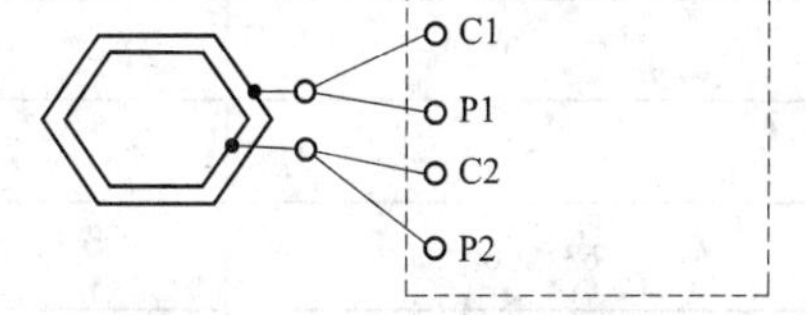

图 GYBD00201001-9　被测电阻与电流接头和电位接头的接法

【思考与练习】

1. 如何选用绝缘电阻表的电压？
2. 试述单臂电桥和双臂电桥的测量范围和使用步骤。
3. 使用绝缘电阻表测量绝缘电阻时的注意事项有哪些？

模块 2　安全工器具使用与维护（GYBD00201002）

【模块描述】本模块介绍电气安全用具分类、绝缘安全用具、一般防护用具、安全标识、安全用具等内容。通过结构描述、使用方法介绍和注意事项讲解，达到能正确使用电气安全工器具。

【正文】

一、电气安全用具分类

为了防止电气工作人员发生触电、灼伤、高处摔跌、煤气中毒等事故，必须正确使用相应的电气安全用具，这是保证人身安全的基本条件之一。电气安全用具分一般防护安全用具和绝缘安全用具两大类。

一般防护安全用具：安全带、安全帽、安全照明灯具、防毒面具、护目眼镜、标示牌和临时遮栏等。

绝缘安全用具：绝缘杆、绝缘夹钳、绝缘台、绝缘手套、绝缘靴（鞋）、绝缘垫、验电笔、携带型接地线等。绝缘安全用具又可分为如下两类：

（1）基本安全用具。它的绝缘强度大，能长时间承受电气设备的工作电压，并能在该电压等级产生内部过电压时保证工作人员的人身安全，如绝缘杆、绝缘夹钳及验电器等。

（2）辅助安全用具。它的绝缘强度小，不能承受电气设备的工作电压，只是用来加强基本安全用具的保安作用，能防止接触电压、跨步电压和电弧对操作人员的伤害，如绝缘台、绝缘手套、绝缘靴（鞋）及绝缘垫等。

二、绝缘安全用具

（一）绝缘杆的使用

绝缘杆也称绝缘棒、操作杆，主要用来闭合或断开高压隔离开关（俗称刀闸）、跌落式熔断器（俗称保险），安装和拆除携带型接地线，以及进行测量和试验等工作，要求具有良好的绝缘性能和机械强度。

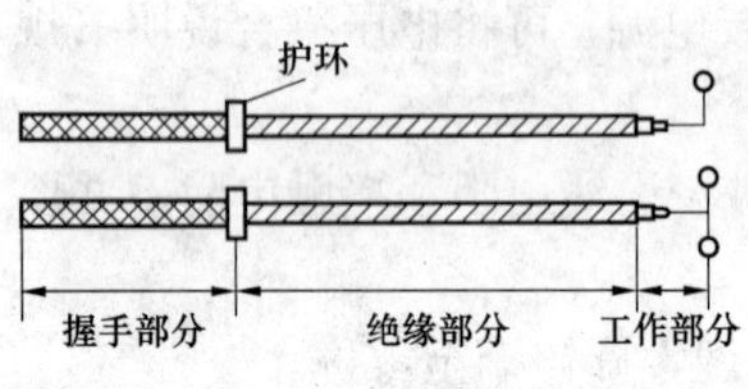

图 GYBD00201002-1 绝缘杆的结构

1. 主要结构

绝缘杆主要由工作部分、绝缘部分和握手部分构成，如图 GYBD00201002-1 所示。绝缘杆的工作部分一般用金属制成，用来直接接触带电设备，绝缘部分与握手部分以护环相隔开，它们用浸过绝缘漆的木材、硬塑料、胶木或玻璃钢制成。绝缘杆握手部分和绝缘部分的最小长度，可根据使用电压的高低及使用场所的不同而定。根据《国家电网公司电力安全工作规程（变电部分）》规定，绝缘杆有效绝缘不得小于表 GYBD00201002-1 的规定。

表 GYBD00201002-1 绝缘杆长度

电压等级（kV）	绝缘操作杆（m）	电压等级（kV）	绝缘操作杆（m）
10	0.7	220	2.1
35	0.9	330	3.1
63（66）	1.0	500	4.0
110	1.3		

绝缘部分的有效长度，不包括与金属工作部分镶接的一段长度。工作部分金属钩的长度，在满足工作需要的情况下，应该做得尽量短些，一般在 5～8cm，以免由于过长而在操作时引起相间短路或接地短路。

2. 使用和保管注意事项

（1）使用前，应先检查是否超过试验有效期，检查绝缘杆的表面是否完好，各部分的连接是否可靠。

（2）操作前，杆表面应用清洁的干布擦拭干净，使杆表面干燥、清洁。

（3）操作者的手握部位不得越过护环。

（4）绝缘杆的规格必须符合被操作设备的电压等级，切不可任意取用。

（5）为防止因绝缘杆受潮而产生较大的泄漏电流，危及操作人员的安全，在使用绝缘杆拉合隔离开关或经传动机构拉合隔离开关和断路器时，均应戴绝缘手套。

（6）雨天使用绝缘杆时，应在绝缘部分安装一定数量的防雨罩，以便阻断顺着绝缘杆流下的雨水，使其不致形成连续的水流柱而大大降低湿闪电压。同时可保持一定的干燥表面，保证湿闪电压合格。另外，雨天使用绝缘杆操作室外高压设备时，还应穿绝缘靴。

（7）当接地网接地电阻不符合要求时，晴天操作也应穿绝缘靴，以防止接触电压、跨步电压的伤害。

（8）绝缘杆应统一编号，存放在特制的木架上。

3. 检查与试验

（1）绝缘杆一般应每3个月检查1次。检查时要擦净表面，检查有无裂纹、机械损伤、绝缘层损坏。

（2）绝缘杆一般每年必须试验1次，根据《国家电网公司电力安全工作规程（变电部分）》规定，试验标准见表GYBD00201002-2。

表GYBD00201002-2　　绝缘杆的试验标准

器具	额定电压（kV）	试验周期	试验长度（m）	工频耐压（kV）	时间（min）
绝缘杆	10	1年	0.7	45	1
	35		0.9	95	1
	63		1.0	175	1
	110		1.3	220	1
	220		2.1	440	1
	330		3.2	380	5
	500		4.1	580	5

（二）绝缘夹钳的使用

绝缘夹钳是用来安装和拆卸高压熔断器或执行其他类似工作的工具，主要用于35kV及以下电力系统。

1. 主要结构

绝缘夹钳由工作钳口、绝缘部分（钳身）和握手部分（钳把）组成。各部分所用材料与绝缘杆相同，只是它的工作部分是一个强固的夹钳，并有一个或两个管形的钳口，用以夹紧熔断器，如图GYBD00201002-2所示。

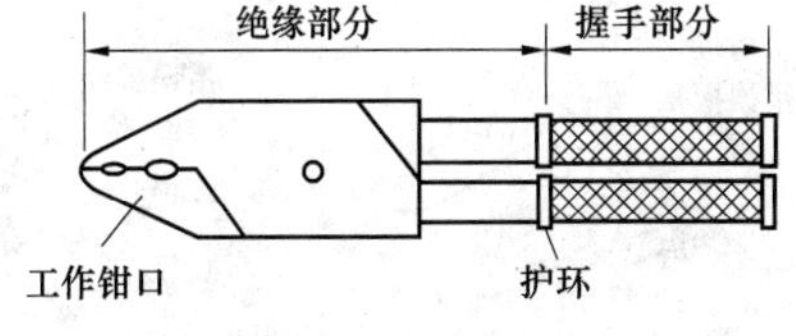

图GYBD00201002-2　绝缘夹钳的结构

它的绝缘部分和握手部分的最小长度不应小于表GYBD00201002-3的数值，主要依电压和使用场所而定。

表GYBD00201002-3　　绝缘夹钳的最小长度　　m

电压（kV）	户内设备用		户外设备用	
	绝缘部分	握手部分	绝缘部分	握手部分
10	0.45	0.15	0.75	0.20
35	0.75	0.20	1.2	0.20

2. 使用和保管注意事项

（1）绝缘夹钳必须按规定进行定期试验。

（2）绝缘夹钳上不允许装接地线，以免在操作时，由于接地线在空中游荡而造成接地短路和触电事故。

（3）在潮湿天气只能使用专用的防雨绝缘夹钳。

（4）作业人员工作时，应戴护目眼镜、绝缘手套和穿绝缘靴（鞋）或站在绝缘台（垫）上，手握绝缘夹钳要精力集中并保持平衡。

（5）绝缘夹钳要保存在专用的箱子里或匣子里，以防受潮和磨损。

3. 检查与试验

绝缘夹钳和绝缘杆一样，应每年试验1次，其耐压试验标准见表GYBD00201002-4。

表 GYBD00201002-4 绝缘夹钳耐压试验标准

器具	试验名称	试验周期	额定电压（kV）	试验长度（m）	工频耐压（kV）	持续时间（min）
绝缘夹钳	工频耐压试验	1年	10	0.7	45	1
			35	0.9	95	1

（三）验电器的使用

验电器分为高压和低压两类，是检验电气设备、电器等是否有电的一种专用安全工具。

1. 低压验电器

低压验电器也称为测电笔，有钢笔式和螺丝刀式两种，如图 GYBD00201002-3 所示。

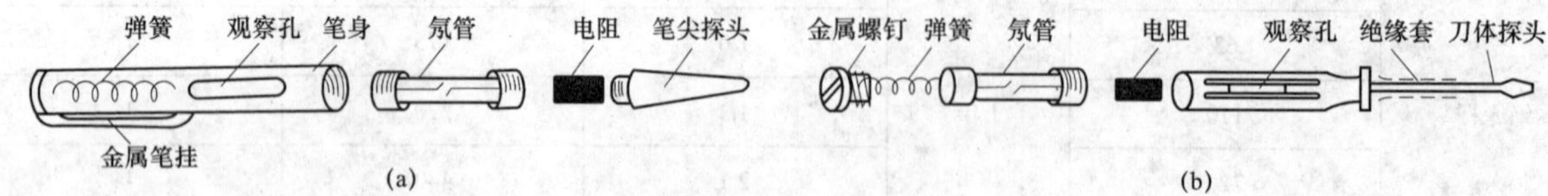

图 GYBD00201002-3 测电笔

（a）钢笔式；（b）螺丝刀式

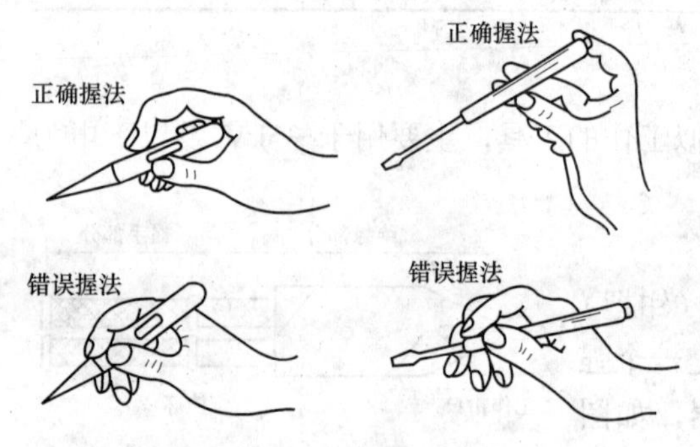

图 GYBD00201002-4 测电笔的使用方法

测电笔的使用方法如图 GYBD00201002-4 所示。

低压测电笔是用来在低压回路中测试用电器具及电气装置是否带电的工具，以确保维护检修工作的安全。

用测电笔验电时要注意下列几点：

（1）测试前需先在带电体上测试一下，以检验测电笔是否发光完好。

（2）测试时手指不要触及测试触头，防止发生触电。螺丝刀测电笔测试触头上部的金属管要套以绝缘管，以防触电和在测试时触及地线或其他相线而发生短路。

（3）螺丝刀测电笔在作旋凿使用时，不能过分用力，只能用以旋小螺钉，以防损坏。

（4）有些设备特别是测试仪表，其外壳常会因感应带电，验电时氖泡也发亮，但不一定构成触电危险。此时可用万用表测量等其他方法以判断是否真正带电。

2. 高压验电器

（1）验电器的结构。验电器由指示部分、绝缘部分和握柄三部分组成，高压验电器的结构如图 GYBD00201002-5 所示。指示部分包括金属接触电极和指示器。绝缘部分和握手部分（握柄）一般是用环氧玻璃布管制成，在两者之间标有明显的标志或装设保护环。目前常用的高压验电器主要有声光型和回转带声光型两种。

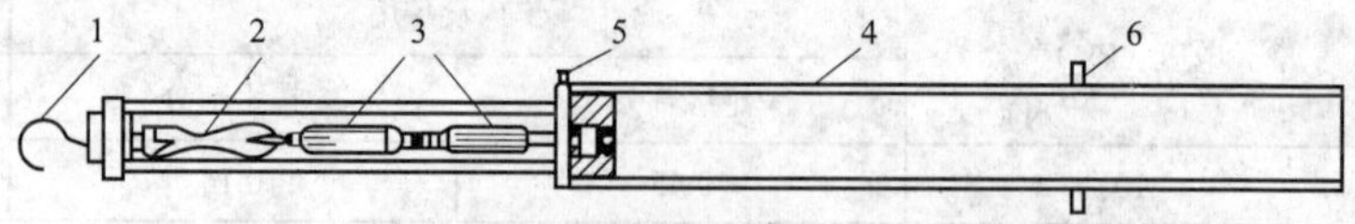

图 GYBD00201002-5 高压验电器的结构

1—工作触头；2—氖灯；3—电容器；4—支持器；5—接地螺钉；6—隔离护环

（2）高压验电器使用注意事项：

1）必须使用电压和被验设备电压等级相一致的合格验电器。验电操作顺序应按照验电“三步骤”进行，即在验电前，应将验电器在带电的设备上验电，以验证验电器是否良好，然后在装设接地线或合接地开关（装置）处对各相分别验电。

2）验电时，应戴绝缘手套，验电器应逐渐靠近带电部分，直到氖灯发亮为止，验电器不要立即直接触及带电部分。

3）验电时，验电器不应装接地线，除非在木梯、木杆上验电，不接地不能指示者，才可装接地线。

4）验电器用后应存放于匣内，置于干燥处，避免积灰和受潮。

（3）检查与试验。

1）每次使用前都必须认真检查，主要检查绝缘部分有无污垢、损伤、裂纹；检查指示氖泡是否损坏、失灵；检查声音是否正常等。

2）对高压验电器应每年试验 1 次，一般验电器的试验分发光电压试验和耐压试验两部分，试验标准见表 GYBD00201002-5。

表 GYBD00201002-5　　电容型验电器的试验标准

验电器额定电压（kV）	试验周期	启动电压试验	试验长度（m）	工频耐压（kV）	
				1min	5min
10	1 年	启动电压不高于额定电压的 40%，不低于额定电压的 15%	0.7	45	
35			0.9	95	
63（66）			1.0	175	
110			1.3	220	
220			2.1	440	
330			3.2		380
500			4.1		580

（四）绝缘手套和绝缘靴（鞋）的使用

1. 绝缘手套

绝缘手套是在高压电气设备上进行操作时使用的辅助安全用具，也是低压带电设备上工作时的基本安全用具。绝缘手套可使人的两手与带电物绝缘，是防止工作人员同时触及不同极性带电体而导致触电的安全用具。

（1）使用及保管注意事项：

1）使用绝缘杆时，戴上绝缘手套，可提高绝缘性能，防止泄漏电流对人体的伤害。

2）使用绝缘手套前，应检查是否超过试验有效期。

3）使用前，应进行外部检查，查看橡胶是否完好，查看表面有无损伤、磨损或破漏、划痕等。如有粘胶破损或漏气现象，应禁止使用。具体方法为：将手套朝手指方向卷曲，当卷到一定程度时，内部空气因体积减小，压力增大，手指若鼓起，为不漏气者，即为良好，如图 GYBD00201002-6 所示。

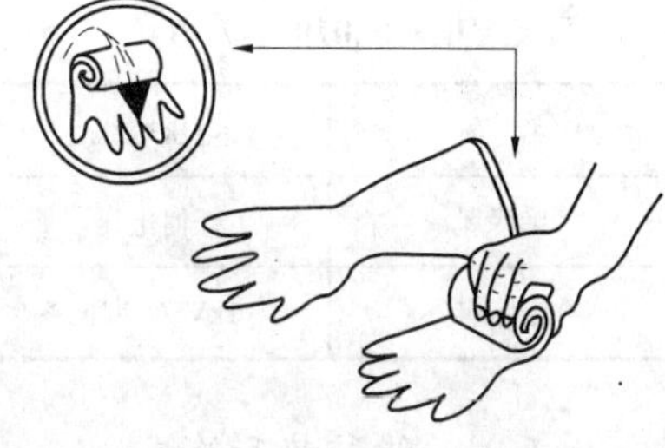

图 GYBD00201002-6　绝缘手套使用前的检查

4）使用绝缘手套时，操作人应将外衣袖口放入手套的伸长部分里。

5）因为对绝缘手套有电气的要求，所以不能用医疗或化学用的手套代替绝缘手套，同时也不应将绝缘手套用作其他用途。

6）绝缘手套使用后应擦净、晾干，最好洒上一些滑石粉，以免粘连。

7）绝缘手套应统一编号，现场使用的绝缘手套最少应保持两副。

8）绝缘手套应存放在干燥、阴凉、专用的柜内，与其他工具分开放置，其上不得堆压任何物件，以免刺破手套。

9）绝缘手套不允许放在过冷、过热、阳光直射和有酸、碱、药品的地方，以防胶质老化，降低绝缘性能。

（2）试验及标准。绝缘手套应每半年试验 1 次，其试验标准见表 GYBD00201002-6。

表 GYBD00201002-6 绝缘手套的试验标准

名 称	电压等级（kV）	试验周期	试验电压（kV）	泄漏电流（mA）	持续时间（min）
绝缘手套	高压	半年	8	≤9	1
	低压		2.5	≤2.5	

2. 绝缘靴（鞋）

绝缘靴（鞋）的作用是使人体与地面绝缘。绝缘靴是高压操作时用来与地保持绝缘的辅助安全用具，绝缘鞋用于低压系统中，两者都可作为防护跨步电压的基本安全用具，如图 GYBD00201002-7 所示。

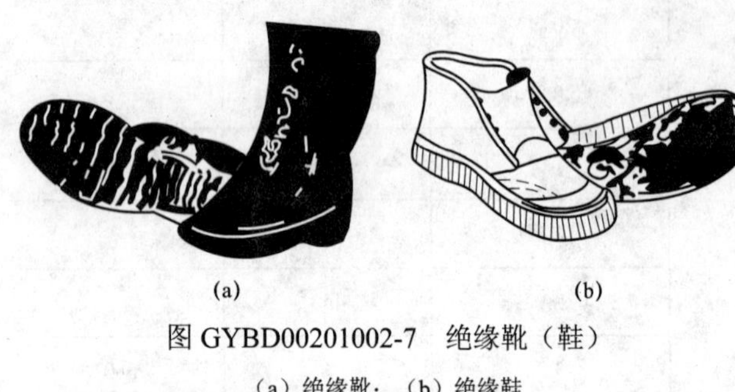

(a) (b)

图 GYBD00201002-7 绝缘靴（鞋）

（a）绝缘靴；（b）绝缘鞋

（1）使用及保管注意事项：

1）使用绝缘靴前，应检查绝缘靴是否完好，是否超过试验有效期。

2）绝缘靴应统一编号，现场使用的绝缘靴最少应保持两双。

3）绝缘靴不得当作雨鞋或作其他用，其他非绝缘靴也不能代替绝缘靴使用。

4）绝缘靴如试验不合格，则不能再穿用。

5）绝缘靴在每次使用前应进行外部检查，查看表面有无损伤、磨损或破漏、划痕等。如有砂眼漏气，应禁止使用。

6）绝缘靴应存放在干燥、阴凉、专用的柜内，要与其他工具分开放置，其上不得堆压任何物件。

7）绝缘靴不允许放在过冷、过热、阳光直射和有酸、碱、药品的地方，以防胶质老化，降低绝缘性能。

（2）试验及标准。绝缘靴、鞋的试验标准见表 GYBD00201002-7。

表 GYBD00201002-7 绝缘靴的试验标准

名 称	电压等级	试验周期	工频耐压（kV）	泄漏电流（mA）	持续时间（min）
绝缘靴	任何电压	半年	15	≤7.5	1
绝缘鞋	1kV 及以下		3.5	≤2	

（五）绝缘胶垫和绝缘台

1. 绝缘胶垫

绝缘胶垫一般铺在配电室以及控制屏、保护屏两侧的地面上，其作用与绝缘靴基本相同。当进行带电操作时，可增强操作人员的对地绝缘，避免或减轻发生单相接地或电气设备绝缘损坏时接触电压与跨步电压对人体的伤害。在低压配电室地面上铺绝缘胶垫，可代替绝缘鞋，起到绝缘作用，因此在 1kV 及以下时，绝缘胶垫可作为基本安全用具；而在 1kV 以上时，仅作辅助安全用具。

（1）使用及保管注意事项：

1）在使用过程中，应保持绝缘垫干燥、清洁，注意防止与酸、碱及各种油类物质接触，以免受腐蚀后老化、龟裂或变黏，从而降低其绝缘性能。

2）绝缘胶垫应避免阳光直射或锐利金属划刺，存放时应避免与热源（暖气等）距离太近，以防加剧老化变质，从而使绝缘性能下降。

3）使用过程中要经常检查绝缘胶垫有无裂纹、划痕等，发现有问题时要立即停止使用，并及时更换。

4）绝缘胶垫应每半年用低温肥皂水清洗 1 次。

（2）试验及标准。绝缘胶垫每年应试验 1 次，试验标准见表 GYBD00201002-8。

表 GYBD00201002-8　　绝缘胶垫的试验标准

名　称	电压等级	试验周期	工频耐压（kV）	持续时间（min）
绝缘胶垫	高压	1 年	15	1
	低压		3.5	

2. 绝缘台

绝缘台用在各电压等级的电力装置中作为带电工作时的辅助安全用具。它的台面是干燥的、涂过绝缘漆的木板或木条做成，脚用绝缘瓷件作台脚。绝缘台其作用与绝缘胶垫、绝缘靴相同。

（1）使用及保管注意事项：

1）绝缘台多用于变电站和配电室内。如用于户外，应将其置于坚硬的地面，不应放在松软的地面或泥草中，以避免台脚陷入泥土中造成站台面触及地面而降低绝缘性能。

2）绝缘台的台脚绝缘瓷件应无裂纹、破损，木质台面要保持干燥清洁。

3）绝缘台使用后应妥善保管。

（2）试验及标准。绝缘台一般 3 年试验 1 次。不得随意登、踩或作板凳坐。绝缘台试验标准与使用电压等级无关，试验时加交流电压 40kV，持续时间为 2min。

二、一般防护用具

（一）携带型短路接地线

当高压设备停电检修或进行其他工作时，为了防止停电设备突然来电和邻近高压带电设备对停电设备所产生的感应电压对人体的危害，需要用携带型接地线将全部停电的电气设备上，向可能来电的各侧装设地线，同时设备上的残余电荷对地放掉。实践证明，接地线对保证人身安全十分重要。现场工作人员常称携带型接地线为“保命线”。

携带型接地线主要由短路各相的导线（即三相短路线）、接地用的导线（即接地线）及将上述两种导线接到设备停电部分和接地装置上的连接器（也称线卡或线夹）三部分组成，如图 GYBD00201002-8 所示。短路各相用的导线采用多股软铜线，其截面积应能满足短路时热稳定的要求，即在较大短路电流通过时，导线不会因产生高热而熔化。为了保证有足够的机械强度，截面积应不小于 25mm^2。

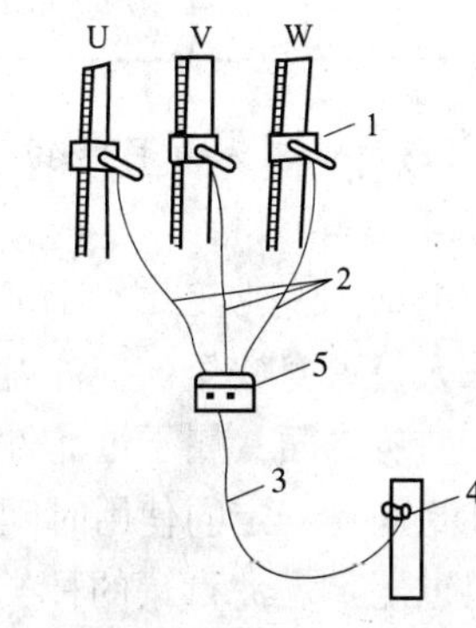

图 GYBD00201002-8　接地线的组成

1、4、5—专用线夹；2—三相短路线；3—接地线

为了保证接地线、各连接器与设备的导电部分均接触良好，一般在安装设备时，将设备的导电部分和接地装置的接地干线以及可能装设接地线的地方擦拭干净，并在表面镀锡，作为标志。

1. 携带型接地线的使用和保管注意事项

（1）接地线装拆顺序的正确与否很重要。装设接地线必须先接接地端，后接导体端，且必须接触良好；拆接地线的顺序与此相反。

（2）使用时，接地线的连接器（线卡或线夹）装上后接触应良好，并有足够的夹持力，以防短路电流幅值较大时，由于接触不良而熔断或因电动力的作用而脱落。

（3）应检查接地铜线和三根短接铜线的连接是否牢固，一般应由螺钉拴紧后，再加焊锡焊牢，以防因接触不良而熔断。

（4）装设接地线必须由两人进行，装、拆接地线均应使用绝缘杆和戴绝缘手套。

（5）接地线在每次装设以前应经过详细检查，损坏的接地线应及时修理或更换，禁止使用不符合规定的导线作接地线或短路线之用。

（6）接地线必须使用专用线夹固定在导线上，严禁用缠绕的方法进行接地或短路。

（7）每组接地线均应统一编号，并存放在固定的地点，存放位置亦应编号。接地线编号与存放位置编号必须一致，以免在较复杂的系统中进行部分停电检修时，发生误拆或忘拆接地线而造成事故。

（8）接地线和工作设备之间不允许连接隔离开关或熔断器，以防它们断开时，设备失去接地，使检修人员发生触电事故。

2. 试验及标准

携带型短路接地线成组直流电阻试验及操作棒的工频耐压试验见表 GYBD00201002-9。

表 GYBD00201002-9 携带型短路接地线成组直流电阻试验及操作棒的工频耐压试验

<table>
<tr><th>器具</th><th>项目</th><th>周期</th><th colspan="4">要　　求</th><th>说　明</th></tr>
<tr><td rowspan="10">携带型
短路接地线</td><td>成组直流
电阻试验</td><td>不超过
5 年</td><td colspan="4">在各接线鼻之间测量直流电阻，对于 25、35、50、70、95、120mm² 的各种截面，平均每米的电阻值应分别小于 0.79、0.56、0.40、0.28、0.21、0.16mΩ</td><td>同一批次抽测，不少于 2 条，接线鼻与软导线压接的应做该试验</td></tr>
<tr><td rowspan="9">操作棒的
工频耐压
试验</td><td rowspan="9">5 年</td><td rowspan="2">额定电压
（kV）</td><td rowspan="2">试验长度
（m）</td><td colspan="2">工频耐压（kV）</td><td rowspan="9">试验电压加在护环与紧固头之间</td></tr>
<tr><td>1min</td><td>5min</td></tr>
<tr><td>10</td><td>—</td><td>45</td><td>—</td></tr>
<tr><td>35</td><td>—</td><td>95</td><td>—</td></tr>
<tr><td>63（66）</td><td>—</td><td>175</td><td>—</td></tr>
<tr><td>110</td><td>—</td><td>220</td><td>—</td></tr>
<tr><td>220</td><td>—</td><td>440</td><td>—</td></tr>
<tr><td>330</td><td>—</td><td>—</td><td>380</td></tr>
<tr><td>500</td><td>—</td><td>—</td><td>580</td></tr>
</table>

（二）防毒面具和护目眼镜

1. 防毒面具

在变电站的正常工作、事故抢修与灭火工作中，难免要接触有害气体时，必须使用防毒面具，以保障工作人员人身安全。应注意使用防毒面具时要有人监护。

MP 型防毒面具属于过滤性防毒面具，在滤毒罐内装入不同的过滤剂，分别可使多种毒气被过滤吸收。过滤剂有一定的使用时间，一般为 30～100min。当它失去作用时，面具内便会有特殊气味，此时应更换过滤剂。滤毒罐的种类、防护范围和使用时间见表 GYBD00201002-10。

表 GYBD00201002-10　　滤毒罐的种类、防护范围和使用时间

型号	颜色	防 护 范 围	防 护 举 例	使用时间（min）
MP-1	草绿+白道	氢氰酸及其衍生物、砷化物、毒烟、毒雾	氢氰酸、化氢、双光气、二氯甲砷、路易氏、溴甲烷、光气	＞50
MP-2	绿	氢氰酸及其砷化物、各种有机气体和蒸汽	氢氰酸、砷化氢、路易氏气、芥子气	＞90
MP-3	褐	各种有机气体和蒸汽	苯、氯、丙酮、醇类、苯胺类、二硫化碳、氯仿、四氯化碳、溴甲烷、硝基烷、氯甲烷	＞35～60
MP-4	灰	氨	氢、硫化氢	＞60～100
MP-5	白	一氧化碳	一氧化碳	＞70
MP-6	黑+黄条	汞	汞	
MP-7	黄	各种酸性气体	卤化氢、氢、光气、硫的氧化物	＞35

模块2 GYBD00201002

正压式消防空气呼吸器是一种专为个人配备的用于呼吸保护的装备。用在有浓烟、毒气、蒸汽或缺氧的各种环境中安全有效地进行灭火、抢险救灾、救护和维修等工作。配备有视野广阔、明亮、与人的面部贴合紧密且具有良好密封性能的全面罩；使用过程中，全面罩内的压力始终大于周围环境的大气压力，能有效地防止外界有毒有害气体的侵入，同时配备了气瓶余压报警器，用于提醒佩戴者安全及时的撤离作业现场。因此本产品具有使用安全可靠、佩戴舒适的特点。RHZKF 正压式消防空气呼吸器的技术参数和规格见表 GYBD00201002-11。

表 GYBD00201002-11　　RHZKF 正压式消防空气呼吸器的技术参数和规格

序号	技术参数	规格型号			
		RHZKF9.0/30（H2001-9.0）	RHZKF6.8/30（H2001-6.8）	RHZKF4.7/30（H2001-4.7）	RHZKF8×2/30（H2001-6.8×2）
1	整体质量（kg）	≤12	≤10	≤8.5	≤17
2	外形尺寸（长×宽×高，mm）	650×270×225	600×270×210	600×270×200	600×350×210
3	适用环境温度（℃）	−30～60			
4	气瓶额定工作压力（MPa）	30			
5	气瓶容积（水容积）（L）	9.0	6.8	4.7	6.8×2
6	气瓶最大储气量（L）	2700	2040	1410	4080
7	供气特点	正压式特点			
8	最大吸气阻力（Pa）	≤500			
9	最大呼气阻力（Pa）	≤1000			
10	余气报警压力（MPa）	5～6			
11	报警发声声级（dB）	≥90			
12	吸入气体中二氧化碳含量（%）	≤1			

2. 护目眼镜

在维护电气设备和进行检修工作时，为保护工作人员的眼睛不受电弧灼伤，以及防止灰尘、铁屑等脏杂物落入眼内，必须使用护目眼镜，如图 GYBD00201002-9 所示。

图 GYBD00201002-9　护目眼镜

护目眼镜应是封闭型的，镜片玻璃要能耐热、耐压（即能承受一定的机械力作用）。

（三）隔离板和临时遮栏

为了限制工作人员作业中的活动范围以保证安全距离，防止工作人员误入带电间隔、误登带电设备发生触电伤害事故，在工作地点邻近带电设备处和工作地点周围安装隔离板、临时遮栏或其他隔离装置进行防护，同时也可防止非检修人员进入检修区受到伤害。

隔离板用干燥的木板做成，高度一般不小于 1.8m，下部边沿离地面不超过 10cm。板上有明显的警告标志“止步，高压危险”。隔离板要求轻便，制作牢固、稳定，不易倾倒。隔离板也可做成栅栏形状，既轻便又省料。

在室外进行高压设备部分停电作业时，用线网或绳子拉成遮栏，称为临时遮栏。这种遮栏要求对地距离不小于 1m。

（四）安全带和安全帽

1. 安全带

在变电站及电力线路上，登高类的工作较多，特别是电气设备安装和检修，常免不了要在高处工作。按照《国家电网公司电力安全工作规程》规定：在没有脚手架或在没有栏杆的脚手架上工作，高度超过 1.5m 时，必须使用安全带或采取其他可靠的安全措施。安全带是预防高空作业人员坠落伤亡最有效的防护用品，特别是对登杆作业的人员，只有在系好安全带后，两只手才能同时进行作业工作。

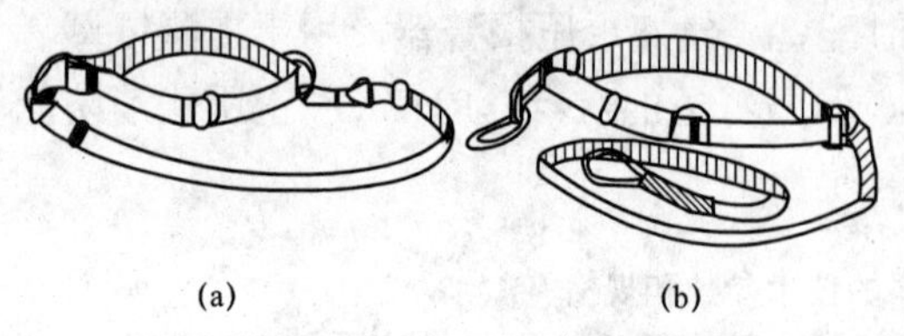

图 GYBD00201002-10 安全带类型

（a）围杆带；（b）悬挂带

安全带由带子、绳子和金属配件组成，如图 GYBD00201002-10 所示。根据 GB 6095—2009《安全带》生产的锦纶安全带，其优点是强度高、延伸率高、回缩率强以及耐腐、耐磨、耐蛀、耐碱和质量小。

（1）使用和保管注意事项：

1）安全带使用前，必须作 1 次外观检查，如发现破损、变质及金属配件有断裂者，应禁止使用，平时不用时也应 1 个月作 1 次外观检查。

2）安全带应高挂低用或水平拴挂。高挂低用就是将安全带的绳挂在高处，人在下面工作；水平拴挂就是使用单腰带时，将安全带系在腰部，绳的挂钩挂在和带同一水平的位置，人和挂钩保持差不多等于绳长的距离。使用时应将活梁卡子系紧，切忌低挂高用。

3）安全带使用和存放时，应避免接触高温、明火和酸类物质，以及有锐角的坚硬物体和化学药物。

4）安全带可放入低温水中，用肥皂轻轻擦洗，再用清水漂干净，然后晾干，不允许浸入热水中，以及在日光下曝晒或用火烤。

5）安全带上的各种部件不得任意拆掉，更换新绳时要注意加绳套，带子使用期为 3～5 年，发现异常应提前报废。

（2）试验及标准。安全带的试验周期为 1 年，试验标准见表 GYBD00201002-12。

表 GYBD00201002-12　　安全带的试验标准

名称		试验静拉力（N）	载荷时间（min）	试验周期	说明
安全带	围杆带	2205	5	1 年	牛皮带试验周期为半年
	围杆绳	2205	5		
	护腰带	1470	5		
	安全绳	2205	5		

2. 安全帽

安全帽是对人体头部受外力伤害起防护作用的安全用具，由帽壳、帽衬、下颏带、吸汗带、通气孔后箍等组成。电报警安全帽是我国近几年研制的一种新型产品，如接近带电设备至安全距离，安全帽会自动报警，从而起到提示作业人员，避免人身触电事故发生的作用。电报警安全帽在接近高压报警距离范围时，必须再按下帽内自检开关，若能发出自检声音，方可进入高压区域作业。当发现自检报警音调明显降低时，表明电池已快耗尽，应换新的电池。更换时应注意极性。当环境湿度大于 90% 时，报警距离的准确度要受影响，使用时请注意。

安全帽应放置在室内干燥、通风并远离电源线 0.5m 不漏电的地方。

安全帽的试验标准见表 GYBD00201002-13。

表 GYBD00201002-13　　安全帽的试验标准

名称	项目	试验周期	要求	使用寿命
安全帽	冲击性能试验	按规定期限	受冲击力小于 4900N	从制造之日起： 塑料帽小于或等于 2.5 年， 玻璃钢帽小于或等于 3.5 年
	耐穿刺性能试验	按规定期限	钢锥不接触头模表面	

四、安全标识

1. 安全色

安全色是表达安全信息含义的颜色，表示禁止、警告、指令、提示等。国家规定的安全色有红、蓝、黄、绿四种颜色。红色表示禁止、停止；蓝色表示指令、必须遵守的规定；黄色表示警告、注意；绿色表示指示、安全状态、通行。

为使安全色更加醒目的反衬色称为对比色，国家规定的对比色是黑白两种颜色。安全色与其对应的对比色是：红—白、黄—黑、蓝—白、绿—白。

黑色用于安全标志的文字、图形符号和警告标志的几何图形。白色作为安全标志红、蓝、绿色的背景色，也可用于安全标志的文字和图形符号。

在电气上涂成红色的电器外壳是表示其外壳有电；灰色的电器外壳是表示其外壳接地或接零；线路上黑色代表工作零线。明敷接地扁钢或圆钢涂黄绿双色。用黄绿双色绝缘导线代表保护零线：直流电中红色代表正极，蓝色代表负极，信号和警告回路用白色。

2. 安全标志

安全标志是提醒人员注意或按标志上注明的要求去执行，保障人身和设施安全的重要措施。安全标志一般设置在光线充足、醒目、稍高于视线的地方。

隐蔽工程（如埋地电缆）在地面上要有标志桩或依靠永久性建筑挂标志牌，注明工程位置。容易被人忽视的电气部位，如封闭的架线槽、设备上的电气盒，要用红漆画上电气箭头。

在电气工作中还常用标示牌，在电气设备上悬挂标示牌，用来警告作业人员不得接近设备的带电部分，提醒作业人员在工作地点采取的安全措施，指明应检修的工作地点，以及警示值班人员禁止向某设备合闸送电等。

标示牌根据其用途可分为警告类、允许类、提示类和禁止类等四类共六种，每种标示牌的式样及悬挂处如表 GYBD00201002-14 所示。标示牌类型如图 GYBD00201002-11 所示。

表 GYBD00201002-14　　标示牌式样

名　称	悬　挂　处	式　样		
		尺寸（长×宽，mm）	颜　色	字　样
禁止合闸，有人工作！	一经合闸即可送电到施工设备的断路器（开关）和隔离开关（刀闸）操作把手上	200×160 和 80×65	白底，红色圆形斜杠，黑色禁止标志符号	黑体黑字
禁止合闸，线路有人工作！	线路断路器（开关）和隔离开关（刀闸）把手上	200×160 和 80×65	白底，红色圆形斜杠，黑色禁止标志符号	黑体黑字
禁止分闸！	接地刀关与检修设备之间的断路器（开关）操作把手上	200×160 和 80×65	白底，红色圆形斜杠，黑色禁止标志符号	黑体黑字
在此工作！	工作地点或检修设备上	250×250 和 80×80	衬底为绿色，中有直径 200mm 和 65mm 白圆圈	黑体黑字，写于白圆圈中
止步，高压危险！	施工地点临近带电设备的遮栏上、室外工作地点的围栏上、禁止通行的过道上、高压试验地点、室外构架上、工作地点临近带电设备的横梁上	300×240 和 200×160	白底，黑色正三角形及标志符号，衬底为黄色	黑体黑字
从此上下！	工作人员可以上下的铁架、爬梯上	250×250	衬底为绿色，中有直径 200mm 白圆圈	黑体黑字，写于白圆圈中
从此进出！	室外工作地点围栏的出入口处	250×250	衬底为绿色，中有直径 200mm 白圆圈	黑体黑字，写于白圆圈中
禁止攀登，高压危险！	高压配电装置构架的爬梯上，变压器、电抗器等设备的爬梯上	500×400 和 200×160	白底，红色圆形斜杠，黑色禁止标志符号	黑体黑字

图 GYBD00201002-11 标示牌类型

五、安全用具的检查与存放

1. 检查

电工安全用具是直接保护人身安全的，必须保持良好的性能。因此，使用前应对其进行以下外观检查：

（1）安全用具是否符合《国家电网公司电力安全工作规程（变电部分）》要求。

（2）安全用具是否完好，表面有无损坏和是否清洁；有灰尘的应擦拭干净；损坏的和有炭印的不得使用。

（3）安全用具中的橡胶制品，如橡胶制的绝缘手套、绝缘靴和绝缘垫不得有外伤、裂纹、漏洞、气泡、毛刺、划痕等缺陷，发现有缺陷的应停止使用并及时更换。

（4）安全用具的瓷元件，如绝缘台的支持绝缘子有裂纹或破损者不许使用。

（5）检查安全用具的电压等级与拟操作设备的电压等级是否相符（安全用具的电压等级等于或高于拟操作电气设备的电压等级）。

2. 存放

安全用具使用完毕后，应存放于干燥通风处，并符合下列要求：

（1）绝缘杆应悬挂或架在支架上，不应与墙接触。

（2）绝缘手套应存放在密闭的橱内，并与其他工具仪表分别存放。

（3）绝缘靴应放在橱内，不应代替一般套鞋使用。

（4）绝缘垫和绝缘台应经常保持清洁、无损伤。

（5）高压试电笔应存放在防潮的匣内，并放在干燥的地方。

（6）安全用具和防护用具不许当作其他工具使用。

【思考与练习】

1. 电气安全用具是如何分类的？

2. 安全用具的存放有哪些要求？

3. 携带型接地线的使用和保管注意事项有哪些？

4. 高压验电器使用注意事项有哪些？

模块 3　变电站通信设备使用（ZY1200103001）

【模块描述】本模块介绍变电站通信设备的配置与使用说明。通过要点归纳和列表说明，掌握变电站电话机、对讲机、录音机等通信设备的使用方法。

【正文】

变电站通信设备对于信息及时沟通、指挥生产发挥重要作用，值班人员应熟练掌握变电站通信设备的使用技能。

一、变电站通信设备概述

1. 变电站通信设备配置情况

变电站通信设备配置情况见表 ZY1200103001-1。

表 ZY1200103001-1　　变电站通信设备配置情况

序号	配 置 场 所	电话机（部）	对讲机（部）	录音机（套）
1	控制室	2	3	1
2	办公室	1		
3	继保小室	1		
4	设备现场	1		

2. 变电站通信设备配置要求

（1）控制室。变电站控制室内应至少配置 1 部外部电话（电信）和 1 部系统内部电话、3 部对讲机，1 套调度录音系统。

（2）办公室。办公室包括资料室、检修间等各配置 1 部行政电话。

（3）设备场地。1 个继保小室配置 1 部行政电话，一次设备场地按电压等级划分，各个电压等级至少配置 1 部行政电话，设置专用箱，并具备防雨功能。

二、变电站通信设备使用

1. 电话机

（1）变电站控制室行政电话供正常情况下除调度业务外的其他业务联系使用。

（2）当电力系统内部通信网络开断时，可使用电信电话进行业务联系，电信电话应具备长途通话及录音功能。

（3）当电力系统内部通信网络开断时，站内通信靠对讲机实现。

2. 对讲机

（1）设置专门的充电电源柜，正常情况下对讲机应充满电。

（2）三部对讲机设置相同的频率，将音量调至最大，使用前应测试正常。

（3）在倒闸操作或设备巡视时，主控室与现场采用对讲机联系，但继保小室内禁止使用对讲机等无线电通信设备。

3. 录音机

（1）调度录音系统（调度台）应具备自动录音功能，采用手动录音时，与相关调度联系前，应事先启动录音功能。

（2）调度录音系统（调度台）应具备扩音功能，供接受调度任务时运行人员监听。

（3）调度录音系统（调度台）应具备一定的存储容量，应能满足一年录音通话要求，并按通话时间分段存储记录。

（4）调度录音系统（调度台）上设置相关调度及关联变电所、站内各办公室、继保小室等电话快

绝。压力释放器构造见图 ZY1100101001-2。

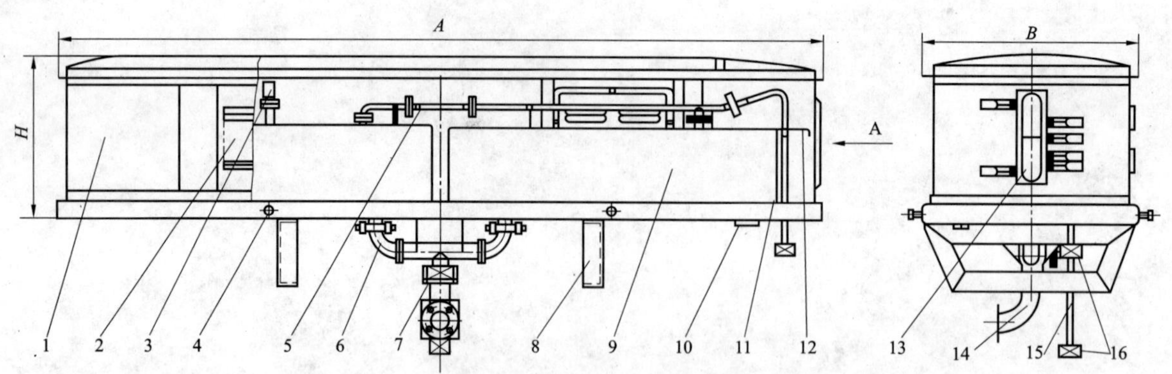

图 ZY1100101001-1 BP1 型波纹膨胀储油柜

1—外壳；2—散热窗；3—芯体保护装置；4—吊柄；5—排气软连管；6—输油管路；7—80 蝶阀；8—柜脚；9—波纹弹性芯体；10—接线端子盒（数显远传、语音报警）；11—排气管；12—油位指示；13—视窗；14—软连接管；15—注油管；16—40 蝶阀

4. 变压器绝缘套管

66kV 及以上一般采用电容式套管，与气体全封闭组合电器（GIS）设备连接的也有采用油气套管，35kV 及以下一般采用纯瓷套管。

所有电容式套管均有一个电容试验抽头，高、中压套管可采用导杆式结构，避免发生因将军帽密封不良导致变压器密封破坏等问题，套管本体应绝对密封，并备有油位指示器，能在地面上清晰地看清油位。套管应具有过负荷能力。

5. 冷却装置

变压器采用的冷却方式有自然冷却、自然油循环风冷和强迫油循环风冷或水冷等，220～330kV 变压器大多采用强迫油循环风冷方式和自然油循环风冷。为提高变压器油冷却的效果，需在油箱上装设圆管形或扁管形散热器，较大容量的变压器还需采用其他附加的冷却装置（如风扇和油泵）。

6. 气体继电器

气体继电器也称瓦斯继电器，是变压器的非电量保护装置，装在变压器的油箱和储油柜的连接管上。气体继电器有浮子式和挡板式，挡板式比浮子式动作更为可靠。现多采用挡板式气体继电器，其内部构造原理如图 ZY1100101001-3 所示。

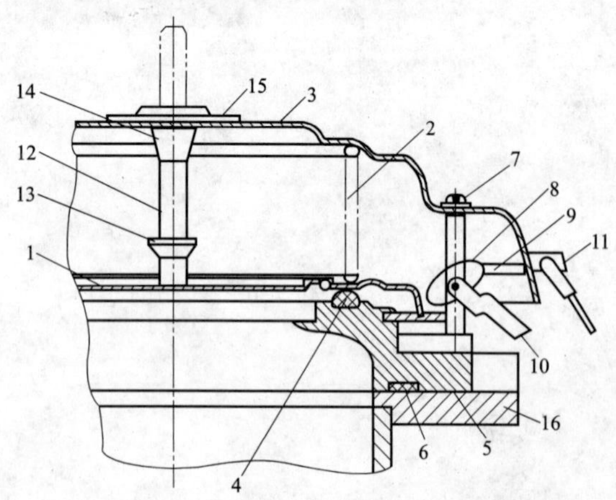

图 ZY1100101001-2 压力释放器构造示意图

1—膜盘；2—弹簧；3—护盖；4—胶圈；5—底座；6—密封垫；7—螺杆；8—撞块；9—信号开关；10—复位扳手；11—接线盒；12—标志杆；13—锁垫；14—胶套；15—铭牌；16—箱壳顶盖

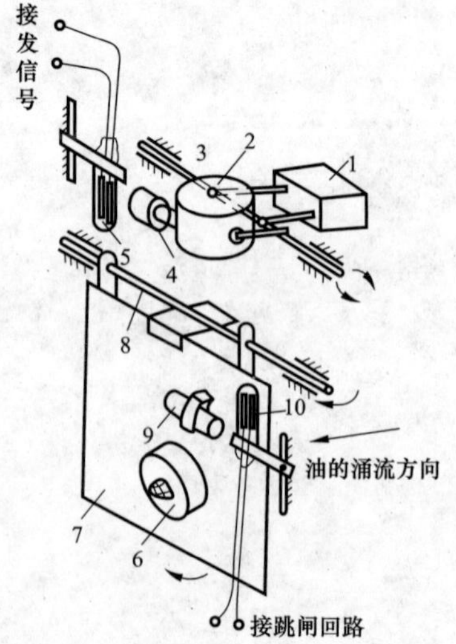

图 ZY1100101001-3 挡板式气体继电器内部构造原理示意图

1—上触点重锤；2—开口油杯；3—上转轴；4—上触点磁铁；5—上触点；6—下触点平衡；7—油挡板；8—下转轴；9—下触点磁铁；10—下触点

7. 变压器分接开关

变压器分接开关按调压方式的不同分无载调压分接开关和有载调压分接开关。

无载调压变压器比有载调压变压器简单可靠，可根据电网情况确定合理的调压方式。在满足电网电压变化范围的情况下，330kV变压器优先选用无励磁调压变压器。

（1）有载调压分接开关：有载调压装置由装在与变压器本体油相隔离的密封容器内的切换开关，及位于其下部的选择开关等组成。为了防止切换开关严重损坏，有载分接开关的选择开关应具有机械限位装置。每个有载调压装置应配备一个用于驱动电机及其附件的防风雨的驱动控制箱，还应设有独立的储油柜、保护继电器（附跳闸触点及隔离阀）、吸湿器和油位计等。

两台及以上变压器并联运行时，有载调压装置应装设可以同步调压的跟踪装置。有载调压装置宜附有在线滤油器。

（2）无载调压分接开关：无载分接开关应能在停电情况下方便地进行分接位置切换，且应能在不吊芯（盖）的情况下方便地进行维护和检修，还应带有外部的操动机构用于手动操作。装置应具有安全闭锁功能，以防止带电误操作和分接头未合在正确的位置时投运。此外，装置应具有位置接口（远方和就地），以便操作运行人员能在现场和控制室看到分接头的位置指示。

（二）性能参数

变压器在给定的技术条件下，其性能规定的各种量值，包括冷却介质的条件等，称为定额。定额中所规定的各量值称为额定值。

1. 额定容量和容量比

（1）额定容量。额定容量是指变压器在铭牌规定的条件下，以额定电压、额定电流连续运行时所输送的单相或三相总视在功率。变压器的额定容量，是以绕组的额定电压和额定电流的乘积所决定的视在功率来表示的，它的单位为kVA或MVA。

对多绕组变压器，应给出每个绕组的额定容量。如果一个绕组的额定值并不是其他绕组额定容量的总和，则要给出负载组合。

对于自耦变压器来说，公共绕组的容量，也即指变压器额定标准容量。

（2）容量比。变压器各侧额定容量之间的比值，称为容量比。

1）三个绕组容量相等时：以高压绕组容量作为变压器的额定容量，即作为100%，其余两个绕组的容量也是100%，通常用100/100/100表示，即表示三个绕组的容量相等。

2）三个绕组容量不相等时：以高压绕组的容量为额定容量，令其为100%，其余两个绕组的容量以其与高压绕组容量之比的百分数表示之。可以有多种搭配方式，即100/100/50或100/50/50等。

2. 额定电压和电压比（变比）、额定电流、额定频率及相数

（1）额定电压。额定电压是指变压器长期运行时，设计条件所规定的电压值（线电压）。

变压器一次侧的额定电压是指规定加到一次侧的线电压，变压器二次侧的额定电压是指变压器空载，而一次侧加上额定电压时，二次侧的端电压（线电压）。

（2）电压比（变比）。电压比（变比）是指变压器各侧额定电压之间的比值。

（3）额定电流。额定电流指变压器在额定容量、额定电压下运行时，允许长期通过的线电流。三相变压器一次侧和二次侧的额定电流，等于变压器额定容量或该侧的额定容量除以$\sqrt{3}$倍的该侧额定电压，所得的电流值就是相应的额定电流。

（4）额定频率。我国的标准工业频率为50Hz。

（5）相数。分单相或三相。

3. 额定温升与冷却介质温度、冷却方式

（1）额定温升。变压器的绕组或上层油面的温度与变压器外围空气的温度之差，称为绕组或上层油面的温升。在变压器的铭牌上都规定了变压器温升的限值。

（2）冷却介质温度。

1）对于吹风冷却的变压器，指的是变压器运行时，其周围环境中空气的最高温度，我国规定不超过40℃。

是可以在进出线套管上装设电流互感器。其抗震强度大于支柱型结构。

落地罐式 SF_6 断路器，其灭弧室安装在金属箱体内，箱体是接地的，带电部分与箱体之间的绝缘由 SF_6 气体承担。随着断路器额定电压的提高，灭弧室的断口也随之增多（单双断口），为了使每个灭弧室均压，并联电容器。图 ZY1100101001-5 为其典型结构示意图。

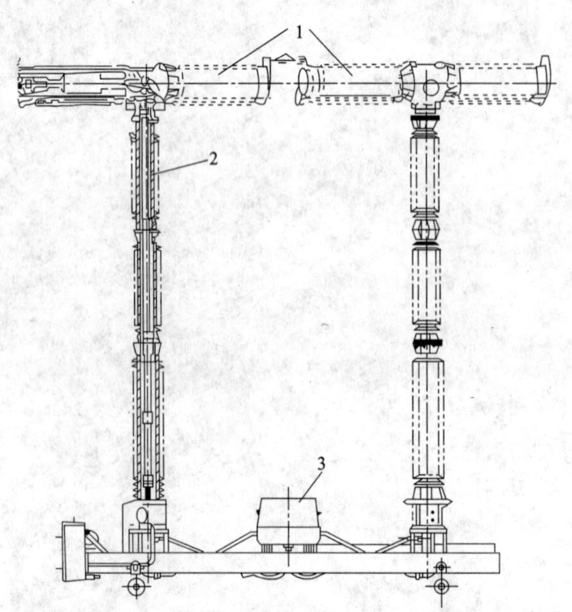

图 ZY1100101001-4 支柱式 SF_6 断路器典型结构示意图

1—灭弧室；2—支柱；3—操动机构

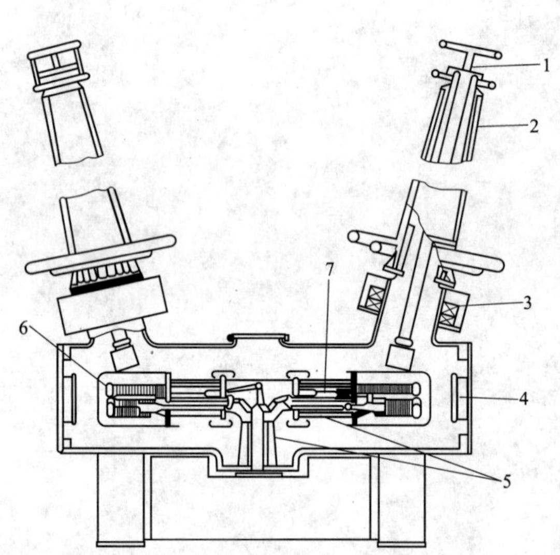

图 ZY1100101001-5 罐式 SF_6 断路器典型结构示意图

1—接线端子；2—瓷套；3—套管式互感器；4—吸附剂；
5—环氧支持绝缘子；6—合闸电阻；7—灭弧室

3. SF_6 气体全封闭组合电器（Gas Insulated Switchgear，GIS）

GIS 是由断路器、隔离开关、快速或慢速接地开关、电流互感器、避雷器、母线及这些元器件的封闭外壳、伸缩节和出线套管等组成，内充一定压力的气体，作为 GIS 的绝缘和灭弧介质。图 ZY1100101001-6 所示为 SF_6 气体全封闭组合电器的总体结构实例。

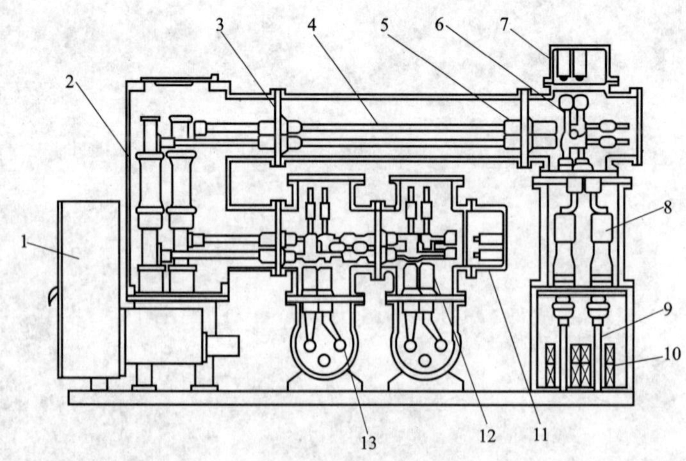

图 ZY1100101001-6 SF_6 气体全封闭组合电器的总体结构实例

1—操作装置；2—断路器；3—绝缘隔板；4—导体；5—插入式指形触头；6、12—隔离开关；
7、11—接地开关；8—电缆接线端头；9—电缆；10—电流互感器；13—母线

目前 GIS 在较低电压等级的发展方向是三相共筒化。这种结构紧凑，一般可缩小占地面积 40%以上。由于外壳数量减少，故可大大节省材料，又由于密封点数和密封长度减少，故降低了漏气量。此

外，还可以减少涡流损耗和现场安装维护工作量。这种 GIS 已成为 110～330kV 电压等级的主要产品。GIS 中主要元件的结构特点：

（1）断路器。目前广泛使用的是单压式断路器，其断口可以垂直布置，也可以水平布置，水平布置的特点是两侧出线孔需支持在其他元件上，检修时，灭弧室由端盖方向抽出，因此，没有起吊灭弧室的高度要求，但侧向则要求有一定的宽度。断口垂直布置的断路器出线孔布置在两侧，操动机构一般作为断路器的支座，检修时灭弧室垂直向上吊出，配电室高度要求较高，但侧面距离一般比断口水平布置的断路器要小。

（2）隔离开关与接地开关。在一般情况下，隔离开关与接地开关组合成一个元件，接地开关的静触头装在隔离开关上，而动触杆则安装在与接地外壳等电位的壳体内。负荷开关是在隔离开关断口上加装了灭弧装置，其结构尺寸基本上与隔离开关相同。接地开关可分为工作接地开关、快速接地开关和保护接地开关。

（3）电流互感器。GIS 中的电流互感器可以单独组成一个元件或与套管、电缆头联合组成一个元件。单独的电流互感器放在一个直径较大的筒内（或者放在母线筒外面），它可以根据需要放置 4～6 个单独的环形铁芯，并选择不同的电流比。

（4）电压互感器。330kV 及以下电压等级一般采用环氧浇注的电磁式电压互感器。

（5）母线。母线有两种结构形式。一种是三相母线封闭于一个筒内，导电杆采用条形（盆形）支撑固定，它的优点是外壳涡流损失小，相应载流容量大，但三相布置在一个筒内，不仅电动力大，而且存在三相短路的可能性。另一种是单相母线筒，即每相封闭在一个筒内，它的主要优点是杜绝三相短路的可能性，圆筒直径较同级电压的三相母线小，但存在着占地面积较大、加工量大和温度损耗大等缺点。

（6）避雷器。目前广泛采用氧化锌避雷器，也有采用磁吹避雷器的。

（7）连接管。各种用途的连接管有 90°，三通、四通、转角管、直线管、伸缩节等，一般选择定型规格。

（8）过渡元件。SF_6 电缆头是 SF_6 气体全封闭组合电器和高压电缆出线的连接部分，为避免 SF_6 气体进入油中，目前采用加强过渡处的密封或采用中油压电缆。

（二）性能参数

1. 额定电压

额定电压指断路器正常工作时，系统的额定（线）电压。这是断路器标称电压，断路器应能保持在这一电压的电力系统中使用。

2. 最高工作电压

在实际运行中，由于系统调压的需要，电网的电压允许在一定范围内变动，因此断路器的实际工作电压可能比额定电压高出 10%～15%。断路器应能在最高工作电压下长期运行，这一电压称为断路器的最高工作电压。

3. 额定电流

额定电流指断路器在规定使用和性能条件下可以长期通过的最大电流（有效值）。

4. 额定（短路）开断电流

额定（短路）开断电流指在额定电压下，断路器能可靠切断的最大短路电流周期分量有效值，该值表示断路器的断路能力。额定开断电流决定了断路器灭弧装置的结构和尺寸。

5. 额定短时耐受（热稳定）电流

额定短时耐受（热稳定）电流指在规定的使用和性能条件下，在额定短路持续时间内，断路器在合闸位置时所能承载的电流有效值。它反映设备经受短路电流引起的效应能力。其值应和断路器的额定开断电流相等。短时耐受电流也将影响到断路器触头和导电部分的结构和尺寸。

6. 额定短路关合电流

额定短路关合电流指在规定的使用和性能条件下，断路器在额定电压下能正常接通的最大短路电流（峰值）。断路器在接通此电流时，不应发生触头的熔焊或严重烧损。断路器的额定关合电流等于其

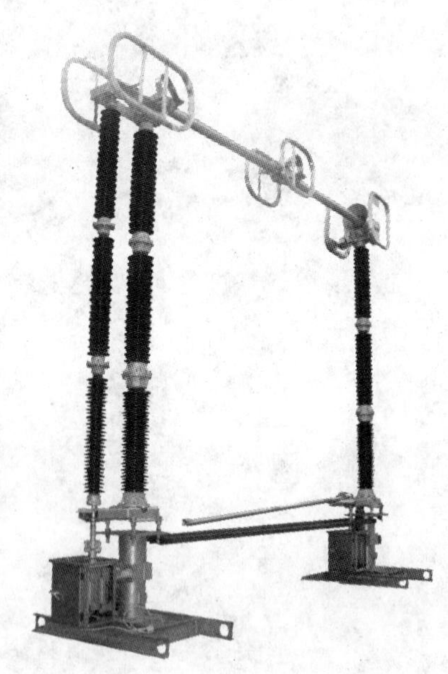
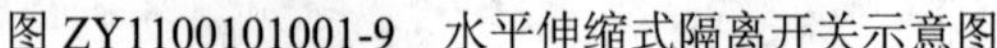

图 ZY1100101001-9 水平伸缩式隔离开关示意图

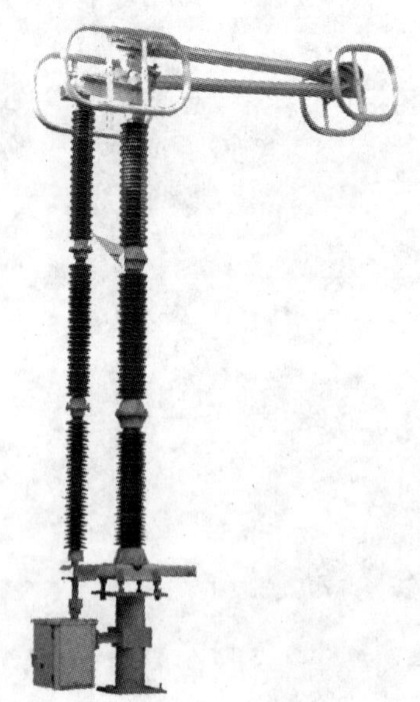

图 ZY1100101001-10 垂直伸缩式隔离开关示意图

（二）性能参数

1. 额定电压

额定电压是指隔离开关所在系统的最高电压。

2. 额定电流

额定电流是指在规定的使用和性能条件下，隔离开关应能够持续通过的电流有效值。

3. 额定短时耐受电流

额定短时耐受电流是指在规定的使用和性能条件下，在规定的短时间内，隔离开关在合闸位置能够承载的电流有效值。

4. 额定峰值耐受电流

额定峰值耐受电流是指在规定的使用和性能条件下，隔离开关在合闸位置能够承载的额定短时耐受电流的峰值。

额定峰值耐受电流应等于 2.55 倍额定短时耐受电流。

5. 额定短路持续时间

额定短路持续时间是指隔离开关在合闸位置能承载额定短时耐受电流的时间间隔。

隔离开关的额定短路持续时间不得低于：126kV 及以下为 4s；252～363kV 为 3s。

6. 额定短路关合电流

高压隔离开关应能在任何外施电压包括其额定电压、额定电流并包括其额定短路关合电流下关合。

7. 爬电距离

爬电距离是指隔离开关相和地间、相与相间、隔离开关一个极的两个端子间的瓷的或有机材料的绝缘子或套管的有效距离。

（三）运行要求

（1）隔离开关应能在额定电压、额定电流下长期运行，各相与导体的连接头在运行中的温度不应超过规定范围。

（2）隔离开关是没有灭弧装置的控制电器，因此，严禁带负荷进行分、合闸操作，可用来开断小电流回路，如分合电压互感器和避雷器等。

（3）运行中的隔离开关与其断路器、接地隔离开关间的闭锁装置应完善可靠，防误闭锁装置应正常。

（4）隔离开关在正常运行中，应检查导电部位是否接触良好，瓷质部分是否有破损。每次断路器切除短路故障后检查隔离开关是否有变形，触头以及连接部位是否有烧伤痕迹、变色等。

（5）对于电动操作的隔离开关在带电的情况下一般不允许手动操作，以防误操作，必须采用远方电动操作。

（6）对于电动操作的隔离开关，操作完毕后，必须退出操作电源。严禁在隔离开关操作箱内接取动力电源。

（7）对于 110kV、220kV 母线侧隔离开关，每次操作后都要检查辅助触点的重动组件是否动作或返回。

（8）接地隔离开关断开后，除检查三相在分外还应检查隔离开关闭锁口是否分开，以防主隔离开关转动轴拉断。

（9）对于电动操动机构，当出现隔离开关拒分或拒合时，严禁解除电气闭锁进行操作，以免引起误操作。对于采用其他方式闭锁的隔离开关，严禁随意解除闭锁装置而进行操作。

（10）当发现带负荷错拉隔离开关，在刀片刚离开刀口产生弧光时应立即将隔离开关合回去，已全拉开的不准再合上。

（11）当发现带负荷错合隔离开关时，无论造成事故与否，均不准再拉开。

四、互感器

互感器是一种特殊的变压器，它利用电磁感应原理工作。

（一）电流互感器

电流互感器是专门用作变换电流的特殊变压器，电气符号用 TA 表示。

电力线路中的电流各不相同，通过电流互感器一、二次绕组不同匝数比的配置，可以将大小悬殊的线路电流变换成大小相当、便于测量的电流值（二次电流额定值一般为 5A 或 1A）。

1. 结构特点

330kV 变电站多采用 SF_6 气体绝缘式电流互感器，SF_6 电流互感器采用倒置式结构，由壳体、防爆片、盆式支持绝缘子、套管、底座、屏蔽罩、气体密度计等部件组成。其内部带有改善电场的屏蔽件，外带均压环改善其电场。二次线通过接线端子接在密闭的接线盒内。底座内装设了 SF_6 气体密度控制器。六氟化硫（SF_6）压力（密度）仪表具有自动温度补偿功能，在−30～+60℃范围内任何温度下指示的压力值是室温下的压力值（密度）。SF_6 电流互感器的结构图如图 ZY1100101001-11 所示。

目前随着电压等级的提高，常采用电容型绝缘和更新型的光电耦合式电流互感器，无线电电磁耦合式和电容耦合式电流互感器应用也越来越多。

2. 性能参数

（1）额定电压。电流互感器一般只标一次绕组所接线路的线电压，与电压互感器的一次电压相同。因此它不是表示一次绕组的端电压，而是指一次绕组对二次绕组和地的绝缘水平，而与容量无关。

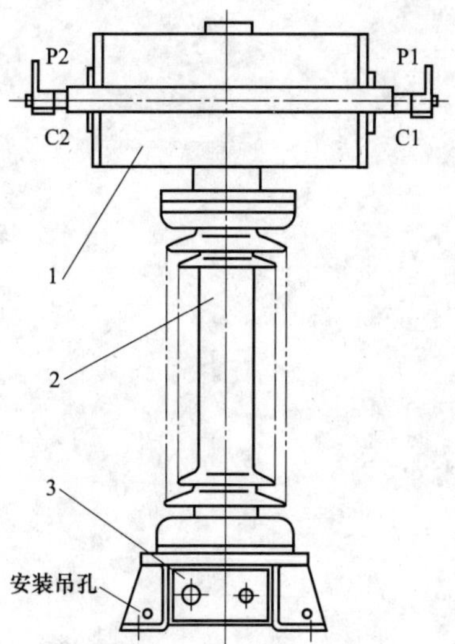

图 ZY1100101001-11　LVQB-×××W2 SF_6 电流互感器

1—外壳；2—瓷套；3—底座

（2）额定电流。额定一次电流是决定电流互感器的误差和温升的一个参数，它一般取决于系统的额定电流。

额定二次电流则是一个标准电流，一般为 5A 或 1A，它取决于二次设备的标准化。

（3）变比。变比即额定电流比，即额定一次电流与额定二次电流之比。

（4）额定负荷。额定负荷是指电流互感器二次负荷允许最大总阻抗，二次负荷大于额定负荷时将会影响电流互感器的准确性。

（5）误差和准确等级。

1）比值差$\Delta I\%$。经电流互感器二次表计测出的一次电流与实际一次电流的差值，再与实际一次电流之比的百分数，表示为

$$\Delta I\%=\frac{K_i I_2 - I_1}{I_1}\times 100\% \qquad (ZY1100101001\text{-}4)$$

式中　I_1——一次电流有效值；

角误差为二次电压相量反时针旋转 180° 后与一次电压相量间的相角差值，规定超前一次电压时为正值，反之为负值，误差的大小主要与二次负载及功率因数有关。

（4）等级与容量。根据规定电压互感器的等级由其误差数额来表示，等级限定了电压互感器的容量，如 0.2 级、150VA 的电压互感器，可保证误差不大于 0.2%。

（5）组别和极性。电压互感器与变压器一样可分为 12 组别联结，按减极性标出 U—u、X—x，逐一对应，其联结组别的二次基本绕组供测量及保护用，辅助绕组（开口三角形）供继电保护和接消谐装置用。

（三）运行要求

1. 一般要求

（1）互感器应有标明基本技术参数的铭牌标志，互感器技术参数必须满足装设地点运行工况的要求。

（2）电压互感器的各个二次绕组（包括备用）均必须有可靠的保护接地，且只允许有一个接地点。电流互感器备用的二次绕组应短路接地，接地点的布置应满足有关二次回路设计规定。

（3）互感器应有明显的接地符号标志，接地端子应与设备底座可靠连接，并从底座接地螺栓用两根接地引下线与地网不同点可靠连接，引下线截面应满足安装地点短路电流要求。

（4）互感器二次绕组所接负荷应在准确等级所规定的负荷范围内。

（5）互感器的引线安装，应保证运行中一次端子承受的机械负载不超过制造厂规定的允许值。

（6）互感器安装位置应在变电站（所）直击雷保护范围之内。

（7）停运半年及以上的互感器应按有关规定试验检查合格后方可投运。

（8）电压互感器二次侧严禁短路；电流互感器二次侧严禁开路，备用的二次绕组也应短接接地。

（9）电压互感器允许在 1.2 倍额定电压下连续运行，中性点有效接地系统中的互感器，允许在 1.5 倍额定电压下运行 30s，中性点非有效接地系统中的电压互感器，在系统无自动切除对地故障保护时，允许在 1.9 倍额定电压下运行 8h。

（10）电磁式电压互感器一次绕组必须可靠接地，电容式电压互感器的电容分压器低压端子必须通过载波回路线圈接地或直接接地。

（11）中性点非有效接地系统中，作单相接地监视用的电压互感器，一次中性点应接地，为防止谐振过电压，应在一次中性点或二次回路装设消谐装置。

（12）电压互感器二次回路，除剩余电压绕组和另有专门规定者外，应装设快速开关或熔断器；主回路熔断电流一般为最大负荷电流的 1.5 倍，各级熔断器熔断电流应逐级配合，自动开关应经整定试验合格方可投入运行。

（13）电容式电压互感器的电容分压器单元、电磁装置、阻尼器等在出厂时，均经过调整误差后配套使用，安装时不得互换，运行中如发生电容分压器单元损坏，更换时应注意重新调整互感器误差。互感器的外接阻尼器必须接入，否则不得投入运行。

（14）电容型电流互感器一次绕组的末（地）屏必须可靠接地。倒立式电流互感器二次绕组屏蔽罩的接地端子必须可靠接地。

（15）三相电流互感器一相在运行中损坏，更换时要选用电流等级、电流比、二次绕组、二次额定输出、准确级、准确限值系数等技术参数相同，保护绕组伏安特性无明显差别的互感器，并进行试验合格，以满足运行要求。

2. SF_6 互感器要求

（1）运行中应巡视检查气体密度表工况，产品年漏气率应小于 1%。

（2）若压力表偏出绿色正常压力区（表压小于 0.35MPa）时，应引起注意，并及时按制造厂要求停电补充合格的 SF_6 新气，控制补气速度约为 0.1MPa/h。一般应停电补气，个别特殊情况需带电补气时，应在厂家指导下进行。

（3）要特别注意充气管路的除潮干燥，以防充气 24h 后检测到的气体含水量超标。

（4）如气体压力接近闭锁压力，则应停止运行，着重检查防爆片有否微裂泄漏，并通知制造厂及时处理。

（5）补气较多时（表压力小于 0.2MPa），应进行工频耐压试验（试验电压为出厂试验值的 80%～90%）。

（6）运行中应监测 SF_6 气体含水量不超过 300μL/L，若超标时应尽快退出并通知厂家处理。应做好新气管理、运行及设备的气体监测和异常情况分析，监测应包括 SF_6 压力表和密度继电器的定期校验。

五、电力电容器

电力电容器的主要作用是补偿电力系统的无功功率，提高负荷功率因数，降低电能损耗和改善电压质量，以及提高设备利用率。根据电网的需要和电容器的额定电压、额定容量和保护方式，电容器组可以接成三角形、星形或双星形等形式。一般每组电容器均装有串联电抗器，这是为了限值电容器组在合闸过程中的涌流，以限制操作过电压和抑制电网中高次谐波对电容器的影响。

（一）结构特点

电力电容器主要由芯子主体、外壳、油箱、出线套管等部分组成。芯子主体由一定数量的全密封的小单元电容器并串联组成。小单元电容器的元件全部并联，每个元件串一条熔丝。外壳内充满绝缘冷却油，油剂沿芯子主体中的纵横油道，把小单元电容器发出的热量载送到散热片及外壳散发出去。油箱采用波纹板结构全密封，电容器箱壳内部与大气不通。

（二）运行要求

（1）电容器应在额定电流下运行，最高不得超过额定电流的 1.3 倍，三相电流之间的差值不得超过相电流总和的 5%。

（2）电容器应在额定电压下运行，正常运行电压不能超过额定电压的 1.05 倍，在额定电压 1.1 倍情况下，一昼夜不超过 4h，超过额定电压 1.1 倍时应停用电容器组。当运行中发现电压、频率摆动应立即退出运行。

（3）环境温度为 40℃时，电容器外壳温度不得超过 55℃。

（4）电容器停用后，应进行多次放电（其放电时间不少于 5min）才可验电、装设接地线。

（5）在正常情况下，电容器的投入由变电站运行人员根据调度颁发的 24h 电压曲线自行操作。

（6）当某条母线停役时，应先切除该母线上电容器，然后拉开该母线上的各出线回路；当母线复役时，则应先合上母线上的各出线回路断路器，后合上电容器组断路器。

（7）在电容器组切除后，一般应间隔 15min 后才允许再次合闸。

（8）在系统发生单相接地时，不准带电检查该系统上的电容器组。

（9）运行中的散装式电容器，如发现熔丝熔断，应查明原因经试验合格并更换熔丝后方能继续送电。

（10）电容器在运行中应检查导电连接部位是否紧固，有无严重渗油现象，油位、油色、音响应正常。

六、电抗器

电抗器是用来限制电网发生短路故障时的短路电流，并维持一定的残压以减轻短路的危害程度。在超高压电网中，依靠装设电抗器来限制工频过电压和吸收多余的无功功率。

电抗器按其作用可分为以下三类：

（1）限流电抗器。限流电抗器串联于电力系统中，在系统发生短路故障时，限制短路电流值，以减轻输配电设备的负担，从而可选择轻型电气设备，节省投资。此外，在出线安装电抗器后，当该出线发生短路故障时，电压降主要产生在电抗器上，这样保持了母线一定的电压水平。限流电抗器有水泥电抗器和干式空芯电抗器两种。

（2）串联电抗器。串联电抗器串联于电容器装置回路中，用以减少电容器组涌流倍数及抑制谐波电压放大，减少系统电压波形畸变。它可分为普通串联电抗器（油浸铁芯式）和干式空芯串联电抗器两种。

（3）并联电抗器。并联电抗器是并联在 110～500kV 变电站的低压侧，用于补偿输电线的容性无功，限制线路过电压，并可降低线路损耗，维持系统电压稳定。并联电抗器分为油浸式铁芯电抗器和干式空芯电抗器两种。

（一）结构特点

国产干式空芯电抗器的结构如图ZY1100101001-13所示，电抗器采用干式空芯结构，没有铁芯，不存在铁磁饱和，电感值不会随电流变化而变化，线性度好。

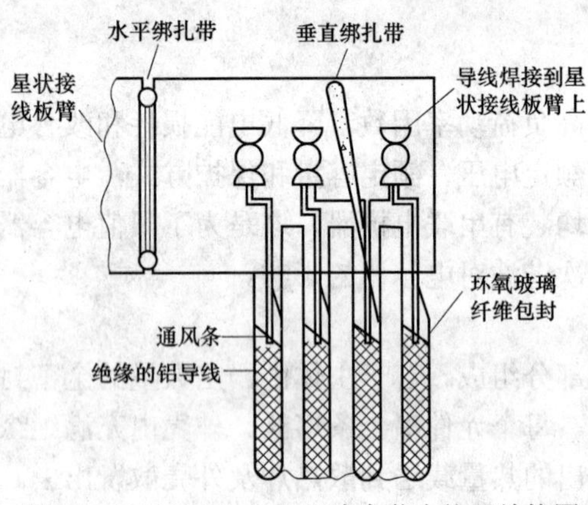

图ZY1100101001-13 干式空芯电抗器结构图

干式空芯电抗器将所需导线截面分成许多绝缘的小截面铝导线多股平行绕制，提高匝间绝缘强度，并使涡流和漏磁损耗明显减少。绕组外部由环氧树脂浸透的玻璃纤维包封，并经整体高温固化，可耐受高短路电流的冲击和较强的机械振动。采用多层并联筒式绕组结构，层间有通风道，外形尺寸较小，对流自然冷却，散热好。由于电流分布在各层，更能满足动、热稳定的要求。采用铝合金星形吊臂结构，机械强度高，涡流损耗小，可满足绕组分数匝的要求，所有接头全部焊接到上、下吊架的铝接线臂上。一般不用螺栓连接，以保证绕组的可靠性。

330kV并联电抗器通常采用单相芯式或壳式型式，自然冷却方式。

我国330kV输电系统通常采用单相重合闸，并联电抗器中性点需连接中性点小电抗器，主要作用是为了限制潜供电流，提高单相重合闸成功率。

（二）性能参数

1. 额定电压

额定电压是指电抗器长期连续运行的最高线电压。

2. 额定电流

额定电流是指电抗器长期连续运行的最大工作电流。

3. 额定容量

额定容量是指电抗器的额定电压与额定电流的乘积。

4. 损耗

它由线圈损耗（包括电阻损耗、涡流损耗、并联导线中电流分布不均匀产生的损耗，占60%以上）、铁芯损耗（包括本体铁芯损耗、铁芯附加损耗和磁分路损耗，占10%左右）和杂散损耗（包括引线损耗、油箱及金属结构件中的损耗，占25%以上）三部分组成。

5. 振动及噪声

我国330kV电压等级并联电抗器的振动水平是：在额定电压下油箱振动幅值≤100μm。

噪声是一个与振动相关的参数。我国制造厂控制标准是：在额定电压下距离声源2m处不大于80dB。

6. 温升及冷却

我国超高压并联电抗器为油浸自冷式。一般运行中的电抗器上层油温不宜超过85℃。但部分地区夏季时电抗器上层油温可能超过85℃，可采用外加风扇强迫冷却。

采用A级绝缘材料时，并联电抗器绕组温升不应超过65K，上层油温升不应超过55K，铁芯本体、油箱及结构件表面温升不应超过80K。

（三）运行要求

（1）并联电抗器的投入和退出，应严格按调度命令执行。

（2）只经隔离开关接入线路的并联电抗器，在拉合其隔离开关之前，必须检查线路确无电压；防误回路应有效闭锁，拉合操作应在线路电压互感器二次小开关合上情况下进行。

（3）电抗器运行中的油位及油的温升，应与其无功负荷相对应。

（4）专业人员应定期测量油箱表面、附件的温度分布，发现异常时，应分析原因，尽早处理。

（5）当电抗器运行告警，或出现系统异常、气候恶劣或其他不利的运行条件时，应进行特殊巡视检查。

（6）油色谱分析超标，应与历年数据进行比较，如差别较大时应停电处理。

七、防雷设备

（一）避雷器

避雷器是变电站保护设备免遭雷电冲击波袭击的设备。当雷电冲击波沿线路传入变电站超过避雷器保护水平时，避雷器首先放电，将雷电压幅值限制在被保护设备雷电冲击水平以下，使电气设备受到保护。避雷器也可限制操作过电压。

1. 结构

无间隙氧化锌避雷器的单元结构如图 ZY1100101001-14 所示，图中氧化锌阀片是避雷器的主要元件，它由金属氧化物（主要是氧化锌）制成，其伏安特性具有极高的非线性，在大电流时呈低电阻特性，限制了避雷器上的电压，在正常工频电压下呈高阻特性。内绝缘杆用作固定一组串联的氧化锌阀片。压力弹簧用来压紧串联的氧化锌阀片使之有良好的电接触。另外，对 330kV 氧化锌避雷器，由于器身较高，杂散电容大，若不采取措施，避雷器整体电位将分布不均匀。因此在避雷器顶端装设均压环，多节避雷器各节并联装设不同数值的电容器，都是为了改善其电位分布。为防止避雷器发生爆炸，避雷器均设有压力释放装置。

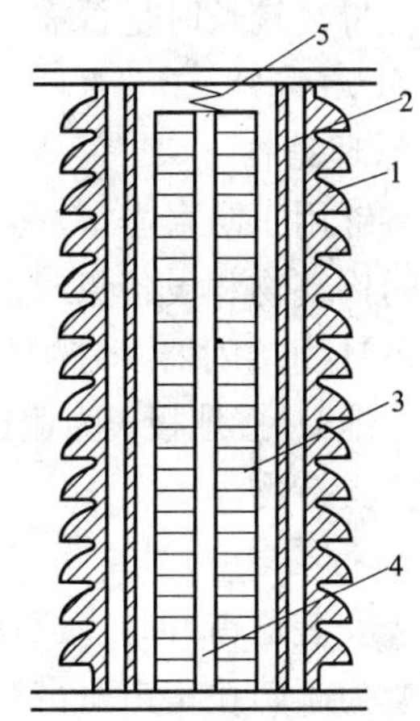

图 ZY1100101001-14　无间隙氧化锌避雷器单元结构示意图

1—外绝缘瓷套；2—绝缘筒；3—氧化锌阀片；4—内绝缘；5—压力弹簧

2. 性能参数

（1）持续运行电压。持续运行电压是指允许长时间加在避雷器两端的工频电压。持续运行电压应等于或大于系统的最高相电压。在此电压下，避雷器可长期连续运行。

（2）额定电压。避雷器额定电压是指允许短时施加到避雷器端子间的最大允许工频电压，在此电压下，避雷器可以成功地动作。

（3）工频参考电流和参考电压。工频参考电流是设计时规定的一个工频阻性电流，它所对应的工频电压应等于或大于避雷器的工频参考电压。

（4）荷电率。荷电率是指避雷器的持续运行电压对工频参考电压的比值。荷电率越低，表示持续运行电压比工频参考电压低得多，流过氧化锌避雷器的持续电流比工频参考电流小得多。避雷器长期工作的电流越小，工作稳定性就越高，中性点直接接地系统中避雷器的荷电率约为 75%～80%。

（5）工频耐受特性。工频耐受特性是指避雷器耐受工频暂态过电压同所对应的最大持续时间的关系曲线。

（6）冲击电流耐受特性。冲击电流耐受特性是避雷器耐受雷电和操作波电流的能力。

（7）氧化锌避雷器的保护特性。氧化锌避雷器的保护特性就是残压特性。它分为如下三种类型：

1）雷电冲击残压特性：在雷电流为 8/20μs 波和标准标称放电电流（5、10kA 或 20kA）下避雷器的残压。

2）操作冲击残压特性：在操作冲击电流波为波头 30μs，波尾半值时间为波头的 2 倍以上；波幅为 0.5、1.0kA 和 3.0kA 作用下的残压。

3）陡波残压特性：电流波形 1/5μs 作用下的残压。氧化锌避雷器的残压幅值不仅与冲击电流的幅值有关，还与电流波头的长度有关。

3. 运行要求

（1）检查运行中避雷器接地引下扁铁连接是否良好。

（2）定期清扫避雷器的电瓷外绝缘的污秽。

（3）雷雨季节，注意巡视放电计数器的动作情况并记录动作次数、泄漏电流值（三相应平衡）。

（4）避雷器外部应完整无缺损，封口处密封良好，油漆应完整、相色正确。

（5）避雷器应安装牢固，其垂直度应符合要求，均压环应水平。

（6）避雷器绝缘子应紧固可靠，受力均匀。

（7）放电计数器密封应良好，绝缘垫及接地应良好、牢靠。

（8）排气式避雷器的倾斜角和隔离间隔应符合要求。

（9）引线、接头、接线端子应牢固完整，绝缘子无破损，金具完整。

（10）变电站采用 3/2 断路器接线时，金属氧化物避雷器宜装设在每回线路的入口和每一主变压器回路上，母线较长时是否需装设避雷器可通过校验确定。

（二）避雷针

1. 原理结构

避雷针用于防直击雷，其作用原理是将雷电荷吸引到金属针上并安全地将雷电流导入大地，从而使附近的构筑物和设备免遭雷击。

避雷针由接闪器（是用来接受雷云放电的金属杆）、接地引下线（将接闪器上的雷电流迅速安全地导入大地）、接地极（为避雷针向大地泄放雷电流而设的接地）三部分组成。用混凝土杆、木杆或钢结构作其支持物。

2. 运行要求

（1）安装避雷针时，应使站内的设备均处于避雷针的保护范围之内。

（2）为了防止雷击避雷针时的反击事故。装设避雷针的构架应装有辅助接地装置，此接地装置与变电站接地网的连接点离主变压器接地装置与变电站接地网的连接点之间的距离不应小于 15m。

（3）装在变压器门型架构上的避雷针应与接地网连接。

（4）35kV 及以下的配电构架上不得装设避雷针。每年在雷雨季节前检查一次接地引下线连接是否牢靠，有无损伤、碰断及腐蚀等情况。

（5）每年测量接地电阻是否符合要求。定期（5 年一次）开挖检查接地体的腐蚀情况。

【思考与练习】

1. 330kV 变压器的结构有什么特点？
2. 330kV 电压等级的 SF_6 断路器一般有哪几种类型？各有何特点？
3. GIS 全封闭组合电器中主要元件的结构特点是什么？
4. 常用 330kV 隔离开关有哪几种型式？各有什么特点？
5. SF_6 互感器有什么特点？在运行中应满足哪些要求？
6. 电抗器和电容器在系统中各起什么作用？

模块 2 变电站接线（ZY1100101002）

【模块描述】本模块介绍变电站主接线的各种接线型式。通过结合实例讲解，熟悉 330kV 变电站主接线的接线型式及特点，能对变电站接线进行分析。

【正文】

一个变电站的电气主接线包括高压侧、中压侧、低压侧以及变压器的接线。因各侧所接的系统情况不同，进出线回路数不同，其接线方式也不同。电气主接线直接影响变电站乃至相关电力系统安全、经济、稳定、灵活的运行。

对变电站电气主接线一般应从可靠性、灵活性和经济性等方面进行评价。

一、变电站电气接线形式及特点

（一）单母线接线

单母线接线如图 ZY1100101002-1 所示。这种接线设一条汇流母线，电源线和负荷线均通过一台断路器接到母线上。它是母线制接线中最简单的一种接线。

（二）单母线分段接线

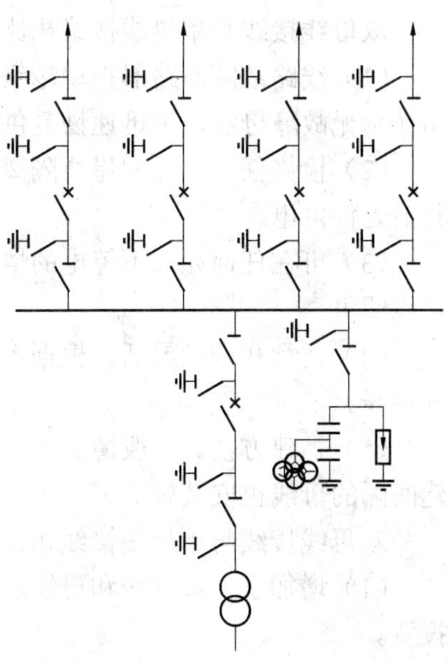
图 ZY1100101002-1　单母线接线

这种接线是为了消除单母线接线的缺点而产生的一种接线。

用断路器将母线分段，分段后母线和母线隔离开关可分段轮流检修。对重要用户，可从不同母线段引双回路供电。当一段母线发生故障或当任一连接元件故障、断路器拒动时，由继电保护动作断开分段断路器。将故障限制在故障母线范围内，非故障母线继续运行，整个配电装置不会全停，也能保证对重要用户的供电。

单母线分段接线如图 ZY1100101002-2 所示。

（三）双母线接线

为克服单母线分段接线在母线和母线隔离开关检修时，该段母线上连接的元件都要停电的缺点而发展出双母线接线。这种接线，每一元件通过一台断路器和两组隔离开关分别连接到两组母线上，两组母线间通过母线联络断路器连接，接线如图 ZY1100101002-3 所示。根据需要，每一元件可通过母线隔离开关连接到任一条母线上。在实际运行中，由于系统运行或继电保护的要求，某一元件要固定连接到一组母线上，以所谓“固定连接方式”运行。

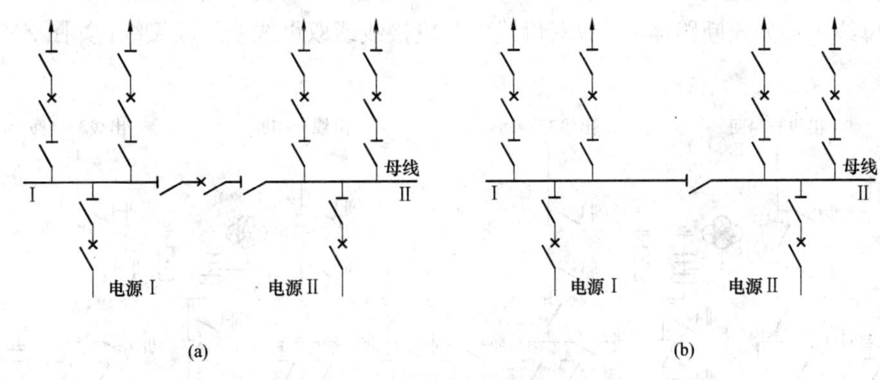

图 ZY1100101002-2　单母线分段接线

（a）用断路器分段；（b）用隔离开关分段

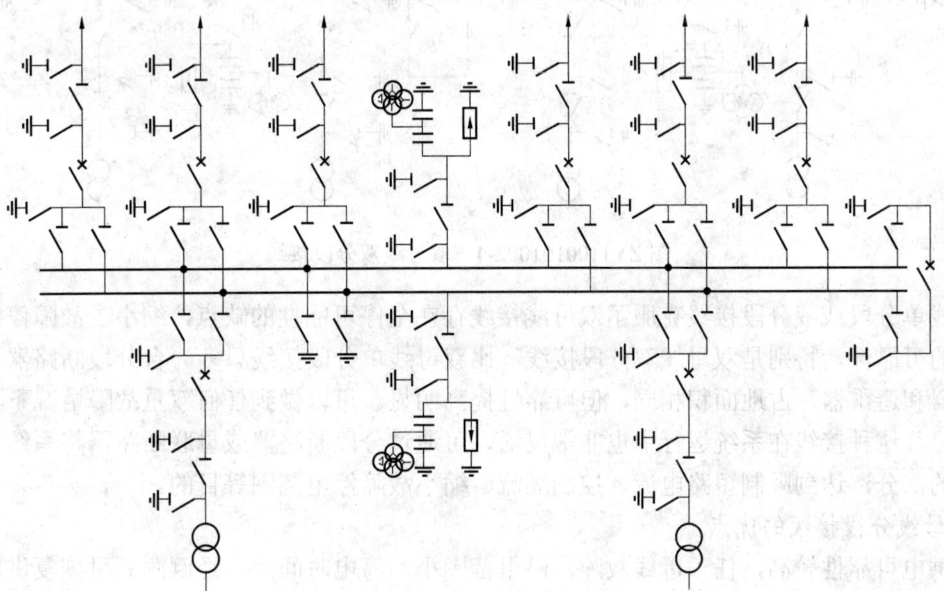
图 ZY1100101002-3　双母线接线

双母线接线与单母线接线相比，具有较高的可靠性和灵活性，主要体现在以下几点：

（1）线路故障断路器拒动越级或母线故障，只停一条母线及所连接的元件，将非永久性故障元件切换到无故障母线，可迅速恢复供电。

（2）检修任一元件的母线隔离开关，只停该元件和一条母线，其他元件切换到另一母线，不影响其他元件供电。

（3）可在任何元件不停电的情况下轮流检修母线，只需将要检修的母线上的全部元件切换到另一母线即可。

（4）运行和调度灵活。根据系统运行的需要，各元件可灵活地连接到任一母线上，实现系统的合理接线。

（5）扩建方便。一般情况下，双母线接线配电装置在一期工程中就将母线构架一次建成，近期扩建间隔的母线也安装好。

双母线接线与单母线接线相比有如下缺点：

（1）增加了一条母线和母线隔离开关，增加了设备和相应构支架，加大了配电装置的占地和工程投资。

（2）当母线或母线隔离开关故障检修时，倒闸操作复杂，容易发生误操作。

（3）保护和测量装置的电压取自母线电压互感器二次侧，需经过切换。电压回路接线复杂。

（四）双母线分段接线

当双母线接线配电装置的进、出线回路数较多时，为增加可靠性和运行上的灵活性，可在双母线中的一条或两条母线上加分段断路器，形成双母线单分段接线或双母线双分段接线，如图 ZY1100101002-4 所示。

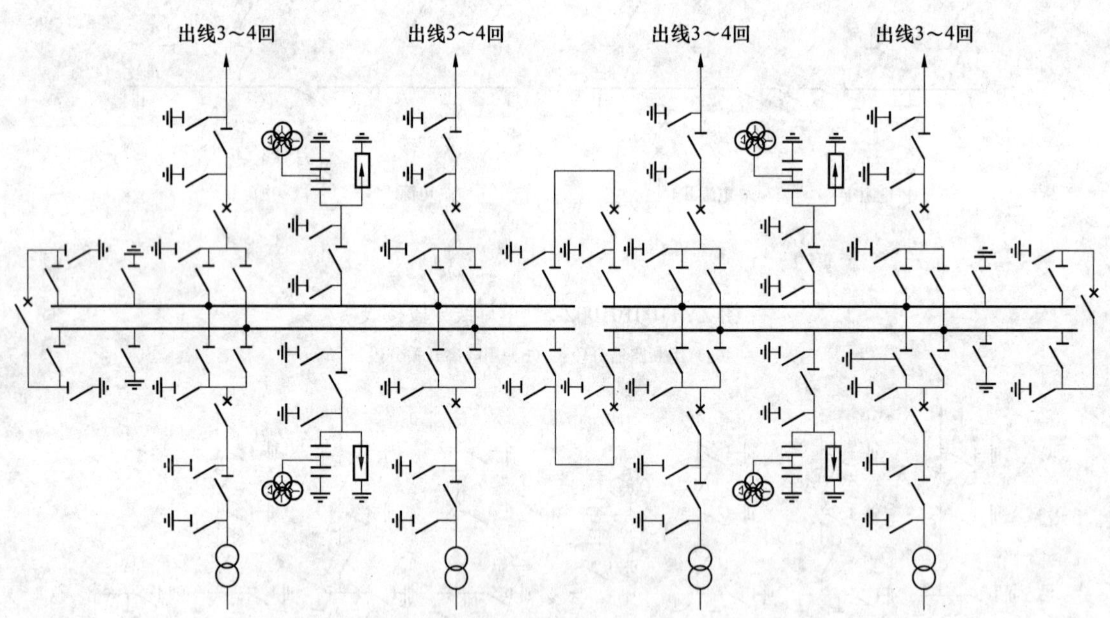

图 ZY1100101002-4 双母线双分段接线

双母线单分段或双分段接线克服了双母线接线存在全停可能性的缺点，缩小了故障停电范围，提高了接线的可靠性。特别是双母线双分段接线，比双母线单分段接线只多一台分段断路器和一组母线电压互感器和避雷器，占地面积相同，但可靠性提高明显。可以做到任何双重故障情况下不致造成配电装置全停，这种接线在系统运行中也非常灵活，可通过分段断路器或母联断路器将系统分割成几个互不连接的部分，达到限制短路电流、控制潮流、缩小故障停电范围等目的。

1. 双母线分段接线的优点

（1）供电可靠性较高，任一母线故障，停电范围小，停电时间短，经倒闸后可恢复供电。母线检修时不中断对用户供电。

（2）调度灵活性高。运行方式多，限制短路电流方便、简单。

2. 双母线分段接线的缺点

（1）母线（含母线隔离开关）故障或线路故障而对应断路器拒动时该母线上的所有出线都要停电，母联断路器故障、一组母线检修且另一组母线故障（双电源），一组母线检修、分段或母联故障等情况下停电范围都很大。

（2）倒母线用隔离开关易引起误操作。

双母线双分段接线母线保护接线比单分段母线保护接线简单，可靠性也较高。

（五）3/2 断路器接线

3/2 断路器接线如图 ZY1100101002-5 所示，该接线中有两条主母线，在两主母线之间串接 3 台断路器，组成一个完整串，每串中两台断路器之间引出一回线路或一组变压器（通常为一个元件）。每一元件占有 3/2 台断路器，有 3 台断路器 2 个元件的串通常称为完整串。而在两母线间有 2 台断路器 1 个元件称为不完整串。在每串内还配有检修断路器用的隔离开关、接地开关，保护、测量用的电流互感器，在各元件回路和母线上配有电压互感器、避雷器等。

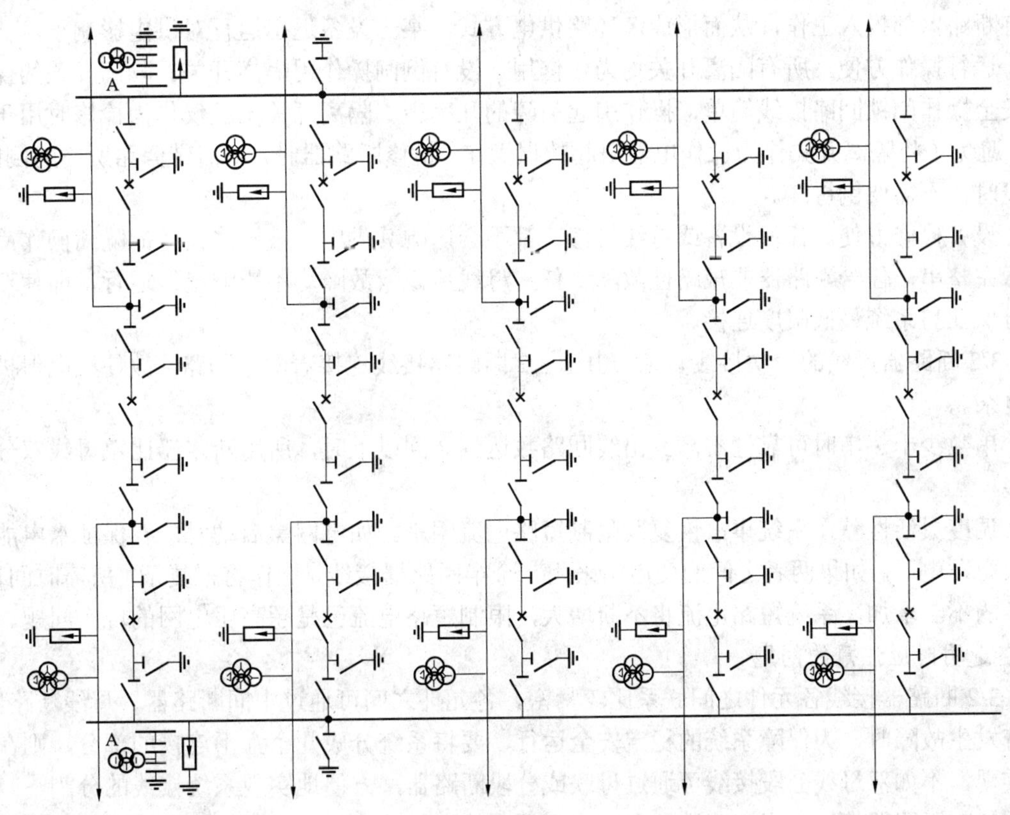

图 ZY1100101002-5　3/2 断路器接线

1. 接线方式的特点

（1）有较高的可靠性。每一回路有两台断路器供电，合环运行时发生母线故障或单个断路器跳闸都不会导致出线停电。表 ZY1100101002-1 列出了各种运行状态下元件或断路器故障的停电范围。

表 ZY1100101002-1　　3/2 断路器接线故障停电范围（10 个元件）

运行情况	故障类型	停电回路数	停电百分数（%）
无设备检修	元件故障，母线侧断路器拒动	1	10
	元件故障，中间断路器拒动	2	20
	母线故障	0	0
母线侧断路器检修	同串元件故障	1～2	10～20

续表

运行情况	故障类型	停电回路数	停电百分数（%）
中间断路器检修	同串元件故障	1	10
	其他元件故障，母线侧断路器拒动	2	20
	母线故障	1	10
一组母线故障	任一元件故障	1～2	10～20
	另一组母线故障	0	0

从表ZY1100101002-1中可见，在各种双重故障情况下，3/2断路器接线都可保护80%的元件不停电，这是其他任何接线方式所不可比的。

（2）有高度的运行灵活性。任何一个元件可根据运行的需要接在不同的母线系统中。母线系统之间的元件可任意分配，其操作程序简单。只需操作断路器，而不需操作隔离开关。正常运行时两组母线和所有断路器都投入工作，从而形成多环路供电方式，某一设备退出运行对供电影响小。

（3）运行操作方便。所有隔离开关均为检修用，没有倒闸操作用隔离开关。隔离开关的操作程序简单，安全操作闭锁回路接线简单，操作引起故障的几率少。隔离开关一般仅作为检修时用于隔离带电部分，避免了将隔离开关作为操作电器引起的误操作。检修断路器时，不需带旁路所需的倒闸操作。检修母线时，不需要倒母线。

（4）设备检修方便。任何设备或母线检修，都不会影响其供电。被检修设备的隔离操作简单、方便。对于完整串，任一断路器非短路性故障、任一母线检修或故障均不影响出线运行，即使双母都故障，也可保证与系统最低限度连接。

（5）3/2断路器接线的二次接线复杂。由于3/2断路器接线连接着两个回路，故使继电保护和二次回路较复杂。

（6）串数少于3串时可靠性不高。出线回路数达到8回以上时，所用断路器比双母线双分段的断路器要多。

（7）调度灵活性差，系统事故恢复及限制短路电流困难。如电网黑启动时，要保证水电能尽量送到大型火力发电厂，如果两者之间的变电站采用一个半断路器接线，操作将很复杂，所需时间也很长。随着电源的不断增加，系统短路电流将不断增大，限制短路电流已是超高压电网的现实问题。

2. 在选用时应注意的问题

（1）3/2断路器接线各元件之间联系比较紧密，各元件之间可通过中间断路器、母线断路器沟通。如在系统发生故障时，为保障系统的稳定安全运行，要将系统分成几个互不连接的部分，则在接线上不容易实现，不如双母线分段接线可通过母联或分段断路器，方便地实现系统接线的分割。

采用3/2断路器接线，当回路数较多时，根据系统运行的需要，可在母线上装设分段断路器，消除上述的欠缺。

（2）采用3/2断路器接线的元件数量一般为6～10回，即3～5串较为经济、合理。当少于3串时，在引出元件的回路上要加隔离开关，因此增加了配电装置的占地面积。当元件数增加时（例如超过12个），配电装置的造价要高于双母线分段接线的造价。

（3）为进一步提高3/2断路器接线的可靠性，各类元件通常按以下原则进行配串：

1）将电源回路和负荷回路配在一串中。

2）为防止在母线侧断路器停电检修时一回路故障，同时两个元件均停电，同名的两个元件不应配在一串中。

3）对特别重要的两个同名元件，可配在不同的串，并且接在不同的母线系统。但这种配置在布置上实现起来比较困难。

二、变电站各种配电装置的接线方式

配电装置接线与其电压等级、进出线回路数、设备情况和供电负荷的重要性以及该配电装置所在变电站的性质等因素有关。

1. 330kV 配电装置

330kV 配电装置的出线一般为区域电网的主干线，输送容量大，因此，对 330kV 配电装置的接线可靠性要求很高，一般都采用可靠性高的接线方式。当配电装置连接元件的总数为 6 个及以上时，通常都采用 3/2 断路器接线或双母线双分段的接线方式。

元件总数超过 10 个，例如，有 8 回以上出线、4 组变压器的超大规模的配电装置，如采用 3/2 断路器接线，必要时可在两条母线上加分段断路器。在系统故障时，可通过分段断路器将系统分割，提高整个系统的安全性。

在采用双母线接线的情况下，当总元件数超过 7 个以上时，在一条母线上分段；当总元件数超过 8 个以上时，在两条母线上分段。每段上接 3～4 个元件，包括电源线、负荷线，同名线路接在不同段上。

当配电装置的总元件数较少，例如少于 4 个时，也可采用线路接两台断路器、变压器直接接在母线上的变压器—母线组接线方式。

在系统的重要枢纽点，经分析，必要时可采用双母线双分段双断路器接线，这种接线虽然设备投资大、造价高，但它具有较高的灵活性和可靠性。

2. 110～220kV 配电装置

110～220kV 配电装置通常是地区配电网的电源点，出线回路数比较多。当出线回路数超过 6 回，总元件数 8 个以上时，一般采用双母线接线。

对出线回路数少于 6 回的 110kV 配电装置，或采用 GIS 配电装置，通常采用单母线或单母线分段接线。

3. 35kV 配电装置

330kV 及以上变电站的 35kV 配电装置一般是接无功补偿装置和站用变压器，没有供电线路引出。在变电站建设初期，无功补偿容量较少的情况下（如只有 2 组电抗器），为了节省投资，主变压器回路总断路器可缓装。各电容器组、电抗器组回路断路器设备的配置有以下两种方式：

（1）第一种方式。在各分支回路，包括站用变压器回路，装设能投、切电容器和电抗器，并能切断短路电流的断路器。这种配置可靠性较高，但投资较大。在电容器、电抗器回路发生故障时，由该分支回路断路器动作切除，主变压器继续运行。

（2）第二种方式。电抗器和电容器组的中性点侧装设只能做投切用的负荷开关，而电抗器和电容器组的故障由变压器低压侧主断路器或高、中压侧断路器动作切除故障，虽然节省了投资但扩大了停电范围。为减少故障发生的几率，在布置上加大了 35kV 配电装置绝缘裕度。

随着设备制造水平的提高，断路器价格降低，新建工程中采用第一种方式的多。

三、330kV 变电站主接线实例

某 330kV 变电站典型接线如图 ZY1100101002-6 所示。主要特点如下：

（1）装设两台三绕组自耦变压器，电压等级为 330kV、110kV、35kV。

（2）330kV 侧为 3/2 断路器接线，共 3 个完整串，第一串为线线串，第二、三串为线变串，没有线路（或变压器）隔离开关。

（3）110kV 采用双母线接线，共 6 条出线和 2 条主变压器进线。

（4）35kV 采用单母线分段接线，带有站用变压器和低压补偿装置，每组主变压器接一组电容器和一组电抗器。

（5）变压器 330kV 侧中性点接地运行。

【思考与练习】

1. 各电压等级的配电装置接线应如何考虑？

2. 画出具有 3 个完整串的 3/2 断路器接线，分析这种接线方式的特点。

3. 画出你所在 330kV 变电站的电气主接线，并分析接线特点。

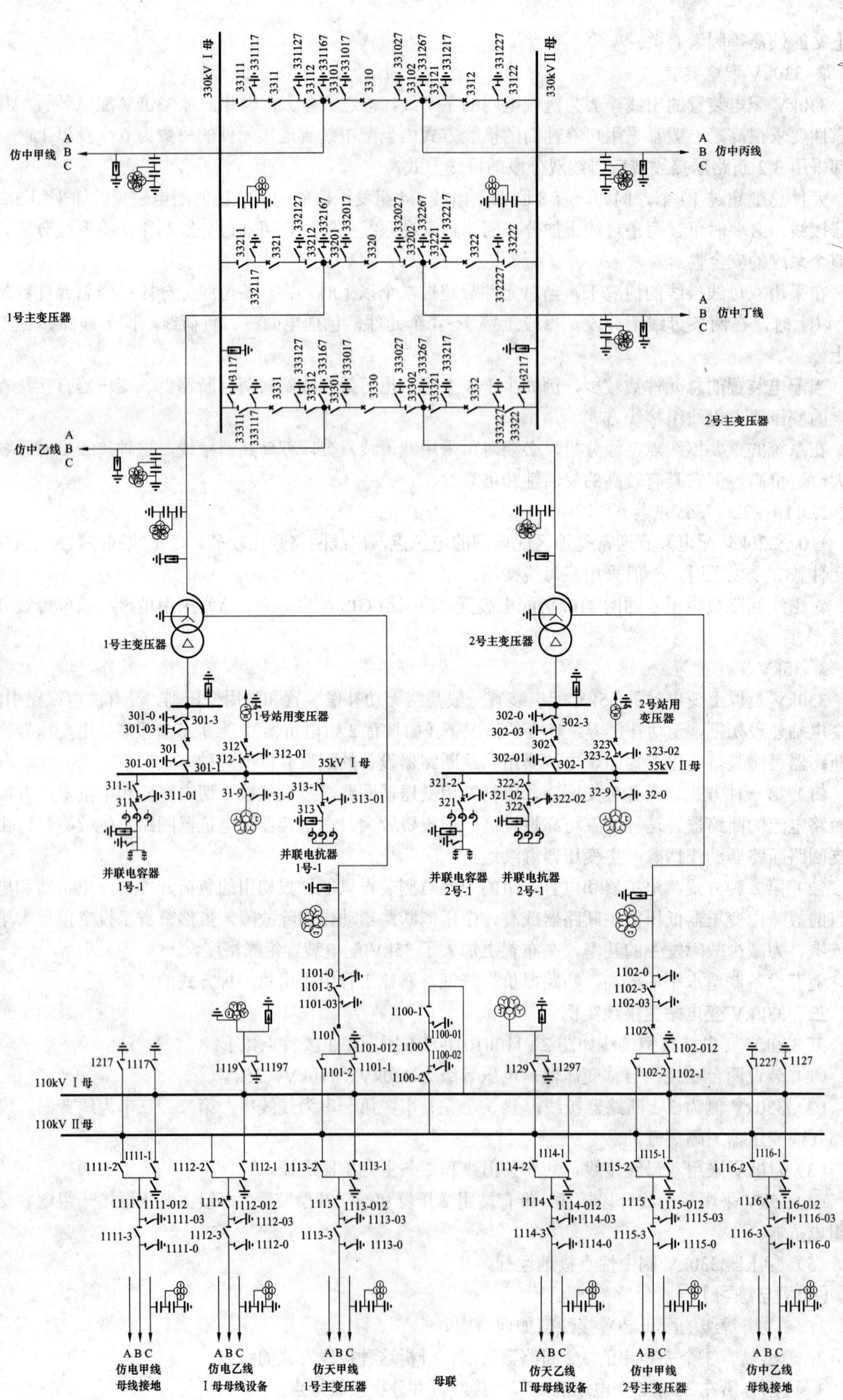

图 ZY1100101002-6 330kV 变电站典型主接线

模块3 电气运行方式（ZY1100101003）

【模块描述】本模块包含变电站接线的各种运行方式。通过分析讲解、案例介绍，熟悉变电站主接线的各种运行方式特点，能制定各种运行方式预案。

【正文】

在变电站建成之后，主接线已基本定型，运行人员应熟悉各种运行方式。在保证电网安全、经济运行的前提下，首先应拟定系统在无故障情况下，电气主接线的正常运行方式，确保在最合理、经济、可靠、灵活的方式下运行。其次应根据设备的检修或某些设备带病运行等情况，拟定非正常运行情况下的特殊运行方式，保障安全运行。

一、电气运行方式

（一）运行方式编制原则

1. 拟定运行方式应注意的问题

（1）应减少和消除全站停电的可能性，在无法避免出现这种可能的运行方式时，应尽量缩短运行时间。

（2）应考虑运行方式对常见多发性故障的抗御能力，减少事故影响的范围和缩短恢复时间。

（3）某些设备检修或带病运行时，矛盾的主要方面可能转化，此时应缩短运行时间。

2. 正常运行方式编制的原则

（1）电源进线和负荷出线应运行在不同母线上。

（2）电源进线应分别接到两组母线上，负荷出线也应分别接到两组母线上。如果双母线中的任一母线故障时，仅影响故障母线上的电源和负荷，非故障母线正常运行，特别是双回线，正常运行应在不同母线上，以保证对用户供电的可靠性，避免系统出现开环解列现象。

（3）保证厂、站用电的可靠性。

（4）站用工作电源和备用电源应引接在不同电源上，工作电源由本站独立供电，从主变压器低压侧引接，外接备用电源从系统中可靠性高的最低一级电源引接，需装设备用电源自动投入装置。

（5）潮流分布应均匀。将电源进线和负荷出线的功率均匀地布置在两组母线上，正常运行时，流过母联断路器的电流最小，避免母联断路器跳闸后，对电网潮流分布造成影响。

（6）应满足继电保护要求。在正常运行时，有些继电保护（如母差保护）对运行系统的短路容量提出了一定的要求。所以，在考虑运行方式时，应尽量满足每一组母线上都有足够的电源和联络线。

（7）应满足中性点接地及过电压保护的要求。

（8）满足系统静态和动态稳定的要求。

（9）便于运行人员记忆。在安排运行方式时，应按某一规律相对固定，以便于运行人员掌握和记忆。

3. 改变正常运行方式的规定

（1）当新设备接入系统或其他原因，需改变系统正常运行方式时，由运行单位提出，经调度批准。

（2）当改变电网方式对系统有较大影响时，需提前制订方案，经主管生产的局长或总工程师批准。

（3）当值内因设备消缺、抢修工作或其他情况，需临时改变运行方式时，值班调度员应充分考虑系统潮流变化、继电保护、消弧线圈补偿等有关问题，经调度同意可临时改变运行方式，做好记录并通知方式人员。

（4）各种运行方式对继电保护及自动装置配置的要求，均应符合继电保护及自动装置调度运行规程的要求。

（二）变电站正常运行方式

1. 总原则

（1）禁止 330kV–220kV–110kV 系统长时间环网运行，电磁环网倒负荷操作严格按相关调度的规定执行。

（2）禁止110kV与35kV系统环网运行，采用短时停电倒换电源方式。

（3）禁止220kV与110kV系统长时间环网运行，电磁环网倒负荷操作严格按相关调度的规定执行。

2. 输电线路正常运行方式

（1）输电线路的正常运行方式必须明确电网的电磁环网开环运行时开环点的设置，以及开环点的设备运行状态为热备还是冷备状态。

（2）各变电站的线路正常运行所带负荷情况、备用电源的运行状态等要有明确的规定。

3. 母线正常运行方式

（1）330kV采用3/2断路器接线方式，正常运行时，两组母线同时运行，所有断路器和隔离开关均合上。

（2）110kV、220kV为双母线接线方式的，运行方式一般为并列运行。

（3）35kV及以下的系统，母线接线方式一般为单母分段接线，根据所带负荷性质不同，一般采用并列运行方式或分列运行方式。电抗器和电容器是否运行应根据电压曲线或调度指令决定。

4. 主变压器正常运行方式

（1）在节假日和特殊保电期间，电网内的变电站供市（城）区负荷，符合并列条件的主变压器应全部投入运行，以保证供电可靠性。

（2）为满足城市供电可靠性要求，供城市负荷的变电站主变压器不考虑经济运行。

变电站的正常运行方式主要根据电网的输电线路、母线、主变压器的正常运行方式来决定。

（三）变电站特殊运行方式

在主网络正常接线方式基础上，凡改变正常运行方式之外的状态均称特殊运行方式。

（1）变电站的特殊运行方式主要有以下几种情况：

1）主供电源转备用电源供电；

2）双电源供电，停掉一条供电线路；

3）双母线供电，停掉一条母线；

4）双主变压器供电，停掉一台主变压器。

（2）用户变压器设备的正常和异常检修运行方式，均由用户严格按调度协议书中的有关规定执行。

（3）由于电网运行调整出现的其他特殊方式，由方式专责分析计算后提前进行安排。

（四）变电站中性点的运行方式

（1）变电站中性点的运行方式直接影响整个电网的安全运行、零序电压电流的分布、保护配置和配合问题，在每个新变电站投运时，必须明确主变压器中性点的运行方式，以便保护整定计算。

（2）对于330kV及以上电压等级自耦变压器中性点必须直接接地或经小电抗接地。

（3）对于变电站中有两台以上的220kV电压等级的变压器中性点根据系统零序电压电流的计算情况，采用1台或2台主变压器中性点直接接地的运行方式。

（4）在正常运行中，必须保持中性点的运行方式与年度运行方式相一致，在同一变电站中，若需改变主变压器中性点的运行方式，则必须采取“先合后拉”的原则。禁止110kV及以上系统无中性点运行。

（5）因检修工作或系统需要，改变电网中性点的配置，则必须重新对整个电网的零序系统进行核算，必要时，应改变相应的保护定值。

（6）变压器高压侧与系统断开时，由中压侧向低压侧（或相反方向）送电，变压器高压侧的中性点必须可靠接地。

二、运行方式分析

1. 单母线分段接线

（1）正常运行方式：根据所带负荷性质不同，一般采用并列运行方式或分列运行方式。

（2）特殊运行方式：

1）若两段母线上电压互感器二次侧设计有并列开关，当分段断路器及隔离开关投入时，一条母线上电压互感器检修或故障时，二次电压可由另一条母线的电压互感器提供。

2）一条母线停电时，母线及母线上所接回路均要停电。

2. 双母线接线

（1）正常运行方式：双母线并列运行，母联断路器及其隔离开关投入运行，出线以及电源分别接在两条母线上。

（2）特殊运行方式：

1）当一组母线停电时，可将两条母线上的元件倒为单母线运行方式。

2）若两条母线上的电压互感器二次侧设计有并列开关，当母联断路器运行，一条母线上的电压互感器检修或故障时，二次电压可由另一条母线的电压互感器提供。

3）当出线或电源回路断路器在运行中拒动时，可以通过倒母线或用母联断路器串联故障断路器断开回路。

3. 双母线双分段接线

（1）正常运行方式：双母线并列，四段工作母线运行，母联断路器、分段断路器及其隔离开关投入运行，出线以及电源分别接在四段工作母线上。

（2）特殊运行方式：

1）当一段母线检修时，检修母线的所有出线均倒至另一条母线上，检修母线的母联断路器、分段断路器及其两侧隔离开关断开。

2）若两条母线上的电压互感器二次侧设计有并列开关，当分段断路器运行，一条母线上的电压互感器检修或故障时，二次电压可由另一条母线的电压互感器提供。

3）当某单元回路的断路器在运行过程中拒动时，可以通过倒母线将其他元件倒至一条母线运行，将故障断路器单独在另一条母线运行，用分段断路器串联故障断路器断开回路。

4. 3/2 断路器接线

（1）正常运行方式：两组母线同时运行，所有断路器和隔离开关均在合位，为闭环运行方式。

（2）特殊运行方式：

1）开环运行方式。任何一台断路器检修时，将断路器两侧隔离开关断开，将故障断路器退出运行进行检修。

2）单母线运行方式。母线检修时，断开母线上连接的断路器，拉开两侧隔离开关，类似于单母线运行，但靠近检修母线侧的单元须经两台断路器与运行母线相连，运行可靠性较低；并应考虑中、边断路器重合闸相互间的配合问题。

3）线路停电方式。线路停电检修时，如果线路单独配置出线侧隔离开关，变电设备无检修工作时，可将线路隔离开关拉开，其断路器合上，合环运行，以提高供电可靠性。此时应投入断路器的短引线保护。如果没有配置单独出线侧隔离开关，线路供电的断路器与线路同时停电。此时应退出断路器失灵保护。

三、案例

图 ZY1100101003-1 是典型的 330kV 变电站主接线图。

运行方式分析如下：

1. 正常运行方式

330kV 采用 3/2 断路器接线，共 3 个完整串，第一串为线线串、第二、三串为线变串，没有线路（或变压器）隔离开关。两台自耦变压器电压等级为 330kV、110kV、35kV。110kV 采用双母线接线，共 6 条出线和 2 条主变压器进线。35kV 采用单母线分段接线，带有站用变压器和低压补偿装置。

2. 特殊运行方式

（1）330kV 某一串开环运行：3331 断路器停电检修时，3332、3330 断路器及 2 号主变压器、仿中乙线运行，第三串开环运行，这时当 2 号主变压器故障 3332、3330 断路器跳闸，会造成仿中乙线联络中断。

（2）单母线运行。330kV 单母线运行：如 330kV Ⅰ母停电检修时，3311、3321、3331 断路器冷备用，330kV Ⅰ母线 3117 接地隔离开关在合位。3310、3330 断路器重合闸应投先重。

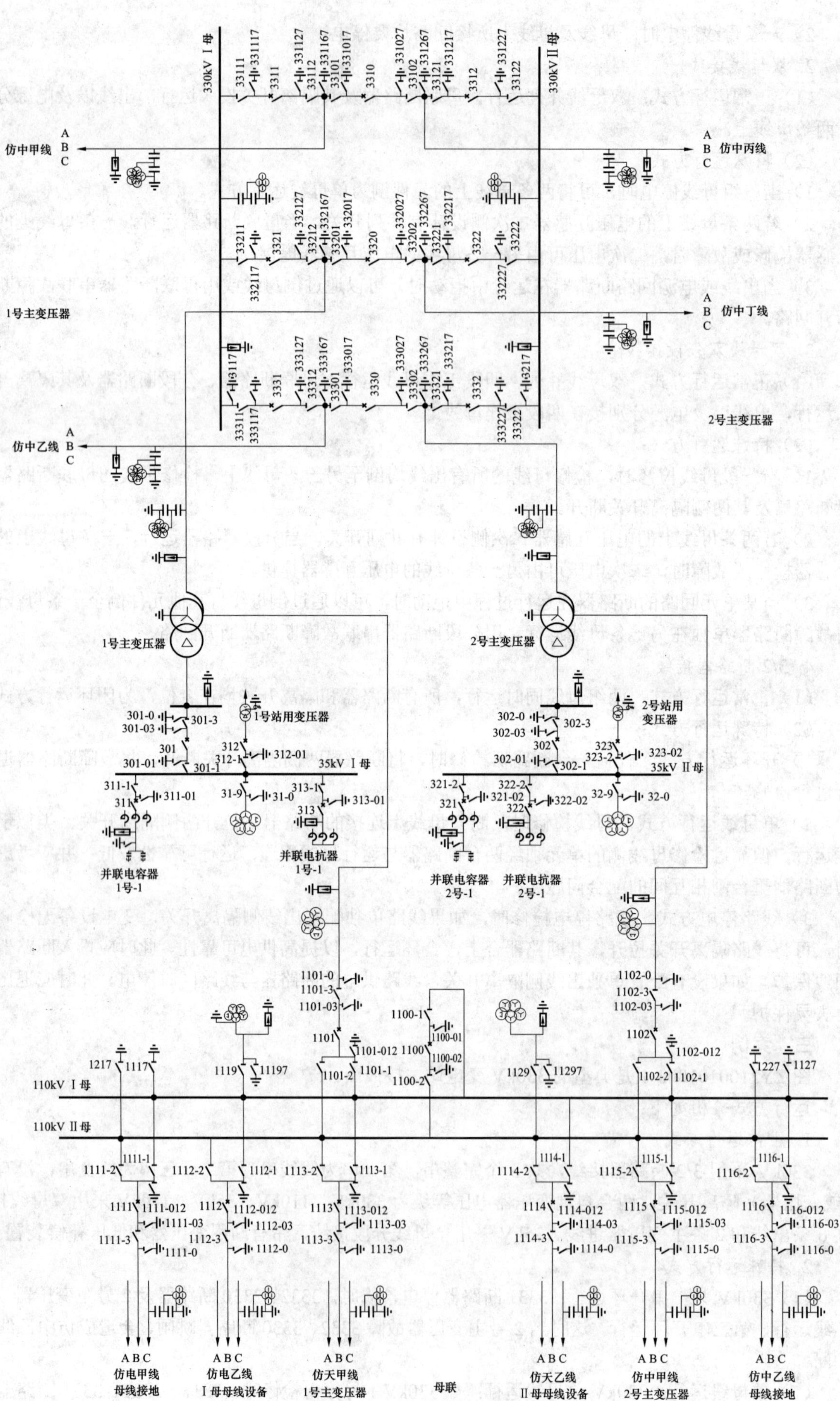

图 ZY1100101003-1 330kV 变电站典型主接线

110kV 单母线运行：将所有负荷倒至一条母线，例如 110kV Ⅰ母停电检修，Ⅱ母带所有负荷。当 110kVⅡ母有故障时会造成 110kV 全停。

（3）单台主变压器运行：当有一台主变压器停电检修时，110kVⅠ、Ⅱ母改成单母线运行方式，35kVⅠ、Ⅱ段应并列运行，该方式下站用系统较薄弱。

【思考与练习】

1. 电网正常运行方式的编制原则及运行方式编制应满足的要求是什么？
2. 改变正常运行方式有哪些规定？
3. 结合你所在 330kV 变电站的电气主接线，分析变电站的各种运行方式。

第九章 继电保护配置及二次回路

模块1 继电保护的配置及保护范围（ZY1100102001）

【模块描述】本模块介绍变电站继电保护的配置及保护范围。通过图像举例、配置介绍、分析讲解，熟悉变电站继电保护的配置和保护作用。

【正文】

继电保护装置是通过采集分析表征保护对象运行特点的物理量，主要是电压、电流等电气量，但也包括非电量来判断保护对象是否存在故障或异常工况并采取相应措施的自动装置。

根据保护对象的不同可以分为母线保护、线路保护、变压器保护、电容器保护、电抗器保护、断路器保护等。按照保护原理分为差动保护、距离保护、电压保护、电流保护等。按照保护硬件平台分为电磁型保护、感应型保护、整流型保护、晶体管保护、集成电路保护、微机保护等。

变电站继电保护经历几代发展，微机保护现已得到广泛应用。微机保护由硬件和软件两大部分构成，其中硬件系统包括数据处理单元、数据采集单元、输入/输出接口和通信接口四部分。软件系统包括数字滤波器和算法两部分。以下所涉及的保护均为微机保护。

继电保护的配置原则应当满足以下基本要求：

（1）任何电力设备和线路，任何时候都不得处于无继电保护的状态下运行。

（2）220kV 及以上的任何电力设备和线路在运行中，都必须有两套完全独立的继电保护装置分别控制两台完全独立的断路器跳闸线圈来实现保护，其目的是当任一套保护装置或任一只断路器跳闸线圈故障时，能够由另一套保护装置或另一只断路器跳闸线圈动作，从而保证完全可靠地断开故障。

（3）遵循“强化主保护，简化后备保护和二次回路”的原则进行保护配置、选型与整定。

一、330kV 变电站继电保护及自动装置的配置原则

电压等级不同，保护配置有所不同。一次主接线不同，保护配置也有所不同。330kV 常用一次主接线有角形接线、双母线接线、3/2 断路器接线，其保护配置各不相同。

角形接线是无母线的接线，不配置母线保护。当接线有隔离开关时，角形接线和 3/2 断路器接线均需要配置短引线保护，角形接线和 3/2 断路器接线均按断路器配置失灵保护；而双母线接线不需要配置短引线保护，按母线配置断路器失灵保护。

220kV 及以上电压等级应按近后备的原则配置保护，而 110kV 及以下电压等级应按远后备原则配置保护。

330kV 一般为 3/2 断路器接线，线路和变压器配置双套保护，断路器配置辅助保护包含自动重合闸（按断路器配置），一般按出线多少配置故障录波装置、故障测距装置及功角相量装置，母线配有双套母差保护。220kV 双母线接线，配置双套母差及失灵保护，每条出线配置双套保护，所有出线公用一套故障录波装置。110kV 及以下出线保护配置简单，配有单套保护带重合闸装置，110kV 母线一般为双母线接线，配置单套母差保护。

某 330kV 变电站继电保护配置图如图 ZY1100102001-1 所示。

下面分别对 330kV、220kV、110kV 电压等级的保护配置通过保护配置图进行说明，如图 ZY1100102001-2、图 ZY1100102001-3 和图 ZY1100102001-4 所示。

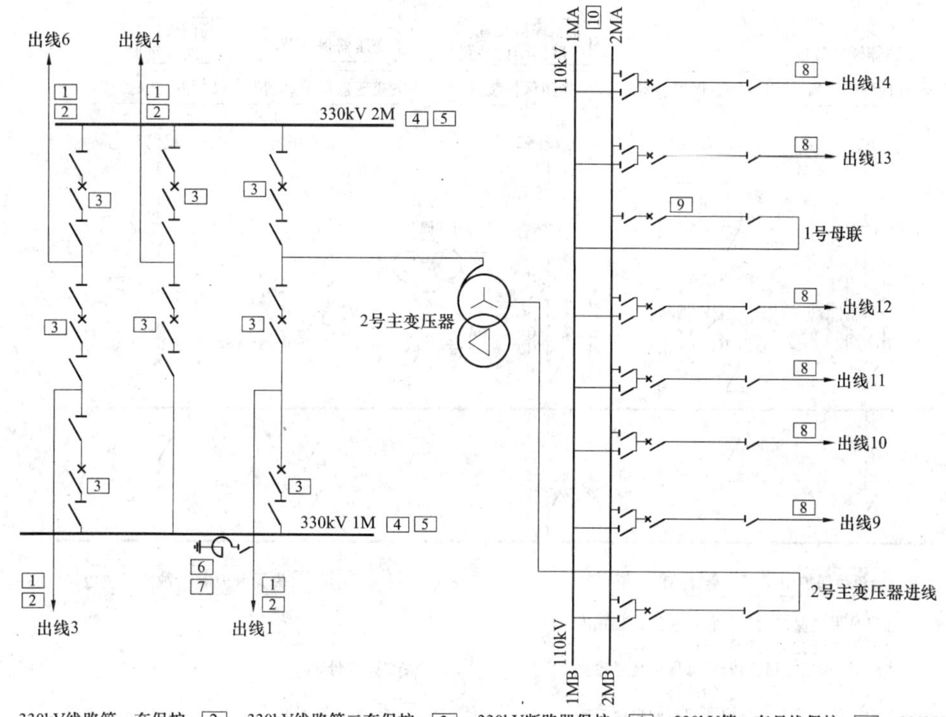

[1]—330kV线路第一套保护；[2]—330kV线路第二套保护；[3]—330kV断路器保护；[4]—330kV第一套母线保护；[5]—330kV第二套母线保护；[6]—330kV第一套高压电抗器保护；[7]—330kV第二套高压电抗器保护；[8]—110kV线路保护；[9]—110kV母联断路器保护；[10]—110kV母线及失灵保护

注：本图仅表示与本期工程有关部分的系统继电保护配置

图 ZY1100102001-1 330kV 变电站继电保护配置图

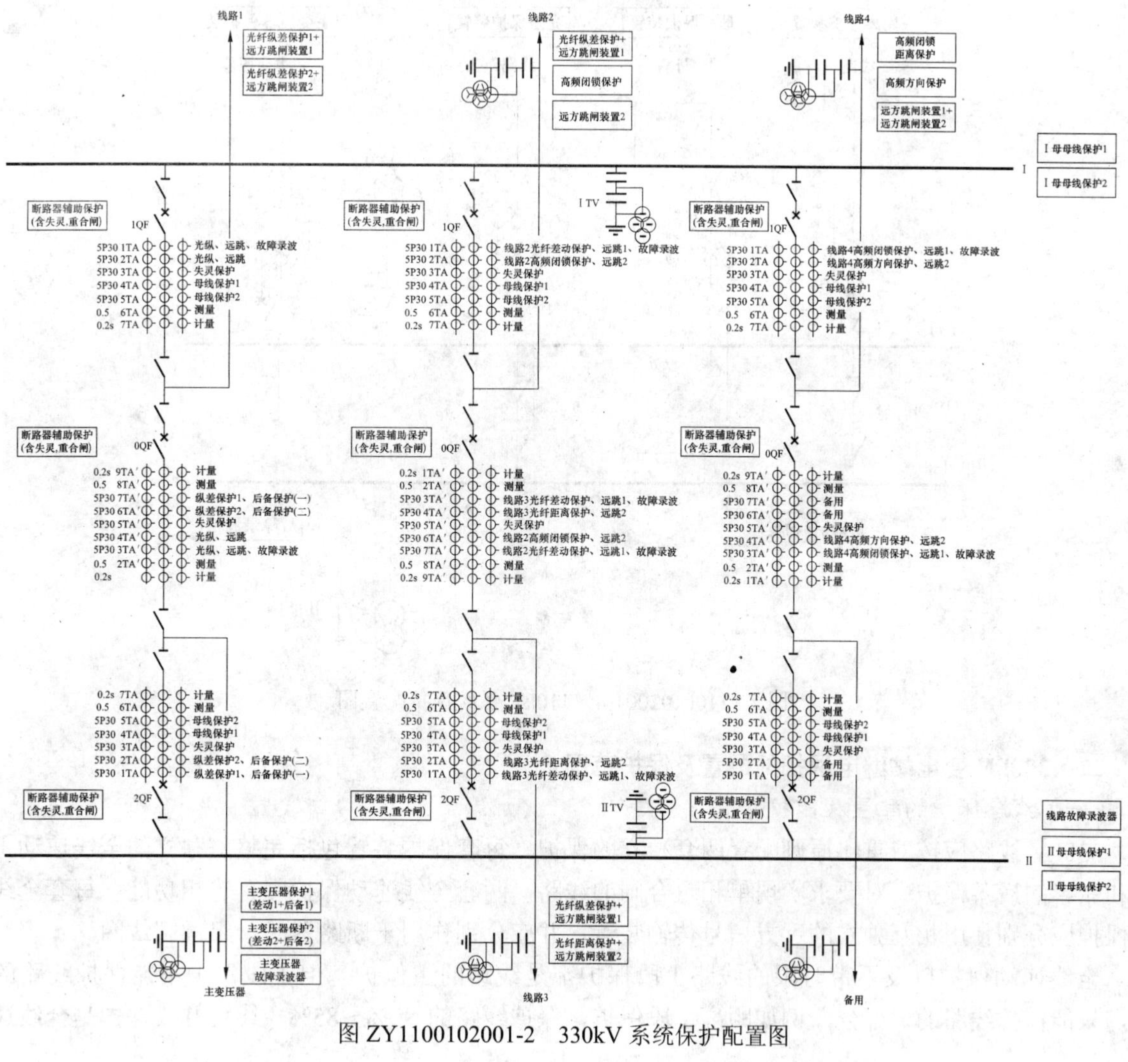

图 ZY1100102001-2 330kV 系统保护配置图

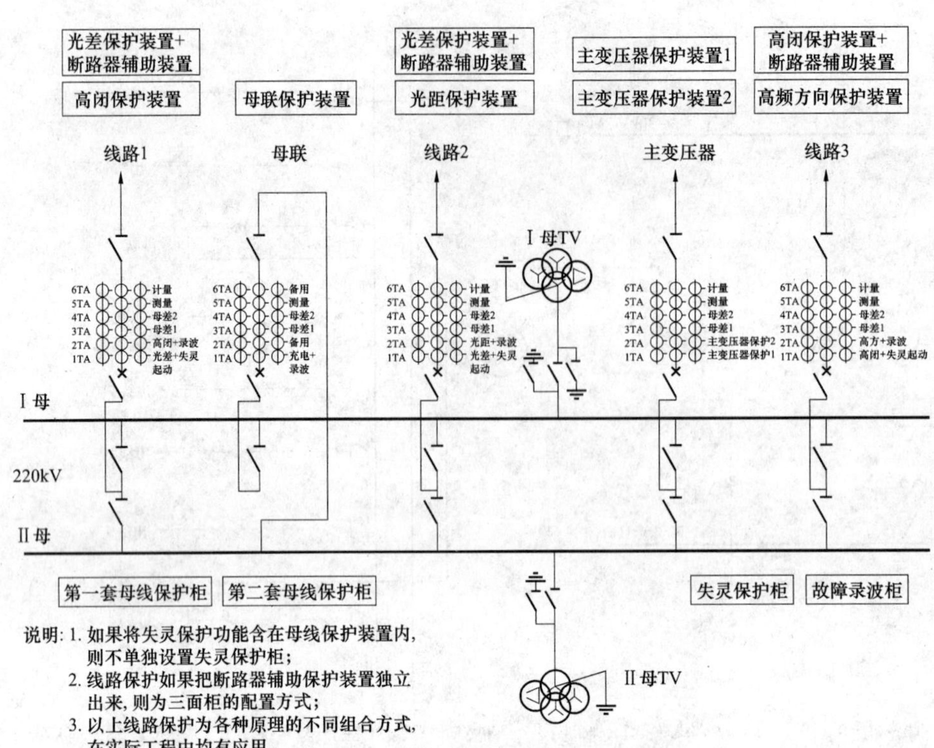

图 ZY1100102001-3 220kV 系统保护配置图

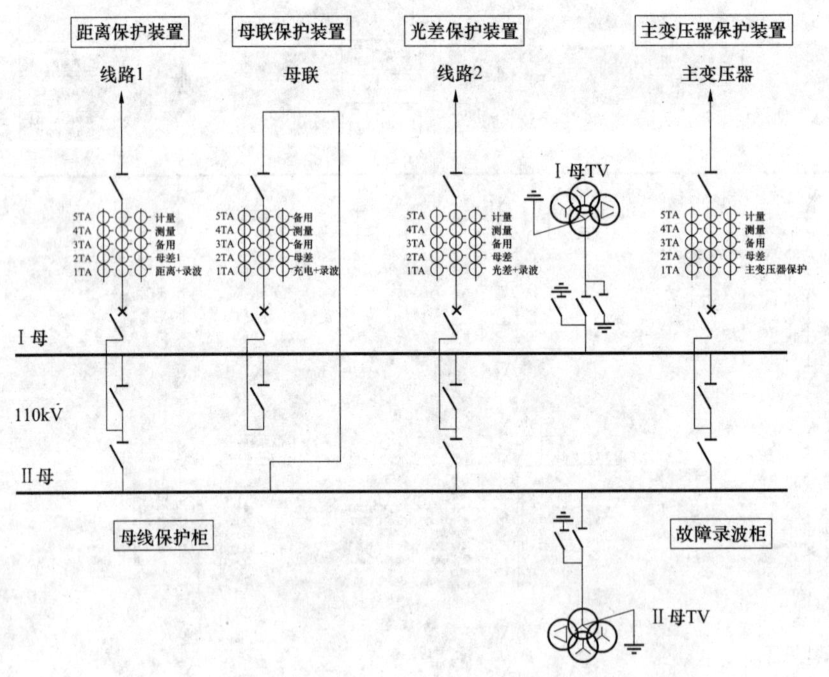

图 ZY1100102001-4 110kV 系统保护配置图

二、330kV 变电站继电保护的配置及保护范围

（一）线路保护的配置及保护范围

330kV 线路应按双重化原则配置两套独立的保护。每套保护装置包括完整、独立的全线速动主保护和完善的后备保护；对要求实现单相重合闸的线路，两套全线速动保护应有选相功能；每套全线速动保护应分别使用相互独立的远方信号传输装置，并应分别作用于断路器的一组跳闸线圈。

全线速动保护以及不带时限的线路Ⅰ段保护都是线路的主保护。但Ⅰ段保护不能保护线路的全长，只能保护线路的一部分，例如距离Ⅰ段保护，保护线路的 80%～85%。线路Ⅱ段保护是全线速动保护的近后备保护，可以保护本线路的全长，并伸入相邻线路。线路Ⅲ段保护是本线路的延时近后备保护，同时作为相邻线路的远后备保护。

为快速切除中长线路出口故障，在保护装置中专门配置有反映近端故障的辅助保护。

后备保护分为相间故障后备保护和接地故障后备保护。

相间故障后备保护配置为三段式相间距离保护；接地故障后备保护配置三段式接地距离保护和零序电流保护，为了简化后备保护配置，零序电流保护取消了Ⅰ段和Ⅱ段，只配置Ⅲ段和Ⅳ段，用于保护线路经高阻接地，且满足接地电阻不大于150Ω时保护应可靠切除故障。

330kV线路，在有些故障发生时，应传送跳闸命令，使相关线路对侧断路器跳闸切除故障。远方跳闸保护应双重化，其出口跳闸回路应独立于线路保护跳闸回路。远方跳闸应闭锁重合闸。

断路器辅助保护和重合闸均按断路器进行配置。

新技术规程和设计规范取消了综合重合闸方式，因此也取消了重合闸方式切换开关。

1. 线路主保护

（1）光纤纵差保护：光纤纵差保护为线路的全线速动主保护。反映全线路各种类型的相间、接地故障。根据故障类型，保护动作有选择地断开故障相。

它可以无时限切除线路全长范围内故障（保护安装处两侧TA之间），满足电力系统稳定需要，可以简化保护的整定配合，其缺点是不能作为相邻线路的后备保护。

（2）高频保护：高频保护由继电部分、收发信机和高频通道三部分组成。按照保护原理可分为高频方向保护和高频闭锁距离保护，高频距离、零序保护为线路的全线速动主保护。反映全线路各种类型的相间、接地故障。根据故障类型，保护动作有选择地断开故障相别。

高频方向保护只能作为被保护线路的主保护，却不能作为相邻线路的后备保护。高频闭锁距离保护在被保护线路区内故障时，具有高频方向保护的特性，能快速切除全线故障，而在相邻线路故障时，又具有距离保护的特性，起到后备保护的作用。

2. 线路后备保护

三段式相间距离保护、三段式接地距离保护和四段式零序电流保护，反映本线路及相邻线路发生各种类型故障，是主保护的近后备和相邻线路保护的远后备保护。根据故障类型，保护动作有选择地断开故障相。

（1）距离保护。距离保护是利用测量阻抗来反映保护安装处到短路点之间的距离，并根据距离的远近确定动作时限的一种保护。

距离Ⅰ段保护范围为线路全长的80%～85%；距离Ⅱ段保护范围为线路全长并延伸到下一段线路一部分；距离Ⅲ段保护范围为线路全长及下级线路（变压器）的全部或部分，除构成被保护线路可靠的后备保护外，还可以构成相邻线路的远后备保护。

（2）零序电流保护。在中性点直接接地的高压电网中发生接地短路时，将出现零序电流和零序电压。利用这些特征电气量可构成保护接地短路故障的零序电流保护。

零序电流Ⅲ段作为后备段，为本线路和相邻线路的后备保护；零序电流Ⅳ段保护作为最末一段，定值应不大于300A，最末一段保护以缩短的时限跳开本线路断路器，以防止动作时间不配合的相邻线路零序电流保护最末一段越级跳闸。

（3）TV断线保护：

1）过流保护：TV断线时，过流保护自动投入。反映本线路及相邻线路发生各种类型故障，保护动作断开断路器三相。

2）零序过流保护：TV断线时，零序过流保护自动投入。反映本线路及相邻线路发生各种不对称故障，保护动作断开断路器三相。

（4）远跳保护（过电压保护及故障启动装置）：

1）过电压保护：反映线路本端过电压。保护动作断开断路器三相，并发信启动远跳。

2）补偿过、欠电压保护：任一相电压过压或欠压（三取一方式）并收信时，保护动作断开断路器三相。

3）零负序电流保护：收到远跳信号，当零序电流大于负序电流整定值时，保护动作断开断路器三相。

4）低电流保护：收到远跳信号，当三相任一相电流低于低电流整定值时，保护动作断开断路器三相。

5）低功率因数：收到远跳信号，当三相任一相功率因数低于整定值时，保护动作断开断路器三相。

6）低功率：收到远跳信号，当三相任一相有功功率低于整定值时，保护动作断开断路器三相。

（二）主变压器保护的配置及保护范围

330kV 变电站主变压器保护按双重化配置，且两套保护配置基本相同。其两套保护的电流、电压回路独立，且分别启动断路器两个跳闸线圈。其由电气量保护和非电气量保护组成，电气量保护分主保护和后备保护。

某 330kV 变电站主变压器保护配置图如图 ZY1100102001-5 所示。

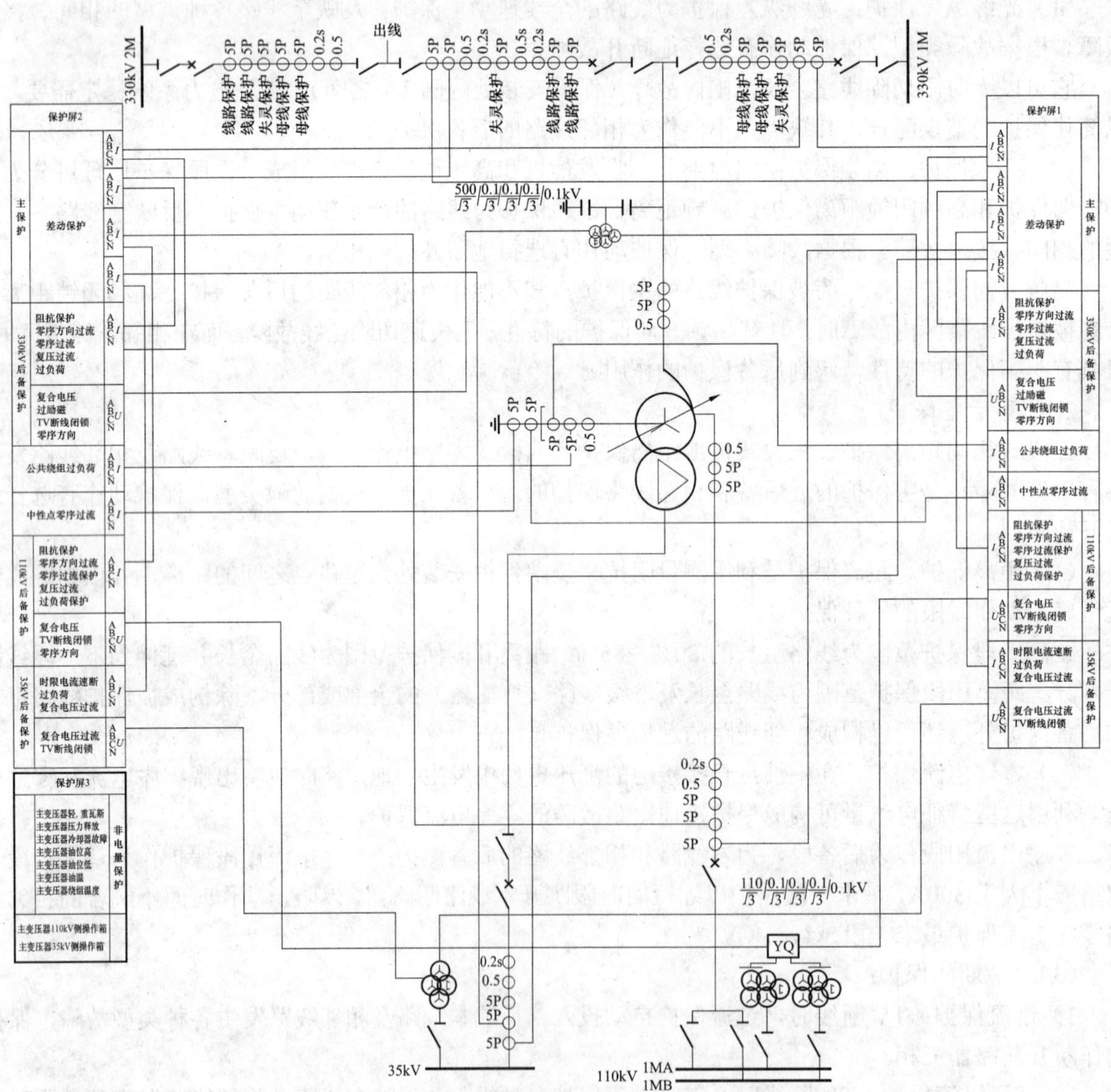

图 ZY1100102001-5　330kV 变电站主变压器保护配置图

1. 主保护

（1）差动保护：配置纵差保护或分相差动保护。对自耦变压器可配置由高中压和公共绕组 TA 构成的分侧差动保护，还可配置故障分量差动保护。

纵差保护能反映变压器各侧的各类故障。

分相差动保护能反映某一相各侧的全部故障。

分侧差动保护是将变压器的各侧绕组分别作为保护对象，但不能反映变压器各侧绕组的全部故障（不能反映匝间短路）。

故障分量差动保护能反映变压器的轻微故障。

差动保护范围为变压器各侧配置差动电流互感器之间。

（2）重瓦斯保护：反映变压器内部各种故障，是变压器本体故障的主保护，动作后跳开三侧断路器。

其保护范围包括：

1）变压器内部的多相短路；

2）匝间短路，绕组与铁芯或与外壳间的短路；

3）铁芯故障；

4）油面下降或严重漏油；

5）分接开关接触不良或导线焊接不良。

2. 后备保护

（1）高压侧后备保护。

1）复合电压闭锁过电流保护：相间故障后备保护。

反映内部、外部故障（相间）引起的变压器绕组过电流，复合电压闭锁过流方向指向主变压器，是作为变压器内部故障主保护的后备，并作为中、低压侧的复合电压过流保护的后备保护，中、低压侧线路、母线的后备保护，动作后跳三侧断路器。

2）零序过流保护：接地故障后备保护，配置二段式零序电流保护，一段带方向，方向指向母线，二段不带方向。

反映大电流接地系统接地故障引起的过电流，作为变压器和相邻元件接地故障的后备保护，动作后跳三侧断路器。330kV 变压器多采用自耦变压器，高压侧和中压侧之间有电的联系，运行时中性点必须接地，因此，当高压侧系统或中压侧系统发生接地故障时，零序电流将由一个系统流向另一个系统，为确保零序电流保护的选择性，该保护应设置有方向。

方向指向 330kV 母线的零序保护作为本侧母线及线路接地故障的后备保护，不带方向的接地保护主要作为变压器内部绕组单相接地故障的后备保护。

（2）中压侧后备保护。

1）复合电压闭锁过电流保护：相间故障后备保护，复合电压闭锁过流保护不带方向元件反映内部、外部故障引起的变压器绕组过电流，带方向复闭过流方向指向母线，可作为线路、母线保护的后备保护。通常先跳开母联断路器，再跳开本侧断路器，后跳开三侧断路器。

2）零序过流保护：接地故障后备保护配置二段式零序电流保护，一段带方向，方向指向母线，二段不带方向。

反映大电流接地系统接地故障引起的过电流，作为变压器和相邻元件接地故障的后备保护，通常先跳开母联断路器，再跳开本侧断路器，后跳开三侧断路器。

方向指向 110kV 母线的零序保护作为本侧母线及相邻线路接地故障的后备保护，不带方向的零序保护作为变压器内部接地故障的后备保护。

3）偏移特性阻抗保护：相间故障后备保护，偏移特性阻抗保护指向变压器的阻抗不伸出高压侧母线，作为变压器部分绕组故障的后备保护，指向母线的阻抗作为变压器中压侧引线、母线、相邻线路相间故障的后备保护。

反映大电流接地系统接地故障，作为变压器和相邻元件接地故障的后备保护，通常先跳开母联断路器，再跳开本侧断路器，后跳开三侧断路器。

（3）低压侧后备保护。

1）复合电压闭锁过电流保护：反映低压侧母线相间故障，作为低压侧母线主保护和低压母线所带出线的后备保护，先跳开本侧断路器，后跳开三侧断路器，作用于信号。

2）过流保护：作为变压器内部相间故障的后备保护，作用于信号。

（4）阻抗保护：相间故障后备保护，配置带偏移特性的阻抗保护。

偏移特性阻抗保护指向变压器的阻抗不伸出中压侧母线，作为变压器部分绕组故障的后备保护。指向母线的阻抗作为变压器高压侧引线、母线、相邻线路相间故障的后备保护。

反映大电流接地系统接地故障，作为变压器和相邻元件接地故障的后备保护，高阻抗差动保护动作跳主变压器三侧断路器。

高阻抗差动保护差动电流取自主变压器高、中压侧断路器独立TA和主变压器公共绕组套管TA，构成不完全差动保护，作为主变压器高、中压侧短路故障的第二套主保护，不反映主变压器低压绕组的任何故障。阻抗保护指向变压器的阻抗不伸出中压侧母线，作为变压器部分绕组相间故障的后备保护，指向母线的阻抗仅作为本侧母线相间故障的后备保护。

高压侧过励磁保护是异常运行（反映电压升高或频率降低）保护，具有定时限告警和反时限特性功能（经控制字选择是否跳闸）。

（5）中性点零流保护（无方向，带二次谐波制动）：作为中性点接地系统侧绕组及系统接地故障后备，由两个时限段组成，第一时限跳中压侧母线分段断路器、母联断路器（该回路已解除），第二时限动作跳主变压器三侧断路器并启动高、中压侧断路器失灵保护。

3. 其他电量保护

（1）公共绕组零序过流保护：主要作为变压器公共绕组接地运行时接地故障后备保护。保护动作后跳开三侧断路器，作用于信号。

（2）过励磁保护：过励磁保护主要是防止过电压和低频率对变压器造成的损坏。过励磁保护分为定时限及反时限过励磁，保护动作后直接跳开主变压器三侧断路器。

（3）过负荷保护：由于自耦变压器低压侧的额定容量比其他两侧小，故容易过负荷，因此应在低压侧设置过负荷保护。当自耦变压器高压侧和中压侧接有大电源时，由于运行时可能由大电源侧向其他两侧供电，该侧容易过负荷，故应在变压器三侧均装设过负荷保护。

反映变压器对称过负荷，其延时动作于发信号。

4. 其他非电量保护

（1）压力释放：反映变压器内部严重故障导致内部压力急剧增大，致使变压器严重变形，通过检测微小压力差而动作，动作后跳开三侧断路器。

（2）绕组温度高：反映变压器内部绕组温度过高，危及主变压器安全，动作后跳开变压器三侧断路器。

（3）油温高：反映变压器油温过高，危及主变压器安全，动作后跳开变压器三侧断路器。

（4）油位异常：防御变压器油位过高或过低，危及主变压器安全，动作后跳开变压器三侧断路器。

（5）风冷全停跳闸保护：反映变压器冷却装置故障后，变压器温度迅速升高，动作后跳开变压器三侧断路器。

（6）主变压器轻瓦斯保护：监视变压器内部轻微故障的保护，动作后只发信号。

（二）母线保护的配置及保护范围

母线保护反映母线及母线至电流互感器范围内相间及接地故障。

对3/2断路器接线每条母线配置两套母线保护；对双母线接线应配置两套母线保护；双母双分段接线可以看作两组双母线接线，需要用两套母差保护的组合来对四段母线的保护，实现对双母双分段接线的双重化保护。110kV根据需要配置1套母差保护。

母线保护的配置通常包括母线差动保护、母线充电保护和母联断路器保护，对双母线接线还包括断路器失灵保护。双母线接线的母差保护应经复压闭锁，而3/2断路器接线的母差保护可以不经复压闭锁。

（1）母线差动保护：是保护母线自身的各种故障，保护的范围是保护母线及母线至各支路电流互感器的区域之内的各类故障。正常情况下，所有支路的电流和为零，母线区内发生接地或短路故障后，所有支路的电流和不为零，当所有支路的电流和的绝对值和各个支路绝对值的和的比值大于整定值时保护动作。

（2）母线充电保护：是辅助保护，对主保护起补充作用或辅助作用。

（三）断路器辅助保护的配置及保护范围

330kV 接线为 3/2 断路器接线方式时，断路器配置数字式断路器辅助保护，其中包括断路器失灵保护、断路器三相不一致保护、死区保护、充电保护、综合重合闸等。

（1）三相不一致保护：反映断路器非全相运行而设置的一种保护，保护动作延时跳三相断路器。应使用断路器机构箱的三相不一致保护，只有当机构箱没有三相不一致保护，才使用断路器辅助保护中的三相不一致保护。

断路器机构箱的三相不一致保护是非电量保护（本体保护），由断路器的三相辅助触点来判别断路器是否出现三相不一致。而断路器辅助保护中的三相不一致保护是电气量保护，通过零序电流或负序电流判别是否有断相使得三相不一致。

（2）失灵保护：反映系统发生故障保护动作出口断路器拒动设置的一种保护，母线边断路器失灵保护动作延时启动母差保护跳所有相邻母线的断路器，同时失灵保护动作延时跳相邻中断路器。失灵保护动作后启动相应线路远跳装置，用以启动对侧线路保护跳闸。中断路器失灵，失灵保护动作延时启动相邻边断路器，同时失灵保护动作后启动相应线路远跳装置，线路对侧跳闸。

（3）充电保护：反映断路器合在故障线路或母线上而设置的一种保护，仅在断路器给线路充电时起作用，正常后该保护退出。

（4）死区保护：本保护主要是为了保护母线侧 TA 和断路器之间的死区而设置的。断路器与电流互感器之间的故障如图 ZY1100102001-6 所示。

当短路故障发生在 K_1 或 K_3 点时，故障点处于线路保护区外，但在两侧母线差动保护的动作区内。母差保护动作跳开 1QF 或 3QF，但此时故障并没有消除，应由 1QF 或 3QF 的死区保护将 2QF 跳开，同时启动远方跳闸装置，跳开线路 L1 或 L2 对侧断路器。

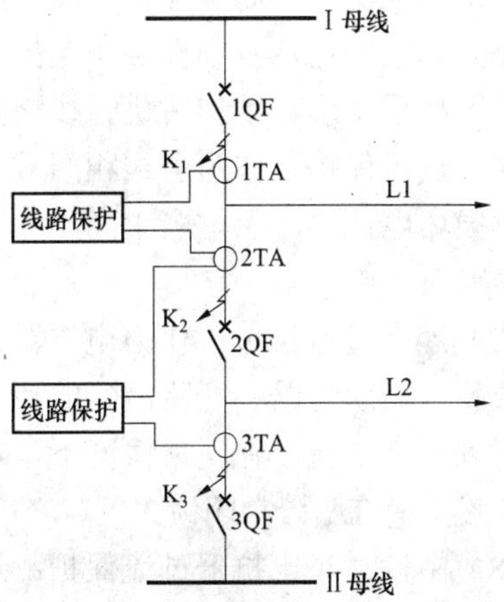

图 ZY1100102001-6　母线侧 TA 死区故障示意图

（5）综合重合闸：分单相重合、三相重合、综合重合和停用四种方式。

单相重合：单相故障，故障相单相跳闸单相重合，重合在永久故障时跳三相。相间故障三相跳闸不重合。

三相重合：线路上发生任何故障均三相跳闸三相重合。

综合重合：单相故障，故障相单相跳闸单相重合，相间故障三相跳闸三相重合。

停用：退出本装置重合闸功能。

重合闸的优先级：

在 3/2 断路器接线方式情况下，线路故障时，要断开两台断路器。在重合时，为了减少断路器的动作次数，缩短永久性故障的切除时间，在故障断开后，一般采用先后合闸方式进行重合闸，即两台断路器预先指定一台断路器作为“先合断路器”。重合闸时，“先合断路器”合闸后，如故障已经消除，经一定延时后再合另一台断路器。如果是永久性故障，“先合断路器”合闸不成功，线路保护动作并同时向两台断路器发出跳闸命令，“后合断路器”不再重合。

（四）短引线保护

短引线保护采用电流比率差动方式，由两段和电流过流保护构成。保护出口正电源由线路隔离开关的辅助触点与装置的启动元件共同开放。所以只有装有线路隔离开关的 3/2 接线才会装设短引线保护，其保护范围为线路两断路器 TA 至线路隔离开关间，只有当两台断路器之间所连接元件（线路或变压器）停运，而断路器运行时，投入短引线保护。

（五）高压并联电抗器保护的配置及保护范围

330kV 变电站电抗器主要分为 330kV 并联电抗器和 35kV 电抗器，两者的用途不同，保护的配置也不同。

1. 330kV 并联电抗器保护

330kV 并联电抗器（俗称高抗）用来防止线路出现过电压。

330kV 并联电抗器保护配置双重化的主、后一体高抗电气量保护和一套非电量保护。线路高抗和母线高抗的保护配置略有不同，线路高抗通常接有中性点小电抗，用以减轻单相重合闸过程潜供电流的影响，因此要配置中性点电抗器的后备保护。而母线高抗无中性点电抗器的后备保护。

除了非电量保护外，保护应双重化配置，一般按 1～2 面屏配置。并联电抗器一般都为油浸式电抗器，针对不同的故障及异常运行方式，装设相应的保护。

并联电抗器主保护配置差动保护、零序差动保护、匝间短路保护，主要保护电抗器内部的接地故障、引线相间故障和匝间故障。后备保护要配置过电流保护、零序过流保护，作为电抗器内部接地故障和引线相间故障的后备保护。此外并联电抗器还配置过负荷保护，反映电压升高导致的电抗器过负荷，延时发信。

（1）分相式差动保护：反映电抗器内部各种故障，但不能保护匝间短路。因此一定要加配匝间保护。

（2）零序比率差动保护：电抗器的零序差动保护能灵敏地反映电抗器内部接地故障。

（3）匝间短路保护：反映电抗器内部匝间短路。保护并联电抗器组避免由于内部绕组击穿短路损坏电抗器。保护采集高压端电流信号和母线电压（或线路电压）信号。通过计算阻抗和初始阻抗相比较，超过定值时保护动作，保护有 TV 异常和 TA 异常闭锁功能。

（4）并联电抗器及中性点小电抗重瓦斯保护：防御电抗器内部各种故障，如单相绕组间发生匝间短路、铁芯烧伤、铁芯接地、油面下降，动作后跳开线路两侧断路器。

（5）并联电抗器及中性点小电抗压力释放：防御电抗器内部严重故障导致内部压力急剧增大，致使电抗器严重变形，动作后跳开线路两侧断路器，一般情况下该保护投发信位置。

（6）过流保护：作为引线相间故障的后备保护。过流保护在并联电抗器组过电流时动作，防止过电流时损坏电抗器。保护采集高压端电流信号，发生故障时，保护动作，跳开线路本侧断路器，并且远跳线路对侧断路器。

（7）零序过流保护：作为电抗器接地故障的后备保护。零序过流保护为并联电抗器组发生接地、内部故障或相间短路、开路故障的后备保护，使其免受短路故障的损坏。保护采集低压端电流信号，相加得到零序电流。在正常情况下，零序电流接近于零，发生故障时，零序电流增大。保护为定时限特性，设置有 TA 异常闭锁。

（8）中性点小电抗器过流保护：反映三相不对称引起的中性点电抗器过电流。电流取自小电抗器套管电流互感器。

（9）中性点电抗器过负荷保护；反映过电压引起的过负荷，延时发信号。

（10）非电量保护：电抗器本体非电量保护在各相电抗器及中性点小电抗器的重瓦斯继电器、温度或压力异常故障时动作，保护电抗器本体，保护采集来自本体检测器件的非电量信号。反映瓦斯气体、压力、油温、绕组温度，跳闸与否由软压板决定。并联电抗器本体的重瓦斯跳闸启动、压力释放跳闸启动、绕组过温跳闸启动、油温高跳闸启动及中性点小电抗的重瓦斯跳闸启动、压力释放跳闸启动、油温高跳闸启动，以上保护投入对应的跳闸连接片时才会启动跳闸，连接片退出时只发信号不跳闸。

电抗器本体非电量保护同时还具有电抗器本体轻瓦斯、油温高报警、本体油位异常报警和小电抗器轻瓦斯、油温高报警、油位异常报警功能。

2. 35kV 电抗器保护配置

35kV 电抗器（俗称低抗）用于系统无功电压调节，安装在 330kV 变压器的 35kV 母线侧。一个 330kV 变电站可能配置多组 35kV 电抗器。35kV 电抗器一般为干式电抗器，保护配置相对简单，主要为过流保护、零序过流、欠流保护、低电压保护等后备保护。一般几组低压电抗器保护组在一面屏中，甚至电抗器保护和电容器保护组在同一面屏中。

（六）电容器保护的配置及保护范围

35kV 电容器安装在 330kV 变电站的 35kV 母线侧，进行无功电压调节。

（1）熔丝保护：主要用于单只电容器保护，不影响整组运行，只要故障相电压不超过 1.1 倍额定电压，就可继续运行，熔丝的额定电流可为电容器额定电流的 1.5～2.0 倍。

（2）过流保护：主要是防止电容器组过负荷运行。

（3）不平衡电流保护：当电容器组为双星形接线时，通常采用中性线电流平衡（横差）保护，保护延时 0.2s 动作于跳闸。主要防止单只电容器在一相中损坏过多，造成双星形阻抗破坏；同时也可防止因电网电压不平衡而造成的电流差过大。

（4）不平衡过电压保护：多用于单星形接线的电容器组，以防止三相电压不平衡，造成中性点偏移，也叫电压差保护。

（5）零序电压保护：当电容器组为三相星形接线时，带一定延时 0.2～0.5s，动作后只发信号。

（6）零序电流保护：当电容器组接成单三角形接线时可采用。零序电流保护适用于总容量较小的电容器组。

（7）横差电流保护：适用于每相两分支、双三角形接线的补偿电容器组，采用速断方式。

（8）差电压保护：用于三角形接线或星形接线的电容器组的反映故障段和正常段电压差构成的电容器内部故障的保护。

（9）过电压保护：主要防止工频过电压和大气过电压，带时限动作于信号或跳闸。反映电容器组端电压增高（高于 1.1 倍电容器额定电压动作于信号，高于 1.2 倍电容器额定电压延时 5～10s 动作于跳闸）。

（10）低压保护：电压降低延时动作，防止电容器带电荷合闸损坏电容器。动作时间应考虑同级母线上的其他出线故障时，在故障切除前不应先跳闸；当有备用电源自投装置时在自动投入电源前或上级线路重合闸投入前应跳闸。

三、330kV 变电站自动装置的配置及功能

电力系统发生故障时，继电保护装置动作切除故障之后可能引起电力系统无功和有功的不平衡或是电力设备的超载运行，有可能导致系统的稳定破坏或设备的损坏。安全自动装置通过采集相关间隔的电压、电流及位置信息，分析电力系统是否存在影响安全稳定的隐患并执行预先设置好的策略，如切除机组、切除负荷等以达到防治电力系统失去稳定性和避免电力系统发生大面积停电的目的，包括低频低压切负荷、过载联切、振荡解列、失步解列等。安全自动装置的基本工作原理和继电保护装置是相同的。

（一）按频率（电压）自动减载装置

电力系统在各种可能的扰动下失去部分电源（如切除发电机、系统解列等）而引起频率降低时，低频减载装置将频率降低限制在短时允许范围内，并使频率在允许时间内恢复至长时间允许值。低频减载是限制频率降低的基本措施，电力系统低频减载装置的配置及其所断开负荷的容量，应根据系统最不利运行方式下发生事故时，整个系统或其各部分实际可能发生的最大功率缺额来确定。自动低频减载装置的类型和性能如下：

（1）快速动作的基本段，应按频率分为若干级，动作延时不宜超过 0.2s。装置的频率整定值应根据系统的具体条件、大型火电机组的安全运行要求，以及由装置本身的特性等因素决定。提高最高一级的动作频率值，有利于抑制频率下降幅度。

（2）延时较长的后备段，可按时间分为若干级，启动频率不宜低于基本的最高动作频率。装置最小动作时间可为 10～15s，级差不宜小于 10s。

（二）无功电压自动投切装置

330kV 变电站的 35kV 母线侧都会根据系统电压调节需要配置几组电容器和电抗器，用于无功补偿。电抗器、电容器应有自动投切功能。因此，330kV 变电站中配置电抗器自动投切装置和电容器自动投切装置。装置采集 330kV 侧电压、电流、功率因素等信息，根据既定的策略进行判断作出相应的决策，投切相应的电容器和电抗器。每台 330kV 变压器配置一台电容器（电抗器）投切装置。

低压无功自动投切功能宜由监控系统实现，如不满足系统要求，可装设一套低压无功自动投切装置。

（三）同期装置

当两个系统并网时首先要判断两个系统的频率、相序、幅值是否一致，否则并网后会出现很大的冲击电流对系统造成危害。因此在系统并网时需要经过同期判别，同步检测断路器两侧电压的幅值、相位和频率，并发出同期合闸启动或闭锁信号。在非综合自动化变电站中同期是个独立的自动装置。330kV 综合自动化变电站中，同期功能由测控单元实现，目前 330kV、220kV 各断路器测控单元均具有同期功能，不需要同期的断路器，可以通过控制字及压板退出同期功能。

（四）故障录波装置

电力系统故障录波器主要在变电站中用作记录和分析电网故障。其记录的电网参数除对一般参数，如电流、电压、开关量的记录外，还对有关元件的有功、无功、非周期分量的初值电流及其衰减时间常数、系统频率变化及各种参数变化的准确时间进行记录。其作用除了用于检测继电保护及安全自动装置的动作行为外，还用于分析动作过程中各电气量的变化规律、校核电力系统计算程序和模型参数的正确性。

故障录波器应具有事件记录功能，其分辨率不劣于 1ms，保护装置与通道设备的输入输出联系、分相和三相跳闸、启动失灵、启动重合、合闸、远方跳闸、开关位置等均应接入事件记录。故障录波器应具有远传功能，配置相应的设备、通信和分析软件，同时应能提供标准的 COMTRADE 格式的录波数据文件。故障录波器应能接收 GPS 的 IRIG-B 时钟同步信号。

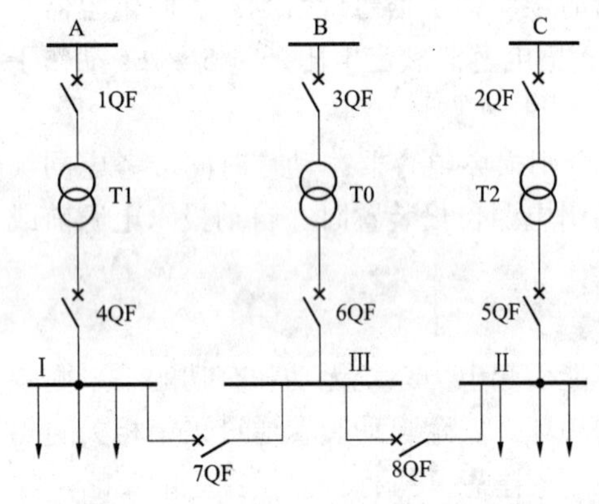

图 ZY1100102001-7 备用变压器自动投入装置的一次接线图

（五）备用电源自动投入装置（380V 站用电备自投）

当站用变压器 380V 侧工作电压消失，站用备用变压器高压侧有电压时，自动投入站用备用变压器高压侧断路器和 380V 站用备用分支断路器。

如图 ZY1100102001-7 所示为备用变压器自动投入装置的典型一次接线，图中正常运行时 6QF、7QF、8QF 在断开状态，变压器 T0 作 T1、T2 的备用。

备用电源自动投入装置是保证供电可靠性的重要设备。电源备自投装置采集断路器位置、电压、电流等信息，如判断出配电装置已失去主电源将自动合上备用电源。

【思考与练习】

1. 330kV 变压器保护配置和要求有哪些？
2. 330kV 线路一般装设哪些主保护和后备保护？
3. 什么是高频保护？为什么要采用高频闭锁距离和高频闭锁零序保护？
4. 什么是距离保护？各段的保护范围如何？
5. 高压并联电抗器一般装设哪些保护？其保护范围如何？

模块 2 二次回路的识读（ZY1100102002）

【模块描述】本模块介绍电压互感器、电流互感器、控制回路等二次回路识读知识。通过对识读过程的详细介绍，熟悉二次回路，能正确分析二次回路异常。

【正文】

二次设备是对电力系统及电力设备进行工况监视、运行方式控制、调节及保护等所需低压设备的总称。将二次设备相互连接，构成对一次设备进行监视、控制、调节及保护的回路，称之为二次回路。

二次回路通常包括用以采集一次系统电压、电流信号的交流电压回路、交流电流回路，对断路器及隔离开关等设备进行操作的控制回路，对主变压器分接头进行控制的调节回路，用以反映一、二次设备运行状态、异常及故障情况的保护和信号回路，供二次设备工作的电源系统等。

一、电流电压回路

（一）交流电流回路

1. 测量仪表的电流回路接线

相同一次回路的各种测量仪表的电流回路应串联在一起，供测量仪表电流回路的电流互感器按不完全星形或完全星形方式接线。串联的顺序应考虑使电流回路的电缆最短。一般的顺序是电流表、功率表、电能表、记录型仪表、变送器等。

测量仪表用的电流互感器二次侧中性点在配电装置处一点接地。各回路的测量表计电流回路通常用一根专用电缆，由配电装置的电流互感器端子箱引至表计屏。

2. 保护用电流互感器的二次回路接线

保护用电流互感器的二次回路接线要根据继电保护的装置要求而确定。一般来说，过电流保护、阻抗保护、高频保护、母线差动保护、变压器差动保护的三角形侧电流互感器都采用星形或不完全星形接线。而变压器差动保护为了使各侧的电流相位匹配，要求星形侧的电流互感器二次侧接成三角形，在某种情况下为了滤掉零序电流，也采用三角形接线。为提高主保护的可靠性，220～500kV 线路主保护、220～500kV 变压器差动保护、220～500kV 母线保护都要求由单独的电流互感器二次绕组供电，尽可能不与其他保护共用电流互感器的二次绕组。当继电保护和测量仪表共用电流互感器同一个二次绕组时，应按以下原则配置：

（1）保护装置在测量仪表之前，避免校验仪表时影响保护装置工作。

（2）当电流回路开路能引起继电保护装置不正确动作，在没有有效的闭锁和监视时，仪表必须经中间电流互感器连接。当中间电流互感器二次回路开路时，保护用电流互感器误差应不大于 10%。

保护用电流互感器二次侧应设一个接地点，一般在配电装置经端子接地。有几组电流互感器连接构成的保护电流互感器二次回路应在保护屏上设一个公共接地点。

（二）交流电压回路

（1）保护测量仪表共用电压小母线方式：这种接线每组电压互感器一般设 5 条电压小母线，从配电装置的电压互感器二次绕组至主控室的电压小母线，引一条共用的电缆，继电保护和测量仪表的电压回路都接在共用的电压小母线上。这种接线一般用于出线回路较少、电压回路负载较轻或电压回路连接电缆较短的户内式配电装置电压回路，也可用于线路专用电压互感器。

（2）保护和测量仪表分别设电压小母线方式：保护用电压回路和测量仪表用电压回路在配电装置的电压互感器端子箱处分开。各回路设置独立的保护设备、连接电缆、切换回路和小母线。这种接线方式可用于 10～220kV 母线电压互感器接线。

（3）采用具有两个主二次绕组的电压互感器：两个主二次绕组可供继电保护和测量仪表，一个剩余电压绕组可接成开口三角形，供接地保护和同步用。这种电压互感器能使测量仪表与继电保护的电压回路彻底分开。此种接线方式可用于 220～500kV 母线电压互感器接线。

二、330kV 断路器控制回路

（一）断路器的控制回路应满足的基本要求

（1）能进行手动跳合闸和由保护及自动装置的跳合闸，且在跳、合闸动作完成之后能自动断开跳、合闸回路。

（2）应有断路器的位置状态指示信号及自动跳、合闸信号。

（3）能监视直流电源及下次操作时对应回路的完好性。

（4）具有防止断路器多次重复动作的防跳回路。

（5）当对具有单相操动机构的断路器进行三相操作时，应具有三相位置不一致信号。

（6）应有完善的跳、合闸闭锁回路。

（7）对于具有两组跳闸回路的断路器，其控制回路应由两路相互独立的直流电源供电。

（二）操作箱的组成及作用

变电站内对断路器分闸、合闸控制，是通过断路器控制回路实现的。为实现对断路器的分合闸操作，必须包括执行分闸、合闸命令的执行控制回路，来联系分闸、合闸命令与断路器的操动机构。这一重要的中间电气连接器件，称为操作箱。这一相关的电气连接电路叫控制回路。

按操作箱的结构原理，操作箱分为继电器式的四统一操作箱和箱体式的操作箱。按操作箱的作用原理，操作箱分为三相操作箱和分相操作箱。

“四统一”的操作箱一般由下列继电器组成：① 监视断路器合闸回路的合闸位置继电器及监视断路器跳闸位置继电器；② 防止断路器跳跃继电器；③ 手动合闸继电器；④ 压力监视或闭锁继电器；⑤ 手动跳闸继电器及保护三相跳闸继电器；⑥ 一次重合闸脉冲回路；⑦ 辅助中间继电器；⑧ 跳闸信号继电器及备用信号继电器。

新型集合式的操作箱也是按照保护“四统一”设计原则设计而成的，它是集继电器为一体的操作装置，可实现分相操作、三相操作断路器机构操作功能，并且可配有双组跳闸回路，供双跳闸线圈的断路器使用。操作箱一般由下面几个回路构成：

1. 手动合闸及重合闸回路

当手动合闸或重合闸送来的合闸触点闭合时，通过相应的手合继电器，重合闸重动继电器动作后。相关的合闸继电器触点接通相应的断路器 A、B、C 三相合闸回路实现断路器的合闸工作。同时按照保护原理要求，把相关的动作触点送给保护，作其他功能配合，发信号及“手合加速，手合放电”等。

2. 三相跳闸回路

（1）允许启动重合闸的三相跳闸回路。在某种情况下，保护三相跳闸后仍发合闸，这种情况通过保护三相跳闸触点接到该回路。启动中间继电器，动作后分别去启动 A、B、C 三个分相跳闸回路及其他回路。

（2）不允许启动重合闸的三相跳闸回路。当保护动作三相跳闸不允许重合闸时，可经该回路去三相跳闸，将三相跳闸触点分别接到跳闸继电器，实现动作断路器三相跳闸并闭锁重合闸。

手动跳闸时，触点闭合，相关手合继电器动作，其触点闭合实现断路器 A、B、C 分相跳闸。

3. 分相跳闸回路

（1）合闸位置继电器。当断路器处于合闸时，跳闸回路的断路器辅助触点闭合，合闸位置继电器动作，其有关触点闭合分别送给保护、重合闸及有关信号回路。

（2）跳闸回路。当保护单相跳闸时，保护分相跳闸触点闭合，当保护三相跳闸时启动中间继电器。此时跳闸回路接通，串在跳闸回路中的跳闸保持继电器及信号继电器动作，且通过跳闸保持继电器的触点跳闸，信号自保持，直到断路器跳开，断路器辅助触点断开。当手动跳闸时不启动信号继电器仅启动跳闸保持继电器。

（3）气压闭锁回路。在断路器分闸前若是气压降低禁止分闸，则继电器返回，此时跳闸回路正电源断开，尽管有跳闸信号也无法跳闸。如果在分闸过程中气压低，则由于跳闸保持继电器已动作在先，跳闸回路仍然接通，仍可实现可靠跳开断路器。

4. 分相合闸及防跳回路

（1）跳闸位置继电器。当断路器处于跳位时，合闸回路的断路器辅助触点闭合，跳闸位置继电器动作，其有关触点闭合分别送给保护、重合闸及有关信号回路。

（2）合闸回路。当自动重合闸或手动合闸时，自动合闸继电器或手动合闸继电器动作。此时合闸回路中继电器动作且自保持，直到断路器合上，断路器辅助触点断开。

（3）防跳回路。当装置进行分闸操作时，跳闸保持继电器动作，其触点送到合闸回路去启动跳闸保持继电器，若合闸触点存在，再由其实现自保持。跳闸保持继电器中任一个动作均可断开合闸回路，这样手合或重合到永久故障上，而且合闸信号比较长时，就可以防止断路器多次重合。

5. 跳合闸信号回路

（1）重合闸信号。当自动重合闸时，自保持继电器动作线圈励磁，继电器动作且自保持，其一对动合触点闭合，去启动重合闸信号灯，当按下复归按钮时，自保持继电器复归，重合闸信号复归。

（2）跳闸信号。当保护跳闸时，串入跳闸回路中的跳闸信号继电器动作，其触点去启动自保持线圈继电器。该继电器动作且自保持，其一对触点去点亮信号灯，另一对触点去启动一重动继电器送出的跳闸信号，当按下复归按钮时，保持继电器复归，跳闸信号返回。

6. 气压低闭锁回路

（1）压力异常禁止操作。当压力异常禁止操作时，断路器对应的触点闭合。此时继电器动作，一方面令断开跳合闸回路正电源，从而闭锁跳合闸回路，另一方面给出压力异常禁止操作信号。

（2）跳闸压力闭锁。当压力降低禁止跳闸时，断路器有关的触点闭合，此时继电器失磁返回，其动合触点断开跳合闸回路正电源，并发出中央信号。

（3）合闸压力闭锁。当压力降低禁止合闸时，断路器有关的触点闭合，此时继电器失磁返回，从而闭锁合闸回路，并发出中央信号。如果在合闸过程中气压降低，由于合闸时带一定延时（0.3s），仍能保证可靠合闸。

（4）重合闸压力闭锁。当压力降低禁止合闸时，断路器有关的触点闭合，此时继电器失磁返回，一方面经重合闸放电，另一方面给出相应信号。如果在合闸过程中气压降低，由于合闸时带一定延时（0.3s），仍能保证可靠重合闸。

（三）330kV 断路器控制回路识读

下面以某 3/2 断路器接线 330kV 母线侧断路器控制回路为例介绍断路器控制回路的识读，330kV 断路器控制回路是分相操作，有两组跳闸回路，为了便于识读，以一相断路器的一组回路为例讲解动作过程。

图中所接电气元件的作用如下：

（1）1TQ、2TQ、1TJR、2TJR 为跳闸继电器；

（2）1STJ、2SHJ 为手跳、手合继电器；

（3）1JJ、2JJ 为电源监视继电器；

（4）2YJJ、3YJJ 为延时继电器；

（5）TWJ 为跳位继电器；

（6）HWJ 为合位继电器；

（7）HBJ 为合闸保持继电器；

（8）TBJ 为跳闸保持继电器；

（9）TJQ、TBJ、TJR 为中间继电器；

（10）K26、K10 为压力闭锁继电器；

（11）K63、K61、K16 为三相不一致继电器；

（12）K77、K100 为就地分闸、合闸继电器；

（13）K75LA、K75LB、K75LC 为防跳继电器；

（14）R_{47LA}、R_{47LB}、R_{47LC} 为限压电阻；

（15）Y1LA、Y1LB、Y1LC 为合闸线圈；

（16）Y3LA、Y3LB、Y3LC 为分闸线圈；

（17）V77、V100、V75、V61、V26、V10 为限压电阻；

（18）B4LA、B4LB、B4LC 为断路器 SF_6 气体压力触点；

（19）S1LA、S1LB、S1LC 为断路器辅助位置触点，S4 为断路器辅助触点；

（20）SB 为合闸按钮；

（21）R_{HHJ} 为合闸电阻；

（22）KSH 为远方就地切换把手；

（23）BS 为五防电气锁。

1. 手动合闸和远方合闸回路（见图 ZY1100102002-1）

在断路器处于分闸位置时，断路器动断辅助触点闭合，一旦手动合闸或远方合闸触点动作，合闸回路接通，合闸保持继电器 HBJ 动作，并由 HBJ 触点实现自保持，直到断路器合闸，动断辅助触点断开。

合闸和启动合闸保持继电器 HBJ：4D1→n101→BS①②（五防）→KSH③④（远方就地切换把手）→SB①②（合闸按钮）→QP→2YJJ→1SHJ（合闸线圈）→R_{1SHJ}（合闸电阻）→n131→4D37。此时合闸线圈带电动作使断路器合闸；合闸保持继电器 HBJ 带电动作并通过动合触点自保持，保证断路器可靠合闸（此部分图中未画出）。

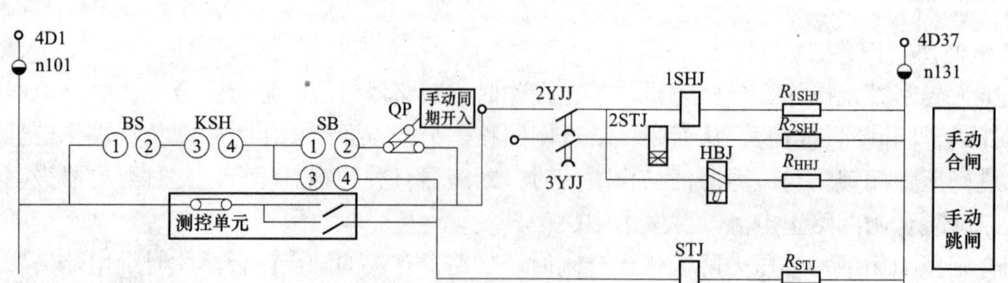

图 ZY1100102002-1 断路器控制回路图一

2. 手动分闸或远方分闸回路（见图 ZY1100102002-1）

在断路器处于合闸位置时，断路器动合辅助触点闭合，一旦手动分闸或远方分闸触点动作，跳闸回路接通，跳闸保持继电器 TBJ 动作，并由 TBJ 触点实现自保持，直到断路器跳开，辅助触点断开。

分闸和启动跳闸保持继电器 TBJ：4D1→n101→BS①②（五防）→KSH③④（远方就地切换把手）→SB③④（分闸按钮）→STJ（手跳继电器）→R_{STJ}（分闸电阻）→n131→4D37。此时分闸线圈 STJ 带电动作使断路器分闸；跳闸保持继电器 TBJ 动作并通过其动合触点自保持，保证断路器可靠分闸（此部分图中未画出）。

3. 保护跳闸回路（见图 ZY1100102002-2）

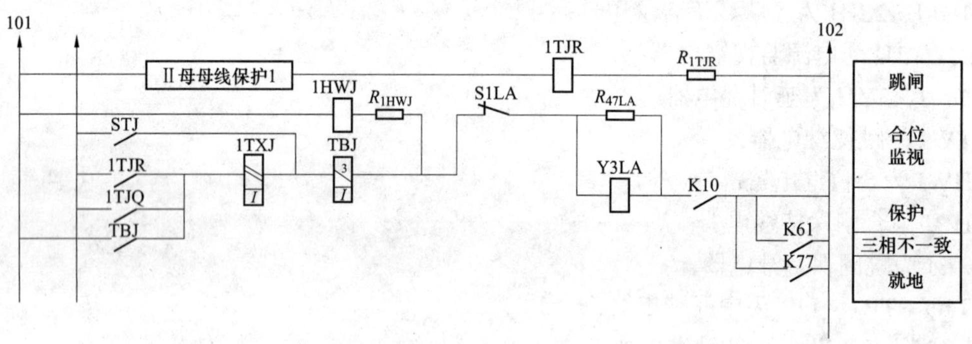

图 ZY1100102002-2 断路器控制回路图二

断路器处于合闸位置（在保护投入）时，断路器动断辅助触点闭合，一旦保护跳闸触点动作，跳闸回路接通，跳闸保持继电器 TBJ 动作并由 TBJ 节点实现自保持，直到断路器跳开，断路器辅助触点断开。其跳闸动作过程如下：

4D1→n101→ Ⅱ母母线保护 1 →1TJR（跳闸出口继电器）→R1TJR→4D37（102）。

此时分闸线圈带电动作使断路器分闸；跳闸保持继电器 TBJ 动作并通过其动合触点自保持，保证断路器可靠分闸。

4. 跳、合闸位置监视回路

跳闸位置监视回路见图 ZY1100102002-3，是用来监视断路器的操作状态在跳闸位置。当断路器处于跳位时，断路器动断辅助触点闭合，1TWJ 动作，送出相应的触点给保护和信号回路。其动作过程如下：

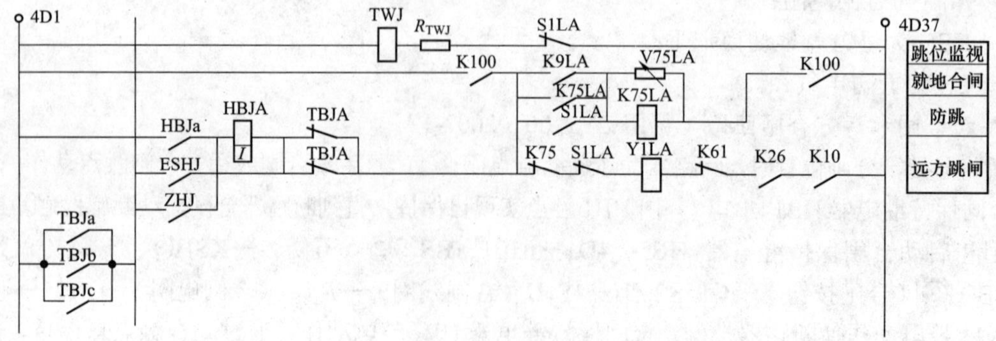

图 ZY1100102002-3 断路器控制回路图三

4D1→n101→TWJ（跳位监视继电器）→R_{TWJ}→S1LA（断路器辅助位置触点）→n131→4D37。跳位监视继电器 1TWJ 动作，送出跳位信号。

合闸位置监视回路见图 ZY1100102002-2，是用来监视断路器的操作状态在合闸位置。当断路器处于合闸位置时，断路器动合辅助触点闭合，1HWJ 动作，输出触点到保护及有关信号回路。其动作过程如下：

4D1→n101→1HWJ（合位监视继电器）→R_{1HWJ}→S1LA（断路器辅助位置触点）→R_{47LA}（限压电阻）→K10（压力闭锁触点）→4D37（102）。合位监视继电器 1HWJ 动作，送出合位信号。

5. 防跳回路（见图 ZY1100102002-3）

当断路器手合或远方合闸至故障上而且合闸脉冲又较长时，为防止断路器跳开后又多次合闸，故设有防跳回路。当手合或远方合闸到故障上的断路器保护动作跳闸时，断路器辅助位置动合触点闭合，启动防跳继电器。其动作过程如下：

4D1→n101→K100→S1LA→K75LA（防跳继电器）→K100→n131→4D37。防跳继电器启动后，其在合闸回路中的动断触点 K75LA 打开，断开合闸回路，使其不能多次合闸。

6. 压力闭锁回路（见图 ZY1100102002-4）

压力闭锁回路包括合闸压力闭锁和跳闸压力闭锁回路。其工作原理如下所述：

断路器气体（如 SF_6 气体）压力异常禁止操作时，对应的触点闭合，启动合闸压力闭锁继电器 K10 和跳闸压力闭锁继电器 K26，该继电器的输出触点一方面去闭锁有关跳合闸回路，另一方面给出压力异常禁止操作信号。其动作过程如下：

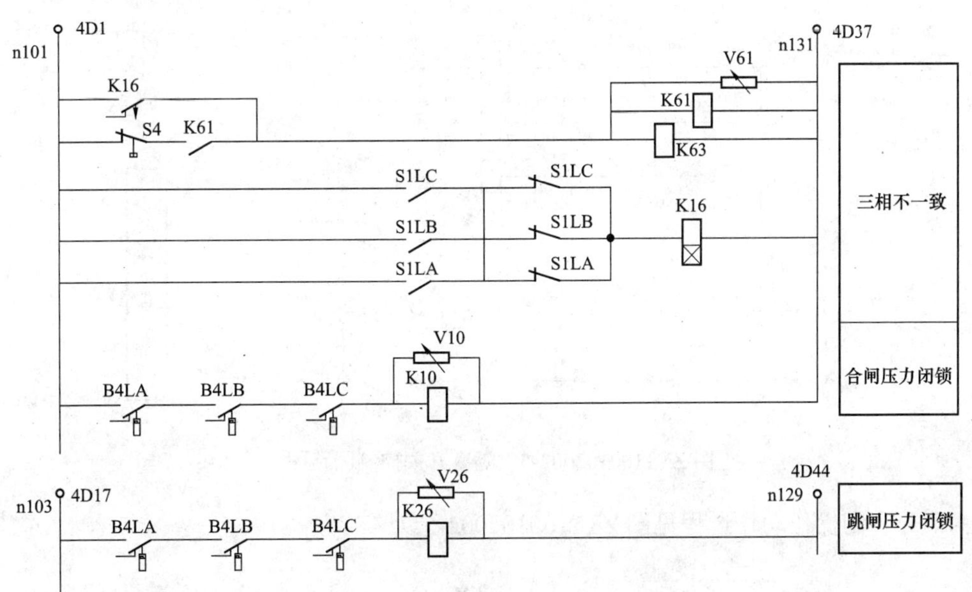

图 ZY1100102002-4　断路器控制回路图四

（1）合闸压力闭锁继电器启动：4D1→n101→B4LA→B4LB→B4LC→K10→n131→4D37。启动合闸压力闭锁继电器 K10，其触点打开，断开合闸回路。

（2）跳闸压力闭锁继电器启动：4D17→n103→B4LA→B4LB→B4LC→K26→n129→4D44。启动跳闸压力闭锁继电器 K26，其触点打开，断开跳闸回路。

7. 三相不一致回路（见图 ZY1100102002-4）

正常运行情况下，断路器要求三相同时断开或者同时闭合，当发生有一相与其余两相位置不同时，就会启动三相不一致动作继电器 K16、K61、K63，其中通过 K16 启动 K61 和 K63，由 K61 自保持，K63 触点启动跳闸回路。工作过程如下（以 A 相合位，B、C 分位为例）：

4D1→n101→S1LB（或者 S1LC、S1LA）→K16→n131→4D37。启动三相不一致动作继电器 K16，其动合辅助触点闭合，启动三相不一致动作继电器 K61、K63，辅助触点 K61 闭合进行自保持，K63 辅助触点闭合，启动跳闸回路。

三、330kV 隔离开关控制回路

下面以 330kV 母线侧隔离开关控制回路为例介绍隔离开关控制回路的识读，图中所接电气元件的作用如下：

1）QM1 为电机回路保护。

2）KM1、KM2 分别为控制电动操动机构电动机正反向旋转的三相交流接触器。

3）KA4 为电气连锁继电器。

4）SB1、SB2 为就地分/合闸操作按钮。

5）SQ1、SQ2 为分/合闸限位开关。

6）SB3 为就地紧急停止操作按钮。

7）SA1 为就地/远方手动切换开关。

8）KA1/KA2/KA3 为三相低压继电器。

9）KA5/KA6 为分/合闸辅助继电器。

10）QF3 为加热回路保护。

11）QSA/QSB/QSC 为相位选择开关。

12）ST1 为温度调节器，R1、R2 是发热电阻。

（1）启动三相交流电动机电源见图 ZY1100102002-5。

正常运行过程中，电动操作机构的电机回路保护开关 QM1 处于闭合位置，当需要进行隔离开关的分合闸操作前，通过启动继电器 KM1、KM2 启动电机正、反转来分、合隔离开关。

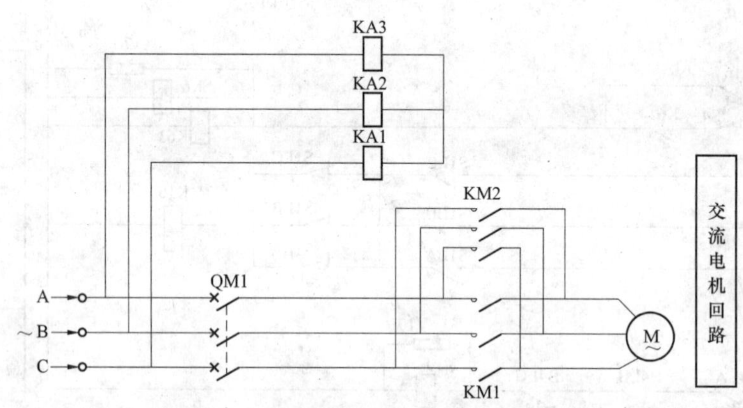

图 ZY1100102002-5 隔离开关控制回路图一

（2）就地分合闸操作动作过程见图 ZY1100102002-6。

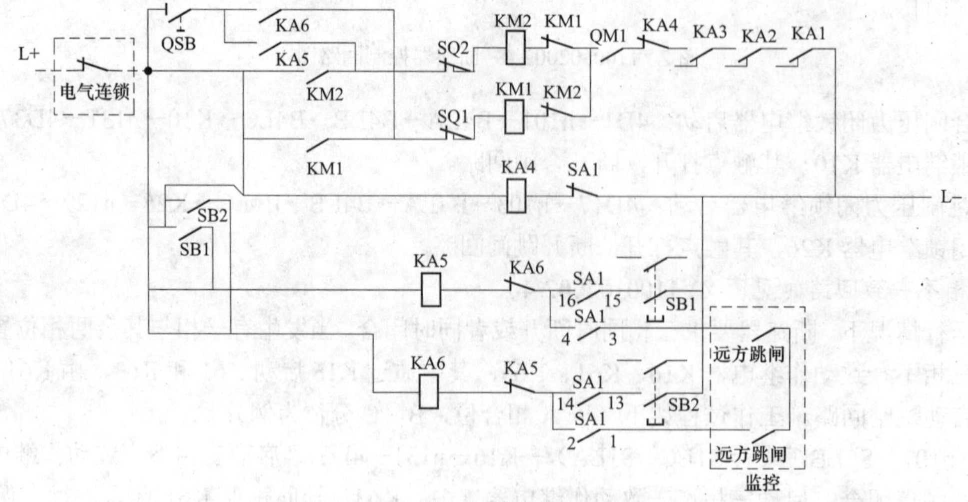

图 ZY1100102002-6 隔离开关 B 相控制回路图二

“远方/就地”操作切换开关 SA1 置于“就地”位置，其 1、2 和 3、4 触点断开，13、14 和 15、16 触点接通。

在 KM1 的启动回路中串接了 KM2 的动断触点，在 KM2 的启动回路中串接了 KM1 的动断触点，使 KM1 和 KM2 的动作实现相互闭锁，防止合闸和分闸的同时操作。

1）合闸操作动作过程。瞬时按下 SB2 合闸按钮，交流接触器 KA6 得电，其常开触点闭合，相位选择开关 QSB 选择闭合，经闭合开关 SQ1（隔离开关在分）、KM2、QM1、KA4、KA3、KA2、KA1 合闸回路导通。继电器 KM1 得电动作并自保持，电动机正向旋转，直至合闸到位，限位开关 SQ1 断开，KM1 失电返回，隔离开关合闸。其动作过程如下：

a）控制回路动作过程：远方/就地操作切换开关 SA1 选择就地 13、14 触点接通，按下 SB2 合闸操作按钮启动交流接触器 KA6 进而启动继电器 KM1 控制回路：交流电源相线 L+→连锁条件满足（其动合触点接通）→相位选择开关 QS（C、B、A）选择接通→接触器 KA6 动合触点闭合→合闸限位开关 SQ1 动断触点闭合→交流接触器 KM1 线圈→交流接触器 KM2 动断触点闭合→电机保护开关 QM1 闭合→电器连锁继电器 KA4 常闭→电机三相低压继电器动合触点 KA3、KA2、KA1 闭合→交流电源零线 N，交流接触器 KM1 得电动作并自保持→直到合闸到位限位开关 SQ1 断开→KM1 失电返回，隔离开关合闸。

b）主回路动作过程：三相交流电源 C、B、A→端子排 XT1：1、2、3→电机保护开关 QM1 的 1–2、3–4、5–6 触点→交流接触器 KM1 的 1–2、3–4、5–6 触点→三相交流电动机，电动机得电后开始正向转动，直至限位开关 SQ1 断开后停止转动。

2）分闸操作动作过程。

a）控制回路动作过程：远方/就地操作切换开关 SA1 选择就地 15、16 触点接通，按下 SB1 分闸操作按钮启动交流接触器 KA5 进而启动继电器 KM2 控制回路：交流电源相线 L+→连锁条件满足（其动合触点接通）→相位选择开关 QS（C、B、A）选择接通→接触器 KA5 动合触点闭合→合闸限位开关 SQ2 动合触点闭合→交流接触器 KM2 线圈→交流接触器 KM1 动断触点闭合→电机保护开关 QM1 闭合→电器连锁继电器 KA4 常闭→电机三相低压继电器动合触点 KA3、KA2、KA1 闭合→交流电源零线 N，交流接触器 KM2 得电动作并自保持→直到合闸到位限位开关 SQ2 断开→KM2 失电返回，隔离开关分闸。

b）主回路动作过程：三相交流电源 C、B、A→端子排 XT1：1、2、3→电机保护开关 QM1 的 1–2、3–4、5–6 触点→交流接触器 KM2 的 1–2、3–4、5–6 触点→三相交流电动机，电动机得电后开始反向转动，直至限位开关 SQ2 断开后停止转动。

（3）远方分合闸操作动作过程见图 ZY1100102002-6。

对隔离开关的远方操作，应将远方/就地操作切换开关 SA1 置于“远方”位置。将遥控合闸和遥控分闸分别接入到测控装置的遥控开出回路。反映隔离开关的位置，应将其动合触点接到测控装置的信号开入回路中。

1）合闸操作动作过程。

a）控制回路动作过程：远方/就地操作切换开关 SA1 选择远方 2、1 触点接通，测控装置切换合闸控制把手启动交流接触器 KA6 进而启动继电器 KM1 控制回路：交流电源相线 L+→连锁条件满足（其动合触点接通）→相位选择开关 QS 选择接通→接触器 KA6 动合触点闭合→合闸限位开关 SQ1 动断触点闭合→交流接触器 KM1 线圈→交流接触器 KM2 动断触点闭合→电机保护开关 QM1 闭合→电器连锁继电器 KA4 常闭→电机三相低压继电器动合触点 KA3、KA2、KA1 闭合→交流电源零线 N，交流接触器 KM1 得电动作并自保持→直到合闸到位限位开关 SQ1 断开→KM1 失电返回，隔离开关合闸。

b）主回路动作过程同就地合闸。

2）分闸操作动作过程。

a）控制回路动作过程：远方/就地操作切换开关 SA1 选择远方 4、3 触点接通，测控装置切换合闸控制把手启动交流接触器 KA5 进而启动继电器 KM2 控制回路：交流电源相线 L+→连锁条件满足（其动合触点接通）→相位选择开关 QS 选择接通→接触器 KA5 动合触点闭合→合闸限位开关 SQ2 动合触点闭合→交流接触器 KM2 线圈→交流接触器 KM1 动断触点闭合→电机保护开关 QM1 闭合→电器连锁继电器 KA4 常闭→电机三相低压继电器动合触点 KA3、KA2、KA1 闭合→交流电源零线 N，交流接触器 KM2 得电动作并自保持→直到合闸到位限位开关 SQ2 断开→KM2 失电返回，隔离开关分闸。

b）主回路动作过程同就地分闸。

（4）紧急停止操作动作过程。在就地操作过程中，若遇到意外情况，可以按下急停按钮，其动断触点断开，切断电源回路，终止操作。

（5）电动机保护回路动作过程。当操作过程中遇到电动机构故障时，电机保护 QM1 动作，其动断触点断开，终止操作。

（6）连锁条件。在操作回路中加入了连锁条件来闭锁隔离开关的控制。对于 3/2 断路器接线，需要断路器在断开位置、相邻接地开关在分位才能进行隔离开关的操作，这时连锁条件就是断路器、相邻接地开关的动断辅助触点。在复杂的一次接线中，必须满足“防误操作”闭锁条件才允许隔离开关进行操作。

（7）加热回路见图 ZY1100102002-7。

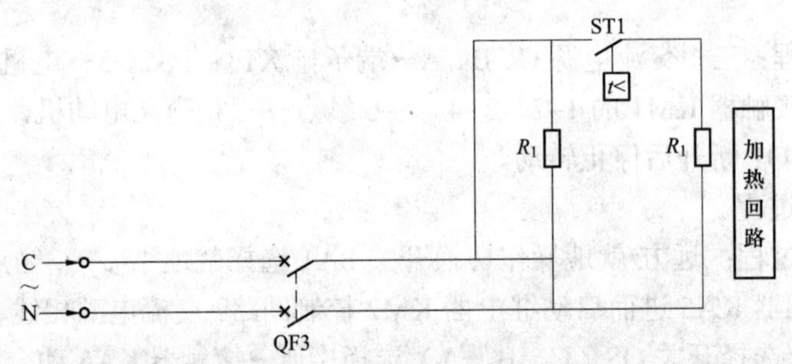

图 ZY1100102002-7 隔离开关控制回路图三

当温度较高时，温度调节器 ST1 控制 ST1 开关断开，加热回路发热电阻增大，根据 $P=U \cdot U/R$ 可知，温度将降低；相反，温度较低时，温度调节器 ST1 控制 ST1 开关闭合，加热回路发热电阻减小，温度将升高。当加热回路故障时，加热回路保护 QF3 动作，将加热回路断开。

（8）断路器测控单元分合位指示见图 ZY1100102002-8。

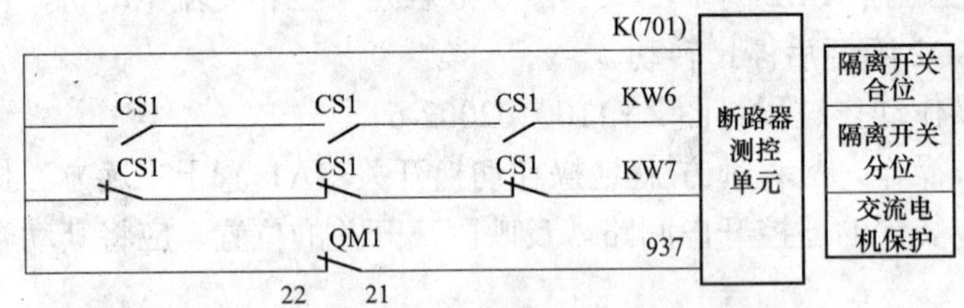

图 ZY1100102002-8 隔离开关控制回路图四

分闸时，QS2 的辅助开关 CS1 动断触点一直在合，断路器测控单元 KW7 回路一直导通，合闸指示灯亮；合闸到位时，限位开关 SQ1 辅助开关 CS1 动合触点闭合，动断触点断开，断路器测控单元 KW6 回路导通，合闸指示灯亮；当电机保护 QM1 动作，QM1 常闭开关断开，断路器测控单元 937 回路断开，交流电机保护指示灯灭。

【思考与练习】

1. 什么是二次回路？其作用是什么？
2. 分析断路器控制回路的手动分、合闸过程。
3. 在断路器控制回路中如何实现压力闭锁？
4. 断路器控制回路中为什么要设防跳回路?如何实现？
5. 试分析隔离开关控制回路远方分合闸操作动作过程。

模块 3 继电保护之间的配合关系（ZY1100102003）

【模块描述】本模块介绍继电保护之间的配合关系。通过对后备保护与主保护间配合的详细讲解，熟悉继电保护的配合要求及定值配合。

【正文】

每一套保护都有预先严格划定的保护范围，只有在保护范围内发生故障，该保护才动作。保护范围划分的基本原则是任一个元件故障都能可靠地被切除并且造成的停电范围最小，或对系统正常运行的影响最小。一般借助于断路器实现保护范围的划分。

为了确保故障元件能够从电力系统中被切除，一般每个重要元件配备两套保护：一套为主保护；另一套为后备保护。

一、继电保护之间的配合关系及配合原则

330kV 系统中，线路纵联保护（纵联零序方向、纵联距离）、光纤差动保护是线路的主保护，阶段式距离和零序保护作为本线路及相邻元件的后备保护。变压器纵联差动保护是变压器的电气量主保护，变压器高、中压侧配置的相间和接地保护作为本变压器及相邻元件的后备保护。母线差动保护是母线的主保护，变压器或线路的后备保护是母线后备保护。

330kV 系统中母线、线路、变压器等设备发生故障，必须由它的两套主保护动作切除，全部 330kV 设备后备保护采用近后备方式，即当故障元件的一套继电保护装置或跳闸回路因故拒动不能切除故障时，由另一套继电保护装置通过另一组跳闸回路来切除。当断路器拒动时由断路器失灵保护动作断开与故障元件相连的断路器从而切除故障。

为保持电网稳定性、减少设备的损坏，防止事故发展和扩大，有利于后备保护的配合以及适应电网的不断发展，330kV 电网设备的继电保护按照“双主双后”原则配置。

330kV 电网均成串、成环运行，在后备保护的整定过程中需要考虑网内其他电源对距离、零序电流保护后备段的助增作用。因 330kV 线路一般都较长，其他电源或线路对故障点的助增或者分流作用，使得线路或变压器后备保护段对相邻元件的灵敏度往往不够理想，不能满足要求，环网内各级保护时限完全配合也比较困难。因此在超高压电网内，必须对继电保护的配置和整定采取有效的变革措施，即“加强主保护、简化后备保护”的措施。电气元件的主保护只有在被保护元件故障时才动作，从构成原理上具有天然的选择性，因此主保护定值独立整定，计算时无需考虑与相邻元件保护的配合，从而简化继电保护之间的配合关系。

在主保护双重化条件下，后备保护允许与主保护不完全配合，简化整定计算及运行管理。为此要求线路保护装置要在安全可靠的前提下，做到快速、灵敏、准确。

二、后备保护与主保护之间的配合

（一）线路保护

1. 配合要求

330kV 线路后备保护与主保护的配合要求：

（1）线路后备保护失配时均考虑与线路纵联保护配合，要求 330kV 线路双套主保护不得同时退出。

（2）线路后备保护均考虑与 330kV 母差保护和 330kV 变压器差动保护配合，要求母线和变压器不得无差动保护运行。

2. 定值配合

（1）主保护不需与其他保护配合。

（2）后备保护：

1）距离保护（包括相间距离和接地距离保护）。

距离Ⅰ段的定值，按可靠躲过本线路末端相间故障整定，一般为本线路阻抗的 70%整定。

距离Ⅱ段定值，按本线路末端发生金属性相间故障有足够灵敏度整定，并与相邻线路相间距离Ⅰ段配合，若配合有困难时，则按与相邻线路纵联保护配合整定，但阻抗定值按躲过相邻线路末端故障

整定，若仍无法满足配合关系，按与相邻线路相间距离Ⅱ段配合整定，并保证本线路末有足够灵敏度（小于 50km 线路灵敏度＞1.5，大于 50km 线路灵敏度＞1.4）。

距离Ⅲ段定值按可靠躲过本线路的最大事故过负荷电流对应的最小阻抗整定值，并与相邻线路距离Ⅱ段配合，若配合有困难，可与线路相间距离Ⅲ段配合整定。

2）零序保护。

Ⅱ段与相邻线路纵联保护配合整定，躲过相邻线路末端故障，若无法满足配合关系，则可与相邻线路在非全相运行过程中不退出工作的零序过流Ⅱ段配合整定。

Ⅲ段与相邻线路在非全相运行中不退出工作的零序过流Ⅱ段定值配合整定，若配合有困难，可与相邻线路零序过流Ⅲ段定值配合整定（小于 50km 线路灵敏度＞1.5，大于 50km 线路灵敏度＞1.4）。

Ⅳ段应不大于 300A，保证经高阻接地故障灵敏度，并按与相邻线路在非全相运行中不退出工作的零序过流Ⅲ段或Ⅳ段配合整定。

3. 时限配合

（1）主保护瞬时动作，不需要与其他保护有时限配合关系。

（2）后备保护：

1）距离保护（包括相间距离和接地距离保护）。

Ⅱ段距离保护以 $t_{\mathrm{II}}=t'_{\mathrm{II}}(t'_{\mathrm{I}})+\Delta t$ 时限跳本侧线路断路器，$t'_{\mathrm{II}}(t'_{\mathrm{I}})$ 为相邻距离Ⅱ、Ⅰ段动作时间。

Ⅲ段距离保护以 $t_{\mathrm{III}}=t'_{\mathrm{III}}(t'_{\mathrm{II}})+\Delta t$ 时限跳本侧线路断路器，$t'_{\mathrm{III}}(t'_{\mathrm{II}})$ 为相邻距离Ⅲ、Ⅱ段动作时间。

2）零序电流保护。

Ⅱ段零序过流保护以 $t_{\mathrm{II}}=t'_{\mathrm{II}}(t'_{\mathrm{I}})+\Delta t$ 时限跳本侧线路断路器，$t'_{\mathrm{II}}(t'_{\mathrm{I}})$为相邻零序过流Ⅱ、Ⅰ段动作时间。

Ⅲ段零序过流保护以 $t_{\mathrm{III}}=t'_{\mathrm{III}}(t'_{\mathrm{II}})+\Delta t$ 时限跳本侧线路断路器，$t'_{\mathrm{III}}(t'_{\mathrm{II}})$为相邻零序过流Ⅲ、Ⅱ段动作时间。

Ⅳ段零序过流保护以 $t_{\mathrm{III}}=t'_{\mathrm{IV}}(t'_{\mathrm{III}})+\Delta t$，其中 $t'_{\mathrm{IV}}(t'_{\mathrm{III}})$为相邻零序过流Ⅳ、Ⅲ段动作时间。

以上配合关系均为最基本的配合原则，实际运行整定中，则根据实际情况有多种其他配合关系。

（二）主变压器保护

1. 配合要求

（1）主保护对变压器的内部、套管及引出线的短路故障进行保护，在定值、时限整定上与后备保护不进行配合。

（2）后备保护根据保护范围和方向，与相邻线路及元件的相关保护进行配合。

2. 定值配合

（1）变压器各侧相间保护定值配合。

1）330kV 自耦联络变压器定值配合。高压侧复合电压闭锁方向过流保护方向指向变压器或母线，定值与中压侧出线方向距离保护配合，复合电压闭锁过流定值与高压侧出线相间保护末段及高、中压侧复合电压方向过流、低压侧过流保护配合。

中压侧复合电压闭锁方向过流方向通常指向变压器，定值与高压侧出线相间保护配合。

低压侧均为复合电压过流保护且不带方向。

过流定值均按变压器额定容量整定。

2）330kV 自耦降压变压器定值配合。330kV 复合电压闭锁方向过流保护方向通常指向变压器，定值与中压侧复合电压方向过流保护配合，复合电压闭锁过流定值与高压侧出线相间保护末段及高压侧复合电压方向过流、低压侧过流保护配合。

中压侧复合电压闭锁方向过流方向通常指向中压母线，定值和中压侧出线相间保护配合。

低压侧均为复合电压过流保护且不带方向。

（2）变压器各侧零序保护定值配合。

1）330kV 自耦联络变压器定值配合。330kV 侧配置零序方向过流保护，方向由变压器指向 330kV 母线，110kV 侧配置的零序方向过流保护方向由变压器指向 110kV 母线。高、中压侧的零序方向过流保护通常设两段。第一段动作电流与本侧母线出线的零序过流Ⅰ段或Ⅱ段或快速主保护相配合，保证所在母线接地故障时有足够灵敏度（灵敏度>1.5），第二段动作电流与本侧母线出线的零序过电流保护或接地距离保护的后备段或末段配合，同时中压侧要保证中压侧最长出线末端接地故障时有足够灵敏度（灵敏度>1.2）。中性点配置Ⅰ段零序过流保护，定值需与高、中压侧零序末段相配合，并保证高、中、低压侧母线接地故障时有足够灵敏度。

2）330kV 自耦降压变压器定值配合。330kV 侧配置零序方向过流保护，方向由变压器指向母线，110kV 侧配置的零序方向过流保护方向由变压器指向 110kV 母线。高压侧第一段与中压侧零序过流Ⅰ段配合，高压侧第二段与中压侧零序过流Ⅱ段配合，保证中压侧母线接地故障时有足够灵敏度（灵敏度>1.5）。中压侧第一段与本侧母线出线零序过流Ⅰ段或Ⅱ段或快速主保护相配合，保证中压侧母线接地故障时有足够灵敏度（灵敏度>1.5），中压侧第二段与本侧母线出线零序过流的后备段或末段配合，同时要保证中压侧最长出线末端接地故障时有足够灵敏度（灵敏度>1.2）。中性点配置一段零序过流保护，定值需与高、中压侧零序过流末段相配合，并保证高、中、低压侧母线接地故障时有足够灵敏度。

（3）变压器阻抗保护。330kV 变压器高压侧配置带偏移特性的阻抗保护（含相间阻抗、接地阻抗），其正方向指向本变压器，偏移特性部分（即反方向部分）指向 330kV 母线。指向变压器的阻抗不伸出中压侧母线，作为变压器部分绕组故障的后备保护，指向母线的阻抗作为本侧 330kV 母线故障的后备保护。

变压器中压侧配置带偏移特性的阻抗保护（含相间阻抗、接地阻抗），正方向指向本变压器，偏移特性部分（即反方向）指向 110kV 母线。指向变压器的阻抗不伸出高压侧母线，作为变压器部分绕组故障的后备保护，指向母线的阻抗作为本侧母线故障的后备保护。

（4）过励磁保护。保护应能实现定时限告警和反时限特性功能，反时限曲线应与变压器过励磁特性匹配。与变压器厂家所给出的变压器过励磁反时限曲线相配合。

（5）过负荷保护。变压器各侧及公共绕组过负荷保护的动作电流按躲过绕组的额定电流整定。延时动作于信号。

（6）非电量保护。瓦斯保护按油流速度整定。温度保护、释压保护按变压器制造厂家所涉及的有关参数整定。

3. 时限配合

（1）变压器各侧相间保护时限配合。

1）330kV 自耦联络变压器时限配合。330kV 复合电压闭锁方向过流保护时限与中压侧出线相间保护时限配合，第一时限跳中压侧断路器，第二时限跳变压器三侧，复合电压闭锁过流时限与高压侧出线相间保护末段时限及高、中压侧复合电压方向过流、低压侧过流时限配合，跳变压器三侧断路器。

中压侧复合电压闭锁方向过流保护时限与高压侧出线相间保护时限配合，第一时限跳高压侧两个断路器，第二时限跳变压器三侧断路器。

低压侧复合电压过流时限与低压母线的出线过流时限及元件保护时限配合，第一时限跳低压侧母联断路器，第二时限跳低压侧断路器，第三时限跳变压器三侧断路器。

2）330kV 自耦降压变压器时限配合。330kV 复合电压闭锁方向过流保护时限与中压侧复合电压方向过流时限配合，第一时限跳高压侧两个断路器，第二时限跳变压器三侧，复合电压闭锁过流时限与高压侧出线相间末段时限及高压侧复压方向过流、低压侧过流时限配合，跳变压器三侧断路器。

中压侧复合电压闭锁方向过流保护时限和中压侧出线相间保护时限配合，第一时限跳中压侧断路器，第二时限跳变压器三侧断路器。

低压侧复合电压过流时限与低压母线的出线过流时限及元件保护时限配合，第一时限跳低压侧母联断路器，第二时限跳低压侧断路器，第三时限跳变压器三侧断路器。

（2）变压器各侧零序过流保护时限配合。

1）330kV 自耦联络变压器时限配合。330kV 侧配置零序方向过流保护，第一段时限与本侧母线出线的零序过流Ⅰ段或Ⅱ段或快速主保护时限配合，第二段时限与本侧母线出线的零序过电流保护时限或接地距离保护的后备段或末段时限配合，高压侧跳本侧两个断路器，中压侧第一时限跳本侧母联断路器，第二时限跳本侧断路器，中性点配置Ⅰ段零序过流保护，时限需与高、中压侧零序方向过流Ⅱ段时限相配合，跳变压器三侧断路器。

2）330kV 自耦降压变压器时限配合。330kV 侧配置零序方向过流保护，高压侧第一段时限与中压侧零序方向过流Ⅰ段时限配合，高压侧第二段时限与中压侧零序方向过流Ⅱ段时限配合，跳本侧两个断路器。中压侧第一段时限与本侧母线出线零序过流Ⅰ段或Ⅱ段或快速主保护时限相配合，中压侧第二段时限与本侧母线出线零序方向过流的后备段或末段时限配合，第一时限跳本侧母联，第二时限跳本侧断路器。

中性点配置一段零序过流保护，作为变压器及线路接地故障的总后备，时限需与高、中压侧零序方向过流Ⅱ段时限中之最长延时相配合，跳变压器三侧断路器。

（3）变压器阻抗保护时限配合。高压侧配置带偏移特性的阻抗保护（含相间阻抗、接地阻抗），设置一段两时限，第一时限跳开本侧断路器，第二时限跳开变压器各侧断路器。

中压侧配置带偏移特性的阻抗保护（含相间阻抗、接地阻抗），设置一段四时限，第一时限跳开分段断路器，第二时限跳开母联断路器，第三时限跳开本侧断路器，第四时限跳开变压器各侧断路器。

（4）过励磁保护时限配合。定时限部分延时发信号，反时限部分根据厂家反时限动作曲线以不同整定时限进行跳闸。

（5）过负荷保护时限配合。过负荷保护动作于信号，保护的动作时间与变压器允许的过负荷时间相配合，同时大于变压器后备保护的最长动作时间。

（6）非电量保护时限配合。瓦斯保护：重瓦斯保护动作后立即跳闸，轻瓦斯保护发信号。

温度保护、释压保护动作时间按变压器运行规定整定。

（三）母线保护与其他保护之间的配合关系

330kV 及以上母线采用 3/2 断路器接线，一般仅配置母线差动保护。若断路器失灵，则由失灵保护实现故障切除，失灵保护置于断路器保护中，按断路器配置。330kV 母线差动保护及断路器失灵保护均按照双重化配置。母差保护不与其他保护相互配合。

1. 对母线保护的要求

（1）高度的安全性和可靠性。母线保护误动会造成大面积停电；母线保护拒动更为严重，可能造成电力设备的损坏及系统瓦解。

（2）选择性强、动作速度快。母线保护不但要能很好地区分区内故障和外部故障，还能确定哪条或哪段母线故障。母差保护应接在专用 TA 二次回路中，且要求在该回路中不接入其他设备的保护或测量表计。母线 TA 在电气上的安装位置，应尽量靠近线路或变压器一侧，使母线保护与线路保护和变压器保护有重叠保护区。

2. 母线保护与其他保护及自动装置的配合

由于母线保护关联到母线上的所有出线元件，因此，母线保护应与其他保护及自动装置配合。

（1）母线保护、失灵保护动作后，对闭锁式线路保护作用于纵联保护停信；对允许式作用于纵联保护发信；对于 3/2 断路器接线方式应启动远方跳闸。

当在断路器与 TA 之间发生短路故障或母线故障断路器失灵时，采用上述措施可使线路对侧的纵联保护跳闸，否则会导致故障不能快速切除。但母线保护动作停信与发信的措施在 3/2 断路器接线方式中不能采用，因为 3/2 断路器接线方式中母线上故障并不要求线路对侧断路器跳闸。

（2）启动断路器失灵保护。为使母线发生短路故障而某一断路器失灵时故障能被及时可靠地切除、3/2 断路器接线方式故障点在断路器与 TA 之间时能可靠切除，母差保护动作后应立即去启动失灵保护。

3/2 断路器接线方式中，边断路器失灵保护动作后应该跳开它所在母线上的所有断路器和中断路器，并启动远方跳闸功能跳开与边断路器相连的线路对侧断路器（或跳开变压器各侧断路器）。中断路器失灵保护动作后应该跳开它两侧的两个边断路器，并启动远方跳闸功能跳开与中断路器相连的线路对侧断路器（或跳开变压器各侧断路器）。

（3）闭锁线路重合闸。母线故障一般是永久性故障，为防止重合到永久性故障对系统造成再次冲击，母差动作后应闭锁线路重合闸。

【思考与练习】

1. 继电保护的配合原则是什么？
2. 330kV 线路距离保护应如何配合？
3. 330kV 变压器各侧零序电流保护应如何配合？
4. 母线保护有什么要求？母线保护与其他保护应如何配合？

模块 4　继电保护装置的使用（ZY1100102004）

【模块描述】本模块介绍继电保护装置面板说明和继电保护装置的使用。通过面板介绍、使用方法讲解，能正确监视和判断保护装置运行情况，能熟练使用继电保护装置相关功能。

【正文】

微机保护的界面包括小型液晶显示屏、键盘和打印机。它把操作内容与菜单结合在一起，使微机继电保护的调试和检验比常规保护更加简单明确。

液晶显示屏在正常运行时可显示时间、实时负荷电流、电压及电压超前电流的相角，保护整定值等。在保护装置处于异常运行状态时，它可以实时监视异常状况；在保护动作时，液晶显示屏将自动显示最新一次的跳闸报告。

一、人机界面的操作

键盘与液晶显示屏可选择命令菜单和修改定值用。微机保护的键盘多数已被简化为 7～9 个键："＋"、"－"、"→"、"←"、"↓"、"↑"、"RST（复位）"、"SET（确认）"、"Q（退出）"。各个键的功能如下。

1. →、←、↓、↑键

该四个键分别用于左、右、上、下移动光标、移动显示信息。如故障报告或保护动作事件内容较多时，可以用↓、↑键翻阅。在修改定值时，用→、←键将光标移在所要修改的数字上。

2. ＋、－键

在修改定值时，用"＋"、"－"对数字进行增减。在有的保护装置中没有"＋"、"－"键而用"↓"、"↑"代替，从而节省了两个键。

3. SET（确认）

用于修改定值时，确认所修改的数字正确并退回上一级菜单或在翻阅菜单时确认某一命令并要求进入下级菜单时使用此命令。

4. RST（复位）键

用于整组保护复位。在运行中整定拨轮切换定值时，选择了所需定值整定页号后，再按 RST 键，使程序运行在新定值区。除上述两种功能外，平时一般不应使用该键。

二、定值、控制字与定值清单

1. 定值类型

微机保护的定值有两种类型：一类是数值型定值，即模拟量，如电流、电压、时间、角度、比率系数、调整系数等；另一类是保护功能的投入退出控制字，称为开关型定值（即软连接片），如保护功能的投入、退出等。

2. 定值清单

微机保护装置的每一套保护都有数值型和开关型定值清单。它把定值号、含义、整定范围、整定步长、备注等列在清单上。操作人员可通过键盘对保护定值逐项进行修改和查询。

三、保护菜单的使用

1. 保护菜单的查询

利用菜单可以查询定值、开关量的动作情况、保护各 CPU 的交流采样值、相角、相序、时钟等。

2. 修改定值

对一些旧保护装置中，进行定值修改时需要将定值拨轮开关打到"允许"位置；现在许多大厂家的保护在定值修改过程上做了很大的简化，保护人员只需要选择修改定值项，修改完成后进行确认即可，但运行人员不能进行此项操作。

3. 定值拷贝

在多定值区修改时，可节省修改定值时间。先从原始定值区进入调试状态，再将定值小拨轮打到所需定值区并进行定值修改、固化。这样原本要修改的全部内容，现在只需进行某些内容的修改即可，但运行人员不能进行此项操作。

四、保护装置的使用

下面以南瑞 RCS-931 线路保护装置为例介绍保护装置的使用。

1. 330kV 线路保护正常运行时应检查的项目

（1）正常运行时应检查保护屏内空气开关投入状态。运行人员应检查保护屏后下列空气开关均应在投：330kV 线路保护屏（南瑞继保）：1ZKK（RCS-931 装置交流电压）、9ZKK（RCS-925 装置交流电压）、1K（RCS-931 装置电源）、9K（RCS-925 装置电源）。

（2）运行时保护装置信号灯指示状态说明。

1）RCS-931 保护装置信号灯说明：

"运行"为绿色，装置正常运行时点亮，处于不工作状态或装置严重告警时熄灭；

"TV 断线"灯为黄色，正常运行时熄灭，TV 断线时点亮；

"充电"灯为黄色，此功能不用，正常时不亮；

"通道异常"灯为黄色，正常运行时熄灭，有"通道异常"或"纵联码接收错"时，点亮；

"跳闸 A、B、C"灯为红色，正常运行时熄灭，当保护动作出口跳 A、B、C 某相别时点亮；

"重合闸"灯为红色，此功能不用，正常时不亮。

2）RCS-925A 保护装置信号灯说明：

"运行"灯为绿色，装置正常运行时点亮，处于不工作状态或装置严重告警时熄灭；

"TV 断线"灯为绿色，正常运行时熄灭，TV 断线时点亮；

"跳闸"灯为红色，正常运行时熄灭，当保护动作出口时点亮。

（3）正常运行时应检查保护连接片状态如表 ZY1100102004-1 所示。

表 ZY1100102004-1 线 路 保 护 屏

装置名称	连接片编号	连接片名称	投退及功能说明
RCS-931 保护装置	1LP1	跳 3331 A 相 I 绕组	投入
	1LP2	跳 3331 B 相 I 绕组	投入
	1LP3	跳 3331 C 相 I 绕组	投入
	1LP5	跳 3330 A 相 I 绕组	投入
	1LP6	跳 3330 B 相 I 绕组	投入
	1LP7	跳 3330 C 相 I 绕组	投入
	1LP9	3331 A 相启动失灵及重合闸	投入
	1LP10	3331 B 相启动失灵及重合闸	投入
	1LP11	3331 C 相启动失灵及重合闸	投入
	1LP12	3330 A 相启动失灵及重合闸	投入
	1LP13	3330 B 相启动失灵及重合闸	投入
	1LP14	3330 C 相启动失灵及重合闸	投入
	1LP15	3331 三相启动失灵及闭锁重合闸	投入
	1LP16	3330 三相启动失灵及闭锁重合闸	投入

续表

装置名称	连接片编号	连接片名称	投退及功能说明
RCS-931 保护装置	1LP17	投零序保护	投入
	1LP18	投主保护	投入
	1LP19	投距离保护	投入
	1LP20	RCS-931 投检修状态	退出，保护装置检修时投入
	1LP22	沟通三跳 3331 Ⅰ绕组	投入
	1LP23	沟通三跳 3330 Ⅰ绕组	投入
	1LP26	对侧电抗器非电量 远跳 3331 Ⅰ绕组	投入
	1LP27	对侧电抗器非电量 远跳 3330 Ⅰ绕组	投入
RCS-925 保护装置	9LP1	过电压保护投检修状态	退出，保护装置检修时投入
	9LP2	投过压保护	投入
	9LP3	过压及远跳跳 3331 Ⅰ绕组	投入
	9LP4	过压及远跳跳 3330 Ⅰ绕组	投入
	9LP7	过压发信	投入
其他连接片			全部退出

注 正常运行时，保护投退应依据定值单，根据运行方式由调度下令投入。

2. 保护操作时注意事项

（1）线路两侧的纵联（或差动）保护应按调度指令同时投入或退出运行。

（2）根据系统稳定要求，330kV 线路重合闸采用单相重合闸方式。

（3）在纵联（或差动）保护通道上进行工作时，须将保护相应部分退出运行。工作之后，须重新对保护通道进行测试，测试结果合格后保护方可投入。严禁通道作业后不经测试即将纵联（或差动）保护恢复运行。

（4）线路保护屏上开关位置切换把手所投位置应与一次设备实际状态一致。

（5）特殊情况下，线路退出运行，无保护工作时，可根据调度命令，不退出线路保护，但应退出停止运行断路器的断路器保护及重合闸。

（6）投入线路某套保护，是将线路的本套保护的连接片按要求投入；退出线路某套保护是将线路的本套保护连接片按要求退出。投退某套保护应不影响另外一套保护的运行。

（7）当某台断路器需检修停运，另一台断路器正常运行时，将该线路两套保护屏上断路器检修转换把手应在断路器由冷备用转检修时切换到需停运断路器的相应位置。恢复停运断路器运行操作时，断路器检修转换把手均应在断路器检修转冷备用时切换到正常位置。

（8）线路单套保护屏上的线路保护装置和远跳保护装置共用一路光纤通道。两套保护屏分别单独配置光纤通道，之间无通道联系。一路光纤通道退出应不影响另一路光纤通道正常运行。

（9）严禁通信部门工作时停运保护通道（包括通道设备电源）。当确需断开保护通道，申请调度同意退出相关保护。

（10）如需停用直流电源，两侧光纤差动保护均退出运行后，才允许断开直流电源。

（11）RCS-925 保护装置过压保护可用硬连接片或软连接片投退，远跳保护用装置软连接片投退。线路两套远跳保护均退出运行，则该线路应停运。线路运行时，两套远跳保护至少保证有一套运行。

（12）本线路远跳保护利用光纤差动保护通道来传输跳闸命令，当光纤差动保护异常或退出时，远跳保护装置中远跳保护功能应退出运行。

3. 保护动作或装置异常处理

（1）告警——RCS-931 和 RCS-925 保护装置无“告警”灯。当监控系统报“装置告警”时，检查装置液晶报警报文或事件报告，可不退出保护装置。监控系统报“装置闭锁”时，退出保护装置。

（2）通道异常——汇报调度退出通道异常的线路主保护和远跳保护，其他保护可正常运行。

（3）TA 断线——汇报调度停运相应 TA 断线回路的保护装置，对于负荷电流较大的情况下发生 TA 断线，必须经网调的同意停运一次设备。

（4）TV 断线——检查有另一套保护运行正常，如 TV 断线的保护装置电压空气开关断开，汇报调度退出保护装置，试合一次。如合不上立即通知检修人员处理。两套保护均断线，汇报调度停运线路全套保护或根据具体情况停运相关一次设备。

（5）直流接地——当查找线路保护直流接地时，首先将被查保护装置退出，同时应保证有一套保护投入。

（6）保护装置直流电源消失——检查直流电源开关是否断开。若直流电源开关断开，汇报网调应将直流电源消失的保护装置退出，检测电源开关负荷侧是否正常，若正常试合一次。试合一次不成功，立即通知继电保护人员处理。试合成功，检查装置正常汇报网调投入运行。

（7）保护动作处理——查看保护信息子站和综自系统信息，检查两套线路保护屏保护的动作情况、断路器保护屏保护和重合闸及操作箱动作情况、故障录波器和行波测距动作情况，检查远方跳闸装置是否动作、失步解列装置是否动作，检查断路器跳闸情况，全面记录、打印事故报告和故障录波图，汇报所辖调度。

【思考与练习】

1. 说明微机保护装置面板中各个功能键的作用。
2. 微机保护的定值有几种类型？如何修改定值？
3. 说明微机保护装置面板中主菜单的功能。
4. 保护动作报告主要包含哪些内容？
5. 保护动作或装置异常应如何处理？

模块 5 继电保护的整定（ZY1100102005）

【模块描述】本模块介绍继电保护的整定原则和整定计算。通过要点讲解、计算方法介绍，熟知继电保护定值的整定及时限间的配合关系。

【正文】

继电保护整定计算是继电保护运行技术的重要组成部分，也是继电保护装置在运行中保证其正确动作的重要环节，由于继电保护整定计算不当，造成继电保护拒动或误动而导致电网事故扩大，其后果是非常严重的，有可能造成电气设备的重大损坏，甚至能引起电网瓦解，造成大面积停电事故。

一、继电保护整定的基本原则

220kV 及以上电网的继电保护，必须满足可靠性、速动性、选择性及灵敏性的基本要求。可靠性由继电保护装置的合理配置、本身的技术性能和质量以及正常的运行维护来保证；速动性由配置的全线速动保护、相间和接地故障的速断保护以及电流速断保护取得保证；通过继电保护运行整定，实现选择性和灵敏性要求，并处理运行中对快速切除故障的特殊要求。

1. 继电保护的可靠性

（1）任何电力设备都不允许在无继电保护的状态下运行；所以运行设备都必须由两套交、直流输入和输出回路相互独立，并分别控制不同断路器的继电保护装置进行保护。

（2）对于 220kV 及以上电力系统的线路继电保护，一般采用近后备保护方式；而当断路器拒动时，启动断路器失灵保护，断开与故障元件所接入母线相连的所有其他连接电源的断路器。有条件时可采用远后备保护方式。

（3）对配置两套全线速动保护的线路，无论何种情况，至少应保证有一套全线速动保护投运。

（4）对于 220kV 及以上电力系统的母线，母线差动是其主保护，变压器或线路后备保护是其后备保护。如果没有母线差动保护，则必须由对母线故障有灵敏度的变压器后备保护或线路后备保护充任母线的主保护及后备保护。

2. 继电保护的速动性

（1）下一级电压母线配出线路的故障切除时间，应满足上一级电压电网继电保护部门按系统稳定要求和继电保护整定配合需要提出的整定限额要求；下一级电压电网应按照上一级电压电网规定的整定限额要求进行整定，必要时，为保证电网安全和重要用户供电，可设置适当的解列点，以便缩短故障切除时间。

（2）手动合闸和自动重合于母线或线路时，应有确定的速动保护快速动作切除故障。合闸时短时投入的专业保护应予整定。

（3）继电保护在满足选择性的条件下，应尽量加快动作时间和缩短时间极差。

3. 继电保护的灵敏性

（1）对于纵联保护，在被保护范围末端发生金属性故障时，应有足够的灵敏度。

（2）相间故障保护最末一段（例如距离Ⅲ段）的动作灵敏度，应按躲过最大负荷电流整定。

（3）接地故障保护最末一段（例如零序电流Ⅳ段），应以适应下述短路点接地电阻值的接地故障为整定条件：330kV 线路为 150Ω。对应于上述条件，零序电流保护最末一段的动作电流定值应不大于300A。当线路末端发生高电阻接地故障时，允许有两侧线路继电保护装置纵序动作切除故障。

（4）在同一套保护装置中，闭锁、启动、方向判别和选相等辅助元件的动作灵敏度，应大于所控制的测量、判别等主要元件的动作灵敏度。

（5）采用远后备保护方式时，上一级线路或变压器的后备保护整定值，应保证当下一级线路末端故障或变压器对侧母线故障时有足够灵敏度。

4. 继电保护的选择性

（1）全线瞬时动作的保护或保护的速断段的整定值，应保证在被保护范围外部故障时可靠不动作。

（2）上、下级（包括同级和上一级及下一级电力系统）继电保护之间的整定，应遵循逐级配合的原则，满足选择性的要求，即当下一级线路或元件故障时，故障线路或元件的继电保护整定值必须在灵敏度动作时间上均与上一级线路或元件的继电保护整定值相互配合，以保证电网发生故障时有选择性地切除故障。

（3）当线路保护装置拒动时，只允许相邻上一级的线路保护越级动作，切除故障；当断路器拒动（只考虑一相断路器拒动），且断路器失灵保护动作时，应保留一组母线运行（双母线接线）或允许多失去一个元件（3/2 断路器接线）。为此，接地故障保护第Ⅱ段的动作时间应比断路器拒动时的全部故障切除时间大 0.25～0.3s；对相间距离保护第Ⅱ段，则无此要求。

（4）在某些运行方式下，允许适当地牺牲部分选择性，例如对终端供电变压器、串联供电线路、预定的解列线路等情况。

（5）线路保护范围伸出相邻变压器其他侧母线时，可按下列顺序优先的方式考虑保护动作时间的配合：

1）与变压器同电压侧指向变压器的后备保护的动作时间配合。

2）与变压器其他侧后备保护跳该侧总断路器动作时间配合。

当下一级电压电网的线路保护范围伸出相邻变压器上一级电压其他侧母线时，还可按下列顺序优先的方式考虑保护动作时间的配合。

3）与其他侧出线后备保护段的动作时间配合。

4）与其他侧出线有规程规定的保护段动作时间配合。

二、继电保护的整定计算

（一）线路保护整定计算规定

220～750 kV 线路按“加强主保护，简化后备保护”的原则配置和整定，加强主保护是指全线速动保护的双重化配置，同时，要求每一套全线速动保护的功能完整，对全线路内发生的各种类型故障，均能快速动作切除故障。简化后备保护是指在全线速动保护双重化配置，同时每一套全线速动保护功能完整的条件下，带延时的相间和接地Ⅱ、Ⅲ段保护（包括相间和接地距离保护、零序电流保护），允许与相邻线路和变压器的主保护配合，从而简化动作时间的配合整定。如双重化配置的主保护均有完善的距离后备保护，则可以不使用零序电流Ⅰ、Ⅱ段保护，仅保留用于切除经不大于100～300Ω电阻接地故障的一段定时限或反时限零序电流保护。

1. 零序电流保护

（1）取消零序电流保护Ⅰ段。

（2）零序电流保护Ⅱ段定值按大方式下线路末段有一倍灵敏度整定，时间除终端线路系统侧为0.5s外其他均为1s。

（3）零序电流保护Ⅲ段定值按规程要求的不大于300A、时间按全网同一时间4s整定。

（4）零序电流保护Ⅳ段定值（最末一段）应不大于300A，按与相邻线路在非全相运行中不退出工作的零序电流Ⅲ段或Ⅳ段配合整定。动作时间宜大于单相重合闸周期加两个时间级差以上。

2. 相间距离保护

（1）相间距离保护Ⅰ段定值按可靠躲过本线路末端相间故障整定。一般按线路阻抗的70%整定，确保保护范围不伸出本线路末端。

（2）相间距离保护Ⅱ段定值按规程要求的应保证本线路末端有足够灵敏度整定，并与相邻线路相间距离Ⅰ段或纵联保护配合，动作时间取0.5s。

（3）相间距离保护Ⅲ段定值按规程要求的应可靠躲过本线路的最大事故过负荷阻抗且保证线路末端故障有足够的灵敏度整定。动作时间应大于系统振荡周期，时间按全网同一时间5.5s整定。（220kV系统所接变压器相间后备保护无方向跳变压器所有侧断路器的最长时间为5s）

3. 接地距离保护

（1）接地距离保护Ⅰ段定值按可靠躲过本线路对侧母线接地故障整定。

（2）接地距离保护Ⅱ段定值按规程要求应保证本线路末端发生金属性故障有足够灵敏度整定，并与相邻线路接地距离Ⅰ段配合。时间与零序电流保护Ⅱ段时间相同即除终端线路系统侧为0.5s外其他均为1s。

（3）接地距离保护Ⅲ段定值与相间距离保护Ⅲ段定值相同，时间与零序电流保护Ⅲ段时间相同即全网均为4s。（220kV系统所接变压器接地后备保护无方向跳变压器所有侧断路器的最长时间为3.5s）

（二）330kV变压器保护整定计算规定

1. 变压器差动保护

差动保护的动作电流按躲过变压器空投时和外部故障切除后电压恢复时变压器产生的励磁涌流计算，同时应躲过电流互感器二次回路断线。

2. 变压器各侧后备保护

（1）变压器零序电流保护的整定。330kV变压器多为自耦变压器，高压侧配置方向零序过流保护，零序电流Ⅰ段方向指向本侧母线（系统），动作电流与本侧330kV线路的零序过流Ⅱ段保护定值相配合，保证所在母线接地故障时有足够灵敏度（$K_{sen}>1.5$），动作时限与线路零序电流Ⅱ段时间配合，一般为1～1.5s；零序电流Ⅱ段不带方向，动作电流与本侧母线出线的零序过电流保护末段配合，保证本侧最长出线末端接地故障时有足够灵敏度（$K_{sen}>1.2$），动作时限取4.5s。

变压器中压侧配置方向零序过流保护，零序电流Ⅰ段方向指向本侧母线（系统），动作电流与本侧110kV线路的零序过流保护Ⅰ段（或Ⅱ段）定值相配合，保证所在母线接地故障时有足够灵敏度（$K_{sen}>1.5$），动作时限与线路零序电流Ⅱ段时间配合；零流Ⅱ段不带方向，动作电流与本侧母线出线的零序过电流保护末段配合，保证本侧最长出线末端接地故障时有足够灵敏度（$K_{sen}>1.2$），动作时限与本侧出线零序电流保护最长延时配合。

自耦变压器的中性点配置一段式零序电流保护，作为变压器及线路接地故障的总后备，定值需与高、中压侧零序电流Ⅱ段定值相配合，并保证高、中、低压侧母线接地故障时有足够灵敏度，动作时限与变压器高、中压侧零序电流Ⅱ段中之最长延时配合。

（2）变压器阻抗保护的整定。高压侧偏移特性阻抗元件指向变压器的阻抗整定值按照不伸出中压侧和低压侧母线整定，作为变压器部分绕组故障的后备保护；指向母线的阻抗作为本侧 330kV 母线故障的后备保护，按照与线路保护配合整定。设置一段两时限，第一时限跳开本侧断路器，第二时限跳开变压器各侧断路器。

变压器中压侧带偏移特性的阻抗保护，正方向指向本变压器，偏移特性部分（即反方向）指向 110kV 母线。指向变压器的阻抗不伸出高压侧和低压侧母线，作为变压器部分绕组故障的后备保护；指向母线的阻抗作为本侧母线故障的后备保护按照与线路保护配合整定。设置一段四时限，第一时限跳开分段断路器，第二时限跳开母联断路器，第三时限跳开本侧断路器，第四时限跳开变压器各侧断路器。

（3）变压器低压侧后备保护的整定。330kV 自耦变压器低压侧配置一段过电流保护，按照变压器低压侧额定电流整定，动作时间与低压侧所连接元件（站用变压器、电抗器、电容器）的过流保护配合，延时跳开低压侧断路器；配置复合电压闭锁过流保护，设置一段两时限，定值按照本侧最大负荷电流整定，第一时限跳开本侧断路器，第二时限跳开变压器各侧断路器。

330kV 变压器的 35kV 侧母线一般不配置母线差动保护，而 35kV 后备保护动作时间因要与 35kV 侧电抗器、站用变压器、电容器等电流保护配合，导致 35kV 母线故障的切除时间较长；35kV 母线故障时短路电流又较大，如不能快速切除，常常会发展成为变压器内部故障。鉴于上述情况，建议在 35kV 母线增配母差保护，并尽可能缩短 35kV 侧电抗器、站用变压器、电容器等电流保护的动作时间，从而降低变压器 35kV 侧后备保护的切除时间，使低压系统故障及时切除，避免波及 330kV 系统，从而保证 330kV 主系统安全。

3. 变压器的过励磁保护

为防御变压器因过励磁损坏而装设的过励磁保护，要根据变压器允许的过励磁特性整定，必须有变压器允许的过励磁能力曲线。变压器过励磁保护有定时限和反时限两种。

在 330kV 及以上变压器的高压侧，220kV 变压器的高压侧和中压侧均应配置过励磁保护。

定时限过励磁保护通常分两段，第Ⅰ段为信号段，第Ⅱ段为跳闸段。

第Ⅰ段动作值 n 一般可取变压器额定励磁的 1.15～1.2 倍。第Ⅰ段动作时间可根据允许的过励磁能力适当整定。

第Ⅱ段为跳闸段，可整定 n=1.25～1.35 倍。

反时限变压器过励磁保护应与变压器的允许过励磁能力配合。

定时限部分延时发信号，反时限部分动作曲线以不同整定时限跳开变压器各侧断路器。

4. 过负荷保护

330kV 自耦变压器各侧及公共绕组过负荷保护的动作电流按躲过各侧绕组的额定电流整定。过负荷保护动作于信号，保护的动作时间与变压器允许的过负荷时间相配合，同时大于变压器后备保护的最长动作时间（通常可大 2 个时间阶段）。

5. 非电量保护

瓦斯保护动作于信号的轻瓦斯部分，通常按产生气体继电器的容积整定。

瓦斯保护动作于跳闸的重瓦斯部分，通常按通过气体继电器的油流速度整定。油流整定与变压器的容量、接气体继电器的导管直径、变压器冷却方式、气体继电器的形式等有关。

温度保护、释压保护按变压器容量、冷却方式及制造厂家所提供的有关参数并结合规程区别整定，动作时间按变压器运行规程的规定整定。

（三）330kV 母线保护的整定规定

母差保护差电流启动元件定值，应可靠躲过母线外部短路时的最大不平衡电流和任一元件电流回路断线时由于负荷电流引起的最大差电流。灵敏度校验按最小运行方式下母线短路进行，灵敏度不应小于 2.0。对于有比率制动特性的电流差动元件而言，启动电流 $I_{op.0}$ 不需考虑外部故障产生的最大不平衡电流，其整定原则应该是可靠躲过正常工况下差回路的最大不平衡电流及任一 TA 二次断线时由于负载电流引起的最大差流。$I_{op.0}$ =（0.39～0.52）I_n，实际上由于母差保护有完善的 TA 断线闭锁，为保证该保护的动作灵敏性，$I_{op.0}$ 可取（0.4～0.5）I_n。

三、继电保护运行定值的要求

1. 线路保护对振荡闭锁、故障选相及重合闸的要求

电力设备或线路的保护装置，除预先规定的以外，都不应因系统振荡引起误动作。使用于 220～750kV 电网的线路保护，其振荡闭锁应满足如下要求：

（1）系统发生全相或非全相振荡，保护装置不应误动作跳闸。

（2）系统在全相或非全相振荡过程中，被保护线路如发生各种类型的不对称故障，保护装置应有选择性地动作跳闸，纵联保护仍应快速动作。

（3）系统在全相振荡过程中发生三相故障，故障线路的保护装置应可靠动作跳闸，并允许带短延时。

有独立选相跳闸功能的线路保护装置发出的跳闸命令，应能直接传送至相关断路器的分相跳闸执行回路。

使用于单相重合闸线路的保护装置，应具有在单相跳闸后至重合前的两相运行过程中，健全相再故障时快速动作三相跳闸的保护功能。

2. 线路保护对高阻接地的切除要求

线路单相高阻接地故障是轻微故障，故障本身对电网的危害可能小于线路被切除对电网的危害，所以，选相跳闸并重合成功是保护装置力争的最佳动作方式。

线路单相高阻接地故障目前依靠零序方向纵联保护、电流差动保护、距离保护和零序最末一段保护切除。存在以下问题：零序方向元件存在死区，导致零序方向保护拒动；线路区内故障时，两侧零序电流分配不均，小电流侧不能停信，可能导致零序方向保护拒动；强磁弱电情况，相邻线路互感引起误动。

3. 超高压电网继电保护定值简化后的运行管理措施

（1）线路两套全线速动主保护停运时，线路停运。不允许线路无全线速动主保护运行。

（2）220kV 母线差动保护停运时，必须将连接到该母线上所有 220kV 线路对侧断路器的零序电流Ⅱ段、相间和接地距离Ⅱ段的时间由 1s 压缩为 0.5s 运行；中低压侧有电源的主变压器 220kV 侧过流与零序过流保护跳母联断路器的时间改为 0.3s，跳 220kV 侧断路器的时间改为 0.6s 运行。

（3）110kV 母线差动保护停运时，如 220kV 线路距离保护Ⅱ段伸出 110kV 母线，变压器 110kV 后备过流保护必须 0.5s 跳本侧的保护段。

【思考与练习】

1. 继电保护整定的基本原则是什么？
2. 继电保护定值运行的基本要求是什么？
3. 零序电流保护Ⅰ、Ⅱ、Ⅲ段如何整定？
4. 距离保护Ⅰ、Ⅱ、Ⅲ段如何整定？

模块 6　变压器保护（ZY1100102006）

【模块描述】本模块介绍变压器电气量保护及非电气量保护的组成和保护的基本原理。通过逻辑框图介绍、保护动作过程描述、分析讲解，掌握变压器保护的基本原理、动作特性和保护范围。

【正文】

330kV 变电站主变压器电气量保护按双重化配置，构成双主双后备保护运行方式。两套保护的电流、电压回路及直流回路相互独立，且分别作用于断路器两个跳闸线圈。配置一套非电量保护。保护屏组屏现有两种方式，一种是老方式，组成两面屏；另一种是按新颁设计规范组成三面屏。

（1）变压器保护 1 屏：变压器保护 1+高压侧电压切换箱（高压侧为双母接线且不装设变压器三相 TV 时才需要装设电压切换箱）。

（2）变压器保护 2 屏：变压器保护 2+中压侧电压切换箱（若中压侧装设变压器三相 TV 则不需要装设电压切换箱）。

（3）变压器辅助保护屏：非电量保护+中压侧操作箱+低压侧操作箱。

变压器保护 1 和变压器保护 2 的配置宜相同。

一、变压器电气量保护

（一）差动保护

将变压器各侧供差动保护用的电流互感器（TA）同极性端连接起来，就获得差电流。差动保护本质上是一种电流保护，当差电流大于整定值时，保护就动作。正常运行和区外故障时差电流应尽可能小，使变压器内部故障时差动保护有较高的灵敏度。但变压器差动保护的构成是依据磁势平衡原理，各侧电流之间具有电磁感应关系，由于各种因素影响，使得差电流在正常运行和区外故障时都会存在不平衡电流并可能使差动保护发生误动。

对 Yd 接线的变压器，正常运行时一次电流与二次电流就存在角度差，会产生很大的差电流，因此必须进行角度补偿，来消除此差电流。

正常运行中变压器的励磁电流只流过变压器的高压侧，也会形成差电流，不过正常运行时的励磁电流数值很小，可以用定值躲过。但变压器在充电时的励磁涌流数值非常大，是不可能用定值来躲过的。只能采用制动的办法。根据励磁涌流的波形特点，采用波形识别进行制动，常用方法有：二次谐波制动，间断角原理制动，波形对称原理制动。新型微机变压器差动保护也有采用磁通制动原理。

当变压器发生区外故障时，某一侧 TA 可能饱和，其二次电流输出减少，甚至为零，也会产生很大的差电流，造成差动保护误动。对这种差电流也只能采用制动的办法，通常采用区外故障的穿越电流来进行制动，穿越电流越大，制动效果越强，成比率关系，因此称为比率制动特性。

为防止在变压器区外发生故障等状态下的 TA 饱和所引起的比率制动式差动保护误动作，装置设有 TA 饱和判据。

由此可见，330kV 变压器微机纵联差动保护应满足的技术要求如下：

（1）具有防止励磁涌流引起保护误动的功能。

（2）具有防止区外故障保护误动的制动特性。

（3）具有差动速断功能。

（4）具有防止过励磁引起误动的功能。

（5）电流采用“Y 接线”，相位和电流补偿由软件实现。

（6）3/2 断路器接线的两组 TA 应分别接入保护装置。

（7）具有 TA 断线告警功能，可通过控制字选择是否闭锁差动保护。

由变压器各侧电流构成，能反映变压器内部各种故障的差动保护有纵差保护和分相差动保护。纵差保护是指由变压器各侧外附 TA 构成的差动保护，该保护能反映变压器各侧的各类故障。分相差动保护是指将变压器的各相绕组分别作为被保护对象，由每相绕组的各侧 TA 构成的差动保护，该保护能反映变压器某一相各侧全部故障。分侧差动保护是指将变压器的各侧绕组分别作为被保护对象，由各侧绕组的首末端 TA 按相构成的差动保护，该保护不能反映变压器各侧绕组的全部故障。

微机型变压器差动保护装置，其保护的构成由软件来实现，因此可以根据需要配置多种类型的差动保护。例如为快速切除变压器内部的严重故障，配置差动速断保护；为保护变压器匝间短路等轻微故障，配置反映故障分量的突变量差动；为提高自耦变压器对高阻接地的灵敏度，配置零序差动保护。

在变压器纵差保护装置中，为提高内部故障时的动作灵敏度及可靠躲过外部故障的不平衡电流，均采用具有比率制动特性的差动元件。

比率制动式差动保护是变压器的主保护，能反映变压器内部相间短路故障、高压侧单相接地短路及绕组短路故障。单独靠一种动作特性或一个动作方程不可能满足保护的要求，因此变压器主保护由比率差动、增量差动、差流速断、差流越限告警和分侧差动组成。

1. 比率差动保护

比率差动保护既要考虑励磁涌流和过励磁运行工况，同时也要考虑 TA 异常、TA 饱和、TA 暂态特性不一致的情况。

比率差动保护逻辑图如图 ZY1100102006-1 所示。

一般提供两种励磁涌流识别方式，当“识别励磁涌流方式”整定为0时，采用二次谐波原理闭锁；整定为1时，采用波形比较原理闭锁。

2. 增量差动保护

增量差动不受正常运行的负荷电流的影响，具有比比率差动更高的灵敏度，由于比率差动保护的制动电流的选取包括正常的负荷电流，变压器发生弱故障时，比率差动保护由于制动电流大，可能延时动作或者不动作。增量差动主要解决变压器轻微的匝间故障、高阻接地故障。

保护逻辑图如图ZY1100102006-2所示。

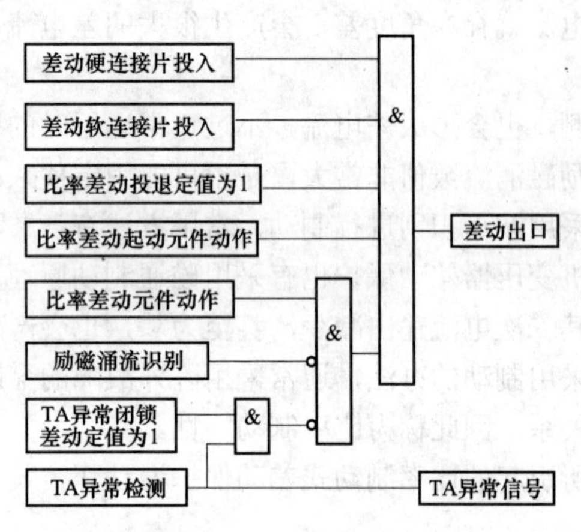

图 ZY1100102006-1 比率差动保护逻辑图

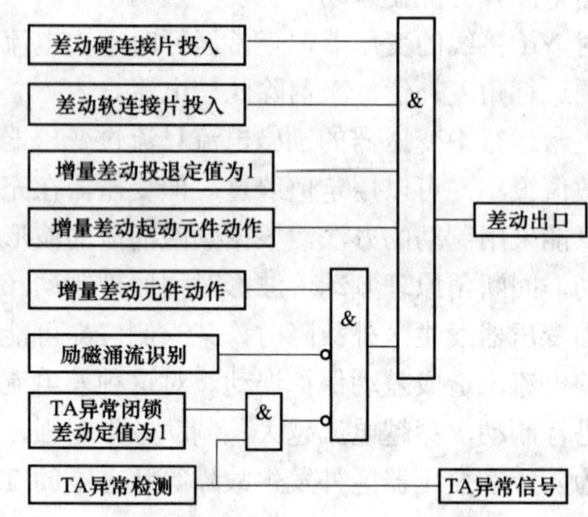

图 ZY1100102006-2 增量差动保护逻辑图

3. 差流速断保护

由于比率差动保护需要识别变压器的励磁涌流和过励磁运行状态，当变压器内部发生严重故障时，不能够快速切除故障，对电力系统的稳定带来严重危害，所以配置差流速断保护，用来快速切除变压器严重的内部故障。

当任一相差流电流大于差动速断整定值时差流速断保护瞬时动作，跳开各侧断路器。

差流速断保护逻辑图如图ZY1100102006-3所示。

4. 差流越限保护

当任一相差流电流大于0.5倍比率差动最小动作电流整定值时，延时5s报差流越限信号。

差流越限保护逻辑图如图ZY1100102006-4所示。

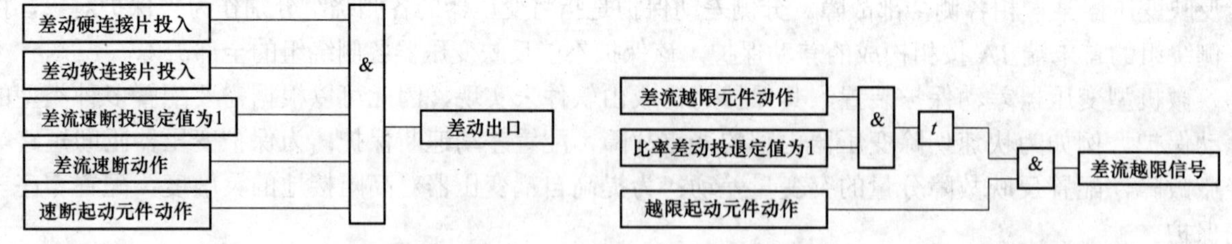

图 ZY1100102006-3 差流速断保护逻辑图

图 ZY1100102006-4 差流越限保护逻辑图

5. 分侧差动保护

分侧差动保护是将变压器的各侧绕组分别作为被保护对象，在各侧绕组的两侧设置电流互感器而实现的差动保护。

分侧差动保护不受变压器励磁电流、励磁涌流、带负载调压及过励磁的影响，但由于只差接变压器一侧的绕组，故对变压器同相绕组的匝间短路无保护作用，主要反映变压器内部相间短路故障、高（中）压侧单相接地短路故障。

保护逻辑图如图ZY1100102006-5所示。

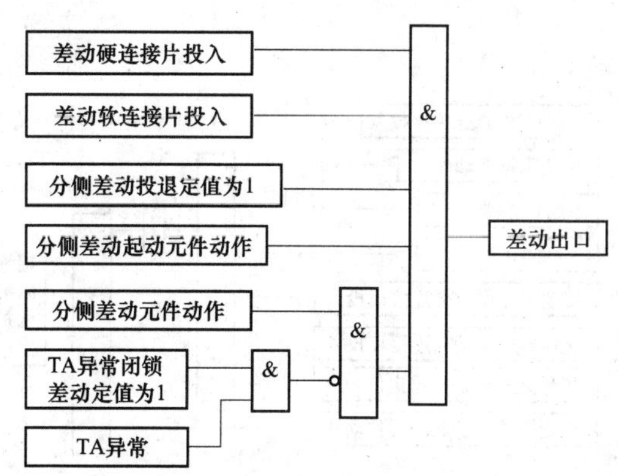

图 ZY1100102006-5 分侧差动保护逻辑图

（二）过励磁保护

该保护主要用作220～500kV变压器因频率降低或过电压引起的铁芯工作磁密过高的保护。由于铁芯中的磁密 $B=K\dfrac{U}{f}$，运行中电源电压的升高或频率的降低均会造成铁芯中的磁密增大，进而产生过励磁。过励磁程度可用过励磁倍数 $n=\dfrac{B}{B_e}=\dfrac{U/U_e}{f/f_e}$ 来衡量，其中 U、f 分别为系统线电压、系统频率，U_e、f_e 分别为基准线电压、基准频率。

要构成变压器过励磁保护，应检测 U/f 值，电压 U 通过辅助 TV 变换隔离、电阻 R 降压、整流及滤波后变成直流电压，供过励磁测量元件进行检测。

过励磁保护分为定时限告警信号、反时限告警信号两部分。

（三）相间阻抗保护

相间阻抗保护通常用于 220～500kV 大型联络变压器、升压及降压变压器，作为变压器引线、母线及相邻线路相间故障的后备保护。当电流、电压保护不能满足灵敏度要求或根据网络保护间配合的要求，变压器的相间故障后备保护可采用相间阻抗保护。

相间阻抗保护可实现偏移阻抗、全阻抗或方向阻抗特性。对相间阻抗保护各时限可以通过相应保护软连接片进行投退。

1. TV 检修时对阻抗元件判别的影响

当某侧 TV 检修或旁路代路未切换 TV 时，为保证该侧后备保护的正确动作，需投入该侧“TV 检修连接片”。

某侧 TV 检修连接片投入时，该侧相间阻抗元件判别自动退出，相间阻抗保护不动作。例如当高压侧 TV 检修连接片投入时，高压侧相间阻抗保护的阻抗元件判别自动退出，高压侧相间阻抗保护不动作。

2. TV 异常对阻抗元件判别的影响

为防止 TV 异常时阻抗元件误动作，当判别阻抗元件所用的电压出现 TV 异常时，阻抗元件判别自动退出，相间阻抗保护不动作。例如当高压侧 TV 异常时，高压侧相间阻抗保护的阻抗元件判别自动退出，高压侧相间阻抗保护不动作。

3. 相间阻抗保护逻辑框图

相间阻抗保护逻辑框图见图 ZY1100102006-6。

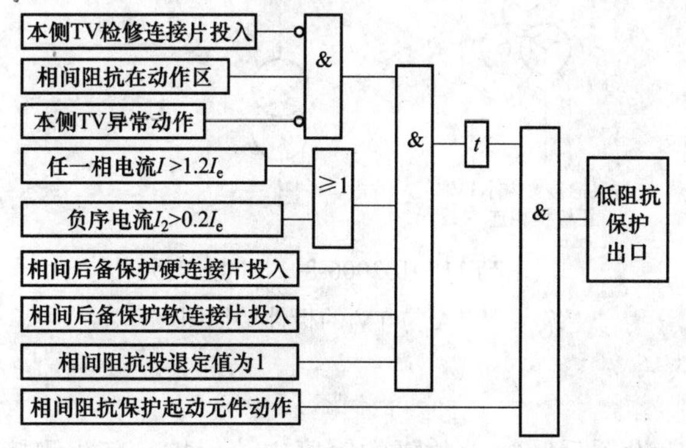

图 ZY1100102006-6 相间阻抗保护逻辑框图

（四）接地阻抗保护

接地阻抗保护作为绕组、引线接地故障的后备保护或相邻元件接地故障的后备保护。在中性点直接接地的电网中，当零序电流保护的灵敏度不能满足要求时，可采用接地阻抗保护，它的主要任务是正确反映电网的接地短路。接地阻抗保护逻辑框图见图 ZY1100102006-7。

接地阻抗保护可实现偏移阻抗、全阻抗或方向阻抗特性。对接地阻抗保护的各时限可以通过相应保护投退控制字进行投退。

1. TV 检修时对阻抗元件判别的影响

某侧 TV 检修或旁路代路未切换 TV 时，为保证该侧后备保护的正确动作，需投入该侧“TV 检修连接片”。

某侧 TV 检修连接片投入时，该侧接地阻抗元件判别自动退出，接地阻抗保护不动作。例如当高压侧 TV 检修连接片投入时，高压侧接地阻抗保护的阻抗元件判别自动退出，高压侧接地阻抗保护不

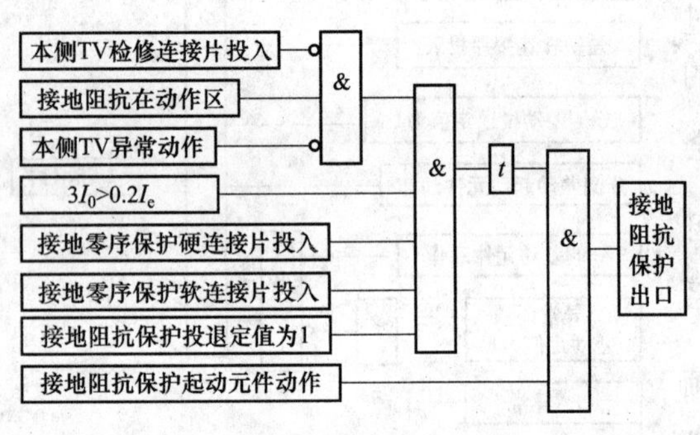

图 ZY1100102006-7 接地阻抗保护逻辑框图

动作。

2. TV 异常对阻抗元件判别的影响

为防止 TV 异常时阻抗元件误动作，当判别阻抗元件所用的电压出现 TV 异常时，阻抗元件判别自动退出，接地阻抗保护不动作。例如当高压侧 TV 异常时，高压侧接地阻抗保护的阻抗元件判别自动退出，高压侧接地阻抗保护不动作。

3. 接地阻抗保护逻辑框图

接地阻抗保护逻辑框图如图 ZY1100102006-7 所示。

（五）复合电压（方向）过流保护

过流保护，作为变压器或相邻元件的后备保护。可通过整定相关定值控制字选择各段过流是否投入，是否经复合电压闭锁，是否经方向闭锁。

对各侧复合电压方向过流保护的各时限可以通过相应保护投退控制定值进行投退。

1. 过流元件

过流元件接于电流互感器二次三相回路中，当任一相电流满足下列条件时，过流元件动作。

$$I > I_{op} \qquad (ZY1100102006\text{-}1)$$

式中 I_{op}——动作电流整定值。

2. 复合电压元件

对某侧过流保护可通过整定相关定值控制字选择是否经复合电压启动或仅由本侧复合电压启动还是可由多侧复合电压启动。例如对于高压侧后备保护，定值“过流Ⅰ段复合电压控制字”整定为“0”时，表示高压侧过流保护Ⅰ段退出其复合电压元件，不经复合电压闭锁；整定为“1”时，表示高压侧过流保护Ⅰ段仅由本侧复合电压启动；整定为“2”时，表示高压侧过流保护Ⅰ段由多侧复合电压启动，任一侧复合电压动作均可启动高压侧过流保护Ⅰ段。

3. 相间功率方向元件

方向元件 TA 与 TV 的极性接线图如图 ZY1100102006-8 所示。相间功率方向元件采用 90° 接线方式，TA 正极性端在母线侧。

对各段过流保护可通过整定相关定值控制字选择是否带方向性或方向指向变压器还是方向指向母线。当相间方向元件 TA、TV 接线极性符合图 ZY1100102006-8 所示接线原则时，例如对于高压侧后备保护，定值“过流Ⅰ段方向控制”整定为“0”时，表示高压侧过流保护Ⅰ段退出其方向元件，不带方向性；整定为“1”时，表示高压侧过流保护Ⅰ段方向元件的方向指向变压器；整定为“2”时，表示高压侧过流保护Ⅰ段方向元件的方向指向母线。

方向元件的方向电压取本侧电压，并带有记忆，近处三相短路时方向元件无死区。

TA
TV
辅助TA
方向元件
与保护装置内小TV正极性相连

图 ZY1100102006-8 相间方向元件 TA 与 TV 的极性接线图

（六）零序（方向）过流保护

电压为 110kV 及以上的变压器，在大电流系统侧应设置反映接地故障的零序电流保护。有两侧接大电流系统的三绕组自耦变压器，其零序电流保护应带方向，组成零序方向电流保护。

零序电流保护的动作方程为

$$\left.\begin{aligned} 3I_0 &> I_{0op} \\ P_0 &> 0 \end{aligned}\right\} \qquad (ZY1100102006\text{-}2)$$

式中 I_{0op}——零序电流动作电流整定值；

P_0——零序功率元件的测量功率；

$3I_0$——三相 TA 组成的自产零序电流。

零序方向过流保护逻辑图如图 ZY1100102006-9 所示。

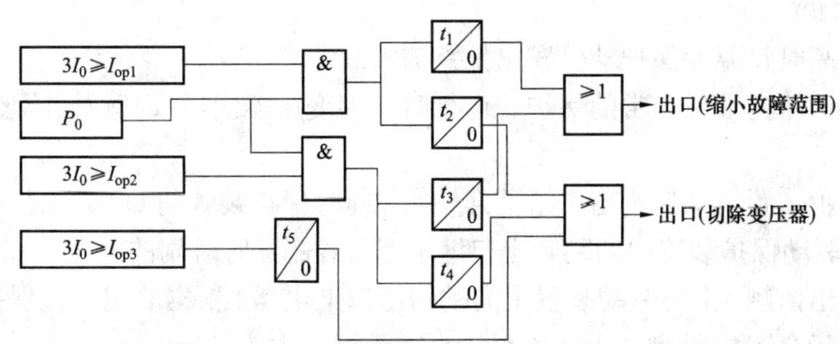

图 ZY1100102006-9　零序方向过流保护逻辑图

零序方向电流保护的Ⅰ段或Ⅱ段动作后，分别延时 t_1 或 t_3 作用于缩小故障影响范围，而经 t_2 或 t_4 切除变压器。零序Ⅲ段不带方向，只作用于切除变压器。

（七）TV 异常判别

1. 判据原理

（1）正序电压小于 30V，任一相电流大于 $0.04I_n$ 或断路器处于合位状态（用断路器位置触点开入判别）（I_n 为 TA 二次额定值 5A 或 1A）。

（2）负序电压大于 4V。

满足上述任一条件，且后备保护未启动时，延时 10 s 报该侧母线 TV 异常，发 TV 异常告警信号。

2. TV 检修对 TV 异常判别的影响

当某侧 TV 检修或旁路代路未切换 TV 时，为保证该侧后备保护的正确动作，需投入该侧“TV 检修连接片”。

某侧 TV 检修连接片投入时，该侧 TV 异常判别自动退出，不再报该侧 TV 异常。

二、变压器非电气量保护

变压器的非电气量保护主要有瓦斯保护、压力保护、温度及油位保护和冷却器全停保护。

1. 瓦斯保护

瓦斯保护是变压器油箱内绕组短路故障及异常的主要保护。其作用原理是：变压器内部故障时，在故障点产生有电弧的短路电流，造成油箱内局部过热并使变压器油分解、产生气体（瓦斯），进而造成喷油、冲动气体继电器，瓦斯保护动作。

瓦斯保护分为轻瓦斯保护及重瓦斯保护两种。轻瓦斯保护作用于信号，重瓦斯保护作用于切除变压器。

此外，对于有载调压的大型变压器，在有载调压装置内也设置瓦斯保护。

（1）轻瓦斯保护。轻瓦斯保护继电器一般由开口杯、干簧触点等组成。运行时，继电器内充满变压器油，开口杯浸在油内，处于上浮位置，干簧触点断开。当变压器内部发生轻微故障或异常时，故障点局部过热，引起部分油膨胀，油内的气体被逐出，形成气泡，进入气体继电器内，使油面下降，开口杯转动，干簧触点闭合，发出信号。

（2）重瓦斯保护。重瓦斯保护继电器一般由挡板、弹簧及干簧触点等构成。

当变压器油箱内发生严重故障时，很大的故障电流及电弧使变压器油大量分解，产生大量气体，使变压器喷油，油流冲击挡板，带动磁铁并使干簧触点闭合，作用于切除变压器。

应当指出，重瓦斯保护是油箱内部故障的主保护，它能反映变压器内部的各种故障。当变压器组发生少数匝间短路时，虽然故障点的故障电流很大，但在差动保护中产生的差流可能不大，差动保护可能拒动。此时，靠重瓦斯保护切除故障。有载调压的变压器，在有载调压部分也配置气体继电器。

2. 压力保护

压力保护也是变压器油箱内部故障的主保护，含压力和压力突变量保护。其作用原理与重瓦斯保护基本相同，但它反映变压器油的压力。

压力继电器又称压力开关，由弹簧和触点构成，置于变压器本体油箱上部。当变压器内部故障时，温度升高，油膨胀压力增高，弹簧动作带动继电器动触点，使触点闭合，切除变压器。

3. 温度及油位保护

当变压器温度升高时，温度保护动作发出报警信号。

油位保护是反映油箱内油位异常的保护。运行时，因变压器漏油或其他原因使油位降低时动作，发出报警信号。

非电量触点经保护装置重动后给出3组信号触点，同时保护装置的CPU记录非电量动作情况，直接跳闸非电量保护，驱动保护装置中的跳闸出口继电器。对需延时跳闸的非电量保护，由CPU计时后按出口矩阵启动延时出口触点，再驱动装置中的跳闸出口继电器。根据非电气量保护不同的动作行为，非电气量保护的原理示意图如图ZY1100102006-10所示。

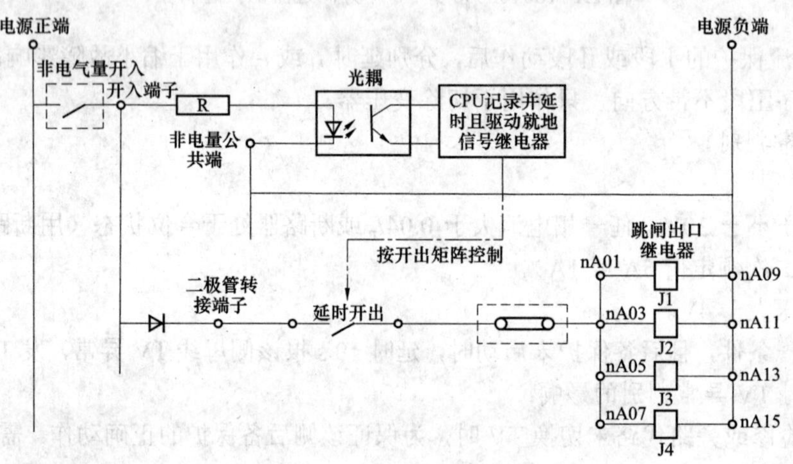

图ZY1100102006-10 延时跳闸的非电气量保护原理示意图

三、330kV变压器保护运行的一般规定

（1）330kV及以上变压器保护在变压器运行和热备用状态时应全部投入，严禁变压器无主保护运行。差动保护与重瓦斯保护不允许同时停用。主变压器两套电气量保护不允许同时停用。

主保护或无保护造成变压器跳闸，未查清原因并消除故障前，主变压器禁止加入运行。母线故障，引起变压器后备保护动作跳闸，未经检查不得加运。

（2）变压器投运过程保护的注意事项：

1）变压器差动保护：

a）在新投变压器充电时，将差动保护投入。

b）新投变压器充电合闸5次，以检查差动保护躲励磁涌流的性能。

c）带负荷前将差动保护停用，新投变压器差动保护必须进行带负荷测试，确证电流回路接线正确无误后，才能正式投入运行。

2）当变压器投入运行时，中性点必须直接接地，该主变压器的两套中性点过流保护全部投跳闸，投运正常后再按调度安排选择接地方式。

（3）变压器差动保护的运行注意事项：差动保护动作跳闸，变电值班员应不待调令立即投入备用变压器。立即对跳闸变压器三侧差动TA保护范围内的设备进行检查（如果是差动速断保护动作跳闸，应对跳闸变压器本体及高压侧差动TA至高压绕组范围内的设备进行检查）。

若确认系主变压器保护误动引起的跳闸，应将误动保护退出，并经总工同意后，立即恢复跳闸主变压器运行，恢复供电。事后应尽快安排设备运行方式，对误动保护进行深入分析与采取防范措施。

（4）变压器非电气量保护的运行注意事项：

1）新投主变压器的本体瓦斯、调压气体继电器必须有防雨措施。应改进和完善变压器、电抗器本体非电气量保护的防水、防油渗漏、密封性工作。运行中应注意气体继电器的防雨罩是否处于良好状态，尤其在雨季应加强防雨罩的监视。气体继电器引出线应采用防油电缆线。

2）主变压器本体瓦斯、调压气体继电器不允许带有气体投入运行，气体继电器若无放气装置，则应设法将气体排掉后，方可加运。变压器的本体、有载调压开关的重瓦斯保护需退出时，应预先制定安全措施，并经总工程师批准，并限期恢复。当变压器注油、滤油、更换硅胶及处理呼吸器工作完毕，需经 24h 试运行之后，方可将重瓦斯保护投入跳闸。

3）本体重瓦斯、调压瓦斯保护动作跳闸，变电值班员应不待调令立即投入备用变压器。跳闸变压器相应本体未经试验合格不得投入运行。

轻瓦斯保护动作，变电值班员立即采气样，通知检修人员立即采油样判断是否为变压器内部故障。若主变压器轻瓦斯连续打信号 2～3 次，且采气可燃或油样色谱试验异常，则立即将变压器停运。

4）主变压器冷源失保护连接片正常运行中应投入，主变压器冷源失信号打出时，值班运行人员应在本站冷源失整定的时间期间内检查主变压器通风电源是否良好，并尽快恢复主变压器通风电源；如果异常在主变压器冷源失整定的时间范围不能消除异常，可及时将主变压器冷源失连接片打开，按预先制定并经总工程师批准的事故预案进行处理，并限期恢复连接片。

（5）变压器后备保护运行的注意事项：

1）变压器低压侧后备保护作为低压母线的主保护，不允许两套同时退出。

2）后备保护动作跳闸，变电值班员应检查站内设备并了解系统相关设备运行情况，在确认主变压器、母线和出线保护均无问题、故障点已隔离的情况下，不待调令立即抢送变压器或投入备用变压器进行供电。若主变压器跳闸是由于该站内其他设备开关拒动或设备保护拒动引起，应尽快对故障设备开关采取隔离措施（如拉开故障断路器两侧隔离开关），不待调令立即抢送跳闸的变压器。

3）当变压器中性点接地方式发生改变时，注意更改相关定值或按照规定启用、停用有关保护。

【思考与练习】

1. 试述 330kV 变压器的保护如何配置？有何特点？
2. 何谓变压器的分侧差动保护？有何特点？
3. 变压器为什么要装设过励磁保护？
4. 变压器投运过程保护的注意事项是什么？
5. 变压器差动保护的运行注意事项是什么？

模块 7　电抗器保护（ZY1100102007）

【模块描述】本模块介绍 330kV 高压并联电抗器及 35kV 电抗器保护的组成和基本原理。通过组成概述、范围介绍、原理分析讲解，掌握电抗器电气量保护及非电气量保护基本原理、特性和保护范围。

【正文】

330kV 高压并联电抗器一般安装在超高压配电装置的某些线路侧随线路而投退，主要作用是补偿线路的电容和吸收其无功功率，防止电网各种情况下因容性功率过剩而引起的过电压，并有助于系统的同期操作及提高单相重合闸的成功率。当不能满足无功功率的要求时，可在变电站内装设较低电压等级的并联电抗器。35kV 并联电抗器主要作用是无功补偿，可根据系统电压情况进行投退。电抗器操作必须在无电压情况下进行。

一、330kV 并联电抗器保护

（一）保护配置

330kV 并联电抗器保护需要提供双套主保护、双套后备保护和非电量保护的各种接线方式的高压并联电抗器。当 330kV 并联电抗器与线路之间没有经断路器相连时，需配置远跳功能，保护动作后启动远跳。

330kV 并联电抗器主保护包括差动保护、零序比率差动保护。后备保护包括过流保护、零序过流保护、过负荷保护。非电量保护包括重瓦斯保护、压力释放保护、温度过高保护等。

（二）保护原理

1. 差动保护

差动保护在发生并联电抗器组的内部接地和相间短路故障时动作。保护采集高压端电流和低压端电流信号，逐相比较差动电流，正常情况下，差动电流很小，接近为零，当发生内部接地和相间短路故障时，差动电流增大，保护动作，保护设置有 TA 异常闭锁功能。

（1）比率差动保护。一般采用常规比率差动原理，当差动硬连接片与比率差动软连接片均投入且无其他闭锁条件（闭锁比率差动开入或 TA 断线闭锁比率差动）时，任一相比率差动动作即出口跳闸，能保证内部故障时有较高的灵敏度。

以 A 相比率差动为例，逻辑图如图 ZY1100102007-1 所示。图中 $I_{d.1}$ 为 A 相差流的基波分量，$I_{d.2}$ 为 A 相差流的二次谐波分量。

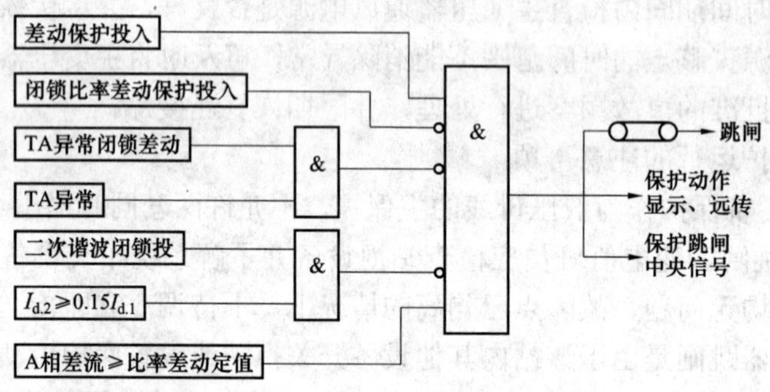

图 ZY1100102007-1 比率差动动作逻辑图

（2）差动速断保护。差动保护设有一速断段，当任一相差动电流大于差动速断整定值时瞬时动作于出口。逻辑框图如图 ZY1100102007-2 所示。

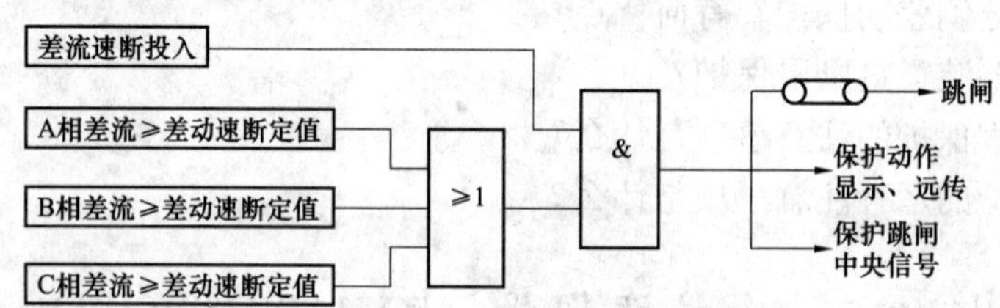

图 ZY1100102007-2 差动速断保护逻辑框图

（3）差流越限告警。正常情况下监视各相差流，如果任一相差流大于最小动作电流的 1/2，经延时启动告警继电器。逻辑框图如图 ZY1100102007-3 所示。

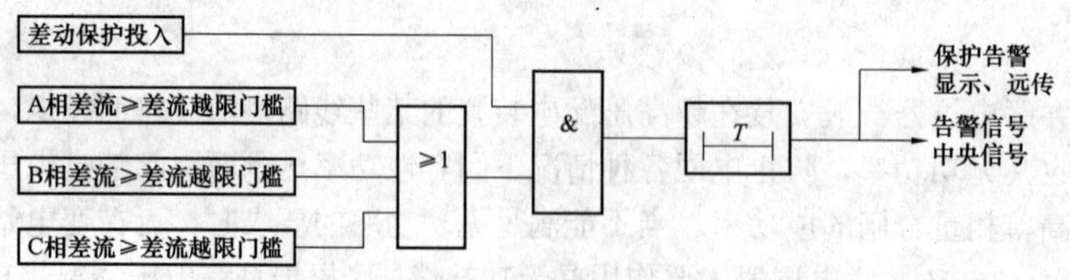

图 ZY1100102007-3 差流越限告警逻辑框图

（4）TA 异常检测。当三相电流都大于 0.2 倍的额定电流且差动电流大于 0.1 倍的额定电流时，启动 TA 异常判别程序，满足下列条件认为 TA 断线：

1）异常相电流小于 0.04 倍的额定电流。

2）本侧三相电流中至少有一相电流不变。

3）最大相电流小于 1.2 倍的额定电流。

2. 电流保护

（1）两段式电流保护。两段式过流保护作为电抗器内部故障的后备保护。当电抗器只设单侧 TA

时，装置不采用差动保护，这时可将过流Ⅰ段保护的时限整定为短延时出口，用作过流速断保护。逻辑框图如图 ZY1100102007-4 所示。图中 T_n 为过流 n 段延时（n=1 或 2）。

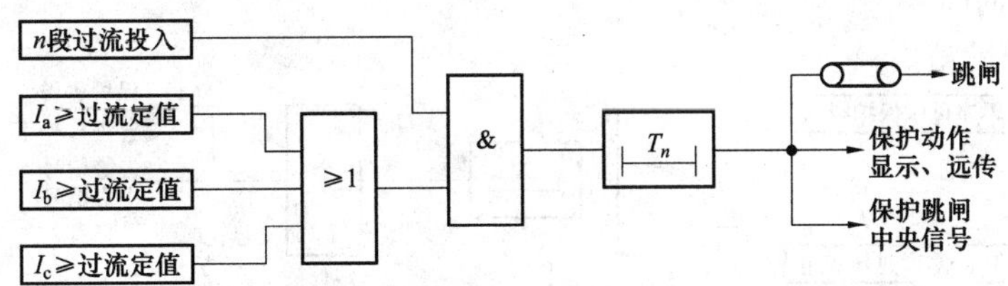

图 ZY1100102007-4 两段式过流保护逻辑框图

（2）反时限电流保护。并联电抗器相间短路和接地短路的后备保护一般采用过电流保护实现，为了与电抗器的发热特性相配合，保护宜采用反时限特性。

反时限过流可通过反时限方式控制字选择反时限延时方式。逻辑框图如图 ZY1100102007-5 所示。

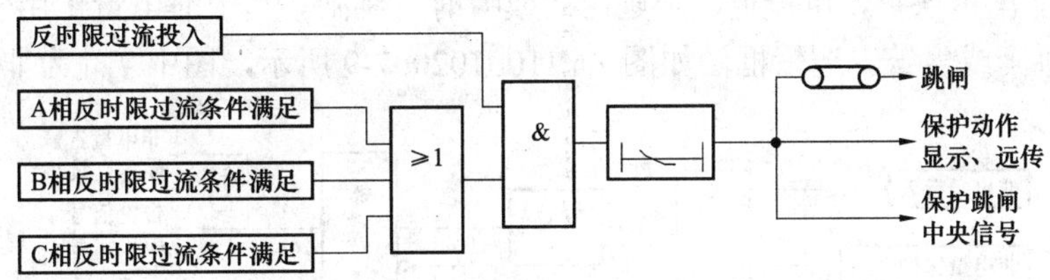

图 ZY1100102007-5 反时限过流保护逻辑框图

3. 零序电流保护

零序电流外接，可通过控制字选择投报警或跳闸，以供不同场合使用。逻辑框图如图 ZY1100102007-6 所示。

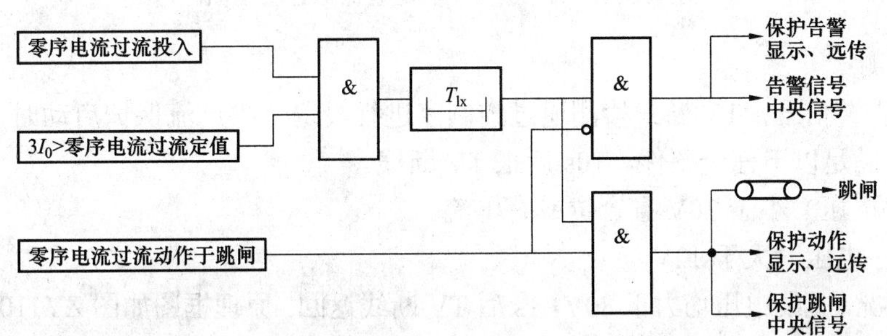

图 ZY1100102007-6 零序电流保护逻辑框图

4. 过负荷保护

如果并联电抗器所接系统电压升高时可能造成电抗器过负荷运行，即应装设过负荷保护。

过负荷保护由控制字选择跳闸或告警。在电动机启动过程中，过负荷保护自动退出。过负荷保护原理框图如图 ZY1100102007-7 所示。图中 T_{gfh} 为过负荷延时。

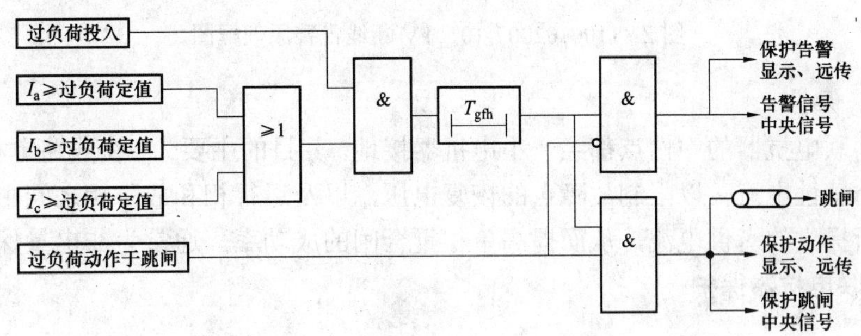

图 ZY1100102007-7 过负荷保护原理框图

5. 零序过压保护

零序过压保护只发告警信号，所用电压为外接零序电压。逻辑框图如图 ZY1100102007-8 所示。图中 T_0 为零序过压延时。

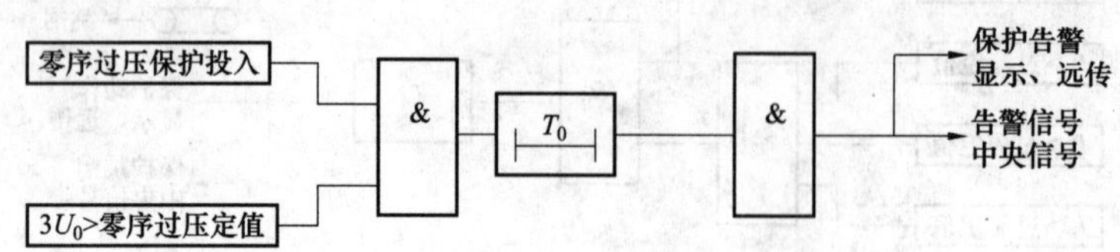

图 ZY1100102007-8 零序过压保护逻辑框图

6. 非电量保护

油浸式电抗器的非电量保护包括气体保护、油温高保护、压力释放保护及油位降低保护等。电抗器非电量保护原理同变压器非电量保护。

一般设置三路非电量保护，可投退，经延时（或瞬时）跳闸。其中非电量 1 用于跳闸，非电量 2、3 可由控制字选择跳闸或告警。逻辑框图如图 ZY1100102007-9 所示，图中 T_{fd1} 为非电量保护延时。

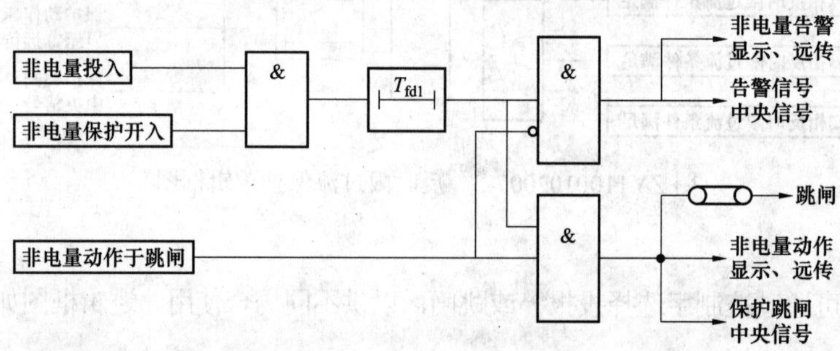

图 ZY1100102007-9 非电量保护逻辑框图

7. TV 断线检测

TV 断线后发告警信号，TV 断线检测通过控制字进行投退。当过流保护启动时，闭锁 TV 断线检测。控制字投入，满足以下任一条件，10s 后报 TV 断线。

（1）U_1（正序电压）小于 30V 且合位或有电流。

（2）$3U_2$（负序电压）大于 12V。

不满足以上情况，且线电压均大于 80V，1s 后 TV 断线返回。原理框图如图 ZY1100102007-10 所示。

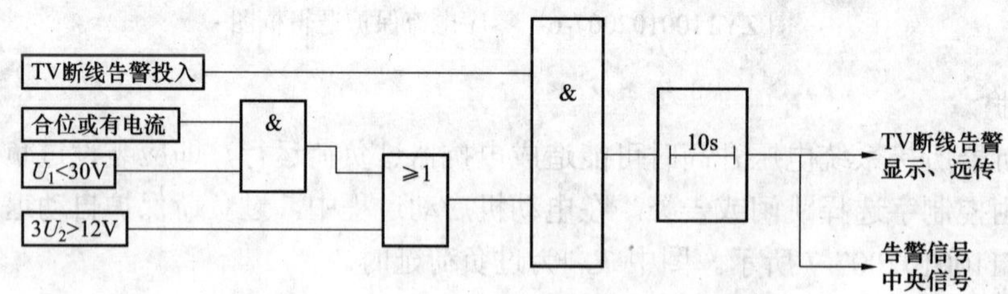

图 ZY1100102007-10 TV 断线告警原理框图

8. 接地电抗器保护

330kV 三相并联电抗器的中性点都经一小电抗器接地。其目的主要为：在线路单相重合闸过程中，向故障点提供一个感性电流，以限制故障点的恢复电压，以及运行相和故障相之间由于静电耦合、电磁耦合向故障点所提供的潜供电流，从而提高单相重合闸的成功率。通常为非电量保护。

二、35kV 并联电抗器保护

（一）保护配置

在超高压变电站中 35kV 电压等级装设的并联电抗器保护包括三段定时限电流保护、过负荷保护、非电量保护、TV 断线检测等。

（二）保护原理

1. 三段定时限电流保护

三段定时限电流保护原理框图如图 ZY1100102007-11 所示，图中 T_{dzn} 为电流 n 段时限（n=1，2，3）。

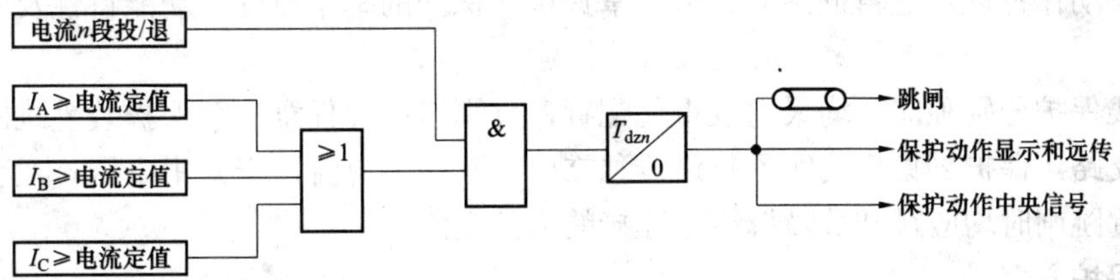

图 ZY1100102007-11　三段定时限电流保护原理框图

2. 过负荷保护

在母线电压升高时，可能引起电抗器过负荷，即应装设过负荷保护。过负荷保护原理框图如图 ZY1100102007-12 所示，图中 T_{gfh} 为过负荷时限。

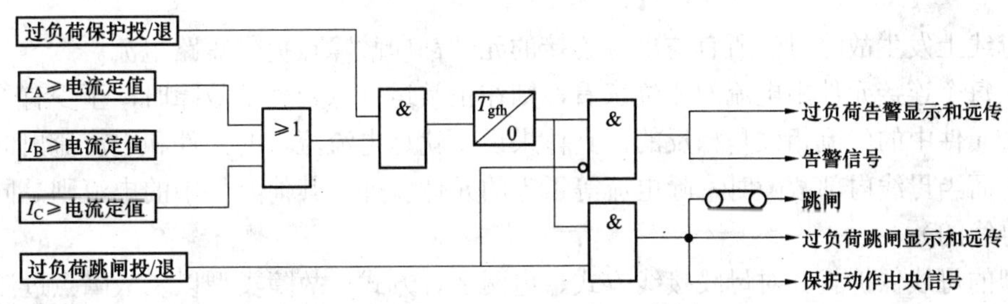

图 ZY1100102007-12　过负荷保护原理框图

3. 非电量保护

非电量插件上有跳闸继电器和信号继电器，也可选用出口插件上的出口继电器和信号插件上的非电量告警继电器。非电量保护原理框图如图 ZY1100102007-13 所示。图中 T_{fd1n} 为非电量保护 n 段时限，其中 T_{fd1n}=20ms（n=1～4），非电量保护 5 的时限 T_{fd15} 可整定。

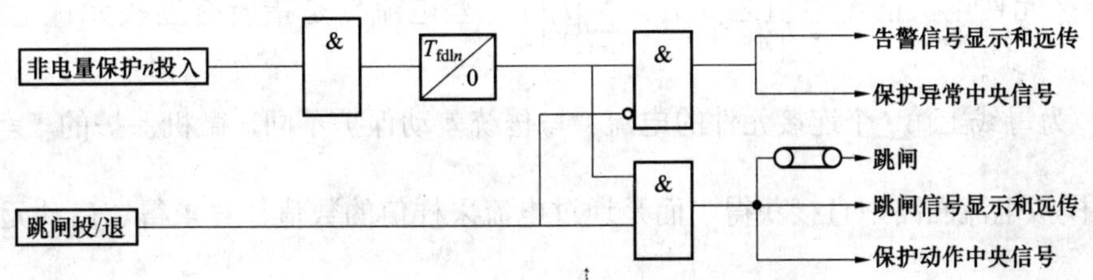

图 ZY1100102007-13　非电量保护原理框图

4. TV 断线检测

TV 断线后发告警信号，TV 断线检测通过控制字进行投退。当过流保护启动时，闭锁 TV 断线检测。控制字投入，满足以下任一条件，10s 后报 TV 断线。

（1）U_1 小于 30V 且合位或有电流。

（2）$3U_2$ 大于 18V。

不满足以上情况，10s 后 TV 断线返回。

【思考与练习】

1. 330kV 和 35kV 并联电抗器的作用有什么不同？
2. 并联电抗器中一般配置哪些保护？作用如何？
3. 试通过 330kV 并联电抗器的差动速断保护逻辑框图说明其动作原理。
4. 中性点电抗器的作用有哪些？保护配置如何？

模块 8 母线保护（ZY1100102008）

【模块描述】本模块包含 330kV 母线保护的基本原理，母差及失灵保护的动作特性。通过原理讲解和对上述保护动作特性、逻辑框图的分析，掌握母线保护的基本原理、功能特性及保护范围。

【正文】

330kV 母线保护分别独立，均采用双重化配置，分别组屏。任意一个保护装置跳闸动作均跳开故障母线上全部支路。保护采集母线侧各断路器独立电流互感器电流，未采集电压。双套保护中任意一个母差保护装置跳闸时均应跳开故障母线上连接的全部支路。

一、母线保护原理

（一）差动保护

为满足保护速动性和选择性的要求，母线保护都是按差动原理构成的。实现母线差动保护的基本原则是：

（1）在正常运行以及母线保护范围以外故障时，在母线上所有连接元件中，流入的电流和流出的电流相等。

（2）当母线上发生故障时，所有与电源连接的元件都向故障点提供短路电流。

（3）如从每个连接元件中电流的相位来看，则在正常运行以及外部故障时，至少有一个元件的电流相位和其余元件中的电流相位是相反的，具体来说，就是电流流入的元件和电流流出的元件这两者的相位相反。而当母线内部故障时，除电流等于零的元件以外，其他元件中的电流则是同相位的（可以说是流入母线的）。

各种类型的母线保护就其对母线接线方式、电网运行方式、故障类型以及故障点过渡电阻等方面的适应性来说，仍以按电流差动原理构成的母线保护为最佳。带制动特性的差动继电器（亦即比率差动继电器），采用一次的穿越电流作为制动电流，以克服区外故障时由于 TA 误差而产生的差动不平衡电流，在高压电网中得到了较为广泛的应用。

1. 启动元件

母线差动保护的启动元件由“和电流突变量”和“差电流越限”两个判据组成。“和电流”是指母线上所有连接元件电流的绝对值之和 $I_r=\sum_{j=1}^{m}\left|I_j\right|$；“差电流”是指所有连接元件电流和的绝对值 $I_d=\left|\sum_{j=1}^{m}I_j\right|$，$I_j$ 为母线上第 j 个连接元件的电流。与传统差动保护不同，微机保护的“差电流”与“和电流”不是从模拟电流回路中直接获得，而是通过电流采样值的数值计算求得。启动元件分相启动，分相返回。

2. 差动元件

母线保护差动元件由分相复式比率差动判据构成。

复式比率差动判据动作表达式为

$$\begin{aligned}&I_d>I_{dset}\\&I_d>K_r(I_r-I_d)\end{aligned}\qquad\text{(ZY1100102008-1)}$$

式中 I_{dset}——差电流门坎定值；

K_r——复式比率系数（制动系数）。

复式比率差动判据相对于传统的比率制动判据，由于在制动量的计算中引入了差电流，使其在母线区外故障时有极强的制动特性，在母线区内故障时无制动，因此能更明确地区分区外故障和区内故障，图 ZY1100102008-1 表示复式比率差动元件的动作特性。

3. TA（电流互感器）饱和检测元件

为防止母线差动保护在母线近端发生区外故障时，由于 TA 严重饱和出现差电流的情况下误动作，根据 TA 饱和发生的机理以及 TA 饱和后二次电流波形的特点设置了 TA 饱和检测元件，用来判别差电流的产生是否由区外故障 TA 饱和引起。母差保护的逻辑关系如图 ZY1100102008-2 所示。

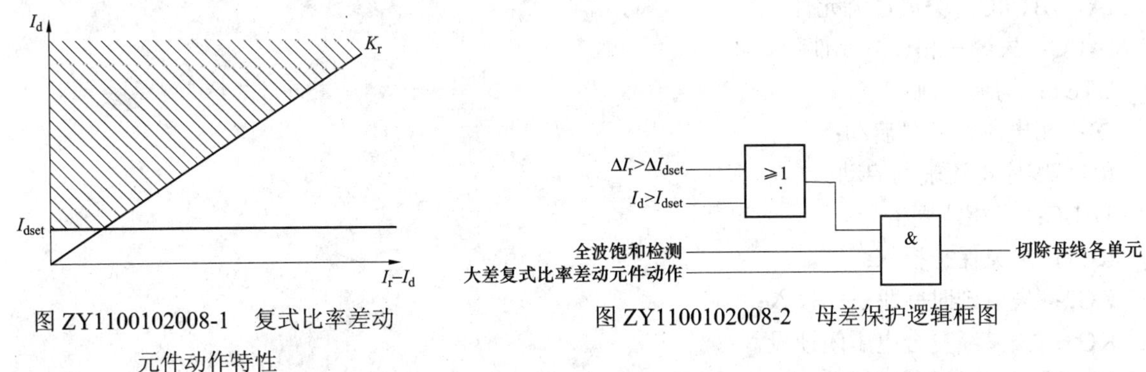

图 ZY1100102008-1　复式比率差动元件动作特性

图 ZY1100102008-2　母差保护逻辑框图

4. 差动回路和出口回路的构成

当采用 3/2 断路器接线时，差动回路是由母线上所有元件电流构成的。母线保护装置一般是通过母线大差动判别区内和区外故障。

大差电流的计算式为

$$I_d = \left|\sum_{j=1}^{n} I_j\right| \quad \text{（ZY1100102008-2）}$$

保护动作出口至少保持 80ms，若故障大于 80ms，则故障消失后出口立即返回。

5. 电流回路断线闭锁

差电流大于 TA 断线定值，延时 9s 发 TA 断线告警信号，同时闭锁母差保护。电流回路正常后，0.9s 自动恢复正常运行。TA 断线逻辑框图如图 ZY1100102008-3 所示，图中 I_{da} 为 A 相大差电流，I_{db} 为 B 相大差电流，I_{dc} 为 C 相大差电流，I_{d-TA} 为 TA 断线定值。

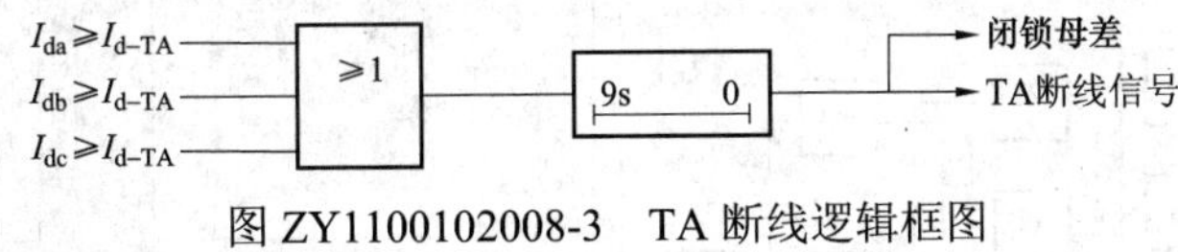

图 ZY1100102008-3　TA 断线逻辑框图

（二）断路器辅助保护

3/2 接线断路器辅助保护装置一般由断路器失灵保护、断路器三相不一致保护、母线死区保护、线路充电保护、综合重合闸组成。

1. 断路器失灵保护

失灵保护可由用户选择实现两级跳闸或三级跳闸；当失灵保护收到跳闸信号时，先联跳本断路器；若本断路器失灵，则经延时跳本断路器；若本断路器仍未切除，则失灵保护经延时跳开相关断路器。当一串的中间断路器失灵时，失灵保护则应启动远方跳闸装置，断开对侧断路器，并闭锁重合闸。

（1）启动元件。失灵保护设有三个启动元件：相电流突变量启动、零序电流辅助启动、其他保护三相跳闸信号启动。该启动元件可由控制字选择投入。

（2）瞬时联跳。在启动元件动作的前提下，收到保护单相跳闸信号后，且该相电流大于失灵电流定值，瞬时联跳本断路器相应相；并同时查询有无沟通三跳开入，若有瞬时联跳本断路器三相。

在启动元件动作的前提下，收到外部保护三相跳闸信号，且任一相电流大于失灵电流定值，瞬时联跳本断路器三相。

（3）两相跳闸联跳三相。在启动元件动作的前提下，当且仅当收到某一相跳闸信号，且该相电流大于失灵电流定值时，则瞬时联跳本断路器本相；此时，不论该相的故障电流是否已切除，若再收到另一相跳闸信号，且任一相电流大于失灵电流定值时，则瞬时沟通本断路器三相。本回路是为了Ⅰ、Ⅱ线非同名相相继发生单相故障跳不开中断路器非故障相而设计的。

失灵保护逻辑框图如图 ZY1100102008-4 所示。

失灵保护逻辑图符号说明：

TA、TB、TC：单相跳闸信号；

IA、IB、IC：失灵过流元件；

IABC：失灵三相过流元件；

GTST：沟通三跳；

DI：相电流突变量启动；

I04：零序电流辅助启动；

TABC：三相跳闸信号；

KG1：失灵保护投入；

KG2：失灵延时联跳三相投入；

KG3：失灵经复合电压闭锁投入；

T_{st}：失灵联跳三相延时；

T_{sl}：失灵出口延时；

LTA、LTB、LTC：联跳断路器 A、B、C 相；

U012：复合电压；

SL：失灵出口；

BSCH：闭锁重合闸。

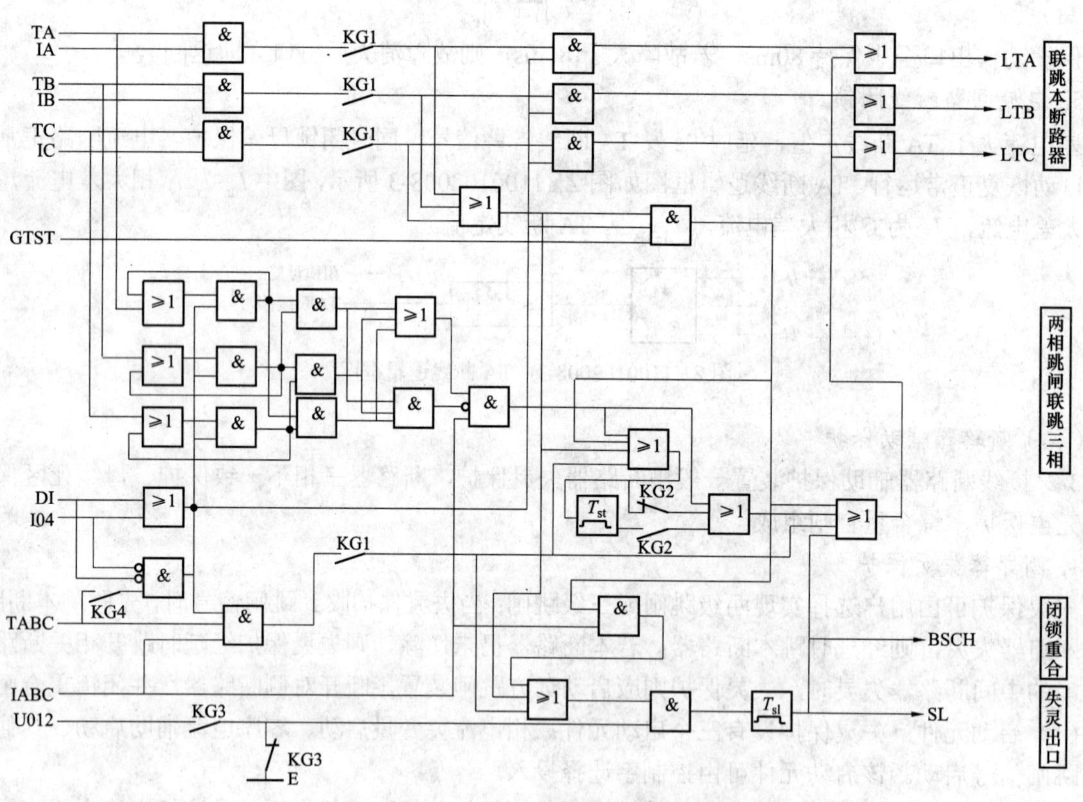

图 ZY1100102008-4 失灵保护逻辑框图

（4）失灵保护动作：

1）单相跳闸信号及该相电流元件均不返回时，经 T_{sl} 延时断路器失灵保护动作，切除与该断路器相关的所有元件；

2）三相跳闸信号及任一相电流元件不返回时，经 T_{sl} 延时断路器失灵保护动作，切除与该断路器相关的所有元件；

3）在启动元件动作的前提下，失灵保护已瞬时沟通三相且任一相电流元件不返回时，经 T_{sl} 延时断路器失灵保护动作，切除与该断路器相关的所有元件。

失灵保护可由控制字“$U<$”选择经复合电压闭锁。当控制字“$U<$”选择为“√”时，只有在装置检测到故障相电压小于定值U_L，或零序电压（负序电压）大于$3U_0$（$3U_2$）时，失灵保护才允许出口。当装置检测到TV回路断线时，不论失灵经复合电压闭锁控制字“$U<$”是否选择为有效（“√”），失灵保护不再受复合电压闭锁。但复合电压的整定值要保证在线路末端短路时有足够的灵敏度。

2. 母线死区保护

母线死区保护主要是为了保护母线侧 TA 和断路器之间的死区而设置的。断路器与电流互感器之间的故障如图 ZY1100102008-5 所示。

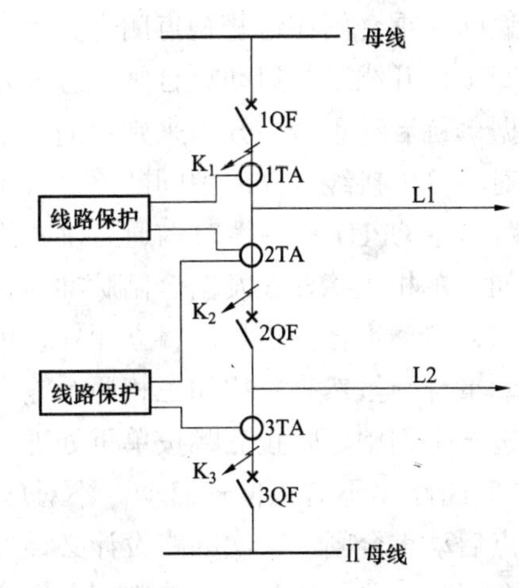

图 ZY1100102008-5　母线侧 TA 死区故障示意图

当短路故障发生在K_1或K_3点时，故障点处于线路保护区外，但在两侧母线差动保护的动作区内。母差保护动作跳开1QF或3QF，但此时故障并没有消除，应由1QF或3QF的死区保护将2QF跳开，同时启动远方跳闸装置，跳开线路L1或L2对侧断路器。

若满足以下条件，本保护经短延时跳开所有相关断路器（其启动回路和出口回路与失灵保护完全相同）：

（1）有二相跳闸信号开入。

（2）有三相跳位开入。

（3）任一相电流大于失灵定值。

死区保护和失灵保护在同一个故障处理程序中，其启动回路和出口回路均相同。

3. 断路器三相不一致保护

（1）保护的启动。当装置收到断路器三相不一致开入时启动三相不一致保护，断路器三相不一致开入来自操作箱中的断路器三相不一致触点。

（2）动作条件。三相不一致保护设置了一个可经控制字投退的零序电流元件。若该元件投入，当三相不一致保护启动，且零序电流元件动作，三相不一致保护经延时出口跳开处于不一致状态的断路器，并闭锁重合闸。若该元件不投入时，当三相跳位不一致及断路器三相不一致开入同时存在，三相不一致保护经延时出口跳开处于不一致状态的断路器。

4. 线路充电保护

（1）充电保护的投入。为了保证线路重合闸时充电保护可靠退出，设有一个计数器，只有在计数器满后充电保护才允许投入。断路器三相均在跳闸位置超过20s使充电计数器满。

（2）保护的启动。断路器任一相（或三相）跳位返回时启动充电保护。

（3）充电保护动作条件。充电保护由两段过流构成。充电保护启动后，不断计算三相电流，任一相电流大于Ⅰ段定值则经 20ms 延时出口跳闸；任一相电流大于Ⅱ段定值则经整定的延时出口跳闸。否则经500ms延时充电保护自动退出。

5. 综合重合闸

目前高压线路保护都具有选相功能，装置内不再装设选相元件。重合闸装置只管合闸，不再承担保护跳闸选相任务。

（1）重合闸的充放电。在软件中，专门设置了一个计数器，模仿自动重合闸中电容器的充放电功能。重合闸的重合功能必须在“充电”充满后才能投入，以保证实现一次重合闸，避免发生多次重合闸。

（2）重合闸的启动。一般设有两个启动重合闸回路：保护启动以及断路器位置不对应启动。

1）保护启动。设有Ⅰ线单跳启动重合闸、Ⅱ线单跳启动重合闸以及三跳启动重合闸 3 个开入端子，这些端子开入信号不要求来自跳闸固定继电器，而要求来自跳闸重动继电器，即要求跳闸成功后立即返回，重合闸在这些触点闭合又返回时启动计时。由于三跳启动重合闸的开入端子为Ⅰ、Ⅱ线公用，即Ⅰ、Ⅱ线三跳启动重合闸信号开入并起来接入三跳启动重合闸开入，哪侧保护三跳启动重合闸是根据单跳启动重合闸开入来判定的。

对于 3/2 接线方式的中间断路器，Ⅰ、Ⅱ线非同名相同时或先后启动重合闸时，重合闸将瞬时沟通三跳，由 CPU1 插件瞬时沟通三跳回路动作于三相跳闸，同时重合闸“放电”以保证不再重合闸。

如果单相故障，在发出合闸脉冲前健全相又故障，保护发出三跳命令，重合闸在单重计时过程中收到三跳启动重合闸信号，将立即停止单重计时，并在三跳启动重合闸触点返回时开始三重计时，保护启动重合闸虽然有单相和三相两个输入端，可以区分三跳还是单跳，但一般还根据三个跳位继电器触点进一步判别，防止三跳按单重处理。

2）断路器不对应位置启动。不对应启动重合闸，主要用于断路器偷跳。利用三个分相跳位继电器触点启动重合闸，二次回路设计必须保证手跳时通过闭锁重合闸开入端子将重合闸放电，不对应启动重合闸时，单跳还是三跳的判别全靠三个分相跳位触点开入。在操动机构检修时，为避免操作箱失电而又没有其他闭锁重合闸的措施时重合闸充电，然后操作箱上电，重合闸可能经跳位启动后重合，因此应预先采取可靠闭锁重合措施，如停用或打开重合闸出口连接片。

另外，重合闸单元设有一个电流突变量启动元件，此元件动作后，程序并不进入重合闸逻辑处理部分。只是启动一个计数器，若有重合出口报文时，其前面所带相对时标即由此计数器来。若不发重合令，则 15s 后此计数器清零。这是为了使重合出口的报文和保护出口的报文计时起始点一致。

（3）重合。重合闸开始计数后，在未发重合令前，程序完成以下功能：

1）不断检测有无闭锁重合闸开入。若有，则充电计数器清零。

2）若为单相跳闸启动重合闸或单相偷跳启动重合闸，则不断检测是否有三相跳闸启动重合闸开入和三相跳闸位置，若有，则按三相重合闸处理。

3）主程序中，根据重合闸控制字设置的检同期或检无压等方式，进行检同期或非同期、检无压，不满足条件时，重合计数器清零，不发合闸令。

4）若重合闸一直未能重合，等待一定延时后，整组复归。

5）发出重合闸令后，装置将继续驱动加速继电器 4s，然后整组复归。

（4）沟通三跳。由于重合闸装置的原因不允许保护装置选相跳闸时，由重合闸输出沟通三相跳闸空触点，连至各保护装置相应开入端，实现任何故障跳三相。

在以下情况下，装置输出沟通三相跳闸触点：

1）重合方式把手在三相重合闸位置；

2）装置发告警信号或装置失电；

3）重合闸未充好电。

（5）重合闸的优先级。在 3/2 断路器接线方式下，线路故障时，要断开两台断路器。在重合时，为了减少断路器的动作次数，缩短永久性故障的切除时间，在故障断开后，一般采用先后合闸方式进行重合闸，即两台断路器预先指定一台断路器作为“先合断路器”。重合闸时，“先合断路器”合闸后，如故障已经消除，经一定延时后再合另一台断路器。如果是永久性故障，“先合断路器”合闸不成功，线路保护动作并同时向两台断路器发出跳闸命令，“后合断路器”不再重合。“先合断路器”的动作次数多，负担重，故在运行中可根据断路器的动作情况，两台断路器轮换作为“先合断路器”。

在如图 ZY1100102008-6 所示的线—线串接线图中，对于中间断路器，由于三跳启动重合闸的开入端子为Ⅰ、Ⅱ线公用，即Ⅰ、Ⅱ线保护三跳启动重合闸信号并联起来接入装置，因此，需根据Ⅰ、Ⅱ线单跳启动重合闸来判定是哪一侧保护三跳启动重合闸。在单重方式下，若Ⅰ、Ⅱ线同时或先后由同名相单跳启动重合闸时，重合闸可进行一次单相重合闸，否则重合闸将瞬时沟通三跳，同时重合闸放电计数器清零。

在如图 ZY1100102008-7 所示的线—变串接线图中，对于变压器边断路器，不装设重合闸。当变压器保护动作时，将闭锁中间断路器的重合闸功能。

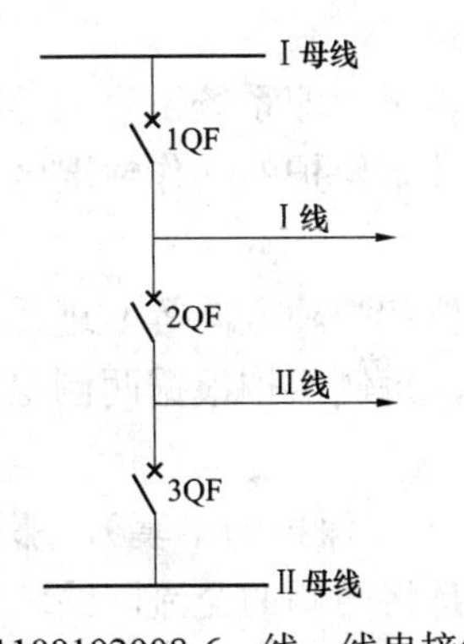

图 ZY1100102008-6 线—线串接线图

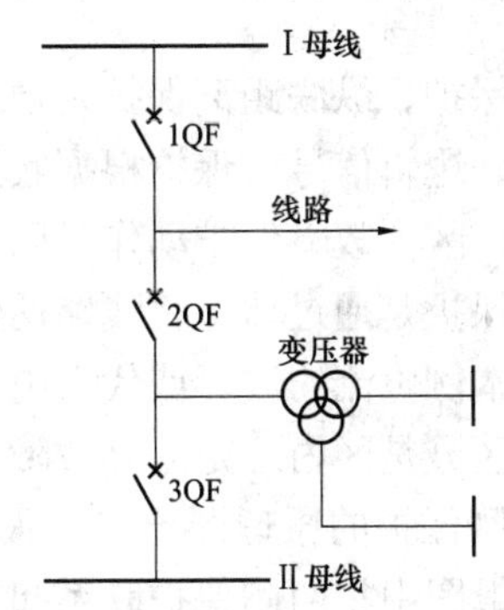

图 ZY1100102008-7 线—变串接线图

二、母线保护运行的一般规定

（1）允许所连各支路的电流互感器变比不同。

（2）当电流回路断线信号发出时，母差保护被闭锁退出，应立即汇报调度，并通知保护人员处理。

（3）断路器停电后，断路器的电流互感器及二次有作业时，必须将该电流互感器所接母差的二次线自母差回路中断开后，方可工作。

（4）母差保护二次回路有较大变动时，必须检查回路接线的正确性，特别是出口跳闸回路和交流回路接线的正确性。然后用负荷电流核对各单元的相位和极性。上述核对无误后，方可投入运行。

（5）新投线路或元件必须接入母差回路。在新元件充电试验时，母差保护只投新元件和与之串带断路器的跳闸连接片，母差保护跳其他元件的连接片全部打开。充电完毕后，新元件带负荷前，断开母差保护的所有跳闸连接片，然后利用负荷电流测量母差保护相位，确认相位正确后，母差保护方可投入运行。

（6）330kV 每组母线装置设两套母线保护，母线保护不设复合电压闭锁功能。

（7）运行中应注意远方跳闸装置动作启动母线保护的有关连接片。

【思考与练习】

1. 微机型母线保护装置应如何配置？
2. 实现母线差动保护的基本原则是什么？
3. 简述母线差动保护的基本原理。
4. 断路器失灵保护如何启动？通过逻辑框图说明其动作原理。
5. 母线保护运行一般有哪些规定？

模块 9 线路保护（ZY1100102009）

【模块描述】本模块介绍 330kV 线路保护的基本原理、主保护及后备保护的组成。通过保护组成介绍、特性分析、原理讲解，掌握线路保护的基本原理、功能特性及保护范围。

【正文】

330kV 电压等级的线路保护按双重化配置。配置方式可以为高频闭锁+高频方向、高频闭锁+光纤纵差、光纤距离+光纤纵差、光纤纵差+光纤纵差等方式，每套保护均应配置完整的后备保护。在光纤通道条件具备的情况下纵联保护的通道方式优先使用光纤通道方式。

一、330kV 线路保护的配置

主保护：纵差保护、高频保护。

后备保护：三段式相间距离保护、三段式接地距离保护和四段式零序电流保护。

二、线路保护原理

（一）纵联保护

线路纵联保护是利用某种通信手段将输电线路两端的保护装置纵向联系起来，并将各端的信息传送到对端进行比较判别，以确定故障是在保护区内还是区外，将被保护线路故障有选择性地无时

限切除。

纵联方向保护、纵联距离保护是通过通道比较线路两侧的逻辑量，即系统发生故障时，两侧保护发出闭锁或允许逻辑信号，保护根据收到闭锁或允许逻辑信号，及本保护的动作情况区分是区内故障还是区外故障，区内故障保护动作跳闸，区外故障保护闭锁。

纵联差动保护是通过通道将线路两侧电气量（电流、电流相位和故障方向等）进行比较。这类保护利用通道将本侧电流的波形或代表电流相位的信号传送到对侧，每侧保护根据两侧电流的幅值和相位比较的结果区分是区内还是区外故障。

如果将两侧保护的原理图绘在一张图上（实际每侧只是整个单元保护的半套），那么前一种保护的通道是在逻辑图中将两侧保护联系起来，而后一种保护的通道是将两侧的交流回路联系起来。

1. 闭锁式纵联方向保护

方向纵联保护是由线路两侧的方向元件分别对故障的方向作出判断，然后通过高频信号作出综合的判断，即对两侧的故障方向进行比较以决定是否跳闸。一般规定从母线指向线路的方向为正方向，从线路指向母线的方向为反方向。闭锁式方向纵联保护的工作方式是当任一侧方向元件判断为反方向时，不仅本侧保护不跳闸，而且由发信机发出高频电流，对侧收信机接收后就输出脉冲闭锁该侧保护。当保护区内故障时，两侧方向元件都判定是正方向，不发闭锁信号，两侧收发信机收不到闭锁信号，保护动作跳开两侧断路器。当保护区外故障时，近故障侧方向元件判定为反方向，近故障侧发闭锁信号，将本侧和对侧保护闭锁。系统故障时，方向的变化及闭锁信号的作用如图 ZY1100102009-1 所示。

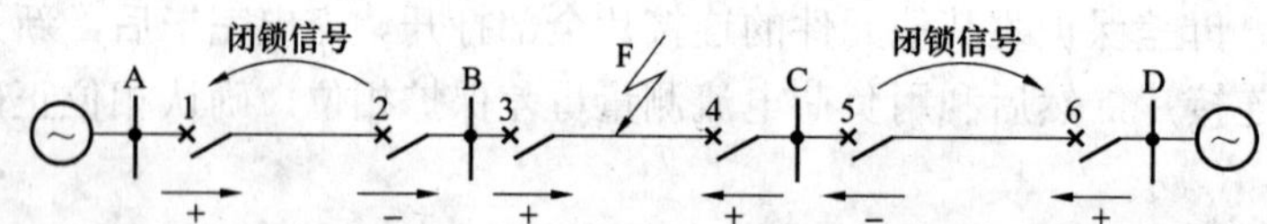

图 ZY1100102009-1 闭锁式方向纵联保护的作用原理

2. 允许式纵联方向保护

允许式纵联方向保护线路两侧发信频率不同，收信机只能接受对侧信号，不能接受本侧信号。在线路区内故障时，线路两侧正方向元件启动向对侧发允许信号，本侧正方向元件动作，并且收到对侧发来的允许信号，就可以跳闸；在外部故障时，近故障侧的反方向元件动作，不能向对侧发允许信号，远故障正方向元件动作但收不到允许信号，所以两侧保护均不动作。

3. 纵联距离保护

当线路纵联方向保护中的方向元件由距离元件承担时，就称为纵联距离保护。纵联距离保护也可以构成允许式和闭锁式。在允许式中由距离保护Ⅰ段启动发信的称欠范围允许式，由距离保护Ⅱ段或Ⅲ段启动发信的称超范围允许式。

4. 纵联电流差动保护

纵联电流差动保护是根据比较被保护线路两端电流相位的原理构成。同其他纵联保护一样，在电流相差纵联通道中可以传输允许跳闸信号也可以传输闭锁跳闸信号。为了防止外部故障时由于两侧保护装置的启动元件不同启动时而造成误动，该保护装置必须设定定值不同的两组启动元件，高定值元件启动比相元件，低定值元件启动发信机发闭锁信号。

（二）距离保护

距离保护是以距离测量元件为基础构成的保护装置，其动作和选择性取决于本地测量参数（阻抗、电抗、方向）与设定的被保护区段参数的比较结果，而阻抗、电抗又与输电线的长度成正比。距离保护是主要用于输电线的保护，一般是三段式或四段式。第Ⅰ、Ⅱ段带方向性，作本线段的主保护，其中第Ⅰ段保护线路的 80%～85%。第Ⅱ段保护余下的 10%～20%，并作相邻母线的后备保护。第Ⅲ段带方向或不带方向，有的还设有不带方向的第Ⅳ段作本线及相邻线段的后备保护。

整套距离保护包括故障启动、故障距离测量、相应时间逻辑回路与电压回路断线闭锁，有的还配有振荡闭锁等基本环节以及对整套保护的连续监视等装置。有的接地距离保护还配备单独的选相元件。

1. 启动元件

启动元件主要用于系统故障检测、开放故障处理逻辑及开放出口继电器的正电源功能，启动元件动作后，在满足复归条件后返回。

启动元件包含相电流突变量启动、零序电流启动、静稳破坏启动等启动元件，任一启动元件动作后开放故障处理逻辑。

2. 选相元件

选相元件分为快速选相元件及延时选相元件。快速选相元件采用故障分量选相元件，延时选相元件采用稳态量选相元件。

3. 纵联距离方向元件

主保护由纵联距离（相间、接地）方向保护和零序功率方向保护构成。

纵联距离方向元件采用快速相量算法，以实现故障后快速发信，使保护全线典型金属性故障小于30ms，零序功率方向元件采用全周傅立叶相量算法，并带零序电压补偿，使系统末端高阻故障可靠动作。

4. 阶段式距离元件

一般设置三段式相间距离及三段式接地距离保护。相间距离保护由圆特性阻抗复合躲负荷线构成，接地距离保护由多边形特性阻抗元件构成。

5. 故障开放元件

包括短时开放保护、不对称故障开放元件、对称故障开放元件、非全相运行时的故障开放判据。

另外，非全相运行系统未振荡时，测量非故障两相电流之差的工频变化量，当该电流突然增大至一定幅值时开放非全相运行振荡闭锁，因而非全相运行发生故障时能快速开放。

以上两种情况均不能开放时，测量两健全相相间电压，判据同全相时的对称开放元件。

（三）零序电流方向保护

在中性点直接接地的高压电网中发生接地短路时，将出现零序电流和零序电压。利用这些特征量可构成保护接地短路故障的零序电流方向保护。它主要由零序电流滤波器、电流继电器和零序方向继电器以及收发信机、重合闸配合使用的逻辑电路所组成。

单电源线路的零序保护一般为三段式，终端线路也可采用两段式。双侧电源复杂电网零序电流保护一般为四段式，在需要改善配合条件的线路，零序电流保护宜采用四段式的整定方式。按三段式运行时，可设两个第Ⅰ段。简化后备保护配置，零序电流保护取消了Ⅰ段和Ⅱ段，只配置Ⅲ段和Ⅳ段，用于保护线路经高阻接地，且满足接地电阻不大于150Ω时保护应可靠切除故障。

1. 零序电流Ⅰ段

零序电流Ⅰ段定值的整定原则如下：

（1）躲过下一线路出口处单相或两相接地短路时可能出现的最大零序电流$3I_{0.max}$。

（2）躲过断路器三相触头不同时合闸时所出现的最大零序电流$3I_{0.max}$。

与三相一次重合闸配合使用时，动作电流按躲过下一线路出口处单相或两相接地短路时可能出现的最大零序电流$3I_{0.max}$整定的零序Ⅰ段；若不能躲过断路器三相触头不同时合闸时的零序电流时，应在重合闸后延时0.1s动作，此零序Ⅰ段称为零序灵敏Ⅰ段。另设置一个不灵敏Ⅰ段，其定值按躲过断路器三相触头不同时合闸时所出现的最大零序电流$3I_{0.max}$，重合闸后不带延时。设置不灵敏Ⅰ段可实现快速切除重合闸。

2. 零序电流Ⅱ段

（1）三段式零序保护Ⅱ段定值应按本线路末端金属性接地时不小于下列灵敏度整定：20km以下线路不小于1.5；20～50km的线路不小于1.4；50km以上线路不小于1.3。同时还应与相邻线路零序Ⅰ段或Ⅱ段配合，保护范围一般不应伸出线路末端变压器220kV（或330kV、500kV）电压侧母线。动作时间按配合关系整定。

（2）四段式零序电流保护Ⅱ段定值应按与相邻线路零序电流Ⅰ段配合整定，对其灵敏度不作规定。

（3）如果与零序电流Ⅱ段配合的线路是与本保护线路有较大零序电感的平行线路，则应考虑该相相邻线路故障一侧断路器先断开时的保护配合关系。

3. 零序电流Ⅲ段

（1）三段式零序电流保护的第Ⅲ段，当作为本线路经过渡电阻接地故障和相邻元件故障的后备保护时，其一次电流定值不应大于300A，在躲过本线路末端变压器其他侧三相短路最大不平衡电流条件下，尽可能满足相邻线路末端接地故障时有不小于1.2的灵敏度。

（2）四段式零序电流保护的第Ⅲ段，当零序电流Ⅱ段对本线路末端接地故障有规定灵敏度时，应与相邻线路零序电流Ⅱ段配合整定；当零序电流Ⅱ段对本线路末端接地故障达不到规定灵敏度时，则零序电流Ⅲ段按三段式零序电流Ⅱ段方法整定。

4. 零序电流Ⅳ段

四段式零序电流保护中的第Ⅳ段，按三段式零序电流保护的第Ⅲ段方法整定。

当保护与重合闸配合使用时，其时间定值在重合闸过程中能自动缩短Δt时限，在重合闸过程中若断路器一相拒动或健全相再故障，最末一级保护以缩短的时限跳开本线断路器，以防止动作时间不配合的相邻线路零序电流保护最末一段越级跳闸。

（四）远方跳闸保护

一般情况下，330kV线路在下列故障情况下应传送跳闸命令，合相关线路对侧断路器跳闸切除故障：

（1）3/2断路器接线的断路器失灵保护动作。

（2）高压侧无断路器的线路电抗器保护动作。

（3）线路过电压保护动作。

（4）线路变压器组的变压器保护动作。

（5）线路串联补偿电容器的保护动作且电容器旁路断路器拒动或电容器平台故障。

330kV线路远方跳闸装置按双重化配置。一般情况宜用线路保护的通道来传送跳闸命令，有条件时，优先选用光缆通道。

为提高远方跳闸的安全性，防止误动作，对采用非数字通道的，执行端应设置故障判别元件；对采用数字通道的，执行端可不设置故障判别元件。

可以作为就地判别元件启动量的有低电流、过电流、负序电流、零序电流、低功率、负序电压、低电压、过电压等。就地判别元件应保证对其所保护的相邻线路或电力设备故障有足够的灵敏度。

远方跳闸回路应独立于线路保护跳闸回路，远方跳闸应闭锁重合闸。

三、330kV线路保护运行的一般规定

（1）任何电力设备和线路，不得在任何时候处于无继电保护的状态下运行。

（2）一次设备配置的所有继电保护装置应按调度要求投入运行。

（3）现场运行人员应定期检查微机保护装置与GPS对时装置是否正确对时，无GPS对时装置的厂站，应每周进行一次时钟校对工作。

（4）继电保护装置出现异常时，运行人员应向主管调度汇报，根据现场运行规程无法处理时，及时通知继电保护人员。

（5）在下列情况下应停用整套继电保护装置：

1）继电保护装置使用的交流电压、交流电流、断路器量输入、断路器量输出回路作业。

2）继电保护装置内部作业。

3）继电保护人员输入定值。

4）在继电保护装置发生影响到装置功能及出口的缺陷时。

线路纵联保护装置如需停用直流电源，应在两侧纵联保护装置退出后，才允许停用直流电源。

（6）微机保护装置可由继电保护人员预先输入多套定值（继电保护人员将对应关系交代清楚，运行中可由运行人员进行定值切换，并由现场装置打印出所选定值清单，与定值单和调度人员核对无误后执行该定值单，清单留存备查）。

（7）凡带有交流电压的保护装置，在任何情况下（包括电压互感器倒闸操作）不得失去交流电压工作，若发生交流电压断线必须退出相应保护功能。

（8）在发生 TA 断线故障时，相应继电保护装置必须退出运行。

【思考与练习】

1. 330kV 线路保护的配置方式有哪几种？
2. 简述纵联差动电流保护基本原理。
3. 简述距离保护的基本原理和组成。
4. 什么是零序电流保护？各段的配合及保护范围如何？

模块10　电容器的保护（ZY1100102010）

【模块描述】本模块介绍 330kV 变电站电容器保护的组成和基本原理。通过保护组成介绍、特性分析、原理讲解，掌握电容器保护的功能特性及保护范围。

【正文】

为了补充电力系统无功功率的不足、降低电能损耗、提高功率因数及改善供电质量等，在变电站内广泛采用无功补偿并联电容器组。并联电容器保护需考虑合闸涌流影响，其最简单、最廉价及最有效的保护是熔断器保护，但为了反映电容器组内部多台故障，根据其接线方式的不同，电容器组需配置各种保护。

一、保护配置

几组电容器的保护往往组在同一面屏中。电容器保护中配置过流保护和零序保护，保护电容器组和断路器之间连线的相间和接地故障。设置电压、电流不平衡保护。当电容器组中的故障电容器被切除到一定数量后，引起电容器端电压超过 110%额定电压时，保护应将整组电容器断开。此外，为保证电容器组的安全，避免电容器组因本身故障或系统异常而损坏，在电容器组中，还配置反应电容器组与断路器之间引线短路故障的限时过电流保护、反应系统异常的过电压保护及欠电压保护等，必要时加装过负荷保护及单相接地保护。另外，为了限制电容器组的合闸涌流、系统操作过电压及抑制电网中高次谐波对电容器的影响，电容器组中需加装串联电抗器，因而还需考虑串联电抗器的保护，但一般仅采用非电量保护。

二、保护原理

（一）三段过流保护

设置三段过流保护，各段电流及时间定值独立整定，可通过各自的投退控制字对这三段保护分别进行投退。过流保护原理框图如图 ZY1100102010-1 所示，图中 T_n 为过流 n 段延时（n=Ⅰ、Ⅱ、Ⅲ）。

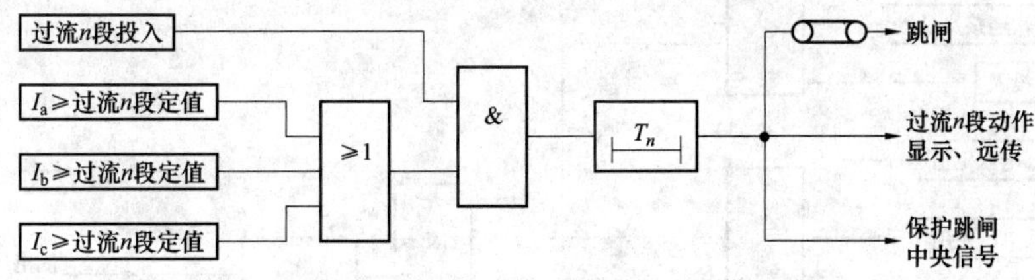

图 ZY1100102010-1　三段过流保护原理框图

当电流保护投入且保护跳闸连接片在投，若三相电流至少有一相电流值满足定值要求，经整定时限后，保护动作于跳闸并发出相应保护动作信号。

（二）反时限过流保护

反时限过流可通过反时限方式控制字选择反时限延时方式。

反时限过流保护原理框图如图 ZY1100102010-2 所示。

（三）过电压保护

考虑到系统可能出现的稳态过电压情况，设置过电压保护。目前现场电容器过电压保护多作用于跳闸。为防止电容器在未投入运行时由于系统过电压而误发信号，通常会考虑在动作逻辑中加入断路器位置作为闭锁条件。原理框图如图 ZY1100102010-3 所示，图中 T_{gy} 为过电压延时。

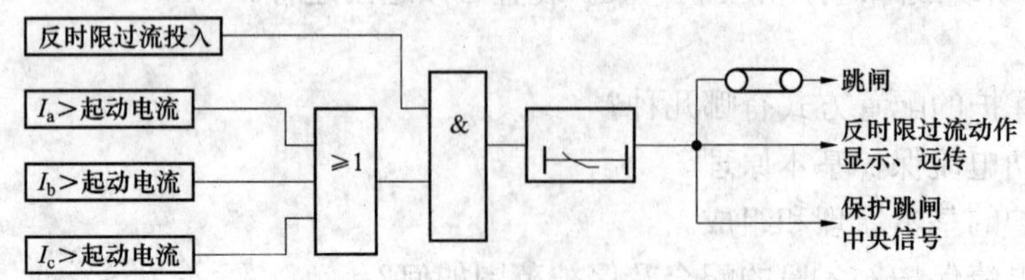

图 ZY1100102010-2 反时限过流保护原理框图

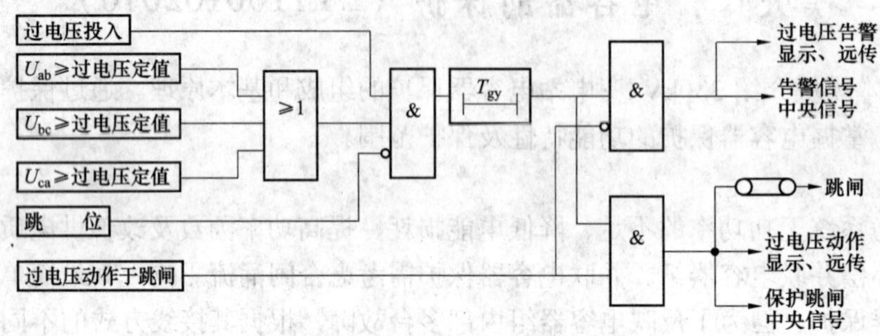

图 ZY1100102010-3 过电压保护原理框图

当电容器过电压保护投入（过电压保护连接片投、过电压保护跳闸投）且断路器在合闸位置时，装置测得连接电容器的母线电压超过过电压定值，经整定时限 T_{gy} 后发出跳闸命令，同时发出“过电压跳闸信号”和“保护动作（中央信号）”；若过电压保护跳闸退出时发出“过电压告警信号”和“保护异常”信号。

（四）低电压保护

为防止系统故障后线路断开引起电容器组失去电源，而线路重合又使母线带电，使电容器组承受合闸过电压而损坏，设置经投电压保护开入控制的低电压保护。为避免 TV 断线引起低电压误动，保护设有流闭锁条件（该闭锁条件可投退）。

当电网电压低于整定时，将电容器切除，防止空载变压器与电容器同时合闸而造成振荡，以避免振荡引起的过电压对电容器构成危险。应带时限动作于跳闸。

低电压保护设有硬连接片控制投退，原理框图如图 ZY1100102010-4 所示，图中 T_{dy} 为低电压延时。

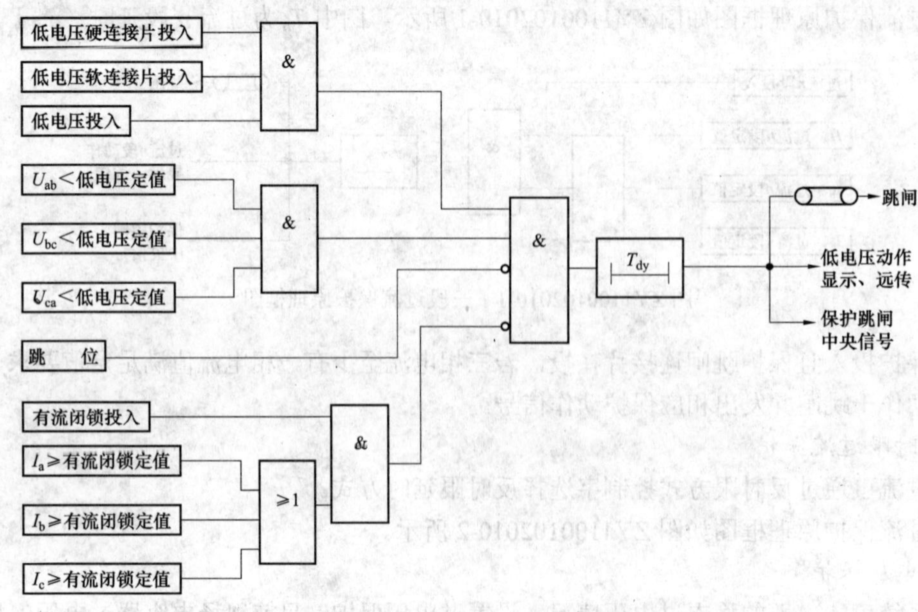

图 ZY1100102010-4 低电压保护原理框图

（五）不平衡电流保护

不平衡电流保护主要反映电容器组内部故障。不平衡保护工作原理是：在正常运行时，两组对称的电容器组之间或者一组平衡电容器组的三相之间电流基本上是平衡的，当一台或几台电容器故障时，平衡被破坏，不平衡保护继电器中流过电流而动作，将整组电容器切除。不平衡电流保护原理框图如图 ZY1100102010-5 所示，图中 T_{pi} 为不平衡电流延时。

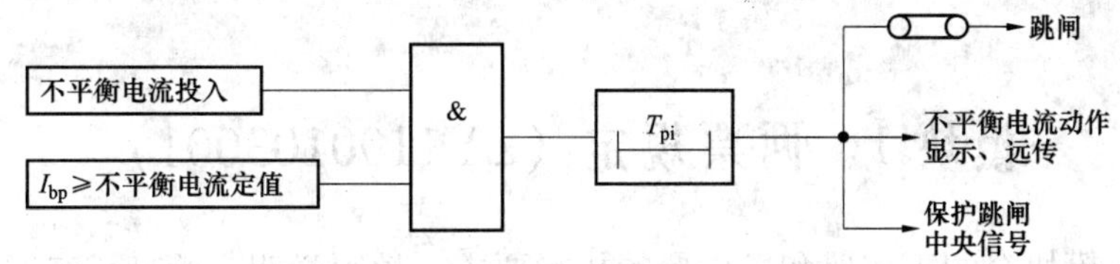

图 ZY1100102010-5 不平衡电流保护原理框图

（六）不平衡电压保护

不平衡电压保护主要反映电容器组内部故障。保护用分相接入的三相电压或接成开口三角形的差压保护。不平衡电压保护原理框图如图 ZY1100102010-6，图中 T_{pu} 为不平衡电压延时。

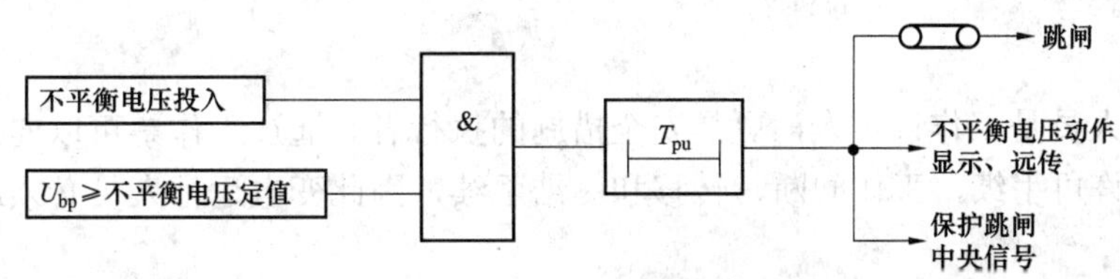

图 ZY1100102010-6 不平衡电压保护原理框图

（七）零序过流保护/小电流接地选线保护

零序过流保护/小电流接地选线保护应用于不接地或小接地电流系统，在系统中发生接地故障时，其接地故障点零序电流基本为电容电流，且幅值很小，用零序过流继电器来保护接地故障很难保证其选择性。在接地保护实现时，由于各装置通过网络互联，信息可以共享，故可以采用比较同一母线上各线路零序电流基波或高次谐波幅值和方向的方法来获得接地线路，并通过网络下达接地试跳命令来进一步确定接地线路。

在经小电阻接地系统中，接地零序电流相对较大，故可以采用直接跳闸方法，设一段零序过流继电器（可整定为报警或跳闸）。

在某些不接地系统中，电缆出线较多，电容电流较大，也可采用零序过流继电器直接跳闸方式。零序过流保护原理框图如图 ZY1100102010-7 所示，图中 T_{lx} 为零序过流延时。

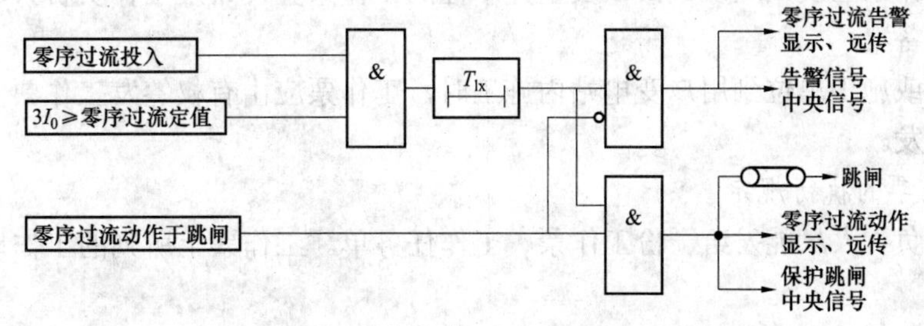

图 ZY1100102010-7 零序过流保护原理框图

【思考与练习】

1. 电容器组一般应配置哪些保护？其作用是什么？
2. 通过原理框图说明电容器过电压或低电压保护的作用原理。
3. 电容器零序过流保护/小电流接地选线保护的作用原理是什么？

第十章 工作票、操作票执行

模块1 两票规定（ZY1100103001）

【模块描述】本模块介绍工作票和操作票的执行要求、填写说明、管理规范及实施过程。通过定义讲解、实施过程介绍，能正确填写工作票和操作票，并熟悉工作票的实施过程和倒闸操作的全过程。

【正文】

操作票和工作票（简称“两票”）制度是电力生产保证现场安全的最重要、最有效的措施之一。除了《国家电网公司电力安全工作规程》有明确规定的特殊情况外，其他所有工作和操作都必须认真执行“两票”规定。

一、工作票

变电站的运行人员是工作许可人，更是安全措施的执行者。通过工作票可以向工作负责人进行安全交底，履行工作许可手续，工作间断、转移和终结手续，因此变电运行人员必须严格遵守和执行工作票制度。

变电站工作票是允许工作人员在站内设备上进行其他工作时明确工作任务和内容、工作地点、工作人员及其责任的书面命令，也是实施安全措施、履行保证安全工作组织措施的书面依据。在电气设备上的工作，应填用工作票或事故应急抢修单。

1. 工作票的填写要求

（1）工作票应使用钢笔或圆珠笔填写与签发，一式两份，内容应正确、清楚，不得任意涂改。如有个别错、漏字需要修改，应使用规范的符号，字迹应清楚。

（2）用计算机生成或打印的工作票应使用统一的票面格式，由工作票签发人审核无误，手工或电子签名后方可执行。工作票一份应保存在工作地点，由工作负责人收执；另一份由工作许可人收执，按值移交。工作许可人应将工作票的编号、工作任务、许可及终结时间记入登记簿。

（3）一张工作票中，工作票签发人、工作负责人和工作许可人三者不得互相兼任。工作负责人可以填写工作票。

（4）工作票由设备运行管理单位相关工作票签发人签发，也可由经设备运行管理单位审核批准的修试及基建单位工作票签发人签发。修试及基建单位的工作票签发人及工作负责人名单应事先送有关设备运行管理单位备案。

（5）供电单位或施工单位到用户变电站内施工时，工作票应由有权签发工作票的供电单位、施工单位或用户单位签发。

2. 第一种工作票的执行规定

（1）一个工作负责人只能发给一份工作票、工作任务单。工作票上所列的工作地点以一个电气连接部分为限。

（2）如施工设备属于同一电压等级，位于同一楼层，同时停、送电，且不会触及带电导体时，则允许在几个电气连接部分使用一份第一种工作票。下列情况下可以共用一份第一种工作票进行检修作业：

1）变压器及一、二次主断路器间隔等设备的检修。

2）停送电时间相同且相邻两个间隔的设备检修。

（3）第一种工作票在工作票签发人认为必要时可采取总工作票、分工作票，并同时签发。

1）总工作票系指在同一工作地点、同一停电期间、安全措施可以同时完成的若干项工作，集中填用的一份第一种工作票，其工作内容应按所有分工作票的工作分别列出，其安全措施是每一项工作安全措施的总和。

2）分工作票系指包含在总工作票中的分项工作票，其工作任务、时间、地点必须含在总工作票工作任务、时间、地点之中，其安全措施不仅要包括在总工作票安全措施之中，还必须符合本身工作的安全要求。

3）若一个配电装置全部停电，则所有不同工作地点的工作可以使用总、分工作票，共用一份总工作票。总工作票发给总工作负责人。

4）若至预定时间，一部分工作尚未完成，仍继续工作而不妨碍送电者，在送电前应按照送电后现场设备带电情况办理新的工作票，布置好安全措施后方可继续工作。

3. 第二种工作票的执行规定

在几个电气连接部分上依次进行不停电的同一类型的工作，可以使用一张变电站第二种工作票，但工作任务中应详细写明在哪些设备进行何种工作。变电站第二种工作票的有效时间以批准的检修期为限，否则应重新开票。变电站第二种工作票的填写、签发、许可、开工、监护、工作延期和终结等其他执行要求，可参照第一种工作票。

二、操作票

倒闸操作票就是变电站值班人员根据调度值班员下达的操作任务和要求，遵照电气设备的操作原则，按照有关规程规定自行填写的，是现场操作的书面依据，也是正确进行倒闸操作的基础和关键。

1. 操作票的填写要求

（1）倒闸操作应根据设备分管权限，分别由值班调度员或值班负责人发布指令，受令人复诵无误后执行。发令人和受令人双方都要录音并做好记录。发布指令应准确、清晰、使用规范术语和设备双重名称，即设备名称和编号。发令人使用电话发布指令前，应先和受令人互报单位、姓名，并使用普通话。

（2）操作票应统一格式，并事先统一编号（或微机自动编号），一经编号不得撕页或散失。

（3）操作票使用 A4 纸单面，标题字体用宋体 2 号字，其他字体用仿宋小 4 号字，页边距为上下左各 25mm，右 20mm。

（4）手工填写操作票要求使用钢笔或签字笔填写，字迹清楚，不得任意涂改（包括刮、擦、涂、改、消）。

操作票中有三项内容不得涂改：

1）被操作设备名称；

2）有关参数和终止符；

3）操作动词如“拉开”、“合上”、“装上”、“取下”等。

（5）操作项目不得并项填写，一个操作项目栏只允许有一个动词，不得添项、倒项、漏项。如有个别错、漏字需要修改时，应做到被改的字和改后的字清楚可辨。

2. 计算机开票说明

（1）用计算机开出的操作票、工作票应与手写格式一致。

（2）计算机开票应具备自动编号和执行记忆功能，应连续编号。

（3）使用计算机填写的“两票”，其工作票签发人、工作负责人、工作许可人、专职监护人、操作人、监护人、值班负责人及安全措施交底确认栏必须手工签名，不得直接打印。

（4）用计算机“五防”系统机开票宜采用“图文”（手工开票）的开票方式，不得使用只要输入操作任务就自动生成操作票的方式。在开票系统监护人和操作人必须有权限限制，使用不同的密码，开出的操作票也必须要经过审核合格后才能执行。

3. 可以不使用倒闸操作票的规定

除下列各项操作可以不用操作票外，变电站（发电厂）的其他倒闸操作均应填用操作票：

（1）事故应急处理。

（2）拆除全厂（站）仅有的一组接地线或拉开接地隔离开关。

（3）直流接地故障选择，查找线路接地故障的操作。

（4）分、合断路器的单一操作。

（5）退出或投入保护、自动装置的单一连接片。

（6）二次回路、控制回路、照明回路更换熔断器。

（7）电磁环网时拉合热备用断路器操作（包括投退保护）。

4. 操作票的执行规定

（1）一切倒闸操作均应由两人进行，一人监护、一人操作。特殊情况可由一人操作。

（2）变电站倒闸操作票使用前应统一编号，每个变电站（集控站）在一个年度内不得使用重复号，操作票应按编号顺序使用。

（3）操作票应根据值班调度员（或值班负责人）下达的操作命令（操作计划和操作预令及检修单位的工作票内容）填写。调度下达操作命令（操作计划）时，必须使用双重名称（设备名称和编号），同时必须录音，变电站要由有接令权的值班人员受令，认真进行复诵，并将接受的操作命令（操作计划）及时记录在调度命令（操作）记录簿中。

（4）操作任务不得涂改。停电和送电操作应分别填写操作票。

（5）操作票填写完后，要在模拟图板上进行预演，预演正确后，方可到现场进行操作。

（6）操作票在执行中不得颠倒顺序，也不能增减步骤、跳步、隔步，如需改变应重新填写操作票。

（7）在操作中每执行完一个操作项后，应在该项“执行”栏内划执行勾“√”。整个操作任务完成后，在操作票上加盖“已执行”章。

（8）执行后的操作票应按值移交，复查人将复查情况记入“备注”栏并签名，每月由专人进行整理收存。

（9）若一个操作任务连续使用几页操作票，则在前一页“备注”栏内写“转下页”，在后一页的“操作任务”栏内写“接上页”，也可以写页的编号。

（10）操作票因故作废应在“操作任务”栏内盖“作废”章，若一个任务使用几页操作票均作废，则应在作废各页均盖“作废”章，并在作废操作票页“备注”栏内注明作废原因，当作废页数较多且作废原因注明内容较多时，可自第二张作废页开始只在“备注”栏中注明“作废原因同上页”。

（11）在操作票执行过程中因故中断操作，应在“备注”栏内注明中断原因。若此任务还有几页未操作的票，则应在未执行的各页“操作任务”栏盖“作废”章。

（12）“操作任务”栏写满后，继续在“操作项目”栏内填写，任务写完后，空一行再写操作步骤。

（13）断路器、隔离开关、接地开关、接地线、连接片、切换把手、保护直流、操作直流、信号直流、电流回路切换连片（每组连片）等均应视为独立的操作对象，填写操作票时不允许并项，应列单独的操作项。

（14）填入操作票中的检查项目（填写操作票时要单列一项）：

1）拉、合隔离开关前，检查相应断路器在分闸位置。

2）在操作中拉开、合上断路器后检查断路器的实际分合位置。

3）拉、合隔离开关或拆除接地线后的检查项目。

4）并、解列操作（包括变压器并、解列，旁路开关代路操作时并、解列等），检查负荷分配（检查三相电流平衡），并记录实际电流值；母线电压互感器送电后，检查母线电压表指示正确（有表计时）。

5）设备检修后合闸送电前，检查待送电范围内的接地开关确已拉开或接地线确已拆除。

三、“两票”管理

（一）“两票”管理的基本内容

变电站工作票、操作票的管理应遵循《国家电网公司电力安全工作规程（变电部分）》的有关规定，对“两票”的管理应做到全过程的闭环管理，才能逐步提高“两票”执行的质量，为变电站的安全生产打下良好的基础。检查、考核“两票”的内容和方法有：

（1）检查“两票”使用率，也即检查应使用“两票”的所有工作是否都按规定办理和执行了“两票”。方法是查阅本月运行记录、月维护工作计划单，列出哪些工作需要办理哪种类型的工作票，有哪些工作应有操作票，从而得出应使用“两票”的份数，再与实际发生的“两票”份数一对照就可发现无票工作的情况。

（2）检查“两票”执行过程中是否合格。方法主要是管理人员要加强对现场“两票”执行情况的监督，对执行过程中的违章行为和不规范行为加以纠正、制止，在站安全会时对此进行曝光和分析，并作为对班组的考核项目。

（3）对执行过的“两票”进行检查整理、分析、总结，提出发现的问题和改进的意见、措施。

（4）工作票合格率统计：

1）对已执行的工作票是否合格检查的主要内容有：工作票内容是否填写正确、规范、全面；票面是否整洁无污损、严重刮改等。

2）工作票合格率计算方法：

工作票合格率=（已执行票中合格工作票数/已执行的工作票总数）×100%

注：作废工作票不作统计；工作票应按不同的种类分别计算合格率。

（5）操作票合格率统计：

1）对已执行的操作票是否合格检查的主要内容有：操作票填写的内容是否正确、规范、全面等。

2）操作票合格率=（已执行票中合格操作票数/已执行的操作票总数）×100%

注：作废的操作票（调度指令票）不作统计。

（二）“两票”的管理要求及考核内容

1.“两票”管理要求

（1）班站长（安全员）应每周检查本班站“两票”执行情况，将本班站全月已执行、作废的“两票”分种类装订成册，每月底对本班站“两票”进行自查统计和考核，在站综合分析中向全站人员通报本月“两票”的执行情况，解答“两票”执行中的疑问，分析“两票”在填写与执行中存在的问题，制订防范措施，并将“两票”统计考核情况汇总上报工区。

（2）工区安全员和公司安监部门应对每月“已执行”的“两票”进行定期或不定期的检查和抽查，并应随时抽查现场“两票”的执行情况，做好审核、统计和考核、分析工作，并针对发现的问题采取相应的措施。

（3）公司安监部门每季度抽查所属工区上季度全部已执行的“两票”，并做好审核统计、考核和分析工作。

（4）对已检查审核的“两票”，各级审核均应加盖“审核合格”或“审核不合格”章，同时注明审核人和审核时间。

2. 工作票的考核内容

在填写和执行工作票过程中出现下列情况之一者均为不合格工作票：

（1）工作票严重破损看不清楚者；票面字迹不清或对设备编号、设备名称、接地线编号、许可时间、终结时间涂刮改者。

（2）无统一编号或编号混乱者。

（3）未按规定签名；工作票签发人、工作负责人、工作许可人不符合规定；一张工作票中工作票签发人、工作负责人、工作许可人有互相兼任者；工作班组人员确认签字有漏签、代签者。

（4）工作任务或工作地点未对应填写者。

（5）工作地点和设备名称未填写设备双重名称者。

（6）安全措施填写与现场实际不符，内容不齐全、不确切。

（7）批准、计划、签发、许可、延期、终结等时间填写不相符者。

（8）应填写的项目（时间、地点、名称、编号等）未填写者。

（9）保留带电部分和补充安全措施一栏应填写而未填写或填写不全、不正确者。

（10）安全措施栏中，装设的接地线未注明地点编号或应挂的标示牌未写明具体内容及位置；接地开关未注明设备编号者；工作票所填接地线编号与现场所装设接地线编号不符或与操作票所填接地线编号不符者。

（11）已执行安全措施栏内未按规定打“√”者。

（12）所使用工作票与本工作不相符者；多地点工作未使用工作任务单者。

（13）变动的工作班成员未按规定填入工作票内而参加工作者。

（14）同一时间内，一个工作负责人持有两张及以上工作票者。

（15）工作票延期或工作负责人变动而未办理手续继续工作者。

（16）电话签发工作票时未按规定在另一张工作票上记录并归档者。

（17）工作任务单、二次工作安全措施票未与总工作票同时保存者。

（18）使用的工作票格式与规程中规定格式不相符者。

（19）工作票上未按规定盖章者。

（20）微机出具的工作票未手工签名者。

（21）许可传真、局域网等形式传输的非正式工作票者。

（22）工作票签发人签发空白工作票；工作现场开工前不宣读工作票；未履行许可手续即开工；应到现场而未到现场办理许可手续；未全部执行工作票上所列的安全措施；擅自扩大工作任务或工作范围；擅自变更工作票中所列的安全措施；工作负责人未指定临时代替人员而擅自离开工作现场；工作负责人或专责监护人不履行监护职责等。发生上述情况，无论是否构成事故、障碍，该工作票均按不合格处理。

3. 操作票的考核内容

在填写和执行操作票过程中出现下列情况之一者均为不合格操作票：

（1）无编号或编号混乱，未按编号顺序使用，手写票有漏页、撕页，字迹不清或涂改者。

（2）无操作开始、结束时间或填写时间不真实者。

（3）无操作任务或操作任务未写明双重编号；操作任务与操作项目不符；一张操作票填写两个及以上操作任务；操作票中的设备名称、编号与实际名称、编号不相符者；操作术语不规范者。

（4）操作票顺序颠倒、漏项、并项、添项；填写中使用“同上”或省略号。

（5）操作中未按规定打“√”者；所余空白格未打终止“ㄣ”符号者。

（6）未按规定签名或互相代替签名者。

（7）已执行票未盖“已执行”、作废票未盖“作废”印章，未执行、作废票不备注原因的；操作票未按规定保留者。

（8）应使用操作票而无票操作者（统计为一次不合格票）。

（9）使用的操作票不符合规程规定格式者。

（10）有续页而未按要求写“转下页”者。

（11）操作票填写正确，但执行错误（如不进行模拟操作，不持票，无监护，操作人与监护人互换，不唱票复诵，不验电，不检查，不核对设备，不按项打“√”，未经批准解锁操作等），即使未发生事故、障碍，也应统计为不合格操作票。

（12）实际操作中因误操作发生事故、障碍、未遂事故或不安全现象的操作票。

【思考与练习】

1. 工作票的作用是什么？为什么要实行工作票制度？
2. 操作票的填写有哪些要求？
3. 变电站“两票”管理的内容有哪些？合格率如何统计计算？

模块2 工作票的执行（ZY1100103002）

【模块描述】本模块介绍第一、二种工作票的填写、执行及验收。通过办理过程详细讲解、案例介绍，能正确许可和办理工作票，并能进行工作票的验收。

【正文】

电气工作票制度是保证在电气设备上工作安全的重要组织措施之一。作用是明确工作任务和性质，明确工作票、工作任务单上所列人员的安全职责，明确实施保证安全的技术措施，向工作班人员进行安全交底的依据，是履行工作许可、工作间断、转移和终结手续的依据。工作负责人应根据下达的工作任务、标准化检修方案和施工“三措”，结合作业现场和一次接线图认真填写工作票上所列各项内容，并应对工作中会出现的危险点和控制措施充分考虑。

一、工作票的填写

1. 变电站第一种工作票填写说明见表 ZY1100103002-1。

表 ZY1100103002-1　　变电站第一种工作票内容及填写说明

工作票内容	填写说明
名称	应填写所在变电站电压等级、名称及设备名称、编号
工作负责人（监护人）	由各部门生产领导批准后书面公布的人员，若多班组共用一张工作票，则填写总负责人姓名
工作班人员	1）只有一个班组工作，则填写全部工作人员姓名，在不能全部填写的情况下，可填写×××、×××等共几人。 2）几个班同时进行工作时，填明各班的名称、负责人姓名及人数，班组之间用分号，最后用句号。栏末“共____人”应填入参加工作各班人数的总和（不包括总工作负责人）。 3）有厂家人员或特殊工作人员（吊车司机等）必须注明厂家或特殊工种名称
工作地点和工作内容	1）工作地点及设备双重名称栏和工作内容栏应对应填写。 2）主控室内工作应填写主控室、屏（柜）名称和编号。 3）保护室内工作应填写电压等级、保护室名称、屏（柜）名称和编号。 4）室外设备上工作应填写电压等级、设备（间隔）名称和编号。 5）两个以上班组在几个电气连接部分上工作使用一张总工作票时，工作地点及设备双重名称栏和工作内容栏应以一个电气连接部分为限，一一对应填写，并与工作任务相对应
计划工作时间	为检修工作时间，应根据调度批准的工作时间填写
安全措施	1）应拉开的断路器和隔离开关（包括填写之前已拉开的断路器和隔离开关）。由工作负责人、工作票签发人根据工作任务按要求填写，应拉开的断路器、隔离开关分栏填写，已执行栏由工作许可人打“√”。 2）应装接地线、应合接地开关。填写应装设接地线的确切地点、编号和应合上接地开关的编号、名称，接地线编号由工作许可人填写（包括低压接地线）。 3）应采取设遮栏、应挂标示牌及防止二次回路误碰等措施。填写装设绝缘板的确切位置，悬挂标示牌的位置、内容，防止二次回路误碰、误动措施。应设遮（围）栏包括一次设备围栏和二次设备遮栏
工作地点保留带电部分或注意事项	此栏由工作票签发人填写。应注明邻近工作地点的带电部分、已退的连接片和装置电源、工作地点特殊的危险点、工作班在工作票中的特殊要求
绘图说明	对于高压设备部分停电的工作必须绘图说明，简图应以单线系统图为主
收到工作票时间	由运行值班人员填写收到工作票的具体时间，用传真、局域网传送的工作票应填写正式工作票送达时间
补充工作地点保留带电部分和补充安全措施	由工作许可人填写需要补充的检修设备间隔上、下、左、右、前、后保留带电部位的具体位置和设备编号及安全措施
许可开始时间	由工作许可人会同工作负责人到现场检查、确认检修设备实际隔离措施和安全措施，并确认工作票所列 1～9 项的内容后双方签字，由工作许可人填入工作许可时间方可允许工作班人员进入工作现场
人员变动	工作期间，非特殊情况不得变更工作负责人。若因故工作负责人必须长时间离开工作现场时，应由原工作票签发人变更工作负责人。工作负责人只允许变更一次
工作票延期	1）若工作票延期在批准时间内，由工作负责人向运行值班负责人提出申请，运行值班负责人根据批准时间，充分考虑操作时间后通知工作许可人办理。 2）若工作票延期超过批准工作时间时，工作负责人则应提前向值班负责人提出申请，由值班负责人向值班调度员申请，在得到批准延期的通知后，由运行值班负责人通知工作许可人办理
每日开工和收工时间	1）使用一天的工作票不必填写。 2）多日工作间断，由工作许可人检查安全措施已做好，许可每日开工时间，检查清理现场并收回工作票，填写收工时间。 3）工作负责人和工作许可人分别签名
工作终结	全部工作完毕后，人员撤离、现场清理，检查验收合格后，由工作许可人填入工作结束时间，工作负责人和工作许可人分别签名
工作票终结	由工作许可人检查临时安全措施已拆除，常设遮栏已恢复，并填明拆除接地线、接地开关编号和数量
备注	由工作负责人填写指定专责监护人姓名及负责监护的地点、监护范围及具体工作。若需操作停役设备时，填写指定操作人和监护人姓名

2. 变电站第二种工作票填写说明

第二种工作票的填写说明可参照第一种工作票，但有几项内容需按要求填写，见表 ZY1100103002-2。

表 ZY1100103002-2　　第二种工作票的其他内容和填写说明

工作票内容	填 写 说 明
工作条件	填写工作设备状态（停电或不停电），禁止画“√”或“×”。要写明邻近带电及保留带电设备名称
注意事项（安全措施）	按工作任务、项目提出规程中的重点规定或专人监护： 1）保持安全距离（要写出各电压等级的具体数值）； 2）保护定检时应写明退出保护的具体名称； 3）防止误碰、误动运行中的二次设备； 4）防止人身触电； 5）在变电站室外构架上工作，室内顶部工作，应填明防止高处坠落的具体措施； 6）工作地点与邻近带电部位的安全距离邻近，或油漆工、建筑工等非电气作业人员在高压设备区内工作，要设专人监护并填入姓名
补充安全措施	工作负责人经现场检查后，提出认为有必要的补充安全措施，并在站班会上宣布
工作转移	工作负责人在转移到新的工作地点时，应向工作班成员交代带电范围、安全措施和注意事项。转移中，无工作负责人带领，工作班成员不得进入新的工作现场
备注	非正常工作间断原因，增减工作人员，其他需要注明的原因

二、工作票的执行

（一）第一种工作票的执行

1. 工作票签发

工作票签发人在收到工作负责人填写好的工作票后应对其所填全部内容认真进行审核，检查所填写的工作任务与工作地点、停电设备是否相符、现场安全措施是否完善、工作班成员是否安排合理等，并认真核对一次接线图、继电保护等资料，在工作票中详细填明工作地点保留带电部位或注意事项，审核无误后在一式两份工作票上签名。对审核不合格的工作票，签发人应向工作负责人退回，说明原因并要求重新填写，重新履行审核手续。工作票签发人严禁签发空白工作票。使用一张总工作票时，工作票签发人只签发总工作票，工作任务单由总工作负责人签发。需办理分工作票时，应由工作票签发人签发，工作负责人许可。

工作票签发人使用电话方式签发工作票时，工作负责人应将工作票上所填内容告知工作票签发人，签发人应在另一张空白工作票上记录工作票签发人签名栏前填写的所有内容，无误后由工作负责人在两张工作票上填入签发人姓名（注明电话签发字样）、签发日期。

2. 工作票送交和接收

第一种工作票应在工作前一日预先送达运行人员，可直接送达或通过传真、局域网传送，但传真的工作票许可应待正式工作票到达后履行。临时工作或因故无法送达工作票时可在工作开始前直接交给工作许可人，但工作票签发人或负责人应在前一天将工作票内容、安全措施通知变电站值班负责人，值班负责人应将内容复诵并记录在“变电站停送电联系工作票”上。第二种工作票应在开工前交给运行值班人员。

变电站运行值班人员收到工作票后，应对工作票全部内容认真进行审查，确认无误后填写收到时间并签名，在运行记录本（工作票登记本）上进行登记。对收到的工作票有疑问时应向工作票签发人询问清楚，确有问题需重新填写时应拒收工作票。通过传真和局域网等形式传送的工作票应待正式票送达后填写签收时间并签名。最后在值班记录簿中登记并将工作票放在专用夹内按值移交。

3. 布置安全措施

变电站运行值班员在收到工作票后，根据工作票所列安全措施进行倒闸操作后，布置安全措施。

安全措施应在许可开工之前一次完成，由工作许可人将停电及安全措施布置情况在工作票“已执行”栏内打“√”，在“装设地线”栏内填上实际的接地线编号，并填写补充的保留带电部位和安全措施。当工作票所列的措施与现场实际不符但已满足工作条件时许可人应在“已执行”栏内打“×”并将情况在“补充措施”栏内说明，同时在许可工作时应详细向工作负责人解释说明。当运行人员布置安全措施确有困难，如必须借助绝缘斗臂车等时可请检修人员配合布置，但运行人员应做好监护，并对安措的正确性负责。

现场安全措施布置的主要内容有：根据具体工作任务核定接地线的位置和数量，对不满足工作要求的应补充装设接地线；在工作现场合理设置遮栏，或采取与运行设备隔离的措施，如装设绝缘隔板、设置硬围栏等；在检修设备和临近运行设备悬挂适量的标示牌；根据需要在检修现场放置检修现场示意图、工作危险点和注意事项等。

4. 工作许可

工作负责人开工前应到值班现场办理工作许可手续。运行值班人员在接到调度或值班负责人可以许可开工的答复后，工作许可人将填好的一份工作票交工作负责人，一份自持，共同到工作现场，向工作负责人逐一交代工作票所列各项内容，详细交代安全措施布置情况和安全注意事项，在交代临近工作地点有带电设备时，应将本间隔及相邻间隔带电的设备名称和确切部位向工作负责人详细交代，双方确认安全措施完全符合现场工作条件后，由工作许可人在两份工作票上填写许可工作时间并双方签名确认。双方签名后，工作许可人将一份工作票交工作负责人，一份留存，并记入运行值班记录中。

通过传真和局域网形式传送的工作票的许可待正式票送达后方可履行许可手续，不得许可传真和局域网等形式传送的工作票。

5. 工作开工

工作票许可手续完成后，工作负责人持已许可的工作票，带领工作班全体人员进入工作现场，工作负责人、专责监护人向工作班成员交代工作内容、人员分工、带电部位和现场安全措施，进行危险点告知，并履行确认手续。工作负责人确认全体工作班成员对所交代的事项和工作安排已全部领会后，方可下达开工命令。

使用一张总工作票时，各小组负责人应持工作任务单带领本小组成员到达指定工作地点后，向本小组人员讲解交代安全措施和工作任务、安全注意事项。在未得到工作负责人的开工命令之前，任何人不得进入现场。

开工后，运行人员不得变更有关检修设备的运行接线方式。工作负责人、工作许可人任何一方不得擅自变更安全措施，工作中如有特殊情况需要变更时，应先取得对方的同意。变更情况及时记录在值班日志内。如需变更或增设安全措施者应填用新的工作票，并重新履行工作许可手续。工作中不允许随意扩大工作范围和增添工作任务，不得进行票外工作。如需在原工作票停电范围内增加工作任务时，应由工作负责人征得工作票签发人和工作许可人同意，并在工作票上增填工作项目。

多班组同时工作时，在工作过程中工作班组要求试拉、合断路器，或合上操作、合闸、控制空气开关、信号电源等操作时应征得其他班组的同意，并且断路器的遥控操作应有运行值班人员遵照监护复诵的制度进行，操作前应通知现场工作人员引起注意，以免引起人员伤亡事件。间隔内有高压试验工作时同间隔的其他工作票应收回，暂停其他工作。

6. 工作监护

在工作中，工作负责人、专责监护人必须始终在工作现场，对工作班成员的工作进行认真监护，及时纠正违反安全的行为，防止由于监护不力或不到位，造成事故的发生。在靠近带电部位的工作或在构架上工作，工作转移必须得到监护人不间断地全过程监护。对于布置复杂的电气设备上的工作，或在一个电气连接部分进行检修、预防性试验等多专业协同工作时，工作负责人必须认真监护、不得参与工作。工作负责人在全部停电时，可以参加工作班的工作。在部分停电时，只有在安全措施可靠，人员集中在一个工作地点，不致误碰有电部分的情况下，方能参加工作。

工作票签发人或工作负责人应根据现场安全条件、施工范围、工作需要等具体情况，增设专人监护，确定被监护的人数、工作范围及具体作业。专责监护人不得兼做其他工作，专责监护人临时离开时，必须通知被监护人员停止工作或离开工作现场，待专责监护人回来后方可恢复工作。工作期间工作负责人因故暂时离开工作地点时，应指定能胜任工作的人员临时代替，离开前应将工作现场交代清楚，并告知工作班成员。原工作负责人返回工作地点，应履行同样的交接手续。

运行值班人员应不定时到工作现场检查现场安措是否完善，工作人员有无违章现象，如发现工作人员违反《国家电网公司电力安全工作规程》或任何危及人员、设备的不安全情况时，应向工作负责人提出改正意见，必要时可暂停工作，并立即报告上级。工作班成员或其他人员发现上述问题时，也应及时提出改正意见。

7. 工作人员变动

（1）工作负责人变动。工作负责人变动时，工作票签发人在现场时，工作票签发人填写变动时间并签名，通知工作许可人和全体工作班成员。工作票签发人不在现场时，通过电话联系，工作许可人代替工作票签发人填写变更时间并签名，在备注栏注明变更情况，变更后工作负责人通知全体工作班成员开始工作。工作负责人只允许变更一次。

（2）工作人员变动。因工作任务或其他原因需增加、减少、变更工作班成员时，须经工作票负责人同意，在对新工作人员进行安全交底手续确认签名后，方可进行工作，并将变更情况通知工作许可人并在工作票中注明工作人员变动情况。工作人员从一个工作班转移到另一个工作班时，工作负责人必须向新增人员交代安全措施，并指明带电设备、停电设备和注意事项。

8. 工作间断和转移

当日短时工作间断，工作班所有成员应从工作现场撤出，所有安全措施保持不动，工作票仍由工作负责人执存，间断后继续工作，无须通过许可人。如遇特殊情况间断工作时，工作票应交至工作许可人处，开工时由工作票许可人填写收工、开工时间并双方签字。

多日工作间断，每日收工时应清理工作现场，并将工作票交至工作许可人，次日开工前应经工作许可人许可，取回工作票，由工作许可人填写每日收工、开工许可时间并双方签字。工作前工作负责人必须重新认真检查安全措施，确认符合工作票的要求，召开班前会，方可恢复工作。多日工作若工作票有破损不能继续使用时，应补填新的工作票。

在工作间断期间，若有紧急需要，运行值班人员可在工作票未交回的情况下合闸送电，但应先通知工作负责人，在得到工作班全体人员已经离开工作地点、可以送电的答复后方可执行，并应采取下列措施：

（1）拆除临时遮栏、接地线和标示牌，恢复常设遮栏，换挂“止步，高压危险！”的标示牌。

（2）应在所有道路派专人守候，以便告诉工作班人员“设备已经合闸送电，不得继续工作”。守候人员在工作票未交回以前，不得离开守候地点。

检修工作结束以前，若需将设备试加工作电压，应按下列条件进行：

1）全体工作人员撤离工作地点；

2）将该系统的所有工作票收回，拆除临时遮栏、接地线和标示牌，恢复常设遮栏；

3）应在工作负责人和运行人员进行全面检查无误后，由运行人员进行加压试验。加压试验完毕后，工作班若需继续工作时，应重新履行工作许可手续。

用同一张工作票依次在几个工作地点转移工作时，全部安全措施应由工作许可人在开工前一次做完，无须办理转移手续。工作负责人在转移到新的工作地点时，应向工作班成员交代带电范围、安全措施和注意事项。转移中，无工作负责人带领，工作班成员不得进入新的工作现场。

9. 工作票延期

由于特殊原因，工作负责人对所负责的工作任务确认不能在计划时间内完成时，应办理工作票延期手续。若计划检修时间只有1天，需延期时应在计划时间到期前2h，申请调度批准延期后，办理工作票延期手续。若计划检修为多日工作，需延期时，应在计划时间未过半前提出申请，经调度批准延期后，办理工作票延期手续。延期经批准后，由工作许可人填入延期时间，经双方签名后生效。运行人员应将联系延期的相关联系过程录音并在运行值班日志中做好记录。延期手续只能办理一次，如果需要再次办理工作票延期时，须将原工作票结束，重新办理工作票。在未经过调度值班员批准的情况下，任何人不得将已批准的计划停电时间擅自推迟。

10. 收工会

工作结束后工作人员要对全部工作进行小结，工作负责人向参加检修人员了解工作进展情况，主要是了解工作进度、检修工作中发现的缺陷以及处理情况，有无出现不安全情况，工作班成员对工作现场卫生清扫情况，对本次工作中好的经验应及时总结以便在今后工作中加以推广。

11. 工作终结

全部工作完毕后，工作负责人应带领工作人员全面清理、检查工作现场，做到工完、场地清后带领工作班全体成员撤离工作现场，再向运行值班人员交代所修项目、发现的问题、试验结果和存在问题等。然后工作负责人与工作许可人分别持工作票共同检查设备状况、状态，有无遗留物件，是否清洁等，检查验收合格后，由工作许可人在两张工作票上填入工作结束时间，并分别签字，表示此项工作终结。对于多班组同时进行工作的总工作票，值班人员可根据分工作负责人的要求对其所负责的分工作按要求进行验收，并填写验收记录。工作终结后所有的设备状态应恢复到许可前状态。

12. 工作票终结验收

（1）工作结束后，工作负责人应组织工作人员拆除临时工作接地线、清理材料、工具、打扫场地后，撤离全体工作人员。工作负责人应先自行做周密的检查，然后交运行人员验收（验收时工作负责人应向运行验收人员讲清所修项目、发现的问题、试验的结果和存在的问题等），并在有关工作（包括电试校验、继电保护等）记录簿上填写工作内容及结论，验收合格后可办理工作票终结手续。在工作票上填明工作终结时间，经双方签名后，工作票终结。工作全部结束后，验收人应向值长汇报。

（2）工作结束后，现场应做到工完、料尽、场地清，替换下的设备应带回公司。若未打扫整理现场，值班人员有权不结束工作票。由此产生的后果，有工作负责人负责。验收中发现问题时，运行提出整改。对一时无法解决的设备电试超标等问题，应请示总工同意后方可投运，并应在“上级指示记录簿”内做好记录。

（3）验收合格后，检修设备应恢复到许可时的原来状态，验收人与工作负责人双方办理终结手续。由值班验收人员收回临时安全设施，恢复常设遮栏及安全设施，并在工作票上盖上“已终结”章。一个设备同时有几张工作票进行工作时，工作许可人应在收回所有工作票后，在工作票记录簿上最后终结的工作票登记栏内盖“所有工作票已终结”章，方可复役送电。已终结的工作票一份由工作负责人在3日内交部门安全员检查，一份由值班人员收执存档。

（4）值班人员根据记录的验收结果，在所有工作票全部终结情况下，才能向调度汇报，在得到调度的操作指令后及时送电。

（5）如原工作票负责人不在现场，可由代理负责人（须签发人同意）办理终结手续。第一种工作票未办理终结手续，值班人员可拒绝将设备投运。

（6）第二种工作票到期，若工作负责人不到现场终结也未通过值班人员时，值班员在检查现场后可自行终结。第一种工作票到期不结束，应由值班人员通知工作负责人办理工作票终结手续，然后将该工作票交主管部门安全员，再转交施工部门安全员，此类情况应作严重违章处理。

（二）第二种工作票的执行

变电站第二种工作票的签发、许可、开工、监护、工作延期和终结等其他执行要求，可参照第一种工作票。但在执行时须注意采取以下安全措施。

1. 低压配电工作时须注意采取的安全措施

（1）在带电的低压配电装置上工作时，应采取防止相间短路和单相接地的绝缘隔离措施。

（2）低压配电盘、配电箱和电源干线上的工作、低压回路停电的安全措施：

1）将检修设备的各方面电源断开取下熔断器，在断路器或隔离开关操作把手上挂“禁止合闸，有人工作！”的标示牌。

2）工作前应验电。

3）根据需要采取其他安全措施。

2. 二次系统上工作时须注意采取的安全措施

（1）在全部或部分带电的运行屏（柜）上进行工作时，应将检修设备与运行设备前后以明显的标志隔开。

（2）在继电保护装置、安全自动装置及自动化监控系统屏（柜）上或附近进行打眼等振动较大的工作时，应采取防止运行中设备误动作的措施，必要时向调度申请，经值班调度员或运行值班负责人同意，将保护暂时停用。

（3）在继电保护、安全自动装置及自动化监控系统屏间的通道上搬运或安放试验设备时，不能阻塞通道，要与运行设备保持一定距离，防止事故处理时通道不畅，防止误碰运行设备，造成相关运行设备继电保护误动作。清扫运行设备和二次回路时，要防止振动，防止误碰，要使用绝缘工具。

（4）继电保护、安全自动装置及自动化监控系统做传动试验或一次通电时，应通知运行人员和有关人员，并由工作负责人或指派专人到现场监视，方可进行。

（5）在带电的电流互感器二次回路上工作时，应采取下列安全措施：

1）严禁将电流互感器二次侧开路。

2）短路电流互感器二次绕组，应使用短路片或短路线，严禁用导线缠绕。

3）在电流互感器与短路端子之间导线上进行任何工作，应有严格的安全措施，并填用“二次工作安全措施票”。必要时申请停用有关保护装置、安全自动装置或自动化监控系统。

4）工作中严禁将回路的永久接地点断开。

5）工作时，应有专人监护，使用绝缘工具，并站在绝缘垫上。

（6）在带电的电压互感器二次回路上工作时，应采取下列安全措施：

1）严格防止短路或接地。应使用绝缘工具，戴手套。必要时，工作前申请停用有关保护装置、安全自动装置或自动化监控系统。

2）接临时负载，应装有专用的隔离开关和熔断器。

3）工作时应有专人监护，严禁将回路的安全接地点断开。

（7）二次回路通电或耐压试验前，应通知运行人员和有关人员，并派人到现场看守，检查二次回路及一次设备上确无人工作后，方可加压。

（8）检验继电保护、安全自动装置、自动化监控系统和仪表的工作人员，不准对设备、信号系统、保护连接片进行操作，但在取得运行人员许可并在检修工作盘两侧断路器把手上采取防误操作措施后，可拉合检修断路器。

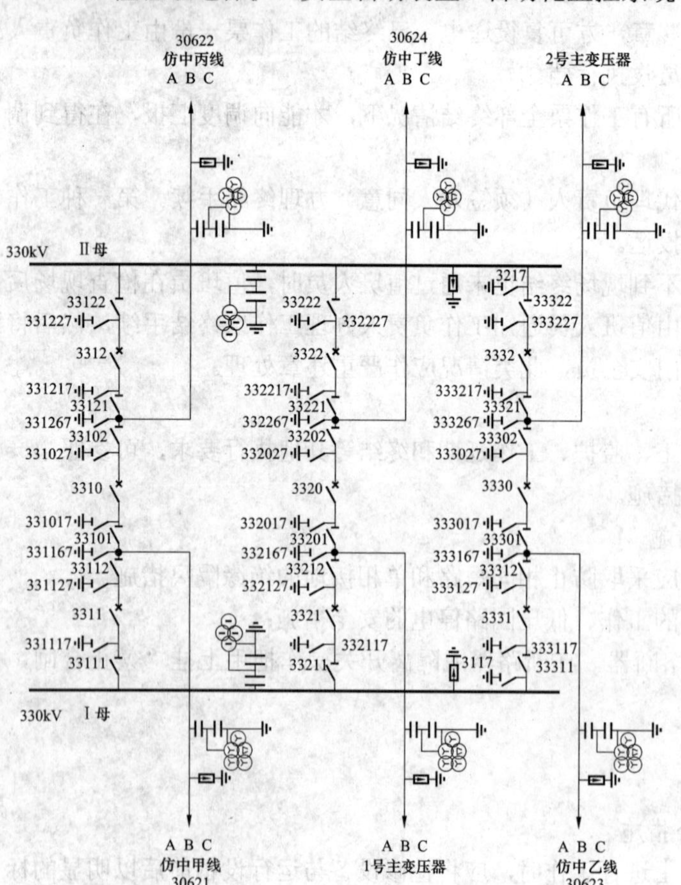

图 ZY1100103002-1 330kV 电压等级接线

（9）被检修设备及试验仪器禁止从运行设备上直接取试验电源，熔丝配合要适当，要防止越级熔断总电源熔丝。试验接线要经第二人复查后，方可通电。

（10）继电保护装置、安全自动装置和自动化监控系统的二次回路变动时，应按经审批后的图纸进行，无用的接线应隔离清楚，防止误拆或产生寄生回路。

（11）试验工作结束后，按“二次工作安全措施票”逐项恢复同运行设备有关的接线，拆除临时接线，检查装置内无异物，屏面信号及各种装置状态正常，各相关连接片及切换开关位置恢复至工作许可时的状态。

三、工作票的填写案例

330kV 线路和断路器检修，并做保护定检和预试等工作票的填写案例。某 330kV 变电站 330kV 电压等级接线如图 ZY1100103002-1 所示。

运行方式：330kV 采用3/2断路器接线，

3个完整串，第一串带仿中甲线、仿中丙线运行，第二串为线路—变压器串分别带仿中丁线、1号主变压器运行，第三串为线路—变压器串分别带仿中乙线、2号主变压器运行。

变电站（发电厂）第一种工作票填写示例如下。

工作单位：某供电局修试工区　　　　　　编号：

1. 工作负责人（监护人）：××　　　　　班组：保护班　试验班　检修班

2. 工作班成员（不包括工作负责人）：

保护班：××等4人

试验班：××等4人

检修班：××等4人

共 12 人。

3. 工作的变配电站名称及设备双重名称：

某330kV变电站　　仿中乙线30623线路及 3330、3331断路器

4. 工作任务：

工作地点及设备双重名称	工　作　内　容
室外：330kV 设备区 3330、3331 断路器及仿中乙线30623线路TV、避雷器间隔	3330、3331断路器检修，断路器、TA预试，仿中乙线30623线路TV预试，避雷器预试
室内：330kV 仿中乙线 30623 线路保护Ⅰ、Ⅱ屏及3330、3331断路器保护屏	仿中乙线线路保护定检，3330、3331断路器保护定检

5. 计划工作时间：

自2008年7月22日9时0分　至2008年7月24日18时0分。

6. 安全措施（必要时可附页绘图说明）：　　　　编号：

应拉开的断路器（开关）、隔离开关（刀闸），应取下的熔断器，应退出的继电保护连接片等（包括填写前已断开、取下、退出的，注明编号）	已执行
1）应断开3330、3331断路器	已执行
2）应拉开33301、33302、33311、33312隔离开关	已执行
3）应断开3330、3331断路器的测控电源、储能电源、操作电源	已执行
4）应断开仿中乙线30623线路TV二次空气开关	已执行
5）应退出3330、3331断路器及仿中乙线线路保护Ⅰ、Ⅱ屏所有保护连接片	已执行
应装接地线、应合接地开关（注明确实地点、名称及接地线编号）	已执行
1）应合上333017、333027接地开关	已执行
2）应合上333117、333127接地开关	已执行
3）应合上333167接地开关	已执行
应设遮栏、应挂标示牌及防止二次回路误碰等措施	已执行
1）应在3330、3331断路器测控屏操作开关上及33301、33302、33311、33312隔离开关机构箱挂“禁止合闸，有人工作！”标示牌	已执行
2）应用临时遮栏分别将仿中乙线30623线路TV、避雷器围住，将3330、3331断路器及TA围住并向内挂“止步，高压危险！”标示牌	已执行
3）应在33311、33302隔离开关构架上挂“禁止攀登、高压危险”标示牌	已执行
4）应在仿中乙线30623线路TV、避雷器、3330、3331断路器、TA构架上及3330、3331断路器保护屏、仿中乙线线路保护Ⅰ、Ⅱ屏前后挂“在此工作！”标示牌，并在其相邻保护屏前后左右设有“运行设备”标志的红布幔	已执行

注：执行栏目及接地线编号由工作许可人填写。

工作地点保留带电部分或注意事项（工作票签发人填写）	补充工作地点保留带电部分和安全措施（工作许可人填写）
	已向工作负责人交代：
1）330kVⅠ母带电、33302隔离开关线路侧带电、33311隔离开关母线侧带电，仿中乙线30623线路保护屏、3330、3331断路器保护屏相邻的保护运行	1）330kVⅠ母带电、33302隔离开关线路侧带电、33311隔离开关母线侧带电、仿中乙线30623线路保护屏、3330、3331断路器保护屏相邻的保护运行
2）防止高空坠落、防止误入带电间隔、防止机械伤人、误登带电设备，注意与带电设备保持足够的安全距离，330kV不小于4.0m	2）防止高空坠落、防止误入带电间隔、防止机械伤人或误登带电设备，注意与带电设备保持足够的安全距离，330kV不小于4.0m
3）防止交、直流短路、接地	3）防止交、直流短路、接地
4）严禁电流二次回路开路、电压二次回路短路	4）严禁电流二次回路开路、电压二次回路短路
5）试验时禁止进入试验场地	5）试验时禁止进入试验场地

工作票签发人签名：__××__ 签发日期：__2008年7月21日10时30分__

7. 收到工作票时间：__2008年7月21日11时0分__

运行值班人员签名：__××__

8. 确认本工作票1～7项

工作负责人签名：__××__ 工作许可人签名：__××__

许可开始工作时间：__2008年7月22日10时0分__

9. 确认工作负责人布置的任务和本施工项目安全措施

工作班组人员签名：________________________

10. 工作负责人变动：

原工作负责人：______离去，变更______为工作负责人

工作票签发人：______ ____年____月____日____时____分

工作人员变动（变动人员姓名、变动日期及时间）表

增添人员姓名	日	时	分	工作负责人签名	离去人员姓名	日	时	分	工作负责人签名

11. 工作票延期

有效期延长到：____年____月____日____时____分

工作负责人签名：______ ____年____月____日____时____分

工作许可人签名：______ ____年____月____日____时____分

12. 每日开工和收工时间（使用一天的工作票不必填写）

收工时间				工作负责人	工作许可人	开工时间				工作许可人	工作负责人
月	日	时	分			月	日	时	分		

13. 工作终结：

全部工作于__2008年7月24日16时0分__结束，设备及安全措施已恢复至开工前状态，工作人员已撤离，材料工具已清理完毕，工作已终结。

工作负责人签名：______ 工作许可人签名：______

14. 工作票终结：

临时遮栏、标示牌已拆除，常设遮栏已恢复。未拆除或未拉开的接地线编号__0__等共__0__组，接地开关（小车）共__5__组（副、台），绝缘隔板编号__0__共__0__块，已汇报调度值班员。

工作许可人签名：______ 2008年7月24日18时0分 工作负责人签名：_____

15. 备注：

（1）指点专责监护人______________ 负责监护______________（地点及具体工作）。

指点专责监护人______________ 负责监护______________（地点及具体工作）。

指点专责监护人______________ 负责监护______________（地点及具体工作）。

（2）其他注意事项：333017、333027、333117、333127、333167待调度令拉开。

【思考与练习】

1. 工作票填写时对工作任务和工作地点的要求有哪些？
2. 变电站接收工作票后应做哪些工作？
3. 主变压器小修应如何设置安全措施？
4. 根据你所在变电站实际，填写并办理变压器检修工作票。

模块3 操作票的执行（ZY1100103003）

【模块描述】本模块介绍操作票的填写和审核及操作票的执行等内容。通过执行过程详细介绍、案例分析，能正确熟练填写和审核操作票，正确执行操作票。

【正文】

操作票是指在电力系统中进行电气操作的书面依据，是防止误操作（误拉、误合、带负荷拉、合隔离开关、带地线合闸等）的主要措施，是运行人员保证安全正确地进行设备状态转换操作的依据和保障。操作票包括调度指令票和变电操作票。

一、操作票的填写说明

1. 操作任务

（1）操作票中对操作任务的要求。操作任务应根据调度指令的内容和专用术语填写，做到能从操作任务中看出操作对象、操作范围及操作要求。每张操作票只允许填写一个操作任务，操作任务应填写设备双重名称（即设备名称和编号）。“一个操作任务”是指根据同一操作命令为了相同的操作目的而进行的一系列相关联并依次进行的不间断的倒闸操作过程。为了同一操作目的根据调度指令进行中间有间断的操作时应分别填写操作票。

（2）操作任务中设备的状态。操作任务是指对运行状态、热备用状态、冷备用状态、检修状态之间的转化，或者通过操作达到某种状态。

1）一次设备状态。

运行状态：指该设备或电气系统带有电压，其功能有效。

热备用状态：指该设备已具备运行条件，经一次合闸操作即可转为运行状态。

冷备用状态：指连接该设备的各侧均无安全措施，且连接该设备的各侧均有明显断开点或可判断的断开点。

检修状态：指连接该设备的各侧均有明显的断开点或可判断的断开点，需要检修的设备已接地的状态，或该设备与系统彻底隔离，与断开点设备没有物理连接的状态。在该状态下设备的控制、合闸及信号电源等均应退出运行。

2）二次设备状态。

运行状态：指其工作电源投入运行，二次设备出口连接片投入运行且连接到指令回路的状态。

热备用状态：指其工作电源投入运行，二次设备出口连接片退出运行且在断开状态。

冷备用状态：指其工作电源断开，二次设备出口连接片退出运行且在断开状态。

检修状态：指该设备与系统彻底隔离，与运行设备没有物理连接状态。

（3）操作任务中的术语。

1）由运行转为冷备用：拉开设备各侧断路器及隔离开关。

2）由冷备用转为检修：在设备可能来电的各侧合上接地开关（或挂上接地线）。

3）由检修转为冷备用：拉开设备各侧接地开关（或拆除接地线）。

4）由冷备用转为运行：合上设备各侧隔离开关及断路器（方式要求或检修要求明确不合的隔离开关、断路器除外）。

5）由运行转为检修：拉开设备各侧断路器及隔离开关，该设备保护跳运行设备的部分应退出，在设备可能来电的各侧合上接地开关（或挂上接地线），按《安规》规定挂标示牌、装设遮栏。

6）由检修转为运行：按规定投入继电保护及二次设备，拉开设备各侧接地开关（或拆除接地线），合上各侧能够运行的隔离开关和断路器，设备转为运行状态。

7）由运行转为热备用：拉开设备各侧断路器。

8）由热备用转为运行：合上设备各侧断路器。（方式要求或检修要求明确不合的断路器除外，如三圈变压器两侧运行）。

9）由热备用转为检修：拉开设备各侧隔离开关并在设备可能来电的各侧合上接地开关（或挂上接地线），按《安规》规定挂标示牌、装设遮栏。

10）由检修转为热备用：拉开设备各侧接地开关（或拆除接地线），合上设备各侧隔离开关（方式要求或检修要求明确不合的隔离开关、断路器除外）。

11）由热备用转为冷备用：拉开设备各侧隔离开关。

12）由冷备用转为热备用：合上设备各侧隔离开关。

2. 操作项目

（1）应填入操作票的操作项目栏中的项目：

1）拉开（合上）断路器、隔离开关、接地开关、中性点接地开关、刀开关等。

2）检查断路器、隔离开关、接地开关、中性点接地开关的位置。

3）进行倒负荷或并列操作后，检查另一电源的情况。

4）检修后的设备送电前，检查与该设备有关的断路器确在拉开位置。

5）检修后的设备送电前，检查送电范围内确无接地短路。

6）检查负荷分配。

7）装上或取下控制回路或电压互感器回路熔断器。

8）断路器检修时，在拉开断路器后取下合闸熔断器，拉开隔离开关后取下该断路器的控制回路、信号回路熔断器，拉开带电动操作机构的隔离开关操作电源刀开关。

9）在合上隔离开关前，装上该断路器控制回路、信号回路熔断器，合上带电动操作机构的隔离开关操作电源刀开关，在合上断路器前，装上该断路器合闸熔断器。

10）线路停电断路器无工作，可不必取下断路器控制回路、合闸回路熔断器。

11）线路断路器及隔离开关拉开后，装设线路侧接地线（合上接地开关）前，应取下该线路侧电压互感器的二次熔断器。

12）线路断路器合闸前，装上该线路侧电压互感器的二次熔断器。

13）变电站站用变压器、电压互感器一次侧装设接地线前，应取下二次熔断器或拉开二次快分开关。

14）母线停电后，应停用该母线电压互感器（有产生谐振现象以及自动切换装置不满足者除外）。

15）母线送电前，先投入母线电压互感器（有产生谐振现象以及自动切换装置不满足者除外）。

16）对于手车断路器停电后，应先检查断路器确已拉开，将断路器车拉至试验位置，取下断路器车二次插头，再将断路器车拉出断路器柜外。手车断路器送电前，应先检查断路器确已拉开，将断路器车推至试验位置，装上断路器车二次插头，再将断路器车推至工作位置。

17）等电位操作隔离开关前，应取下并环断路器的控制熔断器。

18）隔离开关拉开（合上）前，应检查断路器确已断开。

19）切换继电保护二次回路，投入或停用自动装置。
20）在断路器合闸前，按照调度命令及运行规程投入送电设备的继电保护，检查继电保护运行。
21）装、拆接地线均应注明接地线的确切地点和编号。
22）拆除接地线（拉开接地开关）后，检查接地线（接地开关）确已拆除（确已拉开）。
23）装设接地线前，应在停电设备上进行验电（不具备验电条件的 GIS 等设备除外）。
（2）操作项目的填写类别。
1）断路器（应写双重名称）：
合上（断开）××线××断路器；
检查××线××断路器（三相）确已合好（断开）；
合上（拉开）××线××断路器信号刀开关；
装上（取下）××线××断路器控制熔断器；
将××线××断路器遥控开关切至就地（遥控）位置；
检查××线负荷指示正常。
2）隔离开关（应写双重名称）：
合上（拉开）××线××隔离开关；
检查××线××隔离开关三相确已合好（拉开）。
3）变压器：
检查×号变压器负荷指示正常；
检查×号变压器与×号变压器有载调压分头指示正常；
合上（拉开）×号变压器有载调压装置电源开关；
合上（拉开）×号变压器冷却装置电源刀开关。
4）电压互感器：
装上（取下）××kV×TV 二次熔断器；
合上（拉开）××kV×TV 二次快分开关。
5）母线：
检查××kV×母线运行设备全部调至×母线运行；
检查××kV×母线三相电压指示正常。
6）电容器：
断开××kV×号电容器××断路器；
检查××kV×号电容器××断路器确已拉开；
拉开××kV×号电容器××隔离开关；
检查××kV×号电容器××隔离开关三相确已断开；
拉开××kV×号电容器××断路器控制电源开关。
7）继电保护：
投入（退出）×号变压器投差动保护连接片；
检查×号变压器投差动保护运行（停用）；
合上（拉开）×号变压器保护电源开关；
投入（退出）××kV 母差保护母线充电保护连接片；
装上（取下）××kV 母差保护直流熔断器；
合上（拉开）××kV 母差保护信号刀开关；
检查××线××断路器保护运行；
投入（退出）××kV 母差保护×母线电压闭锁连接片；
合上（拉开）××kV 故障录波器交流电源开关；
合上（拉开）××kV 故障录波器主机电源开关；
投入（退出）××kV××线路距离保护连接片；

投入（退出）××kV××线路×相启动失灵保护连接片；
投入（退出）××kV××线路×相跳闸出口连接片；
投入（退出）××kV××线路高频距离保护连接片；
投入（退出）××kV××线路高频方向保护连接片。

8）自动装置：
投入（退出）××kV 自动装置跳××线保护连接片；
投入（退出）××kV××线加速保护跳闸连接片；
投入（退出）××kV 自动装置合××线保护连接片；
投入（退出）××kV 自动装置停用连接片；
投入（退出）××线保护屏重合闸出口连接片；
将××线线路重合闸方式开关切至停用位置；
将××线线路重合闸方式开关切至综合重合闸位置；
将××线线路重合闸方式开关切至三相重合闸位置；
将××线线路重合闸方式开关切至单相重合闸位置。

9）接地线：
在××线××–1 隔离开关与××–2 隔离开关间验明确无电压；
合上（拉开）××线××接地开关；
检查××线××接地开关三相确已合好（拉开）；
合上（拉开）××线×号变压器××中性点接地开关；
检查××线×号变压器××中性点接地开关确已合好（拉开）。

3. 备注栏

下列项目应填入操作票备注栏中（按各网省公司规定执行）：

（1）断路器的操作：

1）防止误拉、误合断路器的措施（包括提示性措施）。

2）操作某一设备选控开关时，应检查其他就地开关未被选控。

3）防止双电源线路误并列、误解列的提示。

（2）隔离开关的操作：

1）隔离开关的闭锁装置达不到防误闭锁功能的。

2）电动隔离开关的操作。电动隔离开关操作前，先合上电动操作电源刀开关，电动隔离开关操作完毕后立即拉开电动操作电源开关，防止电动隔离开关误拉开或误合上。

3）隔离开关的辅助触点。双母线倒换母线或单一设备停送电时，应注意观察隔离开关辅助触点的动作情况，可以利用观察电压切换继电器的动作来代替，防止因辅助触点接触不良造成交流电压消失。

（3）验电及装设接地线：

1）室外电气设备装设接地线时要注意防止接地线误碰带电设备。

2）断路器柜内装设接地线时要注意防止接地线误碰带电设备。对于断路器柜内装设接地线的具体位置有特殊要求的也要在备注栏内注明。

3）防止误入带电间隔。

（4）继电保护、自动装置及二次部分操作。

4. 其他栏目的填写要求（按各网省公司规定执行）

（1）操作票的编号。由供电公司统一编号，使用单位应按编号顺序依次使用，对于变电站倒闸操作票的编号不得随意改动，不得出现空号、跳号、重号、错号。

（2）操作票单位的填写。填写倒闸操作票人所在的单位的名称，要写全称，不能只写简称或代号。

（3）发令与受令：

1）调度值班员（发令人）向运行值班负责人（受令人）发布正式的操作命令后，由运行值班负责人将发令人和受令人的姓名填入变电站倒闸操作票“发令人栏”和“受令人栏”中。

2）由运行值班负责人将发令人发布正式操作指令的时间填入“发令时间栏”内。

（4）操作时间的填写：

1）操作时间的填写统一按照公历的年、月、日和24h制填写。

2）一个操作任务用多张操作票时，操作开始时间填在首页操作票上，操作结束时间填在首页及最后一页操作票上。

操作开始时间：执行倒闸操作项目第一项的时间。

操作结束时间：完成倒闸操作项目最后一项的时间。

（5）倒闸操作的分类：

1）监护下操作栏：对于由两人进行的操作。

2）单人操作栏：由一人完成的操作。实行单人操作的设备、项目及运行人员需经设备运行管理单位批准，人员应通过专业考试。

3）检修人员操作栏：由检修人员完成的操作。

（6）操作票签名：

1）操作人和监护人经模拟核对确认操作票无误后，由操作人、监护人分别签名并对本次倒闸操作的正确性负全部责任。

2）然后交运行值班负责人审查，无误后由运行值班负责人在操作票上签名，运行值班负责人应对本次倒闸操作的正确性负全部责任。

3）一个操作任务用多张操作票时，监护人、操作人、运行值班负责人的签名在最后一页的操作票上。

（7）操作票操作项目打“√”：

1）监护人在操作人完成此项操作并确认无误后，在该项操作项目前打“√”。

2）对于检查项目，监护人唱票后，操作人应认真检查，确认无误后再高声复诵，监护人同时也应进行检查，确认无误并听到操作人复诵后，在该项目后打“√”。严禁操作项目与检查项一并打“√”。

3）严禁操作不打“√”，待操作结束后，在操作票上补打“√”。

（8）操作票盖章：

1）按照倒闸操作顺序依次填写完倒闸操作票后，在最后一项操作内容的下一空格盖“以下空白”章，如果最后一项操作内容下面没有空格可以不盖章。

2）操作票项目全部结束，由操作人在最后一页右下角盖“已执行”章。

3）合格的操作票全部未执行，由操作人在操作任务栏中盖“未执行”章，并在备注栏中注明原因。

4）若监护人、操作人操作中途发现问题，应及时告知运行值班负责人，运行值班负责人汇报值班调度员后停止操作。该操作票不得继续使用，并在已操作完项目的最后一项盖“已执行”章，在备注栏注明“本操作票有错误，自××项起不执行”。对多张操作票，应从第二张操作票起每张操作票的操作任务栏中盖上“作废”章，然后重新填写操作票再继续操作。

5）填写错误以及审核发现有错误的操作票时，应由操作人在操作任务栏中盖“作废”章。

二、操作票的执行

（一）操作票的执行方法见表ZY1100103003-1。

表ZY1100103003-1　　　　操作票的执行方法

序号	项目	执行方法
1	接受调度命令	1）调度下令时，值班长边听边记录在运行日志上，并进行复诵； 2）核对命令正确无误，将调度下达操作执行命令记入SG186生产管理系统中
2	发令人姓名和时间	1）值班长填写操作票“命令操作时间”栏； 2）值班长将发令调度员姓名填入操作票“发令人”栏

续表

序号	项 目	执 行 方 法
3	下达操作命令	1）值班长不担任操作监护人时，应向监护人和操作人下达操作执行命令，监护人、操作人分别向值班长复诵操作执行命令，复诵无误，值班长将录音笔交监护人； 2）值班长兼任操作监护人时，值班长向操作人下达操作执行命令，操作人向值班长复诵操作执行命令
4	倒闸操作	1）操作人在前、监护人在后，走到待操作设备前，双方认真核对设备双重名称无误后，监护人根据操作票下达操作命令，进行唱票； 2）操作人听到监护人下达的命令后，手指设备编号进行高声复诵，并且要求眼到、手到，监护人确认复诵内容正确，且手指设备无误后，发“对、执行”命令； 3）操作人确认无误，经3s思考后，执行操作命令，检查操作质量无误后，操作人应高声回令； 4）监护人复查操作质量、确认无误后在“操作”栏内打“√”，需填写实际操作时间的项目还应填写实际操作时间； 5）操作过程中监护人应始终保持在能全面监视操作人行为的位置
5	异常	1）防误闭锁不能正常使用，严格按照“防误闭锁装置解锁规定”执行； 2）系统异常应立即汇报调度员，严格按照调度命令执行； 3）设备异常应立即汇报调度员，通知相关单位处理
6	停止操作	倒闸操作过程中发生异常应立即停止操作
7	异常排除	异常情况排除后应继续进行倒闸操作
8	终止操作	异常未排除终止操作
9	操作复查	1）操作结束后，操作人、监护人应对照操作票进行操作复查； 2）操作复查包括对警示牌检查
10	汇报	1）值班长不兼任该项操作监护人，操作结束监护人向值班长汇报倒闸操作结束，值班长向调度汇报操作完毕； 2）值班长兼任该项操作监护人，向调度汇报操作完毕； 3）监护人在操作票上填写“操作结束时间”
11	盖章	监护人在操作票最后一页的右下角盖“已执行”章
12	运行工作记录	值班长在运行工作记录簿运行记事栏记录，按PMS规定记录

（二）操作票的执行说明

1. 发布及接受操作预令

在正式操作前调度员向变电站预先通知操作任务（使用规定的操作术语和设备双重名称）、操作目的和注意事项及停电申请批准的大致停、复役时间，这种指令通常称为操作预令。接受调度操作票布置应由正值资格以上人员接受，并应使用录音设备。做好记录，将任务内容计入操作票布置记录簿内，然后根据记录内容逐项向调度员复诵，核对无误。值班负责人可根据调度预令安排准备操作票。正式开始操作时调度下达操作指令，值班负责人复诵无误得到值班调度员“正确，执行”的命令后执行。

2. 交代操作任务

值班负责人根据操作预令，向操作人和监护人交代操作任务。操作人和监护人按照值班负责人交代的操作预令，依据操作任务、系统运行方式、现场设备运行情况，确定操作方案。

3. 操作票的填写

操作人应根据值班调度员或运行值班负责人下达的操作任务，核对设备运行方式、模拟图板或电子接线图填写，或使用微机防误系统进行微机开票。填写前操作人应明确操作任务的具体内容和本次操作的目的、操作设备的对象，操作范围及操作要求。

一般情况下，操作票由操作人填写，操作票的填写以当时的运行方式为准。已经填好的操作票并经过模拟预演后，在执行操作前，如果电气设备运行方式发生变化，应重新填写操作票，并经过模拟预演合格后方可执行。操作票应按编号顺序使用。

4. 操作票的审核

操作票填写完毕后操作人先对其进行自审，无误后再交监护人、值班负责人进行逐级审核，对系统运行有重大影响的操作票还应经站长审核，应根据调度所下达的任务核对实际设备、模拟图、典型操作票，必要时应核对有关图纸、继电保护整定书并逐项对操作票进行认真审核，如有错误或因故操作任务临时改变时应退回操作人要求重新填写，原票盖"作废"章并备注作废原因。

常规操作一般由当值负责人在操作前批准，大型操作（节假日、主变压器、母线停服役）在审票全部合格后，操作前即调度正式发布操作指令前由站长或技术负责人批准。

5. 危险点预控分析

操作前监护人与操作人对操作目的和操作内容及过程进行相互考问，以熟悉操作的全过程。同时要做好危险点分析和预控工作，这样即使在操作中发生异常情况时，也能够保证迅速、果断、准确地处理。

6. 操作前的准备

操作人和监护人应根据此次操作任务准备操作工器具。检查操作所用安全工器具是否试验合格、电压等级是否合适且在有效使用期内，绝缘手套、绝缘靴、验电器等是否完好；接地线数量是否充足、是否满足短路要求；护目眼镜及其他个人防护用具是否完好；操作中需要的熔断器数量和规格是否满足要求、是否完好；所需钥匙是否准备齐全、录音设备是否完好；准备所需标示牌，检查电脑防误钥匙电池电量是否充足，有没有异常报警，是否需要照明设备等。

7. 模拟操作

操作前，监护人、操作人持经审核后的有效操作票在模拟图板或电子接线图上进行核对性模拟操作，核对所填写的操作项目。模拟操作应由监护人根据操作票所列项目逐项下达操作口令，操作人复诵无误后在模拟图板或在微机防误系统一次接线图上执行模拟操作。对于模拟图板上无法模拟的操作步骤，比如检查负荷分配、检查保护运行等也应进行唱票、复诵，但不下达执行令。模拟操作前、后均应核对模拟图与运行方式相符。模拟无误后应再次检查模拟图，并将上述操作步骤传输入电脑防误钥匙，以备操作。如果模拟操作发现操作票有问题应停止操作，将模拟图恢复原状，并重新填写操作票。原票盖"作废"印章，备注原因后收执。

8. 操作票的签名

如果监护人和操作人经模拟操作确认操作票无误后，由操作人、监护人分别签名，然后交值班负责人审核并签名，至此，签名各方应对本次倒闸操作的正确性负全部责任。

9. 发布及接受操作命令

由调度值班员向运行值班负责人发布正式的操作指令。发令人使用电话发布指令前，发令人和受令人应先互报单位和姓名，发布指令的全过程（包括对方复诵指令）和听取指令的报告时双方都要录音并做好记录。在接受操作指令时，受令人必须清楚操作任务及注意事项，对操作指令如果有疑问时，应及时向调度值班员询问清楚，对于错误的操作指令应提出纠正。接令后，受令人（运行值班负责人）应按记录的全部内容全文复诵操作指令，并得到调度值班员"对，执行"的指令后执行。运行值班负责人根据操作指令向操作人、监护人发布正式操作命令，操作人、监护人在了解操作目的和操作顺序，且对指令无疑问后，运行值班负责人将操作票发给操作人和监护人，同时命令操作人和监护人开始操作。

10. 现场实际操作

现场实际操作由监护人手持操作票，操作人携带解锁钥匙，手拿操作工具和绝缘手套，操作人和监护人戴好安全帽，按顺序进入操作现场。在实际操作过程中的走位始终保持一臂的距离。进入操作现场站好位置后，共同核对设备名称、位置、编号和运行状态。操作人和监护人面向被操作设备的名称编号牌，由监护人按照操作票的顺序逐项高声唱票，操作人应注视设备名称编号，按照唱票内容手指此项操作应动部位，高声复诵。监护人确认操作人复诵无误后，发出"对、执行"的操作口令，监护人在操作人完成操作并确认无误后，在该操作项目后打“√”。对于检查项目，监护人唱票后，操作人应认真检查，确认无误后再高声复诵，监护人同时也应进行检查，确认无误并听到操作人复诵后，在该项目后打“√”。电气设备操作后的位置检查通常以设备的实际位置为准，对于无法看到实际位置的设备如 GIS、SF_6充气柜等设备位置的检查可以通过机械指示位置、电气指示、仪表及各种遥测、遥信信号，带电显示装置的指示的变化等判断，应有且至少有两个及以上的指示已同时发生变化才能确认该设备操作到位。对于重要的操作项目［如主要设备启停、并列、解列、联络线拉（合）、主要保护及安全自动装置的投退］，在该项操作完成之后，应及时将操作时间记入该项之后。操作中因故中断操作的时间及重新恢复操作的时间应记入中断或恢复操作的该项之后，并在备注栏内填写中断操作原因。倒闸操作中途不得更换监护人、操作人，监护人、操作人不得做与操作无关的事情，不得说与操作无关的话。监护人应自始至终对操作人的操作实施全过程监护，不得离开操作现场或进行其他工作。倒闸操作过程中发生疑问时，应立即停止操作并向发令人报告。待发令人再行许可后，方可进行操作，不得擅自更改操作票，不准随意解除闭锁装置。操作过程中若调度命令更改，最后几项操作不执行，则应在已操作完毕的项目最后一项栏内盖“已执行”章，然后重新填写操作票再继续操作。

11. 操作结束

全部操作完毕后，监护人和操作人应共同全面复查所操作的设备正常、一次系统模拟图与实际运行方式和调度方式相符后填写操作结束时间，在操作票上加盖“已执行”印章，向值班负责人汇报。

操作完毕应及时回传电脑防误钥匙数据，以使设备实际状态与监控后台机状态对应。操作人员在电脑钥匙回传完毕后对监控机设备状态进行检查，查看是否与一次设备状态相对应，数据是否刷新。除此之外，操作人还应将此次操作中使用工器具、钥匙等归位，并做好接地线装拆记录、运行值班记录等工作。

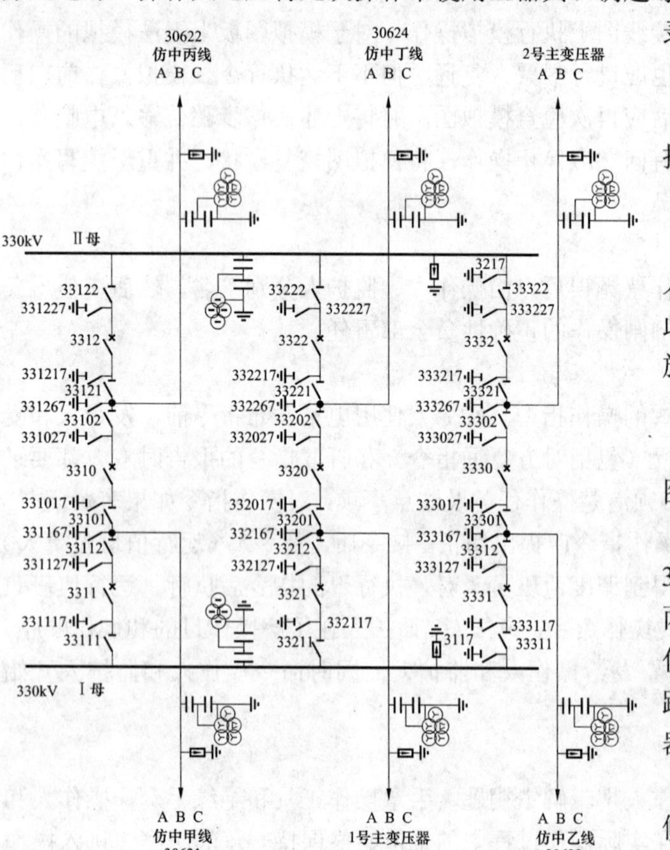

图 ZY1100103003-1 330kV 电压等级接线

12. 汇报

全部操作完毕，值班负责人向当值调度汇报操作完毕时间，并做好记录和录音。

13. 总结

操作完毕后值班负责人应及时组织全班人员对本次操作的不足和问题进行总结，点评此次规范化操作的执行情况和危险点预控措施的落实情况，提出改进意见。

三、操作票填写案例

某 330kV 变电站 330kV 电压等级接线如图 ZY1100103003-1 所示。

运行方式：330kV 采用 3/2 断路器接线，3 个完整串，第一串线线串带仿中甲线、仿中丙线运行，第二串为线路—变压器串分别带仿中丁线、1 号主变压器运行，第三串为线路—变压器串分别带仿中乙线、2 号主变压器运行。

操作任务：330kV 仿中乙线线路停电检修。

变电站倒闸操作票见表 ZY1100103003-2～表 ZY1100103003-9。

表 ZY1100103003-2　　变电站倒闸操作票 1

单位：________　　　　编号：________

发令人		受令人		发令时间	年　月　日　时　分
操作开始时间： 年　月　日　时　分				操作结束时间： 年　月　日　时　分	
（　）监护下操作　（　）单人操作　（　）检修人员操作					
操作任务： 3330、3331 断路器由运行转热备用					

顺序	操　作　项　目	√
1	在“五防”机上进行模拟预演	
2	确认 3330 断路器保护屏	
3	退出 3330 重合闸出口连接片 3LP1	
4	将重合闸方式切换开关 3QK 由“单重”切至“停用”位置	
5	确认 3331 断路器保护屏	
6	退出 3331 重合闸出口连接片 3LP1	
7	将重合闸方式切换开关 3QK 由“单重”切至“停用”位置	
8	检查仿中乙线 30623 与仿中甲线 30624 负荷分配（$I=$　　A）（$II=$　　A）	
9	断开 3330 断路器（　　时　　分）	
10	断开 3331 断路器（　　时　　分）	
11	检查 3330 断路器 A 相在分	
12	检查 3330 断路器 B 相在分	
13	检查 3330 断路器 C 相在分	
14	检查 3331 断路器 A 相在分	
15	检查 3331 断路器 B 相在分	
16	检查 3331 断路器 C 相在分	

备注：		
操作人：	监护人：	值班负责人（值长）：

表 ZY1100103003-3　　　　变电站倒闸操作票 2

单位：　　　　　　　　　　　　编号：

发令人		受令人		发令时间	年 月 日 时 分
操作开始时间： 年 月 日 时 分			操作结束时间： 年 月 日 时 分		
（ ）监护下操作		（ ）单人操作		（ ）检修人员操作	
操作任务： 3330、3331 断路器由热备用转冷备用					

顺序	操 作 项 目	√
1	在“五防”机上进行模拟预演	
2	检查 3331 断路器 A 相在分	
3	检查 3331 断路器 B 相在分	
4	检查 3331 断路器 C 相在分	
5	合上 33311 隔离开关操作电源	
6	拉开 33311 隔离开关	
7	检查 33311 隔离开关 A 相在分	
8	检查 33311 隔离开关 B 相在分	
9	检查 33311 隔离开关 C 相在分	
10	断开 33311 隔离开关操作电源	
11	合上 33312 隔离开关操作电源	
12	拉开 33312 隔离开关	
13	检查 33312 隔离开关 A 相在分	
14	检查 33312 隔离开关 B 相在分	
15	检查 33312 隔离开关 C 相在分	
16	断开 33312 隔离开关操作电源	
17	检查 3330 断路器 A 相在分	
18	检查 3330 断路器 B 相在分	

备注：

操作人：　　　　监护人：　　　　值班负责人（值长）：

表 ZY1100103003-4　　　　变电站倒闸操作票 3

单位：____________　　　　编号：____________

<table>
<tr><td>发令人</td><td></td><td>受令人</td><td></td><td>发令时间</td><td colspan="2">年　月　日　时　分</td></tr>
<tr><td colspan="4">操作开始时间：

年　月　日　时　分</td><td colspan="3">操作结束时间：

年　月　日　时　分</td></tr>
<tr><td colspan="7">（　）监护下操作　　（　）单人操作　　（　）检修人员操作</td></tr>
<tr><td colspan="7">操作任务：
3330、3331 断路器由热备用转冷备用</td></tr>
<tr><td>顺序</td><td colspan="5">操 作 项 目</td><td>√</td></tr>
<tr><td>1</td><td colspan="5">检查 3330 断路器 C 相在分</td><td></td></tr>
<tr><td>2</td><td colspan="5">合上 33302 隔离开关操作电源</td><td></td></tr>
<tr><td>3</td><td colspan="5">拉开 33302 隔离开关</td><td></td></tr>
<tr><td>4</td><td colspan="5">检查 33302 隔离开关 A 相在分</td><td></td></tr>
<tr><td>5</td><td colspan="5">检查 33302 隔离开关 B 相在分</td><td></td></tr>
<tr><td>6</td><td colspan="5">检查 33302 隔离开关 C 相在分</td><td></td></tr>
<tr><td>7</td><td colspan="5">断开 33302 隔离开关操作电源</td><td></td></tr>
<tr><td>8</td><td colspan="5">合上 33301 隔离开关操作电源</td><td></td></tr>
<tr><td>9</td><td colspan="5">拉开 33301 隔离开关</td><td></td></tr>
<tr><td>10</td><td colspan="5">检查 33301 隔离开关 A 相在分</td><td></td></tr>
<tr><td>11</td><td colspan="5">检查 33301 隔离开关 B 相在分</td><td></td></tr>
<tr><td>12</td><td colspan="5">检查 33301 隔离开关 C 相在分</td><td></td></tr>
<tr><td>13</td><td colspan="5">断开 33301 隔离开关操作电源</td><td></td></tr>
<tr><td></td><td colspan="5"></td><td></td></tr>
<tr><td colspan="7">备注：</td></tr>
<tr><td colspan="7">操作人：　　　　监护人：　　　　值班负责人（值长）：</td></tr>
</table>

模块3　ZY1100103003

表 ZY1100103003-5　　　　变电站倒闸操作票 4

单位：________　　　　编号：________

发令人		受令人		发令时间	年 月 日 时 分
操作开始时间： 年 月 日 时 分				操作结束时间： 年 月 日 时 分	
（ ）监护下操作　（ ）单人操作　（ ）检修人员操作					
操作任务： 仿中乙线 30623 线路由冷备用转检修					

顺序	操 作 项 目	√
1	在“五防”机上进行模拟预演	
2	检查 33311 隔离开关 A 相在分	
3	检查 33311 隔离开关 B 相在分	
4	检查 33311 隔离开关 C 相在分	
5	检查 33302 隔离开关 A 相在分	
6	检查 33302 隔离开关 B 相在分	
7	检查 33302 隔离开关 C 相在分	
8	在 3301 隔离开关母线侧验明三相无电压	
9	在 33312 隔离开关线路侧验明三相无电压	
10	合上 333167 接地开关操作电源	
11	合上 333167 接地开关（ 时 分）	
12	检查 333167 接地开关 A 相在合	
13	检查 333167 接地开关 B 相在合	
14	检查 333167 接地开关 C 相在合	
15	断开 333167 接地开关操作电源	
16	确认仿中乙线 30623 线路 CVT 端子箱	
17	断开故障录波二次开关 ZKK1	
18	断开保护Ⅱ屏二次开关 ZKK2	
19	断开测量二次开关 ZKK3	
20	断开保护Ⅰ屏二次开关 ZKK4	
21	断开计量二次开关 ZKK5	

备注：

操作人：　　　　监护人：　　　　值班负责人（值长）：

模块 3　ZY1100103003

表 ZY1100103003-6　　变电站倒闸操作票 5

单位：________　　　编号：________

发令人		受令人		发令时间	年　月　日　时　分
操作开始时间： 年　月　日　时　分				操作结束时间： 年　月　日　时　分	
（　）监护下操作　（　）单人操作　（　）检修人员操作					
操作任务： 3330、3331 断路器由冷备用转检修					

顺序	操 作 项 目	√
1	在“五防”机上进行模拟预演	
2	检查 33312 隔离开关 A 相在分	
3	检查 33312 隔离开关 B 相在分	
4	检查 33312 隔离开关 C 相在分	
5	检查 33311 隔离开关 A 相在分	
6	检查 33311 隔离开关 B 相在分	
7	检查 33311 隔离开关 C 相在分	
8	检查 33302 隔离开关 A 相在分	
9	检查 33302 隔离开关 B 相在分	
10	检查 33302 隔离开关 C 相在分	
11	检查 33301 隔离开关 A 相在分	
12	检查 33301 隔离开关 B 相在分	
13	检查 33301 隔离开关 C 相在分	
14	在 33312 隔离开关与其断路器侧验明三相无电压	
15	合上 333127 接地开关操作电源	
16	合上 333127 接地开关（　时　分）	
17	检查 333127 接地开关 A 相在合	
18	检查 333127 接地开关 B 相在合	

备注：

操作人：　　　监护人：　　　值班负责人（值长）：

表 ZY1100103003-7 变电站倒闸操作票 6

单位：________________ 编号：________________

<table>
<tr><td>发令人</td><td></td><td>受令人</td><td></td><td>发令时间</td><td colspan="2">年 月 日 时 分</td></tr>
<tr><td colspan="4">操作开始时间：
年 月 日 时 分</td><td colspan="3">操作结束时间：
年 月 日 时 分</td></tr>
<tr><td colspan="7">（ ）监护下操作 （ ）单人操作 （ ）检修人员操作</td></tr>
<tr><td colspan="7">操作任务：
3330、3331 断路器由冷备用转检修</td></tr>
<tr><td>顺序</td><td colspan="5">操 作 项 目</td><td>√</td></tr>
<tr><td>1</td><td colspan="5">检查 333127 接地开关 C 相在合</td><td></td></tr>
<tr><td>2</td><td colspan="5">断开 333127 接地开关操作电源</td><td></td></tr>
<tr><td>3</td><td colspan="5">在 33311 隔离开关与其断路器侧验明三相无电压</td><td></td></tr>
<tr><td>4</td><td colspan="5">合上 333117 接地开关操作电源</td><td></td></tr>
<tr><td>5</td><td colspan="5">合上 333117 接地开关（ 时 分）</td><td></td></tr>
<tr><td>6</td><td colspan="5">检查 333117 接地开关 A 相在合</td><td></td></tr>
<tr><td>7</td><td colspan="5">检查 333117 接地开关 B 相在合</td><td></td></tr>
<tr><td>8</td><td colspan="5">检查 333117 接地开关 C 相在合</td><td></td></tr>
<tr><td>9</td><td colspan="5">断开 333117 接地开关操作电源</td><td></td></tr>
<tr><td>10</td><td colspan="5">在 33302 隔离开关断路器侧验明三相无电压</td><td></td></tr>
<tr><td>11</td><td colspan="5">合上 333027 接地开关操作电源</td><td></td></tr>
<tr><td>12</td><td colspan="5">合上 333027 接地开关（ 时 分）</td><td></td></tr>
<tr><td>13</td><td colspan="5">检查 333027 接地开关 A 相在合</td><td></td></tr>
<tr><td>14</td><td colspan="5">检查 333027 接地开关 B 相在合</td><td></td></tr>
<tr><td>15</td><td colspan="5">检查 333027 接地开关 C 相在合</td><td></td></tr>
<tr><td>16</td><td colspan="5">断开 333027 接地开关操作电源</td><td></td></tr>
<tr><td>17</td><td colspan="5">在 33301 隔离开关断路器侧验明三相无电压</td><td></td></tr>
<tr><td>18</td><td colspan="5">合上 333017 接地开关操作电源</td><td></td></tr>
<tr><td colspan="7">备注：</td></tr>
<tr><td colspan="7">操作人： 监护人： 值班负责人（值长）：</td></tr>
</table>

表 ZY1100103003-8　　变电站倒闸操作票 7

单位：＿＿＿＿＿＿　　编号：＿＿＿＿＿＿

<table>
<tr><td>发令人</td><td></td><td>受令人</td><td></td><td>发令时间</td><td>年　月　日　时　分</td></tr>
<tr><td colspan="4">操作开始时间：
年　月　日　时　分</td><td colspan="2">操作结束时间：
年　月　日　时　分</td></tr>
<tr><td colspan="6">（　）监护下操作　（　）单人操作　（　）检修人员操作</td></tr>
<tr><td colspan="6">操作任务：
3330、3331 断路器由冷备用转检修</td></tr>
</table>

顺序	操　作　项　目	√
1	合上 333017 接地开关（　时　分）	
2	检查 333017 接地开关 A 相在合	
3	检查 333017 接地开关 B 相在合	
4	检查 333017 接地开关 C 相在合	
5	断开 333017 接地开关操作电源	
6	断开 3330 断路器储能电源	
7	断开 3331 断路器储能电源	
8	确认 3330 断路器保护屏	
9	退出失灵瞬跳本断路器 3330 Ⅰ线圈连接片 3LP6	
10	退出失灵瞬跳本断路器 3330 Ⅱ线圈连接片 3LP7	
11	退出失灵跳相邻断路器 3332 Ⅰ线圈连接片 3LP8	
12	退出失灵跳相邻断路器 3332 Ⅱ线圈连接片 3LP9	
13	退出失灵跳相邻断路器 3331 Ⅰ线圈连接片 3LP10	
14	退出失灵跳相邻断路器 3331 Ⅱ线圈连接片 3LP11	
15	退出失灵启动远传至仿中乙线 GXH803 连接片 3LP12	
16	退出失灵启动远传至仿中乙线 RCS931 连接片 3LP13	
17	退出失灵启动开入 1～2 号主变压器保护 A 屏连接片 3LP14	
18	退出失灵启动开入 2～2 号主变压器保护 A 屏连接片 3LP15	

备注：

操作人：　　监护人：　　值班负责人（值长）：

表 ZY1100103003-9　　变电站倒闸操作票 8

单位：________　　编号：________

发令人		受令人		发令时间	年 月 日 时 分
操作开始时间： 年 月 日 时 分				操作结束时间： 年 月 日 时 分	
（ ）监护下操作　（ ）单人操作　（ ）检修人员操作					
操作任务： 3330、3331 断路器由冷备用转检修					

顺序	操 作 项 目	√
1	退出失灵启动开入 1～2 号主变压器保护 B 屏连接片 3LP16	
2	退出失灵启动开入 2～2 号主变压器保护 B 屏连接片 3LP17	
3	退出投失灵保护连接片 3LP20	
4	断开 4DK1 3330 断路器操作电源 1	
5	断开 4DK2 3330 断路器操作电源 2	
6	确认 3331 断路器保护屏	
7	退出失灵瞬跳本断路器 3331 Ⅰ线圈连接片 3LP6	
8	退出失灵瞬跳本断路器 3331 Ⅱ线圈连接片 3LP7	
9	退出失灵启动Ⅰ母 WMH800A 开入 1 连接片 3LP8	
10	退出失灵启动Ⅰ母 WMH800A 开入 2 连接片 3LP9	
11	退出失灵启动Ⅰ母 BP–2B 开入 1 连接片 3LP10	
12	退出失灵启动Ⅰ母 BP–2B 开入 2 连接片 3LP11	
13	退出失灵跳相邻断路器 3330Ⅰ线圈连接片 3LP12	
14	退出失灵跳相邻断路器 3330Ⅱ线圈连接片 3LP13	
15	退出失灵启动远传至仿中乙线 GXH803 连接片 3LP16	
16	退出失灵启动远传至仿中乙线 RCS931 连接片 3LP17	
17	退出投失灵保护连接片 3LP20	
18	断开 4DK1 3331 断路器操作电源 1	
19	断开 4DK2 3331 断路器操作电源 2	
备注：		
操作人：　监护人：　值班负责人（值长）：		

模块 3　ZY1100103003

【思考与练习】

1. 填写操作票应掌握哪些原则？

2. 调度规程中“运行”、“热备用”、“冷备用”、“检修”四种状态是如何界定的？

3. 操作票在实际执行中有何要求？

4. 若你站 330kV 一条联络线需停电检修应如何准备操作票？

模块 4　事故应急抢修单的执行（ZY1000104002）

【模块描述】本模块包含事故应急抢修单的填写和执行。通过要点和流程讲解，以及典型案例分析，能够正确执行事故应急抢修单。

【正文】

事故应急抢修（指电气设备发生故障被迫紧急停止运行，需短时间内恢复的抢修和排除故障的工作）可不用工作票，但应使用事故应急抢修单。

在抢修前必须得到值班调度的许可，并做好安全措施，履行工作许可手续后才能进行工作。事故后非连续进行的事故修复工作，如设备损坏比较严重或是等待备品、备件等原因，短时间不能恢复，需转入事故检修的，应使用工作票，并履行正常的工作许可手续。

一、事故应急抢修单各栏的填写注意事项

1. 单位、编号

填写检修单位名称，如“××电业局修试所”、“××电业局电测仪表局”、“××电业局送变电工程处”等。编号栏的编号不得重复。

2. 抢修工作负责人（监护人）

一个班组进行抢修，工作负责人栏填该班组工作负责人姓名；几个班组进行抢修，工作负责人栏填总工作负责人姓名。

3. 班组

应填写参加抢修工作的具体生产班组名称，如继保一班、变电班、金工班、直流班。当填写不完全部班组时，应尽量填写主要班组至满格，最后用“等”字结束。

4. 抢修班人员（不包括抢修工作负责人）

一个班组进行抢修，应填写每个工作人员的姓名；几个班组进行抢修，当工作班人员填不完时，应填写各班组负责人姓名及其人数，如张××等 8 人。若有民工、临时工配合工作，则应尽量填写完民工姓名，如张××等 8 人，民工和临时工：李××、高××、赵××、刘××。

5. 共_____人

总人数应和实际参加工作的人数相符，总人数是指工作人员总数（包括工作负责人和专责监护人）。

6. 抢修任务（抢修地点和抢修内容）

抢修地点和抢修内容应具体明确，抢修任务前应有变电站名称，如 220kV 仿南变电站 110kV 开关场仿乙线 143 断路器 A 相套管故障处理。

7. 安全措施

填写应拉开的设备名称、应装设绝缘挡板、应合接地开关、应装接地线、应设遮栏、应挂标示牌等。

8. 抢修地点保留带电部分或注意事项

抢修地点保留带电部分应明确。如 110kV Ⅰ母线、Ⅱ母线及旁路母线带电；相邻×间隔设备带电；与 110kV 带电设备保持大于 1.5m 的安全距离。

9. 经现场勘察需补充的安全措施

二次部分的安全措施需要补充或抢修设备与相邻带电设备的安全距离不够需要停电时，应在此栏填写，运行人员执行后签字确认。如退出 110kV 母线差动保护跳仿乙线 143 断路器出口连接片；拉开

110kV 仿乙线 143 断路器操作电源空气开关。

10. 许可抢修时间

工作许可人向抢修工作负责人交代现场安全措施后，若无异议即可由许可人填写许可抢修时间。

11. 抢修结束汇报

在抢修工作结束后，由抢修工作负责人向工作许可人报完工，并填明抢修工作结束时间，抢修工作负责人和工作许可人分别签名，表示工作终结。

现场设备状况及保留安全措施栏填写抢修设备开工前的运行状态。如 110kV 仿乙线 143 断路器及 143-1、143-2、143-5 隔离开关拉开，143-1KD、143-5KD 接地开关未拉开。

二、事故应急抢修单的执行流程

事故应急抢修单执行流程如图 ZY1000104002-1 所示。

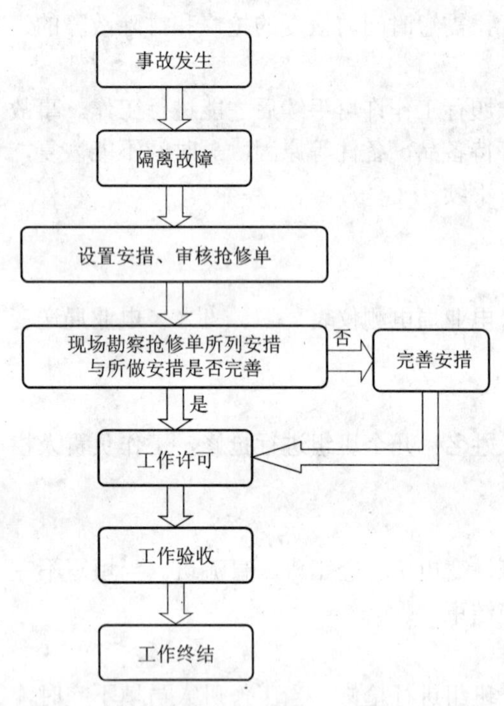

图 ZY1000104002-1 事故应急抢修单执行流程

1. 事故应急抢修单的送交和接收

（1）事故发生后，运行人员应按照相关规程将故障点隔离，可通过电话联系，按抢修任务布置人的布置做好安全措施，再接收事故抢修单。

（2）事故应急抢修单可在工作开始前直接交给工作许可人。

（3）对于送交的事故应急抢修单，变电站运行值班人员应立即审查事故应急抢修单的全部内容，特别是安全措施是否与抢修工作任务相符合，是否符合现场实际条件和《国家电网公司电力安全工作规程》的规定，经审查不合格，应告知错误的原因，并通知抢修工作负责人重新填写。

2. 工作的许可

（1）在布置好安全措施后，由工作许可人会同抢修工作负责人，按事故应急抢修单所列各项安全措施逐项检查确认已布置完善，经现场勘察需补充的安全措施应明确地填入事故应急抢修单内，在办理工作许可手续时，应准确地向抢修工作负责人交代清楚；严禁不到现场交代安全措施而进行许可。在抢修工作负责人没有异议后，由工作许可人签名，办理事故应急抢修单许可开始工作手续。

（2）办理工作许可手续前，未经过工作许可人的同意，工作班成员不应进入工作现场。只有抢修工作负责人办理许可工作的手续后，才能进入生产现场开始工作。

3. 抢修工作的终结

抢修工作完毕后，工作班应清扫、整理现场。工作负责人应先周密地检查，待全体工作人员撤离工作地点后，再向运行人员交代抢修结果和存在问题等，并与运行人员共同检查设备状况和状态、有无遗留物件、是否清洁等，然后在事故应急抢修单上填明抢修工作结束时间。经双方签名后，表示工作终结。

三、典型案例

U 相套管爆炸事故处理。220kV 仿东Ⅱ线 242 断路器一次接线示意图如图 ZY1000104002-2 所示。

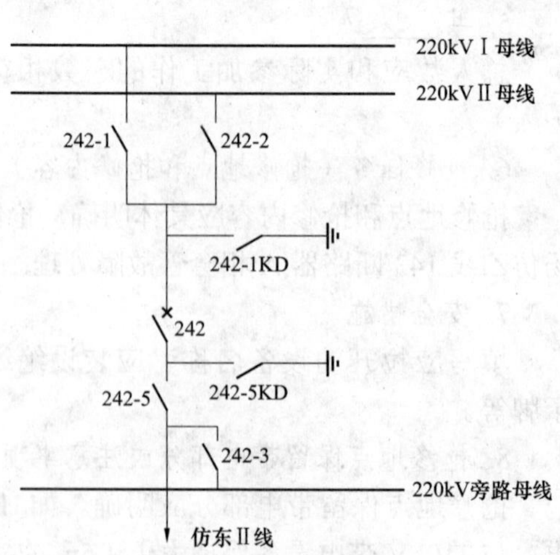

图 ZY1000104002-2 220kV 仿东Ⅱ线 242 断路器一次接线示意图

（一）票面

变电站（发电厂）事故应急抢修单

单位 ××电业局修试所　　　编号 0811001

1. 抢修工作负责人（监护人） 李××　　　班组 高压班，金工班，变电检修班，继保一班

2. 抢修班人员（不包括抢修工作负责人）

王××等3人，李×等3人，马×等4人，王××等2人，民工：刘××，民工：袁××

共 15 人。

3. 抢修任务（抢修地点和抢修内容）

（1）220kV仿南变电站220kV开关场：仿东Ⅱ线242断路器U相套管爆炸事故抢修。（2）220kV仿东Ⅱ线242断路器1、2号保护屏及242断路器端子箱：二次回路检查。

4. 安全措施

（1）拉开242断路器，拉开242-1、242-2、242-5隔离开关。（2）合上242-1KD、242-5KD接地开关。（3）在242-1、242-2、242-5隔离开关把手上悬挂“禁止合闸，有人工作！”标示牌。（4）在242断路器及242断路器端子箱处放“在此工作！”标示牌，并在与其相邻带电设备仿西线244断路器、仿东Ⅰ线241断路器间隔之间设围栏，围栏上挂“止步，高压危险！”标示牌8块，围栏入口处放“从此进出！”标示牌1块。（5）在仿东Ⅱ线242断路器1、2号保护屏前后放“在此工作！”标示牌，在相邻的仿东Ⅰ线241断路器2号保护屏前后挂红布帘。（6）在仿西线244、仿东Ⅰ线241断路器、仿东Ⅱ线242-1隔离开关构架上悬挂“禁止攀登，高压危险！”标示牌。

5. 抢修地点保留带电部分或注意事项

（1）220kVⅠ、Ⅱ母线带电，相邻的仿东Ⅰ线241、仿西线244断路器间隔带电。（2）工作中与220kV带电设备的安全距离不小于3.0m。

6. 上述1～5项由抢修工作负责人 李×× 根据抢修任务布置人 马×× 的布置填写。

7. 经现场勘察需补充下列安全措施

（1）退出242断路器1、2号保护a、b、c相跳闸出口连接片及失灵启动连接片。（2）拉开242断路器控制电源空气开关。（3）拉开242断路器机构储能电源隔离开关。

经许可人（调度/运行人员）张×/余× 同意（ 11 月 14 日 16 时 00 分）后，已执行。

8. 许可抢修时间

2008 年 11 月 14 日 16 时 20 分

许可人（调度/运行人员） 张×/余×

9. 抢修结束汇报

本抢修工作于 2008 年 11 月 14 日 21 时 50 分结束。

现场设备状况及保留安全措施 220kV仿东Ⅱ线242断路器及242-1、242-2、242-5隔离开关停电，242-1KD、242-5KD接地开关未拉开。

抢修班人员已全部撤离，材料工具已清理完毕，事故应急抢修单已终结。

抢修工作负责人 李××　　许可人（调度/运行人员） 张×/余×

填写时间 2008 年 11 月 14 日 21 时 55 分

（二）安全措施布置

1. 安全工器具的准备

围栏网不少于20m，围栏网标杆不少于10根，围栏网标杆座不少于8个，“在此工作！”标示牌6块，“禁止合闸，有人工作！”标示牌3块，“从此进出”标示牌1块，“止步，高压危险！”标示牌不少于8块，“禁止攀登，高压危险！”标示牌3块，红布帘2块。

2. 场地准备

事故发生后，应将故障点隔离，并组织人员进行现场查勘，对安全措施的设置位置和注意事项进行部署，如围栏网的设置、标示牌的悬挂等。对于运行人员需要补充的安全措施进行分析、统计，指定施工中需要搭接工作电源的位置。

3. 安全措施示意图

一次设备安全措施示意图如图 ZY1000104002-3 所示。

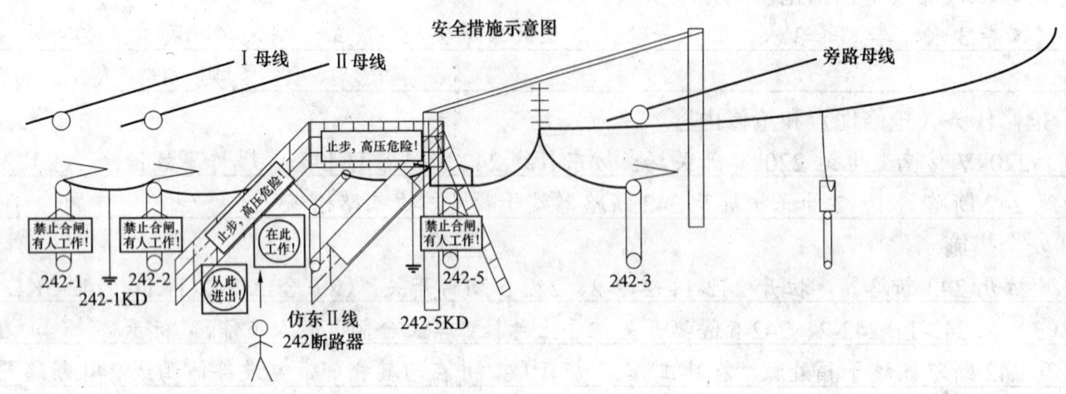

图 ZY1000104002-3　一次设备安全措施示意图

二次设备安全措施示意图如图 ZY1000104002-4 所示。

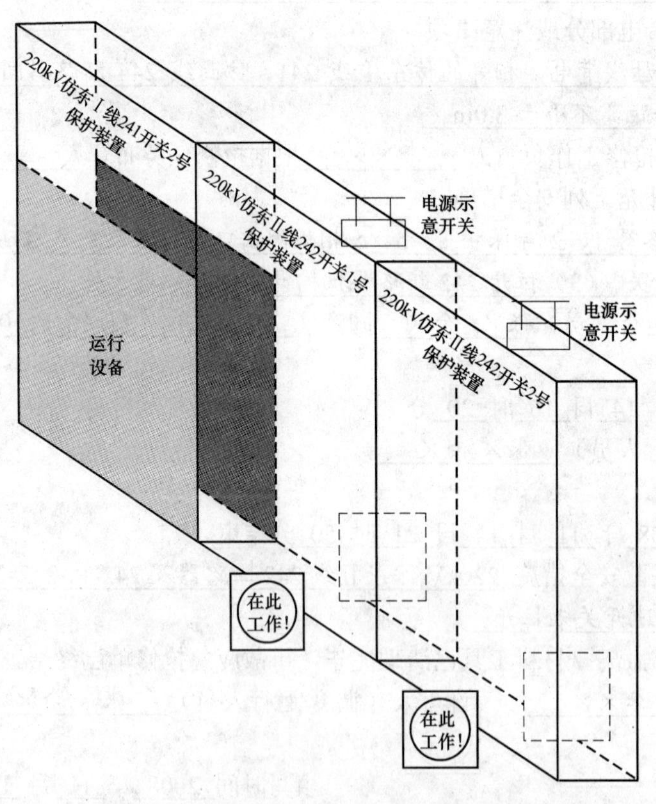

图 ZY1000104002-4　二次设备安全措施示意图

（三）危险点分析及预控措施

（1）未审查事故应急抢修单或审查不仔细。预控措施：审查事故应急抢修单人员必须具备相应资格；根据抢修任务逐一审查事故应急抢修单所填内容的正确性，尤其是安全措施和抢修地点保留带电部分内容；存在疑问的向抢修工作任务布置人询问清楚。

（2）现场安全措施布置人员安排不当，安全措施邻近带电设备，安全措施布置错误。预控措施：现场安全措施布置必须两人进行；人员必须与带电设备保持足够的安全距离；安全措施布置时应根据事故应急抢修任务布置人的布置进行，不得遗漏；标示牌、围栏的悬挂、装设地点应正确。

针对断路器检修时，应切断该断路器控制和合闸电源，并在控制和合闸电源开关上悬挂“禁止合闸，有人工作！”标示牌；工作地点相邻带电设备构架上悬挂“禁止攀登，高压危险！”标示牌。二次设备的工作屏盘相邻屏应用红布帘隔离，避免工作人员走错位置；应退出母线差动、失灵起动连接片及开关本屏保护出口连接片，为抢修人员在抢修完爆炸断路器后进行传动试验时做好准备工作。

（3）不严格履行许可手续。预控措施：事故应急抢修单许可人必须会同抢修工作负责人到现场逐一检查安全措施，确认已布置完善，经现场勘察需补充的安全措施确已实施后方可开工。

（4）对现场状态不清楚即办理终结手续。预控措施：因设备损坏比较严重短时间不能恢复运行，抢修工作结束后将转入事故检修，此时工作许可人必须清楚现场设备状况和安全措施情况，对设备抢修结果和存在问题弄清楚后，方可终结事故应急抢修单。

【思考与练习】

1. 哪些工作需要填写事故应急抢修单？
2. 事故应急抢修单的执行流程具体有哪些内容？

模块5 带电作业工作票的执行（ZY1000104006）

【模块描述】本模块包含带电作业工作票的填写和执行。通过条文解释，注意事项介绍，以及应用举例，能够正确执行带电作业工作票。

【正文】

一、填用带电作业工作票的工作

带电作业或与邻近带电设备安全距离小于表ZY1000104006-1的规定，应填写带电作业工作票。

表ZY1000104006-1　设备不停电时的安全距离

电压等级（kV）	10及以下（13.8）	20、35	66、110	220	330	500
安全距离（m）	0.70	1.00	1.50	3.00	4.00	5.00

二、带电作业工作票各栏的填写注意事项

1. 单位、编号

填写检修单位名称，如“××电业局修试所”、“××电业局电测仪表局”、“××电业局送变电工程处”等。编号栏的编号不得重复，并按序使用。

2. 工作负责人（监护人）

一个班组进行检修，工作负责人栏填班组工作负责人姓名；几个班组进行综合检修，工作负责人栏填总工作负责人姓名。

3. 班组

应填写参加该工作的具体生产班组名称，如继保一班、变电班、金工班、直流班。

4. 工作班人员（不包括工作负责人）

在票上填写每个工作人员的姓名。

5. 共____人

总人数应和实际参加工作的人数相符，总人数是指工作人员总数（包括工作负责人和专责监护人）。

6. 工作的变、配电站名称及设备双重名称

填写工作的变、配电站名称及设备双重名称，站名前应有电压等级。对主体设备（变压器只填写

调度编号及设备名称）应填写电压等级、调度名称、编号和设备名称。同一电压等级、调度名称和设备名称可以归类填写，其他不会发生歧义的设备可以只填写调度编号和设备名称（尚未正式命名的新建设备按设计名称填写）。如 220kV 仿真 A 变电站 10kV 仿夏线 543 断路器间隔；2 号主变压器 212-1 隔离开关。

7. 工作任务

工作地点及地段和工作内容应清楚、确切。工作任务栏举例如表 ZY1000104006-2 所示。

表 ZY1000104006-2　　工作任务栏举例

序号	工作地点及地段	工作内容
1	220kV 开关场 2 号主变压器 212-1 隔离开关	带电拆除 2 号主变压器 212-1 隔离开关与 220kV Ⅰ母线的连接线
2	220kV 开关场 2 号主变压器 212-1 隔离开关	带电清扫 2 号主变压器 212-1 隔离开关绝缘子

8. 计划工作时间

根据调度批准时间填写。

9. 工作条件（等电位、中间电位或地电位作业，或邻近带电设备名称）

（1）在带电设备上工作时，带电体的电位与人体的电位相等的带电作业，在此栏中填“等电位”；作业人员通过两部分绝缘体，分别与接地体和带电体隔开的带电作业，在此栏中填“中间电位”；作业人员处于地电位上使用绝缘工具间接接触带电设备的作业，在此栏中填“地电位”。

（2）在不带电设备上工作，与邻近带电设备距离不满足要求时填写相邻带电设备的名称。

10. 注意事项（安全措施）

（1）工作中是否需要停用重合闸。

（2）进行地电位带电作业时，人身与带电体间的安全距离不得小于表 ZY1000104006-3 的规定。35kV 及以下的带电设备，不能满足表 ZY1000104006-3 规定的最小安全距离时，应采取可靠的绝缘隔离措施。

表 ZY1000104006-3　　带电作业时人身与带电体的安全距离

电压等级（kV）	10	35	66	110	220
距离（m）	0.4	0.6	0.7	1.0	1.8（1.6）*

* 因受设备限制达不到 1.8m 时，经单位主管生产领导（总工程师）批准，并采取必要的措施后，可采用括号内（1.6m）的数值。

（3）绝缘操作杆、绝缘承力工具和绝缘绳索的有效绝缘长度不得小于表 ZY1000104006-4 的规定。

表 ZY1000104006-4　　绝缘工具最小有效绝缘长度

电压等级（kV）	有效绝缘长度（m）	
	绝缘操作杆	绝缘承力工具、绝缘绳索
10	0.7	0.4
35	0.9	0.6
66	1.0	0.7
110	1.3	1.0
220	2.1	1.8
330	3.1	2.8
500	4.0	3.7

（4）带电更换绝缘子或在绝缘子串上作业，应保证作业中良好绝缘子片数不得少于表 ZY1000104006-5 的规定。

表 ZY1000104006-5　　带电作业中良好绝缘子最少片数

电压等级（kV）	35	66	110	220	330	500
片数	2	3	5	9	16	23

（5）更换直线绝缘子串或移动导线的作业，当采用单吊线装置时，应采取防止导线脱落时的后备保护措施。

（6）在绝缘子串未脱离导线前，拆、装靠近横担的第一片绝缘子时，应采用专用短接线或穿屏蔽服方可直接进行操作。

（7）在市区或人口稠密的地区进行带电作业时，工作现场应设置围栏，派专人监护，严禁非工作人员人内。

（8）等电位作业。

1）等电位作业人员应在衣服外面穿合格的全套屏蔽服（包括帽、衣裤、手套、袜和鞋），且各部分应连接良好。屏蔽服内还应穿阻燃内衣。

严禁通过屏蔽服断、接接地电流及空载线路和耦合电容器的电容电流。

2）等电位作业人员对地距离应不小于表 ZY1000104006-3 的规定，对相邻导线的距离应不小于表 ZY1000104006-6 的规定。

表 ZY1000104006-6　　等电位作业人员对相邻导线的最小距离

电压等级（kV）	63（66）	110	220	330	500
距离（m）	0.9	1.4	2.5	3.5	5.0

3）等电位作业人员在绝缘梯上作业或者沿绝缘梯进入强电场时，其与接地体和带电体两部分间隙所组成的组合间隙不得小于表 ZY1000104006-7 的规定。

表 ZY1000104006-7　　等电位作业中的最小组合间隙

电压等级（kV）	63（66）	110	220	330	500
距离（m）	0.8	1.2	2.1	3.1	4.0

4）等电位作业人员沿绝缘子串进入强电场的作业，一般在 220kV 及以上电压等级的绝缘子串上进行，其组合间隙不得小于表 ZY1000104006-7 的规定。若不满足表 ZY1000104006-7 的规定，应加装保护间隙。扣除人体短接的和零值的绝缘子片数后，良好绝缘子片数不得小于表 ZY1000104006-5 的规定。

5）等电位作业人员在电位转移前，应得到工作负责人的许可。转移电位时，人体裸露部分与带电体的距离不应小于表 ZY1000104006-8 的规定。

表 ZY1000104006-8　　等电位作业转移电位时人体裸露部分与带电体的最小距离

电压等级（kV）	35、63（66）	110、220	330、500
距离（m）	0.2	0.3	0.4

6）等电位作业人员与地电位作业人员传递工具和材料时，应使用绝缘工具或绝缘绳索进行，其有效长度不得小于表 ZY1000104006-4 的规定。

11. 工作负责人签名

工作负责人核实工作票 1～7 项内容无误后签名确认。

12. 指定专责监护人及专责监护人签名

确认无误后，专责监护人签名。

13. 补充安全措施（由工作许可人填写）

对前面内容进行现场补充，如工作中需要上下的爬梯、楼层通道悬挂标示牌等。

14. 许可工作时间

工作许可人向工作负责人交代现场安全措施后，若无异议即可由许可人填写许可工作时间。

15. 确认工作负责人布置的工作任务和安全措施，工作班组人员签名

每位工作班成员确认现场安全措施满足工作负责人布置的任务后，只在工作负责人收执的工作票上签名。几个班组同时进行工作，工作班人员姓名填不下时，可由各班组负责人或小组负责人在工作票上填写姓名及其人数，如苏××等8人、李××等5人。

16. 工作票终结

工作许可人会同工作负责人进行验收无误后，由工作负责人向工作许可人报完工，工作负责人在工作票上填明工作结束时间，工作负责人和工作许可人分别签名，表示工作票终结。

17. 备注

工作票签发人、工作负责人、工作许可人在办理工作票过程中需要双方交代的工作或注意事项等。

三、带电作业工作票的执行流程

带电作业工作票的送交和接收、许可、监护、终结按照以下工作票的流程执行：

1. 工作票的送交和接收

（1）第一种工作票应在工作前一日预先送达运行人员。可直接送达或通过传真、局域网传送，但传真的工作票许可应待正式工作票到达后履行，不得利用传真的工作票票面办理工作许可手续。临时工作可在工作开始前直接交给工作许可人。第二种工作票和带电作业工作票可在进行工作的当天预先交给工作许可人。

（2）对于送交的工作票，变电站运行值班人员应立即审查工作票的全部内容，特别是安全措施是否与工作任务相符合，是否符合现场实际条件和《国家电网公司电力安全工作规程》的规定，经审查不合格，应告知错误的原因，并通知工作票签发人重新签发。确认无问题后，第一种工作票需填写收到工作票的时间并签名。采用生产信息管理系统时，运行值班人员确认工作票合格后，在工作票管理系统输入收到工作票的时间并签名，则该工作票已经被受理。

（3）第一、二种工作票和带电作业工作票的有效时间，以正式批准的检修期限为准。

2. 工作的许可

（1）运行值班人员对检修设备操作完毕后，应立即按照工作票的要求，做好工作现场安全措施，经核对实际所做的现场措施与工作票一致后，在工作票对应的编号、数量栏内填写相关的内容，且在已执行栏内打“√”（对其正确性负责），并在“补充工作地点保留带电部分和安全措施”栏内填写相应内容，经核对无误后，方能办理工作许可手续。

（2）工作许可应履行以下手续：

1）同工作负责人到现场再次检查所做的安全措施，对具体的设备指明实际的隔离措施，证明检修设备确无电压。

2）对工作负责人指明带电设备的位置和注意事项。

3）和工作负责人在工作票上分别确认、签名。

如果上一值做好安全措施后，需要下一值才许可的工作，由上一值填写工作票中安全措施栏的内容，下一值在许可工作前必须认真审查，认为正确无误后方可到现场进行实际许可。严禁不到现场检查交代安全措施。

（3）运行人员不得变更有关检修设备的运行接线方式。工作负责人、工作许可人任何一方不得擅自变更安全措施，工作中如有特殊情况需要变更时，应先取得对方的同意并及时恢复。变更情况及时记录在值班日志内。

3. 工作的监护

（1）工作许可手续完成后，工作负责人、专责监护人应向工作班成员交代工作内容、人员分工、带电部位和现场安全措施，进行危险点告知，并履行确认手续，工作班方可开始工作。工作负责人、

专责监护人应始终在工作现场，对工作班人员的安全认真监护，及时纠正不安全的行为。

（2）所有工作人员（包括工作负责人）不许单独进入、滞留在高压室内和室外高压设备区内。

若工作需要（如测量极性、回路导通试验等），而且现场设备允许时，可以准许工作班中有实际经验的一个人或几人同时在其他室进行工作，但工作负责人应在事前将有关安全注意事项予以详尽的告知。

（3）工作负责人在全部停电时，可以参加工作班工作。在部分停电时，只有在安全措施可靠，人员集中在一个工作地点，不致误碰有电部分的情况下，方能参加工作。

工作票签发人或工作负责人，应根据现场的安全条件、施工范围、工作需要等具体情况，增设专责监护人和确定被监护的人员。

专责监护人不得兼做其他工作。专责监护人临时离开时，应通知被监护人员停止工作或离开工作现场，待专责监护人回来后方可恢复工作。若专责监护人必须长时间离开工作现场时，应由工作负责人变更专责监护人，履行变更手续，并告知全体被监护人员。

4. 工作任务的增加、工作人员变动、工作票延期

（1）工作任务的增加。在原工作票的停电工作范围内，在不变更或不增设安全措施的情况下，增加工作任务时，应由工作负责人征得工作票签发人和工作许可人同意，并在工作票上工作任务栏增填工作项目。若需变更或增设安全措施时，应填用新的工作票，并重新履行工作许可手续。工作负责人还应向全体工作人员详细交代变更后的安全措施情况和注意事项。

增加工作任务时，若工作票签发人无法当面办理，应通过电话联系工作许可人和工作负责人，工作负责人在工作票的任务栏内填写增加的工作任务，工作许可人在工作票登记簿上注明。

（2）工作负责人变动。工作期间，工作负责人若因故暂时离开工作现场时，应指定能胜任的人员临时代替，离开前应将工作现场交代清楚，并告知工作班成员。原工作负责人返回工作现场时，也应履行同样的交接手续。

若工作负责人必须长时间离开工作现场时，应由原工作票签发人变更工作负责人，履行变更手续，并告知全体工作人员及工作许可人，原、现工作负责人及原工作票签发人应在工作票上相应栏内签名，原工作票签发人还应填写工作负责人变动时间。原、现工作负责人应对工作任务和安全措施进行交接。

变更工作负责人时，若工作票签发人无法当面办理，可通过电话联系工作许可人和现工作负责人，并由现工作负责人和工作许可人在工作票上办理变动手续，原、现工作负责人应在工作票上相应栏内签名，现工作负责人还应填写工作负责人变动时间。工作许可人在工作票登记簿上注明。工作负责人只允许变更一次。

（3）工作人员变动。

1）变更工作班成员，应经工作负责人同意，并将变更情况记录在工作票工作人员变动栏内，工作负责人对新的作业人员进行安全交底后，方可参加工作。

2）工作负责人在工作票上相应栏内签名。

（4）工作票延期。

1）第一、二种工作票需办理延期手续，应在工期尚未结束以前由工作负责人向运行值班负责人提出申请（属于调度管辖、许可的检修设备，还应通过值班调度员批准），由运行值班负责人通知工作许可人给予办理。

2）第一、二种工作票只能延期一次。带电作业工作票不准延期。

5. 工作的间断、转移和终结

（1）工作的间断。工作间断时，工作班人员应从工作现场撤出，所有安全措施保持不动，工作票仍由工作负责人执存，间断后继续工作，无需通过工作许可人。每日收工，应清扫工作地点，开放已封闭的通路，并将工作票交回运行人员。次日复工时，应得到工作许可人的许可，取回工作票，工作负责人应重新认真检查安全措施是否符合工作票的要求，并召开现场站班会后，方可工作。若无工作负责人或专责监护人带领，工作人员不得进入工作地点。

间断一天以上的工作（在计划工作时间之内），在开工前，工作许可人和工作负责人必须共同到现

场检查安全措施，符合工作票安全措施要求，双方均认为正确无误后，再履行许可手续并签字，工作负责人方可取回工作票进行工作。

（2）在未办理工作票终结手续以前，任何人员不准将停电设备合闸送电。在工作间断期间，若有紧急需要，运行人员可在工作票未交回的情况下合闸送电，但应先通知工作负责人，在得到工作班全体人员已经离开工作地点、可以送电的答复后方可执行，并应采取下列措施：

1）拆除临时遮栏、接地线和标示牌，恢复常设遮栏，换挂“止步，高压危险！”的标示牌。

2）应在所有道路派专人守候，以便告诉工作班人员“设备已经合闸送电，不得继续工作”，守候人员在工作票未交回以前，不得离开守候地点。

（3）工作的转移。在同一电气连接部分用同一工作票依次在几个工作地点转移工作时，全部安全措施由运行人员在开工前一次做完，不需再办理转移手续。但工作负责人在转移工作地点时，应向工作人员交代带电范围、安全措施和注意事项。

（4）工作的终结。全部工作完毕后，工作班应清扫、整理现场。工作负责人应先周密地检查，待全体工作人员撤离工作地点后，再向运行人员交代所修项目、发现的问题、试验结果和存在问题等，并与运行人员共同检查设备状况、状态、有无遗留物件、是否清洁等，然后在工作票上填明工作结束时间。经双方签名后，表示工作终结。

（5）工作票的终结。待工作票上的临时遮栏已拆除，标示牌已取下，已恢复常设遮栏，未拆除的接地线、未拉开的接地开关（装置）等设备运行方式已汇报调度，安全措施全部清理完毕，工作许可人对工作票审查无问题在工作票上签名，并填写工作票终结时间后，工作票方告终结。未拆除的接地线、未拉开的接地开关应在其他事项栏注明原因。工作票终结后应加盖“已执行”章。

（6）只有在同一停电系统的所有工作票都已终结，并得到值班调度员或运行值班负责人的许可指令后，方可合闸送电。

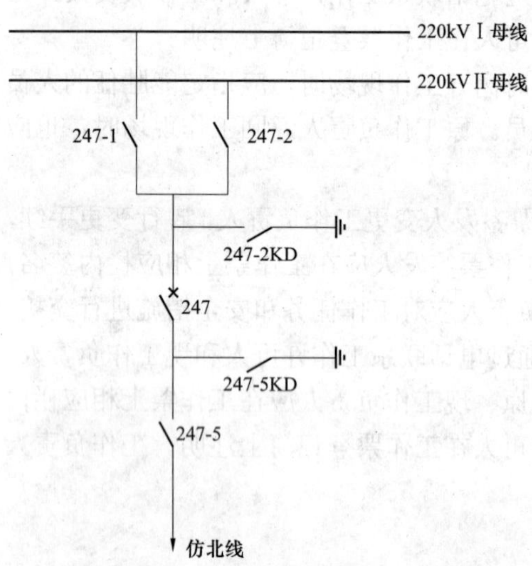

图 ZY1000104006-1 220kV 仿北线 247 断路器一次接线示意图

四、典型案例

运行方式：220kVⅡ母线及 220kV 仿北线 247-2 隔离开关带电，仿北线 247-1 隔离开关处于拉开状态，220kV Ⅰ母线停电检修。

带电作业目的：检修仿北线 247-1 隔离开关。

220kV 仿北线 247-1 隔离开关与 247 断路器靠断路器侧带电断引线。220kV 仿北线 247 断路器一次接线示意图如图 ZY1000104006-1 所示。

（一）票面

变电站（发电厂）带电作业工作票

单位 ××电业局送电工程处 编号 0801002

1. 工作负责人（监护人） 王×× 班组 带电班

2. 工作班人员（不包括工作负责人）

潘××、张××、李××

共 4 人。

3. 工作的变、配电站名称及设备双重名称

220kV 仿真 A 站 220kV 仿北线 247-1 隔离开关

4. 工作任务

工作地点或地段	工 作 内 容
220kV 开关场：220kV 仿北线 247-1 隔离开关	220kV 仿北线 247-1 隔离开关与 247 断路器靠开关侧带电断引线

5. 计划工作时间

自 2008 年 1 月 10 日 15 时 20 分

至 2008 年 1 月 10 日 18 时 00 分

6. 工作条件（等电位、中间电位或地电位作业，或邻近带电设备名称）

等电位作业，拉开 220kV 仿北线 247-1 隔离开关，220kVⅡ母线及 220kV 仿北线 247-2 隔离开关带电。

7. 注意事项（安全措施）

（1）220kV 带电作业中，人员对地保持 1.8m 以上的安全距离，对相邻导线保持 2.5m 以上的距离。（2）220kV 带电作业人员在绝缘梯上作业或者沿绝缘梯进入强电场时，其与接地体和带电体两部分间隙所组成的组合间隙不得小于 2.1m，传递工具和固定拆除的引线头使用的绝缘绳索，其有效绝缘长度大于 1.8m，防止引线摆动。（3）作业人员应穿戴合格的全套屏蔽服、护目镜。（4）在 220kV 仿北线 247-1 隔离开关与 247 断路器靠开关侧处放置"在此工作！"标示牌 1 块。（5）在 220kV 仿北线 247-1 隔离开关周围装设围栏，围栏上悬挂"止步，高压危险！"标示牌 8 块，字面向外。（6）在 201 1 隔离开关构架上悬挂"禁止攀登，高压危险！"标示牌 1 块。

工作票签发人签名 张×× 签发日期 2008 年 1 月 10 日

8. 确认本工作票 1～7 项

工作负责人签名 王××

9. 指定 潘×× 为专责监护人

专责监护人签名 潘××

10. 补充安全措施（工作许可人填写）

已拉开 220kV 仿北线 247-1 隔离开关操作电源开关，并挂"禁止合闸，有人工作！"标示牌 1 块。

11. 许可工作时间

2008 年 1 月 10 日 15 时 40 分

工作许可人签名 陈×× 工作负责人签名 王××

12. 确认工作负责人布置的工作任务和安全措施

工作班组人员签名____________________

____

13. 工作票终结

全部工作于 2008 年 1 月 10 日 17 时 50 分结束，工作人员已全部撤离，材料工具已清理完毕。

工作负责人签名 王×× 工作许可人签名 陈××

14. 备注

____

____

（二）安全措施布置

1. 安全工器具的准备

"在此工作！"、"禁止攀登，高压危险！"、"禁止合闸，有人工作！"标示牌各 1 块；"止步，高压危险！"标示牌 10 块；围栏网 20m。

模块 5 ZY1000104006

2. 场地准备

收到工作票后，应组织人员进行现场查勘，对安全措施的设置位置和注意事项进行部署。对于运行人员需要补充的安全措施进行分析、统计，指定施工中需要搭接工作电源的位置。

3. 安全措施示意图

一次设备安全措施示意图如图 ZY1000104006-2 所示。

（三）危险点分析及预控措施

（1）未审查工作票或审查不仔细。预控措施：审查工作票人员必须具备相应资格；根据工作任务逐一审查工作票的正确性；对存在疑问的工作票及时告知工作票签发人。

（2）现场安全措施布置人员安排不当；安全措施邻近带电设备；安全措施布置错误。预控措施：现场安全措施布置人员必须两人进行；人员必须与带电设备保持足够的安全距离；安全措施布置时应根据工作票逐项布置检查，不得遗漏；标示牌、围栏的悬挂、装设地点应正确。

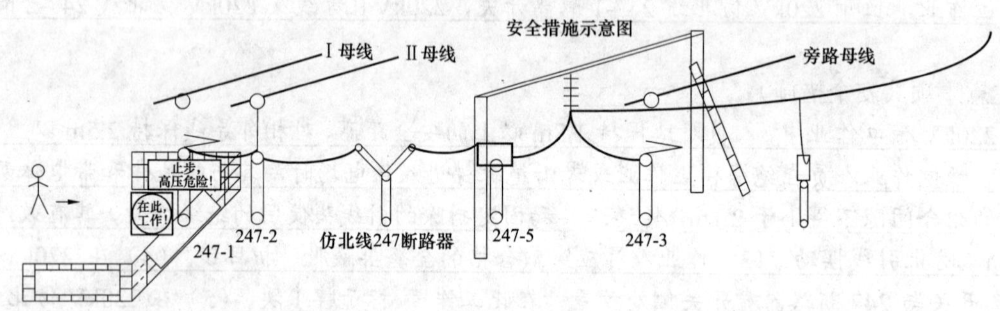

图 ZY1000104006-2 一次设备安全措施示意图

针对仿北线 247-1 隔离开关带电断引线的工作，应将 220kV 仿北线 247-1 隔离开关五防锁锁好，防止人员操作该隔离开关。二次方面应将 220kV 仿北线 247-1 隔离开关的操作电源开关拉开，并悬挂“禁止合闸，有人工作！”标示牌 1 块。

（3）不严格履行许可手续。预控措施：工作票许可人必须会同工作负责人到现场逐一检查安全措施；工作必须经调度同意后方能办理工作许可手续。

（4）验收不仔细即办理工作票终结手续。预控措施：验收时仔细检查隔离开关、接地开关状态与开工前一致，隔离开关及支柱绝缘子外观完好，上面无杂物。

【思考与练习】

1. 哪些情况下需要填写带电作业工作票？

2. 带电作业工作票的执行流程具体有哪些内容？

第十一章　生产管理系统及信息系统

模块 1　生产管理系统及信息系统的内容及填写（ZY1100104001）

【模块描述】本模块介绍生产管理系统的内容及各种报表和记录填写的要求。通过内容介绍、填写要求讲解，熟悉生产管理系统内容，能正确填写各种报表、各种记录。

【正文】

“电网安全生产管理系统”（简称“生产管理系统”）是国家电网公司“SG186”建设框架的核心业务内容，国家电网公司“SG186”工程生产管理系统（Power Production Management System，PMS）是“SG186”工程八大业务应用中最为复杂的应用之一。建立纵向贯通、横向集成、覆盖电网生产全过程的标准化生产管理系统对实现国家电网生产集约化、精细化、标准化管理，提高国家电网资产管理水平具有十分重要的意义。

一、生产管理系统的内容

生产管理系统的主要内容包括设备标准库管理、设备管理、运行值班管理、缺陷管理、周期性工作管理、检修试验管理、工作票管理、操作票管理等。

1. 标准中心

标准中心的主要任务是建立变电设备标准库，便于设备型号维护，规范变电各类设备的管理。包括变电设备标准库管理。

2. 设备中心

设备中心的主要任务是建立和维护所辖电网内的变电站以及变电站内各类设备台账。包括基础维护、设备台账管理、设备变更（异动）管理、备品备件管理、工器具管理、设备查询统计、非现场安装仪器仪表管理等。

3. 运行工作中心

运行工作中心的主要任务是登记运行值班过程中的各种运行记录，并根据一定格式自动生成运行日志；登记电网运行、检修过程中发现的各种缺陷，完成发现缺陷→上报缺陷→审核缺陷→消缺任务安排→缺陷工作登记→缺陷验收等缺陷流程各环节闭环管理；并能够完成工作票的填写、签发、许可、终结等流程，以及操作票的填写、审核、执行、回填等流程。包括基础维护、运行值班管理、生产运行记录管理、缺陷管理、主网工作票管理、主网操作票管理、检修试验管理、试验报告管理等。

4. 计划任务中心

计划任务中心的主要任务是维护各类设备周期性工作，完成周期工作提示→加入任务池→检修计划编制→工作任务单编制→任务单分配→任务处理→修试记录登记→修试记录验收等一系列检修相关的工作。编制年度、月度检修计划、工作计划。完成工作任务单的编制、下发以及任务处理。完成停电申请单的编制及审核流程，以及停电申请单和工作任务单等。包括任务池、主网检修计划管理（查询统计、统计分析）、工作任务单管理（任务单分配、任务单查询）。

二、各种记录的填写

1. 运行日志

（1）作用：记录当值期间一、二次设备的运行、操作、修试、异常和事故处理等情况，并作为交接班的主要依据之一。

（2）内容：

1）记录一次设备的运行方式。

2）记录备用及检修设备的情况。

3）记录当值收到或交回（延期）的工作票种类、编号、任务、内容。

4）记录装设、拉开接地线的地点、编号及组数。

5）记录当值操作内容。

6）记录设备运行方式的改变情况和继电保护、二次设备变更情况等。

7）值班员根据工作票要求，执行的安全措施。

8）当值期间巡视记录时间及发现设备运行的异常情况。

9）记录主变压器、电容器的运行温度。

10）记录交接班值长、主值、副值、学员等姓名，当值日期、天气等情况。

（3）填写要求：每进行一项工作应及时填写，按实际情况由值班运行人员填写。

2. 调度指令记录

（1）作用：记录当值各级调度员下达的各项操作命令，是当值运行人员进行操作的主要依据。

（2）内容：命令发布时间（年、月、日、时、分）、编号、内容、发令人、接令人、汇报人、受令人。

（3）填写要求：每接到一项命令后，应及时填写本记录。指令记录应与运行日志内容相一致，值班长签名。

3. 工作票登记记录

（1）作用：登记使用工作票的份数和工作内容。

（2）内容：工作票种类、编号，工作负责人、工作票签发人、工作任务、工作开始许可时间、工作票终结时间和工作许可人。

（3）填写要求：记录应按一种和二种工作票分别记录。每许可一份工作票后应有许可人填写工作票记录的有关内容。记录的填写应以许可开工的日期和时间为顺序，记录内容填写要与工作票内容相符。

4. 设备修试验收记录

（1）作用：除继电保护自动装置外，对其他所有设备的修试工作的一种综合记录，反映设备检修试验过程。

（2）内容：修试日期、修试设备名称、修试性质、内容、存在的问题及结论、验收意见、工作负责人及值班负责人签名。

（3）填写要求：设备检修试验工作结束后由工作负责人按规定的格式记录设备检修和试验的日期、检修类别（大修、小修、消缺、定检等）。在工作内容栏检修负责人应将检修的过程及检修中发现的问题和处理过程情况详细记录，应说明设备是否有遗留问题，运行中注意事项，并作自检结论。填写记录后，值班运行人员应立即审阅记录，如发现记录不全，交代事项不明确时，应提出要求补充。验收意见由当值人员对设备逐项进行验收后填写，根据验收情况，说明设备现状，提出验收意见并经双方签名后方可办理工作终结手续。对检修后遗留的缺陷，按缺陷管理办法上报处理。

5. 继电保护及自动装置工作记录

（1）作用：反映继电保护及自动装置工作的一种记录，通过该记录可以直观的反映继电保护和自动装置的工作全过程，各套保护一次值、二次值、改变值、串并联信号、最大负荷电流等各定值情况，便于运行人员核对。

（2）内容：一次设备名称、保护名称、工作日期、工作内容及编号、二次接线变更情况、运行中注意事项、结论性意见、整定日期、变比、整定值、整定依据（编号）、整定单位、工作票编号。

（3）填写要求：二次接线变更应填写清楚，必要时可附图注明。本记录应与值班日志及工作票相对应，工作负责人与值班负责人应签名。

6. 设备缺陷记录

（1）作用：通过该记录可以表明设备缺陷的存在情况以及消除情况，并通过设备缺陷的分类使运行人员能够掌握设备缺陷的严重程度，以便督促有关缺陷的消除情况。

（2）内容：设备名称及编号、缺陷内容、发现人及日期、处理情况、处理人及日期、值班长签名。

（3）填写要求：设备缺陷按危急缺陷、严重缺陷和一般缺陷分别记录。记录发现设备缺陷的时间，发现人姓名，设备缺陷内容、性质等。缺陷消除后应及时记录消缺人员、时间、处理情况及值班负责人姓名。

7. 短路接地线（接地开关）装拆（拉合）情况登记簿

（1）作用：记录接地线（接地开关）装拆（拉合）情况。

（2）内容：接地线（接地开关）编号、装设地点、装拆时间（年、月、日、时、分）、值班长签名。

（3）填写要求：记录所装拆的接地线（接地开关）编号、地点，应与工作票许可人及操作票上实际编号、位置相符。

8. 收发信机测试记录

（1）作用：反映高频保护装置是否正常工作。

（2）内容：检查日期、设备编号、收发信电流、电压、电平、负荷电流等。

（3）填写要求：应按设备分单元分别记录。值班人员应按时交换高频信号，并按记录格式规定，进行检测和记录。发现有异常现象时，应及时汇报有关调度。

9. 蓄电池检查记录

（1）作用：通过每天抽测来检验蓄电池是否在规定值范围内运行并对外部进行检查有无异常现象，使运行人员采取相应措施，确保直流系统供电可靠。

（2）内容：测量日期、时间、直流母线电压、浮充电流值、蓄电池室温、电池的电压。

（3）填写要求：测量中发现的问题，应在“备注栏”中简要记载并及时分析、处理。测量和记录人签名。在备注栏中可填写运行方式、电压及电流值、改变运行方式及原因。

10. 变压器挡位调整记录

（1）作用：记录变压器调挡位置及电压变化情况。

（2）内容：调挡日期和时间，调挡前后分接头位置，调挡前后电压变化情况。调度员姓名、命令号，值班长、工作负责人、验收人姓名。

（3）填写要求：每次调整变压器分接头时填写。记录调挡前后主变压器中、低压侧的母线电压值。

11. 避雷器动作记录

（1）作用：主要反映雷电活动情况、避雷器动作情况。

（2）内容：避雷器型号、运行编号、安装位置、记录时间（年、月、日、时、分）、计数器指示数、累计动作次数、雷电活动情况等，值班长签名。

（3）填写要求：避雷器检修后投入前，应记录计数器起始码。春检中，应对避雷器进行计数器数校零（此项工作应由试验人员完成，运行人员及时进行登记）。每月初至少应对避雷器进行巡视检查，记录动作次数。雷电后，值班员应立即检查记录计数器指示，并填写避雷器动作时间。更换避雷器，其动作累计次数应重新统计，计数器的更换检查也应记录，并将新设备参数及时上报工区。

12. 继电保护动作及断路器跳闸记录

（1）作用：该记录主要是累计断路器事故跳闸次数及正常操作次数，通过累计可以保证断路器在允许事故跳闸次数内运行，满足断路器遮断容量，避免事故的发生，是填报继电保护动作报表的依据，反映断路器大修时间。

（2）内容：断路器运行编号、规定跳闸次数，跳闸时间（年、月、日、时、分）、大修时间、类别，继电保护、重合闸等自动装置动作情况及原因，跳闸次数，值班长签名。

（3）填写要求：日期和时间应填写断路器故障跳闸的年、月、日、时、分，检修日期可只填写年、月、日。断路器跳闸次数220kV及以上应分相统计，110kV及以下按三相统计。重合闸动作不成功，按跳闸两次统计。应详细填明断路器保护及重合闸动作情况，跳闸原因可从调度等部门了解后填明。断路器大修后，累计跳闸次数应重新从零开始。

13. 事故、障碍及异常运行记录

（1）作用：记录变电站发生的人员和设备事故、重大异常情况，便于运行人员通过事故和异常的实例加以分析，采取对策，吸取教训，起到举一反三的作用。

（2）内容：发生事故和异常的日期，详细经过情况，性质和防范措施。

（3）填写要求：仔细填写事故发生前的设备、人员状态，事故发生的详细经过，分析发生的原因，制订防范措施。本记录由站安全员填写，由站长审查签名。本记录应与填写的事故报告相符。

14. 设备测温记录

（1）作用：可及时发现导体温度过高等隐蔽性缺陷，是设备健康运行的参考。

（2）内容：设备名称、编号、测试点、温度、负荷、测试时间、测试人等。

（3）填写要求：每值对主设备和大负荷用户线路的设备接头部位进行抽测，各站每月对全部设备进行检测一次。按实际情况认真填写。

15. 事故预想记录

（1）作用：根据实际运行方式，预想各站可能出现异常或故障的情况，进行各种预见性的事故处理，以增强处理实际事故的能力。

（2）内容：预想时间、参加人员、当时运行方式、预想题目、处理步骤、审核意见、审核人、主持人及检查人姓名。

（3）填写要求：值班人员根据预想题目，做出相应的处理方法和措施。

16. 反事故演习记录

（1）作用：通过实际模拟操作提高处理事故的能力。

（2）内容：演习地点、演习监护人、演习值班长、参加人、演习题目、演习开始结束时间、处理经过、改进措施及评价监督执行人、工区检查人签字。

（3）填写要求：反事故演习由站长或技术员拟订反事故计划并主持和填写。反事故演习应结合设备缺陷、特殊运行方式、季节性特点、大修工作等情况，每月进行一次。记录演习的日期、主持人和参加人员姓名、演习的题目及处理过程等内容。记录演习中发现的问题及今后拟采取的措施，并对演习作出评价。

17. 设备巡视检查记录

（1）作用：对一次、二次运行设备进行重点巡视，及时掌握设备的运行状况，运行方式及后台监控系统信号正确。

（2）内容：巡视时间、巡视的范围、巡视情况、有无发现缺陷等，巡视人员姓名。

（3）填写要求：运行值班人员按时对运行设备进行巡视检查按要求填写，及时上报发现的缺陷。

18. 安全活动记录

（1）作用：反映变电站安全活动运行分析的内容、质量和所取得的结果，同时通过正常活动，对提高运行人员的安全思想意识和运行分析水平起积极的促进作用。

（2）内容：活动时间、参加人员、活动内容、记录人、主持人及两票情况。

（3）填写要求：会议由站长主持，安全员组织并记录。参加人员栏应填写实际参加人员（包括本站人员和上级领导及专业人员）、本站应到人数、缺席人数、姓名。安全活动内容应填写上周的安全情况、反措落实情况、事故通报、电力简报、通讯、《安全规程》等的学习和考核、对事故和重大异常情况的专题分析、防范措施及改进意见等。

19. 技术培训记录

（1）作用：通过不同的形式，针对季节特点以及设备的运行状况开展培训，是提高人员技能的重要措施。

（2）内容：授课时间、授课人、授课内容、参加人数、姓名及评语。

（3）填写要求：本记录由技术培训员填写。变电站应根据培训计划要求，结合生产实际，进行经常化、多样化培训。

20. QC 小组活动记录

（1）作用：加强全面质量管理，QC 小组活动对提高质量、降低消耗，发动职工参加民主管理，提高企业素质有重要的作用。

（2）内容：QC 小组成员一览表、课题登记、活动记录等。

（3）填写要求：小组必须进行注册登记，填写小组登记表，经过审核备案、编号注册后，方给予承认。选题要紧密结合生产或工作实际，根据本单位的方针目标、中心任务、重点工作与薄弱环节等方面选题。活动记录务必当场记录，如实填写并接受检查考核。

以上记录的详细名称和填写要求按各省的具体要求执行。

三、各类运行报表的填写

1. 继电保护及安全自动装置动作报表

继电保护及安全自动装置动作报表是以一个月为一个统计周期。断路器跳闸、重合闸动作情况，保护动作原因应详细填明，次数统计指该断路器跳闸的次数。

2. 运行综合月报表

（1）安全运行分析栏：累计安全运行天数，指从该站无事故之日起到填报该表止的总天数。

（2）故障情况：如实记录本站本月及全年累计事故障碍及异常情况，并针对本月考核事故及统计事故进行简要分析。

（3）两票：本月、本年两票数及合格率。

（4）缺陷情况：应如实填写，且本月处理缺陷数应与消缺月报相符。

（5）主变压器运行情况：详细填写本站每台主变压器高、中、低压三侧最大有功（MW）、无功（Mvar）、最大电流（A）、运行时间（h）、计划停运和故障停运（次/h）情况、有功电量（万 kWh）及运行挡位，各种数据应按表中计算单位填报。

（6）电量平衡情况：母线电压，母线输入、输出电量、相差电量及不平衡率。

$$\text{不平衡率}=\frac{\text{母线输入电量}-\text{母线输出电量}}{\text{母线输入电量}}\times 100\% \leqslant \pm 1\%$$

注：如不平衡率不满足要求，应查明原因，上报缺陷。

（7）自用电部分：各变电站应本着节约用电、降低损耗的原则，严格控制站用电，每月认真记录和计算所用电量。

包括每台站用变压器电压、当月站用电量及累计总电量（kWh）。

（8）电压质量、无功设备运行情况：母线电压、最高运行电压和最低运行电压及发生时间，本月合格率、累计合格率（统计日数、合格率）。

（9）电抗器、电容器投退率：

$$\text{投退率}=\frac{\text{电抗器(电容器)投运时间}}{\text{当月统计总小时数}}\times 100\%$$

（10）有载调压变压器调挡次数：如实填写本月有载变压器实际调挡次数。

（11）活动记录：记录本月及本年安全活动、反事故演习、技术培训、技术问答、技术考问、运行分析及事故预想情况。

（12）运行记事：本月各项工作情况汇总。

（13）设备跳闸情况：设备名称及编号、动作时间、装置动作情况简述。

（14）保护投退情况：线路名称、保护名称、投运时间、退出时间、退出总时间、退出原因。

（15）继电保护及安全自动装置动作次数：装置动作次数（本次、累计）、装置不正确动作原因、断路器动作次数（本次、累计）、断路器不正确动作分析。

3. 电压无功月报表

（1）电压栏：

$$100\%=合格率+超高率+超低率$$

$$当月统计总分钟数=合格时间（\mathrm{min}）+超高时间（\mathrm{min}）+超低时间（\mathrm{min}）$$

（2）无功补偿电容器栏：

1）电压波动允许范围：

2）$月投入率=\dfrac{当月实际投入时间(\mathrm{h})}{当月统计总小时数(\mathrm{h})}\times 100\%$

3）$实际完成值=\dfrac{Q_1\times H_{1可用}+Q_2\times H_{2可用}+\cdots+Q_n\times H_{n可用}}{\sum\limits_{i=1}^{N}Q_i\times H_{总}}\times 100\%$

式中 Q_1、…、Q_n ——指本站每台电容器的额定容量，kvar；

$H_{1可用}$、…、$H_{n可用}$ ——指各电容器当月实际可用小时数，h；

$\sum\limits_{i=1}^{n}Q_i$ ——指本站全部电容器电容量的总和，kvar；

$H_{总}$ ——指当月统计总小时数，h。

注：可用小时包括实际投入及备用时间（除检修时间外）。

可用率实际完成值≥96%，未达到要求的，应注明原因，上报缺陷。

（3）功率因数栏：填写功率因数 $\cos\varphi$。

（4）简要分析：对本月电压无功月报表中存在的问题，进行分析并注明原因。

4. 缺陷消除月报

此报表只填写本月消除的缺陷。

各项内容要齐全，与实际消缺单相符（设备参数、编号、缺陷内容、发现人及日期、上报人及日期、收到人及日期、处理结果、处理人、验收人等）。

5. 变电设施可靠性统计报表

输变电设施可靠性的统计是深入掌握输变电设施在电力系统中运行状态的主要措施，对改进设备制造、安装质量、工程设计和生产管理等方面具有重要意义，是电力工业现代化管理的主要组成部分，并为制定电力系统有关可靠性准则提供依据。

统计设施包括变压器、电压互感器、电流互感器、断路器、隔离开关、避雷器，应分别统计。

【思考与练习】

1. 生产管理系统的内容主要有哪些？
2. 变电站日常运行值班的内容有哪些？
3. 运行工作中心的任务和工作内容包括哪些？
4. 如何填写设备缺陷记录？画出缺陷管理流程。
5. 如何填写运行综合月报表？

第五部分

监视、巡视与维护

第十二章 变电站设备的定期试验与轮换及其分析

模块1 变电站设备的定期试验与轮换（GYBD00301001）

【模块描述】本模块介绍变电站设备的定期试验与轮换制度的要求及内容等。通过要点归纳讲解、试验方法详细介绍，掌握变电站设备的定期试验与轮换的要求及内容。

【正文】

一、变电站设备定期试验与轮换的主要目的

变电站设备的定期试验与轮换是“两票三制”的重要内容，本节主要涉及变电站运行人员职责范围内的试验与轮换内容。变电站设备除按照有关规程由专业人员开展电气试验外，运行人员还应对有关设备进行定期的测试和试验，以确保设备的正常运行。

设备定期试验的主要目的是检验设备或某个部件的功能是否完好，检验设备是否正常运行，检验自动投入装置能否正确动作。变电站需要进行定期试验的设备主要包括中央信号系统、高频保护通道、直流充电机及蓄电池、事故照明系统、变压器冷却装置、电气设备取暖防潮装置、防误闭锁装置等。

设备定期轮换的主要目的是将长期备用的装置经倒换操作投入运行，长期运行的设备转为备用，通过轮换，减少磨损、发热等缺陷的发生，从而提高设备的健康状况。变电站需要进行定期轮换的设备主要包括备用变压器、备用无功补偿装置、变压器备用冷却器、备用直流充电机等。

设备定期试验主要突出对其自动投切或动作功能的确认，其基本原则是通过模拟故障或异常，检验自动动作功能的完好与否，检查的内容主要包括继电保护装置（或接触器）是否正确动作，信号是否正确反映等。试验的周期视具体情况而定，一般在自动投切装置新安装或维修后进行一次全面的功能验证，正常运行时以季度或半年为宜。变电站设备试验工作应由多人配合进行，持标准化作业指导书作业。

设备的轮换主要突出设备运行状态的轮换，基本原则是将长期备用的设备或部件转入运行，长期运行的设备或部件转入备用。轮换的内容主要包括转入运行的设备（部件）运行是否正常，信号反映是否正确等。轮换的周期一般为半年，轮换应至少由两人进行，持操作票作业。

二、变电站设备定期试验的内容及要求

变电站设备定期试验的内容及要求应根据各站的设备情况和实际运行环境分别制定，试验方法应写入变电站现场运行规程，试验周期按照国家电网公司《变电站管理规范》执行，详见表GYBD00301001-1。

表 GYBD00301001-1　　变电站设备定期试验的内容及周期

序号	试验设备	试验内容	周期	备注
1	中央信号系统	预告、事故音响及光字牌	每天	综合自动化后台机直流逆变 UPS 电源每月试验 1 次
2	高频保护通道	收发信机电压、电流	每天	
3	直流充电机及蓄电池	比重、电压	每月、每周	备用充电机每半年投入 1 次，每月全部检测，每周检测代表蓄电池
4	事故照明系统	事故照明灯亮	每月	

续表

序号	试验设备	试验内容	周期	备注
5	变压器冷却装置	交流电源切换试验，辅助、备用冷却器投入试验	每季	
6	变电站辅助降温、加热除潮装置	辅助降温、加热除潮装置功能是否良好	夏、冬、雨季来临前	
7	防误闭锁装置	锁具及闭锁逻辑	每半年	
8	长期备用的变电设备	投入运行	每半年	备用电源自投切每年进行一次试验
9	备用交流发电机	投入运行	每月	
10	剩余电流动作保护器	检查功能	每月	
11	火灾报警系统	投入运行	每年	变压器火灾报警系统随停电试验检查

1. 中央信号系统

有人值班变电站应每日对变电站内中央信号系统进行试验，试验内容包括预告、事故音响及光字牌。集控站也应每日对监控系统的音响报警进行试验。

综合自动化变电站的试验内容和要求与非综合自动化变电站稍有不同。综合自动化变电站中央信号系统试验内容除预告、事故音响外，还应定期检查直流逆变UPS电源是否能在断电时及时切换，确保综合自动化后台机可靠供电。

2. 高频保护通道

高频保护通道是输电线路高频继电保护装置的重要组成部分，通道是否良好直接影响高频保护动作的正确性。高频保护通道包括输电线路和两端的调制解调装置，引起通道衰耗增大的可能因素有输电线路气候环境的变化、两端调制解调装置或收发信机元件的老化故障等。

由于闭锁式高频保护正常运行时通道无高频电流，高频保护通道衰耗增大也不宜发现，因此需要运行人员每天或气候异常时手动启动高频收发信机测试，检查通道是否完好。

3. 直流充电机及蓄电池

220kV及以上变电站直流电源系统通常采用“两电三充”，对于正常方式下处于备用状态的充电机应定期投入一定时间进行运行试验，周期为半年一次。运行充电机的交流输入电源应结合轮换每季开展一次自投切试验。

蓄电池是变电站直流电源系统中重要的组成部分。为确保在充电机交流电源消失后蓄电池能可靠供电，需要定期对蓄电池进行相关试验和测量，内容包括蓄电池的比重和电压，每月进行蓄电池普测，每周进行代表电池的测量。选测的代表电池应相对固定，便于比较。

4. 事故照明系统

事故照明系统是在变电站正常照明失去时，方便进行事故处理的照明电源系统。事故照明一般采用直流供电。早期设计的事故照明系统采用交流消失后接触器自动切换至蓄电池供电的方式，由于回路复杂，近期设计采用蓄电池直接供电或墙壁上安装应急灯的方式实现。无论哪种方式，均要定期进行试验，确保事故照明可靠，通常每月检查一次。

5. 变压器冷却装置

冷却装置是风冷却变压器的重要部件。强迫油循环风冷变压器（ODAF）和油浸风冷（ONAF）变压器冷却装置均设两路交流电源，通过交流接触器进行切换，需要定期检查自动投切回路是否正常。此外，还要定期试验辅助、备用冷却器在条件满足时能够投入。一般每季进行一次，夏季高温季节来临之前全面进行一次检查。

6. 变电站辅助降温、加热除潮装置

继电保护及自动装置、断路器操动机构等设备对环境温度要求较高，需要在高温或低温时保证其环境温度相对恒定；端子箱、机构箱等户外二次回路端子排对湿度要求高，需要除潮。这些辅助设备能否可靠运行对电气设备的安全运行至关重要，需要在夏、冬季来临前进行一次全面检查。

7. 防误闭锁装置

防误闭锁装置可靠运行是防止电气误操作事故重要的技术措施。防误闭锁装置的试验主要是检查户外锁具是否卡涩生锈，抽查微机闭锁逻辑是否正确，通常以半年检查一次为宜。

8. 长期备用的变电设备

长期处于备用状态的变电设备，应每半年带电运行一段时间。长期未调压的有载调压分接开关应结合停电在最高和最低分接头间操作几个循环，试验后将分接头调整到原运行位置；长期未投入的并联补偿装置每半年应带电运行一次；备用变电站用变压器（一次不带电）每年应进行一次启动试验，检查备用电源自投切装置是否正确投入。

9. 备用交流发电机

开关站、重要变电站或换流站交流电源不可靠时，通常安装大功率发电机作为备用电源，发电机应每月进行一次带负荷运行试验。

10. 剩余电流动作保护器

变电站一般在检修电源箱安装剩余电流动作保护器，它的主要作用是当外接作业回路发生漏电或触电时切断电源，保护人身安全。剩余电流动作保护器每月进行一次检查试验，使用前也应进行有关试验检查。

11. 火灾报警系统

变电站的火灾报警系统一般有两个独立的系统，一个是变压器火灾报警自动灭火系统，一个是室内感烟火灾自动报警系统，这两个系统的报警启动条件各不相同。变压器火灾报警自动灭火系统有三个启动条件，同时满足时发火灾报警，并启动自动灭火系统，只有一个条件满足时，火灾报警系统发告警信息，提醒运行人员及时处理。变压器火灾报警自动灭火系统结合停电进行试验，与室内感烟火灾自动报警探头试验一样，每年进行一次试验。

三、变电设备定期轮换的内容及要求

变电设备的定期轮换主要是完成设备或部件运行状态的转换，一般应使用操作票或作业指导书进行，内容及周期详见表 GYBD00301001-2。

表 GYBD00301001-2　　变电站设备定期轮换的内容及周期

序号	试 验 设 备	轮 换 内 容	周　期
1	备用变压器	投入运行	每半年
2	备用并联补偿装置	投入运行	每季
3	变压器冷却装置	进行状态切换	
4	直流充电机交流电源	接触器在Ⅰ、Ⅱ段电源间切换	
5	集中充气或通风设备	进行状态切换	

1. 备用变压器

110kV 及以上变电站安装两台及以上变压器，当负荷较小时，为保证经济运行，将一组变压器备用。当备用长达半年时，应将其和运行变压器进行一次倒换。

2. 备用并联补偿装置

因系统原因长期不投入运行的无功补偿装置，每季应在保证电压合格的情况下投入一定时间，对设备状况进行试验。电容器应在负荷高峰时间段进行；电抗器应在负荷低谷时间段进行。

3. 变压器冷却装置

冷却装置的切换分为交流电源切换和状态切换。交流电源切换主要是为了减少运行的接触器长期运行发热造成老化，每季在Ⅰ、Ⅱ段电源间进行切换；状态切换主要是减少长期运行的冷却器电动机长期磨损，每季在保证变压器两侧冷却器分布均匀的情况下，在工作、备用、辅助三个状态下进行切换。

4. 直流充电机交流电源

变电站直流充电机一般采用Ⅰ、Ⅱ段交流电源供电，为了减少运行的接触器长期运行发热造成老化，每季在两段电源间进行切换。

5. 集中充气或通风设备

对GIS设备操动机构集中供气站的工作气泵和备用气泵，应每季切换运行一次。对变电站集中通风系统的备用风机与工作风机，应每季切换运行一次。

总之，变电站设备的定期试验与轮换还应根据各站设备实际进行。例如：未装设气水分离装置的气动机构应每周进行运转放水试验；500kV及以上大型变压器每半年应对铁芯接地电流进行测试试验等。

【思考与练习】

1. 变电站设备定期试验与轮换的主要目的是什么？
2. 直流充电机及蓄电池试验与轮换的周期和主要内容有哪些？
3. 变压器冷却装置定期试验有哪些内容和要求？

模块2 变电站设备的定期试验与轮换分析 (GYBD00301002)

【模块描述】本模块介绍变电站设备的定期试验与轮换的程序和方法。通过要点讲解、试验方法介绍，掌握变电站设备的定期试验与轮换及注意事项。

【正文】

一、蓄电池测试的基本方法

（一）蓄电池充电的几种方式

1. 恒流限压充电

采用恒定电流进行充电，当蓄电池组端电压上升到额定限压值时，自动或手动转为恒压充电。

2. 恒压充电

在额定充电电压下，充电电流逐渐减少。当充电电流减少至0.1倍时，充电装置的倒计时开始启动。当整定的倒计时结束时，充电装置将自动或手动转为正常的浮充电方式运行。

3. 补充充电

为了弥补运行中因浮充电流调整不当造成的欠充，根据需要可以进行补充充电，使蓄电池组处于满容量。其程序为：恒流限压充电→恒压充电→浮充电。补充充电应合理掌握，在必要时进行，防止频繁充电影响蓄电池质量和寿命。

（二）蓄电池的基本测试方法

1. 每只单体蓄电池的电压的测量

一般采用万用表的直流电压挡进行测量，为了确保测量结果的准确性，测量时直流电压挡的量程应选与被测电池的电压相近的挡位，但是量程必须大于被测电池的电压。

2. 阀控蓄电池的核对性放电

长期处于限压限流的浮充电运行方式或只限压不限流的运行方式，无法判断蓄电池的现有容量、内部是否失水或干枯。通过核对性放电，可以发现蓄电池容量缺陷。

（1）一组阀控蓄电池组的核对性放电。全站仅有一组蓄电池时，不应退出运行，也不应进行全核对性放电，只允许用额定电流放出其额定容量的50%。在放电过程中，蓄电池组的端电压不应低于$2V \times N$，N为蓄电池组电池的个数。放电后，应立即用额定充电电流进行限压充电→恒压充电→浮充电。反复放充2～3次，蓄电池容量可以得到恢复。

若有备用蓄电池组替换时，该组蓄电池可进行全核对性放电。

（2）两组阀控蓄电池组的核对性放电。全站若有两组蓄电池时，则一组运行，另一组退出运行进行全核对性放电。放电用额定充电电流恒流放电，当蓄电池组电压下降到$1.8V \times N$时停止放电。隔1～

2h 后，再用额定充电电流进行恒流限压充电→恒压充电→浮充电。反复放充 2～3 次，蓄电池容量可以得到恢复。若经过三次全核对性放充电，蓄电池组容量均达不到其额定容量的 80%以上，则应安排更换。

（三）测试值异常的处理方法

阀控蓄电池组正常应以浮充电方式运行，浮充电压值应控制为（2.23～2.28）V×*N*，一般宜控制在 2.25V×*N*（25℃时），均衡充电电压宜控制为（2.30～2.35）V×*N*。阀控蓄电池在运行中电压偏差值及放电终止电压值应符合表 GYBD00301002-1 要求，如果不符合应及时上报处理。

表 GYBD00301002-1　阀控蓄电池在运行中电压偏差值及放电终止电压值　V

阀控密封铅酸蓄电池	标称电压		
	2	6	12
运行中的电压偏差值	±0.05	±0.15	±0.3
开路电压最大与最小电压差值	0.03	0.04	0.06
放电终止电压值	1.80	5.40（1.80×3）	10.80（1.80×6）

二、变压器冷却装置定期试验的基本方法及步骤

（一）变压器冷却装置试验的主要内容和方法

切换试验的主要内容：冷却电源的切换试验，工作冷却器组与备用冷却器组（潜油泵、风扇）和辅助冷却器组的切换和自启动试验。

1. 冷却电源的切换试验

冷却电源切换试验的目的是检验工作电源消失后，备用电源能否正确投入。大型变压器的冷却电源一般都有两个独立的电源供电，在冷却器控制箱内有两个电源指示灯和控制把手，正常时两个电源指示灯都应当亮（表示两个电源都正常），两个把手的位置分别在"工作"和"备用"位置。电源切换时，一般是在冷却器控制箱内将工作电源的把手切换至"停用"位置，检验备用电源能否自动投入，冷却器能否继续正常运行。试验正常后可恢复原来的运行方式，也可将原备用电源切换为工作电源，工作电源切为备用电源，是否切换应根据变电站现场运行规程执行。

2. 工作冷却器、备用冷却器、辅助冷却器切换

为保证主变压器各组冷却器能随时投入工作，工作冷却器、备用冷却器、辅助冷却器应按照现场运行规程要求定期切换。切换周期应保证每组冷却器分机运行时间大致平衡，规定每周对冷却器运行方式进行切换，并做好记录。冷却器切换流程如图 GYBD00301002-1 所示。

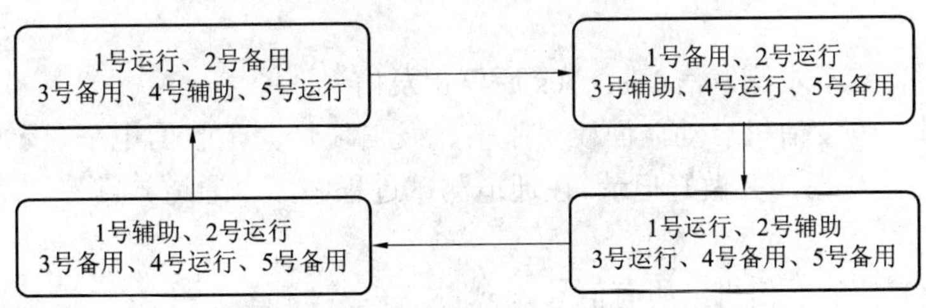

图 GYBD00301002-1　冷却器切换流程

3. 备用冷却器组和辅助冷却器组的自启动试验

大型变压器有很多组冷却器，750kV 变压器单台有 8 组冷却器，根据需要，可将冷却器的运行设置成运行、辅助、备用三种状态。运行状态下的冷却器，在变压器运行时正常运行；辅助状态下的冷却器，在变压器负荷或温度超过设定值时自动启动；备用状态下的冷却器是在运行和辅助自动投入运行后的冷却器故障后自动投入运行。

备用冷却器组和辅助冷却器组的自启动试验，一般采用短接或拆除冷却器控制箱内相应继电器的触点或线头来完成。短接或拆除冷却器控制箱内相应继电器的触点或线头时，一定要看清图纸和设备

的实际位置，并做好安全措施，短接触点时应采用专用短接线，拆除线头时应注意所使用的工具，并对拆除的线头做好标记，防止回路短路、接地造成冷却器全停，防止人身触电等事故发生。

（二）冷却装置试验异常的处理

（1）冷却电源不能正确切换的处理。冷却电源不能正确切换时，首先应检查备用电源是否正常，切换继电器或接触器是否动作。如果是电源故障应及时查明原因，并恢复备用电源；如果是切换继电器和接触器不动作，应仔细检查继电器回路是否完整，线圈有无发热、烧伤痕迹，查明原因并及时更换。

（2）备用冷却器组和辅助冷却器组在满足启动条件时不能正确启动，可能有以下几个方面的原因：

1）潜油泵或风扇的电动机电源消失；

2）电动机故障；

3）备用冷却器组和辅助冷却器组启动控制回路故障；

4）给定的启动条件不满足自启动要求。

不能正确启动时，应对以上4个方面进行认真检查，作出正确的分析和判断，并进行处理。

三、高频通道定期试验的方法

（一）高频通道定期试验的方法

高频通道的试验一般采用交换信号的方法进行。高频收发信机的型号不同，交换信号的特征也不相同，750kV 变电站采用的高频收发信机主要有 PSF-631、LFX-912 两大类型，每日通道试验检查主要通过手动启动收发信机，检查收发信电平正常与否，装置有无告警。通常高频通道收发信电平应不低于 8.68dB。下面结合常用的收发信机型号来介绍高频通道的试验方法。

1. PSF-631 型高频收发信机试验

高频通道两侧发信过程如图 GYBD00301002-2 所示。

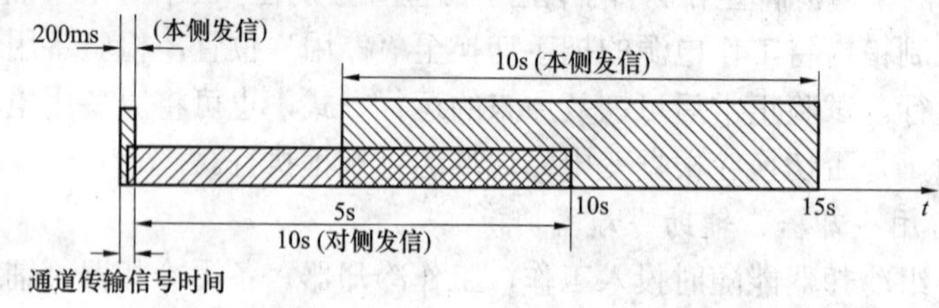

图 GYBD00301002-2 高频通道两侧发信过程

（1）按下“通道试验”按钮，本侧启动发信，200ms 后停止；此时远方启动对侧发信 10s（10s 后停止发信）。

（2）对侧发信 5s，启动本侧发信 10s（10s 后停止发信）。

（3）本侧发信时，收发信机启动；面板“收信、发信”灯亮，收信电平显示值为 36.5～41dB，发信电平显示值为 18～25dB，并做好记录。在通道测试过程中，“通道异常”、“装置告警”灯不能点亮，否则通道不正常。

（4）测试完毕，复归收发信机上所有信号。

2. LFX-912 型高频收发信机

（1）按下“通道试验”按钮，本侧启动发信，200ms 后停止；此时远方启动对侧发信 10s（10s 后停止发信）。

（2）对侧发信 5s，启动本侧发信 10s（10s 后停止发信）。

（3）本侧发信时，发信灯亮，6～18dB 灯亮，表头指针在 40%～60%之间，收发信结束后指针回零，收信灯亮。9 号插件检测过程中还需要检查高频电压和高频电流（正常检测值，表头指示为 36.5～41V 与 490～550mA），并做好记录。在通道测试过程中，“裕度报警”、“过载指示”、“通道异常”灯均不能点亮，否则通道不正常。

（4）测试完毕，复归收发信机上所有信号。

（二）高频通道测试的异常判断及处理方法

1. PSF-631型高频收发信机在交换信号时的异常及处理

（1）在交换信号时，如发现在0～5s内"接收信号"灯亮，而"电平正常"灯不亮，则说明能收到对侧的高频信号，但通道衰耗已增加了3dB。应再交换一次信号，在0～5s内按收信高滤插件上的"8dB 衰耗"按钮，若"接收信号"灯仍然亮，则说明通道余量仍大于 8dB。这时不必停用高频保护，但应立即报告调度并通知继电保护人员处理，运行人员应记录信号。

（2）有下述情况之一，必须立即报告调度，由调度下令将本线路两侧高频保护同时停用，并通知继电保护人员处理，运行人员应记录信号。

1）在交换信号时，如发现在0～5s内，"电平正常"灯和"接受信号"灯均不亮。

2）在交换信号时，如发现在0～5s内，"接受信号"灯亮，但"电平正常"灯不亮，此时应再交换一次信号，在0～5s内按收信高滤插件上的"8dB 衰耗"按钮，若"接收信号"灯不亮时。

2. GSF-6型高频收发信机在交换信号时的异常及处理

在通道交换信号时，触发器插件上的电平3dB"告警"灯亮，同时测量盘插件上表头的指针落在–3dB红色告警范围内时，应记录信号，必须立即报告调度，由调度下令将本线路两侧高频保护同时停用，并通知继电保护人员处理，运行人员应记录信号。

3. SF-500型高频收发信机在交换信号时的异常及处理

（1）在交换信号时，发现控制电路Ⅰ插件上的"通道异常"灯亮，说明通道衰耗已增加了3dB，如此时解调输出插件上的"收信指示"灯亮，并且"裕度告警"灯不亮，则说明能收到对侧的高频信号。这时不必停用高频保护，但应立即报告调度并通知继电保护人员处理，运行人员应记录信号。

（2）有下述情况之一，必须立即报告调度，由调度下令将本线路两侧高频保护同时停用，并通知继电保护人员处理，运行人员应记录信号。

1）在交换信号时，功率放大插件上"过载指示"灯亮。

2）在交换信号时，解调输出插件上的"收信指示"灯不亮或"裕度告警"灯亮。

4. SF-600型高频收发信机在交换信号时的异常及处理

（1）在交换信号时，解调输出插件上的"通道异常"灯亮，说明通道衰耗已增加了3dB，如"裕度告警"灯不亮，则说明能收到对侧的高频信号。这时不必停用高频保护，但应立即报告调度并通知继电保护人员处理。

（2）有下述情况之一，必须立即报告调度，由调度下令将本线路两侧高频保护同时停用，并通知继电保护人员处理，运行人员应记录信号。

1）在交换信号时，前置放大插件上"过载指示"灯亮。

2）在交换信号时，解调输出插件上的"收信指示"灯不亮或"裕度告警"灯亮。

四、断路器气动机构运转试验的基本方法及步骤

（一）断路器气动机构运转试验的基本方法

基本方法是降低气压法，具体操作步骤如下：

（1）手动打开储气罐的放气阀门，一边放气，一边观察压力表，接近额定补气压力时，减小放气速度，观察到额定补气压力时能否报警（空气操作压力低），并自动启动储能电动机建压。如果不报警也不启动储能电动机，可以继续缓慢放气，放气至（不低于额定补气压力0.1MPa）储能电动机启动时停止放气，并记录压力表的压力值和启动建压开始时间。如果继续放气（气压不能低于闭锁重合闸压力）仍然不能启动储能电动机，也应停止放气，说明自动启动补气回路或继电器有故障，应及时查找原因并处理。

（2）建压期间注意观察压力表的变化，看压力表的指针指到额定停止压力时，储能电动机能否自动停机。如果没有停止，可以继续建压，但是要注意观察压力的变化。当超过停止建压压力 0.1MPa 还未停下时，说明自动启动停止建压回路或继电器有故障，应手动断开电动机电源，停止建压，并及时查找原因并处理。

正常情况下，放气至额定补气压力时，能自动启动储能电动机建压，并发送"空气操作压力低"、

“交流电动机运转”信息。当建压至额定停止压力时，启动储能电动机自动停止，“空气操作压力低”、“交流电动机运转”信息返回。

（二）气动机构运转试验异常的处理

气动机构运转试验时发现异常，应及时查明异常原因。电气控制回路故障应尽快排除，压力继电器故障应及时上报主管部门安排检修或更换。

五、事故照明定期试验的基本方法

通过站用直流系统提供事故照明电源的事故照明系统，根据事故照明控制回路的不同，有两种启动方式：一种是正常照明电源消失后，需要运行值班人员手动给上事故照明电源开关，点亮事故照明灯；另一种是将事故照明电源开关设置在相应位置，正常情况下事故照明灯不亮，而在正常照明电源消失后，不需要运行值班人员操作事故照明电源开关，就能点亮事故照明灯。

第一种事故照明的试验方法很简单，只需要手动合上事故照明开关，检查事故照明灯能否点亮；第二种事故照明的试验可通过断开正常照明交流电源开关的方式试验，检查事故照明能否点亮。

带蓄电池的应急照明设施也需要定期检查和试验，检查电池电量是否充足，灯泡是否完好，控制开关切换是否灵活、正确等。

六、中央信号系统试验的方法

（一）中央信号系统的分类

中央信号装置是监视变电站电气设备运行中是否发生事故及异常的自动报警装置，按其用途可分为：事故信号装置、预告信号装置和位置信号装置。事故信号装置包括灯光和音响信号，当断路器事故跳闸时，蜂鸣器及时发出音响，通知值班人员有事故发生，同时跳闸的断路器位置指示灯闪光，光字牌亮，显示保护动作情况和故障范围和性质；预告信号装置包括警铃和光字牌，当运行中的电气设备发生危及安全运行的故障或异常时，预告警铃响起，同时标明故障内容的一组光字牌亮，便于值班人员处理；位置信号装置用于监视断路器、隔离开关的分合情况。按照其发展历程可分为常规站和综合自动化变电站两种类型，两种型式的中央信号试验方法有所不同，但主要目的都是为了验证中央信号可用，在异常或事故情况下能可靠提醒值班人员引起注意。

1. 常规站中央信号的试验方法

常规站中央信号的试验应每日进行一次，由两人进行，其中一人将光字和声音控制切至试验位置，一人核对信号和音响是否正确。当发现有光字不亮或没有声音时应及时进行处理，断路器位置信号在运行中无法进行试验，只能在位置信号灯不亮时进行处理。

2. 综合自动化变电站中央信号的试验方法

综合自动化变电站的中央信号系统是变电站监控系统（SCADA）的一部分，一般由工作站和服务器及局域网组成。声音信号一般由工作站驱动声卡至音箱发出声响。断路器、隔离开关位置信号用遥信量表示，当发生变位时，断路器及隔离开关符号闪动。试验中央音响信号时，用鼠标单击监控画面，出现“音响测试”对话框，单击后发出音响信号。查看监控后台 SOE 事件、保护信息等是否能上传。

（二）中央信号系统试验的注意事项

（1）试验时间不宜太长，以全部看清光字信息的为准，对不亮的光字牌应做好记录，并及时处理。

（2）中央信号屏上的按钮很多，试验时一定要看清按钮的位置，防止压错。

（3）综合自动化系统试验音响信号不响，查看保护信息或 SOE 事件不完整，应查明原因。

七、其他设备的定期试验方法及试验注意事项

（一）变压器有载调压开关停电后的调整试验方法及注意事项

调整试验的方法：先用手动试验，对所有挡位进行一个完整的循环操作，即从变压器的当前挡位逐级升至最高挡位，再从最高挡位逐级降至最低挡位，再从最低挡位逐级升至原运行挡位；试验正确后再改用电动遥控或就地电动进行一个完整的循环操作，试验完后，应将挡位放至原运行挡位。

试验注意事项：

（1）手动调压试验时，一定要闭锁就地电动或遥控电动操作，防止电动和手动试验同时进行。

（2）调整挡位要逐级进行，每调整到一个挡位后，一定要检查后台监控机上显示的挡位与调压控制箱上指示的挡位是否一致。

（3）遥控电动或就地电动试验，可以在调压过程中操作紧急停止按钮，试验紧急停止按钮是否起作用，能否立即停止调压操作。操作紧急停止按钮，调压控制回路的有关继电器动作，将有载调压开关电动机的电源断掉，使电动机停止工作，终止遥控电动或就地电动调压。要恢复遥控电动或就地电动调压，必须使用手动操作，将有载开关调整至某一挡位之后，才能合上电动机的电源开关，否则电源开关合不上，合上电源开关后，就可恢复电动调压功能。

（二）直流备用充电机定期试验

直流备用充电机定期试验时应持作业卡，防止直流失电压。高频电源开关电源 1 号、2 号、3 号充电机切换流程如图 GYBD00301002-3 所示。

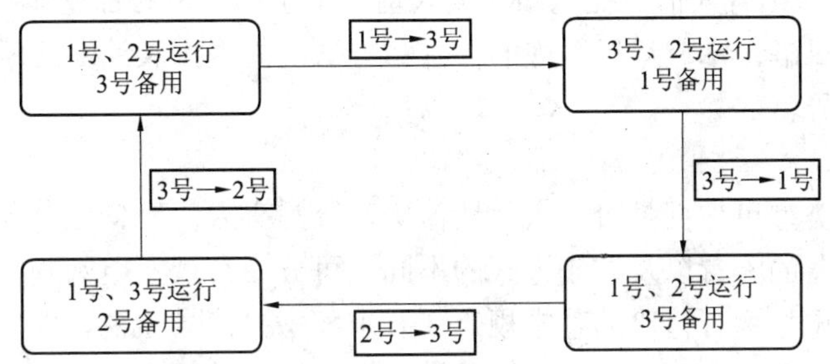

图 GYBD00301002-3　高频电源开关电源 1 号、2 号、3 号充电机切换流程

试验方法：试验时可将任意一台工作充电机退出运行后，操作备用充电机的对应开关，将备用充电机接入蓄电池组和直流母线，检查接入止确后投入备用充电机。备用充电机投入后应检查各充电模块的工作电压和输出电流是否正常，直流母线电压和蓄电池充电方式是否正常。

试验注意事项：

（1）停用工作充电机时，要防止拉错开关，造成直流母线失电压。

（2）启动备用充电机时，要按照说明书或有关规程进行，防止造成部分高频电源模块过负荷烧坏。

（3）备用充电机投入后，一定要检查直流系统的工作状况。

（4）试验正常后，恢复原来的工作方式。

（三）变压器铁芯接地电流的定期测试方法

（1）采用高精度的钳形电流表测试。

（2）通过变压器铁芯电流在线监测装置进行监测和记录。

（四）火灾报警定期试验的方法

1. 室内感烟火灾自动报警系统的试验方法

试验时，可用一根点燃的香烟或专用烟感发生设备靠近感烟（感光和感温）火灾探测器，约 20s 左右，完好的火灾探测器和火灾自动报警系统就会报警。若火灾探测器或火灾自动报警系统故障，则不报警，应及时更换或维修。

2. 变压器火灾报警自动灭火系统的定期检查试验方法

变压器火灾报警自动灭火系统的定期检查与试验按照公安消防部门的规定或有关标准进行。变压器停电后，打开主出口阀门，打开其旁路阀或回流阀，启动火灾报警和联动装置，检验系统在满足启动条件时能否自动启动相应的联动装置。在变压器停电状态下进行一次系统试验和维护保养，以保证系统密封、电气可靠、操动机构灵活。

【思考与练习】

1. 直流蓄电池核对性充放电的主要步骤是什么？

2. 变压器工作冷却器、备用冷却器、辅助冷却器的切换是如何规定的？

3. SF-600 型高频收发信机在交换信号时出现“通道异常”灯不亮现象，可能发生什么故障？如何处理？

4. 断路器气动机构定期试验主要步骤是什么？

第十三章　运　行　监　视

模块 1　运行监视的基本要求（ZY1100201001）

【模块描述】本模块介绍有人值班变电站和无人值班变电站的运行监视基本要求及主要内容。通过对监视内容及要求归纳讲解，掌握运行监视的内容和方法，能根据表计或测量信息、各种信号发现运行参数越限、设备运行异常。

【正文】

变电站的运行管理类型可根据是否有人就地值班，分为有人值班变电站和无人值班变电站。根据继电保护和自动化等设备的配置以及控制方式的不同又可分为常规变电站和综合自动化变电站。

本模块主要介绍变电站运行值班的基本规定、要求和中央信号监视、仪表监视、遥测和遥信信息监视，以及变压器、断路器、互感器和电容器等设备运行监视的相关内容。

一、运行监视的目的

运行监视是指对设备运行参数、运行状态以及声音、外观和环境等信息进行综合的收集、分析和判断，以达到掌握变电站设备的运行方式、负荷潮流以及一次设备、继电保护及安全自动装置、自动化设备、电能计量系统、通信设备、站用交直流电源系统、变电站辅助设施等设备和设施的运行状态，及时发现和处理运行异常和缺陷的目的，保证电网和设备正常运行。

二、有人值班变电站的运行监视

（一）变电站运行值班的基本要求

1. 运行值班的基本规定

（1）变电站运行值班人员，必须按有关规定进行培训、学习，经考试合格后才能上岗值班。

（2）值班期间，应穿戴统一的值班工作服和值班岗位标志。

（3）运行人员在值班期间，不得从事与运行工作无关的其他活动。

（4）运行人员在值班期间，应服从指挥，尽职尽责，完成当班的运行监视、设备维护、倒闸操作、异常及事故处理和有关的管理工作。

（5）实行监盘制的变电站，正常情况下，控制室应不少于两人值班。在执行倒闸操作、设备维护等任务时，控制室应有副值或以上人员监盘。其他值班方式的变电站，除倒闸操作、巡视设备、进行维护工作外，值班人员不得远离控制室。

（6）220kV 及以上电压等级变电站每班连续值班的时间一般不宜超过 48h。值班方式和交接班时间不得擅自变更。

（7）运行人员在值班期间进行的各项工作，均应填写到相关记录或输入计算机管理系统。

（8）运行人员每次接受调度命令、汇报本站运行情况或调令执行结果，联系其他运行业务及与用户联系调整负荷等工作，均应启用录音设备。

2. 运行值班的基本要求

（1）每日定时对监控系统的各种遥测值、各类曲线、电压棒图等运行数据进行监视检查，包括电流、电压、功率、频率、温度、压力、密度等主要内容。发现越限等异常时，应及时分析、调整。有人值班变电站的值班员还应按规定抄表、计算电量、报负荷、填写运行记录和联系调度业务，及时完成设备巡视、倒闸操作、事故和故障处理、工作许可和验收以及运行维护等工作任务。

（2）每日定时对监控系统的各种遥信量进行监视检查，包括断路器、隔离开关、有载调压开关挡位等位置信号以及异常光字信号等。

（3）每日定时检查监控系统的通信情况，确保通道畅通。有人值班变电站还应按规定检查保护通道信号是否正常。

（4）每日定时检查和试验监控系统声光报警信号。

（5）每日定时检查监控系统各类信息、数据是否刷新正常，试验各功能切换是否正常。及时阅读和处理事项监视窗的告警信息。

（6）结合设备巡视，检查设备运行是否正常。安装有图像监视（控）系统的变电站，还应及时通过该系统检查设备运行状态。

（二）变电站的事故信号和预告信号

变电站的信号按用途一般可分为位置信号、中央信号和其他信号。位置信号的用途是指示断路器和隔离开关的分、合闸位置以及有载调压开关的分接头位置。中央信号又分为事故信号和预告信号两种，分别发出事故报警和异常预告信号。

1. 事故信号

变电站事故信号的主要作用是在发生断路器事故跳闸时，能及时发出事故音响信号，并使跳闸断路器的灯光信号闪光，告知运行值班人员发生了跳闸事故，提示跳闸断路器的位置，同时发出相应的光字信号和继电保护及自动装置动作信号。值班员根据上述信息，可以快速分析判断和确定事故的性质、范围，立即采取相应的事故处理措施。

常规变电站的事故音响信号一般由蜂鸣器发出，综合自动化变电站的事故音响信号一般由监控系统的音响装置发出。

2. 预告信号

变电站预告信号的主要作用是在设备运行参数超过了设定的限值，或运行设备发生异常现象时，瞬时或延时发出的一种区别于事故信号的告警信号，并以光字信号和灯光信号显示出异常的内容。例如母线电压过高、直流电源系统接地、保护通信中断等。值班员可根据光字和灯光信号，确定发生异常的设备和异常性质，采取相应的处理措施。

常规变电站的异常报警信号一般是采用电铃发出的，综合自动化变电站的预告信号一般也是由监控系统的音响装置发出，但声音区别于事故音响信号。

（三）运行监视的主要内容

变电站的运行监视，是指通过仪表指示、遥测数值、声光信号等反映电网和设备运行状态的监测数据和声音、温度以及外观等各种信息，分析、判断和掌握设备的运行工况，必要时对有载调压变压器的分接头位置或无功补偿装置运行状态进行调整，对电网和设备运行的异常进行处理，确保设备的安全稳定运行。

1. 运行监视的主要内容

（1）电压、电流、功率、频率、温度、压力、密度等运行数据。

（2）断路器、隔离开关、调压开关等设备的位置状态和运行状态。

（3）继电保护及安全自动装置、自动化设备的运行状态。

（4）电能计量系统、通信系统、站用交直流电源系统等设备运行状态。

（5）防误闭锁系统、安防系统、消防系统、图像监视系统、设备运行环境以及变电站辅助设施的运行情况。

2. 电测仪表监视

（1）电测仪表监视是常规变电站对电网和设备运行状态监视的主要手段，其特点是需要运行人员值班监视，其显示、记录、统计、计算、分析、诊断等自动化功能差，各设备的运行状态、位置状态一般需要运行人员到现场巡视检查确认。

（2）变电站的电测仪表主要包括交流电压表、直流电压表、交流电流表、直流电流表、有功功率表、无功功率表、频率表、同期表等。

（3）电测仪表监视的方法是定期读表、抄表。监视的内容包括：表计工作是否正常、自身是否完好、是否按规定周期检查校验，指示是否在允许范围之内，有无越限或其他异常。

（4）电气设备有时会出现超额定参数运行的情况，例如变压器的超额定电流运行，即传统意义的过负荷运行，所谓的过负荷是指变压器任何一侧绕组超过额定容量运行。为了便于对超额定参数运行的监视，一般在测量表计的额定值位置标有红线。

3. 热工仪表监视

（1）变电站的常用热工仪表用以监视和测量设备的运行压力、密度、温度、位置等物理量，主要包括压力表、密度表、温度表、湿度表、油位计等。

（2）热工仪表一般设有越限报警功能。变压器（电抗器）的上层油温等测量表计还带有远方显示功能。指针式压力、密度等其他表计一般需要就地读表。

（3）热工仪表通常监视设备的重要运行参数，对设备的安全运行有着重要影响。例如 SF_6 断路器的压力降低会严重影响其开断性能。因此，当其压力降低到规定值时，会分别闭锁重合闸、分闸、合闸操作，防止设备发生事故。

（4）断路器的气动或液压操作机构的压力过高不但会破坏密封，发生泄漏，甚至会发生危险。反之压力过低会影响断路器动作速度和开断性能，严重时会引起断路器爆炸事故。因此，在上述断路器的操作回路中加装了操作压力降低闭锁触点。

（5）变压器的上层油温和温升是监视变压器运行状态的重要数据，通过该温度和温升可以判断设备运行是否正常。

（6）热工仪表除了监视其指示是否正常和越限外，还应监视其测量显示变化是否符合规律，仪表自身是否完好、是否按规定周期校验等。

（7）热工仪表的指示应定期检查，每次正常巡视设备时，还应读取和记录表计的指示数值。

4. 电能计量装置

电能计量装置是用来测量和统计变电站以及有关设备供、受电量的专门装置。对其监视的范围包括电能表、采集器、传输设备及其回路等。

电能计量装置的监视内容：

（1）电能表转动、走字、显示应正常。

（2）电能计量装置回路应正常，接线端子接触可靠。

（3）电能计量装置运行应正常，无装置故障信号。

（4）母线电量不平衡率应符合规定要求。

5. 火灾报警监视

火灾报警监视是运行监视的重要内容之一。变电站除了有变压器、电抗器、电容器等充油介质的设备外，还有大量的电缆、二次线、长期带电运行的线圈等设备。这些设备会由于绝缘老化、短路、过热运行等原因引起火灾事故。尤其对于无人值班变电站，由于大量应用遥控操作，若遇到断路器拒动或辅助触点切换不良时，容易造成跳合闸线圈烧毁引发火灾事故。

火灾报警监视的主要内容：

（1）火灾报警装置完好，电源工作正常，信号指示正确。

（2）火灾报警系统的传感器工作应正常，指示信号应正确。

（3）火灾报警信号回路完好，试验结果正常。

三、无人值班变电站监控中心的运行监视

无人值班变电站的监控一般设在远方调度或监（集）控中心（站），其运行监视主要是通过对反映变电站设备运行实时数据和设备运行状态的各种遥测量和遥信量进行监视、分析与判断，掌握设备的运行工况，并及时进行操作、调整和异常处理，确保变电站安全稳定运行。

无人值班变电站的运行监视是通过自动化系统“后台机”完成的。后台机是指对变电站设备的运行数据进行采集和处理，完成运行监视、控制、操作、统计、报表、管理、打印、维护等功能的计算机系统。

某无人值班变电站集控中心系统配置示意图见图 ZY1100201001-1。

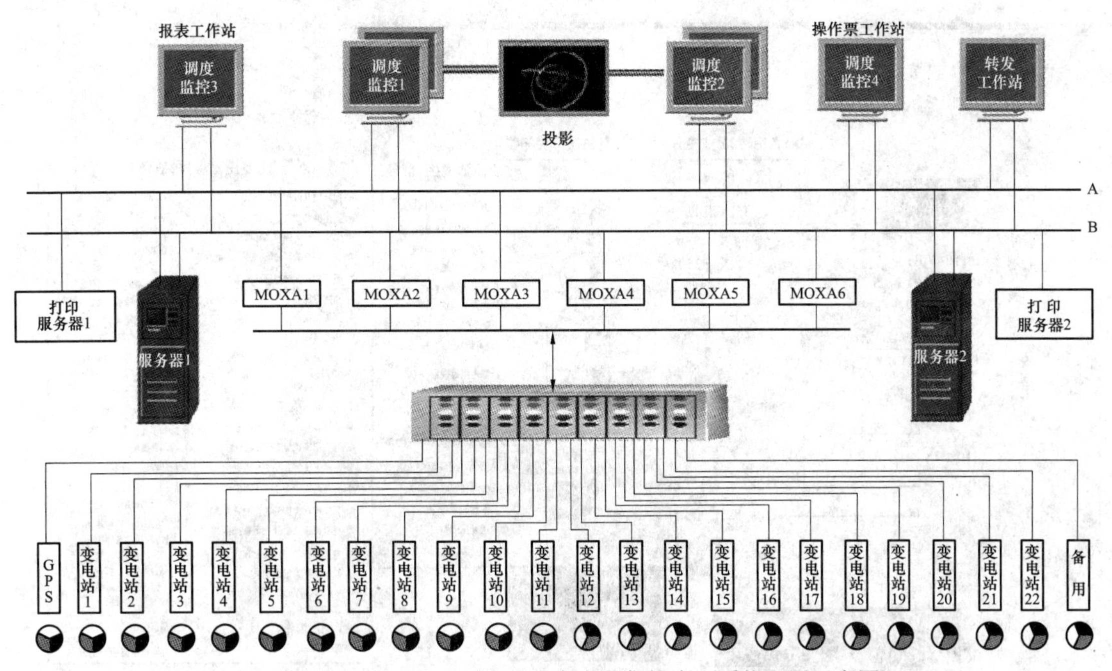

图 ZY1100201001-1　无人值班变电站集控中心系统配置示意图

（一）监控中心值班的基本要求

（1）每日定时对监控系统的各种遥测值、电压棒图、各类曲线进行监视检查，包括电流、电压、频率、功率、温度等。发现越限等异常时，应及时分析和处理。

（2）每日定时对监控系统的各种遥信量进行监视检查，包括断路器、隔离开关、有载调压开关挡位等位置信号以及异常光字信号等，确保位置信号正确。

（3）每日定时检查监控系统通信状况，确保通道畅通。

（4）每日定时检查试验监控系统预告、事故音响信号。

（5）每日定时检查监控系统各类信息、数据是否刷新，事项监视窗有无报警信息，各功能按钮切换是否正常等。

（6）结合设备巡视，检查监控系统设备运行是否正常。

（二）监控中心运行监视的主要内容

综合自动化变电站运行工况监视主要通过对反映电网和设备实时运行的遥测量、遥信量及运行状态信息的查阅和收集来完成的。

某 330kV 变电站主变压器间隔的遥测、遥信图见图 ZY1100201001-2。

1. 变电站运行工况的监视

变电站运行工况监视内容：

（1）主接线及运行方式监视。

（2）电压、电流、功率、频率、温度、压力、密度等运行数据监视。

（3）电网潮流变化和设备运行参数有无超出允许范围监视。

（4）断路器、隔离开关、调压开关等设备的位置状态和运行状态的监视。

（5）继电保护及安全自动装置、自动化设备的运行状态监视。

（6）事故音响、预告音响、光字牌等信号系统运行监视。

（7）电能计量系统运行监视。

（8）通信系统运行监视。

（9）站用交、直流电源系统设备运行监视。

（10）在线检测系统以及其他自动监测和报警系统运行监视。

（11）变电站通风、采暖、空调等辅助系统运行监视。

（12）一、二次设备遥控和遥调操作监视。

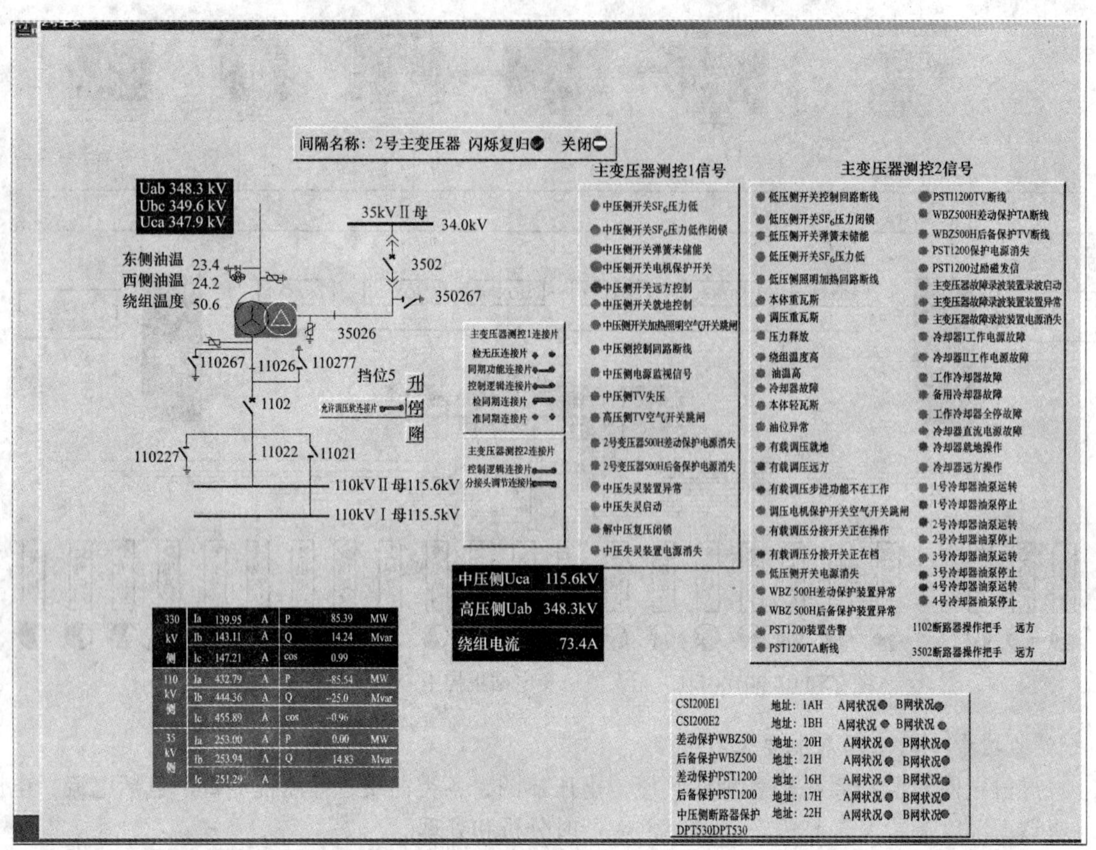

图 ZY1100201001-2 某变电站主变压器间隔遥测、遥信图

（13）事故、异常监视。

2. 火灾报警系统监视

（1）火灾报警回路及装置完好性监视。

（2）火灾报警电源监视。

（3）火灾报警信号监视。

（4）火灾报警传感器等硬件设备及运行环境监视。

3. 图像监视系统监视

（1）图像监视回路及装置完好性监视。

（2）图像监视系统电源监视。

（3）图像监视画面切换、调整及图像效果监视。

（4）图像监视摄像头等硬件设备及运行环境检查和监视。

四、主要一次设备的运行监视

（一）变压器（电抗器）的运行监视

1. 电流监视

变压器（电抗器）的负荷大小通过其电流表或电流遥测值来监视。一般在电流表上对应于额定电流的位置标有红色警示线，或以此额定电流值为限值设定遥测报警信号，以便于对变压器运行状态进行监视。在监视变压器负荷电流的同时，还应该检查各相负荷是否平衡。变压器的任一侧负荷电流超过其相应的额定值，都视为超额定电流运行。当三相电流不平衡时，应监视最大相的电流。

2. 电压监视

变压器各侧运行电压的高低可通过电压表或电压遥测值来监视。变压器的外加电压一般不超过相应分接头额定电压的 105%。变压器其他各侧的电压应控制在调度下达的电压曲线或现场运行规程规定的允许范围之内。并联电抗器的允许电压应遵守制造厂的规定。

3. 温度监视

（1）变压器运行的上层油温和温升是其运行监视的重要参数之一。除了监视上层油温和温升之外，还要注意掌握变压器的温度和温升随负荷电流变化的规律，在相同环境、冷却条件、负荷电流下，变压器的上层油温和温升应基本相同，否则应分析和查找原因。

（2）变压器运行温度升高一般由导电回路或导磁回路原因引起。导电回路发热原因一般包括：超额定电流运行、分接开关切换不到位或接触不可靠、引线接点接触不良、导线断股、线圈匝间短路、悬浮电位放电以及并列运行变压器的变比不一致引起环流、冷却器故障等。

导磁回路引起发热的原因一般包括漏磁增大、铁芯多点接地等。

（3）强迫油循环风冷变压器的最高上层油温一般不得超过 75℃，最高不应超过 85℃。油面温升不应超过 50K；油浸风冷和自冷变压器上层油温不宜经常超过 85℃，最高一般不得超过 95℃，油面温升不应超过 55K；制造厂有规定的可参照制造厂规定。

（4）当冷却介质温度较低时，上层油温也应相应降低，控制油面温升不应超过允许值。

油浸式电力变压器上层油温的允许值见表 ZY1100201001-1。

表 ZY1100201001-1　　油浸式电力变压器上层油温的规定值　　℃

冷却方式	冷却介质最高温度	长期运行的上层油温	最高上层油温
自然循环自冷	40	85	95
自然循环风冷	40	85	95
强迫油循环风冷	40	75	85

4. 干式电抗器的运行监视

（1）噪声、振动无异常。

（2）温度无异常变化。

（3）包封表面无放电痕迹或油漆脱落，以及流（滴）胶、裂纹现象。

（4）检查包封表面涂层憎水性能无劣化失效等。

（5）定期检查防雨罩应安装牢固、无破损和位移现象。

（二）断路器的运行监视

1. 电流监视

（1）断路器额定电流是指在规定的使用条件下，能持续通过电流的有效值。断路器无持续过电流能力，因此，允许高压断路器在额定电流下长期运行。但在一般情况下，断路器的负荷电流不应超过其额定值。在特殊情况下，允许断路器在不超过 105%额定电流下运行，但持续时间不得超过 4h。

（2）断路器额定短路开断电流是在额定使用条件下，断路器所能开断的最大短路电流。断路器的铭牌额定短路开断电流应大于其安装地点的系统短路电流。

2. 电压监视

断路器额定电压是表示它在运行中能长期承受的系统最高电压。断路器在运行中长期承受的电压不得超过其额定电压。

3. 温度监视

断路器在额定电流范围内运行时，其各部位的温度不得超过允许值。

4. 开断次数监视

断路器的累计操作次数、累计开断故障电流和累计故障开断次数，是其寿命监督和检修的重要依据。因此，应对断路器的累计开断故障电流次数、累计故障开断电流和累计操作次数进行统计。

当断路器的累计开断故障次数、累计开断故障电流接近规定值，或操作次数接近断路器的机械寿命次数时，应作为设备缺陷及时统计、上报。

当断路器的累计开断故障的次数达到规定值的前一次时，应申请停用重合闸。

5. 断路器的灭弧介质监视

（1）油断路器的油位应在上、下限之间。高温季节时油位应偏上限，低温季节时油位应偏下限。多断口断路器的各断口油位均应在上、下限范围之内。

（2）SF_6 断路器的压力变化应在允许范围之内，当运行环境温度下降超过其允许范围时，应投入加热器，防止 SF_6 气体液化。

额定压力为 5MPa 的 SF_6 断路器气体压力随温度变化曲线图如图 ZY1100201001-3 所示。

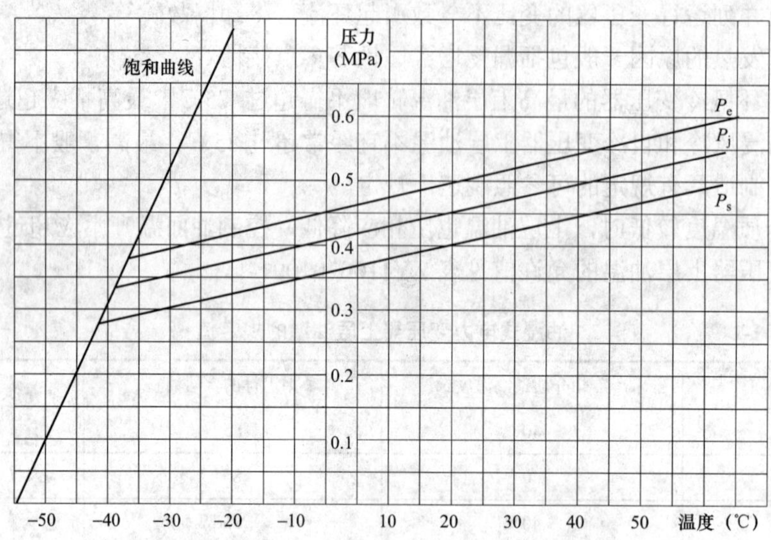

图 ZY1100201001-3 SF_6 断路器气体压力—温度曲线

P_e—额定压力；P_j—报警压力；P_s—闭锁压力

（3）真空断路器在运行中应监视其灭弧室有无电晕、放电声等现象。真空度的检查通常用灭弧室在额定开距下的工频耐压试验、灭弧室真空度测试等方法检测。

6. 跳合闸回路监视

当断路器的位置指示灯具有监视断路器合闸和跳闸回路的功能时，应特别注意对该指示灯的监视。如果运行中出现红灯或绿灯熄灭时，应立即检查灯具、控制回路电源等完好情况，判断是否发生断路器辅助触点接触不良等控制回路断线故障，并应立即处理。

7. 操作能源监视

断路器无论采用何种类型的操动机构，均应经常保持可靠的操作能源。电磁式操动机构的电压、气动操动机构和液压操动机构的压力、弹簧操动机构的储能位置等均应在允许范围之内。当出现因操作能源异常导致断路器分、合闸闭锁时，不允许擅自解除闭锁进行操作。

（三）互感器的运行监视

1. 电流监视

（1）电流互感器允许在额定电流下长期运行。一般应将其运行电流控制在额定范围内，短时过载电流应控制在额定电流的 120%范围之内。

（2）互感器二次绕组所接负荷应在准确等级所规定的负荷范围内。

2. 电压监视

电压互感器允许在 1.2 倍额定电压下连续运行，中性点有效接地系统中的电压互感器，允许在 1.5 倍额定电压下运行 30s，中性点非有效接地系统中的电压互感器，允许在 1.9 倍额定电压下运行 8h。

运行中的电压互感器如果出现失压而影响电能计量装置正确计量时，应统计上报电压互感器失压统计报表，并按有关规定追加电量。

3. 接地监视

（1）电压互感器的各个二次绕组（包括备用）应有可靠的保护接地，且只允许有一个接地点。

（2）电流互感器备用的二次绕组应短路接地。接地点的布置应满足有关二次回路的设计要求。

（3）电磁式电压互感器一次绕组 N（X）端必须可靠接地，电容式电压互感器的电容分压器低压端子（N、J）必须通过载波回路线圈接地或直接接地。

4. 其他

（1）停运半年及以上的互感器应按有关规定试验检查合格后方可投运。

（2）电压互感器二次侧严禁短路；电流互感器二次侧严禁开路。

（3）SF_6 互感器在运行中应定期检查气体密度表工况，若压力超出正常压力区时，应引起注意，并及时按制造厂规定补充合格的 SF_6 气体。SF_6 互感器的年漏气率应小于 1%。

（4）运行中应监测 SF_6 气体含水量不超过 300μL/L，若超标时应尽快退出运行进行处理。

（5）树脂浇注互感器外绝缘的爬电距离应满足使用环境条件，并通过凝露试验。

（四）并联电容器组的运行监视

1. 电流监视

并联电容器组允许在不超过 1.3 倍额定电流下长期运行。三相不平衡电流不应超过±5%。

2. 电压监视

并联电容器组允许在额定电压±5%波动范围内长期运行。其过电压倍数及运行持续时间按表 ZY1100201001-2 规定执行，应尽量避免在低于额定电压下运行。

表 ZY1100201001-2　　电容器的允许过电压和持续时间

过电压倍数（U_g/U_n）	持续时间	说明
1.05	连续	
1.10	每 24h 中 8h	
1.15	每 24h 中 30min	系统电压调整与波动
1.20	5min	轻荷载时电压升高
1.30	1min	

注：U_g—电容器运行电压；U_n—电容器额定电压。

3. 温度监视

（1）室内安装的电容器运行温度最高不允许超过 40℃。电容器外壳温度不允许超过 50℃。

（2）室内安装的电抗器运行温度不应超过 35℃。当室温超过 35℃时，干式三相重叠安装的电抗器线圈表面温度不应超过 85℃，单独安装不应超过 75℃。否则应采取降温措施或停止运行。

4. 其他

（1）安装于室内电容器必须有良好的通风，进入电容器室应先开启通风装置。

（2）电容器熔断器熔体的额定电流不小于电容器额定电流的 1.43 倍。

（3）安装有并联电容器补偿装置的变电站还应进行电容器可用率、投用率等无功设备运行指标计算，按月报送电容器运行情况月报表。电容器可用率和投用率分别按式（ZY1100201001-1）和式（ZY1100201001-2）计算。

$$\text{电容器月可用率（\%）}=\frac{\text{电容器可用容量（kvar）}\times\text{可用小时（h）}}{\text{电容器总容量（kvar）}\times\text{当月小时（h）}}\times 100\% \qquad \text{(ZY1100201001-1)}$$

$$\text{电容器月投运率（\%）}=\frac{\text{电容器实投容量（kvar）}\times\text{实投小时（h）}}{\text{电容器应投容量（kvar）}\times\text{当月小时（h）}}\times 100\% \qquad \text{(ZY1100201001-2)}$$

【思考与练习】

1. 变电站的运行值班有哪些规定？运行值班的要求有哪些规定？
2. 无人值班变电站监控中心的运行监视有哪些规定要求？
3. 断路器运行中的长期承受电压为何不得超过其额定电压？断路器运行监视的主要内容有哪些？
4. 变压器运行监视的主要内容有哪些？其运行的上层油温有何规定？

模块2 电压、电流、频率监视（ZY1100201002）

【模块描述】本模块介绍额定电压、额定电流、额定频率的基本概念、电压质量标准的有关规定。通过概念讲解、超限原因和危害的分析讲解，掌握电压、电流监视基本技能。

【正文】

理想的电力系统应以恒定的频率和正弦波形按额定电压水平向用户供电。但由于系统中发电机、变压器、输电线路等元件参数并不是理想线性和对称关系，负载性质各异且随机变化，加之运行操作、外来干扰和各种故障等因素影响，这种理想状态在实际系统中并不存在。由此产生了电网运行电能质量的概念，而电能质量的各项指标集中在电压、电流、频率和波形上，其中电压、频率是最主要指标。

电压和电流是设备运行的重要技术参数，也是运行值班的主要监视项目。本模块从介绍有关电压和频率的质量标准入手，学习掌握电压、电流和频率的允许偏差范围，了解以上参数偏离对电网、设备运行以及用户带来的不良影响，掌握设备运行主要参数的监视要求和方法。

一、额定电压和质量指标

（一）额定电压

额定电压是指为了便于电器制造业的生产标准化和系列化，由国家规定的标准电压等级系列。对具体的设备而言，额定电压是指在能保证电气设备正常运行，且具有最佳技术和经济指标的电压。

电力系统额定电压是根据经济技术上的合理性、电气设备制造工业水平和发展趋势等因素而确定的。根据国家标准的规定，交流系统的额定电压等级为：220V、380V、1kV、3kV、6kV、10kV、20kV、35kV、66kV、110kV、220kV、330kV、500kV、750kV、1000kV等。

电能质量的国家标准有五项，分别是：供电电压允许偏差、三相电压允许不平衡度、电压波动和闪变、公用电网谐波、电力系统频率允许偏差。

（二）电压的允许偏差

1. 电网的允许电压偏差规定

供电电压偏差是指电力系统正常运行电压与标称电压的偏移程度。标称电压是指系统设计选定的电压。

电压偏差可由式（ZY1100201002-1）计算：

电压偏差（%）=[(实测电压−系统标称电压)/系统标称电压]×100%　　（ZY1100201002-1）

电压允许偏差为：

（1）35kV及以上三相供电电压正、负偏差的绝对值之和不超过系统标称电压的10%。

（2）10kV及以下三相供电电压允许偏差为系统标称电压的±7%。

（3）220V单相供电电压允许偏差为系统标称电压的＋7%、−10%。

2. 变电站的允许电压偏差

（1）330kV母线电压：正常运行方式时，最高运行电压不超过系统额定电压的110%，即363kV；最低运行电压不应影响电力系统同步稳定、电压稳定和下一级电压的调整。一般允许偏差以额定电压的−3%～+7%为宜。

（2）220kV母线电压：正常运行方式时，电压允许偏差为系统额定电压的0～10%，即220～242kV；事故方式时为系统额定电压的−5%～+10%，即209～242kV。

（3）35～110kV母线电压：正常运行方式时，电压允许偏差为相应系统额定电压的−3%～+7%；事故运行方式为系统额定电压的±10%。

（4）10kV母线电压：正常运行方式时，电压允许偏差为系统额定电压的±7%。

（三）电压不平衡

电压不平衡度是指电力系统中三相电压不平衡的程度，用电压或电流负序分量与正序分量的均方根值百分比表示。电压不平衡度按式（ZY1100201002-2）计算。

$$电压不平衡度=\frac{U_2}{U_1}\times 100\% \quad (ZY1100201002-2)$$

式中　U_1——三相电压正序分量均方根值，V；

U_2——三相电压负序分量均方根值，V。

电力系统公共连接点（电力系统中一个以上用户的连接处）正常电压不平衡度的允许值为 2%，短时不得超过 4%。

（四）电压波动

1. 电压波动的概念

（1）电压波动：是指电压均方根值一系列的变化或连续的改变。

（2）电压变动：是指电压均方根值随时间变动特性上，相邻两个极值电压之差。

（3）波动负荷：是指用电过程中周期性地从供电网中吸收快速变动功率的负荷。例如炼钢电弧炉、轧钢机、电弧焊机等。

2. 电压波动的允许范围

母线电压波动的允许范围，与波动负荷产生的电压变动限值和变动频度、电压等级有关，变动频度越快，允许电压变动的限值越小。

电力系统公共连接点正常电压允许变动限值范围：35kV 及以下系统为 1.25%～4%；35kV 以上系统为 1%～3%。

（五）电压质量偏差的影响

1. 电压过高或过低的影响

（1）对变压器运行的影响：

1）变压器运行电压升高时，会使漏磁增加，变压器的空载损耗增大，效率降低。同时，过高的运行电压会使导体电场强度增加，加剧局部放电，加快绝缘老化。在传输容量不变的条件下，变压器运行电压越低，通过绕组的电流就会越大，使变压器的负载损耗增加。当传输容量较大时，低电压运行还会使变压器过电流。

2）电压过高还会引起铁芯磁通密度增加，如果特性较差的变压器、电压互感器等设备，铁芯的工作磁通密度选在饱和区附近时，电压过高会使铁芯特性接近或进入饱和区，使输出电压中谐波分量增加，波形变差，造成电能质量降低。电压过高甚至会产生过励磁，引起保护动作跳闸或损坏设备。

（2）对电力电容器的影响：由于电容器向电网输出的无功功率是与其运行电压的平方成正比，因此，当电压降低时，其容量会降低很多。而运行电压过高时，引起电容器电流迅速增加而严重超额定容量运行，会影响电容器的使用寿命。严重时会引起电容器损坏。

（3）对电网经济运行的影响：输电线路和电力变压器等设备在输送同样容量的情况下，其电流与运行电压成反比。当运行电压降低时，会使输电线路和变压器的电流增大，而其有功负载损耗与电流的平方成正比，因此，低电压运行会使电网的有功损耗大幅度增加，增加了运行成本。

（4）对负荷的影响：

1）对照明设备的影响。电压异常对照明设备的影响是日常生活中最常见的。照明常用的白炽灯、荧光灯的发光效率、光通量和使用寿命均与电压有关。当电压较额定电压降低 5%时，白炽灯的光通量约减少 18%；当电压较额定电压升高 5%时，白炽灯的寿命大约减少 30%；当电压升高 10%时，寿命将减少约 70%。

2）对交流电动机的影响。异步电动机负载特性对电压的变化最敏感，因为它的最大转矩与其端电压的平方成正比，当端电压降低时，定子电流增加很快，但转矩显著减小，使转差增大，从而使定子和转子电流都显著增大，导致电机运行温度上升，甚至可能烧毁电机。反之，当电压过高时，会使电机过热，降低效率，缩短寿命，甚至会损坏绝缘，烧毁电机。

3）对家用电器的影响。对于电炊具等加热型负载来讲，其输出功率与电压的平方成正比，显然电压过高将超过其额定功率，容易损伤设备。电压过低则达不到需要的温度，影响使用；对于冰箱、洗衣机等单相异步电机负载，电压过低将影响电动机启动，使转矩减小，转速降低，电流增大，甚至造成电机线圈烧毁。反之，电压过高有可能破坏绝缘或由于励磁电流过大，损坏设备；同样，电视机在电压过低时，运行不正常，图像不清晰。电压过高时，会严重影响其使用寿命。

4）系统运行电压突然降低，且达到低电压保护动作值时，系统的低电压保护装置、用户设备的低压脱扣保护装置将会动作切负荷。例如当系统发生短路故障时电压突然降低，或保护装置动作跳闸，即便重合闸装置动作成功，都会甩掉大量负荷，系统负荷恢复到正常状态需要较长时间。

（5）对电网稳定运行的影响：电力系统维持同步运行的能力与电网电压水平有很大关系。如果运行电压大幅度下降到极限电压时，系统即使受到微小的电磁扰动，也将有可能引起静态稳定破坏而发生电压崩溃。

2. 电压不平衡的影响

电压不平衡时，使电压波形中的负序等分量增加，会对继电保护、自动化等设备带来不利影响，严重时将影响电压平衡保护、负序保护的正常运行；电压不平衡还会使三相交流电动机的旋转磁场不平衡，引起附加的振动，影响其正常运转。

3. 电压波动的影响

电压的忽高忽低影响的范围更广，既有上述电压过高和过低的危害，又会使旋转电机等设备运行不稳定，对用电设备反复带来冲击，影响其使用寿命和产品质量，严重时甚至使其无法正常工作。

（六）电压监视的基本要求

电压质量是电能质量的重要指标之一，也是标志电力系统运行状态的重要运行指标。运行值班人员应认真对各级母线电压进行监视。

（1）各级母线电压的允许范围应符合现场运行规程的规定。

（2）变压器的运行电压一般不得超过相应分接头电压的±5%。

（3）断路器不得长期超过其额定电压运行。

（4）调度颁发的电压曲线是电压监视的依据，当超出其偏差范围时应进行调整，当本站无调整手段或调整后仍然超出允许偏差范围时，应及时汇报调度处理。

（5）有人值班变电站在进行负荷抄表时应同时抄录各母线电压值。

（6）当运行电压出现超出允许值范围等异常情况时，应做好运行记录，并及时向值班调度汇报。

（7）当变电站安装有电压监测装置时，应监视其运行是否正常，按月报送电压合格率报表。

电压合格率是指电压合格时间（min）所占电压监测总时间（min）的百分比。电压合格率、电压偏高率和电压偏低率分别按式（ZY1100201002-3）～式（ZY1100201002-5）计算。

$$\text{电压合格率（\%）}=\left[1-\frac{\text{电压超上限时间（min）}+\text{电压超下限时间（min）}}{\text{电压监测总时间（min）}}\right]\times 100\% \quad \text{（ZY1100201002-3）}$$

$$\text{电压偏高率（\%）}=\frac{\text{电压超上限时间（min）}}{\text{电压监测总时间（min）}}\times 100\% \quad \text{（ZY1100201002-4）}$$

$$\text{电压偏低率（\%）}=\frac{\text{电压超下限时间（min）}}{\text{电压监测总时间（min）}}\times 100\% \quad \text{（ZY1100201002-5）}$$

二、超额定电流运行的危害

（一）额定电流

额定电流是指设备在额定条件下其本身允许长期通过的工作电流。

（二）超额定电流的危害

1. 损耗增加

输电线路、变压器等设备运行的有功损耗大多与电流大小有关（变压器的空载损耗和线路的附加损耗除外），且与电流的平方成正比。因此，随着设备超过额定电流值的增加，其损耗呈平方关系增加。尤其是超过导体的经济电流密度时，会造成损耗大幅度增大，降低了设备运行效率，增加了运行成本。

2. 温度上升

由于有功损耗与电流的平方成正比，随着损耗的增加，导体运行温度升高。例如变压器过电流运行时，随着过电流数值的增加其负载损耗呈平方关系增加，该损耗以发热的方式消耗电能，其后果使变压器绕组的热点温度和绝缘油的温度升高，不仅加速了固体绝缘材料老化和绝缘油的劣化，缩短了设备使用寿命，严重时还会造成变压器损坏事故。

3. 接点发热

电气设备的接线端子、线夹等连接部位都有一定的接触电阻。为了降低该接触电阻，且保持其稳定，一般要采取增加接触面积、清理氧化层、涂导电膏等多种措施。否则，随着运行时间增长，受空气、湿度、酸、碱等物理和化学成分的作用，该接触电阻会进一步增大。此时，如果通过大电流，就会在该接触电阻上产生与电流的平方成正比的发热量，引起接点发热。严重时，还会造成接点烧损、断线等危险的发热故障。

4. 导线弧垂增大

当超过额定电流运行时，同样由于导体发热的原因，使输电线路导线的弧垂明显增大，会造成导线之间、导线对地、道路或其他交跨距离缩小，严重时会发生事故。

5. 电压损失增加

在交流系统中，输电线路的导线的等值阻抗由电阻和感抗串联组成，当流过导线的电流越大，在该等值阻抗上产生的压降就越大。尤其在长距离输电线路中，超额定电流运行将造成线路末端电压大幅降低。

（三）电流监视的基本要求

额定电流值是设备运行的关键性参数。运行电流的大小，是判断设备运行状态的重要依据，因此，电流也是运行监视的重要内容之一。

（1）通过电流表指示或电流遥测值监视设备的运行电流应在允许范围之内。

（2）当设备运行电流超出允许范围时，应及时汇报调度，并按照调度指令和现场运行规程规定进行处理。

（3）在设备超额定电流运行期间，应加强对电流变化情况和设备运行温度的监视。对变压器（电抗器）等充油设备还应加强对上层油温、温升和油位的监视。

（4）变压器在超额定电流运行时，应根据现场运行规程的规定和上层油温变化情况，增加冷却器运行组数、开启备用或全部冷却器运行。

（5）设备导电回路或冷却系统存在缺陷时，不应超额定电流运行。

（6）设备超额定电流运行时应做好记录。变压器在短期急救负载运行期间，不但要详细记录负载电流大小、持续时间、上层油温变化等情况，还应计算该运行期间变压器绝缘的相对老化率。

（7）油浸式电力变压器的超额定电流运行应遵守 GB/T 15164—1994《油浸式电力变压器负载导则》有关规定。根据 DL/T 572—1995《电力变压器运行规程》的规定，大型油浸式电力变压器的短期急救负载运行时间一般不宜超过 0.5h，此时的允许负载系数 K_2（变压器的负载电流与额定电流的比值）见表 ZY1100201002-1。

表 ZY1100201002-1　大型油浸式电力变压器 0.5h 短期急救负载的负载系数 K_2 表

变压器类型	短期急救负载出现前的负载系数	环境温度（℃）							
		40	30	20	10	0	−10	−20	−25
大型变压器（冷却方式 OFAF 或 OFWF）	0.7	1.50	1.50	1.50	1.50	1.50	1.50	1.50	1.50
	0.8	1.50	1.50	1.50	1.50	1.50	1.50	1.50	1.50
	0.9	1.48	1.50	1.50	1.50	1.50	1.50	1.50	1.50
	1.0	1.42	1.50	1.50	1.50	1.50	1.50	1.50	1.50
	1.1	1.38	1.48	1.50	1.50	1.50	1.50	1.50	1.50
	1.2	1.34	1.44	1.50	1.50	1.50	1.50	1.50	1.50

续表

变压器类型	短期急救负载出现前的负载系数	环境温度（℃）							
		40	30	20	10	0	−10	−20	−25
大型变压器（冷却方式ODAF或ODWF）	0.7	1.45	1.50	1.50	1.50	1.50	1.50	1.50	1.50
	0.8	1.42	1.48	1.50	1.50	1.50	1.50	1.50	1.50
	0.9	1.38	1.45	1.50	1.50	1.50	1.50	1.50	1.50
	1.0	1.34	1.42	1.48	1.50	1.50	1.50	1.50	1.50
	1.1	1.30	1.38	1.42	1.50	1.50	1.50	1.50	1.50
	1.2	1.26	1.32	1.38	1.45	1.50	1.50	1.50	1.50

三、额定频率的基本概念

（一）额定频率

额定频率是指国家标准规定的交流电频率。我国电力系统交流电网的额定频率为50Hz。

频率偏差是指系统频率的实际值与标称值之差。

根据国家标准GB/T 15945—2008《电能质量 电力系统频率允许偏差》的规定：电力系统正常频率偏差允许值为±0.2Hz。当系统容量较小时，偏差值可以放宽到±0.5Hz。

用户冲击负荷引起的频率变动一般不得超过±0.2Hz，根据冲击负荷性质和大小以及系统的条件也可适当调整限值，但应保证电力网、发电机组和用户的安全、稳定运行以及正常供电。

（二）超额定频率运行的危害

（1）电力系统中有大量以电磁感应原理工作的电气设备，例如变压器、电抗器、互感器等，其感应电压的大小与频率成正比。

如果电网的频率升高，则变压器的其他绕组感应出的电压将高于额定电压；相反，如果电网的频率降低，则变压器二、三次绕组感应出的电压将低于额定电压。严重时，将会影响设备正常运行。

（2）电力系统还有大量电动机等旋转设备，这些设备的转速与频率成正比。当电源频率升高时，电机的转速变快，当频率降低时，其转速减慢。这不仅对设备的安全运行带来危害，还会严重影响生产效率和产品质量。

（3）系统频率升高还会带来供电网络损耗增大，运行成本增加。由于变压器等设备的空载损耗与频率成正比。频率升高，铁芯材料的磁滞损耗增加。还由于交流电流在导体中流动的集肤效应也与频率有关，当系统频率升高时，输电线路的导线以及其他设备导体的电流分布更不均匀，靠外层的电流密度更大，增加了电能传输过程的损耗。

（三）频率监视的基本要求

电力系统频率变化是由于电源与负荷，即动力与负载失去平衡而引起的。例如发电机组突然甩负荷等。当发生电网事故解列时，甩掉负荷的电网的发电机由于动力大于负载，发电机的转速升高而造成电网频率升高。反之，突然大量增加负荷的电网，由于动力小于负载，发电机的转速下降而造成电网频率降低。因此，保持频率稳定的方法就是设法保持电源与有功负荷的平衡。

当运行值班人员发现系统频率升高时，应及时向值班调度汇报，做好运行记录，并继续监视频率变化以及本站设备的运行情况。

【思考与练习】

1. 变电站母线电压偏差有何规定？对电压的监视有哪些要求？
2. 在你运行值班中曾遇到的电压异常有哪些现象？原因和处理结果如何？
3. 设备过电流运行有何危害？对电流监视的基本要求有哪些？
4. 系统频率变化主要由哪些原因引起？频率监视应注意什么？

模块3　电压、电流、频率异常判断分析和处理（ZY1100201003）

【模块描述】本模块介绍电压升高或降低、电压不对称或不稳定及电流越限的分析判断等内容。通过异常现象描述、判断、分析、处理方法的讲解，掌握根据运行监视信息正确判断电压、电流异常，并掌握异常处理基本方法。

【正文】

一、电压异常判断分析和处理

（一）电压异常构成一类障碍和事故的标准

根据《国家电网公司电业生产事故调查规程》规定，系统电压偏差超出以下范围，分别构成一般电网事故和电网一类障碍。

1. 电压异常构成障碍的规定

电压监测控制点电压超出电网调度规定的电压曲线值±5%，且延续时间超过 1h；或偏差超出±10%，且延续时间超过 30min，则构成电网一类障碍。

2. 电压异常构成事故的规定

电压监测控制点电压超出电网调度规定的电压曲线值±5%，且延续时间超过 2h；或偏差超出±10%，且延续时间超过 1h，则构成一般电网事故。

（二）电压异常的现象

电压异常的常见现象有：电压升高、电压降低、三相电压不平衡和电压波动等。

1. 电压升高

电压升高是常见的运行异常，例如长距离线路跳闸后线路末端电压升高、夜间轻负荷期间母线电压升高等。

电压升高由电压表指示或电压遥测显示进行监视。当电压升高数值达到或超过设定的越限报警值时，中央信号系统或综自系统后台会发出电压升高报警音响信号和光字信号。

2. 电压降低

运行电压降低经常发生在电力系统重载、系统无功容量不足、电网事故等运行方式期间，例如变压器满载而且系统功率因数较低时，负荷侧母线电压会降低；电网事故解列，某区域电网无功严重不足时，电压会大幅度降低，有时会达到危险的程度。

运行电压降低由电压表指示或电压遥测显示进行监视。当电压降低数值达到或超过设定的越限报警值时，中央信号系统或综自系统后台会发出电压降低报警音响信号和光字信号。

3. 三相电压不平衡

这里阐述的三相电压不平衡是指电网正常运行时，由不平衡负载或其他原因引起的电压不平衡，电网非全相运行引起的三相电压不平衡不属于本模块内容范畴。

三相电压不平衡的现象通过监视电压表显示或遥测值可以发现。

当三相电压不平衡比较严重时，通过变压器、电抗器、电压互感器、电动机等设备运行的声音也能发现异常。

4. 电压波动

电压波动的现象包括电压表指示或电压遥测值上下摆动，照明灯光忽明忽暗，电动机转速不稳定等。

（三）电压异常分析

1. 电压升高

母线电压升高一般发生在低谷负荷时间区段，例如夜间或节假日等。当电网发生事故突然甩负荷时，也会引起电压升高。电压升高的主要原因是电网无功功率过剩。例如变压器轻负荷时母线上的并联电容器组未撤运，变压器分接头位置不合理，长距离轻负荷输电线路充电功率过剩等。

2. 电压降低

（1）系统正常运行期间的母线电压降低，一般发生在高峰负荷时间区段，例如电网早高峰和晚高峰时，由于高峰负荷时流过输电线路等设备的电流大，一方面供电设备的电压损失增加，另一方面，在电网高峰负荷时，系统功率因数较低，缺少无功功率。例如变压器重负荷时，母线上的并联电容器组未投运或容量不足，电网长距离输送无功功率，变压器分接头位置不合理等。

（2）系统正常运行期间的电压降低除缺少无功功率原因外，供电距离超过合理的供电半径、输电线路导线截面太小等也会造成电压损失增加，引起电压降低。

（3）运行电压的突然降低一般由事故引起，例如系统发生短路、接地故障时，系统电压会突然出现大幅度的降低；电网事故解列后，部分区域电网缺少大量无功功率，引起运行电压降低等。

3. 三相电压不平衡

在中性点有效接地的交流系统中，三相电压不平衡一般由三相负载不平衡引起。因为三相负载不平衡时，由电源流经输电线路、变压器等供电设备到负载的三相电流也不对称，电流大的相在供电设备上的电压损失大，电流小的相电压损失小。

4. 电压波动

母线电压波动一般由大功率的冲击负荷引起。例如冶炼企业的电弧炉、大功率电动机启动等。这些负荷的特点是电流不稳定，引起了母线电压的波动较大。

系统故障时也会引起电压波动，例如系统发生振荡、局部谐振等。

当系统振荡发生时，变电站的电流表、电压表、频率表等测量表计或遥测数据显示均会有规律地剧烈摆动和变化，指示仪表的指针一般会从零摆到最大值。

（四）电压异常处理

1. 电压升高处理

当母线电压升高时，首先应进行分析判断，针对不同的电压升高原因采取不同的处理措施。

（1）当电压升高值超过调度下达的电压曲线或超过额定电压的10%时，应立即向调度汇报电压升高情况，按调令进行处理。并应继续加强对电压的监视，必要时，检查本站设备运行情况。

（2）如果由于系统无功功率过剩，引起母线电压升高时，应首先切除母线上的并联电容器组。此时，如果电压仍然偏高、无功功率过剩，应投入并联电抗器。

（3）如果母线电压升高不是由于系统无功功率过剩引起时，应调整变压器有载调压分接头到合理的位置，降低母线电压。

（4）当本站采取投切无功设备、调整变压器有载调压分接头等措施后，仍然无法将电压降低到合格范围之内时，应汇报调度处理。

2. 电压降低处理

当母线电压降低时，同样首先应进行分析判断，然后针对不同的电压降低原因采取相应的处理措施。

（1）当电压降低值超过调度下达的电压曲线或超过额定电压的10%时，应立即向调度汇报电压降低情况，按调令进行处理。并继续加强对电压的监视。

（2）如果由于系统无功功率不足引起母线电压降低时，应首先切除母线上的并联电抗器。此时，如果电压仍然偏低、无功仍然不足，应投入并联电容器组。

（3）如果母线电压降低不是由于系统无功功率不足引起时，应调整变压器有载调压分接头到合理的位置，提高母线电压。

（4）当本站采取投切无功设备、调整变压器有载调压分接头等措施后，仍然无法将电压控制在合格范围之内时，应汇报调度处理。

（5）如果电压降低的原因是由于供电半径太大或输电线路导线截面太小造成时，则应通过电网改造合理减小供电半径和增大导线截面等措施解决。

3. 电压不平衡处理

当发现系统三相电压不平衡值超过允许范围，且非本站设备原因造成时，应分别汇报调度和主管部门，做好运行记录。

如果排除了三相负载不平衡的因素，即电压不平衡不是由于负载不平衡引起时，应首先检查确认电压测量元件和回路、表计等是否完好，测量误差是否在允许范围内。必要时应检查电压互感器变比和误差是否存在问题等。如果调整变压器调压开关分接头后出现三相电压不平衡，则应检查确认变压器调压开关分接头三相位置是否一致、变压器三相变比是否相同等。

4. 电压波动处理

（1）当运行电压波动时，应首先判断出现电压波动的原因是由系统引起还是本站设备原因引起。

（2）如果电压波动由接入系统的冲击负荷引起时，应加强电压监视，检查无功补偿设备、有载调压变压器的分接头应运行在合理的方式和位置。当有载调压变压器的分接头动作过于频繁时，应将其控制装置由“自动”切换到“手动”方式。

（3）如果电压波动是由于本站设备操作原因引起谐振时，应通过投、退设备操作破坏谐振条件。

（4）如果电压波动原因不是由系统引起时，应检查电压测量回路、变送器、表计等是否完好；检查电压互感器外观、声音、引线等有无异常。检查变压器运行声音、绝缘油色谱在线检测数据有无异常等。

（5）当系统振荡时，值班人员应认真监视设备的运行状况，并及时向调度汇报发生振荡的情况，按调令进行处理；如在振荡过程中有馈线断路器或变压器因故跳闸，应及时汇报调度，按调令进行处理。

二、电流异常判断分析

（一）电流异常的现象

设备运行电流异常的现象主要有电流越限、电流不稳定、三相电流不平衡等。

1. 电流越限

所谓电流越限是指设备的运行电流超过了其额定值，一般由设备过负荷引起。电流越限的主要现象是电流的测量值超过该设备的额定值，与电流有关的测量值也相应增大，接近或超过其额定值。

（1）变压器超额定电流运行。变压器的负载状态分为三类，即：变压器在额定使用条件下运行的正常周期性负载；变压器超过额定电流幅值较小的长期急救周期性负载；变压器超额定电流倍数较大的短期急救负载。

变压器超额定电流运行是指所带负荷电流超过其任一侧绕组额定电流。主要表现是变压器的电流测量值超过额定值，变压器过负荷信号启动，变压器的声音增大，且呈沉重的“嗡嗡”声。

（2）输电线路过负荷。输电线路过负荷的现象是电流测量值超过该线路高频阻波器、电流互感器或线路导线的额定电流值。由于大电流引起导线发热，从外观检查可以发现导线弧垂较正常运行时增大。

（3）电流互感器过电流。电流互感器过电流可以通过电流表或电流遥测值发现。此时，互感器的声音也会明显增大。

2. 电流不稳定

电流不稳定的现象表现为电流、有功功率、无功功率的测量值不稳定、跳跃或时有时无。

3. 三相电流不平衡

三相电流不平衡的现象表现为三相电流测量值不一致，严重时会引起差动等保护出现启动等信号。

（二）电流异常分析

1. 电流越限分析

（1）变压器超额定电流运行分析。变压器超额定电流运行是由于变压器的负载超过额定值、过励磁或运行电压过低等原因造成。

由于变压器的负载损耗与电流的平方成正比，因此，随着变压器过载倍数的增加，其负载损耗将大幅增加，由此引起的发热，将使变压器绕组的热点温度升高、油温上升，加速绝缘材料和油老化，严重时可能引起变压器轻瓦斯动作，甚至造成变压器损坏事故。除此之外，变压器过电流运行，还会造成电气接点发热，降低设备运行的可靠性，甚至引发事故。

（2）输电线路过负荷分析。输电线路过负荷的主要表现为过电流。因为线路损耗与电流的平方成正比，线路的电流增大，将大幅增加线路损耗。导线的温度升高还会引起接点过热、导线弧垂增大，降低线路运行的可靠性，甚至引发事故。

（3）电流互感器过电流分析。按照电流互感器的技术标准，在 120%额定电流时其误差仍然应在准确等级范围之内。但电流过大时一般会引起电气接点和互感器自身发热，尤其是浇注式固体绝缘互感器，其散热能力较差，热容量较小，由此引起的互感器损坏事故比较多见。因此，应避免电流互感器过电流运行。事故运行方式下，也应控制其过电流运行的倍数在120%额定电流范围之内，并尽量缩短过电流运行的时间。

2. 电流不稳定分析

电流不稳定的原因一般由大的冲击负荷、大型电机设备启动等引起，例如电弧炉等负载、大功率异步电动机启动等。电流不稳定也可能由于系统振荡、谐振或电流互感器故障引起。具体应根据现场情况分析判断。

3. 三相电流不平衡分析

三相电流不平衡一般由负载不平衡引起，例如电力机车通过、负载不对称等。

（三）电流异常处理

设备运行电流异常时，首先应及时汇报调度，分析判断出现异常的原因，加强对设备的巡视检查、测温和监视，并做好运行记录。

1. 变压器超额定电流运行处理

变压器超额定电流运行的主要原因是过负荷运行，处理方法：

（1）变压器超额定电流运行时，应首先汇报调度，检查变压器油温、油位、温升、冷却系统运行情况等。

（2）投入并联电容器组，提高功率因数，最大限度达到无功就地平衡。

（3）如果确实由于负荷过大，且持续时间较长，则有备用变压器时，应投入备用变压器。

（4）通过调度调整运行方式，转移负荷。

（5）如果采取各种措施仍然无法将负荷控制在现场规程规定的允许范围之内，且对变压器的安全运行有不良影响时，应通过调度限负荷。

2. 输电线路过负荷处理

输电线路过电流运行主要由过负荷引起，一般通过调度调整电网运行方式、转移或限负荷等方法，可将电流控制在允许范围之内。

输电线路过负荷运行时，应对该间隔设备进行特殊巡视，对设备接点进行红外测温，加强对电流的监视，并做好相应记录。

3. 电流互感器过电流处理

电流互感器过电流应通过调度调整负荷，尽快将电流限制到额定值范围之内。同时，应检查设备接点有无发热，检查互感器的油位、SF_6气体密度、设备外观等有无异常。

4. 电流不稳定处理

如果运行电流不稳定不是由冲击负荷或大功率异步电机设备启动等外部原因引起时，且只有电流值不稳定，而功率测量值并不随之变化时，应首先检查判断电流值及电流测量回路是否故障；如果电流、功率测量值同时变化时，应检查电流互感器二次回路、测量回路有无异常。否则应检查电流互感器是否正常。多回路测量值同时变化时，应检查变压器的声音和输出电流、功率是否正常等。

在检查测量回路时，应采取防止电流互感器二次绕组开路产生高电压的措施。

5. 三相电流不平衡处理

首先应检查判断三相电流不平衡是否由电流互感器、测量回路、表计及测量装置等原因引起。如果由负荷原因引起，则建议对接入该回路的负荷重新进行调整；如果由于本站设备或测量回路原因引起时，应立即上报缺陷，并督促尽快处理。

当三相负载电流不平衡时，应监视最大一相的电流不超过设备的额定值。

三、频率异常分析判断

频率异常处理属电力系统运行和异常处理的范畴，在此仅需了解一些概念。330kV变电站一般作为系统频率的监视点之一，运行值班应监视电网频率是否正常，当发现异常时应及时向调度汇报，做好相应记录。

频率偏差是指系统频率的实际值与标称值之差。根据《国家电网公司电业生产事故调查规程》规定，系统频率偏差超出以下范围，分别构成一般电网事故和电网一类障碍。

（一）频率异常构成电网一类障碍的规定

1. 装机容量在3000MW及以上电网

（1）频率超出（50±0.2）Hz，且延续时间20min以上；

（2）频率超出（50±0.5）Hz，且延续时间10min以上。

2. 装机容量在3000MW以下电网

（1）频率超出（50±0.5）Hz，且延续时间20min以上；

（2）频率超出（50±1）Hz，且延续时间10min以上。

（二）频率异常构成一般电网事故的规定

1. 装机容量在3000MW及以上电网

（1）频率超出（50±0.2）Hz，且延续时间30min以上；

（2）频率超出（50±0.5）Hz，且延续时间15min以上。

2. 装机容量在3000MW以下电网

（1）频率超出（50±0.5）Hz，且延续时间30min以上；

（2）频率超出（50±1）Hz，且延续时间15min以上。

（三）频率异常分析和处理

1. 频率异常分析

电力系统频率变化是由于动力与负载失去平衡而引起的。因此，保持频率稳定的方法就是设法保持电源与有功负荷的平衡。

为了保证频率运行稳定，防止电网发生频率崩溃造成系统瓦解事故，通常系统内部留有一定容量的旋转备用发电机，而且在变电站装设了低频减载装置。在发生事故需要增加系统出力时，旋转备用容量迅速投入运行。如果频率继续降低时，低频减载装置分别按轮次切除负荷，保持电源与有功负荷的平衡，防止频率进一步下降。因此，变电站的低频减载装置，应保证其状态良好，并按规定投入运行。

2. 频率异常的处理

（1）当电网频率出现异常时，值班员应加强电网频率和本站设备运行监视，及时向调度汇报频率异常情况。

（2）当变电站安装有低频减载装置，而在电网发生频率下降未正确动作时，在一般情况下，值班人员应在核对无误后立即手动断开低频减载装置控制的线路，并汇报调度。具体应按调度规程规定和调令进行处理。事后应及时上报低频减载装置缺陷，督促尽快消缺。

（3）当系统频率降低引起低频减载装置动作跳闸时，值班员应立即向调度汇报保护动作和跳闸情况，按调令进行处理。不允许擅自将低频减载装置动作跳闸设备投入运行。

【思考与练习】

1.《国家电网公司电业生产事故调查规程》关于电压异常构成电网一类障碍和一般电网事故的规定是什么？

2. 造成系统电压升高和电压降低的原因分别有哪些？电压升高和电压降低应如何处理？

3. 电流异常有哪些现象？变压器超额定电流运行时应如何处理？

4. 系统频率异常的原因是什么？频率异常时值班员应如何处理？

模块4　有功、无功监视（ZY1100201004）

【模块描述】本模块介绍设备额定功率的基本概念。通过概念描述、要点讲解，掌握有功、无功监视标准。

【正文】

在电力系统中，用户所需要的并不是电压和电流本身，而是伴随着电压、电流的电磁场能量，即电能。用以衡量电能转换速率的物理量称为功率，其数值等于单位时间内所转换的电能。

一、设备额定功率的概念

功率分为有功功率、无功功率和视在功率，它们都是电力系统和设备运行的重要技术参数，也是运行监视的重要内容。

1. 有功功率

在直流电路中，有功功率是电阻所消耗的功率，其数值等于电阻两端施加的电压与流过电阻电流的乘积。

$$P = IU \qquad \text{(ZY1100201004-1)}$$

式中 P——有功功率，W；

U——电压，V；

I——电流，A。

在正弦交流电路中某一瞬间所吸收或释放的功率称为瞬时功率。瞬时功率在一个周期内的平均值称为平均功率，简称功率。同样，正弦交流电路中电阻元件上消耗的平均功率为有功功率。其数值等于

$$P = IU\cos\varphi \qquad \text{(ZY1100201004-2)}$$

式中 U——电压的有效值，V；

I——电流的有效值，A；

P——功率的有效值，W；

$\cos\varphi$——功率因数。

三相变压器和输电线路等设备的有功功率等于

$$P = \sqrt{3}IU\cos\varphi \qquad \text{(ZY1100201004-3)}$$

以有功功率表示其容量的发电机、电动机等设备，运行中应监视其有功功率不超过额定值。

2. 无功功率

无功功率是在具有电感和电容元件的交流电路中，电感的磁场或电容的电场在一个周期内的一部分时间内从电源吸收能量，另一部分时间内将能量返回电源，在整个周期内平均功率为零，也就是没有能量消耗，其能量是在电源和电感或电容之间来回交换的。这个交换的功率值，称为无功功率。其数值等于

$$Q = IU\sin\varphi \qquad \text{(ZY1100201004-4)}$$

式中 U——电压的有效值，V；

I——电流的有效值，A；

Q——无功功率，var；

φ——相位角。

三相变压器和输电线路等设备的无功功率等于

$$Q = \sqrt{3}IU\sin\varphi \qquad \text{(ZY1100201004-5)}$$

并联电容器、电抗器等无功设备的三相无功功率等于

$$Q = \sqrt{3}IU \qquad \text{(ZY1100201004-6)}$$

以无功功率表示其容量的并联电容器、电抗器等无功设备，运行中应监视其无功功率不超过额定值。

3. 视在功率

在交流电路中，电压与电流的乘积称之为视在功率。

$$S = IU \qquad \text{(ZY1100201004-7)}$$

式中 U——电压的有效值，V；

I——电流的有效值，A；

S——视在功率，var。

三相设备的视在功率等于

$$S=\sqrt{3}IU \quad \text{（ZY1100201004-8）}$$

有功功率、无功功率和视在功率也可以用一个直角三角形来表示，被称之为功率三角形，根据功率三角的关系可得

$$S^2=P^2+Q^2 \text{ 或 } S=\sqrt{P^2+Q^2} \quad \text{（ZY1100201004-9）}$$

以视在功率表示其容量的变压器、消弧线圈等设备，运行中应加强对其视在功率的监视。

4. 功率因数

在交流非线性负载电路中，电压与电流之间有一个相位差φ，称为功率因数角，$\cos\varphi$称为功率因数。在感性电路中电流落后于电压，$\varphi>0$，Q 为正值。而在容性电路中，电流超前于电压，$\varphi<0$，Q 为负值。功率因数$\cos\varphi$是有功功率与视在功率的比值，即

$$\cos\varphi=\frac{P}{S} \quad \text{（ZY1100201004-10）}$$

二、有功功率监视

有功功率一般包括各条输电线路的有功功率、各台变压器的有功功率等。常规变电站的有功功率由有功功率表显示，综合自动化变电站的有功功率由遥测值显示。

有功功率监视是系统潮流和设备负荷水平监视的重要组成部分。通过对有功功率的监视，可以掌握设备运行的基本状态。

1. 系统潮流监视

系统潮流监视的主要内容是系统潮流方向监视、系统联络线是否过负荷和超过稳定水平的监视。

一般情况下，系统输送容量的动稳定水平、静稳定水平是以有功功率监视和控制的。因此，监视系统联络线路的输送功率，尤其是高峰负荷或特殊运行方式下的有功功率监视，是保证电网稳定运行的重要任务之一。

2. 设备负荷监视

虽然在一般情况下，设备是否过负荷主要是通过电流监视的，但往往通过电压、电流、有功功率等参数结合，进一步判断设备是否确已达到或超过额定参数运行。

三、无功功率监视

无功功率一般包括各条输电线路的无功功率、各台变压器的无功功率、各电容器组的无功功率、各电抗器的无功功率等。常规变电站的无功功率由无功功率表显示，综合自动化变电站的无功功率由遥测值显示。

无功功率监视是系统经济运行的重要内容，也是系统无功调整的重要依据。

1. 无功潮流监视

无功功率平衡的原则是分层分区就地平衡，避免不同地区无功功率的长距离、大容量输送。同时要避免不同电压之间无功功率的大量穿越。否则会增加电能损耗，降低电压质量和设备利用率。

330kV 变电站并联电抗器、并联电容器组，分别用于补偿系统容性无功功率和变压器的励磁感性无功功率。有长距离输电线路的变电站一般还装有高压并联电抗器，用于补偿输电线路的充电功率，限制空载线路末端电压升高。

安装有无功补偿设备的变电站，应认真监视无功负荷的变化情况，当系统缺少无功或无功过剩时，应及时投切电容器。当电容器组全部切除后无功仍然过剩时，应投入并联电抗器。

2. 设备无功负荷监视

并联电容器组、并联电抗器等设备的无功负荷与其运行电压成正比。当系统电压超过无功设备的额定电压时，设备会过负荷运行。因此，对运行中的无功设备应加强无功负荷监视，当过负荷运行时，应及时向调度汇报，按调度指令进行处理。

【思考与练习】

1. 变电站的并联电抗器、电容器和高压并联电抗器分别起何作用？
2. 系统潮流监视有何意义？潮流监视应注意什么？
3. 无功功率平衡的原则有哪些？无功功率平衡的意义是什么？如何进行变电站无功功率平衡？
4. 有功功率监视和无功功率监视的目的是什么？功率监视有哪些注意事项？

模块 5 有功、无功分析判断和处理（ZY1100201005）

【模块描述】本模块介绍有功平衡和无功平衡的基本概念。通过概念讲解、信息分析，掌握有功、无功平衡知识，能根据有功、无功平衡分析判断异常并处理。

【正文】

功率监视是运行监视的主要内容之一，通过对功率测量数据的监视，可以掌握系统负荷潮流的变化和设备运行的基本状况，分析运行方式是否经济、合理，判断设备运行状态是否正常，能及时发现设备过负荷以及互感器变比等测量装置异常和缺陷。

一、有功功率平衡

1. 母线有功功率平衡

通过计算变电站的母线有功功率平衡，可以及时发现测量装置和回路的缺陷。变电站的输入有功功率应等于输出有功功率加上本站变压器等设备的有功损耗。因为本站设备的有功损耗相对所输送的有功功率所占的比例较小，因此全站的输入有功功率基本上与输出有功功率基本相等，即

$$\sum P_r \approx \sum P_c \quad \text{(ZY1100201005-1)}$$

式中 P_r——母线输入的有功功率；

P_c——母线输出有功功率。

如果发现母线输入与输出的有功功率差异较大时，应分析判断原因。

2. 主变压器有功功率平衡

变压器并列运行时，其负荷分配与阻抗成反比，阻抗小的变压器承担较大的负荷，而阻抗大的变压器承担较小的负荷。因此运行中应防止阻抗值小的变压器超额定电流运行。

330kV 变电站各台主变压器的参数一般基本相同，并列运行时，其负荷分配比较均匀。如果不同阻抗的变压器并列运行时，应按实际阻抗进行负荷分配计算，得出负荷分配的比例或曲线，以便运行监视。

如果发现并列运行的变压器负荷分配不成比例或比例发生变化时，应引起重视，及时分析查找原因和处理。

二、无功功率平衡

无功功率平衡的原则是分层分区就地平衡，避免不同地区无功功率的长距离、大容量输送。同时要避免不同电压之间无功功率的大量穿越。

理想的状况是母线无功功率为自然平衡，就是既不从系统吸收无功功率，也不向系统输送无功功率。但在电力系统实际运行中，少量的无功穿越总是难免的。

1. 母线无功功率平衡

母线无功功率平衡也可以进行计算，通过计算可以及时发现设备或无功测量回路及装置的缺陷。

母线输入的无功功率应等于母线输出的无功功率。值得注意的是，无功功率有感性无功和容性无功之分，在计算时应将感性无功作为正无功，容性无功作为负无功。

变电站的感性无功和容性无功是否平衡是运行监视的重要内容之一，330kV 变电站的无功平衡受系统运行方式的影响，靠本站设备调节一般难以达到就地平衡。但合理投切无功设备，使其发挥最大效益，是运行人员的职责。

2. 设备无功功率平衡

通过比较本站的同容量无功设备运行时实际无功功率的大小，可以判断设备运行是否正常。例如

同一母线上多组同容量的并联电容器组，其中串联电抗百分数相同的电容器组，运行时其无功功率应基本相同。如果出现明显差异时，应及时分析和查找原因。

三、功率异常现象及分析

1. 变比错误

有功功率测量和无功功率测量，都需要接入被测量设备的电压和电流，高压设备的电压和电流取自于互感器的二次绕组。因此，功率测量的正确性既与电压互感器的变比有关，也与电流互感器的变比有关。如果接入测量装置的电压或电流变比与设备的实际变比不符时，将会直接造成测量结果的错误。一般情况下，电压互感器的变比单一，发生电压回路变比错误比较少见。但电流互感器一般采用多变比，有时测量与保护选用的变比不一致，因此，发生变比错误的概率相对较高。

新投运设备、更换互感器或测量回路工作后，如果发现有功功率测量异常时，应首先分析是否与互感器的变比有关。如果误差与互感器变比接错倍率相符，应检查接入测量绕组的变比是否与设备的实际变比一致。如果存在问题，应及时进行处理。

2. 接线错误

功率测量装置接线错误是造成功率测量异常的常见原因之一。例如电压或电流回路极性接错、相序接反等。

3. 测量误差超标

测量误差超标一般在使用电测仪表的常规变电站比较多见。因为电测仪表的测量精度较低，而且指针式仪表自身超差故障率较高。变电站电测仪表的精度规定为：交流电流表、交流电压表及功率表为1.5～2.0级；直流电流表、直流电压表为1.5级；频率表为0.5级。

综合自动化变电站使用的测量设备的精度较高，一般测量互感器的精度选用0.2级或0.5级，遥测变送器的精度也在0.5级或更高。因此，该类变电站由测量误差引起的功率不平衡比较少见。

有功功率表测量误差是否超标最终应通过仪表校验确定。一般情况下，测量误差较大时，通过表计监视可以发现。例如进行负荷接近的设备功率测量值比对，根据电流、电压、有功功率无功功率测量值进行计算等。

4. 功率表自身故障

功率表自身或回路故障也是引起测量误差的主要原因之一。回路原因主要有电压或电流回路开路、短路，回路绝缘不良，仪表内部线圈或其他元件烧毁等；功率表自身故障有摩擦太大、指针或其他可动体卡涩、可动部分不平衡、游丝疲劳、仪表内部元件松动或损坏等。

5. 一次设备异常

除了功率测量回路和仪表自身原因能引起功率测量异常外，一次设备的故障也能通过功率监视发现。例如小车开关某一相未合到位或其他原因造成的一次回路断线；互感器绕组匝间短路或其他原因造成的变比改变等。

6. 功率指示摆动

功率测量值不稳定、上下摆动一般有冲击性负荷、系统振荡等原因引起。

（1）大功率电动机启动。大功率电动机启动时，回路电流和功率测量值同时达到最大值，其后逐渐衰减到稳定值。母线电压测量值则由电机启动时突然降低，其后逐渐恢复到正常值。

（2）冲击性负荷。电弧炉等大功率冲击性负荷运行往往会影响母线电压测量值、回路电流和功率测量值的摆动。其主要特点是间歇性的，负荷增加时电流和功率测量值摆动到最大，其后逐渐衰减恢复到正常值。经过一定的时间间隔，新的一轮冲击又出现。

电力机车等不平衡冲击性负荷也会引起功率测量值摆动，特点是机车在该供电区段运行时，电流和功率测量值同时持续增大，机车过后恢复正常。

（3）系统振荡。发生系统振荡时，频率、电压、电流、功率等测量值同时周期性大幅度摆动，振荡结束后，随之恢复正常。

四、功率异常的处理

当发现功率异常时，应首先分析判断原因，确定是属于测量装置或回路原因、一次设备原因还是系统原因，然后针对不同原因采取相应的处理措施。

1. 测量装置的异常

测量装置自身故障或回路缺陷引起功率测量异常时，应做好缺陷记录，按缺陷管理程序上报缺陷，由专业人员进行处理。在检查功率测量回路时，应防止电压回路短路和电流回路开路。

2. 一次设备故障

当怀疑一次设备故障造成功率测量值异常时，应认真检查被怀疑设备的运行状况，重点检查设备的声音、温度、气味、振动、接线、接地等外观运行有无异常，电压、电流等测量值是否正常等。

发现一次设备故障引起功率测量值异常时，应做好缺陷记录，按缺陷管理程序上报缺陷，由专业人员进行处理。

3. 冲击性负荷

当确定功率测量值摆动的原因是由冲击性负荷引起，且摆动幅值在允许范围之内，不影响其他用户的正常用电时，则应按正常运行状态对待。在冲击性负荷较大的时间区段应对有关设备进行特殊巡视。

4. 系统振荡

因系统振荡等原因引起功率测量值异常时，应及时向调度汇报，并加强对设备运行参数的监视，对有关设备进行特殊巡视检查。

【思考与练习】

1. 母线有功功率存在何种平衡关系？运行监视对分析母线功率平衡有何意义？
2. 你在运行值班时曾遇到过哪些功率异常现象？原因和处理结果如何？
3. 遇到功率异常时应如何处理？检查功率测量回路是否存在异常有哪些注意事项？
4. 以本站某时间断面的实际无功功率为例，计算并说明无功功率平衡关系。

模块6 电能计量监视（ZY1100201006）

【模块描述】本模块介绍电能计量监视内容、方法和要求。通过分类概述、方式讲解、计算分析，能判断电能计量装置和回路是否存在异常。

【正文】

电能是工农业生产和人民日常生活的主要能源，对电能的准确计量，是电力供应过程中的关键环节。本模块主要内容有电能计量装置的分类、校验和轮换周期、母线电量不平衡率计算以及电能计量装置运行监视等内容。

一、电能计量装置分类和要求

（一）电能计量装置分类

电能计量装置一般包括各种类型电能表、计量用电压和电流互感器及其二次回路、电能量采集装置和远方终端、电能计量柜（箱）等。按照DL/T 448—2000《电能计量装置技术管理规程》有关规定，电能计量装置按其电能量的多少和计量对象的重要程度分为五类进行管理。

1. Ⅰ类电能计量装置

（1）计量对象：月平均用电量500万kWh及以上或变压器容量为10 000kVA及以上的高压计费用户、200MW及以上发电机、发电企业上网电量、电网经营企业之间的电量交换点、省级电网经营企业与其供电企业的供电关口计量点。

（2）计量设备配备等级：有功电能表0.2S或0.5S级、无功电能表2.0级，电压互感器0.2级，电流互感器0.2S级或0.2级（0.2级电流互感器仅指发电机出口电能计量装置中配置）。

2. Ⅱ类电能计量装置

（1）计量对象：月平均用电量100万kWh及以上或变压器容量为2000kVA及以上的高压计费用户、100MW及以上发电机、供电企业之间的电量交换点。

（2）计量设备配备等级：有功电能表0.5S或0.5级、无功电能表2.0级，电压互感器0.2级，电流互感器0.2S级或0.2级（0.2级电流互感器仅指发电机出口电能计量装置中配置）。

3. Ⅲ类电能计量装置

（1）计量对象：月平均用电量 10 万 kWh 及以上或变压器容量为 315kVA 及以上的计费用户、100MW 以下发电机、发电企业厂（站）用电量、供电企业内部用于承包考核的计量点、考核有功电量平衡的 110kV 及以上的送电线路。

（2）计量设备配备等级：有功电能表 1.0 级、无功电能表 2.0 级，电压互感器 0.5 级，电流互感器 0.5S 级。

4. Ⅳ类电能计量装置

（1）计量对象：负荷容量为 315kVA 以下的计费用户、发供电企业内部经济技术指标分析、考核用。

（2）计量设备配备等级：有功电能表 2.0 级、无功电能表 3.0 级，电压互感器 0.5 级，电流互感器 0.5S 级。

5. Ⅴ类电能计量装置

（1）计量对象：单相供电的电力用户。

（2）计量设备配备等级：有功电能表 2.0 级，电流互感器 0.5S 级。

（二）电能表换验周期

（1）Ⅰ类电能表至少 3 个月现场校验 1 次，轮换周期为 5～6 年。

（2）Ⅱ类电能表至少 6 个月现场校验 1 次，轮换周期为 5～6 年。

（3）Ⅲ类电能表至少每年现场校验 1 次，轮换周期为 5～6 年。

（4）Ⅳ类电能表轮换周期为 5～6 年。

（5）Ⅴ类电能表轮换周期为 10 年。

（6）新投运或改造后的Ⅰ、Ⅱ、Ⅲ、Ⅳ类高压电能计量装置应在　个月内进行首次现场检验。

（三）电能计量装置的接线

1. 电能计量装置的接线方式

（1）接入中性点绝缘系统的电能计量装置，应采用三相三线有功、无功电能表。接入非中性点绝缘系统的电能计量装置，应采用三相四线有功、无功电能表或 3 只感应式无止逆单相电能表。

（2）接入中性点绝缘系统的 3 台电压互感器，35kV 及以上的宜采用 Yy 接线方式；35kV 以下的宜采用 Vv 接线方式。接入非中性点绝缘系统的 3 台电压互感器，宜采用 YNyn 接线方式。其一次侧接地方式和系统接地方式相一致。

（3）低压供电，负荷电流为 50A 及以下时，宜采用直接接入式电能表；负荷电流为 50A 以上时，宜采用经电流互感器接入式的接线方式。

（4）对三相三线制接线的电能计量装置，其 2 台电流互感器二次绕组与电能表之间宜采用四线连接。对三相四线制连接的电能计量装置，其 3 台电流互感器二次绕组与电能表之间宜采用六线连接。

2. 电能计量装置的接线要求

为了保证电能计量的准确性，首先要求电能表、电压互感器、电流互感器有足够的精度，其次对电能表接入的二次回路也必须满足一定的要求。

（1）独立性要求。电能计量装置接入的二次回路应保证足够的独立性，即电能计量装置的工作状态不应受其他仪器仪表、继电保护、自动装置的影响。因此，电能计量的电压回路应有独立的二次电压互感器绕组或专用的二次回路。电流回路使用独立的专用电流互感器二次绕组。

（2）可靠性要求。电能计量用电压互感器、电流互感器二次回路必须可靠，既要保证有一定的机械强度，又要满足一定的载流能力。因此，互感器二次回路的连接导线应采用铜质单芯绝缘线。对电流二次回路，连接导线截面积应按电流互感器的额定二次负荷计算确定，至少应不小于 $4mm^2$。对电压二次回路，连接导线截面积应按允许的电压降计算确定，至少应不小于 $2.5mm^2$。

（3）不允许过载。互感器的精度受二次负载的影响较大，二次负载过大，互感器的误差增大，直接影响了电能表的计量准确度。因此，电能计量用互感器二次回路的负载不应超过其额定值。

电流互感器额定二次电流一般有 1A 和 5A 两种规格，在 330kV 变电站中，电压等级为 110kV 及以上设备的电能计量装置，一般使用二次额定电流为 1A 的电流互感器。

（4）3 台计量用电流互感器的二次绕组与电能表之间采用六线连接，即各相电流互感器的二次绕组分别单独与电能表相应相的电流回路连接，各电流互感器的二次绕组非极性端接地；当一次为 3/2 接线时，“和电流”的两组二次绕组在电能计量屏处分别对应并接，采用 12 线连接，非极性端在并接处一点接地。二次回路的连接导线应采用铜质绝缘线，导线截面应按额定二次负荷计算确定，二次额定电流为 5A 的不小于 4mm^2。

（5）3 台单相电压互感器采用 YNyn 方式接线。二次回路 N 线应在计量屏侧一点接地。互感器就地端子箱，应在二次回路安装低压降的快速空气开关；二次回路的连接导线应采用铜质绝缘线，采用多芯铜质绝缘线时应采用冷压接接头，不得在线头上镀锡。二次回路连接导线截面积应按允许的电压降计算确定，至少应不小于 2.5mm^2。

（6）回路电压降规定。对Ⅰ、Ⅱ类用于计费（贸易结算，下同）的电能计量装置中电压互感器二次回路电压降应不大于二次额定电压的 0.2%；其他电能计量装置中电压互感器二次回路电压降应不大于其额定二次电压的 0.5%。

对于Ⅰ、Ⅱ、Ⅲ类电能计量装置实行综合误差管理，新投运以及运行中的电能计量装置应按规定进行综合误差测试。

（四）电能计量装置的配置原则

（1）计费用的电能计量装置原则上应设置在供用电设施产权分界处；在发电企业上网线路、电网经营企业间的联络线路和专线供电线路的另一端应设置考核用电能计量装置。

（2）Ⅰ、Ⅱ、Ⅲ类计费用电能计量装置应按计量点配置计量专用电压互感器、电流互感器或者专用二次绕组。电能计量专用电压、电流互感器或专用二次绕组及其二次回路不得接入与电能计量无关的设备。

（3）计量单机容量在 100MW 及以上发电机组上网计费电量的电能计量装置和电网经营企业之间购销电量的电能计量装置，宜配置准确度等级相同的主副两套有功电能表。

（4）35kV 以上计费用电能计量装置中电压互感器二次回路，应不装设隔离开关辅助触点，但可装设熔断器；35kV 及以下计费用电能计量装置中电压互感器二次回路，应不装设隔离开关辅助触点和熔断器。

（5）互感器实际二次负荷应在 25%～100%额定二次负荷范围内；电流互感器额定二次负荷的功率因数应为 0.8～1.0；电压互感器额定二次功率因数应与实际二次负荷的功率因数接近。

（6）电流互感器额定一次电流的确定，应保证其在正常运行中的实际负荷电流达到额定值的 60%左右，至少应不小于 30%。否则应选用动稳定和热稳定性能较高的电流互感器以减小变比。

（7）为提高低负荷计量的准确性，应选用过载 4 倍及以上的电能表。

（8）具有正、反向送电的计量点应装设计量正向和反向有功电量以及四象限无功电量的电能表。

（9）330kV 3/2 断路器接线，采用电流互感器“和电流”接线时，为减少附加测量误差，线路两侧各断路器支路的两台电流互感器应使用同批次的电流互感器，这些电流互感器误差曲线的偏差应不大于额定电流下误差限值的 1/4，每台电流互感器 5%与 20%额定电流下的比值误差变化不大于额定电流下误差限值的 1/2。

二、电能量信息管理系统

电能量信息管理系统是一套对电能量生产、交换、使用全过程的监视和测量的分布式计算机系统，也是高可靠性的准实时运行系统。它能准确地计量不同时段、不同区域的发电量、供电量、用电量、耗电量，是一幅准确、完整的能量分布图，对电网的安全生产、规划预测、经济调度和电力市场结算都有十分重要的作用。电量信息管理系统结构示意图见图 ZY1100201006-1。

电能量信息系统主要由电能量采集系统、网络数据传输系统和数据库服务器以及相应的系统软件构成。该系统还能和本级供电公司电能计费系统、调度自动化管理系统、负荷控制系统、居民用电电能采集系统相连，接受其提供的相关电能数据，同时与用电营销系统相连交换电能计量信息。其功能包括一般的统计分析和查询，也包括高级的应用和专家系统，可以作为电能量交换和结算的依据，也可作为线损分析的基础，同时也具备防窃电分析等功能。

电能量采集系统主要由电能表和电能量远方终端组成，它是在不同的能量交换和使用点安装电能计量装置，并对其数据进行远程传输。除了能采集有功电能量外，还可采集无功电能，同时记录电压、电流、功率、频率等相关的电能质量参数，对停电时间和其他电能质量指标也应进行记录，因此无功电量平衡也可应用这套系统进行监测和分析，也为供电质量指标提供客观衡量的依据。

网络数据传输系统由通信线路、程控交换机、路由器、通信服务器等网络通信设备和安全防护设备等组成，负责对系统数据进行远程传输。

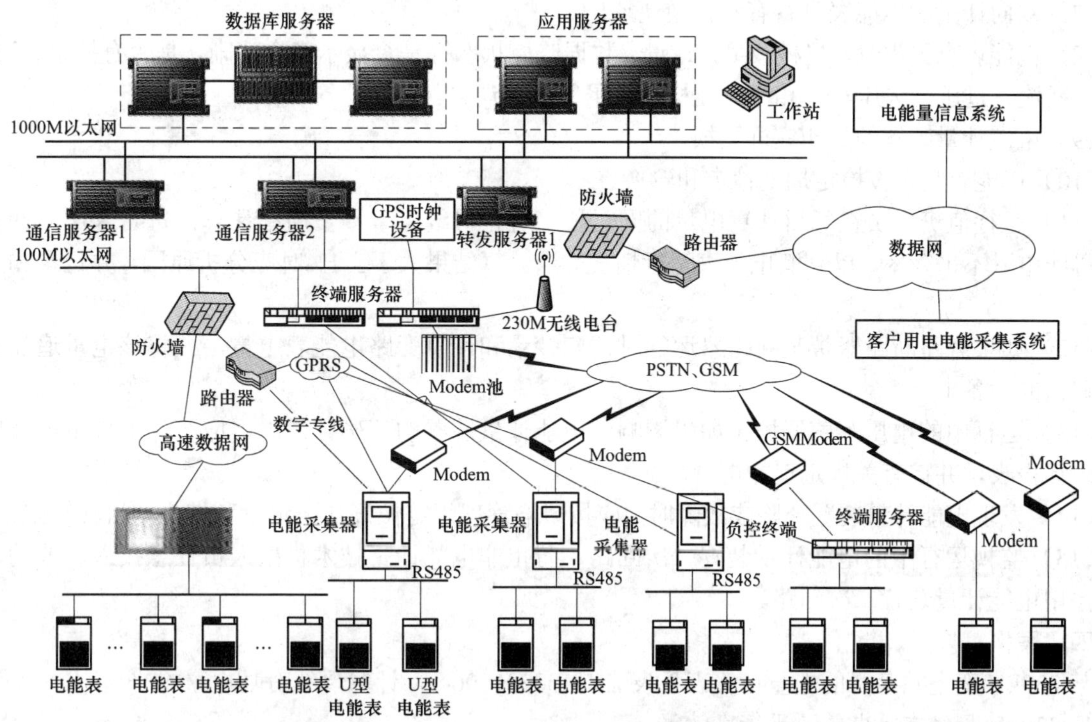

图 ZY1100201006-1 电量信息管理系统结构示意图

三、电能计量监视内容

（一）电量平衡

1. 母线电量不平衡率规定

220kV 及以上变电站母线电量不平衡率不应超过±1%，220kV 以下变电站母线电量不平衡率不应超过±2%。

2. 电量不平衡率的计算

母线电量不平衡率是指母线输入电量和输出电量之差与母线输入电量的百分比，可由式（ZY1100201006-1）计算。

$$\text{母线电量不平衡率}=\frac{\text{母线输入电量}-\text{母线输出电量}}{\text{母线输入电量}}\times 100\% \quad (\text{ZY1100201006-1})$$

（二）电能计量监视内容和要求

（1）电能表倍率应正确。

电能表的倍率 K_G 按式（ZY1100201006-2）计算。

$$K_G=\frac{K_L K_Y}{K'_L K'_Y}K_n \quad (\text{ZY1100201006-2})$$

式中 K_G——电能表的倍率；

K_L、K_Y——电能表用的电流互感器、电压互感器的变比；

K'_L、K'_Y——电能表铭牌标示的电流互感器、电压互感器的变比；

K_n——电能表铭牌标示的倍率，未标示者为 1。

模块6 ZY1100201006

（2）计量装置运行正常，电源及运行指示信号无异常，电压互感器回路接点接触良好，通信正常。

（3）电流互感器二次回路导线绝缘应无严重老化、接触不良、开路、放电现象。

（4）电流互感器变比是否合适，不应经常运行在 1/3 额定电流以下。

（5）电能计量装置是否有与其他二次设备共用一组电流互感器现象。

（6）是否有电压互感器与电流互感器分别接在电力变压器不同电压侧或不同的母线共用一组电压互感器现象。

（7）双向计量的电能表是否有不止逆现象。

（8）电能表有无电气、机械故障，计量、数据监控状态等是否显示齐全清晰，是否有掉电、断相、失压、断流、过压、欠压、逆相序、死机、黑屏等事件现象。

（9）电能计量装置的封印完好无损。

（10）电能表是否按检定周期检定和轮换。

（11）运行值班人员在每日计算电量的同时还应进行母线电量不平衡率计算，每月末还应计算当月的母线电量不平衡率，以判断电能表运行情况。当计算结果大于±1%时应分析原因，并记录和上报缺陷。

（12）如果旁路断路器带某断路器运行时，应抄录和计算旁路电能表电量，并将该电量追加到被带断路器的设备上。

（13）运行中的电压互感器失压如果影响到电能计量装置的正确计量时，应统计上报电压互感器失压统计报表，并按有关规定追加电量。

（14）发现电能计量装置缺陷或故障时，应按缺陷管理规定做好缺陷记录和按规定流转缺陷信息。

（15）监视运行中的电能计量装置二次回路，防止非电能计量技术机构人员任意接入、改动、拆除、停用电能计量装置二次回路。

四、案例

某 330kV 变电站某月的电量计算表见表 ZY1100201006-1，计算母线有功电量不平衡率。

1. 330kV 母线有功电量不平衡率计算

根据式（ZY1100201006-1）

$$母线电量不平衡率=\frac{母线输入电量-母线输出电量}{母线输入电量}\times100\%$$

$$\begin{aligned}330kV母线有功电量不平衡率&=\frac{\sum母线输入有功电量-\sum母线输出有功电量}{\sum母线输入有功电量}\times100\%\\&=\frac{44\,763.444\,0-44\,779.660\,2}{44\,763.444\,0}\times100\%\\&=\frac{-16.216\,2}{44\,763.444\,0}\times100\%\\&=-0.036\%\end{aligned}$$

即 330kV 母线有功电量不平衡率为–0.036%，符合不应超过±1%的规定。

2. 110kV 母线有功电量不平衡率计算

根据式（ZY1100201006-1）

$$母线电量不平衡率=\frac{母线输入电量-母线输出电量}{母线输入电量}\times100\%$$

$$\begin{aligned}110kV母线有功电量不平衡率&=\frac{\sum母线输入有功电量-\sum母线输出有功电量}{\sum母线输入有功电量}\times100\%\\&=\frac{18\,287.522\,0-18\,346.680\,0}{18\,287.522\,0}\times100\%\\&=\frac{-59.158\,0}{18\,287.522\,0}\times100\%\\&=-0.32\%\end{aligned}$$

表 ZY1100201006-1

330kV ×××变电站电量计算表

时间： 年 月

电能表装置地点及名称	倍率（万）	电能表读数		电能表读数的差值	实际电量（万 kWh）	电能表装置地点及名称	倍率（万）	电能表读数		电能表读数的差值	实际电量（万 kvarh）	功率因数（%）
		上月1日（0点）	本月1日（0点）					上月1日（0点）	本月1日（0点）			
330kV 1 峰供	396			0	0	330kV 1 总供	396	15.244 0	15.455 7	0.211 7	83.833 2	
330kV 1 谷供	396			0	0	330kV 1 总受	396	10.452 8	11.621 5	1.168 7	462.805 2	
330kV 1 总供	396	0.017 9	0.017 9	0	0	330kV 2 总供	396	10.401 5	10.404 0	0.002 5	0.990 0	
330kV 1 峰受	396			0	0	330kV 2 总受	396	59.649 5	62.674 9	3.025 4	1198.058 4	
330kV 1 谷受	396			0	0	330kV 3 总供	396	62.910 0	63.850 0	0.940 0	372.240 0	
330kV 1 总受	396	780.243 7	820.461 9	40.218 2	15 926.407 2	330kV 3 总受	396	226.450 0	227.250 0	0.800 0	316.800 0	
330kV 2 峰供	396			0	0	330kV 4 总供	396	41.630 0	41.630 0	0	0	
330kV 2 谷供	396			0	0	330kV 4 总受	396	352.390 0	363.470 0	11.080 0	4387.680 0	
330kV 2 总供	396	2.386 1	2.399 4	0.013 3	5.266 8	330kV 5 总供	396	15.261 7	15.703 5	0.441 8	174.952 8	
330kV 2 峰受	396			0	0	330kV 5 总受	396	75.943 0	77.059 1	1.116 1	441.975 6	
330kV 2 谷受	396			0	0	330kV 6 总供	396	6.252 8	6.679 6	0.426 8	169.012 8	
330kV 2 总受	396	1139.198 6	1160.599 9	21.401 3	8474.914 8	330kV 6 总受	396	110.520 0	112.066 5	1.546 5	612.414 0	
330kV 3 峰供	396			0	0	1 号主变压器高压	198	345.436 1	362.212 5	16.776 4	3321.727 2	93
330kV 3 谷供	396			0	0	1 号主变压器中压	220	281.742 9	292.284 3	10.541 4	2319.108 0	96
330kV 3 总供	396	8.420 0	8.420 0	0	0	1 号变压器低压供	10.5	1410.470 0	1457.070 0	46.600 0	489.300 0	
330kV 3 峰受	396			0	0	1 号变压器低压受	10.5	3183.840 0	3201.530 0	17.690 0	185.745 0	
330kV 3 谷受	396			0	0	2 号主变压器高压	198	338.303 2	354.822 3	16.519 1	3270.781 8	93
330kV 3 总受	396	4019.330 0	4070.230 0	50.900 0	20 156.400 0	2 号主变压器中压	220	281.227 2	292.164 6	10.937 4	2406.228 0	96
330kV 4 峰供	396			0	0	2 号变压器低压供	10.5	109.540 0	129.180 0	19.640 0	206.220 0	
330kV 4 谷供	396			0	0	2 号变压器低压受	10.5	166.770 0	166.770 0	0	0	
330kV 4 总供	396	2327.900 0	2345.396 0	17.496 0	6928.416 0	1 号并联电抗	4.2	10 968.340 0	11 025.850 0	57.510 0	241.542 0	
330kV 4 峰受	396			0	0	2 号并联电抗	4.2	9601.350 0	9649.830 0	48.480 0	203.616 0	
330kV 4 谷受	396			0	0	110kV 1 供	66	13.770 0	16.500 0	2.730 0	180.180 0	
330kV 4 总受	396	46.790 0	47.220 0	0.430 0	170.280 0	110kV 1 受	66	1.490 0	2.360 0	0.870 0	15.180 0	
330kV 5 总供	396	1238.404 8	1266.823 3	28.418 5	11 253.726 0	110kV 2 供	66	49.390 0	51.280 0	1.890 0	124.740 0	
330kV 5 总受	396	3.489 8	3.494 9	0.005 1	2.019 6	110kV 2 受	66	374.400 0	375.950 0	1.550 0	102.300 0	
330kV 6 总供	396	878.493 0	899.077 50	20.584 5	8151.462 0	110kV 3	66	240.500 0	246.120 0	5.620 0	370.920 0	95
330kV 6 总受	396	7.655 7	7.740 1	0.084 4	33.422 4	110kV 4	66	415.720 0	426.770 0	11.050 0	729.300 0	95

续表

电能表装置地点及名称	倍率（万）	电能表读数		电能表读数的差值	实际电量（万 kWh）	电能表装置地点及名称	倍率（万）	电能表读数		电能表读数的差值	实际电量（万 kvarh）	功率因数（%）
		上月1日（0点）	本月1日（0点）					上月1日（0点）	本月1日（0点）			
1号主变压器高压	198	1761.164 4	1808.078 1	46.913 7	9288.912 6	110kV 5	66	65.800 0	72.050 0	6.250 0	412.500 0	
2号主变压器高压	198	1737.558 4	1783.780 0	46.221 6	9151.876 8	110kV 6	66	288.980 0	288.980 0	0	0	
1号主变压器中压	220	1578.765	1620.697 8	41.932 8	9225.216 0	110kV 7	66	299.050 0	305.730 0	6.680 0	440.880 0	97
2号主变压器中压	220	1558.492 4	1599.642 7	41.150 3	9053.066 0	110kV 8	66	297.300 0	304.000 0	6.700 0	442.200 0	97
110kV 1 供	66	127.480 0	151.480 0	24.000 0	1584.000 0	110kV 9	66	28.410 0	28.410 0	0	0	
110kV 1 受	66	0	0	0	0	110kV 10	66	373.730 0	385.320 0	11.590 0	764.940 0	
110kV 2 供	66	549.360 0	565.410 0	16.050 0	1059.300 0	110kV 11 供	66	19.290 0	20.390 0	1.100 0	72.600 0	
110kV 2 受	66	142.510 0	142.640 0	0.130 0	8.580 0	110kV 11 受	66	51.590 0	51.920 0	0.330 0	21.780 00	
110kV 3	66	897.020 0	915.700 0	18.680 0	1232.880 0	110kV 12	66	0.050 0	0.050 0	0	0	
110kV 4	66	1363.190 0	1400.200 0	37.010 0	2442.660 0	110kV 13 供	66	480.070 0	492.990 0	12.920 0	852.720 0	
110kV 5	66	137.560 0	147.210 0	9.650 0	636.900 0	110kV 13 受	66	0.430 0	0.430 0	0	0	
110kV 6	66	826.800 0	826.800 0	0	0	110kV 14 供	66	216.640 0	223.040 0	6.400 0	422.400 0	
110kV 7	66	1842.650 0	1872.970 0	30.320 0	2001.120 0	110kV 14 受	66	33.440 0	33.520 0	0.080 0	5.280 0	
110kV 8	66	1831.400 0	1861.470 0	30.070 0	1984.620 0	110kV 15	66	122.570 0	127.770 0	5.200 0	343.200 0	
110kV 9	66	219.250 0	219.250 0	0	0	旁路	220	4.600 0	4.600 0	0	0	
110kV 10	66	920.630 0	946.120 0	25.490 0	1682.340 0							
110kV 11 供	66	150.870 0	157.260 0	6.390 0	421.740 0	并补 11	4.2	4708.250 00	4709.960 0	1.710 0	7.182 0	4.43
110kV 11 受	66	34.400 0	34.410 0	0.010 0	0.660 0	并补 12	4.2	3104.210 0	3104.210 0	0	0	0.00
110kV 12	66	18.530 0	22.400 0	3.870 0	255.420 0	并补 13	4.2	4037.840 0	4037.840 0	0	0	0.00
110kV 13 供	66	1481.800 0	1513.140 0	31.340 0	2068.440 0	并补 14	4.2	2874.240 0	2916.810 0	42.570 0	178.794 0	110.37
110kV 13 受	66	0	0	0	0	并补 21	4.2	6310.700 0	6310.700 0	0	0	0.00
110kV 14 供	66	1344.930 0	1375.570 0	30.640 0	2022.240 0	并补 22	4.2	5712.220 0	5712.220 0	0	0	0.00
110kV 14 受	66	0.010 0	0.010 0	0	0	并补 23	4.2	3969.010 0	3969.010 0	0	0	0.00
110kV 15	66	444.110 0	458.580 0	14.470 0	955.020 0	并补 24	4.2	4089.210 0	4089.210 0	0	0	0.00
旁路	220	18.080 0	18.080 0	0	0	并补累计					185.976 0	114.80
3501	10.5	32.94	33.610 0	0.670 0	7.035 0							
3502	10.5	5.590 0	6.570 0	0.980 0	10.290 0							
330kV 母线输入电量	44 763.444	330kV 母线输出电量	44 779.660 2	330kV 余量（kWh）	−16.216 2	330kV 不平衡率（%）		−0.036 0				
110kV 母线输入电量	18 287.522	110kV 母线输出电量	18 346.680 0	110kV 余量（kWh）	−59.158 0	110kV 不平衡率（%）		−0.320 0				

复核：×× 填表：×× ____年__月__日

备注：1. 每月1日报出；2. 若换表必须填清旧表的止千瓦时数、新表的起千瓦时数；3. 运行中异常现象附另页说明。

即 110kV 母线有功电量不平衡率为–0.32%，符合 330kV 变电站母线电量不平衡率不应超过±1%的规定。

【思考与练习】

1. 电能计量装置一般包括哪些范围？电能计量装置的现场校验和轮换周期是如何规定的？

2. 电能计量装置是如何分类的？举例说明你站的电能计量装置都属于哪几类？

3. 某变电站的 330kV 母线上共有 3 条线路和 2 台变压器，其中线路 1 输入电量 960 万 kWh，线路 2 输出电量 580 万 kWh，线路 3 输入电量 820 万 kWh，1 号、2 号主变压器高压侧电量各为 592kWh，试计算母线电量不平衡率是多少？是否在允许范围？

4. 电能计量装置的运行监视有哪些内容和要求？

模块 7　电能计量异常判断分析和处理（ZY1100201007）

【模块描述】本模块介绍电能计量异常分析。通过异常原因分析、处理方法讲解，能正确判断异常原因，并能进行相应处理。

【正文】

本模块主要从变电运行的角度介绍电能计量异常分析及处理有关内容。

一、电能计量异常分析

如发生电能计量装置异常时，可采取以下方法进行初步分析判断：借助电能量采集系统和远方自动抄表系统，加强对电能计量装置的运行状况的动态分析。利用多功能电能表所具有的事件记录功能，查询电能表是否有掉电、断相、失压、断流、过压、欠压、逆相序等事件，进行分析判断。对运行中的电能计量装置定期进行巡视，对其运行情况分析判断及时消除缺陷。

1. 电量不平衡率超过允许值

母线电量不平衡率计算是检验电能计量装置是否存在缺陷和异常的最有效方法之一，无论是电能表自身误差超过允许值、回路断线等各种涉及计量量值的计量装置各种异常和缺陷，都能通过母线电量不平衡率计算被及时发现。因此，能引起母线电量不平衡的原因是影响电能计量准确率的所有计量回路缺陷和故障。

当发现母线电量不平衡率超过允许值时，应进一步判断引起电量不平衡的电能表计，一般可以采取比较或估算的方法加以分析判断。

（1）装有主、副表的设备，通过主、副表的比较，可以分析电能表自身和非公用回路的缺陷和故障。

（2）对怀疑引起误差的电能表采用当天每小时的负荷估算电量的方法进行核对。

（3）通过供、受端电量比对等方法可以初步确定计量装置异常的具体表位。

（4）用负荷水平相近的设备或自身历史电量水平比对等方法查找。

（5）如果不是由于电压回路断线、电源异常等明显表计外部故障原因引起母线电量不平衡，则最终应通过电能计量装置校验或误差测试确定。

2. 变比错误

电能计量装置的变比差错一般发生在电压互感器、电流互感器或计量表计选用的变比错误或运行中由于设备自身故障，使实际变比出现了不允许的变化。由电能表的倍率计算式（ZY1100201006-2）可知，电能表的倍率 K_G 分别与电能表用的电流互感器的变比 K_L、电压互感器的变比 K_Y 以及电能表铭牌标示的倍率 K_n 成正比。与电能表铭牌标示的电流互感器的变比 K_L' 和电压互感器的变比 K_Y' 成反比。因此，以上任一变比错误都会造成电能表倍率错误。

3. 计量装置故障

（1）计量装置电源中断或电压互感器二次回路失压、断相。

（2）电流互感器二次回路接触不良或开路。

（3）电流互感器匝间短路。

（4）多功能电能表电池、脉冲采样、通信功能故障。

（5）多功能电能表死机。

（6）电能表电气、机械故障。双向计量的电能表止逆装置失灵。

（7）电能表卡涩或多功能电能表乱码、黑屏。

（8）电能表内部故障。

4. 计量装置二次回路接线错误

电能计量装置接线错误是造成计量差错的主要原因之一，而且接线错误的类型繁多，但无论何种错误接线，其后果都是造成电能计量差错。

常见电能计量装置接线错误有：

（1）电压、电流接线正确，极性错误。

（2）电压接线错误。

（3）电流接线错误。

（4）电压、电流接线同时错误。

（5）电压、电流不同相。

二、电能计量异常处理

（1）当发现电能计量装置的变比错误、回路断线或装置内部故障时，应按缺陷管理规定填写缺陷记录，进行缺陷分析，按信息传递程序上报缺陷，并立即通知计量装置管理部门。

（2）当发生由变电站维护管理的计量装置电源故障时，应及时查明原因，恢复正常供电。

（3）当由变电运行人员负责维护和操作的电压互感器回路熔断器熔体熔断或自动空气断路器跳闸时，应及时查明原因，恢复正常供电。同时记录电压互感器二次回路失压时间，计算应补加的电量。

（4）当发现电能表本身故障时，应按信息传递规定程序及时上报，电能计量专业人员负责处理。

（5）当电能表校验或轮换超周期时，应及时上报缺陷，并督促及时换验。

（6）当发现母线电量不平衡率超过允许值时，应分析原因并上报缺陷。首先对有怀疑的表位进行外观和电能表事件记录检查，判断其有无回路断线、走字不正常、止逆装置失灵等异常。

（7）当发现电能计量装置电压互感器二次回路失压、装置故障报警、电能表走字或显示异常、报警、通信中断等故障时，应及时检查原因进行处理。不属本专业处理范围或无法处理时，应及时上报缺陷，由专业人员进行处理。

（8）运行中的电压互感器失压如果影响到电能计量装置的正确计量时，应统计上报电压互感器失压统计报表，并按有关规定追加电量。

（9）高压互感器每 10 年现场检验一次，当现场检验互感器误差超差时，应查明原因，制订更换或改造计划，尽快解决，时间不得超过下一次主设备检修完成日期。

（10）运行中的电压互感器二次回路电压降应定期进行检验。对 35kV 及以上电压互感器二次回路电压降，至少每两年检验一次。当电流、电压互感器二次回路负荷超过互感器额定二次负荷或电压互感器二次回路电压降超差时，应及时查明原因，并在一个月内处理。

【思考与练习】

1. 电能计量装置常见的异常现象有哪几种？
2. 试分析互感器变比错误如何影响电能计量装置的计量。
3. 电能计量装置故障一般有哪些原因？
4. 变电运行人员应如何对电能计量装置异常进行处理？

第十四章　一次设备巡视

模块 1　一次设备正常巡视（ZY1100202001）

【模块描述】本模块介绍设备巡视的方法和要求、一次设备的巡视项目、设备巡视的分类、缺陷和异常描述、缺陷记录和上报等内容。通过全面介绍、分析讲解，掌握一次设备巡视技能。

【正文】

设备巡视是变电运行的重要工作内容和值班员必须具备的基本技能。本模块主要介绍变电站一次设备的巡视规定和正常巡视项目等。通过对变压器、互感器、高压开关设备等巡视项目介绍，学习一次设备正常巡视的基本要求和方法，掌握如何通过巡视发现设备缺陷和异常以及正确记录、汇报和处理的基本技能。

一、变电站一次设备巡视的一般规定

（一）设备巡视的目的

对变电站设备巡视的目的是为了监视和掌握设备的运行情况，及时发现和消除设备缺陷，预防事故发生，确保设备安全运行。

（二）设备巡视的基本方法和要求

1. 巡视的基本方法

设备巡视可以使用智能巡检系统、巡视卡或巡视记录。巡视人员在巡视中一般通过看、听、摸、嗅、测的方法对设备进行检查。其中：

看：主要用于对设备外观、位置、压力、颜色、灯光信号、测量指示等项目进行检查。例如变压器油位、油温检查，断路器的 SF_6 密度检查等。通过观察设备运行情况，分析判断其有无异常。记录温度、压力、动作次数、泄漏电流等相关数据。

听：主要通过声音判断设备运行是否正常，有无异常声响，有无异常电晕声、放电声等。例如变压器正常运行时其声音是均匀的嗡嗡声，超额定电流运行时会发出较高而且沉重的“嗡嗡”声等。

摸：通过以手触试不带电的设备外壳，判断设备的温度、振动等是否存在异常。例如触摸的变压器外壳，检查温度与往常比较有无明显差异等。

嗅：通过气味判断设备有无过热、放电等异常。例如通过嗅觉判断配电室的气味是否正常，有无焦糊味等异常气味。

测：通过测量的方法，掌握确切的数据。例如根据设备负荷变化情况，及时用红外检测装置测试设备接点温度有无异常；对蓄电池端电压进行测量等。

2. 巡视的要求和注意事项

（1）设备巡视时，必须严格遵守《电业安全工作规程》关于“高压设备巡视”和企业的有关规定，做到不漏巡、错巡，不断提高设备巡视质量，防止设备事故的发生。

（2）允许单独巡视高压设备的人员名单应经企业领导书面批准。新进人员和实习人员不得单独巡视高压设备。

（3）变电运行人员在巡视高压设备时，不得进行其他工作，不得移开或越过遮栏。

（4）雷雨天气，需要巡视高压设备时，应穿绝缘靴，并不得靠近避雷器和避雷针。

（5）高压设备发生接地时，室内不得接近故障点 4m 以内，室外不得接近故障点 8m 以内，进入上述范围人员必须穿绝缘靴，接触设备外壳和构架时，应戴绝缘手套。

（6）无论正常或事故情况下，巡视室内 SF_6 配电装置时应提前 15min 开启通风装置进行通风。

（7）在巡视蓄电池室时应严禁烟火。

（8）巡视户内设备时应随手关门，不得将食物带入室内。

（9）巡视高压设备时，应戴安全帽并按规定着装，应按规定的路线、时间进行。

（10）值班人员应按规定认真巡视检查设备，对设备异常状态和缺陷做到及时发现，认真分析，正确处理，做好记录，并按信息传递程序进行汇报。

（11）设备巡视应按预防季节性事故特点，根据不同地区、不同季节的检查项目应有所侧重，例如：

1）1～3 月份巡视重点：设备接点、油位、气体压力、绝缘子、导线弧垂、消防器材，端子箱、机构箱密封和加热情况，防火、防小动物措施，防雪、防冻、防冰害、防风、防污闪措施。

2）4～6 月份巡视重点：设备接点、油位、气体压力、防雷设施，防风和防火措施及消防器材、防汛器材及措施，通风降温设施，建筑物、构架基础。

3）7～9 月份巡视重点：设备接点、油位、气体压力、绝缘子、防雷设施、导线弧垂，端子箱、机构箱密封和防潮，防火措施及消防器材、防小动物措施、防汛器材及措施、通风降温设施、防水防渗漏雨措施，建筑物、构架基础。

4）10～12 月份巡视重点：设备接点、油位、气体压力、绝缘子、防火措施及消防器材、防小动物措施、保温加热措施，防雪、防冻、防冰害、防污闪措施等。

（三）设备巡视周期

1. 集控中心（站）的巡视周期

（1）监控人员对设备巡视检查一般每班不少于 2 次，应对监控系统的主要功能和设备以及所辖无人值班变电站信息进行全面检查，有“遥视”系统时还应通过遥视对变电站进行检查，并将检查结果记录在监控巡视记录或巡检卡上。

（2）集控中心（站）管理人员一般每周对设备的巡视不少于 1 次。

2. 无人值班变电站的巡视周期

（1）无人值班变电站的就地值班员一般每天至少对全站设备进行 2 次正常巡视，遇到设备异常、特殊气候等情况时，还应进行特殊巡视。

（2）操作队人员在交接班时对所辖变电站进行 1 次交接性巡视。

（3）当设备运行有严重缺陷或其他异常、恶劣气候、节假日、重要供电任务等情况时，应增加巡视次数。

（4）操作队管理人员每月至少应进行 2 次例行巡视。

（5）操作队人员每月至少对所辖无人值守站进行 1 次夜间巡视，就地值班员每周进行 1 次夜间熄灯巡视。

（6）巡视中发现的设备缺陷，应按规定正确记录在巡视卡和运行记录或输入计算机管理系统中，同时汇报监控值班员和站管理人员。

3. 有人值班变电站的巡视周期

（1）运行值班人员每班每天至少应对全站设备巡视 2 次。

（2）运行值班人员每周进行 1 次夜间熄灯巡视。

（3）变电站管理人员每周对全站设备巡视 1 次。

（4）当设备运行有严重缺陷或其他异常、恶劣气候、节假日、重要供电任务等情况时，应增加巡视次数。

（5）巡视中发现的设备缺陷，应按规定正确记录在巡视卡和运行记录或输入计算机管理系统中，同时汇报本站管理人员。

（四）设备巡视的分类

一次设备巡视一般分为交接班巡视、正常（全面）巡视、熄灯巡视、监督性巡视和特殊巡视五类。

1. 交接班巡视

该项巡视在交接班时进行，由接班人员会同交班人员共同进行。

交接巡视项目有：了解运行方式和设备缺陷及异常情况，核对模拟接线图，检查负荷潮流，试验中央信号及灯光信号，事故照明切换试验，检查保护连接片位置，核对接地线编号和装设点，检查设备外观、油位、压力、温度、在线检测数据、引线接点、绝缘子、保护及自动装置外观、防误闭锁装置、防小动物措施、环境卫生、安全工器具、有效工作票及安全措施等。

2. 正常（全面）巡视

（1）正常巡视是按规定时间、路线和项目进行的定期巡视。

（2）正常巡视项目有：设备外观、油位、压力、温度、泄漏电流、在线检测数据、引线接点、绝缘子、保护及自动装置外观、建筑物、架构基础、防误闭锁装置、防小动物措施、消防器材、防汛设施、环境卫生等。

3. 熄灯巡视

按规定时间、路线进行夜间熄灯巡视，重点检查一次设备是否存在放电、电晕、接点发热等缺陷，以及二次设备灯光信号是否正确、接线端子有无发热现象，巡视结果应记录在运行日志中。

4. 监督性巡视

监督性巡视是指按有关规定由管理人员对设备定期进行的巡视。运行部门领导、专责或变电站管理人员应按规定进行监督性巡视检查，巡视结果应记录在设备巡视记录之中。

监督性巡视项目除按照交接巡视检查项目外，还应重点检查设备定期轮换、主变压器调压开关自动滤油装置启动试验、接点测温、消防报警装置试验、蓄电池端电压测量等。

5. 特殊巡视

在特殊运行方式、特殊气候条件或设备出现严重缺陷、异常等特定情况下进行的巡视。

二、缺陷和异常

设备巡视的基本技能之一就是正确区分设备正常与异常，能对缺陷进行定性和分类。

设备的正常运行状态是指在规定的外部环境条件下（如额定电压、电流、介质、环境温度等），保证连续正常的达到额定运行能力的状态。

在运行过程中，由于受环境条件和温度等因素影响，设备始终处于老化过程。随着时间的推移和外部环境的改变，即使在规定的外部条件下，部分或全部失去运行能力，即为该设备已进入了异常状态。例如不能承受额定电压、达不到铭牌出力要求等。设备发生轻微异常时还可以继续运行，但发展到严重时，就会威胁安全或造成设备损坏，引起系统运行异常。如果中止了对用户连续供电的状态，就构成了事故。

电气设备的异常和缺陷是故障和事故的前兆。运行人员的主要职责之一就是要及时发现和处理设备的异常、缺陷，把事故隐患消灭在萌芽状态，以确保电网的安全运行。

1. 设备异常

异常一般指在某一时间段内设备运行参数偏离允许范围，或设备运行出现一时尚难确定原因的不正常状态。例如系统运行电压的非正常波动、设备超过额定电流运行、在高温季节连续大负荷下变压器上层油温短时超过规定值等。

2. 设备缺陷

应用中的电气设备、辅助设施以及外部环境出现影响安全运行和健康水平的硬件或程序软件等方面不可逆的异常状态即为缺陷。设备缺陷按其对安全运行的威胁程度，分为一般缺陷、严重缺陷和危急缺陷三类。

（1）一般缺陷。指不直接影响安全运行和供电能力，能在维护中处理或虽对运行有影响，但尚能坚持运行，长期运行则会使设备逐渐损坏，影响安全运行或有可能发展为严重或危急缺陷的缺陷。此类缺陷可列入月度检修计划或延长至更长时间予以消除。

（2）严重缺陷。指对人身或设备安全运行有严重影响，但不会很快造成事故，可以安排在计划检修中处理。或虽不会造成事故，但对运行方式、经济运行有严重影响的缺陷，此类缺陷应尽快消除。

（3）危急缺陷。指发生了直接威胁设备运行并需立即处理的缺陷，否则随时可能导致人身、电网、设备的事故。此类设备缺陷需要立即采取隔离措施处理。

三、设备巡视的流程

变电站设备巡视的流程包括巡视安排、巡视准备、核对设备、检查设备、巡视汇报等部分内容。其流程图见图 ZY1100202001-1。

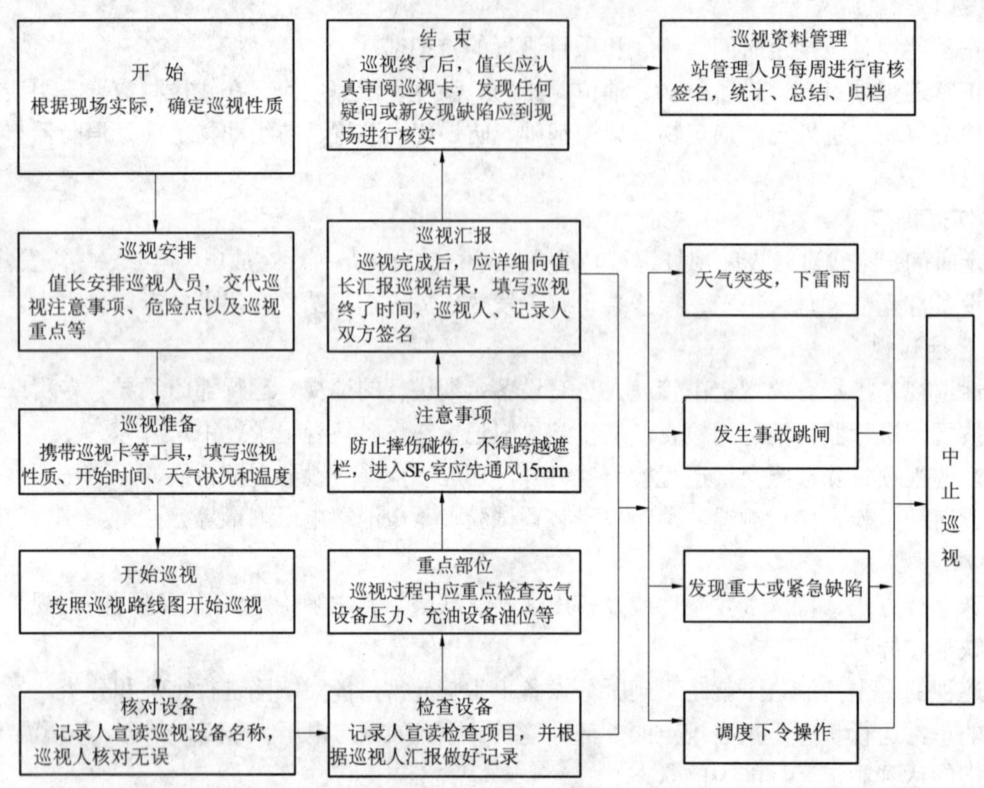

图 ZY1100202001-1 设备巡视流程图

1. 巡视安排

设备巡视工作由值班负责人进行安排，巡视安排时必须明确本次巡视任务的性质（正常巡视、交接班巡视、特殊巡视、监督巡视等），并根据现场情况提出安全注意事项。特殊巡视还应明确巡视的重点及对象。

2. 巡视准备

根据巡视任务性质准备智能巡检器或巡视卡、巡视记录；根据巡视性质，检查所需的钥匙、工器具、照明器具以及测量器具是否完好、齐全；检查着装是否符合现场规定；检查巡视人员对巡视任务、注意事项和重点是否清楚。

3. 核对设备

开始巡视前，巡视人员记录巡视开始时间。设备巡视应按规定的路线进行，不得漏巡。到达巡视现场后，巡视人员根据巡视卡（电子卡或纸质卡，下同）的内容认真核对设备名称和编号。

4. 检查设备

设备巡视时，根据巡视卡或巡视记录的内容，逐一检查设备各部位状况，并做好记录。巡视中发现紧急缺陷时，应立即中止对其他设备巡视，仔细检查缺陷情况，详细记录，及时汇报。巡视中，巡视负责人应做好其他巡视人的安全监护工作。

5. 巡视汇报

全部设备巡视完毕后，由巡视负责人填写巡视结束时间，所有参加巡视人分别签名。巡视性质、巡视时间、发现问题，均应记录在运行工作记录簿中。巡视发现的设备缺陷，应按照缺陷管理制度进行分类定性，并详细向值班负责人汇报设备巡视结果，值班负责人将有关情况向变电站管理人员汇报。必要时，值班负责人长应再带领值班员或会同变电站管理人员进一步对有关设备缺陷或异常进行核实。变电站管理人员应及时安排处理或上报。使用过的巡视卡等巡视资料应妥善保存，按月归档。

四、设备的巡视项目

（一）变压器（电抗器）的巡视

1. 变压器的主要巡视项目

（1）设备名称、编号、相序等标志齐全、完好。

（2）变压器的测温装置完好，油温正常，储油柜的油位应与制造厂提供的油温、油位曲线相对应，油位计指示清晰。

当采用玻璃管油位计时，储油柜上标有油位监视线，分别表示环境温度为–20℃（–30℃）、+20℃、+40℃时变压器对应的油位；如采用磁针式油位计时，在不同环境温度下指针应对应的位置，由制造厂提供的曲线确定。

（3）变压器各部位无渗油、漏油。应重点检查变压器的油泵、压力释放阀、套管接线端子、各阀门、隔膜式储油柜等。尤其潜油泵负压区的渗油，容易造成变压器进水受潮、变压器绝缘油含气量增加和轻瓦斯保护动作等异常，应尽快处理。

（4）套管应无破损裂纹、严重脏污、放电痕迹、渗漏油及其他异常现象，油位指示应正常。

（5）变压器声响均匀、正常。

（6）各冷却器手感温度应相近，风扇、油泵运转正常，油流继电器指示正确。冷却器组数应按规定投入，且分布合理。油泵运转应正常，无金属碰撞声。

（7）吸湿器完好，吸附剂干燥。检查吸湿器，油封应正常，呼吸应畅通，硅胶潮解变色部分不应超过总量的2/3。运行中如发现上部吸附剂发生变色，应注意检查吸湿器上部是否密封不严。

（8）引线电缆、母线接点应接触良好，各相间的接点温度比较应基本相同。最高温升不应超过规定值。

（9）压力释放阀、安全气道及防爆膜应完好无损。压力释放阀的指示杆未突出，无喷油痕迹。

（10）有载分接开关的分接位置及电源指示应正常。操动机构中机械指示器与远方分接开关位置指示应一致。

（11）有载分接开关在线滤油装置工作方式及电源指示应正常。滤芯使用年限和油泵出口压力在允许范围之内。

（12）气体继电器内应无气体。

（13）各控制箱和二次端子箱、机构箱门应关闭严密，电缆孔洞封堵完好，接线端子连接可靠，无发热和受潮现象。

（14）测量仪表指示、灯光、信号应正常。

（15）变压器室的门、窗、照明应完好，房屋不漏水，通风良好，温度正常。

（16）检查变压器本体、铁芯、夹件接地良好，符合规定。

（17）在线监测装置（若有）应工作正常，数据、信号等显示正确。

（18）事故储油坑的卵石层厚度应符合要求，排油管道畅通。

（19）通风控制柜封闭良好，柜内各元件完好，电缆、接点温度不超过允许值。

（20）消防设施应完善，灭火装置状态应良好。

2. 电抗器的巡视项目

油浸式电抗器与油浸式变压器的巡视项目基本相同，只是由于二者结构、冷却方式和主要部件等有所差别，其部分巡视项目也有所不同，具体应根据现场设备的特点，在现场运行规程中明确其具体巡视项目。

（二）高压断路器的巡视

1. 高压 SF_6 断路器的巡视

（1）设备名称、编号、相序等标识齐全、完好。

（2）套管、绝缘子无断裂、裂纹、损伤、放电现象。
（3）分、合闸位置指示器与实际运行方式相符。
（4）软连接及各导流触点接触良好，无过热变色、断股现象。
（5）控制、信号电源正常，无异常信号发出。
（6）SF_6气体压力表、密度表指示在正常范围内，并记录压力值。
（7）机构箱、端子箱电源完好、名称标识齐全、封堵良好、防潮措施完善、箱门关闭严密。
（8）操作能源正常。
（9）各连杆、传动机构无弯曲、变形、锈蚀，轴销齐全。
（10）断路器运行无异常音响。
（11）操作计数器显示正确。
（12）气动机构的压缩机或液压结构的油位应正常。
（13）接地螺栓压接良好，无锈蚀。
（14）基础无下沉、倾斜。

2. 高压油断路器的巡视

（1）设备名称、编号、相序等标识齐全、完好。
（2）套管、绝缘子无断裂、裂纹、损伤、放电现象。
（3）分、合闸位置指示器与实际运行方式相符。
（4）软连接及各导流触点接触良好，无过热变色、断股现象。
（5）控制、信号电源正常，无异常信号发出。
（6）本体无油迹、无锈蚀、无放电、无异常音响。
（7）机构箱、端子箱电源完好、名称标识齐全、封堵良好、防潮措施完善、箱门关闭严密。
（8）操作能源正常。
（9）各连杆、传动机构无弯曲、变形、锈蚀，轴销齐全。
（10）放油阀关闭严密，无渗漏，油色、油位正常。
（11）操作计数器显示正确。
（12）气动机构的压缩机或液压结构的油位应正常。
（13）接地螺栓压接良好，无锈蚀。
（14）基础无下沉、倾斜。

3. 真空断路器的巡视

（1）设备名称、编号、相序等标识齐全、完好。
（2）灭弧室无放电、无异音、无破损、无变色。
（3）绝缘子无断裂、裂纹、损伤、放电等现象。
（4）绝缘拉杆完好、无裂纹。
（5）各连杆、转轴、拐臂无变形、无裂纹，轴销齐全。
（6）引线连接部位接触良好，无发热变色现象。
（7）分、合闸位置指示器与实际运行方式相符。
（8）端子箱电源完好、名称标识齐全、封堵良好、防潮措施完善、箱门关闭严密。
（9）操作能源正常。
（10）操作计数器显示正确。
（11）接地螺栓压接良好，无锈蚀。
（12）基础无下沉、倾斜。

4. 高压开关柜的巡视

（1）设备名称、编号、相序等标识齐全、完好。
（2）设备无异音，无过热、无变形等异常。

（3）表计指示正常。

（4）操作方式切换开关位置正确。

（5）操作把手及闭锁位置正确、无异常。

（6）高压带电显示装置指示正确。

（7）分、合闸位置指示器指示正确。

（8）控制、合闸电源完好。

（三）高压组合电器的巡视

（1）设备名称、编号、相序等标识齐全、完好。

（2）外观检查：无变形、无锈蚀、连接无松动；传动元件的轴、销齐全无脱落、无卡涩；箱门关闭严密；无异常声音、气味等。

（3）各气室压力在正常范围内，并记录压力值。

（4）防误闭锁完好、齐全。

（5）分、合闸位置指示器与实际运行方式相符。

（6）套管完好、无裂纹、无损伤、无放电现象。

（7）避雷器在线监测仪指示正确，并记录泄漏电流值和动作次数。

（8）带电显示器指示正确。

（9）防爆装置防护罩无异样，防爆膜完好，其释放出口无障碍物。

（10）汇控柜表计指示正常，无异常信号；操作切换把手与实际运行位置相符；控制、合闸电源完好；连锁位置指示正常；柜内设备运行正常；封堵严密、良好；加热器及防潮装置完好。

（11）接地线、接地螺栓表面无锈蚀，压接牢固。

（12）设备室通风系统运转正常，氧量仪指示大于 18%，SF_6气体含量不大于 1000mL/L。无异常声音、异常气味等。

（13）基础无下沉、倾斜。

（四）高压隔离开关的巡视

（1）设备名称、编号、相序等标识齐全、完好。

（2）绝缘子清洁，无破裂、无损伤放电现象。

（3）导电部分、触头接触良好，无过热、变色及移位等异常现象。

（4）分合闸位置正确，各部分距离满足要求。动触头的偏斜不大于规定数值。

（5）引线松紧适度、无摆动、无杂物。

（6）传动连杆、拐臂无弯曲、连接无松动、轴销无变位脱落、无锈蚀、润滑良好；金属部件无锈蚀。

（7）法兰连接无裂痕，连接螺丝无松动、锈蚀、变形。

（8）接地开关位置正确，弹簧无断股、闭锁良好，接地杆的高度不超过规定数值。

（9）防误闭锁装置完好、齐全，无锈蚀变形。

（10）操作结构密封良好，无受潮。

（11）接地标识醒目，接地引下线连接良好，无锈蚀。

（12）基础无下沉、倾斜。

（五）并联电容器的巡视

（1）设备名称、编号、相序等标识齐全、完好。

（2）电容器无渗漏油、无鼓肚、变形现象。

（3）瓷绝缘无破损、裂纹、放电痕迹，表面清洁。

（4）母线及引线松紧适度，设备接点接触良好、无过热现象。

（5）运行中的电容器内部应无异常响声，温度应正常。

（6）设备外表防腐涂层无变色，外壳温度不超过 50℃。

（7）熔断器、放电回路完好，接地引线无严重锈蚀、断股。

（8）电容器室干净整洁，照明通风良好，室温应在–25～40℃之间，门窗关闭严密。

（9）电缆标牌应完整，内容正确，字迹清楚。电缆外表无损伤，支撑牢固。电缆和电缆头无渗油、漏胶，无发热放电等现象。

（10）接地标识醒目，接地引下线和螺栓压接良好，无锈蚀。

（11）电缆沟（隧）道完好，支架、桥架无变形损坏。

（六）干式电抗器的巡视

（1）设备名称、编号、相序等标识齐全、完好。

（2）支柱绝缘子金属部位无锈蚀，支架牢固，无倾斜变形，绝缘子无破损裂纹、放电痕迹，表面清洁。

（3）设备外观完整无损，防雨帽完好，无异物。

（4）引线接触良好，接点无过热，各连接引线无发热、变色。

（5）外包封表面清洁、无裂纹，无放电痕迹，无油漆脱落现象，RTV涂层憎水性良好。

（6）撑条无错位，无动物巢穴等异物堵塞通风道现象。场地清洁无杂物、无杂草。

（7）无异常振动和声响；线圈无变形。

（8）接地可靠，周边金属物无异常发热现象。

（9）二次端子箱门关闭严密，无受潮，孔洞封堵良好。

（10）基础无下沉、倾斜。

（七）互感器的巡视

（1）设备名称、编号、相序等标识齐全、完好。

（2）设备外观完整无损，外绝缘表面清洁、无裂纹及放电现象。

（3）一、二次引线接触良好，接点无过热、变色。

（4）金属部位无锈蚀，底座、支架牢固，无倾斜变形。

（5）架构、遮栏、器身防腐涂层清洁、无爆皮脱落现象。

（6）无异常振动、异常声音及异味。

（7）瓷套、底座、阀门和法兰等部位应无渗漏油、漏气现象。

（8）电压互感器端子箱熔断器和二次空气开关无异常。

（9）电流互感器端子箱引线端子无松动、过热、打火现象。

（10）充油互感器的油色、油位正常。

（11）防爆膜无破裂。

（12）吸湿器硅胶无受潮变色。

（13）金属膨胀器位置指示正常，无渗漏。

（14）各部位接地可靠。

（15）二次电压指示无异常。

（16）安装有在线监测的设备在线数据在合格范围之内。

（17）SF_6互感器的压力指示应在正常规定范围，密度继电器工作正常。

（18）基础无下沉、倾斜。

（八）防雷设备的巡视

1. 避雷器的巡视

（1）设备名称、编号、相序等标识齐全、完好。

（2）瓷套管表面应清洁，无裂纹破损和放电现象。

（3）避雷器内部无异常声响。

（4）避雷器与动作记录装置连接的连线及接地引下线无烧伤痕迹或断股现象。

（5）避雷器的动作记录装置是否有变化，装置内部是否有受潮、积水。

（6）在线监测装置运行正常，泄漏电流值无明显变化。

（7）均压环是否发生歪斜。
（8）低式布置的避雷器，遮栏内无超过高度要求的杂草。
（9）基础有无下沉、倾斜。

2. 避雷针及接地装置的巡视

（1）避雷针的名称、编号等标识齐全，接地良好。
（2）接地装置连线无锈蚀等现象；引线及接地线牢固无损伤。
（3）基础有无下沉、倾斜。

（九）高压电力电缆的巡视

（1）电缆名称、编号等标识齐全、完好。
（2）电缆无过热、损伤等。
（3）接地良好，电缆外皮、接地体支架无锈蚀。
（4）电缆沟内排水畅通，无杂物，防火措施完好，电缆沟盖板齐全。
（5）电缆沟道、隧道无开裂、变形，运行温度在规定范围之内。

（十）母线及绝缘子的巡视

（1）母线名称、编号、相序等标识齐全、完好。
（2）各连接点接触良好，无发热。
（3）瓷绝缘完好、清洁，无裂纹破损、放电痕迹。
（4）软母线无断股、散股现象，无搭挂杂物，松弛度符合规定。
（5）母线上各支线连接良好，各引线无异常。
（6）绝缘子在阴雨、大雾天气无严重的电晕和放电现象。
（7）大风天气检查有无搭挂杂物，导线摆动在允许范围内。

五、危险点分析

设备巡视的危险点和预控措施见表 ZY1100202001-1。

表 ZY1100202001-1　　设备巡视的危险点和预控措施

项目	危 险 点	控 制 措 施
1	人身触电	1）巡视检查时应与带电设备保持足够的安全距离，10kV 及以下：0.7m；35kV：1m；110kV：1.5m；220kV：3m；330kV：4m。 2）不得移开或越过遮栏。 3）变电站接地电阻不合格时，巡视高压设备应穿绝缘靴，接触设备的外壳和构架时，应戴绝缘手套。 4）雷雨天气，需要巡视室外高压设备时，应穿绝缘靴，并不得靠近避雷器和避雷针。 5）高压设备发生接地时，室内不得接近故障点 4m 以内，室外不得接近故障点 8m 以内。进入上述范围人员应穿绝缘靴，接触设备的外壳和构架时，应戴绝缘手套
2	意外伤人	1）巡视高压设备时应戴好安全帽。 2）注意行走安全，上下台阶、跨越沟道或配电室门口防鼠挡板时，防止摔、碰。 3）搬动电缆沟盖板时，应防止砸伤和碰伤。巡视通道上的电缆沟盖板应稳固，因故揭开电缆沟盖板或在巡视通道上堆放杂物时，应设遮栏或标志。 4）巡视通道不得有障碍物，及时清理杂物，保持通道畅通。 5）夜间巡视设备时携带照明器具，并两人同时进行，注意行走安全。 6）大风、雪、雾、沙尘等恶劣天气巡视设备时，应两人同时进行，注意保持与带电体的安全距离和行走安全。 7）遇到自然灾害等特殊情况需巡视设备时，应携带通信工具，随时保持联络
3	设备异常伤人	1）断路器操动机构液压或压缩空气等压力异常升高时，应迅速断开其油泵或压缩机电源，人员远离现场，防止发生意外伤人。 2）设备出现运行参数严重异常或基础下陷倾斜等异常可能对人身安全构成威胁时，人员应远离现场。 3）巡视高压设备时应戴好安全帽和按规定着装
4	有害气体中毒	1）进入 SF_6 室前 15min 启动通风装置。 2）应避免单人进入 SF_6 室进行设备巡视。 3）当发生气体泄漏或 SF_6 检漏仪报警时，应迅速撤离室内或远离室外现场，并躲避在上风处。确因需要进入现场的抢险人员应戴防毒面具，穿防护服
5	保护及自动装置误动	在继电保护室禁止使用移动通信工具，防止造成保护及自动装置误动

六、案例

案例 1：变电站巡视路线图。

设备巡视路线图是根据变电站设备布置情况确定的巡视行进路线的平面图。设备巡视路线应是经过优化的合理方案，能达到节约巡视时间、不遗漏被巡视设备、观察设备位置最佳、少走重复路线的目的。设备巡视路线图由变电站自行绘制，某 330kV 变电站的巡视路线图见图 ZY1100202001-2。

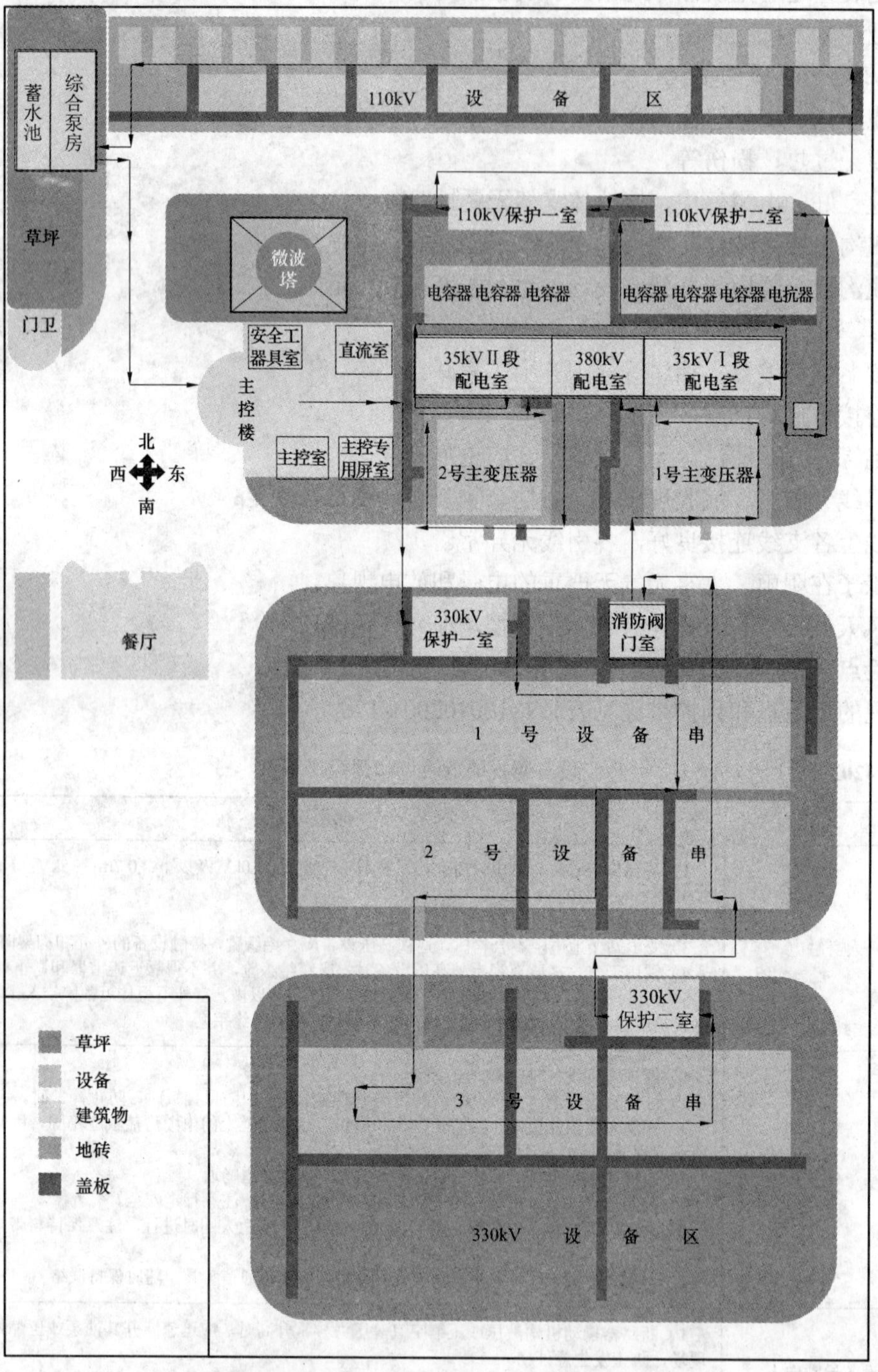

图 ZY1100202001-2 某 330kV 变电站巡视路线示意图

案例 2：变电站设备巡视卡。

设备巡视卡是设备巡视标准化管理的重要内容之一，是设备巡视手册中的一种过程记录。巡视卡分为电子文档卡和纸质卡两种。由于它规定了巡视路线、设备巡视顺序、具体巡视项目以及设备重要参数的标准等，使用比较方便，一般不会出现对设备的漏巡或漏项。

1. 设备巡视卡的组成

设备巡视卡既可以使用纸质卡，也可以使用智能巡检系统的电子文档卡，但现场运行规程应有明确的规定。根据设备巡视的分类，每类巡视对应一种巡视卡，即按交接班巡视、正常巡视、熄灯巡视、监督性巡视和特殊巡视五类对应五种设备巡视卡。

变电站设备标准化巡视文件由两部分组成：变电站设备巡视手册和变电站设备巡视记录卡。设备巡视手册是设备巡视的标准和规定，设备巡视记录卡是设备巡视的过程记录。

2. 设备巡视卡的使用

（1）设备巡视卡的填写要求：

1）运行人员的交接班巡视和正常巡视不得合用同一张巡视卡，不得相互代替。

2）各类巡视必须填写巡视卡上的全部内容。

3）巡视性质在巡视卡中所列的“巡视性质”对应位置上打“√”。

（2）设备巡视卡的使用要求：

1）一般情况下，对于巡视无问题的项目，在相关栏目下打“√”；如果存在缺陷，则在该项下填写“异常”两字，并在巡视卡的“发现问题”栏内，逐一详细描述新发现缺陷的部位、性质及内容。未进行的项目应在栏目内画“—”，严禁开“天窗”。

2）对于变电站现存缺陷，在交接班巡视和操作队的运行人员正常巡视、变电站管理人员定期监督巡视时，应将缺陷内容详细填写在巡视卡的“缺陷及异常说明”栏中，并对缺陷的发展变化情况说明。

3）对于指示性参数的巡视项目（包括液压机构压力、SF_6气压，变压器油温、有载调压机构动作次数、挡位；避雷器泄漏电流；避雷器动作计数器的底数等，下同），在巡视时，必须详细记录其具体数值。

4）管理人员监督性巡视，要求对所有项目进行检查，在相关栏目下打“√”或填写“异常”。“存在问题”栏填写相应问题。

3. 设备巡视卡的管理

（1）巡视卡填写必须清楚、工整，严禁涂改。

（2）班站管理人员每月对已使用的巡视卡，认真进行审核签名，检查巡视卡的使用情况，落实已发现的问题。

（3）变电站管理人员应每周对已使用的巡视卡，认真进行审核签名，并进行一次监督性巡视，检查巡视卡的使用情况，落实已发现的问题。

（4）月度运行分析会中，应对巡视卡的使用情况进行分析。

（5）每月 5 日前，由当值运行人员对上月使用的巡视卡进行装订归档。

（6）已归档的巡视卡保存一年。

某 330kV 变电站正常巡视的设备巡视卡见表 ZY1100202001-2。

【思考与练习】

1. 为什么要进行设备巡视？设备巡视分为哪几类？
2. 什么是设备缺陷？设备缺陷分为哪几类？如何划分？
3. 设备巡视的方法有哪些？设备巡视有哪些具体要求？
4. 变压器的巡视项目主要有哪些？
5. SF_6 断路器的巡视项目主要有哪些？

表 ZY1100202001-2

330kV××变电站一二次设备巡视样卡（正常巡视）

巡视时间：____年____月____日____时____分～____时____分 天气：____ 户外环境温度（℃）：____ 运行____值 巡视人员签名：____________

巡视单元	巡视见证点															
直流系统	装置电源	I母电压（V）	I段电池电压	I段直流负荷（A）	II母电压（V）	II段电池电压	II段直流负荷（A）	I段充电模块	II段充电模块	接点及引线	信号及指示	母线绝缘	室内温度	空调通风	防鼠措施	消防设施

二次设备		项目名称	装置外观	控制把手	主变压器在线检测	空调通风	消防设施	室内温度	防鼠措施
	330kV保护室	330kV I室							
		330kV II室			—				

二次设备		项目名称	装置外观	控制把手	空调通风	消防设施	室内温度	防鼠措施
	110kV保护室	110kV I室						
		110kV II室						

330kV LW13断路器	项目名称	3312			3310			3320			3332			3330			3331			3321		
		A	B	C	A	B	C	A	B	C	A	B	C	A	B	C	A	B	C	A	B	C
	SF_6压力（MPa）																					
	空气压力（MPa）																					

330kV TV、避雷器	电压互感器	I母TV	II母TV	段马I线TV			段庄I线TV			1号主变压器高压侧TV			2号主变压器高压侧TV		
		C	C	A	B	C	A	B	C	A	B	C	A	B	C
	油位														
	外观检查														

330kV TV、避雷器	避雷器	段马I线避雷器			段庄I线避雷器			1号主变压器高压侧避雷器			2号主变压器高压侧避雷器		
		A	B	C	A	B	C	A	B	C	A	B	C
	泄漏电流（mA）												
	外观检查												

主变压器		油温（℃）			声音	套管（瓷套/油位）			油位		气体继电器		冷却器运行情况					油流继电器		有载调压	
	1号主变压器	东	西1	西2		高压	中压	低压	本体	调压	本体	调压	1号	2号	3号	4号	5号	工作	备用	挡位	调压次数

主变压器	在线监测装置			滤油机压力（MPa）			本体外观	通风柜	高压侧引线及接点检查			中压侧引线及接点检查			低压侧引线及接点检查			消防设施
1号主变压器	24h	30天	总氢	A	B	C			A	B	C	A	B	C	A	B	C	

主变压器		油温/绕组（℃）			声音	套管（瓷套/油位）			油位		气体继电器		冷却器运行情况				油流继电器		有载调压	
	2号主变压器	东	西	绕组		高压	中压	低压	本体	调压	本体	调压	1号	2号	3号	4号	工作	备用	挡位	调压次数

主变压器	在线监测装置			滤油机压力（MPa）			本体外观	通风柜	高压侧引线及接点检查			中压侧引线及接点检查			低压侧引线及接点检查			消防设施
2号主变压器	电源	输出压力（MPa）	气瓶压力（MPa）	A	B	C			A	B	C	A	B	C	A	B	C	

续表

巡视单元	巡视见证点														
110kV系统	间隔名称	段绛 I	段绛 II	段常 II	段常 I	段五	段莲	1102 断路器	段蔡	1100 母联	1101 断路器	段扶 II	段扶 I	段永 II	段永 I
	断路器 SF_6 压力		—												
	断路器及隔离开关外观		—												
	$TASF_6$ 压力		— — —												
	TV 油位		—					—		—	—				

巡视单元																	1 号主变压器中压侧避雷器			2 号主变压器中压侧避雷器			110kV I 母避雷器			110kV II 母避雷器		
380～220V系统	开关名称	381	382	380	3810	3820	1 号消防泵	2 号消防泵	母线名称	I 段	II 段	备用段	通风设施	室内温度	消防设施	防鼠措施	避雷器	A	B	C	A	B	C	A	B	C	A	B	C
	开关位置								电压								泄漏电流（mA）												
	信号指示								—	—	—	—	—	—	—	—	外观检查												

巡视单元																				
35kV 30—SFG断路器	间隔名称	3515	3501	3513	3512	3511	3514	3525	3502	3523	3522	3521	项目名称	室内温度	室内湿度	通风设施	消防设施	防鼠措施	电压互感器	110kV I 母 TV	110kV II 母 TV
	SF_6 压力												I 段						声音		
	外观												II 段						外观检查		

巡视单元									并补 11			并补 12			并补 13			并补 21			并补 22			并补 23		
35kV系统	电容器组	并补 11	并补 12	并补 13	并补 21	并补 22	并补 23	避雷器	A	B	C	A	B	C	A	B	C	A	B	C	A	B	C	A	B	C
	外观检查							泄漏电流（mA）																		
	油位							外观检查																		

巡视单元									1 号主变压器低压侧避雷器			2 号主变压器低压侧避雷器			0 号站用变压器避雷器									
35kV系统	声音							避雷器	A	B	C	A	B	C	A	B	C	电压互感器	35kVI 母	35kVII 母	站用变压器	0 号	1 号	2 号
	电抗器	声音	外观	—	—	电容器组消防设施		泄漏电流（mA）										声音			保护/丝具			
	并抗 1			—	—			外观检查										消谐器		—	温度	—		

巡视单元													
站用设施及其他	安全工器具室	主控专用屏室	电缆竖井	防小动物设施	主变压器消防间	火灾报警装置	微机闭锁	监控机	音响检查	变电管理机	遥视系统	小神探巡检系统	SF_6 监测装置
	1 号消防泵	2 号消防泵	1 号生活泵	2 号生活泵	3 号生活泵	深井泵	污水泵	蓄水池	空调器	建筑物	—	—	—
											—	—	—
发现问题													

值班负责人签字：　　　　审阅签字：

模块2 一次设备特殊巡视（ZY1100202002）

【模块描述】本模块介绍设备特殊巡视检查项目和要求。通过内容介绍、要点讲解，掌握一次设备特殊巡视技能，能发现隐蔽缺陷。

【正文】

一次设备的特殊巡视是指在电网发生事故、检修等特殊运行方式、恶劣气候条件或设备出现异常等特定情况下进行的设备巡视。由于特殊巡视一般有其特定的针对性，根据不同的巡视目的，巡视项目有不同的侧重。本模块主要介绍设备特殊巡视的一般规定和主要项目。通过对变压器、高压断路器、高压并联电容器、干式电抗器、互感器和避雷器等一次设备特殊巡视规定和巡视项目的介绍，了解正常巡视与特殊巡视的主要区别和不同要求，掌握设备特殊巡视的基本技能。

一、特殊巡视的规定和项目

（一）特殊巡视的一般规定

在下列情况下应进行特殊巡视：

（1）电网高峰负荷或系统有较大的冲击时。

（2）设备过负荷或负荷有显著增加时。

（3）设备跳闸、接地或其他异常时。

（4）大风后、雷雨后、地震等突发自然灾害后。

（5）大雾、雪天、冰雹、沙尘暴等特殊气候条件时。

（6）设备存在严重缺陷或原有缺陷有向严重程度发展变化时。

（7）设备超温运行、接点发热时。

（8）新设备投入试运行期间。

（9）设备经过检修、改造或长期停运重新投入运行后。

（10）法定节假日或有重要供电任务时。

（二）特殊巡视的主要项目

（1）设备高峰负荷或系统有较大的冲击和扰动时，应检查本站设备有无过载、过温或其他异常，必要时对大负荷设备接点进行红外测温。

（2）设备过负荷或负荷有显著增加时，应检查过负荷或负荷显著增加的设备和同间隔其他设备温度、油位、压力是否正常，有无异常音响，必要时应进行红外测温。

（3）设备跳闸时，重点检查和记录继电保护及安全自动装置和自动化设备动作情况，检查保护动作范围内断路器分合闸位置状态，记录断路器动作次数。检查避雷器有无动作，记录计数器动作次数。检查事故范围内设备有无导线烧伤、断股现象，设备油位、油温、油色、油压等是否正常，有无喷油现象以及充 SF_6 气体设备压力是否在合格范围内，检查设备有无放电、烧伤痕迹，绝缘子有无闪络等。

（4）系统有接地故障运行时，检查接地系统电压变化情况，电压互感器有无异常音响或气味，有无过温运行等异常；设备出现其他异常时，应针对具体设备和异常范围进行检查巡视。

（5）大风天气时，重点检查户外设备周围有无可能被风吹到设备、导线或临近带电体的杂物，检查导线有无异常摆动和接点有无松动、发热等现象。检查房屋门窗、端子箱和机构箱的门是否关闭严密。大风过后，检查引线有无断股，设备上有无其他杂物等。

（6）雷电活动过后，重点检查绝缘子、套管等设备外绝缘有无放电痕迹及破裂现象，避雷器计数器动作等情况，记录动作数据等。

（7）大雨天气时，应重点检查房屋门窗、户外端子箱、设备端子盒和机构箱的门是否关闭严密，有无进水。房屋是否有渗漏，屋面、场地等排洪设施是否完好，排水是否畅通和有无积水等。

（8）浓雾和小雨天气时，重点检查设备瓷绝缘的污秽和设备接点有无发热等情况，检查瓷绝缘有无放电打火现象。检查二次设备防潮措施是否完善，有无受潮现象。检查高压配电室空气湿度是否在允许范围，设备有无凝露现象等。

（9）下雪天气应根据积雪融化情况检查接点有无发热，检查设备及引线有无结冰，导线弧垂是否符合要求，有无冰柱短接绝缘子和套管瓷裙现象。检查设备油位、压力、密度是否在允许范围。端子箱、机构箱加热装置工作是否正常等。

（10）高温天气应检查油温、油位、气体压力和密度是否在允许范围，变压器冷却器运行是否正常，导线弧垂是否过大。室内配电装置、蓄电池、继电保护及自动化设备、通信设备等运行温度是否合适，通风、降温设备运行是否正常等。

（11）新投运设备、大修改造或长期停运重新投入运行后的设备，应重点检查设备负荷、温度、引线接点、油位、压力、密度、声音等有无异常。有关阀门及电气控制开关、切换开关、保护及自动化装置的连接片位置是否正确等。

（12）设备存在严重缺陷或缺陷有向严重程度发展变化时，应重点检查设备缺陷的严重程度，评估是否对安全运行构成威胁等。

（13）设备超温运行时，应重点检查温度变化情况，分析设备温度升高是否随负荷大小变化，是否符合规律，是否接近或达到温度允许限值等。必要时进行红外测温，核实设备本体、储油柜、套管等油位。

（14）设备接点发热时，应重点检查温度变化，对接点进行红外测温。

（15）法定节假日或有重要供电任务时，重点检查设备运行是否正常，缺陷有无发展和变化，运行方式是否合理可靠，检查设备负荷变化情况等。

二、主要设备的特殊巡视

（一）变压器的特殊巡视

1. 特殊巡视规定

在下列情况应进行特殊巡视：

（1）大风、沙尘暴、雾天、冰雪、冰雹及雷雨后。

（2）地震等突发自然灾害后。

（3）新变压器或经过检修、改造后的变压器在投运 72h 内。

（4）长期停运后重新投入运行时。

（5）变压器超额定电流运行或负荷剧增、超温、设备发热、系统冲击、跳闸、有接地故障等异常情况时。

（6）变压器存在重大缺陷，或缺陷近期有发展时。

（7）法定节假日、有重要供电任务时。

（8）高温季节，高峰负载时。

2. 特殊巡视项目

（1）变压器超额定电流运行时，应检查负荷、油温和油位的变化情况，检查声音是否正常，接点接触应良好，无发热现象；冷却系统应运行正常，投入散热器的数量是否合理等。必要时进行红外测温，检查设备接点温度，核实储油柜、套管等油位是否与实际相符。

（2）地震等突发自然灾害后，应检查变压器本体、套管、冷却器等有无损坏和位移、渗漏油等情况，在线检测装置数据有无异常变化。变压器基础有无积水、下沉等。

（3）大风天气时，应检查变压器引线有无异常摆动，有无断股及搭挂杂物等。

（4）雷雨天气时，应检查变压器套管有无放电闪络现象，避雷器的放电记录装置动作情况，基础有无下沉、积水。

（5）大雾天气时，应检查套管有无放电打火现象，重点检查套管污秽情况、硅橡胶绝缘伞裙或防污涂料表面的憎水性是否良好等。

（6）下雪天气时，根据积雪融化情况检查接点有无发热，检查变压器引线有无结冰，导线弧垂是否符合要求，有无冰柱短接绝缘子和套管瓷裙现象，及时处理冰柱等。

（7）变压器承受短路故障或穿越性故障后，应检查变压器套管、引线及接点、母线支柱绝缘子等有无异状。防爆膜、安全气道是否完好，释压器是否动作，气体继电器内是否有气体。油温是否正常，接地引下线等有无烧伤痕迹等。

（8）气温骤变时，应检查本体、有载调压开关和套管油位是否有明显变化，各侧连接引线松紧程度是否合适，有无断股或接点发热现象。

（9）设备存在重大缺陷，或缺陷近期有发展时，应重点检查缺陷的发展和变化情况，评估是否对安全运行构成威胁等。

（10）变压器运行温度高时，应重点检查温度变化情况，分析设备温度升高是否随负荷大小变化，是否符合规律，是否接近或达到温度允许限值等。必要时进行红外测温，检查设备接点有无发热，检查储油柜、套管等油位是否与实际相符等。

（11）设备接点发热时，应重点检查温度变化，对接点进行红外测温。

（12）法定节假日或有重要供电任务时，重点检查变压器运行是否正常，有无缺陷或已有缺陷是否有变化等。

（13）新投入或经过检修、改造或长期停运后重新投入运行的变压器，应重点检查：

1）油位是否随温度变化。

2）气体继电器是否聚集气体。

3）散热器进、出口阀门是否开启，冷却器是否运行正常。

4）变压器声音有无异常。

5）呼吸器是否呼吸正常等。

（二）高压断路器的特殊巡视

1. 特殊巡视规定

在下列情况应进行特殊巡视：

（1）设备负荷电流接近额定值或有显著增加时。

（2）新设备投运、设备经过检修、改造或长期停用后重新投入运行时。

（3）设备有严重缺陷或缺陷有新的变化时。

（4）恶劣气候、事故跳闸和设备运行中发现可疑现象时。

（5）地震等突发自然灾害后。

（6）法定节假日和有重要供电任务期间。

2. 特殊巡视项目

（1）大风天气时，应检查引线有无异常摆动及有无搭挂杂物。

（2）雷雨天气时，应检查瓷套管有无放电闪络现象，设备基础有无下沉倾斜、积水等。

（3）大雾天气时，应检查瓷套管有无放电，打火现象，检查瓷绝缘污秽情况和防污涂料的憎水性是否良好等。

（4）大雪天气时，应根据积雪融化情况检查接点有无发热，导线弧垂是否合适，有无冰柱短接绝缘子和套管瓷裙现象等。

（5）沙尘暴天气时，应检查设备套管和绝缘子表面脏污情况。

（6）温度骤变时，检查设备油位、气体压力变化情况及设备有无渗漏油、漏气现象，导线弧垂是否合适等。

（7）地震等突发自然灾害后，应检查设备有无损坏、位移，有无渗漏油、漏气等现象，检查基础有无积水、变形、下沉等。

（8）高峰负荷期间或负荷电流有显著变化时，应检查设备运行温度、引线接点有无过热现象，设备有无异常声音。

（9）短路故障跳闸后，应检查断路器、隔离开关的位置是否正确，各附件有无变形，触头和引线接点有无过热、烧损痕迹，引线有无变形和松动现象，操动结构是否正常。油断路器有无喷油，油色及油位是否正常等。

（10）新设备试运行、设备经过检修、改造或长期停用重新投入运行后，应检查设备运行位置指示、操作电源或操作压力、弹簧储能、油断路器油位等是否正常，套管表面有无放电，接点有无发热，设备运行有无异常声音，引线松紧程度是否合适等。

（11）设备存在重大缺陷，或缺陷近期有发展时，应重点检查设备缺陷有无新的发展和变化，评估是否对安全运行构成威胁等。

（12）法定节假日或有重要供电任务时，重点检查设备运行是否正常，有无缺陷或已有缺陷是否有变化等。

（三）高压并联电容器的特殊巡视

1. 特殊巡视规定

在下列情况应进行特殊巡视：

（1）大风、雾天、冰雪、冰雹及雷雨后。

（2）地震等突发自然灾害后应进行特殊巡视。

（3）雷电活动后。

（4）环境温度超过设备的规定温度时。

（5）断路器故障跳闸后。

（6）系统异常运行时。

（7）新设备试运行、设备经过检修和改造或长期停用后重新投入运行时。

（8）设备有严重缺陷或缺陷有新的变化时。

2. 特殊巡视项目

（1）雨、雾、雪、冰雹天气应检查瓷绝缘有无破损裂纹、放电现象，表面是否清洁；冰雪融化后有无悬挂冰柱，接点有无发热。设备构支架有无下沉倾斜、基础有无积水等现象。构架、支架有无下沉倾斜变形。

（2）大风后应检查设备接点有无松动、过热，熔断器是否完好，设备和导线上有无悬挂物等。

（3）沙尘暴后应检查设备套管和绝缘子表面积污情况。

（4）雷电后应检查瓷绝缘有无破损裂纹、放电痕迹、避雷器有无动作等。

（5）环境温度超过或低于规定温度时，检查设备接点有无发热，电容器壳体有无变形和渗漏现象。

（6）电容器故障跳闸后，应检查电容器和串联电抗器有无损坏、烧伤、变形、移位、漏液，引线、电缆有无损伤、断线等。检查熔断器是否完好，避雷器是否动作等。

（7）系统发生振荡、接地、谐振异常时，应检查电容器有无放电，熔断器是否完好，外壳有无变形。

（8）地震等突发自然灾害后，应检查设备有无损坏、位移，有无渗漏油现象，导线有无损伤，熔断器是否完好，基础有无变形、下沉等。

（9）新设备投运、设备经过检修、改造或长期停用后重新投入运行时，应检查设备运行是否正常，套管表面有无放电，接点有无发热，有无异常声音，引线松紧程度是否合适等。

（10）设备存在重大缺陷，或缺陷近期有发展时，应重点检查设备缺陷变化情况，评估是否对安全运行构成威胁等。

（四）干式电抗器的特殊巡视

1. 特殊巡视规定

在下列情况应进行特殊巡视：

（1）在高温、低温天气运行时。

（2）大风、沙尘暴、雾天、冰雪、冰雹及雷雨后。

（3）地震等突发自然灾害后。

（4）新设备投入运行后试运行期间。

（5）设备经过检修、改造或长期停运后重新投入运行时。

（6）设备发热、系统严重电压波动、设备本体有异常振动和声响等异常时。

（7）设备有严重缺陷，或缺陷近期有发展时。

（8）电抗器承受短路冲击或过电压运行后。

（9）法定节假日、有重要供电任务时。

2. 特殊巡视内容

（1）在高温、低温天气运行时，应检查设备接点接触是否可靠，有无发热，引线松紧程度是否合适，用红外测温设备检查电抗器温度分布是否均匀，有无局部过热等。

（2）雨、雾、雪、冰雹天气应检查瓷绝缘有无破损裂纹、放电现象，表面是否清洁；冰雪融化后有无悬挂冰柱，桩头有无发热；基础有无下沉倾斜、积水等现象。

（3）大风、沙尘暴天气后，应检查设备和导线上有无悬挂物，有无断线，防雨罩有无变形等。

（4）地震等突发自然灾害后，应检查电抗器有无损伤、变形、位移，导线有无损伤，基础有无变形、下沉等。

（5）新电抗器试运行期间、电抗器经过检修、改造或长期停运后重新投入运行时，应检查电抗器运行声音是否正常，有无异常振动，接点有无发热等。应进行红外线测温，检查温度分布是否均匀。

（6）电抗器存在重大缺陷，或缺陷近期有发展时，应重点检查设备缺陷变化情况，评估是否对安全运行构成威胁等。

（7）故障跳闸后，应检查电抗器外观有无损伤，线圈匝间有无烧伤、变形，绝缘子、引线有无短路烧伤、断股等现象。

（五）互感器的特殊巡视

1. 特殊巡视规定

在下列情况应进行特殊巡视：

（1）在高温、大负荷运行期间。

（2）大风、沙尘暴、雾天、冰雪、冰雹及雷雨后。

（3）地震等突发自然灾害后。

（4）设备新试运行期间。

（5）设备经过检修、改造或长期停运后重新投入运行时。

（6）设备发热、系统严重冲击、短路、内部有异常声音等异常时。

（7）设备有严重缺陷，或缺陷近期有发展时。

（8）法定节假日或有重要供电任务时。

2. 特殊巡视内容

（1）大风、沙尘暴天气后，重点检查引线摆动情况及有无搭挂杂物。

（2）雷雨天气后，主要检查瓷套管有无放电闪络现象。

（3）大雾天气时，重点检查瓷套管有无放电、打火现象，重点检查绝缘子污秽情况。

（4）大雪天气时，根据积雪融化情况，检查接点发热部位，及时处理悬冰。

（5）温度骤变时，主要检查注油设备油位、气体压力变化及设备有无渗漏油（气）等情况。

（6）地震等突发自然灾害后，应检查设备有无损伤、变形、位移、倾斜，导线有无损伤，基础有无变形、下沉等。

（7）高峰负荷期间，主要检查设备有无异常声响，用红外测温设备检查互感器引线接点发热情况。

（8）同间隔断路器故障跳闸后，应检查电流互感器外观是否完好，油位或气压是否正常，接点有无烧损等现象。

（六）避雷器的特殊巡视

1. 特殊巡视规定

在下列情况应进行特殊巡视：

（1）阴雨天及大雨后。

（2）大风及沙尘天气时。

（3）每次雷电活动后或系统发生过电压等异常后。

（4）地震等突发自然灾害后。

（5）新设备试运行期间。

（6）设备有严重缺陷，或缺陷近期有发展时。

2. 特殊巡视内容

（1）阴雨天及雨后应检查避雷器外套是否存在放电现象，检查避雷器的泄漏电流在线监测装置数据变化情况。

（2）大风天气的特殊巡视主要应观察引流线与避雷器间连接是否良好，是否存在放电声音，垂直安装的避雷器是否存在严重晃动。对于悬挂式安装的避雷器还应观察风偏情况。沙尘天气时应检查避雷器外套是否存在放电现象，检查避雷器的泄漏电流在线监测装置数据变化情况。

（3）每次雷电活动后或系统发生过电压等异常情况后，应检查避雷器放电记录装置的动作情况，记录动作次数。检查瓷套与放电记录装置壳体是否完好，检查避雷器连接导线及接地引下线有无烧伤痕迹，检查避雷器的泄漏电流在线监测装置数据变化情况。

（4）地震等突发自然灾害后，应检查避雷器有无损伤、变形、位移、倾斜，导线有无损伤，基础有无变形、下沉等。

（5）新投入运行的避雷器应检查有无放电、异常声音，接点是否紧固，引线松紧程度合适，泄漏电流在线监测装置数据是否在允许范围内等。

（6）避雷器有严重缺陷，或缺陷近期有发展时，视缺陷程度增加巡视次数，重点检查异常或缺陷的发展变化情况。记录避雷器的泄漏电流在线监测装置数据。

【思考与练习】

1. 在哪些情况下应对设备进行特殊巡视？
2. 设备特殊巡视一般包括哪些项目？
3. 变压器的特殊巡视有哪些规定？特殊项目包括哪些？
4. 高压开关设备的特殊巡视有哪些规定？特殊巡视的主要项目有哪些？

模块 3　一次设备巡视分析（ZY1100202003）

【模块描述】本模块介绍对巡视发现的一次设备异常和缺陷的分析及预防纠正措施、一次设备巡视的结论等内容。通过对运行工况的基本评价、分析讲解，掌握一次设备异常和缺陷的预防和处理的基本技能。

【正文】

设备巡视分析是指根据巡视结果，评估设备的基本状态，分析设备是否存在缺陷和异常，判断设备存在哪类性质的缺陷和异常，对安全运行的影响程度，应采取何种预防和处理措施等。经过对设备巡视分析，最终应对设备的基本状态作出评价，对巡视的结果得出结论。

一、一次设备巡视分析的基本要求和方法

1. 一次设备巡视分析的基本要求

（1）每次设备巡视后，应对本次巡视所遇到的一次设备运行异常和缺陷情况进行分析，根据分析结果，评价设备运行的基本状态。

（2）对新发现和尚未定性的缺陷，应分析评价其影响范围和可能后果，根据缺陷分类标准进行缺陷分类定性。

（3）对已存在和已有定性结论的缺陷，应分析缺陷是否稳定，有无向严重程度发展变化的趋势。

（4）根据对巡视分析结果，提出对存在异常和缺陷应采取措施和处理的意见。

2. 一次设备巡视分析方法

根据巡视的分析结果，一次设备的运行状态分为正常状态、缺陷状态和事故状态三类。

（1）正常状态。设备的正常运行状态是指在额定电压、电流、环境温度等条件下，能保证连续达到额定运行能力的状态。

1）被巡视的设备运行状态良好，其运行位置状态和信号正确，测量数据显示正常，设备的电压、电流、温度等运行参数在额度范围之内，无声光告警信息等。

2）如果设备存在一般性缺陷，且缺陷稳定，在较长时间内不会发展为严重缺陷，可以结合设备检修和试验时进行消缺处理。在此期间不会影响设备的正常运行和额定出力。

（2）缺陷状态。在设备运行中，由于受环境条件和电场、温度等因素的影响，设备始终处于老化过程。随着时间的推移和外部环境的改变，设备即使在规定的外部条件下，部分或全部失去运行能力，出现了影响安全运行的严重缺陷，此种状态为设备的缺陷状态。

1）当设备出现严重缺陷，已经达不到铭牌出力，此类缺陷应通过检修处理。

2）有些设备虽然存在严重缺陷而并不影响铭牌出力。但从长期运行则有可能发展成为危机缺陷，甚至发生事故，此类缺陷应尽快安排检修处理。

（3）事故状态。当设备的缺陷进一步发展造成设备损坏，中止了设备的供电状态为事故状态，需要经过检修才能恢复供电。

二、变压器的巡视分析

（一）变压器超额定电流运行及温度升高

1. 变压器的允许运行方式

（1）变压器在规定的冷却条件下，全年可按额定容量运行。

（2）变压器外加一次电压一般不应高于该运行分接头额定电压的105%。

（3）变压器三相负载应平衡，不平衡时应监视最大一相电流。

（4）为防止变压器油劣化过速、绝缘老化，主变压器正常运行时上层油温不应超过最高允许温度，即自然循环、风冷变压器为95℃；强迫油循环风冷变压器为85℃。

（5）变压器正常运行时，投入运行的冷却器数量符合现场运行规程的规定。

2. 变压器的三类负载状态

（1）正常周期性负载：

1）变压器在正常周期性负载运行时，其绝缘的平均相对老化率小于或等于1，属于变压器的正常运行方式，因此，允许在此种状态下周期性地超额定电流运行。

2）变压器在额定使用条件下，全年可按额定电流运行。

3）当变压器有较严重的缺陷时，如冷却系统不正常、严重漏油、有局部过热现象、油中溶解气体分析结果异常或绝缘缺陷等，不宜超额定电流运行。

4）正常周期负载运行方式下，超额定电流运行时，允许的负载系数 K_2 和时间可经计算求得。

（2）长期急救周期性负载：

1）变压器在长期急救周期性负载运行时，其绝缘的平均相对老化率大于或远大于1。在不同的超额定电流负载系数时的允许持续运行时间应严格遵守有关规定。

2）长期急救周期性负载运行时，将在不同程度上缩短变压器的寿命，应尽量减少这种方式。必须采用时，应尽量缩短超额定电流运行的时间，有条件时应投入备用冷却器，以降低绕组的热点温度。

3）当变压器有严重缺陷时，如冷却系统不正常、严重漏油、有局部过热现象、油中溶解气体结果异常或有绝缘缺陷等，不应在该方式下运行。

4）在长期急救周期性负载下运行期间，应有负载电流记录，并计算该运行期间的平均相对老化率。

（3）短期急救负载：

1）变压器在短期急救负载运行时，其绝缘的平均相对老化率远大于1，绕组接点温度可能达到危险的程度。

2）在出现这种情况下，应投入包括备用在内的全部冷却器，并尽量减小负载，减少持续时间，一般不超过0.5h。

3）当变压器有严重缺陷或绝缘有弱点时，不应在该方式下运行。

4）在短期急救负载运行期间，应有详细的负载电流记录。并计算该运行期间的平均相对老化率。

（4）根据国家电网公司《110（66）kV～500kV 油浸式变压器（电抗器）运行规范》的规定，除制造厂另有规定外，油浸式变压器在不同负载下运行时，按表 ZY1100202003-1 控制负载电流和温度最大限值。

表 ZY1100202003-1　　油浸式变压器负载电流和温度最大限值

负载类型		中型电力变压器	大型电力变压器
正常周期性负载	电流（标幺值）	1.5	1.3
	热点温度及与绝缘材料接触的金属部件的温度（℃）	140	120
长期急救周期性负载	电流（标幺值）	1.5	1.3
	热点温度及与绝缘材料接触的金属部件的温度（℃）	140	130
短期急救负载	电流（标幺值）	1.8	1.5
	热点温度及与绝缘材料接触的金属部件的温度（℃）	160	160

3. 超额定电流运行分析

变压器运行监视一般以额定电流确定为额定限值。但严格意义上讲，按照额定容量计算，随着绕组上施加的运行电压高低变化，在额定容量下运行的该绕组的电流也是变化的。即电压升高，电流减小。反之电压降低，电流增加。但由于随着绕组通过电流的增大，其负载损耗相应增加，绕组发热也会增加，因此，习惯上以该侧额定电流作为运行监视的限值。

变压器在不同超额定电流范围的允许运行时间，与此前变压器的负载情况、上层油温高低以及本台变压器的参数等因素有关，具体应在现场运行规程中明确。

4. 温度升高分析和处理

（1）在正常情况下，变压器的发热和散热是相对平衡的，其内部各部位的温度分布具有一定的规律性。在允许的运行状态下，与绝缘接触的各部位温度应在限值范围内，不构成对变压器安全运行的危险性。所谓温度升高（过热）是指打破了上述的温度平衡规律，运行温度较正常升高，甚至接近或超过温度限值，对变压器绝缘寿命造成损伤，如果过热故障得不到及时的控制和处理，继续发展下去将对安全运行构成一定的危险性。

（2）变压器运行温度升高一般有导电回路发热、导磁回路发热和散热不良等多种原因：

1）导电回路发热原因一般包括：超额定电流运行，分接开关切换不到位或接触不可靠，导线连接焊接不良，电气接点松动、接触不良，导线断股，线圈匝间短路，悬浮电位放电，以及并列运行变压器的变比或挡位不一致引起环流等。

2）导磁回路发热的原因一般包括：漏磁产生涡流、磁屏蔽不良、铁芯局部短路、铁芯层间绝缘不良、铁芯（夹件，下同）多点接地、局部涡流过热等。

3）温度升高的其他原因可能有：冷却器散热不良，油回路阀门开启位置不正确、散热管堵塞、冷却器故障，环境温度过高等。

（3）变压器在正常运行中的温度高低与所带负荷大小、冷却方式、环境温度等因素有关。当变压器顶层油温异常升高，自然循环和风冷变压器超过 95℃、强迫油循环变压器超过 85℃，或超过制造厂规定时，应按以下步骤检查处理：

1）检查变压器的负载和冷却介质的温度，并与在同一负载和冷却介质温度下的正常温度核对，分析判断温度升高的原因。

2）核对温度测量装置，用红外测温装置进行测温，判断温度显示是否正确。

3）检查变压器冷却装置和变压器室的通风情况，判断温度升高原因是否由于冷却系统故障、冷却装置阀门开启位置不正确、散热管脏污堵塞风道或投入运行的冷却器数量不够引起。

4）检查变压器的气体继电器内是否积聚了可燃气体。

5）检查变压器油色谱在线检测装置数据是否有异常变化，或进行色谱分析判断原因。

6）若温度升高的原因是由于冷却系统的故障，且在运行中无法修理者，应将变压器停运检修处理；若不能立即停运检修，则应将变压器的负载调整至规程规定的允许运行温度下的相应容量。

7）如果变压器运行温度升高是由于投入冷却器数量不够，则应增加冷却器的运行数量；如果由于散热管脏污堵塞风道影响散热效果，则应清洗散热器。

8）若在正常负载和冷却条件下，变压器温度不正常并不断上升，且经检查证明温度指示正确，则认为变压器已发生内部故障，应立即汇报调度，申请将变压器停运处理。

9）怀疑油温升高由铁芯多点接地引起时，应测量铁芯接地电流，当铁芯回路存在电流且大于 100mA 时，应在铁芯接地回路串入限流电阻将电流限制在 100mA 以内。

（二）冷却系统异常分析及处理

1. 变压器冷却装置的日常检查内容

包括：冷却装置的投入组数与变压器的温度和负荷电流相一致；冷却装置的工作方式与实际投入方式相符；各组冷却装置的潜油泵、风扇运转正常，油流继电器指示正确；冷却装置控制箱各元件工作、指示正常；冷却装置是否渗漏油等。

2. 冷却系统的运行方式

（1）变压器运行时，必须投入冷却器。

（2）当变压器轻载时，应根据负载和环境温度，适当减少冷却器投入的组数。

（3）在正常运行情况下，冷却器投入的组数按主变压器油面温度及负荷电流控制。

（4）当上层油温或负荷任一达到整定值时，自动启动尚未投入运行的辅助冷却器。当冷却器发生故障时，启动备用冷却器。

（5）强迫油循环变压器的冷却装置应由两个独立电源供电，且能互为备用，自动投切。

（6）冷却器的潜油泵、风扇电机应有过负荷、短路及断相运行保护，以保证电动机安全运行。

3. 冷却系统的异常处理

（1）当变压器冷却效率降低，在同等条件下运行温度较正常升高时，应检查冷却器进口与出口油温差值，当温差过大时，应检查进、出口阀门是否确已开启，并应开启到位。温差太小时，应检查散热管表面是否脏污堵塞风道影响散热效果，确实脏污时应进行清洗。

（2）当变压器冷却器系统发出故障信号时，应立即到现场查明原因尽快处理。必要时应投入备用或辅助冷却器。

（3）强迫油循环变压器的通风电源发生故障时，应立即排除故障，恢复正常运行。

（4）运行中变压器冷却系统发生故障，切除全部冷却器时，应迅速查明原因，在允许的时间内采取措施恢复冷却器正常运行。

（5）当强迫油循环风冷变压器在运行中发生冷却器全停故障时，在额定负荷下允许运行的时间应遵守制造厂的规定。无制造厂规定时，在额定负荷下允许运行的时间为 20min。若按上述时间不能恢复冷却器正常运行时，且上层油温未达到 75℃时，允许上升到 75℃，但最长时间不得超过 1h。

（6）当冷却装置运行中出现过热、振动、杂音或漏油，或发现潜油泵异常振动、轴承或叶轮磨损等缺陷时，应及时进行检修处理。

（三）油面异常分析和处理

通常，变压器储油柜的油位计分别标有−20℃（−30℃）、+20℃和+40℃三条油位线，或温度指示线，以便监视不同油温下油位的高低。

变压器的油位是随环境温度和油温的变化而变化的。当变压器油温升高时，油位会上升，反之，油位会下降。变压器的实际油位应与相应油温相对应，当出现异常变化时，应针对具体情况分析判断，查明原因进行处理。

（1）储油柜容积过小。变压器储油柜的容积应不小于变压器总油量的 10%，满足夏季最高运行温度时储油柜不溢油。冬天最低运行温度时油位不低于储油柜油位计指示的下限。如果储油柜的容积太小，不满足上述要求，将会在夏季变压器高温运行时油位过高，而在变压器低温运行时油位过低。

（2）虚假油位。采用胶囊或隔膜保护的储油柜的呼吸器呼吸不畅、管路堵塞、胶囊或隔膜堵塞进油管口，金属波纹膨胀式储油柜变压器内部残留气体等，均会使变压器出现假油位。一般在变压器运行油温升高时，致使变压器内部压力升高，造成虚假的变压器油位上升。通过检查呼吸器是否畅通、储油柜排气等方法可以检查和处理虚假油位缺陷。但必须注意的是在变压器运行中检查呼吸器是否畅通、储油柜放气等工作时，应将变压器重瓦斯保护改投信号，防止其误动跳闸。

（3）当变压器油位计指示的油面有异常升高，而油温在正常范围，经查不是假油位所致时，应放油，使油位降至与当时油温相对应的高度，以免溢油。

（4）当发现变压器的油位较当时油温所应有的油位显著降低时，应立即查明原因。如果缺油时，应尽快补加油。

（5）如果变压器严重漏油、喷油处理无效，使油面逐渐下降，低于油位计指示下限时，应立即向调度申请，将变压器停止运行。

（四）变压器声音异常分析和处理

变压器运行时其声音与变压器的容量大小、电压高低、负荷大小等因素有关。变压器运行的正常声音是由交流电通过变压器绕组时，在铁芯产生周期性的交变磁通，随着磁通的变化，引起铁芯振动而发出均匀的"嗡嗡"声。当出现声音不均匀等异常时，应及时分析处理。

（1）变压器内部发出不均匀的爆裂声、撞击声、放电声时，说明变压器内部发生了故障，应立即将变压器停运。

（2）如果与同类产品比较，其运行声音过大，可能与变压器的结构、制造质量和安装是否稳固等有关。

（3）当变压器发生过励磁时也会引起其声音增大，此时应检查系统电压是否过高。

（4）当变压器的声音出现阵发性的尖锐声时，可能与系统的冲击性负荷或瞬间高频谐波电流有关。

（5）如果变压器内部有轻微的间隙性放电声，可能变压器箱体内部有金属异物或有金属毛刺浮游在油中。若声响不能自行消除，则应对变压器进行检修。

（6）如果变压器的声音与正常运行时有明显增大或差异的原因可能有：

1）超额定电流（过负荷）运行。

2）变压器内部或其他部位接点接触不良。

3）个别零部件松动。

4）系统发生短路或接地。

5）负荷变化较大，或系统中有大型设备启动。

6）中性点不接地系统铁磁谐振。

7）直流偏磁作用等。

（五）绝缘油色谱异常分析和处理

（1）绝缘油是由许多不同分子量的碳氢化合物分子组成的混合物，在变压器运行中热和电的作用下，会逐渐老化分解，产生少量的氢气和各种低分子烃类及二氧化碳、一氧化碳等气体，这些气体大部分溶解于油中，其含量与施加于这些材料上的热应力和电应力的强弱成正比例关系，这些气体的构成和含量是变压器内部故障类别和严重程度的一种标志。

（2）当变压器内部存在潜伏性过热或放电故障时，就会加快气体的产生速度，如果故障的能量不大，分解出的气体形成的气泡在油里对流、扩散，不断地溶解于油中。但当产气的速度大于溶解速率时，在变压器里会有部分气体进入气体继电器。因此，分析溶解于油中的气体，就能尽早发现变压器内部存在的潜伏性故障，并及时掌握故障的发展变化情况。

（3）不同故障类型产生的主要特征气体和次要特征气体见表 ZY1100202003-2。

表 ZY1100202003-2　　不同故障类型产生的气体

故 障 类 型	主要气体组分	次要气体组分
油过热	CH_4，C_2H_4	H_2，C_2H_6
油和纸过热	CH_4，C_2H_4，CO，CO_2	H_2，C_2H_6
油纸绝缘中局部放电	H_2，CH_4，CO	C_2H_2，C_2H_6，CO_2
油中火花放电	H_2，C_2H_2	
油中电弧	H_2，C_2H_2	CH_4，C_2H_4，C_2H_6
油中纸中电弧	H_2，C_2H_2，CO，CO_2	CH_4，C_2H_4，C_2H_6

（4）运行中变压器（电抗器）绝缘油中溶解气体含量的注意值见表 ZY1100202003-3。

表 ZY1100202003-3 变压器（电抗器）油中溶解气体的注意值

序号	气体组分/项目	含量（μL/L）	
		330kV 及以上	220kV 及以下
1	乙炔	不大于 1	不大于 5
2	氢气	不大于 150	不大于 150
3	总烃≤150	不大于 150	不大于 150
4	总烃绝对产气速率	不大于 12mL/d（隔膜式）或不大于 6mL/d（开放式）	不大于 12mL/d（隔膜式）或不大于 6mL/d（开放式）
5	总烃相对产气速率	不大于 10%/月	不大于 10%/月

（5）局部放电等低能量故障一般产生甲烷、乙烷等烃类气体，乙烯大约在 500℃温度下产生，乙炔大约在 800～1200℃温度下产生；绝缘油碳化生成碳粒的温度大约在 500～800℃；固体绝缘材料聚合物裂解的有效温度高于 105℃，完全裂解和碳化的温度高于 300℃。

（6）变压器本体油中气体色谱分析超过注意值时，应根据特征气体和总烃含量的大小及增长趋势，结合产气速率，综合分析判断，缩短跟踪分析周期，必要时应进行必要的电气试验进一步诊断故障原因。

三、高压断路器的巡视分析

断路器是电网重要的操作和保护设备，其运行状态是否完好，对电网和设备的安全运行至关重要。因此，在巡视设备时，首先应掌握判断和评价设备状态的基本技能，分析和处理设备异常。

（一）高压断路器的运行条件

断路器运行必须具备自身状态良好、动作可靠、达到铭牌参数要求、保护完善等条件。对于自身状态不完好，动作不可靠，安全无保证的断路器不允许投入运行。运行中出现严重缺陷的断路器应及时采取必要的处理措施。

（1）存在下列缺陷的断路器不允许投入运行。

1）断路器无保护或保护拒动且原因未查明和消除。

2）断路器拒分且原因未查明和消除。

3）油断路器严重缺油、真空断路器真空度不符合要求、SF_6 断路器压力低至闭锁压力以下。

4）气动或液压操动机构的操作压力低至闭锁压力以下。

5）弹簧储能机构失灵，不能正常储能。

6）电磁操动机构故障，不能正确分闸等。

（2）运行中存在下列缺陷的断路器，应立即断开控制电源，或将断路器停止运行。

1）套管有严重的破损、放电现象。

2）油断路器漏油造成严重缺油或 SF_6 气体压力异常降低，发出闭锁操作信号时，断路器的开断电流能力已经大为降低，不允许进行分合闸操作，应立即断开断路器的控制电源，防止断路器动作。

3）气动或液压操动机构的压力泄漏发出操作闭锁信号，此时断路器的动作速度会严重降低，此时进行操作会发生危险。如果压力无法立即恢复时，应将断路器停运。

4）真空断路器出现灭弧室真空度破坏，应禁止操作，按调度命令停用断路器跳闸连接片。

5）操动机构故障造成断路器拒动，且在运行中无法处理。

6）断路器导电回路严重发热，已构成危急缺陷时。

（二）高压断路器拒动分析和处理

断路器拒绝合闸或拒绝分闸，一般有电气或机械两方面的原因，应从控制电源、操作能源、操动机构以及机械传动回路等部分进行检查和分析。

1. 电气回路检查

（1）检查合闸电源，控制电源是否有电，电源开关或熔断器是否完好。

（2）检查合闸电源和控制电源的电压是否正常。

（3）检查控制回路和跳合闸回路是否有断线。

（4）检查操作压力、弹簧储能位置等操作能源是否正常。

（5）分闸线圈、合闸线圈是否完好。

（6）检查断路器辅助触点接触是否良好，动作是否正确、可靠。

2. 机械回路检查

（1）弹簧机构是否在储能状态。

（2）操作连杆、拉杆和传动轴各部位是否正常。

（3）定位螺丝位置是否合适。

（4）机构有无卡涩、锈蚀、扭动变形现象。

（5）机械连接部位有无脱落。

（6）辅助开关切换是否良好。

四、高压隔离开关巡视分析

（一）触头发热分析及处理

（1）合闸不到位。隔离开关的触头需要依靠足够的接触面积才能保证接触可靠。如果动、静触头合闸不到位时，其接触面减少，电流密度增加，接触电阻增大，引起触头发热。因此，在操作时应将触头调整到位，巡视时应检查触头位置有无变化，保证其接触良好。

（2）触头压力不够。隔离开关的触头依靠弹簧的作用产生一定的接触压力，以达到接触可靠、减小接触电阻的目的。如果安装、检修时将该压力调整不当，就会形成接触不良缺陷。随着运行时间增长，弹簧疲劳、退火也会使压力减小，接触电阻增大而造成触头发热。此类缺陷需要进行检修处理。

（3）触头氧化。隔离开关的触头是暴露在空气当中的，受风沙、雨水、化学腐蚀、氧化、脏污等影响较为严重，其接触电阻不易控制，这是造成隔离开关发热的主要原因之一。为了防止触头氧化，一般在动、静触头表面涂一层中性凡士林加以保护。但时间太长会失去作用，在触头间形成氧化膜，增加了接触电阻引起发热。此类缺陷需要进行检修处理。

（4）当发现隔离开关触头或接点有发热现象时，应加强监视。如果发热超过允许值危及安全运行时，应将其停止运行进行检修处理。

（5）当电动操动机构或回路出现故障，无法进行电动分、合闸时，可采用手动操作进行分、合闸，但操作应迅速而果断，既要保证触头具有一定的运动速度，又要防止操作终了造成触头严重冲撞，还要防止长时间放电将触头烧伤。

（二）其他

（1）闭锁销不到位。手动操动机构的隔离开关操作到位后闭锁销应完全卡入销孔之内，以保证隔离开关的位置不会自行改变。巡视发现该闭锁销不到位时，应及时采取防止误动措施，并及时进行处理。

（2）导电杆位置不正。隔离开关在合闸位置时的理想状态是导电杆的中心在一条直线上。有时会遇到触头虽然接触到位，但动、静触头的导电杆却并不在一条直线上，而是有一定的角度。这样除了形成沿导电杆水平方向的接触压力之外，还形成垂直于导电杆方向的向外分力，不利于触头的可靠接触。此类缺陷应该在操作时避免。严重时应停电进行处理。

五、互感器的巡视分析

（1）当发现互感器有下列缺陷之一，应立即停运：

1）互感器严重发热，且内部发现焦糊味及冒烟。此时互感器的绝缘已经破坏，温度不断升高，随时有短路、起火、爆炸的危险，应立即将其停运。

2）线圈与外壳间，或引线与外壳间有火花放电构成单相接地现象时。

3）电压互感器高压侧熔断器连续熔断时，如果排除熔断器自身的原因，则此时由于电压互感器自身或外部原因，流过互感器很大的电流，不及时排除故障可能会造成互感器损坏。

4）内部有严重的放电声，油浸式互感器向外溢油，浇注式互感器绝缘变形、开裂。此时互感器的运行温度很高，随时有发生事故的可能。

（2）SF_6 互感器气体泄漏，压力低于允许值，或油浸式互感器大量漏油、已看不到油位，且漏油仍在继续。此时互感器的绝缘能力可能已经降低，无法长期运行，应及时对 SF_6 互感器补充气，对油浸式互感器补加油。不具备带电补加油或充气条件时，应停电进行处理。

（3）电流互感器二次绕组开路。电流互感器二次绕组开路时会产生很高的电压，对二次设备绝缘和人身安全造成威胁。电流互感器二次绕组开路的现象一般表现为电流互感器本身音响不正常，开路点发生火花放电。如果测量绕组开路时，还表现在电流、功率、电能测量数据不正常等。电流互感器二次绕组开路应在最近处将三相和零线短路后进行处理，短路线不得用熔丝，工作人员必须穿绝缘鞋。处理差动用电流互感器的开路时，应将保护退出运行，以防误动。

（4）电磁式电压互感器发生谐振。有时进行带有电磁式电压互感器的空载母线合闸操作时会发生谐振，其现象是母线电压异常升高，且指示不稳定。预防措施是避免用带断口并联电容器的断路器进行带有电磁式电压互感器的空载母线合闸操作，在电压互感器加装消谐装置。如果在操作中发生谐振时，应迅速采取措施破坏谐振条件以达到消除谐振的目的。

（5）电压互感器二次电压异常：

1）中性点非有效接地系统电压互感器二次电压异常可分为单相接地、高压熔断器熔断、低压熔断器熔断等情况。当发生系统单相完全接地时，接地相电压降至零，其他两相电压升高为线电压，同时会发出接地信号；当发生互感器高压熔断器单相熔断时，熔断相二次电压降低很多，其他两相电压为正常相电压，开口三角有输出电压；当互感器二次熔断器单相熔断时，熔断相二次电压降低很多，其他两相电压为正常相电压，开口三角无输出电压。

2）当出现电磁式电压互感器二次电压明显降低，可能发生一次线圈匝间短路或其他绝缘故障，应尽快停电处理。

3）电容式电压互感器二次电压异常原因，如果涉及互感器自身故障时，应停电进行处理：

a）二次电压波动：引起的主要原因可能为二次连接松动、分压器低压端子未接地或未接载波设备线圈、电容单元间断击穿放电、铁磁谐振引起等。

b）二次电压低：引起的主要原因可能为二次连接不良、电磁单元故障或电容单元 C_2 损坏。

c）二次电压高：引起的主要原因可能为电容单元 C_1 损坏、分压电容接地端未接地等。

d）开口三角形电压异常升高：引起的主要原因可能为某相互感器的电容单元故障等。

（6）电流互感器过热，可能是内部或外接点松动，一次过负荷，二次开路，或绝缘介损升高等原因引起。应首先排除是否由于过负荷、外部接点发热、二次开路等原因引起。观察运行温度是否随负荷明显变化，通过红外测温等方法判断故障部位，如果属于一次回路或内部故障，需要停电检修处理。

（7）电流互感器产生异常声响，可能是铁芯或零件松动，电场屏蔽不当，二次开路或接触不良，绝缘损坏放电。一般需要检修处理。

（8）当电容式电压互感器的电容器单元渗漏油时，应及时进行检修或更换处理。因为电容器单元渗漏油时其真空被破坏，同时由于自身油量较少，容易使电容芯体露出液面而受潮发生事故。

（9）当电压互感器冒烟、起火时，不得用隔离开关断开电源。此时由于流过互感器的电流较大，可能会因为隔离开关无法开断电弧而造成母线短路事故。

六、高压电容器的巡视分析

1. 立即停运的条件

当巡视发现高压电容器发生下列情况之一时，应立即将电容器停运：

（1）电容器爆炸。

（2）接点严重过热或熔化。

（3）套管严重放电，有闪络现象。

（4）电容器喷油或着火。

（5）电容器内部有异常响声。

2. 外壳鼓肚变形

（1）由于介质内产生局部放电，使介质分解而析出气体。

（2）由于部分元件击穿或极对外壳击穿，使介质析出气体。

（3）电容器严重过载，运行温度过高，使介质分解而析出气体。

（4）当发现高压电容器外壳严重变形时，应尽快将其退出运行进行更换处理。

3. 电容器渗漏油

（1）搬运或安装过程，使瓷套受力，在法兰焊接处出现裂缝。

（2）接线时拧螺丝过紧，瓷套焊接处损伤。处理方法为改进接线方法，消除接线应力。

（3）产品制造缺陷。可以用铅锡料补焊，但勿使电容器过热，以免瓷套管上银层脱落。

（4）温度急剧变化。预防方法：防止电容器暴晒，加强通风。

（5）漆层脱落，外壳锈蚀。处理方法：应及时除锈、补漆。

4. 温度过高

（1）环境温度过高，电容器布置过密。应改善通风条件，增大电容器间隙。控制电容器运行室温度最高不允许超过40℃，外壳温度不允许超过50℃。

（2）高次谐波电流影响。一般通过加装串联电抗器可以加以抑制。

（3）频繁切合电容器，反复受过电压的作用。应采取措施，限制操作过电压及涌流，优化控制方式，减少电容器组投切次数。

（4）介质老化，介质损失不断增大。应停止使用，及时进行更换处理。

5. 熔断器熔断

（1）过电流原因引起，应严格控制运行电压不超过其允许值。

（2）电容器内部短路引起，应测量绝缘，对于双极对地绝缘电阻不合格或交流耐压不合格的应及时更换。投入后继续熔断，则应退出该电容器。

（3）由外部绝缘故障引起时，应及时处理故障。

七、高压电气设备的接点发热

变压器、断路器、隔离开关等高压电气设备的外部电气连接点的发热是常见的设备运行故障。因此，设备接点的温度监视也是运行监视和巡视检查的重要内容之一，以防止其运行温度过高而发生断线、起火等事故。

高压电气设备的外部电气连接点是暴露在空气当中的，受风沙、雨水、化学腐蚀、氧化、脏污等影响较为严重，使其接触面的电阻增大，当有电流流过时，在该电阻上产生的热量与电流的平方成正比。因此，保证电气接点有足够的接触面积和接触压力、防止接触面氧化、铜铝不同材料的接触要采用铜铝过渡等措施，是降低接触电阻、保持接触电阻稳定的有效方法。

接点温度检测通常采用试温蜡片、红外测温、温度传感器、温度在线检测等多种方法，一般对测温结果通过横向、纵向对比的方法容易发现异常。尤其通过对三相同部位的测温结果比较，尽管存在很小的温度差别也应分析原因，判断是否存在缺陷。

当发现设备接点的温升异常时，可按表ZY1100202003-4进行缺陷定性。

表ZY1100202003-4　　设备接点温升与缺陷性质对照表

序号	接点温升（K）	缺陷性质	处理要求
1	20～49	一般缺陷	及时列入检修计划，进行分析、跟踪测温
2	50～130	严重缺陷	及时上报，进行分析、跟踪测温
3	130以上	危急缺陷	立即汇报，跟踪测温，并作好事故预想

八、一次设备巡视的综合分析

设备巡视结束后，应根据巡视过程中发现的缺陷、异常等情况，以及分析判断的结果，对全站设备的总体运行状态作出基本评价，对本次巡视结果作出总体结论。评价内容主要包括全站设备运行是否正常，状态是否良好；原有的设备缺陷是否稳定，有无新的发展；新发现的设备缺陷的基本情况描述、缺陷的初步分析和定性，对安全运行的影响程度；运行值班期间需要重点检查、监视的内容等。

【思考与练习】

1. 变压器的负载分为哪几种状态？在不同负载状态下运行各有哪些规定？
2. 变压器的运行温度升高可能有哪些原因？应如何分析和处理？
3. 断路器拒动可能有哪些原因？应如何分析和处理？
4. 电气设备接点发热一般有哪些原因？应如何分析和处理？

第十五章　二次设备巡视

模块1　二次设备正常巡视（ZY1100203001）

【模块描述】本模块介绍二次设备巡视的基本要求、方法和规定。通过详细介绍、分析讲解，掌握二次设备巡视基本技能。

【正文】

变电站的二次设备是指对一次设备进行控制、调整、保护、监视和测量的设备。常用二次设备有：指示仪表或记录仪表、控制及信号装置、继电保护及安全自动装置、自动化装置、同期装置、电能计量装置、测量装置、计算机系统、通信设备、在线检测装置、操作电源及控制电缆等。

一、变电站二次设备巡视的一般规定

1. 二次设备巡视的目的

对二次设备巡视的目的主要是为了掌握设备的运行工况和运行环境等基本运行状态，及时发现和处理设备缺陷和异常，预防发生事故，确保二次设备的安全运行。

2. 二次设备巡视的一般规定和要求

（1）巡视人员应熟悉二次设备的配置、基本操作和异常处理。了解其基本工作原理、逻辑接线；掌握现场运行规程有关二次设备运行的正常监视、巡视、操作和检测技能。

（2）进行二次设备巡视时，必须严格遵守《电业安全工作规程》和企业管理标准有关规定，防止误碰、误动运行设备。

（3）在进行二次设备巡视时应严格遵守设备巡视管理有关规定，不得改变设备运行状态。需要调看运行人员有权查阅的装置信息时，必须有监护人在场监护。

（4）巡视户内二次设备时，应遵守防火有关规定。

（5）进出继电保护、通信机房等二次设备室应随手关门，不允许将食物带入室内。

（6）在进行二次设备巡视时，应严格遵守二次设备防电磁干扰有关管理规定。使用手机等无线电通信工具，应遵守现场运行规程有关规定。

（7）运行人员不得打开运行中的继电保护装置和自动化装置、电能计量装置等设备封印进行任何作业。

（8）二次设备应与一次设备巡视周期相同，在巡视一次设备的同时进行二次设备巡视。

（9）运行人员应对二次设备巡视中发现的异常和缺陷，进行认真分析，正确处理，做好记录，并按信息汇报程序及时进行汇报。

（10）运行中严禁拉合继电保护电源和交流电压回路空气开关（快速开关、自动空气开关，下同），防止装置出现异常。

（11）继电保护装置正常运行时，运行人员可根据需要操作屏内的“信号复归”按钮。不允许随意操作面板上的其他按键及“运行/检修”切换把手。

二、二次设备的巡视分类

二次设备巡视分为交接班巡视、正常（全面）巡视、监督性巡视和特殊巡视四种。

1. 交接班巡视

在交接班时进行，由接班人员会同交班人员共同进行。重点检查二次设备的运行状态、声光信号系统的完好性和设备缺陷的变化情况。对运行方式改变的设备和检修状态的设备，还应重点检查连接片、切换开关、二次回路空气开关和熔断器的位置状态以及检修设备的安全措施等。

2. 正常（全面）巡视

二次设备的正常巡视与一次设备正常巡视同时进行。正常巡视是对二次设备运行状态和运行环境进行的全面检查。

3. 监督性巡视

监督性巡视是指按有关规定由管理人员对二次设备定期进行的巡视。运行部门领导、专责或变电站管理人员应按规定进行监督性巡视检查，巡视结果应记录在设备巡视记录之中。

监督性巡视项目除按照交接巡视检查项目外，还应重点检查继电保护、自动化装置等设备是否按规定投入运行，二次设备的运行方式是否合理，是否存在运行隐患等内容。

4. 特殊巡视

特殊巡视是指在特殊运行方式、特殊气候条件时，或设备出现严重缺陷、异常、有重要供电任务等特定情况下对二次设备进行的巡视。

三、二次设备的巡视项目

1. 交接班巡视项目

（1）检查二次设备的工作电源是否正常，空气开关、熔断器、切换开关、连接片的位置是否正确，状态是否良好。

（2）检查装置信号指示是否正确，面板显示信息是否正常。高频保护收发信机面板及信号灯指示是否正确。

（3）检查声光报警系统是否正常。

（4）若有设备检修工作时，应检查其二次设备的电源、切换开关、连接片等位置状态是否符合规定；二次工作的安全措施是否符合工作票要求。

（5）检查运行当值曾进行过改变二次设备运行方式操作的设备或新投运二次设备的电源、切换开关、连接片等位置状态是否符合规定。

（6）检查二次设备屏柜、端子箱、机构箱的门关闭是否严密。

（7）检查二次设备室门窗关闭是否严密；二次设备运行温度、湿度是否在允许范围。

（8）检查原有的二次设备缺陷有无发展和变化。

（9）集控中心（站）应按规定对各监控通道、通信设备、自动化系统遥测值、遥信量、声光进行检查。检查后台监控系统各类信息、数据刷新响应、事项窗口显示等功能是否正常等。检查监控系统设备和辅助设备运行是否正常。

（10）做好交接班巡视结果记录。

2. 正常（全面）巡视项目

（1）检查二次设备的工作电源和电压是否正常，空气开关、熔断器、切换开关、连接片的位置是否正确，状态是否良好。

（2）检查二次设备是否按规定的运行方式运行。

（3）检查装置的信号灯、监视灯显示是否正确；继电器有无异常声响、振动和接点抖动现象；微机保护循环显示的日期、时间、电压、电流、定值区号、保护投入情况等信息是否与实际相符。检查打印机电源应正常，纸张应充足。

（4）检查试验声光报警系统是否正常。

（5）检查继电保护、自动化、通信等专用电源系统设备的运行状态是否良好，运行参数是否在合理范围之内。

（6）检查二次设备屏柜、端子箱、机构箱的门关闭是否严密，孔洞是否封堵。

（7）检查端子箱、机构箱的加热、防潮装置是否完好，是否按规定投退。

（8）检查二次设备室门窗关闭是否严密，防小动物措施是否完善。

（9）检查二次设备运行环境是否符合要求，温度、湿度是否在允许范围。

（10）检查原有的二次设备缺陷有无发展和变化。

（11）检查二次设备元器件、导线有无过热、变色及焦糊味等。

（12）检查二次设备接地是否符合规定，接触是否良好。

（13）检查二次设备屏柜、装置、操作元器件、二次线端子及电缆等标识是否清晰、齐全。

（14）集控中心（站）应按规定对各监控通道、通信设备、自动化系统遥测值、遥信量、声光信号进行检查。检查后台监控系统各类信息、数据刷新、事项窗口显示等功能是否正常等。检查监控系统和辅助设备运行是否正常。

（15）对巡视中发现的二次设备异常和缺陷应准确记录。

3. 监督性巡视

（1）检查二次设备的运行状态是否良好，有无异常，装置信号显示是否正确。专业人员巡视且有监护人在场时，可调看面板显示信息是否正确。

（2）检查二次设备是否按规定投入，运行方式是否合理。

（3）检查二次设备健康状况是否良好，是否存在安全运行隐患。

（4）检查继电保护、自动化、通信等专用电源系统设备的运行状态是否良好，运行参数在合理范围之内。

（5）检查集控中心（站）通信设备、自动化系统遥测值、遥信量和音响是否正常。检查后台监控系统各类信息、数据刷新响应、事项窗口显示等功能是否正常等。检查监控系统设备和辅助设备状态是否良好，运行是否正常。

（6）检查二次设备屏柜、端子箱、机构箱的门关闭是否严密，孔洞是否封堵。

（7）检查端子箱、机构箱防雨、防尘、防潮、防冻措施是否完善，防潮、加热装置是否按规定投退。

（8）检查二次设备室门窗关闭是否严密，防小动物措施是否完善。

（9）检查二次设备运行环境是否符合要求，温度、湿度是否在允许范围，加热、降温设备状态是否良好，是否按规定投退。

（10）检查评估二次设备缺陷对安全运行的影响程度。

（11）检查二次设备接地是否符合规定，接触是否良好。

【思考与练习】

1. 二次设备巡视的目的是什么?变电站的二次设备包括哪些?
2. 二次设备正常巡视分为哪几种类型？各有何不同？
3. 二次设备的正常巡视周期有何规定？正常巡视项目有哪些?
4. 二次设备巡视的一般规定和要求有哪些?

模块 2　二次设备特殊巡视（ZY1100203002）

【模块描述】本模块介绍二次设备特殊巡视项目、一般规定、注意事项。通过要点归纳、分析讲解，掌握二次设备特殊巡视项目，能发现隐蔽异常和缺陷。

【正文】

二次设备特殊巡视是指新设备投运或电网运行方式发生重大变化等特殊运行方式，高温、阴雨等特殊气候条件下，保护装置动作或设备出现严重缺陷、异常等特定情况下对二次设备进行的巡视工作。

本模块主要介绍变电站二次设备特殊巡视的一般规定和要求，以及特殊巡视的项目等内容。

一、变电站二次设备特殊巡视的一般规定

1. 二次设备特殊巡视的目的

二次设备的特殊巡视主要针对特殊运行方式、特殊气候条件、设备动作或异常等特定情况下对设备进行的特殊检查，现场确认设备的运行状况，及时发现和处理设备缺陷异常，保证电网设备的正常运行。

2. 二次设备特殊巡视的一般规定

在下列情况下，应对二次设备进行特殊巡视：

（1）新设备试运行期间或长期停运设备重新投运后。

（2）二次设备检修和校验后。

（3）继电保护及安全自动装置动作后。

（4）运行中的二次设备存在严重缺陷或原有缺陷发生变化时。

（5）遇到大风、大雨等恶劣天气前后。

（6）高温和低温天气时。

（7）有重要供电任务期间。

二、二次设备特殊巡视的基本要求

（1）在进行二次设备特殊巡视时，应针对不同的任务和目的，每次巡视的项目要有针对性和不同的侧重点。

（2）在进行二次设备特殊巡视时，应严格遵守设备巡视管理规定，不得改变设备运行状态，不得打开运行中的继电保护装置、自动化装置、电能计量装置等设备封印进行任何作业。需要调看运行人员有权查阅的装置信息时，必须有监护人在场监护。

（3）在进行二次设备特殊巡视时，应严格遵守二次设备防电磁干扰有关管理规定。

（4）遇到大风、大雨、高温等异常天气或突发自然灾害时，应对可能受到该气候或灾害影响的二次设备及时进行巡视，检查处理异常，排除安全隐患。

（5）有重要供电任务而进行特殊巡视时，应按二次设备正常（全面）巡视项目进行巡视，还应对重点保电设备进行更为详细的检查巡视。

（6）进出二次室时，应随手关好门窗。

（7）进入二次室应遵守防人身触电、防火等有关规定。

（8）不得将食物带入室内。

（9）当巡视发现二次设备缺陷，或原有设备缺陷有新的发展时，应做好运行记录，汇报调度，并按缺陷管理流程传递缺陷信息，通知有关专业及时消缺。

三、二次设备特殊巡视项目

（1）新设备试运行期间或长期停运设备重新投运后，应重点检查装置运行工况是否正常，装置的电源、空气开关、切换开关、熔断器、连接片等投退位置是否正确，装置的信号灯、监视灯显示是否正确；继电器有无异常声音、振动和接点抖动现象；微机保护循环显示的日期、时间、电压、电流、定值区号、保护投入情况等信息是否与实际相符。

（2）二次设备检修和校验后，应重点检查装置出口连接片投退位置是否正确，装置面板显示是否正常等。

（3）继电保护及安全自动装置动作后，应检查装置动作信号和动作信息，完整、准确记录后台机及各装置的启动和动作信号、装置液晶屏循环显示的报告等内容；收集保护打印的动作报告，并做好记录。检查二次回路有无异常。结合断路器动作情况、故障录波或行波测距等信息，综合分析确定事故性质、范围，初步评价装置动作的正确性。并为输电线路、电缆等专业查找事故点提供必要数据。

（4）运行中的二次设备存在严重缺陷或原有缺陷发生变化时，应重点检查缺陷是否稳定，有无进一步向严重程度发展变化趋势，是否对安全运行构成威胁等。

（5）遇到大风、大雨等恶劣天气前，应重点检查二次室门窗、户外端子箱门等是否关闭严密，防止二次设备受潮、淋雨；大风、大雨后应检查户外端子箱、机构箱有无进水、受潮，房屋有无渗漏水现象等。

（6）高温和低温天气应重点检查空调、采暖设备运行是否正常，二次设备室温度是否在允许范围之内。高温季节户外端子箱、机构箱运行温度是否过高。低温季节加热器是否投运等。

（7）遇到地震、泥石流等突发性自然灾害后，应检查二次设备有无损坏，二次回路有无断线、短路、接点故障以及空气开关、熔断器有无动作、损坏等现象。检查评估厂房等运行环境是否对二次设备有不良影响。

（8）有重要供电任务期间应全面检查二次设备的运行工况，重点检查设备运行有无缺陷、异常和安全隐患。

四、二次设备特殊巡视结论

每次进行特殊巡视之后，应对所巡视二次设备的基本状况有一个总体的分析评价和定性结论。主要内容包括：设备的运行状态是否良好；二次设备动作检查的基本情况，信号指示、动作信息是否正确；特殊气候对二次设备有无不良影响以及运行注意事项；设备缺陷有无新的发展和变化，是否存在安全隐患等。

【思考与练习】

1. 在哪些情况下应进行二次设备的特殊巡视？二次设备特殊巡视的目的是什么？
2. 二次设备特殊巡视有哪些要求和注意事项？
3. 二次设备特殊巡视主要有哪些项目？
4. 如何对二次设备特殊巡视作出结论？

模块3　二次设备巡视分析（ZY1100203003）

【模块描述】本模块介绍对二次设备巡视发现的异常和缺陷的分析、二次设备的巡视结论等内容。通过对运行工况的基本评价和巡视分析，能发现二次设备异常和缺陷，能对设备运行提出改进建议。

【正文】

二次设备巡视分析，是根据巡视是否发现设备有新的异常或缺陷，原有二次设备缺陷有无新的变化，每套二次设备的运行状态是否良好等巡视结果，对全站二次设备进行综合分析评价。本模块主要介绍二次设备巡视分析的基本要求，二次设备异常和缺陷的处理等内容。

一、二次设备巡视分析的基本要求

传统的机电型继电保护和二次设备的运行数量正在大幅度减少，取而代之的是具有较强自诊断功能的以计算机为核心的智能化装置。其特点是在装置或回路出现故障的情况下，一般能向运行人员提供比较准确和详细的故障信息，对分析判断设备的故障范围、性质等非常有利。因此，对二次设备巡视分析的重点是分析判断异常和缺陷的性质及对运行的影响程度。

（1）每次设备巡视后，应对本次巡视所遇到的二次设备运行异常和缺陷情况进行分析，根据分析结果，评价设备运行的基本状态。

（2）对新发现和尚未定性的缺陷，应分析评价其影响范围和可能后果，根据缺陷分类标准进行缺陷分类定性。

（3）对已存在和已有定性结论的缺陷，应分析缺陷是否稳定，有无向严重程度发展变化的趋势。

（4）根据对巡视分析结果，提出对异常和缺陷应采取措施和处理的意见。

二、二次设备巡视分析和处理

（一）二次设备巡视分析

1. 正常状态

设备的正常运行状态是指是指二次设备运行正常，主要运行参数稳定在允许范围，无影响设备性能和运行可靠性的缺陷。

（1）被巡视的二次设备运行状态良好，回路各开关、连接片等位置正确，运行监视参数显示正常，无声光告警信息等。

（2）设备虽存在一般性缺陷，但不影响二次设备的基本功能，且缺陷稳定，在较长时间内不会发展为严重缺陷，可以结合设备检修、校验时处理。

2. 缺陷状态

（1）二次设备缺陷影响其部分功能或运行稳定性，误发信号、数据显示或灯光信号不准确，影响对其状态的监视，回路绝缘不良，设备存在潜在运行风险等，无法自行恢复到应有功能的状态。此类缺陷应通过检修处理。

（2）设备存在危急缺陷，运行状态极不稳定，影响二次设备功能，已发生或有可能发生误动、拒动等，存在此种缺陷的设备，应及时退出运行，且缺陷消除前不允许投入运行。

（二）二次设备异常和缺陷处理

1. 直流回路接地或绝缘降低

直流回路一点接地并不会造成短路，但如果不及时处理，若再发生另一点接地时，就可能引起控制回路或保护回路误动、拒动而造成严重后果。

直流回路接地或绝缘降低一般由回路二次线或元件绝缘老化、龟裂、破损或接线端子脏污、受潮，端子箱、接线盒或电缆进水，金属异物搭接，有寄生回路且绝缘不良，施工、检修等作业不慎或外力损伤等原因引起。具体应根据当时的气候环境、有无现场作业等情况综合分析判断。

当直流系统发出接地信号时，值班人员应立即查找接地点，尽快消除故障。

（1）查找直流接地点时应注意下列事项：

1）查找接地点禁止使用灯泡进行查找。

2）用万用表检查时，应使用高内阻电压档。

3）当直流发生接地时，禁止在二次回路上工作。

4）处理过程中不得造成直流短路和另一点接地。

5）查找和处理必须由两人同时进行。

6）在进行直流接地推拉试验前应采取必要措施，防止直流失电可能引起的保护及自动装置的误动。在操作中直流回路断电的时间尽可能缩短，一般不超过3s。

7）当查找直流接地可能引起保护装置误动时，应向调度申请退出有关保护。

（2）以下几种接地故障用推拉路试验的方法将无法找到：

1）当直流接地发生在充电装置、蓄电池本身和直流母线上。

2）直流回路正常应采取辐射环网方式供电，如果未将并列运行或环网回路解列，且接地点在该回路中时。

3）有寄生回路、同极两点接地且不在同一回路时。

4）直流系统绝缘不良、多处出现虚接地点，虽然形成很高的接地电压，也能发出接地信号，但拉路并不能拉掉全部接地点，因而接地现象仍然存在。

2. 断路器控制回路断线

（1）断路器控制回路断线一般由断路器辅助触点切换不良、压力闭锁装置动作、回路断线或空气开关（熔断器）断开等原因造成。当发生控制回路断线故障后，应迅速查明原因进行处理。

（2）当控制回路空气开关跳开或熔断器熔断，且回路无明显故障时，应立即试送一次。试送不成功时，应对回路进行仔细检查，消除故障后再合上回路空气开关或给上熔断器。

（3）检查防跳回路是否有断线或接触不良的明显特征；检查控制回路其他元件有无故障、断线或接触不良现象。经检查仍无法消除异常时，应通知专业人员处理。

（4）如果由于断路器的气动（液压）操动机构压力降低闭锁操作时，应立即检查油（气）泵电源是否正常，有无漏油（气）现象，尽快恢复操作压力。

（5）如果SF_6断路器气体压力降低闭锁操作时，应立即汇报调度，按调令进行处理。此时由于断路器开断故障能力降低，不允许强行解除闭锁进行断路器分合闸操作。

3. 电压互感器二次回路失压

（1）引起电压互感器二次回路失压的原因是多方面的，例如电压互感器自身故障、高压隔离开关辅助触点切换不良、电压互感器高压熔断器熔断、二次回路空气开关跳闸或熔断器熔断、二次回路接触不良或断线等。

（2）电压互感器二次回路断线可能引起某些带方向元件或阻抗元件的保护误动作。因此，在进行电压互感器倒闸操作时，应先进行其二次回路切换操作，防止运行中的继电保护及安全自动装置、电能计量装置失去交流电压。

（3）当发生电压互感器二次回路失压故障后，应首先采取防止继电保护及安全自动装置误动措施，迅速查明原因恢复其正常运行。若短时难以恢复运行时，应向调度申请退出有可能误动作的继电保护及安全自动装置，对故障设备进行检修处理。

4. 电流互感器二次回路异常

电流互感器二次回路常见故障有回路开路和极性错误等多种。

（1）电流互感器二次回路开路：电流互感器二次开路一般由于回路断线或接点接触不良引起。电流互感器二次开路将会产生很高的电压危及人身和设备运行安全，应迅速进行处理。

1）当电流互感器二次回路开路时，首先要防止二次绕组产生的高电压对人身伤害和设备损坏，防止绝缘损坏引起火灾事故。

2）电流互感器二次开路后，应尽快判明开路地点或具体回路，迅速用专用短路线进行短接，操作时应戴绝缘手套，使用合格的绝缘工具，短接应在电流互感器出口或就近端子箱的试验端子上进行，处理要在严格监护下进行。短接时能发现火花，说明短接有效，开路点在封点靠负荷侧回路；若短接时没有火花，则短路无效，说明开路点在封点与电源之间回路中。若开路点在设备内部或其他原因无法进行短接处理时，则应立即汇报调度，将该回路电流互感器停运后处理。

3）对于查找出的故障点，能处理时应立即处理。无法处理时应尽快汇报主管部门，由专业人员进行处理。

4）开路故障消除后，应拆除电流回路短接线，将已退出的保护恢复正常运行。

（2）电流互感器二次极性错误：

1）电流互感器极性是否正确对继电保护、自动装置的正确工作，对测控装置的正确测量和电能计量装置的正确计量都有重要影响。

2）新投运设备或对运行中设备进行有可能引起电流互感器二次极性错误的工作时，均应对互感器的极性认真进行核对检查，在一次设备带电后，还应带负荷进行极性测试，确保互感器回路极性的正确性。

3）当发现运行中电流互感器极性接反时，应立即申请停运有可能引起误动的保护和安全自动装置，由专业人员进行检查处理。

5. 变压器本体二次回路异常

变压器本体的二次回路主要有气体继电器、压力释放装置、温度计、变压器通风、有载调压控制等回路接线。该部分二次回路运行环境比较恶劣，容易出现回路故障。

（1）防止气体继电器进水的措施有：

1）气体继电器进水是常见的二次回路故障，将气体继电器的盖子盖好，有密封要求的继电器还应密封完好，防止进水受潮。

2）气体继电器加装防雨罩，是预防气体继电器进水的有效措施。

3）接线电缆在气体继电器和端子箱处应各留有滴水弯，防止将雨水引入设备内部。

（2）防止压力释放装置接线端子进水、受潮的措施有：

1）压力释放装置的接线端子要离变压器顶盖有一定的高度。

2）若用航空插头接线时应注意其密封防潮，电缆不能有中间接头。

3）防止将雨水引入压力释放装置或端子箱内部。

（3）加强对端子箱、通风控制柜和控制箱、有载调压开关机构箱的密封检查，防止进水受潮，按规定投退防潮装置。

6. 保护装置的异常

（1）当继电保护及安全自动装置等二次设备出现有可能误动作的异常时，应立即申请将该保护装置退出运行。

（2）保护装置直流电源消失，恢复电源时应首先将该装置退出运行。

（3）差动保护回路不平衡电流大于有关规定或突然增大时，应将该装置退出运行。

（4）检查发现线路高频保护或纵联差动保护的通道严重异常，有可能在区外故障装置发生误动时，应将该装置退出运行。

（5）二次交流回路异常、断线、短路时，应将有关保护该装置退出运行。

（6）保护装置动作后，在未征得保护专业人员许可时，不得随意断开直流电源。特别是不正确动作后，即使全套装置退出，也不得使装置断电，防止其误动。

（7）当微机保护装置出现内部故障或程序走死、二次回路故障等异常时，保护装置会自动检测，并发出告警信号，值班人员应根据故障灯光信号内容，读取装置故障信息，并及时上报有关人员及时处理。

（8）当微机保护装置出现异常时，故障告警指示灯亮，按下告警面板上的复归按钮，清除故障状态。若无法复归时，则是装置内部发生异常，应及时上报有关人员及时处理。

（9）当任何涉及开关失灵保护的保护装置发生故障、异常和停运时，应立即退出启动断路器失灵保护的连接片。

（10）通信设备发生通道中断等故障时，应立即通知专业人员进行处理。

（11）由保护、通信、自动化等专业自行维护的专用电源故障后，应通知处理。

7. 变电站综合自动化设备异常

（1）自动化设备死机：

1）检查设备电源是否运行正常，如果不正常时，应立即恢复电源。

2）重新启动设备，并检查是否恢复正常，若无法恢复，则应通知专业人员处理。

3）如果系统短时无法修复时，无人值班变电站应暂时恢复有人值班。

（2）自动化设备部分功能异常：

1）综自系统遥测或遥信功能失灵，监测数据不刷新时，应检查装置电源是否正常、数据线接口连接是否可靠，经检查无法消除故障时，应通知专业人员进行处理。

2）系统遥控失灵时，应检查设备就地、远方控制切换开关位置是否正确，切换是否良好，遥控输出连接片接触是否良好，回路有无断线等。经专业人员检查暂时无法处理时，应切换至就地控制操作。

（3）自动化系统其他异常：

1）当系统界面断路器、隔离开关或其他遥信位置与实际位置不一致时，应检查前置机系统有无故障，数据库有无问题，接口或接线端子是否松动等。

2）当遥测显示不正确时，应检查数据库量程是否对应，电压互感器、电流互感器二次回路有无故障，数据接口或接线端子有无松动等。

3）当出现报表不能打印故障时，应检查数据连接线是否松动或接口是否匹配，打印机有无故障和缺纸等。

4）当出现后台画面数据不刷新现象时，如果全部数据不刷新，可能是网络通信故障，如部分数据不正确，可能是测控装置有故障。

5）如果出现操作闭锁逻辑错误时，一般原因为数据库中闭锁逻辑错误、"五防"闭锁规则库变化等，应按危急缺陷处理。

6）当出现时钟同步错误时，一般由于与 GPS 的连接不良，天线未接入，串口对时线断开等原因引起。

7）当出现系统程序退出故障时，应检查装置电源是否故障，前置机系统有无故障，CPU 电源容量是否不足等。

8）当出现系统画面死机现象时，应检查计算机电源是否故障，网络连接是否可靠等。

三、二次设备巡视的综合分析

对二次设备巡视结束后，应结合巡视过程中发现的缺陷、异常等情况，以及分析判断的结果，对每套二次设备作出基本结论，即设备运行是否正常，有无异常和缺陷，缺陷的分析定性情况等。结合每套二次设备的巡视结论，进一步对全站二次设备的总体运行状态作出基本评价，对本次巡视结果作出总体结论。评价内容主要包括全站设备运行是否正常，状态是否良好；是否存在缺陷或安全隐患；原有的设备缺陷是否稳定，有无新的发展；新发现的设备缺陷的基本情况描述、缺陷的初步分析和定性，对安全运行的影响程度；运行值班期间需要重点检查、监视的内容等。

【思考与练习】

1. 对二次设备巡视分析的要求有哪些？
2. 当继电保护等二次设备出现异常和缺陷时，变电运行人员应如何处理？
3. 如何进行二次设备巡视的综合分析？
4. 二次设备巡视分析有何意义？

第十六章 站用电源系统巡视

模块1 站用交、直流系统正常巡视（ZY1100204001）

【模块描述】本模块介绍站用变压器、低压配电装置、直流充电装置和蓄电池等设备巡视的一般规定、注意事项和巡视项目。通过对设备巡视内容的详细介绍、要点归纳、分析讲解，掌握站用交直流系统设备正常巡视的基本技能，能发现设备异常和缺陷。

【正文】

变电站交直流电源系统是变电站的控制和操作能源，为所有的操作系统、控制系统、保护装置、自动化系统、通信设备、消防系统、通风制冷系统等提供电源，其运行的安全可靠性直接影响全站一、二次设备的安全可靠运行。

本模块主要介绍站用交、直流系统巡视的一般规定、巡视分类、注意事项、不同设备的巡视项目和巡视方法等内容。

一、站用交、直流电源系统巡视的一般规定

（一）站用交、直流电源系统巡视的目的

对变电站交、直流电源系统巡视检查的目的是为了监视和掌握站用交、直流电源系统的运行情况，及时发现和消除设备缺陷，预防事故发生，确保全站设备的安全运行。

（二）交直流电源系统巡视的一般规定

1. 集控中心（站）的巡视周期

（1）监控人员对设备巡视检查一般每班不少于两次。

（2）集控中心（站）管理人员一般每周对设备的巡视不少于一次。

2. 无人值班变电站的巡视周期

（1）无人值班变电站的就地值班员一般每天对包括站用交、直流电源在内的全站设备进行两次正常巡视，遇到设备异常、特殊气候等情况时，还应进行特殊巡视。

（2）操作队人员在交接班时对所辖变电站的站用交、直流电源系统进行一次交接性巡视。

（3）当设备运行有严重缺陷或其他异常、恶劣气候、重要供电任务、节假日等情况时，应增加对站用交、直流电源系统的巡视次数。

（4）操作队管理人员每月至少应对所辖变电站的站用交、直流电源系统进行两次巡视。

（5）操作队人员每月对所辖无人值守站的站用变压器设备进行一次夜间巡视，就地值班员每周进行1次夜间熄灯巡视。

（6）巡视中发现的设备缺陷，应按规定正确记录在巡视卡和运行记录中或输入计算机管理系统中，同时汇报监控值班员和站管理人员。

3. 有人值班变电站的巡视周期

（1）运行值班人员每班应对站用电源系统设备巡视的次数不少于两次。

（2）运行值班人员每周进行一次夜间熄灯巡视，检查站用变压器等设备接点有无发热和其他异常。

（3）变电站管理人员每周对站用电源系统设备巡视一次。

（4）当设备运行有严重缺陷或其他异常、恶劣气候、重要供电任务等情况时，应增加巡视次数。

（5）巡视中发现的设备缺陷，应按规定正确记录在巡视卡和运行记录中或输入计算机管理系统

中，同时汇报站管理人员。

（三）设备巡视的分类

站用电源系统设备与一次设备巡视分类相同，分为交接班巡视、正常（全面）巡视、熄灯巡视、监督性巡视和特殊巡视五类。

1. 交接班巡视

在交接班时进行，由接班人员会同交班人员共同进行。巡视结束无问题及疑问后，办理运行交接手续，交班值离开值班岗位，接班值上岗值班。

交接巡视项目有：核对站用交、直流系统运行方式，检查母线电压、交直流电源系统负荷情况，检查设备外观、引线接点、直流电源系统绝缘、防小动物措施等。

2. 正常（全面）巡视

是指按规定时间、路线和项目进行的定期巡视。

正常巡视项目有：检查设备外观、母线电压、负荷电流、设备油位、温度、引线及接点、建筑物、设备基础、防小动物措施、环境卫生等。

3. 熄灯巡视

按规定时间、路线进行夜间熄灯巡视，重点检查交流电源系统设备接点有无发热等缺陷。

4. 监督性巡视

按有关规定由管理人员对设备定期进行的巡视。是运行部门领导、专责或变电站管理人员应定期对站用交、直流电源系统进行的巡视。

监督性巡视项目除按照交接巡视检查项目外，还应检查站用交流电源系统运行方式是否合理，是否存在安全隐患。检查交流母线电压是否在合格范围内，负荷电流分配是否平衡、合理，是否超过允许范围。评估站用交、直流电源系统异常、缺陷对运行的影响程度。对站用电源系统设备定期轮换、接点测温等工作进行检查，对蓄电池端电压抽检。

5. 特殊巡视

是指在特殊运行方式、特殊气候条件时，或站用交、直流电源系统设备出现严重缺陷、异常等特定情况下进行的巡视。

二、站用交、直流电源系统设备巡视项目

（一）站用交流电源系统的巡视项目

站用交流电源系统包括站用变压器、站用交流高压开关设备、站用交流低压配电系统等设备。

1. 站用变压器

（1）站用变压器名称、相序等标识应清晰、正确。

（2）站用变压器声音应正常。

（3）高压套管应清洁，无破损、裂纹及打火放电现象。

（4）套管桩头及引线接点、硬母线的绝缘包封应完好，接点应接触良好，无发热现象。

（5）油浸式站用变压器的油位应正常、无渗漏，呼吸器应畅通，硅胶无变色。

（6）干式变压器运行温度应在允许范围之内；外表清洁，涂层无龟裂。

（7）站用变压器应在额定电流下运行，三相负载应保持平衡。

（8）设备接地良好，接地线截面符合要求。

（9）熄灯巡视时检查站用变压器套管和高压电缆头应无电晕、放电现象，设备接点应连接紧固无发热。

2. 站用交流高压开关设备

（1）站用交流高压开关设备名称、相序等标识清晰、正确。

（2）站用交流高压系统的各相电流指示正常，且三相电流平衡。

（3）断路器、转换开关、隔离开关、接触器等接点接触良好，位置正确。

（4）各电气接点接触良好，牢固，无松动、发热现象。

（5）屏内表计、断路器（空气开关，下同）等设备和元件标识齐全、清新。

（6）二次接线绝缘良好，无破损，标识清楚。

（7）设备接地良好，接地线截面符合要求。

（8）熄灯巡视时检查高压母线、引线和接点应无发热等异常现象。

3. 站用交流低压配电系统

（1）低压配电屏（低压配电柜，下同）各电压、电流测量数据正常，表计校验在有效期范围内，各操作部件及元件、电缆等标识正确、清晰。

（2）低压配电屏各信号显示正确。

（3）低压配电屏各断路器、隔离开关、转换开关、接触器位置与运行方式相对应，接触可靠，位置指示正确，接点无发热。

（4）低压屏各保护投退位置正确，保护及自动装置运行正常。

（5）低压屏内电缆、引线连接紧固，电流未超过允许值，无过热现象。

（6）低压屏内二次接线端子连接紧固，无接触不良和发热现象。

（7）低压屏内电缆孔洞封堵完好。

（8）配电屏接地良好。

（9）配电室门窗关闭严密，防小动物、防火措施完善。室温合适，室内通风良好。

（10）熄灯巡视时检查低压母线、引线和各回路接点应无发热现象。

（二）直流电源系统的巡视项目

1. 直流充电装置的巡视项目

（1）设备名称和屏柜内装置、断路器、熔断器、转换开关、隔离开关、接触器等操作部件及元器件、电缆等标识正确、清晰。

（2）直流充电装置的监控装置运行正常，信号指示、通信状态良好，运行声音无异常。

（3）充电模块工作正常，信号灯光显示正确，均流度符合要求。

（4）交流电源电压、直流充电电压、直流母线电压、蓄电池端电压、直流负荷电流、充电参数等电气测量数据在规定范围内。

（5）直流充电装置的母线、引线、电缆绝缘良好，接点无发热。

（6）各断路器、熔断器、接触器等元件运行正常，其位置符合运行方式规定。

（7）屏柜内的接线可靠，无破损、断股以及放电痕迹。

（8）屏柜门及屏体接地连接可靠，接地线截面符合规定。

（9）屏柜通风良好，设备运行温度在允许范围之内。

2. 直流馈线屏及回路的巡视项目

（1）屏柜及所属装置、断路器、熔断器、转换开关、隔离开关、接触器等操作部件及元器件、电缆标识正确、清晰。

（2）各电压、电流值显示应正常，测量值应在合格范围内。

（3）直流绝缘在线监测装置运行正常，直流电源系统绝缘良好。

（4）直流屏各馈线运行方式符合规定，相对应的运行监视信号完好、指示正常，断路器、熔断器状态良好，位置正确。

（5）回路各接线端子紧固，无绝缘不良和发热现象。

（6）屏内电缆孔洞应封堵完好。

（7）直流环网的分段隔离开关运行位置应与实际运行方式相符。

（8）屏柜通风良好，设备运行温度在允许范围之内。

（9）屏柜门及屏体接地连接可靠，接地线截面符合规定。

（10）监督性巡视时还应检查直流电源系统运行方式是否合理，是否存在安全隐患。直流回路应无交流断路器；断路器或熔断器级差配合合理，熔断器的熔断体应无老化等现象。

3. 蓄电池的巡视项目

（1）蓄电池室名称、防火标识齐全、清晰。

（2）蓄电池编号及正负极标识齐全、清晰。

（3）蓄电池室或蓄电池柜通风应良好，温度在10～30℃之间。

（4）蓄电池各连接片连接牢靠无松动，端子无生盐，并涂有中性凡士林。

（5）蓄电池室照明应良好，符合规定。

（6）蓄电池端电压应正常，偏差在允许范围之内。

（7）蓄电池外壳良好、清洁、无裂纹、密封良好，无漏液现象；防酸蓄电池的呼吸器无堵塞，电解液液面高度在合格范围，电解液温度不超过35℃。

（8）防酸蓄电池的极板颜色正常，无断裂弯曲、短路、生盐、有效物质脱落等现象。

（9）蓄电池室应严禁烟火，无易燃、易爆物品。

（10）蓄电池组外观清洁，无短路、接地，无欠充电、过充电现象。

（11）典型蓄电池电压、温度、密度在合格范围内。

三、站用交、直流系统的运行维护

（一）站用交流电源系统的运行维护

（1）应定期对站用变压器的套管进行清扫，保持其清洁，防止发生闪络事故。

（2）应定期检查和维修站用变压器高、低压套管桩头和引线的绝缘包封，防止发生短路或接地故障。

（3）应定期对站用系统的备用电源自动投入装置进行投切试验，检查其动作可靠性，发现缺陷时应及时处理。

（4）在进行倒换站用电源运行方式操作或检查电压互感器回路熔断器完好性时，应短时退出备用电源自动投入装置，防止其动作。

（5）站用高、低压配电室应有可靠的防止小动物措施，定期检查、补充和更换鼠药、鼠械。

（6）应定期测量站用系统电气接点温度，及时处理发热缺陷。

（7）定期对站用低压系统设备进行清扫、检查，及时处理断路器、熔断器、接触器、隔离开关等设备缺陷。

（8）每年应至少对站用系统各级熔断器、断路器的级差配合和容量匹配情况进行一次全面检查，更换老化的熔断器熔体等元器件，处理回路级差配合等缺陷。

（9）应定期对事故照明切换装置进行试验，及时消除事故照明回路缺陷。

（10）应定期对干式站用变压器进行清扫，保持其表面清洁。运行中应监视干式变压器的温度在允许范围内。

（二）站用直流电源系统的运行维护

1. 直流电源系统的运行维护

（1）直流电源系统的绝缘应在每次巡视时通过绝缘监察装置进行测量，或读取绝缘在线检测装置数据。当出现直流电源系统绝缘降低或接地时，应及时查找原因并进行处理。

（2）直流母线电压低于或高于允许范围时，应及时进行调整。

（3）防酸蓄电池组在正常运行中应重点监视端电压值、单体蓄电池电压值、电解液液面高度、电解液密度和温度、蓄电池室温度、浮充电流值等。

（4）运行中的阀控蓄电池组主要监视蓄电池组的端电压值、浮充电流值、单体蓄电池的电压值、运行环境温度、蓄电池组及直流母线的绝缘状态等。

（5）每年应至少对直流电源系统断路器、熔断器的级差配合、熔断器的熔体老化情况进行一次全面检查，更换断路器、接触器、熔断器或熔体等不合格元件。

（6）应定期对充电装置进行检查，主要检查内容包括交流输入电压、直流输出电压、直流输出电流等各测量值显示是否正确，运行噪声有无异常，各信号显示是否正常，绝缘状态是否良好。

（7）运行中直流充电装置的微机监控装置的有关功能和参数设置应正确。

（8）当充电装置的监控装置故障时，若有备用充电装置，应先投入备用充电装置，并将故障装置退出运行。无备用充电装置时，应启动手动操作，将监控装置退出运行，经检查修复后再投入运行。若故障设备修复需要较长时间时，应调用临时充电装置替代故障设备运行，以提高直流电源系统运行可靠性。

（9）变电站的两组蓄电池应分别带Ⅰ、Ⅱ直流母线负荷运行。Ⅰ、Ⅱ直流母线允许短时并列倒负荷，但不应长期并列运行。

（10）变电站应采用辐射状直流网络供电。采用双回路供电的重要负荷，其两条回路应分别接于不同的母线分列运行。严禁通过直流分电屏、直流负荷或直流馈路将两段直流母线并列运行。

（11）直流回路严禁使用交流断路器。直流断路器的级差配合既要满足容量要求，又要满足动作选择性和灵敏度要求。上下级电流级差最小应满足2～4个电流级差，其中电源侧选上限，负荷末端选下限。直流断路器的串联数不宜超过4级。

（12）直流回路应尽量避免使用断路器与熔断器混合保护方式，尤其不能在断路器之后使用熔断器。

2. 蓄电池的运行维护

（1）防酸蓄电池组的运行维护：

1）防酸蓄电池组正常应以浮充电方式运行，使蓄电池组处于额定容量状态。浮充电流的大小应根据所使用蓄电池的说明书确定。浮充电压值一般应控制为（2.15～2.17）V×N（N为电池个数，下同），如果所使用蓄电池的说明书规定与此有差异时，应按制造厂规定执行。

2）防酸蓄电池组在正常运行中主要监视端电压值、单体蓄电池电压值、电解液液面高度和密度、电解液温度、蓄电池室温度、浮充电流值等。

3）防酸蓄电池组的初充电按制造厂规定或在制造厂技术人员指导下进行。

4）防酸蓄电池组长期浮充电运行中，会使少数蓄电池落后，电解液密度下降，电压偏低。采取均衡充电的方法可使蓄电池消除硫化，恢复到良好运行状态。但是，均衡充电不宜频繁进行，间隔一般不宜短于6个月。具体应按照规程规定并结合蓄电池组的实际状态确定。

5）防酸蓄电池组的均衡充电程序应按所使用蓄电池的说明书规定进行。无规定时，可按下述方法进行。先用额定充电电流I_{10}对蓄电池组进行恒流充电，当蓄电池组端电压上升到（2.3～2.33）V×N时，自动或手动转为恒压充电。当充电电流减小到0.1I_{10}时，可认为蓄电池组已充满容量，并自动或手动转为浮充电方式运行。

6）对个别落后的防酸蓄电池，应单独进行均衡充电处理，使其恢复容量，不允许长时间保留在蓄电池组中运行。不宜采用对整组蓄电池进行均衡充电的方法处理个别落后蓄电池，防止多数正常蓄电池过度充电。

7）均衡充电应严格控制电流、单体蓄电池充电电压、充电时间和电解液温度等不超过允许值。

8）长期处于浮充电运行状态的防酸蓄电池会使内阻增加，容量降低。进行核对性放电，可使蓄电池极板有效物质得到活化，容量得到恢复，使用寿命得到延长。

9）新安装或更换电解液的防酸蓄电池组，运行第一年时间内，宜每6个月进行一次核对性放电；运行一年后的防酸蓄电池组，1～2年进行一次核对性放电。

10）防酸蓄电池组典型蓄电池密度和电压的测量，有人值班变电站每周至少一次，无人值班变电站每月至少一次；防酸蓄电池组单体电压和电解液密度的测量，每月最少一次，测量应填写记录，并记下环境温度。

11）防酸蓄电池组运行中电解液的液面高度应保持在高位线和低位线之间，当液面低于低位线时，应及时补充蒸馏水。调整电解液密度时，应在蓄电池组完全充电后进行。

（2）阀控蓄电池的运行及维护：

1）阀控蓄电池组正常应以浮充电方式运行，浮充电压值应控制为（2.23～2.28）V×N，一般宜控制在2.25V×N（25℃时）；均衡充电电压宜控制为（2.30～2.35）V×N。

2）运行中的阀控蓄电池组主要监视蓄电池组的端电压值、浮充电流值、单体蓄电池的电压值、运行环境温度、蓄电池组及直流母线的对地绝缘状态等。

3）阀控蓄电池在运行中电压偏差值及放电终止电压值应符合表 ZY1100204001-1 规定。

表 ZY1100204001-1 阀控蓄电池在运行中电压偏差值及放电终止电压值的规定 V

阀控密封铅酸蓄电池	标称电压		
	2	6	12
运行中的电压偏差值	±0.05	±0.15	±0.3
开路电压的最大最小电压差值	0.03	0.04	0.06
放电终止电压值	1.80	5.40（1.80×3）	10.80（1.80×6）

4）阀控蓄电池组采用恒流限压充电方式时，应先用 I_{10} 电流进行恒流充电，当蓄电池组端电压上升到（2.3～2.35）V×N 限压值时，自动或手动转为恒压充电。

5）阀控蓄电池组采用恒压充电方式时，在（2.3～2.35）V×N 的恒压充电下，当 I_{10} 充电电流逐渐减少至 $0.1I_{10}$ 电流时，充电装置的倒计时开始启动，当整定的倒计时结束时，充电装置将自动或手动转为正常的浮充电方式运行。浮充电电压值宜控制为（2.23～2.28）V×N。

6）为了弥补运行中因浮充电流调整不当造成的欠充，根据需要可以进行补充充电，使蓄电池组处于满容量。其程序为：恒流限压充电—恒压充电—浮充电。补充充电应合理掌握，确在必要时进行，防止频繁充电影响蓄电池质量和寿命。

7）长期处于限压限流的浮充电运行方式或只限压不限流的运行方式，无法判断蓄电池的现有实际容量和内部是否失水或干枯。应通过核对性放电，检查和发现蓄电池容量缺陷；新安装的阀控蓄电池在验收时应进行核对性充放电，以后每 2～3 年应进行一次核对性充放电，运行满 6 年以后的阀控蓄电池，宜每年进行一次核对性充放电。

8）备用搁置的阀控蓄电池，每 3 个月进行一次补充充电。

9）根据现场实际情况，应定期对阀控蓄电池组进行外壳清洁工作。

10）当交流电源中断不能及时恢复，使蓄电池组放出容量超过其额定容量的 20%及以上时，在恢复交流电源供电后，应立即手动或自动启动充电装置，按照制造厂规定的正常充电方法对蓄电池组进行补充充电。或按恒流限压充电—恒压充电—浮充电方式对蓄电池组进行充电。

11）蓄电池室的温度宜保持在（10～30）℃，最高不应超过 35℃，最低不应低于 5℃，并应通风良好。

【思考与练习】

1. 变电站交、直流电源系统的巡视周期有何规定？巡视分为哪几种类型？
2. 变电站交流电源系统巡视的主要项目有哪些？
3. 蓄电池的主要巡视项目有哪些？
4. 阀控蓄电池的运行维护项目主要有哪些？

模块 2 站用交、直流系统特殊巡视（ZY1100204002）

【模块描述】本模块介绍站用变压器、低压配电装置、直流充电装置和蓄电池等设备特殊巡视的一般规定、注意事项和巡视项目。通过要点归纳、详细介绍、分析讲解，掌握站用交直流系统设备特殊巡视的基本技能、能发现设备异常和缺陷。

【正文】

一、站用交流电源系统特殊巡视

1. 站用交流电源系统特殊巡视的一般规定

遇到下列情况时应对站用交流电源系统进行特殊巡视：

（1）新设备投入试运行期间、长期停运设备重新投入运行，或检修后的设备投入运行后。

（2）在站用交流电源系统检修、事故等特殊运行方式下，应增加对站用交流电源系统的特殊巡视次数。

（3）站用交流电源系统大负荷运行时。

（4）在风、雨、雪等特殊气候条件时。

（5）遇到地震、泥石流等自然灾害后。

（6）设备出现接点发热、新发现严重缺陷等异常或原有缺陷发生变化时。

（7）节假日或有重要供电任务时。

2. 站用交流系统的特殊巡视项目

（1）站用变压器：

1）检查交流系统三相电压、三相电流是否正常。

2）检查站用变压器运行声音是否正常。

3）高压套管应无破损、裂纹及打火放电现象。

4）套管桩头及引线接点应无发热现象。

5）大负荷时检查站用运行变压器声音是否正常，油位、温度有无异常，回路接点有无过热现象。

6）在风、雨、雪等特殊气候条件时，检查变压器上有无异物，外绝缘有无发生污闪、雨闪、冰闪隐患，接点有无发热现象。

7）遇到地震、泥石流等自然灾害后，应检查站用变压器有无损坏，是否需要采取预防事故措施。

（2）站用交流高压开关设备：

1）站用交流高压系统的各相电流指示正常，且三相电流平衡。

2）交流系统断路器、接触器、熔断器、隔离开关等位置应与实际运行方式一致，位置指示信号应正确。

3）大负荷时检查断路器、转换开关、隔离开关、接触器等接点接触良好，位置正确，无发热现象。

4）在风、雨、雪等特殊气候条件时，检查设备上有无异物，外绝缘有无发生污闪、雨闪、冰闪隐患，接点有无发热现象。

5）遇到地震、泥石流等自然灾害后，应检查设备损坏情况，采取相应的预防事故措施。

6）当设备出现接点发热、接触器、隔离开关等设备接点接触不良异常时，应监视其发热的严重程度和变化情况。

7）当新发现设备有严重缺陷、异常，或原有缺陷有新的变化时，应检查、分析和评估其对站用交流电源系统的影响程度。

（3）站用交流低压配电系统：

1）检查各电流、电压测量值是否正常，负荷分配是否平衡。

2）检查低压配电屏各信号显示应正确。

3）在大负荷运行期间检查低压配电屏各断路器、隔离开关、接触器、转换开关等设备接点应接触可靠，无发热现象。

4）在风、雨、雪等特殊气候条件时，检查设备运行环境温度、湿度应在允许范围内，加热、降温和通风装置状态应良好，按规定方式投入运行。

5）低压屏内电缆、引线连接紧固，无过热现象。

6）当设备出现接点发热、接点接触不良等异常时，应监视检查设备发热的严重程度和变化情况，必要时应倒换运行方式，对发热设备进行处理。

7）在设备有严重缺陷、异常，或原有缺陷有新的变化时，检查缺陷变化情况，分析对站用电源系统的影响程度，确定处理方案。

8）遇到地震、泥石流等自然灾害后，应检查设备有无损坏情况，是否需要采取预防事故措施。

二、站用直流电源系统的特殊巡视

1. 直流电源系统特殊巡视的一般规定

遇到下列情况时应对直流电源系统进行特殊巡视：

（1）新安装、检修、改造后的直流电源系统投运后。

（2）长期停运设备重新投入运行后。

（3）蓄电池核对性充放电期间。

（4）直流电源系统设备出现交、直流失压、断路器脱扣跳闸、直流接地、熔断器熔断时。

（5）在直流电源系统设备检修、故障等特殊运行方式下，应增加对直流电源系统的特殊巡视次数。

（6）高温、低温等特殊气候条件时。

（7）设备出现严重缺陷、异常，或原有缺陷有新的变化时。

（8）节假日或有重要供电任务时。

（9）遇到地震、泥石流等自然灾害后。

2. 直流电源系统的特殊巡视项目

（1）直流充电装置的特殊巡视：

1）直流充电装置的监控装置运行正常，信号指示、通信状态良好，运行声音无异常。

2）充电模块工作正常，信号灯光显示正确，均流度符合要求。

3）交流充电电压、直流母线电压、蓄电池端电压、直流负荷电流、充电参数等电气测量数据在规定范围内。

4）直流系统大负荷、蓄电池组大电流充电时，检查直流充电装置的母线、引线接点有无发热，负荷分配是否合理，装置运行声音有无异常。

5）高温、低温或阴雨季节检查设备运行温度是否正常，加热、降温、通风装置是否完好和按规定方式投入运行，连续阴雨天时应检查设备有无受潮现象。

6）各断路器、熔断器、接触器等元件运行正常，其位置符合运行方式规定，位置指示信号应正常。

7）回路存在接点发热缺陷时，应检查发热的变化情况，必要时应倒换运行方式，对发热设备进行处理。

8）在设备有严重缺陷、异常，或原有缺陷有新的变化时，检查缺陷变化情况，分析对站用系统的影响程度，确定处理方案。

9）直流系统绝缘下降或接地时，应重点检查装置有无接地象征或异常。

10）遇到地震、泥石流等自然灾害后，应检查直流系统电源设备有无损坏，是否需要采取预防事故措施等。

（2）直流馈线屏及回路的特殊巡视：

1）大负荷时，检查馈线屏电压、电流值显示是否正常，测量值是否在合格范围内，负荷分配是否合理，回路接点有无发热现象。

2）高温、低温或阴雨季节检查设备及回路绝缘良好，设备无受潮，接点无过热现象。

3）直流系统绝缘降低或接地时，应检查屏柜内装置、元件以及直流回路接点是否紧固，有无绝缘不良和接地点。

4）设备出现严重缺陷、异常，或原有缺陷有新的变化时，检查设备缺陷、异常的具体情况，分析评估对直流电源系统的影响程度，确定处理方案。

5）出现直流回路断路器跳闸、熔断器熔断等异常现象后，应检查保护范围内各直流回路元件、导线、电缆等有无过热、损坏和明显故障现象。

6）遇到地震、泥石流等自然灾害后，应检查直流设备馈线设备有无损坏，是否需要采取预防事故措施。

（3）蓄电池的特殊巡视：

1）蓄电池组在进行初充电和核对性充放电时，应设专人对其进行检查和测量；进行均衡充电时，应进行特殊巡视，检查蓄电池或电解液温度，测量蓄电池组和单体蓄电池端电压，检查电池壳体有无变形。

2）蓄电池组输出大电流期间，应重点检查其运行温度和端电压变化情况。

3）蓄电池组检经受过充电或过度放电后，应重点检查电池外观有无明显的鼓肚、变形和漏液，以及端电压变化情况。

4）蓄电池出现严重缺陷、异常，或原有缺陷有新的变化时，应重点检查其缺陷、异常的具体情况，分析评估对直流电源系统的影响程度，确定处理方案。

5）在高温、低温和阴雨等特殊气候条件时，检查设备蓄电池的运行温度、电压等是否在允许范围之内，通风、加热设备运行是否正常，直流系统绝缘是否良好。

6）直流系统绝缘降低或接地时，应检查蓄电池壳体有无裂纹、渗漏液和电缆、引线绝缘损伤等绝缘不良现象。

7）遇到地震、泥石流等自然灾害后，应检查蓄电池组有无损坏、倾倒、位移、渗漏液现象，是否需要采取预防事故措施等。

【思考与练习】

1. 变电站交流电源系统特殊巡视有哪些规定？
2. 变电站直流电源系统特殊巡视有哪些规定？
3. 变电站交流低压系统的特殊巡视有哪些项目？
4. 蓄电池组的特殊巡视有哪些项目？

模块 3　站用交、直流系统巡视分析（ZY1100204003）

【模块描述】本模块介绍对站用交、直流系统巡视的结果、设备运行工况的分析等内容。通过异常描述、分析讲解，能发现隐蔽缺陷，掌握两系统异常和缺陷处理技能。

【正文】

巡视分析是指根据对站用交、直流系统巡视是否发现异常和缺陷等结果，综合评估站用电源设备的基本状态，分析、判断缺陷和异常对安全运行的影响程度，确定应采取何种预防措施等。

一、站用设备巡视分析的基本要求和方法

1. 站用设备巡视分析的基本要求

（1）每次设备巡视后，应对本次巡视所遇到的站用设备运行异常和缺陷情况进行分析，根据分析结果，评价设备运行的基本状态。

（2）对新发现和尚未定性的缺陷，应分析评价其影响范围和可能后果，根据缺陷分类标准进行缺陷分类定性。

（3）对已存在和已有定性结论的缺陷，应分析缺陷是否稳定，有无向严重程度发展变化的趋势。

（4）根据对巡视分析结果，提出对存在异常和缺陷应采取措施和处理的意见。

2. 站用设备巡视的分析方法

每次设备巡视后，应根据设备运行的基本工况，是否存在缺陷和安全隐患，以及对设备运行影响的严重程度等，对每台（套）站用交、直流设备的运行状态作出结论。并根据每台（套）设备的运行状态，对全站站用设备的运行状态作出基本评价。

根据设备运行的不同状态，站用设备的运行状态分为正常状态、缺陷状态和事故状态三类。

（1）正常状态。正常运行状态是指设备在额定电压、电流、环境温度等条件下，能保证连续达到额定运行能力的状态。

（2）缺陷状态。在正常运行状态下，由于受环境条件和电场、温度等因素的影响，设备始终处于老化过程。随着时间的推移和外部环境的改变，设备即使在规定的外部条件下，部分或全部失去运行能力，出现了影响安全运行的缺陷，不经过检修无法恢复其应有功能，此种状态为设备的缺陷状态。

（3）事故状态。当设备的缺陷进一步发展造成设备损坏，中止了设备的供电状态为事故状态。

二、站用交流电源系统的巡视分析

（一）站用交流电源系统的状态分析

1. 正常状态

（1）如果在本次设备巡视中，站用交流设备运行状态良好，设备的运行位置状态和信号正确，测量数据显示正常，设备的电压、电流、温度等运行参数在额度范围之内，无声光告警信息等，设备能

连续达到额定运行能力。

（2）如果设备存在一般性缺陷，且缺陷稳定，在较长时间内不会发展为严重缺陷，可以结合站用交流设备检修和试验时进行消缺处理。在此期间不会影响设备的额定运行能力。

2. 缺陷状态

站用交流电源系统出现接点发热、元件损坏、严重渗漏油等缺陷，使设备运行存在潜在风险，不能连续达到额定运行能力，无法自行恢复到应有功能的状态。此类缺陷应通过检修处理。

3. 事故状态

当设备的缺陷进一步发展造成设备损坏，中止了设备的供电状态为事故状态。例如站用低压母线故障或由于支路故障引起母线停电等，需要经过检修才能恢复供电。

（二）站用交流系统巡视分析

无论对站用交流电源系统进行正常（全面）巡视或特殊巡视，都应对巡视结果进行分析。如果进行交流电源系统的全面巡视时，应对全站的站用交流电源系统巡视结果进行分析和作出状态结论；如果针对部分设备进行特殊巡视时，则只对该部分设备的巡视结果进行分析，作出状态结论。

1. 特殊运行方式下站用交流电源的可靠性分析

（1）330kV 变电站的交流电源接线一般为两段母线、三台站用变压器。正常方式为两台站用变压器各带一段母线分列运行，重要负荷分别由两段母线各出一回路供电。另一台站用变压器热备用，当任意一段母线失压，备用站用变压器自动投入带失压段母线运行。

（2）当由于检修、故障或事故原因使其中一台站用变压器或一段 380V 母线撤出运行时，站用交流系统处于比较薄弱的非正常运行方式，此时巡视分析的重点是站用交流电源运行的可靠性是否满足要求，根据巡视结果分析是否存在影响安全运行的缺陷和隐患，此运行方式下的事故预案是否完备，运行人员对该预案是否熟悉，并提出运行注意事项等。

2. 断路器或熔断器动作

交流低压配电柜某支路断路器跳闸或熔断器熔断体熔断，一般由接地、短路、回路负荷突然增加、大功率电动机或多台电动机同时启动、断路器或熔断器容量偏小、熔断体老化或接触不良等原因造成。首先应查明和分析原因，根据分析结果采取对应的处理方法，然后试送电。

3. 站用变压器三相电流不平衡

站用变压器三相电流不平衡是巡视中常见的缺陷，一般由站用三相负荷不平衡引起。由于变电站多为单相负荷，如果各相负荷分配不合理，就会造成三相电流不平衡。一方面三相负荷不平衡将造成中性点电位的位移，使三相电压不对称，严重时影响用电设备的正常运行。另一方面三相电流不平衡影响站用变压器的效率。必要时，应对站用负荷重新进行合理分配。

4. 渗漏油或油位异常

（1）油浸式站用变压器渗漏油一般由于密封垫老化或安装工艺不良、焊缝或钢板缺陷、阀门关闭不严或质量缺陷等引起。巡视发现渗漏油首先应找准部位，分析渗漏原因，判断其对站用变压器运行的影响程度，按缺陷分类办法对缺陷进行定性，采取相应的处理措施。

（2）发现站用变压器油位异常升高时，应检查站用变压器负荷是否增大，环境温度是否较高，运行电压是否在允许范围内，用红外测温装置测量站用变压器壳体温度分布是否符合规律。根据检查结果，进一步分析判断油位异常升高的原因，并采取针对性的处理措施。如果属于站用变压器自身可能存在故障引起时，应立即将其退出运行进行检查处理。如果由于渗漏油使油位达到或接近油位下限时，应尽快安排处理。

5. 干式站用变压器温度高

巡视发现干式站用变压器温度升高时，首先应检查设备是否超额定电流运行，站用变压器的一次电压是否过高，冷却装置工作是否正常，室内温度是否过高等。分析判断温度升高的原因是运行参数影响、外部环境因素影响还是设备自身故障造成。然后根据分析结果确定设备的当前状态，提出处理意见和措施。如果温度上升较快，且达到或接近最高限值而处理无效时，应立即倒换站用变压器运行方式，将故障站用变压器退出运行，做进一步的诊断检查和处理。

6. 电缆或接点发热

（1）站用系统电缆发热一般是由于过负荷引起，应首先检查该回路电流是否超过额定值，回路有无短路、接地等故障。根据检查结果进一步分析原因，采取针对性处理措施。如果由于过负荷引起，应调整负荷或更换电缆。

（2）站用系统设备接点发热大多由于接触不良引起，也有回路电流过大超过接地的容量或接线端子质量不良等原因引起。巡视发现接点发热缺陷时，应及时分析原因，按接点温升数值，确定缺陷性质，做好缺陷记录，督促尽快处理，以免发生不良后果。

三、站用直流电源系统的巡视分析

（一）直流电源系统的状态分析

1. 正常运行状态

站用直流电源系统的正常运行状态是指在额定电压、电流、环境温度等条件下，能保证连续达到额定运行能力的状态。

（1）如果在本次设备巡视中，站用直流电源系统运行状态良好，设备的运行位置状态和信号正确，测量数据显示正常，设备的电压、电流、绝缘、温度等运行参数在额度范围之内，无任何告警信息等，设备能连续达到额定运行能力。

（2）虽然巡视发现直流电源系统存在一般性缺陷，但该缺陷稳定，在较长时间内不会发展为严重缺陷，可以结合站用直流电源系统检修时进行消缺。在此期间不会影响设备的额定运行能力。

2. 缺陷状态

（1）当巡视发现直流电源系统出现严重缺陷，对铭牌出力有一定影响。例如蓄电池的容量下降到额度容量的 90%，虽然可以继续运行，但达不到额定容量，通过核对性充放电可恢复容量。

（2）直流电源系统有些严重缺陷，虽然并不影响铭牌出力，但从长期运行的角度考虑，有可能发展成为危急缺陷，甚至发生事故。

3. 事故状态

当设备的缺陷进一步发展造成设备损坏，中止了设备的供电的状态为事故状态。例如蓄电池炸裂、直流母线短路等故障，必须经过检修才能使其恢复运行。

（二）直流电源系统的巡视分析

无论对直流电源系统进行正常（全面）巡视或特殊巡视，均应对巡视结果进行分析评价，并作出状态结论。在直流电源系统进行正常（全面）巡视时，应对全站的直流电源系统巡视结果进行分析和作出状态结论；如果针对部分设备进行特殊巡视时，则只对该部分设备的巡视结果进行分析，作出状态结论。

1. 直流系统接地或绝缘降低

（1）直流系统接地一般是由于回路中某部位绝缘损坏、金属导线接地或异物搭接、设备或元件绝缘故障、蓄电池电解液泄漏、寄生回路、直流回路大范围绝缘不良等原因引起。当直流一点接地发展为多点接地时，有可能造成设备的误动或拒动，对安全运行具有严重的威胁。因此，发现直流系统接地时，应根据接地选线装置指示、接地信号显示、直流回路绝缘测量结果或当日工作情况、天气条件等情况，立即分析确定范围，尽快找出接地故障点，及时进行处理。处理过程应严防直流接地。

（2）直流系统绝缘降低一般由于接线端子脏污、受潮，回路电器元件、二次线或电缆绝缘老化，蓄电池外壳脏污、渗漏液等原因引起。当巡视发现直流系统绝缘降低时，应根据天气和其他有关情况，检查与直流回路有关的屏柜和端子箱的防潮措施是否存在漏洞，有无受潮现象，蓄电池壳体是否存在渗漏液等，根据分析和检查结果，采取适当的处理措施，防止发展成为直流系统接地。

2. 接点发热

巡视发现直流回路接地发热缺陷时，应及时分析原因，按温升数值范围，确定缺陷性质，做好缺陷记录。直流回路接点发热一般由于接点接触不良引起，应及时进行检修处理，以免发生不良后果。如果由于回路负荷过大引起接点发热，应及时调整负荷或更换符合容量要求的电缆、回路元器件和二次线。

3. 断路器或熔断器动作

巡视发现断路器跳闸或熔断器熔断时，首先应检查回路是否存在短路、接地故障，是否有焦糊味道等，分析判断动作原因。如果属于正确动作，应在排除故障后恢复供电。如果动作并非回路故障引起，则应进一步分析原因。

（1）过负荷：由于回路负荷增加或其他原因，使回路断路器或熔断器的容量匹配不合适，当回路出现持续性的大负荷，达到了断路器或熔断器的动作电流时，属于正确动作。应及时按回路的最大负荷，重新选择容量合适的断路器或熔断器，进行更换处理。在处理前应加强对该回路负荷变化情况的监视。有条件时，应减小该回路负荷。

（2）熔断体接触不良或老化：

1）熔断体受损或接触不良，在运行中由于局部接触电阻变大而长期发热，最终发展到熔断。在安装熔断器时应防止造成熔断体损伤，并保证熔断器接触可靠。

2）由于熔断体老化熔断，造成直流回路失压引发事故的案例曾有发生，因此，在分析熔断器动作原因时，应考虑熔断体是否老化，使其特性变异的因素。并按现场运行规程的规定，及时更换达到运行时间规定的熔断体。

4. 防酸蓄电池极板变形

巡视发现防酸蓄电池极板弯曲、龟裂、变形，底部沉淀物过多等缺陷时，应分析原因和采取相应处理措施。

（1）长期处于浮充电运行方式的防酸蓄电池，极板表面逐渐产生白色的硫酸铅结晶体，通常称之为“硫化”，长期不处理将影响蓄电池的容量。应及时上报缺陷，要求安排处理。

（2）防酸蓄电池底部沉淀物过多，将会造成极板短路、自放电增加等缺陷，应及时上报缺陷，清除沉淀物。

（3）巡视发现防酸蓄电池极板弯曲、龟裂、变形等缺陷，应分析其对蓄电池运行的影响程度，掌握变化情况。及时上报缺陷，进行检修处理。对于造成极板短路、变形严重，通过检修无法恢复的蓄电池，应进行更换。

5. 阀控蓄电池渗漏液或极板干枯

（1）阀控蓄电池渗漏液，一般有电池质量存在缺陷或运行温度过高、安全阀不能正确开启等原因，使蓄电池内部压力过高，造成壳体变形开裂。巡视发现蓄电池渗漏液时，应详细检查渗漏液部位，确认运行温度是否在允许范围内，及时分析原因，上报缺陷。该缺陷如果不及时处理，将可能发展成为直流回路绝缘降低、接地，蓄电池极板干枯等缺陷。

（2）阀控蓄电池极板干枯，一般是由于壳体渗漏液或运行温度高，造成安全阀频繁动作失水等原因造成。如果发现阀控蓄电池极板干枯，首先应查找和分析原因，检查壳体是否渗漏液，运行温度是否过高等。对极板已经干枯的阀控蓄电池应及时更换。

6. 阀控铅酸蓄电池壳体变形

巡视发现阀控铅酸蓄电池壳体变形，应分析原因，及时进行处理或采取防止进一步变形的措施。一般造成壳体变形的原因有充电电流过大、充电电压过高、内部有短路或局部放电、温升超标、安全阀动作失灵等，造成内部压力升高。处理方法为合理控制充电电流和充电电压，检查安全阀应可靠动作等。

7. 蓄电池容量不足

长期处于浮充运行方式的蓄电池，由于极板活性物质不断减少，极板深层的物质不能有效参与化学反应，使其容量逐步降低。当发现蓄电池容量明显降低时，应及时上报缺陷，进行检修处理。经三次全容量核对性充放电容量仍然达不到额定容量的80%以上时，该蓄电池应更换。

8. 直流充电装置缺陷

（1）巡视直流充电装置时通过检查交流输入电压、直流输出电压、直流输出电流等各表计显示是否正确，运行噪声有无异常，各保护信号是否正常，绝缘状态是否良好等，分析判断装置运行状态。发现异常时，应按现场运行规程的规定处理。

（2）当针对直流充电装置故障进行特殊巡视时，应通过检查交流电源是否正常，直流充电电压和电流指示情况、各高频电源模块工作状态和均流情况，装置指示灯光和信号情况等分析装置的整体运行状态，确定故障单元和具体部位。当故障短时无法消除时，若有备用充电装置，应先投入备用充电装置，并将故障装置退出运行。无备用充电装置时，应立即上报缺陷，尽快检查修复。

四、站用交、直流系统巡视的综合分析

设备巡视结束后，应根据巡视过程中发现的缺陷、异常等情况，以及分析判断的结果，对站用交、直流电源系统的总体运行状态作出基本评价，对本次巡视结果作出总体结论。评价内容主要包括交、直流电源系统运行是否正常，状态是否良好；原有的设备缺陷是否稳定，有无新的发展；新发现的设备缺陷的基本情况描述、缺陷的初步分析和定性，对安全运行的影响程度；运行值班期间需要重点检查、监视的内容和注意事项等。

【思考与练习】

1. 如何对变电站站用交流电源系统的正常巡视进行分析？
2. 如何对变电站站用直流电源系统的正常巡视进行分析？
3. 如何对巡视结果进行综合分析评价？
4. 变电站站用交、直流电源系统巡视分析的要求有哪些？

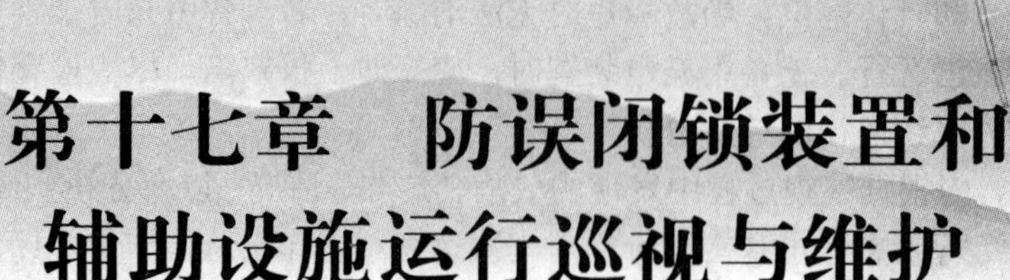

第十七章 防误闭锁装置和辅助设施运行巡视与维护

模块 1 辅助设施的巡视与维护（ZY1100205001）

【模块描述】本模块介绍变电站辅助设施的巡视与维护的一般规定、巡视与维护的基本方法、巡视与维护项目等内容。通过详细阐述、要点归纳、分析讲解，掌握辅助设施的巡视与维护的基本技能。

【正文】

变电站的辅助设施一般包括建筑物、设备构支架、防雷接地装置、电缆沟、电缆隧道、给排水设施、消防设施、采暖及制冷设备等。

一、变电站辅助设施巡视的一般规定

1. 巡视目的

对变电站的辅助设施巡视的目的，是为了监视和掌握生产建筑物、设备构支架、防雷接地装置、电缆沟、电缆隧道、给排水设施、消防设施、通风和采暖及制冷设备等变电站附属设备和设施的状态，及时发现和处理异常、缺陷，消除安全隐患，预防事故发生，确保全站设备、设施的安全运行和使用。

2. 变电站辅助设施巡视的一般规定

（1）建筑物、设备构支架的基础一般每季至少全面巡视 1 次；阴雨季节每月至少全面巡视 2 次；遇有高温天气、大雨、连阴雨、地震等特殊天气或自然灾害时，应进行特殊巡视，并增加巡视次数。

（2）电缆沟的外观检查随设备正常巡视时进行；电缆沟是否积水每季至少全面巡视 1 次；阴雨季节每月至少全面巡视 2 次。遇有大雨、大风、连阴雨、地震等特殊天气或自然灾害时，应进行特殊巡视，并增加巡视次数。

（3）电缆隧道一般每季至少全面巡视 1 次；夏季高温季节每月至少全面巡视 1 次。

（4）排水设施每年汛期前全面检查 1 次，汛期每月至少全面巡视 2 次。遇有大雨、连阴雨等特殊天气时，应进行特殊巡视，并增加巡视次数。

（5）消防设施检查随设备正常巡视同时进行。专责人每月全面检查 1 次。

（6）设备构支架、电缆沟道等明敷接地体随设备正常巡视时检查。每年雷雨季节前应对全站接地系统进行全面检查 1 次。

二、辅助设施系统巡视项目

1. 场地、建筑物的巡视项目

（1）厂房地基应无下沉，墙体无开裂、倾斜。

（2）房屋应无渗漏，屋面排水应畅通。

（3）建筑物基础散水应良好，排水系统应畅通。

（4）室内外应清洁无杂物，房屋的门窗完好、关闭严密，铁质纱窗应完整，且其网孔应能有效阻止蚊虫进入。

（5）配电室通风道入口的防止小动物金属网应完整，且网孔小于 10mm×10mm。

（6）所用通向户外的沟道、管道、孔洞应堵塞严密。与户外连通的电缆沟（隧）道、电缆竖井防火隔墙应完好，符合规定。

（7）生产厂房内不应存放易燃易爆物品。

（8）主控制室、值班室、高压配电室的门口应有防止小动物进入的挡板，其高度应符合规定。

（9）生产厂房内应按规定布置鼠药、鼠械。

（10）户内外照明完好、亮度充足。

（11）变电站内道路通畅，车道出入口限高、限速标识齐全、醒目。

（12）户外场地整齐、清洁，地面无积水、排水设施完好，场地无堆放杂物现象。设备区无高大树木和攀沿性植物，无超过规定高度的杂草。

（13）室外场地固定遮栏或围栏完整，无断裂、锈蚀现象，标识齐全。

（14）围墙无倾斜、裂纹，墙面平整、基础无下沉。排水设施完好、畅通，排水孔应有防小动物措施。

（15）变电站大门封闭良好，无锈、变形现象。

2. 设备构支架的巡视项目

（1）设备构支架应完好，无倾斜、变形，铁件无锈蚀。钢筋混凝土构支架应无露筋，裂纹在允许范围之内。基础应无积水和下沉等现象。

（2）设备构支架的接地应完好，接地体截面满足要求。

3. 电缆沟（隧）道的巡视

（1）电缆沟道应排水畅通，支架应牢固、无变形，接地良好。电缆沟盖板齐全、摆放整齐、铁件无锈蚀和破损。

（2）电缆隧道应清洁、无积水，孔洞封堵严密，通风、照明良好，温度、湿度在允许范围之内。

（3）电缆沟、电缆隧道、电缆夹层内支架牢固，无松动或锈烂现象，接地良好，接地引下线（排）无断裂及锈蚀现象。

（4）电缆竖井和电缆沟内的防火墙完好、标识醒目，站内应有符合实际的防火墙布置图。

（5）电缆夹层内清洁，照明良好，电缆排列整齐，孔洞封堵严密，严禁烟火，消防设施完好。

4. 给排水设施巡视项目

（1）给排水设备和设施完好，管道、沟道畅通。水泵运转正常，无影响正常运行缺陷。

（2）排水沟（管、渠，下同）道应完好、畅通，无杂物堵塞。

（3）变电站的给水系统要满足水压要求，外露管道应有保暖措施，防止冻裂。生活用水水质符合要求。

5. 通风、采暖系统巡视项目

（1）通风机、排风扇等通风设备完好，无影响正常运行缺陷。通风口应有防小动物进入措施，通风机、排风扇的防护罩完好。

（2）空调、加热器等降温和采暖设备和设施完好，满足设备运行对环境温度的要求。控制室、保护室、通信机房、值班室以及其他对温度有较高要求的室内温度在允许的范围内。

6. 消防系统巡视项目

（1）消防水系统、沙箱、火灾报警系统、主变压器消防系统等设施完好，灭火器、水龙带、消防工具等器材充足、完好，定置存放。消防系统及器材无超有效检验周期现象。

（2）消防报警装置和附属装置完好，动作正确。装置的工作电源可靠，运行显示信息正常。

（3）检查主变压器灭火装置工作电源是否正常，回路阀门开启、关闭位置正确，灭火介质压力或其他状态参数是否在允许范围内，火灾探测装置状态良好，无异常和缺陷。

7. 其他

（1）安全保卫系统：

1）检查红外线报警等装置的工作电源应正常，装置信号显示正确，报警系统应按规定开启。

2）变电站大门平时应关闭，外来人员进入变电站要核实身份，做好登记。

3）装有远程报警装置的变电站应按规定时间定期试验报警装置正常。

（2）遥视系统：

1）运行中不得随意删除、修改本系统运行程序和存储信息。

2）监控中心和变电站服务器工作正常、画面清晰，摄像机控制灵活，传感器运行正常。

3）摄像机镜头清洁，安装牢固。

4）信号线和电源引线安装牢固，无松动及风偏现象。

5）遥视系统工作电源及设备应正常，无影响运行的缺陷。

三、辅助设施系统维护

1. 建筑物的维护

（1）每年雨季前后应对高压配电室、继电保护室、控制室等生产厂房的沉降观测标志各进行一次测量。每季应进行一次检查。遇有大暴雨、连阴雨天气或地震等自然灾害时，应增加对其检查的次数。

（2）每年汛期前应全面检查建筑物、围墙基础排水是否畅通。对基础地面下沉、散水破损等缺陷应在汛期前进行处理，日常应及时清理垃圾杂物。

（3）每年雷雨季节前，应对建筑物的防雷接地进行一次全面检查，发现缺陷时，应及时进行处理。

（4）非工作需要，建筑物的屋面不得上人踩踏，防止造成屋面损坏漏水。当屋面出现渗水时，应及时处理。

（5）高压配电室、继电保护室、控制室等生产厂房通向户外和相邻建筑物的沟道、竖井、孔洞等应封堵严密。当封堵被破坏时应及时处理。

（6）控制室等生产厂房与户外连通的电缆沟（隧）道、电缆竖井的防火墙应完好，如果敷设电缆等工作需要临时打开时，应及时封堵。

（7）生产厂房门窗不得长期开启，进出主控室及配电室等生产场所时，要随手关门。

2. 设备构支架的维护

（1）每次全面巡视设备时，应详细检查构支架有无倾斜、变形，基础应无积水、下沉现象。遇有大暴雨、连阴雨天气或地震等自然灾害时，应增加对其检查次数。当发现缺陷时应及时处理。

（2）设备构支架的金属件、接地引下线等应定期进行防腐处理。

3. 电缆沟（隧）道的维护

（1）每年汛期前应全面检查电缆沟道、隧道的排水设施是否完好。大雨时应及时检查沟道、隧道的排水是否畅通，及时清理积水和杂物。

（2）每季度至少检查一次电缆隧道的照明、通风和防火设施是否完好。高温每月至少检查一次电缆隧道的通风情况，防止电缆运行环境温度超过允许值。

（3）每年应检查电缆沟（隧）道的电缆支架等金属部件锈蚀情况，发现锈蚀严重时应及时进行防锈处理。

（4）连阴雨后或积水等原因使电缆沟（隧）道内湿度太大时，应利用晴好天气对电缆沟进行通风晾晒，减小沟道的空气湿度。

4. 给排水设施的维护

（1）每年冬季到来前，应全面检查上下水管道的保温防冻工作，防止低温季节水管冻裂。

（2）消防水系统的水泵、管路和消防栓、水龙带等消防设施应始终保持完好。对消防泵应按照现场运行规程规定的周期进行启动试验，检查其完好性，防止大型水泵转轴变形。

（3）每年汛期前应全面检查排洪沟道、潜水泵等防洪设备和设施的完好情况，及时清理排洪沟道垃圾，处理潜水泵等排洪设备缺陷。

5. 通风、采暖系统的维护

（1）变电站的轴流风机等通风设备应每月至少进行一次检查，重点检查通风设备运转是否正常，电气回路是否完好，断路器（熔断器）、电缆等元件和接点有无发热现象。

（2）安装在 SF_6 设备配电室的通风换气设备，应在每次进入配电室前应开启运转 15～20min（根据现场安装的通风设备换风量计算确定，未经校核计算时按 20min），并检查其运转是否正常，发现缺陷时应立即安排处理。

（3）安装在变压器室、蓄电池室及其他配电室的通风设备，应在每次正常（全面）巡视时进行一次投切试验，检查运转是否良好，声音是否正常。

（4）新投运或进行过可能引起通风设备电机反转的工作后，应检查通风设备的转向是否正确。

（5）安装有锅炉采暖的变电站，每年在采暖季节来临前，对锅炉及采暖系统进行全面检查，消除影响系统运行的缺陷。在采暖季节结束后，应对锅炉及系统进行一次检修保养。纳入压力容器管理的锅炉设备，还应按照压力容器管理规定进行审验。

（6）变电站的空调在每年使用前，应对空调滤网和户外主机进行清洗，对电源回路进行全面检查维护。空调在运行期间应每月进行一次断电检查保养，清洗空调滤网和户外机的壳体等。

6. 消防系统的运行维护

（1）变电站的消防报警系统应定期检查试验，保证其检测、报警、通信等功能正确完好。当发现缺陷时，应尽快处理。

（2）灭火器、消防工具等消防器材应定置存放，应保持完好、充足，如有过期、失效、损坏或使用，应及时补充更换。

（3）消防用水系统的管网、消防栓、消防泵应完好，水压充足，高压水龙带、连接头、水枪按定置存放，保持状态完好。

（4）变压器充氮、干粉、泡沫、水喷雾等各类灭火装置应按照现场运行规程的规定，定期进行检查和维护。需要定期更换灭火介质的装置，应严格按照规定周期更换介质。有压力或其他运行参数监视的装置，在每次进行正常设备巡视时，应检查其压力等运行参数是否正常。当发现装置压力降低或干粉受潮、结块等缺陷时，应按重大缺陷管理流程汇报和监督处理。

（5）变电站的消防报警系统、火灾探测系统、自动或手动灭火系统的电源必须可靠，在每次进行正常设备巡视时，应检查其供电回路是否完好，装置电源指示是否正常。当该回路存在缺陷时，应及时安排处理。

（6）安装有消防水泵的变电站应定期进行启动试验，利用消防水系统的试验回路，检查水泵的电气回路和机械系统是否运转正常，检查消防泵出口水压是否达到要求。

（7）变电站的灭火装置应有专人管理，定期检查，及时更换到期和不合格的灭火装置。在每次进行正常设备巡视时，应检查灭火装置的定置管理、数量等是否符合规定。

7. 其他系统维护

（1）安全保卫系统：

1）应定期对保卫系统进行维护，检查工作电源是否可靠，回路接线是否紧固。

2）检查系统红外探头、摄像头是否清洁，有无异物遮挡，应及时清理异物和定期擦洗镜头。

3）定期试验安防报警装置动作信号是否正确。

4）装有远程报警装置的变电站应定期进行报警信号传动试验，检查信号远传是否正常。

（2）遥视系统：

1）应定期对遥视系统进行检查维护，检查工作电源是否可靠，回路接线是否紧固。

2）检查遥视系统摄像头是否安装牢固和清洁，当脏污严重时，应及时进行擦洗。

3）当遥视系统出现异常或缺陷时，应及时进行消除，保证其正常运行。

【思考与练习】

1. 变电站辅助设施的巡视有哪些规定？

2. 变电站辅助设施的巡视主要有哪些项目？

3. 变电站的建筑物和设备构支架各有哪些运行维护工作？

4. 变电站消防系统主要有哪些运行维护工作？

模块2　防误闭锁装置正常巡视（ZY1100205002）

【模块描述】本模块介绍防误闭锁装置的巡视项目和规定。通过结构分析、要点讲解，掌握防误闭锁装置正常巡视的基本技能。

【正文】

防误闭锁装置是防止电气设备误操作和人员误入带电间隔，保证人身、电网和设备安全的有效技术措施。加强对防误闭锁装置的巡视检查和维护，保证其具有良好的运行状态，是运行监视的重要组成部分。本模块主要介绍防误闭锁装置的基本功能、种类和防误闭锁装置的巡视项目和规定，通过对防误闭锁装置运行维护等内容的学习，达到掌握防误闭锁装置的使用和检查维护的基本技能的目的。

一、防误闭锁装置的基本功能和要求

1. 防误闭锁装置的基本功能

电气设备防止误操作装置的“五防”功能包括：

（1）防止误分、误合断路器。

（2）防止带负荷分、合隔离开关。

（3）防止带电挂（合）接地线（接地开关）。

（4）防止带接地线（接地开关）合闸。

（5）防止误入带电间隔。

2. 防误闭锁装置的基本要求

（1）防误闭锁装置的结构应简单、可靠，操作维护方便，尽可能不增加正常操作和事故处理的复杂性。

（2）选用防误闭锁装置时，应优先采用电气闭锁方式或微机闭锁装置。

（3）成套高压开关设备，应具有机械连锁或电气闭锁。

（4）防误闭锁装置应有专用的解锁工具（钥匙）。

（5）防误闭锁装置应满足所配设备的操作要求，并与所配用设备的操作位置相对应。

（6）防误闭锁装置应不影响断路器、隔离开关等设备的主要技术性能（如合闸时间、分闸时间、速度、操作传动方向角度等）。

（7）防误闭锁装置所用的直流电源应与继电保护、控制回路的电源分开，使用不间断供电的独立可靠回路。

（8）防误闭锁装置应具有防尘、防蚀、不卡涩、抗干扰、防异物开启的良好性能。户外使用的防误闭锁装置还应防水、耐高温和低温。

（9）“五防”功能中除防止误分、误合断路器可采用提示性方式外，其余“四防”必须采用强制性方式。

（10）对使用常规闭锁技术无法满足防误要求的设备，宜加装带电显示装置达到防误要求。

（11）采用计算机监控系统时，远方、就地操作均应具备电气“五防”闭锁功能。当监控系统和微机闭锁互为独立系统时，应通过接口和程序实现上述闭锁功能。

（12）断路器和隔离开关电气闭锁回路严禁用重动继电器，应直接用断路器和隔离开关的辅助触点。

（13）防误闭锁装置主机不能和办公自动化系统合用，严禁与互联网连接，网络安全要求等同于电网二次系统实时控制系统。

（14）电气设备的固定遮栏门、单一电气设备及无电压鉴定装置的线路侧接地开关，可使用普通挂锁作为辅助闭锁措施。

二、防误闭锁装置的种类与适用范围

电气设备防止误操作装置从功能实现的方式上一般分为机械闭锁、机械程序锁、电磁闭锁、电气闭锁、微机闭锁和带电显示装置六类。

1. 机械闭锁

（1）机械“五防”闭锁。机械“五防”闭锁是一种易于在高压开关柜上实现的闭锁方式。机械闭锁是断路器、隔离开关、接地开关、开关柜门的操作部位之间利用互相制约和联动的机械机构来达到先后动作程序的闭锁目的。其在操作过程中无需使用钥匙等辅助操作，可以实现随操作顺序而正确进行，自动地按规定步骤解锁。在发生误操作时，可以实现自动闭锁，阻止误操作的进行。

机械闭锁的优点是直观、强度高、不易损坏、检修工作量小、操作方便、运行可靠等。

其缺点是在高压开关柜内部、小车插头等的机械动作相关部位之间容易实现闭锁，而与电器元件动作间的联系、两柜之间或开关柜与柜外设备之间的闭锁均无法实现。因此，机械闭锁一般还需辅以其他闭锁方法，方能达到全部“五防”功能要求。

（2）机械闭锁。机械闭锁是靠机械结构制约而达到预定目的的一种闭锁，即当某一设备操作后利用机械传动来闭锁另一设备的操作。除 GIS 设备以外，隔离开关与其接地开关之间全部采用这种闭锁方式。

机械闭锁的优点是：结构简单、闭锁可靠；其缺点是：只能在同一隔离开关上实现隔离开关与接地开关之间的闭锁，不同组的隔离开关与接地开关无法闭锁，更不能实现断路器与隔离开关之间的闭锁。

图 ZY1100205002-1 是一组 330kV 隔离开关的主刀与两组接地开关的机械挡板闭锁图，中间的是隔离开关闭锁挡板，左侧和右侧分别为两组接地开关的闭锁挡板。其中隔离开关在分开状态，左侧的接地开关在合上位置，右侧的接地开关在拉开位置。

图 ZY1100205002-1　330kV 隔离开关与接地开关机械闭锁图

从图中可以看出，当隔离开关与接地开关均在分开位置时，同时符合隔离开关和接地开关的操作条件，无论隔离开关还是任一接地开关都可以进行合闸操作，相互不闭锁；当任一接地开关合上后，隔离开关便无法转动，即闭锁合闸操作。如图中左侧的接地开关合上，隔离开关的闭锁挡板被卡死，这样便可以有效防止带接地开关合隔离开关；同样，当隔离开关合上之后，接地开关也无法进行合闸操作，即被可靠闭锁，这样可以防止带电合接地开关。

各种型号不同的隔离开关，虽然它们的机械闭锁挡板形状会有所不同，但是机械闭锁原理是相同的：机械闭锁挡板固定连接在隔离开关、接地开关转动部分，隔离开关、接地开关任意一个先合上，另外一个就被闭锁，无法进行合闸操作。

2. 机械程序锁

程序锁闭锁是用钥匙随操作程序传递或置换而达到先后开锁操作的目的。其优点是钥匙传递不受距离的限制，所以在电网自动化控制技术较低的时期，其应用范围比较广泛。

程序锁的主要缺点是在复杂接线的变电站闭锁操作过程复杂；使用时必须从头开始，中间不能间断；由于程序锁必须就地开锁，限制了遥控操作等。因此，该种闭锁方式已很少采用。

3. 电磁闭锁

电磁闭锁是利用断路器、隔离开关、网门等设备的电气接点，接通或断开隔离开关、接地开关、网门电磁锁电源，从而达到闭锁操作的目的。

电磁闭锁的优点是操作方便，易于实现自动控制、远程操作等回路的防误闭锁。

电磁闭锁的缺点是需要串入操动机构的辅助触点，需要敷设大量电缆，闭锁回路较复杂，容易出现故障，影响正常操作。电磁锁的线圈在户外易受潮，影响绝缘性能，增加了直流系统的故障概率。在防止误分、误合断路器的功能实现上，还需要辅助的闭锁措施等。因此在 330kV 变电站很少采用此种闭锁方式。

4. 电气闭锁

电气闭锁是利用断路器、隔离开关、接地开关等设备的辅助触点，接通或断开电气设备的控制操作电源而达到闭锁目的的一种装置，它与电磁闭锁的主要区别在于电磁闭锁依靠电磁锁具实现闭锁，而电气闭锁依靠触点电路实现闭锁。电气闭锁普遍用于电动隔离开关和电动接地开关的操作控制回路中，GIS 设备一般采用电气闭锁。

电气闭锁的优点是操作方便，易于实现自动控制、远程操作等回路的防误闭锁，可以实现不同间隔的设备之间的闭锁，尤其是 GIS、HGIS 等封闭组合电器的最佳闭锁方案。电气闭锁的缺点是闭锁回路较复杂，涉及设备辅助触点多。

5. 微机闭锁

微机闭锁装置的基本原理是利用预设操作原则与程序来保证倒闸操作顺序的正确性，利用各种编码锁和状态锁来保证操作的正确性，从而实现防误闭锁的功能。

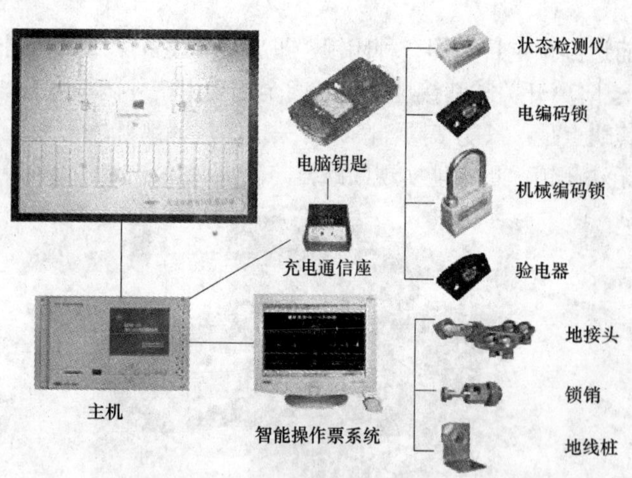

图 ZY1100205002-2 微机防误闭锁装置系统结构示意图

微机闭锁系统事先将各种运行方式的操作运行规程、电气设备一次系统接线图及所有断路器、隔离开关、网门等设备的正确操作方式保存在计算机系统中。通过信息采集将变电站内设备的实时状态信息传入“五防”主机。根据操作任务要求在电气一次系统接线图上进行模拟操作，经系统确认，形成操作票，再进行现场操作。

（1）微机闭锁装置的构成。微机防误闭锁装置一般由“五防”微机闭锁主机及软件系统、电脑钥匙、传输适配器、编码锁等构成，如图 ZY1100205002-2 所示。

根据现场的需要，部分微机防误闭锁装置还配有电子模拟盘。

微机防误闭锁系统包括微机“五防”和综合自动化系统的间隔“五防”闭锁两种逻辑。在综合自动化系统后台进行遥控操作使用微机“五防”。而在保护测控柜（屏）进行就地遥控操作时使用间隔“五防”。这样可以保证无论采用哪种操作方式，都能可靠地防止电气误操作。

（2）微机“五防”功能的实现。微机闭锁装置通过各种锁具来控制全站纳入微机防误闭锁的设备，常用的锁具有电编码锁（直流电气锁）和机械编码锁两种：

1）电编码锁。电编码锁也称直流电气锁，在电气原理上相当于一个常开触点，通常被串入到相应的电气操作回路中，由于原有的操作回路被切断，因此操作前必须先通过电脑钥匙解锁。

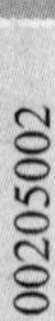

电编码锁安装在各保护装置的断路器测控屏，用于各级电压等级断路器的就地遥控操作，正常操作时，先将电脑钥匙插入电编码锁中，如果操作设备的编号与电脑钥匙显示一致，则电脑钥匙内部接通操作回路，闭锁解除，如果操作人员走错位置，电脑钥匙通过电编码锁的编码检测出设备和电脑钥匙提示的不一致，电脑钥匙将拒绝接通操作回路并发出报警。电编码锁可以有效地防止误分、合断路器。

2）机械编码锁。机械编码锁用于隔离开关、接地开关、临时接地线、网门的闭锁。机械编码锁必须用电脑钥匙解锁。电脑钥匙通过机械编码锁的编码检测该锁是否和电脑钥匙的操作提示一致，若一致，电脑钥匙开放操动机构，按下开锁按钮即可打开机械编码锁，若不一致则打不开锁。机械编码锁设在隔离开关的机构、网门、临时接地线的接地点上。

3）进行倒闸操作时，首先应进行“五防”系统与现场设备的运行状态对位，确保“五防”系统主接线中的断路器、隔离开关、接地开关的分、合闸状态与实际相符。如果由于某种原因使个别设备无法正确对位，此时应进行强制对位。当对位正确后进行模拟操作，最后将信息发送到电脑钥匙。

a）如果进行遥控操作，电脑钥匙向防误主机传输准备操作的项目，同时弹出进行该设备操作的对话框，在综合自动化系统进行监护操作，电脑钥匙向综合自动化系统的监控主机发送“许可”的命令，操作指令才能到达该设备的测控屏，即间隔层，然后到达现场设备执行分合操作。操作后的状态信息由测控屏反馈回综合自动化系统后台机，五防机接收综合自动化系统后台的遥信信息，将所操作的设备状态进行相应改变。

b）如果进行就地操作，持电脑钥匙完成操作任务后，就可以将操作结果进行回传。只要将电脑钥匙插回传输适配器传输口，系统提示操作结束，操作任务中的设备由不确定状态转变成确定状态，电脑钥匙自动关机。

（3）微机闭锁的优缺点。微机防误闭锁的优点是能实现完整的“五防”功能，使以往不能实现或者很难实现的防误闭锁功能变得容易实现；用一把电脑钥匙便可以代替众多的程序钥匙，缩短了操作时间；实现监视功能和信息远传功能，可以方便地与综合自动化系统接口，特别适用于无人值班变电站，已成为防误闭锁的发展方向。

微机防误闭锁的缺点是“五防”主机一旦发生问题，则整个防误闭锁系统将被迫退出运行，所有操作都将在强制解锁的条件下进行，安全风险变大。

6. 带电显示装置

高压带电显示闭锁装置是一种非接触的感应式高压带电检测装置。适用于线路接地开关、母线接地开关、母线电压互感器接地开关、高压开关柜及其他需要闭锁的设备实施强制闭锁，防止电气误操作。

（1）该装置是利用高压电场与传感器之间的电场耦合原理，在安全距离外进行非接触式检测。高压带电显示闭锁装置由传感器、显示器两部分组成。

1）传感器安装于带电体正下方，接收面分别对准三相带电体接收高压带电体电场信号，将之传送给显示器进行处理。

2）显示器为连续运行工作方式，具有闪光显示、音响报警和自检功能，并能输出强制闭锁信号。

（2）当被测设备带电时，显示器“电源”指示灯亮，“U、V、W”三相指示灯闪亮，“操作”指示灯熄灭，且输出强制闭锁信号；当带电显示装置发生故障或失去控制电源时，显示器输出强制闭锁信号，保持闭锁状态。

（3）当被测设备不带电时，显示器“电源”指示灯亮，“U、V、W”三相指示灯熄灭，“操作”指示灯亮，同时解除闭锁信号，便可进行设备操作。

（4）高压带电显示闭锁装置分为提示型和强制型两种。

（5）高压带电显示闭锁装置的优点是传感器不与带电体直接接触，能在设备安全距离之外检测是否带电，具有较高的灵敏度。其缺点是显示器自身故障率较高，使用的氖灯、液晶数字显示容易损坏，且现场使用较多的为提示型高压带电显示装置，不符合除防止误分、误合开关外，其余“四防”必须采用强制型方式的基本规定。

三、防误闭锁装置的巡视

1. 防误闭锁装置的巡视规定

（1）防误闭锁装置的正常巡视应与变电站设备的正常巡视同时进行。

（2）闭锁专责人每月应至少对防误闭锁装置全面检查一次。

（3）变电站（操作队）管理人员每月对防误闭锁装置全面巡视一次。

（4）新投运的防误闭锁装置应进行特殊巡视。

2. 防误闭锁装置的巡视项目

（1）机械闭锁的巡视项目。主要检查机械闭锁的拐臂、连杆连接是否可靠，有无变形、松动现象，销子有无脱落等。

（2）机械程序锁的巡视项目。主要检查锁具是否完好，有无生锈现象，钥匙位置是否正确等。

（3）电气闭锁的巡视项目。主要检查闭锁电源是否完好，电缆接线是否可靠等。

（4）电磁闭锁的巡视项目。主要检查闭锁电源是否完好，电缆接线是否可靠，电磁锁销位置是否合适，锁具防水和防锈措施是否完好等。

（5）微机闭锁装置的巡视项目：

1）微机防误闭锁模拟屏（若设有时）：

a）检查模拟屏交、直流电源是否正常；

b）开机、关机正常，防误闭锁装置程序开启正常，口令及权限设置符合现场人员实际操作权限；

c）检查模拟屏主接线运行方式和参数显示是否与实际相符；

d）检查模拟屏紧急解锁功能是否完好；

e）检查模拟屏是否可以进行正常模拟操作。

2）检查电脑钥匙充电是否正常、完好。

3）检查解锁钥匙封存是否完好，使用记录是否符合规定。

4）检查跳步钥匙保存是否符合规定。

5）检查机械编码锁编号是否完好。

6）检查屏柜电编码锁是否完好，背板接线是否紧固。

7）检查各电压互感器二次侧验电装置接线是否正确，插孔是否完好。

（6）带电显示装置巡视项目。主要检查装置“电源”指示灯是否完好，U、V、W 三相带电显示信号正确。

四、防误闭锁装置的运行管理

（1）运行人员应严格执行上级关于防误闭锁工作的各种规章制度、规程、规范的要求，熟悉本站防误闭锁装置的原理和使用方法，严格按照闭锁程序进行倒闸操作。

（2）新建或更新改造的电气设备，防误闭锁装置必须同步设计、同步施工、同步投运。

（3）防误闭锁装置投入使用后即为正式运行设备，纳入本站设备评级和专责人管理范围。

（4）防误闭锁装置只有在进行倒闸操作和设备维护时使用。防误闭锁使用规定应写入现场运行规程。

（5）防误闭锁装置不得随意退出运行，停用防误闭锁装置应经本单位总工程师批准。如果倒闸操作中防误闭锁装置发生异常时，应立即停止操作，及时报告运行值班负责人，在确认操作无误，经变电站负责人同意后，方可进行解锁操作，并做好记录。

（6）闭锁装置的解锁工具（钥匙）或备用解锁工具（钥匙）应由变电站负责人亲自封存，定置存放，按值移交不得随意使用。在下列情况下经过变电站负责人批准后方可开封使用，使用后立即封存，并填写记录：

1）确认防误闭锁装置失灵、操作无误。

2）紧急事故处理时（如人身触电、火灾、不可抗拒自然灾害）使用，事后立即汇报。

3）变电站已全部停电，确无误操作的可能，履行规定程序后使用。

4）确因检修、调试设备工作需要，且无误操作危险。

（7）防误闭锁装置的缺陷应纳入主设备的缺陷管理中，值班人员在设备巡视或倒闸操作过程中，发现闭锁装置有缺陷时，应记入缺陷记录，并及时向有关人员报告，及时消除，不得影响其正常运行。

（8）不得在微机防误闭锁主机上进行与闭锁无关的操作，不得自行使用闭锁装置专用以外的软件。

（9）每月定期对闭锁装置进行一次清扫、检查，并做好运行记录。

（10）运行当值运行人员负责闭锁钥匙的管理，保证其正确归位。

（11）运行当值每天负责防误闭锁模拟屏的运行维护工作。

五、防误闭锁装置的运行和维护

1. 机械闭锁的运行维护

（1）在每次进行设备正常巡视时，应一并检查防误闭锁装置的完好情况，发现缺陷及时向值班负责人汇报。

（2）结合每次倒闸操作，检查机械防误闭锁装置动作程序是否正确，机械连杆、拐臂连接是否可靠，动作是否灵活，闭锁销是否齐全。

（3）结合本间隔设备检修时，应对机械闭锁的转轴、拐臂等转动部位补加润滑油，检查、消除闭锁回路缺陷。

2. 机械程序锁的运行维护

（1）在每次进行设备正常巡视时，应一并检查机械程序锁的完好情况，发现缺陷及时向值班负责人汇报，并应及时安排处理。

（2）结合每次倒闸操作，检查机械程序锁动作程序是否正确，钥匙插拔和锁具开启是否灵活，动作是否可靠。

（3）结合本间隔设备检修时，应对机械程序锁进行维修，调整、修理或更换动作不灵活的锁具，消除闭锁装置缺陷。

3. 电气闭锁和电磁闭锁的运行维护

（1）在每次进行设备正常巡视时，应一并检查防误闭锁装置的完好情况，重点检查电磁锁及回路接线是否完好，锁具闭锁是否可靠等。

（2）结合每次倒闸操作，检查电气防误闭锁装置动作程序是否正确，电磁锁动作是否灵活、可靠。

（3）结合本间隔设备检修时，应对电气闭锁装置进行检查维护，消除闭锁回路缺陷。重点检查电气回路接线是否可靠，回路电气接点接触是否良好，锁具及隔离开关等设备辅助开关防雨措施是否完善，回路绝缘是否良好等。

4. 微机闭锁装置的运行维护

（1）新设备投运时，应对闭锁装置进行检查验收，确保程序可靠。

（2）交接班时应核对微机闭锁主机和模拟屏的设备运行位置状态、指示灯、显示日期、时间、安全天数等数据是否与实际相符，检查机械编码锁状态及完好情况，电脑钥匙充电良好，随时可用。

（3）微机闭锁装置应有能保持电压稳定的可靠电源，以保证长期的连续运行。电脑钥匙应妥善保管维护，及时充电，按值移交。

（4）每月对全站闭锁装置进行一次清扫检查，保持防误主机及电脑钥匙放置环境的清洁，室内应保持相对干燥，机械编码锁应定期补加润滑剂，以保持其开启灵活。

（5）电脑钥匙在开机械编码锁时，若按一次开锁按钮未打开锁，应反复多按压几次，直至锁打开后再从锁中拔出电脑钥匙。

（6）若机械编码锁未打开而电脑钥匙已从锁中拔出，且电脑钥匙已显示下一步操作内容时，可利用电脑钥匙的重复开锁功能，将电脑钥匙再次插入锁中，直至电脑钥匙显示上次操作内容，即可重新开锁。

（7）在开锁过程中，不允许先将电脑钥匙插入锁内，再接通电源，否则将影响开锁程序。

（8）“跳步钥匙”必须在保证不发生误操作的情况下使用，具体规定应写入本站现场运行规程。

（9）当模拟盘上的设备位置与实际不符时，首先在模拟盘断电情况下将模拟盘上的设备位置设置为与现场实际位置一致，然后按下复归按钮，接通电源，待显示器显示“模拟盘复归”后松开复归按钮。

（10）当模拟盘已有操作票传输出，但没有操作回传，可通过按下复归按钮并启动模拟盘，此时模拟盘会逐步提示将上次的模拟操作恢复到当前位置，恢复后就可以进行正常模拟操作。

（11）每月应对模拟屏的接线、电脑钥匙、机械编码锁等进行一次检查维护，并做好记录。

（12）防误闭锁装置应保持良好的运行状态，现场运行规程应对防误闭锁装置的使用有明确规定。电气闭锁装置应有符合实际的图纸。防误闭锁装置的运行巡视同主设备一样对待，其检修维护工作应有明确分工和专人负责。

（13）每次在倒闸操作中防误闭锁装置出现异常，必须停止操作，应重新核对操作步骤及设备编号的正确性，查明原因，确系装置故障且无法处理时，履行审批手续后方可解锁操作。

5. 带电显示装置

（1）在每次进行设备正常巡视时，应一并检查带电显示装置的“电源”指示灯是否完好，U、V、W 三相带电显示信号正确。

（2）结合每次倒闸操作，检查带电显示装置的有电显示信号是否变换正确，强制闭锁动作是否可靠。

（3）结合本间隔设备检修时，应对带电显示装置进行维修，更换工作不正常的带电显示装置。

【思考与练习】

1. 什么是防误闭锁装置的“五防”功能？各起什么作用？
2. 防误闭锁装置主要分为哪几种类型？各有什么优缺点？
3. 防误闭锁装置的主要巡视项目有哪些？
4. 防误闭锁装置的使用有哪些规定？

模块 3　防误闭锁装置特殊巡视和缺陷分析（ZY1100205003）

【模块描述】本模块介绍防误闭锁装置的特殊巡视项目和规定、防误闭锁装置异常和缺陷分析，通过异常描述、分析讲解，能在特殊巡视中发现防误闭锁装置隐蔽缺陷，并能进行维护。

【正文】

一、防误闭锁装置的特殊巡视

1. 防误闭锁装置特殊巡视的目的

防误闭锁装置的特殊巡视是针对新投运装置、检修消缺后或带有缺陷运行装置，以及有重要操作任务前对防误闭锁装置进行的特殊检查，现场确认装置的运行状况，及时发现和处理装置缺陷异常，保证其正常运行。

2. 防误闭锁装置的特殊巡视规定

（1）防误闭锁装置的特殊巡视应每月进行 1 次。

（2）变电站的防误闭锁专责人应每月进行 1 次。

（3）变电站管理人员在每季度至少对防误闭锁全面巡视 1 次。

（4）防误闭锁装置有缺陷时，应进行特殊巡视。

（5）有重要操作任务前，应进行特殊巡视。

（6）配合设备检修应对检修设备的防误闭锁装置进行特殊检查试验和维护。

3. 防误闭锁装置的特殊巡视项目

（1）机械闭锁的特殊巡视项目：

1）检查机械闭锁的传动拐臂、连杆连接是否可靠，有无变形、松动现象，销子有无脱落等。

2）检查机械闭锁是否可靠，有无误动作隐患。

3）间隔一次设备检修时，对本间隔闭锁装置进行全面检查和维护。

（2）机械程序锁的巡视项目：

1）检查锁具是否完好，锁销是否到位，有无生锈现象。

2）检查钥匙盘钥匙是否到位、齐全，标识是否清晰。

3）检查解锁钥匙封存是否完好，使用是否符合规定。

4）结合一次设备检修，检查锁具开启是否灵活。

（3）电磁闭锁的特殊巡视项目：

1）检查闭锁电源是否完好。

2）检查闭锁回路电缆接线是否可靠，绝缘是否良好。

3）电磁锁销位置是否合适、防水和防锈措施有无漏洞等。

4）检查解锁钥匙封存是否完好，使用是否符合规定。

5）间隔一次设备检修时，对本间隔闭锁装置进行全面检查和维护。

（4）电气闭锁的特殊巡视项目：

1）检查电气闭锁电源是否完好。

2）检查闭锁回路电缆接线是否可靠，绝缘是否良好。

3）间隔一次设备检修时，对本间隔电气闭锁回路进行检查和维护。

（5）微机闭锁特殊巡视项目：

1）检查微机防误闭锁模拟屏交直流电源是否正常。

2）检查模拟屏显示是否与实际运行方式及参数相符。

3）检查微机防误闭锁模拟屏紧急解锁功能是否完善。

4）检查闭锁主机软硬件是否完好。

5）检查电脑钥匙及充电装置是否完好。

6）检查解锁钥匙封存是否完好，使用是否符合规定。

7）检查户外机械锁编号固定是否完好、标识是否清晰。

8）检查电编码锁是否完好，背板接线是否紧固。

9）一次设备检修时，检查户外机械锁开启是否灵活。

二、防误闭锁装置的缺陷分析和处理

防误闭锁装置的缺陷分析比较简单，其状态只有可用和不可用两种。

1. 机械“五防”闭锁的缺陷分析和处理

机械“五防”闭锁虽然有直观、强度高、不易损坏、检修工作量小、操作方便、运行可靠等优点。但其维护调整要求精度较高，某个环节调整不到位将影响整个程序的运行，使操作无法顺利进行，本来操作方便的优点变成操作麻烦。

（1）调整不当。机械“五防”闭锁是断路器、隔离开关、接地开关、开关柜门的操作部位之间利用互相制约和联动的机械机构来达到先后动作程序的闭锁目的。因此，闭锁回路使用一些尺寸不等的转轴、拐臂和传动杆、顶杆。有些杆的尺寸很长，调整比较困难，需要多次反复进行整个闭锁过程的调整才能达到操作灵活的目的。

（2）连接松动。机械“五防”闭锁一般经过检修调整后操作比较灵活。但运行一段时间后又变得操作困难，这也是该种闭锁装置在一些现场不受欢迎的重要因素之一。其主要原因是经过长期经受运行振动和操作使用后，机械固定部分容易发生松动、变形、移位等。因此每次检修调整后必须充分固定，并采取可靠的定位防松动措施。

（3）使用不当。由于操作中用力过度，造成猛烈冲撞引起闭锁部件机械变形、松动等，也是容易造成闭锁装置缺陷的原因之一。运行中应正确使用闭锁装置，操作中应注意观察闭锁销到位情况，避免过度用力造成闭锁装置损坏。

2. 机械程序闭锁的缺陷分析和处理

（1）锁具机械错位。机械程序锁的锁具是对设备操动机构进行闭锁定位的关键部件，当受力后其位置容易发生移动，造成倒闸操作时锁销与闭锁孔对位困难，甚至出现根本无法对上的现象。此种情况需要对锁具重新进行调整处理才能消除缺陷。

（2）锁具锈蚀。户外安装的锁具受雨水、风沙和化学物质侵蚀，使锁芯锈蚀无法正常开启，影响正常操作。运行中需要经常对锁具进行防雨、防锈保养，锈蚀严重无法继续使用时，应对锁具进行更换处理。

3. 电磁闭锁的缺陷分析和处理

（1）电源故障。电气闭锁应使用可靠的工作电源，当电源失压后就会无法操作。因此，当操作中闭锁失灵时，应首先检查确认闭锁电源是否故障，电压是否在合格范围等。

（2）回路断线。电气闭锁回路触点较多且多在户外，运行环境恶劣，电缆绝缘老化、隔离开关等设备辅助触点容易氧化造成接触不良、回路短路或接地及断线故障。当检查闭锁电源正常，但闭锁操作仍然失灵时，应检查回路是否发生断线故障。

（3）电磁锁故障。户外设备的电磁锁容易进水受潮，使其线圈绝缘降低发生烧毁、断线等故障，当检查闭锁装置电源和回路正常，但仍然闭锁操作无法进行时，应检查电磁锁是否损坏失灵。

（4）锁具机械错位。电磁锁因受机械力冲撞等原因发生位移后，造成锁销与设备的闭锁孔错位。

4. 电气闭锁的缺陷分析和处理

（1）电源故障。电气闭锁应使用可靠的工作电源，当电源失压后就会直接影响操作。因此，当操作中闭锁失灵时，应首先检查确认闭锁电源是否故障。

（2）回路断线。电气闭锁回路触点较多，发生回路断线的原因一般为二次接线端子松动、接触不良或断路器、隔离开关、接地开关等设备辅助触点切换不良等。

5. 微机闭锁装置的缺陷分析和处理

微机闭锁装置的缺陷既可能涉及硬件，也可能涉及软件，既可能涉及机械，也可能涉及电气回路。因此，对微机闭锁装置的缺陷应进行具体分析。

微机闭锁装置的常见故障分析及处理见表 ZY1100205003-1～表 ZY1100205003-4。

表 ZY1100205003-1　电脑钥匙常见故障分析及处理

故障现象	原因分析	处理
电脑钥匙不能自学或自学有故障	1）电池电压不足； 2）未按正确自学程序操作； 3）主控设备传输口损坏	1）对电脑钥匙充电； 2）按正确自学程序操作； 3）更换主控设备传输口

模块3 ZY1100205003

续表

故障现象	原因分析	处理
机械锁能打开，但开锁程序不能继续进行	1）电脑钥匙内部器件损坏； 2）解锁杆位置偏移	1）将钥匙返厂维修； 2）重新调整水平位置
电脑钥匙不能接收操作票	1）电脑钥匙未进入操作票状态； 2）电脑钥匙内部器件损坏； 3）红外传输罩被脏物严重封堵； 4）主控设备传输口损坏； 5）通信故障	1）将电脑钥匙清票，重新进行操作票传输操作； 2）将电脑钥匙返厂维修； 3）清理脏物，把红外传输罩清理干净； 4）更换操作票传输口； 5）关闭电脑钥匙电源，重新开启电源通信；检修通信设备及回路
电脑钥匙已经提示："正确，请操作"仍不能打开机械锁	1）锁内部机构卡涩； 2）锁环被其他外部机构挡住； 3）电池电压不足； 4）电脑钥匙内部开锁机构失灵； 5）机械编码锁损坏	1）更换机械编码锁； 2）开锁时，按下开锁按钮后用手抓住锁体轻拉； 3）操作前保证电脑钥匙充足电； 4）将电脑钥匙返厂维修
操作断路器时，电脑钥匙已经提示："正确，请操作"，仍不能拉合断路器	1）电脑钥匙内部继电器损坏； 2）电池电压不足； 3）电脑钥匙与电编码锁接触不良	1）将电脑钥匙返厂维修； 2）操作前保证电脑钥匙充足电； 3）清理电编码锁导电极，必要时更换电编码锁
电脑钥匙显示："钥匙尚未自学，不能进行操作"	电脑钥匙在进行正常操作前没有先自学	电脑钥匙进行自学
电池在充电座上充满电，结果使用较短时间又无电	1）充电座损坏； 2）电池用的时间太长，容量降低； 3）电脑钥匙内的电池电量检测回路损坏	1）修理或更换新的充电座； 2）更换电池； 3）将电脑钥匙返厂维修
电池长时间充电后仍不能充满电	1）电脑钥匙内充电电池老化； 2）电脑钥匙或充电座出现故障	1）更换电池； 2）将电脑钥匙或充电座返厂维修

表 ZY1100205003-2　传输适配器和锁具常见故障分析及处理

故障现象	原因	处理
传输适配器报警	电脑钥匙未放好	重新放置
	电脑钥匙内无电池或电池失效	安装电池或更换电池
机械编码锁机构不灵活	机械编码锁损坏	更换机械编码锁
电编码锁机构不灵活	电编码锁损坏	调换电编码锁，取下原电编码锁的编码片重新制作一个，装在新的电编码锁内
电编码锁未接通	1）电脑钥匙电压不足； 2）电脑钥匙与电编码锁触点未接通； 3）设备辅助触点接触不良	1）操作前保证电脑钥匙充足电； 2）重新将电脑钥匙与电编码锁对位使触点接通； 3）检查处理接触不良设备辅助触点

表 ZY1100205003-3　微机"五防"主机常见故障分析及处理

故障现象	原因	处理
死机	主机故障	重新启动
开机后不能正常显示	显示器损坏	更换显示器
	传输适配器损坏	更换传输适配器
系统无法传出操作票	通信故障	检修通信设备及回路

表 ZY1100205003-4　模拟盘常见故障分析及处理

故障现象	原因	处理
设备位置状态与实际不符	模拟盘上电前位置状态与实际不符	关闭电源，恢复模拟屏设备位置与实际一致，按下复归按钮，接通电源，待显示"模拟盘复归"后松开复归按钮
无法与电脑钥匙交换数据	1）电脑钥匙电压不足； 2）电脑钥匙接触不良； 3）通信故障	1）操作前保证电脑钥匙充足电； 2）重新插好电脑钥匙，使其接触良好； 3）关闭电脑钥匙电源，重新开启电源通信；检修通信设备及回路

6. 带电显示装置的缺陷分析和处理

（1）带电显示无信号指示。高压开关柜上大量使用以氖灯作为显示元件的高压带电显示装置，经过长时间的运行使用，氖灯容易损坏。因此带电显示信号无指示一般原因有：指示灯或显示器损坏、回路断线等。

（2）传感器故障。带电显示的传感器是以电场耦合原理工作的，当耦合元件出现短路故障时就无法采集到电场信号，传感器无电压输出，显示器就无带电显示信号。

（3）回路断线。带电显示装置的传感器接收高压带电体电场信号由二次线路传送给显示器进行处理。当二次回路断线后，显示器就无带电显示信号。

高压带电显示装置发生故障后，应做好缺陷记录，及时安排检修消缺。

【思考与练习】

1. 防误闭锁装置的特殊巡视规定有哪些？
2. 微机防误闭锁装置的特殊巡视项目有哪些？
3. 结合自己的运行值班实践，谈谈常见的微机闭锁装置缺陷有哪些？分析这些缺陷由哪些原因引起？
4. 电气闭锁装置的常见缺陷有哪些？试分析由哪些原因引起？

国家电网公司

生产技能人员职业能力培训专用教材

变电运行(330kV) 下

国家电网公司人力资源部　组编

刘元津　主编

内 容 提 要

《国家电网公司生产技能人员职业能力培训教材》是按照国家电网公司生产技能人员模块化培训课程体系的要求，依据《国家电网公司生产技能人员职业能力培训规范》（简称《培训规范》），结合生产实际编写而成。

本套教材作为《培训规范》的配套教材，共 72 册。本册为专用教材部分的《变电运行（330kV）》，全书共 8 个部分 44 章 129 个模块，主要内容包括数字化变电站，电气试验，状态检修，基本技能，监视、巡视与维护，倒闸操作，异常处理，事故处理。

本书可作为供电企业变电运行（330kV）工作人员的培训教学用书，也可作为电力职业院校教学参考书。

图书在版编目（CIP）数据

变电运行. 330kV. 下 / 国家电网公司人力资源部组编. —北京：中国电力出版社，2010.11

国家电网公司生产技能人员职业能力培训专用教材

ISBN 978-7-5123-1001-8

Ⅰ. ①变…　Ⅱ. ①国…　Ⅲ. ①变电所–电力系统运行–技术培训–教材　Ⅳ. ①TM63

中国版本图书馆 CIP 数据核字（2010）第 247218 号

中国电力出版社出版、发行

（北京市东城区北京站西街 19 号　100005　http://www.cepp.sgcc.com.cn）

北京丰源印刷厂印刷

各地新华书店经售

*

2010 年 12 月第一版　2011 年 3 月北京第二次印刷

880 毫米×1230 毫米　16 开本　39.125 印张　1236 千字

印数 3001—6000 册　定价 **64.00** 元（上、下册）

国家电网公司
生产技能人员职业能力培训专用教材

目　录

上　册

第一部分　数字化变电站

第二部分　电气试验

第三部分　状态检修

第四部分　基　本　技　能

第五部分　监视、巡视与维护

下　册

第六部分　倒　闸　操　作

第七部分　异 常 处 理

第八部分　事　故　处　理

第六部分

倒 闸 操 作

第十八章　倒闸操作基础知识

模块1　倒闸操作基本概念及操作原则（GYBD00401001）

【模块描述】本模块介绍倒闸操作的基本概念、操作原则和注意事项。通过归纳讲解一般典型操作程序，掌握倒闸操作的基本方法。

【正文】

电气设备倒闸操作，其实质是进行电气设备状态间的转换。因此，本模块首先介绍变电站电气设备的状态及其状态间转换的概念，进而对变电站电气设备倒闸操作的基本概念、基本内容、基本类型、操作任务、操作指令、操作原则和倒闸操作的一般规定进行阐述；通过倒闸操作基本程序来说明倒闸操作的基本步骤、方法及要点。

一、电气设备倒闸操作基本概念

1. 电气设备的状态

变电站电气设备有四种稳定的状态，即运行状态、热备用状态、冷备用状态和检修状态。

（1）电气设备运行状态。电气设备运行状态是指电气设备的隔离开关和断路器都在合上的位置，并且电源至受电端之间的电路连通（包括辅助设备，如电压互感器、避雷器等）。

（2）电气设备热备用状态。电气设备热备用状态是指设备仅仅靠断路器断开，而隔离开关都在合上的位置，即没有明显的断开点，其特点是断路器一经合闸即可将设备投入运行。

（3）电气设备冷备用状态。电气设备冷备用状态是指设备的断路器和隔离开关均在断开位置。

（4）电气设备检修状态。电气设备检修状态是指设备的所有断路器、隔离开关均在断开位置，装设接地线或合上接地开关。“检修状态”根据设备不同又可以分为以下几种情况：

1）“断路器检修”是指断路器及两侧隔离开关均在断开位置，断路器控制回路熔断器取下或断开空气断路器，两侧装设接地线或合上接地开关，断路器连接到母差保护的电流互感器回路应拆开并短接。

2）“线路检修”是指线路断路器及两侧隔离开关均断开位置，如果线路有电压互感器且装有隔离开关时，应将该电压互感器的隔离开关拉开，并取下低压侧熔断器或断开空气断路器，在线路侧装设接地线或合上接地开关。

3）“主变压器检修”是指变压器的各侧断路器及隔离开关均在断开位置，并在变压器各侧装设接地线或合上接地开关，断开变压器的相关辅助设备电源。

4）“母线检修”是指连接该母线上的所有断路器（包括母联、分段）及隔离开关均在断开位置，该母线上的电压互感器及避雷器改为冷备用状态或检修状态，并在该母线上装设接地线或合上接地开关。

2. 倒闸操作的概念

将电气设备由一种状态转变到另一种状态所进行的一系列操作总称为电气设备倒闸操作。

3. 倒闸操作的基本类型

（1）正常计划停电检修和试验的操作。

（2）调整负荷及改变运行方式的操作。

（3）异常及事故处理的操作。

（4）设备投运的操作。

4. 变电站倒闸操作的基本内容

（1）线路的停、送电操作。

（2）变压器的停、送电操作。

（3）倒母线及母线停送电操作。

（4）装设和拆除接地线的操作（合上和拉开接地开关）。

（5）电网的并列与解列操作。

（6）变压器的调压操作。

（7）站用电源的切换操作。

（8）继电保护及自动装置的投、退操作，改变继电保护及自动装置的定值的操作。

（9）其他特殊操作。

5. 倒闸操作的任务

（1）倒闸操作任务。倒闸操作任务是由电网值班调度员下达的将一个电气设备单元由一种状态连续地转变为另一种状态的特定的操作内容。电气设备单元由一种状态转换为另一种状态有时只需要一个操作任务就可以完成，有时却需要经过多个操作任务来完成。

（2）调度指令。一个调度指令是电网值班调度员向变电站值班人员下达一个倒闸操作任务的命令形式。调度操作指令分为逐项指令、综合指令、口头指令三种。

1）逐项指令。值班调度员下达的涉及两个及以上变电站共同完成的操作。值班调度员按操作规定分别对不同单位逐项下达操作指令，接受令单位应严格按照指令的顺序逐个进行操作。

2）综合指令。值班调度员下达的只涉及一个变电站的调度指令。该指令具体的操作步骤和内容以及安全措施，均由接受令单位运行值班员按现场规程自行拟定。

3）口头指令。值班调度员口头下达的调度指令。变电站的继电保护和自动装置的投、退等，可以下达口头指令。在事故处理的情况下，为加快事故处理的速度，也可以下达口头指令。

二、倒闸操作的基本原则及一般规定

1. 停送电操作原则

倒闸操作的基本原则是严禁带负荷拉、合隔离开关，不能带电合接地开关或带电装设接地线。因此，制定的基本原则如下：

（1）停电操作原则。先断开断路器，然后拉开负荷侧隔离开关，再拉开电源侧隔离开关。

（2）送电操作原则。先合上电源侧隔离开关，然后合上负荷侧隔离开关，最后合上断路器。

2. 倒闸操作一般规定

为了保证倒闸操作的安全顺利进行，倒闸操作技术管理规定如下：

（1）正常倒闸操作必须根据调度值班人员的指令进行操作。

（2）正常倒闸操作必须填写操作票。

（3）倒闸操作必须两人进行。

（4）正常倒闸操作尽量避免在下列情况下操作：

1）变电站交接班时间内。

2）负荷处于高峰时段。

3）系统稳定性薄弱期间。

4）雷雨、大风等天气。

5）系统发生事故时。

6）有特殊供电要求。

（5）电气设备操作后必须检查确认实际位置。

（6）下列情况下，变电站值班人员不经调度许可能自行操作，操作后须汇报调度：

1）将直接对人员生命有威胁的设备停电。

2）确定在无来电可能的情况下，将已损坏的设备停电。

3）确认母线失电，拉开连接在失电母线上的所有断路器。

（7）设备送电前必须检其有关保护装置已投入。

（8）操作中发现疑问时，应立即停止操作，并汇报调度，查明问题后再进行操作。操作中具体问题处理规定如下：

1）操作中如发现闭锁装置失灵时，不得擅自解锁。应按现场有关规定履行解锁操作程序，进行解锁操作。

2）操作中出现影响操作安全的设备缺陷，应立即汇报值班调度员，并初步检查缺陷情况，由调度决定是否停止操作。

3）操作中发现系统异常，应立即汇报值班调度员，得到值班调度员同意后，才能继续操作。

4）操作中发现操作票有错误，应立即停止操作，将操作票改正后才能继续操作。

5）操作中发生误操作事故，应立即汇报调度，采取有效措施，将事故控制在最小范围内，严禁隐瞒事故。

（9）事故处理时可不用操作票。

（10）倒闸操作必须具备下列条件才能进行操作：

1）变电站值班人员须经过安全教育培训、技术培训、熟悉工作业务和有关规程制度，经上岗考试合格，有关主管领导批准后，方能接受调度指令，进行操作或监护工作。

2）要有与现场设备和运行方式一致的一次系统模拟图，要有与实际相符的现场运行规程，继电保护自动装置的二次回路图纸及定值整定计算书。

3）设备应达到防误操作的要求，不能达到的须经上级部门批准。

4）倒闸操作必须使用统一的电网调度术语及操作术语。

5）要有合格的安全工器具、操作工具、接地线等设施，并设有专门的存放地点。

6）现场一、二次设备应有正确、清晰的标示牌，设备的名称、编号、分合位指示、运动方向指示、切换位置指示以及相别标识齐全。

三、倒闸操作的程序

倒闸操作的程序总体上是一个设备状态转换的程序，也就是一个倒闸操作任务完成的主要过程。

1. 电气设备状态转换的程序

（1）设备停电检修：运行→热备用→冷备用→检修。

（2）设备检修后投入运行：检修→冷备用→热备用→运行。

2. 倒闸操作一般程序

变电站倒闸操作的一般流程如图 GYBD00401001-1 所示。

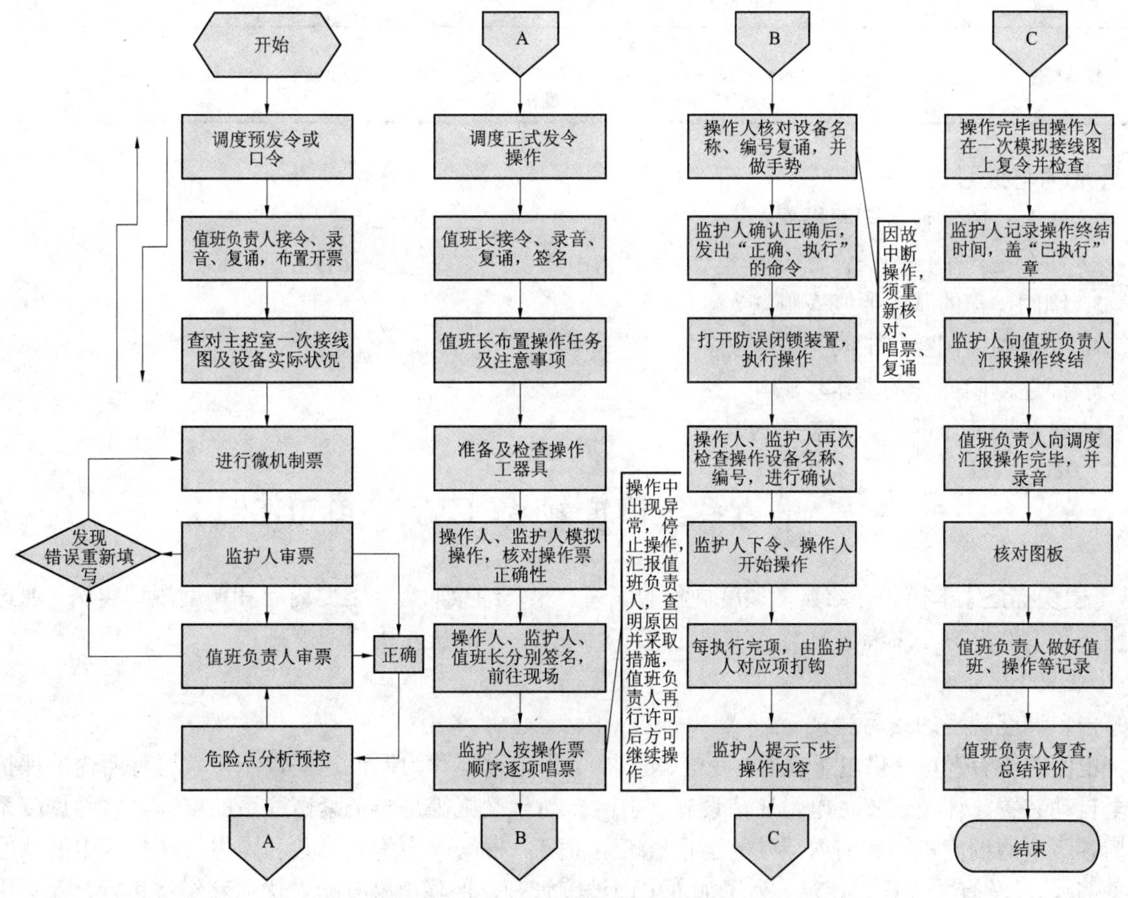

图 GYBD00401001-1　变电站倒闸操作的一般流程

3. 倒闸操作的关键步骤及工作要点

倒闸操作执行中的关键步骤及工作要点如表 GYBD00401001-1 所示。

表 GYBD00401001-1 倒闸操作执行中的关键步骤及工作要点

操作步骤	工 作 要 点
1. 接受操作任务，拟订操作方案（填操作票）	（1）熟悉操作任务，明确操作目标，结合现场实际运行方式、设备运行状态和性能，确认操作任务正确、安全可行。 （2）根据操作任务，核对运行方式后，参照典型操作票，正确规范填写操作票。 （3）对于复杂操作任务，应认真拟定操作方案后，再填写操作票
2. 审核、打印操作票	（1）按照操作人、监护人、值班长进行逐级审核。审查操作票的正确性、安全性及合理性，重点审查一次设备操作相应的二次设备操作。 （2）经审查无误后，打印操作票，审票人分别在操作票指定地点签名
3. 操作准备	（1）正式操作前，操作人监护人进行模拟操作，再次对操作票的正确性进行核对，并进一步明确操作目的。 （2）值班长组织操作人员对整个操作过程中危险点进行分析和控制，做到有备无患。 （3）准备操作中要使用的工器具。检查工器具的完好性，并由辅助操作人员负责做好使用准备
4. 接受操作指令	（1）调度员发布正式操作命令时，应由当值值班负责人或正值班员接令，并录音和复诵，经双方复核无误后，由接令人将发令时间、发令人姓名填入操作票，然后交由监护人、操作人操作。 （2）通过复诵和录音使得调度及变电站双方对操作任务再次核对正确性并留下依据
5. 核对操作设备	（1）操作人应站位正确，核对设备名称和编号，监护人检查并核对操作人所站位置及操作设备名称编号应正确无误，安全防护用具使用正确，然后高声唱票。 （2）核对设备的名称编号是防误操作的第一道关卡，可防止误入间隔。核对设备的状态是否与操作内容相符，如有疑问应立即停止操作，并向调度或相关管理人员询问
6. 唱票、复诵、监护、操作，检查确认	（1）监护人高声唱票，操作人手指需操作的设备名称及编号，高声复诵。 （2）在二人一致明确无误后，监护人发出“对，执行”命令，操作人方可操作。 （3）每项操作完毕，操作人员应仔细检查一次设备是否操作到位，并与变电站控制室联系，检查相关二次部分如切换信号指示灯或遥信信息是否变位正确等。 （4）确认无误后应由监护人在操作票对应项上打钩
7. 汇报调度	（1）全部操作结束，监护人应检查票面上所有项目均已正确打钩，无遗漏项，在操作票上填写操作终了时间，加盖“已执行”章，并汇报值班负责人。 （2）由值班负责人或正值班员向调度汇报操作任务执行完毕。汇报时要汇报操作结束时间，表明操作正式结束，设备运行状态已根据调度命令变更
8. 终结操作	（1）检查一、二次设备运行正常。 （2）校正显示屏标志，并检查微机防误模拟屏上设备状态已与现场一致。 （3）在运行日志或生产 MIS 系统上填写操作记录

【思考与练习】

1. 什么是电气设备倒闸操作？
2. 什么是一个倒闸操作任务？
3. 倒闸操作的基本原则有哪些？
4. 变电站倒闸操作的类型有哪些？
5. 简述倒闸操作的基本步骤。
6. 试说明变压器检修状态的含义。

模块 2 电力系统调度规程（ZY2700601001）

【模块描述】本模块介绍典型调度规程的编写意义、约束对象、主要内容和调度规程实例。通过条文解释和案例学习，掌握《电力系统调度规程》内容，并能认真执行调度规程。

【正文】

一、调度规程的编写意义

电网的所有发电、供电（输电、变电、配电）、用电设施和为保证这些设施正常运行所需的保护和安全自动装置、计量装置、电力通信设施、电网自动化设施等是一个紧密联系的整体。电网调度系统包括各级电网调度机构和网内厂站的运行值班单位等。根据《中华人民共和国电力法》、《电网调度管理条例》，以及有关规程、规定，为了加强电网调度管理，保障电网安全、优质和经济运行，保护用户利益，按照统一调度、分级管理的原则，结合各级电网实际情况，制定所在调度机构的电力系统调度规程。

电网调度机构是电网运行的组织、指挥、指导和协调机构，国家电网公司的调度机构分为五级，依次为：国家电网调度机构（即国家电力调度通信中心，简称国调），跨省、自治区、直辖市电网调度机构（简称网调），省、自治区、直辖市级电网调度机构（简称省调），省辖市级电网调度机构（简称地调），县级电网调度机构（简称县调）。调度规程的编写，不仅确立了各级调度机构在电网调度业务活动中是上下级关系，下级调度机构必须服从上级调度机构的调度；也明确了调度规程适用于本电网及并入本电网的所有发电、供电、用电等单位，网内各发电、供电、用电单位的有关领导、调度系统运行值班人员，以及相关专业技术人员，均应熟悉并遵守网内规程，服从调度管辖范围内调度机构的调度。

全国互联电网调度管理规程，适用于全国互联电网的调度运行、电网操作、事故处理和调度业务联系等涉及调度运行相关的各专业的活动。各电力生产运行单位颁发的有关电网调度的规程、规定等，均不得与该规程相抵触。与全国互联电网运行有关的各电网调度机构和国调直调的发、输、变电等单位的运行、管理人员均须遵守该规程；非电网调度系统人员凡涉及全国互联电网调度运行的有关活动也均须遵守该规程。

二、调度规程的约束对象

调度规程是组织、指挥、指导和协调电网的运行，基本要求就是使电网安全运行和连续可靠供电（供热），电能质量符合国家规定的标准；按最大范围优化配置资源的原则，实现优化调度，充分发挥网内发电、供电设备能力，最大限度地满足社会和人民生活用电的需要；依据有关合同、协议或规定，保护发电、供电、用电等各方的合法权益。因此，调度规程的约束对象包括国调、网调、省调、地调和县调，各级调度除受本级调度规程的约束外，还受上级调度部门的约束，各级调度机构的主要职责如下。

1. 国调的主要职责

（1）对全国互联电网调度系统实施专业管理和技术监督。

（2）依据年度计划编制并下达管辖系统的月度发电及送受电计划和日电力电量计划。

（3）编制并执行管辖系统的年、月、日运行方式和特殊日、节日运行方式。

（4）负责跨大区电网间即期交易的组织实施和电力电量交换的考核结算。

（5）编制管辖设备的检修计划，受理并批复管辖及许可范围内设备的检修申请。

（6）负责指挥管辖范围内设备的运行、操作。

（7）指挥管辖系统事故处理，分析电网事故，制定提高电网安全稳定运行水平的措施并组织实施。

（8）指挥互联电网的频率调整、管辖电网电压调整及管辖联络线送受功率控制。

（9）负责管辖范围内的继电保护、安全自动装置、调度自动化设备的运行管理和通信设备运行协调。

（10）参与全国互联电网的远景规划、工程设计的审查。

（11）受理并批复新建或改建管辖设备投入运行申请，编制新设备启动调试调度方案并组织实施。

（12）参与签订管辖系统并网协议，负责编制、签订相应并网调度协议，并严格执行。

（13）编制管辖水电站水库发电调度方案，参与协调水电站发电与防洪、航运和供水等方面的关系。

（14）负责全国互联电网调度系统值班人员的考核工作。

2. 网调、独立省调的主要职责

（1）接受国调的调度指挥。

（2）负责对所辖电网实施专业管理和技术监督。

（3）负责指挥所辖电网的运行、操作和事故处理。

（4）负责本网电力市场即期交易的组织实施和电力电量的考核结算。

（5）负责指挥所辖电网调频、调峰及电压调整。

（6）负责组织编制和执行所辖电网年、月、日运行方式。核准下级电网与主网相联部分的电网运行方式，执行国调下达的跨大区电网联络线运行和检修方式。

（7）负责编制所辖电网月、日发供电调度计划，并下达执行；监督发、供电计划执行情况，并负责督促、调整、检查、考核；执行国调下达的跨大区联络线月、日送受电计划。

（8）负责所辖电网的安全稳定运行及管理，组织稳定计算，编制所辖电网安全稳定控制方案，参与事故分析，提出改善安全稳定的措施，并督促实施。

（9）负责电网经济调度管理及管辖范围内的网损管理，编制经济调度方案，提出降损措施，并督促实施。

（10）负责所辖电网的继电保护、安全自动装置、通信和自动化设备的运行管理。

（11）负责调度管辖的水电站水库发电调度工作，编制水库调度方案，及时提出调整发电计划的意见；参与协调主要水电站的发电与防洪、灌溉、航运和供水等方面的关系。

（12）受理并批复新建或改建管辖设备投入运行申请，编制新设备启动调试调度方案并组织实施。

（13）参与所辖电网的远景规划、工程设计的审查。

（14）参与签订所辖电网的并网协议，负责编制、签订相应并网调度协议，并严格执行。

（15）行使上级电网管理部门及国调授予的其他职责。

3. 省调的主要职责

（1）负责省网的安全、优质、经济运行及调度管理工作。

（2）组织编制和执行电网的年、月、日调度计划（运行方式）。

（3）指挥调度管辖范围内设备的操作。

（4）根据网调的指令调峰、调频或控制联络线潮流及负责所辖范围内无功电压的运行和管理。

（5）指挥省网事故处理，负责进行电网事故分析，制定并组织实施提高电网安全运行水平的措施。

（6）参与编制调度管辖范围内设备的年度检修计划，并根据年度检修计划安排月、日检修计划。

（7）负责对省网继电保护和安全自动装置、电网调度自动化和电力通信系统进行专业管理，并对下级调度机构管辖的上述设备和装置的配置进行技术指导。

（8）参与省网规划编制工作及电网工程项目的可行性研究和设计审查工作，批准新建、扩建和改建工程接入电网运行，参与工程项目的验收，负责制定新设备投运、试验方案。

（9）参与电力生产年度计划的编制，依据年度及年度分月计划并结合电网实际，组织编制和实施月、日调度生产计划，负责实时调度中相关指标的统计考核。

（10）负责指挥省网的经济运行及管辖范围内的高压网损管理。

（11）负责制定事故和超计划用电限电序位表，报省人民政府的有关部门批准后执行。

（12）组织调度系统有关人员的业务培训和召开有关调度会议。

（13）统一协调水电厂水库的合理运用。

（14）负责与有关单位签订并网调度协议。

（15）协调有关所辖电网运行的其他关系。

（16）行使本电网管理部门或者上级调度机构批准（或者授予）的其他职权。

4. 地调的主要职责

（1）负责本地区（市）电网的调度管理，执行上级调度机构发布的调度指令；执行上级调度机构及上级有关部门制定的有关标准和规定；负责制定本地区（市）电网运行的有关规章制度和对县调调度管理的考核办法，并报省调备案。

（2）参与制定本地区（市）电网运行技术措施、规定。

（3）维护本地区（市）电网的安全、优质、经济运行，按计划和合同规定发电、供电，并按省调要求上报电网运行信息。

（4）组织编制和执行本地区（市）电网的运行方式；运行方式中涉及上级调度管辖设备的要报该级调度核准。

（5）根据省调下达的日供电调度计划制定、下达和调整本地区（市）电网日发、供电调度计划；监督计划执行情况；批准调度管辖范围内设备的检修。

（6）根据省调的指令进行调峰、调频或控制联络线潮流；指挥实施并考核本地区（市）电网的调峰和调压。

（7）负责指挥调度管辖范围内的运行操作和事故处理。

（8）负责划分本地区（市）所辖县（市）级电网调度机构的调度管辖范围。

（9）负责制定本地区（市）电网超计划限电序位表和事故限电序位表，经本级人民政府批准后执行。

（10）参与本地区（市）电网规划编制工作，批准新建、扩建和改建工程接入电网运行，参与工程项目的验收，负责制定新设备投运、试验方案。

（11）负责本地区（市）和所辖县（市）电网继电保护及安全自动装置、电力通信、电网调度自动化系统规划的制定及运行管理和技术管理。

（12）负责与有关单位签订所辖范围内的并网调度协议。

（13）负责本地区（市）电网调度系统值班人员的业务培训；负责所辖县（市）电网调度值班人员的业务指导技术培训。

（14）行使上级电网管理部门或上级调度机构授予的其他职权。

5. 县调的主要职责

（1）负责本县（市）电网的调度管理，执行上级调度及有关部门制定的有关规定；负责制定本县（市）电网运行的有关规章制度。

（2）维护本县（市）电网的安全、优质、经济运行，按计划和合同规定发电、供电，并按上级调度要求上报电网运行信息。

（3）负责根据地调下达的日供电调度计划制定、下达和调整本县（市）电网日发、供电调度计划；监督计划执行情况；批准调度管辖范围内设备的检修；运行方式中涉及上级调度管辖设备的要报上级调度核准。

（4）根据上级调度的指令进行调峰、调频或控制联络线潮流；指挥实施并考核本县（市）电网的调峰和调压。

（5）负责指挥调度管辖范围内的运行操作和事故处理。

（6）参与本县（市）电网继电保护及安全自动装置、电力通信、电网调度自动化系统规划的制定并负责其运行管理和技术管理。

（7）负责本县（市）电网调度系统值班人员的业务指导和培训。

三、调度规程应包括的主要内容

调度规程是组织、指挥、指导和协调电网运行的规范性文件，由于各级调度机构的职能和所辖范围的不同，调度规程所涉及内容也不尽相同，但为确保电网安全、优质、经济运行，调度规程一般应包括以下主要内容。

（1）总则。包括调度规程的制定依据和目的，管理原则、机构设置、管理范围和约束对象等。

（2）调度管理。包括调度管理任务，所辖各级调度的主要职责和调度管辖范围划分原则；调度管理制度，电网运行方式的编制要求，电网稳定管理的主要任务和内容，检修管理方法，电能质量管理要求和方式方法，电网频率与无功调整的管理规定；负荷管理的任务与预测要求，电网经济运行管理原则和分工及主要工作，水库调度管理的原则和方法，同期并列装置管理；新设备投产的调度管理，并网管理要求，继电保护和安全自动装置的运行管理，调度通信的管理，电网调度自动化的管理规定等。

（3）调度操作。包括操作管理与基本操作制度，并解列操作，线路停送电操作，变压器运行及操作，母线操作规定；事故处理的基本原则，指出异常频率、异常电压、线路跳闸事故、变压器事故、联络线过负荷、开关异常、母线失压、发电机跳闸、电网解列、设备过负荷（过热）、系统振荡事故的处理方法，电网黑启动方法和失去通信时的规定等。

（4）附录。包括电力调度中心调度管辖设备，电网电压考核点，典型操作的原则步骤，违反调度指令考核与处罚细则，电力系统异常及事故汇报制度，新设备投产前应报送的相关资料清单，相关法律、法规、规定及行业标准，设备命名及编号规定，电网调度术语等。

四、调度规程实例［《全国互联电网调度管理规程（试行）》］

作为全国互联电网调度系统实施专业管理和技术监督规程，《全国互联电网调度管理规程（试行）》

从总则、调度管辖范围及职责、调度管理制度、运行方式的编制和管理、新设备投运的管理等17个方面，对调度运行的各方面工作，都做出了翔实的规定和具体要求，认真学习该规程，对于保障电力系统的安全稳定运行，具有重要的指导意义。

（1）总则部分，指出了规程的制定依据、调度原则和适用范围。

（2）调度管辖范围及职责部分，规定了国调、网调的调度管辖范围和主要职责。

（3）调度管理制度部分，规定了上、下级调度和厂站运行值班员的调度业务要求，相关调度通报要求，以及对拒绝执行调度指令、破坏调度纪律的行为处理办法。

（4）运行方式的编制和管理部分，规定了年度、月度和次日运行方式的下达时间和内容。

（5）设备的检修管理部分，规定了电网设备的检修分类，明确了计划检修和临时检修的概念，着重强调了计划检修、临时检修的管理规定，以及检修申请应包括的内容。

（6）新设备投运的管理部分，规定了新建、扩建和改建的发、输、变电设备，启动前必须向国调提供的相关资料和投运申请要求，着重强调了新设备启动前必须具备的条件，以及对有关人员的技术要求等。

（7）电网频率调整及调度管理部分，规定了电网的频率标准，有关网、省调值班调度员在电网频率调整及调度方面的具体要求。

（8）电网电压调整和无功管理管理部分，规定了电网的无功补偿原则，着重强调了500kV电网的电压管理的内容，以及各厂、站电压调整的主要方法。

（9）电网稳定的管理部分，规定了电网稳定的分级负责原则，提出了有关网、省调和运行单位主网架结构变化，或大电源接入时的具体要求。

（10）调度操作规定部分，规定了电网倒闸操作的调度原则，明确了不用填写操作指令票的操作项目，对于操作指令票制度，操作前应考虑的问题，计划操作应尽量避免的时间，并列条件，解、合环操作，500kV线路停送电操作，断路器操作，隔离开关操作，变压器操作，零起升压操作，直流输电系统操作等，都提出了非常具体的规定，并指出了500kV串联补偿装置的投退原则。

（11）事故处理规定部分，规定了管辖系统事故处理的权限、责任和要求，着重强调了频率异常、电压异常、线路事故、发电机事故、变压器及高压电抗器事故、母线事故、开关故障、串联补偿装置故障、电网振荡事故、直流输电系统事故的处理方法。

（12）继电保护及安全自动装置的调度管理部分，规定了继电保护整定计算和运行操作所辖范围和管理、维护与检验要求。

（13）调度自动化设备的运行管理部分，规定了调度自动化设备包括的内容，以及相应的管理要求。

（14）电力通信运行管理部分，规定了联网通信电路管理部门的职责和管理原则，着重强调了正常检修与故障处理方法。

（15）水电站水库的调度管理部分，规定了水库的调度管理的总则，明确了水库运用参数和资料管理要求，着重强调了水文气象情报及预报、洪水调度、发电及经济调度和水库调度管理要求。

（16）电力市场运营调度管理部分，规定了国调、网调和独立省调，在电力市场运营调度管理的主要任务。

（17）电网运行情况汇报部分，给出了电力生产、运行情况汇报规定，重大事件汇报规定，以及其他有关电网调度运行工作汇报规定。

【思考与练习】

1. 地调的主要职责是什么？
2. 调度规程应包括哪些主要内容？
3. 电网频率的标准是什么？
4. 线路事故的处理方法是什么？
5. 变压器事故的处理方法是什么？

第十九章　补偿装置停送电

模块1　电容器、电抗器一般停送电（GYBD00402001）

【模块描述】本模块介绍电容器、电抗器的一般停送电的操作原则和注意事项、电容器和电抗器一般停送电操作中的异常、调度规程中对电容器和电抗器操作的相关规定。通过要点讲解和案例介绍，掌握电容器、电抗器一般停送电的操作规定和操作方法，能发现操作中的异常。

【正文】

变电站补偿装置包括低压电容器、电抗器和高压电抗器。电网通过补偿装置的投、退来进行电网电压的调整（控制）和改善电网的无功功率。

补偿装置的一般停送电操作是指低压电容器、低压电抗器及高压电抗器正常情况下的停送电操作。

一、低压电容器、电抗器的操作原则

（1）停电时，先断开断路器，后拉开元件侧隔离开关，再拉开母线侧隔离开关。

（2）送电时，先合上母线侧隔离开关，后合上元件侧隔离开关，最后合上断路器。

（3）严禁空母线带电容器运行。

二、电容器、电抗器操作中的注意事项

（1）电容器送电操作过程中，如果断路器没合好，应立即断开断路器，间隔3min后，再将电容器投入运行，以防止出现操作过电压。

（2）电容器的投退操作，必须根据调度指令，并结合电网的电压及无功功率情况进行操作。

（3）有电容器组运行的母线停电操作时，应先停运电容器组，再停运母线上的其他元件；母线投运时，先投运母线上的其他元件，最后投运电容器组。

（4）无失压保护的电容器组，母线失压后，应立即断开电容器组的断路器。

（5）电容器停用时应经放电线圈充分放电后才可合接地开关，其放电时间不得少于5min。

三、电网调度对低压电容、电抗器操作的规定

（1）各变电站内的低压电容器、电抗器的操作由其调管的电网调度进行下令或许可进行操作。

（2）电网调度利用投切电容器、电抗器来进行系统电压调整时，由电网调度下达综合指令进行操作。变电站现场运行值班人员可根据本站电压曲线向网调提出电容器、电抗器的操作申请，经许可后进行操作，操作结束后应向电网调度汇报。

（3）投、切低压电容器、电抗器必须用断路器进行操作。

（4）低压电容器、电抗器的操作只涉及本变电站，所以，调度对低压补偿装置的操作指令是以综合命令下达。

四、补偿装置操作的异常

（1）电容器组送电中出现过电压。

（2）停电操作时电容组母线隔离开关（或断路器）不能操作。

（3）电抗器停电操作线路接地隔离开关不能接地。

五、案例

某110kV变电站，10kV侧单母线分段接线，中置式小车断路器柜，如图GYBD00402001-1所示，1号、2号电容器运行。监控机操作断路器。

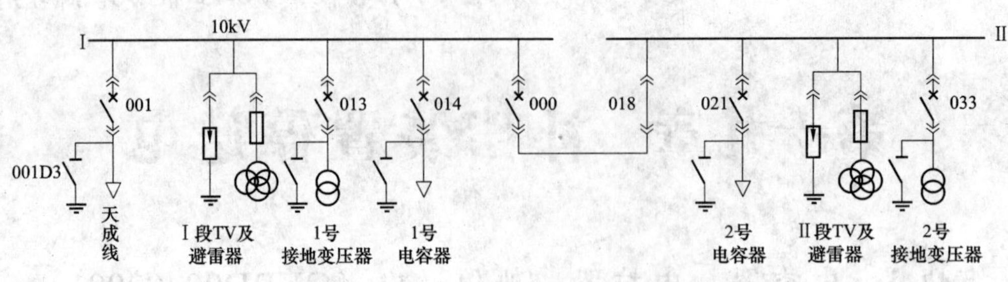

图 GYBD00402001-1 单母线分段接线

案例：10kV 1 号电容器 014 断路器由运行转断路器、电容器检修如表 GYBD00402001-1 所示。

表 GYBD00402001-1 10kV 1 号电容器 014 断路器由运行转断路器、电容器检修

操作目的	操作步骤	操作注意事项
运行转热备用	（1）拉开 1 号电容器 014 断路器。 （2）检查 1 号电容器表计读数正确。 （3）检查 1 号电容器 014 断路器确已拉开	正确选择断路器分闸
热备用转冷备用	（1）将 1 号电容器 014 小车断路器拉至试验位置。 （2）检查 1 号电容器 014 小车断路器确已拉至试验位置	正确判断小车断路器的位置
冷备用转检修	（1）取下 1 号电容器 014 小车断路器二次插头。 （2）将 1 号电容器 014 小车断路器拉至检修位置。 （3）检查 1 号电容器 014 间隔线路侧带电显示灯灭（或在 1 号电容器电容器侧验明确无电压）。 （4）合上 1 号电容器 014D3 接地开关。 （5）检查 1 号电容器 014D3 接地开关确已合好。 （6）取下（或拉开）1 号电容器 014 断路器的操作和信号保险（二次开关）	1 号电容器 014 间隔线路侧正确验电

【思考与练习】

1. 补偿装置投退的原则有哪些？
2. 电容器操作中的注意事项有哪些？

模块 2 电容器、电抗器操作异常分析处理及危险点源分析（GYBD00402002）

【模块描述】本模块介绍电容器、并联电抗器操作中的异常处理、操作中的危险点分析与控制。通过要点讲解和列表对照分析，能正确处理和判断异常，掌握补偿装置停送电的危险点源分析控制方法。

【正文】

一、电容器操作中的异常处理

（1）电容器组送电中出现母线电压变动超过 2.5%以上时，① 如果电压稳定值超过 2.5%以上，说明电容器组投入容量过大，应及时汇报调度，根据母线电压情况进行调压处理，保证母线电压在正常范围内运行。② 电容器投运前未能进行充分放电，引起操作过电压。检查母线电压稳定值是否超限，检查电容设备单元其他单元设备有无异常。

（2）停电操作时电容器组母线隔离开关（或断路器）不能操作时，电容器单元不能单独进行停电。根据运行及操作规定，在此情况下，同母线上的其他馈线单元也不能进行停电，否则，形成空母线带电容器组运行的不利方式。为此，处理办法为：母线停电，隔离母线后，做母线及电容组断路器和隔离开关的检修措施。

（3）操作中综自系统闭锁操作异常，应采取应对措施，严禁解锁操作。检查线路电压互感器空开二次保险是否合上。

二、电容器操作中的危险点分析与控制措施

电容器操作中的危险点分析与控制措施如表 GYBD00402002-1 所示。

表 GYBD00402002-1　　电容器操作中的危险点分析与控制措施

序号	类型	危险点	预控措施
1	误操作	误拉其他断路器	(1) 正确核对操作断路器名称编号，核对命名应有一个明显的确认过程，唱票复诵
			(2) 后台机（监控机）上拉断路器操作，由操作人、监护人分别输入密码无误后，才能进行操作
		走错间隔，误入带电间隔	(1) 监护人、操作人应走到设备标识牌前进行核对；在每步操作结束后，应由监护人在原位向操作人提示下一步操作内容
			(2) 中断操作重新开始操作前，应重新核对设备命名
			(3) 执行一个操作任务中途严禁换人
		电容器断路器未拉开，造成带负荷拉隔离开关	(1) 正、副值两人应同时到现场详细检查断路器实际位置
			(2) 检查相应电流表、红绿灯及后台遥信变位指示
			(3) 操作隔离开关必须戴绝缘手套；操作过程中应穿长袖棉工作服，并戴好有防护面罩的安全帽
			(4) 拉隔离开关时，操作人的身体应该躲开隔离开关的操作把手的活动范围
		解锁操作，造成带负荷拉电容器隔离开关	(1) 在操作过程中遇有锁打不开等问题时，严禁擅自解锁或更改操作票
			(2) 若确实需要进行解锁操作的，必须经本单位有权许可解锁操作的领导或技术人员同意后方能进行
			(3) 在使用解锁钥匙进行操作前，再次检查“四核对”内容，确认被操作设备、操作步骤正确无误后，方可解锁操作，并加强监护
		断开断路器后，3min 内再次合上断路器	间隔 3min 后再进行送电操作，并且操作前对电容器进行放电
2	人身触电	电容器停用时，未对其逐个放电，造成人身触电	(1) 进入电容器仓前，必须合上电容器接地隔离开关及中性点隔离开关
			(2) 对电容器进行逐个放电后，才能允许工作人员进入
3	其他	就地操作电容器断路器	严格执行电容断路器在远方进行操作规定
		送电前后不检查电容器单元的设备	严格按运行规定进行操作前的检查，否则不能进行送电操作。完成操作项目后，认真检查无误后，再进行下一项的操作，检查工作两人进行，并共同确认检查结果

【思考与练习】

1. 电容器组送电中出现母线电压变动超过 2.5%以上时应怎样处理？
2. 低压补偿装置停电操作时主要的危险点有哪些？

第二十章 设备运行验收与投运

模块 1 设备验收项目及要求（GYBD00403001）

【模块描述】本模块包含变电站设备验收项目及要求。通过变电站设备验收项目及要求的介绍，掌握变电站设备验收项目，能参与设备验收。

【正文】

变电站设备验收是坚持设备技术质量标准的重要措施，也是保证安全可靠经济运行的重要环节。因此，运行人员必须认真严格把好“质量”关。

设备交接验收的标准是新安装工程或项目应符合工程设计的要求，电气设备安装质量、调试验收项目及其结果应符合规定，并且具备相关的技术资料和文件。

设备验收项目包括一、二次设备的安装交接、大修、小修、预试和调试。按照有关规程和国家电网公司技术标准经验收合格、验收手续齐备、符合运行条件后，才能投入运行。运行值班人员根据具体的一、二次设备的检修、调试大纲和细则，重点核对、检查验收项目，把好设备投运的质量关，以保证电网设备的安全运行。

一、变压器验收的项目及要求

（一）大修（包括更换线圈和更换内部引线等）验收的项目和要求

1. 变压器绕组

（1）清洁无破损，绑扎紧固完整，分接引线出口处封闭良好，围屏无变形、发热和树枝状放电痕迹。

（2）围屏的起头应放在绕组的垫块上，接头处搭接应错开不堵塞油道。

（3）支撑围屏的长垫块无爬电痕迹。

（4）相间隔板完整固定牢固。

（5）绕组应清洁，表面无油垢、变形。

（6）整个绕组无倾斜，位移，导线辐向无弹出现象。

（7）各垫块排列整齐，辐向间距相等，轴向成一垂直线，支撑牢固有适当压紧力，垫块外露出绕组的长度至少应超过绕组导线的厚度。

（8）绕组油道畅通，无油垢及其他杂物积存。

（9）外观整齐清洁，绝缘及导线无破损。

（10）绕组无局部过热和放电痕迹。

2. 引线及绝缘支架

（1）引线绝缘包扎完好，无变形、变脆，引线无断股、卡伤。

（2）穿缆引线已用白布带半叠包绕一层。

（3）接头表面应平整、清洁、光滑无毛刺及其他杂质。

（4）引线长短适宜，无扭曲。

（5）引线绝缘的厚度应足够。

（6）绝缘支架应无破损、裂纹、弯曲、变形及烧伤。

（7）绝缘支架与铁夹件的固定可用钢螺栓，绝缘件与绝缘支架的固定应用绝缘螺栓；两种固定螺栓均应有防松措施。

（8）绝缘夹件固定引线处已垫附加绝缘。

（9）引线固定用绝缘夹件的间距，应考虑在电动力的作用下，不致发生引线短路；线与各部位之间的绝缘距离应足够。

（10）大电流引线（铜排或铝排）与箱壁间距，一般应大于 100mm，铜（铝）排表面进行绝缘包扎处理。

3. 铁芯

（1）铁芯平整，绝缘漆膜无损伤，叠片紧密，边侧的硅钢片无翘起或成波浪状。铁芯各部表面无油垢和杂质，片间无短路，搭接现象，接缝间隙符合要求。

（2）铁芯与上、下夹件，方铁，压板，底脚板间绝缘良好。

（3）钢压板与铁芯间有明显的均匀间隙；绝缘压板应保持完整，无破损和裂纹，并有适当紧固度。

（4）钢压板不得构成闭合回路，并一点接地。

（5）压钉螺栓紧固，夹件上的正、反压钉和锁紧螺母无松动，与绝缘垫圈接触良好，无放电烧伤痕迹，反压钉与上夹件有足够距离。

（6）穿芯螺栓紧固，绝缘良好。

（7）铁芯间、铁芯与夹件间的油道畅通，油道垫块无脱落和堵塞，且排列整齐。

（8）铁芯只允许一点接地，接地片应用厚度 0.5mm，宽度不小于 30mm 的紫铜片，插入 3～4 级铁芯间，对大型变压器插入深度不小于 80mm，其外露部分已包扎白布带或绝缘。

（9）铁芯段间、组间、铁芯对地绝缘电阻良好。

（10）铁芯的拉板和钢带应紧固并有足够的机械强度，绝缘良好，不构成环路，不与铁芯相接触。

（11）铁芯与电场屏蔽金属板（箔）间绝缘良好，接地可靠。

4. 有载分接开关

（1）切换开关所有紧固件无松动。

（2）储能机构的主弹簧、复位弹簧、爪卡无变形或断裂。动作部分无严重磨损、擦毛、损伤、卡滞，动作正常无卡滞。

（3）各触头编织线完整无损。

（4）切换开关连接主通触头无过热及电弧烧伤痕迹。

（5）切换开关弧触头及过渡触头烧损情况符合制造厂要求。

（6）过渡电阻无断裂，其阻值与铭牌值比较，偏差不大于±10%。

（7）转换器和选择开关触头及导线连接正确，绝缘件无损伤，紧固件紧固，并有防松螺母，分接开关无受力变形。

（8）对带正、反调的分接开关，检查连接 K 端分接引线在“+”或“−”位置上与转换选择器的动触头支架（绝缘杆）的间隙不应小于 10mm。

（9）选择开关和转换器动静触头无烧伤痕迹与变形。

（10）切换开关油室底部放油螺栓紧固，且无渗油。

5. 油箱

（1）油箱内部洁净，无锈蚀，漆膜完整，渗漏点已补焊。

（2）强油循环管路内部清洁，导向管连接牢固，绝缘管表面光滑，漆膜完整、无破损、无放电痕迹。

（3）钟罩和油箱法兰结合面清洁平整。

（4）磁（电）屏蔽装置固定牢固，无异常，可靠接地。

（二）小修验收的项目和要求

变压器本体和附件小修验收的项目和要求如下：

（1）变压器本体和组部件等各部位均无渗漏。

（2）储油柜油位合适，油位表指示正确。

（3）套管。

1）瓷套表面清洁无裂缝、损伤。

2）套管固定可靠，各螺栓受力均匀。

3）油位指示正常，油位表朝向应便于运行巡视。

4）电容套管末屏接地可靠。

5）引线连接可靠、对地和相间距离符合要求，各导电接触面应涂有电力复合脂。引线松紧适当，无明显过紧过松现象。

（4）升高座和套管型电流互感器。

1）放气塞位置应在升高座最高处。

2）套管型电流互感器二次接线板及端子密封完好，无渗漏，清洁无氧化。

3）套管型电流互感器二次引线连接螺栓紧固、接线可靠、二次引线裸露部分不大于5mm。

4）套管型电流互感器二次备用绕组经短接后接地，检查二次极性的正确性，电压比与实际相符。

（5）气体继电器。

1）检查气体继电器是否已解除运输用的固定，继电器应水平安装，其顶盖上标志的箭头应指向储油柜，其与连通管的连接应密封良好，连通管应有1%～1.5%的升高坡度。

2）集气盒内应充满变压器油、且密封良好。

3）气体继电器应具备防潮和防进水的功能，如不具备应加装防雨罩。

4）轻、重瓦斯触点动作正确，气体继电器按DL/T 540校验合格，动作值符合整定要求。

5）气体继电器的电缆应采用耐油屏蔽电缆，电缆引线在继电器侧应有滴水弯，电缆孔应封堵完好。

6）观察窗的挡板应处于打开位置。

（6）压力释放阀。

1）压力释放阀及导向装置的安装方向应正确，阀盖和升高座内应清洁、密封良好。

2）压力释放阀的接点动作可靠，信号正确，接点和回路绝缘良好。

3）压力释放阀的电缆引线在继电器侧应有滴水弯，电缆孔应封堵完好。

4）压力释放阀应具备防潮和防进水的功能，如不具备应加装防雨罩。

（7）无励磁分接开关。

1）挡位指示器清晰，操作灵活、切换正确，内部实际挡位与外部挡位指示正确、一致。

2）机械操作闭锁装置的止钉螺栓固定到位。

3）机械操作装置应无锈蚀并涂有润滑脂。

（8）有载分接开关。

1）传动机构应固定牢靠，连接位置正确，且操作灵活，无卡涩现象；传动机构的摩擦部分涂有适合当地气候条件的润滑脂。

2）电气控制回路接线正确、螺栓紧固、绝缘良好，接触器动作正确、接触可靠。

3）远方操作、就地操作、紧急停止按钮、电气闭锁和机械闭锁正确可靠。

4）电机保护、步进保护、连动保护、相序保护、手动操作保护正确可靠。

5）切换装置的工作顺序应符合制造厂规定；正、反两个方向操作至分接开关动作时的圈数误差应符合制造厂规定。

6）在极限位置时，其机械闭锁与极限开关的电气联锁动作应正确。

7）操动机构挡位指示、分接开关本体分接位置指示、监控系统上分接开关分接位置指示应一致。

8）压力释放阀（防爆膜）完好无损。如采用防爆膜，防爆膜上面应用明显的防护警示标示；如采用压力释放阀，应按变压器本体压力释放阀的相关要求。

9）油道畅通，油位指示正常，外部密封无渗油，进出油管标志明显。

10）单相有载调压变压器组进行分接变换操作时应采用三相同步远方或就地电气操作并有失步保护。

11）带电滤油装置控制回路接线正确可靠。

12）带电滤油装置运行时应无异常的振动和噪声，压力符合制造厂规定。

13）带电滤油装置各管道连接处密封良好。

14）带电滤油装置各部位应均无残余气体（制造厂有特殊规定除外）。

（9）吸湿器。

1）吸湿器与储油柜间的连接管的密封应良好，呼吸应畅通。

2）吸湿剂应干燥，油封油位应在油面线上或满足产品的技术要求。

（10）测温装置。

1）温度计动作接点整定正确、动作可靠。

2）就地和远方温度计指示值应一致。

3）顶盖上的温度计座内应注满变压器油，密封良好；闲置的温度计座也应注满变压器油密封，不得进水。

4）膨胀式信号温度计的细金属软管（毛细管）不得有压扁或急剧扭曲，其弯曲半径不得小于50mm。

5）记忆最高温度的指针应与指示实际温度的指针重叠。

（11）净油器。

1）上、下阀门均应在开启位置。

2）滤网材质和安装正确。

3）硅胶规格和装载量符合要求。

（12）本体、中性点和铁芯接地。

1）变压器本体油箱应在不同位置分别有两根引向不同地点的水平接地体。每根接地线的截面应满足设计的要求。

2）变压器本体油箱接地引线螺栓紧固，接触良好。

3）110kV（66kV）及以上绕组的每根中性点接地引下线的截面应满足设计的要求，并有两根分别引向不同地点的水平接地体。

4）铁芯接地引出线（包括铁轭有单独引出的接地引线）的规格和与油箱间的绝缘应满足设计的要求，接地引出线可靠接地。引出线的设置位置有利于监测接地电流。

（13）控制箱（包括有载分接开关、冷却系统控制箱）。

1）控制箱及内部电器的铭牌、型号、规格应符合设计要求，外壳、漆层、手柄、瓷件、胶木电器应无损伤、裂纹或变形。

2）控制回路接线应排列整齐、清晰、美观，绝缘良好无损伤。接线应采用铜质或有电镀金属防锈层的螺栓紧固，且应有防松装置，引线裸露部分不大于5mm；连接导线截面符合设计要求、标志清晰。

3）控制箱及内部元件外壳、框架的接零或接地应符合设计要求，连接可靠。

4）内部断路器、接触器动作灵活无卡涩，触头接触紧密、可靠，无异常声音。

5）保护电动机用的热继电器或断路器的整定值应是电动机额定电流的0.95～1.05倍。

6）内部元件及转换开关各位置的命名应正确无误并符合设计要求。

7）控制箱密封良好，内外清洁无锈蚀，端子排清洁无异物，驱潮装置工作正常。

8）交直流应使用独立的电缆，回路分开。

（14）冷却装置。

1）风扇电动机及叶片应安装牢固，并应转动灵活，无卡阻；试转时应无振动、过热；叶片应无扭曲变形或与风筒碰擦等情况，转向正确；电动机保护不误动，电源线应采用具有耐油性能的绝缘导线。

2）散热片表面油漆完好，无渗油现象。

3）管路中阀门操作灵活、开闭位置正确；阀门及法兰连接处密封良好无渗油现象。

4）油泵转向正确，转动时应无异常噪声、振动或过热现象，油泵保护不误动；密封良好，无渗油或进气现象（负压区严禁渗漏）。油流继电器指示正确，无抖动现象。

5）备用、辅助冷却器应按规定投入。

6）电源应按规定投入和自动切换，信号正确。

（15）其他。

1）所有导气管外表无异常，各连接处密封良好。

2）变压器各部位均无残余气体。

3）二次电缆排列应整齐，绝缘良好。

4）储油柜、冷却装置、净油器等油系统上的油阀门应开闭正确，且开、关位置标色清晰，指示正确。

5）感温电缆应避开检修通道，安装牢固（安装固定电缆夹具应具有长期户外使用的性能）、位置正确。

6）变压器整体油漆均匀完好，相色正确。

7）进出油管标识清晰、正确。

二、高压开关的验收项目及要求

（一）高压开关的验收要求

（1）新装和检修后的高压开关设备，在竣工投运前，运行人员应参加验收工作。

（2）交接验收应按国家、电力行业和国家电网公司有关标准、规程和国家电网公司《预防高压开关设备事故措施》的要求进行。

（3）运行单位应对开关设备检修过程中的主要环节进行验收，并在检修完成后按照相关规定对检修现场、检修质量和检修记录、检修报告进行验收。

（4）验收时发现的问题，应及时处理。暂时无法处理，且不影响安全运行的，经本单位主管领导批准后方能投入运行。

（二）高压开关的验收项目

1. SF_6断路器验收项目

（1）断路器应固定牢靠，外表清洁完整，动作性能符合规定。

（2）电气连接可靠且接触良好。

（3）断路器及其操动机构的联动应正常，无卡阻现象，分、合闸指示正确，辅助开关动作正确可靠。

（4）密度继电器的报警、闭锁定值应符合规定，电气回路传动正确。

（5）SF_6气体压力、泄漏率和含水量应符合规定。

（6）操动机构灵活可靠。

（7）断路器传动良好。

（8）油漆完整，相色标志正确，接地良好。

2. SF_6封闭式组合电器的验收检查项目

（1）组合电器应安装牢靠，外壳应清洁完整，动作性能符合产品的技术规定。

（2）电气连接应可靠且接触良好。

（3）组合电器及其操动机构的联动应正常，无卡阻现象，分、合闸指示正确，辅助开关及电气闭锁应动作准确可靠。

（4）支架及接地引线应无锈蚀和损伤，接地良好。

（5）密度继电器的报警、闭锁定值应符合规定，电气回路应传动正确。

（6）SF_6气体压力正常，漏气率和含水量应符合规定。

（7）油漆应完整，相色标志正确。

3. 110kV GIS 断路器的检查验收

（1）SF_6气体压力表指示压力正常，低气压报警及闭锁操作功能正常（一般情况下，SF_6气体压力正常为0.49MPa左右，当SF_6气体压力低于0.45MPa时气压报警并应补气，当SF_6气体压力低于0.4MPa闭锁操作回路并告警）。

（2）空气气体压力表指示压力正常，低气压启动空气压缩机及闭锁操作功能正常（一般情况下，空气气体压力正常为1.47MPa左右，当空气压力低于1.45MPa时，空气压缩机启动补气，压力达到1.52MPa时停机，当空气压力低于1.20MPa时，断路器闭锁操作回路）。

（3）气动操动机构的合闸闭锁销子及分闸闭锁销子均应拔出。

（4）直流电源正常，机构箱内的控制开关合闸。

（5）位置指示器的指示位置、SF_6气压和空气阀门的位置都应正确。

（6）GIS 未充入 SF_6气体不得进行断路器操作。

4. 空气断路器的验收检查项目

（1）空气断路器各部分应完整，外壳应清洁，动作性能符合规定。

（2）基础及支架应稳固，气动操作时，空气断路器不应有剧烈振动。

（3）油漆完整，相色标志正确，接地良好。

5. 真空断路器的验收检查项目

（1）真空断路器应安装牢靠，外壳应清洁完整。动作性能符合产品的技术规定。

（2）电气连接可靠且接触良好。

（3）真空断路器及其操动机构的联动应正常，无卡阻现象，分、合闸指示正确，辅助开关动作应准确可靠，触点无电弧烧损。

（4）灭弧室的真空度应符合产品的技术规定。

（5）并联电阻、电容值应符合产品的技术规定。

（6）绝缘部件、瓷件应完整无损。

（7）油漆完整，相色标志正确，接地良好。

三、高压开关操动机构的验收

操动机构是用来接通或断开断路器，并保持其在合闸或断开位置的机械传动机构。在正常运行情况下，断路器的操动机构应处于良好状态，动作灵活，下面分述各种操动机构的检查验收项目。

1. 断路器操动机构的检查验收项目

（1）操动机构固定应牢靠，底座或支架与基础间的垫片不宜超过 3 片，总厚度不应超过 20mm，并与断路器底座标高相配合，各片间应焊牢。

（2）操动机构的零部件应齐全，各转动部分应涂上适合当地气候条件的润滑油。

（3）电动机转向应正确。

（4）各种接触器、继电器、微动开关、压力开关和辅助开关的动作应准确可靠，触点接触良好，无烧损或锈蚀。

（5）分、合闸线圈的铁芯应动作灵活，无卡阻。

（6）液压与气动机构应有加热装置和恒温控制措施，绝缘应良好。

（7）电气连接应可靠且接触良好。

（8）操动机构与断路器的联动应正常，无卡阻现象，分、合闸指示正确，压力开关、辅助开关动作应准确可靠，接点无电弧烧损。

（9）操动机构箱应具有防尘、防潮、防小动物进入及通风措施，密封垫应完整，电缆管口、洞口应封堵。

（10）油漆完整，接地良好。

（11）控制、信号回路正确，操动机构脱扣线圈的端子动作电压应满足：低于额定电压的 30%时应不动作，高于额定电压的 65%时应可靠动作。

2. 气动机构的检查验收项目

（1）空气压缩机的空气过滤器应清洁无堵塞，吸气阀和排气阀完好，阀片方向不得装反，阀片与阀座面的密封应严密。

（2）曲轴与轴瓦应固定良好，销子的位置恰当，冷却器、风扇叶片和电动机、皮带轮等所有附件应清洁并安装牢固，运转时不因振动而松脱。

（3）气缸内油面应在标线位置，自动排污装置应动作正确，污物应引到室外，不应排在电缆沟内。

（4）压力表应检验合格，压力表的电接点动作正确可靠。

（5）储气罐、气水分离器及截止阀、逆止阀、安全阀和排污阀等应清洁无锈蚀，应检验减压阀、安全阀阀门动作灵。

3. 弹簧操动机构的检查验收项目

（1）合闸弹簧储能完毕后，辅助开关应将电动机电源切除；合闸完毕，辅助开关应将电动机电源接通。

（2）合闸弹簧储能后，牵引杆的下端或凸轮应与合闸锁扣可靠地锁住。

（3）分、合闸闭锁装置动作灵活，复位准确而迅速，并应扣合可靠。

（4）机构合闸后，应能可靠的保持在合闸位置。

（5）弹簧机构缓冲器的行程应符合产品的技术规定。

4. 液压机构的检查验收项目

（1）机构箱内部应洁净，液压油的标号符合产品的技术规定，液压油应洁净无杂质，油位指示正常。

（2）连接管部分应清洁，连接处应密封良好，且牢固可靠。

（3）补充的氮气及其预充压力应符合产品的技术规定。

（4）液压回路在额定油压时，外观检查应无渗油。

（5）机构在慢分、合时，工作缸活塞杆的运动应无卡阻和跳动现象，其行程应符合产品的技术规定。

（6）微动开关、接触器的动作应准确可靠，接触良好；电触点压力表、安全阀应校验合格，压力释放阀动作应可靠，关闭严密，联动闭锁压力值应按产品的技术规定予以整定。

（7）防失压慢分装置应可靠，并配有防“失压慢分”的机构卡具。

四、隔离开关的验收

（1）检查隔离开关的触头与触片接触紧密，动静触头间隙符合要求。

（2）检查隔离开关与接地隔离开关是否联锁可靠；检查所有操动机构、转动、连接、传动装置、辅助开关及闭锁装置安装牢固，动作灵活可靠，位置指示正确。

（3）检查相对运动部位是否润滑，所有轴锁、螺栓等是否紧固可靠。

（4）支柱绝缘子、操作绝缘子表面清洁完整、无闪络、无裂纹及折断破损现象。

（5）隔离开关合闸时三相触头同期性能、接触应良好。

（6）三相不同期值及分闸时触头打开角度和距离应符合产品的技术规定。

（7）电动操作隔离开关还要检查电动机机构操作是否正常，在电动机额定电压下操作5次，在85%和110%额定电压下分别电动操作3～5次，手动操作3～5次，均应能正常工作。

（8）引线连接应牢固，螺栓无松动接地引线应连接良好。

（9）隔离开关的防误闭锁装置应良好。

五、电容器及电抗器的验收

1. 电容器的验收

电容器是电力系统无功电源设备之一，对于电网的稳定，功率因数的提高，电能损耗的降低起到了不可替代的作用，所以电容器的验收也是不可忽视的。

（1）电容器室内的通风装置应良好；电容器的各附件及电缆试验合格。

（2）外壳应无凹凸或渗油现象，引出端子连接牢固，垫圈、螺母齐全。

（3）电容器组的布置与接线应正确，电容器组的保护回路与监视回路完整并全部投入。

（4）各部分的连接应严密可靠，电容器外壳和架构应有可靠的接地，且油漆完整。

（5）检查放电变压器或放电电压互感器的接线和容量是否符合设计要求，各部件是否完好，操作灵活。

2. 电抗器的验收

（1）检查水泥电抗器的支柱完整、无裂纹，绕组应无变形，各部油漆应完整。

（2）绕组外部的绝缘漆和支柱绝缘子的接地均应良好。

（3）混凝土支柱的螺栓应拧紧。

（4）混凝土电抗器的风道应清洁无杂物。

（5）油浸电抗器的验收比照变压器的验收项目及要求。

六、互感器的验收项目及要求

1. 新安装的互感器的验收

（1）产品的技术文件应齐全。

（2）互感器器身外观应整洁，无锈蚀或损伤。

（3）包装及密封应良好。

（4）油浸式互感器油位正常，密封良好，无渗油现象。

（5）电容式电压互感器的电磁装置和谐振阻尼器的封铅应完好。

（6）气体绝缘互感器的压力表指示正常。

（7）本体附件齐全无损伤。

（8）备品备件和专用工具齐全。

2. 互感器安装、试验完毕后的验收

（1）一、二次接线端子应连接牢固，接触良好，标志清晰。

（2）互感器器身外观应整洁，无锈蚀或损伤。

（3）互感器基础安装面应水平。

（4）建筑工程质量符合国家现行的建筑工程施工及验收规范中的有关规定。

（5）设备应排列整齐，同一组互感器的极性方向应一致。

（6）油绝缘互感器油位指示器、瓷套法兰连接处、放油阀均应无渗油现象。

（7）金属膨胀器应完整无损，顶盖螺栓紧固。

（8）具有吸湿器的互感器，其吸湿剂应干燥，油封油位正常。

（9）互感器的呼吸孔的塞子带有垫片时，应将垫片取下。

（10）电容式电压互感器必须根据产品成套供应的组件编号进行安装，不得互换。各组件连接处的接触面，应除去氧化层，并涂以电力复合脂。

（11）具有均压环的互感器，均压环应安装牢固、水平，且方向正确。具有保护间隙的，应按制造厂规定调好距离。

（12）设备安装用的紧固件，除地脚螺栓外应采用镀锌制品并符合相关要求。

（13）互感器的变比、分接头的位置和极性应符合规定。

（14）气体绝缘互感器的压力表压力值正常。

（15）互感器的下列各部位应接地良好。

1）电压互感器的一次绕组的接地引出端子应接地良好。电容式电压互感器 C2 的低压端（δ）接地（或接载波设备）良好。

2）电容型绝缘的电流互感器，其一次绕组末屏的引出端子、铁芯接地端子、互感器的外壳接地良好。

3）备用的电流互感器的二次绕组端子应先短路后接地。

3. 检修后设备的验收项目及要求

（1）所有缺陷已消除并验收合格。

（2）一、二次接线端子应连接牢固，接触良好。

（3）油浸式互感器无渗漏油，油标指示正常。

（4）气体绝缘互感器无漏气，压力指示与规定相符。

（5）极性关系正确，电流比换接位置符合运行要求。

（6）三相相序标志正确，接线端子标志清晰，运行编号完备。

（7）互感器的需要接地各部位应接地良好。

（8）金属部件油漆完整，整体擦洗干净。

（9）预防事故措施符合相关要求。

七、母线的验收

母线在发电厂、变电站中起着汇集电能和分配电能的重要作用，在进行母线的验收时应注意三相相序颜色标志正确，油漆完整；金属构件的加工、配制、焊接应符合规定；连接处的螺栓、垫圈、开口销等零件应齐全并按规定安装可靠；瓷件、铁件及胶合处应完整；母线配制及安装架设应符合有关规定，且连接正确，接触可靠，相间及对地电气距离符合要求。

八、电缆的验收

（1）电缆规格、敷设应符合规定，排列应整齐，无机械损伤，电缆头外壳接地应正确良好。编号、标志应该装设齐全、正确、清晰，且规格统一，挂装牢固。

（2）电缆的固定、曲率半径、有关距离及单芯电力电缆的金属护层的接线等应符合设计和安装的要求；电缆支架应安装牢固，横平竖直，无松动和锈蚀现象，各架的同层横挡应在同一水平面上，托架按设计要求安装；接地应良好，充油电缆及护层保护器的接地电阻应符合设计要求。

（3）电缆沟及隧道内应无杂物，盖板齐全；照明、通风、排水及防火措施等应符合设计要求，且施工质量合格；电缆终端头、电缆接头应安装牢固；电缆支架等金属部件应油漆完好、三相相序颜色正确，并有电缆的试验合格记录。

九、避雷器的验收检查项目

（1）现场制作件应符合设计和安全的要求。

（2）避雷器应安装牢固，其垂直度应符合要求。

（3）阀式避雷器拉紧绝缘子应紧固可靠，受力均匀。

（4）避雷器外部应完整无损，阀型避雷器封口处密封良好。

（5）放电计数器密封良好，绝缘垫及接地良好牢靠。

（6）法兰连接处无缝隙，排气式避雷器的倾斜角和隔离间隙应符合要求。

（7）油漆应完整，三相相序颜色标志正确。

十、接地装置的验收检查项目

（1）整个接地网外露部分和埋入部分的连接均应可靠，地线规格正确，油漆完好，标志齐全明显。

（2）避雷针的安装位置及高度符合设计要求。

（3）有完整且符合实际的设计资料图纸，供连接临时接地线用的连接板的数量和位置符合设计要求。

（4）接地电阻值符合有关规程的规定。

十一、蓄电池的验收

蓄电池室及通风、采暖、照明等装置应符合设计的要求；布线应排列整齐，极性标志清晰正确；电池编号应正确，外壳清洁，液面正常；极板应无严重弯曲、变形及活性物质剥落；初充电、放电容量及倍率校验的结果应符合要求；蓄电池组的绝缘应良好，绝缘电阻不小于0.5MΩ。

十二、二次回路的验收

二次设备主要是对一次设备进行控制、监视、测量和保护，二次回路的正确接线、元件的正确调整和验收对整个变电站的安全运行有着极为重要的作用。

1. 保护校验等二次回路上工作完毕后，应做检查验收工作

（1）工作中所接的临时短接线是否全部拆除，拆开的线头是否全部恢复。

（2）继电保护连接片的名称，投、撤位置是否正确，接触是否良好，各相关指示灯指示是否正确，定值与定值单是否相符。

（3）接线螺栓是否紧固。

（4）变动的接线是否有书面文字说明。

（5）继电保护装置、继电保护定值的变更情况及运行中的注意事项，应记入相应的记录簿内。

（6）距离保护、差动保护变动二次接线、电流互感器更换等工作完工后，必须由继电保护人员在带上负荷后实测“六角图”，确认二次接线无误后，方可正式加入运行。

（7）微机保护的操作键盘，运行人员不得操作，必要时须在保护人员指导下进行操作。

（8）微机保护二次回路各部位的耐压水平应符合要求。

以上检查完毕后，值班员应协同保护人员带断路器做联动试验。断路器传动时，由值班人员进行。值班人员应认真核对传动的断路器位置、信号、动作是否可靠正确。值班人员负责将保护装置、保护定值变更情况与调度核对无误后，双方在保护记录上分别签字，才可以结束工作票。

2. 盘柜的验收检查项目

（1）盘柜的固定接地应可靠，盘柜体应漆层完好，清洁整齐。

（2）盘柜内所装电器元件应完好，安装位置正确、牢靠。

（3）手车式配电柜的手车在推人或拉出时应灵活，机械或电气等闭锁装置符合规定要求，照明装置齐全。

（4）柜内一次设备的安装质量验收要求符合《电气装置安装工程施工及验收》的有关规定。

（5）操作及联动试验动作正确，符合设计要求。

（6）所有二次接线应正确，连接应可靠，标志应齐全清晰。

（7）保护盘、控制盘、直流盘、所用盘等，盘前盘后必须标明名称。一块保护盘或控制盘有两个以上装置时，在不同装置间要有明显的分界线。出口中间继电器和正在运行中的设备，盘面应有明显的运行标志。

十三、绝缘子套管的验收

绝缘子套管的金属构架加工、配制、螺栓连接、焊接等应符合国家现行标准的有关规定；油漆应完好，三相相序颜色正确，接地良好；所有螺栓、垫圈、闭口销、锁紧销、弹簧垫圈、锁紧螺母等应齐全；瓷件应完整、清洁，铁件和瓷件的胶合处均应完整无损，充油套管应无渗油，油位应正常；母线配置及安装架设应符合设计规定，连接正确，螺栓紧固，接触可靠，相间及对地电气距离符合要求。

十四、新建、改建和扩建工程投运启动的验收

新建、改建和扩建工程及设备项目，在投入前3个月由建设单位向各有关调度部门提出投入系统申请书，包括内容如下：

（1）新建、改建工程的名称、范围。

（2）预定的启动试运行日期及试运行计划。

（3）启动试运行的联系人和主要运行人员名单。

（4）启动试运行过程对系统运行的要求。

应向有关调度部门报送以下资料：

（1）平面布置图、一次电气接线图、线路走径图及相序图、二次继电保护原理图等。

（2）主要设备的规范和参数。

（3）设备运行操作规程及事故处理规程。

（4）通信的联络方式。

变电站内所有新设备或改建后的设备投入运行时，应在启动调试前三天向有关调度提出申请，调度于启动试运行前一日批复。批复内容应包括设备的命名、编号、设备管理的范围。所有新设备投入运行应得到调度的指令后，方能操作。启动前一日，有关运行人员要提前准备好操作票，做好事故预想与有关工作计划及安排。启动当日，当值值班员应向有关调度联系工作事宜，核对设备定值，在启动计划方案及调度指令下进行操作。

新设备投入运行后，运行人员应加强监护，发现问题及时记录、汇报、处理、消缺。调管设备试运行24h后，向调度汇报设备运行情况，并正式加入调度管理。

【思考与练习】

1. 新建、改建和扩建工程投运启动的验收的主要事项有哪些？
2. 保护校验等二次回路上工作完毕后，应做哪些检查验收工作？
3. 主变压器大修后验收的项目有哪些？

模块2 新设备投运与操作（GYBD00403002）

【模块描述】本模块介绍新设备投运必须具备的条件和调度操作规定与注意事项。通过对新设备投运条件和操作注意事项的介绍，能熟练组织、监护、指挥新设备改、扩、建设备投运启动操作。

【正文】

新设备投运操作是变电站改扩建工程及新投运变电站的一项特殊操作，与已运行的设备的送电操作有所不同。对新设备投运条件的确认以及操作中的检查、核对、试验等是新设备操作中的特殊项目。本模块培训目标：① 熟悉新设备投运与操作规定的要求和注意事项；② 掌握变电站新设备投运操作的操作方法及步骤。

一、新投运设备的基本规定

1. 新设备投运必须具备的条件

（1）操作人员已熟悉新设备的说明书。

（2）新设备的各种试验已合格。

（3）新设备接地设施已拆除。

（4）永久性安全设施已装设。

（5）新设备已由调度部门命名、编号，并且与现场设备的名称和编号一致。

（6）新设备的技术资料和施工记录已完成。

（7）具备相关部门批准的现场运行规程、典型操作票、事故处理预案及细则。

（8）具备调度部门下达制定的新设备投运启动方案。

（9）人员远离新加压的设备。

2. 电网调度对新投运设备的操作规定

新设备投入或运行设备检修后可能引起相序变化时，在并列或合环前必须定相或核相。

3. 省调对新投运设备的操作规定

（1）新设备投运时，启动验收委员会应指定现场联系工作的负责人，并将姓名提前通知调度。

（2）新设备投运时应做以下工作：

1）全电压冲击合闸，合闸时有条件应使用双重开关和双重保护。

2）对于线路须全电压冲击合闸3次，对于变压器须全电压冲击合闸5次。

3）相位及相序要核对正确。

4）相应的继电保护、安全自动装置、自动化设备同步调试并按方案要求投入运行。

5）新设备进行试运行，系统相关保护定值的变更应根据运行方式变化本着保护失去配合时间尽可能短、影响尽可能小的原则来安排更改。

（3）新设备投产的操作要考虑到设备本身故障，开关拒动，保护失灵的情况，必须有可靠的快速保护和后备跳闸开关，以防故障扩大危及电网安全。

4. 新投运设备操作中的注意事项

（1）检查新投运设备投运条件具备。

（2）新设备的充电必须由带保护的断路器进行。

（3）新设备的充电应由远离电源一侧的断路器进行。

（4）新设备的充电一般分段进行，以便在发生故障时，能够尽快查找故障点。

（5）新投运的一次设备的初次充电一般为3次，变压器为5次。

（6）充电时应严格监视被充电设备的情况，及时发现不正常现象，以便进行处理。

二、新线路启运操作

1. 线路充电注意事项

（1）对线路、断路器、隔离开关、电压互感器、电流互感器、避雷器全面验收，各项试验数据合格。设备状态符合投运方案要求，若不符合应做调整。

（2）检查导线连接牢固、可靠。

（3）检查断路器、隔离开关、电压互感器、电流互感器、避雷器等设备及其连接导线的导电部分对地距离、相间距离符合要求。

（4）充油设备无渗油，油位、油色正常；SF_6 设备无泄漏、压力值正常，气动回路无泄漏、压力值正常，液压回路正常、压力值正常。

（5）保护定值正确，装置运行正常，空气断路器、连接片在退出位置。

（6）综自系统就地与远方信息核对正确，遥合、遥分正常。

（7）通信系统正常，联系畅通。

（8）新投线路充电 3 次，每次 5min，间隔 5min。充电时应监视设备充电状况，异常时退出。

2. 线路充电

线路采用全电压冲击试验，检查线路绝缘状况和耐受过电压能力，检验投、切时的操作过电压和电流冲击，考核 GIS 断路器投切空线路能力；考核继电保护装置在投、切空线路时的运行状况。

3. 线路充电方法及操作步骤

（1）隔离小系统，使 I 母上无其他连接元件。

（2）线路保护应根据试验项目要求进行整定值作调整。

（3）线路保护投入运行，线路零序保护改为 0s，退出方向元件，关闭高频收发信机电源，投入线路充电保护或过电流保护。

（4）投入线路零序保护方向元件，开启高频收发信机电源，退出过电流保护，对保护定值做相应修改。

三、母线启运操作

1. 母线充电注意事项

（1）母线充电，有母联断路器时应使用母联断路器向母线充电。母联断路器的充电保护应在投入状态。严禁用 330kV 隔离开关对 330kV 母线充电。

（2）带有电磁式电压互感器的空母线充电时，为避免断路器断口间的并联电容与电压互感器感抗形成串联谐振，应在母线停送电操作前，将电压互感器隔离开关断开或在电压互感器的二次回路采取阻尼措施，或者采取线路和母线一起充电。

2. 充电方法及步骤

隔离小系统，用独立的线路对母线进行充电，充电前应按要求投入线路所有保护及充电保护，按要求对保护定值进行调整，投入母线所有保护，投入母线充电保护，有条件应采用零起升压对母线充电，当升压过程中母线出现跳闸，电压异常，电流不平衡，说明母线存在短路或接地现象，应停止升压并降到零，查明原因。零起升压正常后采用全电压冲击试验。

四、新设备投运对保护配合操作要求

1. 继电保护和自动装置的投运

（1）新设备投运时，充电断路器保护应全部投入，充电保护投入，保护方向元件投入。

（2）新设备投运时，充电断路器带时限的保护动作时限可根据需要改小，部分定值按要求修改，功率方向元件退出，防止因极性接反误动。

（3）充电断路器重合闸装置退出运行，防止充电时故障跳闸线路再次合闸。

（4）充电时故障录波装置应投入运行。

（5）对可能受到影响不能正常供电的设备应退出运行，或可能引起误动不能正常供电的设备退出运行。

（6）变压器、电抗器、母线差动保护在设备投运后，带负荷前应退出进行差压差流测试，待正常后投入运行。

（7）新设备充电正常后，保护装置定值应修改为设备正常运行时定值。

2. 主变压器充电保护操作

（1）系统保护定值、时限作修改。

（2）变压器保护定值部分作修改。

（3）变压器保护全部投入运行。

（4）投入充电侧断路器充电保护。

3. 线路、线路带高抗充电保护操作

（1）线路过电流保护定值调整。

（2）退出零序电流Ⅱ、Ⅲ段方向元件。

（3）投入线路过电流保护。

（4）投入线路充电保护。

4. 母线充电保护操作

（1）投入母线充电保护。

（2）投入母线全部保护。

五、新设备核相、极性测试

1. 核定相位

检查电源并列点的相位、相序是否相同，电压差是否在允许范围，检查并列点是否可以并列。新投变压器、高压电抗器、电压互感器、线路都必须核定相序，当相序不同的两个电源系统、变压器（电抗器、线路、电压互感器）并列运行时，将会造成短路事故。因此，严禁将相序不同的电源系统和设备并列运行。

核相是指通过电压互感器二次电压或其他方法核实需要合环（或并列）的两个电源系统（或变压器、电压互感器）的相序是否一致。核相是通过测量（直接或间接）待并系统（变压器和电压互感器也可以看作电源）同名相电压差值和非同名相电压差值的方法来进行的。同名相电压差值为零，非同名相电压差值应为对应的线电压值。

2. 核定相位的规定

（1）变压器核相。新安装或大修后的变压器、内外接线变动或接线组别变动的变压器、更换绕组的变压器、电源线路接线变动可能引起相序变化的变压器均应进行核相或定相。

（2）线路核相。新建线路或线路改线、接线有变动可能引起相序变化，母线、电缆和线路均应进行核相或定相。

（3）电压互感器核相。新安装或内外部接线有变动、电压互感器应进行核相或定相。

3. 极性测试

接于电流回路的零序方向、负序方向、距离、高频、差动等继电保护均对电压和电流的极性有严格要求，否则将无法保证继电保护装置的正确动作。因此，在以上保护正式投入运行前应带负荷测量方向。

4. 极性测试方法

用减极性法进行电流互感器极性测试是常用方法之一。在一次侧通一定数量变化的电流，二次侧用指针式电压表监测表计指针的摆动方向，由此可以判断电流互感器绕组的极性。测量继电保护、自动化、电能计量等装置的电压、电流极性和相序、相位则使用专用的仪器测试。

六、新设备投运操作案例

1. 变压器投运操作

（1）核对保护定值。

（2）合上保护装置电源，投入保护连接片。

（3）合上隔离开关，用110kV侧断路器进行主变压器充电，充电五次，第五次不断开。

（4）变压器充电结束后退出差动保护。

（5）带负荷测试差动保护电流回路接线的正确性，确认接线无误后投入差动保护，变压器正式运行。

2. 线路投运操作

（1）核对保护定值。

（2）合上保护装置电源，投入保护连接片。
（3）合上隔离开关，用断路器对线路进行充电。
（4）充电结束后带负荷测试保护电压、电流回路的正确性，确认接线无误后，线路正式运行。

3. 母线投运操作

（1）核对保护定值。
（2）合上保护装置电源，投入母线充电保护连接片。
（3）合上隔离开关，用断路器对母线进行充电。
（4）充电结束后带负荷测试母线差动保护电流回路的正确性，确认接线无误后，母线正式运行。

【思考与练习】

1. 新设备投运必须具备的条件是什么？
2. 新设备核相、极性测试的内容有哪些？
3. 新设备投运对保护配合操作要求是什么？

模块3　新设备投运方案编制与投运操作危险点源控制（GYBD00403003）

【模块描述】本模块介绍新设备投运方案的编制与投运操作危险点源控制。通过对新设备投运方案编制原则和投运操作危险点源控制的介绍，熟悉新设备投运方案的编制原则，掌握新设备投运操作危险点源控制方法，能制订相应的控制措施。

【正文】

在变电站新设备投运工作中，新设备投运方案是指导和协调各生产部进行投运行操作的重要技术文件。新设备投运方案（变电站部分）的编制是变电站值班负责人的一项重要技术工作。充分认识和分析新设备投运操作中危险点以及做好相应的控制措施是新设备投运的重要安全措施。

一、新设备投运方案的编制

1. 新设备投运方案编制的主要内容

（1）投运方案（调度编制）。
（2）投运操作安排（变电站编制）。
（3）投运危险点分析及预控措施（变电站编制）。
（4）投运工作期间事故预案（变电站编制）。
（5）投运前期准备工作（变电站编制）。
（6）投运工作安排（变电站编制）。

2. 新设备投运方案的构成及编写要点

（1）投运范围。投运范围的编制主要说明新设备投运地点、投运设备单元、相应的一、二次设备及主设备的型号。

（2）投运前完成的工作。投运前完成的工作，其编制时应主要说明投运设备应具备的条件。

（3）联系调度。联系调度的编制主要说明新设备所属的调度及向调度提交投运申请；投运变电站向调度汇报的内容；调度与变电站进行设备核对的内容。

（4）投运步骤。投运步骤的编制主要说明各调度下令步骤及内容、各相关变电站操作的投运操作步骤（操作任务的时间序列）。

（5）正常运行方式。正常运行方式的编制说明各相关变电站投运操作前的运行方式。

（6）注意事项。注意事项的编制主要说明重合闸的投入要求、操作中异常及处理等。

（7）附件。附件的编制主要有相关变电站的主接线图。

3. 投运操作安排编制及要点

（1）倒闸操作安排及职责。

1）变电站总负责。
2）安全负责人。
3）值班负责人。
4）操作监护人。
5）操作人。
6）辅助操作人。
7）监控值班记录人。
（2）变电站投运前需完成的工作。
1）一次设备应完成的工作。
2）二次设备应完成的工作。
（3）变电站投运操作工作安排。
1）调度指令名称。
2）操作监护人。
3）操作人。
4）值班负责人。
4. 投运事故预案的编制及要点
（1）系统运行方式说明。
（2）事故情况说明。
（3）处理原则及办法。
5. 投运前期准备工作的编制及要点
（1）设备验收工作。设备验收工作的编制主要有完成时间和工作内容。
（2）操作准备工作。操作准备工作编制主要有现场清理，一、二次设备的检查，核对定值等工作的安排。

二、投运操作中危险点源的控制

110kV 新线路投运操作危险点分析及预控措施如表 GYBD00403003-1 所示。

表 GYBD00403003-1　　110kV 新线路投运操作危险点分析及预控措施

序号	危险点	预控措施
1	未认真学习投运方案，投运方案不熟悉、操作步骤及任务不清楚	值班负责人组织相关人员认真学习投运方案，要求参加投运工作的人员熟知投运设备、程序及步骤
2	投运前未检查设备及设备现场情况，设备不具备投运条件	当值值班负责人安排人员认真、详细检查线路断路器、隔离开关及接地隔离开关均在断开位置，二次回路开关均在断开位置、断路器机构箱隔离开关操作箱及端子箱已完全闭锁，现场施工人员全部撤离现场
3	断路器及隔离开关的操作方式未切至远控方式	值班负责人安排人员认真核对二次设备的工作状态
4	操作前未检查开关的操动机构的工作情况	值班负责安排人员认真检查断路器的操作油压、气压正常，弹簧机构已储能，机构的工作电源正常
5	投运前设备现场清理不彻底，留有遗留物	值班负责安排人员认真检查投运设备现场，确保无任何影响设备正常运行的遗留物品
6	保护装置电源开关漏投	值班负责安排人员认真检查，检查保护装置电源开关正常投入，装置工作正常，无异常信号，必要时检查保护失电指示信号正常
7	保护连接片投入、退出状态与一次设备运行方式不符	会同保护施工人员认真核对保护定值单，确保保护投入正确
8	没有与调度核对投运设备的名称、编号、保护定值及设备参数	当值值班负责人与调度认真核对设备名称、编号、保护定值及设备参数，并与相关的文件进行核对
9	设备状态与模拟屏、监控后台机、五防机的状态不一致	操作前认真核对设备状态与模拟屏、监控后台机、五防机，确保各处设备状态一致
10	监控后台通信不正常	认真检查监控后台机的网络通信畅通

续表

序号	危险点	预控措施
11	操作人员不熟悉设备、操作票不正确	操作及监护人员操作前认真熟悉投运设备的性能、运行方式、操作原则及注意事项，严格进行三级操作审核，确保操作正确无误
12	与调度的通信不正常	认真检查通信设施，保证通信畅通
13	操作走错间隔，或后台操作对象错误	认真核对设备的名称编号，认真执行“一指、二比、三对、四操作”流程，严禁擅自解锁操作
14	投运后不对设备进行检查	投运后对设备进行全面详细检查，加强对设备监视，发现异常及时汇报调度进行处理

【思考与练习】

1. 新设备投运方案主要由哪些内容构成？
2. 变电站投运前需完成的工作有哪些？
3. 举例说明变电站新投主变压器操作中的危险点源。

第二十一章　高压开关类设备、线路停送电

模块 1　高压开关类设备一般停送电（ZY1100301001）

【模块描述】本模块介绍高压开关类设备一般停送电的操作原则和注意事项、调度对高压开关类设备操作的规定。通过归纳讲解、案例介绍，掌握高压开关类设备一般停送电操作方法。

【正文】

高压开关类设备包括高压断路器、隔离开关及接地开关，三者是构成线路、变压器、母线、互感器等电气设备单元的主要设备之一。一个电气设备单元的高压开关和二次设备的状态共同决定了电气设备单元的状态。电气设备倒闸操作实质是对一个电气设备单元的断路器、隔离开关、接地开关及二次设备进行的操作。因此，高压开关的操作是构成其他电气设备单元倒闸操作的基本操作。

一、高压开关类设备操作原则及注意事项

（一）断路器操作的基本原则

（1）电气设备送电时，在操作断路器前，必须检查送电设备的继电保护装置已按规定投入。

（2）当断路器检修且母差电流互感器二次回路有工作，在断路器投入运行前，应征得调度同意，先退出母差保护，再合上断路器，测量母差不平衡电流合格后，才能投入母差保护。

（3）断路器操作后的位置检查应通过断路器指示信号的变化、电流表和三相机械位置指示进行，遥控断路器需要至少两个以上元件指示位置发生对应变化，才能确认断路器操作到位。

（4）远方操作的断路器不允许带工作电压进行就地操作。

（二）断路器操作时的注意事项

1. 断路器停止运行操作中的注意事项

（1）直馈线断开断路器之前，先检查负荷是否为零，如有疑问应问清调度后再操作，以免引起误停电。

（2）电源线路应考虑是否满足本变电站电源 N–1 方案。

（3）联络线路应考虑断路器断开后是否会引起本变电站电源线路过负荷。

（4）断路器检修时，必须拉开断路器交直流操作电源，弹簧机构应释放弹簧储能。

（5）断开并列线路断路器前，应考虑有关定值的调整，同时注意在断开一条线路后，另一条线路是否过负荷。

（6）断路器改为检修状态后，应断开相应的母差保护跳闸及断路器失灵跳闸回路；3/2 接线中的断路器还应投入位置停信连接片和断路器检修状态切换开关或连接片，使检修断路器与运行设备完全隔离，并保证运行设备安全运行。

2. 断路器投入运行操作中的注意事项

（1）断路器检修后投入运行时，先检查安全措施已拆除，断路器分合闸位置指示正确。检查控制回路电源、操动机构压力正常、弹簧机构已储能、SF_6 压力正常。

（2）长期停运的断路器在正式执行操作时，应通过远方控制方式进行分合闸传动试验，无异常后，方能拟定操作票。

（3）直馈线断路器合上后，发现电流数值超出额定值数倍，说明合于故障线路，继电保护应动作跳闸，如未能跳闸应立即手动断开断路器。

（4）联络线路、电源线路断路器合闸时，一般会有一定数值的电流。

（三）隔离开关操作的基本原则

（1）断路器两侧的隔离开关操作前，必须检查断路器在断开位置。

（2）隔离开关操作后必须进行检查，以确认实际位置、合闸后三相合闸到位且接触良好，分闸后动静触头间的距离符合要求。对于全封闭组合电气设备，隔离开关的位置检查必须通过监控系统的位置指示信号、操动机构位置指示以及操动机构传动部件的变位来综合确认。

（3）操作隔离开关时必须带“五防”系统操作。“五防”装置失灵需进行解锁操作时，应严格执行解锁操作流程及规定。

（4）接地开关合上前必须验明确无电压。

（四）隔离开关操作的注意事项

（1）用绝缘棒操作隔离开关或经传动机构拉合隔离开关时，均应戴绝缘手套，下雨天操作室外高压设备时，绝缘棒应有防雨罩，并穿绝缘靴。

（2）手动操作隔离开关时，必须迅速果断。合上隔离开关时，发现弧光异常或误操作时，不准再将隔离开关拉开。拉开隔离开关时，如果触头刚分开时发生强烈弧光，应迅速合上，并停止操作，立即检查引起电弧的原因。

（3）隔离开关操动机构的定位装置操作后一定要牢固可靠，以免发生隔离开关自行分、合闸事故。

二、电网调度规程对高压开关类设备操作的规定

1. 断路器合闸前及合闸后的规定

断路器合闸前必须检查继电保护已按规定投入，断路器合闸后，必须确认三相均已合上，三相电流基本平衡。

2. 断路器操作中的规定

断路器操作时，若控制室操作失灵，厂站规定允许进行就地操作时，必须进行三相同时操作，不得进行分相操作。

3. 3/2 接线断路器操作的规定

设备送电时，应先合母线侧断路器，后合中间断路器；停电时应先断开中间断路器，后断开母线侧断路器。

4. 旁带操作的规定

用旁路断路器代其他断路器运行，应先将旁路断路器保护按所代断路器保护定值整定投入，确认旁路断路器三相均已合上后，方可断开被代断路器，最后拉开被代断路器两侧隔离开关。

5. 隔离开关操作的规定

（1）拉、合无故障电压互感器或避雷器；

（2）拉、合空载母线（有特殊规定的母线例外）；

（3）拉、合变压器中性点接地开关；

（4）拉、合经断路器闭合的旁路电流；

（5）用三联隔离开关拉合励磁电流不超过 2A 的无负荷变压器及电容电流不超过 5A 的无负荷线路；

（6）凡经过现场试验的以下情况：在角形接线闭环运行的情况下、3/2 接线两串及以上同时运行的情况下、双断路器接线两串及以上同时运行的情况下，允许用隔离开关断开因故不能分闸的断路器。操作前还应注意隔离开关闭锁装置退出及调整通过该断路器的电流到最小值。

三、高压断路器一般操作任务及操作内容

高压断路器一般停送电的操作是指正常情况（高压断路器能进行正常的分合闸操作）下的停送电操作。高压断路器一般操作任务与操作内容如表 ZY1100301001-1 所示。

表 ZY1100301001-1　　330kV 变电站高压断路器一般操作任务及内容

操作任务	操作内容	备注
330kV ×××线 33XX 断路器(边)由运行转热备用	1）停用 33XX 断路器（边）的重合闸； 2）退 33XX 断路器（边）先重连接片； 3）投 33XX 断路器（中）先重连接片； 4）断开 33XX 断路器（边）	如果是变压器断路器，则无重合闸
330kV ×××线 33XX 断路器(中)由运行转热备用	1）停用 33XX 断路器的重合闸； 2）断开 33XX 断路器	如果是变压器断路器，则无重合闸
330kV ×××线 33XX 断路器由热备用转冷备用	1）拉开 33XX 断路器两侧隔离开关； 2）33XX 断路器位置开关切至“XX 断路器检修”位置（或投 33XX 断路器检修连接片）	在线路保护屏上
330kV ×××线 33XX 断路器由冷备用转检修	1）确认 33XX 断路器两侧三相无压； 2）合上 33XX 断路器两侧接地开关； 3）断开 33XX 断路器就地操作电源开关； 4）断开 33XX 断路器操动机构电源开关	
330kV ×××线 33XX 断路器由检修转冷备用	1）合上 33XX 断路器操动机构电源开关； 2）合上 33XX 断路器就地操作电源开关； 3）拉开 33XX 断路器两侧接地开关	
330kV ×××线 33XX 断路器由冷备用转热备用	1）33XX 断路器位置开关退出“XX 断路器检修”位置（或退出 33XX 断路器检修连接片）； 2）合上 33XX 断路器两侧隔离开关	在线路保护屏上
330kV ×××线 33XX 断路器(中)由热备用转运行	1）合上 33XX 断路器； 2）投入 33XX 断路器的重合闸	如果是变压器断路器，则无重合闸
330kV ×××线 33XX 断路器(边)由热备用转运行	1）合上 33XX 断路器（边）； 2）退 33XX 断路器（中）先重连接片； 3）投 33XX 断路器（边）先重连接片； 4）投 33XX 断路器（边）的重合闸	如果是变压器断路器，则无重合闸操作

四、高压开关操作中的异常

1. 断路器操作中的异常

（1）断路器非全相合闸；

（2）断路器操作失灵；

（3）断路器非全相分闸；

（4）断路动作次数达到规定次数；

（5）断路器实际开断容量低于或接近安装地点的短路容量。

2. 隔离开关操作中的异常

（1）隔离开关分、合闸不到位。是指隔离开关拉开后，动静触头没有达到正常的断开位置；合闸后动静触头接触没有达到正常的接触深度。

（2）隔离开关操作失灵。

五、高压断路器操作案例

案例 1：330kV 变电站（3/2 接线）断路器停电操作。

系统接线方式：如图 ZY1100301001-1 所示。

运行方式：33X1、33X0、33X2 断路器运行，其他串断路器均在运行状态。

操作要点：见表 ZY1100301001-2。

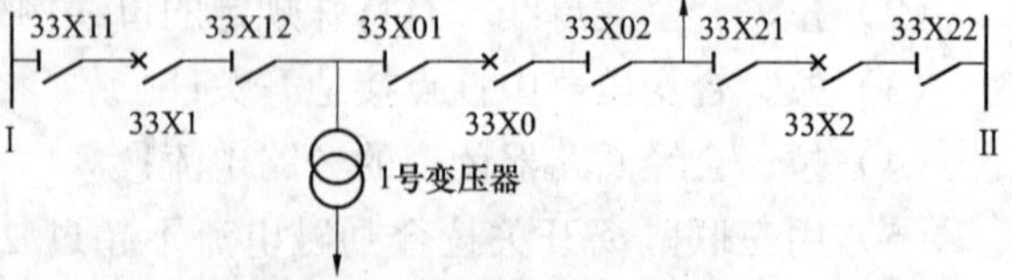

图 ZY1100301001-1　330kV 变电站（3/2 接线）电气单元接线示意图

表 ZY1100301001-2　　330kV 变电站（3/2 接线）断路器停电操作要点

序号	名称	内容
1	工作内容及要求	33X1 断路器本体检修，要求停电并做好安全措施（二次回路无工作）
2	操作目标	断路器停电，接地，断开操动机构工作电源，满足 33X1 断路器本体检修工作的要求

续表

序号	名　称	内　容
3	调度指令（操作任务）	1 号主变压器 33X1 断路器由运行转检修
4	操作方案	1）断开 33X1 断路器； 2）断开 33X1 断路器两侧隔离开关 33X11、33X12； 3）确认 33X1 断路器两侧无压； 4）合上 33X1 断路器两侧接地开关； 5）断开 33X1 断路器操动机构电源开关； 6）断开 33X1 断路器控制回路电源开关； 7）做好临时安全措施

案例 2：330kV 变电站（双母线）断路器送电操作。

系统接线方式：如图 ZY1100301001-2 所示。

运行方式：330kV ××线路运行。

操作要点：见表 ZY1100301001-3。

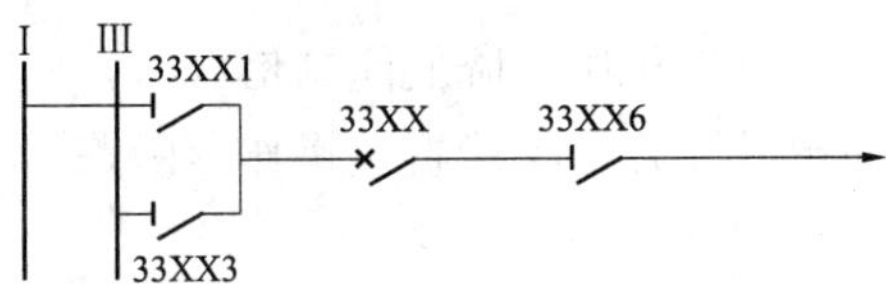

图 ZY1100301001-2　330kV 变电站（双母线）电气单元接线示意图

表 ZY1100301001-3　330kV 变电站（双母线）断路器送电操作要点

序号	名　称	内　容
1	操作目标	33XX 断路器本体检修工作完毕，恢复运行
2	工作内容及要求	拆除 33XX 断路器本体检修时的临时安全措施，合上 33XX 断路器两侧隔离开关，合上 33XX 断路器
3	调度指令（操作任务）	XX 线路 33XX 断路器由检修转运行
4	操作方案	1）拆除临时安全措施； 2）合上 33XX 断路器控制回路电源开关； 3）合上 33XX 断路器操动机构电源开关； 4）拉开 33XX 断路器两侧接地开关； 5）检查线路及断路器保护按规定在投入状态； 6）合上 33XX 断路器两侧 33XX1（或 33XX3）、33XX6 隔离开关； 7）合上 33XX 断路器； 8）投入××线路重合闸装置

【思考与练习】

1. 断路器操作中的注意事项有哪些？
2. 如何理解电网调度对高压开关类设备的操作规定？
3. 举例说明 330kV ×××线 33XX 断路器由冷备用转检修的操作方案。

模块 2　高压开关类设备的特殊停送电（ZY1100301002）

【模块描述】本模块介绍高压开关类设备特殊停送电、高压开关类设备操作的异常处理。通过操作过程详细介绍、案例分析，掌握高压开关类设备的特殊停送电操作方法，能进行操作异常的处理。

【正文】

高压开关类设备在操作中会存在一些特殊情况，如断路器不能正常的分合闸操作、用隔离开关直接进行设备停、送电操作等。对此，不能按照正常的操作原则及方法进行操作，必须按特殊规定及相应的操作办法进行操作。

一、高压断路器的特殊停送电操作

1. 异常状态下的操作

断路器在下列情况下的停电操作属于异常状态下的操作：

（1）SF_6断路器气体压力降低发出闭锁分闸信号时；

（2）液压、气动操动机构严重泄漏，压力降低到发出闭锁分闸信号时；

（3）断路器由于机械机构的原因不能进行分闸操作时。

2. 断路器的同期与解列操作

（1）当断路器两侧为两个独立的三相交流系统时，断路器送电操作时，必须经同期检查，且满足同期条件才能进行合闸操作，此项操作就是断路器的同期操作，即只有在投入检同期装置后，才能进行合闸操作。

（2）当断路器停电后，两侧为独立的三相交流系统时，断路器的分闸操作就是解列操作。此项操作与断路器正常停电操作基本一样，只是在分闸前要充分考虑到解列操作可能引起的系统问题。

二、高压开关类设备操作中的异常处理

1. 断路器操作中的异常处理

（1）SF_6断路器操作中，发出SF_6气体压力降低闭锁信号时，应禁止操作。的确需要操作该断路器时，应从该断路器两侧或上一级电源断开，不能直接操作该断路器，以免因灭弧能力下降造成断路器故障。

（2）断路器遥控操作失灵时，可在测控屏上进行操作。应检查微机防误工作站与监控系统通信是否正常，断路器遥控连接片是否投入，测控装置是否正常，断路器控制电源是否正常。

（3）断路器出现非全相合闸时，应立即将断路器断开，并切断该断路器的控制电源，查明原因。

（4）断路器操作中发生非全相分闸时，非全相保护应动作跳开合闸相。当非全相保护未动时，应立即将拒动相分闸。

（5）SF_6断路器操作中若发生SF_6气体泄漏，人员应远离现场，并站在上风口，断路器应禁止操作。

（6）断路器拒绝分合闸操作时，应查明原因，不可随意解除闭锁装置操作。

（7）断路器操作达到规定次数时，应退出自动重合闸装置。

（8）断路器遮断容量不够时，应退出自动重合闸装置。

2. 隔离开操作中的异常处理

（1）隔离开关遥控操作失灵时，应核对设备编号确认操作是否正确，无误后再检查微机防误工作站与监控系统通信是否正常，隔离开关遥控连接片是否投入，测控装置是否正常，隔离开关控制电源是否正常，隔离开关机构箱电源是否正常，“远方—就地”切换开关是否在“远方”位置。

（2）隔离开关合闸不到位，应检查隔离开关机械闭锁板是否卡涩，隔离开关触头接触是否良好，可将隔离开关拉开再重新合一次，确实合不到位应进行处理。

（3）隔离开关遥控令出口，但隔离开关非全相分、合闸时，应先将合闸相拉开，然后检查未分、合闸相电机电源、隔离开关机构箱电源、“远方-就地”切换开关，处理完毕后，再重新分、合闸操作。

（4）隔离开关支柱绝缘子出现异常时，禁止操作，确需停电应断开上一级电源，防止绝缘子断裂造成事故。

（5）若误拉开隔离开关时，严禁再合上，若误合上隔离开关严禁再拉开，以免三相弧光短路造成人身伤害。

三、高压开关类设备操作中的危险点分析

1. 断路器操作中的危险点

（1）误拉、合断路器；

（2）走错间隔；

（3）操作时发生过电压伤人；

（4）失灵启动该断路器的连接片未退出；

（5）重合闸装置未切换；

（6）操动机构压力降低强行操作；

（7）SF_6压力降低强行操作；

（8）SF_6气体泄漏，人员不撤离现场。

2. 隔离开关操作危险点分析

（1）误拉合隔离开关；

（2）带负荷拉合隔离开关；

（3）带地线（或接地开关）合闸。

四、高压断路器特殊操作案例

案例 1：330kV 变电站（3/2 接线）断路器（33X1）拒动时的停电操作。

系统接线方式：如图 ZY1100301002-1 所示。

运行方式：33X1、33X0、33X2 断路器运行，其他串断路器均在运行状态。

操作要点：见表 ZY1100301002-1。

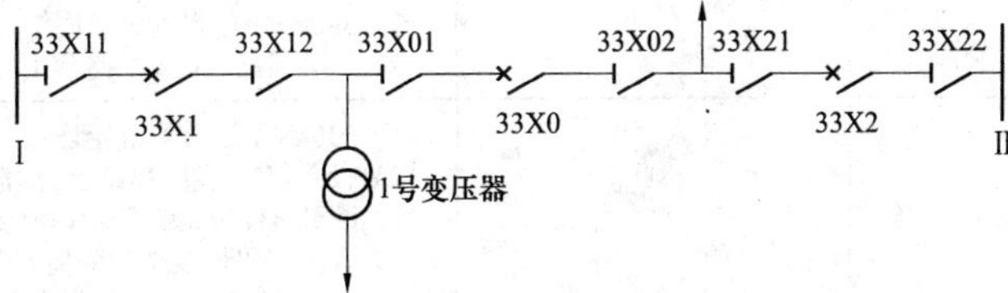

图 ZY1100301002-1　330kV 变电站接线（3/2 接线）示意图

表 ZY1100301002-1　330kV 变电站（3/2 接线）断路器（33X1）拒动时停电操作要点

序号	名　称	内　容
1	工作内容及要求	33X1 断路器操动机构检修，要求停电并做好安全措施（二次回路无工作）
2	操作目的	断路器停电，接地，断开操动机构工作电源，满足 33X1 断路器检修工作的要求
3	调度指令 （操作任务）	1）330kV Ⅰ段母线由运行转热备用； 2）1 号主变压器 33X1 断路器由运行转冷备用； 3）330kV Ⅰ段母线由热备用转运行； 4）1 号主变压器 33X1 断路器由冷备用转检修
4	操作方案	1）330kV Ⅰ段母线由运行转热备用： 断开 330kV Ⅰ段母线其他所有断路器。 2）1 号主变压器 33X1 断路器由运行转冷备用： 拉开 33X1 断路器两侧隔离开关 33X11、33X12。 3）330kV Ⅰ段母线由热备用转运行： 合上 330kV Ⅰ段母线其他所有断路器。 4）1 号主变压器 33X1 断路器由冷备用转检修： a）确认 33X1 断路器两侧无压； b）合上 33X1 断路器两侧接地开关； c）退出 33X1 断路器辅助保护装置； d）断开 33X1 断路器操动机构就地操作电源开关； e）断开 33X1 断路器控制回路电源开关； f）做好临时安全措施

案例 2：330 kV 变电站（双母接线）线路断路器（33X1）拒动时停电操作。

系统接线方式：如图 ZY1100301002-2 所示。

运行方式：330kV Ⅰ、Ⅱ、Ⅲ母并列运行，330kVXX 线路运行。

操作要点：见表 ZY1100301002-2。

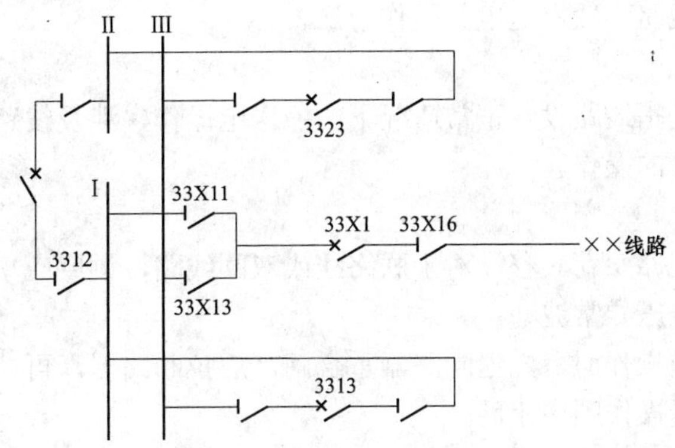

图 ZY1100301002-2　330kV 变电站接线（双母线）示意图

表 ZY1100301002-2 330kV 变电站（双母线接线）线路断路器（33X1）拒动时停电操作要点

序号	名 称	内 容
1	工作内容及要求	33X1 断路器操动机构检修，要求停电并做好安全措施（二次回路无工作）
2	操作目的	断路器停电，接地，断开操动机构工作电源，满足 33X1 断路器操动机构检修工作的要求
3	调度指令（操作任务）	1）330kVⅠ段破坏固定连接，将 33X2、33X3 等断路器倒至 330kVⅧ段母线运行； 2）母联 3312 断路器由运行转热备用； 3）母联 3313 断路器由运行转热备用； 4）××线路 33X1 断路器由运行转冷备用； 5）母联 3312 断路器由热备用转运行； 6）母联 3313 断路器由热备用转运行； 7）330kVⅠ段母线恢复固定连接，将 33X2、33X3 等断路器倒至 330kVⅠ段母线运行； 8）××线路 33X1 断路器由冷备用转检修
4	操作方案	1）330kVⅠ段破坏固定连接，将 33X2、33X3 等断路器倒至 330kVⅧ段母线运行； 2）投入母差保护 3313 断路器互联连接片； 3）断开 3313 断路器操作电源空气开关； 4）合上Ⅲ段母线上的隔离开关，断开相应的Ⅰ段母线上的隔离开关； 5）合上 3313 断路器操作电源空气开关； 6）退出母差保护 3313 断路器互联连接片； 7）断开 3313 断路器； 8）断开 3312 断路器； 9）拉开 33X1 断路器两侧隔离开关； 10）投入 3312 断路器充电保护； 11）合上 3312 断路器； 12）退出 3312 断路器充电保护； 13）合上 3313 断路器； 14）投入母差保护 3313 断路器互联连接片； 15）断开 3313 断路器操作电源空气开关； 16）合上Ⅲ段母线上的隔离开关，断开相应的Ⅰ段母线上的隔离开关； 17）合上 3313 断路器操作电源空气开关； 18）退出母差保护 3313 断路器互联连接片； 19）确定 33X1 断路器两侧确无电压； 20）合上 33X1 断路器两侧接地开关； 21）退出 33X1 断路器辅助保护装置； 22）断开 33X1 断路器操动机构电源开关； 23）断开 33X1 断路器控制回路电源开关； 24）做好临时安全措施

【思考与练习】

1. 哪些情况下断路器的操作属于特殊操作？

2. 断路器操作中的危险点有哪些？

3. 试根据图 ZY1100301002-1 330kV 变电站接线（3/2 接线）示意图，制定 33X2 断路器闭锁分闸时的停电检修操作方案。

模块 3 线路的一般停送电（ZY1100301003）

【模块描述】本模块介绍线路一般停送电的操作原则和注意事项、调度对线路操作的规定。通过归纳讲解、案例分析，掌握线路一般停送电的操作方法。

【正文】

线路一般停送电操作是指线路设备正常情况下的停送电操作，涉及线路的断路器、隔离开关、接地开关以及保护和自动装置的操作。

一、线路操作原则

（1）停电前应考虑将线路负荷转移。对于联络线或双回线路，调度应事先调整好潮流，再断开断路器，以免引起过负荷或电压异常波动。

（2）单回直馈线路停电操作时，先退断路器重合闸，后拉断路器，再拉线路侧隔离开关、母线侧隔离开关。送电操作与停电操作顺序相反。

（3）与发电厂联络的双回线路停电操作，先退断路器重合闸，断开发电厂侧断路器，再断变电站侧断路器，拉开线路侧隔离开关、母线侧隔离开关。送电操作与停电操作顺序相反，送电后，待两条线路电流相等后投入线路重合闸。

（4）只有在线路两侧的断路器、隔离开关均断开，并验明线路确无电压后，方可将线路进行接地操作。送电前，所有单位均报告完工后，调度方可下令拆除线路接地措施。

（5）3/2 接线方式中线路停电操作时，先断开中间断路器，再断开母线侧断路器，先拉开负荷侧隔离开关，再拉开母线侧隔离开关。送电操作与停电操作顺序相反。

（6）带有线路隔离开关的线路送电操作时，应先拉开线路两侧接地开关，断开中间断路器，再断开母线侧断路器，合上线路隔离开关，合上母线侧断路器对线路充电，正常后合上中间断路器。

（7）检修后相位有可能发生变动的线路，恢复送电时应进行核相。

二、线路停、送电操作注意事项

（1）线路合环操作时，有多电源或双电源供电的变电站，线路合环时，要经过同期装置检定，并列点电压相序一致，相位差、电压差不超过允许值。

（2）双回线路停送电操作：

1）双回线路停、送电时，要考虑对线路零序保护的影响。在双回线路变单回线路或单回线路变双回线路时，线路零序保护定值应更改，以免引起零序保护不正确动作。

2）双回线路改单回线路时，装有横差保护的线路，其横差保护要停用。

（3）线路送电前，继电保护及自动装置应齐全，整定值应按继电保护定值单整定正确，且传动良好，连接片在规定位置。倒闸操作中可能引起保护误动时，应先将可能误动的保护停用。

（4）线路两端的纵联保护应同时投入或退出，不能只投一侧纵联保护，以免造成保护误动作或拒动。纵联保护投运前要检测高频或光纤通道是否正常。

（5）线路转检修时应断开线路侧隔离开关控制电源，以防止人员误将检修状态的断路器和隔离开关合闸送电，造成人身伤害。

三、电网调度对线路停送电操作的规定

（1）线路停电操作时，应考虑电压和潮流转移，特别注意使运行设备不过负荷、线路输送功率不超过稳定限额，防止发电机自励磁及线路末端电压超过允许值。

（2）联络线停（送）电操作，如一侧为发电厂、一侧为变电站，一般在发电厂侧解（合）环，变电站侧停（送）电；如两侧均为变电站或发电厂，一般在短路容量小的一侧解（合）环，短路容量大的一侧停（送）电；环网线路操作时，一般在中间侧解（合）环，在两端厂站停（送）电；有特殊规定的除外。

（3）线路停电时，断开断路器后，先拉线路侧隔离开关，后拉母线侧隔离开关，送电时与此相反。

（4）线路操作时，不允许线路末端带变压器停送电；线路高压电抗器（无专用断路器）停送电操作必须在线路冷备用或检修状态下进行。

（5）禁止在只经断路器断开电源的设备上装设接地线或合上接地开关。多侧电源（包括用户自备电源）设备停电时，各电源侧至少有一个明显的断开点后，方可在设备上装设接地线或合上接地开关。

四、线路操作中的异常

（1）线路合上后潮流不正常。

（2）线路非同期并列。

（3）线路接地开关合不上。

五、线路一般停送电操作任务

线路一般停送电操作任务如表 ZY1100301003-1 所示。

表 ZY1100301003-1　　330kV 变电站（3/2 接线）线路操作任务表

操 作 任 务	操 作 内 容
330kV ×××线 33X1（边）、330kV ×××线 33X0（中）由运行转热备用	1）停用 33X0（中）断路器的重合闸； 2）停用 33X1（边）断路器的重合闸； 3）断开 33X0（中）断路器； 4）断开 33X1（边）断路器

续表

操作任务	操作内容
330kV ×××线 33X1（边）、330kV ×××线 33X0（中）由热备用转冷备用	1）检查33X1（边）断路器在断开位置； 2）拉开33X1（边）断路器两侧隔离开关； 3）检查33X0（中）断路器在断开位置； 4）拉开33X0（中）断路器两侧隔离开关； 5）线路保护的断路器位置开关切“33X0 断路器检修”位置
330kV ×××线路接地	1）断开×××线路电压互感器保护二次开关； 2）断开×××线路电压互感器计量二次开关； 3）将×××线路电压互感器二次切换开关由“通”切至“断”位置； 4）在线路隔离开关与线路之间验明确无电压； 5）合上线路接地开关
拆除 330kV ×××线路接地	1）拉开线路接地开关； 2）将×××线路电压互感器二次切换开关由“断”切至“通”位置； 3）合上×××线路零序电压二次开关； 4）合上×××线路保护计量电压互感器二次开关； 5）合上×××线路保护电压互感器二次开关
330kV ×××线 33X1（边）、330kV ×××线 33X0（中）由冷备用转热备用	1）33XX 断路器位置开关切“中间”位置； 2）检查33X1（边）断路器在断开位置； 3）合上33X1（边）断路器两侧隔离开关； 4）检查33X0（中）断路器在断开位置； 5）合上33X0（中）断路器两侧隔离开关
330kV ×××线 33X1（边）、330kV ×××线 33X0（中）由热备用转运行	1）合上33X1（边）断路器； 2）合上33X0（中）断路器； 3）投入33X1（边）断路器的重合闸； 4）投入33X0（中）断路器的重合闸

六、线路停送电一般操作案例

案例1：330kV 变电站（3/2 接线）线路停电操作。

接线方式：如图 ZY1100301003-1 所示。

运行方式：33X1、33X0、33X2 断路器运行，其他串断路器均在运行状态。

操作目标：线路停电，做线路检修措施。

操作要点：见表 ZY1100301003-2。

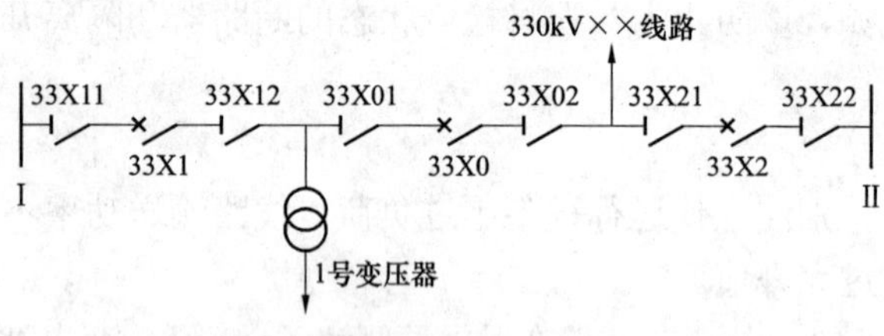

图 ZY1100301003-1 330kV 变电站（3/2 接线）电气单元接线示意图

表 ZY1100301003-2 330kV 变电站（3/2 接线）线路停电操作要点

序号	名称	内容
1	工作内容及要求	33XX 线路检修，要求线路停电并接地（二次回路无工作）
2	操作目标	线路断路器断开，线路侧隔离开关拉开、线路接地
3	调度指令（操作任务）	1）330kV ××线 33X0、33X2 断路器由运行转热备用； 2）330kV ××线 33X0、33X2 断路器由热备用转冷备用； 3）330kV ××线路接地
4	操作方案	1）退出33X0、33X2 重合闸； 2）断开33X0、33X2 断路器； 3）检查33X0、33X2 断路器确在断开位置； 4）拉开33X0、33X2 断路器两侧隔离开关； 5）断开线路电压互感器二次空气开关； 6）在33X21 隔离开关与线路之间验明确无电压； 7）合上330kV ××线路接地开关

说明：如果线路为线线串时，则应将另一运行线路保护屏上33XX 断路器位置开关切至“中断路器检修”位置或投入中断路器检修连接片，以保证运行线路保护正常工作。

案例2：330kV 变电站（双母线）线路送电操作。

接线方式：如图 ZY1100301003-2 所示。

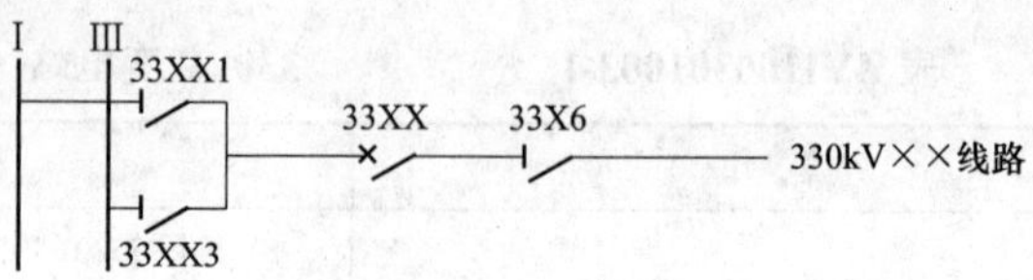

图 ZY1100301003-2 330kV 变电站（双母线）电气单元接线示意图

运行方式：330kV××线路运行。

操作目标：拆除线路检修措施，线路恢复运行。

操作要点：见表 ZY1100301003-3。

表 ZY1100301003-3　　330kV 变电站（双母线）线路送电操作要点

序号	名　称	内　容
1	工作内容及要求	33XX 线路拆除线路接地、线路恢复运行
2	操作目标	1）拉开线路接地开关，合上断路器两侧隔离开关、合上断路器； 2）投入线路重合闸装置
3	调度指令 （操作任务）	1）拉开 330kV ××线路接地开关； 2）330kV ××线 33XX 断路器由冷备用转热备用； 3）330kV ××线 33XX 断路器由热备用转运行
4	操作方案	1）拉开 330kV ××线路接地开关； 2）合上线路电压互感器二次空气开关； 3）检查 33XX 断路器确在断开位置； 4）合上 33XX 断路器两侧隔离开关； 5）合上 33XX 断路器； 6）投入 33XX 断路器重合闸

【思考与练习】

1. 为什么调度对 333kV 线路的操作任务不能下达综合指令？
2. 怎样对 3/2 接线系统中线路重合闸进行投退操作？
3. 线路操作中常见的异常现象有哪些？

模块 4　线路特殊停送电（ZY1100301004）

【模块描述】本模块介绍线路特殊停送电、线路设备操作的异常处理和危险点的控制。通过操作过程详细介绍、案例分析，掌握线路设备特殊停送电的操作方法，能进行操作异常的处理。

【正文】

线路正常停送操作中，有时会出现一些不正常的情况，如线路的隔离开关拉不开或断路器断不开等异常情况。对这些情况的处理所进行的倒闸操作视为线路的特殊操作。另外，对于一些特殊结构的线路，如 3/2 接线中带线路隔离开关的线路停送电操作也看作线路的特殊操作。

一、线路停送电操作中的异常及处理

（1）线路充电时出现事故跳闸，应停运线路，进行全面检查确定故障点。

（2）线路停送电中断路器、隔离开关出现异常时，参照断路器、隔离开关异常处理办法进行处理。

（3）线路操作中发现线路电压互感器故障，应考虑对保护的影响，汇报调度并采取防止保护误动的措施。

（4）线路投入运行后，重合闸装置出现异常时，重合闸装置不应再投入运行。

（5）线路送电操作中线路保护装置出现异常时，应查明原因，再行送电操作。

二、线路停送电中的危险点与控制

线路停送电操作中危险点与控制。线路停送电操作中的危险点及预控措施如表 ZY1100301004-1 所示。

表 ZY1100301004-1　　线路操作中危险点及预控措施

序号	危 险 点	预 控 措 施
1	误拉带负荷的线路 （误入带电间隔）	1）应正确核对操作断路器名称编号； 2）在每步操作结束后，应由监护人向操作人提示下一步操作内容； 3）中断操作重新就位开始操作前，应重新核对设备名称、编号； 4）执行一个操作任务中严禁换人

续表

序号	危险点	预控措施
2	不验电，合接地开关或装设接地线	1）确认被检修的设备两侧有明显断开点； 2）在指定装设接地线的部位或接地开关接触部位验明设备确无电压
3	带负荷拉、合隔离开关	1）确认停送电断路器在分闸位置，唱票复诵； 2）检查相应电流、红绿灯及后台遥信变位指示； 3）操作高压隔离开关（手动操动机构）必须戴绝缘手套；操作过程中应穿长袖工作服，并戴好安全帽； 4）进行解锁操作时，应确认被操作设备、操作步骤正确无误后，方可进行操作并加强监护
4	带接地线或接地开关合断路器或隔离开关	1）认真检查送电范围内的设备状态； 2）恢复送电前，应检查相应的接地线全部收回，检查现场确无遗留接地线
5	保护、重合闸误操作	1）保护投退操作应由两人进行； 2）应对设备二次连接片名称进行核对并确认无误； 3）应掌握二次连接片、切换开关的作用； 4）对于二次回路的切换，应根据原理图和现场规程的有关要求确定操作顺序； 5）应考虑相关的二次切换及相应的联跳回路； 6）防止误碰继电保护等运行中的二次设备
6	变更定值前未退保护出口连接片或定值变更后未投保护出口	1）改定值前，应到现场检查相关保护连接片确已退出； 2）查阅图纸确认应操作的相应连接片； 3）改定值后，应到现场检查相关保护连接片确已投入
7	保护定值调整错误	1）保护定值区调整应按现场规程要求进行操作； 2）定值调整结束后，应打印确认并与定值单核对无误

三、线路特殊停电操作案例

案例1： 330kV变电站（3/2接线）线路停电操作（中断路器拒动时）。

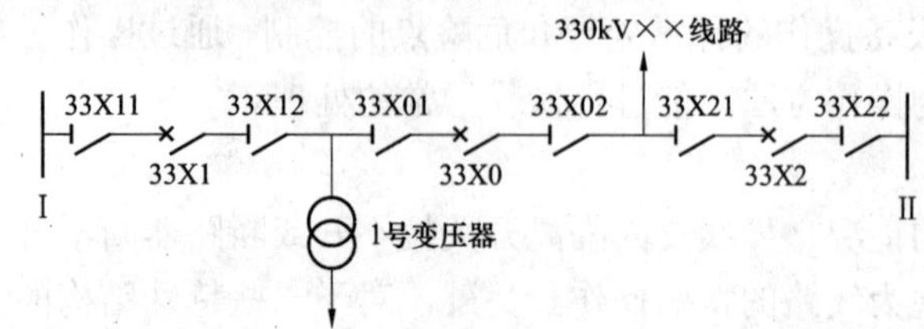

图 ZY1100301004-1 330kV变电站（3/2接线）接线方式图

接线方式：如图ZY1100301004-1所示。

运行方式：33X1、33X0、33X2断路器运行，其他串断路器均在运行状态。

操作目标：线路停电，做线路检修措施、中断路器检修。

操作要点：见表ZY1100301004-2。

表 ZY1100301004-2 330kV变电站（3/2接线）中断路器拒动时线路停电操作要点

序号	名称	内容
1	工作内容及要求	33XX线路检修、线路接地；33X0中断路器检修，合上两侧接地开关
2	操作目标	退出断路器重合闸、断开线路断路器，拉开中断路器两侧隔离开关，合上中断路器两侧接地开关，退出中断路器失灵保护跳闸出口及启动其他保护的连接片
3	调度指令（操作任务）	1）330kV 1号主变压器10kV侧XX断路器由运行转热备用（站用电已操作）； 2）330kV 1号主变压器110kV XX断路器由运行转热备用（主变压器所带110kV负荷已倒出，估计其他主变压器无过负荷情况）； 3）330kV ××线33X2断路器由运行转热备用； 4）330kV ××线由运行转热备用（对侧变电站操作）； 5）330kV 1号主变压器33X1断路器由运行转热备用； 6）330kV ××线33X0断路器由运行转冷备用（断路器拒动，拉开两侧隔离开关）； 7）330kV 1号主变压器33X1断路器由热备用转运行； 8）330kV 1号主变压器110kV XX断路器由热备用转运行； 9）330kV 1号主变压器35kV侧XX断路器由热备用转运行； 10）330kV ××线由热备用转冷备用（对侧变电站操作）； 11）330kV ××线33X2断路器由热备用转冷备用； 12）将330kV ××线接地； 13）退出33X0断路器的断路器辅助保护

模块4 ZY1100301004

续表

序号	名　称	内　容
4	操作方案	1）断开主变压器中、低侧断路器； 2）退出 33X2 断路器重合闸； 3）断开 33X2 断路器； 4）断开线路对侧断路器； 5）断开主变压器高压侧 33X1 断路器； 6）拉开 33X0 断路器两侧隔离开关； 7）合上主变压器高压侧 33X1 断路器； 8）合上主变压器 110kV 侧断路器； 9）合上主变压器 35kV 侧断路器； 10）拉开 33X2 断路器两侧隔离开关； 11）合上线路接地开关； 12）合上 33X0 断路器两侧接地开关； 13）退出 33X0 断路器辅助保护

案例 2：330kV 变电站（3/2 接线）线路停电，恢复完整串运行的操作。

操作要点：见表 ZY1100301004-3。

电网网架结构比较薄弱的情况下，当线路停电时，为了保证 3/2 接线方式下该串的完整性，即线路的两个断路器继续运行。因此，不少 330kV 变电站在线路侧设置了线路隔离开关，并在两个断路器与线路隔离开关之间配置了相应的短引线保护。

表 ZY1100301004-3　330kV 变电站（3/2 接线）线路停电，恢复完整串运行的操作要点

序列	名　称	内　容
1	工作内容及要求	33XX 线路检修、线路接地
2	操作目标	线路断路器重合闸退出，断开线路断路器，拉开线路侧隔离开关，合上线路接地开关，投入短引线保护，线路断路器恢复运行
3	调度指令（操作任务）	1）330kV ××线路停电，33X2，33X0 断路器恢复串运行； 2）将 330kV ××线接地
4	操作方案	1）退出 33X2，33X0 断路器重合闸； 2）断开 33X0 断路器； 3）断开 33X2 断路器； 4）拉开 330kVXX 线路侧隔离开关； 5）合上线路接地开关； 6）投入 330kV 线路短引线保护（33X2 开关辅助保护屏上）； 7）合上 33X2 断路器； 8）合上 33X0 断路器

【思考与练习】

1. 3/2 接线停送电操作中断路器和边断路器操作顺序是如何规定的，为什么？
2. 330kV 线路带高压电抗器操作注意事项是什么？
3. 试填写 330kV 线路停送电操作票（带有线路隔离开关）。
4. 试填写 330kV 线路带高压电抗器停送电操作票。

国家电网公司
生产技能人员职业能力培训专用教材

第二十二章　变压器（高压电抗器）停送电

模块1　变压器（高压电抗器）一般停送电（ZY1100302001）

【模块描述】本模块介绍变压器（高压电抗器）一般停送电的操作原则和注意事项、调度对变压器（高压电抗器）操作的规定。通过操作过程详细介绍、案例介绍，掌握变压器（高压电抗器）一般停送电的操作方法。

【正文】

一、变压器操作原则

1. 变压器停、送电的操作原则

（1）变压器停电操作，一般应先停低压侧、再停中压侧、最后停高压侧（升压变压器和并列运行的变压器停电时可根据实际情况调整顺序）；操作过程中可以先将各侧断路器操作到断开位置，再逐一按照由低到高的顺序操作隔离开关到断开位置（隔离开关的操作须按照先拉变压器侧隔离开关，再拉母线侧隔离开关的顺序进行）。

（2）变压器投运前，必须先投入冷却器，再接上负载。冷却器应逐台投入，并按负荷情况控制投入的台数。变压器退出运行时，先停变压器，待油温不再上升后，再将冷却装置停止运行。

（3）送电操作时，先合电源侧断路器，再合负荷侧断路器，以防止变压器反充电。

2. 变压器的充电操作原则

（1）充电变压器应具备完整的继电保护装置。

（2）充电变压器应确保中性点可靠接地。

（3）对新投变压器一般要求做 5 次充电操作，大修后的变压器做 3 次充电操作。

二、变压器操作中的注意事项

1. 主变压器正常操作中的注意事项

（1）为避免空载变压器合闸时由于励磁涌流产生较大的电压波动，在其两端都有电压的情况下，应采用离负载较远的高压侧充电，然后在低压侧并列的操作方法。

（2）空载变压器投入时，由于铁芯的严重饱和，将感应出高幅值的高次谐波电压，严重威胁变压器的绝缘。操作前要降低线路首端电压和将末端变电站内的电抗器投入，使得在操作时电压短时间不超过变压器的相应分接头电压的 10%。

2. 变压器充电操作注意事项

充电时是从变压器高压侧进行，还是从低压侧进行，应根据以下情况决定：

（1）从高压侧充电时，低压侧开路，对地电容电流很小，由于高压侧线路电容电流的关系，使低压侧因静电感应而产生过电压，易击穿低压绕组，但因励磁涌流所产生的电动力小，所以对系统的冲击也小（因系统容量大）。

（2）从低压侧充电时，高压侧开路，不会产生过电压，但励磁涌流较大，可以达到额定电流的 6～8 倍。励磁涌流开始衰减较快，一般经 0.5～1s 后即减到额定电流的 0.25～0.5 倍，但全部衰减时间较长，大容量的变压器可达几十秒。由于励磁涌流产生很大的电动力，易使变压器的机械强度降低及对系统产生很大冲击，以及继电保护可能躲不过励磁涌流而误动作。

如果变压器绝缘水平较高，则可从高压侧充电；若变压器绝缘水平较低，则可从低压侧充电。此外，还应考虑保护状态，如只有一侧有保护装置，则应从装有保护装置侧充电，以便在变压器内部出现故障时，可由保护切断故障。若两侧均有保护装置，则可按接线和负荷情况，选择在哪一侧充电。

3. 大修后变压器投入操作时的注意事项

（1）摇测绝缘电阻。

（2）对变压器进行外部检查。安装应符合规定，附件、油位、分接开关位置及外壳接地等连接应正常。

（3）对冷却系统进行检查及试验。

（4）对有载调压装置进行传动。

（5）必须在额定电压下做冲击合闸试验，新装投运的变压器冲击5次，大修更换、改造部分绕组大修的变压器投运则冲击3次。如有条件要先做从零起升压，后进行正式冲击试验。

4. 变压器二次设备操作中的注意事项

（1）应在主变压器充电结束后，将差动保护出口连接片停用，在主变压器1/3额定容量负载情况下（且主变压器各侧都带负载）由继电保护人员进行“六角相位”及“差压”测试经分析确认差动回路接线正确，整定无误后，才可重新将差动保护出口连接片投入。

（2）在运行中的主变压器差动回路上进行工作，调整差动电流互感器端子连接片（如旁路操作中）或一、二次方式不对应前，应事前先停用差动保护，待工作结束或操作结束后检查差动连接片两端无电压后投入差动保护连接片。

（3）继电保护人员定期测量瓦斯保护二次回路绝缘及差动继电器的差电压时，两项工作应逐项进行，先征得调度同意后，值班员将保护暂时退出，但不得同时退两套保护。

三、调度规程对变压器操作的规定

（1）对变压器充电，充电电源电压不准超过变压器分接头挡位电压的10%，如有可能超过时应采取适当的降压措施后再充电。

（2）在中性点直接接地电网中，为防止高压断路器三相不同期时可能引起的过电压，变压器送电操作前，必须先将变压器中性点直接接地后，才可进行操作。

（3）如变压器高、低压侧均有电源，一般情况下，送电时应先由高压侧充电，低压侧并列。停电时先在低压侧解列，再由高压侧停电。

（4）对于没有装设发电机断路器的发电机—变压器组，停电操作先在发电机—变压器组高压侧解列，然后降压停电。送电时，零起升压再由变压器高压侧同期并列。

（5）自耦变压器中性点直接接地运行。

（6）有载调压分接头开关允许操作次数按制造厂或现场规定执行。

四、变压器一般停送电操作任务与操作内容

变电站主变压器一般停送电操作只涉及本变电站的操作，所以变压器的操作目标只需要一个操作任务就可实现。电网调度对变压器下达的典型操作任务（指令）如表ZY1100302001-1所示。

表ZY1100302001-1　　330kV变电站（3/2接线）主变压器操作任务

操作任务	操作内容
X号主变压器由运行转检修	1）停用主变压器高压侧断路器重合闸； 2）断开主变压器三侧断路器； 3）拉开主变压器三侧隔离开关； 4）合上主变压器三侧接地开关； 5）断开主变压器TV二次空气开关； 6）断开主变压器冷却器电源开关
X号主变压器由检修转运行	1）合上主变压器冷却器电源开关； 2）合上主变压器TV二次空气开关； 3）拉开三侧主变压器的接地开关； 4）合上主变压器三侧隔离开关； 5）合上主变压器三侧断路器； 6）投入主变压器高压侧断路器重合闸装置； 7）检查主变压器负荷分配正常

模块1 ZY1100302001

续表

操作任务	操作内容
X号变压器运行转热备用	1）计算其他主变压器是否过负荷； 2）停用主变压器高压侧断路重合闸装置； 3）断开主变压器三侧断路器
X号变压器热备用转运行	1）合上主变压器三侧断路器； 2）投入变压器断路器重合闸； 3）检查主变压器负荷分配正常
X号变压器运行转冷备用	1）计算其他主变压器是否过负荷； 2）停用变压器断路器重合闸； 3）断开主变压器三侧断路器； 4）拉开主变压器三侧隔离开关
X号变压器冷备用转运行	1）合上主变压器三侧隔离开关； 2）合上主变压器三侧断路器； 3）投入变压器断路器重合闸； 4）检查主变压器负荷分配正常
X号变压器热备用转冷备用	拉开主变压器三侧隔离开关
X号变压器冷备用转热备用	合上主变压器三侧隔离开关
X号变压器热备用转检修	1）拉开主变压器三侧隔离开关； 2）合上主变压器三侧接地开关； 3）断开主变压器TV二次空气开关； 4）断开主变压器冷却器电源开关
X号变压器检修转热备用	1）合上主变压器冷却器电源开关； 2）合上主变压器TV二次空气开关； 3）拉开主变压器三侧接地开关； 4）合上主变压器三侧隔离开关
X号变压器冷备用转检修	1）合上主变压器三侧接地开关； 2）断开主变压器TV二次空气开关； 3）断开主变压器冷却器电源开关
X号变压器检修转冷备用	1）合上主变压器冷却器电源开关； 2）合上主变压器TV二次空气开关； 3）拉开主变压器三侧接地开关

五、变压器停送电操作中的异常

（1）冷却器投运行操作中出现异常（投不上、电源不能切换，冷却器不能转换）；

（2）变压器充电过程中，差动保护、重瓦斯保护任意一套主保护动作跳闸；

（3）主变压器供电后，330kV一侧电压互感器异常；

（4）操作中闭锁装置异常，不能进行操作；

（5）变压器投运前，低压电抗器异常不能投入；

（6）变压器差动或重瓦斯保护异常；

（7）在操作中出现变压器的断路器和隔离开关无法进行分合闸操作；

（8）变压器合闸带电后，出现异常声音并有爆破声；

（9）在带上正常负荷后，变压器温度不正常，并不断升高时，应立即停止运行。

六、变压器操作案例

案例：330kV变电站（3/2接线）主变压器停电操作。

操作任务：X号主变压器由运行转检修。

一次接线：330kV侧为3/2接线，110kV侧为双母三分段接线，如图ZY1100302001-1所示。

主变压器停电操作顺序及操作内容如表ZY1100302001-2所示。

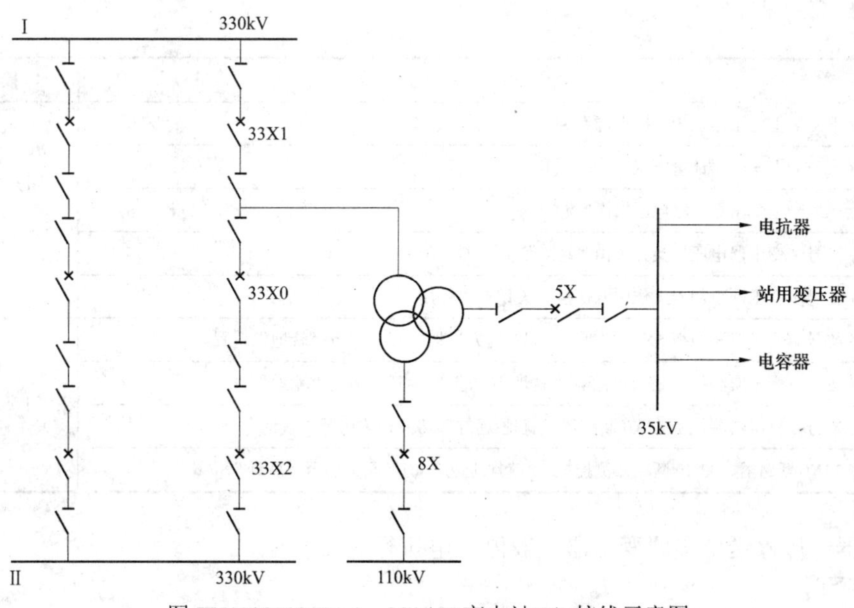

图 ZY1100302001-1　330 kV 变电站 3/2 接线示意图

表 ZY1100302001-2　　主变压器停电操作顺序及操作内容

序号	操 作 内 容	操 作 要 点
1	计算非操作主变压器不会过负荷	
2	退出 33X0 断路器重合闸出口连接片，并检查	
3	将 33X0 断路器重合闸转换开关由“单重”切至“停用”位置	
4	断开 5X 断路器	
5	断开 8X 断路器	
6	断开 33X0 断路器	
7	断开 33X1 断路器	
8	检查 5X 断路器确在分闸位置	
9	拉开 5X2 隔离开关，并检查其三相确已拉开	
10	拉开 5X1 隔离开关，并检查其三相确已拉开	
11	检查 8X 断路器确在分闸位置	断开主变压器三侧断路器，拉开三侧隔离开关
12	拉开 8X6 隔离开关，并检查其三相确已拉开	
13	拉开 8X3 隔离开关，并检查其三相确已拉开	
14	检查 X 号主变压器保护（二）柜电压切换灯“Ⅲ母”灭	
15	检查 33X0 断路器 A、B、C 三相确在分闸位置	
16	拉开 33X01 隔离开关，并检查其三相确已拉开	
17	拉开 33X02 隔离开关，并检查其三相确已拉开	
18	检查 33X1 断路器 A、B、C 三相确在分闸位置	
19	拉开 33X12 隔离开关，并检查其三相确已拉开	
20	拉开 33X11 隔离开关，并检查其三相确已拉开	
21	在 X 号主变压器 35kV 侧套管与 5X2 隔离开关之间验明确无电压	
22	合上 5X0 接地开关，并检查其三相确已合好	
23	在 X 号主变压器 110kV 侧套管与 8X6 隔离开关之间验明确无电压	
24	合上 8X60 接地开关，并检查其三相确已合好	
25	在 X 号主变压器 330kV 侧套管 A、B、C 三相与 33X12 隔离开关 A、B、C 三相之间验明确无电压	在变压器三侧验电、合上接地开关
26	合上 33X167A 相接地开关，并检查其确已合好	
27	合上 33X167B 相接地开关，并检查其确已合好	
28	合上 33X167C 相接地开关，并检查其确已合好	

续表

序号	操 作 内 容	操 作 要 点
29	断开 X 号主变压器保护二次电源开关	断开主变压器 TV 交流二次开关、断开主变压器冷却器电源开关
30	断开 X 号主变压器计量电压二次电源开关	
31	断开 X 号主变压器零序电压二次电源开关	
32	将 X 号主变压器电压切换开关由“通”切至“断”位置	
33	将 X 号主变压器冷却器工作电源切换开关切至“停用”位置	
34	将 X 号主变压器测控柜 5X 断路器 “就地/远方”切换开关切至“就地”位置	闭锁开关进行远方操作
35	将 X 号主变压器测控柜 8X 断路器 “就地/远方”切换开关切至“就地”位置	
36	将 X 号主变压器测控柜 33X0 断路器“就地/远方”切换开关切至“就地”位置	
37	将 33X0 断路器、33X0 断路器测控柜 “就地/远方”切换开关切至“就地”位置	

高压电抗器一般停送电参照变压器一般停送电执行。

【思考与练习】

1. 330kV 主变压器停送电操作原则有哪些？
2. 330kV 主变压器停送电操作中常见的异常现象有哪些？
3. 330kV 主变压器停送电操作前注意事项有哪些？

模块 2 变压器（高压电抗器）特殊停送电（ZY1100302002）

【模块描述】本模块介绍变压器（高压电抗器）特殊停送电、变压器（高压电抗器）设备操作的异常处理。通过操作过程详细介绍、案例介绍，掌握变压器（高压电抗器）特殊停送电的操作方法，能进行操作异常的处理。

【正文】

变压器特殊操作包括：变压器断路器旁带操作以及主变压器设备单元的断路器、隔离开关出现拒动情况下的停电操作。在变压器特殊操作中，应能及时发现异常情况并进行有效处理。

一、变压器特殊操作的注意事项

1. 变压器倒母线操作的注意事项

（1）确保母联断路器在合闸位置。

（2）防止母联断路器严重过载。

（3）及时切换主变压器后备保护出口跳母联断路器的连接片，以防止母联断路器的误动和拒动。

2. 主变压器断路器旁带操作注意事项

（1）旁路断路器单元保护定值切换成带主变压器的保护定值。

（2）在切换主变压器差动回路断路器 TA 和套管 TA 时防止 TA 二次回路开路，并将差动保护退出；主变压器差动回路断路器 TA 和套管 TA 切换完成后，及时将差动保护投入运行。

（3）注意及时投入主变压器保护跳旁路断路器的连接片。

（4）退出主变压器保护跳被旁带断路器的连接片。

二、变压器停送电操作中的异常处理

（1）冷却器投运行操作中出现异常（投不上、电源不能切换，冷却器不能转换），应查明原因尽快恢复，待冷却器运行正常后再投入变压器。

（2）变压器充电过程中，差动保护、重瓦斯保护任意一套主保护动作，应查明原因后方可将变压器再次投运。

（3）主变压器供电后，330kV 一侧电压互感器异常，均应退出运行，待故障消除后再投入变压器。

（4）操作中闭锁装置异常，应停止操作，查明原因后再进行操作，严禁擅自解锁操作。

（5）变压器投运前，低压电抗器异常不能投入异常，汇报调度限制 330kV 侧电压，若电压较高禁

止投入变压器。

（6）变压器差动或重瓦斯保护异常，应保证在有一套保护装置运行正常的情况下，将异常的差动或重瓦斯保护退出运行后，投入变压器。

（7）在操作出现变压器的断路器和隔离开关无法进行分合闸操作时，按断路器和隔离开关的拒动进行处理。

（8）变压器合闸带电后，出现异常声音并有爆破声时，应立即停止运行。

（9）在带上正常负荷后，变压器温度不正常，并不断升高时，应立即停止运行。

三、变压器操作中的危险点分析与控制

（1）停变压器时，负荷侧母联断路器未投入运行，造成对外停电。操作前认真核对运行，正确填写操作票。

（2）送电前变压器保护未投，造成主变压器无保护运行，变压器合闸送电故障时不能切除故障，造成主变压器损坏。送电前应按照定值单要求将保护全部投入运行。

（3）送电前冷却器装置未投入，危及变压器安全运行。送电前应按要求将冷却器提前投入运行15min。

（4）停电后立即将主变压器冷却器停止运行，变压器过热减少使用寿命。变压器停电后应将冷却器切至试验位置运转 30min，待变压器冷却后停运。

高压电抗器特殊停送电参照变压器特殊停送电执行。

【思考与练习】

1. 变压器倒换母线后注意哪些保护的操作？

2. 主变压器带上正常负荷后，变压器温度不正常，并出现不断升高的现象应怎样处理？

3. 根据图 ZY1100302002-1　330kV 变电站双母线接线示意图，试制定 330kV 1 号主变压器由运行转检修，保护定检的操作方案（操作前出现高压侧断路器闭锁分闸异常现象）。

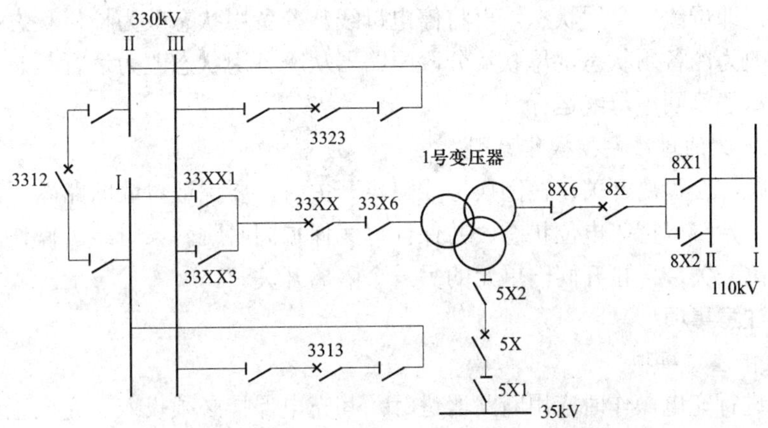

图 ZY1100302002-1　330kV 变电站双母线接线示意图

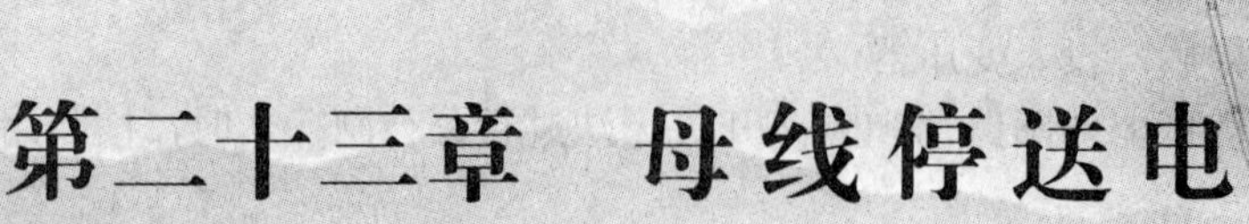

第二十三章　母线停送电

模块1　母线一般停送电（ZY1100303001）

【模块描述】本模块介绍母线一般停送电的操作原则和注意事项、调度对母线操作的规定。通过操作过程详细介绍、案例分析，掌握母线一般停送电的操作方法。

【正文】

母线的操作是指母线的送电、停电操作以及母线上的电气设备单元在两条母线间的倒换等。母线单元除了母线联络断路器外，母线单元的断路器也是其他设备单元的断路器。因此，进行母线的停送电操作一般会涉及其他设备，在操作中尤其要考虑对其他设备的影响。

一、母线操作原则

1. 3/2 接线系统的母线操作原则

停电操作时，先将母线上所有运行断路器由运行状态转换成冷备用状态，即母线冷备用状态，再将母线由冷备用状态转检修状态。送电操作时，先将母线由检修状态转成冷备用状态，再选择一个断路器对母线进行充电操作，母线充电正常后，将母线上其他断路器由冷备用状态转成运行状态。

2. 双母线接线方式的母线停送电操作原则

停电操作，先将要停电母线上所有运行设备倒至另一条母线上运行，母联及分段断路器从运行状态改为冷备用状态，即母线冷备用状态，再将停电母线从冷备用状态改为检修状态；送电操作时，停电母线从检修状态改为冷备用状态，母联及分段断路器从冷备用状态改为运行状态，再将原在该母线运行的设备从运行母线倒回原母线运行。

3. 双母线接线方式的母线倒换操作原则

为防止带负荷拉、合隔离开关，在倒换母线隔离开关时，要保证母联断路器不能跳闸，即两条母线在隔离开关操作中始终保持等电位状态，并保证母线保护同时跳两条母线。操作隔离开关时，先合上一条母线上的隔离开关，再拉开同一单元的另一个隔离开关。

二、母线操作注意事项

1. 母线充电操作注意事项

（1）对空母线进行充电操作时应用断路器进行，其充电保护必须投入，充电正常后退出。

（2）禁止用断口有均压电容的断路器向带电磁式电压互感器的空母线充电，以防止产生谐振。电容式电压互感器和断路器断口不带有均压电容器的可以带互感器给母线充电。

（3）用变压器向母线充电时，变压器中性点必须可靠接地，防止操作中产生过电压损坏变压器绝缘。

（4）两组母线的并、解列操作必须用断路器来完成。

（5）母线充电操作的注意事项：

1）用母联断路器进行母线充电操作。充电时应投入母线断路器的保护跳闸连接片和母线充电保护连接片及相应的母线充电投入开关。

2）用主变压器断路器对母线进行充电。充电时应确保变压器保护在投入位置，并且后备保护的方向应有指向母线的。

3）用线路断路器或旁路断路器对母线充电。充电时确保线路断路器充电保护及线路保护在投入状态。

（6）母线充电操作后应检查母线及母线上的设备情况，包括检查母线上所连电压互感器、避雷器应无异常响声，无放电、冒烟，支持绝缘子无放电，检查充电断路器正常等，同时应检查母线电压指示正常。对 GIS 母线在充电后还应检查母线及母线上连接各设备的气室压力正常。

2. 双母线操作中的注意事项

（1）双母线并列运行的方式下，在倒母线操作前必须检查母联断路器及其两侧隔离开关在合闸状态，并断开母联断路器的操作电源，确保在倒母线过程中母联断路器不会跳闸，防止造成带负荷拉合隔离开关的事故。仅进行热备用间隔设备的倒母线操作时，可以将该间隔操作到冷备用状态，然后再操作到另一组母线热备用，此时可以不用断开母联断路器的操作电源。

（2）倒母线操作中应确保电压二次不会断开。为此，倒母线前应对没有电压自动切换功能的设备进行手动切换，确保保护、自动装置及计量装置等设备的正常运行。

（3）操作中应检查所有母线隔离开关重动继电器（又称切换继电器）的动作情况、辅助触点切换正常，二次电压切换良好。在双母线接线中，若同一线路两母线隔离开关的重动继电器同时动作时，不允许断开母联断路器。否则，母联断路器断开后，若两母线的电压不完全相等，使两母线电压互感器的二次星形侧经过两重动继电器的触点流过环流，将电压互感器的二次侧熔断器熔断（或跳开二次侧空气开关），造成保护误动，或烧坏电压互感器二次绕组。

（4）倒母线操作中，母差保护应投入运行，对母线保护进行相应的运行方式的切换和调整，将母差保护改为非选择性动作，以保证其动作的可靠性和快速切除操作中出现的故障。

（5）正常的倒母线操作应按先合后拉的原则，即先合上备用母线侧隔离开关，后拉开工作母线侧隔离开关。将已发生故障的母线上的设备需倒至正常运行的母线上时则应按先拉后合的顺序，防止因故障点未隔离造成运行母线停电。双母线分段接线方式倒母线时应逐段分别进行，并根据操作的要求改变母差保护、变压器后备联跳母联断路器的保护连接片和保护运行方式。

（6）倒母线操作在拉母联断路器前应检查母联断路器电流指示为零，所停母线上的设备均已倒至另一段母线运行，防止发生漏倒而引起的甩负荷。断开母联断路器后应检查停电母线的电压指示为零。并应考虑各组母线的负荷与电源分布的合理性。

（7）当母联断路器的断口有均压电容时应尽量不要用母联断路器切除带电磁式电压互感器的空母线，以防止造成铁磁谐振。应先退出母线电压互感器，后断开母联断路器。

3. 3/2 接线母线操作中的注意事项

（1）母线充电时，应投入断路器充电保护，充电正常后退出该保护。当母差保护的二次回路有工作、二次线有变动时充电前应将母差保护退出运行，充电后带负荷测量母差回路接线正确后方可投入母差保护。

（2）边断路器停电前应先退出该断路器的重合闸，并根据现场运行规程及保护运行规程的要求改变相应中间断路器的重合闸配合方式。如果此项操作需要断开边断路器的操作电源，则在断开操作电源前应投入相应断路器的位置停信连接片或切换保护装置上的断路器状态开关。

（3）母线停电检修时，应拉开该母线上所连接的所有断路器及两侧隔离开关（可以先断开所有断路器后再依次拉开各断路器两侧隔离开关），将母线电压互感器从低压侧断开，防止反送电，并合上母线接地开关。对于母线电压互感器可以二次并列的应根据现场运行规程的要求，在母线电压互感器停电前，先将二次并列后再退出要停电母线的电压互感器二次空气开关，方可进行其他操作。

（4）边断路器停电检修操作应只断开该断路器控制、信号电源，不允许断开相关线路或变压器保护的电源。母线保护工作时，应退出“母差启动失灵”保护连接片和母差保护所有出口连接片。

（5）对不能直接验电的母线如 GIS 母线，在合接地开关前，必须要确认连接在该母线上的全部隔离开关确已全部拉开，连接在该母线上的电压互感器的二次空气开关（熔断器）已全部断开。

三、调度规程对母线操作的相关规定

1. 省调对母线操作的规定

（1）倒闸前应先将母联断路器及分段断路器跳闸电源断开。

（2）充分考虑对相关保护、仪表及计量装置的影响。

（3）每组母线上的电源与负荷分布是否合理。

（4）双母线（包括三母线）一组母线电压互感器停电，母线接线方式不变（电压回路不能切换者除外）。

2. 网调对母线操作的规定

双母线正常方式下应按固定接线运行。进行倒闸操作时或其他非固定方式运行时，应针对不同型号母差保护的工作原理，按照现场运行规程的具体规定对其运行方式进行必要的切换。

四、母线一般停送电操作的任务

变电站母线的操作一般都只涉及本站的设备，所以一般的调度令为综合指令，值班人员应根据具体的任务拟定操作票。母线操作的内容和操作设备的范围见表 ZY1100303001-1。

表 ZY1100303001-1　　330kV 变电站母线典型操作任务

操 作 任 务	操 作 内 容
×××kV ×母线运行转检修	1）拉开母线连接所有断路器及断路器两侧隔离开关； 2）在各可能来电侧合上接地开关（或挂上接地线）； 3）母线上的电压互感器、避雷器退出运行
×××kV ×母线检修转运行	1）拉开各侧接地开关或拆除接地线； 2）合上母线上能够运行的隔离开关和断路器； 3）母线上的电压互感器、避雷器等投入运行
×××kV ×母线运行转热备用	断开母线所连接所有断路器，其他设备保持原运行状态
×××kV ×母线热备用转运行	合上母线上除检修要求不能合或方式明确不合的断路器以外的设备各侧断路器
×××kV ×母线运行转冷备用	1）拉开母线所连接所有断路器及断路器两侧隔离开关； 2）母线上的电压互感器、避雷器等退出运行
×××kV ×母线冷备用转运行	1）合上母线上除检修要求不能合或方式明确不合的断路器以外的设备各侧隔离开关和断路器； 2）母线上的电压互感器、避雷器等投入运行
××kV ×母线运行元件全部倒至××kV 母线运行	1）投入母差保护强制互联连接片或母差保护改为非选择方式； 2）取下母联断路器操作熔断器； 3）合上一组母线隔离开关； 4）拉开另一组母线隔离开关； 5）装上母联断路器操作熔断器

五、母线一般停送电操作中的异常

（1）在操作母线隔离开关时出现较大电弧；

（2）给空母线充电操作后出现铁磁谐振；

（3）停电母线电压互感器所带的保护及自动装置不能进行切换；

（4）母线隔离开关辅助触点不能切换；

（5）倒母线操作完成后，母联断路器有电流；

（6）母联断路器断开后，母线电压有指示。

六、母线倒闸操作案例

案例 1：330kV 3/2 接线系统的Ⅰ母线停电检修。

主接线方式：如图 ZY1100303001-1 所示。

保护配置：2 套独立母差保护。

运行方式：4 串设备全部运行。

操作目标：断开 330 kVⅠ母线上的所有断路器，拉开断路器两侧隔离开关，Ⅰ母线接地，母线侧隔离开关接地，保证其他线路、变压器设备安全运行。

操作任务：330kVⅠ母线由运行转检修。

操作方案：见表 ZY1100303001-2。

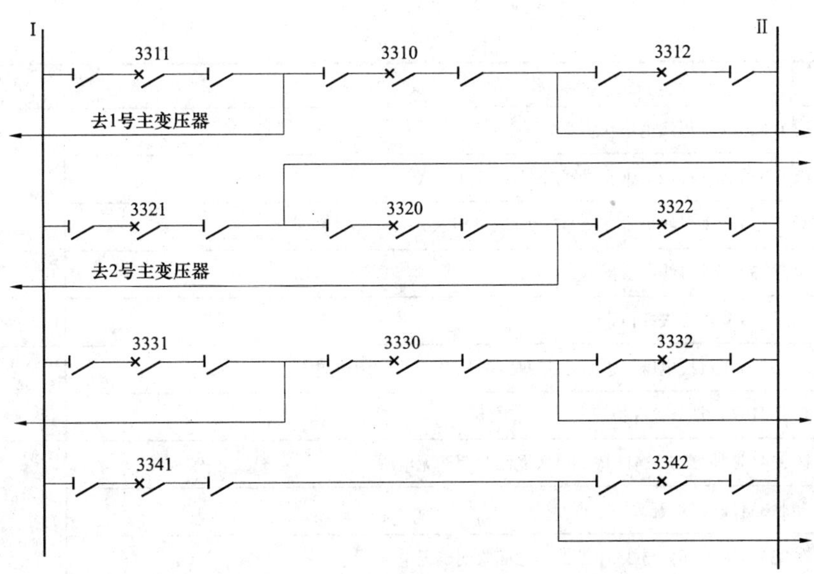

图 ZY1100303001-1　330kV 系统 3/2 接线

表 ZY1100303001-2　　330kV 3/2 接线系统Ⅰ母线停电检修操作方案

操作顺序	操 作 项 目 及 内 容	操 作 要 点
1	在模拟图上进行模拟操作	
2	退出 3321 断路器重合闸出口连接片	退出Ⅰ母线上断路器的重合闸装置
3	将 3321 断路器重合闸停用	
4	退出 3331 断路器重合闸出口连接片	
5	将 3331 断路器重合闸停用	
6	退出 3341 断路器重合闸出口连接片	
7	将 3341 断路器重合闸停用	
8	断开 3311 断路器	断开Ⅰ母线上的所有断路器
9	检查 3311 断路器确在分闸位置	
10	断开 3321 断路器	
11	检查 3321 断路器确在分闸位置	
12	断开 3331 断路器	
13	检查 3331 断路器确在分闸位置	
14	断开 3341 断路器	
15	检查 3341 断路器确在断开位置	拉开Ⅰ母线上所有断路器两侧的隔离开关
16	拉开 33411 隔离开关并检查	
17	拉开 33412 隔离开关并检查	
18	检查 3331 断路器确在分闸位置	
19	拉开 33311 隔离开关并检查	
20	拉开 33312 隔离开关并检查	
21	检查 3321 断路器确在分闸位置	
22	拉开 33211 隔离开关并检查	
23	拉开 33212 隔离开关并检查	
24	检查 3311 断路器确在断开位置	
25	拉开 33111 隔离开关并检查	
26	拉开 33112 隔离开关并检查	

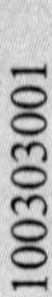

续表

操作顺序	操 作 项 目 及 内 容	操 作 要 点
27	取下330kVⅠ母线电压互感器二次熔断器	退出Ⅰ母线电压互感器
28	断开330kVⅠ母线电压互感器二次ZKK小开关	
29	断开330kVⅠ母线电压互感器二次FK小开关	
30	检查330kVⅠ母线电表指示为零	
31	拉开319隔离开关并检查	
32	在330kVⅠ母线电压互感器与329隔离开关之间验明确无电压	将Ⅰ母线接地
33	合上3197接地开关并检查	
34	在3341断路器与33411隔离开关之间验明确无电压	将Ⅰ母线上隔离开关接地
35	合上334117接地开关并检查	
36	在33311隔离开关与3331断路器之间验明确无电压	
37	合上333117接地开关并检查	
38	在3321断路器与33211隔离开关之间验明确无电压	
39	合上332117接地开关并检查	
40	在33111隔离开关与3311断路器之间验明确无电压	
41	合上331117接地开关并检查	
42	投入3311断路器检修连接片	保护装置上边开关置“检修”状态
43	投入3321断路器检修连接片	
44	投入3331断路器检修连接片	
45	投入3341断路器检修连接片	
46	取下3311断路器操作熔断器（主）	断开断路器的操作电源和信号电源
47	取下3311断路器操作熔断器（副）	
48	取下3311断路器信号熔断器	
49	取下3321断路器操作熔断器（主）	
50	取下3321断路器操作熔断器（副）	
51	取下3321断路器信号熔断器	
52	取下3331断路器操作熔断器（主）	
53	取下3331断路器操作熔断器（副）	
54	取下3331断路器信号熔断器	
55	取下3341断路器操作熔断器（主）	
56	取下3341断路器操作熔断器（副）	
57	取下3341断路器信号熔断器	

案例2：双母线系统的Ⅰ母线停电检修。

主接线方式如图ZY1100303001-2所示，330kV变电站为双母线三分段接线。

运行方式：330 kV三段母线并列运行，1号主变压器、X1、X2线路在Ⅰ母线上运行。

操作目标：断开3312、3313断路器、拉开Ⅰ母线上所有隔离开关、退出Ⅰ母线两套保护、Ⅰ母线接地。

操作任务：330kVⅠ母线由运行转检修。

操作方案：见表ZY1100303001-3。

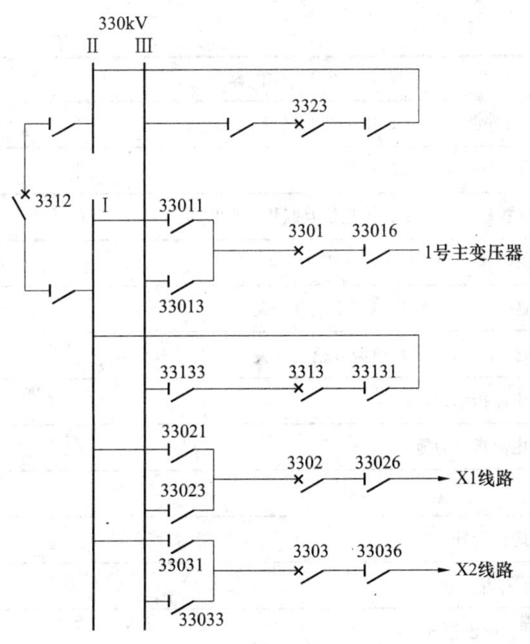

图 ZY1100303001-2　330kV 变电站双母线三分段接线示意图

表 ZY1100303001-3　　**双母线接线Ⅰ母线停电检修操作方案**

操作顺序	操作项目及操作内容	操　作　要　点
1	模拟操作	
2	检查 3313 断路器确在合闸位置	将母差保护的Ⅰ、Ⅲ母线保护改为非选择方式
3	投入 330kV 母差保护柜（一）Ⅰ、Ⅲ母线互联投入连接片	
4	检查 330kV 母差保护（一）互联运行灯亮	
5	投入 330kV 母差保护柜（二）Ⅰ、Ⅲ母线互联投入连接片	
6	检查 330kV 母差保护（二）互联运行灯亮	
7	断开 330kV 母联测控柜 3313 操作电源Ⅰ空气开关	断开 3313 断路器的操作电源
8	断开 330kV 母联测控柜 3313 操作电源Ⅱ空气开关	
9	合上 33013 隔离开关	将Ⅰ母线运行设备倒至Ⅲ母线运行
10	检查 33013 隔离开关确已合好	
11	检查 3301 断路器保护柜Ⅲ母线运行灯亮	
12	拉开 33011 隔离开关	
13	检查 33011 隔离开关确已拉开	
14	投入 1 号主变压器后备保护跳 3323 断路器连接片	
15	合上 33023 隔离开关	
16	检查 33023 隔离开关确已合好	
17	检查 3302 断路器保护柜Ⅲ母线运行灯亮	
18	拉开 33021 隔离开关	
19	检查 33021 隔离开关确已拉开	
20	合上 33033 隔离开关	
21	检查 33013 隔离开关确已合好	
22	检查 3303 断路器保护柜Ⅲ母线运行灯亮	
23	拉开 33031 隔离开关	
24	检查 33031 隔离开关确已拉开	

续表

操作顺序	操作项目及操作内容	操 作 要 点
25	退出 330kV 母差保护柜（一）Ⅰ、Ⅲ母线互联投入连接片	将母差保护的Ⅰ、Ⅲ母线保护改为选择方式
26	检查 330kV 母差保护（一）互联运行灯灭	
27	退出 330kV 母差保护柜（二）Ⅰ、Ⅲ母线互联投入连接片	
28	检查 330kV 母差保护（二）互联运行灯灭	
29	合上 330kV 母联测控柜 3313 操作电源Ⅰ空气开关	合上 3313 断路器的操作电源开关
30	合上 330kV 母联测控柜 3313 操作电源Ⅱ空气开关	
31	检查 3312 断路器电流指示为零	断开 3312 母联断路器，拉开两侧隔离开关
32	检查 3313 断路器电流指示为零	
33	断开 3312 断路器	
34	检查 3312 断路器确已断开	
35	拉开 33121 隔离开关	
36	检查 33121 隔离开关确已拉开	
37	拉开 33122 隔离开关	
38	检查 33122 隔离开关确已拉开	
39	断开 3313 断路器	断开 3313 母联断路器，拉开两侧隔离开关
40	检查 3313 断路器确已断开	
41	拉开 33131 隔离开关	
42	检查 33131 隔离开关确已拉开	
43	拉开 33133 隔离开关	
44	检查 33133 隔离开关确已拉开	
45	断开 330kV Ⅰ母线电压互感器汇控柜电压互感器二次 A 相空气开关Ⅱ	退出Ⅰ母线电压互感器
46	断开 330kV Ⅰ母线电压互感器汇控柜电压互感器二次 B 相空气开关Ⅱ	
47	断开 330kV Ⅰ母线电压互感器汇控柜电压互感器二次 C 相空气开关Ⅱ	
48	拉开 319 隔离开关	
49	检查 319 隔离开关确已拉开	
50	合上 3117 接地开关	将Ⅰ母线接地
51	检查 3117 接地开关确已合好	
52	断开 330kV 母联测控 3312 柜操作电源Ⅰ空气开关	断开 3312、3313 母联断路器操作电源
53	断开 330kV 母联测控 3312 柜操作电源Ⅱ空气开关	
54	断开 330kV 母联测控 3313 柜操作电源Ⅰ空气开关	
55	断开 330kV 母联测控 3313 柜操作电源Ⅱ空气开关	
56	断开 33121 汇控柜隔离开关/接地开关控制电源空气开关	断开母联断路器两侧隔离开关的操作电源（电动机构）
57	断开 33122 汇控柜隔离开关/接地开关电机电源空气开关	
58	断开 33131 汇控柜隔离开关/接地开关控制电源空气开关	
59	断开 33133 汇控柜隔离开关/接地开关电机电源空气开关	
60	断开 330kV 母联 3312 断路器信号指示电源空气开关	断开操动机构电源及信号电源
61	断开 330kV 母联 3312 断路器柜油泵电机控制电源空气开关	
62	断开 330kV 母联 3313 断路器信号指示电源空气开关	
63	断开 330kV 母联 3313 断路器柜油泵电机控制电源空气开关	

【思考与练习】

1. ××kV ×母线“运行”转“检修”操作任务代表什么意义，所要操作设备的范围有哪些？
2. 写出图 ZY1100303001-1 所示 330kV 变电站 3/2 接线Ⅰ段母线供电操作的操作票。
3. 35kV 母线停电应注意哪些事项？操作顺序是什么？
4. 对母线充电操作有哪几种方法？各种充电方法下应注意什么？
5. 母线的状态有几种？各种状态代表什么意思？

模块 2　母线特殊停送电操作（ZY1100303002）

【模块描述】本模块介绍母线特殊停送电、母线设备操作的异常处理及危险点控制。通过操作过程详细介绍、案例介绍，掌握母线设备特殊停送电的操作方法，能进行操作异常的处理。

【正文】

母线除了正常的停送电操作外，有时根据系统运行方式的要求，将一条母线上的线路或变压器倒换至另一条母线运行；线路或变压器的断路器不能进行操作时，进行线路或变压器的停送电操作；母联断路器不能操作时，进行母线停电操作。上述三种情况下的操作均是母线的特殊操作。

一、母线操作中的异常处理

（1）在操作母线隔离开关出现较大火花。把母线倒空操作时，从最靠近母联断路器间隔开始操作；把元件倒回母线时，从最远离母联断路器的间隔开始操作，尽量减小母线隔离开关的电位差。

（2）停电母线电压互感器所带的保护及自动装置不能进行切换。检查原因，如果是装置的质量问题，无法进行切换，经调度同意，退出与电压互感器有关的保护及自动装置，防止保护误动造成事故扩大。

（3）母线隔离开关辅助触点不能切换。值班人员及时采取措施进行手动切换，防止两组母线的辅助触点同时接通或同时断开。

（4）倒母线操作完成后，母联断路器有电流时，再次核对操作过的设备，检查是否有漏倒的间隔，检查电流指示是否正确。

（5）母联断路器断开后，母线有电压。检查并拉开母线电压互感器一次隔离开关，检查并断开电压互感器二次空气开关，防止通过母线电压互感器反充电。如果电压互感器一、二次设备均已断开，说明可能发生铁磁谐振，按谐振进行处理。

二、母线操作的危险点及预控措施

母线操作中的危险点及预控措施如表 ZY1100303002-1 所示。

表 ZY1100303002-1　　母线操作中的危险点及控制措施

序号	操作进程	危险点	控制措施
1	模拟操作	操作票准备错误，未发现	操作票填写完毕后认真核对模拟图板或接线图，并进行逐项模拟预演，发现操作票错误重新填写
2	母线侧断路器与中间断路器的重合闸操作	误投退连接片，造成中间断路器运行中跳闸后不重合或慢重	母线停电将边断路器重合闸出口连接片退出，重合闸方式开关切至“停用”位置，将中间断路器的重合闸短延时连接片投入，并确认
3	检查负荷分配正常	甩负荷	边断路器停电前应检查中间断路器及进出线带负荷正常，并在操作票中记录带负荷的电流数值
4	依次断开母线侧各支路断路器，并检查断路器位置	误拉断路器	操作严格按操作票顺序执行，避免跳项、漏项；认真执行“三核对”，严禁随意解锁
5	先拉开断路器母线侧隔离开关，后拉开另一侧隔离开关	带负荷拉合隔离开关；误入带电间隔	拉合隔离开关前认真检查断路器各相确在断开位置，操作中严格执行“复诵三核对”
6	检查母线电压指示为零，断开母线电压互感器二次电源	漏拉断路器；电压互感器二次反送电威胁检修人员安全	在退出电压互感器前应检查母线上所有断路器确已全部断开，母线电压指示为零；停电母线的电压互感器必须从一、二次侧完全断开

续表

序号	操 作 进 程	危 险 点	控 制 措 施
7	验电，合上母线接地开关或装设接地线	带电合接地开关或装设接地线	接地前必须验明确无电压，根据母线的长短和具体工作任务的需要合上母线接地开关或装设接地线。对于GIS无法直接验电的应检查所有母线侧断路器、隔离开关的确在分开位置，母线电压指示为零等机械、电气信号判断母线无压后执行
8	投入边侧断路器的位置停信连接片或将线路保护屏上的断路器状态切换开关切至“边断路器检修”位置	漏投连接片或没有切换保护屏上断路器状态位置开关，导致运行中线路故障不能快速切除故障	在断开边断路器直流操作电源前，必须根据保护规程和现场运行规程的要求，投入线路保护屏上相应的断路器位置停信连接片或位置切换开关
9	断开边断路器操作电源	操作人员低压触电；检修人员触电	根据母线停电后母线断路器有无检修任务断开断路器直流操作电源、信号电源、操动机构电源等
10	若母差保护或边断路器保护有工作，退出母差和边断路器保护	保护工作时造成运行中断路器误跳闸	若母线停运后同时有母差保护或母差电流互感器、二次回路、边断路器保护柜的工作，应将母差保护和边断路器保护退出运行，包括边断路器启动失灵保护连接片

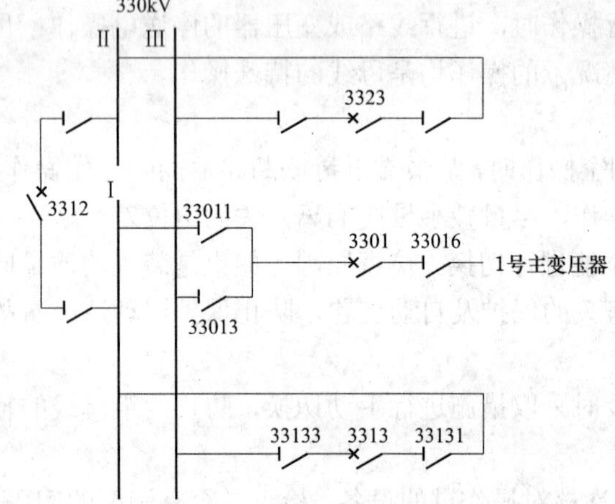

图 ZY1100303002-1 330kV 变电站双母线接线示意图

三、操作案例

案例：330kV 1号主变压器由Ⅰ母线倒至Ⅲ母线运行操作。

主接线方式：如图 ZY1100303002-1 所示。

运行方式：330kV 三段母线并列运行，1号主变压器在Ⅰ母线上运行。

操作目标：断开 33011、33013 断路器，切换1号主变压器后备保护跳 3312 和 3323 断路器连接片。

操作任务：330kV 1号主变压器由Ⅰ母线倒至Ⅲ母线运行。

操作方案：见表 ZY1100303002-2。

表 ZY1100303002-2 变压器倒母线操作方案

序号	操 作 内 容	操 作 要 点
1	模拟操作	
2	检查 3312 断路器确在合闸位置	检查母联断路器在合闸位置
3	投入 330kV 母差保护（一）柜Ⅰ、Ⅲ母线互联投入连接片	将Ⅰ、Ⅲ母差保护段改为非选择方式
4	检查 330kV 母差保护（一）互联运行灯亮	
5	投入 330kV 母差保护（二）柜Ⅰ、Ⅲ母线互联投入连接片	
6	检查 330kV 母差保护（二）互联运行灯亮	
7	断开 330kV 母联测控柜 3313 断路器操作电源Ⅰ空气开关	将Ⅰ、Ⅲ母线变成一条母线运行保证两条母线等电位
8	断开 330kV 母联测控柜 3313 断路器操作电源Ⅱ空气开关	
9	合上 33013 隔离开关	将1号主变压器单元由Ⅰ母线倒至Ⅲ母线运行
10	检查 33013 隔离开关确已合好	
11	检查 3301 断路器保护柜Ⅲ母线运行灯亮	
12	拉开 33011 隔离开关	
13	检查 33011 隔离开关确已拉开	
14	合上 330kV 母联测控柜 3313 断路器操作电源Ⅰ	恢复母联断路器正常运行
15	合上 330kV 母联测控柜 3313 断路器操作电源Ⅱ	
16	退出 330kV 母差保护（一）柜Ⅰ、Ⅲ母线互联投入连接片	将Ⅰ、Ⅲ母差保护段改为正常方式
17	检查 330kV 母差保护（一）互联运行灯灭	

续表

序号	操 作 内 容	操 作 要 点
18	退出 330kV 母差保护（二）柜Ⅰ、Ⅲ母线互联投入连接片	
19	检查 330kV 母差保护（二）互联运行灯灭	
20	投入 1 号主变压器后备保护跳母联 3323 断路器的连接片	切换主变压器后备保护跳分段的连接片
21	退出 1 号主变压器后备保护跳母联 3312 断路器的连接片	

【思考与练习】

1. 双母线及 3/2 接线方式母线送电操作的危险点有哪些？如何控制？
2. 操作练习：（3/2 接线）330kV Ⅰ段母线由运行转检修，保护定检。
3. 操作练习：（双母线）330 kV 1 号主变压器由Ⅰ母线倒至Ⅲ母线运行。

第二十四章　电压互感器停送电

模块 1　电压互感器一般停送电（ZY1100304001）

【模块描述】本模块介绍电压互感器一般停送电的操作原则和注意事项、调度对电压互感器操作的规定。通过操作过程详细介绍、案例介绍，掌握电压互感器一般停送电的操作方法。

【正文】

在 330kV 变电站中，330kV 母线互感器有带隔离开关和不带隔离开关两种接线方式，110kV 及以下母线互感器均带隔离开关，线路、主变压器的互感器均不带隔离开关。电压互感器一般停送电操作是指正常情况下，带隔离开关的母线互感器（CVT）的停送电操作。

一、电压互感器操作原则

（1）停电操作时，先断开二次侧回路（断开二次侧小开关或取下熔断器），再拉开一次侧隔离开关。

（2）送电操作时，先合上一次侧隔离开关，再合二次侧回路（合二次小开关或放上熔断器）。

二、电压互感器操作注意事项

操作前应重点考虑其对所带保护及自动装置的影响、操作引起的谐振问题、电压互感器的反充电问题。

（1）停用电压互感器前应对没有电压自动切换功能的保护及自动装置、电能计量回路进行手动电压切换，不能切换时为防止误动可申请将有关保护和自动装置停用。

（2）对于通过电压闭锁、电压启动等原理进行工作的保护及自动装置在电压互感器停电操作时对相应装置的连接片或切换把手应根据现场运行规程的规定和保护装置的要求进行切换或投退操作，以退出装置对停运电压互感器的电压判别功能。

（3）线路有工作或线路电压互感器有检修工作时，应将线路电压互感器二次侧断开，防止反充电伤人。线路投运前，将线路电压互感器二次侧小空气开关合上。

（4）双母线接线在倒母线操作时，要规范操作顺序。操作中应检查确认隔离开关辅助触点切换良好，保护及自动装置电压切换正常。当发出“切换继电器同时动作”时严禁断开母联断路器，以防止电压互感器二次回路反充电。

（5）电压互感器二次回路并列时，必须保证两组电压互感器二次回路都带有正常电压，如果一组带电，一组不带电，则不允许二次回路并列。

（6）为防止串联谐振过电压烧损电压互感器，倒闸操作时不宜使用断口带均压电容的断路器投切带电磁式电压互感器的空载母线。

（7）66kV 及以下中性点非有效接地系统发生单相接地或产生谐振时，严禁就地用隔离开关或高压熔断器拉、合电压互感器。

三、调度对电压互感器操作的规定

（1）允许用隔离开关拉、合无故障的空载电压互感器。

（2）对于互感器有异常，但高压侧绝缘未损坏的情况如漏油看不到油面、内部发热等故障可以用隔离开关将其退出运行。

（3）当发现电压互感器高压侧绝缘有损伤的征象，如喷油、冒烟，应用断路器将其电源切断，严禁用隔离开关或取下熔断器的方法拉开有故障的电压互感器，防止造成操作中短路引起带负荷拉隔离开关及人员伤亡、设备损害事故。

（4）在发现电压互感器有明显异常时，对于双母线接线方式可在倒母线后用母联断路器断开电压互感器使其退出进行；对于 3/2 接线方式，可断开全部母线侧断路器后将故障电压互感器退出运行；对于主变压器低压侧单母接线方式的应断开主变压器低压侧总断路器使故障互感器退出运行。

四、电压互感器的操作任务

电网调度对母线电压互感器的操作任务及操作目标如表 ZY1100304001-1 所示。

表 ZY1100304001-1　　330kV 变电站母线互感器或 CVT 操作任务及目标

<table>
<tr><th>序号</th><th>操作任务</th><th colspan="2">设备配置及接线</th><th>操作目标</th></tr>
<tr><td rowspan="3">1</td><td rowspan="3">××kV ×母线电压互感器运行转检修</td><td rowspan="2">带隔离开关的电压互感器</td><td>主变压器、线路、母线均为独立电压互感器</td><td>母线运行，电压互感器隔离开关断开、二次空气开关断开，电压互感器一次侧接地，电压互感器二次侧并列或停用母线复电压闭锁功能</td></tr>
<tr><td>主变压器共用母线电压互感器</td><td>母线运行，电压互感器隔离开关断开、二次空气开关断开，电压互感器一次侧接地，电压互感器二次侧并列</td></tr>
<tr><td>不带隔离开关的电压互感器</td><td>主变压器、线路、母线均为独立电压互感器</td><td>母线停电，电压互感器二次空气开关断开，电压互感器一次侧接地（母线接地）</td></tr>
<tr><td rowspan="3">2</td><td rowspan="3">××kV ×母线电压互感器检修转运行</td><td rowspan="2">带隔离开关的电压互感器</td><td>主变压器、线路、母线均为独立电压互感器</td><td>母线运行，电压互感器运行，二次侧解列运行</td></tr>
<tr><td>主变压器共用母线电压互感器</td><td>母线运行，电压互感器运行，二次侧解列运行</td></tr>
<tr><td>不带隔离开关的电压互感器</td><td>主变压器、线路、母线均为独立电压互感器</td><td>母线运行，电压互感器运行，二次侧解列运行</td></tr>
</table>

五、电压互感器并列操作

若由于工作或其他原因，致使其中一组母线电压互感器需要退出运行时，为了不使要停用互感器母线上的设备二次失压，可对两组电压互感器二次进行并列操作，然后再退出需停用电压互感器。

电压互感器二次并列操作的注意事项有：

（1）对于双母线接线方式的母线电压互感器，只有在母联断路器及其两侧隔离开关都处于运行状态时方可二次并列。母线电压互感器二次回路一般不允许长时间并列运行。

（2）对于 3/2 接线方式，只有在至少有一个完整串运行的情况下方可进行二次并列。

（3）电压互感器二次并列，应确认电压互感器二次并列是否成功，如相应的光字牌是否亮、切换继电器是否动作、电压指示是否正常等，成功后才能将电压互感器退出运行。

（4）电压互感器二次并列后，必须将需停运的电压互感器从高、低压两侧断开，以防造成二次电压反充电。

（5）当母线电压互感器遇二次回路故障停运时，二次不允许并列操作。对双母线接线此时应进行倒母线运行，同时应将电能计量表、保护、自动装置等电压切换至运行的母线电压互感器上。

（6）大修或新安装的电压互感器投入运行前，应全面检查极性和接线是否正确，母线上有两组互感器时，必须先并列一次侧，二次侧经定相检查没问题，才可以并列。

六、电压互感器操作中的异常

（1）电压互感器二次回路不能并列或不能切换操作。

（2）电压互感器隔离开关拒动。

七、电压互感器操作案例

案例：330kV 3/2 接线母线互感器的停电操作。

一次设备接线：互感器经隔离开关与母线连接，互感器一次侧带接地开关。

二次所带负荷：母线测量、母差保护装置。

操作任务：××kV ×母线互感器运行转检修。

操作方案：见表 ZY1100304001-2。

表 ZY1100304001-2　　330kV 母线互感器停电检修操作方案

操作顺序	操作项目及内容	操作要点
1	在模拟图上进行模拟操作	电压互感器二次侧并列，防止电压互感器甩负荷。如果是双母线系统，则必须检查母联断路器在合闸位置，才能进行并列操作
2	合上 330kV Ⅰ、Ⅱ母线电压互感器二次并环开关	
3	检查“330kV 母线电压切换”光子牌确已打出	
4	取下 330kV Ⅰ母线电压互感器二次熔断器	电压互感器退出运行
5	断开 330kV Ⅰ母线电压互感器 ZKK 小开关	
6	断开 330kV Ⅰ母线电压互感器 FK 小开关	
7	检查 330kV Ⅰ母线电压表指示正常（　　kV）	
8	拉开 319 隔离开关并检查	电压互感器转检修
9	在 330kV Ⅰ母线电压互感器与 319 隔离开关之间验明确无电压	
10	合上 3197 接地开关并检查	

【思考与练习】

1. 电压互感器操作的基本原则是什么？并说明其中的原理。
2. 调度对电压互感器操作的规定有哪些？
3. 电压互感器并列操作的基本条件是什么？

模块 2　电压互感器特殊停送电（ZY1100304002）

【模块描述】本模块介绍电压互感器特殊停送电、电压互感器操作的异常处理及危险点控制。通过操作过程详细介绍、案例介绍，掌握电压互感器特殊停送电的操作方法，能进行操作异常的处理。

【正文】

电压互感器特殊停送电操作是指在电压互感器及其有关设备异常时，母线电压互感器不允许用其隔离直接进行停送电的操作，这时必须通过相关断路器进行停电操作。

一、特殊操作的情况

（1）电压互感器高压侧绝缘有损伤的征象，如喷油、冒烟时的停电操作。

（2）电压互感器隔离开关发热须停电检修处理。

（3）电压互感器的核相操作。

二、电压互感器操作危险点分析及预控措施

电压互感器操作中的危险点及控制措施如表 ZY1100304002-1 所示。

表 ZY1100304002-1　　电压互感器操作中的危险点及控制措施一览表

危险点	控制措施
漏、误操作保护连接片或切换方式、投入开关	根据操作任务和现场设备的实际情况确认是否需要投退某些连接片或改变某些小开关的位置，并进行相应的操作
操作中交流失压	1）隔离开关操作完毕应检查其二次切换良好
	2）二次并列小开关合上后应检查相应的信号发出，退电压互感器前检查相应母线电压指示正常，并列有效
	3）对仅有互感器工作，母线不停时应进行倒母线操作
操作中保护、自动装置失压误动、电能表不计量	1）根据本站电压二次接线的具体情况将不能进行电压自动或手动切换而造成误动、拒动的保护自动装置申请退出运行，记录电能表失压的时间
	2）对能进行电压自动切换的设备进行检查确认切换良好；对需手动切换的进行切换并确保切换良好
二次并列中运行互感器二次小空气开关跳闸或二次熔断器熔断	1）互感器停电操作按先二次后一次顺序；送电反之。停电必须将一、二次全部断开，防止反充电
	2）互感器二次回路有问题时严禁进行二次并列；选择合适的熔断器或小空气开关，各级之间满足级差配合要求，严禁随意擅自增大更换熔断器

续表

危险点	控制措施
二次非同期并列	二次并列前必须检查确保一次在并列状态；对新投或接线变动的互感器操作前二次必须要经过核相正确方可投运
操作中谐振	1）对电磁式电压互感器应注意操作顺序，不宜使用带断口电容器的断路器投切带电磁式电压互感器的空母线，空母线严禁带电压互感器充电
	2）电容式电压互感器电磁单元的外接阻尼器必须接入，否则不得投入运行

三、电压互感器操作中异常处理

（1）电压互感器二次回路不能并列或不能切换操作。为防止误动可申请将有关保护和自动装置停用。对于通过电压闭锁、电压启动等原理进行工作的保护及自动装置在电压互感器停电操作时对相应装置的连接片或切换把手应根据现场运行规程的规定和保护装置的要求进行切换和投退操作，以退出装置对停运电压互感器的电压判别功能。

（2）电压互感器隔离开关拒动。处理方法同特殊操作的案例1。

四、电压互感器特殊操作案例

案例1：330kV变电站110kVⅠ母线电压互感器喷油时的停电检修操作。

接线方式：双母线接线，如图ZY1100304002-1所示。

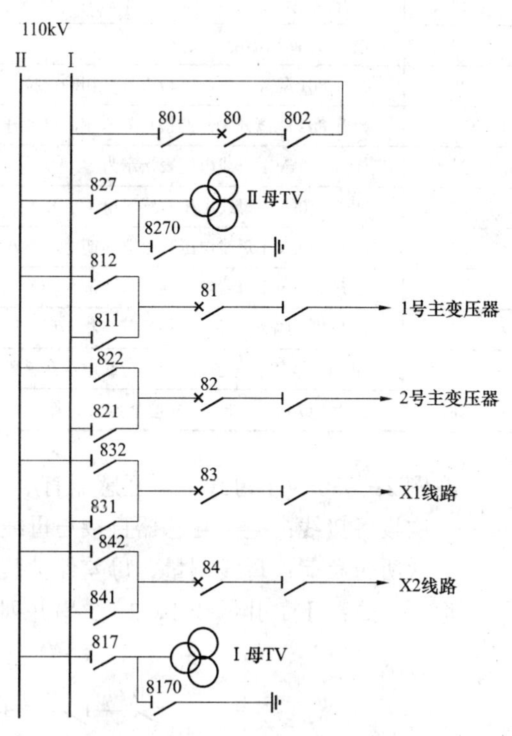

图ZY1100304002-1　双母线接线示意图

运行方式：Ⅰ、Ⅱ母线并列运行，Ⅰ母线接81、83断路器，Ⅱ母线接82、84断路器，母联80断路器运行，母差保护运行。

操作目标：将110kVⅠ母线运行的81、83断路器倒至110kVⅡ母线运行，110kVⅠ母线由“运行”转“冷备用”，110kVⅠ母线电压互感器“运行”转“检修”。

操作任务：将110kVⅠ母线运行的81、83断路器倒至110kVⅡ母线运行，110kVⅠ母线由“运行”转“冷备用”，110kVⅠ母线电压互感器“运行”转“检修”。

操作方案：见表ZY1100304002-2。

表ZY1100304002-2　110kVⅠ母线电压互感器喷油时停电检修操作方案及要点

序号	操作项目及操作内容	操作要点
1	模拟操作	
2	将81断路器电能表切换开关由“Ⅰ母”切至“Ⅱ母”位置	计量装置电压切换
3	将83断路器电能表切换开关由“Ⅰ母”切至“Ⅱ母”位置	
4	将110kV母线保护互联投入开关由“停用”切至“投入”位置	投母差保护强制互联连接片
5	检查110kV母线保护“互联状态”灯亮	
6	检查80断路器确在合闸位置	保障两条母线等电位
7	断开80断路器操作电源小开关	
8	合上812隔离开关，并检查其三相确已合好	将Ⅰ母线负荷倒至Ⅱ母线运行
9	拉开811隔离开关，并检查其三相确已拉开	
10	合上832隔离开关，并检查其三相确已合好	
11	拉开831隔离开关，并检查其三相确已拉开	
12	检查110kVⅠ母线所属隔离开关均在断开位置	

续表

序号	操 作 项 目 及 操 作 内 容	操 作 要 点
13	合上 80 断路器操作电源小开关	
14	将 110kV 母线保护互联投入开关由“投入”切至“停用”位置	
15	检查 110kV 母线保护“互联状态”灯灭	
16	将 110kV 母线保护Ⅰ母线电压互感器投入开关由“投入”切至“停用”位置	
17	检查 80 断路器电流表指示为零	
18	断开 80 断路器	
19	检查 80 断路器确已断开	
20	拉开 801 隔离开关，并检查其三相确已拉开	将Ⅰ母线由运行转检修
21	拉开 802 隔离开关，并检查其三相确已拉开	
22	检查 110kVⅠ母线电压表指示为零	
23	断开 110kVⅠ母线电压互感器电压小开关	
24	断开 110kVⅠ母线电压互感器同期电压小开关	
25	断开 110kVⅠ母线电压互感器计量小开关	
26	拉开 817 隔离开关，并检查其三相确已拉开	
27	在 817 隔离开关与 110kVⅠ母线电压互感器之间验明确无电压	
28	合上 8170 接地开关，并检查其三相确已合好	

案例 2：330kVⅠ母线电压互感器有严重放电时的停电操作。

一次设备接线：电压互感器直接与母线连接，接线如图 ZY1100304002-2 所示。

二次所带负荷：母线测量、母差保护装置。

运行方式：Ⅰ、Ⅱ母线 1、2、3 串并列运行，Ⅰ母线接 3311、3321、3331 断路器。

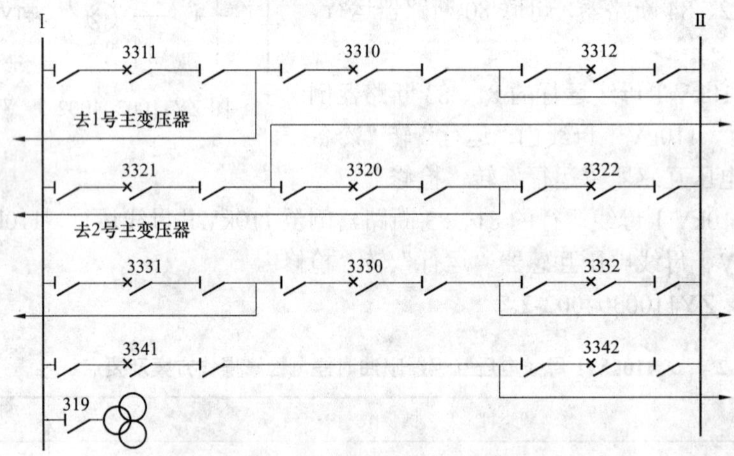

图 ZY1100304002-2 330kV 2/3 接线示意图

操作目标：将Ⅰ母线上所接断路器全部断开后，拉开Ⅰ母线电压互感器隔离开关使异常电压互感器退出运行（此时应保证中间断路器均在合闸状态，否则将造成部分线路停电）。

操作任务：330kVⅠ母线电压互感器运行转检修。

操作方案：见表 ZY1100304002-3。

表 ZY1100304002-3　　　330kV 3/2Ⅰ母线互感器停电操作方案

操作顺序	操 作 项 目 及 内 容	操 作 要 点
1	在模拟图上进行模拟操作	
2	退出 3321 断路器 3LP4 重合闸出口连接片	退出Ⅰ母线上断路器的重合闸装置
3	将 3321 断路器重合闸转换开关由“单重”切至“停用”位置	

续表

操作顺序	操 作 项 目 及 内 容	操 作 要 点
4	退出 3331 断路器 3LP4 重合闸出口连接片	退出Ⅰ母线上断路器的重合闸装置
5	将 3331 断路器重合闸转换开关由“单重”切至“停用”位置	
6	退出 3341 断路器重合闸出口连接片	
7	将 3341 断路器重合闸转换开关由“单重”切至“停用”位置	
8	断开 3311 断路器	断开Ⅰ母线上的所有断路器
9	检查 3311 断路器确已断开	
10	断开 3321 断路器	
11	检查 3321 断路器确已断开	
12	断开 3331 断路器	
13	检查 3331 断路器确已断开	
14	断开 3341 断路器	
15	检查 3341 断路器确已断开	断开Ⅰ母线上所有断路器两侧的隔离开关
16	拉开 33411 隔离开关并检查	
17	拉开 33412 隔离开关并检查	
18	检查 3331 断路器确在断开位置	
19	拉开 33311 隔离开关并检查	
20	拉开 33312 隔离开关并检查	
21	检查 3321 断路器确在断开位置	
22	拉开 33211 隔离开关并检查	
23	拉开 33212 隔离开关并检查	
24	检查 3311 断路器确在断开位置	
25	拉开 33111 隔离开关并检查	
26	拉开 33112 隔离开关并检查	
27	取下 330kVⅠ母线互感器二次熔断器	退出Ⅰ母线电压互感器
28	断开 330kVⅠ母线互感器二次 ZKK 小开关	
29	断开 330kVⅠ母线互感器二次 FK 小开关	
30	拉开 319 隔离开关并检查	
31	在 330kVⅠ母线互感器与母线之间验明确无电压	将Ⅰ母线接地
32	合上Ⅰ母线接地开关并检查	

【思考与练习】

1. 写出 330kV 变电站 35kV 母线电压互感器送电操作的操作票。

2. 330kV 母线不带隔离开关的电压互感器停送电操作应如何进行？

3. 电压互感器的特殊操作有哪些？什么情况下不能用直接拉开隔离开关或取熔断器的方法使电压互感器停电？

4. 写出 330kV 3/2 接线方式带有隔离开关的电压互感器严重放电时的处理方案及步骤。

5. 电压互感器停电操作应考虑哪些危险点？

第二十五章　站用交、直流系统停送电

模块1　站用交、直流系统一般停送电（ZY1100305001）

【模块描述】本模块介绍站用交、直流系统一般停送电的操作原则和注意事项、调度对站用交、直流系统操作的规定。通过操作过程详细介绍、案例介绍，掌握站用交、直流系统一般停送电的操作方法。

【正文】

站用交流系统与站用直流系统是保证整个变电站运行的基础，它承担着供应变电站所有操作电源、保护及自动装置电源、主变压器冷却电源、照明电源、检修维护电源、不间断电源的供电等。330kV变电站站用系统的主要设备有站用变压器、站用35（10）kV系统配电装置、站用380V/220V系统配电装置、直流蓄电池、直流系统配电装置、高频开关电源。站用交、直流系统的主要操作包括站用变压器的停送电操作、直流电源的停送电操作。

站用交流系统的一般操作是指正常情况下对站用变压器的停送电操作、站用380V母线的停送电操作以及站用380V负荷的停送电操作。

330kV变电站系统典型接线如图ZY1100305001-1所示。

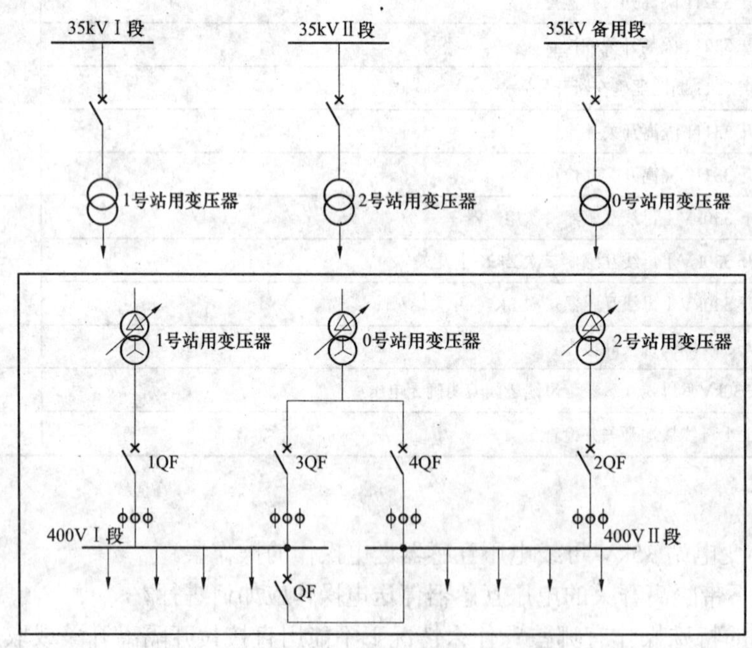

图ZY1100305001-1　330kV变电站站用交流系统典型接线示意图

一、站用变压器操作原则

1. 高压侧操作原则

（1）站用变压器的停电操作应先低压侧，后高压侧；送电操作先高压侧，后低压侧。禁止由低压侧向高压侧充电运行；

（2）站用变压器检修后送电时，一般情况下应对站用变压器检查确认无故障隐患，用高压开关对站用变压器充电；

（3）严禁1号、2号站用变压器与0号备用站用变压器并列运行。

2. 低压侧操作原则

站用电系统由 1 号、2 号、0 号共 3 台站用变压器以及 400（380）VⅠ段、Ⅱ段母线、站用配电屏组成。站用电系统的运行方式及操作原则如下：

（1）正常运行方式下的操作。1 号站用变压器运行供 400（380）VⅠ段母线，1 号站用变压器低压侧断路器合上；2 号站用变压器运行供 400VⅡ段母线，2 号站用变压器低压侧断路器合上；0 号站用变压器备用，3QF、4QF 热备用；QF 冷备用。

（2）1 号站用变压器检修或进线失电时的操作原则。由 0 号站用变压器供 400（380）VⅠ段，2 号站用变压器供 400VⅡ段；也可由 0 号站用变压器（或 2 号站用变压器）供 400（380）VⅠ段及Ⅱ段（分段断路器 QF 合上）。

（3）2 号站用变压器检修或进线失电时的操作原则。由 0 号站用变压器供Ⅱ段，1 号站用变压器供Ⅰ段；也可由 0 号站用变压器（或 1 号站用变压器）供 400（380）VⅠ段及Ⅱ段（分段断路器 QF 合上）；

（4）站用变压器低压侧自动投切回路的操作原则。

1）当 1 号（或 2 号）站用变压器失电、系统无短路、0 号站用变压器低压侧有电时，自动跳开 1 号站用变压器低压侧断路器 1QF（或 2 号站用变压器低压侧断路器 2QF），合上 0 号站用变压器供 400（380）VⅠ段（或Ⅱ段）低压侧断路器 3QF（或 4QF）。

2）当 1 号（或 2 号）站用变压器失电、系统无短路时，自动跳开 1 号站用变压器低压侧断路器 1QF（或 2 号站用变压器低压侧断路器 2QF），合上分段断路器 QF，用 2 号站用变压器（或 1 号站用变压器）将 400（380）VⅠ段及Ⅱ段母线并列运行。

二、站用交流系统操作注意事项

（1）在两台站用变压器均运行时，不允许低压侧并列运行，操作时防止低压并列。

（2）站用变压器低压侧停电后，应检查所带母线电压为零，且将低压断路器摇至“试验”位置，或取下低压断路器控制电源，才可合上另一台站用变压器低压侧断路器，或分段断路器。

（3）站用变压器停电检修时，应做好防止低压反送电的措施。

（4）断路器的储能弹簧可以手动储能，也可以自动储能，380V 低压断路器可以就地进行分合闸操作，也可在监控后台机上进行远程分合闸。

（5）备用电源应处于热备用状态，以保证随时可投入运行。

（6）装设有备自投装置的站用系统，应确保各电源正常，连接片投入正确。

三、直流电源的操作原则

（1）两组蓄电池不得长期并列运行。

（2）直流回路熔断器的停用应先取正极后取负极，投入时与此相反。

四、站用直流系统操作注意事项

（1）直流系统倒换时，允许直流系统Ⅰ、Ⅱ段短时并列，但两段电压应一致，且绝缘良好，无接地；严禁长时间并列运行。

（2）保护室各直流分柜屏上，投入Ⅰ段Ⅰ路和Ⅱ段Ⅱ路电源小开关，断开Ⅰ段Ⅱ路和Ⅱ段Ⅰ路电源小开关，屏顶直流小开关应全为合位。

（3）充电机应定期试运行。

（4）直流系统倒换时，严禁直流负荷失电。

（5）正常方式下，直流Ⅰ、Ⅱ段应分列运行，提高供电可靠性。

（6）Ⅰ、Ⅱ段直流母线电压应调整为一致。

五、站用交、直流系统操作案例

1. 交流系统操作案例

接线方式：接线图如图 ZY1100305001-2 所示。

正常运行方式为 1 号站用变压器带 380VⅠ段运行，2 号站用变压器带 380V Ⅱ段运行，380VⅠ段和Ⅱ段分段运行，0 号站用变压器热备用，备用段母线热备用，301、302 断路器热备用，0 号、1 号站用变压器备自投及 0 号、2 号站用变压器备自投运行。

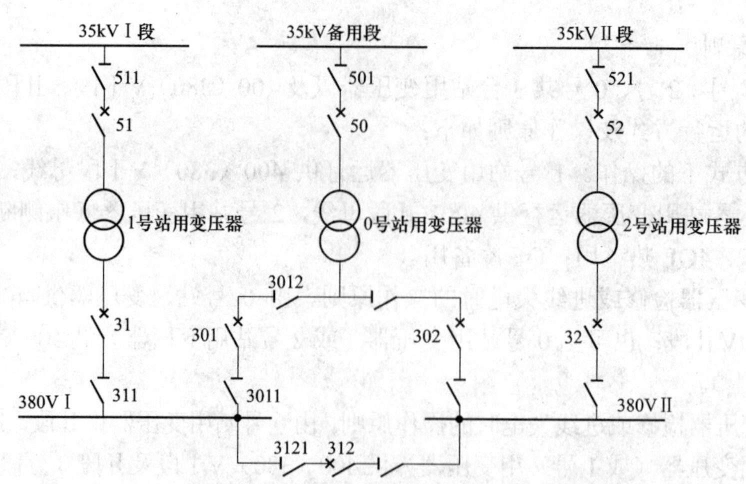

图 ZY1100305001-2 变电站站用系统接线示意图

站用交流系统典型操作任务见表 ZY1100305001-1。

表 ZY1100305001-1 站用交流系统典型操作任务一览表

序号	操 作 任 务
1	1 号（2 号、0 号）站用变压器由运行转检修，负荷由 0 号备用变压器带
2	1 号（2 号、0 号）站用变压器由检修转运行
3	380V Ⅰ（Ⅱ）段母线由运行转检修
4	380V Ⅰ（Ⅱ）段母线由检修转运行

案例 1：站用变压器停电操作案例。

操作任务：1 号站用变压器运行转检修，380V Ⅰ母线负荷由 380V 备用母线带。

操作目标：断开 1 号站用变压器两侧断路器及隔离开关，合上 50 断路器、301 断路器，1 号站用变压器两侧接地。

操作方案：见表 ZY1100305001-2。

表 ZY1100305001-2 站用变压器运行转检修操作方案

操作顺序	操 作 项 目 及 操 作 内 容	操 作 要 点
1	退出合 1 号分段 312 断路器连接片 1-1LP4 并检查	退分段备自投功能
2	投入闭锁备自投连接片 1-1LP7 并检查	
3	退出跳 1 号站用变压器低压侧 31 断路器连接片 1-1LP1 并检查	
4	退出充电保护跳 1 号分段 312 断路器连接片 1-1LP5 并检查	
5	拉开 31 断路器	停 1 号站用变压器低压侧
6	检查 31 断路器确已拉开	
7	检查 380V Ⅰ母线电压指示为零	
8	合上 50 断路器	供 0 号站用变压器
9	检查 50 断路器确已合好	
10	合上 301 断路器	
11	检查 301 断路器确已合好	
12	检查 380V Ⅰ母线电压指示正常	
13	退出闭锁备自投连接片 1-1LP7 并检查	投分段备自投功能
14	投入跳 0 号站用变压器低压侧 301 断路器连接片 1-1LP1 并检查	
15	投入充电保护跳分段 312 断路器连接片 1-1LP5 并检查	

续表

操作顺序	操作项目及操作内容	操作要点
16	检查 511 隔离开关确已拉开	站用变压器做安全措施
17	在 1 号站用变压器低压桩头与低压电缆头之间验明无电并装设接地线一组	
18	在 1 号站用变压器高压桩头与高压电缆头之间验明无电并装设接地线一组	
19	退出 51 断路器保护跳闸连接片并检查	
20	将 51 断路器远方/就地切换把手由“远方”切至“就地”位置	
21	拉开 51 断路器保护电源空气断路器 1DK1	
22	拉开 51 断路器控制电源空气断路器 1DK2	
23	拉开 51 断路器电压回路空气断路器 1ZKK	

案例 2：380V Ⅰ段母线从运行改为检修。

运行方式：1 号站用变压器带 380V Ⅰ段运行，2 号站用变压器带 380V Ⅱ段运行，380V Ⅰ段和Ⅱ段分段运行，0 号站用变压器热备用，备用段母线热备用，301、302 断路器热备用，0 号、1 号站用变压器备自投及 0 号、2 号站用变压器备自投运行。

操作任务：380V Ⅰ段母线由运行转检修。

操作目标：断开 380V Ⅰ段母线所有断路器、隔离开关并接地。

操作方案：见表 ZY1100305001-3。

表 ZY1100305001-3　　380V Ⅰ段母线停电检修操作方案

操作顺序	操作内容及操作项目	操作要点
1	检查 220V 直流 A、B 段母线电压正常	断开 380V Ⅰ段母线所带直流充电负荷
2	检查 1 号蓄电池进线屏上 ZDQ1 0 号充电柜 1 号蓄电池组开关在“0”位置	
3	检查 2 号蓄电池进线屏上 ZDQ2 0 号充电柜 2 号蓄电池组开关在“0”位置	
4	检查 0 号硅整流充电屏上 FNQ“浮–逆”开关在“停用”位置	
5	将 1 号蓄电池进线屏上 MLQ1 切换开关由“到 1 号蓄电池组”切至“到 B 段母线”位置	
6	按下 1 号硅整流充电屏上 ZLP–微机直流系统控制器 “浮充”键，检查浮充指示灯灭	
7	检查 220V 直流 A、B 段母线电压正常	
8	将 1 号硅整流充电屏上 ZMQ1A 段母线开关由“1”切至“0”位置	断开 380V Ⅰ段母线所带交流负荷
9	拉开 110kV 交流Ⅰ段馈电屏上“110kV 断路器及加热 1”开关	
10	合上 110kV 交流Ⅱ段馈电屏上“110kV 断路器及加热 2”开关	
11	拉开 110kV 交流Ⅰ段馈电屏上“1 号进线”开关	
12	检查 330kV 交流Ⅰ段馈电屏上“330kV 断路器及加热 1”开关已拉开	
13	检查 330kV 交流Ⅱ段馈电屏上“330kV 断路器及加热 2”开关已合上	
14	拉开 35kV 交流Ⅰ段馈电屏上“35kV 断路器及加热 1”开关	
15	合上 35kV 交流Ⅱ段馈电屏上“35kV 断路器及加热 2”开关	
16	拉开 35kV 交流Ⅰ段馈电屏上“1 号进线”开关	
17	拉开站用电Ⅰ段母线配电屏 1 上“1 号主变压器风冷 1”开关	
18	检查 1 号主变压器冷却电源工作正常	
19	检查 400V Ⅰ、Ⅱ段母线电压正常	断开 380V Ⅰ段母线进线电源断路器
20	断开站用电Ⅰ段母线配电屏 4 上“3 号雨水泵”开关	
21	断开 1 号站用变压器进线屏上 31 断路器	
22	检查 1 号站用变压器进线屏上 31 断路器已拉开	
23	拉开 1 号站用变压器进线屏上 311 隔离开关	

续表

操作顺序	操作内容及操作项目	操作要点
24	检查 0 号站用变压器进线屏 1 上 0 号站用变压器 301 断路器已拉开	301 断路器热备用转冷备用
25	拉开 0 号站用变压器进线隔离开关 3011 和 3012 并检查已拉开	
26	检查站用电Ⅰ、Ⅱ母线分段屏上 312 断路器已拉开	312 断路器热备用转冷备用
27	拉开站用电Ⅰ、Ⅱ母线分段屏上 3121 和 3122 隔离开关	
28	在 311 隔离开关与母线之间验明确无电压	380VⅠ段母线接地
29	在 311 隔离开关与母线之间装设接地线一组	

操作注意事项：由于 380V 母线故障或者其他原因造成一段低压母线必须停电检修时，一部分重要的双电源负荷会自动切换到另一段母线。但是，部分没有双电源备投的只能失去，比如照明、插座电源等。

2. 站用直流系统倒换操作案例

330kV 变电站直流系统典型接线图如图 ZY1100305001-3 所示。

运行方式：

（1）直流系统应采用浮充方式运行；

（2）220V 直流系统在正常运行方式下，Ⅰ、Ⅱ段直流母线电压不允许经负载回路并列。

案例 1：1 号充电机送电操作。

运行方式：0 号充电机带直流Ⅰ段运行，1 号充电机停电检修。

操作任务：1 号充电机带直流Ⅰ段运行，0 号充电机运行转备用。

操作方案：见表 ZY1100305001-4。

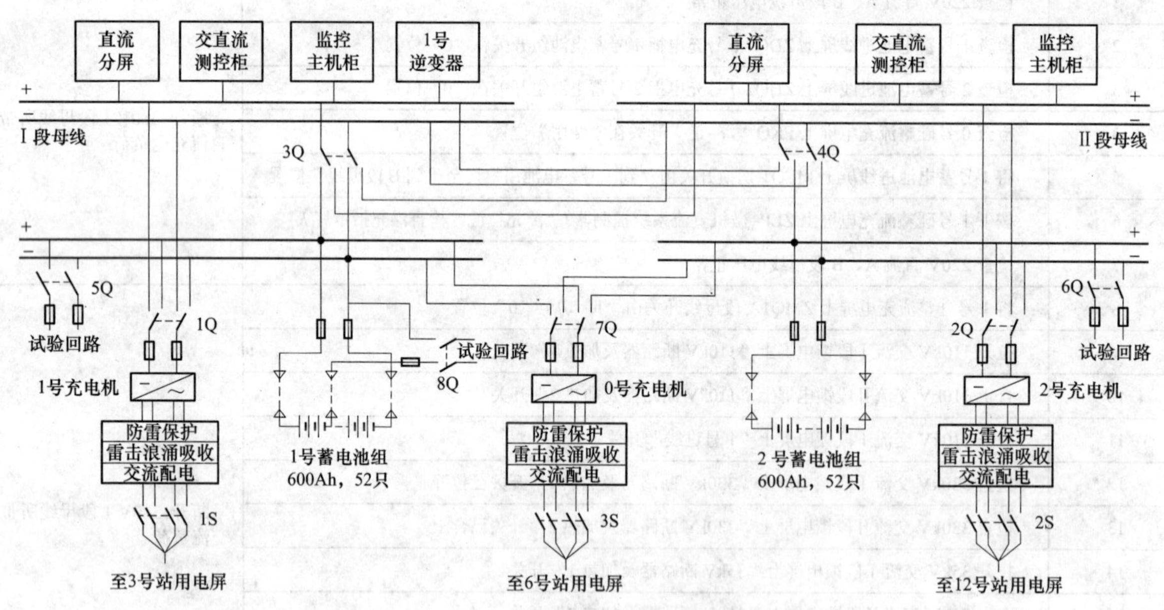

图 ZY1100305001-3 330kV 变电站直流系统典型接线图

表 ZY1100305001-4 1 号充电机带直流Ⅰ段运行，0 号充电机运行转备用操作方案

操作顺序	操作内容及操作项目	操作要点
1	合上 1 号充电机 0 号充电模块的空气开关	
2	合上 1 号充电机 0 号充电模块的开机按钮	
3	检查 1 号充电机 0 号充电模块各指示灯指示正常	
4	检查 1 号充电机 0 号充电模块电压电流指示正常	
5	合上 1 号充电机 1 号充电模块的空气开关	

模块1 ZY1100305001

续表

操作顺序	操 作 内 容 及 操 作 项 目	操 作 要 点
6	合上1号充电机1号充电模块的开机按钮	
7	检查1号充电机1号充电模块各指示灯指示正常	
8	检查1号充电机1号充电模块电压电流指示正常	
9	合上1号充电机2号充电模块的空气开关	
10	合上1号充电机2号充电模块的开机按钮	
11	检查1号充电机2号充电模块各指示灯指示正常	
12	检查1号充电机2号充电模块电压电流指示正常	
13	合上1号充电机3号充电模块的空气开关	
14	合上1号充电机3号充电模块的开机按钮	
15	检查1号充电机3号充电模块各指示灯指示正常	
16	检查1号充电机3号充电模块电压电流指示正常	
17	合上1号充电机4号充电模块的空气开关	
18	合上1号充电机4号充电模块的开机按钮	
19	检查1号充电机4号充电模块各指示灯指示正常	
20	检查1号充电机4号充电模块电压电流指示正常	
21	合上1号充电机5号充电模块的空气开关	
22	合上1号充电机5号充电模块的开机按钮	
23	检查1号充电机5号充电模块各指示灯指示正常	
24	检查1号充电机5号充电模块电压电流指示正常	
25	合上1号充电机6号充电模块的空气开关	
26	合上1号充电机6号充电模块的开机按钮	
27	检查1号充电机6号充电模块各指示灯指示正常	
28	检查1号充电机6号充电模块电压电流指示正常	
29	合上1号充电机7号充电模块的空气开关	
30	合上1号充电机7号充电模块的开机按钮	
31	检查1号充电机7号充电模块各指示灯指示正常	
32	检查1号充电机7号充电模块电压电流指示正常	
33	合上1号充电机8号充电模块的空气开关	
34	合上1号充电机8号充电模块的开机按钮	
35	检查1号充电机8号充电模块各指示灯指示正常	
36	检查1号充电机8号充电模块电压电流指示正常	
37	合上1号充电机9号充电模块的空气开关	
38	合上1号充电机9号充电模块的开机按钮	
39	检查1号充电机9号充电模块各指示灯指示正常	
40	检查1号充电机9号充电模块电压电流指示正常	
41	检查1号充电机充电电流指示正常（$I=$ A）	
42	检查1号充电机充电电压指示正常（$U=$ V）	
43	合上1号充电机输出开关（由垂直切至水平位置）	
44	断开0号充电机输出开关（由水平切至垂直位置）	
45	检查直流Ⅰ段电流指示正常（$I=$ A）	
46	检查直流Ⅰ段电压指示正常（$U=$ V）	

续表

操作顺序	操作内容及操作项目	操作要点
47	按下0号充电机0号充电模块的开机按钮	
48	断开0号充电机0号充电模块的空气开关	
49	按下0号充电机1号充电模块的开机按钮	
50	断开0号充电机1号充电模块的空气开关	
51	按下0号充电机2号充电模块的开机按钮	
52	断开0号充电机2号充电模块的空气开关	
53	按下0号充电机3号充电模块的开机按钮	
54	断开0号充电机3号充电模块的空气开关	
55	按下0号充电机4号充电模块的开机按钮	
56	断开0号充电机4号充电模块的空气开关	
57	按下0号充电机5号充电模块的开机按钮	
58	断开0号充电机5号充电模块的空气开关	
59	按下0号充电机6号充电模块的开机按钮	
60	断开0号充电机6号充电模块的空气开关	
61	按下0号充电机7号充电模块的开机按钮	
62	断开0号充电机7号充电模块的空气开关	
63	按下0号充电机8号充电模块的开机按钮	
64	断开0号充电机8号充电模块的空气开关	
65	按下0号充电机9号充电模块的开机按钮	
66	断开0号充电机9号充电模块的空气开关	
67	检查0号充电机充电电流、充电电压指示为零	

【思考与练习】

1. 330kV变电站站用变压器的操作原则是什么？
2. 330kV变电站站用变压器的操作注意事项有哪些？
3. 站用变压器系统的操作原则是什么？
4. 站用直流系统操作的注意事项有哪些？

模块2 站用交、直流系统特殊停送电（ZY1100305002）

【模块描述】本模块介绍站用交、直流系统设备特殊停送电和站用交、直流系统设备操作的异常处理。通过操作过程详细介绍、案例分析，掌握站用交、直流系统设备特殊停送电的操作方法，能进行操作异常的处理。

【正文】

一、站用电的特殊操作

站用电系统的特殊操作是指正常停送电操作出现异常，不能按正常典型操作任务进行的操作，例如站用变压器高压侧断路器拒动情况下的停电检修操作等。

二、站用电操作中的异常及处理

（1）站用变压器失电时，禁止进行除站用变压器故障处理以外的高压设备操作；

（2）站用变压器异常时，故障未排除前禁止将该站用变压器投运带负荷；

（3）低压断路器拒绝分合闸时，严禁盲目操作，应查明原因消除故障后再继续操作；

（4）当进行站用变压器合闸操作时如合于故障回路引起断路器故障跳闸时，应停止该项操作，及时查明原因并消除故障后，方可继续操作；

（5）直流倒换操作时，直流失电，应恢复原运行方式，查明原因后再行倒换操作；

（6）当操作过程中发生直流接地故障时，应终止操作，查找和消除接地故障；

（7）直流Ⅰ、Ⅱ段母线正常运行状态下禁止长期并列运行；

（8）充电机故障时应切换至备用充电机，查明故障原因再恢复至原运行方式；

（9）充电机交流输入异常时，在故障消除前不得进行将其投入运行的操作；

（10）高频模块故障后，在直流电压、电流不受影响时，可将故障模块退出，并将故障信息屏蔽。

三、交、直流系统操作危险点预控措施

交、直流系统操作危险点分析及预控措施如表 ZY1100305002-1 所示。

表 ZY1100305002-1　　交、直流系统操作危险点及预控措施一览表

危险点	预控措施
误拉其他开关	1）正确核对操作开关名称编号；核对命名应有一个明显的确认过程，唱票复诵
	2）后台机（监控机）上拉开关操作，由操作人、监护人分别输入密码无误后，才能进行操作
走错间隔，误入带电间隔	1）监护人、操作人应走到设备铭牌前进行核对；在每步操作结束后，应由监护人在原位向操作人提示下一步操作内容
	2）中断操作重新开始操作前，应重新核对设备命名
	3）执行一个操作任务中途严禁换人
站用电切换不当，引起主变压器冷却器全停	1）操作前要考虑站用变压器切换对主变压器冷却器和直流系统的影响
	2）一台站用变压器停用后，另一台站用变压器容量是否满足，是否会发热
	3）主变压器强油循环冷却器自投切功能要检查

注　表中所列各项内容需要操作人员（含操作人和监护人）都应充分熟悉，两人在操作前以及操作过程中始终明确每项操作可能存在的危险点，并应对有关应对措施做到心中有数。尤其要注意的是站用交流系统不能并列以及相关重要负荷的检查，以免造成失电或运行不正常。

四、操作案例

案例 1：2 号站用变压器检修，1 号站用变压器异常时的停电操作。

系统接线方式：如图 ZY1100305002-1 所示。

运行方式：1 号站用变压器运行，380VⅠ段、Ⅱ段并列运行，2 号站用变压器检修，0 号站用变压器热备用，1 号站用变压器出现异常，须停电检修。

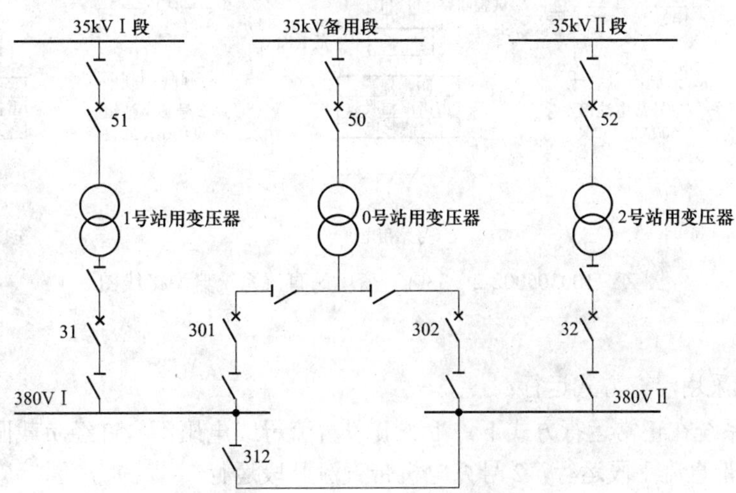

图 ZY1100305002-1　变电站站用交流系统接线示意图

操作方案：见表 ZY1100305002-2。

表 ZY1100305002-2 2 号站用变压器检修，1 号站用变压器异常时的停电操作方案

操作目的	在 2 号站用变压器检修情况下，1 号站用变压器带 380V Ⅰ、Ⅱ段负荷运行，出现异常须进行停电处理，负荷倒至 0 号备用站用变压器
操作任务	1 号站用变压器停电检修，380V Ⅰ、Ⅱ段负荷倒至 0 号站用变压器带
操作要点	防止站用电低压并列运行，应先停后供
操作方案	1）汇报 1 号站用变压器异常； 2）断开 1 号站用变压器低压断路器，取下操作熔断器； 3）合上 301 断路器； 4）合上 302 断路器； 5）断开 312 断路器； 6）断开 51 断路器； 7）1 号站用变压器热备用转检修
操作内容	1）断开 31 断路器； 2）检查 31 断路器确已断开； 3）检查 380V Ⅰ、Ⅱ母电压指示为零； 4）合上 301 断路器； 5）检查 301 断路器确在合闸位置； 6）检查 380V Ⅰ、Ⅱ母电压正常； 7）检查 380V Ⅰ、Ⅱ母负荷电流正常； 8）合上 302 断路器； 9）检查 302 断路器确已合好； 10）断开 312 断路器； 11）断开 51 断路器； 12）1 号站用变压器热备用转检修

案例 2：配合直流Ⅱ段母线电压异常处理的操作。

330kV 变电站直流系统典型接线图如图 ZY1100305002-2 所示。

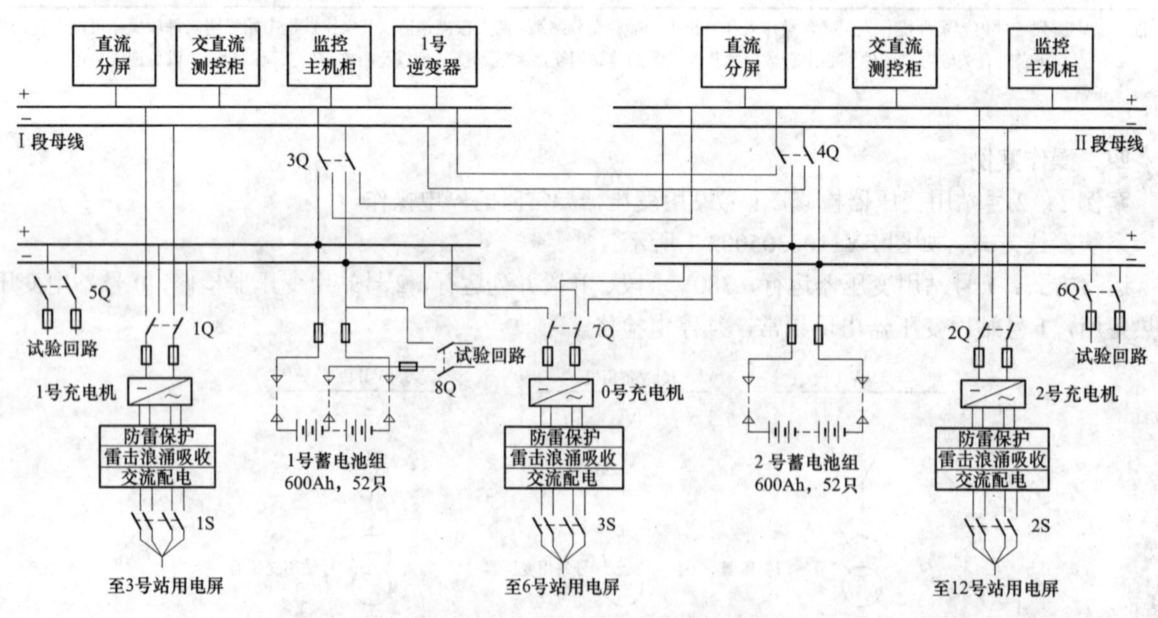

图 ZY1100305002-2 330kV 变电站直流系统典型接线图

运行方式：

（1）直流系统应采用浮充方式运行；

（2）220V 直流系统在正常运行方式下，Ⅰ、Ⅱ段直流母线电压不允许经负载回路并列。

（3）1 号充电机带直流Ⅰ段运行，2 号充电机带直流Ⅱ段运行。

操作方案：见表 ZY1100305002-3。

表 ZY1100305002-3 配合直流Ⅱ段母线电压异常处理的操作方案

1	操作目的	将直流Ⅱ段负荷倒至直流Ⅰ段带
2	操作要点	防止直流负荷失电
3	操作方案	1）合上Ⅰ段Ⅱ路直流分屏、测控柜、监控主机电源开关； 2）断开Ⅱ段Ⅱ路直流分屏、测控柜、监控主机电源开关
4	操作内容	1）检查直流Ⅱ段直流母线及各支路直流负荷； 2）合上各保护小室直流馈线屏并列开关； 3）合上直流馈线屏直流分屏、测控柜、监控主机电源开关； 4）检查各直流装置工作正常； 5）断开直流分屏、测控柜、监控主机电源开关

【思考与练习】

1. 站用交流操作中的危险点有哪些？
2. 站用直流操作危险点有哪些？
3. 站用交流系统的常见异常有哪些？
4. 出现直流系统一点接地故障，应怎样处理？

第二十六章　二次设备操作

模块1　二次设备的一般操作（ZY1100306001）

【模块描述】本模块介绍继电保护装置和连接片投退操作、通信和自动化设备操作原则和注意事项。通过操作案例介绍，掌握保护装置和连接片投退、通信和自动化设备投退技能。

【正文】

变电站二次设备操作是指对变电站变压器、线路、母线、断路器等一次设备的继电保护、自动装置、控制信号以及测量等设备的投退、切换、定值改变等。二次设备操作关系到一次设备操作及运行的安全，并较一次设备操作更具复杂性。

二次设备的操作有两种，一种是为在二次设备上进行工作而进行的操作，如为保护装置定检而进行的保护投退操作；另一种是为配合系统一次设备的运行方式变化而作的相应操作，如重合闸方式的切换、一套保护中的某些保护功能的投退、保护定值的改变、备自投的操作等。本模块介绍第一种二次设备的操作，第二种二次设备的操作是一次设备倒闸操作中的一部分内容，已在一次设备的操作中分别介绍过，不再重复。

一次设备在检修或冷备用状态下，对其配置的二次设备的投退操作称之为二次设备的一般操作。二次设备的特殊操作是为满足二次设备自身的定检、改造等工作的需要。二次设备一般操作的操作任务由电网调度以综合指令下达。

一、二次设备操作原则

（1）电气设备有关的继电保护全部投退，必须在设备处于冷备用状态或检修状态下进行；一次设备热备用状态时，其继电保护设备（至少一套）必须处于运行状态，严禁设备无保护运行。为防止误操作，引起事故扩大，现场一般对二次设备全部投退的操作是在设备处于检修状态或冷备用状态下进行的。

（2）继电保护设备的操作状态一般有跳闸、信号和停用三种状态。

（3）继电保护设备的投入操作必须按合装置直流电源、装置交流电源，投装置功能连接片、跳闸出口连接片的顺序进行操作；退出保护设备的操作与此相反。

（4）继电保护装置有工作（消缺、维护、检修、改造、反措、调试等）时，保护装置应处于停用状态。

（5）在一次设备操作后，如涉及二次设备配合时，二次设备应进行相应的操作，此项操作由变电站值班人员考虑，是属于同一个操作任务的内容，调度不在另行下达操作指令。

（6）在设备不停电的情况下更改保护定值时，为防止误动的人为事故，必须先退出保护的跳闸出口连接片。

二、二次设备操作注意事项

（1）二次设备进行操作后，应检查相应的信号指示是否正确。

（2）具有通道的保护装置，在投入跳闸出口连接片前应检查通道正常。

（3）操作保护装置时，应清楚操作目的，清楚相关保护的状态，清楚对相关保护的影响，尤其清楚怎样与相关保护的配合操作。

（4）保护出口连接片投入前，应检查保护装置是否有保护动作出口信号。

（5）保护装置投入后，一次设备由冷备用转热备用前，应打印并核对保护定值。

（6）在事故处理中，对不能恢运行保护装置，不必进行复归操作，以便专业人员进行事故分析处理。

三、现场运行规程对二次设备操作的一般规定

（1）继电保护和安全自动装置的投退及定值更改均应按调度指令由运行人员负责执行；未经装置调管调度机构同意，现场运行人员不得改变其运行状态。在投入和退出保护连接片时，须参照图纸各现场连接片实际名称填写操作票，并严格按操作票执行，禁止凭记忆投、退保护连接片。

（2）现场继电保护和安全自动装置的定值调整和更改工作，必须按定值单要求在规定时间内完成。在保护装置上进行定值修改时，必须退出保护装置的相关出口连接片，失灵启动连接片应视作保护出口连接片。在新投入或变更前，应与所管辖的当值调度员核对整定值及有关注意事项，无误后方可投入运行。

（3）继电保护和安全自动装置在运行中发现缺陷和异常，现场值班人员应及时向有调管权的调度机构汇报，若需退出装置进行检验时，必须经调度批准。如危及一次设备安全运行时，可先将装置退出，但事后应立即汇报。

（4）安全自动装置所切除的负荷或线路，未经值班调度员同意，各省调和现场值班人员不得转移负荷或打开线路跳闸连接片。

（5）当一次系统运行方式发生变化时，应及时对继电保护装置及安全自动装置进行相应调整。此操作可根据保护运行的规定或变电站现场运行规程要求值班员自行掌握，一般调度不直接下令。

（6）在正常的电气设备停电操作中，保护或装置若不进行工作，而又不影响到其他电气设备正常运行时，其连接片可不进行切除操作，但设备投运时，必须对其详细检查。

（7）保护及自动装置检修时，应将电源空气开关（熔断器）、信号电源空气开关、保护和计量电压空气开关断开。

（8）运行中，因选择直流接地而需要断开控制电源时，应先汇报值班调度员，得到同意后方可进行。

（9）在电压互感器发生谐振、退出运行、电压回路断线、电压回路有工作时，与电压回路有关的安全自动装置应及时停用。

（10）在下列情况下应停用整套微机继电保护装置：

1）在微机继电保护装置的交流电压、电流回路和开关量输入、输出回路有工作；

2）装置内部工作；

3）继电保护人员改变定值。

四、调度对二次设备操作的规定

（1）运行的电气设备，由于保护试验、调整定值、装置故障等原因需停用保护时，按如下原则处理：

1）110kV 和 330kV 线路的全线速动保护停用，必须满足年度运行方式对系统稳定的要求；

2）110kV 和 330kV 线路的全线速动保护、距离保护和零序保护不得同时停用；

3）主变压器不得无主保护运行；

4）110kV 和 330kV 母线保护停用，必须满足年度运行方式对系统稳定的要求。

（2）运行中遇到特殊情况，电气设备的主保护全停时，应将相应的设备停电。

（3）中调管辖范围内的继电保护和安全自动装置的投入、停用及更改定值均应按调度指令进行。

（4）继电保护和安全自动装置的定期校验应尽量配合一次设备的检修同时进行。

（5）保护装置更改定值后或新保护装置投入运行前，现场值班人员向值班调度员汇报，值班调度员与现场人员核对保护定值通知单无误，并在保护定值通知单上签字。

（6）继电保护和安全自动装置动作信号、灯光信号，现场值班人员必须准确记录后方可复归。

（7）继电保护和安全自动装置要与一次系统的变化相匹配。

五、二次设备典型操作任务

凡是继电保护和自动装置的连接片及定值的改变，均由调度发令进行操作。一次设备操作中涉及的二次设备操作，由变电站值班人员按照有关规定自行操作。凡是继电保护和自动装置全部停用时，调度只下综合令。当几套保护装置中停用或投入其中一套时，调度明确下令指出操作哪一套保护装置。330kV 变电站二次设备典型操作任务见表 ZY1100306001-1。

表 ZY1100306001-1　　　330kV 变电站二次设备典型操作任务一览表

二次操作指令	操作指令含义及所操作设备范围
××（设备或线路名称）××（保护功能）保护投入运行	线路某种保护功能保护投入运行，某种出口和功能连接片按要求投入
××（设备或线路名称）××（保护功能）保护退出运行	线路某种保护功能保护退出运行，某种出口和功能连接片按要求退出
××（线路名称）××（保护型号）微机保护高频部分投入运行	微机保护高频部分功能投入运行。投入该装置的高频保护投入连接片
××（线路名称）××（保护型号）微机保护后备部分投入运行	微机保护后备部分功能投入运行（后备部分包括零序和距离两部分）。投入该装置的后备保护投入连接片
××（线路名称）××（保护型号）微机保护后备部分退出运行	微机保护后备部分功能退出运行（后备部分包括零序和距离两部分）。退出该装置的后备保护投入连接片
××（线路名称）××（保护型号）微机保护距离部分投入运行	微机保护后备部分距离保护功能投入运行。投入该装置的后备保护的距离保护所有段保护投入连接片和距离出口连接片
××（线路名称）××（保护型号）微机保护距离部分退出运行	微机保护后备部分距离保护功能退出运行。退出该装置的后备保护的距离保护所有段保护投入连接片和距离出口连接片
××（线路名称）××（保护型号）微机保护零序部分投入运行	微机保护后备部分零序保护功能投入运行。投入该装置的后备保护的零序保护所有段保护投入连接片和零序出口连接片
××（线路名称）××（保护型号）微机保护零序部分退出运行	微机保护后备部分零序保护功能退出运行。退出该装置的后备保护的零序保护所有段保护投入连接片和零序出口连接片
××（线路名称）××（保护型号）微机保护零序方向元件投入运行	微机保护后备部分零序保护带方向判别功能投入运行。投入该装置的后备保护的零序保护方向元件，一般通过该控制字实现
××（线路名称）××（保护型号）微机保护零序方向元件退出运行	微机保护后备部分零序保护带方向判别功能退出运行。退出该装置的后备保护的零序保护方向元件，一般通过该控制字实现
××（线路名称）××（保护型号）微机保护整套投入运行	线路一套保护投入运行。投入该套保护装置上所有保护连接片，合上交直流电源小空气开关
××（线路名称）××（保护型号）微机保护整套退出运行	线路一套保护退出运行。退出该套上所有保护连接片，断开交直流电源小空气开关
××（设备或线路名称）的××保护改投信号	包括由停用改投信号和由跳闸改投信号两种。即将保护由停运或跳闸位置改为信号位置
××（设备或线路名称）的××保护改投跳闸	包括由停用改投跳闸和由信号改投跳闸两种将保护由停运或信号位置改为跳闸位置
××kV ×母母差保护由双母运行方式改为单母运行方式	针对双母线接线。指母差保护的选择性原件退出运行，即将××kV 母线母差保护由双母固定方式改为单母运行方式
××kV ×母母差保护由单母运行方式改为双母固定运行方式	针对双母线接线。指母差保护的选择性原件投入运行，即将××kV 母线母差保护由单母运行方式改为双母固定方式
××（设备或线路名称）的××保护改投跳闸	将连接片投入或将原投至“发信号”位置的连接片改投至“跳闸”位置
投入××装置跳××（设备或线路名称）的连接片	投入设备或线路××保护装置的跳××的连接片
退出××装置跳××（设备或线路名称）的连接片	退出设备或线路××保护装置的跳××的连接片
投入××（设备或线路名称）的××断路器联跳××（设备或线路名称）的连接片	投入设备或线路××保护装置的联跳××的连接片
退出××（设备或线路名称）的××断路器联跳××（设备或线路名称）的连接片	退出设备或线路××保护装置的联跳××的连接片
××线重合闸投入运行	投入重合闸连接片和电源，使其运行
××线重合闸退出运行	退出重合闸连接片和电源，使其退出运行
××线重合闸按××方式投入运行	重合闸投入方式包括：单重、三重、综重、直跳、检同期、检无压等。根据需要将方式转换断路器切至相应位置和投入重合闸出口连接片
××线重合闸由××方式改投××方式	重合闸投入方式包括：单重、三重、综重、直跳、检同期、检无压等。根据需要将方式转换断路器切至需要的位置和投退连接片

六、二次设备操作案例

案例 1：330kV 线路保护退出操作。

一次接线及运行方式：双母线、线路检修状态，断路器在检修状态。

二次配置：（一）套保护光纤差动（WXH–803）；（二）套保护光纤差动（CSC–103）；远跳装置（CSC–125）；断控装置（CSC–122）。

操作任务：

（1）330kV ××线路 WXH–803 微机保护整套退出运行。

（2）330kV ××线路 CSC–103 微机保护整套退出运行。

（3）330kV ××线路 CSC–125 微机保护整套退出运行。

（4）330kV ××线路 CSC–122 微机保护整套退出运行。

操作目的：线路所配置的保护均退出运行，即：所有出口和功能连接片退出，保护交直流电源断开。

操作方案：见表 ZY1100306001-2。

表 ZY1100306001-2　　330kV 线路保护退出操作方案

操作顺序	操作项目及操作内容	操作要点
	退出 WXH–803 保护	
1	退出跳 33XX 断路器 A 相Ⅰ连接片 1LP1 并检查（803A 柜）	退出（一）套保护跳闸出口连接片
2	退出跳 33XX 断路器 B 相Ⅰ连接片 1LP2 并检查（803A 柜）	
3	退出跳 33XX 断路器 C 相Ⅰ连接片 1LP3 并检查（803A 柜）	
4	退出永跳 33XX 断路器Ⅰ连接片 1LP4 并检查（803A 柜）	
5	退出 A 相启动失灵Ⅰ连接片 1LP11 并检查（803A 柜）	退出（一）套保护启动其他保护的连接片
6	退出 B 相启动失灵Ⅰ连接片 1LP12 并检查（803A 柜）	
7	退出 C 相启动失灵Ⅰ连接片 1LP13 并检查（803A 柜）	
8	退出单跳启动重合闸连接片 1LP17 并检查（803A 柜）	
9	退出三跳启动重合闸连接片 1LP18 并检查（803A 柜）	
10	退出差动保护投入连接片 1LP28 并检查（803A 柜）	退出（一）套保护功能连接片
11	退出距离Ⅰ段投入连接片 1LP29 并检查（803A 柜）	
12	退出距离Ⅱ、Ⅲ段投入连接片 1LP30 并检查（803A 柜）	
13	退出零序Ⅰ段投入连接片并 1LP31 检查（803A 柜）	
14	退出零序其他段投入连接片 1LP32 并检查（803A 柜）	
15	投入检修状态投入连接片 1LP33 并检查（803A 柜）	
16	退出远方跳 33XX 断路器连接片 20LP1 并检查（803A 柜）	
17	退出过电压发信连接片 20LP5 并检查（803A 柜）	
18	退出过压及远跳保护投入连接片 20LP7 并检查	
19	断开线路 TV 电压空气开关 1ZKK（803A 柜）	断开（一）套保护电压输入和工作电源开关
20	断开线路 TV 电压空气开关 20ZKK（803A 柜）	
21	断开装置直流电源空气开关 1DK（803A 柜）	
22	断开装置交流电源空气开关 ZK（803A 柜）	
	退出 CSC–103、CSC–125 保护	
23	退出跳 33XX 断路器 A 相Ⅱ连接片 1LP1 并检查（103A 柜）	退出（二）套保护跳闸出口连接片
24	退出跳 33XX 断路器 B 相Ⅱ连接片 1LP2 并检查（103A 柜）	
25	退出跳 33XX 断路器 C 相Ⅱ连接片 1LP3 并检查（103A 柜）	
26	退出三相跳 33XX 断路器Ⅱ连接片 1LP4 并检查（103A 柜）	
27	退出永跳 33XX 断路器Ⅱ连接片 1LP5 并检查（103A 柜）	

续表

操作顺序	操作项目及操作内容	操作要点
28	退出单跳/三相启动重合闸连接片 1LP31 并检查（103A 柜）	退出（二）套保护及远跳装置启动其他保护的连接片
29	退出 A 相启动失灵Ⅰ连接片 1LP21 并检查（103A 柜）	
30	退出 B 相启动失灵Ⅰ连接片 1LP22 并检查（103A 柜）	
31	退出 C 相启动失灵Ⅰ连接片 1LP23 并检查（103A 柜）	
32	退出收远传命令至 CSC–125A 连接片 1LP33 并检查（103A 柜）	
33	退出差动保护投入连接片 1LP37 并检查（103A 柜）	退出（二）套保护及远跳装置功能连接片
34	退出距离Ⅰ段投入连接片 1LP38 并检查（103A 柜）	
35	退出断路器距离Ⅱ、Ⅲ段投入连接片 1LP39 并检查（103A 柜）	
36	退出断路器零序Ⅰ段投入连接片 1LP40 并检查（103A 柜）	
37	退出断路器零序其他段投入连接片 1LP41 并检查（103A 柜）	
38	退出断路器零序反时限投入连接片 1LP42 并检查（103A 柜）	
39	投入断路器闭锁远方操作连接片 1LP43 并检查（103A 柜）	
40	投入 103A 检修状态连接片 1LP44 并检查（103A 柜）	
41	退出收信及过压跳 33X 断路器连接片 20LP1 并检查（103A 柜）	
42	退出过压发信连接片 20LP7 并检查（103A 柜）	
43	投入闭锁远方操作连接片 20LP9 并检查（103A 柜）	
44	投入 125A 检修状态连接片 20LP10 并检查（103A 柜）	断开（一）套保护电压输入和工作电源开关
45	断开线路交流电压空气开关 1ZKK（103A 柜）	
46	断开线路交流电压空气开关 20ZKK（103A 柜）	
47	断开装置直流电源空气开关 1DK（103A 柜）	
48	断开装置交流电源空气开关 ZK（103A 柜）	
	退出 CSC–122 保护	
49	投入三相不一致跳 33XX 断路器Ⅰ连接片 3LP1 并检查（辅助柜）	退出辅助保护跳闸连接片
50	投入三相不一致跳 33XX 断路器Ⅱ连接片 3LP4 并检查（辅助柜）	
51	退出失灵总启动至母差Ⅰ连接片 3LP6 并检查（辅助柜）	退出辅助保护启动其他保护连接片
52	退出失灵总启动至母差Ⅱ连接片 3LP7 并检查（辅助柜）	
53	退出三相启动失灵Ⅰ连接片 4LP1 并检查（辅助柜）	
54	退出三相启动失灵Ⅱ连接片 4LP2 并检查（辅助柜）	
55	退出闭锁远方操作连接片 3LP10 并检查（辅助柜）	辅助保护功能连接片操作
56	投入保护检修状态连接片 3LP11 并检查（辅助柜）	
57	断开操作电源Ⅰ开关 4DK1	退出辅助保护的工作电源
58	断开操作电源Ⅰ开关 4DK2	
59	断开装置直流电源开关 3DK	

案例 2：330kV 线路保护投入操作。

一次接线及运行方式：3/2 线中线—线串单元线路、线路检修状态、边断路器、中断路器在检修状态。

二次配置：(一)套保护光纤差动（RCS–931B）、(二)套保护高频（PSL–602）、远跳装置（RCS–925）、断控装置（WDLK–862）。

操作任务：

（1）330kV ××线路 RCS–931B 微机保护整套投入运行；

（2）330kV ××线路 PSL–602 微机保护整套投入运行；

（3）330kV ××线路 RCS–931B 微机保护整套投入运行；

（4）330kV 33X0 断路器 WDLK–862 微机保护整套投入运行；

（5）330kV 33X2 断路器 WDLK–862 微机保护整套投入运行。

操作目的：线路所配置的保护均投入运行，即所有出口和功能连接片投入，保护交直流电源合上。

操作方案：见表 ZY1100306001-3。

表 ZY1100306001-3　　330kV 线路保护投入操作方案

操作顺序	操作项目及内容	操作要点
	投入 RCS–931B 微机保护	
1	合上 330kVXX 线 RCS–931B 型保护装置交流电源开关	合上（一）套保护装置电源开关、交流电压输入开关
2	合上 330kVXX 线 RCS–931B 型保护装置直流电源正常	
3	合上 330kVXX 线 RCS–931B 型保护装置线路电压互感器二次电源开关	
4	投入差动保护投入保护连接片，并检查	投入（一）套保护功能连接片
5	投入距离保护投入保护连接片，并检查	
6	投入零序保护投入保护连接片，并检查	
7	投入零序Ⅰ段保护投入保护连接片，并检查	
8	退出投检修状态保护连接片并检查	
9	投入 931B 保护动作开入至 33X2 断路器保护连接片，并检查	投入（一）套保护启动相关保护连接片
10	投入 931B 保护动作开入至 33X0 断路器保护连接片，并检查	
11	投入 931B 保护启动 33X2 断路器 A 相失灵保护连接片，并检查	
12	投入 931B 保护启动 33X2 断路器 B 相失灵保护连接片，并检查	
13	投入 931B 保护启动 33X2 断路器 C 相失灵保护连接片，并检查	
14	投入 931B 保护启动 33X0 断路器 A 相失灵保护连接片，并检查	
15	投入 931B 保护启动 33X0 断路器 B 相失灵保护连接片，并检查	
16	投入 931B 保护主跳 33X2 断路器 A 相出口保护连接片，并检查	投入（一）套保护跳闸出口连接片
17	投入 931B 保护主跳 33X2 断路器 B 相出口保护连接片，并检查	
18	投入 931B 保护主跳 33X2 断路器 C 相出口保护连接片，并检查	
19	投入 931B 保护主跳 33X0 断路器 A 相出口保护连接片，并检查	
20	投入 931B 保护主跳 33X0 断路器 B 相出口保护连接片，并检查	
21	投入 931B 保护主跳 33X0 断路器 C 相出口保护连接片，并检查	
22	合上 330kVXX 线 PSL602 型保护装置交流电源开关	合上（二）套保护装置电源开关、交流电压输入开关
23	合上 330kVXX 线 PS602 型保护装置直流电源正常	
24	合上 330kVXX 线 PS602 型保护装置线路电压互感器二次电源开关	
	投入 PSL–602 微机保护	
25	投入高频保护投入保护连接片，并检查	投入（二）套保护功能连接片
26	投入相间距离保护投入保护连接片，并检查	
27	投入接地距离保护投入保护连接片，并检查	
28	投入零序Ⅰ段保护投入保护连接片，并检查	
29	投入零序Ⅱ段保护投入保护连接片，并检查	
30	投入零序保护总投入保护连接片，并检查	
31	投入 602A 保护启动 33X2 断路器 A 相失灵保护连接片，并检查	投入（一）套保护启动相关保护连接片
32	投入 602A 保护启动 33X2 断路器 B 相失灵连接片，并检查	
33	投入 602A 保护启动 33X2 断路器 C 相失灵保护连接片，并检查	
34	投入 602A 保护启动 33X0 断路器 A 相失灵保护连接片，并检查	
35	投入 602A 保护启动 33X0 断路器 B 相失灵保护连接片，并检查	
36	投入 602A 保护启动 33X0 断路器 C 相失灵保护连接片，并检查	
37	投入 602A 保护启动 33X2 断路器重合闸保护连接片，并检查	

续表

操作顺序	操作项目及内容	操作要点
38	投入 602A 保护动作开入至 33X2 断路器保护连接片，并检查	投入（一）套保护启动相关保护连接片
39	投入 602A 保护动作开入至 33X0 断路器保护连接片，并检查	
40	投入 602A 保护启动 33X0 断路器重合闸保护连接片，并检查	
41	投入 602A 保护辅跳 33X2 断路器 A 相出口保护连接片，并检查	投入（一）套保护跳闸出口连接片
42	投入 602A 保护辅跳 33X2 断路器 B 相出口保护连接片，并检查	
43	投入 602A 保护辅跳 33X2 断路器 C 相出口保护连接片，并检查	
44	投入 602A 保护三跳 33X2 断路器出口保护连接片，并检查	
45	投入 602A 保护永跳 33X2 断路器出口保护连接片，并检查	
46	投入 602A 保护辅跳 33X0 断路器 A 相出口保护连接片，并检查	
47	投入 602A 保护辅跳 33X0 断路器 B 相出口保护连接片，并检查	
48	投入 602A 保护辅跳 33X0 断路器 C 相出口保护连接片，并检查	
49	投入 602A 保护三跳 33X0 断路器出口保护连接片，并检查	
50	投入 602A 保护永跳 33X0 断路器出口保护连接片，并检查	
	投入 RCS-925 微机保护	
51	合上 330kV ××线 RCS-925 型微机保护交流电源开关	远跳保护的投入操作
52	合上 330kV ××线 RCS-925 型微机保护直流电源开关	
53	合上 330kV ××线 RCS-925A 型微机保护线路电压互感器二次电源开关	
54	投入 925A 保护永跳 33X2 断路器出口保护连接片，并检查	
55	投入 925A 保护永跳 33X0 断路器出口保护连接片，并检查	
	投入 33X0 断路器 WDLK-862 微机保护	
56	合上 330kV 33X0 断路器 WDLK-862 辅助保护交流电源开关	投入中断路器辅助保护电源开关
57	合上 330kV 33X0 断路器 WDLK-862 辅助保护直流电源开关	
58	合上 330kV 33X0 断路器 WDLK-862 辅助保护线路电压互感器二次电源开关	
59	投入失灵保护投入保护连接片，并检查	投入中断路器辅助保护功能连接片
60	投入三相不一致保护投入保护连接片，并检查	
61	退出投检修状态保护连接片，并检查	
62	投入失灵保护启动另一条线远跳保护连接片，并检查	投入启动其他保护连接片
63	投入失灵保护启动本线远跳保护连接片，并检查	
64	投入三相不一致保护主跳 33X0 断路器保护连接片，并检查	投入中断路器辅助保护跳闸出口连接片
65	投入三相不一致保护辅跳 33X0 断路器保护连接片，并检查	
66	投入失灵保护主跳 33X0 断路器保护连接片，并检查	
67	投入失灵保护辅跳 33X0 断路器保护连接片，并检查	
68	投入失灵保护主跳 33X1 断路器保护连接片，并检查	
69	投入失灵保护辅跳 33X1 断路器保护连接片，并检查	
70	投入失灵保护主跳 33X2 断路器保护连接片，并检查	
71	投入失灵保护辅跳 33X2 断路器保护连接片，并检查	
	投入 33X2 断路器 WDLK-862 微机保护	
72	合上 330kV 33X0 断路器 WDLK-862 辅助保护交流电源开关	投入边断路器辅助保护电源开关
73	合上 330kV 33X0 断路器 WDLK-862 辅助保护直流电源开关	
74	合上 330kV 33X0 断路器 WDLK-862 辅助保护线路电压互感器二次电源开关	

续表

操作顺序	操 作 项 目 及 内 容	操 作 要 点
75	投入失灵保护投入保护连接片，并检查	投入边断路器辅助保护功能连接片
76	投入三相不一致保护投入保护连接片，并检查	
77	投入优先重合闸投入保护连接片，并检查	
78	退出投检修状态保护连接片，并检查	
79	投入失灵保护启动Ⅱ母Ⅰ柜母差保护连接片，并检查	投入启动其他保护连接片
80	投入失灵保护启动Ⅱ母Ⅱ柜母差保护连接片，并检查	
81	投入失灵保护启动××线远跳保护连接片，并检查	
82	投入三相不一致保护主跳 33X2 断路器保护连接片，并检查	投入边断路器辅助保护跳闸出口连接片
83	投入三相不一致保护辅跳 33X2 断路器保护连接片，并检查	
84	投入失灵保护主跳 33X2 断路器保护连接片，并检查	
85	投入失灵保护辅跳 33X2 断路器保护连接片，并检查	
86	投入失灵保护主跳 33X0 断路器保护连接片，并检查	
87	投入失灵保护辅跳 33X0 断路器保护连接片，并检查	

【思考与练习】

1. 二次设备操作的对象有哪些？
2. 保护装置投入操作的顺序是什么？投入操作应注意什么？为什么？
3. 举例说明 330kV 线路保护屏上都有哪些保护连接片？是如何分类的？如何进行操作？
4. 在 3/2 接线的变电站中，如何进行线线串某一线路重合闸的停用操作？

模块 2　二次设备的特殊操作（ZY1100306002）

【模块描述】本模块介绍保护及二次设备的特殊操作和注意事项、操作中的异常及处理原则。通过操作过程详细介绍、案例分析，掌握二次设备特殊操作方法，能正确处理二次操作异常。

【正文】

二次设备的特殊操作就是指在一次设备不停电的情况下，对其部分二次设备进行的投退操作。例如线路重合闸的停用和投入操作；双重化配置的保护退出其中一套保护的操作等。

一、二次设备常见的特殊操作

1. 瓦斯保护在下列情况下进行的退出操作

（1）滤油、补油、换潜油泵或更换净油器的吸附剂和开闭气体继电器连接管上的阀门时。

（2）在瓦斯保护及其二次回路上进行工作时。

（3）除采油样和在气体继电器上部的放气阀放气外，在其他所有地方打开放气、放油和进油阀门时。

（4）当油位计的油面异常升高或吸收系统有异常现象，需要打开放气或放油阀门时。

（5）在地震预报期间，应根据变压器的具体情况和气体继电器的抗震性能确定重瓦斯保护的运行方式。地震引起重瓦斯保护动作停运的变压器，在投运前应对变压器及瓦斯保护进行检查试验，确认无异常后，方可投入。

2. 差动保护在下列情况进行的退出操作

（1）差动二次回路及电流互感器回路有变动或进行校验时；

（2）继电保护人员测定差动保护相量图及差流时；

（3）差动电流互感器一相断线或回路开路时；

（4）差动回路出现明显异常现象时；

（5）差动保护误动跳闸后。

3. 重合闸在以下情况下退出运行

（1）装置不能正常工作时；

（2）不能满足重合闸要求的检查测量条件时；

（3）可能造成非同期合闸时；

（4）长期对线路充电时；

（5）断路器遮断容量不允许重合时；

（6）线路上有带电作业时；

（7）系统有稳定要求时；

（8）超过断路器规定的跳合闸次数时。

4. 正常运行中高频或光纤差动保护在下列情况下进行的操作

（1）构成保护的通道或相关的保护回路中有工作；

（2）构成保护的通道或相关的保护回路中某一环节出现异常；

（3）通道测试中发现异常；

（4）对侧查找直流接地需拉合保护的直流电源；

（5）其他影响保护装置安全运行的情况发生时。如当电压互感器失压时，对于采用方向元件或阻抗元件的保护须退出运行，退出运行前应先报告相应调度值班人员。

二、二次设备特殊操作的说明

（1）停用部分二次设备的操作。对双重化配置的二次设备以及配置有主后备两套及以上二次设备的电气设备，经过有关部门的同意，允许在一次设备运行中对部分二次设备进行投退操作。其操作同一般操作中对一套二次设备的投退操作一样，不再举例说明。

（2）线路重合闸操作说明：330kV 线路一般采用断路器保护中重合闸，不应用线路保护中的重合闸，而且重合闸功能停用时，能够自动实现沟通三跳。但是，由于不同厂家的线路保护及断路器保护的原理不同，使重合闸及沟通三跳功能实现方式不一样，保护屏上的沟通三跳连接片功能也不同。为此，在重合闸停用操作中，应根据各变电站现场设备的配置及原理进行操作，以保证在重合闸停用后，线路在任何故障时断路器均能三跳不重。

（3）保护改定值区的操作说明一般保护装置在不同的定值区域。放置了不同的保护定值，根据系统的运行方式可以方便地选择适用的保护定值。运行人员改保护定值区的操作要经过公司批准，根据调度要求进行操作。切换后要打印该区的定值与调度核对正确。

（4）高频保护屏断路器位置切换开关的操作说明。对 3/2 接线当单一断路器停电而线路运行时，应根据实际设备的要求，在断开断路器的操作电源前投入该断路器的位置停信等连接片或切换开关、断路器位置切换开关。如 RCS–931B 保护装置 1QK 在边断路器及中间断路器都运行时切至“正常”位置，边断路器单独停电时切至“边断路器检修”位置，中间断路器单独停电时切至“中断路器检修”位置。运行中的 SF_6 断路器，当 SF_6 压力降低至闭锁压力或断路器的操动机构因故不能储能、打压，出现断路器不能分闸的情况时，应采取防慢分的措施，同时也应投入有关的保护中断路器三跳位置停信、三跳发信、位置停信等连接片后拉开断路器操作电源开关，然后再对该断路器进行处理。

三、二次设备操作中危险点及控制措施

二次设备操作中危险点及控制措施如表 ZY1100306002-1 所示。

表 ZY1100306002-1　　二次设备操作中危险点及控制措施一览表

危 险 点	控 制 措 施
误投退连接片	1）根据操作任务和连接片功能认真核对所投退连接片是否满足工作需要
	2）连接片投退后应进行全面的核对，并将所投退的连接片进行紧固
二次回路短路	使用专用工具，带干燥的线手套，操作中注意保持与其他设备间的距离
人身低压触电	操作时取下手表、戒指等金属饰物，带干燥的线手套，加强监护

续表

危险点	控制措施
保护误动	1）操作前认真的了解操作的目的、任务，分析一次设备的操作对二次设备的影响，根据具体的任务和相关的规定对设备的二次部分进行相应的调整
	2）操作中认真检查每一步的操作质量，检查保护装置无异常后才可进行下步操作
	3）严格按二次操作的顺序和原则对设备进行操作
	4）取下直流控制熔断器时，应先取正极，后取负极。装上直流控制熔断器时，应先装负极，后装正极。这样做的目的是防止产生寄生回路，避免保护装置误动作。装、取熔断器应迅速，不得连续地接通和断开，取下和再装上之间要有一段时间间隔（应不小于 5 s）
	5）运行中的保护装置要停用直流电源时，应先停用保护出口连接片，再停用直流回路。恢复时次序相反
	6）母线差动保护、失灵保护停用直流电源时，应先停用出口连接片。在加用直流回路以后，要检查整个装置工作是否正常，必要时，使用高内阻电压表测量出口连接片两端无电压后，再加用出口连接片
操作中交流失压	1）隔离开关操作完毕应检查其二次切换良好
	2）二次并列空气开关开合上后，应检查相应的信号发出，退电压互感器前检查相应母线电压指示正常，并列有效
操作中保护、自动装置失压误动、电能表不计量	倒母线前根据本站电压二次接线的具体情况将不能进行电压自动或手动切换而造成误动、拒动的保护自动装置申请退出运行；对能进行电压自动切换的设备进行检查确认切换良好；对需手动切换的进行切换并确保切换良好
主变压器、高压电抗器、电容器非电量保护误动	1）主变或电抗器、电容器一、二次工作结束应检查气体继电器已复位，二次线接线牢固、正确，继电器内气体已排空并充满油
	2）在 3/2 接线主变压器停电检修，断路器合环运行时应退出非电量跳闸连接片
主变压器、高压电抗器、电容器电量保护误动	1）对双母线分段接线，主变压器后备保护传动或作业时，应退出后备保护联跳母联及分段断路器的连接片
	2）核对定值正确，连接片按定值要求投入
高频或光纤纵差保护误动	1）操作前检查通道正常、有关数据在合格范围、装置无异常告警
	2）操作严格按操作顺序，认真核对操作设备和连接片
	3）操作前检查结合滤波器接地开关确已拉开
主变压器或电抗器差动保护误动	1）二次线变动后必须经带负荷试验确定接线正确
	2）投入差动保护前检查差流在正常范围，装置无异常告警信息
母差保护误动	1）二次线变动后必须经带负荷试验确定接线正确
	2）投入差动保护前检查差流在正常范围，装置无异常告警信息
	3）对双母线接线在倒母线操作中应将母差改为非选方式，操作后改回
	4）母线电压互感器退出运行后及时退出经电压闭锁的保护
远跳或过电压保护误动	对于没有专用通道的线路远跳和过压保护在主保护退出时相应的远跳保护也应退出运行
失灵保护误动	1）断路器停电时应退出该断路器失灵启动连接片
	2）失灵保护有工作时应退出相关所有保护屏启动连接片和失灵出口连接片，并将二次线解开，做好充分的隔离措施
	3）保护传动时应确认投入的连接片正确
重合闸误动、拒动、非同期合闸	1）根据一次设备运行方式的变化及时调整重合闸的配合方式
	2）投入重合闸前检查装置无异常告警信息
备自投误动、拒动	1）停用备自投时先停直流后停交流，投入时按相反顺序
	2）备自投传动时应退出相应的连接片
	3）备自投检验时确认投退的连接片正确
故障录波器误动	在电压互感器停用时及时对故障录波器的二次电压进行切换

四、二次设备特殊操作案例

案例 1：330kV 线路重合闸停用。

一次接线：双母线接线。

设备配置：重合闸按断路器配置，在断路器辅助保护中。

模块2 ZY1100306002

运行方式：线路运行，重合闸在“单重”方式。

操作任务：33kV××线重合闸由“单重”方式改投“停用”方式。

操作目的：退出线路重合闸，线路任何故障均三跳不重。

操作步骤：

（1）退出 33XX 断路器重合闸出口连接片；

（2）将 33XX 断路器重合闸由“单重”切至“停用”位置；

（3）退出线路保护启动重合闸连接片。

案例 2：330kV 线路重合闸停用。

一次接线：3/2 接线，线—线串单元。

设备配置：重合闸按断路器配置，在断路器辅助保护中。

运行方式：线—线串单元两条线路均运行，重合闸在“单重”方式，边断路器先重。

操作任务：330kV××线重合闸停用。

操作目的：退出一条线路重合闸，该线路任何故障均三跳不重；另一条线路重合闸正常运行。

操作步骤：

（1）退出 33X2 断路器重合闸出口连接片；

（2）将 33X2 边断路器重合闸由“单重”切至“停用”位置；

（3）退出 33X0 断路器重合闸出口连接片；

（4）将 33X0 中断路器重合闸由“单重”切至“停用”位置；

（5）退出××线路保护启动 33X2 断路器重合闸连接片；

（6）退出××线路保护启动 33X0 断路器重合闸连接片。

【思考与练习】

1. 3/2 接线系统断路器保护操作应注意哪些要点？
2. 线路纵联保护投退操作应注意什么？
3. 远跳保护投退时有什么要求？

第二十七章 大型复杂操作

模块1 大型复杂综合操作（ZY1100307001）

【模块描述】本模块介绍大型复杂停送电操作。通过操作过程详细介绍、案例分析，掌握大型复杂停送电操作的操作方法和操作注意事项。

【正文】

在本部分前几章中介绍了各电气设备单元的停送电操作，这些操作是变电站正常运行方式下常见的典型操作任务。但是，在一些特殊情况下，需要通过一些相对复杂的操作来实现运行方式的转化和进行电气设备出现异常及事故后的处理。例如：① 新变电站的投运操作；② 双母接线中母差保护动作后的倒母线操作；③ 双母分段带旁路中，旁路代主变压器断路器操作等复杂操作。这些操作就属于变电站的复杂操作。

一、复杂操作的基本原则

1. 断路器的复杂操作原则

（1）断路器倒旁路操作。进行断路器倒旁路操作时，首先将被代断路器上不能切换到旁路的高频保护改信号，其次将旁路断路器倒至被代断路器所在母线运行。如果停电操作的是主变压器断路器，则必须将主变压器差动保护的断路器 TA 倒换为主变压器套管 TA。

（2）330kV 主变压器 35（10）kV 侧断路器转为热备用时，则必须将 35（10）kV 低压母线的电容器、电抗器和站用变压器先改热备用状态。如果 330kV 主变压器 35（10）kV 侧断路器转为冷备用或断路器检修时，则必须将 35（10）kV 低压母线的电容器、电抗器和站用变压器先转为冷备用状态，再将该断路器主变压器 35（10）kV 侧断路器转为冷备用状态。送电操作则反之。

2. 母线事故后的倒闸操作

当一条母线故障，需要将故障母线上的负荷倒至运行母线上时，其操作不同于正常的倒母线操作，应遵循“先拉后合”的原则，即按先断开故障母线的断路器和母线侧隔离开关，再合上运行母线侧隔离开关和断路器的顺序。这样做目的是防止因故障母线的故障点未隔离而造成运行母线故障，扩大事故和停电范围。

二、操作案例

案例：主变压器断路器旁带操作。

20 世纪末建设的 330kV 变电站的中，110kV 应用的是少油断路器，加之 330kV 系统结构薄弱，所以在 110kV 系统的主接线广泛采用了双母线带旁路的接线，此类接线的变电站仍在运行中。因此，有必要在此介绍此类接线中有关倒旁路操作，尤其以变压器断路器倒旁路操作最为复杂。

主变压器电气单元接线如图 ZY1100307001-1 所示。330kV 系统为双母线三分段接线，110kV 系统为双母线带旁路接线。

运行方式：主变压器正常运行方式，即主变压器 8X 断路器带负荷；旁路 9X 断路器热备用。

操作目标：旁路 9X 断路器带主变压器 8X 断路器负荷，主变压器 8X 断路器检修。

操作任务：旁路 9X 断路器由“热备用”转“运行”带 2 号主变压器 8X 断路器负荷，主变压器 8X 断路器由“运行”转“检修”。

操作方案：如表 ZY1100307001-1 所示。

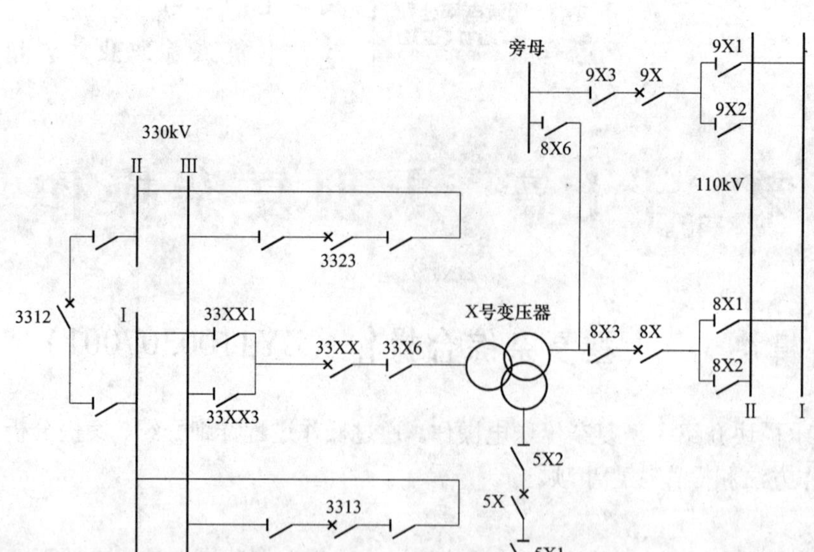

图 ZY1100307001-1 主变压器电气单元接线示意图

表 ZY1100307001-1 旁路 9X 断路器带主变压器 8X 断路器，8X 断路器检修操作方案

序号	操 作 内 容	操 作 要 点
1	在模拟图上进行模拟操作	
2	退出 X 号主变压器差动（二）保护差动保护跳 33XX 断路器出口连接片（主）	退出差动保护的出口跳闸连接片
3	退出 X 号主变压器差动（二）保护差动保护跳 33XX 断路器出口连接片（副）	
4	退出 X 号主变压器差动（二）保护差动保护启动 33XX 断路器失灵保护连接片	
5	退出 X 号主变压器差动（二）保护差动保护跳 8X 断路器出口连接片	
6	退出 X 号主变压器差动（二）保护差动保护启动中压侧失灵保护连接片	
7	退出 X 号主变压器差动（二）保护差动保护跳 35kV 5X 断路器保护连接片	
8	退出 X 号主变压器差动（二）保护差动保护投入连接片	退出差动保护的功能跳闸连接片
9	将 X 号主变压器差动（二）保护 1SD 电流端子由“竖接”改至“横接”	将主变压器套管 TA 的二次回路并入差动保护电流回路
10	检查 X 号主变压器差动（二）保护 1SD 电流端子接触良好	
11	将 X 号主变压器差动（二）保护 2SD 电流端子由“横接”改至“竖接”	将主变压器中压侧断路器 TA 二次回路从差动保护电流回路断开
12	检查 X 号主变压器差动（二）保护 2SD 电流端子接触良好	
13	投入 X 号主变压器差动（二）保护差动保护投入连接片	投入差动保护的功能连接片
14	投入 X 号主变压器差动（二）保护差动保护跳 33XX 断路器出口连接片（主）	投入差动保护、后备保护出口连接片
15	投入 X 号主变压器差动（二）保护差动保护跳 33XX 断路器出口连接片（副）	
16	投入 X 号主变压器差动（二）保护差动保护跳 9X 断路器出口连接片	
17	投入 X 号主变压器差动（二）保护启动 33XX 断路器失灵保护连接片	
18	投入 X 号主变压器差动（二）保护差动保护跳 10kV 0X 断路器出口连接片	
19	投入 X 号主变压器差动（二）保护差动启动旁路 9X 断路器失灵保护连接片	
20	投入 X 号主变压器差动（二）保护跳 9X 断路器出口连接片	
21	投入 X 号主变压器后备保护（二）跳 9X 断路器出口连接片	
22	投入 X 号主变压器差动（二）保护差动后备启动旁路 9X 断路器失灵投入连接片	
23	退出 X 号主变压器差动（一）保护差动保护跳 33XX 断路器出口连接片（主）	退出差动保护的出口连接片
24	退出 X 号主变压器差动（一）保护差动保护跳 33XX 断路器出口连接片（副）	
25	退出 X 号主变压器差动（一）保护差动保护启动 33XX 断路器失灵保护连接片	

续表

序号	操 作 内 容	操 作 要 点
26	退出 X 号主变压器差动（一）保护差动保护跳 8X 断路器出口连接片	退出差动保护的出口连接片
27	退出 X 号主变压器差动（一）保护差动跳 10kV 0X 断路器出口连接片	
28	退出 X 号主变压器差动（一）保护差动启动中压侧失灵保护连接片	
29	退出 X 号主变压器差动（一）保护差动保护投入连接片	退出差动保护的功能连接片
30	将 X 号主变压器差动（一）保护 1SD 电流端子由“竖接”改至“横接”	将主变压器套管 TA 的二次回路并入差动保护电流回路
31	检查 X 号主变压器差动（一）保护 1SD 电流端子接触良好	
32	将 X 号主变压器差动（一）保护 2SD 电流端子由“横接”改至“竖接”	将主变压器中压侧断路器 TA 二次回路从差动保护电流回路断开
33	检查 X 号主变压器差动（一）保护 2SD 电流端子接触良好	
34	投入 X 号主变压器差动（一）保护差动保护投入连接片	投入差动保护的功能跳闸连接片
35	投入 X 号主变压器差动（一）保护差动保护跳 33XX 断路器出口连接片（主）	投入差动保护、后备保护出口连接片
36	投入 X 号主变压器差动（一）保护差动保护跳 33XX 断路器出口连接片（副）	
37	投入 X 号主变压器差动（一）保护启动 33XX 断路器失灵保护连接片	
38	投入 X 号主变压器差动（一）保护差动保护跳 9X 断路器出口连接片	
39	投入 X 号主变压器差动（一）保护差动保护跳 10kV 0X 断路器连接片	
40	投入 X 号主变压器差动（一）保护后备保护跳 9X 断路器出口连接片	
41	投入 X 号主变压器后备（一）启动旁路 9X 断路器失灵投入连接片	
42	检查 9X2、9X6 隔离开关确在合闸位置	给旁母充电
43	合上 9X 断路器	
44	检查 9X 断路器确已合好	
45	检查 110kV 旁母充电正常	
46	合上 8X7 隔离开关并检查	投入旁母 TV 并检查旁母二次电压正常
47	放上 110kV 旁母 TV 二次熔断器	
48	检查 110kV 旁母电压表指示正常	
49	取下 110kV 旁母 TV 二次熔断器	退出旁母 TV 并检查旁母二次电压正常（防止带电压互感器合空载母线产生电磁谐振）
50	拉开 8X7 隔离开关并检查	
51	检查 110kV 旁母电压表指示为零	
52	断开 9X 断路器	旁路断路器转热备用
53	检查 9X 断路器确已拉开	
54	合上 8X6 隔离开关并检查	主变压器接入旁路母线
55	合上 8X7 隔离开关并检查	投入旁母 TV
56	放上 110kV 旁母 TV 二次熔断器	
57	检查 110kV 旁母电压表指示正常	
58	合上 9X 断路器	合上旁路断路器带主变压器负荷
59	检查 9X 断路器确已合好	
60	检查 9X、8X 断路器负荷分配正常	
61	断开 8X 断路器	中压侧 8X 断路器转检修
62	检查 8X 断路器确已断开	
63	拉开 8X3 隔离开关并检查	
64	拉开 8X1 隔离开关并检查	
65	在 8X 断路器与 8X1（822）隔离开关之间验明确无电压	

续表

序号	操作内容	操作要点
66	合上 8X10 接地隔离开关并检查	中压侧 8X 断路器转检修
67	在 8X 断路器 TA 与 8X3 隔离开关之间验电接地线一组	
68	取下 8X 断路器操作熔断器	
69	取下 8X 断路器信号熔断器	
70	检查旁路 9X 断路器带 8X 负荷供电正常	

【思考与练习】

1. 变压器断路器旁带操作中的要点是什么？
2. 母线事故后倒闸操作的原则是什么？
3. 试根据自己所在变电站的情况列举出一个复杂操作任务。

模块 2 倒闸操作危险点源预控（ZY1100307002）

【模块描述】本模块介绍倒闸操作一般的危险点源预控。通过要点归纳、分析讲解，掌握倒闸操作时的危险点源分析预控方法，能正确进行危险点源预控。

【正文】

一、倒闸操作中一般危险点及控制措施

（1）操作过程中对某一操作项目发生疑问，应立即停止操作，直到弄清确认无误后方可继续执行操作。

（2）操作过程中如发现操作票确有错误。应暂停操作并向值班负责人报告，由值班负责人根据不同情况决定在原票上更正（以不违反三不涂改为限度）或重写操作票。无论是在原票上更正或重写操作票均须重新履行审票手续后方可继续执行操作。更正或重写的内容涉及操作任务时，必须取得调度的同意或许可。严禁在操作过程中，随意更改操作顺序与内容。

（3）在操作过程中发生事故或异常时应暂停操作。按规程规定或调度指令处理完毕后再继续操作。当前执行的操作与发生的事故或异常有关时，应征得调度同意后方可继续操作。

（4）当由于设备或其他原因，使一张操作票执行到某一项无法继续执行下去时，应立即汇报发令调度值班员，由调度值班员决定终止当前操作还是恢复到操作的起始位置。如调度决定取消已执行的操作恢复到操作的起始位置时，应提请调度从当前位置开始重新发令。不得按原票逆向操作。

二、倒闸操作的危险点控制的一般方法

（1）一停。操作中，操作对象不管是一次还是二次设备，能一次走到操作设备间隔。这样就消除了误入其他间隔或误动其他设备的可能。如果在操作中，对现场不熟悉，不了解，还要寻找要操作的设备，这不仅耗费大量的时间，还有可能引起误操作（特别是误入其他带电间隔）。

（2）二看。走到要操作设备的位置，操作人员要对被操作的设备进行核对，核对设备的位置，核对设备的双重编号，核对设备的状态。除了“三核对”外，操作人员还要对被操作设备按日常巡视要求，进行检查，看一看与被操作的设备相连接的电气单元或相邻设备的状态及位置，看一看操作的场地和环境。假如操作人员不核对，不检查，不查看，即便没引起误操作，也可能由于操作场地和环境的限制造成对操作人员的伤害。特别是在操作二次熔断器时，可能造成其他设备的误动或误碰。

（3）三想。一停二看后，在操作前，操作人员对操作票中的操作项目想一想，操作此项，符不符合技术要求，犯不犯技术错误，操作中有什么样的现象，操作后有什么样的后果。特别是在装设接地线或接地开关时，想一想装设的接地线或接地开关是否满足工作要求，是不是带电挂地线和合接地开关。操作前，多想一想，多问自己几个为什么，这是防止误操作的关键，也是操作人员操作

过程中的最后一道安全防线。如果想不明白，可以停下来一起讨论，弄明白后再操作，切忌带着疑问和问题操作。

【思考与练习】

1. 举例说明典型倒闸操作项目中的危险点有哪些？

2. 防止误操作的一般措施是什么？

第七部分

异常处理

第二十八章　补偿装置异常及缺陷处理

模块1　补偿装置异常现象及分析（GYBD00501001）

【模块描述】本模块介绍了补偿装置的常见异常。通过原理讲解、要点归纳，了解电容器、电抗器常见异常现象和产生的原因。

【正文】

补偿装置主要有并联电容器组、电抗器、接地变压器、消弧线圈及静止无功补偿器等。补偿装置在变电站中主要起着补偿系统的无功功率，维持系统电压的作用。消弧线圈和接地变压器可以补偿小电流接地系统接地电流。

一、并联电容器组常见异常现象及原因分析

（1）渗漏油。电容器在运行中如外壳或下部有油渍则可能是发生了渗漏油，渗漏油会使电容器中的浸渍剂减少，内部元件易受潮从而导致局部击穿。造成电容器渗漏油的原因有：

1）搬运、安装、检修时造成法兰或焊接处损伤，使法兰焊接出现裂缝。

2）接线时拧螺钉过紧、瓷套焊接出现损伤。

3）产品制造缺陷。

4）温度急剧变化，由于热胀冷缩使外壳开裂。

5）在长期运行中漆层脱落，外壳严重锈蚀。

6）设计不合理，如使用硬排连接，由于热胀冷缩，极易拉断电容器套管。

（2）外壳膨胀变形。运行中电容器的外壳可能发生鼓肚等变形现象。外壳膨胀变形的原因有：

1）介质内产生局部放电，使介质分解而析出气体。

2）部分元件击穿或极对外壳击穿，使介质析出气体。

3）运行电压过高或拉开断路器时重燃引起的操作过电压作用。

4）运行温度过高，内部介质膨胀过大。

（3）单台电容器熔丝熔断。单台电容器熔丝熔断的现象可通过巡视发现，有时也会反映为电容器组三相电流不平衡。单台电容器熔丝熔断的原因有：

1）过电流。

2）电容器内部短路。

3）外壳绝缘故障。

（4）温升过高，接头过热或熔化。通过红外测温、试温蜡片或雨雪天观察能够发现电容器或接头温度过高的现象。造成电容器组温度过高的原因有：

1）电容器组冷却条件变差，如室内布置的电容器通风不良，环境温度过高，电容器布置过密等。

2）系统中的高次谐波电流影响。

3）频繁切合电容器，使电容器反复承受过电压的作用。

4）电容器内部元件故障，介质老化、介质损耗增大。

5）电容器组过电压或过电流运行。

（5）声音异常。电容器发出异常音响的原因有：

1）内部故障击穿放电。

2）外绝缘放电闪络。

3）固定螺钉或支架等松动。

（6）过电流运行。运行中的电容器可能发生过电流运行的现象。造成电容器过电流的原因有：

1）过电压。

2）高次谐波影响。

3）运行中的电容器容量发生变化，容量增大。

（7）过电压运行。电容器组运行电压过高的主要原因有：

1）电网电压过高。

2）电容器未根据无功负荷的变化及时退出，造成补偿容量过大。

3）系统中发生谐振过电压。

（8）套管破裂或放电，瓷绝缘子表面闪络。电容器套管表面脏污或环境污染，再遇上恶劣天气（如雨、雪）和遇有过电压时，可能产生表面闪络放电，引起电容器损坏或跳闸。电容器套管破裂会使套管绝缘性能降低，在雨雪天气，裂缝处进水造成闪络接地，冬天融雪水进入套管裂缝处结冰会造成套管破裂。

（9）三相电流不平衡。电容器组在运行中容量发生变化或者分散布置电容器组某一相有单只电容器熔丝熔断造成三相容量不平衡，会引起电容器三相电流不平衡。

二、电抗器常见异常现象及原因分析

变电站中的电抗器分为串联电抗器和并联电抗器两种。串联在电容器组内的电抗器，用以减小电容器组涌流倍数及抑制谐波电压。并联电抗器接在主变压器低压侧，用于补偿输电线路的容性无功功率，维持系统电压稳定。下面介绍电抗器常见的异常现象及产生原因。

（1）声音异常。电抗器正常运行时，发出均匀的“嗡嗡”声，如果声音比平时增大或有其他声音都属于声音异常。

1）响声均匀，但比平时增大，可能是电网电压较高，发生单相过电压或产生谐振过电压等，可结合电压表计的指示进行综合判断。

2）有杂音，可能是零部件松动或内部原因造成的。

3）有放电声，外表放电多半是污秽严重或接头接触不良造成的；内部放电声多半是不接地部件静电放电、线圈匝间放电等。

4）对于干式空芯电抗器，在运行中或拉开后经常会听到“咔咔”声，这是电抗器由于热胀冷缩而发出的正常声音，如有其他异声，可能是紧固件、螺钉等松动或是内部放电造成的。

（2）温度异常。温度异常一般表现为油浸电抗器温度计指示偏高或已经发出超温报警，干式电抗器接头及包封表面过热、冒烟。电抗器过热的主要原因有：

1）过电压运行。

2）温升的设计裕度取得过小，使设计值与国标规定的温升限值很接近。

3）制造的原因，如绕制绕组时，线轴的配重不够、绕制速度过快和停机均可造成绕组松紧度不好和绕组电阻的变化。

4）附近有铁磁性材料形成铁磁环路，造成电抗器漏磁损耗过大。

5）接线端子与绕组焊接处的焊接电阻由于焊接质量的问题产生附加电阻，该焊接电阻产生附加损耗使接线端子处温升过高；另外，在焊接时由于接头设计不当、焊缝深宽比太大，焊道太小，热脆性等原因产生的焊缝金属裂纹都将降低焊接质量，增大焊接电阻，也会造成焊接处温度升高。

（3）套管闪络放电。套管闪络放电会导致发热老化，绝缘下降引发爆炸。常见原因如下：

1）表面粉尘污秽过多，阴雨雾天气因电场不均匀发生放电。

2）系统出现过电压，套管内存在隐患而放电闪络击穿。

3）高压套管制造质量不良，末屏出线焊接不良或小绝缘子芯轴与接地螺套不同心，接触不良以及末屏不接地，导致电位提高而逐步损坏形成放电闪络。

（4）引线断股或散股。

（5）油浸式电抗器常见异常及原因分析。

1）油位异常。现象和原因有：

a. 油位过低。主要原因是电抗器严重渗漏油、气温过低、油枕储量不足、气囊漏气等。

b. 油位过高。当环境温度很高，高压电抗器油枕储油较多时，可能出现油位高信号。

2）油浸高压电抗器渗漏油。常见部位和原因如下：

a. 阀门系统。蝶阀胶垫材质安装不良，放油阀精度不高，螺纹处渗漏。

b. 胶垫、接线螺钉、高压套管基座、TA 出线接线螺钉胶垫密封不良无弹性，小绝缘子破裂渗漏。

c. 胶垫因材质不良龟裂失去弹性，不密封而渗漏。

d. 高压套管升高座法兰、油箱外表、油箱法兰等焊接处因材质薄加工粗糙形成渗漏等。

3）呼吸器硅胶变色过快。可能是由于硅胶罐有裂纹破损，呼吸管道密封不严，油封罩内无油或油位太低，胶垫龟裂不合格，螺钉松动或安装不良等使湿空气未经油过滤而直接进入硅胶罐中。

（6）干式电抗器常见异常现象及原因分析。

1）干式电抗器包封表面有爬电痕迹、裂纹或沿面放电。电抗器在户外的大气条件下运行一段时间后，其表面会有污物沉积，同时表面喷涂的绝缘材料也会出现粉化现象，形成污层。在大雾或雨天，表面污层会受潮，导致表面泄漏电流增大，产生热量。这使得表面电场集中区域的水分蒸发较快，造成表面部分区域出现干区，引起局部表面电阻改变。电流在该中断处形成很小的局部电弧。随着时间的增长，电弧将发展合并，在表面形成树枝状放电烧痕，引起沿面树枝状放电，绝大多数树枝状放电产生于电抗器端部表面与星状板相接触的区域。而匝间短路是树枝状放电的进一步发展，即短路线匝中电流剧增，温度升高到使线匝绝缘损坏，高温下导线熔化。

2）支持绝缘子有倾斜变形或位移、绝缘子裂纹。电抗器安装时支持绝缘子受力不均匀、基础沉陷或地震等都会造成支持绝缘子倾斜变形或绝缘子破裂。变电站中常见的是由于电抗器基础沉陷造成支持绝缘子倾斜变形或破裂。另外，绝缘子受到冰雹或大风刮起的杂物碰撞也会造成破损裂纹。

3）接地体、围网、围栏等异常发热。在电抗器轴向位置有接地网，径向位置有设备、遮栏、构架等，都可能因金属体构成闭环造成较严重的漏磁问题，对周围环境造成严重影响。若有闭环回路，如地网、构架、金属遮栏等，其漏磁感应环流达数百安培。这不仅增大损耗，更因其建立的反向磁场同电抗器的部分绕组耦合而产生严重问题，如是径向位置有闭环，将使电抗器绕组过热或局部过热，相当于电抗器二次侧短路；如是轴向位置存在闭环，将使电抗器电流增大和电位分布改变，故漏磁问题并不能简单地认为只是发热或增加损耗。

4）有撑条松动或脱落情况。造成这种现象的原因主要有安装质量不良或长期运行振动导致紧固螺钉松动等。

5）绝缘支柱绝缘子或包封不清洁，金属部分有锈蚀现象。

6）干式电抗器内有鸟窝或有异物，影响通风散热。

三、接地变压器和消弧线圈的常见异常现象及原因分析

接地变压器和消弧线圈出现故障和系统中的故障及异常运行情况有很密切的关系。接地变压器和消弧线圈一般只有在系统有接地、断线及三相电流严重不对称时，才有较大的电流通过，内部故障的现象才会显现出来。

（1）渗漏油。接地变压器和消弧线圈发生渗漏油时能在其外壳或下部看到油渍或油滴，渗漏油会造成油面降低，使绝缘暴露在空气中，使绝缘材料老化加剧，绝缘性能降低。渗漏油还会使绝缘油中进入空气，造成绝缘油劣化。渗漏油的原因有：

1）外壳密封不良。

2）油标管与外壳间有缝隙。

3）放油或加油后阀门关闭不严密。

4）油位过高，温度升高时有油从上部溢出。

（2）内部有放电声。巡视时如听到接地变压器和消弧线圈内部有“噼啪”声或“吱吱”声，则可能是内部发生了放电现象，内部放电会造成绝缘过热烧损，甚至击穿造成事故。引起内部放电的原因有：

1）绕组绝缘损坏，对外壳或铁芯放电。

2）铁芯接地不良，在感应电压作用下对外壳放电。

（3）套管污秽严重、破裂、放电或接地。

1）接地变压器和消弧线圈安装地点空气污染较重、长期得不到清扫等会造成套管污秽严重。在雨、雪、大雾等潮湿天气，套管上的污秽与水相结合会形成导电带，造成套管放电或接地。

2）套管安装质量不良，受力不均匀或者受到恶劣天气（如冰雹等）影响会使套管破损裂纹，套管破裂后潮气侵入套管内部使套管绝缘性能下降，严重时也会造成套管放电或接地。

（4）本体温度（或温升）超过极限值、冒烟甚至着火。接地变压器和消弧线圈内部放电、分接开关接触不良、主变压器中性点电压位移过大或者长时间通过接地电流时都会产生温升过高现象，严重时会造成接地变压器和消弧线圈内部绝缘材料烧坏、冒烟甚至起火。

（5）分接开关接触不良。消弧线圈分接位置调整不到位、分接头接触部分生锈或有油膜会造成分接开关接触不良。分接开关接触不良会造成在通过接地补偿电流时发生过热现象，严重时会使设备烧损。

（6）接地变压器和消弧线圈外壳鼓包或开裂。接地变压器和消弧线圈外壳膨胀、开裂缺陷常会伴随发生渗漏油现象。外壳膨胀或开裂的原因有：

1）内部过热使绝缘油膨胀或气化，外壳承受过高的压力造成膨胀或开裂。

2）地震等外力破坏使外壳承受过高的应力作用发生开裂。

3）外壳焊接质量不良造成开裂。

（7）中性点位移电压大于15%相电压。系统中性点位移电压过大的原因有：

1）系统中有接地故障。

2）系统负荷严重不平衡。

3）系统电源非全相运行。

4）谐振过电压。

（8）一次导流部分发热变色。由于导流部分接触不良，引起过热。

（9）设备的试验、油化验等主要指标超过相关规定。

【思考与练习】

1. 并联电容器组有哪些常见异常现象？

2. 消弧线圈有哪些常见异常现象？

3. 电容器外壳膨胀变形的原因有哪些？

4. 电抗器有哪些常见异常现象？

5. 为什么有些电抗器周围的围栏会发热？

模块2 补偿装置异常处理（GYBD00501002）

【模块描述】本模块介绍了补偿装置常见异常的处理。通过案例介绍，掌握电容器、电抗器异常的处理方法。

【正文】

补偿装置发生异常，会影响变电站无功补偿能力，造成系统电压质量降低，所以发现补偿装置异常应及时进行处理。

一、电容器组异常处理

1. 电容器组立即停运的情况

遇有下列异常情况之一时电容器应立即退出运行：

（1）电容器发生爆炸。

（2）触头严重发热或电容器外壳测温蜡片熔化。

（3）电容器外壳温度超过55℃或室温超过40℃，采取降温措施无效时。

（4）电容器套管发生破裂并有闪络放电。

（5）电容器严重喷油或起火。

（6）电容器外壳明显膨胀或有油质流出。

（7）三相电流不平衡超过 5%以上。

（8）由于内部放电或外部放电造成声音异常。

（9）密集型并联电容器压力释放阀动作。

2. 电容器组应加强监视的情况

电容器组有以下异常现象时应查找原因、采取措施尽快停电处理：

（1）电容器组渗油时，如渗油不严重，可不申请停电处理，只需要按照缺陷管理制度上报缺陷，但必须随时监视；若渗油严重，必须申请停电进行处理。

（2）电容器温度过高，必须严密监视和控制环境温度，如室温过高，应改善通风条件或采取冷却措施控制温度在允许范围内，如控制不住则应停电处理。在高温、长时间运行的情况下，应定时对电容器进行温度检测。如系电容器本身的问题或触点温度过高则应停电处理。

（3）由于外部固定螺钉或支架松动等外部原因造成声音异常。

（4）电容器单台熔断器熔断后的处理：

1）严格控制运行电压。

2）将电容器组停电并充分放电后更换熔断器，投入后继续熔断，应退出该组电容器。

3）报缺陷由检修人员测量绝缘，对于双极对地绝缘电阻不合格或交流耐压不合格的应及时更换。

4）因熔断器熔断引起相间电流不平衡接近 2.5%时，应更换故障电容器或拆除其他相电容器进行调整。

（5）发现电容器三相电流不平衡度不超过 5%时，应立即检查系统电压是否平衡、单台电容器熔丝是否熔断，查出原因后报调度或检修单位处理。如无上述现象，可能是电容器组容量发生变化，应尽快将该组电容器退出运行，报检修单位处理。

（6）母线电压超过电容器额定电压后，过电压倍数及运行持续时间按表 GYBD00501002-1 规定执行。

（7）电容器运行电流超过额定电流，但不到 1.3 倍时。

表 GYBD00501002-1　　电力电容器过电压倍数及运行持续时间表

过电压倍数（U_g/U_n）	持续时间	说明
1.05	连续	—
1.10	每 24h 中 8h	—
1.15	每 24h 中 30min	系统电压调整与波动
1.20	5min	轻荷载时电压升高
1.30	1min	

二、高压电抗器异常处理

1. 干式电抗器异常处理

（1）干式电抗器有以下异常应立即停电处理：

1）接头及包封表面异常过热、冒烟。

2）干式电抗器出现沿面放电。

3）绝缘子有明显裂纹或倾斜变形。

4）并联电抗器包封表面有严重开裂现象。

（2）电抗器有以下异常时应加强监视并尽快退出运行：

1）设备有过热点，接地体发热，围网、围栏等异常发热。若发现电抗器有局部发热现象，则应减少该电抗器的负荷，并加强通风。必要时可采用临时措施，采用轴流风扇冷却（户内设备），待有机会停电时，再进行处理。

2）包封表面存在爬电痕迹以及裂纹现象。

3）支持绝缘子有倾斜变形（或位移），暂不影响继续运行。

4）有撑条松动或脱落情况。

（3）电抗器有以下异常时应报缺陷按检修计划处理：

1）包封表面不明显变色或轻微振动。

2）绝缘支柱绝缘子或包封不清洁，金属部分有锈蚀现象。

3）干式电抗器内有鸟窝或有异物，影响通风散热。

4）引线散股。

2. 油浸高压电抗器异常处理

（1）温度异常。检查油位、油色有无异常，并结合无功负荷、电压高低、环境温度分析对照，初步判明高压电抗器内部有无问题。将检查分析结果汇报调度和工区，听候处理。

（2）声响异常。

1）高压电抗器响声均匀，但比平时增大，应加强监视。

2）高压电抗器有杂音，首先检查有无零部件松动，查看电流表、电压表指示是否正常。以上检查未见异常时，有可能是内部原因造成的，应报告调度和工区。

3）高压电抗器有放电声。应仔细检查判明放电声是来自表面还是由内部发出，外表放电多半是污秽严重或接头接触不良造成的，应停电处理；内部放电声多半是不接地部件静电放电、线圈匝间放电等。这时应严密监视，及时上报调度和工区。

（3）油位异常。

1）油位偏低或偏高时，应加强监视，报缺陷处理。

2）由于渗漏油造成油位过低，应汇报调度申请停电处理。

（4）渗漏油。

1）轻微漏油或渗油属于一般缺陷，可加强监视，报调度和工区，安排计划处理。

2）严重漏油应申请停电处理，在停电前加强监视，做好事故预想和应急处理准备。

（5）呼吸器硅胶变色过快，应查找变色过快的原因，报缺陷处理。

三、接地变压器和消弧线圈异常处理

消弧线圈动作或发生异常现象时，应记录好动作时间、中性点位移电压、电流及三相对地电压，并及时向调度汇报。

1. 接地变压器和消弧线圈立即停运的情况

接地变压器或消弧线圈有以下异常时应立即退出运行：

（1）设备漏油，从油位指示器中看不到油位。

（2）设备内部有放电声响。

（3）一次导流部分接触不良，引起发热变色。

（4）设备严重放电或瓷质部分有明显裂纹。

（5）绝缘污秽严重，存在污闪可能。

（6）阻尼电阻发热、烧毁或接地变压器温度异常升高。

（7）设备的试验、油化验等主要指标超过相关规定，由试验人员判定不能继续运行。

（8）消弧线圈本体或接地变压器外壳鼓包或开裂。

2. 接地变压器和消弧线圈应加强监视的情况

接地变压器或消弧线圈有以下异常时，应查找原因、采取措施并尽快退出运行：

（1）设备渗漏油，还能够看到油位。

（2）红外测量设备内部异常发热。

（3）工作、保护接地失效。

（4）瓷质部分有掉瓷现象，不影响继续运行。

（5）绝缘油中有微量水分，游离碳呈淡黑色。

（6）二次回路绝缘下降，但不超过30%。

（7）中性点位移电压大于15%相电压。

（8）设备不清洁、有锈蚀现象。

3. 隔离故障设备的方法

将故障接地变压器或消弧线圈退出运行的方法如下：

（1）在系统存在接地故障的情况下，不得停用消弧线圈，且应严格对其上层油温加强监视，其值最高不得超过 95℃，并迅速查找和处理单相接地故障，应注意允许带单相接地故障运行时间不得超过 2h，否则应将故障线路断开，停用消弧线圈。

（2）若接地故障已查明，将接地故障切除以后，检查接地信号已消失，中性点位移电压很小时，方可用隔离开关将消弧线圈拉开。

（3）若接地故障点未查明，或中性点位移电压超过相电压的 15%时，接地信号未消失，不准用隔离开关拉开消弧线圈。可作如下处理：

1）投入备用变压器或备用电源。

2）将接有消弧线圈的变压器各侧断路器断开。

3）拉开消弧线圈的隔离开关，隔离故障。

4）恢复原运行方式。

四、补偿装置异常处理举例

某变电站电容器组频繁发生单台熔丝熔断现象，经检修单位测试检查电容器有轻微容量变化，但尚在允许范围内。运行一段时间后，电容器组事故跳闸，检查发现多台电容器熔丝发生熔断，电容器本体及围栏有烧损现象。测试发现该组电容器均发生容量增大现象。经事故调查分析，原因为电容器组断路器分闸速度不够，在操作中拉开电容器时发生电弧重燃。电容器组在电弧重燃过电压的作用下内部绝缘介质局部击穿，造成电流增大，损坏严重的电容器熔丝熔断。同时，由于电容器熔丝安装时角度调整不够，使熔丝熔断时分断速度过小，电弧不能断开，造成弧光短路，引起整组电容器跳闸。事后该变电站更换了所有电容器组断路器，并对全部电容器熔丝进行了调整，消除了电容器组缺陷。

【思考与练习】

1. 电容器有哪些异常现象时应停电处理？

2. 电抗器有哪些异常现象时应停电处理？

3. 接地变压器或消弧线圈有哪些异常现象时应停电处理？

模块 3　补偿装置异常处理危险点源分析（GYBD00501003）

【模块描述】本模块对补偿装置异常处理中的危险点源进行了分析。通过要点讲解，能够制定相应的预控措施。

【正文】

一、补偿电容器组异常处理危险点分析

1. 检查处理电容器组异常现象时人身触电

控制措施：检查处理电容器组异常现象时，不得触及电容器外壳或引线，以防止电容器内部绝缘损坏造成外壳带电；若有必要接触电容器，应先拉开断路器及隔离开关，然后验电装设接地线，并对电容器进行充分放电。

2. 更换单只电容器熔断器时人身触电

控制措施：在接触电容器前，应戴绝缘手套，用短路线将电容器的两极短接，方可动手拆卸；对双星形接线电容器的中性线及多个电容器的串接线，还应单独放电。

3. 摇测电容器两极对外壳和两极间绝缘电阻时人身触电

控制措施：由两人进行，测量前用导线将电容器放电；测试完毕后，将电容器上的电荷放尽。

4. 处理电容器着火时人身触电

控制措施：先将电容器停电后再进行灭火，由于电容器可能有部分电荷未释放，所以应使用绝缘介质的灭火器，并不得接触电容器外壳和引线。

5. 检查处理电容器组异常现象时电容器爆炸伤人

控制措施：发现电容器内部有异常音响或外壳严重膨胀等异常现象，应立即将电容器停电，停电前不得再接近发生异常的电容器组。

6. 电容器组投切操作时电容器爆炸伤人

控制措施：应先检查无人在电容器组附近后再进行操作。

7. 由于处理不当造成电容器爆炸

控制措施：

（1）电容器组断路器跳闸后，在未查明原因并处理前不得试送电容器。

（2）电容器组切除后再次投入运行，应间隔 5min 后进行。

（3）发现电容器有需要立即退出运行的异常现象时，应立即将电容器停电处理。

二、电抗器异常处理危险点分析

1. 由于处理不当造成设备损坏

控制措施：按照电抗器异常处理方法将需立即停电的电抗器退出运行。

2. 处理电抗器异常时人身被烧、烫伤

控制措施：

（1）发现电抗器或周围围栏等设备过热时，不得触及设备过热部分。

（2）电抗器冒烟或着火，灭火时应做好个人防护措施，必要时报火警。

3. 检查处理电抗器异常时人身受到伤害

控制措施：发现干式电抗器有异常声响、放电或支持绝缘子严重破损或位移时，应立即远离故障电抗器，并迅速将其退出运行。

4. 检查处理电抗器异常时人身触电

控制措施：

（1）在电抗器停电并做好安全措施前，不得进入电抗器围栏或接触干式电抗器外壳。

（2）电抗器冒烟或着火，应在断开电源后用干粉、二氧化碳等采用绝缘灭火材料的灭火器灭火。

三、接地变压器或消弧线圈异常处理危险点源分析

1. 接地变压器和消弧线圈停电操作中带负荷拉合隔离开关

控制措施：

（1）在进行接地变压器或消弧线圈投、停操作前，需查明电网内确无单相接地，且消弧线圈电流小于 10A 后，方可用隔离开关进行操作。

（2）若接地故障点未查明，或中性点位移电压超过相电压的 15%时，接地信号未消失，不准用隔离开关拉开接地变压器或消弧线圈。

（3）严禁用隔离开关拉、合发生异常的接地变压器或消弧线圈。

2. 将带有消弧线圈的主变压器退出运行后其他主变压器过负荷

控制措施：

（1）一台主变压器停运操作前，先检查负荷情况，联系调度，提前限制负荷。

（2）拉开主变压器低、中压侧断路器后，检查运行主变压器各侧负荷情况，发现过负荷及时处理。

3. 处理过程中发生系统谐振

控制措施：在进行消弧线圈投入和退出电网的操作时，应密切监视电网运行情况，发现谐振立即处理。

【思考与练习】

1. 电容器组发生一台电容器熔断器熔断，需运行人员更换熔断器，请进行处理过程中的危险点源分析。

2. 如何防止接地变压器或消弧线圈异常处理过程中发生带负荷拉隔离开关？

第二十九章　小电流接地系统异常分析及处理

模块 1　小电流接地系统异常现象及分析（GYBD00502001）

【模块描述】本模块介绍了小电流接地系统常见异常。通过现象描述、原理讲解，了解小电流接地系统常见异常现象和产生的原因。

【正文】

小电流接地系统中，中性点接地方式有中性点不接地和中性点经消弧线圈接地两种。该系统常见异常主要有单相接地和缺相运行两种。

一、单相接地故障现象及分析

1. 单相接地故障现象

（1）警铃响，同时发出接地光字信号，接地信号继电器掉牌。综合自动化变电站内监控机发出预告音响并有系统接地报文。

（2）如故障点高电阻接地，则接地相电压降低，其他两相对地电压高于相电压；如金属性接地，则接地相电压降到零，其他两相对地电压升高为线电压；若三相电压表的指针不停地摆动，则为间歇性接地。

（3）中性点经消弧线圈接地系统，接地时消弧线圈动作光字牌亮，电流表有读数。装有中性点位移电压表时，可看到有一定指示（不完全接地）或指示为相电压值（完全接地）。消弧线圈的接地告警灯亮。

（4）发生弧光接地时，产生过电压，非故障相电压很高，电压互感器高压熔断器可能熔断，甚至可能烧坏电压互感器。

2. 单相接地故障的危害

（1）由于非故障相对地电压升高（金属性接地时升高至线电压值），系统中的绝缘薄弱点可能击穿，形成短路故障，造成线路、母线或主变压器开关跳闸。

如图 GYBD00502001-1 所示，536 线路 K1 点 A 相接地，在未拉开 536 断路器切除接地点前，10kV 2 号母线及所属设备和所带的线路以及 2 号主变压器低压侧 B、C 相均承受线电压甚至是谐振过电压的作用，若此时另一条线路（如 538 线路）B 相绝缘子击穿接地，则单相接地就变成了两相接地短路，造成 538 和 536 线路过电流保护动作跳闸（如线路过电流保护只接 A、C 相电流，则 536 线路过电流保护跳闸，538 线路保护不动作）；如 10kV 2 号母线设备 B 相或 C 相绝缘击穿，536 线路保护拒动或 536 断路器拒动时，则会造成 2 号主变压器低压侧后备保护动作跳开 512 断路器，造成 10kV 2 号

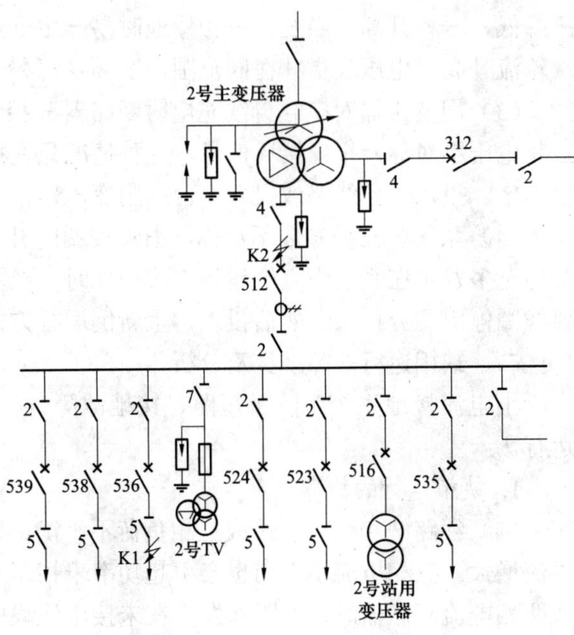

图 GYBD00502001-1　单母线接线单相接地示意图

母线全停；如 2 号主变压器低压侧 K2 点发生 B 相或 C 相接地，则会造成 2 号主变压器差动保护动作跳开 2 号主变压器三侧断路器，造成主变压器停运，35kV 2 号母线和 10kV 2 号母线全部停电。

（2）故障点产生电弧，会烧坏设备甚至引起火灾，并可能发展成相间短路故障。

（3）故障点产生间歇性电弧时，在一定条件下，产生串联谐振过电压，其值可达相电压的 2.5～3 倍，对系统绝缘危害很大。

（4）在拉路查找接地及处理接地故障的过程中，中断对用户的供电。

3. 单相接地故障的原因

（1）设备绝缘不良，如老化、受潮、绝缘子破裂、表面脏污等，发生击穿接地。

（2）小动物、鸟类及其他外力破坏。

（3）线路断线后导线触碰金属支架或地面。

（4）恶劣天气影响，如雷雨、大风等。

4. 接地故障的判断

系统发生接地时，可根据信号、电压的变化进行综合判断。但是在某些情况下，系统的绝缘没有损坏，而因其他原因产生某些不对称状态，如电压互感器高压熔断器一相熔断，系统谐振等，也可能报出接地信号，所以，应注意正确区分判断。

（1）接地故障时，故障相电压降低，另两相升高，线电压不变。而高压熔断器一相熔断时，对地电压一相降低，另两相不会升高，与熔断相相关的线电压则会降低。对三相五柱式电压互感器，熔断相绝缘电压降低但不为零，非熔断相绝缘电压正常（见表 GYBD00502001-1）。

表 GYBD00502001-1　单相接地与电压互感器高压熔断器熔断、铁磁谐振的区别

故障现象 \ 项目 故障类别	相对地电压	主控盘信号
单相接地	接地相电压降低，其他两相电压升高；金属性接地时，接地相电压为 0，其他两相升高为线电压	接地报警
高压熔断器熔断	熔断相降低，其他两相不变	接地报警，电压回路断线
铁磁谐振	三相电压无规律变化，如一相降低、两相升高或两相降低、一相升高或三相同时升高	接地报警

（2）铁磁谐振经常发生的是基波和分频谐振。根据运行经验，当电源对只带有电压互感器的空母线突然合闸时易产生基波谐振。基波谐振的现象是：两相对地电压升高，一相降低，或是两相对地电压降低，一相升高。当发生单相接地时易产生分频谐振。分频谐振的现象是：三相电压同时升高或依次轮流升高，电压表指针在同范围内低频（每秒一次左右）摆动。

（3）用变压器对空载母线充电时断路器三相合闸不同期，三相对地电容不平衡，使中性点位移，三相电压不对称，报出接地信号。这种情况只在操作时发生，只要检查母线及连接设备无异常，即可以判定，投入一条线路或投入一台站用变压器，即可消失。

（4）系统中三相参数不对称，消弧线圈的补偿度调整不当，在倒运行方式时，会报出接地信号。此情况多发生在系统中有倒运行方式操作时，经汇报调度，相互联系，可以先恢复原运行方式，将消弧线圈停电调分接头，然后投入，重新倒运行方式。

二、缺相运行故障现象及分析

小电流接地系统中除了短路、接地故障外，还可能发生一相或两相断线的情况，造成系统缺相运行。

1. 缺相运行的故障现象

（1）线路缺相运行会造成三相负荷不平衡，引起线路三相电流不平衡，断线相电流为零，正常相电流增大。三相电流不平衡也会引起功率表指示和电能表计量电量变化。但是当线路电流表只接一相或两相电流互感器时，如断线发生在未接电流表的相，电流变化不易发现。

（2）由于三相负荷不平衡造成中性点位移，引起相电压发生变化，断线相电压升高，正常相电压

降低，接地保护可能发出接地信号。中性点带有消弧线圈时，消弧线圈电压升高，电流增大。

（3）缺相运行会造成系统对地电容不平衡，在系统中产生零序电压，引起主变压器本侧零序过电压发出信号。

（4）母线缺相运行时，断线相电压降低为零，正常相电压基本不变。

2. 造成缺相运行的原因

（1）导线接头锈蚀、发热烧断。

（2）连接设备质量问题，如支持绝缘子损坏等。

（3）导线受外力伤害断线。

（4）恶劣天气影响，如大风、冰雹等造成线路断线。

（5）断路器内部绝缘拉杆断裂，操作时一相未变位。

3. 缺相运行案例

某站在拉开电容器断路器后，主变压器低压侧后备保护发出告警信号，检查发现主变压器低压侧零序电压保护报警动作，并且信号无法复归。经运行人员详细检查，发现拉开的电容器断路器C相有微弱的电流，现场检查断路器位置指示在分闸位置。判断电容器断路器C相由于某种原因未断开。将故障断路器退出运行后，经检修人员检查发现断路器C相绝缘拉杆断裂，造成该相触头未断开。

【思考与练习】

1. 小电流接地系统发生单相接地时有什么现象？

2. 单相接地故障的危害有哪些？

3. 小电流接地系统发生单相接地与铁磁谐振及电压互感器高压熔断器一相熔断有什么区别？

4. 线路缺相运行有哪些异常现象？

模块2　小电流接地系统异常处理（GYBD00502002）

【模块描述】本模块介绍了小电流接地系统常见异常的处理。通过案例介绍，掌握小电流接地系统单相接地、缺相运行等异常的处理方法。

【正文】

一、单相接地故障处理

小电流接地系统发生单相接地故障时，由于线电压的大小和相位不变，且系统的绝缘又是按线电压设计的，所以不需要立即切除故障，仍可继续运行一段时间，但一般不宜超过2h。中性点经消弧线圈接地的系统，允许带接地故障运行的时间取决于消弧线圈的允许运行条件，制造厂一般规定为2h。

1. 单相接地处理的注意事项

（1）发现设备接地后，应立即汇报调度，查找出接地点并迅速隔离，特别是对于间歇性接地，更应尽快查出接地点并停电隔离，防止由于间歇接地产生谐振过电压造成设备绝缘击穿损坏。

（2）查找接地故障时应穿绝缘靴，接触设备的外壳和架构时应戴绝缘手套。

（3）站内发生接地时，在隔离故障点消除接地前，应加强对站内设备运行状态的监视，尤其是发生接地的母线、避雷器和电压互感器等承受过电压运行的设备，并做好事故处理的准备。

2. 单相接地的查找方法

（1）检查、记录接地现象。站内发出接地信号时，首先应汇报调度，将时间、光字指示、故障报文、表计指示等信息做好记录。

（2）判断接地相别。切换检查相电压表计，根据相电压指示，判断是否为接地故障，如是接地故障则判明故障相别。

（3）检查站内设备有无故障。对接地母线上的一次设备进行外部检查，主要检查各设备瓷质部分有无损坏、有无放电闪络，检查设备上有无落物、小动物及外力破坏现象，检查各引线有无断线接地，检查互感器、避雷器、电缆头等有无击穿损坏。

（4）采用拉路或倒母线的方法查找接地点。

1）分网运行缩小范围。分网包括系统分网运行和站内分网运行。对于变电站，分网是使母线分列运行，分列后对仍有接地信号的一段母线进行查找处理。

如图 GYBD00502002-1 所示，当 1 号、2 号母线通过分段 501 断路器并列运行时，如 534 线路接地，则两段母线均会发出接地信号。处理时应首先拉开分段 501 断路器，将两段母线分开，由于接地线路 534 位于 1 号母线，则断开 501 断路器后 2 号母线接地现象就会消失。这样就缩小了查找范围。

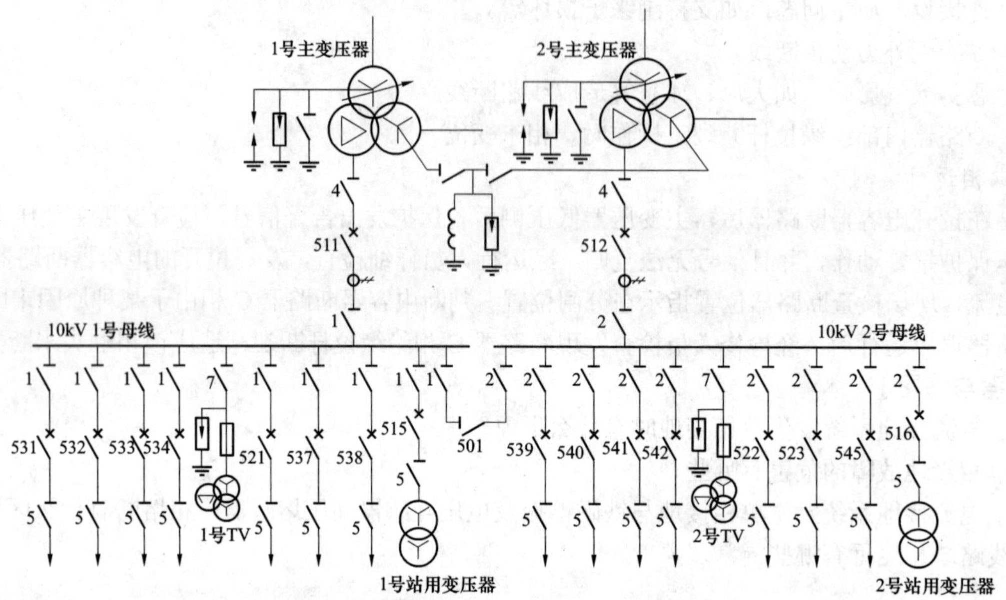

图 GYBD00502002-1 单母线分段接线

2）依次短时断开故障所在母线上各出线断路器，如果断开断路器后接地信号消失，绝缘监察电压表的指示恢复正常，即可证明所停的线路上有接地故障。利用瞬停法查找有接地故障的线路，一般拉路顺序为：

a. 充电备用线路。

b. 双回路用户分别停。

c. 线路长、分支多、负荷小、不太重要用户的线路，或者发生故障几率高的线路。

d. 分支少、线路短、负荷较大、较重要用户的线路。

e. 剩最后一条线路也应试停。

如图 GYBD00502002-1 所示，两段母线出线中，533、542 断路器备用，531、534、537、539 线路为农业和照明负荷；532、538、540、541 线路所带负荷为行政、化工和煤矿重要负荷，其中 532 线路和 540 线路为双回线路，545 线路充电备用。如 2 号母线发生接地，拉路查找顺序为：先拉充电备用线路 545，再检查 532 线路运行后拉开 540 线路，然后拉负荷不重要的线路 539，最后拉重要负荷线路 541。

3）对侧带有备自投的双回线路，应汇报调度，将对侧备自投退出后，再进行拉路查找。否则拉开一条线路后，由于对侧备自投动作，会将接地点转移到另一条线路上，造成误判断。

4）对于双母线接线，可以依次将一条母线上的回路倒至另一母线上，然后断开母联断路器，若发现接地信号也随线路转移到另一条母线上，说明所倒换的线路上有接地故障。

如图 GYBD00502002-2 所示，35kV 1 号母线和 2 号母线通过母联 301 断路器并列运行，35kV 系统接地的查找方法是：接地查找时应先拉开 301 断路器，检查接地在哪条母线上。如拉开 301 断路器后 2 号母线接地信号消失，1 号母线仍然有接地信号，则说明 1 号母线设备接地，可合上 301 断路器，将 331 线路热倒至 2 号母线，然后再拉开 301 断路器，检查接地现象是否也随 331 线路转移到 2 号母线，如 2 号母线发出接地信号则说明 331 线路有接地故障，这时再拉开 331 断路器。如将 331 线路倒至 2 号母线后无接地信号，则继续将 333、337 线路依次倒至 2 号母线，检查线路是否接地。

5）如出线装有接地信号装置，故障范围很容易区分。若报出母线接地信号的同时，某一线路也有接地信号，则故障点多在该线路上。若只报出母线接地信号，故障点可能在母线及连接设备上。

（5）拉路查找仍不能查出接地线路时，应考虑双、多回线路同相接地，站内母线设备接地（无可见异常现象），主变压器低压侧套管、母线桥接地的可能。

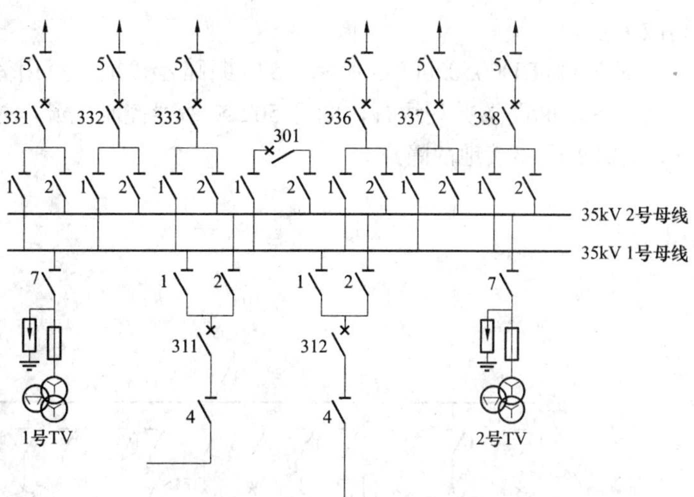

图 GYBD00502002-2　双母线接线

1）查找双、多回线路同相接地时，先将一条母线上的线路断路器全部拉开，然后逐条线路试送电，如某条线路送电后发出接地信号，则说明该条线路接地，将接地线路断开后继续试送其他线路，直至母线上的线路全部恢复运行，即可查找出所有的接地线路。双母线接线方式，通过倒母线的方法即可查找出所有的接地线路。

如图 GYBD00502002-2 所示，通过倒母线的方法查找出 331 线路接地，拉开 331 断路器后，1 号母线仍然有接地信号，可继续将 333、337 逐路倒至 2 号母线，检查线路是否接地。

2）经检查不是双、多条线路同相接地，可合上分段（或母联）断路器，拉开母线主进断路器。如接地现象消失，即是主变压器低压套管或母线桥接地；如接地现象扩大到另一段（条）母线上，则是母线设备接地。

如图 GYBD00502002-2 所示，将 1 号母线上所有线路全部倒至 2 号母线后，拉开 301 断路器后，1 号母线接地信号仍不消失，这时可合上 301 断路器，拉开 311 断路器，如接地信号消失，说明接地发生在 311 断路器至主变压器低压侧（一般在母线桥上）；如接地现象仍不消失，说明 1 号母线设备接地。

3. 单相接地故障点隔离方法

查找到接地故障点后，应汇报调度，根据调度命令，结合本站设备接线方式，通过倒闸操作将接地点隔离，做好安全措施处理。

（1）对于一般不重要用户的线路，可停电处理。对于重要用户的线路，可以在转移负荷后或等用户做好准备后，将故障线路停电。

（2）站内设备接地的隔离方法。

1）故障点可以用断路器隔离，如线路、电流互感器、出线穿墙套管、出线避雷器、电缆头、隔离开关（线路侧）、耦合电容器等断路器外侧（出线侧）的设备接地。应汇报调度，转移负荷以后，拉开断路器隔离故障，然后把故障设备各侧隔离开关拉开，汇报上级，通知检修人员检修故障设备。

2）故障点不能用断路器隔离，如断路器、母线侧隔离开关、电压互感器、母线避雷器等设备接地。这种情况下必须注意：切记不可用隔离开关拉开接地故障设备和线路负荷电流。

a. 母线设备接地，可将母线停电后，隔离接地点。接地点断开后，母线能够恢复运行的应恢复运行。

如图 GYBD00502002-1 所示，539 断路器接地，需将 10kV 2 号母线转热备用后，拉开 539 断路器两侧隔离开关，隔离接地故障点，恢复 10kV 2 号母线运行。

如图 GYBD00502002-2 所示，332 断路器接地，需将 35kV 2 号母线上 312、336、338 断路器热倒至 1 号母线，用 301 断路器串带 332 断路器，拉开 301 断路器将 2 号母线停电，然后再拉开 332 断路器两侧隔离开关，隔离接地点，再恢复 2 号母线运行。

b. 主变压器低压侧接地，需将主变压器停电转检修。

c. 有旁路母线的，可以将故障点所在线路倒旁路母线运行，转移负荷并转移故障点，用断路器隔离故障点。

如图 GYBD00502002-3 所示，533 断路器接地，可用旁路 502 断路器转代 533 断路器，使 502 断路器与 533 断路器并列运行，断开 502 断路器控制电源，拉开 533 断路器母线侧隔离开关，然后拉开 502 断路器隔离接地故障点。

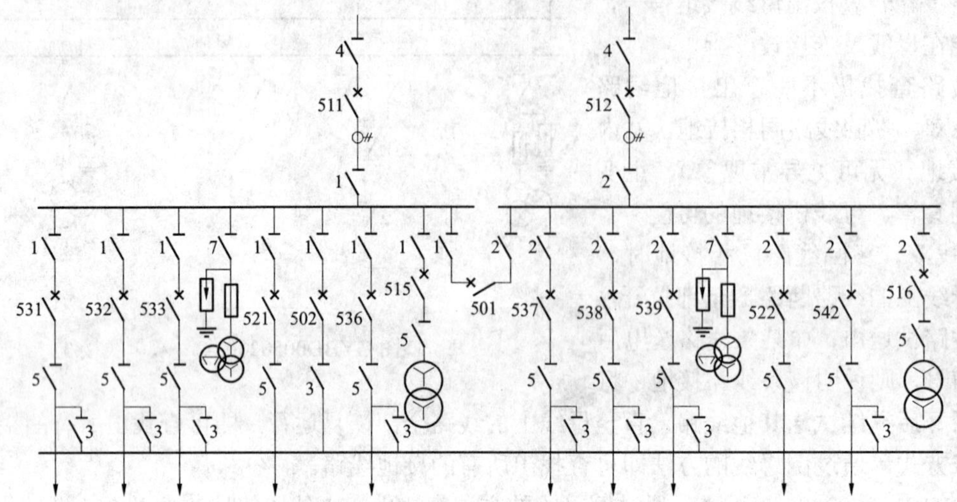

图 GYBD00502002-3 用断路器隔离故障点

d. 不能通过倒运行方式停电隔离接地点，又不允许母线或主变压器停电时，可采取人工转移接地点操作，隔离接地点，恢复设备正常运行。

二、缺相运行的处理

（1）站内有缺相运行的信号或现象时，应进行判断分析。单相断线与单相接地现象相近，应注意区分，单相接地是一相电压降低，两相升高；单相断线是一相电压升高，两相降低。并且线路单相断线还有电流变化、保护发信号等其他异常现象，应收集全部现象进行综合分析。

（2）确认线路或母线缺相运行，应汇报调度后将线路或母线停电处理。

（3）由于断路器绝缘拉杆断裂造成缺相运行，一相合不上时应将断路器拉开；一相不能拉开时，不能用隔离开关拉开，应采用倒闸操作的方法将故障断路器退出运行，操作方法与断路器接地相同。

【思考与练习】

1. 两条线路同相接地如何查找处理？

2. 采用瞬时拉路法查找接地线路时的拉路顺序是什么？

3. 缺相运行如何处理？

模块 3 小电流接地系统异常处理危险点源分析（GYBD00502003）

【模块描述】本模块对小电流接地系统单相接地、缺相运行处理过程中的危险点源进行了分析。通过要点讲解，能够制定相应的预控措施。

【正文】

一、单相接地处理危险点分析

1. 检查站内设备时人身触电

控制措施：发生单相接地时，室内不得接近接地点 4m 以内，室外不得接近接地点 8m 以内，进入上述范围的人员应穿绝缘靴，接触设备的外壳和架构时应戴绝缘手套。

经验介绍：当站用变压器高压侧有外来备用电源时，设备发生单相接地，本站可能没有接地告警，所以巡视该处设备时，如有异常声响，巡视人员应采取防护措施后再靠近检查。

2. 检查、处理时设备爆炸造成人身伤害

控制措施：站内发生接地异常，检查处理过程中不要在避雷器、电压互感器和消弧线圈设备处停留，防止这些设备因接地过电压发生爆炸、喷油。

3. 查找接地线路时误拉、合断路器

控制措施：

（1）发出接地信号时，先综合判断是发生单相接地，还是谐振或电压互感器高压侧熔断器熔断。

（2）判明是单相接地后，应结合设备运行情况检查判断站内设备有无接地，确认站内设备无接地后再进行拉路查找。

（3）进行拉路查找操作时，详细核对设备编号，操作中严格执行监护复诵制，防止走错间隔，误拉、合断路器。

4. 接地查找时线路停电时间过长

控制措施：

（1）采用接地探索按钮查找接地线路前，应先检查所停线路重合闸充电良好，并且按钮时间不能过长，防止停电后不能自动重合，延长停电时间，如果线路跳闸后未重合，应立即手动合闸。

（2）采用拉路方式查找接地线路时，拉开线路后如确认不是接地线路，应立即将线路合闸送电。

5. 设备带接地运行时间过长，造成过电压损坏

控制措施：

（1）发现接地现象后，应尽快查找、断开接地点，查找过程中注意接地运行时间不超过允许时间。

（2）发现站内设备因接地过电压发生异常现象，应将异常设备退出运行。

6. 隔离接地点时带负荷拉隔离开关

控制措施：

（1）严禁用隔离开关拉开接地设备。

（2）采用转代的方法隔离时，拉开接地点电源侧隔离开关前，应断开旁路断路器控制电源。

7. 人工转移接地点操作时带负荷拉隔离开关

控制措施：采用人工转移接地点的方法拉开接地设备的隔离开关前，应确认接地点已和人工接地点并联，并断开人工接地点回路断路器的控制电源。

8. 人工转移接地点操作时造成相间短路

控制措施：

（1）转移接地点操作前，应核实接地相别，装设人工接地线相别应和接地相相同。

（2）装设人工接地线时，应装设单相接地线。

9. 主变压器低压侧母线桥接地处理，一台主变压器停运后，其他主变压器过负荷

控制措施：

（1）主变压器停运操作前，检查负荷情况，联系调度，提前限制负荷。

（2）拉开主变压器低中压侧断路器后，检查运行主变压器各侧负荷情况，发现过负荷及时处理。

10. 接地查找时操作失误造成保护动作跳闸

控制措施：双母线或单母线分段接线，两条母线均发生单相接地，并且接地相别不同时，严禁合上母联或分段断路器，否则在两条母线并列运行后，两条母线上的单相接地转变为两相接地短路，造成线路保护或主变压器保护动作跳闸。

二、缺相运行处理危险点分析

1. 未发现缺相运行故障

控制措施：认真监视设备运行情况，对站内出现的任何异常现象均应查明原因。

2. 判断错误，将缺相运行判断为单相接地

控制措施：收集全部现象进行综合分析判断。

3. 处理断路器不能断开造成的缺相运行时，带负荷拉隔离开关

控制措施：判断为断路器一相或两相未断开时，严禁使用隔离开关将故障断路器隔离，应按照接

线方式的不同，采用倒闸操作的方法，将故障断路器停电后再拉开两侧隔离开关。

【思考与练习】

1. 某站 10kV 母线桥接地，请进行检查处理过程中的危险点源分析。

2. 缺相运行处理过程中有哪些危险点？控制措施是什么？

模块 4 人工转移接地点操作（GYBD00502004）

【模块描述】本模块介绍了小电流接地系统人工转移接地点的方法。通过案例介绍，掌握通过人工转移接地点，消除接地故障的方法。

【正文】

小电流接地系统中发生单相接地，如接地故障点不能通过倒运行方式隔离，又不允许母线停电时，在接地点可用隔离开关断开的情况下，采取人工转移接地点操作，隔离接地点，确保其他设备正常运行。

一、人工转移接地点操作方法

（1）确定接地相别。

（2）选择一条回路，拉开回路断路器和两侧隔离开关，在断路器和线路侧隔离开关之间装设与接地相同相的单相接地线。

（3）合上人工接地回路母线侧隔离开关和断路器，使人工接地点和故障接地点并联。

（4）断开人工接地点断路器控制电源，用隔离开关拉开故障接地点。

（5）投入人工接地点断路器控制电源，拉开断路器和母线侧隔离开关，拆除单相接地线，恢复回路正常运行。

二、人工转移接地点操作举例

如图 GYBD00502004-1 所示，K 点发生 A 相接地故障，不能用 515-1 隔离开关直接隔离故障点，将母线停电处理会中断对用户的供电，因此可采用人工转移接地点的处理方法。

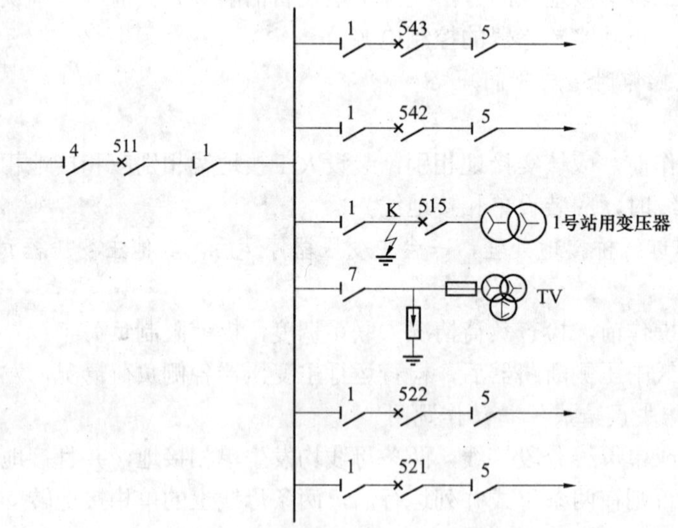

图 GYBD00502004-1 单母线接线

（1）检查母线三相电压，确认是 A 相接地，将 1 号站用变压器所带低压负荷倒出。

（2）拉开 543 断路器和两侧隔离开关。在 543-5 隔离开关断路器侧验明无电后，在 543-5 隔离开关断路器侧 A 相装设单相接地线。

（3）合上 543-1 隔离开关，合上 543 断路器，这时人工接地点与接地点 K 形成并联。

（4）断开 543 断路器控制电源，拉开 515-1 隔离开关，隔离接地故障点。

（5）投入 543 断路器控制电源，拉开 543 断路器和 543-1 隔离开关，拆除人工接地线，恢复 543

线路供电。

（6）待接地点消除后再恢复 1 号站用变压器的运行。

【思考与练习】

1. 什么情况下应采用人工转移接地点的方法消除接地故障？

2. 人工转移接地点的操作顺序是什么？

3. 如图 GYBD00502004-2 所示，10kV 1 号站用变压器 515 断路器接地，采用人工转移接地点的方法如何处理？

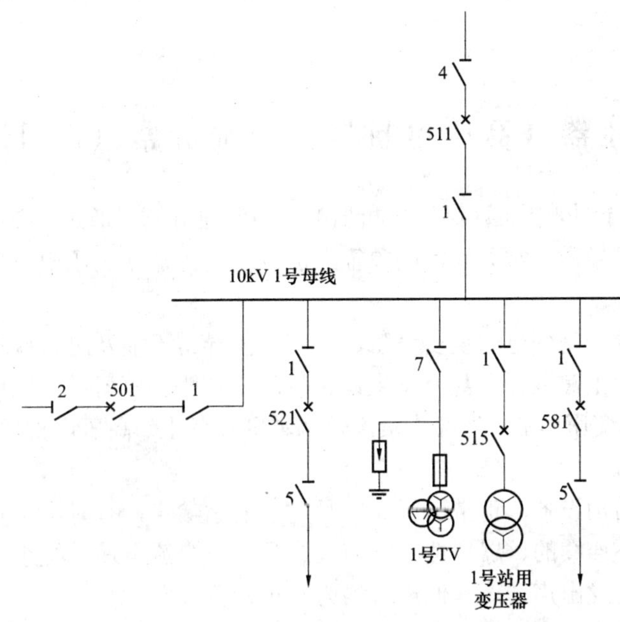

图 GYBD00502004-2　思考与练习题 3 接线图

第三十章　变压器（高压电抗器）异　常　处　理

模块 1　变压器（高压电抗器）一般异常（ZY1100401001）

【模块描述】本模块介绍变压器（高压电抗器）一般常见异常。通过异常讲解、案例分析，熟悉声音异常、油位异常、油温异常等常见异常的象征，能发现变压器（高压电抗器）异常。

【正文】

变压器（高压电抗器）是变电站重要设备，一旦发生异常不能及时发现和得到处理将会严重影响变压器（高压电抗器）的正常运行，甚至发生设备事故。一般变压器（高压电抗器）的异常主要表现在运行声音、运行温度、变压器油、外部连接部件和辅助设备上。高压电抗器异常与变压器异常类似。

一、变压器声音异常

变压器是电磁原理结构设备，正常运行时应是均匀的嗡嗡声，有时由于负荷或电压的变动，音量可能略有高低，不应有不连续的、爆裂性的噪声。这是因为交流电通过绕组时，在铁芯里产生周期性变化的磁力线，引起震动发出声音，其他声音均为不正常。

变压器常见的声音异常有：

（1）特别沉闷的“嗡嗡”声；

（2）尖细的“哼哼”声或尖细的“嗡嗡”声；

（3）特别大的“嗡嗡”声和其他振动声音；

（4）内部有放电声、爆裂声；

（5）内部有强烈而不均匀的噪声或有“锤击”金属声；

（6）内部有沸水声；

（7）外部设备放电。

二、变压器温度异常

变压器在运行中铁芯和绕组的损耗转化成热量，引起各部位发热，使温度升高，热量通过变压器油及冷却器将热量散发出来，当发热与散热达到平衡时，温度趋于稳定。正常时铁芯损耗稳定基本不变（电压基本稳定），而铜损随负荷电流变化而变化。目前一般监视变压器上层油温和变压器绕组热点温度。

变压器常见温度异常现象有：

（1）变压器绕组温度、上层油温超过限额温度或温升，正常负荷和冷却条件下油温比平时高出 10℃以上；

（2）变压器正常负荷和冷却条件下温度不断上升；

（3）变压器的温度指示不随负荷、环境温度变化而变化；

（4）主控室或后台监控机上显示变压器温度与本体指示温度不一致（同一测温装置），温差大于 5℃。

三、变压器油位异常

变压器油位应符合变压器的油位/温度曲线，如不符合即为油位异常，但应根据变压器正常运行时油位与油位/温度曲线偏离程度作为参考点，防止油位异常误判断。

变压器油位异常有：

（1）本体储油柜油位异常升高或降低；

（2）有载分接开关储油柜油位异常升高或降低；

（3）套管油位异常升高或降低；

（4）油位计误指示。

四、变压器超额定电流、容量运行

变压器超额定电流、容量运行即过负荷运行，变压器超额定负载运行时一般伴随有电流、有功、无功表计指示超限额或保护动作，变压器本体运行声音较大，主控屏或后台监控机上发出“变压器过负荷”、“变压器油温和绕组温度异常”等信号的现象。

五、变压器过励磁

变压器过励磁运行时会使变压器的铁芯产生饱和现象，导致励磁电流激增，铁芯温度升高，损耗增加，波形畸变，严重时会造成变压器局部过热，危及绝缘，甚至引发故障。

变压器过励磁现象一般为：

（1）电压升高或频率降低；

（2）变压器运行震动声音异常增大；

（3）变压器达到过励磁保护整定值时，发告警信号，主控屏或后台监控机上发出“变压器过励磁”信号，并按过励磁程度加速跳闸。

六、轻瓦斯保护动作

轻瓦斯保护动作现象一般为：

（1）发告警信号，主控屏或后台监控机上发出“变压器轻瓦斯保护动作”信号；

（2）气体继电器内有气体；

（3）内部故障时伴有异常声响、温度升高；

（4）油位异常信号发出。

七、变压器冷却装置异常

变压器的冷却方式一般有油浸自冷、油浸风冷、强迫油循环导向风冷等多种形式。对大型变压器一般采用强迫油循环导向风冷却，强迫油循环导向风冷却是采用潜油泵强迫变压器油循环，再通过散热器、电风扇将油温冷却；高压电抗器一般采用油浸自冷却或风冷却。冷却装置故障将影响变压器散热效果或导致油温无法散热，变压器冷却装置异常时一般会伴有下列现象：

（1）发告警信号，主控屏或后台监控机上发出“冷却器工作电源故障”、“冷却装置异常”、“冷却装置故障”等信号；

（2）现场冷却装置一组或全部停运；

（3）冷却装置动力电源缺相或消失；

（4）变压器油温和绕组温度上升；

（5）风扇电动机烧损、风扇刮叶或损坏；

（6）潜油泵故障；

（7）控制回路继电器故障，热偶继电器动作或故障；

（8）一组冷却器故障，备用冷却器不能自动投入。

八、变压器的其他异常

1. 引线接头发热、断股

套管引出线接头过热时，晴好天气接头上方有明显热气浪，雨雪天有明显积雪融化，接触面发生氧化等现象。过热时一般通过红外测温或红外成像等技术手段进行监测，可见明显超温现象。

2. 有载调压装置常见异常

有载调压装置异常通常有有载调压装置内部轻微故障、调压装置调压时声音异常、电动操作失灵、调压失步等。异常时常伴有告警信号，主控屏或后台监控机上发出“有载调压装置异常”、“调压装置轻瓦斯动作”等信号。

3. 套管绝缘子损伤破损、渗漏、油位异常

套管因外力或质量原因运行中会造成绝缘子破损，表面破损不严重可作涂层处理继续运行，严重

时应停电更换；如破裂后造成套管渗漏油，应申请停电处理；套管油位异常是指低于或高于标准油位较明显，油充满或看不见油位，出现此种情况应检查分析原因，根据具体情况处理。

4. 压力释放装置异常

压力释放装置异常通常有防爆膜破裂、喷油、压力释放阀动作等，同时监控系统发出“压力释放装置动作”信号，运行人员发现后应立即判明原因，汇报处理。

5. 油色谱异常

油色谱分析是指用气相色谱法分析变压器油中溶解气体的成分。即从变压器中取出油样，再从油中分离出溶解气体，用气相色谱分析该气体的成分，对分析结果进行数据处理，并依据所获得的各组分气体的含量判定设备有无内部故障，诊断其故障类型，并推定故障点的温度、故障能量等。

通过油在线监测装置对变压器的油色谱检测或油化验发现变压器油内气体总烃含量情况。当总烃含量达到报警值时，在线监测装置就会报警发信，应引起运行人员和专业人员的重视，加强跟踪监视；当变化速率过快时，反映内部有可能产生异常，应作进一步化验来判明异常。

九、案例

案例 1：轻瓦斯保护频繁动作。

某站一台主变压器，轻瓦斯保护频繁动作，值班员对变压器本体外观进行了检查，发现运行声音正常，气体继电器有积气，负载电流指示无异常，汇报有关部门提取油样和气样，通过油样和气样分析表明，油中溶解气体的理论值与实测值近似相等，且提取气体中故障气体成分含量较小，初步判明该变压器内部没有故障。经反复检查最后确定轻瓦斯保护动作原因是由于油循环系统密封不良进气造成。

案例 2：某变电站“2 号主变压器风冷故障”光字牌亮，运行人员现场检查发现 2 号主变压器 1 号风冷工作冷却器停止转动，检查交流电源回路，发现 B 相熔断器一相熔断缺相，随后将该回路交流电源开关拉开。打开冷却器小端子箱，发现 1 号工作冷却器风冷热敏继电器跳开，检查回路未发现其他异常，合上热敏继电器，更换熔断器，再投入电源开关后该组冷却器启动恢复正常。

案例 3：某变电站进行红外测温，发现 1 号主变压器高压侧 A 相套管下端引接线接头发热，温度不高，只有 65℃，温升 31K，而 B、C 相 34℃，与变压器油温相同。鉴于当年同一个电力公司出现了类似问题而造成主变压器爆炸事故，因此立即安排对该站的 1 号主变压器高压侧 A 相套管下端引线触点发热处理，套管拔出后发现该触点存在氧化变黑，分析认为，该触点电容分布不均，造成触点氧化发热。经过变压器厂家现场处理后投入运行，投入运行后带上负荷运行一天后测温，该触点的温度与 B、C 相相同，三天后测温，仍与 B、C 相相同。

【思考与练习】

1. 变压器温度异常如何判定？
2. 什么是变压器过负荷？
3. 变压器过励磁现象是什么？

模块 2 变压器（高压电抗器）异常分析处理及危险点源预控（ZY1100401002）

【模块描述】本模块介绍变压器（高压电抗器）常见异常及原因分析、异常处理的危险点源预控。通过原因分析、处理方法讲解、案例解析，掌握变压器（高压电抗器）常见异常分析处理方法，能正确进行危险点源分析预控、优化处理方案并组织实施。

【正文】

明确变压器异常现象，进一步了解和分析异常产生的原因，有利于及时发现和防止异常的产生，对异常处理有重要的指导意义，同时有助于制定异常处理时的危险点源预控方案。以下内容侧重介绍变压器异常及原因分析、异常处理的危险点源预控，高压电抗器异常及原因分析、异常处理的危险点源预控可参见变压器相关内容。

一、变压器异常处理一般原则

变压器发生异常情况时，值班人员应立即向值班负责人、站（所）长汇报，并立即对变压器进行检查、判断异常性质，分别作进一步处理。

（1）变压器有下列情况之一者，应立即将其停运：

1）变压器内部声响很大，不均匀，有爆裂声；

2）变压器严重漏油，储油柜看不到油位指示；

3）压力释放装置动作喷油或冒烟；

4）套管有严重的破损、漏油和放电现象；

5）在正常冷却、负荷、电压条件下，变压器上层油温、线圈温度超过限值且不断升高；

6）变压器冒烟着火。

（2）变压器有下列情况之一者，应加强监视，判断原因，并立即汇报调度和工区，采取相应措施：

1）变压器内部有异常声音；

2）在负荷、冷却条件正常的情况下，变压器温度不断上升；

3）引出线桩头发热；

4）变压器渗漏油，储油柜油位指示缓慢下降。

二、变压器异常原因分析及处理

1. 声音异常原因分析及处理

变压器机械振动声分为内部和外部振动。内部机械振动声一般不易察觉，应使用听棒（铜棒加装手柄）或替代品（螺丝刀）等，原因为内部部件松动，暂时不影响运行时，应加强巡视监督，观察声音是否发展，填写缺陷单，汇报部门领导进一步检查；外部机械震动声不借助工具也能听到，用手或物件接触声音发出点，声音会减弱或消失，应注意安全距离，必要时使用符合电压等级并且合格的绝缘棒，不能处置的按缺陷报检修处理，防止发生部件损坏。

放电声也可分为内部放电声和外部放电声，内部放电对变压器影响较严重，变压器声响明显增大，内部发出爆裂声，表明变压器内部有严重故障，应立即停电处理。

（1）变压器发出特别沉闷的“嗡嗡”声，可能是变压器负载加重，满载或过载运行，铁芯振动增大引起，应结合变压器的负荷变化加以判定。“嗡嗡”声时大时小产生原因为负荷变化较大，观察负荷电流有无明显变动，系统振荡时也会产生，不影响运行。

（2）变压器发出尖细的“哼哼”声或尖细的“嗡嗡”声，声音可能忽强忽弱，则可能是系统中的铁磁谐振造成，也可能是系统中发生了单相接地或变压器内部发生了单相断线，可结合系统有无故障、电压测量值有无谐振变化加以判定。

（3）变压器发出特别大的“嗡嗡”声和其他振动杂声，可能是系统发生了短路故障，变压器流过了大量的非周期性电流，铁芯严重饱和，磁通畸变，使变压器受到电动力的影响，产生强烈振动，可结合系统有无故障或谐波在线监测装置加以判定。但变压器空载时应特别注意变压器可能发生铁磁谐振，观察变压器的开路侧三相电压是否异常升高即可，如发生铁磁谐振，应尽快将变压器退出运行或将开路侧带上负荷。

（4）变压器内部发出“噼啪”的放电声，可能变压器内部有拉弧放电故障，如变压器分接头接触不良、铁芯接地不良、引线对油箱放电等，应注意观察声音的发展变化。

（5）变压器发出强烈而不均匀的噪声或有撞击、摩擦的金属声，可能是变压器内部个别零件松动，或变压器某些部件因铁芯振动造成的机械接触。如铁芯的紧固螺丝夹得不紧、有遗漏零件在铁芯上，有可能发展为严重的内部故障，应进行仔细检查判断。

（6）变压器发出“咕嘟咕嘟”的沸水声，可能是绕组有严重的故障或分接开关接触不良而局部严重过热引起。

（7）外部振动主要有气体继电器外部防雨罩、防爆装置外罩或其他紧固件松动产生的振动，视声音情况采取临时处理或结合检修处理；冷却器风扇、油泵电动机的轴承磨损，风扇刮叶等发出机械摩擦声音，应及时报缺陷由有关部门处理。

（8）外部放电主要是电晕放电和变压器瓷套放电，一般是由于变压器套管脏污或破损引起，变压器套管脏污放电要观察电弧长度。个别磁套裙边之间放电，可等待停电处理；多个磁套裙边之间放电，应尽快处理，情况严重时立即停电处理；变压器套管破损引起放电，应立即停电处理。

2. 温度异常原因分析及处理

变压器过热将损坏变压器绝缘，温度过高将降低绝缘材料的耐压能力和机械强度。一般变压器设备绕组的绝缘是A级绝缘，最高使用温度为105℃，绕组温度比油面温度高10～15℃，如果油面温度为75℃，则绕组温度将达到85～90℃。

我国变压器的温升标准，均以环境温度20℃为准，因此变压器顶层油温的温升不超过55K，绕组线圈的温升不超过65K，强迫油循环风冷系统的温度或温升限额见表ZY1100401002-1。

表 ZY1100401002-1　　风冷系统的温度或温升限额表

名　称	环境温度（℃）	冷却介质最高温度（℃）	允许温升（K）	允许温度（℃）
绕组温度	—	—	65	105
上层油温（强迫油循环风冷系统）	20	40	50	75～85
上层油温（油浸自冷、风冷系统）	20	40	55	95

（1）当变压器运行温度超过监视值、发出超温信号或其油温指示油温升超过许可限度时，应从以下几个方面查明原因：

1）检查变压器的负荷和环境温度，并与以前相同负荷和环境温度下的油温、线圈温度进行对比分析。

2）核对温度表排除误指示可能。

3）检查变压器冷却装置情况，冷却器是否已全部投入运行，散热器是否存在积灰等影响其冷却效率的情况。

4）对新投运或检修后的变压器检查散热器各进出阀门是否打开。

5）调取站内自动化系统的变压器温度/负荷曲线进行分析。

6）采用红外测温手段加强监测和比对。

（2）如温度升高是由于超额定负载、过励磁或冷却器故障引起的，则按相应的规定进行处理；如由于温度计、变送器等故障引起，汇报主管部门，进行处理；如原因不明必须立即报告调度及有关领导，请专业人员进行检查并寻找原因加以排除。当发现变压器温度较相同运行条件下的历史数据有明显差距，或温度虽未越限但在负荷没有大幅变化的情况下呈现较快的增长速率时，必须引起高度重视，并采取以下措施：

1）增加对变压器巡视检查的频次。

2）调取站内自动化系统的变压器温度/负荷曲线进行密切监视。

3）运用排除法对有可能引起变压器温度升高的各种原因进行分析排除。

4）请有关专业人员进行检查并寻找原因。

3. 油位异常原因分析及处理

（1）油位过低的原因：

1）设计制造原因，储油柜容量与变压器油箱容量配合不当，当气温过低，在低负荷时，油位过低，不能满足要求。一般要求变压器的储油柜容量大于变压器油容量的10%。

2）注油时未按照油位/温度曲线标准加油，注入油量不足。

3）变压器长期渗漏油或严重渗漏油。

4）多次放油后未及时补油。

5）油位指示计故障（储油柜内连接浮子的连杆断裂），油位指针始终指示在同一位置。

（2）油位过高的原因：

1）储油柜与本体连接管堵塞或油位表指针损坏、失灵。

2）全密封储油柜未按全密封方式加油，在胶囊袋与油面之间有空气（有气压，造成假油位）。

3）呼吸器堵塞，储油柜里的胶囊不能正常收缩。可造成油位表指针大起大落现象，在大负荷和高油温时，油位计指示油位很高，甚至可造成压力释放阀动作；在小负荷和低油温时，油位计指示油位很低，呼吸器的油封里面没有气泡产生。

4）有载调压储油柜的油位计指示油位升高，在排除有载分接开关内部无故障和注油过高，可判断为变压器本体的油渗漏到有载分接开关筒内。

当发现变压器油面，比相应气温下应有的油面过低或过高时，应查明原因并正确加油和放油。程度较严重的漏油或长期的微漏油现象可能会使变压器的油位降低，应立即通知检修人员进行堵漏和加油。如因大量漏油而使油位迅速下降时，禁止将重瓦斯保护改信号，迅速采取制止漏油的措施，并通知检修人员立即加油。如油面下降过多，危及变压器运行时应申请调度将变压器停运。

（3）油位计误指示：

330kV变压器、高压电抗器一般都采用带有隔膜、胶囊的储油柜或金属膨胀器储油柜，当出现以下情况时，油位计可能会出现误指示：

1）隔膜或胶囊下面储积有气体，使隔膜或胶囊的位置高于实际油面。

2）呼吸器堵塞，使油位下降时隔膜上部空间或胶囊内出现负压，造成油位计误指示。

3）隔膜或胶囊破裂，油进入隔膜上部空间或胶囊内。

4）油位计是否误指示可通过放气、检查呼吸器呼吸情况、检查呼吸器矽胶有无被油浸润等方法加以分析判定，必要时采取停电处理的方法排除。

4. 变压器超额定负载运行原因分析及处理

变压器超额定负载能力主要是依据变压器厂家的制造水平、温升试验等确定，同时也与冷却方式、冷却装置的工况密切相关。超额定负载运行是对变压器性能、寿命的考验，而在变压器有较严重的缺陷时，超载运行更容易使缺陷的性质、严重程度加剧，因此变压器有较严重的缺陷时不宜超额定电流运行。变压器长期超额定负载运行，将在不同程度上缩短变压器的寿命，应尽量减少出现长期超额定负载的运行方式。当出现超额定负载异常情况时，必须尽快采取措施，以免影响变压器的正常运行及寿命。

（1）变压器超额定负载的一般原因。

1）两台变压器并列运行，一台变压器检修或因故障退出运行，负载全部转至另一台变压器，造成另一台变压器超额定负载。

2）系统事故状态下，变压器的短期超额定负载运行。

3）长期急救周期性负载运行。

（2）变压器发生超额定负载运行处理。变压器发生超额定负载运行后，值班员应记录超额定负载运行起始时间、负荷值及当时环境温度，将超额定负载运行情况向调度汇报，采取措施压降负荷；查对相应型号变压器超额定负载运行限值表，并按相应数据对长期急救周期性负载运行和短期急救负载运行的幅度和时间进行监视和控制；手动投入全部冷却器，对过负荷主变压器特巡，检查风冷系统运转情况及各连接点有无发热情况；指派专人严密监视过载主变压器的负载及温度，若过负荷运行时间已超过允许值时，应立即汇报调度将主变压器停运；对带有载调压装置的变压器，在超额定负载运行程度较大时，应尽量避免使用有载调压装置调节分接头。

5. 变压器过励磁原因分析及处理

变压器的过励磁是由于其铁芯的非线性磁感应特性造成的，与变压器的工作电压和频率有关，由于电力系统的频率相对稳定，可近似地视作与系统的电压升高有关。

变压器产生过励磁的原因：

（1）电力系统因事故解列后，部分系统的甩负荷过电压。

（2）铁磁谐振过电压。

（3）变压器分接头调整不当。

（4）长线路末端带空载变压器或其他误操作等。

变压器过励磁运行时，过励磁保护将会动作发信，值班人员必须及时向调度报告并记录发生时间和过励磁倍数，并按现场运行规程中的有关限值与允许时间规定进行严密监控。逾值时应及时向调度汇报，申请调度采取降低系统电压的措施或按调度指令进行处理。与此同时，严密监视变压器的油温、绕组温度的升高情况和变化速率，当发现其变化速率很高时，即使未达到变压器的温度限值也必须申请调度立即采取降低系统电压的措施。

6. 变压器轻瓦斯动作原因分析及处理

以下情况会造成轻瓦斯动作，发报警信号，具体是哪种情况要根据现场检查结果、当时的运行状态、后台监控机或中央信号屏上的信息综合判断。

（1）变压器异常运行时导致内部油位变化或有轻微气体产生。

（2）空气进入变压器内部，在变压器新安装或大修后空气排放不尽或密封不严时易发生。运行经验表明，轻瓦斯保护动作绝大多数是变压器进入空气所致。造成进气的原因主要有：密封垫老化破损，法兰结合面变形，油循环系统进气，潜油泵滤网堵塞，焊接处沙眼进气等。

（3）外部发生穿越性短路故障而产生少量气体。

（4）油位严重降低。

（5）气体继电器误发信号。

（6）直流回路多点接地，二次回路短路。

（7）综合自动化系统误发信号。

“轻瓦斯动作”信号发出时，应立即对变压器进行检查，综合分析判断，查明动作原因，主要检查内容如下：

（1）对变压器进行外观检查，包括对主变压器的负荷、温度、油位、声响及渗漏油情况进行细致的检查和分析。

（2）检查气体继电器内有无气体，若存在气体应采集气体继电器内的气体，并记录气量。对气体进行感官检查并进行定性分析，判别是否可燃，通知有关专业人员取样做色谱分析，汇报调度及有关领导。根据分析结果分别作出将主变压器停运、继续采样观察或撤销警戒的处理。

（3）检查变压器的油位，是否存在严重漏油。检查变压器的油温、绕组温度、声音是否正常。

（4）检查储油柜、压力释放装置有无喷油、冒油。

（5）检查二次回路有无故障，是否存在直流接地、短路情况。

瓦斯气体性质与故障判别：

（1）灰黑色，易燃：通常是因绝缘油碳化造成的，也可能是接触不良或局部过热导致；

（2）灰白色，可燃，有异常臭味：可能是变压器内纸质烧毁，从而有可能造成绝缘损坏；

（3）黄色，不易燃：因木质制件烧毁所致；

（4）无色，不可燃，无味，为空气。

7. 变压器冷却装置异常原因分析及处理

（1）冷却器交流电源故障原因：

1）从站用馈线屏到冷却器控制箱的交流电源熔断器熔断或空气开关跳闸，电源没有送到冷却器控制箱。

2）冷却器控制箱内电源空气开关跳闸。

3）冷却器控制箱内的交流电源切换装置故障，电源不能切换。

（2）风扇电机热耦动作或烧坏故障原因：电机电源缺相运行、电动机负载过大或电动机发生堵转均可使电动机运行发热，热耦动作，严重时会烧坏，不能重新投入运行。

（3）风扇电动机烧损、轴承破损、风扇刮叶等机械故障原因：风扇电动机长时间运行或电源缺相运行，可能烧损电动机；电动机的轴承未定期维护，加润滑油，长期干磨，造成轴承磨损、破损，增加电动机的负载，使电动机发热，甚至损坏，轴承磨损后会出现风扇刮叶现象。

（4）潜油泵回路故障原因：潜油泵故障主要有盘式电动机故障，不能正常运转；油流继电器故障，不能正确指示油的流速和流向，指示器指针抖动；油流继电器金属挡板断裂。

（5）控制回路继电器故障，也会造成冷却系统运行不正常，常见故障有继电器线圈烧坏、触点烧熔、引接线接触不良或断线等情况。应查明原因迅速处理。

（6）控制回路电源消失，可能是控制电源熔断器熔断或空气开关跳闸。

（7）回路绝缘受潮、导线破损、回路接地等引起冷却器空气开关整组跳闸或空气开关合不上；接地消除后空气开关仍合不上，可能是漏电保安器动作后没有复归。

（8）一组冷却器故障，备用冷却器不能自动投入，可能是备用冷却器的控制回路存在故障或备用冷却器电源消失，也可能是故障冷却器启动备用冷却器回路、元件故障。

（9）冷却系统异常处理：发现冷却系统故障或发出冷却器故障信号时，变电站值班人员必须迅速作出反应。首先应根据保护动作信息和现场检查结果，判明是冷却器故障还是整个冷却系统故障。

若是一组或两组冷却器故障，则无论是风扇电机故障还是油泵故障均应立即将该组冷却器停用，并视不同情况调整剩余冷却器的工作状态，确保有一组工作于正常状态。然后对故障冷却器进行检查处理或报修。在一组或两组冷却器停运期间，值班人员必须按现场运行规程中规定的相应允许负荷对变压器的负荷进行监控。

冷却器全停时，应由值班负责人指定专人监视、记录变压器的电流与温度，并立即向调度汇报，同时以最快的速度分析有关信号查找原因并设法恢复冷却器运行。若系站用电失电所致，则按站用电失电有关规定处理；若是冷却系统备用电源自投回路失灵，则立即手动合上备用电源；若是交流（直流）控制电源失电则将冷却器控制改为手动方式后恢复冷却器运行。

如果一时无法恢复冷却器运行时，值班员应加强主变压器的负荷监视和温度巡视，并记录时间，汇报调度和有关部门，及时按规程规定于无冷却器允许运行时间到达前汇报调度，要求变压器停运，而不管上层油温或绕组温度是否已超过限值。因为在潜油泵停转的情况下，热传导过程极为缓慢，在温度上升的过程中，绕组和铁芯的温度上升速度远远高于油温的上升速度，此时的油温指示已不能正确反映主变压器内部的温度升高情况，只能通过负荷与时间来进行控制。

强油风冷变压器一般都装有冷却器全停跳闸保护，当发生全部冷却器停运时，保护装置将会告警，并延时 20～30min 发出主变压器三侧断路器跳闸命令（一般投信号状态），在额定负荷下允许的运行时间一般为 20min，按上述规定上层油温尚未达到 75℃时，允许上升至 75℃，但全部冷却器停运后变压器运行时间最长不得超过 1h，有制造厂规定时按厂家规定执行。因此，运行人员一旦发现冷却器全停，必须立即采取果断措施使冷却器尽快恢复，并应制定冷却器全停应急处理预案。

8. 变压器的其他异常原因分析及处理

（1）引线接头发热、断股原因分析及处理。引线接头发热、断股原因有：

1）紧固线夹部分未紧固或引线线夹滑牙。

2）线夹与引线接触面发生严重氧化。

3）螺栓压接面上导电脂涂抹太厚。

4）紧固线夹时过紧造成引线受伤。

值班员发现变压器引线接头发热、断股后，应及时汇报调度和有关部门，采用红外线测温仪检测温度情况，填写相关缺陷并申报，指定专员加强接头测温和监视，发热严重时应弄清发热原因，有必要时汇报调度停用变压器。

（2）有载调压装置异常原因分析。

1）滑档（连动），可能是电动操动机构失灵、行程开关（顺序开关）故障或行程开关与交流接触器的配合不当，交流接触器剩磁或油污造成失电延时等。

2）手动操作正常，就地电动操作拒动，可能是无操作电源，电动机控制回路故障，手动操作闭锁电动操作的闭锁开关未复位。

3）电动操作过程中，空气开关跳闸，可能是凸轮开关组安装移位；就地电动操作正常，遥控电动操作过程中，空气开关跳闸，可能是遥控操作急停命令执行时间没有整定或设置时间太短，还未操作完毕，调压装置就认为调压装置失灵、滑挡，会紧急发出一个急停命令，跳开调压控制电源。

4）电动机构仅能一个方向变换分接头，可能是限位机构未复位。

5）电动机构正、反两个方向调整都拒动，可能是无操作电源或电源缺相，手动闭锁开关触点未复位。

6）远方遥控拒动，就地电动操作正常，可能是远方控制回路故障或调压控制器故障。

7）分接开关与电动机构挡位不一致，分接开关与电动机构连接错误，电动机构与分接开关连杆脱落，电动机构动作而分接开关未动作。

8）三相变压器组遥控调压时，分接头位置不一致，三相中有一相或两相的控制柜内“就地/远方”把手在就地或操作电源消失、缺相、控制回路故障等。

9）远方控制和就地电动或手动操作时，操动机构动作，控制回路与电动分接位置指示正常一致，电压表、电流表无相应变动，可能是分接开关拒动，分接开关与电动机构连杆脱落，如垂直或水平转动连接处断裂、脱销。

10）运行中分接开关频繁发信动作，有载调压切换机构内部存在局部放电，造成气体不断积累。

11）遥控调压过程中误操作了紧急停止按钮。由于后台监控机上急停按钮的操作不需要输入口令和确认，鼠标一点，命令即可执行，因此进行遥控操作时应注意防范。

12）有载分接开关调至最高或最低挡位时无法进行遥控返回操作，可能是调压控制器的问题。

（3）压力释放装置异常。

1）压力释放装置动作的原因。压力释放装置的防爆膜破裂，会引起水和潮气进入变压器内部，导致绝缘油乳化，变压器绝缘强度降低。压力释放装置动作或防爆管的防爆膜破裂的原因可能是呼吸器堵塞，变压器内部压力太大，防爆膜可能承受较大压力而损坏；受外力或自然灾害后防爆膜也可能破裂；变压器内部发生故障，压力增大，冲破防爆膜；防爆膜材料选择不当，材料应力不够造成。

2）压力释放装置异常处理。压力释放阀动作冒油，而变压器的气体继电器和差动保护等未动作时，应立即取变压器本体油样进行色谱分析，如果色谱正常，则怀疑压力释放阀动作是其他原因引起；检查变压器本体与储油柜连接阀是否已开启、吸湿器是否畅通、储油柜内气体是否排净，防止由于假油位引起压力释放阀动作；检查压力释放阀的密封是否完好，必要时更换密封胶垫；检查压力释放阀升高座是否设放气塞，如无应增设，防止积聚气体因气温变化发生误动；如条件允许，可安排时间停电，对压力释放阀进行开启和关闭动作试验。

压力释放阀冒油，且瓦斯保护动作跳闸时，在未查明原因，故障未消除前不得将变压器投入运行。若变压器有内部故障的征象，应作进一步检查。

（4）油色谱异常。

1）油色谱异常原因：

a）密封不严，油里进水受潮，导致油质变坏。

b）变压器内部元件过热运行。

c）变压器内部存在放电。

d）变压器内部其他故障。

2）油色谱在线测量装置报警的处理。装有本体油色谱在线监测装置的变压器（包括单组分和多组分），当在线监测装置报警时，应及时查明报警的原因，排除装置误报警的可能，尽快离线取油样进行色谱分析比较，判别变压器本体是否存在缺陷。若二者基本一致时，应查在线监测装置历史数据记录，何时发生气体含量增长，增长速率如何，最后作出变压器进一步处理的决定。

在线监测装置报警并通过油色谱分析比较已判定变压器内部存在缺陷时，应根据气体成分作出不同的处理。

变压器本体油中气体色谱分析超过注意值时，应进行跟踪分析，根据各特征气体和总烃含量的大小及增长趋势，结合产气速率，综合判断。必要时缩短跟踪周期。

不同的故障类型产生的主要特征气体和次要特征气体如表 ZY1100401002-2 所示。

表 ZY1100401002-2　　　　不同故障类型产生的气体

故障类型	主要气体组分	次要气体组分	故障类型	主要气体组分	次要气体组分
油过热	CH_4，C_2H_4	H_2，C_2H_6	油中火花放电	H_2，C_2H_2	—
油和纸过热	CH_4，C_2H_4，CO，CO_2	H_2，C_2H_6	油中电弧	H_2，C_2H_2	CH_4，C_2H_4，C_2H_6
油纸绝缘中局部放电	H_2，CH_4，CO	C_2H_2，C_2H_6，CO_2	油中纸中电弧	H_2，C_2H_2，CO，CO_2	CH_4，C_2H_4，C_2H_6

注　进水受潮或油中气泡可能使氢含量升高。

在变压器里，当产气速率大于溶解速率时，会有一部分气体进入气体继电器或储油柜中。当变压器的气体继电器内出现气体时，分析其中的气体，同样有助于对设备的状况作出判断。分析溶解于油中的气体，能尽早发现变压器内部存在的潜伏性故障，并随时监视故障的发展状况。

根据油色谱含量情况，运用 GB/T 7252—2001《变压器油中溶解气体分析和判断导则》，结合变压器历年的试验（如绕组直流电阻、空载特性试验、绝缘试验、局部放电测量和微水测量等）的结果，并结合变压器的结构、运行、检修等情况进行综合分析，判断故障的性质及部位。根据具体情况对设备采取不同的处理措施（如缩短试验周期、加强监视、限制负荷、近期安排内部检查或立即停止运行等）。

在某些情况下，有些气体可能不是设备故障造成的，如油中含有水，可以与铁作用生成氢；过热的铁芯层间油膜裂解也可生成氢；新的不锈钢中也可能在加工过程中或焊接时吸附氢而又慢慢释放至油中；在温度较高、油中有限溶解氧时，设备中某些油漆（醇酸树脂）在某些不锈钢的催化下，甚至可能产生大量的氢；有些油初期会产生氢气（在允许范围左右），以后逐步下降。应根据不同的气体性质分别给予处理。

当油色谱数据超过注意值时，还应注意排除有载调压变压器中切换开关油室的油向变压器本体油箱渗漏，或选择开关在某个位置动作时，悬浮电位放电的影响；设备曾经有过故障，而故障排除后绝缘油未经彻底脱气，部分残余气体仍留在油中；设备带油补焊；原注入的油中就含有某些气体等可能性。

三、案例解析

案例 1：线路并联电抗器内部局部过热。

现象：某变电站一组线路并联电抗器，投入试运行 1 周后，发现 A 相绝缘油中含烃量持续上升。12 月总烃含量为 117×10^{-6}，次年 1 月上升到 283×10^{-6}，判断为内部有局部过热故障，12 月含烃量升到 2862×10^{-6}，又过了半年，6 月达到 3654×10^{-6}，于是汇报有关部门将其退出运行。

处理：吊开外罩对器身检查，发现上、下铁轭中部各有一均压环，过热使周围绝缘物严重变色。

原因分析：该处均压环有一闭合回路，在漏磁的作用下产生涡流，引起局部过热。为切断涡流环路，将均压环由中部开断。

处理后投入运行，色谱分析结果表明局部过热故障已经消失，至今运行正常。

电抗器内部的局部过热故障虽然不会造成设备立即跳闸，但是局部长时间过热将会加速绝缘老化，影响线路电抗器运行寿命。

案例 2：线路并联电抗器送电后运行油温异常升高。

某变电站在恢复线路及线路并联电抗器送电后，运行人员发现线路并联电抗器一相油温上升很快，最后申请调度将该线路强迫停运。

停电后，检修人员发现线路并联电抗器上部接冷却器输油管的阀门未打开，导致运行时油不能循环，温度急剧上升。

此故障暴露出检修人员在检修完后没有对设备进行检查，而工作许可人未认真履行工作票完工验收，给设备运行留下了重大的隐患。

案例 3：主变压器冷却器异常。

现象：某天凌晨，天气狂风暴雨，雷电交加，1 时 11 分开始“1 号主变压器冷却器故障”，“备用冷却器投入”告警信号频繁动作，1min 内共动作 150 次，1 时 38 分到 1 时 42 分“1 号主变压器冷却器电源切换”告警 5 次，同时“1 号主变压器冷却器故障”几十次告警。

处理：值班员到现场进行检查发现 1 号主变压器 4 号冷却器电源开关跳闸，冷却器电源总开关跳闸，主供电源开关跳闸，备用电源投入，冷却器全部停止运行，检查发现 1 号、3 号、4 号冷却器小端子箱内有进水现象。值班员即拉开 1～7 号冷却器电源开关后，试送冷却器电源总开关正常，逐台试送各路冷却器全部正常。检查主供电源开关回路无异常，再合上主供电源开关停用备用电源，冷却器电源恢复正常电源。

原因分析：

（1）1 号、3 号、4 号冷却器端子箱进水是造成异常的主要原因。

（2）1 号主变压器冷却器故障 1min 内共动作 150 次，原因是热继电器动作后不能自保持。

（3）电源没有故障，主供电源开关跳闸原因是主供电源开关与冷却器电源总开关动作值不配合。

（4）1 号主变压器冷却器电源切换 5 次原因是 6 台冷却器同时启动使电源切换开关低压释放。

（5）冷却器电源母线没有故障，冷却器电源总开关跳闸原因系回路受潮引起。

案例 4：某公司运行人员巡视时发现 1 号主变压器 4 号、5 号油流继电器运行中内部有不正常的声音，随报一般缺陷。一个月后运行人员巡视又发现 5 号油流继电器指针指示不正确，并且风冷装置运行不正常。综合以上异常现象，值班员立即汇报调度和有关部门。经调度同意对 1 号主变压器停电进行检查。

停电后检查发现 1 号主变压器的 5 个油流继电器内叶片下轴承均已出现松动现象，叶片限位均已失效。最严重的 5 号油流继电器叶片下轴承松动脱落，轴承内外圈之间钢珠已被油流冲入主变压器本体内。油流继电器内涡卷弹簧已断裂，传动轴上磁钢已脱落。该油流继电器已经严重损坏，特别是脱落的钢珠，极有可能危害主变压器绝缘，影响主变压器的安全运行。

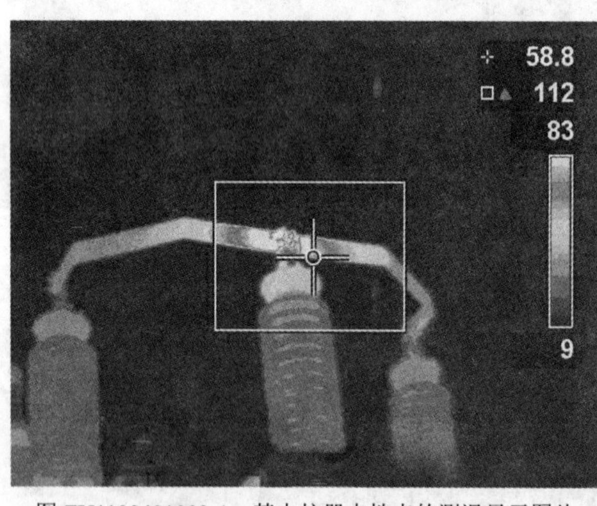

图 ZY1100401002-1 某电抗器中性点的测温显示图片

案例 5：电抗器中性点发热。

图 ZY1100401002-1 为某变电站对某电抗器中性点的测温显示图片，从图片上可以看出有效检测框内显示的最高温度达到了 112℃，手持测温点温度也达到了 58.8℃。而同时在对相邻电抗器相同位置测温时明显有较大差别，引起值班员重视，汇报相关部门后由专业人员确认为温度异常缺陷，逐汇报调度停电检修。

案例 6：线路并联电抗器正常运行时油位高造成压力保护动作跳闸。

现象：某变电站一组进口的线路并联电抗器，夏季高温大负荷时，一条线路并联电抗器 B 相油位过高使压力保护动作，跳线路的本侧断路器，同时启动远方跳闸装置跳对侧断路器。

原因分析：线路并联电抗器压力保护通过释放装置的触点发出跳闸命令。当线路并联电抗器内部压力增加至释放装置动作时，一方面将线路并联电抗器内部压力释放，另一方面通过触点启动跳闸。现场检查发现 B 相注油过多，在高温大负荷的情况下，由于油热膨胀使油箱内油压力增大，造成压力释放保护动作。运行人员在平时巡视检查时发现油温较高未加以分析和比较，此类故障在大型充油设备运行中已见过多例。线路并联电抗器检修后注油应根据温度—油位曲线进行。若在冬天注油过高，夏天就会出现油位高现象；若在夏天注油为正常值，冬天可能出现油位低现象，因此值班员在验收时应加以注意。

四、变压器异常处理危险点源分析

1. 变压器声音异常处理

当变压器发生有外部异常振动声音，如气体继电器外部防雨罩、防爆装置外罩和其他紧固件振动需要用手或工具进行临时处理时，应注意安全距离并采取防止麻电的措施，使用符合电压等级并且良好的绝缘工具，注意防止碰伤变压器其他部位。

2. 油位、温度异常

在进行油位、温度异常检查时，为判明呼吸器是否堵塞或温度异常是散热器进出阀门原因引起时，需要进行油路检查、通过放气检查呼吸器呼吸情况和开启阀门时，应注意防止重瓦斯保护动作，先将重瓦斯保护改信号，如油位确已看不见属缺油引起时，严禁将重瓦斯改投信号。

3. 过负荷

变压器在超额定负载运行时应严格按照变压器超额定负载运行规定加强负荷、温度监视和控制，在超额定负载运行程度较大时，应避免使用有载调压装置调节分接头。

4. 变压器轻瓦斯动作

在取气操作时要保持足够的安全距离，开阀要慢，防止重瓦斯保护动作；在进行二次回路检查时应防止直流回路接地和二次短路，防止保护误动。

5. 变压器冷却装置异常检查处理

变压器冷却装置异常检查时，应先将该回路交流电源断开，使用合格的工器具，工器具应采取防止漏电、短路的措施，更换熔断器。应更换型号相同的熔断器，禁止用大容量熔断器替代或用铜丝短接；送电时应逐级送电，防止突然来电，做好防止低压触电和机械伤人措施。

【思考与练习】

1. 如何判别真假油位？
2. 变压器过励磁的原因有哪些？
3. 轻瓦斯动作有哪些原因？
4. 冷却系统异常如何处理？

第三十一章　高压开关类设备异常处理

模块 1　高压开关类设备一般异常（ZY1100402001）

【模块描述】本模块介绍典型隔离开关、断路器、组合电器常见异常。通过异常现象讲解、案例介绍，熟悉高压开关设备异常现象，能对设备常见异常进行简单分析，并在监护指导下参与异常处理。

【正文】

高压开关设备主要包含典型隔离开关、断路器和组合电器。高压开关设备在运行和操作过程中经常会出线一些异常现象，了解和掌握异常现象有利于运行监视和发现异常，将事故消灭在萌芽状态。

一、隔离开关一般常见异常及案例介绍

1. 隔离开关一般常见异常

1）隔离开关触头、接头发热。隔离开关触头、接头温度过高是一次设备运行较常见的异常，但是触头发热不是很严重时并不太容易发现，往往是在异常天气时现象才较明显，或是利用红外测温装置检查时才能发现。

2）隔离开关支柱绝缘子和传动绝缘子破损、闪络。隔离开关绝缘子破裂一般是由于外力破坏造成，或天气温度变化较大，如冰冻等，造成绝缘子热胀冷缩导致表面瓷釉破损或开裂。绝缘子表面污垢较严重，易导致绝缘子闪络。

3）操动机构卡涩或传动机构失灵。一般在隔离开关操作时发现操作阻尼大，特别是手动操作，非常费力或根本操作不了，如用力过猛易造成传动部件变形或断裂。

4）分、合闸不到位或三相合闸不同步。隔离开关在倒闸操作时经常会碰到分合闸合闸不到位或三相不同步的情况，多数是由于机构锈蚀、卡涩、检修调试未调好等原因引起的，倒闸操作时一定要认真检查隔离开关位置到位情况，及时发现及时解决，防止后患。

5）辅助开关切换不良。辅助开关切换不良多由于手动操作不到位或辅助开关本身调试原因引起，每次倒闸操作后要通过相关回路或信号检查辅助开关切换情况。

6）电动操作或远方操作失灵。控制回路失电或断线、远方/就地选择开关位置不正确、动力电源缺相、电机烧毁、机械卡死等都将造成电动操作或远方操作失灵。

7）隔离开关自分。由于隔离开关机构箱密闭不严、进水受潮或操作闭锁回路中有寄生回路，在特殊情况下将会造成隔离开关自分自合。因此为防止该现象的发生，具备条件的在倒闸操作后最好能将操作动力电源停用。

8）隔离开关和接地开关不能机械操作。造成该现象的原因一般是切换开关未打至相应位置或其节点接触不良，电动闭锁手动的节点未打开或销子未打开。

2. 隔离开关异常案例介绍

案例 1： 运行人员巡视中发现隔离开关导电杆（下杆与法兰连接处）严重氧化腐蚀（见图 ZY1100402001-1 和图 ZY1100402001-2）。

案例 2： 某变电站某线路间隔倒母线完成后，发现线路功率表无指示（电子表），电流表有指示。线路保护装置发装置告警，保护“TV”、“DX”灯亮，电压切换箱位置指示灯不亮，总告警灯变红。监控屏“电压回路断线”、“×××保护失压”、“装置故障”信号发出。

经检查判断由于合上的那组隔离开关辅助触点接触不良，使电压回路不能正确切换。隔离开关接触不良的辅助触点所对应的保护交流失压，保护装置异常闭锁，无法正常工作。对该隔离开关辅助开关调整节点后恢复正常。

图 ZY1100402001-1　隔离开关导电杆严重氧化腐蚀图 1

图 ZY1100402001-2　隔离开关导电杆严重氧化腐蚀图 2

案例 3：某变电站一条线路改线路检修，在执行倒闸操作时电动操作不能动作，改为手动操作。次日恢复送电时该隔离开关操作仍使用手动操作，当时目测检查隔离开关已经到合位，晚上采用红外测温时发现 B、C 两相为 70℃，A 相为 85℃，但未到达警示值，遂报缺陷，等待申报间隔检修时处理，但是第二天早晨突然 A 相触头起火。

案例 4：某变电站在进行远方控制倒闸操作时，操作后隔离开关三相不同步，A、B 相隔离开关已全部拉开，而 C 相隔离开关动静触头分开 30cm 左右后突然停止，并产生拉弧放电，幸亏现场有人检查位置及时发现，立即通知控制室将操作箱钥匙和操作手柄送下来，停用操作电源后，手动将隔离开关拉开。

二、断路器一般常见异常及案例介绍

1. 断路器一般常见异常

（1）引接线、瓷绝缘子缺陷。断路器引接线发热、断股，断路器绝缘子有裂纹、破损、断裂、放电、污秽等现象。

（2）断路器操动机构压力异常或未储能。根据断路器操动机构的不同其异常情况各有差异，通常气压操动机构和液压机构有渗油、漏气和内漏；机构打压频繁或过储能、氮气消失；弹簧操动机构弹簧未储能等。

断路器操动机构压力异常时会发出“液（气）动回路补压”、“液（气）动回路压力异常”、“断路器闭锁重合闸”、“断路器合闸闭锁”、“断路器分闸闭锁”、“打压超时”或“弹簧未储能”等信号，值班员一旦发现上述信号应认真检查核实，积极发现异常。

（3）断路器 SF_6 气体压力异常。断路器 SF_6 气体通常通过密度监视继电器和监视表计来反映，气体压力过低将影响断路器灭弧能力，异常压力值应参考设备说明书和现场运行规程规定。

（4）二次回路故障。断路器二次回路故障主要有二次回路电源消失、断线、继电器损坏、触点粘连或接触不良、分（合）闸线圈烧坏等，造成断路器动作失灵或误动作。

（5）断路器在操作中拒绝分合闸。由于断路器控制选择开关选择位置不对应、节点接触不良以及二次回路故障等原因，都会造成断路器在操作中拒绝分合闸。

（6）断路器在运行中偷跳非全相。断路器在运行中由于某种原因，使断路器的一相或两相分闸，分闸后会使断路器三相不一致，具有三相不一致保护的将会动作将断路器跳开。

2. 断路器异常案例介绍

案例 5：某变电站一条线路转检修，在拉开出线隔离开关时发现 B 相隔离开关拉弧现象严重。在确认断路器已拉开后，调看 SCADA 记录，开关 B 相指示为 0.61A 左右，A、C 相接近 0。为慎重起见，将该现象上报有关部门。开关转检修后，检查发现 B 相断路器垂直连杆脱落造成 B 相触头未动作，使得 B 相隔离开关有充电电流。由于充电电流较小，盘表指示根本看不出，但 SCADA 上有显示并未引起重视。

案例 6：引接线发热。

如图 ZY1100402001-3 所示，运行人员在进行红外测温检查时发现断路器下引接线温度过高，检测仪有效检测框内最高温度达到 102℃，手持检测点温度达到 90.2℃，且明显超出其他两相断路器及

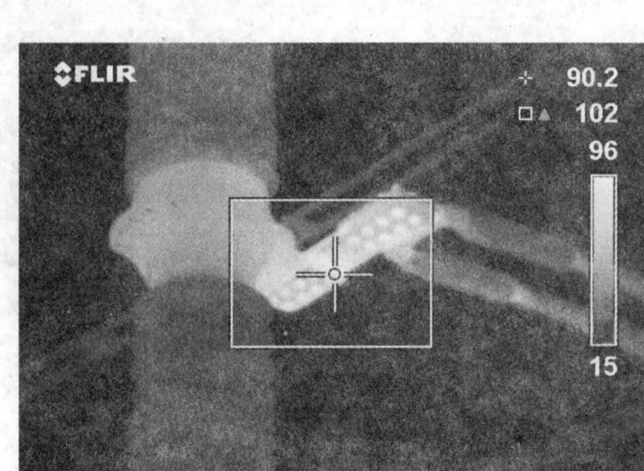

图 ZY1100402001-3　断路器引接线发热

相邻断路器，逐上报缺陷。

三、GIS 组合电器一般异常及案例介绍

GIS 组合电器有多种的结构形式，有半封闭式和全封闭式之分，对全封闭式一般内部元件包括母线、断路器、隔离开关、接地隔离开关、避雷器、电压互感器、电流互感器、电缆终端、绝缘件等主要元件。它在运行中一些异常现象与 SF_6 断路器基本相同。

1. 组合电器一般常见异常

（1）SF_6 气室气压低，SF_6 气室气压由于漏气或气温降低，造成 SF_6 气室气压低于现场运行规程规定值。

（2）液压或气动操动机构频繁打压，不停泵。

（3）液压或气动机构失压到零或闭锁分、合闸。

（4）液压或气动机构补压泵异常。

（5）控制回路断线或电源故障。

（6）内部有异常放电声响。

2. 组合电器异常案例介绍

案例 7：GIS 气室漏气。

下午 13 时 20 分，某站 GIS 母线气室 SF_6 压力低告警，现场检查压力表指示 0.34 MPa（见图 ZY1100402001-4），随后汇报有关部门后，检修人员到现场再次检查，并对此段气室采取了补气措施，由于套管内的压力比大气压力要高，所以无法进行有效的封堵，只能采取补气观察方法。当补至 0.45MPa，突然现场发现明显漏气声，气压明显下降，检修人员紧急撤离，值班员申请调度停用该母线，事后发现漏点在母线和构架支架的焊接处（见图 ZY1100402001-5），由于焊接工艺不好，导致有裂缝。

图 ZY1100402001-4　SF_6 气体压力表

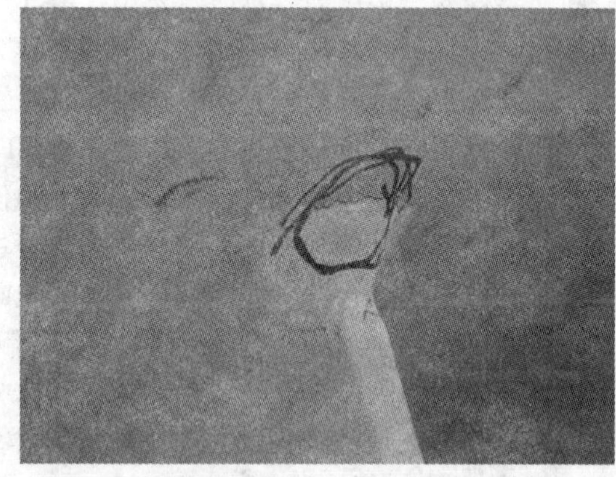
图 ZY1100402001-5　SF_6 气体漏点

【思考与练习】

1. 隔离开关常见异常有哪些？
2. 断路器常见异常有哪些？
3. 组合电器常见异常有哪些？

模块2　高压开关类设备异常分析处理及危险点源预控（ZY1100402002）

【模块描述】本模块介绍典型隔离开关、断路器、组合电器异常处理有关规定和异常处理中的危险点源分析。通过异常分析、处理方法讲解、案例介绍，掌握高压开关类设备异常处理方法和危险点源分析方法，能正确进行危险点源分析预控、优化处理方案并组织实施。

【正文】

一、隔离开关异常分析处理及案例介绍

1. 隔离开关在运行中发热原因分析及处理

（1）隔离开关在运行中发热原因。隔离开关在运行中发热，主要是负荷过重、触头接触不良、操作时没有完全合好所引起，接触部位过热，使接触电阻增大，氧化加剧，可能会造成严重事故。

在正常运行中，隔离开关主导流部位的温度不应超过规定值，运行中可以采用以下方法，检查主导流部位发热情况予以确认：

1）用测温仪器测量主导流部位、接触部位的温度。

2）根据主导流部位所涂的变色漆颜色变化判定。

3）利用雨雪天气检查。如果主导流部位、接触部位有发热情况，则发热的部位会有水蒸气、积雪融化、干燥现象。

4）利用夜间熄灯巡视检查。夜间熄灯时可发现接触部位异常，有可能发现白天不易看清的发热、发红、冒火现象。

5）检查各接触部位的金属颜色可发现发热现象。但应注意判断是否以往发热时遗留下的情况。接头过热后，金属会因过热而变色，铝会变白，铜会变紫红。如果接头外部表面上，涂有相序漆，过热后漆色变深，漆皮开裂或脱落，能闻到烤糊的漆味。

（2）隔离开关发热的处理。发现隔离开关主导流接触部位有发热现象时，应及时检查隔离开关接触情况和负荷情况，根据不同的接线方式，分别采取相应的措施，必要时汇报调度，设法减小或转移负荷，加强巡视。

1）双母线接线。如果某一母线侧隔离开关发热，母线和线路能停电时，可汇报有关部门和相关调度，将发热隔离开关停电检修。不能停电时，将该线路倒至另一段母线上运行，或若有旁母时，可把负荷倒至旁母带，待母线能停电时再对发热隔离开关检修。

2）单母线或3/2接线。如果某一母线侧隔离开关发热，母线短时间内无法停电，必须降低负荷，3/2 接线可拉开母线侧开关，并加强监视，如果有旁母，也可以把负荷倒至旁母带，待母线可以停电时，再停电检修发热的隔离开关。

3）如果是负荷（线路）侧隔离开关运行中发热，其处理方法与单母线接线时基本相同。应尽快安排停电检修，维持运行期间，应减小负荷并加强监视。

4）对于高压室内的发热隔离开关，在维持运行期间，除了减小负荷并加强监视外还要采取通风降温的措施。

2. 操作时操动机构卡涩原因分析及处理

在户外环境下，长时间的静止状态会使操动机构发生锈蚀、润滑脂干涸、缝隙积灰粘连等情况，造成操作时操动机构卡涩现象。电动操作时就有可能因电机过载发生熔断器熔断、热继电器动作等情况；或手动操作时，还会因用力过猛造成传动部件变形断裂。因此，当发现隔离开关有卡涩现象时，应暂停操作，对操动机构和各传动部件进行检查，防止在机械闭锁的情况下强行操作，损坏设备。

3. 操作时隔离开关拒动原因分析及处理

（1）电动机构的隔离开关拒绝操作的原因有控制回路断线、合闸电源消失、回路继电器故障、接触器卡滞或接触器烧坏、操作回路被闭锁和机械卡滞等。

（2）拒绝分合闸时，首先应核对设备编号、操作程序是否有误，操作回路是否被闭锁，应观察接触器是否动作、电动机转动与否以及传动机构动作情况等，区分故障范围，采取相应措施。

1）若是操作票错误或操作顺序错误，应立即停止操作，及时弄清、更正操作票操作任务再行操作。

2）若不属于误操作和闭锁原因，应检查操作电源是否正常，电源熔断器是否熔断或是否接触不良，电机热继电器是否动作等，更换熔断器或使电源正常后再行操作。

3）若是回路断线、接触器卡滞或接触器烧坏，应暂停操作，汇报有关部门和调度，处理正常后再行操作。

4）特殊情况时可申请先改为手动操作，将异常隔离开关隔离，汇报有关部门停电检修。

4. 隔离开关分合闸不到位原因分析及处理

隔离开关分合闸不到位，多数是机构锈蚀、卡涩、检修调试未调好等原因引起的。发生这种情况，可拉开隔离开关再次合闸，观察拉合情况。

隔离开关在电动操作过程中突然停止，有可能是因为熔断器熔断、热继电器跳闸。如果隔离开关在电动操作过程中突然因熔断器熔断、热继电器跳闸而停止时，为避免触头间持续拉弧和隔离开关辅助开关在不确定状态对保护构成不利影响，应立即将其改为手动操作方式继续完成操作或返回起始状态，然后再对隔离开关操动机构进行检查处理。必要时辅以绝缘棒顶推，使隔离开关到位，操作结束后填报缺陷，汇报有关部门安排检修处理。

5. 辅助开关切换不良原因分析及处理

双母线接线方式下，线路或元件的二次电压甚至母差保护的电流回路都是通过母线隔离开关的辅助开关切换的，如隔离开关操作时辅助开关切换不良将会导致电压回路断线、“隔离开关辅助触点监视、母差电流回路断线”等异常情况，此时可以征得调度同意后将隔离开关重复操作一次，若不能排除时应迅速汇报有关调度停用有关保护并通知检修人员进行紧急处理。

6. 隔离开关异常处理注意事项及危险点源分析

（1）操作中发现隔离开关异常后应立即停止操作，弄清原因；处理隔离开关异常应至少有两人进行，禁止值班员一人擅自处理异常。

（2）隔离开关异常处理应尽量避开隔离开关带负荷运行时进行，如特殊情况需要，应先做好防止隔离开关突然分合闸的安全措施，将动力电源断开。

（3）倒闸操作时监护人和操作人站位要合理，操作应顺手，用力不应过猛，注意先慢后快。

（4）发生隔离开关操作过程中一相或三相突然停止，应尽快采取手动操作方式将隔离开关操作到位，防止烧伤触头，并注意带好绝缘手套，防止感应电压。

（5）发现误合隔离开关，在未产生电弧之前，可将误合隔离开关拉开；如果已产生电弧，宜将误合隔离开关合到位。已经误合到位的隔离开关，宜在断路器拉开之后，拉开误合的隔离开关，不得带负荷拉隔离开关。误拉隔离开关在刀口刚脱开时，应立即合上隔离开关，避免事故扩大；如果隔离开关已全部拉开，则不允许将误拉的隔离开关再合上。

7. 案例分析

案例：值班人员在对隔离开关进行合闸过程中，发现隔离开关B相电动操作失灵，而另外两相能够实现电动合闸。

异常处理：值班员立即将已经合上的两相拉开，停止操作，对该隔离开关控制回路进行检查，B相动力电源正常，操作箱选择方式也正确，接线端子无松动现象。判断已不属值班员能处理范围，汇报调度及检修部门对隔离开关B相电动不能操作异常缺陷进行检修处理。

检修人员对隔离开关机构箱内部进一步检查中发现，B相隔离开关机构电气控制回路间串联一行程开关（BM1），此行程开关在正常情况下为常闭触点，只有隔离开关在手动操作时，顶住行程开关使常闭触点断开，才能切断电气回路。出现这样的情况可能是手动操作后，行程开关不到位卡在半分半合状态，致使隔离开关电气控制回路不通，导致隔离开关电动失灵。在发现问题后，对行程开关进行调整，电动分合正常，异常消除。

经验教训：若是在操作中发现此类问题无法操作时，值班员可到现场，在手动操作手柄上晃动几下，使得行程开关（BM1）到位，可能实现电动操作，不必等待检修人员处理后再操作，从而节省时间，但应记入缺陷记录，结合设备检修时处理。另外，还有些操作回路将隔离开关操动机构箱的门开关加入了闭锁回路，如果门关闭不严或门开关接触不良也是造成操作失灵的原因。若单相或三相拒绝操作，查不出原因，系统又急需停送电，可在确认操作无误的情况下，采取先手动分闸完成阶段操作的优化处理方案，再报缺陷处理。

二、断路器异常分析处理及案例介绍

1. 机械部分故障

断路器机械部分故障主要是指断路器操作连杆机械行程不到位或卡死，没有使触头分合。造成机械故障的原因一般为安装或检修施工调整不当，以及长时间断路器不操作，机械传动失灵或卡死，另外还有一种情况是由于断路器 SF_6 气体压力降低闭锁销将连杆锁死。

当发生非控制和操动机构原因造成断路器拒绝分合闸时，可推断为机构卡死，此时应立即停用断路器操作电源，汇报调度及有关部门，调整运行方式，对断路器进行停电检修。

另外还有一种情况是操作连杆断裂，此种情况的主要现象是操动机构动作及分合闸位置指示器的动作正常，但是断路器的触头部分不动作，没有分合，合闸时可借助电流表辅助判断。

2. 二次回路故障

二次回路故障是断路器操作最常见的异常之一，它包括如控制回路电源消失、控制回路断线、继电器损坏、继电器触点接触不良、分（合）闸线圈烧坏等，二次回路故障还有可能造成断路器误动作。

3. 断路器操动机构压力异常或未储能

断路器操动机构压力异常应根据不同操动机构采取不同的处理方法，如操动机构压力异常还未达到闭锁，应分别按下面的方法处理；如操动机构已经闭锁断路器操作，应立即将断路器改为非自动，汇报调度及有关部门，然后查找断路器操动机构闭锁原因，尽快恢复操动机构压力，实在不能恢复的，做好相应措施等待检修人员处理。

（1）液（气）压机构压力异常处理。

1）当压力不能保持，电机起动频繁时，应检查液（气）压机构有无漏油（气）等缺陷，并采取有效措施；此时如压力继续下降有可能闭锁断路器分合闸时，应及时汇报调度，根据系统情况，采取提前手动断开断路器的方法，使之先退出运行，再进一步检查或改为检修处理。

2）压力低于启动值，但电机不启动，应检查电源系统及电机是否正常，及时更换熔断器恢复电源正常，如为电机故障或值班员处理不了的，按缺陷流程汇报调度及有关部门进行处理。

3）如“打压超时”，电机运转超时或不停泵，应检查压力情况和液（气）压部分有无明显漏油（气），电机是否有机械故障，对液压机构此时有可能是油内漏、高低压油阀关闭不严、无法建压造成；压力已经到了正常压力，电机仍然不停，可能是停泵压力触点接触不良或压力设置不正确，此时应立即手动停泵，观察压力情况，并汇报有关部门进行缺陷处理。

4）液（气）压机构突然失压，可能是压力回路出现严重泄漏不能建压，此时应立即断开电机电源，严禁人工打压，并立即取下开关的控制保险，严禁进行操作，汇报调度，根据命令，采取措施将故障断路器隔离检修。

（2）弹簧未储能。弹簧操动机构的断路器，正常情况下应是合闸后储能，如合闸弹簧没有在储能位置，断路器不具备合闸功能，发“弹簧未储能”信号。

当出现“弹簧未储能”信号发出时，应检查断路器机构内的合闸弹簧是否在储能位置，若确在储能位置则是误发信，检查信号回路加以排除；若不在储能位置，应检查机构的储能电源是否正常，相应开关是否投入，电动机是否完好等。如空气开关在分位，可以将电机电源空气开关试合一次，若再次跳开则说明机构内交流回路有故障存在，紧急情况下可以用手动储能的方法对弹簧机构进行储能。

4. 断路器 SF_6 气体泄漏，气体压力低异常处理

（1）SF_6 气体的压力值随周围环境温度的变化而相应有很小的变化，若 SF_6 气体降至补气压力时，监控信息会发补气告警信号，此时应立即到现场检查密度表压力情况，并密切监视压力，汇报公司有

关部门，采取带电补气方法使压力恢复正常。

（2）若 SF_6 压力值进一步下降，压力值降至闭锁压力时，则立即汇报调度，停用断路器操作电源，在操作把手上挂禁止操作的标示牌，按下列方法处理：

1）如为母线侧断路器时，则采用断开该母线上其他断路器，再解锁断开漏气断路器的两侧隔离开关，使漏气断路器隔离，然后恢复该母线上其他断路器的运行，对漏气断路器作检修处理。

2）若漏气断路器为中间断路器，则应按调度命令改变运行方式，拉开相邻断路器及对侧断路器，使漏气开关断电，解锁拉开两侧隔离开关，使断路器退出运行，再恢复线路和相关断路器。

3）如变电站 3/2 接线超出 3 串，可以经调度许可，直接采取解锁后用隔离开关解环的方法将断路器隔离。

5. 瓷绝缘子有裂纹、破损、放电等

瓷绝缘子裂纹、破损、断裂一般是由于外力破坏造成，如运输、安装、检修过程中人员不小心碰伤，或天气温度变化较大，如冰冻等，造成绝缘子热胀冷缩导致表面瓷釉破损或开裂；绝缘子表面污垢较严重，易导致绝缘子闪络放电。

6. 断路器在操作中拒绝分合闸

（1）断路器拒绝分合闸的原因：

1）分合闸电源消失，如控制电源开关跳开、控制熔断器熔断或接触不良；

2）断路器 SF_6 气体压力、操动机构压力下降至分合闸闭锁压力或操动机构未储能；

3）断路器就地操作控制箱内“远方/就地”选择开关位置不正确；

4）断路器控制回路断线；

5）分合闸线圈及回路继电器烧坏；

6）手动控制开关触点接触不良；

7）回路中继电器触点或断路器辅助触点接触不良；

8）控制电源电压过低。

（2）断路器拒绝分合闸的检查和处理：

1）若是控制电源消失，运行人员可检查电源开关是否跳开，更换控制回路熔断器或试投小开关。

2）若是就地控制柜内合闸电源小开关或“远方/就地”选择小开关问题，可试合上电源小开关或将选择开关打至正确位置。

3）如果 SF_6 气体灭弧介质压力降低至分合闸闭锁值，则应立即断开断路器的操作电源，检查漏气原因，汇报调度及专业人员，根据调度指令采用拉停上级电源的方法将断路器隔离，符合条件的也可以用解锁直接拉开隔离开关的方法将断路器隔离，通知专业人员处理。有条件的，可以采用专业人员带电补气的方法使断路器 SF_6 气体压力恢复至正常值。

4）如果是操动机构压力低闭锁则应检查是否由电机交流失压引起，运行人员应用万用表检查电机三相交流电源是否正常，如果是油泵、气泵电机交流失压引起，应先取下断路器液（气）压机构油泵电源熔断器，或断开油（气）泵电源小开关，更换熔断器，检查并复归热敏继电器，使电机运转补压至正常值；若是电机烧坏或机构问题，无法补压，应采取措施将断路器隔离，通知专业人员处理。如果是弹簧机构未储能，应检查其电源是否完好，若属于机构问题应通知专业人员处理。

5）当出现合闸闭锁时，经检查发现该断路器压力泄漏，为了防止压力继续下降到分闸闭锁，可申请调度断开异常断路器。如果已经达到分闸闭锁压力，可以在三串以上环路的情况下，请示调度及公司有关负责人，解除异常断路器两侧隔离开关的闭锁条件，拉开异常断路器两侧的隔离开关，或采用拉停上级电源的方法将断路器隔离。

6）若直流母线电压过低，调节充电机端电压，使电压达到规定值，若是二次回路故障引起或运行人员不能处理的，报值班调度员，按危急缺陷、《高压开关设备管理规范》的要求向主管部门报缺陷，通知专业人员进行处理。

7. 断路器非全相运行

断路器在运行中出现非全相运行应根据断路器发生不同的非全相运行情况，分别采取以下措施：

（1）断路器因单相自动跳闸，造成两相运行时，如果相应保护启动的重合闸没有动作，可立即手动合闸一次，合闸不成功则应切开其余两相断路器。

（2）如果断路器是两相断开，应立即将断路器拉开。

（3）如果非全相断路器采取以上措施无法断开或合上时，则得到调度允许后，立即将线路对侧断路器断开，然后在断路器机构箱就地断开断路器。

（4）也可以用旁路断路器与非全相断路器并联，将旁路断路器跳闸电源停用后，用隔离开关解环，使非全相断路器停电。

（5）用母联断路器与非全相断路器串联，断开对侧线路断路器，用母联断路器断开负荷电流，线路及非全相断路器停电，再断开非全相断路器的两侧隔离开关，使非全相运行断路器停电。

（6）如果非全相断路器所带元件（线路、变压器等）有条件停电，则可先将对端断路器断开，再按上述方法将非全相运行断路器停电。

三、组合电器异常分析及处理

1. GIS 有下列情况之一者，应加强监视和检查，判断原因，并立即汇报调度和值班长

（1）隔离开关气室 SF_6 气室压力降至报警值但压力下降不明显；

（2）断路器气室 SF_6 压力降至报警压力值时；

（3）断路器操作压力缓慢下降且无法恢复，或油泵无法建压；

（4）引出线桩头发热。

2. GIS 有下列情况之一者，应立即将其停运

（1）断路器气室 SF_6 压力降至分闸闭锁压力值时；

（2）隔离开关气室 SF_6 压力降全报警值后仍持续下降；

（3）设备外壳的温升超过规定值时；

（4）断路器操作压力降至分闸闭锁压力值；

（5）出线套管有严重的破损和放电现象；

（6）引线桩头严重发热。

3. 异常情况判断和处理

（1）隔离开关气室气压低报警：立即到现场检查所属 GIS 设备气室压力值和现场汇控柜信号，并与气体压力——温度特性曲线比较，是否正常。

1）330kV 隔离开关气室压力指示低于 0.6MPa，且下降速度不明显，则立即汇报值班长，由检修人员及时补气；若低于 0.55MPa，且下降速度比较快，则立即汇报调度和值班长，拉开断路器后再将该隔离开关停电；若已低于 0.5MPa，严禁带电操作漏气气室的设备，需将该隔离开关两侧电源断开后将此隔离开关隔离。

2）线路、主变压器侧出线隔离开关气室压力小于 0.35MPa，应立即汇报有关调度拉开断路器，停用该线路或主变压器。

3）母联、分段及电压互感器高压侧隔离开关气室压力小于 0.35MPa，应采取倒母线运行，再将母线隔离开关气室压力低所属母线停电。

（2）断路器气室气压低报警：

1）立即到现场检查压力值是否低于 0.55MPa，现场汇控柜应有掉牌信号；

2）若压力下降速度不明显，立即汇报值班长，由检修人员及时补气；

3）若压力下降速度比较快，立即汇报调度和值班长，在断路器未闭锁分闸前立即将断路器停电后处理。

（3）断路器气室气压低闭锁：现场检查压力值低于 0.50MPa，立即汇报调度和值班长，按照分合闸闭锁处理原则立即将该断路器隔离；操作时，隔离开关解闭锁操作必须严格按照解锁操作规定执行。

（4）断路器油压低闭锁合闸：

1）应立即汇报调度，并到现场检查压力值；

2）若是因为电机不启动，则应检查其交流电源是否正常，电源开关是否跳开，接触器、热耦是

否动作，电机有无异常等，并设法恢复打压；

3）若无法恢复，则将断路器停电后处理。

（5）断路器油压低闭锁分闸：

1）立即汇报调度，同时进行现场检查是油泵电机不启动还是液压系统泄漏引起的；

2）如果是电机不启动，则应检查其交流电源是否正常，电源开关是否跳开，接触器、热耦是否动作，电机有无异常等，并设法恢复打压；

3）若无法恢复，则应立即汇报调度和值班长，将该断路器隔离。

（6）断路器油泵异常报警：若是储能电源消失，到现场检查储能电源是否跳开。

若是过流动作，此时已断开油泵控制回路，手动复归，若无法恢复，密切监视油压，并汇报值班长，由检修人员及时处理。

若是油泵超时动作，一般整定为 15～30min。若压力低，应查明电机是否缺相运行，或断路器机构有无泄漏情况，尽可能恢复，若无法恢复，压力继续下降，应立即汇报值班长，由检修人员处理。若压力高，说明停泵触点接触不良或为打泵触点粘连，立即停用汇控柜电机电源开关，检查压力情况有无下降的趋势，汇报值班长。

（7）告警信号电源消失：应立即到现场检查告警信号电源开关是否跳开，进行试送。若试送不成，或不是因告警信号电源开关跳开而失电，应立即查明原因，恢复信号，恢复前应密切监视各气室压力及开关油压。若不能恢复，汇报值班长，由检修人员处理。

（8）控制回路断线或电源故障：立即检查保护屏后控制电源开关和现场汇控柜控制电源开关是否跳开，若电源开关跳开，则试送。若试送不成，立即查明原因，恢复电源。若无法恢复，立即汇报调度和值班长，按分合闸闭锁处理。

四、高压开关类设备异常处理的危险点源分析预控

高压开关类设备异常处理的危险点源除应注意其倒闸操作时的危险点外还应注意：

（1）断路器、隔离开关进行检查、接线拆卸或再接线等作业时，必须将就地控制柜内的所有控制和操作电源开断之后进行，防止发生触电或其他事故。

（2）使用手动操作柄进行操作时，操作人必须对其机械性能充分了解，掌握操作性能，防止引起人身机械伤害和对设备造成损坏。

（3）进行断路器 SF_6 气体泄漏检查及处理时，应注意站在上风口，采取相应的保护措施。

（4）GIS 操动机构液压系统压力不高出储压筒内的氮气压力规定值时，断路器及快速接地开关不能分闸，绝对不能用自动或手动操作阀进行操作。

（5）GIS 操作电气闭锁回路不得随意停用。

【思考与练习】

1. 断路器拒绝分合闸的原因有哪些？

2. 隔离开关操作失灵后应如何检查处理？

3. 断路器操作失灵后应如何检查处理？

第三十二章 线路母线异常处理

模块1 线路母线设备一般异常（ZY1100403001）

【模块描述】本模块介绍线路、母线常见异常。通过异常情况详细介绍和案例分析，熟悉设备常见异常现象，能对设备常见异常进行简单分析，并在监护指导下参与异常处理。

【正文】

一、线路母线设备一般异常

通常我们把线路、母线所连接的电压互感器、避雷器、阻波器等结合设备的异常统称为线路、母线异常。

一般线路、母线常见异常如下所述。

1. 线路过负荷

线路过负荷指流过线路的电流值超过线路本身允许电流值或者超过规定的系统稳定极限值。出现线路过负荷的原因有受端系统发电厂减负荷或机组跳闸，联络线并联线路的切除，由于安排不当导致系统发电出力下降，用电负荷分配不均衡等。

2. 线路、母线的引线接头发热

在电力系统远距离输电及变电站户外高压设备连接中普遍应用钢芯铝绞线，并在各种设备的引出线及设备间的连接中大量采用各种类型的线夹，主要有并沟线夹、耐张线夹、T型线夹、设备线夹等几种。由于线夹与导线连接处存在接触电阻，接触电阻过大就会引起接头发热，线夹连接施工的好坏直接关系到接触电阻的大小，也关系到今后的安全运行。

3. 线路、母线引线断股，线路断线

线路、母线引接线发生断股时一般可以发现有明显的断股、抛股现象，在断股处有明显的放电或电晕现象，有时还伴随发热现象；线路断线时，在开断点有明显的开断现象，线路表计指示异常，一相电流为零，大电流接地系统可能还会造成保护动作发信或跳闸。

4. 线路、母线电晕放电严重

线路、母线发生电晕时，导体表面电压不均匀会发出轻微的放电声，并在导体表面产生蓝色晕环现象。随着导体表面的污秽程度和天气湿度的变化，电晕现象也会有强有弱，严重时导体表面电晕现象非常明显，而且放电声音较大，甚至发热严重。

5. 线路、母线绝缘子破裂损坏

线路、母线绝缘子表面有明显的开裂、破碎、放电痕迹，轻微时一般不太容易发现，可借助望远镜确认，严重时一旦天气异常或下雨将导致绝缘击穿，造成事故。

6. 线路或软母线弧度过大、管母线变形（下沉）

线路或母线弧垂过大，将使对地安全距离减小，大风时会引起明显的摆动，严重时将造成相间短路；管型母线变形多为施工安装原因，如地基下沉、连接抗劲等，另外过大的短路电流也可引起母线变形或连接松动，造成设备异常。值班员应加强监督巡视，一旦发现问题应立即上报停电处理。

7. 35kV母线单相接地

35kV系统出现单相接地时，一般伴有预告信号发出，在监控系统或主控屏有“偏移保护动作”、“电压回路断线”等光字牌；通过母线电压切换表计可以发现接地相电压降低，另两相升高；金属性接地时，接地相电压降为零，另两相升高为线电压。接地点会有明显放电现象，若接地发生不稳定或放电拉弧，会重复间歇性发生上述现象。

8. 线路三相电流不平衡

正常情况下电力系统 A、B、C 三相中流过的电流值是相同的，当系统联络线一相断路器断开而另两相断路器运行时，相邻线路就会出现三相电流不平衡；当系统中某线路的隔离开关或线路接头处接触不良，使电阻增加，也会导致线路三相电流不平衡。小接地电流系统发生单相接地故障时也会出现三相电流不平衡。

9. 线路、母线所连接的结合设备的异常

线路、母线所连接电压互感器、避雷器、阻波器等结合设备的异常在其他模块中介绍，在此不做单独介绍。

图 ZY1100403001-1 "T"型线夹烧伤严重

二、线路母线设备异常案例

案例：某变电站因工作需要，调度下令该变电站运行方式调整，由一条出线带另一变电站全站负荷，运行 72h 后，运行人员巡视发现母线与出线连接处"T"型线夹有烧伤痕迹，逐汇报调度，调整运行方式，将该线路和母线停电检查，发现"T"型线夹烧伤严重，幸亏及时发现，避免了停电事故，如图 ZY1100403001-1 所示。

【思考与练习】

1. 线路、母线常见异常有哪些？
2. 中性点不接地系统单相接地的现象有哪些？

模块 2 线路母线设备异常分析处理及危险点源预控（ZY1100403002）

【模块描述】本模块介绍线路、母线异常处理有关规定和异常处理中的危险点源分析。通过异常分析、处理方法讲解、案例介绍，掌握线路、母线异常处理方法和危险点源分析方法，能正确进行危险点源分析预控、优化处理方案并组织实施。

【正文】

一、线路母线异常分析介绍

1. 线路过负荷的处理

运行人员发现线路过负荷后应采取以下方法处理：

（1）记录时间、负荷有功、无功、电流和电压情况，汇报调度，根据调度指令进一步处理，加强监视，有条件时可以改变系统接线方式，强迫潮流转移。

（2）设备过负荷期间，值班员应到现场检查过负荷线路设备运行情况，接头有无发热现象，必要时可用红外测温仪检查加强监控。

（3）做好过负荷期间的事故预案，加强负荷监视。

应该注意的是，和变压器相比较，线路的过载能力比较弱，当线路潮流超过热稳定极限时，运行人员必须及时汇报调度，采取果断迅速措施将线路潮流控制下来，否则可能因线路过负荷跳闸引起连锁反应。

2. 线路三相电流不平衡的处理

当线路出现三相电流不平衡时，首先应检查测量表计读数是否有误。若线路三相电流不平衡是由于某一线路断路器非全相造成，则应立即将该线路停运。对于单相接地故障引起的三相电流不平衡，应尽快查明并隔离故障点。

3. 线路、母线接头发热异常

线路、母线接头发热异常主要是由于线夹与导线连接处接触电阻过大造成，另外还有一些是由于线夹本身设计不当造成的，如一些 330kV 引线相对较粗的线夹，线夹根部没有留透气孔，往往因为雨雪天气，线夹内部进水后，受冷结冰造成线夹开裂，接触电阻增大，进而导致发热。

为了消除线路、母线接头发热，要求加强线夹连接施工质量，降低线夹与导线接触电阻，运行与检修人员在设备验收时严把设备验收关，同时在设备运行时加强设备红外监测巡查，特别是特殊运行方式下和新设备投运期间，增加设备特巡次数，积极主动发现设备接头发热缺陷，防患未然。一旦在设备巡视检查过程中发现设备接头过热，应按异常缺陷处理流程及时汇报有关部门和调度，分析发热原因，采取转移负荷、限电的方法减少负荷电流，严重时可采取停电处理方法，将发热点隔离，检查发热原因并处理。

4. 线路、母线引接线断股、断线

线路、母线引接线因施工碰伤，或施工安装时施工工艺不良，经过长期运行的热胀冷缩，造成引线断股，断股后会造成电晕放电加重，甚至使断股处发热。

引线断线后造成保护动作跳闸的，应按事故处理流程处理；断线后未造成保护动作的，在监控系统或现场仪表指示上可发现相应异常，断线相线路电流表指示为零，电源支路断线，母线电压异常，发出电压异常的相关信号，值班员应正确判断和发现，汇报调度及有关部门，将该单元隔离检修。

5. 线路、母线电晕放电严重

线路、母线电晕放电严重多为导引线、绝缘子污秽问题，或导引线表面有毛刺，还跟环境气候、天气情况有关，电晕放电一般不影响正常运行，当特别严重时，应汇报有关部门检修处理，值班员加强巡视和测温。

6. 管型母线变形（下沉）

管型母线变形多为施工安装原因，如地基下沉、连接抗劲等，另外过大的短路电流也可引起母线变形或连接松动，造成设备异常。值班员应加强监督巡视，一旦发现问题应立即上报停电处理。

7. 线路、软母线弧度过大

线路、软母线随着气温和负荷的变化，其弧垂度会有一定变化，但不能变化过大，线路、软母线弧度过大一是造成对地面安全距离降低，二是在大风等异常天气时，易造成引线摆动过大，严重时会造成相间短路。值班员发现后应及时汇报有关部门，作进一步的判定确认，一旦确认，应尽快停电处理。

8. 线路、母线绝缘子破裂损坏

值班员发现线路或母线绝缘子有破损时，应及时汇报有关部门，根据破损和放电程度，以及对设备的影响，采取加强监督和汇报调度停电的处理方法。

9. 35kV 系统母线单相接地

（1）单相接地的查找及处理：

1）记录时间，确认信号，检查表计指示情况，判断接地相别和接地程度，汇报调度。

2）穿好绝缘靴，注意与带电设备保持足够的安全距离，检查站内接地母线所接的所有设备绝缘有无异常情况，找出接地点，汇报调度及有关部门。

3）根据调度指令，将接地间隔停电隔离，由检修人员处理消除。

4）若未发现明显接地现象，可申请调度采取拉合支路断路器的方法，找出接地单元并停电隔离。

5）若仍未发现接地单元，有可能在母线或主变压器间隔，应汇报有关部门进一步查找处理。

6）还应检查电压互感器回路有无异常，判定是否假接地。

（2）查找单相接地故障时的注意事项：

1）查找接地点时，运行人员应穿绝缘鞋、带绝缘手套，禁止接触设备，特别需要时应注意做好防护措施。

2）加强对电压互感器运行状态的监视，防止因接地时电压升高使电压互感器发热、绝缘损坏和高压熔断器熔断。

3）若发现电压互感器故障或严重异常，应立即停用所在母线。

4）系统带接地故障运行时间一般在规程中规定不超过 2h。

5）系统若出现频繁瞬时接地情况，可将不重要的、经常易出故障的单元短时停电观察，待其绝缘恢复再试行送电。

6）用“瞬停法”查找故障时，无论接地现象是否消失，均应立即合上汇报后再行处理。

二、线路、母线异常处理危险点源分析预控

（1）处理线路引线断线类异常时一定要注意首先判断是否误发信号或误指示，是否是本站设备异常原因造成。

（2）在检查本站设备时应注意与带电设备保持足够的安全距离，穿上绝缘鞋，勿触碰设备。

（3）检查单相接地异常时应穿绝缘靴，与带电设备保持一定的安全距离，室外注意与接地点保持8m、室内保持4m的距离，一旦进入该区域，应注意跨步电压。

（4）单相接地运行时间一般不应超过2h，对非主要支路或站内设备接地已经判明的，应尽快采取停电措施，防止意外发生。

（5）单相接地发生后未处理前，值班员应加强相关设备的监视检查，特别是对非接地相过电压情况的监视。

三、案例介绍

案例1：某变电站线路电流表三相不平衡，A相无指示，B、C相指示正常，光子牌、保护均无动作。值班员检查A相电流表未发现缺陷，检查仪表TA二次回路，穿绝缘靴，戴上手套、绝缘螺丝刀，从仪表端子到盘上端子排回路，电路无开路、放电声响、火花等，端子排到TA端子处电路也无开路、放电现象，检查本站一次设备，从母线线夹开始到隔离开关、断路器，电流互感器至出口无断线，设备中无放电声响，初步判断为线路断线，汇报调度后，调度要求拉开线路断路器，改为线路检修。

案例2：“35kV1号母线接地”、“掉牌未复归”光字牌亮，35kV相电压表：B相为0，A相为35.5kV，C相为35kV。

处理：汇报调度后采取拉路查找，发现拉开该站35kV出线311线后接地现象消失；运行人员对已停电的311线进行检查，发现该线出线电缆的高压室一端B相电缆头下部的电缆绝缘已裂开；出线杆塔一端的C相电缆头下部电缆绝缘有融化现象；将出线改检修后检查，发现该311线电缆B相绝缘已被击穿；C相电缆已损坏，但未击穿。

原因分析：当线路流过电流时，在屏蔽铜带上产生感应电动势，由于该电缆的屏蔽层在电缆的两头均采取了接地，与屏蔽铜带形成电流回路。又由于电缆的屏蔽铜带的接地焊接处电阻较大，致使其发热，最终导致电缆绝缘损坏，形成单相接地。

【思考与练习】

1. 线路、母线异常处理有何规定？
2. 35kV 系统发生单相接地时如何查找处理？
3. 线路异常处理应如何做好危险点源分析？

第三十三章 互感器异常处理

模块1 互感器设备一般异常（ZY1100404001）

【模块描述】本模块介绍电压互感器、电流互感器常见异常。通过异常现象讲解、案例介绍，熟悉设备常见异常现象，能对设备常见异常进行简单分析，并在监护指导下参与异常处理。

【正文】

一、电压互感器常见异常

电压互感器一般分为两种，一种是电磁式电压互感器，另一种是电容式电压互感器，由于其结构的不同，其异常现象也有所不同。

（1）电压互感器本体有过热现象，电磁式电压互感器本体、电容式电压互感器的电容器部分和电磁变压器部分都有可能发生过热现象，巡视时一般不易发现，通常需要用红外测温仪才能发现，但有时也会伴随一些声音异常现象，严重时停电后可以发现防爆膜破损。

（2）电压互感器内部声音不正常或有放电声，巡视时可以听到有明显的震动声、时高时低的嗡嗡声、噼啪放电声等。

（3）电压互感器渗漏油、严重喷油或流胶现象，电磁式电压互感器严重缺油使内部铁芯露于空气中，当雷击线路或有内部过电压时，会引起内部绝缘闪络烧坏互感器，严重时造成喷油和爆炸。

（4）电压互感器高压熔断器熔断，中央信号会发出相关电压异常信号，相关保护也会发电压消失或电压开入异常信号，现场本体还可能会发出焦臭味、冒烟、着火现象，说明内部发热严重，绝缘已烧坏，没有高压熔丝的直接连接到线路或母线上的电压互感器，会造成所连接设备保护动作，造成事故。

（5）电压互感器二次空气开关跳开或熔断器熔断。

（6）电压互感器二次输出电压或高或低波动。

（7）电压互感器铁磁谐振现象。当电压互感器电压出现波动现象时有可能是发生了谐振，谐振通常发生于采用电磁式电压互感器系统，一般分为并联铁磁谐振和串联铁磁谐振。谐振时的现象与系统接地现象有些相似，有时会发接地信号，运行中要注意观察，仔细判别。

1）并联谐振时主要现象有：一相电压下降（不为零），两相电压升高超过 U_x（线电压）或电压表到头；或两相电压下降（不为零），一相电压升高，或电压表到头；三相对地电压依相序次序轮流升高，并在（1.2～1.4）U_{xg}（故障相相电压）作低频摆动，约每秒一次；三相对地电压一起升高，远远超过 U_{xg} 或电压表到头。

2）串联铁磁谐振时除发接地信号外，主要现象是三相 U_x 或 U_{xg} 同时大大超过额定值。

（8）瓷套严重破裂，套管、引线与外壳之间有火花放电。

（9）电容式电压互感器电容器漏油。

二、电流互感器常见异常

（1）过热。除接线端子严重发热较为明显，巡视时能够及时发现，电流互感器发生内部局部过热现象巡视时一般不易发现，通常需要用红外测温仪才能发现，但有时也会伴随一些声音异常现象。

（2）电流互感器内部声音异常。电流互感器内部声音异常时巡视时可以听到有明显的震动声、开锅声、噼啪放电声等，此时一般都伴有内部温度升高现象，可借助测温仪进一步判定性质。

（3）接线端子箱内有放电声或与外壳之间有火花放电现象。

（4）套管外绝缘破裂、放电。

（5）充油式电流互感器严重漏油。

（6）二次回路开路。电流互感器二次回路开路时，对于不同的回路分别产生下列现象：

1）由负序、零序电流启动的继电保护和自动装置频繁动作，但不一定出口跳闸（还有其他条件闭锁），有些继电保护则可能自动闭锁（具有二次回路断线闭锁功能）。

2）有功、无功功率表指示不正常，电流表三相指示不一致，电能表计量不正常。

3）监控系统相关数据显示不正常。

4）电流互感器存在嗡嗡的异常响声。

5）开路故障点有火花放电声、冒烟和烧焦等现象，故障点出现异常的高电压。

6）电流互感器本体有严重发热，并伴有异味、变色、冒烟现象。

7）继电保护及自动装置发生误动或拒动。

8）仪表、继电保护等冒烟烧坏。

三、异常案例

案例 1：35kV 电压互感器高压熔丝异常。

现象：某日晚，在监控中心的 OPEN2000 的画面显示某变压器 35kV 副母线的 C 相电压越下限，为 19.30kV，其他两相正常，为 21.50kV 左右，同时告警窗口有信号："2 号主变压器 B 柜异常"，经过观察，大概过了半小时，发现 C 相电压在逐渐降低，但变化不是太大，大概为 18.9kV 左右。

处理：值班员根据信号和表计指示，判断应该和 35kV 电压互感器回路有关，因而到现场检查电压互感器，未发现一次设备异常，熔断器未跌落，使用万用表到 35kV 副母电压互感器端子箱内进行测量，测量电压互感器二次空气开关上桩头电压，C 相：42V，其他两相正常，为 59V。初步判断为 35kV 副母电压互感器的高压熔断器或电压互感器本身存在问题。

汇报调度，经调度同意先将副母电压互感器改为冷备用，同时本站的有关保护等自行考虑。因为考虑到先要停副母电压互感器，所以应考虑失去电压监视的注意事项。为了节省处理时间，先准备了高压熔断器备品，停用电压互感器二次空气开关和熔断器后，取下高压熔断器并更换了新高压熔断器，测量二次电压正常，随投入二次空气开关和熔断器。后测量更换下的高压熔断器电阻发现阻值已增大很多，属似断非断。

案例 2：值班员巡视发现某 220kV 线路（双回线）电容式电压互感器渗油，油迹布满互感器支柱，渗油部位在互感器底部，但并无明显渗油点，因前两天刚下过雨，无法确认渗油量，且该电容式电压互感器无油位观察窗。由于无法确认渗油量，立即汇报省调申请将线路停电，省调发令将线路改为检修（该线路为双回线，不影响系统联络）。

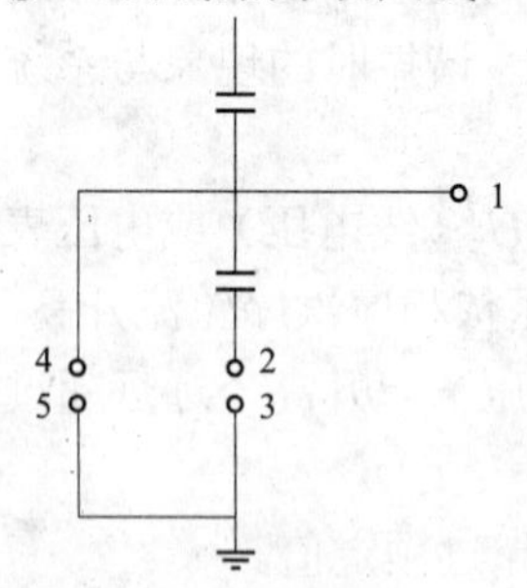

图 ZY1100404001-1 案例 2 示意图

检修人员打开电压互感器接线箱后，发现电压互感器保护间隙布满铜绿，严重氧化，电压互感器二次接线桩头处渗油，且末端未接地。因本线采用光纤保护，在电压互感器接线时应将图中 2、3 端子短接。2、3 端子是用于载波通道中的结合滤波器，因施工单位未将 2、3 端子短接，导致 4、5 端子放电间隙长期间歇性放电，引起 4、5 端子氧化，接线端子长期过热损坏密封元件，加之下雨气温骤降，密封元件收缩而渗油。如图 ZY1100404001-1 所示。

案例 3：某公司变电站值班员进行巡视时，发现 1 号主变压器 110kV 侧套管电流互感器下有一摊油渍，立即汇报值班负责人。经现场检查、测温，发现 1 号主变压器 110kV 中压侧 B 相电流互感器套管桩头超温，并伴有渗油现象。然后值班员汇报有关部门及调度，并申请停电，在调度发令前对 1 号主变压器进行温度跟踪监视，由于正值高温负载，所以由调度重新调整系统负荷分配，调整运行方式，将 1 号主变压器停运检修。检查后结果发现造成漏油的原因是主变压器 110kV 中压侧 B 相套管电流互感器内油温过高，膨胀使桩头内的橡皮垫片熔化破裂，致使漏油及桩头超温。

【思考与练习】

1. 电压互感器异常有哪些？

2. 电流互感器异常有哪些？

3. 谐振现象和接地现象有何异同？

模块 2　互感器设备异常分析处理及危险点源预控（ZY1100404002）

【模块描述】本模块介绍电压互感器和电流互感器异常处理有关规定和异常处理中的危险点源分析。通过异常分析、处理方法讲解、案例介绍，掌握电压互感器和电流互感器异常处理方法和危险点源分析方法，能正确进行危险点源分析预控、优化处理方案并组织实施。

【正文】

一、电压互感器、电流互感器异常处理有关规定

1. 电压互感器异常处理有关规定

（1）电压互感器发生异常情况可能发展成故障时，应尽快隔离电压互感器，高压侧隔离开关具有远控操作的，应用高压侧隔离开关远控隔离。

（2）无法采用高压侧隔离开关远控隔离时，应用断路器切断该电压互感器所在母线的电源，然后再隔离故障的电压互感器。

（3）禁止用近控的方法操作该电压互感器高压侧隔离开关。

（4）禁止将该电压互感器的次级与正常运行的电压互感器次级进行并列。

（5）禁止将该电压互感器所在母线保护停用或将母差保护改为非固定连接方式（或单母方式）。

（6）在操作过程中发生电压互感器谐振时，应立即破坏谐振条件，并在现场规程中明确。

2. 电流互感器异常处理有关规定

电流互感器运行中应禁止二次回路开路，开路后应查明开路位置并设法将开路处进行短接，如回路有人工作应立即停止工作，恢复后再重新许可工作。电流互感器在发生以下情况时应立即停用：

（1）电流互感器发热，温度过高，甚至冒烟起火。

（2）电流互感器内部有噼啪声或其他噪声。

（3）电流互感器内部引线出口处有严重喷油、漏油现象。

（4）电流互感器内部发出焦臭味且冒烟。

（5）绕组与外壳之间或引线与外壳之间有火花放电，电流互感器本体有单相接地。

二、电压互感器常见异常及分析处理

1. 电压互感器本体有过热现象

当发现本体温度较高时应引起重视，造成温度过热的原因对电容式电压互感器有可能是分压电容器内部有受潮短路，局部电容有击穿现象，此时可结合电压情况和本体有无其他现象进行分析判断；电磁式电压互感器内部过热，多为绝缘老化、击穿造成，一旦确认温度异常需停电检查，通过试验进一步确认异常原因。

2. 电压互感器内部声音不正常

当发现互感器内部有明显的震动声、时高时低的嗡嗡声时要加强监视，采用红外设备测量本体温度，必要时汇报调度和有关部门停电作进一步检查；当发现内部有噼啪放电声时，应结合电压情况进行判断，电压有无摆动，此时内部可能已经发生了故障，应立即汇报调度停电检修。

3. 电压互感器高压熔断器熔断

电压互感器一次侧熔断器熔断应立即向调度汇报，停用可能会误动的保护及自动装置，取下低压熔断器，拉开电压互感器隔离开关，做好安全措施，检查电压互感器外部有无故障，更换一次侧熔断器，恢复运行。如多次熔断则可判断为电压互感器内部故障，这时应申请停用该互感器。

高压熔断器熔断的主要原因有：

（1）系统发生单相间歇性弧光接地。由于此时会出现过电压（可达相电压的 2.5～3 倍），使电压互感器铁芯饱和，励磁电流急剧增加使高压熔断器熔断。由此可知在报接地信号时，有系统接地信号，可直接怀疑高压熔断器是否熔断。

（2）铁磁谐振过电压。系统在操作单相接地或断线故障时，在一定条件下，可能产生铁磁谐振，也出现过电压，励磁电流增大十几倍，使高压熔断器熔断。

（3）电压互感器内部短路接地、出现严重的匝间短路等故障。

（4）二次熔断器（或二次空气开关）以上发生短路，或二次回路短路而二次熔断器未熔断，二次空气开关未跳开。内部故障，发出焦臭味、冒烟、着火（说明内部发热严重，绝缘已烧坏）。

电压互感器内部故障，电路导线受潮、腐蚀及损伤使二次绕组接线短路，发生一相接地短路及相间短路等，由于短路点在二次熔断器前面，故障点在高压熔断器熔断之前不会自动隔离，所以当电压互感器有下列故障现象之一时应立即停用：

1）高压熔断器连续熔断两次。

2）内部发热温度过高。

3）内部有放电响声。

4）互感器内引出线出口处有严重喷油或流胶现象。

5）内部发出焦臭味，冒烟、着火。

6）套管严重破裂放电，套管、引线与外壳之间有火花放电。

7）严重漏油甚至看不到油面。

4. 电压互感器渗漏油、严重喷油或流胶

（1）电压互感器渗漏油的处理：

1）电压互感器本体渗漏油若不严重，并且油位正常，应加强监视。

2）电压互感器本体渗漏油严重，并且油位未低于下限，但一时又不能停电检修，应加强监视，增加巡视的次数；若低于下限，则应将电压互感器停运。

3）电压互感器严重漏油应申请调度进行停电处理。

（2）严重喷油或流胶。当发现电压互感器严重喷油或流胶，说明互感器内部已经发生绝缘严重异常或短路，此时如果保护没有动作，值班员应立即汇报调度将互感器停电。

5. 电压互感器套管严重破裂，有火花放电

当电压互感器受到外力破坏，或由于气温变化、设备质量的原因，运行中电压互感器会发生套管破裂，影响绝缘，加之灰尘污染易造成绝缘子表面污闪、火花放电。

6. 电压互感器铁磁谐振

（1）电压互感器铁磁谐振的危害。电压互感器铁磁谐振常发生在中性点不接地系统中，将引起电压互感器铁芯饱和，产生电压互感器饱和过电压。任何一种铁磁谐振过电压的产生对系统电感、电容的参数有一定要求，而且需要有一定的“激发”。电压互感器铁磁谐振常受到的“激发”有两种：① 电源对只带电压互感器的空载母线突然合闸；② 发生单相接地。在这两种情况下，电压互感器都会出现很大的励磁涌流，使电压互感器一次电流增大十几倍，诱发电压互感器过电压。

电压互感器铁磁谐振可能是基波（工频）的，也可能是分频的，甚至可能是高频的。经常发生的是基波和分频谐振。根据运行经验，当电源向只带有电压互感器的空载母线突然合闸时易产生基波谐振，基波谐振的现象是两相对地电压升高，一相降低，或是两相对地电压降低，一相升高；当发生单相接地时易产生分频谐振，分频谐振的现象是三相电压同时升高或依次轮流升高，电压表指针在同范围内低频（每秒一次左右）摆动。电压互感器发生谐振时，其线电压指示不变。

电压互感器发生铁磁谐振的直接危害是：

1）由于谐振时电压互感器一次绕组通过相当大的电流，在一次熔断器尚未熔断时可能烧坏电压互感器绕组。

2）造成电压互感器一次熔断器熔断。

电压互感器发生铁磁谐振的间接危害是当电压互感器一次熔断器熔断后，将造成部分继电保护和自动装置误动作，从而扩大事故。

（2）电压互感器铁磁谐振的处理。

1）当只带电压互感器的空载母线上产生电压互感器基波谐振时，应立即投入一个备用设备，改

变电网参数，消除谐振。

2）当单相接地产生电压互感器分频谐振时，应立即投入一个单相负荷。由于分频谐振具有零序分量性质，故此时投三相对称负荷不起作用。

3）谐振造成电压互感器一次熔断器熔断，谐振可自行消除，但可能带来继电保护和自动装置的误动作。此时应迅速处理误动作的后果，如检查备用电源开关的联投情况。若没有联投应立即手动投入，然后迅速更换一次熔断器，恢复电压互感器的正常运行。

4）发生谐振尚未造成一次熔断器熔断时，应立即停用有关失压容易误动的继电保护和自动装置。母线有备用电源时，应切换到备用电源，以改变系统参数消除谐振；如果用备用电源后谐振仍不消除，应拉开备用电源开关，将母线停电或等电压互感器一次熔断器熔断后谐振自行消除。

5）由于谐振时电压互感器一次绕组电流很大，应禁止用拉开电压互感器隔离开关或直接取下一次侧熔断器的方法来消除谐振。

接地现象和谐振现象的比较见表 ZY1100404002-1。

表 ZY1100404002-1　　接地现象和谐振现象的比较

故障性质		相同点	不同点
接地	1）金属性一相接地	有接地信号	1）故障相相电压 U_{xg} 为零；非故障相电压上升为线电压 U_x
	2）非金属性接地		2）一相（两相）电压低（不为零），另两相（一相）电压上升，接近 U_x
并联铁磁谐振	1）基波谐振（过电压 $\leqslant 3U_{xg}$）	有接地信号	1）一相电压下降（不为零），两相电压升高超过 U_x 或电压表到头；或两相电压下降（不为零），一相电压升高，或电压表到头，中性点位移到电压三角形外
	2）分频谐振（过电压 $\leqslant 2U_{xg}$）		2）三相对地电压依相序次序轮流升高，并在（1.2～1.4）U_{xg} 作低频摆动，约每秒一次，中性点位移到电压三角形内
	3）高频谐振（过电压 $\leqslant 4U_{xg}$）		3）三相对地电压一起升高，远远超过 U_{xg} 或电压表到头，中性点位移到电压三角形外
串联铁磁谐振		有接地信号	三相 U_x 或 U_{xg} 同时大大超过额定值

7. 电容式电压互感器二次输出电压高或低

电压互感器二次电压异常升降在排除一次电压异常波动的情况下，常常与电压互感器的内部故障有关，电磁式电压互感器有可能是一、二次绕组匝间短路，电容式电压互感器则极有可能是局部电容击穿、失效或电磁单元故障，因此，一旦发现二次电压异常升降，应对其变化和发展情况进行密切监视，同时立即对电压互感器进行外观检查，并将检查与监测情况迅速向调度及有关领导报告，设法将电压互感器停役检查。

电容式电压互感器二次异常现象及引起的主要原因：

1）二次电压波动。其引起的主要原因可能为：① 二次连接松动，接触不良；② 分压器低压端子未接地或接载波线圈；③ 电容单元可能被间断击穿；④ 铁磁谐振等。

2）二次电压低。其引起的主要原因可能为：电磁单元故障或电容单元 C_2 损坏。

3）二次电压高。其引起的主要原因可能为：电容单元 C_1 损坏；分压电容接地端未接地。

4）开口三角形电压异常升高。其引起的主要原因可能为某相互感器的电容单元故障。

电压互感器二次电压明显降低或升高时，有可能是电容器内部电容局部击穿或次级变压器绕组匝间短路，互感器已经发生严重故障，随时可能爆炸，因此，在排除二次回路问题后，应尽快汇报调度，采取对电压互感器停电的措施，期间尽量不要靠近该异常互感器。

8. 电压互感器二次回路短路

电压互感器二次回路电压正常约为 100V，其所通过的电流，由二次回路阻抗的大小来决定。电压互感器本身的阻抗很小，如二次短路时，通过的二次电流急增，造成二次熔断器熔断或二次空气小开关跳闸，影响表计指示或监控，甚至引起保护误动，如熔断器容量选择不当（或二次空气小开关未跳开），极易损坏电压互感器。

若发现电压互感器二次回路短路，应申请停电进行处理。

9. 电压互感器二次回路断线、失压

电压互感器二次回路失压，一般是由于其二次小开关跳闸或熔断器熔断造成的，会引起保护失压闭锁或失去电压鉴别，值班人员应迅速检查相应小开关或熔断器的跳闸或熔断情况，为争取时间，可在检查未发现故障点的情况下，将小开关试合一次或换上相同规格熔断器后试送一次，如不成，则不得再次试合或试投熔断器。此时，应立即将电压互感器二次失压的情况及对保护装置的影响向调度报告，并按调度指令进行处理，处理中必须注意：

（1）双母线接线方式下，在电压互感器二次回路故障发现并消除前，不得通过电压互感器二次并列开关与其他母线电压互感器二次回路并列，或运用热倒的方法将线路倒至另一条母线运行，以免扩大故障。正确的方法是采用冷倒的方法将电压互感器二次回路故障母线上的线路倒至另一条母线运行。由于需将倒母线的线路短时间停电，需要调度在电网运行方式上作出适当调整。

（2）采用 3/2 接线的线路元件，其电压互感器一般有两组次级，分别对应两个独立的电压互感器二次回路，同时故障的概率极低，故可以在停用受影响的一组保护后，继续维持线路的运行，同时急召继保人员检查处理。

（3）3/2 接线的母线电压互感器二次回路故障仅对同期回路产生影响，故可以在断开二次空气开关的情况下静待继保人员查处，必要时再申请停电处理。

10. 电容式电压互感器电容器漏油

发现电压互感器分压电容漏油，应尽快汇报调度，将电压互感器停电检修。

三、电流互感器常见异常及分析处理

（1）过热现象。由于电流互感器是串在系统中的，负荷过大、主导体接触不良、内部故障、二次回路开路都会造成电流互感器发热。正常负荷电流和主导体接触不良引起的发热一般不易发现，通常是在例行红外检查时发现，一旦发现温度过高，应仔细分析产生温度高的原因，并加强监视。当过热还伴随其他现象如声音异常时，有放电声、开锅声、冒烟等可以判断为内部有故障，应立即汇报调度，将设备停电。

（2）接线端子箱内有放电声或与外壳之间有火花放电，主要原因是电流互感器端子箱进水或受潮、接线端子松动造成。发现端子箱受潮或端子松动造成的火花放电，应立即汇报调度对电流互感器停电处理。

（3）内部声音异常。电流互感器内部声音异常主要有嗡嗡的震动声、噼啪放电声、开锅声等。电流互感器铁芯松动，会使硅钢片发出较大的声音，此时应加强监视，及时汇报有关部门，结合检修处理；二次开路时，因饱和及磁通的非正弦，会发出不随一次负荷变化的震动声，此时应正确判断异常声音产生的原因，及时消除开路点或汇报调度将设备停电；当内部发生绝缘老化造成匝间短路或对外壳放电、对铁心放电时，会产生较明显的放电声和开锅声，此时应立即汇报调度，将开路设备停电。

（4）充油式电流互感器严重漏油。主要原因是密封不良或密封圈老化损坏，以及内部故障过热引起。对有油位指示的当油位低于正常油位时应查明原因，加强巡视，监督油位的变化情况，一旦低于下限汇报调度将设备停电。

（5）二次回路开路：

1）引起电流互感器二次回路开路的原因有：① 交流电流回路中的试验端子接触不良，造成开路。② 检修工作人员失误，误断开了电流互感器二次回路，或试验工作后未恢复等。③ 二次线端子接头压接不紧，回路中电流很大时，发热烧断或氧化过热而造成开路。

2）电流互感器二次回路开路的处理方法：① 当电流互感器二次回路开路，值班员进行处理时首先要防止因二次绕组开路而危及设备与人身安全。② 发现电流互感器二次回路开路后，开路异常现象不明显或不严重，可汇报调度，查明开路位置并设法将开路处进行短路，如果不能进行短路处理时，可向调度申请停电处理。如开路情况严重，发生严重火花放电或着火，值班员应立即采取对该电流互感器停电的措施，然后汇报调度。③ 发现电流互感器二次开路，应尽快设法在就近的试验端子上，将电流互感器二次短路，再检查处理开路点。短接时，应使用良好的短接线，并按图纸进行。短接时应在开路点的前级回路中选择适当的位置短接。在进行短接处理过程中，必须注意安全，应戴绝缘手套，使用合格的绝缘工具，在严格监护下进行。④ 能自行处理的可立即处理，若不能自行处理的故障（如继电器内部故障）或不能自行查明故障的，应汇报调度和有关部门派人检查处理，值班员做好监视，退出相关保护；或改变运行方式，将设备停电，做好安全措施等待检查处理。

四、电压互感器、电流互感器异常处理注意事项和危险点源的分析

（1）在电压互感器出现异常的情况下，不得用近控操作方式拉开电压互感器高压隔离开关将电压互感器切除，不得将异常电压互感器的次级与正常电压互感器次级并列。禁止将该电压互感器所在母线保护停用或将母差保护改为非固定连接方式（或单母方式）。

（2）电压互感器出现异常并有可能发展为故障时，值班人员应主动提请调度将该电压互感器所在母线上的设备倒至另一条母线上运行，然后用隔离开关以远控操作方式将异常电压互感器隔离。

（3）发现电压互感器电磁震动明显增强或有异常声响，并伴有电压大幅度升高或波动时应考虑发生谐振的可能。

（4）运行中的母线电压互感器原则上不准停用，母线电压互感器停用时，应将有关保护停用。

（5）母线电压互感器次级并列开关 BK 应经常断开，原则在母线联络后接通，以提供母线电压。

（6）电压互感器停电操作应包括高压侧隔离开关、次级断路器或熔丝及计量专用熔丝，防止由二次侧反充电。停电步骤应先次级后初级，送电时反之。电压互感器二次熔丝熔断或自动开关跳闸后，应尽快恢复，若再次熔断或跳闸，不允许将二次电压并列，应汇报调度申请停用该回路及相关保护，报检修部门派人检查。

（7）处理电流互感器二次开路时应注意做好安全防护，应戴绝缘手套，使用合格的绝缘工具，在严格监护下进行。

（8）电流互感器二次开路时短接开路点应在其上级短接，尽可能不在故障点处短接，防止触电伤人。

（9）处理电压互感器、电流互感器异常时应停用相关保护，采取防止相关保护误动的措施。

五、案例介绍

案例 1：母线电压互感器本身故障。

现象：某变电站一日晚上从 21 时 45 分至次日凌晨 3 时 18 分，110kV 正母母线电压互感器四次出现电压瞬时消失后自动恢复，运行人员白天对正母母线电压互感器重点巡视时，听见内部有强烈的放电声，同时伴随瞬间电压消失。

处理：发现此情况后，立即向调度汇报，紧急停役 1 号母线电压互感器，拉开主变压器中压侧断路器及出线断路器，将出线倒至 2 号母线运行，然后拉开电压互感器二次空气开关和熔断器，拉开高压侧隔离开关，将电压互感器改为检修。

后对电压互感器进行检查，电气试验均正常，油样色谱分析 C 相电压互感器的各项数据均严重超标，显示 C 相电磁单元内部存在放电故障。110kV 1 号母线电压互感器油色谱试验数据见表 ZY1100404002-2。

表 ZY1100404002-2　　110kV 1 号母线电压互感器油色谱试验数据　　μL/L

相别 气体	A 相	B 相	C 相
甲烷	7.1	7.9	455.9
乙烷	0.6	0.9	50.2
乙烯	6.6	6.9	494.8
乙炔	0	0	4331.1
$\Sigma C_1–C_2$	14.3	15.7	5332
H_2	15	21	1096
CO	130	157	562
CO_2	772	880	1230

经与厂家现场解体检查，发现电容器电压引出端子有放电痕迹，油箱内有明显的游离碳，厂家诊断为该电压引出端子的环氧绝缘小套管材质不良引起。

该电压互感器为 TYD220/$\sqrt{3}$-0.001H 型电容式电压互感器，投运未满一年。运行人员及时发现的这起严重的设备缺陷，消除了事故隐患，避免了电网可能发生的重大损失。

案例 2：电压互感器电压异常发现一次电容器损坏。

现象：某 330kV 变电站运行人员在抄表时发现 330kVⅠ母线电压读数比 330kVⅡ母线电压高 15kV。该变电站 330kV 采用 3/2 接线方式，当时为正常运行方式（330kV 为合环运行），330kVⅠ、Ⅱ母线上装设的是单相电压互感器，作为断路器合闸时同期电压和仪表测量用。

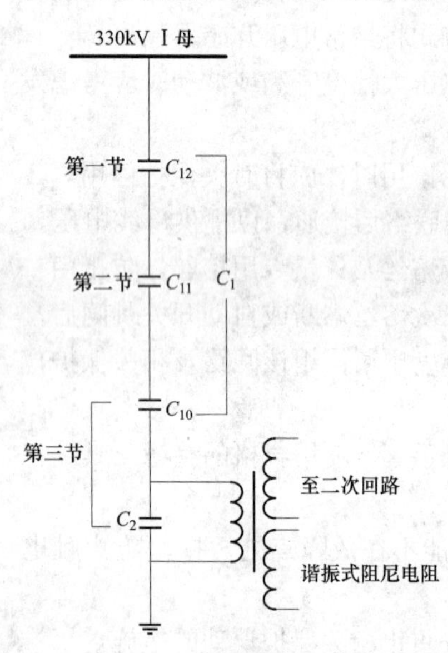

图 ZY1100404002-1 电压互感器一次原理接线图

处理：发现问题后，当值值班人员立即对现场一、二次设备进行了巡视检查，未发现异常。然后对电压互感器本身进行分析，怀疑引起电压互感器二次电压升高可能是电压互感器本身有故障。电压互感器一次原理接线如图 ZY1100404002-1 所示。

由电容 C_1 及 C_2 组成分压，在 C_2 上获得的分压比为 $K=C_1/(C_1+C_2)$；其中电容 C_1 由 C_{12}、C_{11}、C_{10} 组成，C_{12} 是第一节电容，C_{11} 是第二节电容，C_{10} 与 C_2 组成第三节电容。在 C_{10} 与 C_2 之间抽出一头供电磁式变压器，变换成所需的二次电压。

如果在 C_{12}、C_{11}、C_{10} 电容中有部分击穿，则根据分压原理会导致二次电压升高。

C_2 电容如果渗油，会使介质常数变小，引起电容值变小，导致容抗增大，也会引起二次电压升高。

电磁式变压器一次侧匝间短路，使匝/伏数减小，也会引起二次电压升高。但这种升高与前两种电压升高的情况完全不同：前两种是一次电压被升高而引起对应的二次电压升高，后一种则是在一次电压不变的情况下因电磁式变压器变比改变而导致二次电压升高。

针对以上分析，认为是 330kVⅠ母线电压互感器本身故障引起二次电压升高，立即申请将 330kVⅠ母线运行转检修，对 330kVⅠ母线上固定连接的电容式电压互感器进行了检查和测试。

当测到第三节电容时，其电容值已明显增大，而根据分析当时电压升高的现象，认为是 C_{10} 电容值增大所致。同时，检修人员也发现第三节电容的顶部处有部分油向外渗出。

由于 C_{10} 电容的内部部分串联电容被击穿，故导致 C_{10} 电容值升高，容抗下降，改变了电容 C_1 与 C_2 的分压比，使电磁变压器的一次电压升高，而导致二次电压升高。同时，由于 C_{10} 内部部分串联电容的击穿，使第三节电容顶部因内压增大而使绝缘油外溢。

对 330kVⅠ母线电压互感器进行了更换处理后，330kVⅠ母线检修转运行，检查一、二次设备均正常，330kVⅠ母线电压正常。

案例 3：工作不慎使电流互感器二次开路，导致着火。

现象：某站保护人员在工作时需将图 ZY1100404002-2 中保护用 TA 至 11 保护屏的外部二次端子 A421、B421、C421、N421 短接后方可在试验端子进行保护试验，试验结束后在拆除试验用连线时却错误地将保护外部 TA 二次短路线拆除，引起了 TA 的二次开路，导致端子排着火（见图 ZY1100404002-3），幸亏运行人员当机立断拉开此开关，未酿成严重后果。

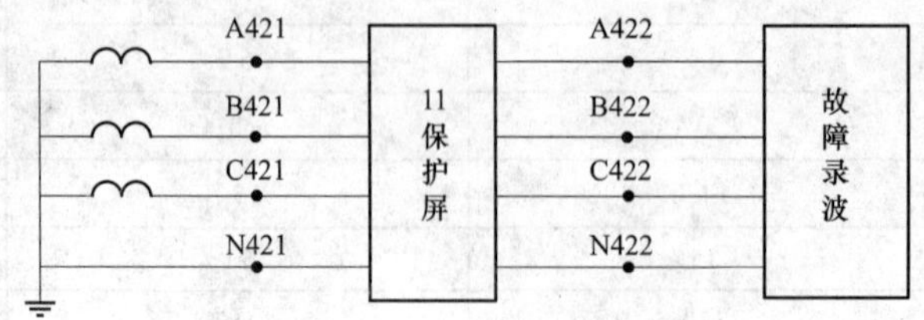

图 ZY1100404002-2 电流互感器二次回路图

分析：造成这一异常发生的主要原因为继电保护工作人员工作不细致、不认真，对防止发生开路的安全意识不强；没有按照工作要求正确记录工作设备位置、名称、编号等；没有做好危险点分析。从吸取事故教训的角度，运行人员也应注意做好工作前的安全交代，认真履行工作许可手续，加强现场监督和提示，做好随时可能出现的异常处理预案准备。

图 ZY1100404002-3　端子排着火现象

【思考与练习】

1. 电压互感器高压熔断器熔断的主要原因是什么？
2. 电压互感器什么情况下应立即停用？
3. 电压互感器异常处理有何规定？
4. 电流互感器二次开路有何危害，如何处理？

第三十四章　防雷设备异常处理

模块1　防雷设备一般异常（ZY1100405001）

【模块描述】本模块介绍避雷器、避雷针、接地网常见异常的相关内容。通过要点讲解、案例介绍，熟悉设备常见异常现象，能对设备常见异常进行简单分析，并在监护指导下参与异常处理。

【正文】

一、避雷器一般常见异常

避雷器在运行中应按运行规范进行定期巡视，及时发现避雷器的异常。避雷器一般常见异常有：

（1）避雷器密封不良，瓷套有裂纹。避雷器在正常运行中密封不良、发生瓷套裂纹，当天气潮湿或下雨将会导致避雷器绝缘不良、进水，造成击穿，甚至发生爆炸事故。

（2）避雷器接地引下线连接锈蚀、接地不良。避雷器接地引下线包括与动作计数器、泄漏电流表间的连接，连接锈蚀在正常设备巡视时能够及时发现，锈蚀和接地不良都将造成接地阻值过大，一般通过接地电阻测量和定期试验能发现接地电阻过大的异常，接地电阻大将会影响避雷器的正常工作。

（3）避雷器放电动作计数器异常动作或进水受潮。避雷器的动作计数器正常运行时是密封的，观察窗口不应有水汽，它串联在避雷器接地回路中，只有当避雷器通过放电电流时才会动作计数，因而频繁动作或内部有积水，应视为异常处理。

（4）避雷器泄漏电流过大或为零。避雷器正常运行时连接在避雷器与接地端之间的泄漏电流表应有指示，不能为零，泄漏电流大小的监视，应根据电压等级和运行规程规定，不能过大，也不能为零。

（5）内部有异常响声或明显的放电声。

（6）避雷器均压环歪斜松动。

二、避雷针、避雷线常见异常

（1）避雷针倾斜。

（2）避雷针断裂。

（3）避雷针倾倒。

（4）避雷针及接地引下线锈蚀。

（5）避雷线断线。

（6）避雷线未接地。

三、接地网常见异常

变电站接地网对保证电力系统的正常运行和人身安全都起着非常重要的作用，但在正常运行和基建施工中，经常会发现一些异常和缺陷，应引起重视，如设计不周、结构布置不合理、施工质量不良、接地体和接地网严重腐蚀或接触不良等现象。一旦发生系统接地，流过短路电流时，往往会烧毁接地体，引起一、二次设备损坏，或引起其他设备过电压等异常。如烧毁电缆、设备感应电压高等。

四、案例介绍

案例1：某变电站在正常巡视检查时，发现变压器高压侧避雷器A相泄漏电流表指示4.8mA，较以往增大很多，其他两相正常。正常时三相泄漏电流均在2.7～3.1mA，便汇报值班长。因以前未发生过此类异常，便要求加强监视，每天抄录2次，3天后泄漏电流增大到5.8mA，便立即汇报工区有关人员，按缺陷流程汇报调度将主变压器停电，对避雷器进行检测。停电后检修人员解体后发现，避雷器上部防爆膜破裂，有进水痕迹，经实验人员检查，避雷器导通电流和绝缘测试均不合格，判断内部受潮，更换后恢复正常。

案例 2：主变压器中性点接地连接在地下水管。

现象：某公司 BS 变 BX I 线因大雪造成地线断落引起线路故障，由于 BX I 线断路器拒动，1 号主变压器后备保护未动作，使主变压器在外部短路电流作用下引起内部故障，导致 1 号主变压器中、低压绕组烧损，主变压器重瓦斯保护动作，三侧断路器跳闸。1 号主变压器 110kV 侧中性点接地开关接地引下线，在零序电流作用下，接地扁铁熔断。

造成此次事故的原因和保护动作情况在此不作分析，仅对事故造成主变压器 110kV 侧中性点接地引下线扁铁熔断原因进行剖析。事故后主要检查了 1 号主变压器 110kV 侧中性点接地处的接地情况：地埋扁铁大部分烧熔，距接地引下线 0.97m 处的ϕ60 水管严重烧伤，有一个 30cm 长 2/3 管径宽的缺口。该水管距并排的主地网 3.41m，而附近未发现该接地扁铁与主地网相连的痕迹，整个水管系统也未有与主地网相连的痕迹，检查发现中性点接地扁铁是搭接在水管上。该水管系统另有 5 处放电痕迹：卫生间放水阀门、二楼下水管接头处和顶楼下水管连接处都有放电痕迹，通往宿舍ϕ50 水管两处烧出缺口。

原因分析：事故发生后，公司有关部门与相关基建部门进行了现场查证和分析，确认为运行单位近年来没有进行任何地网改造和水网改造，此系当初施工人员未重视中性点的接地点，只把它当作一般设备接地，没有和主地网相连，只与变电站用水管道相连。运行单位对当时的施工验收不严，运行后没有定期测试检查，又未按要求实施主变压器中性点与主地网两点接地的改造，致使主变压器投产运行后未能发现此隐患。

防范措施及整改要求：认真执行“二十五项反措”的要求，主变压器中性点应与主接地网相连接地，并应有两根不同地点连接的接地引下线接地，且每根接地引下线均应符合热稳定的要求，要加强主变压器中性点接地及其他设备接地引下线的定期导通测试工作，根据历次测量结果进行定期分析比较，及时发现隐患。

【思考与练习】

1. 避雷器常见异常有哪些？

2. 避雷针、避雷线常见异常有哪些？

模块 2　防雷设备异常分析处理及危险点源预控（ZY1100405002）

【模块描述】本模块介绍避雷器、避雷针、接地网异常处理有关规定和异常处理中的危险点源分析。通过异常分析、处理方法讲解、案例介绍，掌握防雷设备异常处理方法和危险点源分析方法，能正确进行危险点源分析预控、优化处理方案并组织实施。

【正文】

一、避雷器异常处理原则

（1）运行中发现避雷器有裂纹等异常时，应及时汇报调度和有关部门。

（2）如天气正常，应向调度申请停役，进行处理或更换。

（3）如在雷雨天气，避雷器不必退出运行，但须经调度及有关领导批准。

（4）避雷器发生爆炸但未造成接地时，应汇报调度，将避雷器单元停电检修，禁止在带电情况下处理故障避雷器。

（5）避雷器发生爆炸造成接地时，应按事故处理要求和流程处理。

二、避雷器异常分析处理

1. 避雷器密封不良，瓷套有裂纹

运行中避雷器密封不良受潮进水，多为施工时紧固不牢，或产品设计和质量问题，再有就是运行时间较长，产品老化，运行过程中内部发热膨胀，造成防爆膜破裂，进而受潮；瓷套有裂纹可能是产品质量问题，也可能是工作人员施工过程中外力撞击和安装抗力较大造成。一旦发现避雷器密封不良，瓷套有裂纹，应当：

（1）若天气正常，可停电将避雷器退出运行，更换合格的避雷器，无备件更换而又不致威胁安全运行时，为了防止受潮，可临时采取在裂纹处涂漆或粘接剂，随后再安排更换。

（2）在雷雨中，避雷器尽可能先不退出运行，待雷雨过后再处理。若造成闪络，但未引起系统永久性接地时，在可能条件下，应将故障相的避雷器停用，否则相关设备应陪停检修或更换。

2. 避雷器泄漏电流过大或为零

有泄漏电流监视的避雷器，运行中应定期监视泄漏电流情况，不能过大，也不能为零。当天气异常时，泄漏电流也会有所变化，属正常情况；当天气正常情况下，泄漏电流较平时有明显增大应引起重视，加强跟踪监视。若泄漏电流为零可能泄流回路断开，避雷器内部电阻开路或外部接地开路；泄漏电流过大，表明避雷器内部受潮或电阻片有短路。此时均应立即汇报有关部门作进一步检测和判断，同时加强监视，必要时停电检查。

3. 避雷器接地引下线连接锈蚀、接地不良

运行中避雷器接地引下线连接处有锈蚀应及时安排进行除锈和油漆，在接地电阻检测时发现接地电阻较大，接地不良，甚至烧熔、开路，应引起足够重视，认真分析检查原因，尽快处理。

4. 避雷器放电动作计数器异常动作或进水受潮

避雷器的动作计数器串联在避雷器接地回路中，只有当避雷器通过放电电流时才会动作计数，如果在正常情况（无过电压）下，计数器动作频繁，可能是内部阀片电阻或氧化锌电阻片有击穿，工频续流增大造成动作；另外当计数器内部受潮或有积水，计数器本身故障，都应更换计数器。

5. 避雷器内部有异常响声或明显的放电声

在工频电压下，避雷器内部是没有电流通过的。因此，不应有任何声音。若运行中避雷器内有异常声音，则认为避雷器内部氧化锌电阻片或阀片间隙损坏击穿放电，失去了防雷的作用，而且可能会引发单相接地故障。一旦发现此种避雷器，值班人员应避免靠近，应立即将其退出运行，予以更换。若运行中避雷器突然爆炸，尚未造成系统接地和影响系统安全运行时，可拉开隔离开关，使避雷器停电，若爆炸后引起系统接地时，不准拉隔离开关，应立即断开断路器对其停电。

6. 避雷器均压环歪斜松动

避雷器均压环的作用是保证避雷器内部氧化锌电阻片电压分布均匀，防止因电压分布不均匀造成的过电压动作时导通电流分布不均，进而导致局部发热甚至爆炸，因此避雷器在运行中应保持端正。一般造成歪斜松动的原因多是安装质量问题，安装时没有调整好或紧固螺丝松动，另外大风等异常天气也有可能使均压环歪斜松动，在验收和设备巡视时应注意观察，发现均压环歪斜松动应及时上报缺陷，停电进行调整紧固。

7. 运行中避雷器有下列故障之一时，应设法停用检修

（1）避雷器引线接头严重烧伤；

（2）避雷器的上、下引线接头松脱或折断；

（3）避雷器击穿或闪络；

（4）严重受潮、膨胀；

（5）非线性并联电阻严重老化，泄漏电流超过运行规程规定的范围；

（6）严重老化龟裂或严重变形，橡胶密封件失去弹性；

（7）瓷套裂碎或爆炸；

（8）雷电放电后，连接引线严重烧伤或断裂，或放电动作记录器损坏。

三、避雷针、避雷线异常处理

避雷针、避雷线异常处理原则：

（1）避雷针倾斜、断裂、倾倒造成事故的，按相关事故处理方法进行。

（2）运行中发现避雷针有倾斜、断裂、倾倒，应及时汇报有关领导和部门，及时安排抢修，必要

时可将相关设备停电施工。

（3）站内发现避雷针、避雷线的接地引下线螺丝松动、锈蚀、断裂应汇报有关部门及时维修。

（4）避雷线断线未接地应及时汇报调度和有关部门，将相关设备停电处理。

四、接地网异常处理

运行中的接地装置，如发现下列情况时应上报缺陷维修：

（1）接地线连接处焊接部位有接触不良或脱焊现象；

（2）接地线与电气设备连接处的螺栓有松动；

（3）接地线有机械损伤、断线或锈蚀；

（4）接地电阻值不满足规程规定值。

五、异常处理的危险点源分析控制

（1）在避雷器出现异常时应注意监视泄漏电流表变化，一旦超出监视规定值，及时汇报调度和有关部门，及时采取停电处理措施。

（2）当出现严重缺陷异常时禁止靠近避雷器，防止突然爆炸，造成人员伤害。

（3）进行避雷器带电测试时应做好防止麻电的措施。

（4）防雷设备接地引下线接地极应牢固无锈蚀，接地网应定期测量合格。

六、案例介绍

案例 1：因雷击造成变电站部分供电异常、设备损坏。

现象：某日 18 时左右，一阵电闪雷鸣过后，变电站生产、生活区高、低压全部停电。经检查 35kV 高压输电线中的 B 相导线断落；同时 35kV 变电站的值班员反映，打雷时变电站内高压跌落式熔断器处有严重的电弧产生，低压配电室内也有拉弧现象并伴有爆炸声，有一台低压配电柜内的二次线路被全部击坏。

故障分析：电源来自 1.1km 外的一座 35kV 变电站，输电线路呈三角形排列，全线架设了避雷线；在本地 35kV 变电站的入口处，装设了阀型避雷器；原来在线路上还装设了一组保护间隙，前年被雷击损坏后，一直没有修复；在变电站的周围还装设了两根 24m 高的避雷针，防雷措施也算是比较全面的，但却还是遭到雷害。

雷击发生后，进行了认真检查，防雷系统接地电阻均小于 4Ω，符合规程要求。查阅变电站有关预防性试验的记录，发现变电站内的一条进线 B 相避雷器处于不合格边缘，结论已经建议缩短测试周期，最好立即予以更换，但当时由于生产紧张等原因一直未予以处理。雷击以后分析认为，造成这起雷击损坏的主要原因有：

1）直击雷是落在高压线路上的，而线路上没有保护间隙，当雷击出现过电压时，没能使大量的雷电流及时泄入大地，使得高压输电线路过电压而被击断。

2）当雷电波随着线路入侵到变电站时，由于进线 B 相避雷器本身质量不良，冲击雷电流不能够很好地通过阀片流入大地，在阀片上产生了较高的残压，这一残压又和供电系统的工频电压相叠加，当超过高压跌落式熔断器的耐压值时，使跌落式熔断器被击坏。

3）当避雷器上有较高的残压时，由于避雷器的接地系统和变压器低压侧的中性点接地是相通的，这样就造成变压器低压侧出现较高的电压。低压配电柜的绝缘水平本身就比较低，而被击坏的低压配电柜在出现雷击之前，曾出现过一次短路现象，故障后又没有很好处理就投入使用，也就是说，被击坏的柜子的绝缘水平比正常时要低。因此，雷击在低压侧出现过电压时绝缘比较薄弱的柜子首先被击坏。

预防措施：

（1）恢复线路的保护间隙，使雷击高压线路时，保护间隙首先能够被击穿而把雷电流泄入大地，起到保护线路和设备的作用。

（2）当带电测试发现避雷器质量不良时，要及时把避雷器拆下来进行仔细的检测，包括测量绝缘电阻、电导电流及检查串联组合元件的非线性系数差值，测量工频放电电压等。只有当这些试验结果都符合有关规程要求时才可继续使用，否则，应立即予以更换。

（3）在电气设备发生故障以后，修复设备一定要保证使绝缘水平满足运行要求才可再投入使用，否则应及时更换，防患未然。

案例 2：避雷器底座破裂引起的事故。

事故经过：某变电站做春检预试工作，当工作完毕送电时，发生一路 35kV 线路接地（B 相）故障。过了一段时间另一路 35kV 线路发生过流跳闸事故。事故发生后组织检修人员，分别对两条 35kV 线路及相应变电站进行了巡视检查。经查 35kV 接地故障是 35kV 变电站避雷器爆炸而引起，35kV 过流事故是因电缆（A 相）烧毁，导致接地短路，进而引发过流跳闸事故。

原因分析：

（1）经现场检查分析 35kV 阀型避雷器爆炸是因为从底座裂痕中进入潮气导致避雷器绝缘下降。当线路恢复送电时承受不住冲击电压或操作过电压造成避雷器爆炸，随后发生 35kV 接地故障。

（2）检修人员在检查、解剖故障电缆时发现。该电缆接线端至接地线间（内部）有一道烧伤痕迹。根据电缆烧痕及现状分析，电缆在做电缆头时因热缩电缆头收缩不均，而遗留纵向间隙，经长期雨淋进入雨水或浸入潮气，使绝缘电阻下降，也就是说电缆头承受耐压下降。在正常运行情况下对地电压为相电压，电缆头还能维持运行，当系统发生另一相接地时，其对地电压升为线电压，这时电缆头因承受不住线电压而对地放电，形成放电电流，也就是线路出现过流跳闸的原因所在。

防范措施：

（1）加强输变电设备的巡视检查，发现问题及时处理。

（2）定期对防雷设施进行预防性试验，特别是对阀型避雷器，更要严格试验，发现异常及早更换或修理。有条件的地方应更换为金属氧化物避雷器。

（3）线路电缆也要定期进行试验，发现绝缘电阻及泄漏电流与原始数据有明显变化者，应立即停运，待查明原因并妥善处理后，才可送电。

（4）严格电缆头制作工艺，防止留有事故隐患，同时要按规程要求做好全项试验，并做好记录，以便预试对照。

（5）严格进货渠道，防止无证产品进入电网。

【思考与练习】

1. 避雷器异常如何处理？

2. 避雷器出现哪些异常应立即停运？

第三十五章 二次设备异常处理

模块1 二次设备一般异常（ZY1100406001）

【模块描述】本模块介绍继电保护装置、通信系统和综自装置、监控后台装置常见异常。通过异常情况详细讲解、案例介绍，熟悉设备常见异常现象，能对设备常见异常进行简单分析，并在监护指导下参与异常处理。

【正文】

一、保护及自动装置异常及故障

保护及自动装置正常运行时，其直流电源应投入，“运行”灯正常点亮，其余指示灯一般在熄灭状态，不应有掉牌，否则就应判定为保护装置异常并采取相应的处理措施或停用保护。保护及自动装置常见异常及故障的现象主要有：

（1）保护及自动装置正常运行时“运行”、“充电”指示灯熄灭，“TV 断线”、“通道异常”、“跳 A、跳 B、跳 C”指示灯点亮等。

（2）保护屏继电器故障、冒烟、声音异常等。

（3）微机保护装置自检报警。

（4）主控屏发出“保护装置异常或故障”、“保护电源消失”、“交流电压回路断线”、“电流回路断线”、“直流断线闭锁”、“直流消失”等光字信号，且不能复归。

（5）保护高频通道异常，测试中收不到对端信号，通道异常告警。

（6）收发信机收信电平较正常低，收发信机“保护故障”或 收发信电压较以往的值有较大的变化。

（7）微机故障录波及测距装置异常，控制屏中央信号发“故障录波呼唤”、“故障录波器异常或故障”、“装置异常”信号。

二、通信系统和综合自动化系统的异常

1. 通信系统和综合自动化系统异常的影响

由于目前保护和安全自动装置的通道主要依赖电力专用通信通道，通信通道异常会直接影响纵联保护和安全自动装置的正常运行；调度电话不通将直接影响调度员和现场值班员联系，使正常的调度业务无法进行，现场的事故异常情况无法向调度汇报；自动化系统异常还可能使现场的一些参数无法正常上传，影响调度人员对电网情况的掌握，会导致运行人员无法监视系统运行状态，影响电网安全运行。

2. 综合自动化系统常见异常或故障

（1）系统通信故障。

（2）系统程序错误。

（3）“看门狗”告警。

（4）硬盘空间告警。

（5）工作站死机，屏幕信息不变化或屏幕显示紊乱。

（6）其他异常现象且无法消除。

三、监控系统常见异常或故障

监控系统通常包括二套交换机与 MODE/HUB、100M 光纤收发器、光纤接入点、光电转换器及光纤组成，分别对应 A 网、B 网，实现变电站的各计算机接入点的冗余连接。该网络设备比较容易出现

的异常有：

（1）交换机电源指示异常：当交换机电源消失或系统虽然有电但自检有些程序或功能不正常，交换机会出现电源灯灭或黄灯亮。

（2）端口的 LED 指示灯异常点亮或熄灭：LED 指示灯对应与每一台连接在本以太网上的回路，在不同的工作方式下会出现灭、常绿、常黄、绿色和黄色互闪等现象，值班员应根据具体现象采取不同的应对措施。

（3）监控系统 UPS 主机屏 UPS 故障停机：UPS 主机电源消失或本身故障都将造成 UPS 主机故障并发信号。

（4）监控系统站级控制层操作异常：在监控系统上进行操作时，无法实现断路器分合闸或隔离开关分合闸，信息窗报出小室的主单元与对应的通信中断；主主机、人机工作站 1、人机工作站 2、工程师站均显示与对应以太网的通信全部中断；备用主机只显示主主机与对应的以太网通信中断。

（5）监控系统站控级层瘫痪。

（6）监控系统主单元或 I/O 装置、测控单元异常：监控系统主单元或 I/O 装置、测控单元异常，工作站将处于停机状态。

四、案例介绍

案例 1：1 号主变压器保护“主直流电源消失”。

现象：1 号主变压器第一套保护屏继电器红色掉牌（主直流电源消失）。

处理：此时主变压器大差动保护失去直流，应综合判别，是否伴有其他直流电源消失信号，如有按照直流总电源消失处理，这里指只有单个信号，根据信息应为 1 号主变压器第一套保护屏直流开关跳闸，不必停用主变压器大差动保护，立即合上 1 号主变压器第一套保护屏直流开关，合上后再次跳闸，申请调度停用主变压器大差动保护。

案例 2：高频保护异常。

现象：现场收发信机上有异常信号灯，作收发信试验发现不正常。

监控系统收发信异常。

可能原因及处理：

（1）信号交换时出现，信号交换结束后可手动复归；

（2）收发信机电源故障，汇报调度，按其命令停用高频保护，并汇报主管领导；

（3）装置 3dB 告警，复归信号，若无效则装置某组件故障，应检查装置内部；汇报调度，按其命令停用高频保护，并汇报主管领导。

案例 3：监控中心系统上一变电站的某线路遥测死数据。

现象：监控中心系统上一变电站的某线路遥测数据不变化。

处理：检查发现对应该线路的测控装置面板显示正常，排除装置采样回路故障；通信指示灯处于熄灭状态，怀疑此装置通信异常；此系统采用以太网方式与后台机连接，从后台机以 ping 命令检查网络，发现 time out，网络不通，证实装置通信异常的推断，然后值班员立即汇报有关部门进行处理。后经专业人员检查，网络线不存在松动、破损（装置和交换机两侧），临时放设一根网络连线，判别网络情况也没有发现网络异常，最后更换装置的通信板恢复正常。

【思考与练习】

1. 保护及自动装置异常有哪些？
2. 综合自动化系统的异常有哪些？
3. 监控系统常见异常或故障有哪些？

模块 2　二次设备异常分析处理及危险点源预控（ZY1100406002）

【模块描述】本模块介绍继电保护装置、通信和自动化装置异常处理有关规定和异常处理中的危险点源分析。通过异常分析、处理方法讲解、案例介绍，掌握二次设备异常处理方法和危险点源分析方法，能正确进行危险点源分析预控、优化处理方案并组织实施。

【正文】

一、继电保护装置、通信和自动化装置异常处理有关规定

1. 继电保护装置常见异常及故障的处理原则

（1）继电保护装置出现异常后，应根据发生的异常现象对保护装置面板指示、端子等进行检查确认，查明保护装置具体异常或故障原因，可能影响的范围。

（2）继电保护装置异常后，应向调度申请停用该保护，并将其失灵启动回路停用。

（3）若有“电压回路断线”、“电流回路断线”光字信号，应按相关章节内容进行检查和处理。

（4）若是保护内部继电器或元件有故障，找不到原因及无法处理，应报上级及专业人员处理。

（5）若是电源故障，应对相关熔断器、端子排进行检查，查看熔断器是否熔断、端子有无松脱不牢现象，并进行处理。

（6）保护误动时，应汇报调度将该保护停用，报继电保护人员处理。

2. 通信和自动化装置异常处理有关规定

（1）通信中断的处理原则：

1）应正确判断通信中断原因，是因保护装置异常引起的还是计算机网络异常引起的。

2）如是因保护装置异常引起的，保护装置上会有相应异常信号指示，可停用保护后处理。

3）如是计算机网络异常引起的，应汇报调度和有关部门及时维修，但此时不得停用相关保护。

（2）综合自动化系统异常处理的一般原则：

1）因变电站微机监控程序出错、死机及其他异常情况的软故障的处理方法是重新启动。

2）两台监控后台正常运行时应互为热备用，一台主机异常退出，另一台应自动升为主机，值班员应将切换柜中操作开关切至相应位置。

3）测控单元通信网络故障时，监控后台不能操作，如有调度命令操作，值班员可以到保护小室就地操作，并及时上报有关部门维修。

4）微机监控系统发生故障无法恢复时，应将其从网络中退出，并汇报调度和有关部门进行维修。

二、保护及自动装置异常分析处理

1. 保护及自动装置常见异常及故障的原因分析

（1）“运行”灯灭或发直流故障掉牌。对微机保护，“运行”灯正常时发平光，保护启动后闪光，直到整组复归。当发现该指示灯灭时，表明保护已经退出运行，应检查保护电源，对相关熔断器、端子排进行检查，如不是电源开关跳开，应汇报有关部门处理，并及时停用本保护装置。

对晶体管保护，当保护失去直流电源时会发“直流故障”掉牌，同时在中央信号屏或监控系统发信号，此时保护装置已经退出运行，因此在直流恢复前，应先将相关保护退出，再行检查处理，防止保护误动。

（2）“跳 A、跳 B、跳 C”灯亮。“跳 A、跳 B、跳 C”灯正常时应熄灭，当 A、B、C 相跳闸时，对应灯点亮并保持，此时按照正常事故处理流程进行处理。当系统没事故出现，灯单独亮，则有可能是装置本身问题，应汇报有关部门及时派人处理。

（3）“TV 断线”灯亮。“TV 断线”灯正常时应灭，发生 TV 断线时亮，在线路冷备用或检修时该灯亮属正常；当线路热备用或者运行时候，该灯灭。TV 断线时，此时应检查 TV 空气开关是否断开，检查电压二次回路有无明显接地或短路，屏内交流电压小开关是否断开，是否因空气开关跳开造成电压回路断线或失压；若电压小开关跳开可试送一次，试送不成汇报有关部门处理，若电压回路确已断线或失压，而装置未自检出TV断线，应将相关保护停用或改信号。

（4）重合闸“充电”灯熄灭。重合闸“充电”灯在重合闸充电完成时亮。发现该灯灭，表明重合闸没有充电完成，不能进行重合，此时应停用重合闸。

（5）“通道异常”灯亮。正常“通道异常”灯应熄灭，当通道异常时点亮，通道异常应汇报调度停用相关保护。

（6）保护屏继电器故障、声音异常，继电器触点振动脱落，接触不良，过热冒烟，励磁回路异常等，应尽快汇报调度和有关部门，停用相关保护。

（7）保护装置自检报警“告警”灯亮。“告警”灯正常时应熄灭，CPU 故障时或装置自检异常时灯亮。装置如自检出存储出错、程序出错、定值出错、采样数据异常、跳合出口异常、光耦电源异常等异常情况时，应及时汇报调度及有关部门，停用相关保护。

（8）保护高频通道报“通道异常”。保护通道异常告警时，应立即向调度汇报，汇报清楚是哪套保护的高频通道异常。对闭锁式的高频方向保护，通道异常时应申请停用该保护，以防止区外故障造成误动；对允许式的高频方向保护，通道异常时将失去速断功能，应按调度命令投退；高频相差保护通道异常时应申请停用，以防止保护误动；高频闭锁距离、零序保护在通道异常时，保护将无法正确动作，应申请将高频停用，改为普通距离、零序保护运行；收信机长期发信，可能为收发信机内部元件故障，应申请停用；若对侧长期发信，本侧长期收信，可能为对侧收发信机内部故障，应汇报调度处理；若运行人员无法处理，应汇报调度及有关部门，由专业人员检修。

正常高频通道交换信号为按下交换信号按钮，20ms 对侧发信，5s 后两侧同时发信，再过 5s 本侧发信。如果按下交换信号按钮，电平无信号，表示对侧收发信机故障；5s 后电平无拍频说明本侧收发信机故障，收发信机交换信号不正常应双方停用相关高频保护。两侧均收不到对侧信号，应检查高频载波器、结合滤波器，结合滤波器接地开关是否合上（应拉开）。

（9）故障录波装置异常。装置发出“呼唤”信号，后台机启动，但中央信号控制屏无“微机故障录波呼唤”光字牌，应在录波任务完成后再检查信号回路予以消除。装置发出“呼唤”信号，中央信号屏光字牌亮，但后台机或显示器未启动，应按以下步骤进行处理：

1）首先检查打印机的电源开关，若电源未断，打印机已通电，则应断开打印机的电源开关，然后断开后台机的电源开关再合上，后台机即可启动，接收前置机数据。

2）检查后台机和显示器的电源回路。引时应注意不要切断前置机的电源，以免丢失数据。将手动上电 SQ 开关拨至 ON 位置，使后台机通电启动（录波完成后，应维持 OFF 位置，并通知专业人员查找原因，尽快消除缺陷）。

3）若以上两种处理方法都不能使后台机启动，且一次系统有明显冲击，则应维持现状，尽快通知专业人员到现场处理，不能采取断前置机电源的方法来复归“呼唤”信号，不能按前置机面板上的复归按钮，这样会丢失录波数据。

4）装置发出“呼唤”信号，后台机不启动，屏内信号光字牌也不亮，处理方法同上。

5）前置机面板上的“告警”信号灯亮，屏内信号“微机故录装置异常”光字牌亮，此时通过打印机输出进行判断。

6）当有“故障录波器直流消失”信号发出时，应检查装置直流电源开关是否完好和直流馈电屏熔断器是否熔断，允许试送直流电源开关一次，若试送不上，说明回路有故障，汇报调度停用该故障录波器，汇报有关部门，派员处理。

7）当有“故障录波器告警”信号发出时，检查 DFR 上的信号灯情况，再查看数据采集单元的液晶屏内具体有何告警信号。若无法恢复，应汇报调度和有关部门，派员处理。

2. 案例介绍

案例 1：1 号主变压器“本体直流电源消失”。

现象：1 号主变压器第一套保护屏继电器掉牌（本体保护直流电源消失），在中央信号屏或监控系统发相应信号。

处理：此时主变压器本体保护失去直流电源，根据信息应为 1 号主变压器第一套保护屏直流开关跳闸或“本体直流电源消失”信号发出，并伴有掉牌信号和其他直流消失信号。检查屏上直流空气开关是否跳开，直流分屏上熔断器是否熔断，电源开关是否合上，并采取试送电源开关的方法恢复正常。如是回路电源开关跳开或熔断器熔断不能恢复，应汇报调度，要求停用相关直流电源的保护，停用主变压器非电气量保护。

案例 2：线路 901 保护、11C 保护交流电压失去。

现象：保护屏距离保护异常，TV 断线告警灯亮，装置异常。监控系统：“交流电压回路断线”、“保护装置闭锁”、“保护装置告警”、“保护装置异常”信号发出。

处理：检查保护装置指示信号，检查屏内 TV 小开关是否跳开，电压互感器二次端子箱内空气开关是否跳开，回路有无明显短路、断线或接地现象；如果是单相断线，则可能是端子松动或电缆断线。汇报调度要求停用距离保护和高频距离，汇报主管领导和有关专业人员要求尽快处理。

注意事项：901 保护电压失去，装置将闭锁距离保护，方向保护部分退出，自动投入断线下的零序过流段和相电流过流段。11C 保护电压失去后，突变量方向即负序方向高频保护退出；高频距离保护退出，高频零序保护仍保留工作。

案例 3：线路 CVT 第一套保护用电压小开关跳闸。

现象：监控某线路“第一套保护用电压小开关脱扣”、“第一套保护工作电压断线”、“阻抗保护内部 TV 断线闭锁”、“阻抗保护失压闭锁”、“第一套保护参考电压断线”光字牌亮出。

保护屏第一套保护交流电压监视继电器工作电压灯 R2、S2、T2 亮，第一套保护交流电压监视继电器参考电压灯 R1、S1、T1 亮。

处理：查看监控信息、现场交流电压监视继电器工作情况，根据监控和现场信息，判断为线路 CVT 第一套保护用电压小开关跳闸，随即合上线路 CVT 第一套保护用电压小开关。上述信号复归。

案例 4：线路保护 REL561“差动保护通道故障”光字牌亮。

现象：现场 ABB 线路保护上 LED 红灯闪烁（表示装置故障相关保护已闭锁）；

监控系统差动通道故障，保护装置异常。

处理：根据信息说明分相电流差动保护被闭锁，但后备距离及零序保护仍可运行。如该信号能短时自动恢复，应汇报调度，做好相关记录；如不能恢复或者频繁告警，则汇报调度，根据调度命令将保护改为无通道跳闸，汇报部门领导，及时派员处理。

三、通信和综合自动化系统异常处理

1. 通信和综合自动化系统常见异常或故障的分析处理

（1）系统通信故障。系统通信包括间隔层与站控层间的通信，各外部单元（如保护管理机）与系统主控单元间的通信，通信管理机与远方数据终端（调度端）的通信，人机工作站与服务器之间的通信等多个层次和分支。发现通信故障时值班人员应通过信息判读、外观检查（多数设备上都有通信指示灯，可通过指示灯是否闪烁或装置上的出错信息进行判断）尽可能确定故障的装置或部位，然后向自动化专业人员或部门报告，必要时可在自动化专业人员同意的情况下对故障装置重启动以恢复通信。

（2）系统程序错误。在某些特殊情况下，有可能产生程序错误使系统的某个部分或装置停止工作，这种情况最常用的方法是将发生问题的部分或装置重启动，但须经自动化专业人员同意或由他们指导进行。如程序错误反复出现时，表明程序存在大的问题，应迅速请自动化专业人员进行处理或召请厂家派员加以修复。

（3）“看门狗”告警。为防止程序在外部干扰或其他原因进入死循环或“飞掉”，许多装置都设计有“看门狗”程序，以备在程序进入死循环或“飞掉”时将其“拉回”，同时给出告警信息。此时，值班人员应检查该装置是否已恢复正常，如恢复则复归信号记录备案，如不能恢复则立即报告自动化专业人员进行处理。“看门狗”告警频繁出现时应要求自动化专业人员迅速查明原因加以排除。

（4）硬盘空间告警。硬盘空间告警表明数据过多，硬盘空间即将用尽，此时应要求自动化专业人员对硬盘进行清理、备份，删除部分信息。

（5）遇有下列情况时，可将人机工作站重启动：

1）死机（屏幕信息不变化，键盘或鼠标按键输入不响应并伴有“嘀”的告警声）。

2）屏幕显示紊乱（图形残缺和字符重叠或无显示）且无法消除。

3）其他异常现象且无法消除时。

4）某个窗口不能正常启动时。

重启动后仍无法消除或不能自动进入系统时应请专职人员予以解决。

2. 案例介绍

案例 1：某工作站发现自动化系统遥测遥信与现场实际设备的状态不符合。

现象：某工作站发现自动化系统遥测遥信与现场实际设备的状态不符合，其他工作站及主机工作正常。

分析原因及处理：属于单台计算机异常，禁止在该工作站远控操作，可能原因为计算机程序出错，计算机内存空间过小，应在征得主管领导批准后由值班负责人按规定程序执行关机、重新启动操作，若仍无法解决，停用该工作站，必要时可利用主机进行监视。汇报上级领导，通知有关检修人员紧急处理。

案例 2：整个自动化系统退出运行。

现象：变电站无任何运行工况的信息。

处理：及时汇报主管领导和各级调度，变电站已无法对设备进行监控，请求对侧变电站对本侧变电站的运行线路进行监视，拉开所有 D25 操作电源。加强对设备区的巡视、监视，及时发现异常情况，值班长在控制室进行联络，要求主管领导增派值班力量，如有必要操作时，根据解锁钥匙使用规定，进行就地操作。立即通知有关检修人员紧急处理。

四、监控系统常见异常或故障

1. 监控系统常见异常或故障的分析处理

（1）交换机电源指示异常。当交换机电源指示黄灯亮表示系统有电但有些功能没有能够完全发挥，此时应检查交换机系统是否正常，可关机后重新开机试试；电源灯灭表示系统电源消失，不能正常工作，此时应检查交换机电源是否跳开或未投，再次投入，仍然跳开，说明交换机故障，汇报有关部门及时维修或更换。

（2）端口的 LED 指示灯异常点亮或熄灭。当对应连接在以太网上的单元 LED 灯亮时，按以下对应方式处理：

1）灭：表示网络没有连接，检查网络连接是否正常。

2）常绿：表示连接准备，若长时间连接不上，端口发送和接收数据不正常，检查网络设备是否正常。

3）绿色和黄色互闪：表示网络连接故障，检查网络设备是否正常。

4）常黄：表示端口故障，检查网络设备及端口是否正常。

当值班员发现以太网的工作异常信息时，应立即到现场检查，在明确异常情况下，汇报调度及有关部门。

（3）监控系统 UPS 故障停机。当 UPS 故障停机时，应先检查停机的 UPS 交流输入电源或直流输入电源正常后，对其进行重起（按开机键即可），若电源无法正常投入，按以下方法处理，见图 ZY1100406002-1，此时备机屏 UPS 供全部监控负载。

1）检查监控系统 UPS 为正常运行方式；

2）断开监控系统 UPS 主机屏“交流输出Ⅱ总开关 Q24”；

3）接通监控系统 UPS 备机屏“并联输出总开关 Q12”；

4）断开监控系统 UPS 主机屏“直流输入Ⅱ总开关 Q23”；

5）断开监控系统 UPS 主机屏“交流输入Ⅱ总开关 Q21”；

6）检查监控系统“主机 2”、“人机工作站 2”、“远动工作站 2”自启动正常。

（4）监控系统站级控制层操作异常。

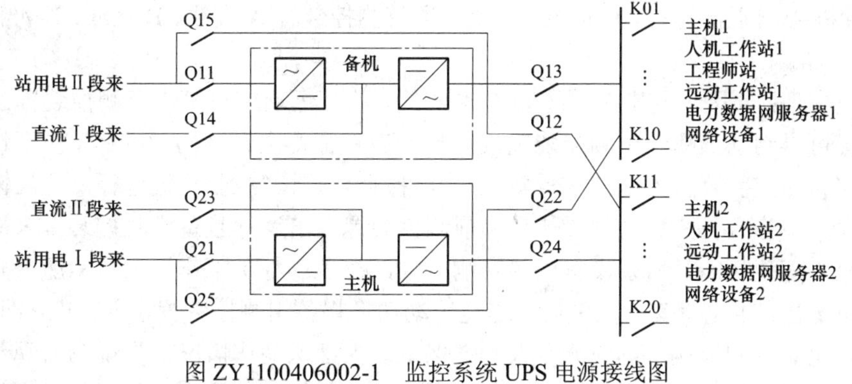

图 ZY1100406002-1　监控系统 UPS 电源接线图

1）若同期合闸不成功。处理方法：检查同期合闸条件是否具备，开关两侧无压，或一侧有压一侧无压，并再一次确认断路器为同期合闸；同期电压空气开关跳开，再合一次空气开关，若仍然跳开，检查电压回路，将上述情况汇报有关部门；两侧有压，但同期条件不满足，压差、频差、角差不满足同期条件的情况下，使用断路器强制合闸方式，必须由当值值长向调度汇报，征得调度同意，再同期合闸一次，但必须派人到对应的 I/O 单元监视同期画面，确定原因，再不成功，汇报调度和有关部门。

2）若隔离开关分合闸不成功。处理方法：检查确认隔离开关分合闸的闭锁条件、隔离开关的操作是“允许”还是“禁止”；检查顺控程序，包括人机操作站和 I/O 单元，若是顺控的问题，以紧急缺陷汇报调度和有关部门；分合闸条件满足和顺控正确，但隔离开关拒分合，检查 I/O 的“远方”或“就地”状态，分合闸连接片是否接通等。

上述情况若正常排除与监控系统无关后，需检查其他的原因，参照一次设备的异常处理。

（5）主主机与某（A 或 B）以太网通信中断。异常现象（见图 ZY1100406002-1）：监控机告警，保护小室的主单元与对应的通信中断；主主机、人机工作站 1、人机工作站 2、工程师站均显示与对应以太网的通信全部中断；备用主机只显示主主机与对应的以太网通信中断。

处理方法：

1）对主机进行手动主备切换，将通信中断的主主机切换为备主机。切好后主主机、备主机、人机工作站 1、人机工作站 2、工程师站均显示备主机与对应的以太网通信中断，其余均正常。因此时主主机可从另外一个网上取数据，也能正常工作故不会自动切换主机。

2）检查从网络设备屏所对应的交换机上与此主机相连的口是否正常，再检查与此主机相连的光电转换器是否正常。若光电转换器故障，则更换。不能处理的上报缺陷。

3）监控系统站控级层瘫痪。当监控系统站控级层瘫痪时，运行人员应合理分配人员到现场监视全站一、二次设备的运行情况，以及主变压器、各出线的潮流和母线电压情况，并应对主变压器的负荷及冷却器系统的运行情况作重点检查，同时汇报各级调度和主管部门。具体检查的部位有：

a）在保护小室内控制面板或测控单元上监视设备状态和获取事故跳闸信息。

b）在测控单元上监视系统潮流，也可通过 LED 灯监视设备状态。

c）在主变压器保护屏或远方控制屏监视主变压器附件的运行情况以及主变压器绕组温度、油温和气体含量，掌握主变压器的工况。

d）在站用电保护屏、控制屏监视站用电三相电压和三相电流，及时发现站用电的运行情况。

e）对其他设备（继电保护、直流系统、自动装置等）和一次设备按一定时间间隔进行巡视检查。

（6）监控系统主单元或 I/O 装置、测控单元异常。当出现监控系统主单元或 I/O 装置、测控单元工作站处于停机状态时，值班员应立即查看该单元画面，该画面中的光字牌亮时，直接点击上述光字牌，进入主单元和 I/O 装置的实时运行状态监视图，查看是哪个主单元或 I/O 异常，或者进入相应的模件状态图，察看模件状态是否运行正常，经现场主单元和 I/O 装置检查确认设备异常。汇报相应调度部门，并请专业修试人员来处理。

2. 案例介绍

案例 1：前置机切换（A 机切至 B 机）。

现象：前置机 A 机退出运行，B 机投入运行，所有测控装置 A 离线、B 在线，缓冲区信息重发（以前的故障信息）。

原因分析及处理：原因为其中有测控装置 A 离线，检查远动信息第一个测控装置 A 离线。检查测控装置运行工况可以判别出哪一个测控装置 A 故障，应在征得主管部门批准后，拉开该测控装置直流电源后，再试送该测控装置直流电源（重新启动），检查是否恢复到 A 机运行，无法恢复时，汇报上级领导，通知有关检修人员紧急处理。如果当前测控装置退出运行且备用测控装置未能及时投入，此时监测系统已陷入瘫痪状态，所以没有任何音响告警，在 RD-800 工作站上显示所有开关为绛紫色，负荷潮流均保持退出前状态不动。值班员应迅速手动切换将备用测控装置投入，并立即汇报有关领导。若仍无法解决，全站监测瘫痪，则应派专人到继保室监视继保动作情况，到现场监视一次设备情况，直到系统恢复。同时汇报上级领导，通知有关检修人员紧急处理。检修人员处理时应将测控装置操作电源拉开，防止误动运行设备。

案例 2：某线路电流遥测无变化（200A）。

现象：线路电压 500kV，有功 300MW，无功 300Mvar，电流 670A。

处理：如果有功 300MW，无功 300Mvar，计算电流应为 490A。可以说明有功、无功、电流三者必有一个错误，检查历史记录电压曲线，发现该线路有功为一条平行线，有功没有变化，在征得主管领导批准后，拉开该测控装置直流电源，试送该测控装置直流电源（重新启动），此时有功 500MW，无功 300Mvar，电流 670A，测控装置恢复。

案例 3：监控中心系统上一变电站某线路的 I 正常刷新，P/Q 为 0。

检查分析：此现象可能是测量回路没有收到电压所致。检查发现该线路测控屏内测量 TV 空气开关在合位，测量发现 TV 空气开关进口在端子排上没有电压；测量电压信号来自电压切换屏，发现输入电压正确，输出无压。汇报有关部门，专业人员对回路进行了进一步检查，判断为切换继电器未跟随运行方式动作，导致的测量 PT 电压没有输出，另外还发现，电压切换回路接线有误，继电器悬空，不能动作。后处理时按照图纸调整接线，并核对切换动作正常，缺陷消除。

案例 4：监控中心系统上一变电站的某一开关位置不对。

检查分析：通过检查该线路测控装置发现，遥信有，但状态不对，检查输入触点，与实际位置对应，正确；短接此遥信输入，装置正常响应，测量遥信端子上电压，发现无压，说明供电的公共端有问题，进一步检查发现直流 24V 公共端螺丝松动，此装置的遥信输入回路无电压，还能采样上传，后紧固螺丝使之接触良好。

五、异常处理中的注意事项和危险点源分析预控

监控系统或者测控单元出现异常导致监控中心或者变电站后台不能对设备进行实时监控时且短时间内无法恢复时，应该立即到设备现场对设备进行巡视检查，直至设备恢复正常。此时可以充分利用变电站保护管理机和保护子站等公用二次设备。

监控系统或者测控单元出现异常需要重新启动时，为防止系统误发遥控令，运行单位应将运行中受影响的测控单元遥控输出功能停用（停用遥控回路电源或断开遥控执行连接片、将测控装置上远方/就地开关切至就地位置）。

保护装置异常需要停用时，应避免多停或少停设备，特别对于双母线接线方式下的线路保护装置异常需要停异处理时，应注意对线路重合闸、失灵保护等的影响。

异常处理过程中，对调度管辖的设备进行操作，一定要征得调度的许可才能执行。

进行屏柜端子检查时，应防止“TA 开路”和“TV 短路”，注意多屏柜公用 TA 回路和 TV 回路的相互影响；此外，使用万用表要注意档位的选择。

【思考与练习】

1. 保护装置电源消失有何现象？如何处理？
2. 保护“TV 断线”灯亮有何含义？如何检查处理？
3. 综合自动化站系统常见异常有哪些？系统程序错误运行人员应如何处理？

第三十六章 交、直流系统异常处理

模块1 交、直流系统设备一般异常（ZY1100407001）

【模块描述】本模块介绍站用交、直流系统设备常见异常。通过异常现象讲解、案例介绍，熟悉设备常见异常现象，能对设备常见异常进行简单分析，并在监护指导下参与异常处理。

【正文】

一、交流系统常见异常

1. 站用变压器过负荷

站用变压器过负荷的机会相对较少，主要是在特殊运行方式下有大功率负荷接入时发生，如一台主变压器检修，低压侧母线停运，站用负荷全部由另一台站用变压器带，或有基建用大型负载临时接入，过负荷时变压器高压或低压侧电流表计指示过大，超出额定值，长时间运行将导致站用变压器温度过高或造成高压熔丝熔断，影响正常供电。站用变压器过负荷运行时应查找原因，设法转移负荷或停用不重要的负荷。

2. 站用电系统电压过高或过低

造成母线电压过高或过低的原因有：

（1）站用变压器所在母线电压过高或过低。

（2）站用变压器装有有载调压装置分接头档位不合适。

（3）低压母线负荷过大使低压母线电压过低。

当高压侧母线电压过高或过低时，将造成站用电低压系统电压过高或过低，影响站用电负载的运行。对站用变压器装有有载调压装置的，可通过有载调压装置进行调压，以保证负载的电压质量，没有调压装置的可根据情况向调度回报，申请调整站用变压器高压侧电压。

3. 支路开关跳开或熔断器熔断

支路空气开关跳开或熔断器熔断后主要现象是，相应回路电源消失，负载失电或发出该回路失电信号；单相熔丝熔断时，三相负载运行可能导致缺相无法运行或运行异常，有热敏保护的将造成热敏继电器动作。

4. 站用变压器高压侧熔断器熔断

高压熔断器熔断时，一般会造成低压母线电压异常，监控信息或中央信号会发站用电故障、充电机异常、冷却器异常、备自投装置动作等相关信号，运行人员应及时检查处理。

造成高压熔断器熔断的原因主要是站用变压器单元发生短路故障、负荷不平衡且过大、熔断器接触不良等。

5. 站用电失电

（1）站用电系统发生站用交流消失时的主要现象：

1）正常照明全部或部分失去，站用电三相电压指示、电流指示为零。

2）站用负荷如变压器冷却器电源、断路器操动机构动力电源、隔离开关操作动力电源、加热器回路等分支电源失电，相关信号发出。

3）直流充电装置异常、事故照明切换、通信逆变器启动、直流母线电压稍有下降，相关信号发出。

站用电系统发生站用交流消失时，应尽快查明原因，采取措施恢复站用负载正常供电。

（2）站用电系统发生站用交流消失的原因分析：

1）系统故障造成全站失压。

2）站用变压器所在母线故障停电，使站用电母线失电。

3）站用电电源进线单元故障，或因站用变压器故障，造成高压熔断器熔断，导致低压侧母线失电。

4）站用变压器过载或低压侧空气开关异常造成低压侧空气开关跳开，使站用电母线失电。

5）专线备用变压器电源线路故障或对侧断路器跳闸造成所带负载失去电源。

6）备用电源自动投入装置异常或未投入。

二、直流系统常见异常

1. 直流母线电压过低或电压过高

此时直流监控系统或中央信号发出“直流母线电压过低”、“直流母线电压过高”信号，监视表计指示电压超出额定电压范围，直流室有关装置屏异常信息指示灯点亮。

2. 直流电压消失

（1）直流电压消失的现象和危害。直流电压消失分为支路直流电压消失和直流母线电压消失，支路直流电压消失导致相关回路失电，发“控制回路断线”、“保护直流电源消失”或“保护装置异常”信号；直流母线电压消失时会出现直流母线电压指示为零，相关负载电源指示灯熄灭，相关熔断器熔断等现象，以及控制盘上指示灯或信号、音响等全部或部分失去功能等现象。

变电站直流母线电压消失将直接导致控制回路、保护及自动装置等设备失去工作电压，在操作或系统发生设备异常、故障时，保护不能正确反映，断路器不能正确跳闸，不能快速切除故障，使事故范围扩大，一次设备受到损害。超高压变电站直流系统为双重化配置，一般不会发生两条母线电压失电现象，现仅考虑一段母线电压失电情况。

（2）造成直流电压消失的可能原因有：

1）熔断器容量小或不匹配，在大负荷冲击下造成熔断器熔断，导致部分回路直流消失。

2）熔断器质量不合格，接触不良导致直流消失。

3）由直流两点接地或短路，造成熔断器熔断，导致支路直流消失。

4）特殊运行方式下，如蓄电池组维护退出，在充电机故障或站用交流失去时引起直流母线电压消失。

5）特殊运行方式下，如充电装置维护，蓄电池组发生故障开路使直流母线电压消失。

6）特殊运行方式下，直流母线负荷突然增大或短路故障，造成直流电源总熔断器熔断，失去电源。

3. 直流系统接地

直流系统发生接地时，中央信号或监控系统会发出相应母线“X 号母线直流接地”光字信号。直流绝缘监察装置有接地现象指示，接地极对地电压降低，另外一极电压升高，有接地巡检装置的可指示接地所在回路数，同时可能还伴有其他异常信号和现象，如直流熔断器熔断、断路器误动、拒动等。

直流接地的查找应按以下方法查找处理：

1）检查绝缘监察装置，判断接地极性和接地程度，初步分析故障原因，二次回路是否有工作或设备相关操作；是否因天气影响受潮、进水等，有无熔断器熔断。

2）若二次回路上有人工作或检修试验工作，应立即停止，检查接地现象是否消失。

3）若二次回路上无人工作，可先将直流系统分开各成相对独立的系统，缩小查找范围，应注意查找过程中不能使保护或控制直流失去。

4）汇报调度进行拉路寻找，查找直流支路中接地点时，应按先有缺陷的，后无明显异常的支路；先户外，后室内；先有过接地记录的，后一般的；先潮湿、污秽严重的，后干燥、清洁的；先不重要，后重要的；先新投运的设备，后已运行多年的设备的原则来选择支路。注意直流接地信号的变化，找出接地支路，汇报调度及有关部门，加强监视，或按调度要求将故障支路隔离。

5）如果接地发生在雨天，则应重点检查室外回路端子箱、就地操作箱、机构箱端子排、断路器、隔离开关辅助触点，气体继电器触点等是否进水、潮湿等；若有雨水，可用吹风器将雨水、潮气吹干，观察接地现象是否消失。

6）具有接地巡检装置的，可直接通过巡检装置读取直流接地支路号及相关数据，在调度同意下，用试拉的方法确认接地回路，汇报调度及有关部门，加强监视，或按调度要求将故障支路隔离。尽快安排处理。

7）若上述查找不成功，未找出接地点，应汇报有关部门，派专业人员进行查找处理。

4. 蓄电池常见异常

（1）浮充电时，蓄电池电压偏差较高，个别蓄电池电压异常或为零。

（2）蓄电池内部发生极板短路，正极板呈褐色并带有白点。

（3）蓄电池极板严重弯曲变形，容器下有大量沉淀物。

（4）容器外壳损坏、电解液渗漏、绝缘电阻降低。

（5）蓄电池连接线断路、短路。

（6）蓄电池容量不足，核对性放电时，蓄电池放不出额定容量。

5. 充电机异常或高频充电模块异常

直流充电设备一般分为两种，一种是硅整流设备，一种是高频电源模块设备，由于两种设备构造、原理有差异，因而其异常现象也有所不同。

（1）直流硅整流充电机异常：

1）充电机故障跳开；

2）充电电压低；

3）浮充电异常。

（2）高频直流电源充电模块异常：

1）交流电源失电缺相灯正常时灭，交流电失电或缺相时点亮；

2）熔断器熔断灯正常时灭，Ⅰ、Ⅱ组电池输出总熔断器熔断后点亮；

3）模块故障灯正常时灭，任一模块故障时点亮；

4）电池电压异常灯正常时灭，电池电压过高或过低时点亮；

5）Ⅰ段控母电压异常灯正常时灭，Ⅰ段控制母线电压过高（≥242V）或过低（≤198V）时点亮；

6）Ⅱ段控母电压异常灯正常时灭，Ⅱ段控制母线电压过高（≥242V）或过低（≤198V）时点亮；

7）母线绝缘不良报警灯正常时灭，直流系统任一极接地或直流系统绝缘降低时点亮。

以上任一信号灯点亮均通过屏后“信号转发继电器”在监控信息或中央信号屏发“直流系统异常或故障”光字牌。

三、案例介绍

案例：以站用电失压为例介绍站用电系统故障。

现象：

（1）主控室警铃、喇叭响，站用变压器低压侧 01 断路器位置灯闪光，全站照明中断。

（2）1 号、2 号主变压器“冷控全停”、“冷控电源Ⅰ故障”“冷控电源Ⅱ故障”和“温度高”光字牌亮。

（3）硅整流器装置跳闸。

（4）站用电室生活用电回路熔断器 C 相熔断，A、B 相完好。

（5）2 号主变压器上层油温缓慢上升。

处理过程：

（1）上述现象发生后，值班长首先根据现象判断为站用电全停，并初步判定故障在站用电母线至各负载上。

（2）值班长安排专人记录时间并严密监视 2 号主变压器温度和直流电压。

（3）值班长到站用电室仔细检查站用电室所有回路，查看有无故障点，当未发现有故障时，立即断开所有出线（保留 2 号主变压器冷控电源）。

（4）值班长立即命令值班员合上站 01 断路器（成功），检查 1 号、2 号主变压器冷却控制正常，

"冷控全停"、"冷控电源Ⅰ、Ⅱ故障"光字牌熄灭。

（5）值班长安排一人随同自己一起到站用电室试送其他负载，并交待其他人员密切监盘及可能出现的情况及注意事项。

（6）逐一试送出线，当送至生活用电回路断路器时，再次出现站用电中断，立即将该回路断路器断开并通知正值班员再次合上站 01 断路器。

（7）恢复其他出线正常后，再次检查 2 号主变压器冷却控制装置工作正常，并恢复硅整流装置。

（8）汇报调度上述情况。

（9）查找生活用电回路故障并检查回路熔断器是否合适。

（10）处理过程中始终严密监视 2 号主变压器上层温度。

【思考与练习】

1. 站用交流系统常见异常有哪些？

2. 直流系统常见异常有哪些？

3. 直流接地有何现象？

模块 2 交、直流系统设备异常分析处理及危险点源预控（ZY1100407002）

【模块描述】本模块介绍站用交、直流系统设备异常处理的有关规定和异常处理中的危险点源分析。通过异常分析、处理方法讲解、案例介绍，掌握两系统设备异常处理方法和危险点源分析方法，能正确进行危险点源分析预控、优化处理方案并组织实施。

【正文】

一、站用交、直流设备异常处理的有关规定

1. 站用交流设备异常处理的有关规定

站用交流系统是变电站构成的重要部分，担负变电站操作、检修电源、日常照明电源，变压器冷却系统电源、直流充电电源等重要任务，超高压变电站的站用电源，要求有比较高的可靠性，需要在本站变压器自带站用变压器的基础上，必须有独立、可靠的外接电源（第三电源），三个电源之间必须设有备用电源自动投入装置（简称 BZT 装置），外接电源和本站变压器自带的站用变压器不得并列运行。

（1）当站用变压器上级电源失去或站用变压器故障后，运行人员应尽快恢复站用电失电母线的运行。

（2）当站用变压器高压熔断器熔断时，不应盲目更换熔丝，应先检查无明显异常后再更换熔丝，对变压器试送。更换后再次熔断，应将变压器改检修；多相熔断器熔断，禁止不经详细检查排除故障，就更换熔丝直接试送。

（3）当低压熔断器熔断或空气开关跳开，应查明原因并消除后方可送电。

（4）在负载回路中有自切装置的，应在一段母线失电后检查自切装置动作是否正常，并隔离失电侧。

（5）当站用电一段母线上故障而又不能及时排除时，应检查具有自动切换功能回路的切换情况，做好切换操作，并做好隔离措施。

（6）进行站用电异常处理时，备用站用变压器和两台主站用变压器禁止并列运行。

（7）当站用电发生较严重异常，并可能影响系统正常运行时应及时汇报调度和有关部门。

（8）异常处理时必须 2 人及以上进行，其中一人作为专职监护人。

2. 站用电直流系统异常处理的有关规定

站用直流系统是为继电保护、自动装置、各种控制、信号、事故照明等提供可靠工作电源的，运行人员发现直流系统异常后，应按现场运行规程规定，及时查找并采取处理措施，同时要汇报有

关部门。

（1）当直流系统发生接地时，应及时查找接地回路并采取隔离措施。

（2）异常查找和处理时，如需装取保护回路直流熔断器或投停空气开关，应考虑对保护的影响，防止保护误动作。

（3）查找直流接地时应注意使用合格且绝缘良好的工器具，并采取防止人为接地的措施。

（4）当直流回路发生空气开关损坏需要更换时，严禁使用交流空气开关替代。

（5）当直流一段母线发生接地时严禁将母线联络开关合闸，查找直流接地异常必须由两人进行。

（6）当直流系统发生异常时，如直流系统有人工作，应立即暂停工作，异常消除后方可许可继续工作。

二、交流系统异常处理及危险点源分析

1. 站用交流消失异常处理及危险点源分析

（1）站用交流部分失电，运行人员应先做好人身安全防护措施，用万用表、绝缘电阻表对失电设备进行检查，查找故障点。若是环路供电，应先检查工作电源跳闸后备用电源是否已正常切换，若未自动切换应手动切换，保证站用负荷正常供电。

（2）进一步检查失电分支交流熔断器是否熔断，或自动空气开关是否跳开，可试送电一次，若送电正常，则可判断该分支无明显故障点；若送电不成功，则拉开分支隔离开关，用绝缘电阻表测量分支绝缘，确认故障，报有关部门检修、处理。

（3）站用交流全部失去时，事故照明应自动切换，监控信息或中央信号屏显示站用负荷失电信号，如“主变压器风冷全停”、“交流电源故障”等光字牌。运行人员应首先分清失压是由于电源进线失电导致的全站停电，还是因为站内站用交流故障引起的停电。若是电源进线失电导致的，应尽快投入备用变压器；若是因为站内站用交流故障引起的停电，应迅速查找故障点，尽快隔离。

（4）查找站内故障点应采用分段查找方式进行检查，根据各种现象判断故障点可能的范围，仔细检查失电范围及各支路有无明显故障现象，找出故障原因并将其隔离，然后恢复供电。

（5）站用电故障跳闸，无法找到明显故障点时，可采用逐路送电查找的办法，即先断开所连接母线上的所有负荷空开，再送母线，正常后逐个送各路负荷的办法查找，但禁止用不带熔断器的隔离开关送电的方式查找。还可采用绝缘电阻表辅助测量绝缘电阻的方法，测量各支路绝缘电阻情况，逐步缩小范围，直至找到故障点。若测量绝缘不合格或发现故障支路后，应及时隔离，恢复母线和其他支路供电，通知检修人员处理、修复。

（6）运行人员短时无法查找故障原因的，应尽快通知有关专业人员进一步查找。

（7）若发生站用变压器故障喷油、冒烟、着火或内部有炸裂声等故障时，应立即转移负荷，隔离故障站用变压器。对严重故障的站用变压器，严禁直接用隔离开关进行隔离。

（8）在异常处理工作过程中必须穿绝缘鞋，接触导体部分前，必须做好停电、验电、装设接地线的安全措施，处理时采取防止造成交流接地、短路的措施。

（9）对由两路供电的负荷强送不成功时，禁止倒向另一段站用电母线强送供电，如能将故障隔离可将负荷倒至另一段供电。

（10）在处理过程中需密切监视蓄电池的放电情况，关闭非必要的事故照明。

2. 站用变压器低压侧空气开关跳开处理及危险点源分析

站用变压器的低压侧的空气开关是作为变压器过载及二次侧母线短路的保护。因为站用变压器平时负荷不大，所以低压空气开关跳开一般是二次侧母线发生了短路故障。因而对低压侧装有空气开关的一旦发生站用变压器低压侧空气开关跳开时，其处理方法为：

（1）应先对低压侧母线进行检查，有无明显的短路故障现象，能否采取隔离措施；检查该母线上所供具有双电源的重要负荷是否已经自动切换，切换后工作是否正常，如未切换应立即手动切换。

（2）若发现母线上有故障现象，应立即排除（如小动物等）或隔离。拉开失压的低压母线上全部支路断路器，将负荷倒至正常母线运行，汇报有关部门维修，加强负荷监视。

（3）若检查母线上无故障现象，有可能是支路故障、支路开关问题或与总开关配合问题，可先拉

开母线上各支路断路器，合上站用变压器低压侧空气开关试送母线，送电正常后，逐个检查支路无异常后依次试送，以查出故障支路。

（4）对于有故障的支路，应查明其支路断路器或熔断器未熔断的原因，更换容量合适的熔断器，使各级熔断器之间的配合关系正确；如为热耦动作跳开，可待稍冷却后合上；如为过电流跳开，应判明故障原因并设法消除再进行试送，如不成功则停电检修。有异常现象的支路应停用，汇报有关部门维修。

（5）在逐个支路切换时，应注意切换时有无异常，若有大的电流冲击、电压下降等情况，应立即将其拉开。

3. 站用变压器高压熔断器熔断处理及危险点源分析

站用变压器的高压熔断器主要是反应低压侧空气开关以上范围的短路故障，包括变压器内部故障；低压侧母线上短路，低压侧空气开关未跳开，也会越级使高压熔断器熔断。

站用变压器高压侧熔断器一相或两相熔断时将会导致站用电系统电压异常或负载缺相运行，进而导致三相负荷因缺相而发生运行异常或热敏继电器动作；站用变压器高压侧熔断器三相熔断时将导致所供母线电压消失，负载失去电源，有备自投装置的可能导致备自投装置动作。

高压熔断器熔断时，处理方法为：

（1）检查高压熔断器熔断的相别，对站用变压器单元作外部检查，有无接地短路现象。外部检查未发现异常时，可能是变压器内部故障，应仔细检查变压器有无冒烟或油外溢现象，检查温度是否正常，气体继电器是否有集气等。

（2）站用变压器高压侧熔断器发生一相熔断二相运行时，若检查变压器外部和低压侧无明显故障，可更换熔丝试送，若再次熔断，应将站用变压器停电，作进一步检查试验。

（3）站用变压器高压侧熔断器熔断二相或三相时，立即断开低压侧空气开关，将负荷全部倒至另一条母线运行，检查重要负荷运行情况。立即将该变压器停运，取下未熔断的高压熔断器，未查明并消除明显故障点前，禁止更换熔丝对该变压器试送电。

（4）上述检查未发现明显异常，应汇报有关检修部门，对站用变压器油和引出线电缆进一步检查，找出故障点。

（5）更换熔断器不允许增大熔断器规格，更不允许用铜丝代替。更换高压熔断器应使用绝缘棒，戴绝缘手套、护目镜，做好防护措施，防止灼伤眼睛。

三、直流系统异常处理及危险点源分析

1. 直流母线电压过低、电压过高的处理及危险点源分析

直流母线电压过高会使长期带电的电气设备过热损坏，继电保护、自动装置可能误动；若电压过低又会造成所接保护动作及自动装置动作不可靠或拒动等现象。

（1）直流系统运行中，若出现直流母线电压过低的信号时，值班人员应检查母线电压情况，检查充电机运行情况，检查蓄电池浮充电流是否正常，调整充电机的运行方式或进行微调。检查直流负荷是否突然增大，蓄电池运行是否正常，是否存在落后电池。若属直流负荷突然增大时，需及时查明原因，有落后电池报有关部门更换。

（2）当出现母线电压过高的信号时，应检查充电机运行是否正常，调整充电机电压或降低对蓄电池的浮充电流，使母线电压恢复正常。

（3）有端电压调整器者可使用调压器调整电压，使母线电压保持在正常范围之内。

（4）严格控制母线电压，调控时注意防止造成突然失去充电机、出现直流接地、短路。

2. 直流电压消失的处理及危险点源分析

（1）直流电压消失的处理：

1）根据直流系统异常信号提示，对直流系统进行检查，检查回路熔断器是否熔断，有无明显故障现象，如为保护回路应采取防止保护误动的措施，更换熔断器试送。

2）如蓄电池组维护退出时，充电机故障或站用交流失去时引起直流母线电压消失，在判明母线无故障时，隔离充电装置，应尽快恢复蓄电池组运行或合上母线联络开关，恢复母线供电。

3）如充电装置维护，蓄电池组发生故障开路使直流母线电压消失，在判明母线无故障时，应尽快恢复充电装置运行或合上母线联络开关，隔离蓄电池组，恢复母线供电。

4）直流母线负荷突然增大或短路故障，造成直流电源总熔断器熔断，失去电源时，应认真检查异常情况，找出故障点并隔离后恢复母线运行，对母线故障无法隔离时，应汇报有关部门及时维修，将可切换的支路负荷切换至另一条母线运行。

5）当直流消失后，应及时汇报调度，停用相关保护，防止查找处理过程中保护误动。

（2）直流电压消失处理的危险点源分析：

1）直流电压消失后应采取防止保护误动的措施。

2）更换熔断器应更换合格的同容量的熔断器，禁止使用大容量和容量较小的熔断器代替。

3）在合上母线联络开关前一定要确认母线无故障或无支路故障，防止造成两条母线全部失电。

4）一条母线故障时应做好防止另一条母线故障的预案。

3. 直流系统接地的分析及危险点源分析

（1）直流系统接地分析。直流系统一点接地并不影响直流系统的正常工作，长期运行易发展形成两点接地，造成保护误动、拒动等，因而发生接地时一定要尽快查找到故障点，并采取隔离措施。

直流系统中发生一点接地后，若在同一极的另一点再发生接地时，即构成两点接地短路，此时，虽然一次系统并没有故障，但由于直流系统某两点接地短接了有关元件，可能造成信号或继电保护装置误动，如图 ZY1100407002-1 所示。

1）两点接地可造成断路器误动。当直流接地发生在 A、B 两点时，将电流继电器常开触点 KA1、KA2 短接，中间继电器启动，常开触点 KM 闭合，由于断路器在合闸位置，所以直流正电源 L+→KM→XB→Q2→Y2→L−，回路接通使断路器跳闸，此时，一次系统未发生故障，故称“误动作”。当在 A、D 两点及 D、F 两点接地时，都能使断路器跳闸，形成“误动作”。

2）两点接地可能造成断路器“拒动”，如接地点同时发生在 B、E 两点，或 D、E 两点和 C、E 两点，将跳闸线圈回路短路，此时，若一次系统发生故障，保护动作，但由于跳闸线圈未励磁、铁芯未动作，造成断路器“拒动”而越级跳闸，以致扩大事故。

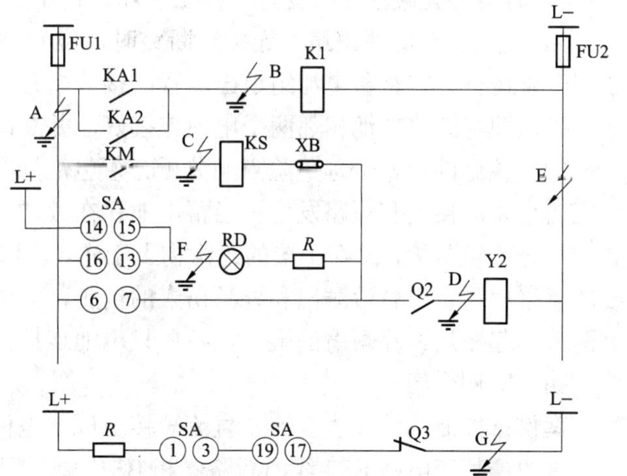

图 ZY1100407002-1　直流系统两点接地情况的分析示图

FUl、FU2—熔断路；KAl、KA2—电流继电器常开触点；KM—中间继电器；KS—信号继电器；XB—连接片；RD—红灯；SA—控制开关；R—电阻；Q2、Q3—断路器辅助触点；Y2—跳闸线圈；L+、L−—直流控制母线

3）当接地点发生在 A、E 两点时，会引起熔断器熔断，当接地点发生在 B、E 和 C、E 两点，保护动作时，不但断路器拒跳，而且熔断器熔断，同时有烧坏继电器的可能。

4）两点接地可造成“误发信号”，断路器正常运行中，控制开关触点 SA①③，SA⑩⑥是接通的，而断路器的辅助触点 Q3 是断开的，中央事故信号回路不通，不发信号。但当发生 A、G 两点接地，Q3 被短接，事故信号小母线至信号小母线接通，启动中央事故信号回路“误发信号”。

（2）直流接地查找处理注意事项和危险点预控分析：

1）采取瞬时断开操作、信号、位置等支路电源熔断器（或瞬时断开直流电源小开关）时，应经调度同意。且断开电源的时间一般不超过 3s，无论回路中有无故障、接地信号是否消除，均应及时投入。

2）为了防止误判断，观察接地故障是否消失时，应从信号、光字牌和绝缘监察表计指示情况，综合判断。

3）查找接地故障应尽量避免在高峰负荷时进行。

4）运行人员在查找直流接地时禁止拆接端子线头，不得打开继电器和保护机箱。禁止使用灯泡查找直流接地故障，使用仪表检查时，应使用内阻不低于 2kΩ/V 的表计。

5）查找直流接地至少应由两人及以上进行，做好监护工作，防止人为造成短路或另一点接地，导致误跳闸。

6）为防止保护误动作，在瞬时断开保护电源前，应停用可能误动的保护，电源恢复后再投入保护。应注意控制、保护电源分段小隔离开关，只有在各分回路确切完好的情况下方可并列。

4. 蓄电池异常处理及危险点源分析

（1）蓄电池常见异常原因分析处理：

1）测得个别电池电压很低或为零，反极性。电池电压很低或为零，可能是电池内部发生短路；反极性故障主要原因是电池极板硫化造成的，使其容量降低，电压很快下降，其他正常电池对它充电而发生反极性的，会影响相邻电池的电压下降。

2）正极呈褐色并带有白点。这是由于经常过充电或使用的蒸馏水水质不纯等引起极板上活性物质过量脱落的缘故。

3）极板严重弯曲变形，容器下有大量沉淀物。这是由于电解液不纯、比重过大或温度过高等原因造成的。

4）容器外壳破损多为受外力撞击破坏、挤压造成。破损后造成电解液渗漏、绝缘电阻降低等。

5）发现有蓄电池短路、连接线断路时，应到蓄电池室内对蓄电池逐个进行检查，发现短路，应立即调整运行方式将蓄电池组退出运行；接线断开时，可临时采用容量满足要求的跨线将断路的蓄电池跨接，即将断路电池相邻两个电池连接好，并立即通知专业人员检查处理。

（2）蓄电池异常处理危险点源分析。蓄电池异常处理应严格按照现场处理规程执行，在检查处理时应防止直流接地和短路发生。当蓄电池存在较严重异常时，处理前应将蓄电池组隔离。使用的工器具应做好绝缘防护，站在干燥的绝缘物上工作，轻取轻放，当心碰伤相邻蓄电池。在向蓄电池补水时，要注意采取防止电解液溅出和外溢伤人的措施，并戴手套和安全帽，穿长袖工作服。搬运电池时，应有两人一起搬运，穿耐滑的鞋子。各单只电池连接前及汇流条安装前需核对极性正确无误。

四、案例介绍

案例：控制回路发生交流、直流短接造成继电保护装置误动。

现象：某变电站 BS2 线两断路器和 BS1 线一断路器跳闸，并发远跳命令跳开 BS2 线对侧断路器。中央信号屏显示：BS2 线高压电抗器保护总跳闸、“DS2 线主保护一屏直流消失”、“DS2 线主保护一屏装置故障”、“直流Ⅰ号、Ⅱ号母线异常”等信号发出，BS2 线高压电抗器屏上“重瓦斯”、“油温高”、“油位低”信号动作掉牌，DS2 线主保护一屏直流电源消失。

经处理送电约 10h 后，BS2 线线路高压电抗器再次跳闸。

处理经过：故障发生后，公司相关技术人员立即赶赴现场进行检查。一方面对 BS2 线路高压电抗器进行取油样，立即送回检验。同时继电保护人员对二次回路进行了详细检查，重点放在回路绝缘上，BS2 线路高压电抗器非电气量保护引入回路绝缘良好，出口中间继电器动作电压正常。经过详细排查，发现放置在 DS2 线第一套保护屏上的保护远方传输设备 COS 直流正电源接地。同时查找出在 BS1 线断路器操作继电器屏上，BS1 线路第一套保护远方跳闸出口跳线路断路器的 4 芯电缆屏蔽层引出时采用焊接的方法，电缆芯绝缘层烫伤，其芯线与屏蔽层绝缘损坏。将远方传输设备 COS 装置退出运行，对 BS1 线断路器屏上绝缘损坏的电缆进行了包扎处理，处理后测量绝缘良好。BS1 线断路器跳闸的原因比较清楚，但高压电抗器的非电量保护动作原因未能查到，由于现场未发现其他异常，汇报调度后 BS2 线恢复了运行。

送电约 10h 后，BS2 线线路高压电抗器再次跳闸后，保护人员检查了故障录波器波形，未显示跳闸前发生故障。对高压电抗器取油样检查，未发现异常。BS2 线线路高压电抗器非电气量保护引入回路绝缘良好。对直流系统进行检查，发现第Ⅰ组直流母线电压异常，为此连夜进行了回路排查。各部门有关专家制订了排查方案，采用临时直流电源，在对设备不停电的情况下逐步进行排查。最后查找出在 BS2 线断路器控制屏后，用于隔离开关操作的交流 220V 电源与断路器红灯一端搭接在一起，搭接处有明显的短路放电痕迹（见图 ZY1100407002-2），现场解开此交、直流连接点后，第 I 组直流母线电压恢复正常。在查找出直流系统故障点后，BS2 线线路（不带高压电抗器）恢复运行正常。

原因分析：第一次故障发生后，直流监测装置一直发 I 段正母直流接地信号，经过详细排查，发现放置在 DS2 线第一套保护屏上的保护远方传输设备 COS 直流正电源接地。同时查找出在 BS1 线断路器操作继电器屏，BS1 线线路第一套保护远方跳闸出口跳线路断路器的电缆由于屏蔽层接地采用的焊接方法引出，使电缆芯绝缘层烫伤，导致其芯线与屏蔽层绝缘损坏，从而形成了图 ZY1100407002-3 所示的回路。

图 ZY1100407002-2　直流回路接头脱落示意图

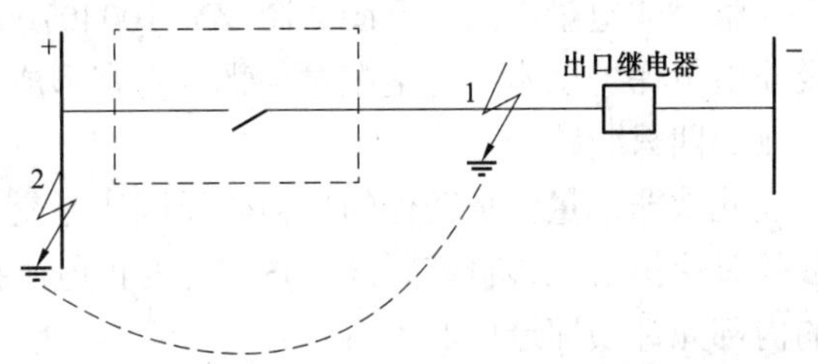

图 ZY1100407002-3　直流电源接地回路图

其中接地点 1 为 BS1 线断路器操作继电器屏上电缆绝缘损坏点。接地点 2 为保护信息传输装置（COS）由于内部元件损坏造成工作正电源接地。当 1、2 点同时发生接地时，两个接地点之间构成了回路，出口继电器动作，跳开了 BS1 线断路器。现场将 COS 装置退出运行，对 BS1 线断路器绝缘损坏的电缆进行了包扎处理，处理后测量绝缘良好。

第二次故障发生后，“直流 I 母线异常”信号一直存在，测量 I 组直流母线电压，正极对地−96V、负极对地−216V，同时测量Ⅱ组直流母线电压正常，正极对地+55V、负极对地−55V。现场重点进行第 I 组直流母线电压异常的查找，通过用临时的便携式直流电源轮流转移第 I 组直流母线上的负荷的方法查找出 BS1 线断路器第一组操作回路中有异常，最终发现其下面的隔离开关操作交流 220V 电源线脱落，与如图 ZY1100407002-4 所示的 36 点搭接在一起，同时在 36 点处有明显的短路放电痕迹，现场解开此交、直流连接点后，第 I 组直流母线电压恢复正常。

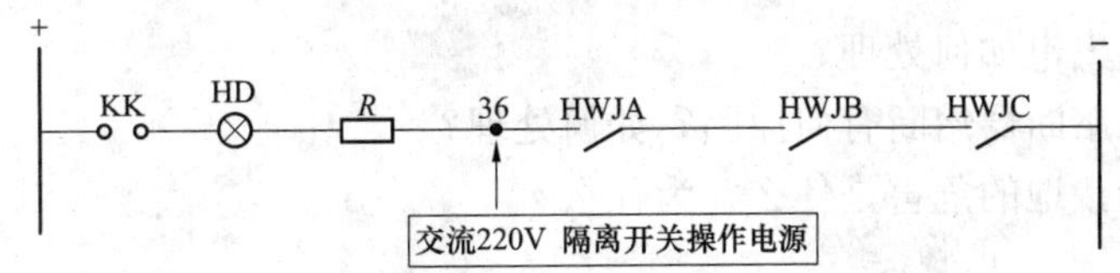

图 ZY1100407002-4　直流电源短路放电示意图

接下来现场重点检查交流电源对高压电抗器非电量保护的影响，非电量出口继电器的动作电压值为直流 58V，交流 40V。便携式直流电源充电机带高压电抗器非电量保护并在负电源端注入交流 220 电压，发现非电量保护有出口动作的现象（与两次事故跳闸时的现象非常吻合）。在负电源端注入交流 60V 的电压时，非电量出口继电器两端就有 40V 的交流电压。

但是非电量保护在跳闸时用的是第Ⅱ组直流电源，而发生直流故障的是第 I 组直流电源，为分析此原因，现场又通过在运行的第 I 组直流负电源中叠加交流的方法来观察第Ⅱ组直流负电源中的交流分量，实际是将 220V 交流电压通过串接电阻接到第 I 组直流的负电源中，实测结果如表 ZY1100407002-1 所示。

表 ZY1100407002-1　将 220kV 交流电压通过串接电阻接到第Ⅰ组直流的负电源中的实测结果　V

叠加电阻值 / 交流电压值	直流正常运行不叠加交流	串接 25kΩ电阻	串接 16.9kΩ电阻	串接 12.7kΩ电阻
Ⅰ组直流负电源交流电压	0.195	0.410	0.480	0.620
Ⅱ组直流负电源交流电压	0.129	0.174	0.192	0.227
在非电量出口继电器上的交流电压	0.108	0.110	0.130	0.157

由于 220V 交流串接 12.7kΩ接入直流负电源上在负电源得到的交流电压依然很小，但如果继续减小串接电阻可能会对运行的直流产生影响，现场没有再减小串接的电阻值，但可以看出在第Ⅰ组直流负电源中叠加了交流时在第Ⅱ组直流负电源中也感应了相应的交流电压，而且减去初始的交流后，随着第Ⅰ组直流负电源中叠加的交流增大在第Ⅱ组直流负电源中感应的交流比例（至少要达到 4:1）还有增大的趋势。估计在 220V 交流直接加在第Ⅰ组直流负电源上时在第Ⅱ组直流负电源上感应的交流电压至少要大于 60V，此时非电量保护出口继电器上的交流电压就大于 40V 的交流电压。

整个非电量电阻示意图如图 ZY1100407002-5 所示，交流电压通过两组直流负母线间的耦合电容及非电量保护至本体的电缆对地耦合电容形成了回路，致使非电量出口继电器 KCO 动作，跳开线路两侧的四只断路器。

此次非电量保护动作的最初始原因还是交流电压与直流电压短接引起的，同时还可以认为第一次故障时保护信息传输装置（COS）内的正电源接地的原因也是由于交流电压对 COS 的影响使得 COS 的内部元件损坏造成的。

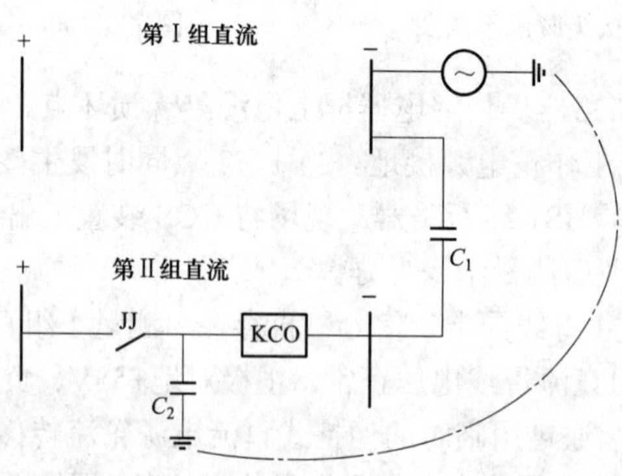

图 ZY1100407002-5　非电量电阻示意图

JJ—高压电抗器非电量本体触点；KCO—非电量出口继电器；C_1—两组直流负电源间的耦合电容；C_2—电缆对地耦合电容

【思考与练习】

1. 站用电交流全部失电如何处理？
2. 站用变压器高压熔断器熔断有何原因？如何处理？
3. 正极接地和负极接地的危害是什么？为什么？

第八部分

事 故 处 理

第三十七章　事故处理基础知识

模块1　事故处理基本原则及步骤（GYBD00601001）

【模块描述】本模块介绍事故处理的主要任务、基本原则和有关规定。通过要点讲解，掌握电力系统产生事故的主要原因、事故处理的主要任务、事故处理的一般步骤、基本原则、要求、有关规定和注意事项。

【正文】

电力系统事故是指由于电力系统设备故障或人员工作失误而影响电能供应数量或质量超过规定范围的事件。事故分为人身事故、电网事故和设备事故三大类，其中设备和电网事故又可分为特大事故、重大事故和一般事故。

当电力系统发生事故时，变电站运行人员应根据断路器跳闸情况、保护动作情况、表计指示变化情况、监控后台信息和设备故障等现象，迅速准确地判断事故性质，尽快处理，以控制事故范围，减少损失和危害。

一、引起电力系统事故的原因

引起电力系统事故的原因主要有下面三类：

（1）自然灾害引起的有大风、雷击、污闪、覆冰、树障、山火等。

（2）设备原因引起的有设计、产品制造质量、安装检修工艺、设备缺陷等。

（3）人为因素引起的有设备检修后验收不到位、外力破坏、维护管理不当、运行方式不合理、继电保护定值错误和装置损坏、运行人员误操作、设备事故处理不当等。

二、事故处理的主要任务

（1）尽速限制事故的发展，消除事故的根源，解除对人身和设备的威胁。

（2）用一切可能的方法保持对用户的正常供电，保证站用电源正常。

（3）尽速对已停电的用户恢复供电，对重要用户应优先恢复供电。

（4）及时调整系统的运行方式，使其恢复正常运行。

三、事故处理的一般步骤

（1）系统发生故障时，变电站运行人员初步判断事故性质和停电范围后迅速向调度汇报故障发生时间、跳闸断路器、继电保护和自动装置的动作情况及其故障后的状态、相关设备潮流变化情况、现场天气情况。

（2）根据初步判断检查保护范围内的所有一次设备故障和异常现象及保护、自动装置动作信息，综合分析判断事故性质，做好相关记录，复归保护信号，把详细情况报告调度。如果人身和设备受到威胁，应立即设法解除这种威胁，并在必要时停止设备的运行。

（3）迅速隔离故障点并尽力设法保持或恢复设备的正常运行。根据应急处理预案和现场运行规程的有关规定采取必要的应急措施，如投入备用电源或设备，对允许强送电的设备进行强送电，停用有可能误动的保护，拉开控制电源解除设备自保持等。

（4）进行检查和试验，判明故障的性质、地点及其范围（在绝大多数的情况下，处理事故的快慢决定于判明事故原因或设备是否完整的迅速程度。电气部分发生的事故常常只是由于系统中的某个元件发生了事故，故应力求直接判明事故的原因，使停电部分迅速恢复送电）。如果运行人员自己不能检查出或处理损坏的设备时，应立即通知检修或有关专业人员（如试验、继保等专业人员）前来处理。在检修人员到达之前，运行人员应把工作现场的安全措施做好（如将设备停电、安装接地线、装设围栏和悬挂标示牌等）。

（5）除必要的应急处理以外，事故处理的全过程应在调度的统一指挥下进行。

（6）做好事故全过程的详细记录，事故处理结束后编写现场事故报告。

四、事故处理的组织原则

（1）各级当值调度员是领导事故处理的指挥者，应对事故处理的正确性、及时性负责。变电站当班值长是现场事故、异常处理的负责人，应对汇报信息和事故操作处理的正确性负责。因此，变电站运行人员要和值班调度员密切配合，迅速果断地处理事故。在事故处理和异常中必须严格遵守安全工作规程、事故处理规程、调度规程、运行规程及其他有关规定。

（2）发生事故和异常时，运行人员应坚守岗位，服从调度指挥，正确执行当值调度员和值长的命令。值长要将事故和异常现象准确无误地汇报给当值调度员，并迅速执行调度命令。

（3）运行人员如果认为调度命令有误时，应先指出，并作必要解释。但当值班调度员认为自己的命令正确时，变电站运行人员应该立即执行。如果值班调度员的命令直接威胁人身或设备的安全，则在任何情况下均不得执行。当值值长接到此类命令时，应该把拒绝执行命令的理由报告值班调度员和本单位的总工程师，并记载在值班日志中。

（4）如果在交接班时发生事故，而交接班的签字手续尚未完成，交班人员应留在自己的岗位上，进行事故处理，接班人员可在上值值长的领导下协助处理事故。

（5）事故处理时，除有关领导和相关专业人员以外，其他人员均不得进入主控制室和事故地点，事前已进入的人员均应迅速离开，便于事故处理。发生事故和异常时，运行人员应及时向站长（工区主任）汇报。站长可以临时代理值长工作，指挥事故处理，但应立即报告值班调度员。

（6）发生事故时，如果不能与值班调度员取得联系，则应按调度规程和现场事故处理规程中有关规定处理。这些规定应经本单位的总工程师批准。

五、事故处理的要求和有关规定

（1）变电站事故处理必须严格遵守电力安全工作规程、事故处理规程、调度规程、现场运行规程、反事故措施以及其他有关规定。

（2）事故和异常处理过程中，运行人员应认真监视监控画面和表计、信号指示。事故及处理过程应在值班日志、事故障碍记录及断路器跳闸等记录簿上做好详细记录。

（3）对设备的检查要认真、仔细，正确判断故障的范围及性质，汇报术语准确并简明扼要，所有电话联系均应录音。

（4）事故处理可以不用操作票，但为了提高操作的正确性，可参考典型操作票操作。操作中应严格执行操作监护制并认真核对设备的位置、名称、编号和拉合方向，防止误操作。事故抢修、试验可以不用工作票，但应使用事故抢修单。所有事故抢修、试验均应履行工作许可手续。事故处理后恢复送电的操作应填写倒闸操作票。

（5）下列各项操作现场运行人员可不待调度指令而自行进行：

1）将直接威胁人身或设备安全的设备停电。

2）确知无来电可能性时，将已损坏的设备隔离。

3）当站用电源部分或全部停电时，恢复其电源。

4）交流电压回路断线或交流电流回路断线时，按规定将有关保护或自动装置停用，防止保护和自动装置误动。

5）单电源负荷线路断路器由于误碰跳闸，将跳闸断路器立即合上。

6）当确认电网频率、电压等参数达到自动装置整定动作值而断路器未动作时，立即手动断开应跳的断路器。

7）当母线失压时，将连接该母线上的断路器断开（除调度指定保留的断路器外）。

除自行管辖的站用变压器停电处理以外，以上事故紧急处理以后应立即向调度汇报。

（6）发生事故后应将事故的详细情况及时汇报给本单位生产领导。发生重大事故或者有人员责任的事故，在事故处理结束以后，运行人员应将事故处理的全过程的资料进行汇总，汇总资料应完整、准确、明了。编写出详细的现场事故报告，以便专业人员对事故进行分析。现场事故报告应包括以下内容：

1）发生事故的时间、事故前后的负荷情况等。

2）中央信号、表计指示、断路器跳闸情况和设备告警信息。

3）保护、自动装置动作情况。

4）微机保护的打印报告并对其进行的分析。

5）故障录波器打印报告及测距。

6）现场设备的检查情况。

7）事故的处理过程和时间顺序。

8）人员和设备存在的问题。

9）事故初步分析结论。

六、事故处理的注意事项

1. 准确判断事故的性质和影响范围

（1）运行人员在处理故障时应沉着、冷静、果断、有序地将各种故障现象，如断路器动作情况、潮流变化情况、信号报警情况、保护及自动装置动作情况、设备的异常情况，以及事故的处理过程作好记录，并及时向调度汇报。

（2）运行人员在平时应了解全站保护的相互配合和保护范围，充分利用保护和自动装置提供的信息，便于准确分析和判断事故的范围和性质。

（3）运行人员要全面了解保护和自动装置的动作情况，在检查保护和自动装置动作情况时应依次检查，作好记录，防止漏查、漏记信号影响对事故的判断。

（4）为准确分析事故原因和故障查找，在不影响事故处理和停送电的情况下，应尽可能保留事故现场和故障设备的原状。

2. 限制事故的发展和扩大

（1）故障初步判断后，运行人员应到相应的设备处进行仔细地查找和检查，找出故障点和导致故障发生的直接原因。若出现着火、持续异味等危及设备或人身安全的情况，应迅速进行处理，防止事故的进一步扩大。确认故障点后，运行人员要对故障进行有效地隔离，然后在调度的指令下进行恢复送电操作。

（2）发生越级跳闸事故，要及时拉开保护拒动的断路器和拒分断路器的两侧隔离开关。在操作两侧隔离开关前，一般需要解除五防闭锁，因而应提前作好准备，以便缩短事故停电时间。在拉隔离开关前，必须检查向该回路供电的断路器在断开位置，防止带负荷拉隔离开关。

（3）对于事故紧急处理中的操作，应注意防止系统解列或非同期并列。对于联络线，应经过并列装置合闸，确认线路无电时方可解除同期闭锁合闸。

（4）用控制开关操作合闸，若合闸不成功，不能简单地判断为合闸失灵，应注意在合闸过程中监视表计指示和保护动作信息，防止多次合闸于故障线路或设备，导致事故的扩大。

（5）加强监视故障后线路、变压器的负荷状况，防止因故障致使负荷转移，造成其他设备长期过负荷运行，及时联系调度消除过负荷。

3. 恢复送电时防止误操作

（1）恢复送电时应在调度的统一指挥下进行，运行人员应根据调度命令，考虑运行方式变化时本站自动装置、保护的投退和定值的更改，满足新方式的要求。

（2）恢复送电和调整运行方式时要考虑不同电源系统的操作顺序。

（3）运行人员在恢复送电时要分清故障设备的影响范围，先隔离故障设备，对于经判断无故障的设备，按调度命令恢复送电，防止误操作导致故障的扩大。

4. 事故时应保证站用交直流系统的正常运行

站用交直流系统是变电站正常运行、操作、监控、通信的保证。交直流系统异常会造成失去保护自动装置、操作、通信、变压器冷却系统电源，将使得事故处理更困难，若在短时间内交直流系统不能恢复，会使事故范围扩大，甚至造成电网事故和大面积停电事故。因而事故处理时，应设法保证交直流系统正常运行。

【思考与练习】

1. 发生事故时，运行人员应向调度汇报哪些内容？
2. 哪些项目在事故处理时运行人员可以自行操作后再汇报调度？
3. 简述事故处理的一般步骤。
4. 现场事故报告应包括哪些内容？

第三十八章　补偿装置事故分析及处理

模块1　补偿装置简单事故处理（GYBD00602001）

【模块描述】本模块介绍电容器、电抗器故障跳闸事故的一般概念。通过要点讲解和案例分析，熟悉电容器、电抗器事故跳闸的征象，掌握并联电容器跳闸和并联电抗器跳闸事故处理的原则。

【正文】

无功补偿装置多接于变电站低压母线，并联电容器为容性无功设备，用于补偿系统感性无功；而并联电抗器为感性无功设备，用于补偿系统容性无功。电容器、电抗器故障跳闸在变电站比较常见。

一、并联电容器跳闸现象

（1）事故警报、警铃鸣响，监控后台机主接线图，电容器断路器标志显示绿闪。

（2）故障电容器电流、功率指示均为零。

（3）监控后台机出现告警窗口，显示故障电容器某种保护动作信息。故障电容器保护屏显示保护动作信息（信号灯亮）。

（4）电容器设备短路故障，可伴随声光现象。充油电容器内部故障时可有冒烟、鼓肚、喷油现象。

（5）电容器跳闸同时伴有系统或本站其他设备故障，则往往是由母线电压波动引起的电容器跳闸，应根据现象区别处理。

二、并联电容器跳闸处理原则

（1）并联电容器断路器跳闸后，没有查明原因并消除故障前不得送电，以免带故障点送电引起设备的更大损坏和影响系统稳定。

（2）并联电容器电流速断保护、过电流保护或零序电流保护动作跳闸，同时伴有声光现象时，或者密集型并联电容器压力释放阀动作，则说明电容器发生短路故障，应重点检查电容器，并进行相应的试验。如果整组检查查不出故障原因，就需要拆开电容器组，逐台进行试验。若电容器检查未发现异常，应拆开电容器连接电缆头，用 2500V 绝缘电阻表遥测电缆绝缘（遥测前后电缆都应放电）。若绝缘击穿，应更换电缆。

（3）并联电容器不平衡保护动作跳闸应检查有无熔断器熔断。对于熔断器熔断的电容器应进行外观检查。外观无异常的应对其放电后拆头，进行极间绝缘摇测及极间对外壳绝缘摇测，20℃时绝缘电阻应不低于 2000MΩ。若绝缘测量正常，对电容器进行人工放电后更换同规格的熔断器。若绝缘电阻低于规定或外观检查有鼓肚、渗漏油等异常，应将其退出运行。同时要将星形接线的其他两相各拆除一只电容器的熔断器，以保持电容器组的运行平衡。

（4）工作前，在确认并联电容器断路器断开后，应拉开相应隔离开关，然后验电、装设接地线，让电容器充分放电。由于故障电容器可能发生引线接触不良、内部断线或熔断器熔断，装设接地线后有一部分电荷可能未放出来，所以在接触故障电容器前应戴绝缘手套，用短路线将故障电容器的两极短接，方可接触电容器。对双星形接线电容器的中性线及多个电容器的串接线，还应单独放电。

（5）若发现电容器爆炸起火，在确认并联电容器断路器断开并拉开相应隔离开关后，进行灭火。灭火前要对电容器放电（装设接地线），没有放电前人与电容器要保持一定距离，防止人身触电（因电容器停电后仍储存有电量）。若使用水或泡沫灭火器灭火，应设法先将电容器放电，要防止水或灭火液喷向其他带电设备。

（6）并联电容器过电压或低电压保护动作跳闸，一般是由于母线电压过高或系统故障引起母线电压大幅度降低引起的，应对电容器进行一次检查。待系统稳定以后，根据无功负荷和母线电压再投入电容器运行。电容器跳闸后至少要经过 5min 方可再送电。

（7）接有并联电容器的母线失压时，应先拉开该母线上的电容器断路器，待母线送电后根据无功负荷和母线电压再投入电容器运行。拉开电容器断路器是为了防止母线送电时造成母线电压过高、损坏电容器。因为母线送电、空母线运行时，母线电压较高，如果带着电容器送电，电容器在较高的电压下突然充电，有可能造成电容器喷油或鼓肚。同时，因为母线没有负荷，电容器充电后大量无功向系统倒送，致使母线电压升高，超过了电容器允许连续运行的电压值（电容器的长期运行电压不应超过额定电压的 1.05 倍）。另外，变压器空载投入时产生大量的 3 次谐波电流，此时，如果电容器电路和电源的阻抗接近于谐振条件，其电流可达电容器额定电流的 2～5 倍，持续时间 1～30s，可能引起过电流保护动作。

（8）并联电容器过电流保护、零序保护或不平衡保护动作跳闸后，经检查试验未发现故障，应检查保护有无误动可能。

三、并联电抗器跳闸的现象

（1）事故警报、警铃鸣响，监控后台机主接线图，电抗器断路器标志显示绿闪。

（2）故障电抗器电流、功率指示均为零。

（3）监控后台机出现告警窗口，显示故障电抗器某种保护动作信息。故障电抗器保护屏显示保护动作信息（信号灯亮）。

（4）电抗器外部设备短路故障伴随声光现象。充油电抗器内部故障可有冒烟、喷油现象。

四、并联电抗器跳闸处理原则

（1）并联电抗器断路器跳闸，应对电抗器进行检查试验。若发现电抗器爆炸起火，应向消防部门报警，并拉开电抗器隔离开关进行灭火。使用水或泡沫灭火器灭火，要防止水或灭火液喷向其他带电设备。若带电灭火，应使用气体或干粉灭火器灭火，不得使用水或泡沫灭火器灭火。

（2）并联电抗器断路顺跳闸后，没有查明原因不得送电，以免带故障点送电引起设备的更大损坏和影响系统稳定。

（3）故障点不在电抗器内部，可不对电抗器进行试验。排除故障后恢复电抗器送电。

（4）为防止系统电压过高，主变压器可带并联电抗器停送电。并联电抗器断路器跳闸后如引起系统电压升高超过允许运行的电压，应立即汇报调度，由调度决定应对措施。

（5）并联电抗器断路器跳闸后，经检查试验未发现任何故障，应检查保护有无误动可能。

五、案例分析

110kV 甲变电站因并联电容器合闸操作过电压引起三相短路，造成 2 号主变压器 02 断路器、电容器 22 断路器跳闸。

1. 事故前甲变电站运行方式

110kV：551、575 断路器及 501 断路器带 1 号主变压器运行于Ⅰ母，576、578、552 断路器及 502 断路器带 2 号主变压器运行于Ⅲ母，560 断路器合环，579 断路器及 110kV 旁母Ⅵ母冷备用。10kV：1 号主变压器 01 断路器送Ⅰ母，由 03、05、06、07、08、09、10、11 断路器运行，2 号主变压器 02 断路器送Ⅱ母由 13、14、15、16、17、18、20 断路器运行，00 断路器分段热备用，12 断路器及 10kV 旁母冷备用。故障前 02 断路器负荷为 24MVA。

2. 事故现象

某年 8 月 18 日 14 时 18 分，110kV 甲变电站 22 电容器经自动电压控制（AVC）系统控制合闸投电容器，随即 2 号主变压器高压侧复合电压方向过电流 T1 动作跳开 10kV 02 断路器，A、B、C 三相故障，高压侧二次短路电流 10.6A；随后 10kV 22 电容器保护低电压保护动作跳开 22 断路器。运行人员现场检查发现电容器 22 断路器间隔 222 隔离开关断路器侧 A、B 两相动、静触头烧损严重，瓷裙炸裂，电容器侧三相触头完好，222 隔离开关后柜隔离开关支持绝缘子三相瓷裙炸裂，三相对地均有放电痕迹，A、C 相避雷器引线烧断，断路器、电流互感器及铝排完好，无放电痕迹。

3. 事故分析及处理

14 时 40 分，将甲变电站 22 断路器转冷备用。保护班对 22 保护进行了检查，各项保护装置及参数经检查均正确，可以运行。16 时 40 分，甲变电站将 2 号主变压器转检修。修试工区对主变压器进行了绝缘电阻及高低压线圈直阻、油色谱试验及绕组变形试验，无异常。17 时 28 分，将 22 断路器及电容器组转检修。修试工区对 22 断路器进行了特性试验，各项参数合格。22 断路器避雷器试验也合格。22 断路器线路避雷器拆除，22 电容器暂不能运行。15 时 36 分，经 16 线路冲击母线无故障后，合上 00 断路器，恢复 10kVⅡ母运行；23 时 2 号主变压器试验合格。8 月 19 日 0 时 13 分 2 号主变压器转运行，00 断路器转热备用，恢复正常运行方式。

经分析，确定故障起因是由电容器合闸操作过电压引起的三相短路。

4. 事故暴露出的问题

（1）甲变电站 10kV 22 开关柜为 1996 年 XGN-10 开关柜，其外绝缘水平低。22 电容器由分到合时，产生操作过电压，过电压造成 222 隔离开关的后柜支持绝缘子三相绝缘击穿对地放电、瓷裙炸裂。放电电弧从开关柜下部向电源侧蔓延，烧坏前柜 222 隔离开关 A、V 两相动、静触头的压紧弹簧。隔离开关合闸压力下降，造成前柜隔离开关的动、静触头烧坏。放电电弧同时将 222 隔离开关前柜的支持绝缘子烧坏炸裂，并烧断避雷器 A、C 相引线。

（2）甲变电站 22 断路器电流互感器在通过较大短路电流时，存在严重过饱和情况。22 开关柜三相接地短路电流为 13kA，该断路器间隔电流互感器为 300/5、10P15，13kA 的短路电流造成西 22 电流互感器严重过饱和，22 电流互感器二次电流严重负误差，22 断路器电流互感器二次故障电流未达到故障电流定值，导致 2 号主变压器保护动作，02 断路器跳闸故障切除。

5. 小结

从这次事故中可以吸取以下教训：

（1）变电站要选用外绝缘水平高的设备，防止过电压造成绝缘击穿。

（2）要选用误差特性好的电流互感器，防止系统故障时因严重过饱和而不能正确反映故障电流，造成保护拒动、越级跳闸的事故。

【思考与练习】

1. 母线停电时对并联电容器有什么要求？
2. 并联电容器停电工作应注意什么？
3. 并联电抗器跳闸时一般有哪些现象？

模块 2　补偿装置事故处理（GYBD00602002）

【模块描述】本模块介绍电容器、电抗器故障跳闸事故的原因和处理方法。通过原因分析、要点讲解和案例分析，掌握电容器、电抗器事故跳闸原因、处理跳闸事故的方法和步骤。

【正文】

补偿装置发生事故时一般不会影响系统，处理时应注意防止事故的蔓延扩大，故障设备未彻底修复之前不能投入运行。

一、并联电容器跳闸原因分析

（1）母线电压过高或过低，引起电容器保护动作跳闸。

（2）电容器内部因过热而鼓肚，导致喷油着火而引起相间短路；电容器运行电压过高或绝缘下降引起绝缘击穿，导致相间短路。

（3）电容器母线相间短路。

（4）电容器与断路器连接电缆绝缘击穿导致相间短路。

（5）电容器保护误动作。

二、并联电容器跳闸后处理步骤

（1）记录时间、查看表计、告警信息（光字牌）、跳闸断路器清闪（复归控制开关），检查保护动作情况，记录后复归信号，提取故障录波报告。根据保护动作情况分析判断事故性质。

（2）检查电容器组及其电抗器、电流互感器、电力电缆有无爆炸、鼓肚、喷油，接头是否过热或融化，套管有无放电痕迹，电容器的熔断器有无熔断。如果发现设备着火，应确认电容器断路器断开后，拉开电容器隔离开关，电容器装设地线（合接地隔离开关）后灭火。

（3）将事故现象和检查情况报告调度，并执行调度事故处理指令。

（4）如果是过电压或低电压保护动作跳闸，且检查设备没有异常，待系统稳定并经过 5min 放电后，根据无功负荷缺口和母线电压降低情况再投入电容器运行。

（5）如果电容器速断保护、过电流保护、零序保护或不平衡保护动作跳闸，或者密集型并联电容器压力释放阀动作，或者电容器组、电流互感器、电力电缆有爆炸、鼓肚、喷油，接头过热或融化，套管有放电痕迹，电容器的熔断器有熔断现象时，应将电容器停用、上报。

（6）不平衡保护动作跳闸，运行人员应检查电容器的熔断器有无熔断。如有熔断，要将电容器停电、布置安全措施，并用短路线将故障电容器的两极短接后，对熔断器熔断的电容器进行外观检查和绝缘摇测。若外观检查和绝缘测量正常，对电容器进行人工放电后更换同规格的熔断器。若绝缘电阻低于规定或外观检查有鼓肚、渗漏油等异常，应将其退出运行。同时要将星形接线的其他两相各拆除一只电容器的熔断器，以保持电容器组的运行平衡。

（7）故障电容器经试验、检修正常后方可投入系统运行。如果故障点不在电容器内部，可不对电容器进行试验。排除故障后可恢复电容器送电。

三、引起并联电抗器跳闸的原因

（1）电抗器外部引线等设备发生短路引起断路器跳闸。

（2）电抗器绕组相间短路、层间短路、匝间短路、接地短路、铁芯烧损以及内部放电等引起断路器跳闸。

（3）电抗器保护误动。

四、并联电抗器跳闸后的处理步骤

（1）记录时间、查看表计、告警信息（光字牌）、跳闸断路器清闪（复归控制开关），检查保护动作情况，记录后复归信号，提取故障录波报告。根据保护动作情况分析判断事故性质。

（2）检查电抗器外壳有无异常现象，套管有无闪络、放电或爆炸；跳闸断路器有无异常现象，若为油断路器，则检查油断路器的油色、油位是否正常，有无喷油现象；电流互感器、电力电缆有无爆炸、鼓肚、喷油，接头是否过热或融化。油浸式电抗器油温、油位有无异常现象，气体继电器和压力释放阀（防爆筒）有无动作。如果发现设备着火，在确认电抗器断路器断开并拉开相应隔离开关后再进行灭火。

（3）将事故现象和检查情况报告调度，请示将电抗器转检修。

（4）报告上级部门，安排检查、检修设备。

五、线路串联补偿装置跳闸原因

（1）串补所在线路发生事故跳闸，造成串补退出运行。

（2）串补装置内部故障，如平台设备故障、间隙设备异常等。

（3）串补装置保护误动。

六、线路串联补偿装置的事故处理

（1）当带串补运行的线路发生事故跳闸重合不成功时，处理的原则是先保证恢复线路送电。应首先对线路保护动作信号进行分析、检查线路设备是否具备送电条件并及时汇报调度。再对串补保护信号进行分析、检查串补设备。

（2）当串补线路故障跳闸后，应检查工作站显示的火花放电间隙的触发次数并与初始值进行比较，将串补动作信号打印并传真至调度，运行负责人应组织班员分析串补的动作信号是否正确。

（3）当线路无故障而串补保护动作旁路时，应抄录串补保护的动作信号，查看监控系统上的告警信息，同时了解系统其他线路是否有故障，对所收集的资料进行综合分析。如经分析保护动作为非串补装置故障引起的，是否恢复串补设备运行，应听从调度的指令；如经分析认为串补保护动作属误动，则申请将串补设备转为接地状态，由保护人员对保护控制系统进行检查。

（4）当线路无故障而串补保护动作跳线路时，应派人抄录串补保护的动作信号，查看监控系统上的告警信息，打印线路保护的故障录波图，进行综合分析，如判断为本线路确无故障，跳闸是由串补保护引起的，则立即向调度申请将串补平台转为接地状态，听从调度指令恢复线路运行。

（5）串补设备运行时，如出现保护动作将串补永久旁路，在保护动作原因未查明前，不得将串补恢复运行。应立即向调度汇报并申请将串补转为接地状态，同时汇报站领导，以便安排维护人员进行检查处理。

（6）当串补保护误动造成旁路时，异常未处理前不能恢复串补运行。当串补保护误动造成线路跳闸时，应立即申请将串补转为接地状态后恢复线路运行。

（7）旁路断路器发生事故不能利用旁路断路器正常将串补进行旁路操作，必须立即申请调度将相应的线路退出运行，然后申请将串补转接地，恢复线路正常运行，再进一步进行串补的处理工作。

（8）当旁路断路器动作失灵时，断路器失灵保护动作，跳开线路两侧的断路器。如果失灵保护拒动，应和调度联系，迅速拉开该线路的两侧断路器。

（9）平台设备发生事故，如平台上发生电容器爆炸、着火，电流互感器、阻尼回路、火花间隙破坏冒烟等紧急情况，必须立即汇报调度，申请将故障串补隔离并转接地，处理过程中涉及登上平台者，必须在平台接地 15min、电容器全部放电完毕后方能进行登平台工作。在平台隔离接地及灭火完毕后，必须重新核对保护屏柜、控制屏柜、监控系统的信号，进一步详细记录告警信息，认真分析、打印故障录波图，及时将有关信息汇报调度及领导。

（10）当发生危及串补设备安全的事件，而保护控制装置未动作时，立即向调度和站领导汇报，同时将串补紧急退出运行。

（11）如串补运行中开环控制系统发生故障，则应将串补退出运行，故障未处理好之前，不得恢复串补运行。

（12）如串补运行中闭环控制系统发生故障，则可控部分会被旁路，故障未处理好之前，不得恢复串补固定部分运行。

（13）如果主控室的工作站和远动网关系统同时故障，在主控室无法对串补的运行状态进行监视时，必须派一人到串补保护控制室进行值班。如果主控室的工作站、远动网关系统、保护控制室的工作站同时故障，无法对串补的运行状态进行监视时，立即向调度申请将串补退出运行。

（14）为尽快隔离事故设备、尽快排除设备故障、尽快使故障设备恢复并重新投入运行，尽量降低损失，确保串补设备的安全可靠运行，应严格按照现场运行规程有关规定进行处理。

（15）在事故处理过程中，处理人员要认真检查现场设备，准确找出设备故障原因及受损设备，认真作好记录，及时准确地进行汇报。

（16）串联补偿装置保护动作时的处理原则如下：

1）平台故障保护动作。串补装置［晶闸管控制的可控串联补偿装置（TCSC）和常规固定串联补偿装置（FSC）］被永久闭锁，向调度申请将串补装置转为检修状态，采取相应的安全措施后上到平台进行检查，详细察看平台上的各个设备是否有放电闪络的痕迹，检查信号柱、冷却水柱等相关设备是否有闪络痕迹。

2）间隙长期导通保护动作。间隙长期导通保护动作说明间隙装置异常或旁路断路器拒合，向调度申请将串补装置转为检修状态，在做好安全措施后到平台上进行检查。

3）间隙拒绝触发保护动作。间隙拒绝触发保护动作将串补装置永久旁路，应向调度申请将串补装置转为检修状态，采取相应的安全措施后上到平台对间隙和间隙触发装置（GTE）进行检查。

4）间隙延时触发动作。应向调度申请将串补装置转为检修状态，采取相应的安全措施后上到平台对间隙和 GTE 进行检查。

5）间隙自触发动作。

① 如果第一次自触发自动重投成功，需要进行信号的检查，并把保护动作信号汇报调度。

② 如果 600s 重复自触发而永久闭锁，且有来自线路保护的触发命令，说明因现地控制单元（LCU）插件故障或由金属氧化物限压器（MOV）单元到 LCU 单元的接口连接不稳固，LCU 单元未收到触发信号。需要向调度申请将串补装置转为检修状态对保护单元模件进行检查；若无其他保护的触发命令，

说明间隙装置本身自触发，即间隙触发管电压达到52.3kV，需要向调度申请将串补装置转为检修状态对间隙（如触发管和分压电容等）进行检查。

6）MOV过温度保护动作。应根据当时负荷情况进行分析保护动作是否正确，如果满足重投条件（4个重投条件），向调度申请重投串补装置。

7）MOV温度梯度保护动作。如果自动重投失败，待满足重投条件向调度申请重投串补装置。

8）MOV高电流保护动作。如果重投成功，按照线路故障处理指导进行处理；如果自动重投不成功，经检查如满足重投条件向调度申请人工重投。

9）MOV不平衡保护动作。说明MOV可能有单元损坏，向调度申请将串补装置转为检修状态对MOV进行检修。

10）外部间隙触发命令动作。按照线路故障进行事故处理。

七、案例分析

案例1：35kV线路接地短路，造成并联电容器损坏。

1. 运行方式

某变电站35kV侧单母分段正常运行方式，化工线供当地化工厂重要负荷。

2. 事故现象

某年3月20日7时，某变电站35kV系统接地光字牌时亮时熄，35kV相电压表指针不停地晃动，监控系统发出“35kV化工线速断保护动作”，大约50s后，35kV系统接地现象消失，同时，35kV 2号电容器差压保护动作，2号电容器319b断路器跳闸。故障录波器动作，掉牌未复归，光字牌亮。

3. 事故处理过程

向调度汇报后，将319b断路器操作把手复归，复归有关信号，打印录波报告。详细检查2号电容器间隔，发现2号电容器B相喷油胀肚。调度发令将电容器改为冷备用，化工线断路器改为冷备用。

4. 事故原因分析

当天早上空气湿度大，化工线是工厂用户，其配电室进线电缆绝缘不良放电，造成35kV瞬时单相接地现象，并发展为相间弧光短路，化工线速断保护动作。由于化工线断路器的保护是电磁型的，而弧光短路放电故障消失很快，断路器未跳闸。又由于在短时间内电压波动过快，造成电容器损坏，其差压保护动作，断路器跳闸。

5. 案例引用小结

从事故中可以吸取以下教训：

（1）要选用绝缘性能良好的高压电缆。

（2）配电设备要经常除污清扫，防止污闪。

（3）新建变电站应选用微机型的继电保护，以提高保护灵敏度和可靠性。

案例2：串补保护误动，旁路串补设备。

1. 事故前运行方式

某500kV变电站线路2串补电容器组正常投入运行。

2. 事故现象

某500kV变电站线路2线串补第一套保护C相MOV温度过高故障、MOV温度梯度动作旁路，5201断路器永久闭锁。QHⅡ线串补第一套保护MOV保护动作。具体信息如下：

监控系统显示：QHⅡ线串补MOV过载（保护1），线路2串补MOV　C相，线路2串补三相临时旁路（保护1），线路2串补5201A、B、C相断路器合闸。

串补监控显示：MOV旁路过载、三相暂时旁通、MOV温度梯度旁路、MOV支路红色闪亮，C相显示温度为200℃；BBR旁路断路器出现永久闭锁。

串补保护屏上信号：500kV线路2串补第一套保护屏红灯常亮（旁路），－U24模块8号灯（断路器失灵旁路MOV）亮；－U25模块1号灯（3相永久闭锁）；BBR状态继电器－K1、－K2、－K3亮（断路器旁路），－K4、－K5、－K6灭；S12模块HD2灯4号（旁路）亮；永久闭锁继电器掉牌；500kV线路2串补第二套保护无异常。

现场一次设备情况：500kV 线路 2 串补 5201 断路器 A、B、C 三相在合闸位置，其他一次设备异常。

3. 分析处理

由于现场一次设备无任何异常，500kV 线路 2 串补第一套保护因检测到 MOV 温度高（C 相显示温度为 200℃），MOV 温度梯度动作将 500kV 线路 2 串补旁路；500kV 线路 2 串补第二套保护无任何异常，判断 500kV 线路 2 串补第一套保护动作不正确。汇报调度和有关领导，根据现场检查判断结果将第一套保护停用，恢复串补运行。

事后检修班对 MOV 二次回路进行检查，反复上电、断电检查，发现 C 相 MOV 的 IO3.1 的 H3 指示灯为红色，表示 MOV 的 C 相回路有问题，在串补平台上通 1.5V 电压检查，再次出现串补保护动作时同样信号。在 C 相串补平台第一套保护光纤接线盒处拆开 A21 的 X1～9，X3～20 光纤。20 号光纤透光性就弱，更换为备用 22 号光纤后，H3 指示灯显示正常。判断为由于 C 相 MOV 分支回路（T210）的 20 号光纤衰耗过大引起 500kV 线路 2 串补第一套保护动作不正确。反映出保护设备抗干扰性能太差，使用的光纤质量不稳定。

4. 案例小结

从案例中可以吸取以下经验教训：

（1）运行人员要加强对串补保护运行工况的监视和对保换设备的性能的了解。

（2）继保检修人员应定期对串补保护装置进行定检，提高检修水平，保证设备检修质量，加强对串补保护的采样稳定性和抗干扰性能的科学研究，提高设备的运行稳定性。

【思考与练习】

1. 并联电容器跳闸一般是由哪几种原因引起的？

2. 并联电容器过电流保护动作跳闸应如何处理？

3. 并联电抗器跳闸的原因是什么？

4. 简述并联电抗器跳闸的处理步骤。

模块 3　补偿装置事故处理危险点预控分析（GYBD00602003）

【模块描述】本模块介绍补偿装置事故处理的危险点源分析和预控。通过预案分析和案例介绍，掌握补偿装置事故处理的危险点源分析方法，并能根据补偿装置事故暴露出的运行或设备缺陷提出技改方案，制定相应预控措施和事故预案。

【正文】

一、补偿装置事故处理中的危险点源分析

事故处理中如不认真核对设备的位置、名称和编号，走错设备间隔，易发生误操作事故和人身事故，在补偿装置的事故处理中也是这样。补偿装置危险点预控措施见表 GYBD00602003-1。

表 GYBD00602003-1　补偿装置危险点预控措施

防范类型	危险点	序号	预控措施
防人身事故	误入带电间隔	1	监护人、操作人应走到设备铭牌前对设备名称编号认真进行核对
		2	在每步操作结束后，应由监护人在原位向操作人提示下一步操作内容
		3	中断操作重新就位开始操作前，应重新核对设备名称、编号
		4	执行一个操作任务的中途严禁换人
		5	电容器未放电不得进入设备间隔
	带电装设接地线	1	挂接地线前必须使用合格的验电器先验明线路确无电压
		2	装设接地线时，应认真核对设备名称，并确认不会触及带电设备

续表

防范类型	危险点	序号	预控措施
防人身事故	带电装设接地线	3	在验电后应立即装设接地线，若验电后因故中止操作，则在返回继续操作前必须重新验电
		4	电容器应在放电后装设地线，否则身体不得触及地线
	安全距离不够造成人员触电	1	验电和装设接地线时，必须保持人与导体端的安全距离，必须戴绝缘手套
		2	验电应使用合格的、相应电压等级的验电器
	灭火不当造成人身伤害	1	停电后再灭火，电容器还要先放电
		2	如果使用泡沫灭火器或水灭火要防止喷向带电设备
		3	尽可能防止吸入有害气体
		4	防止器身爆炸伤人
防误操作	带地刀（线）合闸	1	认真检查送电范围的设备状态
		2	恢复送电前应检查相应的接地线全部收回，检查现场确无遗留接地线
	带电合接地隔离开关或挂接地线	1	确认被检修的设备两侧有明显断开点
		2	操作票中列出的断路器、隔离开关确已拉开
		3	在指定装设接地线的部位验明设备确无电压
	带负荷拉（合）隔离开关	1	确认停送电断路器在分闸位置，唱票复诵
		2	进行解锁操作的，应确认被操作设备、操作步骤正确无误后，方可进行并加强监护
		3	检查相应电流表、红绿灯及后台遥信变位指示
		4	操作高压隔离开关必须戴绝缘手套；操作过程中应穿长袖工作服，并戴好安全帽
	误拉合断路器	1	应正确核对操作断路器名称编号
	擅自解锁	1	在操作过程中遇有锁打不开等问题时，严禁擅自解锁或更改操作票，不得跳项操作或改变操作方式
		2	若确实需要进行解锁操作的，必须履行解锁批准手续
		3	在使用解锁钥匙进行操作前，再次检查“四核对”内容，确认被操作设备、操作步骤正确无误后，方可解锁操作，并加强监护
其他	异常天气	1	雷雨天气不得进行倒闸操作
		2	雷雨天气不得靠近避雷器和避雷针
		3	如遇紧急情况需在异常天气操作隔离开关，要经上级批准，并只能在远方操作，不得就地操作

二、并联电容器事故处理预案

变电站事故预案应根据当地电网的结构特点、变电站和系统的运行方式、潮流变化特点、当地气候特点（如易发台风、地震、覆冰、雷暴、污闪等）等具体情况编制。编制事故预案应先拟定预案题目、当时的运行方式，列出事故现象，根据事故现象判断事故的性质，详细列出事故处理的方法。

本模块以 500kV 甲变电站具体设备为例，制订并联电容器典型事故跳闸的预案，如图 GYBD00602003-1 所示。

预案：35kV 1 号电容器故障跳闸。

1. 运行方式

甲变电站 1 号电容器接于 35kV Ⅰ母正常运行。

2. 事故现象

警铃、事故警报鸣响，后台机发出“35kV 1 号电容器 CSP-215A 保护动作、3733 断路器 ABC 相分闸”告警信息。

主接线图中，1 号电容器 3733 断路器指示绿闪，1 号电容器电流、功率为零。

检查 1 号电容器 CSP-215A 保护屏，发现“保护动作”信号灯亮，液晶屏显示“不平衡保护动作”。其他保护信号略。

3. 事故处理

（1）记录告警信息、断路器指示和保护动作情况，复归全部保护动作信号，断路器指示清闪。

（2）判断事故性质为：1 号电容器组故障，造成三相电流不平衡，使不平衡保护动作，三相跳闸。

将事故现象和事故判断结论报告调度。

（3）检查1号电容器电流互感器至各电容器所有一次设备有无接地或短路故障，各电容器及充油电缆有无爆炸、鼓肚、喷油和熔断器熔丝熔断现象，检查3733断路器工作状态是否良好。如果某个电容器内部故障，可以发现其熔断器熔丝熔断。需要特别注意的是：因电容器跳闸后仍带电，检查电容器时不得触及一次设备。

（4）将一次设备检查情况汇报调度，并请示将1号电容器停电检修。

如果电容器及其引线故障，拉开3733-3隔离开关后，合上3733-XD和3733-3KD接地开关，在3733-3隔离开关操作把手上挂“禁止合闸、有人工作”牌，使用工作票并履行开工手续后检修电容器；如果电容器引线及母线排上故障，3733-3KD接地开关可以不合，再合上3733-19、3733-29、3733-39接地开关放电，然后才能工作。

如果有电容器的熔断器熔丝熔断，要对熔断器熔断的电容器进行外观检查和绝缘摇测。若外观检查和绝缘测量正常，对电容器进行人工放电后更换同规格的熔断器。若绝缘电阻低于规定或外观检查有鼓肚、渗漏油等异常，应将其退出运行。同时要将星形接线的其他两相各拆除一只电容器的熔断器，以保持电容器组的运行平衡。

（5）1号电容器检修完毕并试验良好后，拆除安全措施，报告调度试送1号电容器。

（6）作好断路器故障跳闸登记，核对3733断路器故障跳闸次数，如已到临检次数，应汇报领导安排临检。

（7）汇报生产调度，做好运行记录。

三、并联电抗器事故处理预案

本模块以500kV甲变电站具体设备为例，制订并联电抗器典型事故跳闸的预案，如图GYBD00602003-1所示。

预案：35kV 2号电抗器故障跳闸。

1. 运行方式

35kV 2号电抗器接于甲变电站35kV Ⅰ母正常运行。

2. 事故现象

警铃、事故警报鸣响，后台机发出“35kV 2号电抗器CSK-406A保护动作、3732断路器ABC相分闸”告警信息。

主接线图中，2号电抗器3732断路器指示绿闪，其电流、功率为零。

检查2号电抗器CSK-406A保护屏，发现“保护动作”信号灯亮，液晶屏显示“差动出口”。其他保护信号略。

3. 事故处理

（1）记录告警信息、断路器指示和保护动作情况，复归全部保护动作信号，断路器指示清闪。

（2）判断事故性质为：2号电抗器差动保护区内故障，造成差动保护动作，2号电抗器三相跳闸。将事故现象和事故判断结论报告调度。

（3）检查2号电抗器电流互感器至电抗器所有一次设备有无短路故障，检查3732断路器工作状态是否良好。

（4）将一次设备检查情况汇报调度，并请示将2号电抗器停电检修。拉开2号电抗器3732-3隔离开关后，合上3732-3KD接地开关，在3732-3隔离开关操作把手上挂“禁止合闸、有人工作”牌，使用工作票并履行开工手续后便可以检修电抗器。

（5）2号电抗器检修完毕并试验良好后，拆除安全措施，报告调度试送2号电抗器。

（6）作好断路器故障跳闸登记，核对3732断路器故障跳闸次数，如已到临检次数，应汇报领导安排临检。

（7）汇报生产调度，作好运行记录。

【思考与练习】

1. 补偿装置事故处理过程中发生人身事故的主要危险点有哪些？如何进行预控？

2. 根据该变电站的实际接线图和保护配置，编制并联电容器的事故处理预案。

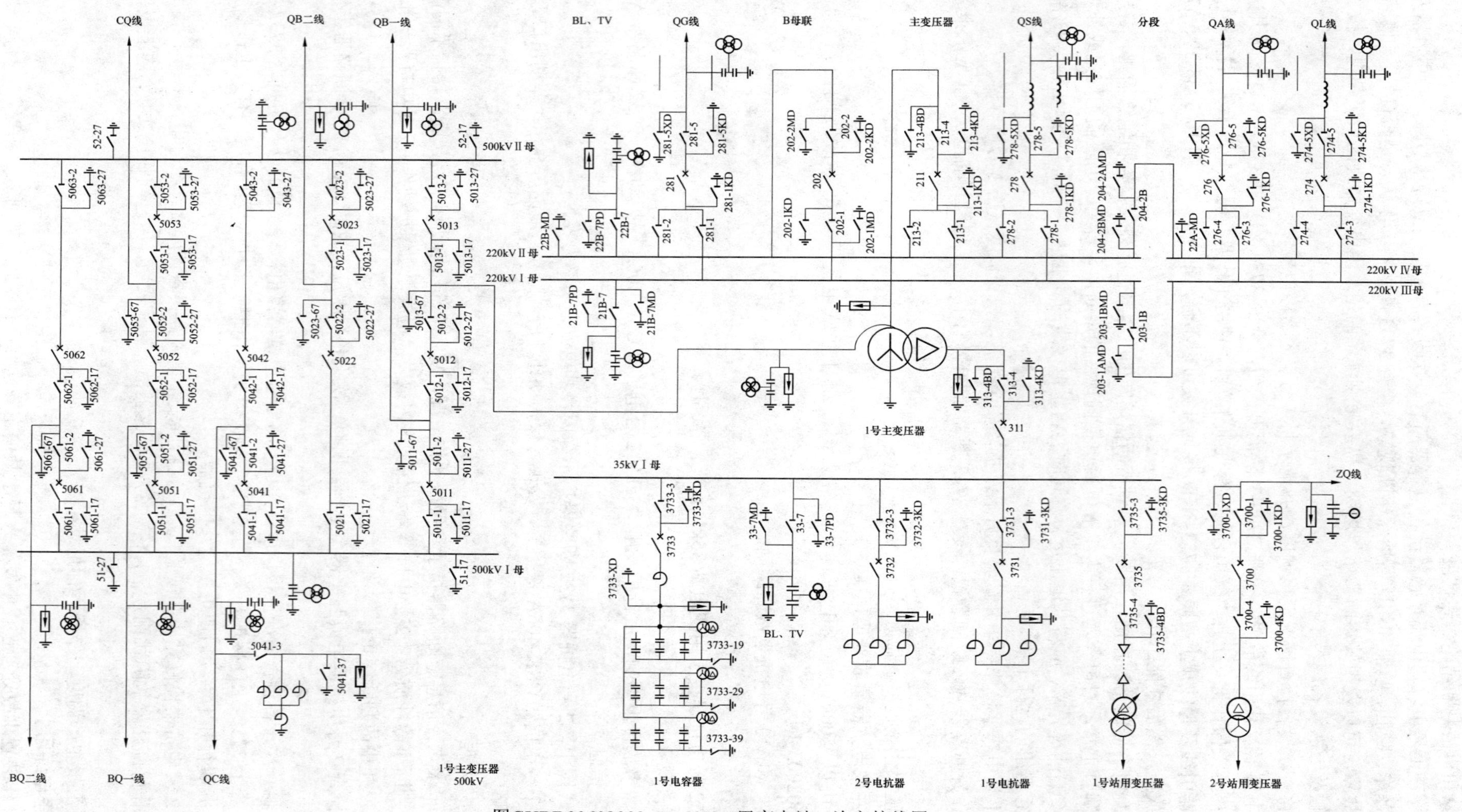

图GYBD00602003-1 500kV甲变电站一次主接线图

第三十九章　线路事故处理

模块1　线路简单事故处理（ZY1100501001）

【模块描述】本模块介绍线路简单事故的类型和现象、事故处理基本步骤。通过事故类型描述、原因分析、处理方法讲解、案例介绍，能根据线路事故现象判断线路故障性质，能参与事故处理。

【正文】输电线路因其运行场所处于野外，地理跨度较大，且线路通道无强制防护措施，运行条件受环境、气候等外部因素影响较大，具有很高的故障概率，在电力系统故障中所占比例较大。输电线路的故障可分为单相接地、两相短路、两相接地短路、三相短路、线路断线故障等，其中单相接地故障又分为单相瞬时性故障和单相永久性故障。运行实际表明，单相接地故障占输电线路故障的80%以上。故变电站运行人员在值班过程中，最常见的事故处理是线路故障跳闸处理。

连接于线路上的变电设备如线路隔离开关、电压互感器、避雷器、阻波器等的故障，虽然不属于输电线路故障，但由于其安装位置在线路保护用电流互感器线路侧，按其性质、影响、保护反映等因素考虑，也应归属为线路故障。

一、线路简单事故类型

（1）线路单相瞬时性接地故障。

（2）线路单相永久性接地故障。

二、线路事故现象

（1）事故音响系统动作（警铃、喇叭响）。

（2）事故线路保护动作。

1）保护动作信号指示（保护装置不同，并不一定是指示灯）。

2）故障相跳闸出口信号指示。

3）重合闸动作信号指示。

（3）事故线路的断路器跳闸，若重合闸不成功或未动，其跳闸位置指示灯闪烁。

（4）故障录波器启动。

（5）故障测距及分析装置动作。

（6）变电站站内电压波动。

（7）监控主机出现以上相关遥信信息。

三、线路事故原因分析

（1）本线路故障：

1）雷击线路造成单相接地。

2）绝缘子闪络（污闪、外物短接）。

3）反击引起线路单相接地。

4）线路断线（接点发热烧断、倒杆断线、接续金具松脱）。

5）风偏树木引起单相接地短路。

（2）本线路避雷器、阻波器、电压互感器故障。

（3）外力破坏造成本线路单相接地短路。

（4）线路保护误动跳闸。

四、线路事故处理

（一）线路单相瞬时性故障处理

1. 故障过程

（1）断路器单相跳闸。

（2）经重合闸整定时间后，断路器单相重合。

（3）系统恢复正常运行。

这一过程非常短暂，因此，运行人员只能从事故信号、保护及自动装置、故障录波器、故障测距及分析装置等二次设备了解故障情况。

2. 故障现象

（1）中央信号事故音响动作，相应光字牌亮。

（2）若重合闸未动，控制屏相应的断路器跳闸位置指示灯闪烁。

（3）断路器保护屏上跳闸相信号以及重合闸信号指示。

（4）线路保护屏上出现保护动作信号，并有保护动作报文显示。

（5）故障录波器启动、故障测距及分析装置动作。

（6）变电站站内电压波动。

（7）监控主机出现以上相关遥信信息。

3. 处理原则

（1）线路保护动作跳闸时，运行值班人员应从中央信号、事件打印、保护及自动装置动作情况及时分析故障相别、故障距离、保护的动作情况。

（2）将以上情况和当时的负荷情况及时向调度汇报，便于调度及时、全面地掌握情况，进行分析判断。

（3）若查明重合闸重合成功，且本站录波器、故障测距及分析装置确已动作，判断是本线路内瞬时故障，可做好记录，复归信号，向调度汇报。

如本站断路器跳闸或重合闸动作重合成功，但本站录波器、故障测距及分析装置未动作，且对侧未跳，可能是本侧保护误动或断路器误跳。若经详细检查证实是保护误动，可申请将误动的保护退出运行，根据调度命令试送电；若查明是断路器误跳，则待查明误跳原因后，在确认断路器可以试送时，才能申请调度试送，但若断路器机构故障，则通知专业人员进行处理。

（4）到现场检查断路器的实际位置，无论断路器重合与否，都应检查断路器及线路侧所有设备有无短路、接地、闪络、断线、瓷件破损、爆炸、喷油等现象。

（5）若重合闸未动，且通过保护信号、故障录波及故障测距装置判断是线路故障，应按调度命令，将故障线路强送一次（强送前，应检查线路电压表是否有电压，若有电压，应采用同期操作）。

（6）检查站内其他设备有无异常。

（7）及时记录保护及自动装置屏上的所有信号。

（8）记录跳闸前后的线路负荷及潮流变化情况。

（9）重合闸动作成功的情况下，检查重合闸是否充好电（重合闸在断路器合上后经 15s 才能充好电）。

（10）打印故障录波报告及微机保护报告。

（11）事故处理完毕后，变电站值班长要指定有经验的值班员做好详细的事故障碍记录、断路器跳闸记录等，并根据断路器跳闸情况、保护及自动装置的动作情况、事件记录、故障录波、微机保护打印以及处理情况，整理详细的现场跳闸报告。

（12）根据调度及上级主管部门的要求，将所整理的跳闸报告及时上报。

4. 处理方法

（1）记录故障时间。

（2）恢复事故音响。

（3）检查保护装置及断路器动作情况。

（4）将线路事故跳闸、重合闸动作情况，简要汇报调度及有关部门。

（5）检查断路器、隔离开关等站内一次设备有无异常现象。

（6）向调度汇报以下内容：

1）断路器是否自动重合或三相跳闸。

2）线路是否还有电压。

3）继电保护及自动装置动作情况及其关键报文。

4）故障录波器是否动作及其关键报文。

5）故障测距及分析装置是否动作及其关键报文。

（7）记录所有动作的光字牌、信号灯和继电保护及自动装置动作情况。并经两人确认后复归所有信号。

（8）将上述各项检查、汇报的内容记录在运行日志中。

（9）填写断路器跳闸记录。

（二）线路单相永久性接地故障处理

1. 线路单相永久性故障的过程

（1）断路器单相跳闸。

（2）经重合闸整定时间后，断路器单相重合。

（3）重合于故障线路。

（4）断路器三相跳闸（线路重合闸在“单重”方式）。

2. 线路单相永久性故障的现象

（1）中央信号事故音响动作，相应光字牌亮。

（2）控制屏相应的断路器跳闸位置指示灯闪烁。

（3）断路器保护屏上跳闸相信号指示。

（4）线路保护屏上出现保护动作信号，并有保护动作报文显示。

（5）故障录波器启动、故障测距及分析装置动作。

（6）变电站站内电压波动。

（7）监控主机出现以上相关遥信信息。

3. 线路单相永久性故障的处理原则

（1）线路保护动作跳闸时，运行值班人员应立即查看中央信号、事件打印、保护及自动装置动作情况、重合闸是否重合成功、断路器跳闸情况。

（2）将以上情况和当时的负荷情况及时向调度汇报，便于调度及时、全面地掌握情况，进行分析判断。

（3）到现场检查断路器的实际位置，以及断路器本身有无异常情况。

（4）检查断路器及线路侧所有设备有无短路、接地、闪络、断线、瓷件破损、爆炸、喷油等现象。

（5）检查站内其他设备有无异常。

（6）及时记录保护及自动装置屏上的所有信号。

（7）记录跳闸前后本站相关设备的负荷及潮流变化情况。

（8）打印故障录波报告及微机保护报告。

（9）根据调度的命令进行操作。

1）若调度要求强送，则将所有信号复归，并将重合闸退出，根据调度命令试送。

2）若调度确认线路有故障，线路必须由热备用转检修，则按照规定将故障线路转检修，并做好现场的安全措施。

（10）事故处理完毕后，变电站值班长要指定有经验的值班员做好详细的事故障碍记录、断路器跳闸记录等，并根据断路器跳闸情况、保护及自动装置的动作情况、事件记录、故障录波、微机保护打印以及处理情况整理详细的现场跳闸报告。

（11）根据调度及上级主管部门的要求，将所整理的跳闸报告及时上报。

4. 处理方法

（1）记录故障时间。

（2）恢复事故音响。

（3）检查保护装置及断路器动作情况。

（4）将线路事故跳闸、重合闸动作情况，简要汇报调度及有关部门。

（5）检查断路器、隔离开关等站内一次设备有无异常现象。

（6）汇报值班调度员，按调度命令进行处理。向调度汇报以下内容：

1）断路器是否自动重合或三相跳闸。

2）线路是否还有电压。

3）继电保护及自动装置动作情况及其关键报文。

4）故障录波器是否动作及其关键报文。

5）故障测距及分析装置是否动作及其关键报文。

（7）记录所有动作的光字牌、信号灯和继电保护及自动装置动作情况。并经两人确认后复归所有信号。

（8）将上述各项检查、汇报的内容记录在运行日志中。

（9）填写断路器跳闸记录。

五、案例

（一）变电站说明

1. 系统接线情况（见图 ZY1100501001-1）

330kV 采用 3/2 断路器接线方式，两台主变压器（均为自耦变压器）并列运行，中性点均直接接地。

2. 330kV 线路保护配置

33XX 线配置 WXH-803A（主保护为光纤电流差动保护，后备保护为相间距离、接地距离、零序电流保护），RCS-931BM（主保护为纵联差动保护，后备保护为相间距离、接地距离、零序电流保护）型保护，两套保护零序电流Ⅰ段均不投入。

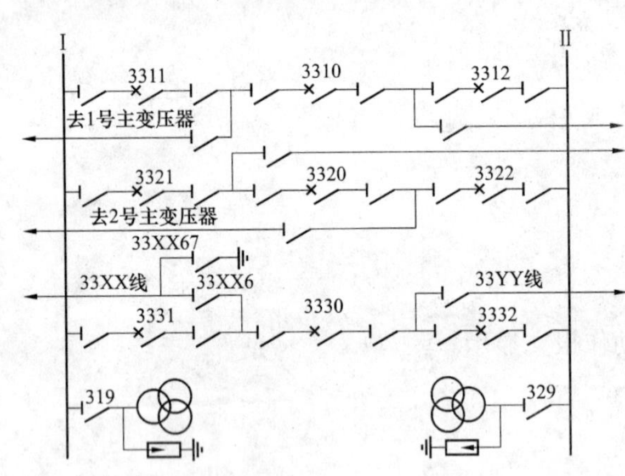

图 ZY1100501001-1 3/2 断路器接线示意图

3. 断路器保护配置

3331 断路器保护：充电保护、短引线保护、三相不一致保护、重合闸。

3330 断路器保护：充电保护、三相不一致保护、重合闸。

（二）故障现象

（1）中央信号警铃响、喇叭响。

（2）33XX 线 3331、3330 断路器红灯灭，绿灯闪。

（3）33XX 线 WXH-803A 为光纤电流差动保护动作出口跳开断路器，接地距离Ⅰ段、后加速动作出口跳开断路器、保护故障测距为 14.25km，并有 B 相跳闸信号指示；RCS-931BM 为纵联差动保护动作出口跳开断路器，接地距离Ⅰ段、后加速动作出口跳开断路器、保护故障测距为 13.93km，并有 B 相跳闸信号指示。

（4）3331 断路器保护屏为：光纤电流差动主、副跳 A、跳 B、跳 C，重合闸动作；3330 断路器保护屏为：主、副跳 A、跳 B、跳 C 信号指示。

（5）故障录波装置启动，行波测距装置启动（测距为距本站 11.1km）。

（6）110kV 母线保护屏"低电压"动作信号指示。

（三）处理过程

（1）记录 33XX 线 3331、3330 断路器跳闸情况、跳闸时间，并将 3331、3330 断路器控制把手切至分闸后位置。

（2）检查 33XX 线保护动作情况，根据保护报文判断故障情况：光纤电流差动——区内故障，接地距离Ⅰ段——区内单相接地故障，后加速出口——永久性故障；B 相跳闸信号指示——B 相故障；根据 3331 断路器保护主、副跳 A、跳 B、跳 C 信号指示、重合闸动作信号指示——3331 断路器三相跳闸、重合闸动作；根据 3330 断路器保护主、副跳 A、跳 B、跳 C 信号指示——3330 断路器三相跳闸，重合闸未动。

（3）迅速简要汇报调度故障时间，33XX 线 B 相接地故障，两套保护光纤差动、接地距离Ⅰ段保护动作，造成 3331、3330 断路器 B 相跳闸，3331 断路器重合闸动作，由于是永久性故障 3331 断路器重合不成功，并启动 3331、3330 断路器三相跳闸。33XX 线跳闸前线路负荷为 10 万 kW。

（4）到现场检查 3331、3330 断路器确在分闸位置，以及断路器和相关设备是否有异常情况。同时调取故障录波信号和行波测距装置所测的故障距离。

（5）再次向调度汇报：站内设备无异常情况；故障录波的相关情况；WXH-803A 保护测距为 14.25km，RCS-931BM 保护测距为 13.93km，行波测距 11.1km。

（6）详细记录所有动作的光字牌、信号指示和继电保护及自动装置动作情况。并经两人确认后复归所有信号。

（7）填写运行记录以及其他相关记录。

（8）在调度命令下将 33XX 线转为检修，操作步骤为：

1）拉开 33XX 线 33XX6 隔离开关。

2）合上 33XX 线 33XX67 接地开关。

3）退出 33XX 线路保护跳闸出口连接片以及 3331、3330 断路器保护屏相应的失灵启动 33XX 线保护Ⅰ、Ⅱ远跳发信连接片，投入 3331 断路器保护屏短引线保护，将 3331、3330 断路器由热备用转合环运行。

本模块介绍了线路事故常见类型及其原因，目的是为了便于变电运行人员根据外因及站内设备运行情况，准确判断故障性质，及时向有关调度及相关部门汇报故障信息，做好故障处理工作。同时，重点介绍了线路故障处理原则，为线路类故障正确、灵活处理提供参考。

【思考与练习】

1. 哪些情况可引起线路故障？

2. 线路故障有哪些现象？

3. 哪些情况下，线路跳闸不宜强送电？

模块 2　线路复杂事故处理（ZY1100501002）

【模块描述】本模块介绍线路较复杂故障类型、故障现象和原因分析及线路事故跳闸处理步骤。通过归纳讲解、案例介绍，能根据线路事故现象，正确判断和分析线路较复杂事故性质，能组织、监护处理线路事故。

【正文】

输电线路相间故障情况较少，特别是三相短路情况更少。输电线路发生相间短路，一般会对线路造成不同程度的损伤。

由于 330kV 输电线路重合闸方式均为单重，线路发生相间故障时，保护动作、断路器三相跳闸、重合闸不动作。运行值班人员通过保护、重合闸动作和断路器跳闸情况，初步判断线路发生了相间短路故障。

一、线路事故类型

（1）两相短路。

（2）三相短路。

（3）两相接地短路。

二、线路相间短路事故原因

（1）导线弧垂大，刮大风导线摆动，两相线相碰形成短路。

（2）受外力作用，如杂物搭在两相线路上造成短路。

（3）不同相同时遭受雷击形成短路。

（4）因单相故障破坏相间空气绝缘。

（5）过电压引起绝缘破坏。

（6）线路带地线合闸。

（7）线路倒杆塔。

三、线路事故现象

（1）事故音响系统动作（警铃、喇叭响）。

（2）事故线路保护动作。

1）保护动作信号指示。

2）三相跳闸出口信号指示。

（3）事故线路的断路器跳闸。

（4）故障录波器启动。

（5）故障测距及分析装置动作。

（6）变电站站内电压波动。

（7）监控主机出现以上相关遥信信息。

四、线路事故处理

（一）线路发生相间故障的处理原则

330kV 系统为直接接地系统，当线路发生三相短路或两相短路时，线路保护装置动作，直接跳开线路两侧断路器（三跳）。运行值班员应遵循以下原则进行处理：

（1）若线路故障是相间、两相接地短路故障或三相短路故障，则应听从调度的命令进行处理。

（2）线路相间故障断路器跳闸后，对于双回线路，必须首先检查另一条线路的负荷情况，并严密监视，防止另一条线路发生过负荷跳闸事故。

（3）重点检查跳闸断路器及线路侧所有设备有无短路、接地、闪络、断线、瓷件破损、爆炸等现象。

（4）检查站内其他设备有无异常。

（5）若检查站内相关设备无异常，可将跳闸线路强送电一次。

（6）若站内设备出现明显异常或是线路强送电不成功，做好故障线路隔离检修准备。

（二）其他故障的处理原则

（1）多条线路同时跳闸，应及时打印故障录波报告及微机保护打印报告，分析故障在哪条线路上，然后根据调度的命令对无故障的线路进行试送。

（2）若线路断路器跳闸，重合闸未投入运行，待查明非本站设备故障后，可向调度汇报，按照调度命令试送一次。如查明是本站设备故障引起跳闸，应立即报请上级部门安排专业人员抢修。

（3）若线路断路器跳闸，重合闸未成功，应向调度汇报，如查明确非本站设备故障，而系线路故障引起，应向调度报告，听候处理。

（4）如本线路保护有工作（线路未停电），断路器跳闸，又无故障录波，且对侧断路器未跳，则应立即终止保护人员工作，查明原因，向调度汇报，采取相应的措施后申请试送（此时可能是保护通道漏退或误碰造成）。

（5）当线路上装有并联电抗器时，一般情况下线路必须和线路电抗器一起投入运行，线路不得脱离电抗器而投入运行。当线路电抗器故障时，电抗器保护动作后跳开线路侧断路器，同时通过远跳装置跳开线路对侧断路器，在线路电抗器未查明故障原因并消除故障前，不得将电抗器和线路投入运行。

（6）当 330kV 线路保护和高压电抗器保护同时动作跳闸时，应按照线路和高压电抗器同时故障来考虑处理事故。

（7）若查明本线路断路器跳闸属于临近线路故障引起，属于越级跳闸，可以申请调度对线路进行试送。

（8）线路一侧断路器跳闸后，有同期装置且符合合环条件，则现场值班人员可不必等待调度命令迅速用同期并列方式进行合环。如无法迅速合环时，值班调度员可命令拉开另一侧线路断路器。330kV线路应尽量避免长时间充电运行。

（三）线路事故处理的注意事项

（1）单电源线路：

1）跳闸后如果自动重合闸装置不动作，可立即对该线路强行送电一次，若强送不成功，则应检查继电保护动作情况和一次设备有无异常，并报告值班调度员，根据命令再作处理。

2）因断路器遮断容量不足而自动重合闸装置退出者，线路跳闸后，应立即检查断路器是否有其他不正常现象，并检查保护装置动作情况。如断路器完好，应强送一次，并将处理情况向值班调度员报告。

3）正常运行时不投自动重合闸装置的线路，跳闸后不需强送电。

（2）双回线路或环网中的一条线路跳闸后，由于不中断供电，应及时与值班调度员联系，再确定是否恢复送电。

（3）线路跳闸后，不论重合闸或强送电是否成功，值班人员均应对断路器及其他设备进行认真细致检查，并据断路器的事故遮断次数，决定能否投入自动重合闸装置。

（4）对永久性故障的线路，应进行停电处理，并向有关领导汇报。

（5）若线路断路器跳闸，重合闸未投入运行，经查明本站设备及输电线路无异常后，可向调度汇报，并按照调度命令试送一次。如查明是本站设备或输电线路有故障，应及时汇报调度，将故障设备或线路做好安全措施，等待专业班组处理。

（6）线路事故跳闸后，运行值班人员及时检查断路器动作情况，检查断路器及线路侧所有设备有无短路、接地、闪络、断线、绝缘子闪络等现象。并根据保护及自动装置动作情况，及时打印故障录波图及故障报告，并进行综合分析判断后汇报值班调度及有关部门。

（7）如果线路断路器跳闸，重合闸装置动作成功，但无故障波形，且线路对侧未跳，有可能是本侧保护误动跳闸引起的，经进一步检查确认是由于本侧保护误动引起的跳闸后，汇报调度，可申请将误动的保护退出运行，根据调度命令进行试送电。但若断路器机构故障，则通知专业人员进行处理。

（四）线路发生相间故障的处理方法

（1）记录故障时间，合理安排事故处理期间值班工作。

1）加强本站其他相关元件运行监视。

2）条件允许的情况下，获取系统运行情况信息。

3）做好防止事故扩大的预想工作。

4）根据线路故障情况，合理安排恢复正常运行或故障点隔离的相关操作准备。

（2）检查保护装置及断路器动作情况。

（3）查看监控主机信号、保护及自动装置动作情况、断路器跳闸情况。

（4）将线路事故跳闸情况，简要汇报调度及有关部门。

（5）恢复声光信号，检查、记录保护装置动作情况。

（6）检查故障线路断路器、隔离开关、电流互感器、电压互感器、耦合电容器、阻波器、高压电抗器等站内设备有无短路、接地等异常现象。检查线路避雷器动作情况。

（7）汇报值班调度员，按调度命令进行处理。向调度汇报以下内容：

1）断路器跳闸情况。

2）线路是否还有电压。

3）继电保护及自动装置动作情况及其关键信息。

4）故障录波器是否动作及其关键信息。

5）故障测距及分析装置是否动作及其关键信息。

6）其他必要信息。

（8）记录所有动作的光字牌、信号灯和继电保护及自动装置动作情况。并经两人确认后复归所有

信号。

（9）传真故障录波、测距装置报告（具备远传条件者除外）。

（10）检查站内其他一、二次设备运行情况。

（11）将上述各项检查、汇报的内容记录在运行日志中。

（12）填写断路器跳闸记录。

（13）按照调度及上级主管部门的要求，根据现场断路器跳闸情况、保护及自动装置的动作情况、监控主机事件信息记录、故障录波、测距及分析装置、微机保护报文以及处理情况，整理详细的现场跳闸报告。

五、案例

（一）变电站说明

1. 系统接线情况（见图 ZY1100501002-1）

330kV 采用 3/2 断路器接线方式，两台主变压器（均为自耦变压器）并列运行，中性点均直接接地。

2. 330kV 线路保护

33XX 线、33YY 线配置 WXH-802A（主保护为光纤距离保护，后备保护为相间距离、接地距离、零序电流保护），RCS-931BM（主保护为纵联差动保护，后备保护为相间距离、接地距离、零序电流保护）型保护，两套保护零序电流Ⅰ段均不投入。

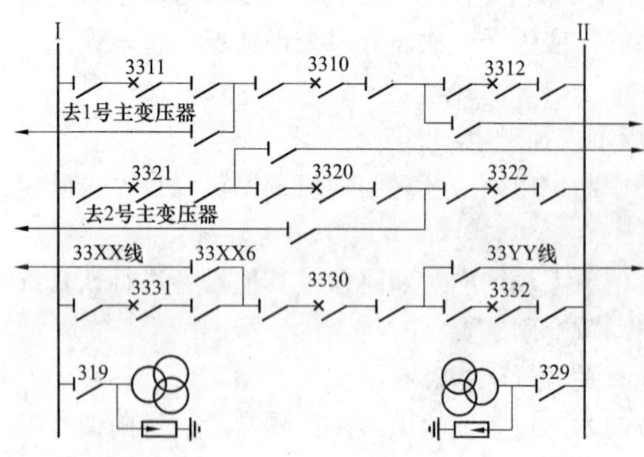

图 ZY1100501002-1 330kV 3/2 断路器接线示意图

3. 断路器保护配置

3331 断路器保护：充电保护、短引线保护、三相不一致保护、重合闸。

3330 断路器保护：充电保护、三相不一致保护、重合闸。

（二）故障现象

（1）中央信号警铃响、喇叭响。

（2）33XX 线 3331、3330 断路器红灯灭，绿灯闪。

（3）33XX 线 WXH-802A 为光纤距离保护动作出口，相间距离Ⅰ段、保护故障测距：A、B 相间故障，故障距离 15.85km，并有 A、B、C 相跳闸信号指示；RCS-931BM 为纵联差动保护动作出口，相间距离Ⅰ段、保护故障测距：A、B 相相间故障，故障距离 16.23km，并有 A、B、C 相跳闸信号指示。

（4）3331 断路器保护屏为：主、副跳 A、跳 B、跳 C 信号指示；3330 断路器保护屏为：主、副跳 A、跳 B、跳 C 信号指示。

（5）33YY 线负荷增至 28 万 kW。

（6）故障录波装置启动，行波测距装置启动（测距为距本站 14.5km）。

（7）110kV 母线保护屏“低电压”动作信号指示。

（三）处理过程

（1）记录 33XX 线 3331、3330 断路器跳闸，并记录跳闸时间，将 3331、3330 断路器控制把手切至分闸后位置。

（2）检查 33XX 线保护动作情况，根据保护报文判断故障情况：光纤距离——区内故障，相间距离Ⅰ段——区内相间故障，A、B、C 相跳闸信号指示——三相跳闸，保护故障测距判断 A、B 相相间故障；根据 3331 断路器保护主、副跳 A、跳 B、跳 C 信号指示——3331 断路器三相跳闸，重合闸未动；根据 3330 断路器保护主、副跳 A、跳 B、跳 C 信号指示——3330 断路器三相跳闸，重合闸未动。

（3）监视 33YY 线负荷不超过 35 万 kW，必要时申请调度调整系统运行方式，防止 33YY 线负荷超过静稳定极限。

（4）迅速简要汇报调度故障时间，33XX 线 A、B 相间故障，两套光纤保护、相间距离Ⅰ段保护动作，造成 3331、3330 断路器三相跳闸。33XX 线跳闸前线路负荷为 10 万 kW，33YY 线负荷增至 28

万 kW。

（5）到现场检查 3331、3330 断路器确在分闸位置，以及断路器和相关设备是否有异常情况。同时调取故障录波信号和行波测距装置所测的故障距离。

（6）再次向调度汇报：站内设备无异常情况；故障录波的相关情况；WXH-802A 保护测距为 15.85km，RCS-931BM 保护测距为 16.23km，行波测距 14.5km。

（7）详细记录所有动作的光字牌、信号指示和继电保护及自动装置动作情况。并经两人确认后复归所有信号。

（8）在调度命令下，用 3331 断路器对 33XX 线强送电一次。强送电前注意以下事项：

1）距离故障跳闸时间超过 15min。

2）将 3331 断路器重合闸退出运行。

（9）若强送成功，并检查设备运行无异常后，汇报调度，填写运行记录以及其他相关记录。

（10）若强送不成功，在调度命令下将 33XX 线转为检修，操作步骤为：

1）拉开 33XX 线 33XX6 线路隔离开关；

2）合上 33XX 线 33XX67 线路接地开关；

3）退出 33XX 线路保护跳闸出口连接片以及 3331、3330 断路器保护屏相应的失灵启动 33XX 线保护Ⅰ、Ⅱ远跳发信连接片，投入 3331 断路器保护屏短引线保护，将 3331、3330 断路器由热备用转合环运行。

【思考与练习】

1. 简述线路发生相间故障的处理原则。
2. 可能引起线路相间短路故障的因素有哪些？
3. 单电源线路事故处理的注意事项有哪些？
4. 简述线路发生相间故障的处理方法。

模块 3　线路事故处理危险点源预控分析（ZY1100501003）

【模块描述】本模块介绍简单和较复杂线路事故处理危险点源预控分析。通过列表说明、分析讲解，掌握线路事故处理过程中的危险点及防范措施。

【正文】

线路事故处理过程中的危险点及防范措施见表 ZY1100501003-1。

表 ZY1100501003-1　　线路事故处理过程中的危险点及防范措施

序号	危险点	防范措施
1	3/2 主接线方式的变电站，处于完整串的故障线路试送电过程中，未按规定执行，引起事故范围扩大	不允许用中间断路器对故障线路进行试送电或充电操作，应用母线侧断路器进行。若采用中间断路器强送，当强送的断路器失灵或保护拒动时，相应的失灵保护动作跳开同一串的另外一台断路器，同时将同一串的相邻线路或主变压器切除，造成事故扩大。而采用母线侧断路器强送，万一断路器失灵或保护拒动，至多停一条母线，而不影响相邻线路或元件的运行
2	330kV 线路保护和高压电抗器保护同时动作跳闸时，未按线路和高压电抗器同时故障来考虑事故处理	在未查明高压电抗器保护动作原因和消除故障之前不得进行强送。如系统急需对故障线路送电，在强送前，应将高压电抗器退出后，才能对线路强送。同时必须符合无高压电抗器运行的规定
3	线路跳闸后未按规定强送电	1）应严格遵守强送电规定，并在强送电前后认真检查相关元件状况。强送前强送端电压控制和强送后首端、末端及沿线电压应做好估算，避免引起过电压。 2）为提高强送电的成功率，确保故障点的绝缘恢复，330kV 线路故障跳闸至强送电的间隔时间为 15min 或以上。 3）为可靠闭锁重合闸，强送电前将重合闸退出
4	双电源线路跳闸后，发生非同期合闸事故	与值班调度员联系或在检验线路无电后，再进行试送电。若线路电压表或带电显示装置指示有电，应采用同期操作
5	断路器非全相运行	事故跳闸后，无论重合闸是否动作，都应认真检查断路器三相位置，平时应加强三相不一致回路元件检查

续表

序号	危险点	防范措施
6	事故跳闸后，断路器跳闸次数已达到规定跳闸限额次数	应立即将线路重合闸停用。如果是 3/2 断路器接线方式中，母线断路器跳闸次数达到规定跳闸限额，则还应按照倒闸操作中二次操作规定，对重合闸先后重时间进行调整
7	未认真检查因遮断容量不足而退出自动重合闸装置的线路断路器	线路断路器跳闸后，应立即检查断路器是否有其他不正常现象，并检查保护装置动作情况
8	在事故处理过程中，漏记保护及自动装置信号	对各装置的动作信号必须记录完整，两人确认后再复归
9	线路跳闸原因误判断	线路事故跳闸后，认真检查有关保护及自动装置动作情况，收集各方面信息，综合分析判断故障性质及故障点的位置
10	线路断路器跳闸后，没有记录事故跳闸累计次数，造成因断路器事故跳闸次数累计超过规定次数，在断路器再次切除故障电流时引起断路器爆炸等事故	线路断路器跳闸后，应及时记录事故跳闸累计次数，如果事故跳闸累计次数超过规定次数，应立即上报
11	线路跳闸后试送电前，未按规定投入充电保护、退出重合闸，引起可能的事故扩大	充电前应先退出重合闸，并投入充电保护

【思考与练习】

1. 如何防范双电源线路跳闸后，发生非同期合闸事故？
2. 简述线路事故处理的危险点。
3. 断路器跳闸次数达到规定跳闸限额次数后有何防范事故措施？

第四十章 变压器事故处理

模块1 变压器简单事故处理（ZY1100502001）

【模块描述】本模块介绍变压器简单事故的类型和现象、事故处理基本步骤。通过事故类型描述、原因分析、处理方法讲解、案例分析，能根据变压器事故现象判断变压器故障性质，能参与事故处理。

【正文】变压器是电力系统中非常重要的设备，它的故障将对供电的可靠性和系统的正常运行带来严重的影响，甚至可能造成大面积停电。变压器的故障可分为油箱内部故障和油箱外部故障。根据变压器现场故障情况统计分析，一般变压器的故障都发生在绕组、铁芯、套管、分接开关、油箱等部件上。

一、变压器事故类型及原因分析

（1）变压器内部故障（包括变压器内部出现的匝间短路、绝缘损坏、接触不良、铁芯多点接地、绕组相间短路、接地短路等）。

（2）变压器外部故障。主要是变压器套管引出线上发生的相间短路、接地短路等。

（3）变压器大量漏油、喷油。

（4）套管爆炸。

（5）分接开关故障。

（6）变压器着火。

（7）变压器事故过负荷。

（8）变压器附属设备异常（如呼吸系统不畅通、冷却系统漏气、气体继电器防雨罩密封不严等），造成变压器重瓦斯保护动作跳闸。

（9）压力释放阀装置动作跳闸。

（10）变压器爆炸。

（11）因二次回路问题引起误动作。

（12）外部发生穿越性短路故障。

（13）由于保护误整定、保护装置误动作等原因造成主变压器误跳闸。

二、变压器事故处理的原则

（1）当变压器事故跳闸后，运行人员立即将断路器跳闸情况及保护、自动装置动作情况准确地汇报调度，并检查一、二次设备动作情况，经综合判断分析后将详细情况汇报调度，包括事故发生的时间、断路器跳闸情况、事故现象、保护装置及自动装置动作情况、负荷的转移情况、潮流变化、对周围其他设备的影响等。变压器内部事故跳闸后，应立即检查油泵确已停止运转。

（2）变压器事故跳闸后应立即检查有关设备有无过负荷现象。若本站有两组变压器，则在一组变压器事故跳闸后，应严格监视另一组变压器负荷，运行变压器的过载允许时间严格按照事故过负荷表控制。当本站有备用变压器或备用电源时，在变压器事故跳闸后，应先考虑将备用变压器或备用电源投入，然后再检查跳闸的变压器。

（3）当运行变压器跳闸时，若无备用变压器，则应尽快转移负荷、改变运行方式，同时查明故障是何种保护动作，应查明变压器有无明显的异常现象，有无外部短路、线路故障、过负荷，有无明显的火光、怪声、喷油等现象。如确实证明变压器的断路器跳闸不是由于内部故障引起，而是由于过负荷、外部短路或保护装置二次回路误动等情况造成的，则可申请试送一次。

（4）变压器事故跳闸后，应根据电气量显示、信号指示、故障录波的波形和设备的外部征象，分析判断事故的全面情况。

（5）变压器发生事故后如果对人身和设备有威胁，应立即设法消除这种危险。

（6）变压器事故跳闸后，根据保护动作情况应立即检查保护范围内的一、二次设备，经检查后如确实没有明显异常，经判断是由于过负荷、外部短路、线路故障保护越级跳闸或保护二次回路误动造成的，在故障点隔离后，可申请试送电一次。

（7）如果不能确认变压器跳闸是上述外部原因造成的，则不能对变压器进行试送电，必须对变压器进行内部检查，如通过电气试验、油色谱分析等。经专业班组检查判断变压器内无故障，并经总工程师批准后，应将瓦斯保护投入跳闸位置后将变压器重新充电，整个过程应慎重行事。如经分析判断后确认是由于变压器内部故障时，一般情况下需要对变压器进行吊罩检查，直到查出故障并消除故障为止。

（8）变压器事故跳闸后，应及时检查站用电的切换情况，若变电站没有站用电自切装置，应尽快进行手动切换至外接电源，确保站用电的可靠供电。

（9）变压器事故跳闸后，如果主保护未动作，只是后备保护动作，变压器没有事故象征，则有可能是馈电线路故障，此时，经调度同意后，将出线断路器断开，变压器可试送一次。

（10）变压器跳闸原因如果是由于差动、瓦斯保护动作，故障时对系统有冲击，则必须对变压器及系统进行详细检查，停电并进行电气试验和油色谱分析，在未查明故障原因并消除故障前，禁止将变压器投入运行。

（11）变压器主保护动作，在未查明故障原因时，值班员不得复归保护屏信号，以便专业人员进一步分析和检查。

（12）变压器遇有以下情况之一时，应立即将变压器停运，若有备用变压器，应尽可能将备用变压器投入运行，并隔离故障变压器，做好安全措施，通知专业人员处理。

1）变压器冷却装置全停，变压器温度不断上升，并且在规定的时间内无法恢复冷却器运行。330kV变压器一般采用导向式强迫油循环风冷方式，由于散热面积小，在正常运行中空载运行时的热量也无法散发出去，如果冷却器全停且无法在规定的时间内恢复时，变压器温度不断上升，容易造成变压器绝缘损坏。

2）变压器油枕、呼吸器、压力释放装置向外喷油。一种是由内部故障引起，另一种是由于在呼吸器堵塞的情况下，变压器运行中内部温度升高所致。因此发现变压器油枕、呼吸器、压力释放装置向外喷油时，应申请将变压器退出运行。

3）变压器冒烟、着火。变压器着火事故大部分是由本体电气故障引起的，运行中发现变压器冒烟、着火时应高度重视。变压器着火时，一般情况下保护会动作，如因故未动作，应尽快将着火变压器停电进行灭火处理，同时投入备用变压器或备用电源。

4）压力释放装置动作（同时伴有其他保护动作）。当变压器油箱内部因各种原因引起压力升高，有其他保护动作，但变压器各侧断路器未动作。

5）变压器已出现明显故障，而保护装置拒动。

6）变压器附近着火、爆炸，对变压器构成严重威胁。

三、变压器简单事故处理

（一）变压器套管爆炸事故处理

变压器各侧套管是变压器外部的主绝缘，变压器绕组引线由油箱内引到油箱外通过套管作为相对地绝缘，是变压器引线与外部电气元件连接的关键部件。套管在运行中发生闪络、爆炸等事故，将影响变压器及系统的安全运行。

（1）变压器套管爆炸的原因：

1）套管表面污秽。

2）密封不良，绝缘受潮、劣化。

3）外力破坏。

4）套管有破损、裂纹没有及时发现处理。

5）由于操作、事故或雷击等原因造成的过电压。

6）套管电容芯击穿故障。

（2）变压器套管爆炸后，应根据现场实际情况进行检查处理。

1）首先应检查变压器各侧断路器是否已经跳闸，冷却系统是否自动停止，否则应手动断开故障变压器各侧断路器，并立即停止冷却系统。

2）根据实际情况进行以下检查：

a）检查保护装置和自动装置动作情况。

b）检查其他运行变压器及各线路的负荷情况。

c）检查变电站站用系统电源是否切换正常，直流系统是否正常；

d）检查变压器有无着火等情况，检查消防设施是否启动。

e）检查套管爆炸引起其他设备的损坏情况。

（3）将以上检查情况汇报调度及相关部门。

（4）应根据调度指令进行有关操作。

（5）及时跟踪检修人员到站情况，若检修人员不能立即到达现场，必要时在做好安全措施后，采取措施以避免雨水或杂物进入变压器内部。

（二）变压器过负荷跳闸事故处理

变压器过负荷跳闸后，运行值班人员应进行以下工作：

（1）检查保护装置动作信息、故障录波器动作情况、直流系统情况等。

（2）检查其他运行变压器及各线路的负荷情况。

（3）检查变电站站用系统电源是否切换正常，直流系统是否正常。

（4）密切监视其他运行变压器的现场及远方油温情况。

（5）检查其他运行变压器的油位是否过高。

（6）检查变压器有无着火、喷油、漏油等情况。

（7）检查气体继电器内有无气体积聚，检查压力释放阀有无动作。

（8）变压器跳闸后，应手动进行切换，使冷却系统处于工作状态，以迅速降低变压器的油温。

（9）将以上检查情况立即向调度及有关部门汇报。

（10）应根据调度指令进行有关操作。

（11）过负荷保护动作跳闸后，在检查变压器无异常后，可申请变压器试送电。

（三）变压器着火事故处理

变压器着火事故绝大多数是由于本体电气故障引起发热造成的，由于变压器内有很多可燃物质，处理不及时会发生爆炸或者火灾扩大、蔓延的严重后果，因此处理变压器着火，必须迅速果断，尽量将火扑灭在着火的初期。在进行变压器灭火过程中，迅速和消防部门联系，告知火灾现场的详细地址、着火性质及联系人通信方式等信息。

变压器发生着火时，变压器保护应动作将各侧断路器跳开，且冷却系统应自动停止，如果断路器因故未跳开时，应立即手动断开各侧断路器并将冷却系统应停止。

变压器一般装有充氮、水喷雾等灭火装置，正常运行时为了防止误动，一般灭火装置的启动方式设置在手动方式，变压器发生火灾事故时，应立即手动投入灭火装置进行灭火。同时，为了尽快将火扑灭，在保证人身安全的情况下，也可用设置在变压器附近的灭火器进行灭火，最好使用干粉灭火器，必要时可用砂子灭火，灭火过程中，注意人身安全。如果油在变压器顶盖燃烧时，应打开故障放油阀进行放油处理。如果是变压器内部故障引起着火时，不能放油防止变压器发生严重爆炸。

运行值班人员应根据现场实际情况作出正确判断、处理。

1. 变压器着火的主要原因

（1）变压器内部故障造成外壳或散热器破裂，使燃烧的变压器油溢出。

（2）变压器周围用喷灯或者有烟火等情况。

2. 变压器着火的处理

（1）变压器着火时，立即手动断开主变压器各侧断路器，并将冷却系统停止运行，断开其电源。

（2）立即切除变压器所有二次控制电源。

（3）立即向消防部门报警。

（4）确保人身安全的情况下采取必要的灭火措施。

（5）应立即将现场情况汇报调度及有关部门。

3. 变压器着火后，运行值班人员应进行的工作

（1）检查保护及自动装置动作情况。

（2）检查其他运行变压器及线路的负荷变化情况。

（3）检查变电站站用系统电源是否切换正常，直流系统是否正常。

（4）检查变压器着火是否对周围其他设备有影响。

（四）压力释放装置动作后的处理

1. 动作原因

（1）内部故障。

（2）变压器承受大的穿越性短路。

（3）压力释放装置二次信号回路故障。

（4）大修后变压器注油较满。

（5）负荷过大，温度过高，致使油位上升而向压力释放装置喷油。

2. 检查及处理

（1）检查压力释放装置是否喷油。

（2）检查保护动作情况、气体继电器动作情况。

（3）检查变压器油温和绕组温度、运行声音是否正常，有无喷油、冒烟、强烈噪声和振动。

（4）检查是否为压力释放装置误动。

（5）若仅压力释放装置喷油，但无压力释放装置动作信号，则可能是压力释放装置误动。

（6）压力释放阀动作发出一个连续的报警信号，只能通过恢复指示器人工解除。

（7）在未查明原因前，变压器不得试送。

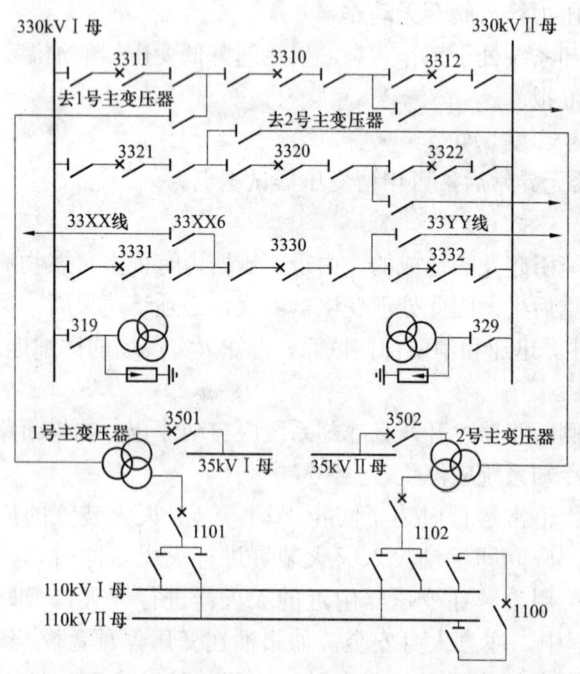

图 ZY1100502001-1　变电站接线示意图

四、案例

（一）变电站情况

1. 系统接线情况（见图 ZY1100502001-1）

330kV 采用 3/2 断路器接线方式，两台主变压器（均为自耦变压器）并列运行，中性点均直接接地，110kV 采用双母线接线方式，35kV 采用单母线接线方式。

2. 主变压器保护配置

（1）两台主变压器均配置的电量保护为 WBH-801（主保护为差动保护，后备保护为阻抗、复压过流、零序方向过流、中性点零序过流、过励磁保护），RCS-978CN（主保护为差动保护，后备保护为阻抗、复压过流、零序方向过流、中性点零序过流、过励磁保护），两套过励磁均投信号。

（2）非电量保护为 WBH-802（配置瓦斯、压力释放、油温高、油位低保护）型，压力释放投信号。

3. 断路器保护配置

3311 断路器保护：充电保护、三相不一致保护。

3310 断路器保护：充电保护、三相不一致保护、重合闸。

（二）事故处理

1. 故障现象

（1）中央信号警铃响，并有 1 号主变压器“压力释放”信号。

（2）1 号主变压器 WBH-802 保护“压力释放”信号指示。

2. 处理过程

（1）记录 1 号主变压器“压力释放”信号指示时间。

（2）迅速去现场检查发现 1 号主变压器东侧压力释放装置喷油，并有异常声响，油温、油位、油色正常，外壳无变形。

（3）迅速汇报调度异常发生时间以及检查发现的异常情况，并申请将 1 号主变压器转热备用。

（4）检查 1 号主变压器转热备用后 2 号主变压器确不会过负荷。

（5）在调度命令下，将 1 号主变压器转为热备用，其操作步骤为：

1）将 35kV Ⅰ段母线上的电容器开关转为热备用。

2）拉开 3501 断路器。

3）拉开 1101 断路器。

4）拉开 3311、3310 断路器。

5）在操作完后检查冷却系统已自动停止运行。

（6）检查 1 号站用变压器低压保护动作将低压断路器跳开，且 380V 备自投正确动作，380V Ⅰ段运行正常，直流系统运行正常。

（7）在调度命令下，将 1 号主变压器由热备用转为检修。其操作步骤为：

1）拉开 33116 隔离开关。

2）1101 断路器热备用转冷备用。

3）3501 断路器热备用转冷备用。

4）1 号主变压器冷备用转检修。

5）在上述处理过程中始终注意 2 号主变压器是否出现过负荷，若此情况发生，将 2 号主变压器所有风扇切至“运行“位置，并联系调度调整系统潮流分布，减轻 2 号主变压器负荷。

（8）做好相应的安全措施后，由专业检修班组检查、处理主变压器的异常。

【思考与练习】

1. 变压器发生事故的常见原因有哪些？
2. 变压器事故处理的原则是什么？
3. 变压器套管爆炸后如何处理？
4. 变压器压力释放装置动作后如何处理？

模块 2　变压器复杂事故处理（ZY1100502002）

【模块描述】本模块介绍变压器较复杂故障类型、故障现象和原因分析及变压器事故跳闸处理步骤。通过归纳讲解、案例介绍，能根据变压器事故现象正确判断和分析变压器较复杂事故性质，能组织、监护处理变压器事故。

【正文】本模块是在掌握变压器保护配置及基本事故处理原则的基础上，介绍了变压器差动保护、重瓦斯保护、后备保护等动作跳闸后事故处理，具体从保护动作跳闸原因分析、事故现象、值班人员需进行的工作及相应处理方法等方面展开阐述，使运行人员能根据现场事故现象，正确组织、分析和处理变压器事故。

一、变压器差动保护动作

（一）变压器差动保护动作跳闸的原因分析

（1）变压器及其套管引出线、各侧差动电流互感器以内的一次设备故障。

（2）保护二次回路误接线或保护误动作。

（3）差动电流互感器二次开路或短路。

（4）变压器内部故障。

（二）变压器差动保护动作的现象

（1）主控室事故音响发出报警信号。

（2）变压器三侧断路器跳闸，监控主机弹出“1 号变压器三侧断路器跳闸”告警画面，主变压器三侧断路器位置变位，监控机上变压器三侧断路器闪烁，电压、电流指示为零，监控主机事故报文显示主变压器差动保护动作信息。

（3）变压器保护屏上“差动保护动作”信号灯亮。

（4）变压器停止运行，三侧表计指示为零。

（三）差动保护动作后运行值班人员应进行的工作

（1）复归音响及闪光，检查保护、自动装置动作情况和直流系统情况，并做好记录。

（2）检查其他运行变压器及各线路的负荷情况。

（3）检查变电站站用系统电源是否切换正常，直流系统是否正常。

（4）检查差动保护范围内所有电气设备有无短路、闪络、爆炸、放电痕迹，有无导线断线、小动物爬入引起短路等明显故障现象，检查变压器油温、油位是否正常，有无着火、喷油痕迹，检查差动保护范围内所有一次设备瓷质部分是否完整，有无闪络放电痕迹。变压器及各侧断路器、隔离开关、避雷器、绝缘子、引线上有无异物。

（5）当变压器引出线是电缆时，检查电缆头有无损伤、有无击穿放电痕迹、有无移动现象（短路电流通过时的电动力所致）。

（6）检查差动用电流互感器本身有无异常，瓷质部分是否完整、有无闪络放电痕迹，回路有无断线接地。

（7）检查差动保护范围外有无短路故障，其他设备有无保护动作。

（8）检查保护及二次回路是否有人工作。

（9）检查冷却系统确已停止运行，若发现冷却系统还在运行时应立即停用冷却系统，避免把内部故障部位产生的炭粒和金属微粒扩散到各处。

（10）将检查结果和保护及自动装置动作情况汇报调度和有关部门。

（11）应根据调度指令进行相关操作。

（12）事故后，值班长编写事故分析报告。

（四）差动保护动作的分析判断

（1）差动保护动作跳闸的同时，注意瓦斯保护动作与否。若同时有瓦斯保护动作，即使是只发轻瓦斯保护动作信号，变压器内部故障的可能性极大。

（2）根据主变压器差动保护范围检查差动保护范围以内（包括变压器在内）有无明显的故障现象。

（3）差动保护范围外其他设备有无短路故障，其他线路有无保护动作信号发出。若差动保护整定不当，保护范围外发生故障时，差动电流回路不平衡电流增大会发生误动。差动电流回路接线若有误，外部故障时会发生误动。

（4）如检查设备确无明显故障现象，且故障录波器也未动作，有可能是差动保护误动作，在未查明误动原因前不得试送。

（5）变压器差动保护动作后，经检查变压器没有任何明显异常和故障迹象，变压器瓦斯保护未动作，其他设备和线路也无保护动作信号，若二次回路有人工作，应令其停止工作，根据调度命令，拉开变压器各侧隔离开关，测量变压器绝缘无问题后试送电一次。若二次回路无人工作，应检查差动电流回路有无断线或短路、接地，汇报上级部门，由专业人员检查。若查出是电流回路问题，应排除故障，恢复变压器运行。若未查出回路问题，变压器作试验检查无问题后，再投入运行。

（6）变压器差动保护动作跳闸后，经检查变压器没有任何明显异常和故障迹象，且同时有其他设备或线路有保护动作信号发出时，可将外部故障隔离后，拉开变压器各侧隔离开关，测量变压器绝缘无问题后，根据调度命令试送一次。试送成功后检查保护误动作原因，可根据调度命令退出差动保护，由专业人员测量差动电流回路相位关系，检验有无接线错误。

（五）差动保护动作后的处理

（1）差动保护动作后，检查发现差动保护范围内一次设备有明显异常时，应及时汇报调度，将变压器转检修，等待专业班组处理，经检修试验合格后方能投入运行。

（2）不管有无异常现象，在差动保护动作的同时，只要瓦斯保护动作，即使只是轻瓦斯保护动作，一般情况下变压器内部故障的可能性很大，应将变压器转为检修状态，等待专业班组检修，待检修试验合格后投入运行。

（3）差动保护动作后，经检查变压器无异常，变压器其他保护未动作，同时发现变电站其他设备或线路保护动作时，可将外部故障隔离后，拉开变压器各侧隔离开关，测量变压器绝缘无问题，根据调度命令试送一次。试送成功后检查差动保护误动作的原因。可根据调度命令退出差动保护后由专业人员测量差动电流回路相位关系，检验有无接线错误。

（4）检查变压器及差动保护范围内设备无异常，站内其他线路和设备也正常，若二次回路有人工作时，应立即停止二次回路工作，测量变压器绝缘正常后试送一次。

（5）检查变压器及差动保护范围内设备无异常，站内其他线路和设备也正常，若此时直流系统有接地现象，一般属于直流多点接地造成的误动跳闸，若直流系统无接地现象，可能是由于二次回路短路造成的误动跳闸，此时可根据调度命令，退出差动保护后，对变压器进行试送电，对变压器恢复供电后检查二次回路误动跳闸的原因。

二、变压器重瓦斯动作

重瓦斯保护是变压器的主保护，主要保护变压器内部出现的匝间短路、绝缘损坏、接触不良、铁芯多点接地等故障。一般 330kV 变压器配置一套非电气量保护，作为变压器内部故障等故障时的保护，重瓦斯保护动作后，在查明原因并消除故障之前不得将变压器投入运行。变压器重瓦斯保护动作跳闸后，一方面要调查运行、检修情况，另一方面应立即取油样进行色谱分析，综合分析判断，确定变压器是内部故障还是附属设备故障，进而确定变压器故障的部位和故障性质，以便及时进行检修。变压器重瓦斯保护动作跳闸后应先投入备用变压器或备用电源，恢复对用户的供电，然后检查故障变压器的原因。

（一）重瓦斯保护动作跳闸的原因

（1）变压器内部严重故障（如匝间故障、绝缘损坏、接触不良、铁芯多点接地故障等）。

（2）二次回路问题引起保护误动作。

（3）附属设备故障（如呼吸器堵塞、散热器上部进油阀关闭等）。

（4）外部发生穿越性短路故障（外部发生穿越性短路故障时，变压器通过很大短路电流，内部产生的电动力使变压器油发生很大波动而发生重瓦斯保护误动作）。

（5）变压器附近有较强的振动。

（二）变压器重瓦斯动作的现象

（1）事故音响发出报警信号。

（2）变压器三侧断路器跳闸，监控主机弹出“1 号变压器重瓦斯动作”告警画面，主变压器三侧断路器跳闸，断路器位置变位，监控机上变压器三侧断路器闪烁，变压器三侧电压、电流指示为零，变压器停止运行，监控主机事故报文显示主变压器重瓦斯保护动作信息。

（3）主变压器三侧断路器操作箱跳闸信号灯亮。

（4）变压器保护屏“重瓦斯出口”信号灯亮。

（5）变压器气体继电器内有气体。

（三）变压器重瓦斯保护动作后运行值班人员应进行的工作

（1）立即投入备用变压器或备用电源，恢复供电；

（2）复归音响及闪光，检查其他保护装置动作情况，一、二次回路情况，直流系统情况，并做好记录；

（3）检查其他运行变压器及各线路的负荷情况；

（4）检查变电站站用系统电源是否切换正常，直流系统是否正常；

（5）检查变压器油温、油位、油色情况；

（6）检查变压器有无爆炸、喷油、漏油等情况；

（7）检查各法兰连接处、导油管等处有无冒油；

（8）检查变压器外壳有无鼓起变形，套管有无破损裂纹；

（9）检查气体继电器内有无气体积聚；

（10）检查变压器本体及无载分接开关油位情况；

（11）检查变压器压力释放阀是否喷油；

（12）检查变压器有无着火；

（13）检查其他保护动作情况；

（14）检查变压器周围有无强烈振动；

（15）将检查结果做好记录，并根据保护动作情况、变压器检查结果等情况进行综合分析判断，并汇报调度和相关部门；

（16）应根据调度指令进行相关操作；

（17）事故后，值班长编写事故分析报告；

（18）变压器重瓦斯保护动作跳闸后，立即检查冷却系统是否停止运行，若冷却系统还在运行，则应立即停止冷却系统。

（四）分析判断

（1）若经检查变压器无任何故障现象和异常情况，气体继电器内无气体、没有外部短路故障、跳闸前无轻瓦斯动作信号、气体继电器的下触点未闭合，且保护出口继电器触点仍在闭合位置，有可能是二次回路短路造成的误跳闸。若外部检查无异常且直流系统绝缘不良，有接地信号时，则多为直流多点接地造成误跳闸。

（2）二次回路短路或接地，造成重瓦斯保护误动跳闸的原因有：二次回路上有人工作，工作人员失误；气体继电器接线盒进水；气体继电器渗油，使电缆长时间受腐蚀，绝缘破坏；二次线端子排受潮等。

（3）若检查变压器外观检查没有发现明显故障，应立即取气，分析气体继电器内气体的性质。取气时可以用胶管连接取气瓶（也可用注射器），连接气体继电器的放气孔。观察记录气体继电器内气体容积后，打开放气阀取气。检查气体的可燃性时，须特别小心。取气后，应远离变压器点火检查。

检查气体继电器内部积聚气体的颜色和进行点燃试验，并按表 ZY1100502002-1 判断故障的性质。

表 ZY1100502002-1 通过检查气体继电器内部积聚气体的颜色和点燃试验判断故障性质

气体颜色	可燃性	气味	故障性质
无色	不可燃	无味	变压器内部有空气
白色或淡灰色	可燃	强烈臭味	内部绝缘材料有故障
黄色	不易燃	异味	木质故障
灰黑色、黑色	易燃	异味	油故障分解或铜铁故障引起油分解

注 上述气体颜色在气体发生后几分钟就会消失，所以取气和判别工作应迅速进行并注意安全。

（4）若经取气分析，气体继电器内的气体有色、有味、可燃时，无论外部检查是否发现有明显的故障现象，应判断为变压器内部故障。实际运行经验表明，变压器重瓦斯保护动作跳闸后所取的气体常是无色的。因此，单以有无颜色或是否可燃来判定变压器是否发生故障并不可靠，应鉴别气体的成分，才能做出比较准确的判断。

（5）若经分析气体继电器内的气体为无色、无臭味且不可燃，色谱分析判断为空气，经放气处理后变压器可继续运行。

（6）变压器重瓦斯保护动作跳闸后，必须取油样进行色谱分析，与油中溶解气体的正常极限的注意值作比较，判定变压器有无故障。溶解气体正常极限注意值可参见表 ZY1100502002-2。

表 ZY1100502002-2　　油中溶解气体的正常极限的注意值

气体成分	H_2	CH_4	C_2H_6	C_2H_4	C_2H_2	总烃（C_1+C_2）
正常极限值（μL/L）	150	45	35	65	5	150

（7）变压器的差动保护反映的是电气故障，瓦斯保护反映的是非电气故障，在分析判断时，如果变压器瓦斯保护动作的同时，变压器的差动保护也动作，一般情况下说明变压器内部故障。

（8）主变重瓦斯保护动作跳闸时，若同时发现其他设备保护动作、故障录波器动作等系统冲击现象时，经检查变压器外部没有任何异常现象，且气体继电器内充满油，无气体，一般情况下是由于外部发生穿越性短路故障，变压器通过很大的短路电流，内部产生的电动力使变压器油波动很大而引起的误动作。此时可以在将故障线路隔离后，变压器恢复供电。

（9）变压器内部发生故障，一般存在发展过程，从较轻微逐步发展为严重故障，大部分是先发出轻瓦斯保护动作信号，然后发展到重瓦斯保护动作跳闸。因此，在发出轻瓦斯保护动作信号后，应立即汇报并进行外观检查，取气样、油样分析。根据外观检查、气样油样分析结果及油在线监测装置报告等信息综合分析判断，并采取相应的措施。

（五）重瓦斯保护动作跳闸后的处理

（1）重瓦斯保护动作变压器三侧断路器跳闸，未经内部检查和试验合格，不得重新投入运行，防止事故扩大。

（2）变压器外部检查无任何异常现象，变压器其他保护未动作，并经取气分析为无色、无味、不可燃。重瓦斯保护动作前轻瓦斯信号发出时，变压器声音、油温、油位、油色无异常，可能属于进入空气太多、析出太快，应查明进气的部位并尽快处理。无备用变压器时，经主管领导同意，根据调度命令可以将变压器试送一次。

（3）变压器外部检查无任何异常现象，变压器其他保护未动作，并经取气分析为无色、无味、不可燃，无法证明是变压器重瓦斯保护误动作。若此时变电站无备用变压器和备用电源者，根据调度命令执行。拉开变压器各侧隔离开关，摇测绝缘无问题，放出气体后经主管领导同意，根据调度命令可以将变压器试送一次，若试送不成功应作内部检查。有备用变压器或备用电源时，应进行取油样化验，试验合格后方能投入运行。

（4）重瓦斯保护动作跳闸后经检查无任何故障现象和异常，证明确属误动跳闸后，若同时变电站有其他保护动作，重瓦斯保护动作信号能复归，一般情况下属于外部有穿越性短路故障引起的误动跳闸，将故障线路隔离后，根据调度命令将变压器投入运行。若其他线路无保护动作信号，重瓦斯信号不能复归，无直流接地时，可能属于二次回路短路造成误动作跳闸。此时若直流系统有接地时，可能是直流多点接地造成的保护误动作跳闸。应检查气体继电器引出电缆、端子箱内二次线有无受潮等，在处理正常后将主变压器投入运行。

三、变压器后备保护动作跳闸处理

（一）变压器后备保护动作的原因

（1）母线故障。

（2）线路故障越级跳闸。

（3）二次回路故障等原因使保护误动。

（4）变压器本体故障，主保护拒动。

（二）变压器后备保护动作的现象

（1）事故音响发出报警信号。

（2）变压器单侧断路器跳闸，监控主机弹出“主变压器后备保护动作”告警画面，单侧断路器跳闸，断路器位置变位。

（三）变压器后备保护动作后运行值班人员应进行的工作

（1）检查变压器本体及各侧设备有无故障。

（2）根据保护动作情况，检查有关母线和线路有无故障，线路保护是否动作，有无线路断路器跳闸，根据保护动作情况、信号、仪表指示灯，判断故障范围和停电范围。

（3）检查线路断路器失灵保护是否动作。

（4）检查其他运行变压器及各线路的负荷情况。

（5）检查变电站站用系统电源是否切换正常，直流系统是否正常。

（6）断开连接在失压母线上的各断路器。

（7）若有馈线线路保护动作信号时，应立即将保护动作的线路断路器断开，若无法断开时，用两侧隔离开关将线路断路器隔离，并检查母线及跳闸断路器无问题后，合上变压器跳闸侧断路器。对失压母线充电正常，恢复其余各分路的供电，然后检查故障线路断路器拒跳原因。

（8）失压母线各馈路均无保护动作信号时，应检查失压母线相关设备有无故障迹象及异常。

（9）发现有故障现象，故障点可以隔离时，立即断开断路器、拉开隔离开关进行隔离，隔离后合上主变压器跳闸侧断路器，对失压母线充电正常后，恢复对用户的供电。若因隔离故障点使母线电压互感器停电时，可以合上母线分段（或母联）断路器，合上电压互感器二次并列开关，使保护不失去交流电压。

（10）发现母线上有故障，故障点不能用断路器或隔离开关隔离时，对于双母线接线，可将各分路倒至另一段母线上恢复供电。

（11）检查失压母线及连接设备上无任何故障迹象和异常，可以在各分路断路器全部断开的情况下，根据调度命令，合上变压器跳闸侧断路器，对母线试充电正常后，依次逐条分路试送电，查明保护拒动的线路。试合各分路断路器时，应严密注意线路的电气量变化情况，若有短路冲击现象应立即断开断路器。无故障分路恢复供电后，检查未跳断路器的保护拒动原因。

（12）事故后，由值班长填写事故分析报告。

（13）将检查结果做好记录，复归信号，并汇报调度和上级有关部门。

（14）按命令将故障设备及拒跳断路器停电隔离。

（15）恢复变压器供电，并尽快恢复正常接线方式。

（四）分析判断

（1）变压器后备保护动作跳闸后，要正确判断故障范围和停电范围。

（2）变压器后备保护动作，主保护未动作，一般情况下是由于变压器差动保护范围以外的故障造成的，即母线故障或线路故障越级使变压器后备保护动作跳闸。根据运行经验，变压器本体发生故障，由变压器后备保护动作跳闸的几率很小。

（3）330kV 变电站主变压器为单相三绕组变压器，高、中压侧后备保护动作后Ⅰ段Ⅰ时限跳本侧断路器，Ⅰ段Ⅱ时限动作后跳主变压器三侧断路器。因此必须根据后备保护动作情况及断路器跳闸情况正确判断故障点。

（4）主变压器后备保护动作跳闸后，若同时有线路保护动作，则属于线路上发生故障，保护动作，断路器未跳开引起的越级。

（5）主变压器后备保护动作跳闸后，各线路都没有保护动作信号时，有两种可能：一种是线路上有故障，线路保护未动作，造成越级跳闸；二是母线上发生故障，变压器后备保护动作跳闸。根据运行经验，一般主变压器后备保护动作的原因中，线路故障越级跳闸的可能性要比母线故障大得多。

（6）330kV 变电站主变压器低压侧 66kV 侧母线未装设母线保护，主变压器低压侧母线故障时，靠主变压器低压侧后备保护动作切除母线故障。

（7）变压器后备保护动作后，变压器没有故障象征，则多为馈电线路故障，为迅速恢复供电，经调度同意后，将所有出线断路器断开后，可试送电一次。

（五）主变压器后备保护动作的处理

（1）主变压器后备保护动作后，应根据保护动作情况，判断故障范围和停电范围。

（2）为了保证变电站所用电源的可靠供电，一般将变电站站用系统重要电源由接在主变压器低压侧的站用变压器带，当主变后备保护动作后若站用电源消失时，应立即恢复站用电源。

（3）断开失压母线上所连接的各断路器，若断不开时应拉开两侧隔离开关进行隔离。检查母线及变压器跳闸断路器无问题后，合上变压器跳闸侧断路器，对失压母线充电正常，恢复对其余各分路的供电，然后检查故障线路断路器拒跳的原因。

（4）发现母线上有故障时，将母线转检修。

【思考与练习】

1. 简述变压器差动保护动作跳闸的原因及现象。
2. 变压器重瓦斯保护动作跳闸后如何处理？
3. 变压器后备保护动作的原因有哪些？
4. 变压器后备保护动作后如何处理？

模块3　变压器事故处理危险点源预控分析（ZY1100502003）

【模块描述】本模块介绍简单和较复杂变压器事故处理危险点源预控分析。通过列表说明、分析讲解，掌握变压器事故处理过程中的危险点及防范措施。

【正文】

变压器事故处理危险点源预控分析及防范措施见表ZY1100502003-1。高压电抗器事故处理危险点源分析预控参照变压器执行。

表ZY1100502003-1　　变压器事故处理中的危险点及防范措施

序号	危险点源	防范措施
1	事故处理过程中造成人身触电	1）严格遵守《国家电网公司安全工作规程》相关规定，做好安全防护措施。 2）任何检查处理工作必须2人以上进行，其中1人作为专职监护人
2	变压器本体检查时跌落造成人身伤害	登高检查时，系好安全带
3	事故处理过程中误操作，造成人身伤害及事故扩大	处理事故的操作应写出关键操作步骤，不得凭记忆操作
4	变压器着火事故处理不当，造成人员伤害或设备损坏、事故扩大等	1）断开变压器各侧断路器。 2）停用冷却装置。 3）迅速启用变压器消防设施。 4）根据情况采取其他灭火措施。 5）做好配合消防部门处理的准备，包括交代安全注意事项
5	一台主变压器故障跳闸后，未监视运行中主变压器过负荷情况，造成事故扩大	一台主变压器事故跳闸后，应立即根据事故前的负荷情况考虑主变压器过负荷问题并加强对运行变压器的监视。对严重过负荷的变压器，应立即向调度申请压负荷，确保其正常运行
6	故障未查清前，盲目对主变压器试送电，引起事故扩大甚至损坏变压器	变压器故障跳闸后，一定要经过专业人员进行检查、试验合格后方可投运

【思考与练习】

1. 变压器事故处理危险点有哪些？
2. 变压器着火事故处理时，应做好哪些防范措施？
3. 变压器跳闸后，为何需对运行变压器加强监视？

第四十一章　母线事故处理

模块 1　母线简单事故处理（ZY1100503001）

【模块描述】本模块介绍母线简单事故的类型和现象、事故处理基本步骤。通过事故原因分析、处理方法讲解、案例分析，能根据母线事故现象判断母线故障性质，能参与事故处理。

【正文】

母线故障在电力系统故障中所占比例不大，但母线故障对整个系统影响较大，后果十分严重，可能引发大面积停电。本节主要介绍母线失压的原因分析和处理、误操作母线侧隔离开关的处理以及 3/2 断路器接线方式母差保护动作的事故处理。

一、母线失压的分析及处理

1. 造成母线失压事故的原因

（1）误操作或操作时设备损坏。

（2）母线及连接设备的绝缘子发生闪络事故，或外力破坏。

（3）运行中母线设备绝缘损坏。如母线、隔离开关、断路器、避雷器、互感器等发生接地或短路故障，使母线保护或电源进线保护动作跳闸。

（4）线路上发生故障，线路保护拒动或断路器拒跳，造成越级跳闸。线路故障时，线路断路器不跳闸，一般由失灵保护动作，使故障线路所在母线上断路器全部跳闸。未装失灵保护的，由电源进线后备保护动作跳闸，母线失压。

（5）母差保护误动、误整定。

（6）因上一级母线故障跳闸造成本级母线失压。

（7）二次回路故障。

2. 母线失压的处理原则

（1）根据事故前的运行方式、保护及自动装置动作情况、报警信号、事件打印、断路器跳闸及设备外观等情况判明故障性质，判明故障发生的范围和事故停电范围。若站用电失去时，先倒站用电，夜间应投入事故照明。

（2）将失压母线上各分路断路器、变压器断路器断开，并将已跳闸断路器的操作把手复位。注意，首先断开电容器组断路器（装有电容器组时）。

（3）若因高压侧母线失压，使中、低压侧母线失压。只要失压的中、低压侧母线无故障象征（如母差保护动作，使高压侧母线失压；失灵保护动作，高压侧母线失压，无变压器保护动作信号，在中、低压侧母线上，各分路无保护动作信号），就可以先利用备用电源，合上母线分段（或母联）断路器，先在短时间内恢复供电，再处理高压侧母线失压事故。

（4）采取以上措施以后，根据保护动作情况，查出故障原因，并消除或隔离故障点后，可对母线试送电。如有条件，应用发电机向失压母线零起升压。

（5）若母线电压消失，母差保护未动作，连接于该母线上的断路器没有跳闸，判断为外部电源中断所致，检查母线及其相连设备和母差保护无异常后，可对母线试送电。

（6）若断路器失灵保护动作使母线失压时，应先查出拒动断路器，并将故障断路器隔离后才可恢复母线送电。

（7）若属于母差保护误动，本站故障录波未启动，微机打印报告也无故障波形，则应汇报调度恢复对母线的送电。

（8）若因上一级母线故障跳闸造成本级母线失压，则应通过调度与对侧取得联系，尽快恢复送电。

（9）若母线故障使电网解列，在事故处理中应特别注意防止非同期合闸而扩大事故。

二、3/2 断路器接线母差保护动作的事故处理

1. 母差保护动作跳闸的现象

（1）事故音响系统动作（警铃、喇叭响）。

（2）故障母线上所接断路器跳闸，对应红灯灭、绿灯闪光（如果存在闪光系统）。

（3）母线所连元件电流、有功功率、无功功率为零。

（4）中央信号屏发出“母差动作”等光字牌，故障母线电压为零。

（5）母线保护屏保护动作指示。

（6）故障录波装置启动。

（7）故障母线及所连设备、接头、绝缘支撑等有放电、拉弧及短路等异常情况出现。

（8）监控后台机出现以上相关遥信信息。

2. 母差保护动作跳闸的处理

（1）根据事故前的运行方式、保护及自动装置动作情况、报警信号、事件打印、断路器跳闸及设备外观等情况判明故障性质，判明故障发生的范围和事故停电范围，并汇报调度。

（2）将失压母线上各馈路断路器、变压器断路器断开，并将已跳闸断路器的操作把手复位。

（3）若找不到明显故障点，如有条件，应对故障母线零起升压或由对侧变电站对故障母线试送，否则可通过本站设备对停电母线试送电一次；若有明显的故障点，应将故障点隔离，恢复母线送电。

（4）若电压互感器本身故障时，应及时将电压互感器隔离开关拉开后，将电压互感器二次并列。

（5）若故障点不能隔离，应将母线转检修。若有其他元件保护取用本段母线电压互感器的二次电压，也应考虑电压互感器二次并列。

（6）若跳闸前，各串均为合环运行，则母线故障后，不影响对线路及变压器设备供电；但应将相应线路的中间断路器重合闸时间改为短延时；但若在故障前，中间断路器处于检修状态，母线故障跳闸将引起线路或变压器高压侧断路器跳闸。线路本侧断路器跳闸后，线路侧仍处于带电状态，这时应分为两种方式进行处理：

1）若母线确有故障短时恢复不了，则对侧断路器应断开，线路应转冷备用。

2）若故障母线经检查属于瞬时性或其他串设备造成，隔离故障后母线可以恢复送电，则该线路对侧断路器可以不断开。

（7）记录保护及自动装置屏上的所有信号，收集故障录波及微机保护报告，并将详细检查结果汇报调度和有关部门。

（8）做好相应中间断路器事故跳闸的事故预想。

（9）事故处理完毕后，值班人员填写运行日志、断路器分合闸等记录，并根据断路器跳闸情况、保护及自动装置的动作情况、故障录波报告以及处理过程，整理详细的事故处理经过。

三、案例

（一）变电站说明

1. 系统接线情况

330kV 采用 3/2 断路器接线方式，见图 ZY1100503001-1。

2. 330kV 母线保护配置

采用 RCS-915 型、BP-2B 型。

（二）故障现象

事故音响动作，监控系统 3312、3322、3332 断路器变位闪烁、“RCS 保护动作，BP 保护动作，3312、3322、3332 断路器跳闸”光字牌亮。Ⅱ母线电压指示为零。

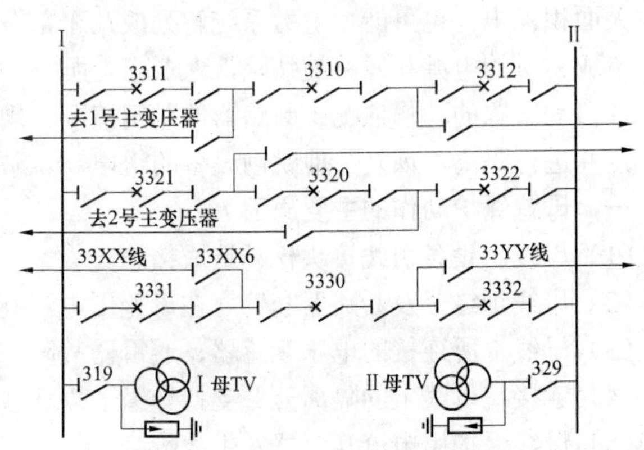

图 ZY1100503001-1　330kV 系统 3/2 接线

（三）事故处理步骤

（1）将事故发生时间、设备名称、断路器变位、保护动作及各装置主要信号做好记录并立即上报调度。

（2）记录和检查继电保护及自动装置动作情况；检查一次设备，检查保护范围内设备，包括3312、3322、3332间隔电流互感器、断路器、各断路器母线侧隔离开关，329隔离开关、电压互感器、避雷器，330kVⅡ母线。检查发现3312、3322、3332断路器在分位，母线避雷器绝缘子有放电痕迹。

（3）将检查详细情况迅速汇报调度。

（4）根据调度命令，隔离330kVⅡ母避雷器间隔，拉开329隔离开关。

（5）根据调度令恢复无故障设备：

1）330kVⅠ、Ⅱ母电压互感器二次并列。

2）投入3332断路器充电保护，合上3332断路器，检查Ⅱ母充电良好。

3）退出3332断路器充电保护，合上3312、3322断路器。

（6）将故障设备转检修。

（7）事故处理完毕后，值班人员做好运行日志、事故跳闸记录、断路器分合闸记录等，并根据断路器跳闸情况、保护及自动装置的动作情况、事件记录、故障录波、微机保护打印以及处理情况，整理详细的事故经过。

（四）事故处理的关键点

（1）对于3/2接线方式，在母线故障下，可不影响线路或者变压器的运行。

（2）母线恢复送电时要考虑充电断路器的选择。

（3）若母线故障短时间不能恢复时，应将相应的线路中间断路器改为短延时。

【思考与练习】

1. 造成母线失压事故的主要原因有哪些？

2. 母线失压事故如何处理？

3. 母差保护动作跳闸后如何处理？

模块2 母线复杂事故处理（ZY1100503002）

【模块描述】本模块包含各种接线方式母线故障现象、故障原因及母线事故处理的基本步骤。通过归纳讲解、案例介绍，能根据母线事故现象分析母线事故性质，能组织、监视处理母线事故，能进行事故处理过程中的危险点分析和预控。

【正文】

母线故障在电力系统故障中所占比例不大，但母线故障对整个系统影响较大，后果十分严重，母差保护动作后，将切除故障母线上的所有断路器，使母线上所连元件失去功率交汇的基础，从而可能引发大面积停电，也可能使电力系统解列成几个部分。另外，人为的误碰、误操作使母线保护动作，也会造成大量的电源和线路被切除，造成巨大损失。所以对处理母线事故，最关键是根据事故的信号、保护及自动装置的动作情况、断路器的跳闸情况、现场工作情况、操作情况等，迅速、准确的筛选出故障点并进行隔离，恢复其他跳闸设备的送电。本节主要介绍双母线接线情况下的母线故障处理。

一、母差保护动作的主要原因

（1）母线上设备引线接头松动造成接地。

（2）母线绝缘子及断路器套管（在母差用电流互感器母线侧）绝缘损坏或发生闪络。

（3）母线上所连接的电压互感器、避雷器故障。

（4）连接在母线上的隔离开关支持绝缘子损坏或发生闪络。

（5）母线保护用电流互感器发生故障。

（6）由于外力破坏或者异物搭挂造成母线设备短路或接地。

（7）带负荷拉、合母线侧隔离开关、带地线合母线侧隔离开关引起的母线故障。

（8）二次回路故障。

（9）母线差动保护误动、误整定。

（10）线路发生故障，线路保护拒动或断路器拒动，造成越级跳闸。

二、母差保护跳闸的现象

（1）事故音响系统动作（警铃、喇叭响）。

（2）故障母线上所接断路器跳闸，对应红灯灭、绿灯闪光（如果存在闪光系统）。

（3）母线所连元件电流、有功功率、无功功率为零。

（4）中央信号屏发出“母差动作”等光字牌，故障母线电压为零。

（5）母线保护屏保护动作指示。

（6）故障录波装置启动。

（7）故障母线及所连设备、接头、绝缘支撑等有放电、拉弧及短路等异常情况出现。

（8）监控后台机出现以上相关遥信信息。

三、母差保护跳闸的处理原则

（1）母差保护动作后，如造成相应的主变压器或站用变压器失压，此种情况应先考虑倒换至备用电源供电，并检查其他变压器或线路的负荷情况；若仅造成主变压器高压侧失压，应把主变压器其他侧断路器手动断开。

（2）如造成其他母线失压，应先将失压母线上的无功补偿装置的断路器断开。

（3）母线故障，找不到明显故障点时，如有条件，应对故障母线零起升压或由对侧变电站对故障母线试送，否则可通过本站设备对停电母线试送电一次。

（4）如有明显的故障点，应将故障点隔离，恢复母线送电。当有旁路母线的，应考虑将重要负荷带路运行。若母线 TV 故障，在故障点隔离后，恢复母线送电，并将 TV 二次并列。

（5）如故障点不能隔离，而失压母线不能马上恢复运行，应将无故障的设备倒换至正常母线运行。倒换母线时，断路器母线侧隔离开关应采取“先断后合”的原则。同时，根据母线保护的具体形式或规程要求，决定是否变动母差保护的运行方式。

（6）如未能找到故障点，而系统需要将挂于该母线的设备倒换至正常母线运行，应以外部电源对设备开关与母线侧隔离开关之间的 T 区试送电，证明无故障后才能倒换母线。

（7）双母线运行同时停电时，如母联断路器无异常且未断开应立即将其拉开，经检查排除故障后再送电。要尽快恢复一条母线运行，另一条母线不能恢复则将所有负荷倒至运行母线。

（8）对停电母线进行试送，应优先用外部电源；其次是选用母联断路器；最后选择变压器。试送断路器必须完好，并有完备的继电保护，如有灵敏、快速的充电保护则应投入。

（9）处理母线故障过程中注意以下问题：

1）不允许对故障母线不经检查即强行送电。

2）故障点用隔离开关隔离。

3）如用线路对侧给母线充电，在充电前应将线路对侧的重合闸停用，并将其充电保护投入。

4）如母线故障使电网解列，在事故处理中应特别注意防止非同期合闸而扩大事故。

5）母线或 TV 故障时，应考虑给相应的保护带来的影响，防止保护失去电压误动造成事故的扩大。

（10）母线故障越级跳闸主要动作行为和处理原则：

1）母线故障越级跳闸的主要动作行为有：母差保护拒动或者断路器拒动。母差保护拒动，将引起上级断路器跳闸，一般由电源线对侧或主变压器后备保护动作跳闸，切除故障；断路器拒动会启动相应的失灵保护动作跳闸，将故障切除。

2）母线故障越级跳闸的处理。发生母线故障越级跳闸处理上首先找到越级的原因，尽快隔离故障拒动开关设备，恢复送电。

（11）GIS 母线由于母差保护动作而失压，在故障查明并作有关试验以前母线不得送电。

（12）母差保护动作跳闸或母线失压时应立即上报调度，同时将故障或失压母线上的断路器全部拉开。

四、母差保护跳闸的处理步骤

（1）母线保护动作跳闸后，记录故障时间，合理安排事故处理期间值班工作。

1）加强本站其他相关元件运行监视。

2）条件允许的情况下，获取系统运行情况信息。

3）做好防止事故扩大的预想工作。

4）根据母线故障情况，合理安排恢复正常运行或故障点隔离的相关操作准备。

（2）记录断路器变位、主要保护动作情况等事故信息。

（3）将事故跳闸情况简要汇报调度及有关部门。

（4）如有工作现场或操作现场，应立即对现场进行检查。

（5）对故障作初步判断，到现场检查故障母线上母差范围内所有设备，发现放电、闪络或其他故障后迅速隔离故障点。若现场检查找不到明显的故障点，应根据母线保护回路有无异常情况、直流系统有无接地、是否保护误动等方面分析可能的原因。

（6）记录保护及自动装置屏上的所有信号，收集故障录波及微机保护报告。

（7）将详细检查结果汇报调度和有关部门，按照母线事故处理原则进行事故处理。

（8）事故处理完毕后，值班人员填写运行日志、断路器分合闸等记录，并根据断路器跳闸情况、保护及自动装置的动作情况、故障录波报告以及处理过程，整理详细的事故处理经过。

（9）按照调度及上级主管部门的要求，根据现场断路器跳闸情况、保护及自动装置的动作情况、监控主机事件信息记录、故障录波、微机保护信息以及处理情况，整理详细的现场跳闸报告。

五、案例

（一）变电站说明

1. 系统接线情况

330kV 采用双母线接线方式，4 回 330kV 线路，两台主变压器并列运行，如图 ZY1100503002-1 所示。

固定运行方式：3995 线、3063 线、1 号主变压器在Ⅰ母运行，3072 线、3066 线、2 号主变压器在Ⅱ母运行，3300 运行。

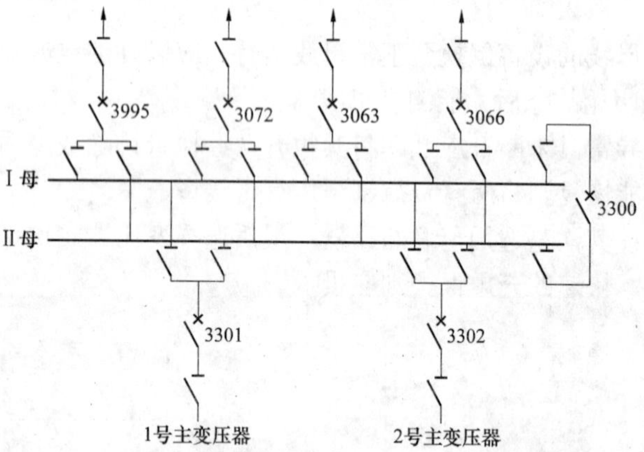

2. 330kV 母线保护配置

采用 RCS-915 型、BP-2A 型。

（二）故障现象

事故音响动作，监控系统 3995、3063、3300、3301 断路器变位闪烁、“RCS 保护动作，BP 保护动作，3995、3063、3300、3301 断路器跳闸”光字牌亮。330kVⅠ母线电压指示为零。

（三）事故处理步骤

（1）将事故发生时间、设备名称、断路器变位情况、保护动作主要信号做好记录并立即上报调度。

图 ZY1100503002-1 330kV 变电站双母线接线方式

（2）记录和检查继电保护及自动装置动作情况；

（3）检查一次设备，检查 330kVⅠ母母差保护范围内设备，包括 3995 线、3063 线、1 号主变压器高压侧间隔内电流互感器、断路器、各断路器母线侧隔离开关，电压互感器、避雷器，330kVⅠ母线。检查发现 3995、3063、3300、3301 断路器在分位，母线支持绝缘子有放电痕迹。

（4）检查 2 号主变压器所带负荷情况，以及 1 号站用电源已倒至备用电源供电。

（5）将检查详细情况迅速汇报调度。

（6）将 1 号主变压器其他两侧断路器手动断开，并将低压侧所接的电容器断路器断开。

（7）根据调度命令，隔离 330kVⅠ母：

1）将 3300 断路器转为冷备用。

2）断开 330kVⅠ母 TV 二次空气开关，拉开—330kVⅠ母 TV 隔离开关。

3）将 330kV Ⅰ母上所有隔离开关拉开。

（8）根据调度令恢复无故障设备：

1）投入 3300 断路器充电保护，合上 3300 断路器，检查Ⅰ母充电良好，退出 3300 断路器充电保护。

2）合上 3995、3063、3301 断路器的Ⅱ母侧隔离开关，并检查电压切换正常。

3）合上 3995、3063、3301 断路器（根据系统情况考虑是否同期）。

4）恢复 1 号主变压器运行。

5）将 330kV Ⅰ母转检修。

（9）事故处理完毕后，值班人员做好运行日志、事故跳闸记录、断路器分合闸记录等，并根据断路器跳闸情况、保护及自动装置的动作情况、事件记录、故障录波、微机保护打印以及处理情况，整理详细的事故经过。

（四）事故处理的关键点

（1）对于双母线接线方式，在母线故障时，必须先将故障母线隔离后，即“先拉后合”方可恢复供电。

（2）母线恢复送电时要考虑充电断路器的选择。

（3）在恢复供电过程中，合上Ⅱ母隔离开关必须检查电压切换正常。

（4）事故处理过程中，注意监视另一台主变压器或另一回线路的负荷。

【思考与练习】

1. 母差保护动作主要由哪些原因引起？

2. 简述母差保护跳闸后的现象。

3. 简述母线事故处理的关键点。

模块 3　母线事故处理危险点预控分析（ZY1100503003）

【模块描述】本模块介绍各种母线事故处理危险点预控分析。通过列表说明、分析讲解，掌握母线事故处理过程中的危险点及防范措施。

【正文】

母线事故处理危险点预控分析及防范措施见表 ZY1100503003-1。

表 ZY1100503003-1　　母线事故处理危险点及防范措施

序号	危　险　点	防　范　措　施
1	失压母线上的断路器未全部断开，在事故处理过程中可能发生对故障母线再次充电	母线失压时应立即断开失压母线上的所有断路器
2	对微机型母线保护，母线侧隔离开关操作后由于母差保护内隔离开关的位置和实际位置不符，造成母差保护误动	母线侧隔离开关操作后应认真核对母差保护内母线隔离开关的位置和实际位置是否相符，如果不相符应采取措施（如通过操作母差保护屏上隔离开关的三位置开关，使母差保护屏上隔离开关位置和实际位置相符）
3	对多段式母线（如双母线）接线，如故障点在母线电压互感器上，当母线电压互感器隔离，用母联断路器对该段母线充电正常后，电压互感器二次未并列恢复该段交流母线，使得线路或变压器保护失去交流电压	失压母线充电正常后，应进行电压互感器二次并列操作后，再恢复该母线上线路、变压器运行
4	故障电压互感器二次未隔离，进行二次并列操作后，造成二次反充电，使运行电压互感器二次空气开关跳闸	母线电压互感器故障隔离应注意断开低压二次空气开关
5	失压母线上的拒动断路器没有发现或未隔离，在对母线充电时，引起充电断路器再次跳闸	在手动断开失压母线上的断路器时，应检查断路器确已在断开位置
6	母线故障后，未对设备进行全面检查，没有发现故障点或故障点没有全部找到，造成误判断或事故扩大	母线故障时，现场运行值班人员应根据继电保护及自动装置动作情况、断路器跳闸情况、仪表指示、运行方式、现场发现故障的声光等信号，判断故障性质和范围，并对故障母线上的各元件设备进行认真检查，防止没有及时、准确发现故障点

续表

序号	危 险 点	防 范 措 施
7	一次运行方式改变后，未及时根据母线保护的具体形式或现场运行规程要求，改变母差保护的运行方式	应根据母线保护的具体形式或现场运行规程要求，及时改变母差保护的运行方式，使之与一次运行方式相对应
8	母线故障引起接在该段母线上的主变压器失压后，未根据事故前的运行方式考虑主变压器中性点倒换（按要求切换变压器零序保护）。未密切关注其他运行变压器的负荷情况，导致运行中的变压器出现过负荷	根据事故前的运行方式考虑主变压器中性点倒换（按要求切换变压器零序保护）。同时密切关注其他运行变压器的负荷情况。如果运行中的主变压器出现过负荷，应根据现场运行规程的过负荷倍数和允许运行时间等规定，向调度申请转移负荷或进行压负荷
9	对多段式母线（如双母线）接线，在确认无故障的元件改接至运行母线时，进行倒闸操作时，没有遵循“先断后合”的原则进行操作，引起运行母线跳闸	通过倒母线方式进行负荷恢复时，一定要先断开该馈路故障母线上的隔离开关后，再合上该馈路运行母线上的隔离开关
10	在事故处理过程中，防止非同期造成事故扩大	根据系统运行方式或线路有无电压在恢复供电时采用同期合闸方式

【思考与练习】

1. 多段母线事故处理有哪些危险点？
2. 母线故障后，如接线方式为多段母线，恢复馈路运行时应注意什么？

第四十二章　站用交、直流系统事故

模块 1　站用交、直流系统简单事故处理（ZY1100504001）

【模块描述】本模块介绍站用交、直流系统简单事故的类型和现象、事故处理的基本步骤。通过事故原因分析、处理方法讲解，能根据两系统事故现象判断其故障性质，能参与事故处理。

【正文】

一、站用交流系统

（一）站用交流系统接线

站用交流系统应保证安全可靠而不间断供电，因此变电站的站用电应至少取用两个不同的电源系统，配备两台站用变压器。通常两台站用电源分别取自两台不同变压器低压侧所供母线。330kV 变电站的站用电一般应有三台，为了在事故时保证安全可靠供电，第三台站用变压器电源应从站外 10～35kV 低压网络中引接。保证即使在站内发生重大事故时该电源也不受波及且能持续供电。

330kV 变电站站用交流系统典型接线见图 ZY1100504001-1。

图 ZY1100504001-1　330kV 变电站站用交流系统典型接线

（二）站用交流系统事故处理一般原则

（1）站用变压器发生喷油、冒烟、着火或内部有炸裂声等故障时，应立即转移负荷，隔离故障站用变压器，然后进行检查并汇报调度和主管部门并进行检查。

（2）低压回路断路器跳闸后，应查明原因。如为热脱扣动作跳闸，待检查回路无异常后，合上跳闸断路器。如为站用变压器过电流保护动作跳闸，应查明故障原因并消除后，再试送一次，如不成功则转冷备用后汇报主管部门安排检修。

（3）各支路断路器跳闸或熔断器熔断，允许强送一次。如强送不成功，应查明原因并消除故障后再送。更换熔体不允许增大规格或用铜丝代替。由两路供电的负荷，在强送不成功时，可倒至另一段母线供电，但应先拉后合。

（4）当 380V 母线失压，备自投动作不成功时，应按以下原则处理：

1）如果 380V 母线无故障时，确认失压母线站用变压器高、低压断路器确已断开后，应合上 380V 分段断路器，恢复母线供电。

2）如果 380V 母线确有故障，则禁止合上 380V 高、低压断路器。

（三）简单的站用电源系统事故处理

1. 事故类型

（1）单馈路断路器跳闸或熔断器熔断。

（2）单馈路非全相运行。

（3）主变压器冷却器全停。

2. 原因分析

（1）单馈路断路器跳闸或熔断器熔断的原因分析：

1）本馈路内发生短路故障。

2）馈路过负荷。

3）馈路内的用电设备故障。

4）断路器或熔断器容量太小。

（2）非全相运行原因分析：

1）馈路内发生单相或两相接地故障、两相短路故障，引起熔断器单相或两相熔断，断路器或接触器自身故障造成的非全相运行。

2）馈路内单相或两相断线。

3）站用变压器高低压熔断器单相或两相熔断。

（3）主变压器冷却器全停原因分析：

1）站用电源全部失电。

2）站用变压器故障。

3）站用盘母线或设备故障。

4）站用变压器高压或低压总熔断器熔断（低压空气开关自动脱扣）。

5）冷却器电缆故障。

6）冷却器控制箱设备故障。

3. 处理方法

（1）站用交流系统内单馈路断路器跳闸或熔断器熔断的处理方法：

1）发生单馈路断路器跳闸或熔断器熔断时，如由双馈路供电，应立即将该馈路负荷切换至另一段电源运行，及时恢复馈路供电。

2）非双回路供电的负荷，如停电影响站内主设备的运行，应采取防止事故扩大的措施。

3）查找回路中的故障点时，应根据运行方式、天气情况、站内检修施工情况、设备隐患缺陷等方面进行综合分析，判断可能发生故障的部位。

4）根据上述方法未找出故障点时，应检查回路内的端子箱、电缆接头、用电负荷设备。

5）外观巡视未能查找出故障点时，应在回路无电的情况下，将本回路分解，检查回路绝缘。

（2）单馈路非全相运行的处理方法：

1）单馈路非全相运行时，若本回路内有三相电机负荷，应将负荷切至另一段电源或停用。查找原则与单馈路跳闸时相同。

2）由熔断器熔断引起非全相运行时，检查回路无故障后，更换同规格的熔断器恢复运行。若频繁发生熔断器非全相熔断，应检查并调整馈路内三相负荷平衡；由断路器或接触器自身故障引起非全相运行时，将故障断路器或接触器隔离后，进行检修处理。

（3）主变压器冷却器全停处理方法：

1）冷却器全停时，应迅速正确地进行检查处理，避免拖延时间使主变压器跳闸。

2）如因站用系统总断路器跳闸，交流电源中断造成冷却器全停时，应首行恢复站用母线和冷却器电源馈路的供电。

3）如冷却器控制箱内空气开关、隔离开关短路故障、烧坏造成交流电源馈路失电时，应先切除故障元件后恢复正常供电，然后再修复元件。

4）如果站用系统仍有一段母线带电，而备用电源接触器不切换时，应检查备用回路断路器，隔离开关是否合好，熔断器是否熔断，切换回路是否良好，试用手动进行切换、改换工作位置等方法进行处理。

5）如个别冷却器故障不能运行时，值班人员应及时检查，进行恢复。

a）检查故障冷却器外表，如油泵或风扇等有明显故障，应切断该冷却器电源进行处理。

b）外表检查正常而冷却器不能运行时，应检查空气开关能否投入并接通，检查电源小刀闸熔断器是否熔断，检查控制熔断器是否良好，交流接触器是否正确动作并接触良好，热继电器是否动作等，查出原因并进行恢复。

6）冷却器全停后，应按上述规定分别进行处理，该退出过热保护连接片的立即退出。如果在上述规定的时间内处理不完，则应要求调度转移负荷，将变压器停运。

二、站用直流电源系统

变电站的直流电源系统一般由蓄电池、充电装置、直流负荷三大部分组成。

在接线及运行方式上，直流接线采用辐射网络，两段直流母线分列运行，可短时并列操作。

（一）变电站一般的直流系统事故

变电站直流系统常见事故有直流系统部分或全部电压消失。

1. 变电站直流消失的危害

对于配备了“两电三充”功能的变电站直流系统来说，直流系统稳定运行的可靠性大大增加，发生全站直流消失的可能性不大，但绝不是不可能。发生全站直流消失，往往是同时产生多个故障点，在自然灾害、天气恶劣的情况下还是有可能发生的，此时，常有的一次设备故障，对系统的破坏是毁灭性的。不论在什么情况下，直流系统电压消失对整个电网的安全运行危害极大。

未配备“两电三充”功能的变电站或功能不完善的改造变电站，发生直流消失的可能性就大大增加。

因此，发生直流消失时，值班人员能正确、迅速地检查处理，对于保障电网安全运行意义重大。

2. 直流消失的原因

（1）蓄电池总熔断器容量小或不匹配，在大负荷冲击下造成熔丝熔断，导致部分回路直流消失。

（2）熔断器质量不合格，接触不良导致直流消失。

（3）由直流两点接地或断路造成熔丝熔断导致直流消失。

（4）由于酸腐蚀、脱焊或烧熔使得直流蓄电池之间接条断路，使后备电源失去，导致在充电机（或称硅整流）故障或站用交流失去时引起全站直流消失。

3. 直流消失的现象

（1）直流消失伴随有电源指示灯灭，发出“直流电源消失”、“控制回路断线”、“保护直流电源消失”或“保护装置异常”等光字信号及熔丝熔断等现象。

（2）控制盘上指示灯、信号、音响等全部或部分失去功能。

4. 直流消失的查找和处理

（1）检查熔丝是否熔断，更换容量满足要求的合格熔断器。

（2）对蓄电池接线断路，应到蓄电池室内对蓄电池逐个进行检查，发现接线断开时。可临时采用容量满足要求的跨线将断路的蓄电池跨接，即将断路电池相邻两个电池正、负极相连，并立即通知专业人员检查处理。

（3）当直流消失后，应汇报调度，停用相关保护，防止查找处理过程中保护误动。

（二）案例分析

案例：直流系统电压过低引起综自系统异常运行。

本案例是发生在某 330kV 变电站一起典型的直流系统电压低的故障，导致了数字式测量控制装置通信中断。

1. 故障前直流系统运行方式

直流系统接线图见图 ZY1100504001-2。

故障发生前的直流系统运行方式：1 号直流充电机通过 1Q2 与 1L 连接，1 号蓄电池组通过 1Q3 与 1L 连接，2 号直流充电机通过 2Q2 与 2L 连接，2 号蓄电池组通过 2Q3 与 2L 连接，3 号直流充电机备用。

2. 基本情况及处理

（1）基本情况：主控警铃响，微机监控系统事件通信报多个 CSI200E、CSI301B、CSI301C 通信中断。

（2）检查处理过程：

1）出现上述异常后，当值运行人员立即检查微机监控系统中的“通信状态一览表”，确定发生通信中断的装置。

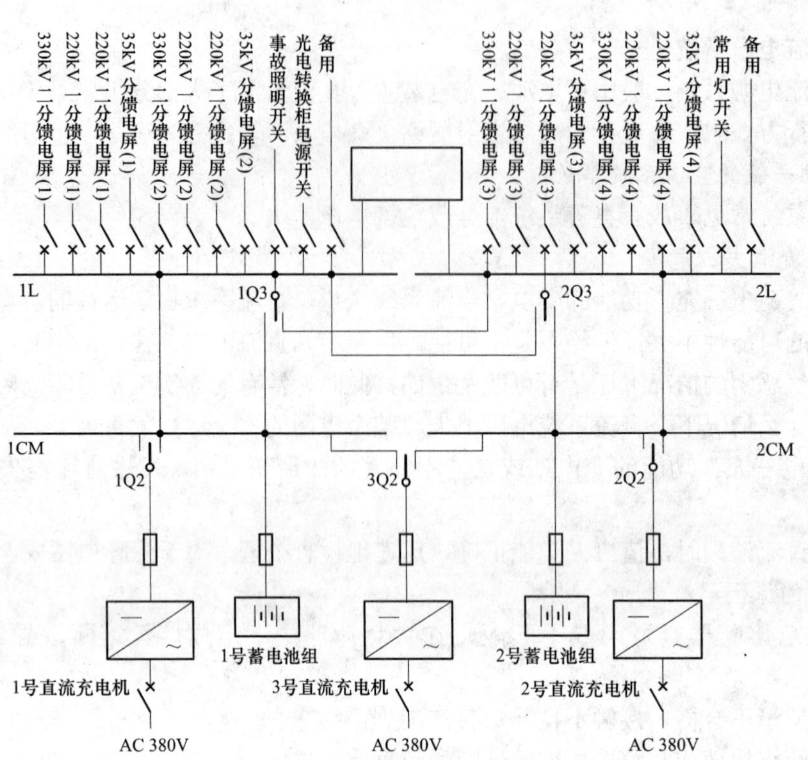

图 ZY1100504001-2 直流系统接线图

1Q2、2Q2、3Q2、1Q3、2Q3——直流双投开关

检查“通信状态一览表”发现330kV2号保护小室内的3320断路器、3321断路器CSI200E数字式测量控制装置A网、B网通信中断；220kV第一保护小室内的旁路、母联的CSI200C数字式测量控制装置A网、B网通信中断；220kV第二保护小室内的CSI200C数字式测量控制装置A网、B网通信中断；35kV保护小室内的1号主变压器、35kV电抗器、站用变压器CSI301B断控装置、1号主变压器CSI301C分相调压控制装置A网、B网通信中断。各保护小间内的其他装置（如继电保护、安全自动、综合采集、直流信号采集装置等）通信正常。

2）检查微机监控系统事件通信及“遥信一览表”，对此异常情况进行综合性判断。未发现其他异常情况，即说明此异常是由站内通信网（包括主控室内的监控网、各保护小室内的通信网及连接监控网、保护小室通信网的光电设备）网络故障或发生通信中断装置的本身故障引起。

3）检查站内监控通信网络无异常。

4）到保护小室检查，发现上述装置的运行监视灯已熄灭。检查保护小室内的直流分馈屏，测得屏内Ⅱ段直流电压仅95V，说明通信中断的原因是直流电压过低引起装置不能正常运行。

5）检查直流充电装置，发现2号直流充电机“正常”灯熄灭、“故障”灯点亮。

6）将2号直流充电机退出运行，投入3号直流充电机。

7）异常消失后，向调度汇报异常及处理情况，并通知检修人员对2号直流充电机进行检修。

3. 异常分析

（1）监控通信网络分析。

1）发生通信中断的装置安装于四个保护小室内，各保护小室内的通信网络与主控室内的监控网络通过站内光缆、光电转换设备实现连接。

图 ZY1100504001-3 所示为变电站综合自动化系统结构。从图中可以看出，各保护小室内的通信网络与主控室内的监控网络通过光缆连接。

2）因监控系统中各保护小室内仍有其他装置的通信运行正常，说明此异常情况并非由站内通信网络故障引起。

（2）直流系统运行分析。变电站直流电压降低，将直接导致控制回路、继电保护及安全自动装置等设备不能正常工作，在操作或系统发生故障、设备异常时，引起事故范围扩大。

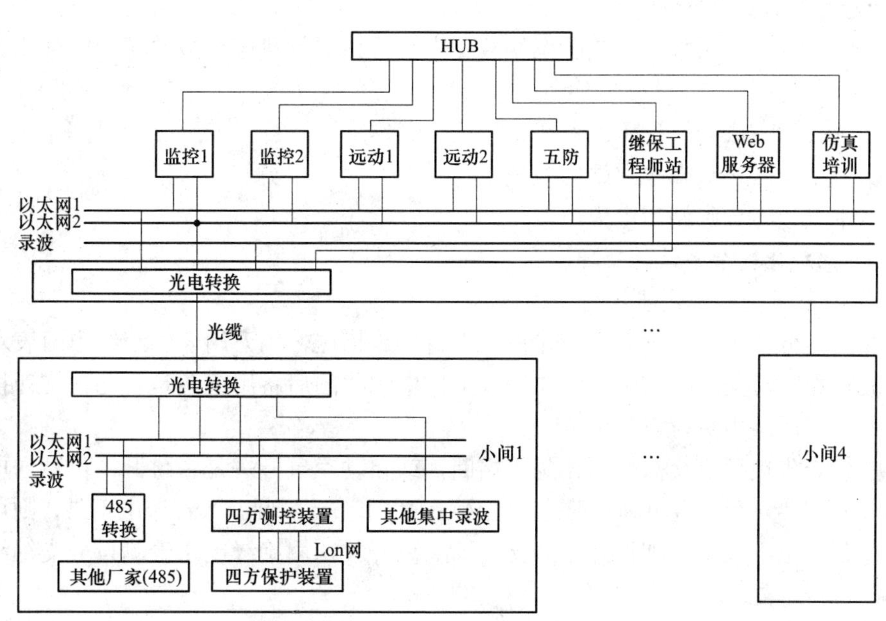

图 ZY1100504001-3　变电站综合自动化系统结构图

1）本站直流系统由3台充电机、2组蓄电池组组成，正常运行时1号充电机带1号蓄电池组及1L直流母线上的负载，2号充电机带2号蓄电池组及2L直流母线上的负载，3号充电机作为1号、2号直流充电机的备用。

2）本站CSC2000变电站综合自动化系统中无遥信点监视直流充电机工作情况，当充电机交流消失或故障停机时，所发信号只能在本屏上显示，不能向监控系统上传告警信号。

3）充电机故障原因。经专业人员检查，此次直流充电机故障为充电机控制装置的电源板损坏引起。充电机控制装置的电源板抗冲击能力差，当交流输入电压波动较大时电源板极易损坏。

【思考与练习】

1. 简述直流电压消失的危害。

2. 变压器冷却器全停应如何判断处理？

模块2　站用交、直流系统复杂事故处理（ZY1100504002）

【模块描述】本模块介绍站用交、直流系统较复杂故障类型、故障现象和原因分析，以及站用交、直流系统事故处理步骤。通过归纳讲解、案例介绍，能根据事故现象正确判断和分析两系统较复杂事故性质，能组织、监护处理两系统事故。

【正文】

一、复杂站用交流系统事故类型、原因及处理方法

（一）站用交流系统复杂的事故类型

（1）站用交流系统部分及全部失压；

（2）站用变压器高、低压熔断器熔断。

（二）站用交流系统复杂事故的现象

（1）正常照明全部或部分失电。

（2）站用负荷，如变压器冷却器电源控制箱、断路器液压油泵电源、隔离开关操作交流电源、加热器回路等分支电源跳闸。

（3）直流硅整流装置跳闸，事故照明切换。

（4）变电站电源进线跳闸造成全站失压，照明消失。

（5）变压器冷却电源失去，风扇停转。

（三）站用交流系统复杂事故原因

（1）变电站电源进线线路故障，或因系统故障电源线路对侧跳闸造成电源中断或本站设备故障，失去电源。

（2）站用系统故障造成全站失压。

（3）站用交流系统回路故障导致站用电失压。

（4）站用电本身故障导致站用电失压。

（四）站用交流系统复杂事故的处理

1. 站用部分或全部失电的处理

（1）站用交流部分失电，运行人员应先做好人身绝缘措施，用万用表、绝缘电阻表对失电设备进行检查，查找故障点。若是环路供电，应先检查工作电源跳闸后备用电源是否已正常切换，若未自动切换应手动切换，保证站用负荷正常供电。

（2）进一步检查失电分支交流熔断器是否熔断，或自动空气开关是否跳开，可试送电一次（试送前应先断开部分非重要负荷，避免因负荷过大合不上闸，造成误判断。）若送电正常，则可判断该分支无明显故障点；若送电不成功，则拉开该分支两侧隔离开关，用绝缘电阻表测量分支绝缘，查明故障点，报上级部门检修、处理。

（3）站用交流全部失去时，事故照明应自动切换，主控盘显示站用负荷失电信号，如“主变压器风冷全停”、“交流电源故障”等光字牌。运行人员应首先分清失压是由于本站电源进线失电导致的全站停电，还是因为站内站用交流故障引起的全站停电。若是本站电源进线失电导致的全站停电，应投入备用变压器，或通过联络线接入站内；若是因为站内站用交流故障引起的全站停电，应迅速查找故障点。

（4）查找站内故障点应采用分段查找方式进行检查，根据各种现象判断故障点可能的范围。在分段隔离后，用绝缘电阻表测量绝缘电阻，逐步缩小范围，直至找到故障点。摇测绝缘时，可先将绕组接地端拆开，测量后再恢复。若测量绝缘不合格，则通知检修。运行人员短时无法查找事故原因的，应尽快通知有关专业人员进一步查找。

2. 站用变压器高、低压熔断器熔断处理

（1）站用变压器高压熔断器熔断处理方法。站用变压器高压熔断器，是保护变压器内部故障的，主要反映低压侧熔断器以上范围的短路故障。低压侧母线上短路，低压熔断器未熔断，也会越级使高压熔断器熔断。

高压保险熔断时，处理方法是：

1）断开低压侧断路器（或拉开低压侧隔离开关），检查低压侧母线无问题，再把负荷倒备用站用变压器带。

2）明确了高压熔断器熔断情况之后，应当对站用变压器作外部检查。应查高压熔断器，防雷间隙，电缆头、支柱绝缘子、套管等处有无接地短路现象。

3）外部检查未发现异常时，可能是变压器内部故障，应仔细检查变压器有无冒烟或油外溢现象，检查温度是否正常等。

4）上述检查未发现明显异常，应在站用变压器上，从套管处拆下高、低压电缆（包括低压侧中性点）。分别测量高、低压侧电缆的对地和相间绝缘是否正常，测量站用变压器一、二次之间和一、二次对绕组间的绝缘情况。

5）若测量站用变压器绝缘有问题，不经内部检查处理并试验合格，不得投入运行，若测量电缆有问题，应查出故障点并排除或更换后投入运行。

6）测量站用变压器和高、低压电缆的绝缘均未发现问题，若无备用站用交流系统时，更换高压熔断器后试送一次。若再次熔断，不经内部检查并试验合格后，不得投入运行。因为用绝缘电阻表并不能有效地查出变压器内部的某些故障，而内部绕组的匝间、层间短路都会使高压熔断器熔断。

（2）站用低压熔断器熔断处理方法是：

1）先将重要负荷转移，倒至备用站用变压器供电。

2）拉开失压母线上全部分支路，检查该段母线上有无异常。

3）若发现母线上有故障现象，应立即排除或隔离。更换熔断器后，恢复原运行方式。

4）若发现母线上无故障现象，更换熔断器，试送母线成功后，逐个分路检查无异常后试送（先送主干，后送分支）一次，以检查出故障点。对于经检查有异常现象的分路，不能再投入运行。

5）恢复原正常运行方式。

6）对于有故障的分路，应查明其熔断器未熔断的原因。更换容量合适的熔断器，使各级保险之间的配合关系正确。

（五）案例介绍

案例：某变电站站用交流系统 380VⅠ、Ⅱ段母线失电原因分析。

故障现象：在 7 月 5 日 4 时 10 分，主控室发出 10kVⅠ、Ⅱ段母线接地信号，10kV 绝缘监察表指示：A 相 10.2kV、B 相 0.5kV、C 相 10.2 kV；2 号、3 号站用低压侧失压（380V 母线失压）造成 1 号、2 号、3 号主变压器通风电源全部中断（该站 380V 系统备自投装置因故未投）。该站 380V 母线接线图如图 ZY1100504002-1 所示。

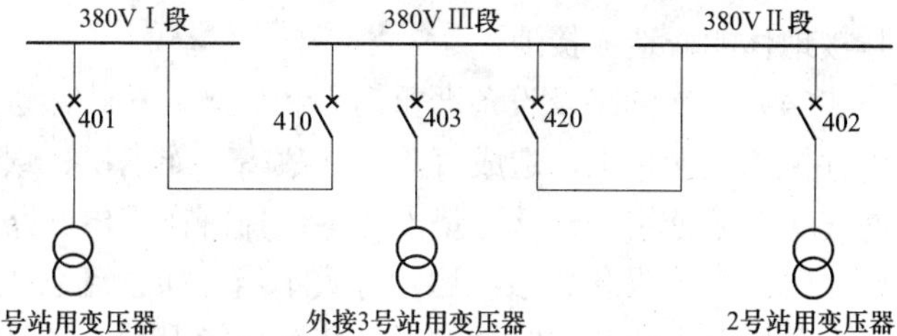

图 ZY1100504002-1 380V 母线接线图

处理过程：

（1）因 3 台主变压器负荷均未超过主变压器容量的 1/4，因此在地调指挥下退出 1 号、2 号、3 号主变压器冷却器全停保护连接片。

（2）在 4 时 15 分，手动投入外接站用变压器带上 380VⅠ、Ⅱ段母线，1 号、2 号、3 号主变压器通风恢复正常，投入主变压器冷却器全停保护连接片。

（3）经巡视检查发现 113 线路电缆头爆炸，10kV 其他设备无异常。

事故原因分析：站用低压侧（380V）采用的是某公司生产的 CMHS 型号的开关柜，此机构比较灵敏，当相关设备发生故障，引起电压、电流有较大波动时，便会自动脱扣。因 113 城区二线电缆头爆炸，故障点较近，电压波动较大，引起 2 号、3 号站用低压侧（402、403）断路器脱扣，380VⅠ、Ⅱ段母线失压，造成 1 号、2 号、3 号主变压器通风电源全部中断，恢复 1 号站用低压侧（401 断路器）时，由于未断开站用低压侧所带负荷，致使冲击电流过大恢复不上，经对站用低压侧再次检查无异常后，断开站用低压侧所带部分负荷，恢复 2 号、3 号站用低压侧运行正常，1 号、2 号、3 号主变压器通风电源全部恢复正常。

二、复杂站用直流系统事故处理

变电站常见的直流系统故障类型及处理如下所述。

（一）直流系统接地

1. 直流接地的危害

直流系统是对地绝缘的独立系统，发生一极接地并不影响直流系统运行。在直流接地故障中，危害较大的是两点接地，可能造成严重后果。直流系统发生两点接地故障，可能构成接地短路，造成继电保护、信号、自动装置误动作或拒绝动作，或造成电源熔断器熔断，保护及自动装置失去电源。直流系统接地故障类型、危害及形成的原因分析见表 ZY1100504002-1。

表 ZY1100504002-1 直流系统接地故障类型、危害及形成的原因分析

故障类型	直流正极接地	直流负极接地	直流系统正、负极各有一点接地
故障现象	有可能使保护及自动装置误动的可能（误跳闸）	可能造成继电保护、自动装置拒绝动作	会造成短路，使电源熔断器熔断，使保护及自动装置、控制回路失去电源
故障原因	一般跳合闸线圈、继电器线圈在正常时和负极电源接通，若这时再发生一点接地，就可能引起误动作。 例 A、B 两点或 A、C 两点接地，会发生上述故障	回路中若再发生某点接地故障时，若 B、E 两点接地，跳合闸线圈以及保护继电器线圈会被接地短接而不能动作，且同时直流回路短路。D、E 两点接地会使电源熔断器熔断，失去保护及操作电源，并且可能烧坏继电器触点	直流各有一点接地，发生在 A、E 两点和 F、E 两点时，即形成短路，使电源熔断器熔断。B、E 两点接地时，在保护或操作时，不但断路器拒跳，而且使电源熔断器熔断，同时还会烧坏继电器触点，甚至发生更严重的故障

模块2 ZY1100504002

2. 发生直流接地故障的原因

直流接地故障的原因可能有以下几个方面：

（1）检查有关二次设备状况，特别注意户外端子箱（盒）、操作机构箱、端子箱等关闭是否完好，有无漏水现象，各种防雨板等是否完整盖好，端子排有无受潮、短路、接地、烧毁二次回路，是否有二次设备绝缘材料不合格、绝缘性能低，或年久失修、潮气的侵蚀，使某些损伤缺陷，或过电流引起的烧伤，靠近发热元件引起的烧伤等现象。

（2）二次回路连接、设备元件组装不合理或错误。如由于带电体与接地体、直流带电体与交流带电体之间的距离过小，当直流回路出现过电压时，将间隙击穿，形成直流接地。再如在继电器动作过程中，带电元件与铁壳相碰，造成直流接地。在电磁接触器动作中，触头断弧过程中形成弧光与接地体连接。断路器传动杆动作中将二次线磨伤，造成直流接地等。

（3）二次回路连接和设备元件组装不合理或平时不易发现的潜伏性接地故障。如交流电经高电阻混入直流系统；某些平时不接通的回路，一旦通电就出现直流接地。大风刮或人员误碰，使带电线头与接地体相碰造成接地。

（4）二次回路及设备严重污秽和受潮，接线盒进水，使直流对地绝缘下降。小动物爬入或小金属零件掉落在元件上，造成直流接地故障。如老鼠、蜈蚣等小动物爬入带电回路，某些元件上有被剪断的线头，未使用的螺丝、垫圈等零件掉落在带电回路上等。

（5）直流设备、系统运行方式不当。如直流系统中有两套绝缘监察装置，正常情况下一套投入、一套备用，当两套同时投入时，装置可能误动作（这种现象，一般称为“假接地”）。

3. 直流接地故障的处理

直流系统关系到整个变电站及电力系统的安全运行，所以，当直流系统发生故障时，应及时汇报调度，并由值班员迅速通知二次回路上的工作人员停止工作，防止出现两点接地造成直流回路短路和断路器误跳。

查找的具体步骤及方法有：分网缩小检查范围；采用瞬时停电法；采用转移负荷法；若经检查查出故障所在线路，进一步查找“接地故障点”。

具体查找步骤为：

（1）分网缩小检查范围。需要注意的是用分网查找法，凡是双回路供电的分路，原来在并环的应先解环。见图 ZY1100504002-2。

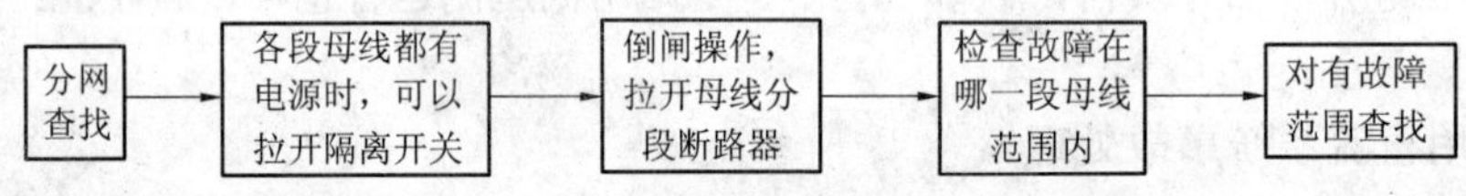

图 ZY1100504002-2 分网缩小检查范围查找步骤程序图

（2）瞬时停电法。瞬时停电可按下述原则进行：

1）先停有缺陷的分路，后停无明显缺陷的分路；先停有疑问的、潮湿的、污秽较严重的；先停户外的，后停室内的；先停不重要的，后停重要的；先停备用设备，后停运行设备；先停新投运的设备，后停已运行多年的设备。

2）对直流母线不太重要的馈电分路，依次短时断开这些分路，若断开某一分路信号消失，正、负极对地电压恢复正常，则接地故障点就在此分路范围内。

3）检查是否有人员在设备上工作引起，并用直流绝缘检测装置确定哪一路接地；必要时可试拉直流分路，试拉各馈路的顺序如下：

采用试拉馈路查找直流接地的顺序为：

a）事故照明，电气试验电源；

b）热备用或冷备用中的设备；

c）中央信号及信号（录波器及电压切换用）电源；

d）联系载波室后试拉载波电源；

e）室内控制电源；拉开控制电源前，应联系调度，停用相应设备的距离保护；

f）室外控制电源；

g）试停整流器；

h）试拉蓄电池组（以熔丝进行）。

4）采用试拉馈路法查找直流接地的注意事项：

a）应先征得调度同意，才可用试拉的方法寻找接地回路，先拉监控装置提示的支路，接地不能消失再拉其他支路，并按照先次要后重要的顺序逐路进行。

b）试拉的同时检查接地现象是否消失，当拉开某一直流回路时接地现象消失，说明故障点在该回路。继续合上该支路直流开关，汇报调度及工区，安排停电及故障处理。

c）拉路应尽量缩短停电时间，一般不超过 3s，并注意表计及信号的变化。

d）直流电源接地，该电源有分路时，应继续试拉分路，寻找故障点。

e）确定接地范围后，如无法停用，应通知工区派人尽快消除。

（3）转移负荷法。对直流母线上较重要的分路，可将故障母线上的较重要分路，依次转移切换到另一段直流母线上，监视“直流母线接地”信号是否消失，查出接地点在哪个分路。

（4）进一步查出故障所在回路。若故障不在某一重要的馈电分路时，可以停电查找具体的故障点。若用“转移负荷法”找出接地故障在主控制室操作、信号电源上或高压室操作、信号电源上时，应用“瞬时停电法”进一步查找，查出故障点在哪一单元设备的控制、信号回路中。

具体步骤见图 ZY1100504002-3。

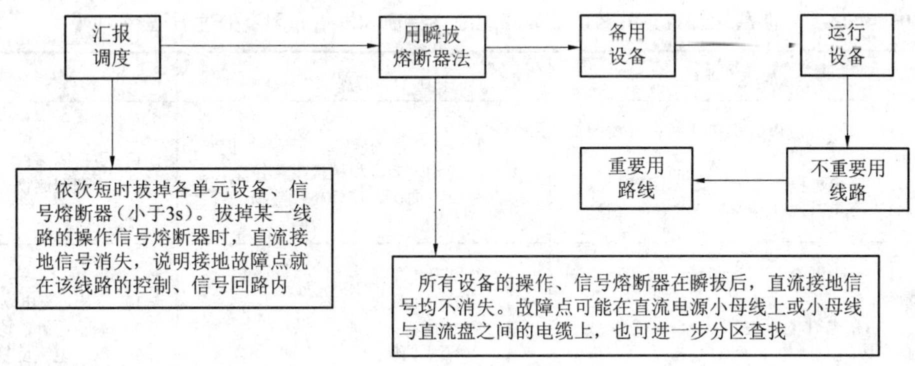

图 ZY1100504002-3　查找直流接地故障的步骤程序图

（5）查找接地故障点。可能存在以下几种情况：

1）若经检查，故障在某一线路的控制、信号回路中，由于涉及该线路的控制室外端子箱、机构箱、二次电缆等应汇报调度和有关上级，要求专业人员配合查找。

2）直流盘上用瞬停电法和转移负荷法查找直流接地，所有馈电分路经选择，接地信号均不消失时，故障可能在直流母线，也可能在蓄电池组。

3）如果怀疑绝缘监察装置本身有无接地故障，只有拔掉其电源熔断器，借助万用表拨到直流电压档（250V 以上），按如下方法检查：

a）利用绝缘监察装置或万用表，测量正、负极对地电压，判断故障极性，有故障一极对地电压较低。

b）拔掉绝缘装置电源熔断器，用万用表测量直流系统对地电压。如果正、负极对地电压都变为零或很低，并且相差很小，说明接地故障就在绝缘监察装置上。

c）若查找直流接地时，每一部分直流系统对地绝缘回升一点，接地信号不消失，查不出故障点。可能是整个直流系统绝缘普遍下降。应汇报调度和有关上级。

（6）查找直流接地注意事项：

1）瞬拔操作、信号熔断器时，应经调度同意。断开电源的时间一般小于 3s，不论回路中有无故障，接地信号是否消失，均应及时投入。

2）为了防止误判断，观察接地故障是否消失时，应从信号、光字牌绝缘监察表计指示情况综合判断。

3）尽量避免在高峰负荷时进行。

4）防止人为造成短路或另一接地点接地，导致误跳闸。

5）按符合实际的图纸进行，防止拆错端子线头，防止恢复接线时遗漏或接错。所拆线头应做好记录和标记。

6）禁止使用灯泡查找直流接地故障。

7）使用仪表检查时，表计内阻应不低于2000Ω/V。

8）直流系统发生接地故障时，禁止在二次回路上工作。

9）查找故障，必须由二人以上进行。防止人身触电，做好安全监护。

10）防止保护误动作，在瞬时断电操作电源前，解除可能误动的保护。操作电源合上后再投入保护。

（7）实际变电站大都装有微机直流系统绝缘在线监测装置。每组蓄电池配置一套绝缘监测仪，可以帮助我们查找直流接地（以WZJD-5A为例）。

直流系统接地后，直流屏母线绝缘不良指示灯亮，WZJD-5A微机直流接地检测装置显示接地回路支路号及相关数据。值班员应记录时间、接地极、支路号、绝缘电阻并汇报调度。

（二）蓄电池常见故障处理

防酸隔爆式铅酸蓄电池发生的故障现象、特征、发生原因及处理方法见表ZY1100504002-2。

表ZY1100504002-2 防酸隔爆式铅酸蓄电池故障现象、特征、发生原因及处理方法

故障现象	故障特征	发生原因	处理方法
极板短路	1）充电或放电时电压比较低（有时为零）。 2）充电过程中电解液比重不能升高。 3）充电时冒气泡少而且气泡发生晚	1）极板上活性物质脱落，卡在极板间。 2）沉淀物过多，将极板下部短路。 3）极板弯曲，致使隔离板破损	1）更换隔离板。 2）清理沉淀物
极板硫化	1）充电时冒气泡过早或一开始充电即冒气泡。 2）充电时电压过高（2.8～3.0V或更高）。放电时，电压降低很快，而且电解液比重下降低于正常值。 3）正极板呈浅褐色还带白点	1）经常充电不足。 2）充放电电流过大。 3）放电后未及时充电。 4）电解液不纯。 5）电解液比重高。 6）电解液液面低以致极板上部硫化	1）采用过充电以恢复活性物质。 2）调整电解液比重。 3）以小电流反复充电。 4）采用水处理法
极板弯曲	1）极板弯曲。 2）极板龟裂。 3）阴极板铅绵肿起并成苔状瘤子	1）充电电流超过极限值。 2）长期过放电。 3）长期过充电。 4）充电温度过高。 5）电解液不纯	1）更换电解液。 2）用木板插入校正极板。 3）更换极板
沉淀物过多	1）电池容器下部有大量沉淀物。 2）电池容量降低，充放电时电压低。 3）极板有短路现象	1）充放电电流过大。 2）电解液不纯。 3）充电时电解液温度过高	1）用硝酸银对电解液做定性检查是否有氯根。 2）注意掌握充放电电流。 3）清除沉淀物
容器破损	1）电解液漏出。 2）绝缘电阻低。 3）电压降低	1）安装不正确。 2）容器质量不佳。 3）局部发热	1）短接故障电池。 2）更换容器
绝缘降低	1）局部放电。 2）电压低	1）支架潮湿。 2）绝缘子上积有导电性灰尘	进行清洗

碱性蓄电池的故障现象、发生原因及处理方法见表ZY1100504002-3。

表 ZY1100504002-3　　碱性蓄电池的故障现象、发生原因及处理方法

故障现象	发生原因	处理方法
容量减退	1）长期充电不足。 2）温度过高或过低。 3）电解液内含杂质，液面过低。 4）电解液中缺少氢氧化锂和塞子不严等	1）更换电解液。 2）实行过充电。 3）改变工作条件等
电量消失太快	1）自放电增加。 2）外界短路或漏电。 3）电解液不纯、温度过高。 4）表面不清洁	1）更换电解液。 2）根据情况进行清擦等。 3）实行过充电
外壳膨胀	出气活门失灵，电池内部储存了过多气体	修理出气活门

阀控式密封铅酸蓄电池发生的故障现象、发生原因及处理方法见表 ZY1100504002-4。

表 ZY1100504002-4　　阀控式密封铅酸蓄电池故障现象、发生原因及处理方法

故障现象	发生原因	处理方法
漏液	1）密封不良。 2）长期过充电	1）更换电池。 2）调整浮充电电流
个别电池浮充电电压偏低	欠充电	按厂家要求进行均充电
容量不足	1）长期欠充电。 2）长期过充电。 3）电池老化	1）由于浮充电电压低造成的容量不足者应按厂家要求进行均充电。均充后不行时应更换。 2）电池老化容量不足时应更换
温度过高	充电电流过大或电池损坏	1）调小电流或更换故障电池。 2）检查充电机和充电方法
电池组接地	1）电池表面导电杂质太多造成绝缘下降。 2）电池漏液造成绝缘下降	1）清擦蓄电池。 2）更换漏液蓄电池
鼓肚严重	蓄电池安全阀堵塞	更换蓄电池
安全阀频繁动作	蓄电池过充电且充电电流太大	调整浮充电压及电流值

【思考与练习】

1. 简述直流接地的危害。
2. 阀控蓄电池常见故障现象及处理方法有哪些？
3. 站用变压器高、低压熔断器熔断应如何处理？
4. 站用交流系统故障造成全站失压应如何处理？

模块 3　站用交、直流系统事故处理危险点源预控分析（ZY1100504003）

【模块描述】本模块介绍简单和较复杂交、直流系统事故处理危险点预控分析。通过列表说明、分析讲解，掌握交、直流系统事故处理过程中的危险点源及防范措施。

【正文】

站用交、直流系统发生事故，在处理过程中存在安全风险，如交流系统低压人身触电，站用系统并列，交流接地和短路，直流系统的人身触电，直流短路造成的熔断器熔断（空气开关跳闸），直流接地等，需要提前做好防范措施，防止人身伤害和设备故障扩大。具体危险源分析及预控措施见表 ZY1100504003-1 和表 ZY1100504003-2。

表 ZY1100504003-1 站用交流系统事故处理危险源分析及预控措施

序号	危 险 源	预 控 措 施
1	处理事故时发生低压人身触电	1）严格遵守《国家电网公司电力安全工作规程》相关规定，处理前做好安全措施。 2）任何操作、检查工作必须2人及以上进行，其中1人作为专职监护人。 3）处理交流故障时，应戴绝缘手套，使用的工器具应有绝缘包扎。 4）装、取熔断器时，必须戴绝缘手套，戴护目眼镜，使用绝缘夹钳。 5）处理过程中接触设备人员应始终戴棉线手套。 6）高压设备发生接地时，室内不得接近故障点4m以内，室外不得靠近故障点8m以内，进入上述范围人员必须穿绝缘靴，接触设备的外壳和构架时，必须戴绝缘手套。 7）站用系统设备应接地良好，并定期检查设备接地电阻。 8）人员接触导体部分前，必须做好停电、验电、装设接地线的安全措施。 9）将带电部分与停电部分之间用绝缘隔板隔离。 10）人员使用近电报警的工器具或安全辅助工具。 11）人员在工作过程中必须穿绝缘鞋。 12）监护人不得进行任何其他工作，工作人员的一举一动均在监护人监视范围内
2	处理时造成站用变压器非同期并列	1）不能并列运行的站用变压器，在变电站现场运行规程中进行明确规定，并作为重点部位在变电站年度反事故措施计划中列出防范措施。 2）不能并列运行的站用变压器在变电站“五防”闭锁程序中应采用机械闭锁。 3）站用系统倒闸操作时严格执行操作监护制度
3	处理时造成交流接地、短路	1）处理过程严格遵守《国家电网公司电力安全工作规程》，提前准备好相关的安全措施。 2）使用表计检查回路时，应使用相应测量范围并合格的表计。使用万用表测量时一定要先选择正确的测量对象及量程。 3）更换回路中的元件时，必须将该回路停电。 4）检查处理时使用的工器具必须经绝缘包敷处理

表 ZY1100504003-2 站用直流系统事故处理危险源分析及预控措施

序号	危 险 源	预 控 措 施
1	处理时造成直流人身触电	1）严格遵守《国家电网公司电力安全工作规程》相关规定，处理前做好安全措施。 2）任何操作、检查工作必须由2人及以上进行，其中1人作为专职监护人。 3）直流系统进行倒闸操作前，必须戴绝缘手套。 4）装、取熔断器时，必须戴绝缘手套，戴护目眼镜，使用绝缘夹钳。 5）处理过程中接触设备人员始终戴棉线手套。 6）人员接触导体部分前，必须将该回路停电，并使用万用表或验电笔对所接触部分进行验电，严禁直流回路带电接触导体。 7）将带电部分与停电部分之间用绝缘隔板隔离。 8）人员在工作过程中必须穿绝缘鞋。 9）监护人不得进行任何其他工作，工作人员的一举一动均在监护人视线范围
2	处理过程造成直流短路，熔断器熔断（空气开关跳闸）	1）处理前应填写二次回路安全措施票，经值班负责人许可后才能工作。 2）工作人员使用的接触导体部分的螺丝刀、钳子、表笔等工具金属部分应进行绝缘包敷处理。 3）在工作前应按照正确的图纸进行回路检查，对所要工作的回路熟悉后才能进行处理工作，严禁盲目动手。 4）不得任意使用搭接线短接回路中的两点。 5）处理过程拆下的线头应立即进行绝缘包扎。 6）拆卸元件、螺丝、插件时应事先固定好，防止器件掉落。 7）对回路进行拆线、短接，拆除回路中的元件时，无可靠安全措施时应申请对该回路进行停电，再行处理。 8）高处作业时，人员必须使用安全可靠的登高工具并系安全带
3	处理过程造成直流接地或处理直流接地时造成另一点接地	1）处理前应填写二次回路安全措施票，经值班负责人许可后才能工作。 2）在发生直流接地时，除查找接地点的工作外，不得进行其他二次回路工作。 3）工作人员使用的接触导体部分的螺丝刀、钳子、表笔等工具金属部分应进行绝缘包敷处理。 4）发生直流接地时，如果其中受影响的保护装置同时发出异常信号，应申请将该保护退出。 5）严禁使用通灯在带电的回路中查线。工作人员测量电压时使用的电压表内阻必须合格（大于2000Ω/V）。 6）为防止在查找直流故障时引起保护误动，必要时在断操作直流电源前，解除可能误动的保护，操作电源正常后再投入保护

【思考与练习】

1. 处理事故时发生低压人身触电应如何处理？
2. 如何防止处理站用交、直流系统事故时造成站用变压器非同期并列？

第四十三章　二次设备事故处理

模块1　二次设备简单事故处理（ZY1100505001）

【模块描述】本模块介绍二次设备简单事故的类型和现象、事故处理的基本步骤。通过学习事故原因分析、处理方法讲解、图形举例，能根据二次设备事故现象判断二次设备故障性质，能参与事故处理。

【正文】

一、二次设备简单事故的类型

（1）直流系统两点接地引起断路器误、拒动。

（2）二次接线异常、故障，如接线错误、回路断线等。

二、二次设备简单事故发生的原因

1. 引起直流接地的原因

（1）设备绝缘材料不合格，老化严重，绝缘受损引起直流接地；

（2）设备严重受潮，接线盒、端子箱及机构箱进水等造成直流接地；

（3）二次回路有工作时，工作人员接线错误或使用工具不当造成直流接地。

2. 引起二次接线错误的原因

（1）施工人员接线错误，造成二次设备故障；

（2）二次回路有工作时，工作人员错误短接电流端子造成二次接线错误。

三、二次回路常见简单事故的现象

1. 直流两点接地的现象

这里用直流控制回路两点接地示意图ZY1100505001-1分析如下：

（1）当直流接地发生在A、E两点时，将造成装置短路，使空气断路器跳闸。

（2）当接地发生在B、E或C、E两点时，保护动作，但断路器拒跳，造成越级跳闸。

（3）当直流两点接地造成线路故障断路器拒跳时，有保护动作信号、直流接地信号、失灵保护启动信号。

（4）当直流两点接地造成断路器误跳闸时，有直流接地信号，没有保护装置动作信号，断路器A跳、B跳、C跳灯亮，可以判定线路无故障。

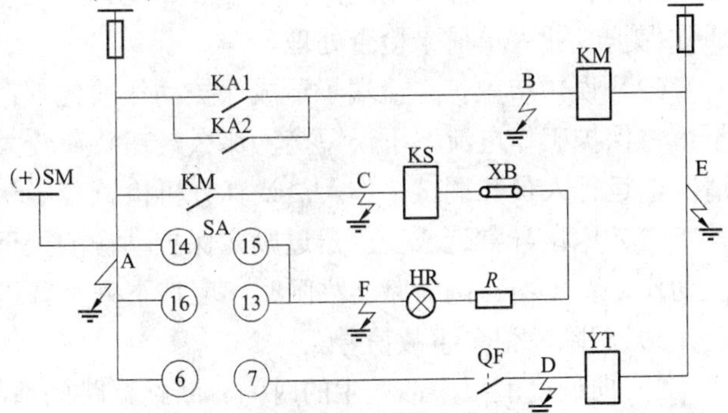

图ZY1100505001-1　直流控制回路接线图

2. 二次回路接线错误的现象

若为电流互感器极性接反，对于两套保护而言，有两种特征，一种是两套保护均受系统影响而误动，说明保护装置至电流互感器之间极性错误；另一种是两套保护中的一套受系统影响而误动，说明误动的保护装置电流回路接线错误。

四、二次设备常见简单事故的处理

（一）二次回路一般事故处理的原则

（1）必须按符合实际的图纸进行查找。

（2）停用保护和自动装置，必须经调度同意。

（3）在电压互感器二次回路上查找故障时，必须考虑对保护及自动装置的影响，防止因失去交流电压而误动或拒动，必要时应申请退出相关保护装置。

（4）进行传动试验时，事先应查明是否与其他设备有关。若有关联则断开联跳其他设备的连接，然后才允许进行试验。

（5）装、取直流熔断器时，应注意考虑对保护的影响，防止保护误动作。

（6）带电用表计测量时，必须使用高内阻电压表，防止误动跳闸。

（7）防止电流互感器二次开路，电压互感器二次短路、接地。

（二）二次设备故障查找的一般步骤

（1）根据故障现象分析故障的一般原因。

（2）保持原状，进行外部检查和观察。

（3）检查设备容易出问题的、常出问题的薄弱点。

（三）二次回路常见简单事故处理方法

1. 直流两点接地的处理

（1）当直流两点接地造成线路故障断路器拒动或误跳闸时，值班人员应根据事故现象作出正确判断，确因直流两点接地造成断路器拒动或误跳闸时，首先查找直流接地点，直流接地故障排除后，方可恢复对跳闸线路的供电。

（2）查找直流接地的注意事项：

1）查找直流接地时，应停止二次回路上的所有工作，防止引起其他回路误动作；

2）查找直流接地时，应有两人以上进行工作，同时做好安全监护；

3）使用仪表查找时，不得使用低内阻仪表，禁止使用灯泡查找直流接地；

4）查找直流接地应避免在高峰负荷时进行。

2. 二次回路接线错误的处理

二次回路接线错误是运行人员难以发现的问题，但是，当二次接线错误，比如电流互感器极性错误，当一次负荷增大或线路区外有故障时，可能造成继电保护误动作。断路器辅助触点接触不良或断线时，系统故障情况下造成断路器拒分，使事故扩大。

（1）电流互感器二次极性接反，保护误动的处理：当两套保护中的一套误动，运行人员根据事故信息和现象进行分析判断，如果确属保护误动，应申请调度，将已误动的保护装置退出运行，将已跳闸的线路投入运行。

当两套保护全部误动时，在保护故障没有消除前，不得将线路和已跳闸的断路器投入运行，并应通知保护专业人员前来检查处理。

（2）误短接保护电流端子造成保护动作的处理：由于调试工作需要对有关电流端子进行短接时，不慎将保护工作电流端子误短接，那么，在负荷较大或系统干扰情况下，可能造成保护误动作。这种情况，运行人员和调试工作人员认真分析检查，确认后，拆除已封端子，恢复对停电设备的供电。

（3）电压异常造成变压器过励磁保护动作的处理：电压出现异常波动，造成变压器过励磁保护可能动作，变压器三侧断路器跳闸时，应按下列步骤进行处理：

1）解除、记录事故信号。

2）向调度汇报事故发生的时间、断路器跳闸情况、保护动作情况。

3）检查另一台变压器的负荷情况，大型变压器不宜过负荷运行，如果变压器有过负荷现象，应按现场运行规程进行处理。

4）申请调度退出变压器过励磁保护跳闸连接片，将已停电的变压器恢复供电。

五、直流两点接地造成主变压器三侧跳闸事故案例

案例：330kV××变电站2号主变压器跳闸情况分析

1. 事故前运行方式（见图ZY1100505001-2）

330kVⅠ、Ⅱ段母线，3320、3321、3322、3330、3331、3332、3340、3341、3360、3362断路器，3965、3989、30612、30613线路环网运行，1号、2号主变压器并列运行（110kV母联断路器合）。

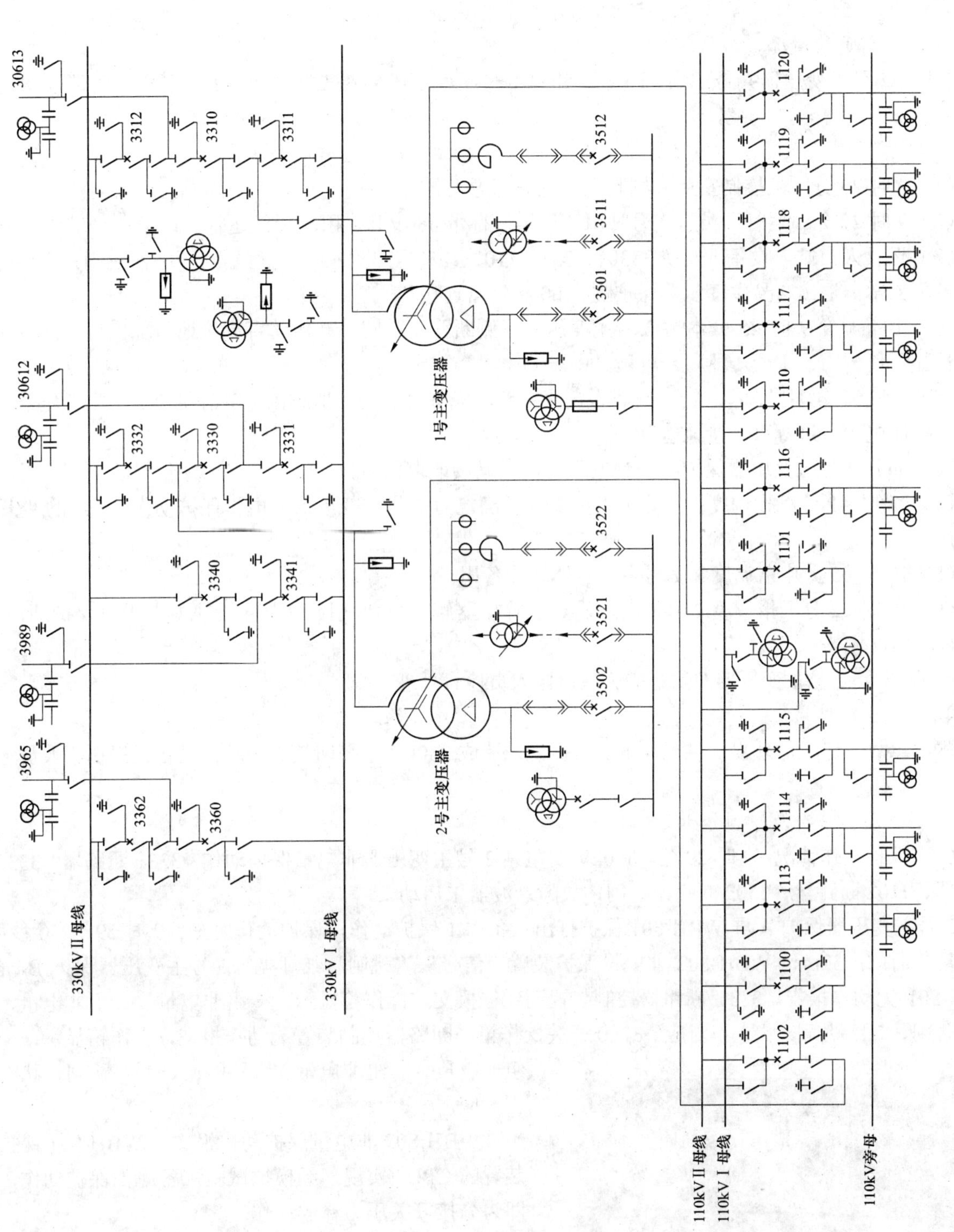

图ZY1100505001-2 案例图

1 号主变压器 1101 断路器运行带 110kV Ⅰ母供 1111、1115、1117、1119、1123；1 号主变电站 3501 断路器运行带 35kV Ⅰ段母线供 3512 1 号电容器组、3511 1 号站用变压器带 380V Ⅰ段母线。

2 号主变压器 1102 断路器运行带 110kV Ⅱ母供 1114、1116、1118、1120、1124；2 号主变压器 3502 断路器运行带 35kV Ⅱ段母线供 3522 4 号电容器、3521 2 号站用变压器带 380V Ⅱ段母线。3 号站用变压器热备用，3513 2 号电容器组、3525 6 号电容器组热备用。

2. 事故前负荷情况

1 号、2 号主变压器共带 12.4 万 kW（其中 1 号主变压器带 6.22 万 kW，2 号主变压器带 6.18 万 kW）。

3. 事故经过

（1）9 时 25 分：主控制室后台机监控系统失电无上传信息。

（2）9 时 27 分：运行人员将 3 号站用变压器运行带 380V Ⅱ、Ⅲ段母线运行。

（3）运行人员站内设备，发现 3330、3331、1102、3502、3522 4 号电容器组断路器跳闸，变电一次设备无异常，退出 2 号主变压器保护跳 1100 断路器连接片。

（4）汇报调度 9 时 25 分本站 2 号主变压器三侧断路器跳闸，并伴随直流接地情况出现。主变压器保护显示信号为：主变压器复合电压、中压侧失灵。

（5）9 时 57 分汇报调度：初步判断为直流接地造成 2 号主变压器跳闸。申请断开 2 号主变压器的保护、控制电源，进行直流接地检查。

（6）断开 2 号主变压器保护、控制电源后，直流接地现象消失。

（7）11 时 41 分汇报调度：经保护人员检查，确定为 2 号主变压器非电量保护动作，三侧断路器跳闸。

（8）12 时 05 分申请调度将 2 号主变压器转冷备用。

（9）12 时 12 分汇报调度 2 号主变压器 C 相释压器触点受潮，引起 2 号主变压器非电量保护动作，三侧断路器跳闸。

（10）做好 2 号主变压器的安全措施，检修人员检查处理。

4. 事故造成结果

本次事故未造成对外界少供电，未减负荷；未造成 330kV 系统网架大波动；设备无损伤、人员无伤害。

5. 保护动作情况及原因分析

（1）保护动作情况：9 时 29 分，330kV 变电站 2 号主变压器非电量保护动作，3331 断路器、3330 断路器、1102 断路器、3502 断路器跳闸，故障录波器未启动。

2 号主变压器保护 A 屏 WBH-801 保护打出：备用 1 保护动作，保护动作时刻：9 时 29 分 50 秒；保护动作时间：32ms，WBH-802 非电量保护装置“信号”、“跳闸”红灯亮。2 号主变压器保护 B 屏 WBH-801 无动作报告。3331 断路器控制装置无动作报文，操作箱显示：一组非电量、二组非电量、一路跳闸、二路跳闸、状态不对应。3330 开关操作箱屏断路器控制装置无动作报文，操作箱显示：一组非电量、二组非电量、一路跳闸、二路跳闸、状态不对应。

图 ZY1100505001-3 压力释放器接线盒内情况示意图

WBH-802 非电量保护动作报文由 WBH-801 保护装置的 CPU3 实现，经模拟试验，备用 1 保护动作，即为分接开关压力释放动作。

（2）跳闸原因分析：经检查发现，变压器分接开关 C 相压力释放器接线盒内有积水，接线盒密封垫用手压有水渗出，压力释放器接线盒内的水气使压力释放器触点导通，使压力释放的跳闸二次线短接，导致 2 号主变压器非电量保护动作，三侧断路器跳闸。压力释放器接线盒内情况如图 ZY1100505001-3 所示。

（3）处理经过：

1）对 2 号主变压器本体油样进行色谱分析，化验结果正常。

2）检查 2 号主变压器本体及三相分接开关气体继电器，密封良好，内部无气体。

3）将 2 号主变压器 C 相分接开关压力保护回路改接至备用接线盒，热风烘干后对接线盒接缝及电缆接线穿孔处用防雨胶带进行密封处理。

4）对 2 号主变压器 A、B 相分接开关压力保护接线盒进行热风烘干，并对接线盒接缝及电缆接线穿孔处用防雨胶带进行密封处理。

5）检查 2 号主变压器本体各接线盒防雨措施，本体气体继电器、本体压力释放器、分接开关气体继电器、各温度感温管均有防雨罩，电缆接线穿孔处密封良好。

6）对 2 号主变压器本体保护二次电缆进行绝缘遥测，各电缆线芯相间、对地绝缘良好。

7）15 时 58 分 2 号主变压器系统恢复供电。

处理后如图 ZY1100505001-4 所示。

图 ZY1100505001-4　压力释放器接线盒处理后情况示意图

6. 存在问题说明

（1）跳闸后运行人员汇报不清楚，是因为主控制室后台机监控系统失电无上传信息。

（2）2 号主变压器三侧断路器跳闸后 35kVⅡ段母线失压，2 号站用变压器失压，380VⅡ段母线失压，主控制室后台机监控系统的交流电源取自 380VⅡ段母线。该站 380V 系统备自投装置未投运，后台机监控系统的不间断电源中的逆变电源损坏，造成 2 号站用系统失电后控制室监控系统计算机全部失电。

（3）运行人员设备巡视，在主变压器保护小室发现 2 号主变压器保护 A、B 柜 WBH-801 电气量保护面板均显示“主变压器复合电压”、“中压侧失灵”，9 时 49 分运行人员据此汇报。“主变压器复合电压”信号为 2 号主变压器三侧断路器跳闸后 2 号主变压器 330kV 侧 TV 及 35kVⅡ段母线失压后复合电压中的低电压元件开放所发。“中压侧失灵”在打印报文中实际为“主变压器中压侧失灵启动位置触点退出”，为 2 号主变压器 110kV 侧断路器跳闸后 2 号主变压器保护启动 110kV 失灵回路退出所发。因为主变压器保护厂家在程序设计中面板报文未全部涵盖实际保护动作信息，造成运行人员汇报保护动作信息不准确。

7. 暴露出的问题

（1）2 号主变压器 C 相分接开关压力释放接线盒密封不良，密封垫老化，造成雨天潮气浸入，释压器接线柱底座受潮导通，是造成本次 2 号主变压器三侧断路器跳闸的主要原因（同样结构的 A、B 相分接开关压力释放接线盒密封良好）。

（2）设备验收把关不严，在变压器投运时，未严格执行有关变压器本体接线盒防雨措施的有关要求，认为此种接线盒为螺丝压接且有密封垫，电缆穿孔处施工人员已用热锁管封口，认为密封防雨可靠。

（3）运行巡视质量不高，在主变压器投运一年后的检验中摇测主变压器非电量保护中各电缆绝缘良好，检查主变压器各接线盒均密封良好后，就认为该主变压器已采取的防雨措施能够满足要求，未考虑加装分接开关压力释放接线盒防雨罩等进一步防雨措施，未预见密封垫老化后在遭遇持续阴雨天气会出现潮气浸入的情况。

8. 今后应采取的防范措施

（1）新投运变压器压力释放器接线盒必须采取防雨措施，如使用防雨罩等。

（2）变压器新投运和变压器预试时各非电量保护接线盒电缆接线穿孔处用防雨胶带进行密封处理并加装防雨罩。

（3）按照变压器运行保养的要求，定期更换非电量设备的密封垫。

（4）加强运行巡视管理，及时发现缺陷并消除。

【思考与练习】

1. 直流两点接地为什么会造成保护拒动或误动？

2. 误短接保护电流端子造成主变压器保护动作时如何判断处理？

模块2 二次设备复杂事故处理（ZY1100505002）

【模块描述】本模块介绍各种二次设备事故类型案例分析处理。通过事故类型描述、原因分析、现象讲解、案例分析，能根据二次设备事故现象正确分析判断二次设备事故性质，能组织、监护处理二次设备事故。

【正文】

二次设备事故系指二次设备回路发生严重故障，造成一次设备停电或一次设备跳闸，如保护及自动装置误动或拒动等，均会造成系统事故或事故扩大。

一、二次设备复杂事故类型

（1）交流电流回路断线。

（2）交流电压回路断线或短路。

（3）互感器本体异常及故障。

（4）保护装置异常及故障。

（5）保护高频通道异常及故障。

二、二次设备复杂事故发生的原因

（一）交流电流回路断线的原因

（1）电流回路端子松脱，造成开路。

（2）二次设备内部损坏造成开路。

（3）电流互感器内部线圈开路。

（4）电流连接片不紧，导致开路。

（5）接线盒、端子箱受潮进水锈蚀或接触不良、发热烧断造成开路。

（二）交流电压回路断线和短路的原因

（1）电压回路短路的原因主要可能为人为误碰、异物、污秽、潮湿、小动物等。

（2）电压回路断线的原因：

1）短路造成熔断器熔断或二次快分小开关跳开。

2）电压回路端子排端松动，功率表线圈断线，重动继电器卡涩或断线。

3）电压互感器高压侧熔断器熔断。

4）电压切换继电器断线或触点接触不良、继电器损坏、接线端子松动、装置本身有问题。

5）双母线接线方式，出线靠母线侧隔离开关辅助触点接触不良（一般发生在倒闸操作过程中）。

6）由于系统过电压或电压互感器二次快分小开关本身问题，造成其二次快分小开关自动跳闸。

（三）互感器本体异常的原因

（1）电压互感器线圈内部短路接地、螺丝松动、导线受潮、绝缘损坏过热等。

（2）电流互感器负荷大、接触不良、二次回路开路、铁芯松动、绝缘损坏等。

（四）保护装置异常及故障的原因

（1）继电器质量不良，冒烟，继电器触点振动脱落，接触不良，过热冒烟，励磁回路异常等。

（2）回路断线，电压互感器二次熔断器熔断或交流电压回路断线，电流互感器二次回路开路，直流熔断器熔断。

（3）装置误动作，保护整定不匹配，误动误碰及保护装置内部元件损坏等。

（4）保护电源失电，电源熔断器熔断。

（五）保护高频通道异常及故障的原因

（1）通道衰耗突然增大，两侧收信电平低，收发信机 3dB 告警灯亮，功率下降指示灯亮。

（2）交换通道不正常，有时交换失败。

（3）有“拖尾”现象。即在交换通道时，哪一侧主动发信，则哪一侧收发信机在15s后不能解环，有时要20s甚至30s后收信输出指示才为零。

（4）高频阻波器损坏。

（5）结合滤波器损坏。

（6）收发信机损坏。

（7）收发信机与结合滤波器之间的高频电缆芯线接地。

（8）保护装置提供的起停信逻辑有误（收发信机起停信受保护逻辑控制）。

三、二次设备复杂事故现象

（一）交流电流回路断线的现象

（1）回路仪表无指示或表计指示降低。

（2）回路有放电、冒火现象，严重时击穿绝缘。

（3）电流互感器本体严重发热、冒烟、变色、有异味，严重时烧损设备。

（4）电流互感器声音异常，振动大。

（5）保护发生误动或拒动。

（6）二次设备出现冒烟、烧坏、放电等现象。

（7）保护装置发出“电流回路断线”、“装置异常”等光字信号。

（二）交流电压回路断线和短路的现象

1. 电压回路断线的现象

（1）警铃响，中央信号盘发出“电压回路断线”、“装置闭锁”等光字牌，保护屏有“微机保护呼唤”等信号发出，保护指示“TV断线”等。

（2）母线电压表无指示或指示限制降低，有功功率、无功功率表转慢。

2. 电压回路短路的现象

（1）二次熔断器熔断或二次快分小开关跳开，并造成电压回路断线。

（2）短路造成的电压回路断线如上所述。

（三）互感器本体异常及故障的现象

（1）电压互感器高压熔断器连续熔断。

（2）互感器内部发热。

（3）互感器内部发出臭味，有冒烟、着火现象。

（4）互感器内部有放电声或其他异常声音。

（5）互感器有严重漏油、喷油现象。

（6）套管或外绝缘破裂放电，或有火花放电、拉弧现象。

电压互感器二次电压明显降低，在100V以下。

（四）保护装置异常及故障的现象

（1）主控室发出“保护装置故障”、“保护电源消失”、“交流电压回路断线”、“直流断线闭锁”、“直流消失”等信号，且不能复归。

（2）保护装置继电器掉牌、冒烟、声音异常等。

（3）微机保护装置自检报警。

（4）正常运行或系统冲击时发生断路器“偷跳”。

（五）保护高频通道异常及故障现象

（1）测试中收不到对侧信号。

（2）通道异常告警。

（3）线路载波故障或导频消失告警，信号不能复归。

（4）测试中收信裕度不足。

（5）出现功率放大器电源未复归信号，信号不能复归。

（6）高频通道受严重干扰，频繁误收信。

（7）带有远方起讯回路的保护，对方正常时，本侧不能启动远方发信。

（8）光纤通道通信中断。

四、保护误动事故案例分析

1. 事故前运行方式

330kVⅠ、Ⅱ母运行，1.2.4.5 串断路器运行，30614、3987、3988、30613、39810 线路运行、1 号、3 号主变压器并列运行，0 号高压电抗器投 330kVⅠ母热备用。110kV 甲乙母并列运行，1100 断路器运行，甲母带 1101、1111、1113、1115、1118、1119、1121、1125 断路器运行；乙母带 1103、1112、1114、1116、1120、1122、1124 断路器运行。35kVⅠ段带 3501、3551、3561、3563 断路器运行，35kVⅡ段带 3503、3552、3562、3564 断路器运行，35kV 备用段带 3553 断路器运行，3512 线路运行，3511、3512、3513、3514 断路器热备用。1 号站用变压器带 380VⅠ段运行，2 号站用变压器带 380VⅡ段运行，0 号站用变压器空载运行。

2. 事故现象

9 时 12 分主控室警铃喇叭响，1 号主变压器及 3320、3322、1101、3501、3561、3563、3801 断路器跳闸。330kV 断路器控制屏打出“1 号主变压器差动（一）保护动作”、“1 号主变压器差流越限（一）保护动作”、“1 号主变压器 PST-1204A 装置告警”、“1 号主变压器保护 A 柜装置异常”、“1 号主变压器保护 TA 断线”、“3320 断路器 GXF-222C 保护动作”、“3322 断路器 GXF-223C 保护动作”、“3 号主变压器辅助冷却器投入”、“3 号主变压器过负荷”等光字牌。中央信号控制屏打出“断路器事故跳闸”、“110kV 故障录波器启动”、“1 号主变压器故障录波器启动”光字牌。35kV 断路器控制屏打出“35kV1 号～4 号并联电容器组母线电压异常”、“1 号站用变压器低电压跳 ZKK”光字牌。3320 断路器辅助保护屏打出“跳 A B C ⅠⅡ灯亮”、“重合闸充电灯亮”、“保护动作灯亮”。3322 断路器辅助保护屏打出“跳 ABCⅠⅡ灯亮”、“保护动作灯亮”。

主变压器保护装置采用国产南自生产的 WBZ-500 微机变压器保护装置。

3. 事故处理经过

（1）9 时 16 分，汇报调度 1 号主变压器三侧断路器动作跳闸，3 号主变压器过负荷达 25.4 万 kW，申请转移负荷。

（2）10 时 4 分，收省调口令：退出 1 号主变压器保护（一）屏所有出口保护连接片。

（3）10 时 16 分，汇报省调口令执行完毕。

（4）12 时 12 分，汇报省调 1 号主变压器油样分析正常，1 号主变压器保护（一）屏差动保护装置异常引起保护误动，一次设备巡视检查正常，申请投入 1 号主变压器。

（5）12 时 48 分，收网调 37 号令，合上 330kV1 号主变压器 3322、3320 断路器。

（6）13 时 9 分，汇报网调 37 号令执行完毕。

（7）13 时 13 分，收省调口令，1101 断路器热备用转运行。

（8）13 时 19 分，汇报省调口令执行完毕。

（9）15 时 18 分，收地调口令，35kVⅠ段母线冷备用转运行。

（10）16 时 9 分，汇报地调口令执行完毕。

1 号主变压器恢复供电，运行正常。

4. 主变压器本体检查情况及保护动作信息

1 号主变压器跳闸后，立即组织相关人员对 1 号主变压器系统进行检查，站内一次设备无异常，主变本体油样化验正常。

该站 1 号主变压器配置国电南自生产的保护，保护Ⅰ屏：WBZ-500 差动+非电量+ WBZ-500 高后备；保护Ⅱ屏：WBZ-500 差动+ WBZ-500 中低后备+中低操作箱；保护Ⅲ屏：PST1204 三侧后备保护。该装置是 1998 年 4 月生产出厂，1999 年 5 月投运。

1 号主变压器保护Ⅰ屏 WBZ-500 差动保护装置动作情况：差动灯亮，速断灯亮，差流越限灯亮，TA 断线灯亮、装置异常灯亮，启动灯闪，保护装置不停地自启动，保护装置报告无法打印。

1 号主变压器保护Ⅰ屏高后备、保护Ⅱ屏、保护Ⅲ屏保护无任何启动报告，装置运行正常。

故障录波装置只有断路器跳闸后的突变量启动报告。

5. WBZ-500 差动保护装置检查情况

（1）装置电源测试情况见表 ZY1100505002-1。

表 ZY1100505002-1　　装置电源测试情况

电压	要求范围	测试点	原电源实际测试值	更换电源后实际测试值
+5V	+5.05V～+4.95V	CK1-2	+5.245 V	+5.06V
+15V	+15.5V～+12V	CK3-4	+20.6V	+14.66V
−15V	−12V～−15.5V	CK5-4	−20.98V	−14.65V
+24V	+25V～+22V	CK6-7	+24.12V	+24.97V

结论：+5V、+15V、−15V 电源偏高。原电源关掉后，电源无法再次上电，装置电源故障。

（2）更换电源后检查情况：更换电源后装置运行正常，立即打印装置只存的 10 次故障报告，已无当时跳闸报告，只有装置不断启动的故障报告。

装置零漂检查：正确。

装置精度检查：在调试状态下，装置精度试验发现采样值漂移，数值不稳定，大小不断变化，差动保护各通道通入 1A 的模拟量电流不变，装置每次打印值均不相同，一次为 0.9A，再次为 0.87、0.71A，差动保护各通道采样现象相同。由于采样存在问题，其他试验未做。并及时与国电南自公司技术人员进行了沟通，厂家技术人员初步认为是装置电源插件及 A/D 板存在问题。

（3）更换 A/D 板、CPU 板后检查情况：国电南自技术人员带部分插件，更换装置的 A/D 板、CPU 板后，保护装置运行正常。

对保护装置进行了补充校验，保护采样、保护功能、定值校验等各项试验合格后，恢复安全措施后，通入负荷电流，打印保护采样，测试差流值，装置运行良好，申请装置运行 24h 后，无异常现象，保护投入运行。

6. WBZ-500 差动保护误动原因分析

（1）该装置运行时间较长（1998 年 4 月生产出厂，1999 年 5 月投运，2008 年 9 月 4 日跳闸），由于装置电源的输出电压升高，且+15V、−15V 电源主要是为装置滤波插件、数模转换 A/D 插件提供电源，当其电压升高（+20.6V、−20.98V）后引起 WBZ-500 保护装置的数模转换 A/D 板上的芯片工作异常，出现保护采样漂移，因此装置电源故障是本次保护误动的主要原因。

（2）由于 WBZ-500 保护装置为早期产品，装置仅监测+5V 电源，对+15V、−15V、+24V 电源没有监测，对其逆变电源插件输出监视告警回路不够完善。在正常运行时，其电源插件内+15V、−15V 电源输出升高无法发出告警信号，因此装置电源插件输出监视的告警回路不够完善是造成保护误动的次要原因。

7. 整改防范措施

（1）要求厂家将原装置电源插件、A/D 板、CPU 板带回去进行检测分析是造成本次电源输出电压偏高的原因。

（2）对网内运行的 WBZ-500、WBZ-500H 国电南自公司生产的变压器装置进行一次特殊巡视。检查装置电源输出电压及特性；检查各交流通道采样是否正确，有无偏差；检查跳闸逻辑矩阵是否设置正确，检查二次回路是否完善、连接片投退是否正确，打印装置运行定值与下发定值单核对。发现问题及时处理。

（3）对网内运行 10 年的保护装置进行统计，重点统计运行 10 年内未进行电源插件更换的装置，根据统计情况联系生产厂家，购置一批电源插件备品进行更换。

（4）加快老旧保护设备的改造力度，对网内运行 10 年及以上的 WBZ-500 变压器保护装置进行整体改造更换，运行 8 年的保护装置尽早安排改造计划，逐年进行更换。

【思考与练习】

1. 二次设备复杂事故类型有哪些？
2. 交流电流回路断线的原因有哪些？
3. 保护装置异常及故障的现象有哪些？

模块3 二次设备事故处理危险点源预控分析（ZY1100505003）

【模块描述】本模块介绍二次设备各种事故处理危险点预控分析。通过列表说明、分析讲解，掌握二次设备事故处理过程中的危险点源及预控措施。

【正文】

二次设备负责对一次设备的测量、监视、控制和保护，二次设备故障会造成误动或拒动，发生越级跳闸，使得事故扩大或大面积停电，破坏电网的安全、稳定、经济运行。

变电站二次设备事故处理时危险源及预控措施见表ZY1100505003-1。

表ZY1100505003-1 变电站二次回路事故处理危险源及预控措施

序号	危险源	预控措施
1	处理时造成人身触电	1）严格遵守《国家电网公司电力安全工作规程》相关规定，处理前做好安全措施。 2）任何检查处理工作必须两人及以上进行，其中一人作为专职监护人。 3）处理过程中接触设备人员应始终戴棉线手套。 4）站内二次系统设备接地良好，并定期检查设备接地电阻。 5）人员接触导体部分前，必须将该回路停电，严禁回路带电接触导体。 6）人员使用近电报警的工器具或安全辅助工具。 7）人员在工作过程中必须穿绝缘鞋。 8）监护人不得进行任何其他工作，工作人员的一举一动均在监护人视线范围。 9）在工作的二次保护屏盘上做好安全措施
2	处理时造成交流电流回路开路	1）检查处理前必须熟悉二次回路图纸。 2）带电封堵、短接电流端子时，必须使用专用的短接片或短接线，不得任意使用导线进行短接，更不得使用熔丝进行短接。 3）回路中发生开路时，应首先在回路中的最上级端子上对回路进行短接。 4）不得将电流回路的永久接地点断开。 5）严禁在电流互感器与端子之间的回路和导线上进行任何工作。 6）严格执行二次作业安全措施票
3	处理时造成交流电压回路短路、接地	1）检查处理前必须进行图纸学习和回路熟悉。 2）严禁使用通灯在带电回路中查线。 3）回路中更换元件时，必须将该回路停电。 4）电压回路中的熔断器连续熔断或空气开关连续跳开时，必须对回路进行检查后再送电。 5）严禁随意更换大容量熔丝或空气开关。 6）工作人员使用的工器具应进行绝缘包敷处理。 7）打开的端子立即进行绝缘包扎处理
4	处理时造成保护误动	1）处理异常应使用二次安全措施票。 2）当保护装置或高频通道发出异常信号时，应首先判断保护装置有无误动的可能，如有可能，应申请将保护装置退出运行。 3）当距离保护的交流电压消失时，应申请将相关保护退出运行。 4）高频通道发生异常时，应将高频保护退出运行。 5）微机保护除运行中更改定值外，其他任何装置上的工作均应将保护退出运行。 6）保护装置失去电源后，在重新上电前应先将出口连接片退出，待上电正常后再投入出口连接片。 7）保护、二次回路中进行检查时，必须使用内阻不小于200Ω/V的电压表。 8）工作人员使用的工器具应进行绝缘包敷处理。 9）打开的端子立即进行绝缘包扎处理

续表

序号	危 险 源	预 控 措 施
5	处理时造成保护拒动	1）处理异常应使用二次安全措施票。 2）处理前对一次设备运行方式进行了解，严禁一次设备无保护运行，必要时申请将一次设备停运。 3）严禁断开运行的保护装置中的任意回路。 4）退出保护连接片必须经调度部门同意，断开保护装置电源也必须经调度部门同意。 5）高频通道或收发信机发生异常时，应将高频保护退出运行。 6）保护装置的交流电压消失、交流电流回路断线时，应将相关保护装置退出

【思考与练习】

1. 变电站二次回路事故处理时防止人身触电的预防措施有哪些？
2. 变电站二次回路事故处理时防止造成保护误动的预防措施有哪些？

第四十四章　复杂事故处理

模块 1　复杂事故分类与现象（ZY1100506001）

【模块描述】本模块介绍部分复杂事故的现象、故障原因、事故处理的基本步骤。通过故障类型描述、原因分析、处理步骤讲解、案例分析，能根据复杂事故发生时的所有信息发现事故，并在监护指导下进行事故处理。

【正文】

一、复杂事故产生的原因

（1）运行十年以上的变电站，保护装置多为新旧原理、不同厂家、不同技术的并存。

（2）由于 330kV 变电站继电保护及二次系统接线的复杂性，出现问题的可能性也增大。继电保护或二次接线系统的某些故障或隐患，在正常运行的情况下不会暴露，运行人员也无法发现，往往在一次系统发生故障时，这些问题或隐患就会同时爆发（如事故时保护拒动、误动，直流电源消失等），造成事故扩大。

（3）一次设备的故障如断路器机构拒动等，也会使事故扩大，造成复杂事故。

（4）330kV 变电站的中、低压侧带有下一电压等级电网的若干变电站，330kV 变电站中、低压侧线路跳闸或母线失压，造成区域电网停电事故。

（5）自然灾害造成的破坏也往往是大面积的，同时对一次系统和二次系统造成损害，甚至造成全站停电或大电网瓦解事故。

二、复杂事故的类型

（1）断路器失灵事故。

（2）线路、母线、变压器的越级跳闸事故。

（3）自然灾害造成的全站失压事故。

三、复杂事故的一般现象

（1）同一电压等级或不同电压等级的多台断路器同时跳闸。

（2）常规变电站有大量的光字牌信号发出，综自变电站有大量的后台机信号报告。

（3）一条或几条母线同时失压。

（4）电网结构不合理时，在发生高压系统事故的同时造成站用电失去电源，或造成通信中断。

四、复杂事故的处理

变电站设备及整个电网持续不断地在其额定电压下运行，任何时候都有可能发生任何类型的事故，复杂事故的处理和普通任何事故的处理原则是一样的。

1. 事故处理的一般步骤

（1）事故发生后，立即将事故发生时间、跳闸断路器、事故的初步影响和异常情况向有关调度作简要汇报。

（2）迅速进行以下工作：

1）检查，根据表计指示、声光信号、保护和自动装置的动作情况，已跳断路器的台数、时间及设备的外部象征，进行全面的分析，初步判断事故的性质及原因。

2）检查、判断站内自动化、故障探测器的打印内容和故障录波器输出的波形。

3）如果事故现象不全，无法判断或无把握时，则应迅速检查和测试，进一步判明故障的部位、性质及范围，并对损坏的设备及时修理，必要时应通知检修人员前来处理，在检修人员未到达以前应做好现场安全措施。

4）组织对跳闸或故障设备进行巡视和外部检查。

5）组织对因事故而引起过负荷、超温等异常的其他设备进行检查和监视。

6）处理事故时的每一阶段情况，应迅速而正确地报告有关调度和上级领导。

（3）根据表计指示、保护动作情况、故障测距、设备的外部症状，判断事故的全面情况，向有关调度作详细汇报，汇报内容应正确、全面、简明扼要。汇报内容包括：

1）一、二次设备事故后的状态及健康状况。

2）事故记录仪所测到的故障量，包括故障相、故障时的电流、电压情况、序分量情况、重合闸情况和故障测距所测到的故障点情况。

3）现场的处理意见、建议和将采取的处理措施。

4）如果对人身和设备有威胁时，应立即设法解除威胁，在必要时可停止设备运行，并努力保持无故障设备的正常工作。

5）按照调度命令和现场运行规程对故障线路或设备进行强送、试送或将故障设备、线路从系统中隔离。

6）恢复停电设备和各用户的供电或启用备用设备。尽快将系统方式恢复到异常、事故前的稳定状态。

7）将事故情况和处理结果向各级领导汇报，并通知检修人员前来抢修。

8）填写有关记录，撰写事故报告。

2. 事故处理的一般要求

事故发生时，除断路器跳闸、声、光信号动作外，还有可能出现爆炸、燃烧、浓烟甚至人员伤亡等恶劣情况，值班人员平时要有足够的思想准备和必要的反事故演练，一旦事故发生时，要求值班人员切实做到以下几点：

（1）头脑冷静、沉着应对。处理事故时应头脑冷静、沉着果断，切忌惊慌失措，应在当值值班负责人的统一指挥下进行。必要时可要求非当值值班人员协助进行。

（2）快速反应、熟练处理。事故情况下，应能迅速正确地查明情况，判断事故的性质。快速、熟练的处理在很多情况下可以减少事故停电时间，降低事故损失程度。

（3）事故信息，准确全面。在事故情况下，现场值班人员全面、详尽的事故信息，客观、准确的情况描述对于电网调度和有关领导的事故处理决策与指挥是十分重要的。

（4）保障通信，密切联系。在事故处理过程中，变电所值班人员必须想尽一切办法保持与调度及上级有关部门的联系，迅速正确地执行他们的指令和有关指示。

（5）严格执章，安全第一。无论事故多么严重，情况多么紧迫，在处理过程中都必须遵守《安规》和其他保证安全的规章制度，保证人身安全，操作要有严格监护，抢修要有安全措施。

【思考与练习】

1. 复杂事故产生的原因有哪些？

2. 复杂事故处理的一般要求有哪些？

3. 复杂事故的类型有哪些？

模块2　复杂事故的故障分析及处理（ZY1100506002）

【模块描述】本模块介绍断路器失灵事故、全站失压事故、越级跳闸事故的现象、故障原因、事故处理的基本步骤。通过归纳讲解和案例分析，能根据复杂事故发生时的所有信息分析判断事故产生的原因，判定站内故障点对复杂事故时的保护动作行为、相关保护信息、设备情况是否正常，能提出改进意见并能够制订事故预案。

【正文】

一、断路器失灵事故

1. 断路器失灵保护动作的条件

（1）对应断路器保护动作出口。

（2）断路器任一相存在故障电流（指示断路器未跳闸）。

2. 断路器失灵保护动作的现象

（1）主控或监控机警铃喇叭响，对应母线所接断路器跳闸，同时有拒跳断路器仍保持在合闸位置，但其表计指示应为零。

（2）查保护屏，有失灵保护动作指示灯亮或相应信号继电器掉牌；同时有线路、主变压器或其他保护动作信号。

（3）伴随断路器拒动的故障或异常现象，如“分闸闭锁”、“压力异常”、“控制回路断线”等光字牌或其他异常情况。

3. 断路器失灵保护动作的原因

（1）线路故障或断路器所接其他保护动作，断路器拒动。断路器拒动的原因多种多样，最常见的如液压机构压力异常闭锁、分闸电源异常、控制回路断线、直流系统异常等。

（2）失灵保护整定有误或失灵保护装置异常造成误动。

（3）误碰、误操作造成失灵保护误动作。

4. 断路器失灵保护动作跳闸的处理

（1）失灵保护动作后，应立即检查相应一次设备状态，记录信号，并及时将检查及保护动作情况汇报调度。

（2）当确认某断路器保护动作出口，而断路器拒分，失灵保护动作将该母线上其他断路器跳闸，此时应立即断开该断路器，并拉开两侧隔离开关，隔离故障点，检查母线确无故障后依据调度指令逐个恢复其他断路器的正常运行。

（3）如果失灵保护动作将两条母线上的所有断路器全部跳闸，则表明失灵保护无选择性动作，此时应申请调度将失灵保护停用，由专业人员检查，同时断开该断路器，并拉开两侧隔离开关，检查母线确无故障后依据调度指令逐个恢复其他断路器的正常运行。

（4）母联差动保护动作，同时失灵保护动作将各断路器跳闸，表明母联断路器拒分，此时应详细检查母线设备，在未查出故障原因或故障未消除前，严禁向母线送电。

（5）无任何断路器保护动作而失灵保护动作，应根据系统有无故障象征综合分析动作行为，如果确认失灵保护误动，应汇报调度将失灵保护停用，然后逐一恢复各断路器的正常运行，由专业人员处理存在的问题。

二、全站失压事故

随着电网结构的日趋完善和电源点的分布越来越广，目前系统中220kV以上变电站发生全站失压事故的可能性也越来越小，但在自然灾害或设备本身存在问题的情况下，仍会发生全站失压的事故。

1. 全站失压的主要原因

（1）单电源进线变电站，电源进线故障，线路对侧跳闸。电源中断或本站设备故障，电源进线对侧（电源侧）跳闸。

（2）本站系统高压侧母线及其分路故障，越级跳闸。

（3）330kV系统电网解列，造成全站失压。

2. 全站失压的处理

（1）单电源进线运行的变电站全站失压事故处理程序为：

1）全面检查保护动作情况、所报信号、仪表指示、断路器跳闸情况。

2）断开电容器组断路器，断开所有保护动作信号掉牌的分路断路器。

3）检查各母线及连接设备和主变压器有无故障，检查电源进线和备用设备。

4）检查站内设备，未发现任何异常，无保护动作信号。属于电源进线对侧断路器因线路发生事故跳闸，电源中断。应断开失压的电源进线断路器，迅速投入备用电源，若其负荷能力具备条件可以带全部负荷。否则只能带部分重要的负荷和站用电，原电源进线来电后，恢复正常运行方式。

5）如果检查站内高压侧母线有故障，且故障无法隔离或消除，分路中无保护动作信号，处理方法如图 ZY1100506002-1 所示。

6）如果检查站内设备有故障，故障点可隔离或排除，各分路中无分路保护无动作信号。应迅速隔离或排除故障，处理方法如图 ZY1100506002-2 所示。

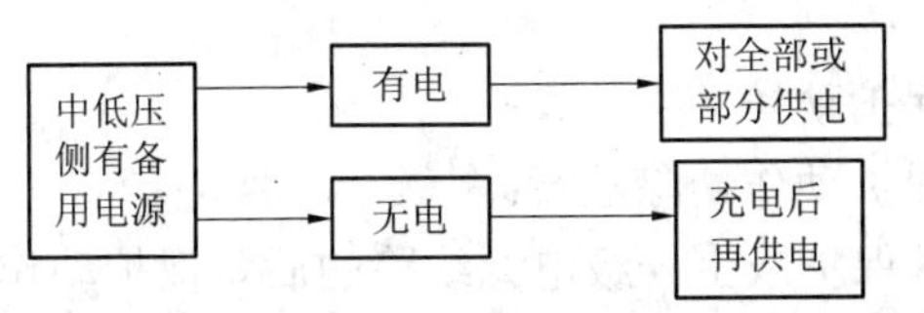

图 ZY1100506002-1　高压侧母线有故障的处理示意图

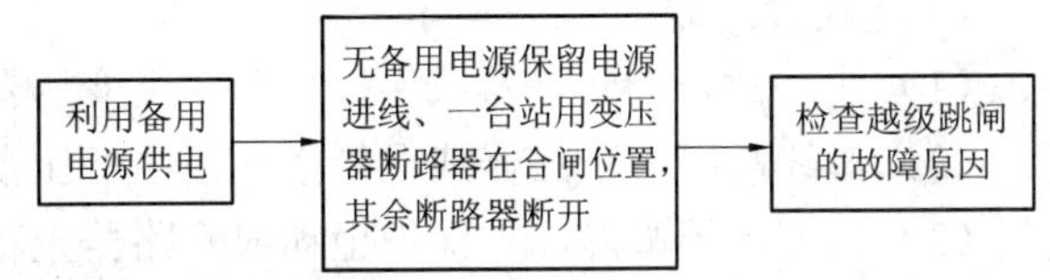

图 ZY1100506002-2　所内设备有故障的处理示意图

7）如果检查所内设备无异常，但分路中（高压侧）有保护掉牌，属分路故障，越级使电源进线对侧（电源侧）跳闸。应断开有保护信号掉牌的分路断路器。其处理方法同上。

（2）两个及以上电源的变电站全站失压处理程序和方法为：

1）全面检查站内所有设备。

2）断开电容组断路器、有保护动作信号的断路器、联络线断路器。各段母线上，只保留一个电源进线，其余电源均断开。调整直流母线电压正常。

3）检查站内设备上有无电压的步骤见图 ZY1100506002-3。

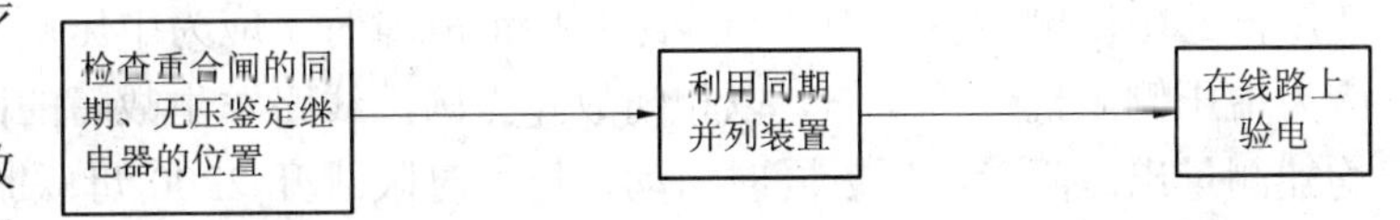

图 ZY1100506002-3　检查站内设备上有无电压的步骤

4）如果检查所内设备，未发现故障现象，可能是系统发生事故。断开所有保护动作信号的开关。断开各侧母线分段（母联）断路器，使主变压器分别连接于不同的母线上，互不并列，分网成几个互不联系的部分。各部分保留一台站用变压器或电压互感器，监视来电。

a）某一电源先来电，先恢复该部分的供电及站用电。根据负荷能力，尽可能恢复其他部分供电。为防止其他电源来电时，造成非同期并列，应先断开可恢复供电部分中没有来电的电源进线断路器。

b）其他电源来电，及时恢复并列。全部电源来电，恢复运行方式，恢复对全部用户的供电。

c）汇报上级，分析事故原因。

5）检查站内设备，发现故障，故障点可以隔离或在允许时间内排除，应立即隔离或排除故障。使电压互感器停电，应注意在恢复送电时，防止保护失去交流电压。然后断开各侧母线分段断路器，使主变压器各连接于不同的母线上，互不并列，分网成几个互不联系的部分，在每一部分保留一台站用变压器或电压互感器，监视来电与否。

6）检查站内设备，发现故障，故障点不能与母线隔离，也无法排除，应断开故障母线上所有断路器，无故障各侧母线分段断路器分网成几个互不联系的部分。

（3）330kV 系统电网解列处理：

1）330kV 系统电网解列主要原因：

a）本站系统高压侧母线及其分路故障，越级跳闸。

b）系统发生事故，造成全站失压。

2）单电源进线运行的变电站全站失压事故处理程序为：

a）全面检查保护动作情况、所报信号、仪表指示、断路器跳闸情况。

b）断开电容器组断路器，断开所有保护动作信号掉牌的分路断路器。

c）检查各母线及连接设备和主变压器有无故障，检查电源进线和备用设备。

d）检查所内设备，未发现任何异常，无保护动作信号。属于电源进线对侧断路器，因线路发生事故跳闸，电源中断。应断开失压的电源进线断路器，迅速投入备用电源，若其负荷能力具备条件可以带全部负荷。否则只能带部分重要的负荷和站用电，原电源进线来电后，恢复正常运行方式。

三、越级跳闸事故

1. 越级跳闸事故的概念

越级跳闸一般指系统元件发生故障时，该元件的主保护或应动作的最近一级保护或断路器的不正确动作引起的事故停电范围扩大，如线路故障时保护或断路器拒动，造成上级保护动作切除故障，或故障元件的上一级保护误动作，抢先出口使事故停电范围扩大。

2. 越级跳闸的原因

（1）线路故障，断路器或保护拒动，主变压器后备保护动作切除故障；

（2）母线故障，断路器或保护拒动，主变压器后备保护动作切除故障；

（3）主变压器故障，主保护拒动或断路器拒动，后备保护或上一级电源线路的后备保护动作切除故障；

（4）其他元件故障，其主保护或最近一级保护拒动，引起上级后备保护动作切除故障。

四、案例分析

以图 ZY1100506002-4 为例说明越级跳闸事故的处理。

故障性质：线路故障，断路器或保护拒动，主变压器后备保护动作切除故障。

案例：2214××线路故障，保护拒动造成主变压器后备保护动作，跳开 2202、2200 断路器，220kV Ⅱ母线失压。

保护动作行为分析：当 2214 线路故障时，2214 线路保护拒动，上级一最近的后备保护即三台主变压器的中压侧后备保护，当线路为接地故障时，应为中压侧零序保护动作，当线路为相间故障时，应为中压侧阻抗保护动作。以相间故障为例，线路发生故障的同时，三台主变压器的中压侧阻抗保护均能测量出故障量，所以同时启动，第一时限跳开 2200 母联断路器，2200 母联断路器跳开后，运行在Ⅰ母线的 1 号、3 号主变压器已无故障电流流过，中压侧阻抗保护随即返回，与 2214 同时运行在Ⅱ母线的 2 号主变压器后备保护不返回，继续在第二时限出口跳开 2202 断路器。

处理：2214 线路故障，线路保护拒动，2 号主变压器后备保护动作跳闸，从变电站内部的保护信号及断路器跳闸情况，并不能判断出具体的故障范围，只能判断出是 220kVⅡ母线及其所带线路上发生故障，无法判断出具体哪一条线路故障，因此处理过程相对复杂。

处理步骤：

（1）记录时间、恢复音响等信号。

（2）检查记录动作的保护、跳闸的断路器、失压的母线。

（3）初步判断故障性质，向调度汇报事故概况，申请进一步检查。

（4）检查保护屏信号、巡视停电的一次设备及跳闸的断路器。

（5）对收集到的信号及一次设备巡视结果进行综合分析判断，应能判断出是 220kVⅡ母线故障，母差保护拒动或 220kVⅡ母线上所带出线故障，线路保护拒动。

（6）向调度汇报对事故的判断结果，并申请用 2202 断路器或 2200 断路器向 220kVⅡ母线试充电，充电前投入动作速度最快的充电保护。

（7）投入充电保护后，向 220kVⅡ母线充电，充电正常。汇报调度充电情况，并申请向Ⅱ母线上所带的 2212、2214、2216、2218 线路逐条试充电。

（8）检查保护投入正常后依次合上 2212、2214、2216、2218 断路器，本例中假设是 2214 线路故障，所以当合上 2214 断路器时，充电保护或主变压器后备保护应再次动作，跳开 2202 或 2200 断路器，这时就可以判断出是 2214 线路故障、2214 线路保护拒动造成的越级跳闸了。

（9）向调度汇报充电过程，并说明因此判断是 2214 线路故障，保护拒动，申请将 2214 断路器、线路隔离，恢复其他线路运行。

（10）拉开 2214 断路器两侧隔离开关，合上 2202、2200 断路器，母线电压正常后合上 2212、2216、2218 断路器送电。

（11）将 2214 断路器及线路改为检修状态。

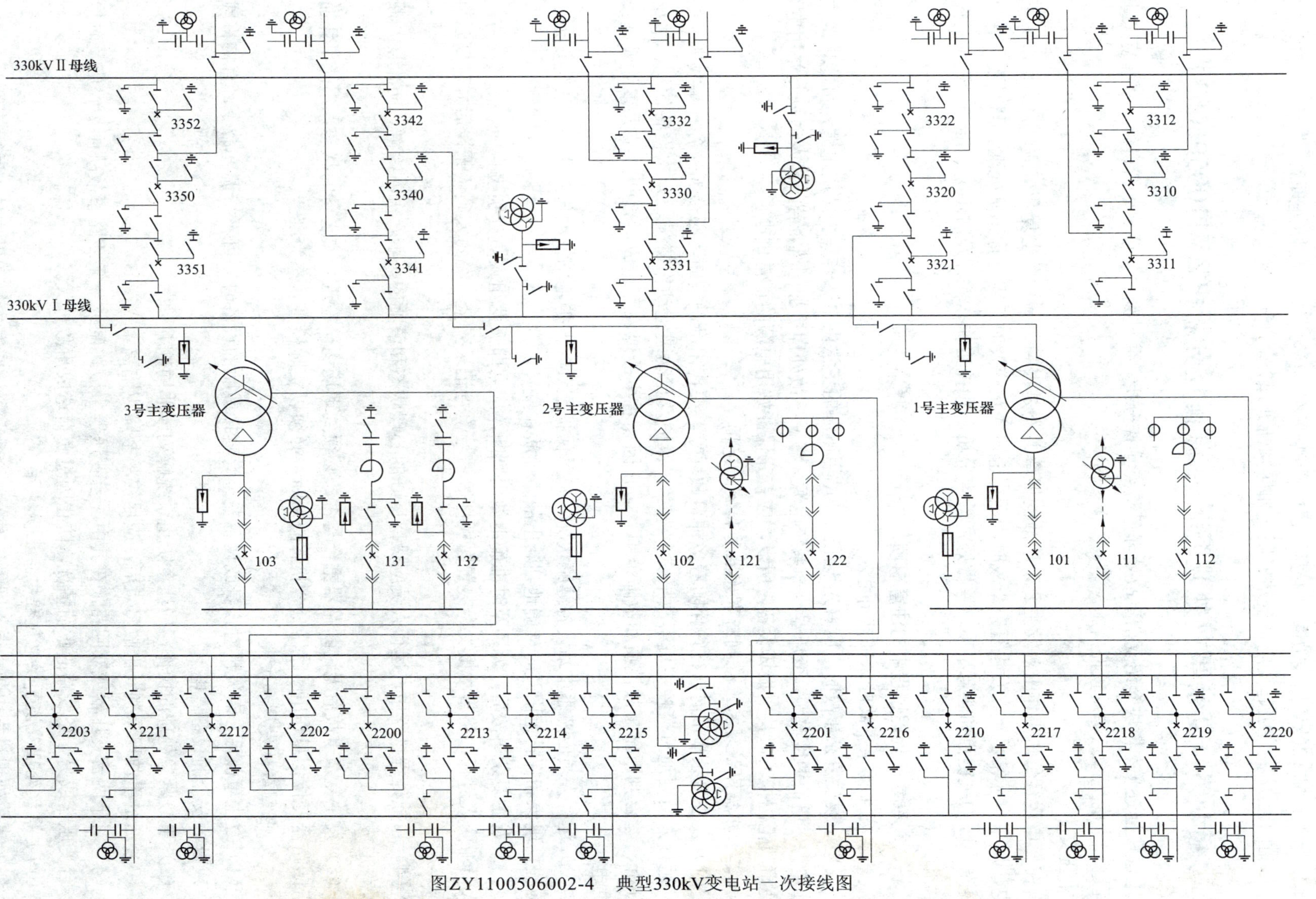

图ZY1100506002-4　典型330kV变电站一次接线图

（12）事故处理完毕。

【思考与练习】

1. 某变电站 110kV 出线故障，保护拒动应如何判断处理？

2. 某变电站 220kV 出线故障，主变压器中压侧断路器拒动应如何判断处理？

3. 由于自然灾害引起变电站全站失压应如何判断处理？

模块 3 复杂事故处理危险点源预控分析（ZY1100506003）

【模块描述】本模块介绍复杂事故处理危险点预控分析。通过列表说明、分析讲解，掌握复杂事故处理过程中的危险点源及预控措施。

【正文】

在变电运行值班工作中，发生复杂事故的概率并不是很高，一旦发生复杂事故，将会引起大面积停电，后果也非常严重。发生复杂事故时，运行值班人员应及时组织进行正确处理，同时要掌握好处理复杂事故的关键点和注意事项，并做好危险点分析和预控工作，保证及时迅速、准确无误地处理好复杂事故。

一、复杂事故处理过程中的注意事项

（一）发生复杂事故时保证站用电源

变电站发生复杂事故时，应首先设法保证站用电源的正常供电。若失去站用电源，可能导致失去操作电源、通信调度电源、变压器冷却系统电源，将使事故处理更加困难，若不能及时恢复站用电源，会使事故范围扩大，甚至损坏设备，所以，应首先保证站用电源的正常供电。

（二）根据事故现象准确判断事故性质和故障范围

（1）发生复杂事故时，往往伴随着多种事故现象，要作出准确判断，必须抓住各种事故现象的特征，运行人员要通过监控主机事故报文、光字、保护及自动装置动作情况、一次设备的动作情况全面分析、综合判断出事故性质和故障范围，防止因漏看事故现象而造成误判断，扩大事故或延误恢复供电。

（2）运行人员应熟悉本站设备健康状况，熟悉保护配置、保护范围及动作后果，当发生复杂事故时应根据现象和保护范围及时准确地判断出故障性质和位置。

（3）发生复杂事故后，为了及时准确地做出判断，应立即派两组人员分别检查一、二次设备，每组人员派两人进行，将事故报文、装置面板灯等信号检查记录齐全，经两人确认无误后方可复归事故信号。

（4）事故处理过程中，运行人员应保持良好的心理状态和清醒的头脑，沉着冷静，防止误判断或误操作造成事故扩大。

（5）发生复杂事故后无论断路器重合与否，必须到现场逐一检查一次设备的状态，不能单凭监控主机断路器变位信息作出断路器分合状态的判断，必须以实际检查状态为准。

（三）限制事故发展和扩大

（1）发生事故后，若发现对人身或设备安全有直接威胁的设备时，可不待调度命令，直接将威胁人身或设备安全的设备停电。

（2）事故紧急处理的操作，应注意防止系统解列或非同期并列。

（3）通过事故现象判断出故障点后，应尽快将故障点隔离。

（4）对于两台变压器或双回路，在其中一台变压器事故跳闸或一条线路事故跳闸后，应及时检查另一台变压器或另一条线路的负荷情况，防止因过负荷造成事故扩大。

（四）事故处理及恢复供电过程中防止误操作

（1）事故处理过程中防止误入间隔或误拉、合断路器。在发生复杂事故时，运行值班人员往往由于处理设备较多，心情慌乱，容易误拉、合断路器等设备，应在操作前简单列出操作步骤进行操作，防止凭记忆或判断操作而造成误操作。

（2）一次设备发生跳闸后，对应二次设备的操作（如退出重合闸、复归操作把手等）及复归信号等操作必须在两人确认无误后进行。

（3）故障设备隔离后恢复供电的操作属于正常操作，运行值班人员必须在值班调度员的命令下持正规的操作票进行，不得无票操作。

（4）运行值班人员在恢复供电操作时要分清故障设备的影响范围，对于经判断无故障的设备，有条不紊地依次恢复供电，对故障范围内的设备，先隔离故障，然后恢复供电，防止故障处理过程中的误操作导致事故范围扩大。

二、复杂事故处理的危险点及预控措施（见表 ZY1100506003-1）

表 ZY1100506003-1　复杂事故处理的危险点及预控措施

序号	危　险　点	预　控　措　施
1	误碰、误动运行设备	1）事故跳闸后值班长应派熟悉设备、有经验的值班员进行设备检查。 2）事故处理过程进行检查、倒闸操作时，必须两人及以上进行，其中一人监护。 3）检查人员应正确着装，带齐所需工器具。 4）设备事故跳闸后，不得将设备无电压作为设备停电的依据，不得接触设备导电部分，不得误动其他运行设备
2	人身触电	1）检查设备时，不得进行其他工作，不得移开、越过、拆除遮栏进行工作。 2）没有做好安全措施以前，人员不得触及停电设备，以防突然来电造成人员伤亡。 3）检查设备时应与带电设备保持足够的安全距离：66kV 为 1.5m，330kV 为 4.0m，750kV 为 7.2m
3	发生事故时，单人处理或未及时汇报	1）发生设备事故时，应及时汇报。 2）处理复杂事故时，应在调度指挥下进行，采取相应措施，不得擅自处理。 3）检查、处理复杂事故时应由两人同时进行
4	擅自改变设备状态	1）禁止擅自改变设备状态。 2）事故处理过程中，非特殊情况下的重要操作必须得到值班调度员的同意后方可进行
5	登高检查设备，如登上断路器机构平台检查设备时，感应电使人员失去平衡，造成人员碰伤、摔伤	检查应由两人进行，并互相关心、提醒
6	夜间检查，造成人员碰伤、摔伤、踩空	夜间事故处理应打开事故照明灯、户外照明灯
7	事故处理时对故障设备再次送电，造成损坏设备或扩大事故	1）发生事故后必须对事故范围内的设备进行认真巡视检查，包括保护范围内的全部一次设备、引线、断路器的实际位置、故障设备及波及范围内的设备等。 2）发生设备事故时，在未查清故障原因和故障点前不得进行合闸送电。 3）发现有故障的设备应首先进行隔离。 4）故障设备隔离后的每一步处理过程应申请调度同意。 5）发生越级跳闸，故障点不明确时，对停电设备送电应从上至下逐级试送，送电过程有异常时立即停止，再次对设备进行检查。 6）试送电时发现故障设备，应对故障点进行隔离后再进行送电
8	随意动用设备解锁钥匙	事故处理过程中使用解锁钥匙时，严格按照解锁钥匙使用规定履行手续，并在双重监护下进行解锁操作
9	事故处理中出现谐振过电压损坏设备	应避免用带断口电容器的断路器切带电磁式电压互感器的空载母线
10	拖延执行值班调度命令造成事故扩大或停电时间延长	处理事故时，值班人员应迅速执行值班调度的命令。如有异议应及时提出，若值班调度坚持，应立即按照调度命令执行
11	交、接班过程中发生事故时现场混乱	1）交接班期间若发生事故时，则应由交班人员负责处理，由接班人员协助。 2）处理事故时，交班值班长有权召集当班人员或接班人员到现场协助处理事故，被召集的人员不得拖延或拒绝。 3）处理事故时，与事故处理无关的工作人员不应进入发生事故的地点和主控室内，已进入的，值班人员有权令其退出
12	误判断	1）不能单凭变电站站用电源消失或全站照明全停而误认为变电站全停。 2）线路发生重复性事故时的现象和线路发生单相永久性事故的现象从表面上看是一致的，都是线路单相跳闸、单相重合、三相跳闸。当发生单相永久故障时，故障录波为 1 次报告，而发生重复性故障时，故障录波为 2 次

【思考与练习】

1. 复杂事故处理过程中的注意事项有哪些？
2. 复杂事故处理过程中的危险点是什么？应如何防范？

附录A 《变电运行（330kV）》培训模块教材各等级引用关系表

部分名称	章	模块名称（模块编码）	模块描述	等级 I	等级 II	等级 III
数字化变电站	数字化变电站的概念与应用	数字化变电站介绍（GYBD00101001）	本模块主要介绍了数字化变电站的情况。通过要点归纳介绍，掌握数字化变电站发展的基本背景、基本概念和特征，了解数字化变电站的主要优势	√		
		数字化变电站的系统架构及技术特征（GYBD00101002）	本模块主要介绍了数字化变电站的基本结构和主要技术特征。通过对比讲解、图例展示，掌握数字化变电站的系统构成和主要技术特征	√		
		数字化变电站的基本应用（GYBD00101003）	本模块介绍数字化变电站的技术实现基础和常规设备接入方案。通过归纳讲解、方案介绍，了解建设数字化变电站应注意的问题和常规设备的接入方式	√		
	数字化变电站的组成与实现	IEC 61850标准综述（GYBD00102001）	本模块介绍IEC 61850标准的产生背景、标准的组成、主要术语及主要特点等内容。通过背景介绍、标准阐述、要点讲解，了解标准的概况，掌握标准的组成和特点		√	
		数字化变电站的通信网络（GYBD00102002）	本模块介绍了数字化变电站内数据流及其特点、采用的主要网络技术以及组网方案。通过要点分析、图例说明、方案介绍，了解数字化变电站系统核心通信的概况		√	
		电子式互感器基本原理及技术（GYBD00102003）	本模块介绍电子式互感器的基本原理、特点及构成等内容。通过结构分析、原理讲解、图片示意、应用举例，了解数字化变电站系统中一次设备的变化		√	
		智能化电器设备（GYBD00102004）	本模块主要介绍开关智能化的基本内容，智能化开关基本结构、特点、设备的应用模式以及和二次系统的连接。通过概念讲解、图片示意、实例介绍，了解智能化开关系统，掌握智能化开关控制的内容		√	
		数字化变电站的实现（GYBD00102005）	本模块介绍数字化变电站的信息应用模式，实现数字化变电站的几个关键因素、几种技术方案等内容。通过要点归纳讲解、图片示意、方案介绍，掌握数字化变电站的实现方式和信息应用		√	
电气试验	电气设备试验周期、标准及方法	电气试验标准（GYBD00701001）	本模块介绍电气设备交接试验和状态检修的意义和标准。通过概念解释、要点讲解和流程介绍，了解开展电气设备交接试验和状态检修重要性，熟悉电气设备交接试验的标准，状态检修的概念，开展状态检修的原则、指导思想，掌握进行状态检修的基本流程	√		
		常规电气试验（GYBD00701002）	本模块介绍变电主要设备常规电气的试验项目。通过要点讲解，了解绝缘电阻、泄漏电流、介质损耗、工频耐压和绝缘放电等常规项目的试验目的、内容和方法		√	
		特殊电气试验（GYBD00701003）	本模块介绍设备特殊电气的试验项目及其目的。通过要点讲解，了解电力变压器特殊性试验、电流互感器特殊性试验、电容式电压互感器特殊性试验、氧化锌避雷器特殊性试验、六氟化硫断路器特殊性试验的试验项目内容和试验目的要求			√
	数据采集及分析	电气设备在线监测（GYBD00702001）	本模块介绍电气设备常用在线监测的原理和结构。通过要点讲解、分析，了解变压器油的在线监测、变压器局部放电在线监测、电力设备温度实时在线监测的内容、方法和装置原理，熟悉电气设备在线监测与预防性试验的关系	√		
		相关电气试验数据分析（GYBD00702002）	本模块介绍电气试验和在线监测运行数据综合分析。通过要点讲解、综合分析和应用示例，熟悉试验数据的分析方法、掌握试验结论和处置原则及设备状态评价方法			√

续表

部分名称	章	模块名称（模块编码）	模 块 描 述	等级		
				I	II	III
状态检修	状态检修概述	变电设备的状态检修概述（ZY1400401001）	本模块介绍几类检修方式的定义及发展过程，各类检修方式的优缺点及开展状态检修的难点分析。通过定义讲解、要点归纳，熟悉状态检修与其他检修模式的区别，了解开展状态检修需深入研究和解决的问题			√
		决策支持系统（DSS）（ZY1400401002）	本模块介绍变电设备状态检修决策支持系统的基本概念和系统总体结构。通过要点归纳、图表举例，了解状态检修决策支持系统的总体结构及有关业务流程要求			√
		状态检修的基本思路和方法（ZY1400401003）	本模块介绍开展状态检修的指导思想和基本原则、状态检修的基本流程和工作体系等。通过定义讲解、要点归纳，掌握状态检修的基本流程；熟悉状态检修的工作体系、各级职责及开展状态检修工作必须注意的环节			√
		红外热成像的测试与分析（ZY1800303001）	本模块介绍红外热成像的测试与分析。通过测试工作流程的介绍，掌握红外热成像的原理、测试前的准备工作和相关安全、技术措施、测试方法、技术要求及测试数据分析判断		√	
	电气设备的状态检修	变压器的状态检修（ZY1400402001）	本模块介绍变压器状态检修各个流程的有关内容，在线监测和检测技术在变压器状态检修中的应用。通过定义讲解、要点归纳、图表示例，熟悉变压器的在线监测和检测技术，掌握开展变压器状态检修各个流程的主要工作及变压器实施状态检修应注意的几个问题			√
		互感器的状态检修（ZY1400402002）	本模块介绍互感器开展状态检修知识。通过要点讲解、图表归纳，熟悉互感器开展状态检修的信息收集与管理、状态的划分与评价标准、检修策略的制定原则等相关知识			√
		断路器的状态检修（ZY1400402003）	本模块介绍断路器开展状态检修知识。通过定义讲解、要点归纳，熟悉断路器状态检测技术在状态检修中的应用，以及断路器开展状态检修的信息收集与管理、状态的划分与评价标准、检修策略的制定原则等相关知识			√
		隔离开关的状态检修（ZY1400402004）	本模块介绍隔离开关开展状态检修知识。通过定义讲解、要点归纳，熟悉隔离开关开展状态检修的信息收集与管理、状态的划分与评价标准、检修策略的制定原则等相关知识			√
		避雷器的状态检修（ZY1400402005）	本模块介绍避雷器开展状态检修知识。通过要点讲解、图表归纳，熟悉避雷器状态检测技术在状态检修中的应用，以及避雷器开展状态检修的信息收集与管理、状态的划分与评价标准、检修策略的制定原则等相关知识			√
		电力电缆的状态检修（ZY1400402006）	本模块介绍电力电缆开展状态检修知识。通过要点讲解、图表归纳，熟悉电力电缆开展状态检修的信息收集与管理、状态的划分与评价标准、检修策略的制定原则等相关知识			√
基本技能	常用仪器、仪表、安全工器具的使用及维护	常用仪器、仪表使用（GYBD00201001）	本模块介绍万用表、绝缘电阻表、接地电阻仪、钳形电流表、直流电桥的使用方法。通过使用方法介绍和注意事项讲解，掌握常用仪器和仪表的使用	√		
		安全工器具使用与维护（GYBD00201002）	本模块介绍电气安全用具分类、绝缘安全用具、一般防护用具、安全标识、安全用具等内容。通过结构描述、使用方法介绍和注意事项讲解，达到能正确使用电气安全工器具	√		
		变电站通信设备使用（ZY1200103001）	本模块介绍变电站通信设备的配置与使用说明。通过要点归纳和列表说明，掌握变电站电话机、对讲机、录音机等通信设备的使用方法	√		

续表

部分名称	章	模块名称（模块编码）	模 块 描 述	等 级		
				Ⅰ	Ⅱ	Ⅲ
基本技能	变电站接线及运行方式	330kV 电气设备（ZY1100101001）	本模块介绍330kV变电站电气设备的结构特点和性能参数及运行要求。通过概念描述、结构分析、要点讲解，熟悉变电站的电气设备性能及运行特点，并能做好设备的正常巡视和维护工作	√		
		变电站接线（ZY1100101002）	本模块介绍变电站主接线的各种接线型式。通过结合实例讲解，熟悉330kV变电站主接线的接线型式及特点，能对变电站接线进行分析	√		
		电气运行方式（ZY1100101003）	本模块包含变电站接线的各种运行方式。通过分析讲解、案例介绍，熟悉变电站主接线的各种运行方式特点，能制定各种运行方式预案	√		
	继电保护配置及二次回路	继电保护的配置及保护范围（ZY1100102001）	本模块包含变电站继电保护的配置及保护范围。通过图像举例、配置介绍、分析讲解，熟悉变电站继电保护的配置和保护作用	√		
		二次回路的识读（ZY1100102002）	本模块介绍电压互感器、电流互感器、控制回路等二次回路识读知识。通过对识读过程的详细介绍，熟悉二次回路，能正确分析二次回路异常	√		
		继电保护之间的配合关系（ZY1100102003）	本模块介绍继电保护之间的配合关系。通过对后备保护与主保护间配合的详细讲解，熟悉继电保护的配合要求及定值配合		√	
		继电保护装置的使用（ZY1100102004）	本模块介绍继电保护装置面板说明和继电保护装置的使用。通过面板介绍、使用方法讲解，能正确监视和判断保护装置运行情况，能熟练使用继电保护装置相关功能		√	
		继电保护的整定（ZY1100102005）	本模块介绍继电保护的整定原则和整定计算。通过要点讲解、计算方法介绍，熟知继电保护定值的整定及时限间的配合关系			√
		变压器保护（ZY1100102006）	本模块介绍变压器电气量保护及非电气量保护的组成和保护的基本原理。通过逻辑框图介绍、保护动作过程描述、分析讲解，掌握变压器保护的基本原理、动作特性和保护范围	√		
		电抗器保护（ZY1100102007）	本模块介绍330kV高压并联电抗器及35kV电抗器保护的组成和基本原理。通过组成概述、范围介绍、原理分析讲解，掌握电抗器电气量保护及非电气量保护基本原理、特性和保护范围	√		
		母线保护（ZY1100102008）	本模块包含330kV母线保护的基本原理，母差及失灵保护的动作特性。通过原理讲解和对上述保护动作特性、逻辑框图的分析，掌握母线保护的基本原理、功能特性及保护范围	√		
		线路保护（ZY1100102009）	本模块介绍330kV 线路保护的基本原理、主保护及后备保护的组成。通过保护组成介绍、特性分析、原理讲解，掌握线路保护的基本原理、功能特性及保护范围	√		
		电容器的保护（ZY1100102010）	本模块介绍 330kV 变电站电容器保护的组成和基本原理。通过保护组成介绍、特性分析、原理讲解，掌握电容器保护的功能特性及保护范围	√		
	工作票、操作票执行	两票规定（ZY1100103001）	本模块介绍工作票和操作票的执行要求、填写说明、管理规范及实施过程。通过定义讲解、实施过程介绍，能正确填写工作票和操作票，并熟悉工作票的实施过程和倒闸操作的全过程	√		
		工作票的执行（ZY1100103002）	本模块介绍第一、二种工作票的填写、执行及验收。通过办理过程详细讲解、案例介绍，能正确许可和办理工作票，并能进行工作票的验收	√		
		操作票的执行（ZY1100103003）	本模块介绍操作票的填写和审核及操作票的执行等内容。通过执行过程详细介绍、案例分析，能正确熟练填写和审核操作票，正确执行操作票	√		

续表

部分名称	章	模块名称 （模块编码）	模块描述	等级		
				I	II	III
基本技能	工作票、操作票执行	事故应急抢修单的执行 （ZY1000104002）	本模块包含事故应急抢修单的填写和执行。通过要点和流程讲解，以及典型案例分析，能够正确执行事故应急抢修单		√	
		带电作业工作票的执行 （ZY1000104006）	本模块包含带电作业工作票的填写和执行。通过条文解释，注意事项介绍，以及应用举例，能够正确执行带电作业工作票		√	
	生产管理系统及信息系统	生产管理系统及信息系统的内容及填写 （ZY1100104001）	本模块介绍生产管理系统的内容及各种报表和记录填写的要求。通过内容介绍、填写要求讲解，熟悉生产管理系统内容，能正确填写各种报表、各种记录	√		
监视、巡视与维护	变电站设备的定期试验与轮换及其分析	变电站设备的定期试验与轮换 （GYBD00301001）	本模块介绍变电站设备的定期试验与轮换制度的要求及内容等。通过要点归纳讲解、试验方法详细介绍，掌握变电站设备的定期试验与轮换的要求及内容	√		
		变电站设备的定期试验与轮换分析 （GYBD00301002）	本模块介绍变电站设备的定期试验与轮换的程序和方法。通过要点讲解、试验方法介绍，掌握变电站设备的定期试验与轮换及注意事项		√	
	运行监视	运行监视的基本要求 （ZY1100201001）	本模块介绍有人值班变电站和无人值班变电站的运行监视基本要求及主要内容。通过对监视内容及要求归纳讲解，掌握运行监视的内容和方法，能根据表计或测量信息、各种信号发现运行参数越限、设备运行异常	√		
		电压、电流、频率监视 （ZY1100201002）	本模块介绍额定电压、额定电流、额定频率的基本概念、电压质量标准的有关规定。通过概念讲解、超限原因和危害的分析讲解，掌握电压、电流监视基本技能	√		
		电压、电流、频率异常判断分析和处理 （ZY1100201003）	本模块介绍电压升高或降低、电压不对称或不稳定及电流越限的分析判断等内容。通过异常现象描述、判断、分析、处理方法的讲解，掌握根据运行监视信息正确判断电压、电流异常，并掌握异常处理基本方法		√	
		有功、无功监视 （ZY1100201004）	本模块介绍设备额定功率的基本概念。通过概念描述、要点讲解，掌握有功、无功监视标准	√		
		有功、无功分析判断和处理 （ZY1100201005）	本模块介绍有功平衡和无功平衡的基本概念。通过概念讲解、信息分析，掌握有功、无功平衡知识，能根据有功、无功平衡分析判断异常并处理		√	
		电能计量监视 （ZY1100201006）	本模块介绍电能计量监视内容、方法和要求。通过分类概述、方式讲解、计算分析，能判断电能计量装置和回路是否存在异常	√		
		电能计量异常判断分析和处理 （ZY1100201007）	本模块介绍电能计量异常分析。通过异常原因分析、处理方法讲解，能正确判断异常原因，并能进行相应处理		√	
	一次设备巡视	一次设备正常巡视 （ZY1100202001）	本模块介绍设备巡视的方法和要求、一次设备的巡视项目、设备巡视的分类、缺陷和异常描述、缺陷记录和上报等内容。通过全面介绍、分析讲解，掌握一次设备巡视技能	√		
		一次设备特殊巡视 （ZY1100202002）	本模块介绍设备特殊巡视检查项目和要求。通过内容介绍、要点讲解，掌握一次设备特殊巡视技能，能发现隐蔽缺陷		√	
		一次设备巡视分析 （ZY1100202003）	本模块介绍对巡视发现的一次设备异常和缺陷的分析及预防纠正措施、一次设备巡视的结论等内容。通过对运行工况的基本评价、分析讲解，掌握一次设备异常和缺陷的预防和处理的基本技能			√
	二次设备巡视	二次设备正常巡视 （ZY1100203001）	本模块介绍二次设备巡视的基本要求、方法和规定。通过详细介绍、分析讲解，掌握二次设备巡视基本技能	√		

续表

部分名称	章	模块名称 （模块编码）	模块描述	等级		
				I	II	III
监视、巡视与维护	二次设备巡视	二次设备特殊巡视 （ZY1100203002）	本模块介绍二次设备特殊巡视项目、一般规定、注意事项。通过要点归纳、分析讲解，掌握二次设备特殊巡视项目，能发现隐蔽异常和缺陷		√	
		二次设备巡视分析 （ZY1100203003）	本模块介绍对二次设备巡视发现的异常和缺陷的分析、二次设备的巡视结论等内容。通过对运行工况的基本评价和巡视分析，能发现二次设备异常和缺陷，能对设备运行提出改进建议			√
	站用电源系统巡视	站用交、直流系统正常巡视 （ZY1100204001）	本模块介绍站用变压器、低压配电装置、直流充电装置和蓄电池等设备巡视的一般规定、注意事项和巡视项目。通过对设备巡视内容的详细介绍、要点归纳、分析讲解，掌握站用交直流系统设备正常巡视的基本技能，能发现设备异常和缺陷	√		
		站用交、直流系统特殊巡视 （ZY1100204002）	本模块介绍站用变压器、低压配电装置、直流充电装置和蓄电池等设备特殊巡视的一般规定、注意事项和巡视项目。通过要点归纳、详细介绍、分析讲解，掌握站用交直流系统设备特殊巡视的基本技能、能发现设备异常和缺陷		√	
		站用交、直流系统巡视分析 （ZY1100204003）	本模块介绍对站用交、直流系统巡视的结果、设备运行工况的分析等内容。通过异常描述、分析讲解，能发现隐蔽缺陷，掌握两系统异常和缺陷处理技能			√
	防误闭锁装置和辅助设施运行巡视与维护	辅助设施的巡视与维护 （ZY1100205001）	本模块介绍变电站辅助设施的巡视与维护的一般规定、巡视与维护的基本方法、巡视与维护项目等内容。通过详细阐述、要点归纳、分析讲解，掌握辅助设施的巡视与维护的基本技能	√		
		防误闭锁装置正常巡视 （ZY1100205002）	本模块介绍防误闭锁装置的巡视项目和规定。通过结构分析、要点讲解，掌握防误闭锁装置正常巡视的基本技能	√		
		防误闭锁装置特殊巡视和缺陷分析 （ZY1100205003）	本模块介绍防误闭锁装置的特殊巡视项目和规定、防误闭锁装置异常和缺陷分析，通过异常描述、分析讲解，能在特殊巡视中发现防误闭锁装置隐蔽缺陷，并能进行维护		√	
倒闸操作	倒闸操作基础知识	倒闸操作基本概念及操作原则 （GYBD00401001）	本模块介绍倒闸操作的基本概念、操作原则和注意事项。通过归纳讲解一般典型操作程序，掌握倒闸操作的基本方法	√		
		电力系统调度规程 （ZY2700601001）	本模块介绍典型调度规程的编写意义、约束对象、主要内容和调度规程实例。通过条文解释和案例学习，掌握《电力系统调度规程》内容，并能认真执行调度规程	√		
	补偿装置停送电	电容器、电抗器一般停送电 （GYBD00402001）	本模块介绍电容器、电抗器的一般停送电的操作原则和注意事项、电容器和电抗器一般停送电操作中的异常、调度规程中对电容器和电抗器操作的相关规定。通过要点讲解和案例练，掌握电容器、电抗器一般停送电的操作规定和操作方法，能发现操作中的异常	√		
		电容器、电抗器操作异常分析处理及危险点源分析 （GYBD00402002）	本模块介绍电容器、并联电抗器操作中的异常处理、操作中的危险点分析与控制。通过要点讲解和列表对照分析，能正确处理和判断异常，掌握补偿装置停送电的危险点源分析控制方法		√	
	设备运行验收与投运	设备验收项目及要求 （GYBD00403001）	本模块包含变电站设备验收项目及要求。通过变电站设备验收项目及要求的介绍，掌握变电站设备验收项目，能参与设备验收	√		
		新设备投运与操作 （GYBD00403002）	本模块介绍新设备投运必须具备的条件和调度操作规定与注意事项。通过对新设备投运条件和操作注意事项的介绍，能熟练组织、监护、指挥新设备改、扩、建设备投运启动操作		√	

续表

部分名称	章	模块名称（模块编码）	模块描述	等级 I	等级 II	等级 III
倒闸操作	设备运行验收与投运	新设备投运方案编制与投运操作危险点源控制（GYBD00403003）	本模块介绍新设备投运方案的编制与投运操作危险点源控制。通过对新设备投运方案编制原则和投运操作危险点源控制的介绍，熟悉新设备投运方案的编制原则，掌握新设备投运操作危险点源控制方法，能制订相应的控制措施			√
	高压开关类设备、线路停送电	高压开关类设备一般停送电（ZY1100301001）	本模块介绍高压开关类设备一般停送电的操作原则和注意事项、调度对高压开关类设备操作的规定。通过归纳讲解、案例介绍，掌握高压开关类设备一般停送电操作方法	√		
		高压开关类设备的特殊停送电（ZY1100301002）	本模块介绍高压开关类设备特殊停送电、高压开关类设备操作的异常处理。通过操作过程详细介绍、案例分析，掌握高压开关类设备的特殊停送电操作方法，能进行操作异常的处理		√	
		线路的一般停送电（ZY1100301003）	本模块介绍线路一般停送电的操作原则和注意事项、调度对线路操作的规定。通过归纳讲解、案例分析，掌握线路一般停送电的操作方法	√		
		线路特殊停送电（ZY1100301004）	本模块介绍线路特殊停送电、线路设备操作的异常处理和危险点的控制。通过操作过程详细介绍、案例分析，掌握线路设备特殊停送电的操作方法，能进行操作异常的外理		√	
	变压器（高压电抗器）停送电	变压器（高压电抗器）一般停送电（ZY1100302001）	本模块介绍变压器（高压电抗器）一般停送电的操作原则和注意事项、调度对变压器（高压电抗器）操作的规定。通过操作过程详细介绍、案例介绍，掌握变压器（高压电抗器）一般停送电的操作方法	√		
		变压器（高压电抗器）特殊停送电（ZY1100302002）	本模块介绍变压器（高压电抗器）特殊停送电、变压器（高压电抗器）设备操作的异常处理。通过操作过程详细介绍、案例介绍，掌握变压器（高压电抗器）特殊停送电的操作方法，能进行操作异常的处理		√	
	母线停送电	母线一般停送电（ZY1100303001）	本模块介绍母线一般停送电的操作原则和注意事项、调度对母线操作的规定。通过操作过程详细介绍、案例分析，掌握母线一般停送电的操作方法	√		
		母线特殊停送电操作（ZY1100303002）	本模块介绍母线特殊停送电、母线设备操作的异常处理及危险点控制。通过操作过程详细介绍、案例介绍，掌握母线设备特殊停送电的操作方法，能进行操作异常的处理		√	
	电压互感器停送电	电压互感器一般停送电（ZY1100304001）	本模块介绍电压互感器一般停送电的操作原则和注意事项、调度对电压互感器操作的规定。通过操作过程详细介绍、案例介绍，掌握电压互感器一般停送电的操作方法	√		
		电压互感器特殊停送电（ZY1100304002）	本模块介绍电压互感器特殊停送电、电压互感器操作的异常处理及危险点控制。通过操作过程详细介绍、案例介绍，掌握电压互感器特殊停送电的操作方法，能进行操作异常的处理		√	
	站用交、直流系统停送电	站用交、直流系统一般停送电（ZY1100305001）	本模块介绍站用交、直流系统一般停送电的操作原则和注意事项、调度对站用交、直流系统操作的规定。通过操作过程详细介绍、案例介绍，掌握站用交、直流系统一般停送电的操作方法	√		
		站用交、直流系统特殊停送电（ZY1100305002）	本模块介绍站用交、直流系统设备特殊停送电和站用交、直流系统设备操作的异常处理。通过操作过程详细介绍、案例分析，掌握站用交、直流系统设备特殊停送电的操作方法，能进行操作异常的处理		√	
	二次设备操作	二次设备的一般操作（ZY1100306001）	本模块介绍继电保护装置和连接片投退操作、通信和自动化设备操作原则和注意事项。通过操作案例介绍，掌握保护装置和连接片投退、通信和自动化设备投退技能	√		

续表

部分名称	章	模块名称 （模块编码）	模 块 描 述	等 级		
				Ⅰ	Ⅱ	Ⅲ
倒闸操作	二次设备操作	二次设备的特殊操作 （ZY1100306002）	本模块介绍保护及二次设备的特殊操作和注意事项、操作中的异常及处理原则。通过操作过程详细介绍、案例分析，掌握二次设备特殊操作方法，能正确处理二次操作异常		√	
	大型复杂操作	大型复杂综合操作 （ZY1100307001）	本模块介绍大型复杂停送电操作。通过操作过程详细介绍、案例分析，掌握大型复杂停送电操作的操作方法和操作注意事项		√	
		倒闸操作危险点源预控 （ZY1100307002）	本模块介绍倒闸操作一般的危险点源预控。通过要点归纳、分析讲解，掌握倒闸操作时的危险点源分析预控方法，能正确进行危险点源预控			√
异常处理	补偿装置异常及缺陷处理	补偿装置异常现象及分析 （GYBD00501001）	本模块介绍了补偿装置的常见异常。通过原理讲解、要点归纳，了解电容器、电抗器常见异常现象和产生的原因	√		
		补偿装置异常处理 （GYBD00501002）	本模块介绍了补偿装置常见异常的处理。通过案例介绍，掌握电容器、电抗器异常的处理方法		√	
		补偿装置异常处理危险点源分析 （GYBD00501003）	本模块对补偿装置异常处理中的危险点源进行了分析。通过要点讲解，能够制定相应的预控措施		√	
	小电流接地系统异常分析及处理	小电流接地系统异常现象及分析 （GYBD00502001）	本模块介绍了小电流接地系统常见异常。通过现象描述、原理讲解，了解小电流接地系统常见异常现象和产生的原因	√		
		小电流接地系统异常处理 （GYBD00502002）	本模块介绍了小电流接地系统常见异常的处理。通过案例介绍，掌握小电流接地系统单相接地、缺相运行等异常的处理方法		√	
		小电流接地系统异常处理危险点源分析 （GYBD00502003）	本模块对小电流接地系统单相接地、缺相运行处理过程中的危险点源进行了分析。通过要点讲解，能够制定相应的预控措施		√	
		人工转移接地点操作 （GYBD00502004）	本模块介绍了小电流接地系统人工转移接地点的方法。通过案例介绍，掌握通过人工转移接地点，消除接地故障的方法			√
	变压器（高压电抗器）异常处理	变压器（高压电抗器）一般异常 （ZY1100401001）	本模块介绍变压器（高压电抗器）一般常见异常。通过异常讲解、案例分析，熟悉声音异常、油位异常、油温异常等常见异常的象征，能发现变压器（高压电抗器）异常	√		
		变压器（高压电抗器）异常分析处理及危险点源预控 （ZY1100401002）	本模块介绍变压器（高压电抗器）常见异常及原因分析、异常处理的危险点源预控。通过原因分析、处理方法讲解、案例解析，掌握变压器（高压电抗器）常见异常分析处理方法，能正确进行危险点源分析预控、优化处理方案并组织实施		√	
	高压开关类设备异常处理	高压开关类设备一般异常 （ZY1100402001）	本模块介绍典型隔离开关、断路器、组合电器常见异常。通过异常现象讲解、案例介绍，熟悉高压开关设备异常现象，能对设备常见异常进行简单分析，并在监护指导下参与异常处理	√		
		高压开关类设备异常分析处理及危险点源预控 （ZY1100402002）	本模块介绍典型隔离开关、断路器、组合电器异常处理有关规定和异常处理中的危险点源分析。通过异常分析、处理方法讲解、案例介绍，掌握高压开关类设备异常处理方法和危险点源分析方法，能正确进行危险点源分析预控、优化处理方案并组织实施		√	
	线路母线异常处理	线路母线设备一般异常 （ZY1100403001）	本模块介绍线路、母线常见异常。通过异常情况详细介绍和案例分析，熟悉设备常见异常现象，能对设备常见异常进行简单分析，并在监护指导下参与异常处理	√		
		线路母线设备异常分析处理及危险点源预控 （ZY1100403002）	本模块介绍线路、母线异常处理有关规定和异常处理中的危险点源分析。通过异常分析、处理方法讲解、案例介绍，掌握线路、母线异常处理方法和危险点源分析方法，能正确进行危险点源分析预控、优化处理方案并组织实施		√	

续表

部分名称	章	模块名称（模块编码）	模块描述	等级 I	等级 II	等级 III
异常处理	互感器异常处理	互感器设备一般异常（ZY1100404001）	本模块介绍电压互感器、电流互感器常见异常。通过异常现象讲解、案例介绍，熟悉设备常见异常现象，能对设备常见异常进行简单分析，并在监护指导下参与异常处理	√		
		互感器设备异常分析处理及危险点源预控（ZY1100404002）	本模块介绍电压互感器和电流互感器异常处理有关规定和异常处理中的危险点源分析。通过异常分析、处理方法讲解、案例介绍，掌握电压互感器和电流互感器异常处理方法和危险点源分析方法，能正确进行危险点源分析预控、优化处理方案并组织实施		√	
	防雷设备异常处理	防雷设备一般异常（ZY1100405001）	本模块介绍避雷器、避雷针、接地网常见异常的相关内容。通过要点讲解、案例介绍，熟悉设备常见异常现象，能对设备常见异常进行简单分析，并在监护指导下参与异常处理	√		
		防雷设备异常分析处理及危险点源预控（ZY1100405002）	本模块介绍避雷器、避雷针、接地网异常处理有关规定和异常处理中的危险点源分析。通过异常分析、处理方法讲解、案例介绍，掌握防雷设备异常处理方法和危险点源分析方法，能正确进行危险点源分析预控、优化处理方案并组织实施		√	
	二次设备异常处理	二次设备一般异常（ZY1100406001）	本模块介绍继电保护装置、通信系统和综自装置、监控后台装置常见异常。通过异常情况详细讲解、案例介绍，熟悉设备常见异常现象，能对设备常见异常进行简单分析，并在监护指导下参与异常处理	√		
		二次设备异常分析处理及危险点源预控（ZY1100406002）	本模块介绍继电保护装置、通信和自动化装置异常处理有关规定和异常处理中的危险点源分析。通过异常分析、处理方法讲解、案例介绍，掌握二次设备异常处理方法和危险点源分析方法，能正确进行危险点源分析预控、优化处理方案并组织实施		√	
	交、直流系统异常处理	交、直流系统设备一般异常（ZY1100407001）	本模块介绍站用交、直流系统设备常见异常。通过异常现象讲解、案例介绍，熟悉设备常见异常现象，能对设备常见异常进行简单分析，并在监护指导下参与异常处理	√		
		交、直流系统设备异常分析处理及危险点源预控（ZY1100407002）	本模块介绍站用交、直流系统设备异常处理的有关规定和异常处理中的危险点源分析。通过异常分析、处理方法讲解、案例介绍，掌握两系统设备异常处理方法和危险点源分析方法，能正确进行危险点源分析预控、优化处理方案并组织实施		√	
事故处理	事故处理基础知识	事故处理基本原则及步骤（GYBD00601001）	本模块介绍事故处理的主要任务、基本原则和有关规定。通过要点讲解，掌握电力系统产生事故的主要原因、事故处理的主要任务、事故处理的一般步骤、基本原则、要求、有关规定和注意事项	√		
	补偿装置事故分析及处理	补偿装置简单事故处理（GYBD00602001）	本模块介绍电容器、电抗器故障跳闸事故的一般概念。通过要点讲解和案例分析，熟悉电容器、电抗器事故跳闸的征象，掌握并联电容器跳闸和并联电抗器跳闸事故处理的原则	√		
		补偿装置事故处理（GYBD00602002）	本模块介绍电容器、电抗器故障跳闸事故的原因和处理方法。通过原因分析、要点讲解和案例分析，掌握电容器、电抗器事故跳闸原因、处理跳闸事故的方法和步骤		√	
		补偿装置事故处理危险点预控分析（GYBD00602003）	本模块介绍补偿装置事故处理的危险点源分析和预控。通过预案分析和案例介绍，掌握补偿装置事故处理的危险点源分析方法，并能根据补偿装置事故暴露出的运行或设备缺陷提出技改方案，制定相应预控措施和事故预案			√
	线路事故处理	线路简单事故处理（ZY1100501001）	本模块介绍线路简单事故的类型和现象、事故处理基本步骤。通过事故类型描述、原因分析、处理方法讲解、案例介绍，能根据线路事故现象判断线路故障性质，能参与事故处理	√		

续表

部分名称	章	模块名称 （模块编码）	模 块 描 述	等级		
				Ⅰ	Ⅱ	Ⅲ
事故处理	线路事故处理	线路复杂事故处理 （ZY1100501002）	本模块介绍线路较复杂故障类型、故障现象和原因分析及线路事故跳闸处理步骤。通过归纳讲解、案例介绍，能根据线路事故现象，正确判断和分析线路较复杂事故性质，能组织、监护处理线路事故		√	
		线路事故处理危险点源预控分析 （ZY1100501003）	本模块介绍简单和较复杂线路事故处理危险点源预控分析。通过列表说明、分析讲解，掌握线路事故处理过程中的危险点及防范措施			√
	变压器事故处理	变压器简单事故处理 （ZY1100502001）	本模块介绍变压器简单事故的类型和现象、事故处理基本步骤。通过事故类型描述、原因分析、处理方法讲解、案例分析，能根据变压器事故现象判断变压器故障性质，能参与事故处理	√		
		变压器复杂事故处理 （ZY1100502002）	本模块介绍变压器较复杂故障类型、故障现象和原因分析及变压器事故跳闸处理步骤。通过归纳讲解、案例介绍，能根据变压器事故现象正确判断和分析变压器较复杂事故性质，能组织、监护处理变压器事故		√	
		变压器事故处理危险点源预控分析 （ZY1100502003）	本模块介绍简单和较复杂变压器事故处理危险点源预控分析。通过列表说明、分析讲解，掌握变压器事故处理过程中的危险点及防范措施			√
	母线事故处理	母线简单事故处理 （ZY1100503001）	本模块介绍母线简单事故的类型和现象、事故处理基本步骤。通过事故原因分析、处理方法讲解、案例分析，能根据母线事故现象判断母线故障性质，能参与事故处理	√		
		母线复杂事故处理 （ZY1100503002）	本模块包含各种接线方式母线故障现象、故障原因及母线事故处理的基本步骤。通过归纳讲解、案例介绍，能根据母线事故现象分析母线事故性质，能组织、监视处理母线事故，能进行事故处理过程中的危险点分析和预控		√	
		母线事故处理危险点预控分析 （ZY1100503003）	本模块介绍各种母线事故处理危险点预控分析。通过列表说明、分析讲解，掌握母线事故处理过程中的危险点及防范措施			√
	站用交、直流系统事故	站用交、直流系统简单事故处理 （ZY1100504001）	本模块介绍站用交、直流系统简单事故的类型和现象、事故处理的基本步骤。通过事故原因分析、处理方法讲解，能根据两系统事故现象判断其故障性质，能参与事故处理	√		
		站用交、直流系统复杂事故处理 （ZY1100504002）	本模块介绍站用交、直流系统较复杂故障类型、故障现象和原因分析，以及站用交、直流系统事故处理步骤。通过归纳讲解、案例介绍，能根据事故现象正确判断和分析两系统较复杂事故性质，能组织、监护处理两系统事故		√	
		站用交、直流系统事故处理危险点源预控分析 （ZY1100504003）	本模块介绍简单和较复杂交、直流系统事故处理危险点预控分析。通过列表说明、分析讲解，掌握交、直流系统事故处理过程中的危险点源及防范措施			√
	二次设备事故处理	二次设备简单事故处理 （ZY1100505001）	本模块介绍二次设备简单事故的类型和现象、事故处理的基本步骤。通过事故原因分析、处理方法讲解、图形举例，能根据二次设备事故现象判断二次设备故障性质，能参与事故处理	√		
		二次设备复杂事故处理 （ZY1100505002）	本模块介绍各种二次设备事故类型案例分析处理。通过事故类型描述、原因分析、现象讲解、案例介绍，能根据二次设备事故现象正确分析判断二次设备事故性质，能组织、监护处理二次设备事故		√	
		二次设备事故处理危险点源预控分析 （ZY1100505003）	本模块介绍二次设备各种事故处理危险点预控分析。通过列表说明、分析讲解，掌握二次设备事故处理过程中的危险点源及预控措施			√
	复杂事故处理	复杂事故分类与现象 （ZY1100506001）	本模块介绍部分复杂事故的现象、故障原因、事故处理的基本步骤。通过故障类型描述、原因分析、处理步骤讲解、案例分析，能根据复杂事故发生时的所有信息发现事故，并在监护指导下进行事故处理	√		

续表

部分名称	章	模块名称 （模块编码）	模块描述	等级		
				Ⅰ	Ⅱ	Ⅲ
事故处理	复杂事故处理	复杂事故的故障分析及处理 （ZY1100506002）	本模块介绍断路器失灵事故、全站失压事故、越级跳闸事故的现象、故障原因、事故处理的基本步骤。通过归纳讲解和案例分析，能根据复杂事故发生时的所有信息分析判断事故产生的原因，判定站内故障点对复杂事故时的保护动作行为、相关保护信息、设备情况是否正常，能提出改进意见并能够制订事故预案		√	
		复杂事故处理危险点源预控分析 （ZY1100506003）	本模块介绍复杂事故处理危险点预控分析。通过列表说明、分析讲解，掌握复杂事故处理过程中的危险点源及预控措施			√

参 考 文 献

[1] 钱振华. 电气设备倒闸操作技术问答. 北京：中国电力出版社，2005.

[2] 上海超高压输变电公司. 超高压输变电操作技能培训教材（变电运行）. 北京：水利水电出版社，2007.

[3] 刘元津. 变电运行与事故处理——基本技能及实例仿真. 北京：水利水电出版社，2004.

[4] 张全元. 变电站现场事故处理及典型案例分析. 北京：中国电力出版社，2008.

[5] 陈华钢，张开贤，程玉兰. 电力设备异常运行及事故处理. 北京：中国水利水电出版社，2006.

[6] 国家电网公司. 110（66）kV～500kV 油浸式变压器（电抗器）运行规范. 北京：中国电力出版社，2006.

[7] 国家电网公司. 高压开关设备运行管理规范. 北京：中国电力出版社，2006.

[8] 国家电网公司. 110（66）kV～500kV 互感器运行规范. 北京：中国电力出版社，2006.

[9] 国家电网公司. 高压并联电容器装置运行规范. 北京：中国电力出版社，2006.

[10] 国家电网公司. 直流电源系统运行规范. 北京：中国电力出版社，2006.